W0262953

Teubner Studienbücher

Physik

Becher/Böhm/Joos: **Eichtheorien der starken und elektroschwachen Wechselwirkung**
2. Aufl. DM 39,80

Bopp: **Kerne, Hadronen und Elementarteilchen.** DM 34,–

Bourne/Kendall: **Vektoranalysis.** 2. Aufl. DM 28,80

Carlsson/Pipes: **Hochleistungsfaserverbundwerkstoffe.** DM 28,80

Daniel: **Beschleuniger.** DM 28,80

Engelke: **Aufbau der Moleküle.** DM 38,–

Fischer/Kaul: **Mathematik für Physiker**
Band 1: Grundkurs. 2. Aufl. DM 48,–

Goetzberger/Wittwer: **Sonnenenergie.** 2. Aufl. DM 29,80

Gross/Runge: **Vielteilchentheorie.** DM 39,80

Großer: **Einführung in die Teilchenoptik.** DM 26,80

Großmann: **Mathematischer Einführungskurs für die Physik.** 5. Aufl. DM 36,–

Grotz/Klapdor: **Die schwache Wechselwirkung in Kern-, Teilchen- und Astrophysik.**
DM 46,–

Heil/Kitzka: **Grundkurs Theoretische Mechanik.** DM 39,–

Heinloth: **Energie.** DM 42,–

Kamke/Krämer: **Physikalische Grundlagen der Maßeinheiten.** DM 26,80

Kleinknecht: **Detektoren für Teilchenstrahlung.** 2. Aufl. DM 29,80

Kneubühl: **Repetitorium der Physik.** 3. Aufl. DM 48,–

Kneubühl/Sigrist: **Laser.** 2. Aufl. DM 42,–

Kopitzki: **Einführung in die Festkörperphysik.** 2. Aufl. DM 44,–

Kröger/Unbehauen: **Technische Elektrodynamik.** DM 42,–

Kunze: **Physikalische Meßmethoden.** DM 28,80

Lautz: **Elektromagnetische Felder.** 3. Aufl. DM 32,–

Lindner: **Drehimpulse in der Quantenmechanik.** DM 28,80

Lohrmann: **Einführung in die Elementarteilchenphysik.** 2. Aufl. DM 26,80

Lohrmann: **Hochenergiephysik.** 3. Aufl. DM 34,–

Mayer-Kuckuk: **Atomphysik.** 3. Aufl. DM 34,–

Mayer-Kuckuk: **Kernphysik.** 4. Aufl. DM 39,80

Mommsen: **Archäometrie.** DM 38,–

Neuert: **Atomare Stoßprozesse.** DM 28,80

Nolting: **Quantentheorie des Magnetismus**
Teil 1: Grundlagen. DM 38,–
Teil 2: Modelle. DM 38,–

Raeder u. a.: **Kontrollierte Kernfusion.** DM 42,–

Fortsetzung auf der 3. Umschlagseite

Mathematik für Physiker

Band 1 Grundkurs

Von Dr. rer. nat. Helmut Fischer
und Prof. Dr. rer. nat. Helmut Kaul
Universität Tübingen

2., überarbeitete Auflage

Mit zahlreichen Figuren, Aufgaben und Beispielen

B. G. Teubner Stuttgart 1990

Dr. rer. nat. Helmut Fischer

Geboren 1936 in Wuppertal. Ab 1955 Studium der Mathematik und Physik U Tübingen bei E. Kamke, H. Wielandt und W. Braunbek. Von 1962 bis 1964 im Rechenzentrum Tübingen, ab 1964 Assistententätigkeit und 1967 Promotion bei H. Wielandt. Seit 1969 Akad. Rat/Oberrat am Mathematischen Institut U Tübingen.

Prof. Dr. rer. nat. Helmut Kaul

Geboren 1936 in Gleiwitz. Von 1958 bis 1965 Studium der Mathematik und Physik U Göttingen und FU Berlin bei H. Grauert, K: P. Grotemeyer, W. Klingenberg und S. Hildebrandt. 1970 Promotion U Mainz. Von 1971 bis 1977 Assistententätigkeit und 1976 Habilitation U Bonn, 1977 Wiss. Rat und Professor GHS Duisburg, seit 1978 Professor U Tübingen.

CIP-Titelaufnahme der Deutschen Bibliothek

Fischer, Helmut:
Mathematik für Physiker / von Helmut Fischer und Helmut Kaul.
Stuttgart : Teubner
   (Teubner Studienbücher : Mathematik, Physik)

NE: Kaul, Helmut:

Bd. 1. Grundkurs. 2., überarb. Aufl. 1990
   ISBN 978-3-519-12079-7   ISBN 978-3-322-94057-5 (eBook)
   DOI 10.1007/978-3-322-94057-5

Gesamtherstellung: Präzis-Druck GmbH, Karlsruhe
Umschlaggestaltung: M. Koch, Ostfildern (Ruit)

Vorwort

Bei unseren Mathematikvorlesungen für Physiker stellten wir immer wieder fest, daß es zwar eine Fülle vorzüglicher Einzeldarstellungen der verschiedenen mathematischen Teilgebiete gibt, daß aber eine auf naturwissenschaftliche Fragestellungen zugeschnittene Zusammenfassung bisher fehlte.

Mit diesem ersten Band einer geplanten dreibändigen Gesamtdarstellung wollen wir dem Physiker eine integrierte Darstellung der für ihn wichtigsten mathematischen Grundlagen, wie sie üblicherweise im Grundstudium behandelt werden, an die Hand geben.

Im zweiten und dritten Band behandeln wir gewöhnliche und partielle Differentialgleichungen, Operatoren der Quantenmechanik, Variationsrechnung, Differentialgeometrie und mathematische Grundlagen der Relativitätstheorie.

Beim Aufbau des ersten Bandes war zu berücksichtigen, daß der Differential- und Integralkalkül bis hin zur Schwingungsgleichung sowie die Vektorrechnung möglichst früh bereitgestellt werden müssen. Schon deswegen verbot sich eine Gliederung nach getrennten mathematischen Einzeldisziplinen. Darüberhinaus sind wir nach dem Prinzip verfahren, Lösungsmethoden gleich dort vorzustellen, wo die entsprechenden Hilfsmittel bereitstehen. Dies gilt insbesondere für Differentialgleichungen.

Wegen der Fülle des zu behandelnden Stoffs fiel uns die gezielte Auswahl nicht leicht, und wir mußten schweren Herzens auf viele schöne Anwendungen, Beispiele und historische Anmerkungen verzichten. Dennoch konnten wir den beabsichtigten Rahmen von ca. 500 Seiten nicht ganz einhalten.

Es sollen hier nicht Rezepte und fertige Lösungen vermittelt werden, wichtiger — und übrigens oft leichter zu merken — ist der Weg dorthin. Erst wer sich die dabei auftretenden Probleme bewußt gemacht hat, weiß die Lösung zu schätzen. Oft ist mit der Klärung einer mathematischen Schwierigkeit auch eine physikalische Einsicht verbunden. Dem Problembewußtsein sollen die eingestreuten historischen Bemerkungen sowie die Gegenbeispiele und „pathologischen" Fälle dienen, vor allem aber auch die Beweise.

Wer bis zu den komplizierten mathematischen Modellen der neueren Physik vordringen will, benötigt Sicherheit in den Grundlagen. Deshalb werden im ersten Teil die meisten Beweise ausgeführt. Erst später gehen wir dazu über, in Einzelfällen auf die Literatur zu verweisen, insbesondere bei technisch schwierigen Beweisen, wenn diese keine besonderen Einsichten vermitteln.

Wenn wir an manchen Stellen nicht volle Allgemeinheit anstrebten, sondern uns auf typische Fälle beschränkt haben, so geschah dies in der Erwartung, daß der Leser analoge Fälle durch Übertragung der gelernten Methoden selbst bewältigen kann.

Durch das große Interesse, das die erste Auflage fand, fühlen wir uns in dem eingeschlagenen Weg bestätigt. Leider sind zahlreiche Druckfehler unbemerkt geblieben und nicht alle waren aus dem Kontext sofort als solche zu erkennen. Wir mußten auch einige inhaltliche Ungenauigkeiten feststellen. Deshalb hielten wir es für geboten, mit der Berichtigung der Druckfehler auch gleich eine Überarbeitung einzelner Teile zu verbinden.

Wir danken allen Studierenden, Kollegen und Mitarbeitern, die uns durch nützliche Hinweise, Verbesserungsvorschläge und kritische Anmerkungen unterstützt haben. Unser ganz besonderer Dank gilt den Herren Ralph Hungerbühler, Harald König und Thomas Träuble für die drucktechnische Gestaltung mit Hilfe von LaTeX und ihre Mithilfe beim Korrigieren der ersten Auflage. Ohne ihren Einsatz und ihr Verständnis für die Wünsche und Nöte der Autoren hätte dieses Buch nicht entstehen können.

Tübingen, Januar 1990   H. Fischer, H. Kaul

Zum Gebrauch

Gegliedert wurde nach Paragraphen, Abschnitten und Unterabschnitten. Mit dem Zitat § 9 : 4.2 wird Abschnitt 4, Unterabschnitt 2 in Paragraph 9 aufgerufen; innerhalb von § 9 wird die betreffende Stelle einfach mit 4.2 zitiert. Nummer und Überschrift des gerade anstehenden Paragraphen und Abschnittes befinden sich in der Kopfzeile.

Durch das Symbol $\boxed{\text{ÜA}}$ (Übungsaufgabe) wird der Leser aufgefordert, einfache Rechnungen, Beweisschritte und Übungsbeispiele selbst auszuführen.

Mit einem * sind solche Abschnitte markiert, die zwar inhaltlich an die betreffende Stelle gehören, bei der ersten Lektüre aber übergangen werden können.

Der Namensindex enthält die Lebensdaten der in den historischen Anmerkungen erwähnten Personen. Ein Verzeichnis der Symbole und Abkürzungen befindet sich vor dem Index am Ende des Buches.

Wegweiser

Der Leser muß sich nicht streng an die hier gewählte Reihenfolge halten. Wer beispielsweise einen schnellen Zugang zur Differential- und Integralrechnung sucht, kann die Paragraphen 4–7 zunächst übergehen. Die Lineare Algebra setzt im wesentlichen nur die Paragraphen 1, 2 und 5 voraus. Für die Funktionentheorie sind nur ganz wenige Begriffe aus den Kapiteln IV, V und VI erforderlich. Die Paragraphen 4, 6 und 13 gehen in den übrigen Stoff nicht wesentlich ein.

Inhalt

Inhalt

7

Kapitel IV Lineare Algebra

Kapitel I Grundlagen

§ 1 Natürliche, ganze, rationale und reelle Zahlen

1 Vorläufiges über Mengen und Aussagen

„Unter einer *Menge M* verstehen wir jede Zusammenfassung von bestimmten wohlunterschiedenen Objekten m unserer Anschauung oder unseres Denkens (welche die *Elemente* von M genannt werden) zu einem Ganzen". So beginnen die 1895 erschienenen „Beiträge zur Begründung der Mengenlehre" von Georg CANTOR. Diese „naive" Definition soll uns als Ausgangspunkt genügen.

1.1 Bezeichnungen. Mengen bezeichnen wir i.a. mit Großbuchstaben. Ist m ein Element von M, d.h. gehört m zur Menge M, so schreiben wir $m \in M$.

Gehört n nicht zu M, so drücken wir das durch $n \notin M$ aus. Wir betrachten vorläufig nur Mengen von reellen Zahlen. Hier sind folgende Bezeichnungen üblich

$\mathbb{R}$ für die reellen Zahlen,
$\mathbb{Q}$ für die rationalen Zahlen,
$\mathbb{Z}$ für die ganzen Zahlen,
$\mathbb{N}$ für die natürlichen Zahlen $1, 2, 3, \ldots$.

1.2 Beispiele und Schreibweisen

$\{n \in \mathbb{N} \mid n$ ist einstellige Primzahl$\} = \{2, 3, 5, 7\}$
$\{x \in \mathbb{R} \mid x^2 - 4x = 0\} = \{0, 4\}$
$\{x \in \mathbb{N} \mid x^2 - 4x = 0\} = \{4\}$
$\{x^2 \mid x \in \mathbb{Z}\} = \{0, 1, 4, 9, \ldots\}$
$\{n \in \mathbb{Z} \mid n$ ist eine gerade Zahl$\} = \{2m \mid m \in \mathbb{Z}\} = \{0, 2, -2, 4, -4, \ldots\}$.

Damit haben wir die wichtigsten Darstellungsformen für Mengen:

1. Auflisten der Elemente in einer Mengenklammer $\{\ldots\}$.

2. Ist $E(x)$ eine Aussageform, so bezeichnet $\{x \in M \mid E(x)\}$ die Menge aller Elemente von M mit der Eigenschaft $E(x)$.

3. Ist $f(x)$ ein Funktionsausdruck, so ist $\{f(x) \mid x \in M\}$ die Menge aller Zahlen der Form $f(x)$ mit $x \in M$.

1.3 Inklusion. $N \subset M$ (bzw. $M \supset N$) soll besagen, daß N eine Teilmenge von M ist. Das schließt den Fall $M = N$ ein.

BEISPIELE: $\mathbb{N} \subset \mathbb{Z} \subset \mathbb{Q} \subset \mathbb{R}$. Betrachten wir $K = \{x^3 \mid x \in \mathbb{R}\}$, so ist jedenfalls $K \subset \mathbb{R}$. Später werden wir sehen, daß sogar $K = \mathbb{R}$ ist.

1.4 Leere Menge. Ist die Aussage $E(x)$ für kein $x \in M$ richtig, so nennen wir die Menge $\{x \in M \mid E(x)\}$ *leer* und bezeichnen sie mit $\emptyset$. So ist z.B. $\{x \in \mathbb{R} \mid x^2 + 1 = 0\} = \emptyset$. Aus formalen Gründen bezeichnen wir leere Mengen immer mit $\emptyset$ und setzen fest, daß $\emptyset$ Teilmenge von jeder Menge ist.

1.5 Gebrauch der Mengenschreibweise

Wenn wir mit Mengen arbeiten, treten diese immer als Teilmengen einer festen Grundmenge auf; in § 1 und § 2 immer als Teilmengen von $\mathbb{R}$.

Die Worte „bestimmte wohlunterschiedene Objekte" bei Cantor sollen folgendes besagen: Es muß immer klar sein, welcher Natur die Elemente sind und wann zwei Elemente als gleich gelten sollen. Betrachten wir die Elemente von

$$S = \left\{ \tfrac{1}{1}, \tfrac{1}{2}, \ldots, \tfrac{1}{9}, \tfrac{2}{1}, \tfrac{2}{2}, \ldots, \tfrac{2}{9}, \ldots, \tfrac{9}{1}, \tfrac{9}{2}, \ldots, \tfrac{9}{9} \right\}$$

einfach als Schreibfiguren, so besteht S aus 81 verschiedenen Elementen. Deuten wir dagegen $\frac{n}{m}$ als Bruch, so ist $\frac{1}{2} = \frac{2}{4} = \frac{3}{6}$, $\frac{1}{1} = \frac{2}{2} = \cdots = \frac{9}{9}$ usw., und

$$T = \left\{ \tfrac{n}{m} \in \mathbb{Q} \mid n, m \in \{1, 2, \ldots, 9\} \right\}$$

ist etwas ganz anderes als S. (Wie viele Elemente hat T?)

Bei der Auflistung einer Menge kommt es auf die Reihenfolge der Elemente und auf Wiederholung gleicher Elemente (wie bei T) nicht an.

1.6 Bemerkungen über Aussagen

Hier kann und soll keine Formalisierung der Aussagenlogik stattfinden. Noch viel weniger soll Grundlegendes über mathematisches Schließen gesagt werden. In den folgenden zwei Abschnitten werden wir die mathematischen Schlußweisen an vielen Beispielen kennen und gebrauchen lernen; in § 4 werden dann die wichtigsten Schlußweisen zusammengefaßt.

Über Aussagen sei hier nur so viel gesagt:
Mathematische Aussagen beziehen sich immer auf einen bestimmten Gegenstandsbereich der Mathematik; dort sind sie entweder wahr oder falsch, ein Drittes gibt es nicht (*tertium non datur*). Die Aussage „Die Gleichung $x + 2 = 1$ ist lösbar" ist wahr in der Theorie der ganzen Zahlen, aber falsch in der Theorie der natürlichen Zahlen.

Über den Gebrauch des Wortes „oder" vereinbaren wir:
Sind $\mathcal{A}$, $\mathcal{B}$ mathematische Aussagen, so soll die Aussage „$\mathcal{A}$ oder $\mathcal{B}$" besagen: $\mathcal{A}$ ist wahr oder $\mathcal{B}$ ist wahr oder $\mathcal{A}$ und $\mathcal{B}$ sind wahr. Ist man sicher, daß $\mathcal{A}$ und $\mathcal{B}$ sich gegenseitig ausschließen und daß eine dieser beiden Aussagen wahr ist, so sagt man „Entweder $\mathcal{A}$ oder $\mathcal{B}$". Der Sinn der Aussagen „$\mathcal{A}$ und $\mathcal{B}$" und „Nicht $\mathcal{A}$" ist klar.

2 Vorläufiges über die reellen Zahlen

2.1 Was sind und was sollen die Zahlen?

So lautet der Titel einer 1888 erschienenen Abhandlung von Richard DEDEKIND. Der Autor sagt dazu : „Die Zahlen sind freie Schöpfungen des menschlichen Geistes, sie dienen als ein Mittel, um die Verschiedenheit der Dinge leichter und schärfer aufzufassen. Durch den rein logischen Aufbau der Zahlen-Wissenschaft und durch das in ihr gewonnene stetige Zahlen-Reich sind wir erst in den Stand gesetzt, unsere Vorstellung von Raum und Zeit genau zu untersuchen, indem wir dieselben auf dieses in unserem Geiste geschaffene Zahlen-Reich beziehen." [DEDEKIND]. Der hier angesprochene „rein logische Aufbau der Zahlen-Wissenschaft" war kurz zuvor, nicht zuletzt durch Dedekind, geleistet worden und markiert den Schlußpunkt einer fast viertausendjährigen Entwicklung der zunehmenden Erweiterung und Präzisierung des Zahlbegriffs, vergleiche dazu [TROPFKE]. Dieser Aufbau besitzt allerdings einen hohen Abstraktionsgrad und setzt Konstruktionsprinzipien der Mengenlehre und Methoden der Algebra voraus, die dem Leser nicht zur Verfügung stehen. Wir können daher nur zur Kenntnis nehmen, daß eine logisch saubere Fundierung des Zahlbegriffs auf der Basis der Mengenlehre möglich ist.

2.2 Wir stellen uns also auf den Standpunkt, daß uns die reellen Zahlen zur Verfügung stehen. Da wir sie auf „Raum und Zeit" beziehen wollen, nehmen wir die geometrische Vorstellung zu Hilfe und denken uns die reellen Zahlen als Punkte auf der *Zahlengeraden*. Wegen der grundlegenden Bedeutung für die gesamte Mathematik müssen wir uns nur darüber verständigen, welche Eigenschaften wir den reellen Zahlen zuschreiben, und zwar im Hinblick auf das Rechnen und die Anordnung (Größenvergleich).

Es hat sich gezeigt, daß alle Eigenschaften von $\mathbb{R}$ auf wenige Grundannahmen zurückgeführt werden können, die im folgenden durch einen Balken am Rand gekennzeichnet sind. Für das Ihnen allen aus dem Schulunterricht geläufige Rechnen sind dies die nachfolgend aufgeführten Grundregeln (3.1 bis 3.3). Daß in diesen wirklich alle anderen Rechenregeln wie $(a + b) \cdot (a - b) = a^2 - b^2$, $(-a) \cdot (-b) = a \cdot b$ usw. enthalten sind, wollen wir nicht nachprüfen, sondern den Algebraikern glauben. Anders steht es mit der Anordnung von $\mathbb{R}$, die im Schulunterricht nicht immer mit der notwendigen Ausführlichkeit und Strenge behandelt werden kann. Hier werden wir sehr gründlich vorgehen müssen, da Präzision und Sicherheit im Umgang mit Ungleichungen und den mit der „Vollständigkeit" (§2) zusammenhängenden Begriffsbildungen grundlegend für die gesamte höhere Analysis sind.

2.3 Für physikalische Messungen, Größenangaben und Rechnungen würden die rationalen Zahlen ausreichen. Für die Zwecke der höheren Analysis erweisen sie sich als „zu lückenhaft". Erst ihre Ergänzung zu den reellen Zahlen machen die Differential- und Integralrechnung möglich. Auf der Analysis aber und ihrer Verbindung mit der Geometrie beruht der Siegeszug der mathematisch-naturwissenschaftlichen Methode.

3 Rechengesetze für reelle Zahlen

3.1 Addition

(A_1) $\quad (a + b) + c = a + (b + c)$ $\quad$ (Assoziativität)

(A_2) $\quad a + b = b + a$ $\quad$ (Kommutativität)

(A_3) $\quad a + 0 = a$ $\quad$ (0 ist das neutrale Element der Addition)

(A_4) $\quad$ Die Gleichung $a + x = b$ hat immer eine und nur eine Lösung x, bezeichnet mit $b - a$. Statt $0 - a$ schreibt man $-a$.

3.2 Multiplikation

(M_1) $\quad (a \cdot b) \cdot c = a \cdot (b \cdot c)$ $\quad$ (Assoziativität)

(M_2) $\quad a \cdot b = b \cdot a$ $\quad$ (Kommutativität)

(M_3) $\quad a \cdot 1 = a$ $\quad$ (1 ist das neutrale Element der Multiplikation)

(M_4) $\quad$ Die Gleichung $a \cdot x = b$ hat für jedes $a \neq 0$ eine und nur eine Lösung x, bezeichnet mit $\frac{b}{a}$.

3.3 Distributivgesetz

(D) $\quad a \cdot (b + c) = a \cdot b + a \cdot c$

Statt $a \cdot b$ schreibt man meistens ab.

3.4 Alle weiteren Rechenregeln lassen sich auf die obengenannten zurückführen. Zwei Beispiele sollen uns genügen:

(a) $0 \cdot a = 0$. Denn nach (A_3) und (D) ist $0 \cdot a = (0 + 0) \cdot a = 0 \cdot a + 0 \cdot a$. Nach (A_3) ist ferner $0 \cdot a = 0 \cdot a + 0$. Da die Gleichung $0 \cdot a + x = 0 \cdot a$ nach (A_4) nur eine Lösung haben sollte, folgt $0 \cdot a = 0$.

(b) $(-1) \cdot a = -a$. Dazu beachten wir, daß vereinbarungsgemäß $-a$ diejenige Zahl ist, die, zu a addiert, Null ergibt. Insbesondere ist $1 + (-1) = 0$. Aus $0 \cdot a = 0$ und (D) folgt $0 = 0 \cdot a = (1 + (-1)) \cdot a = 1 \cdot a + (-1) \cdot a = a + (-1) \cdot a$. Wie oben folgt nach (A_4) $(-1) \cdot a = -a$.

4 Das Rechnen in $\mathbb{Q}$, $\mathbb{Z}$ und $\mathbb{N}$

4.1 $\mathbb{Q}$ als Körper

Für rationale Zahlen $a = \frac{n}{m}$, $b = \frac{p}{q}$ mit $n, p \in \mathbb{Z}$, $m, q \in \mathbb{N}$ sind

$$a \cdot b = \frac{n \cdot p}{m \cdot q} \quad \text{und} \quad a + b = \frac{nq + pm}{m \cdot q}$$

wieder rationale Zahlen.

Die Rechenoperationen $\cdot$ und $+$ führen nicht aus $\mathbb{Q}$ heraus oder, wie wir sagen, $\mathbb{Q}$ *ist abgeschlossen bezüglich $\cdot$ und $+$.* Ferner gelten innerhalb $\mathbb{Q}$ die Rechengesetze 3.1 für die Addition, 3.2 für die Multiplikation und das Distributivgesetz 3.3. Wir sprechen in einem solchen Fall von einem **Körper**.

4.2 Auch $\mathbb{Z}$ ist abgeschlossen bezüglich $\cdot$ und $+$, und es gelten alle Rechengesetze von Abschnitt 3 mit der wesentlichen Ausnahme, daß (M_4) verletzt ist: In $\mathbb{Z}$ hat die Gleichung $nx = m$ nicht immer eine Lösung, z.B. die Gleichung $2x = 3$. Das gibt Anlaß zu folgender Definition:

4.3 Teilbarkeit in $\mathbb{Z}$

Sind m, n ganze Zahlen, so sagen wir „n teilt m" (in Zeichen $n \mid m$), wenn $n \neq 0$ und wenn die Gleichung $nx = m$ eine Lösung $x \in \mathbb{Z}$ besitzt. Das bedeutet einfach $\frac{m}{n} \in \mathbb{Z}$. Eine ganze Zahl m heißt *gerade*, wenn $2 \mid m$ oder $\frac{m}{2} \in \mathbb{Z}$. Solche Zahlen lassen sich in der Form $2k$ schreiben mit $k \in \mathbb{Z}$. Offenbar sind Summe und Produkt gerader Zahlen wieder gerade. Eine ganze Zahl, die nicht gerade ist, heißt *ungerade*. Jede Zahl der Form $2k + 1$ mit $k \in \mathbb{Z}$ ist ungerade, denn $\frac{1}{2}(2k + 1) = k + \frac{1}{2} \notin \mathbb{Z}$. Umgekehrt ist jede ungerade ganze Zahl von der Form $2k + 1$, wie wir in 6.7 sehen werden. Daher ist das Produkt ungerader Zahlen wieder ungerade: $(2k + 1)(2l + 1) = 2(2kl + k + l) + 1$.

4.4 Auch $\mathbb{N}$ ist abgeschlossen bezüglich Addition und Multiplikation. Die Gleichung $n + x = m$ ist in $\mathbb{N}$ aber im allgemeinen nicht lösbar. Sie hat nur dann eine Lösung, wenn n kleiner als m ist. Damit kommen wir zur Anordnung von $\mathbb{R}$.

5 Die Ordnung der reellen Zahlen

Die Kleiner–Beziehung $a < b$ (a ist kleiner als b), auch in der Form $b > a$ geschrieben, hat folgende Eigenschaften:

5.1 Die Gesetze der Ordnung

    (O_1) Es gilt immer genau eine der Beziehungen $a < b$, $a = b$, $a > b$ (*Trichotomie*).

    (O_2) Aus $a < b$ und $b < c$ folgt $a < c$ (*Transitivität*).

    (O_3) Aus $a < b$ folgt $a + c < b + c$ für jedes c.

    (O_4) Aus $a < b$ und $c > 0$ folgt $a \cdot c < b \cdot c$.

Eine Zahl a heißt **positiv**, wenn $a > 0$ und **negativ**, wenn $a < 0$.

5.2 Einfache Folgerungen

(a) Für $a > 0$ ist $-a < 0$. Für $a < 0$ ist $-a > 0$.

(b) Für $a \neq 0$ ist $a^2 > 0$. (Insbesondere ist also $1 = 1^2 > 0$, damit $2 > 1$ nach (O_3), woraus $2 > 0$ nach (O_2) folgt usw.)

(c) Für $a > 0$ ist $\frac{1}{a} > 0$. Für $a < 0$ ist $\frac{1}{a} < 0$.

(d) Aus $a < b$ und $c < 0$ folgt $a \cdot c > b \cdot c$.

BEWEIS.

(a) Ist $a > 0$, so folgt nach (O_3) durch Addition von $-a$ auf beiden Seiten $a - a > 0 - a$, d.h. $0 > -a$ oder $-a < 0$.

$\boxed{\text{ÜA}}$ Zeigen Sie in analoger Weise: Aus $a < 0$ folgt $-a > 0$.

(b) durch Fallunterscheidung. Wegen $a \neq 0$ gibt es nach (O_1) nur zwei Alternativen:

Fall I: Ist $a > 0$, so folgt $a \cdot a > 0 \cdot a$, also $a^2 > 0$.

Fall II: Ist $a < 0$, so folgt $-a > 0$ und damit nach Fall I $(-a)^2 > 0$, d.h. $a^2 > 0$.

(c) durch Fallunterscheidung. Von den drei Möglichkeiten

$$\frac{1}{a} > 0 \qquad \frac{1}{a} = 0 \qquad \frac{1}{a} < 0$$

scheiden die beiden letzten aus:

Aus $\frac{1}{a} = 0$ würde folgen $a \cdot \frac{1}{a} = a \cdot 0$, also $1 = 0$.

$\frac{1}{a} < 0$ hätte nach (O_4) zur Folge $a \cdot \frac{1}{a} < a \cdot 0$, also $1 < 0$.

(d) Ist $c < 0$, so folgt $-c > 0$ nach (a). Aus $a < b$ folgt dann nach (O_4) $a \cdot (-c) < b \cdot (-c)$ oder $-ac < -bc$.
Nach (O_3) folgt $-ac + (ac + bc) < -bc + (ac + bc)$, das ist $bc < ac$. $\square$

5.3 Ketten von Ungleichungen

(a) Die Schreibweise $a < b < c$ ist zu lesen als: $a < b$ und $b < c$ (und damit $a < c$ nach (O_2)).

(b) In diesem Sinne gilt: Aus $0 < a < b$ folgt $0 < \frac{1}{b} < \frac{1}{a}$.

BEWEIS.

Nach Voraussetzung ist $b > 0$. Nach (O_4) folgt $a \cdot b > 0 \cdot b$, also $ab > 0$. Wegen 5.2 (c) folgt $\frac{1}{a \cdot b} > 0$. Mit (O_4) ergibt sich $a \cdot \frac{1}{ab} < b \cdot \frac{1}{ab}$, also $\frac{1}{b} < \frac{1}{a}$. Daß $\frac{1}{b} > 0$ gilt, folgt ebenfalls aus 5.2 (c). $\square$

5.4 Definition. $a \leq b$ (bzw. $b \geq a$) soll heißen $a < b$ oder $a = b$. (lies: a ist kleiner oder gleich b, kurz „a kleiner gleich b")

5.5 Eigenschaften von $\leq$

(a) Aus $a \leq b$ und $b \leq a$ folgt $a = b$.

(b) Aus $a \leq b$ und $b \leq c$ folgt $a \leq c$. Wie in 5.3 schreiben wir in dieser Situation $a \leq b \leq c$.

(c) Für $a \leq b$ ist auch $a + c \leq b + c$ für alle Zahlen c.

(d) Für $a \leq b$ und $c \geq 0$ ist $a \cdot c \leq b \cdot c$.

Diese Eigenschaften folgen unmittelbar aus (O_1) bis (O_4) durch Fallunterscheidung $a < b$, $a = b$ $\boxed{\text{ÜA}}$.

5.6 Das Rechnen mit Ungleichungen

(a) Aus $a \leq b$ und $c \leq d$ folgt $a + c \leq b + d$; Ungleichungen darf man addieren.

(b) Aus $a + c \leq b + d$ und $c \geq d$ folgt $a \leq b$.

(c) Aus $a \cdot c \leq b \cdot c$ und $c > 0$ folgt $a \leq b$.

(d) Die Ungleichung $a + x \leq b$ ist gleichbedeutend mit $x \leq b - a$.

(e) Für $a > 0$ ist die Ungleichung $a \cdot x \leq b$ gleichbedeutend mit $x \leq \frac{b}{a}$.

BEWEIS.

(a) Aus $a \leq b$ folgt zunächst $a + c \leq b + c$. Aus $c \leq d$ folgt $b + c \leq b + d$. Also ist $a + c \leq b + c \leq b + d$.

(b), (c) und (d) sind als leichte $\boxed{\text{ÜA}}$ dem Leser überlassen.

(e) Ist $ax \leq b$ und $a > 0$, so folgt durch Multiplikation mit $\frac{1}{a}$ nach 5.5 (d) $x \leq \frac{b}{a}$. Ist umgekehrt $x \leq \frac{b}{a}$ und $a > 0$, so folgt $ax \leq b$ durch Multiplikation mit a auf beiden Seiten. $\square$

5.7 Quadratische Ungleichungen

Für $0 \leq a < b$ ist $a^2 < b^2$. Ist umgekehrt $a^2 < b^2$ und $b \geq 0$, so folgt $a < b$.
Aus $a^2 \leq b^2$ und $b \geq 0$ folgt $a \leq b$ $\boxed{\text{ÜA}}$.
Aber: Aus $a^2 \leq b^2$ allein folgt nicht $a \leq b$. Gegenbeispiel $a = -1$, $b = -2$.
$\boxed{\text{ÜA}}$ Beschreiben Sie die Menge $\left\{ x \in \mathbb{R} \mid x > 0, \frac{10}{x} - 3 \leq \frac{4}{x} + 1 \right\}$ geometrisch.
$\boxed{\text{ÜA}}$ Dasselbe für $\{ x \in \mathbb{R} \mid x < x^2 \}$.

5.8 Der Betrag einer reellen Zahl

Wir definieren $\quad |a| := \begin{cases} a & \text{falls } a \geq 0 \\ -a & \text{falls } a < 0. \end{cases}$

Beispiele: $|3| = 3$, $|-3| = 3$, $|0| = 0$, $\left| -\frac{1}{3} \right| = \frac{1}{3}$.
Es ist also immer $|a| \geq 0$, $|-a| = |a|$, $a \leq |a|$, $|a|^2 = a^2$.

5.9 Eigenschaften des Betrages

(a) $|a| \geq 0$ für alle $a \in \mathbb{R}$, $|a| = 0$ nur für $a = 0$.

(b) $|a \cdot b| = |a| \cdot |b|$

(c) $|a + b| \leq |a| + |b|$ (*Dreiecksungleichung*)

BEWEIS.

(a) $|a| \geq 0$ ist klar. Ist $a > 0$, so ist $|a| = a > 0$. Ist $a < 0$, so ist $|a| = -a > 0$. Ist also $|a| = 0$, so bleibt nur die Möglichkeit $a = 0$.

(b) ergibt sich durch Unterscheidung der 5 Fälle: $ab = 0$; $a > 0$, $b > 0$; $a > 0$, $b < 0$; $a < 0$, $b > 0$ und $a < 0$, $b < 0$ $\boxed{\text{ÜA}}$.

(c) ergibt sich aus (b):

$$|a + b|^2 = (a + b)^2 = a^2 + 2ab + b^2$$
$$\leq a^2 + |2ab| + b^2$$
$$= |a|^2 + 2 \cdot |a| \cdot |b| + |b|^2 = (|a| + |b|)^2 .$$

Die Behauptung folgt jetzt wegen $|a| + |b| \geq 0$ aus der letzten Behauptung 5.7.

$\square$

5.10 Die Dreiecksungleichung nach unten

$$\bigl| |a| - |b| \bigr| \leq |a - b|$$

BEWEIS.

Nach der Dreiecksungleichung ist $|a| = |b + (a - b)| \leq |b| + |a - b|$, also ist

(1) $|a| - |b| \leq |a - b|$.

Analog ist $|b| = |a + (b - a)| \leq |a| + |b - a| = |a| + |a - b|$, daraus

(2) $|b| - |a| \leq |b - a|$.

Nun ist $\bigl| |a| - |b| \bigr|$ eine der beiden Zahlen $|a| - |b|$, $|b| - |a|$. Somit folgt die Behauptung aus (1) oder aus (2). $\square$

5.11 Weitere wichtige Ungleichungen

(a) $|a \cdot b| \leq \frac{1}{2} \left(a^2 + b^2 \right)$.

(b) $(a + b)^2 \leq 2a^2 + 2b^2$.

(c) *Für* $a < b$ *ist* $a < \frac{1}{2} (a + b) < b$.

(d) *Für* $a, b > 0$ *gilt* $ab \leq \frac{1}{4} (a + b)^2$, *und Gleichheit tritt nur für* $a = b$ *ein*.

$\boxed{\ddot{\text{U}}\text{A}}$. Beweisen Sie diese Ungleichungen. Bringen Sie dabei in (a) und (d) beide Terme auf die rechte Seite und schreiben Sie sie als Quadratzahlen.

ANMERKUNG: Das Rechnen mit Ungleichungen und Beträgen ist grundlegend für die Analysis, so wie das Rechnen mit Gleichungen für die Algebra. Absolute Sicherheit in beiden Techniken ist unerläßlich für das weitere Verständnis!

6 Vollständige Induktion

6.1 Wohlordnung von $\mathbb{N}$. Mit den reellen Zahlen sind auch die natürlichen Zahlen angeordnet. Diese haben aber eine weitere fundamentale Eigenschaft:

Jede nichtleere Menge natürlicher Zahlen hat ein kleinstes Element,

d.h. ist $A \subset \mathbb{N}$, $A \neq \emptyset$, so gibt es ein $m \in A$ mit $m \leq a$ für alle $a \in A$.

Als Folgerung ergibt sich das

6.2 Induktionsprinzip

Ist M eine Teilmenge von $\mathbb{N}$ mit den Eigenschaften

(a) $1 \in M$,

(b) aus $k \in M$ folgt auch $k + 1 \in M$,

so ist $M = \mathbb{N}$.

Die Aussage 6.1 erscheint evident. Wie wir im folgenden sehen werden, ist das Induktionsprinzip von erheblicher Tragweite. Dennoch ist 6.2 eine logische Folgerung aus 6.1: Ist M eine Teilmenge von $\mathbb{N}$ mit den Eigenschaften (a), (b), so bilden wir die Menge $A := \{x \in \mathbb{N} \mid x \notin M\}$. Ist M nicht die ganze Menge $\mathbb{N}$, so ist A nicht leer und besitzt nach 6.1 ein kleinstes Element m. Es ist $m > 1$, denn wegen $1 \in M$ ist $1 \notin A$. Also ist auch $m - 1$ eine natürliche Zahl, und da m das kleinste Element von A sein sollte, ist $m - 1 \in M$. Wegen (b) ist dann auch $m \in M$ im Widerspruch zu $m \in A$. Somit scheidet der Fall $A \neq \emptyset$ aus. $\square$

6.3 Das Beweisprinzip der vollständigen Induktion

Es soll die Gültigkeit einer Aussage $\mathcal{A}(n)$ für alle natürlichen Zahlen n bewiesen werden, z.B. für die Summe der ersten n Quadratzahlen

$$\mathcal{A}(n): \qquad 1^2 + 2^2 + \ldots + n^2 = \tfrac{1}{6}n(n + 1)(2n + 1)\,.$$

Wir zeigen zunächst, daß $\mathcal{A}(1)$ richtig ist (Induktionsanfang).

In unserem Beispiel ist für $n = 1$ die linke Seite $1^2 = 1$, die rechte $\tfrac{1}{6} \cdot 1 \cdot 2 \cdot 3 = 1$.

Dann zeigen wir: *Falls $\mathcal{A}(k)$ richtig ist, muß auch $\mathcal{A}(k + 1)$ richtig sein (Induktionsschritt).*

Wir nehmen also an, $\mathcal{A}(k)$ sei richtig (*Induktionsannahme*):

$$1^2 + 2^2 + \ldots + k^2 = \tfrac{1}{6}k(k+1)(2k+1).$$

Dann folgt

$$1^2 + 2^2 + \ldots + k^2 + (k+1)^2 = \tfrac{1}{6}k(k+1)(2k+1) + (k+1)^2$$

$$= \tfrac{1}{6}(k+1)\left[k(2k+1) + 6(k+1)\right] = \tfrac{1}{6}(k+1)\left[2k^2 + 7k + 6\right]$$

$$= \tfrac{1}{6}(k+1)\left[(k+2)(2k+3)\right] = \tfrac{1}{6}(k+1)(k+2)(2(k+1)+1).$$

Ergebnis: *Falls $\mathcal{A}(k)$ richtig ist, ist auch $\mathcal{A}(k+1)$ richtig.*

Nun ist $\mathcal{A}(1)$ richtig, nach dem eben bewiesenen also auch $\mathcal{A}(2)$. Da aber $\mathcal{A}(2)$ richtig ist, folgt auch $\mathcal{A}(3)$. Mit $\mathcal{A}(3)$ folgt $\mathcal{A}(4)$ „und so weiter". Aber was heißt „und so weiter"? Soll $\mathcal{A}(463)$ als richtig nachgewiesen werden, so können wir uns in 462 Induktionschritten bis 463 hinaufhangeln. Der Nachweis von $\mathcal{A}(10^{30})$ dürfte auf diese Weise allerdings schon Generationen beschäftigen, auch mit Computerhilfe. Und woher nehmen wir die Gewißheit, daß wir so „schließlich" die unendliche Gesamtheit der natürlichen Zahlen erfassen?

Das Induktionsprinzip erlaubt uns den *Induktionsschluß* : $\mathcal{A}(n)$ *ist richtig für alle* $n \in \mathbb{N}$, denn $M = \{n \in \mathbb{N} \mid \mathcal{A}(n) \text{ ist richtig}\}$ hat die in 6.2 genannten Eigenschaften (a) und (b).

6.4 Historische Anmerkung. Die unbegreiflichen Möglichkeiten, die im Zahlensystem stecken, faszinierten vor allem die Inder. Sie stellten sich vor, daß der „Zahlenturm" über das Menschliche hinausragt in den Raum der Götter, und sie ersannen weit über alle praktischen Bedürfnisse hinaus Zahlsysteme und Zahlwörter, um gleichnishaft eine Idee von der Unerschöpflichkeit der denkbaren Welt zu geben. BUDDHA soll dargelegt haben, daß die Zählung nach Potenzen von 10^{17} sich noch durch eine andere übertreffen läßt, diese wiederum durch eine weitere und so fort. Ihm wird auch die Staubrechnung zugeschrieben, wonach 7 Atome auf ein sehr feines Staubkorn kommen, sieben sehr feine Staubkörner auf ein feines und so schließlich 7^{17} Atome auf eine Meile. Ähnlich dazu gab ARCHIMEDES eine Zahl an, welche größer ist als die Zahl der Sandkörner eines Haufens, der das Weltall füllt.

Es ist schon kühn, diese potentielle Unendlichkeit in einer „fertigen" Menge $\mathbb{N}$ zu fassen. Niemand wird je alle natürlichen Zahlen sehen. Das Induktionsprinzip rückt das scheinbar nicht Faßbare wieder in Griffweite: Nur solche Aussagen über die Gesamtheit der Zahlen gelten als bewiesen, die sich im *im Endlichen* nach diesem Prinzip entscheiden lassen.

Wir halten fest:

Eine Aussage $\mathcal{A}(n)$ ist für alle $n \in \mathbb{N}$ richtig, wenn folgendes nachgewiesen ist:

(a) $\mathcal{A}(1)$ *ist richtig,*

(b) *Falls $\mathcal{A}(k)$ richtig ist, ist auch $\mathcal{A}(k+1)$ richtig.*

Bei der vollständigen Induktion kann auch mit irgend einer natürlichen Zahl n_0 anstelle der 1 gestartet werden.

Eine Aussage $\mathcal{A}(n)$ ist für alle natürlichen Zahlen $n \geq n_0$ richtig, falls gilt:

(a) $\mathcal{A}(n_0)$ *ist richtig*

(b) *Ist $\mathcal{A}(k)$ richtig für ein $k \geq n_0$*, so auch für $k + 1$

Der Beweis ergibt sich wieder aus der Wohlordnung der natürlichen Zahlen, als $\boxed{\text{ÜA}}$.

6.5 Beispiel. *Die Summe der ersten n ungeraden Zahlen ist n^2.*
Induktionsanfang: Für $n = 1$ heißt das einfach $1 = 1^2$.
Induktionschritt:
Ist für irgend ein k $\mathcal{A}(k) : 1 + 3 + \ldots + (2k - 1) = k^2$ richtig, so folgt $1 + 3 + \ldots + (2k - 1) + (2k + 1) = k^2 + 2k + 1 = (k + 1)^2$, also $\mathcal{A}(k + 1)$.

Induktionschluß: Also gilt $\mathcal{A}(n)$ für alle $n \in \mathbb{N}$.

6.6 Die Bernoullische Ungleichung

Aus $h > -1$ folgt $(1 + h)^n \geq 1 + nh$ für alle $n \in \mathbb{N}$.

BEWEIS *durch Induktion.*
Für $n = 1$ besteht Gleichheit: $(1 + h)^1 = 1 + 1 \cdot h$.
Ist $(1 + h)^k \geq 1 + k \cdot h$, so folgt nach 5.5 (d) wegen $1 + h > 0$ auch

$$(1 + h)^{k+1} = (1 + h)^k (1 + h)$$
$$\geq (1 + kh)(1 + h) = 1 + (k + 1)h + kh^2 \geq 1 + (k + 1)h.$$

Aus $(1 + h)^k \geq 1 + kh$ folgt also auch $(1 + h)^{k+1} \geq 1 + (k + 1)h$. Nach dem Induktionsprinzip folgt $(1 + h)^n \geq 1 + nh$ für alle $n \in \mathbb{N}$ und $h > -1$.   □

6.7 Bemerkung. Daß jede ungerade natürliche Zahl k von der Form $2m - 1$ ist mit $m \in \mathbb{N}$ (vgl. 4.3), folgt aus der Wohlordnungseigenschaft 6.1, und zwar so:
Die Menge $A = \{n \in \mathbb{N} \mid 2n > k\}$ ist nicht leer wegen $2k \in A$. Also hat A ein kleinstes Element m. Es ist $2(m - 1) \leq k < 2m$, ja sogar $2m - 2 < k < 2m$, da k nicht gerade ist. Es bleibt für k nur der Wert $2m - 1$.

6.8* Eine Variante des Induktionsprinzips, die wir erst wesentlich später benötigen und die bei der ersten Lektüre übergangen werden kann, sei der Vollständigkeit halber hier aufgeführt.

SATZ. Eine Menge $M \subset \mathbb{N}$ besteht schon dann aus allen natürlichen Zahlen, wenn für sie gilt:

(a) $1 \in M$.

(b) Aus $1, 2, \ldots, k \in M$ folgt $k + 1 \in M$.

BEWEIS.

Wir betrachten $A = \{n \in \mathbb{N} \mid \{1, \ldots n\} \subset M\}$. Ist $n \in A$, so ist insbesondere $n \in M$. Also genügt es zu zeigen, daß $A = \mathbb{N}$ ist. Dies geschieht durch Induktion. Offenbar ist $1 \in A$. Ist $k \in A$, so bedeutet das $m \in M$ für alle $m \leq k$. Nach (b) folgt $k + 1 \in M$. Insgesamt ist dann sogar $m \in M$ für alle $m \leq k + 1$. Es folgt $k + 1 \in A$. $\qquad\square$

6.9 Summenzeichen und Produktzeichen

Die Summe $a_1 + a_2 + \ldots + a_n$ kürzen wir ab durch $\displaystyle\sum_{k=1}^{n} a_k$. Dabei vereinbaren

wir $\displaystyle\sum_{k=1}^{1} a_k = a_1$. Die oben bewiesenen Formeln lassen sich jetzt so schreiben:

$$\sum_{k=1}^{n} k^2 = \tfrac{1}{6} n(n+1)(2n+1), \qquad \sum_{k=1}^{n} (2k-1) = n^2$$

Auf den Namen des „Summationsindex" k kommt es nicht an, statt $\displaystyle\sum_{k=1}^{n} a_k$

können wir genausogut $\displaystyle\sum_{i=1}^{n} a_i$, $\displaystyle\sum_{j=1}^{n} a_j$ schreiben. Ist I eine endliche Teilmenge

von $\mathbb{N}$, etwa $I = \{n_1, \ldots, n_m\}$, so definieren wir $\displaystyle\sum_{k \in I} a_k := a_{n_1} + \ldots + a_{n_m}$. Aus

formalen Gründen ist es zweckmäßig, $\displaystyle\sum_{k \in I} a_k = 0$ zu setzen, falls $I = \emptyset$. Auch

folgende Schreibweisen sind üblich:

$$\sum_{k=l}^{m} a_k = \begin{cases} a_l & \text{falls } m = l \\ a_l + a_{l+1} + \ldots + a_m & \text{falls } m > l \\ 0 & \text{falls } m < l, \end{cases}$$

ferner $\displaystyle\sum_{k=0}^{n-1} a_{k+1}$ statt $\displaystyle\sum_{k=1}^{n} a_k$.

Ganz analog definieren wir

$$\prod_{k=l}^{m} a_k := \begin{cases} a_l & \text{falls } m = l \\ a_l \cdot a_{l+1} \cdot \ldots \cdot a_m & \text{falls } m > l \\ 1 & \text{falls } m < l. \end{cases}$$

Die **Fakultät** ist definiert durch

$$\mathbf{n!} := \prod_{k=1}^{n} k = 1 \cdot 2 \cdot \ldots \cdot n$$

für $n \in \mathbb{N}$ (und verabredungsgemäß $0! := 1$).

6.10 Aufgabe. Zeigen Sie die Abschätzung

$$n! \leq 4 \left(\tfrac{n}{2}\right)^{n+1} \quad \text{für} \quad n = 1, 2, \ldots$$

durch Induktion und mit der Bernoullischen Ungleichung, und prüfen Sie deren Güte anhand einiger Zahlenbeispiele.

6.11 Die geometrische Summenformel

(a) $a^n - b^n = (a - b) \cdot \left(a^{n-1} + a^{n-2}b + \ldots + ab^{n-2} + b^{n-1}\right)$.

Für $n = 2$ ist dies einfach die Formel $a^2 - b^2 = (a - b)(a + b)$.

(b) Für $a = 1$ und $b = q$ folgt daraus unmittelbar

$$\sum_{k=0}^{n} q^k = \frac{1 - q^{n+1}}{1 - q} \quad \text{für} \quad q \neq 1.$$

(c) BEMERKUNG. Für $a > b > 0$ folgt $a^n > b^n$ nach (a).

Die Formel (a) macht man sich leicht plausibel:

$$
\begin{aligned}
(a - b) \cdot &\left(a^{n-1} + a^{n-2}b + \cdots + b^{n-1}\right) \\
&= a^n - b \cdot a^{n-1} + a^{n-1}b - a^{n-2}b^2 + a^{n-2}b^2 + \cdots \\
&\quad - ab^{n-1} + ab^{n-1} - b^n = a^n - b^n,
\end{aligned}
$$

da sich innere benachbarte Glieder gegenseitig wegheben.

$\boxed{\text{ÜA}}$ Beweisen sie die Formel (a) durch Induktion!

6.12 Zeigen Sie durch Induktion: $\left| \displaystyle\sum_{k=1}^{n} a_k \right| \leq \sum_{k=1}^{n} |a_k|$.

7 Intervalle

7.1 Abgeschlossene Intervalle

Für reelle Zahlen a, b setzen wir:

$$
\begin{aligned}
[a, b] &:= \{x \in \mathbb{R} \mid a \leq x \leq b\} \qquad (a \leq b) \\
[a, \infty[&:= \{x \in \mathbb{R} \mid a \leq x\} \\
] - \infty, b] &:= \{x \in \mathbb{R} \mid x \leq b\} .
\end{aligned}
$$

Manchmal schreiben wir $] - \infty, \infty[$ an Stelle von $\mathbb{R}$. Die Symbole $-\infty$ und ∞ haben keine eigenständige Bedeutung.

7.2 Offene Intervalle

Für reelle Zahlen $a < b$ schreiben wir

$$]a,b[:= \{x \in \mathbb{R} \mid a < x < b\}.$$

Wir rechnen auch $]a,\infty[= \{x \in \mathbb{R} \mid x > a\}$, $]-\infty,b[= \{x \in \mathbb{R} \mid x < b\}$ und $\mathbb{R} =]-\infty,+\infty[$ zu den offenen Intervallen.

7.3 Halboffene Intervalle

Sind a,b reelle Zahlen mit $a < b$, so setzen wir

$$]a,b] := \{x \in \mathbb{R} \mid a < x \leq b\}, \qquad [a,b[:= \{x \in \mathbb{R} \mid a \leq x < b\}.$$

7.4 Abgeschlossene und offene Halbgerade

$$\mathbb{R}_+ := \{x \in \mathbb{R} \mid x \geq 0\}, \qquad \mathbb{R}_{>0} := \{x \in \mathbb{R} \mid x > 0\}.$$

7.5 Kompakte Intervalle

Wir nennen Intervalle der Form $[a,b]$ mit $a, b \in \mathbb{R}$, $a \leq b$ *kompakt*.

8 Beschränkte Mengen, obere und untere Schranken

8.1 Definition. Eine Teilmenge M von $\mathbb{R}$ heißt **nach oben beschränkt**, wenn es eine Zahl K gibt mit $x \leq K$ für alle $x \in M$. K heißt in diesem Fall eine **obere Schranke** für M. Ist K eine obere Schranke und $K' \geq K$, so ist auch K' eine obere Schranke. Analog werden die Begriffe **nach unten beschränkt** und **untere Schranke** definiert.

8.2 Beispiele (a) $\mathbb{N}$ ist nach unten beschränkt, eine untere Schranke ist 1.

(b) $\mathbb{R}_{>0}$ ist nach unten beschränkt, 0 ist eine untere Schranke.

(c) Die Menge $W = \{x \in \mathbb{R} \mid x^2 < 2\}$ hat 2 als obere Schranke. Denn für jedes $x \in W$ gilt $x^2 < 2 < 2^2$, also $x < 2$ nach 5.7.

8.3 Beschränkte Mengen. Eine Teilmenge M von $\mathbb{R}$ heißt **beschränkt**, wenn es ein $K \geq 0$ gibt mit $|x| \leq K$ für alle $x \in M$. K heißt in diesem Fall eine **Schranke** für M. Aus formalen Gründen gilt $\emptyset$ als beschränkt. Ist M beschränkt mit Schranke K, so ist $M \subset [-K, K]$, also ist M nach oben und nach unten beschränkt. Ist umgekehrt M nach oben beschränkt mit oberer Schranke S und nach unten beschränkt mit unterer Schranke T, so ist M beschränkt mit der größeren der beiden Zahlen $|S|$, $|T|$ als Schranke. Dabei definieren wir

9 Maximum und Minimum

9.1   Für zwei Zahlen a, b setzen wir

$$\max\{a, b\} := \begin{cases} b, & \text{falls } b \geq a \\ a, & \text{falls } b < a, \end{cases}$$

$$\min\{a, b\} := \begin{cases} a, & \text{falls } a \leq b \\ b, & \text{falls } a > b. \end{cases}$$

Allgemeiner gibt es zu je endlich vielen Zahlen $a_1, \ldots, a_n$ eine größte und eine kleinste, bezeichnet mit

$$\max\{a_1, \ldots, a_n\} \quad \text{bzw.} \quad \min\{a_1, \ldots, a_n\}.$$

9.2   Ist M eine nichtleere Teilmenge von $\mathbb{R}$, so schreiben wir $m = \max M$ (m ist das größte Element, bzw. das **Maximum** von M), falls

(a) m eine obere Schranke für M ist und falls

(b) $m \in M$.

Entsprechend schreiben wir $l = \min M$ (l ist das kleinste Element, bzw. das **Minimum** von M), falls

(a) l eine untere Schranke für M ist und falls

(b) $l \in M$.

9.3   *Jede nach unten beschränkte nichtleere Teilmenge von $\mathbb{Z}$ besitzt ein Minimum.* (ÜA unter Benützung von 6.1)

Vorsicht: *Nicht jede nichtleere, nach unten beschränkte Teilmenge von $\mathbb{R}$ besitzt ein kleinstes Element!*

Zum Beispiel ist $\mathbb{R}_{>0}$ nach unten beschränkt, hat aber kein kleinstes Element. Ist nämlich $x \in \mathbb{R}_{>0}$, so ist $0 < \frac{x}{2} < x$. Also gibt es zu jedem Element von $\mathbb{R}_{>0}$ noch ein kleineres. Die Zahl 0 gehört nicht zu $\mathbb{R}_{>0}$!

Weitere BEISPIELE:

(a) $a = \min[a, b]$, $b = \max[a, b]$

(b)   Das Intervall $]a, b[$ besitzt kein Maximum und kein Minimum. Denn ist $x \in]a, b[$, so enthält $]a, b[$ immer noch größere Zahlen (z.B. $\frac{1}{2}(x+b)$, vgl. 5.11 (c)) und noch kleinere (z.B. $\frac{1}{2}(a + x)$).

(c)   Jede nichtleere Teilmenge von $\mathbb{N}$ besitzt ein Minimum (6.1).

10 Archimedische Anordnung von $\mathbb{Q}$

(a) *Sind p, q positive rationale Zahlen, so gibt es mindestens eine natürliche Zahl N mit $N \cdot p > q$. Insbesondere gibt es zu jeder noch so großen positiven Zahl $r \in \mathbb{R}$ eine natürliche Zahl N mit $N > r$.*

(b) *Zwischen je zwei rationalen Zahlen $p < q$ gibt es eine weitere, ja sogar unendlich viele weitere rationale Zahlen.*

BEWEIS.

(a) Sind

$$p = \frac{n}{m}, \quad q = \frac{n'}{m'}$$

rationale Zahlen mit $n, m, n', m' \in \mathbb{N}$, so setzen wir $N := m \cdot n' + 1$. Dann ist

$$N \cdot p = \frac{n(mn' + 1)}{m} > \frac{nmn'}{m} = nn' \geq n' \geq \frac{n'}{m'} = q$$

Der zweite Teil ergibt sich für $p = 1$, $q = r$.

(b) Ist $p < q$, so ist $p < \frac{1}{2}(p + q) < q$ (5.11 (c)). Bezeichnen wir $\frac{1}{2}(p + q)$ mit r_1, so gibt es ein $r_2 \in \mathbb{Q}$ mit $r_1 < r_2 < q$, dann ein $r_3 \in \mathbb{Q}$ mit $r_2 < r_3 < q$ usw. Per Induktion folgt, daß es zu jedem $n \in \mathbb{N}$ ein r_n gibt mit $p < r_n < q$, welches von $r_1, r_2, \ldots, r_{n-1}$ verschieden ist.

$\square$

BEMERKUNGEN.

Zu (a): Für die reellen Zahlen werden wir in § 2 : 2.1 einen entsprechenden Satz beweisen. Seine geometrische Deutung ist, daß eine noch so kleine Strecke AB, wenn man sie genügend oft aneinandersetzt, schließlich jede vorgegebene Strecke CD übertreffen muß:

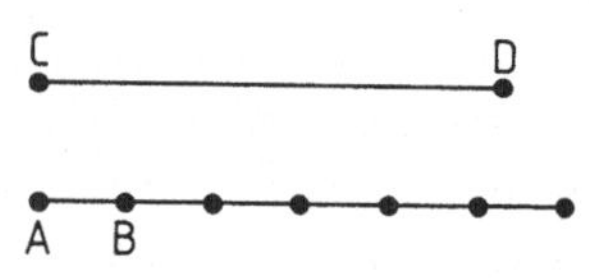

Zu (b): Zu der Unendlichkeit von $\mathbb{Q}$ in Bezug auf die Ausdehnung kommt sozusagen eine Unendlichkeit nach innen hinzu: Die rationalen Zahlen liegen unendlich dicht gepackt auf der Zahlengeraden. Umso überraschender muß die folgende Tatsache erscheinen:

11 Die Abzählbarkeit von $\mathbb{Q}$

Man kann die rationalen Zahlen durchnumerieren.

Das bedeutet: $\mathbb{Q}$ hat nicht mehr Elemente als $\mathbb{N}$. Wir sehen das mit Hilfe des *ersten Cantorschen Diagonalverfahrens:*

Wir ordnen die positiven rationalen Zahlen in dem nebenstehenden Schema an und gehen bei der Numerierung den Pfeilen nach. Dabei werden alle Zahlen, die schon einmal (in anderer Darstellung) erfasst wurden, übergangen (in der Figur eingekreist). Die positiven rationalen Zahlen sind so in der Form $r_1 = 1$, $r_2 = \frac{1}{2}$, $r_3 = 2$, $r_4 = 3$, $r_5 = \frac{1}{3}$ usw. numeriert. In der Auflistung 0, r_1, $-r_1$, r_2, $-r_2$, ... kommt jede rationale Zahl genau einmal vor. Daraus ergibt sich die Numerierung von $\mathbb{Q}$.

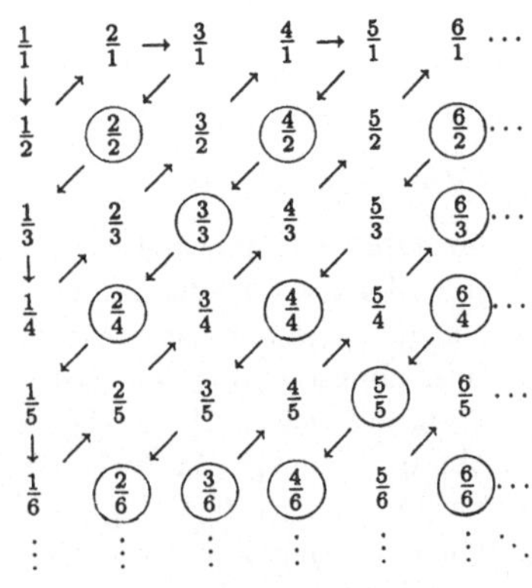

12 Die Lückenhaftigkeit von $\mathbb{Q}$

Nehmen wir einmal an, unsere Zahlengerade bestünde nur aus den rationalen Zahlen. Wir errichten über dieser „Zahlengeraden $\mathbb{Q}$" das Einheitsquadrat (Fig.) und beschreiben um den Nullpunkt den Kreis mit Radius d (Fig.). Dann hätte dieser mit der Zahlengeraden keinen Schnittpunkt. Denn nach Pythagoras wäre $d^2 = 1^2 + 1^2 = 2$. Es gilt aber:

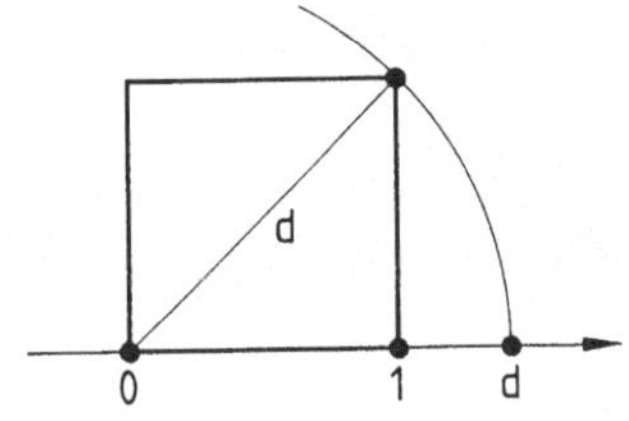

Es gibt keine rationale Zahl r mit $r^2 = 2$.

Damit reichen die rationalen Zahlen zur Beschreibung einfachster geometrischer Konstruktionen nicht aus.

Der folgende Beweis ist über 2000 Jahre alt: Wäre $r^2 = 2$, $r = \frac{n}{m}$, $n \in \mathbb{Z}$, $m \in \mathbb{N}$, so könnten wir durch sukzessives Kürzen mit 2 erreichen, daß m oder n ungerade ist. Aus $n^2 = 2m^2$ folgte dann, daß n^2 gerade ist. Dann müßte auch n gerade sein, denn das Produkt zweier ungerader Zahlen ist ungerade. Also wäre $|n| = 2k$ mit $k \in \mathbb{N}$. Das hätte zur Folge $4k^2 = 2m^2$ oder $m^2 = 2k^2$. Damit wäre m^2 gerade, also m gerade im Widerspruch zur Annahme.

§2 Die Vollständigkeit von ℝ, konvergente Folgen

1 Supremum und Infimum

1.1 Vorbemerkungen

Bisher haben wir über die reellen Zahlen folgendes festgestellt: Sie bilden einen Körper, der die ganzen Zahlen enthält. Je zwei Zahlen sind der Größe nach vergleichbar, und für die Anordnung gelten die Axiome (O_1) bis (O_4). All dies gilt aber auch für den Körper $\mathbb{Q}$ der rationalen Zahlen. Die entscheidende Eigenschaft, welche ℝ vor $\mathbb{Q}$ auszeichnet, ist die „Vollständigkeit". Sie erst erlaubt die Lösung von Aufgaben, die im Bereich der rationalen Zahlen nicht lösbar sind: Länge der Diagonalen im Einheitsquadrat, Bestimmung des Kreisumfangs, Flächenberechnungen u.a. Es gibt verschiedene Möglichkeiten, die Vollständigkeit von ℝ zu beschreiben, wir wählen die folgende:

1.2 Das Supremumsaxiom

> Jede nach oben beschränkte, nichtleere Teilmenge M von ℝ besitzt eine kleinste obere Schranke. Diese wird das **Supremum** von M genannt und mit $\sup M$ bezeichnet.

$s = \sup M$ bedeutet also:

(a) s ist obere Schranke von M: $x \leq s$ für jedes $x \in M$.

(b) Jedes $r < s$ ist keine obere Schranke von M: $r < x$ für mindestens ein $x \in M$.

Aus dem Supremumsaxiom folgt unmittelbar:

1.3 *Jede nach unten beschränkte, nichtleere Teilmenge M von ℝ besitzt eine größte untere Schranke, das **Infimum** $\inf M$ von M.*

Denn spiegelt man die Menge M am Ursprung der Zahlengeraden (Ersetzen von x durch $-x$), so gehen untere Schranken in obere Schranken über und umgekehrt.

$t = \inf M$ bedeutet:

(a) t ist untere Schranke von M: $t \leq x$ für jedes $x \in M$.

(b) Jedes $r > t$ ist keine untere Schranke von M: $r > x$ für mindestens ein $x \in M$.

1.4 Bemerkungen und Beispiele

(a) Für das Intervall $I =]a, b[$ gilt $b = \sup I$. Denn b ist obere Schranke für I und für $r < b$ gibt es ein $x \in I$ mit $r < x$, nämlich $x = \frac{1}{2}(r + b)$.

Ganz analog ergibt sich $a = \inf I$.

(b) *Man beachte den Unterschied zwischen Maximum und Supremum*: Im vorangehenden Beispiel besitzt I weder ein Maximum noch ein Minimum. Das Supremum einer Menge M muß also nicht zu M gehören.

(c) Besitzt M allerdings ein Maximum: $m = \max M$, so ist m auch das Supremum von M. Entsprechendes gilt für das Minimum.

(d) Den Kreisumfang werden wir später als das Supremum der Längen aller einbeschriebenen Sehnenpolygone definieren.

(e) In $\mathbb{Q}$ gilt das Supremumsaxiom nicht. Wir werden anschließend sehen, daß die Menge

$$M = \left\{ x \in \mathbb{Q} \mid x^2 < 2 \right\}$$

nichtleer und nach oben beschränkt ist und daß aus $s = \sup M$ notwendigerweise $s^2 = 2$ folgt. Es gibt aber keine rationale Zahl s mit $s^2 = 2$ (vgl. §1:12). Also hat M kein Supremum in $\mathbb{Q}$.

1.5 Aufgabe. Beantworten Sie für die nachfolgenden Mengen $M \subset \mathbb{R}$ die Fragen:

Ist M nach oben beschränkt? Wenn ja, geben Sie $s = \sup M$ an und begründen Sie, warum $s = \sup M$ ist.

Die entsprechende Frage für „nach unten beschränkt" und $\inf M$.

Hat M ein Maximum? Wenn ja, welches?

Hat M ein Minimum? Wenn ja, welches?

(a) $M_1 = \left\{ 1 - \frac{1}{n} \mid n \in \mathbb{N} \right\}$

(b) $M_2 = \{ t \in \mathbb{R} \mid t \text{ ist obere Schranke von } M_1 \}$

(c) $M_3 = \left\{ (1 - \frac{1}{n^2})^n \mid n \in \mathbb{N} \right\}$ (Hier hilft eine wichtige Ungleichung weiter!)

(d) $M_4 = \{ x \in\ ]-\infty, 2] \mid x \text{ ist irrational} \}$

(e) $M_5 = \left\{ x \in \mathbb{R} \mid x^3 \le 8 \right\}$

(f) $M_6 = \left\{ x \in \mathbb{R} \mid x^2 - 7x + 12 \ge 0 \right\}$

2 Folgerungen aus dem Supremumsaxiom

2.1 Die archimedische Eigenschaft von $\mathbb{R}$

Wir geben drei äquivalente Formulierungen (vgl. §1:10):

(a) *Für positive Zahlen a, b gibt es eine natürliche Zahl n mit $n \cdot a > b$.*

(b) *Zu jeder positiven Zahl r gibt es ein $n \in \mathbb{N}$ mit $n > r$.*

(c) *Zu jedem $\varepsilon > 0$ gibt es ein $N \in \mathbb{N}$ mit $\frac{1}{N} < \varepsilon$.*

BEWEIS von (b). Sei $r > 0$ gegeben. Angenommen, es gebe kein $n \in \mathbb{N}$ mit $n > r$. Dann wäre $\mathbb{N}$ nach oben beschränkt mit oberer Schranke r. Nach 1.2 hätte dann $\mathbb{N}$ ein Supremum: $s := \sup \mathbb{N}$. Es wäre dann $n + 1 \leq s$ für alle $n \in \mathbb{N}$, also $n \leq s - 1$ für alle $n \in \mathbb{N}$; damit wäre $s - 1$ obere Schranke von $\mathbb{N}$ im Widerspruch dazu, daß s die kleinste obere Schranke sein sollte.

(a) folgt aus (b) mit $r = \frac{b}{a}$; (c) mit $r = \frac{1}{\varepsilon}$. $\qquad\qquad\qquad\qquad$ $\square$

2.2 Die Zahl $[x]$

Jede nach unten beschränkte, nichtleere Menge M ganzer Zahlen besitzt ein Minimum. (Denn ist $-k$ mit $k \in \mathbb{N}$ eine untere Schranke, so wenden wir §1:6.1 auf die verschobene Menge $M' = \{k + m \mid m \in M\}$ an.)

Für jede reelle Zahl x gibt es genau eine ganze Zahl n mit

$$n \leq x < n + 1 \, ,$$

nämlich $n = \min \{m \in \mathbb{Z} \mid x < m + 1\}$. *Wir bezeichnen diese Zahl mit $[x]$* (bei Computern: INT(x)). $[x]$ ist offenbar die größte ganze Zahl $\leq x$.

2.3 Ein kleiner Hilfssatz. *Von der reellen Zahl x sei bekannt, daß es eine Konstante $c > 0$ gibt mit*

$$x \leq \frac{c}{n} \quad \text{für alle genügend großen natürlichen Zahlen.}$$

Dann folgt $x \leq 0$.

$\boxed{\text{ÜA}}$ Warum kann x nicht positiv sein?

2.4 Die Existenz der Quadratwurzel aus positiven Zahlen

Zu jeder Zahl $a \geq 0$ gibt es genau eine Zahl $x \geq 0$ mit $x^2 = a$; bezeichnet mit $\sqrt{a}$.

BEWEIS.

Für $a = 0$ ist die Behauptung klar; sei also $a > 0$.

(a) *Eindeutigkeit:* Aus $x^2 = a$ und $y^2 = a$ folgt $0 = x^2 - y^2 = (x - y) \cdot (x + y)$, also $x = y$ oder $x = -y$. Da nur positive Lösungen in Frage kommen, bleibt $x = y$.

(b) *Existenz der Wurzel:* Wir betrachten die Menge

$$M = \left\{ x \in \mathbb{R} \mid x \geq 0 \quad \text{und} \quad x^2 < a \right\} .$$

M ist nicht leer, denn $0 \in M$. M ist nach oben beschränkt durch $1 + \frac{a}{2}$, denn für $x \in M$ gilt

$$x^2 < a < 1 + a + \frac{a^2}{4} = \left(1 + \frac{a}{2}\right)^2 \quad \text{und daraus} \quad x < 1 + \frac{a}{2}.$$

Für das Supremum $s = \sup M$ wollen wir $s^2 = a$ zeigen. Wir zeigen zuerst $s^2 \geq a$. Für $n = 1, 2, \ldots$ gilt $s + \frac{1}{n} \notin M$, also

$$a \leq \left(s + \frac{1}{n}\right)^2 = s^2 + \frac{2s}{n} + \frac{1}{n^2} \quad \text{und daraus}$$

$$a - s^2 \leq \frac{2s}{n} + \frac{1}{n^2} \leq \frac{2s}{n} + \frac{1}{n} = \frac{2s + 1}{n}.$$

Es folgt $a - s^2 \leq 0$ nach 2.3.

Jetzt zeigen wir $s^2 \leq a$. Wegen $s^2 \geq a > 0$ gilt $s > 0$, also gibt es ein $N \in \mathbb{N}$ mit $\frac{1}{N} < s$, und damit haben wir für alle $n \geq N$

$$0 < s - \frac{1}{N} \leq s - \frac{1}{n}.$$

Da $s - \frac{1}{n}$ keine obere Schranke von M ist, gibt es jeweils ein $x_n \in M$ mit

$$0 < s - \frac{1}{n} < x_n, \quad \text{vgl. 1.2 (b)}.$$

Wir haben dann

$$a > x_n^2 > \left(s - \frac{1}{n}\right)^2 = s^2 - \frac{2s}{n} + \frac{1}{n^2} > s^2 - \frac{2s}{n} \quad \text{bzw.}$$

$$\frac{s^2 - a}{2s} < \frac{1}{n} \quad \text{für alle} \quad n \geq N \quad \text{und damit nach 2.3}$$

$$\frac{s^2 - a}{2s} \leq 0, \quad \text{d.h.} \quad s^2 \leq a. \qquad \square$$

BEMERKUNG. Die Menge $M = \{x \in \mathbb{Q} \mid x \geq 0 \quad \text{und} \quad x^2 < 2\}$ besitzt kein Supremum in $\mathbb{Q}$, obwohl sie nichtleer und nach oben beschränkt ist. Denn für ein solches Supremum s würde nach den rein rationalen Rechnungen des Beweises folgen $s^2 = 2$.

2.5 $\mathbb{Q}$ liegt dicht in $\mathbb{R}$

In jedem (noch so kleinen) Intervall $]a, b[$ gibt es eine, ja sogar unendlich viele rationale Zahlen.

BEWEIS.

Wir wählen zuerst $n \in \mathbb{N}$ mit $\frac{1}{n} < \frac{b-a}{2}$ und suchen ein $m \in \mathbb{Z}$ mit

$$a < \frac{m}{n} < \frac{m+1}{n} < b.$$

Hierzu setzen wir $m := [na] + 1$, so daß $m \in \mathbb{Z}$ und $m - 1 \le na < m$. Es gilt dann

$$a < \frac{m}{n} \quad \text{und} \quad \frac{m+1}{n} = \frac{m-1}{n} + \frac{2}{n} < a + (b-a) = b\,.$$

Mit diesen beiden rationalen Zahlen liegen nach § 1 : 10 (b) noch unendlich viele weitere Zahlen zwischen a und b.   □

2.6 *Auch die irrationalen (nicht rationalen) Zahlen liegen dicht in* ℝ, *d.h. in jedem Intervall* $]a, b[$ *findet sich eine irrationale Zahl.*

BEWEIS.

Wir wählen gemäß 2.5 zwei rationale Zahlen $p < q$ in $]a, b[$, ein $n \in \mathbb{N}$ mit

$$\frac{1}{n} < \frac{q-p}{\sqrt{2}} \quad \text{und} \quad m \in \mathbb{Z} \quad \text{mit} \quad p < \frac{m}{n}\sqrt{2} < q\,.$$

Festlegung von m und Nachweis der letzten Ungleichungen als $\boxed{\text{ÜA}}$.   □

2.7 Aufgaben

(a) Zeigen Sie, daß $1 + \frac{x}{2} - \frac{x^2}{2} \le \sqrt{1+x} \le 1 + \frac{x}{2}$ für alle $x \in [-1, +1]$.

(b) Zeigen Sie: Ist $1 + \alpha x - \beta x^2 \le \sqrt{1+x} \le 1 + \alpha x$ für alle $x \in [-1, +1]$, so folgt $\alpha = \frac{1}{2}$ und $\beta \ge \frac{1}{2}$.

3 Folgen, Rekursion, Teilfolgen

3.1 Folgen

Ist durch irgendeine Vorschrift jeder natürlichen Zahl n eine reelle Zahl a_n zugewiesen, so sprechen wir von einer *Zahlenfolge*, bezeichnet mit $(a_n)_{n \in \mathbb{N}}$ bzw. $(a_k)_{k \in \mathbb{N}}$ usw. Solange keine Mißverständnisse möglich sind, schreiben wir kurz (a_n) bzw. (a_k) usw. In manchen Fällen bezeichnen wir die Folge auch mit $(a_1, a_2, a_3, \ldots)$.

BEISPIELE

$$\left(\frac{1}{n}\right) = \left(1, \frac{1}{2}, \frac{1}{3}, \frac{1}{4}, \ldots\right)$$

$$\left(\left(1 + \frac{1}{n}\right)^n\right) = \left(2, \frac{9}{4}, \frac{64}{27}, \frac{625}{256}, \ldots\right)$$

$$(q^n) = \left(q^1, q^2, q^3, q^4, \ldots\right)$$

$$((-1)^n) = (-1, 1, -1, 1, \ldots)$$

$$\left(\frac{n!}{20^n}\right) = \left(\frac{1}{20}, \frac{1}{200}, \frac{3}{4000}, \frac{3}{20000}, \frac{3}{80000}, \frac{9}{800000}, \frac{63}{16 \cdot 10^6}, \dots\right)$$

Man sieht hier, daß die Auflistung der Elemente keinen Einblick in das Bildungsgesetz liefert. Andererseits läßt sich bei der Folge $(1, 0, 1, 0, 0, 1, 0, 0, 0, 1, 0, \dots)$ das Bildungsgesetz nur sehr mühsam formelmäßig angeben.

3.2 Rekursive Definition von Folgen

(a) Setzen wir $a_1 = 1$, $a_2 = \sqrt{1 + a_1}$, $a_3 = \sqrt{1 + a_2}$, allgemein $a_{n+1} = \sqrt{1 + a_n}$, so ist dadurch eine Folge (a_n) definiert. Das ist eine Folgerung aus dem Induktionsprinzip.

(b) Ebenso ist durch $a_1 = 1$, $a_2 = 1$, $a_{n+2} = a_n + a_{n+1}$ eine Folge (a_n) definiert.

3.3 Teilfolgen entstehen aus Folgen durch Weglassen von Folgengliedern:

$$(a_1, a_3, a_7, a_8, a_{10}, \dots) = (a_1, \cancel{a_2}, a_3, \cancel{a_4}, \cancel{a_5}, \cancel{a_6}, a_7, a_8, \cancel{a_9}, a_{10}, \dots).$$

So sind $(1, 1, 1, \dots)$ und $(-1, -1, -1, \dots)$ Teilfolgen von $(1, -1, 1, -1, \dots)$. Wie beschreiben wir das mathematisch? *Eine Teilfolge von* (a_n) *hat die Gestalt* $(a_{n_k})_{k \in \mathbb{N}}$, wobei die n_k natürliche Zahlen sind mit $n_1 < n_2 < n_3 < \dots$ In unserem Beispiel ist $n_1 = 1$, $n_2 = 3$, $\dots$, $n_5 = 10, \dots$

Man beachte: *Ist* $(a_{n_k})_{k \in \mathbb{N}}$ *eine Teilfolge von* (a_n), *so ist immer* $n_k \geq k$.

4 Nullfolgen

4.1 Programm

Wir wollen mathematisch streng fassen, was wir unter der Formulierung „*Die Folge* (a_n) *hat den Grenzwert* a", verstehen wollen.

Dazu gehen wir in zwei Schritten vor. Zunächst präzisieren wir die Aussage „$a_n \to 0$ für $n \to \infty$". Anschließend definieren wir „$a_n \to a$ für $n \to \infty$" durch „$a_n - a \to 0$ für $n \to \infty$".

4.2 Die Unzulänglichkeit der Intuition

Die Feststellung $\frac{1}{n} \to 0$ für $n \to \infty$ wird jeder unterschreiben, ebenso unproblematisch ist die Behauptung $\left(\frac{9}{10}\right)^n \to 0$. Wie steht es aber mit der Folge $\left(n \cdot \left(\frac{9}{10}\right)^n\right)$? $\left(\frac{9}{10}\right)^n$ strebt gegen Null, n wächst über alle Grenzen. Das Studium der ersten Glieder

$$\frac{9}{10}, \frac{162}{100}, \frac{2187}{1000}, \frac{26244}{10000}$$

vermittelt keine klare Vorstellung. Eine klare Vorstellung dagegen scheinen die ersten Glieder der Folge $a_n = \frac{n!}{20^n}$ zu vermitteln: Sie sind der Reihe nach 0.05,

0.005, $7.5 \cdot 10^{-4}$, $1.5 \cdot 10^{-4}$ und werden im folgenden rasch sehr klein. So ist $a_{20} \approx 2.32 \cdot 10^{-8}$. Alles klar? Denkste: $a_{60} \approx 7217.3$.

4.3 Weitere Bemerkungen. Die gesamte höhere Analysis und damit auch die mathematische Physik stützt sich auf Konvergenzbetrachtungen. Diese werden in aller Regel auf reelle Nullfolgen zurückgeführt. Daher werden wir an dieser Stelle größten Wert auf mathematische Strenge und Beherrschung der Techniken legen.

Eine strenge Fassung des Konvergenzbegriffes scheint zunächst schwierig: Um das finale Verhalten der a_n zu klären, muß man scheinbar die Reise ins Unendliche antreten. In Wirklichkeit werden wir aber die Entscheidung im Endlichen treffen.

4.4 Definition

Eine Folge (a_n) heißt **Nullfolge** (in Zeichen $\lim_{n \to \infty} a_n = 0$ oder $a_n \to 0$ für $n \to \infty$), wenn es zu jeder (noch so kleinen) Zahl $\varepsilon > 0$ eine natürliche Zahl n_ε gibt, so daß $|a_n| < \varepsilon$ für alle $n > n_\varepsilon$.

4.5 Beispiele

(a) *Die Folge $\left(\frac{1}{n}\right)$ ist eine Nullfolge.* Ist $\varepsilon > 0$ gegeben, so setzen wir $n_\varepsilon := \left[\frac{1}{\varepsilon}\right]$. Für $n > n_\varepsilon$ gilt dann $n > \frac{1}{\varepsilon}$, also $\frac{1}{n} < \varepsilon$. $\boxed{\text{ÜA}}$: $\left(\frac{c}{n}\right)$ ist Nullfolge für jedes $c \in \mathbb{R}$.

(b) Die Folge $\left(\dfrac{1}{\sqrt{n}}\right)$ ist Nullfolge. Damit $\dfrac{1}{\sqrt{n}} < \varepsilon$ wird, muß $\dfrac{1}{n} < \varepsilon^2$ oder $n > \dfrac{1}{\varepsilon^2}$ werden. Setzen wir also $n_\varepsilon := \left[\dfrac{1}{\varepsilon^2}\right]$, so wird für $n > n_\varepsilon$ auch $n > \dfrac{1}{\varepsilon^2}$, somit $\dfrac{1}{\sqrt{n}} < \varepsilon$.

4.6 Ein fiktives Streitgespräch

A: Ich habe die ersten Glieder der Folge $a_n = \frac{2^n}{n!}$ mit dem Computer berechnet:

$$a_1 = 2, \; a_2 = 2, \; a_3 = \frac{4}{3}, \; a_4 = \frac{2}{3}, \; a_5 = \frac{4}{15}, \; a_6 = \frac{4}{45},$$

$$a_7 \approx 0.0254, \; a_8 \approx 0.00635.$$

Man sieht schon: $a_n \to 0$.

B: Glaube ich nicht. 2^n wächst über alle Grenzen, wie schon den Zeitgenossen Buddhas klar war.

A: Aber $n!$ wächst noch stärker!

B: Berechne doch mal a_{781}. (Computer von A: „Error!")

A: Geht nicht. Aber a_{781} ist bestimmt fürchterlich klein, und die folgenden Glieder sind noch kleiner. Denn $a_{n+1} = \frac{2}{n+1} \cdot a_n$.

B: Die Glieder von $1 + \frac{1}{n}$ werden auch immer kleiner.

A: Ich meine, $n!$ wächst so stark, daß a_n *beliebig klein* wird.

B: Was heißt „beliebig klein"?

A: So klein Du willst!

B: Kleiner als $\frac{1}{1000}$?

A: $a_{10} \approx 2.822 \cdot 10^{-4}$. Und die folgenden a_n sind noch kleiner, wie ich schon begründet habe.

B: Kleiner als 10^{-6}?

A: $a_{15} < 2.506 \cdot 10^{-8}$.

B: O.K. Aber kleiner als 10^{-12}?

A: $a_{20} < 4.31 \cdot 10^{-13}$.

B: Reiner Zufall. Ich habe heute nur einen schlechten Tag beim Ausdenken kleiner Zahlen. Ich sage: 10^{-1000}! (Computer: „Error!")

A: So kommen wir nicht weiter! Ich zeige Dir jetzt, daß es ganz gleich ist, was Du Dir ausdenkst.

Nehmen wir an, Du hast Dir eine kleine Zahl ausgedacht, nennen wir sie ε. Positiv muß sie sein, denn ich habe nie behauptet, daß a_n irgendwann einmal Null wird. Also jetzt warte mal! (A begibt sich ins Nebenzimmer).

A (für sich): Machen wir eine Analyse! Für $n \geq 3$ ist $\frac{2}{n+1} \leq \frac{1}{2}$, also $a_{n+1} = \frac{2}{n+1} \cdot a_n \leq \frac{1}{2} a_n$. Damit

$$a_4 \leq \frac{1}{2} a_3, \quad a_5 \leq \frac{1}{2} a_4 \leq \left(\frac{1}{2}\right)^2 a_3, \dots, a_k \leq \left(\frac{1}{2}\right)^{k-3} \cdot a_3 = \frac{8a_3}{2^k}.$$

Nach der Bernoullischen Ungleichung ist $2^k = (1+1)^k \geq 1 + k > k$. Also haben wir insgesamt $|a_k| \leq \frac{8a_3}{k} = \frac{32}{3 \cdot k}$ für $k \geq 3$. Damit $|a_k| < \varepsilon$ wird, brauche ich also nur dafür zu sorgen, daß $\frac{32}{k \cdot 3} < \varepsilon$ ausfällt. (A wendet sich wieder an B.)

A: Ich hab's! Wenn Du Dir ein $\varepsilon > 0$ ausgedacht hast, wähle ich $n_\varepsilon = \left[\frac{32}{3 \cdot \varepsilon}\right]$. Dann bin ich sicher, daß $a_n = |a_n| < \varepsilon$ für alle $n > n_\varepsilon$ sein wird. Jetzt brauchst Du mich nicht mehr, meine Formel arbeitet für mich. Übrigens: Mein n_ε ist natürlich viel zu großzügig bemessen. Es ist $a_n < \varepsilon$ nicht erst ab n_ε, sondern schon bedeutend eher. Mir kam es aber nur darauf an, möglichst einfach eine Abschätzung des qualitativen Verhaltens zu gewinnen.

4.7 Zur Bezeichnung n_ε. Wir knüpfen an die letzte Bemerkung von A an. n_ε ist durch ε nicht festgelegt, jede größere Zahl tut's auch. Man wird aber n_ε umso größer wählen müssen, je kleiner ε ist. Nur das soll durch das angehängte ε angedeutet werden.

$\boxed{\text{ÜA}}$ Nützen Sie die Ungleichung $2^{10} = 1024 > 10^3$ dazu aus, das von A angegebene n_ε nach unten zu verbessern.

4.8 Aufgabe

Beweisen Sie nach dem Muster von 4.6, daß $\dfrac{20^n}{n!} \to 0$ für $n \to \infty$.

4.9 Das wichtigste Kriterium für Nullfolgen: Das Vergleichskriterium. *Ist (b_n) schon als Nullfolge bekannt und ist von einer bestimmten Stelle ab (etwa für $n \geq N$)*

$$|a_n| \leq b_n,$$

so ist auch (a_n) eine Nullfolge.

Ist insbesondere (a_n) eine Nullfolge und ändert man endlich viele Folgenglieder ab, so entsteht wieder eine Nullfolge.

BEWEIS.

Nach Voraussetzung gibt es zu jedem $\varepsilon > 0$ ein n_ε, so daß $b_n = |b_n| < \varepsilon$ für $n > n_\varepsilon$. Wir wählen $N_\varepsilon = \max\{N, n_\varepsilon\}$. Dann ist für $n > N_\varepsilon$ einerseits $n > N$, also $|a_n| \leq b_n$, andererseits $n > n_\varepsilon$, also $b_n < \varepsilon$. Damit ist $|a_n| \leq b_n < \varepsilon$ für $n > N_\varepsilon$. $\qquad\qquad\square$

4.10 Anwendungsbeispiel

$\left(\dfrac{n}{n^2+1}\right)$ ist eine Nullfolge. Denn es ist

$$\left|\frac{n}{n^2+1}\right| = \frac{n}{n^2+1} < \frac{n}{n^2} = \frac{1}{n},$$

und $\left(\dfrac{1}{n}\right)$ ist Nullfolge.

4.11 Für $|q| < 1$ ist (q^n) eine Nullfolge

BEWEIS.

Wir setzen $|q| = \frac{1}{1+h}$ (mit $h = \frac{1}{|q|} - 1 > 0$). Nach der Bernoullischen Ungleichung § 1 : 6.6 gilt dann

$$\frac{1}{|q^n|} = \frac{1}{|q|^n} = (1+h)^n \geq 1 + nh \geq nh,$$

somit ist $|q^n| \leq \frac{1}{h \cdot n}$. $\qquad\qquad\square$

4.12 Übungsaufgabe

Zeigen Sie, daß (a_n) Nullfolge ist für

$$\text{(a)} \quad a_n = \frac{n^2 - 1}{n^2 + 1} \frac{1}{\sqrt{n}} \qquad\qquad \text{(b)} \quad a_n = \frac{1}{\sqrt{\sqrt{n}}} \qquad\qquad \text{(c)} \quad a_n = \frac{n^2 + n + 1}{n^3 + 4n^2 + 5}$$

5 Sätze über Nullfolgen

5.1 Jede Nullfolge ist beschränkt. Ist nämlich (a_n) eine Nullfolge, so gibt es nach Definition zu jedem positiven ε ein n_ε mit $|a_n| < \varepsilon$ für $n > n_\varepsilon$. Wählen wir $\varepsilon = 1$. Dann gibt es ein n_1, so daß $|a_n| < 1$ für alle $n > n_1$. Setzen wir $M = \max\{|a_1|, |a_2|, \ldots, |a_{n_1}|, 1\}$, so ist $|a_n| \leq M$ für alle $n \in \mathbb{N}$.

5.2 Das Rechnen mit Nullfolgen

(a) Ist (a_n) Nullfolge, so auch $(c \cdot a_n)$.

(b) Sind (a_n), (b_n) Nullfolgen, so sind auch $(a_n + b_n)$, $(a_n - b_n)$, $(a_n \cdot b_n)$ und $(ca_n + db_n)$ Nullfolgen.

(c) Ist (a_n) Nullfolge und ist die Folge (b_n) beschränkt, so ist $(a_n \cdot b_n)$ eine Nullfolge.

(d) Ist (a_n) Nullfolge, so auch $(\sqrt{|a_n|})$.

Vor dem Beweis noch eine

5.3 Bemerkung zum Nachweis der Nullfolgeneigenschaft

Es genügt zum Nachweis der Nullfolgeneigenschaft eine Konstante $c > 0$ anzugeben mit der Eigenschaft

Zu jedem $\varepsilon > 0$ gibt es ein $N_\varepsilon \in \mathbb{N}$ mit $|a_n| < c \cdot \varepsilon$ für alle $n > N_\varepsilon$.

Denn ist dieses gelungen, so gilt $|a_n| < \varepsilon$ für $n > N_{\varepsilon'}$, wobei $\varepsilon' = \dfrac{\varepsilon}{c}$.

Dieses Kriterium wird sich im folgenden Beweis und auch später als bequem erweisen.

BEWEIS von 5.2:

(a) folgt jetzt unmittelbar aus 5.3.

(c) Ist (a_n) Nullfolge und $|b_n| \leq M$ für alle $n \in \mathbb{N}$, so ist $|a_n \cdot b_n| \leq M \cdot |a_n|$ für alle $n \in \mathbb{N}$. Die Folge $(|a_n|)$ ist Nullfolge, also nach (a) auch die Folge $(M|a_n|)$, also nach dem Vergleichssatz auch die Folge $(a_n b_n)$.

(b) Sind (a_n), (b_n) Nullfolgen und ist $\varepsilon > 0$ eine beliebige vorgegebene Zahl, so gibt es ein n_ε und ein m_ε mit $|a_n| < \varepsilon$ für $n > n_\varepsilon$, $|b_n| < \varepsilon$ für $n > m_\varepsilon$. Für $n > N_\varepsilon := \max\{n_\varepsilon, m_\varepsilon\}$ ist dann $|ca_n + db_n| \leq |c| \cdot |a_n| + |d| \cdot |b_n| < (|c| + |d|)\varepsilon$. Damit ist $(ca_n + db_n)$ Nullfolge nach dem Kriterium 5.3. Sind (a_n), (b_n) Nullfolgen, so ist insbesondere die Folge (b_n) beschränkt nach 5.1, also die Folge $(a_n b_n)$ Nullfolge nach (c).

(d) Ist $\varepsilon > 0$ vorgegeben, so wähle $N_\varepsilon = n_{\varepsilon^2}$ so, daß $|a_n| < \varepsilon^2$ für $n > n_{\varepsilon^2}$. Dann ist $\sqrt{|a_n|} < \varepsilon$ für $n > N_\varepsilon$. $\qquad\qquad\square$

5.4 Jede Teilfolge einer Nullfolge ist Nullfolge

Wir beachten die letzte Bemerkung von 3.3: Ist (a_{n_k}) Teilfolge von (a_n), so ist $n_k \geq k$ für alle $k \in \mathbb{N}$. Ist daher $|a_k| < \varepsilon$ für $k > n_\varepsilon$, so ist erst recht $|a_{n_k}| < \varepsilon$ für $k > n_\varepsilon$.

5.5 Weitere Beispiele

(a) Ist $|q| < 1$, so ist (nq^n) eine Nullfolge,

(b) ebenso $(n^2 q^n)$.

(c) Für beliebige $x \in \mathbb{R}$ ist $\left(\dfrac{x^n}{n!} \right)$ eine Nullfolge.

BEWEIS.

(a) Ähnlich wie im Beweis zu 4.11 erhalten wir mit $\sqrt{|q|} = \frac{1}{1+h}$ nach der Bernoullischen Ungleichung

$$\left(\sqrt{|q|} \right)^n \leq \frac{1}{h \cdot n} \, .$$

Hieraus folgt

$$|n \cdot q^n| = n \cdot \left(\sqrt{|q|} \right)^n \cdot \left(\sqrt{|q|} \right)^n \leq \frac{1}{h} \cdot \frac{1}{h \cdot n}$$

und damit $n \cdot q^n \to 0$ nach dem Vergleichssatz.

(b) geht nach demselben Muster $\boxed{\text{ÜA}}$.

(c) Wählt man eine natürliche Zahl $N > 2|x|$, so ergibt sich für $n > N$

$$\left| \frac{x^n}{n!} \right| = \left| \frac{x^N}{N!} \right| \cdot \frac{|x|}{N+1} \cdots \frac{|x|}{n} \leq \frac{|x|^N}{N!} \cdot \left(\frac{1}{2} \right)^{n-N} = \frac{2^N |x|^N}{N!} \left(\frac{1}{2} \right)^n ,$$

woraus wieder mit dem Vergleichssatz die Behauptung folgt. $\qquad\qquad\square$

6 Grenzwerte von Folgen

6.1 Definition. Eine Folge (a_n) **konvergiert** gegen a oder hat den **Grenzwert** a, wenn $(a - a_n)$ eine Nullfolge ist, d.h. wenn es zu jedem $\varepsilon > 0$ ein n_ε gibt mit

$$|a - a_n| < \varepsilon \quad \text{für alle} \quad n > n_\varepsilon \,.$$

Eine Folge kann nicht zwei Grenzwerte haben, denn sind a und a' Grenzwerte, so sind $(a - a_n)$ und $(a' - a_n)$ Nullfolgen, also ist auch $((a - a_n) - (a' - a_n)) = (a - a')$ eine Nullfolge, somit $a' = a$.

Ist a der Grenzwert der Folge (a_n), so schreiben wir

$$\lim_{n \to \infty} a_n = a \quad \text{oder auch} \quad a_n \to a \quad \text{für} \quad n \to \infty \,.$$

Eine Folge muß keinen Grenzwert haben. $\boxed{\text{ÜA}}$ Zeigen Sie durch Betrachtung geeigneter Teilfolgen, daß $((-1)^n)$ keinen Grenzwert haben kann.

BEISPIELE.

(a) $\left(1 - \frac{1}{\sqrt{n}}\right)$ hat den Grenzwert 1.   (b) $\left(1 - \frac{1}{n^2}\right)^n \to 1$ für $n \to \infty$.

(b) ergibt sich mit der Bernoullischen Ungleichung § 1 : 6.6 :

$$0 < 1 - \left(1 - \frac{1}{n^2}\right)^n \leq 1 - \left(1 - n \cdot \frac{1}{n^2}\right) = \frac{1}{n}$$

und damit $\left(1 - \frac{1}{n^2}\right)^n \to 1$ nach dem Vergleichssatz.

Wir untersuchen jetzt zwei Fragen:

Wie verträgt sich der Grenzübergang mit der Anordnung von $\mathbb{R}$, und wie mit dem Rechnen in $\mathbb{R}$?

6.2 Satz. *Unter der Voraussetzung* $a = \lim\limits_{n \to \infty} a_n$ *gilt:*

(a) *Sind von einer bestimmten Nummer ab alle* $a_n \geq s$, *so ist auch* $a \geq s$.

(b) *Sind von einer bestimmten Nummer ab alle* $a_n \leq t$, *so ist auch* $a \leq t$.

(c) *Ist* $a > 0$, *so gibt es ein* $n_0 \in \mathbb{N}$, *so daß* $a_n > \frac{a}{2}$ *für* $n > n_0$.

BEMERKUNG: Aus $a_n > s$, $a_n \to a$ folgt nicht $a > s$, wie man am Beispiel $a_n = 1 + \frac{1}{n}$, $s = 1$ sieht.

BEWEIS.

(a) Ist $a_n \geq s$ für $n \geq N$ und $a = \lim\limits_{n \to \infty} a_n$, so ist

$$(*) \qquad s - a = s - a_n + a_n - a \leq a_n - a \,.$$

Ist ε eine beliebige positive Zahl und $n_0 \geq N$ so gewählt, daß $|a_n - a| < \varepsilon$ für $n > n_0$, so folgt $s - a < \varepsilon$ nach $(*)$. Also ist $s - a < \varepsilon$ für jede positive Zahl ε, und damit $s - a \leq 0$.

(b) Analog.

(c) Ist $a > 0$, so wählen wir $\varepsilon = \frac{a}{2}$ und finden nach Voraussetzung ein n_0, so daß $|a - a_n| < \varepsilon$ für $n > n_0$. Dann ist

$$a_n = a + a_n - a \geq a - |a_n - a| > a - \varepsilon = \frac{a}{2} \quad \text{für} \quad n > n_0. \qquad \square$$

6.3 Jede konvergente Folge ist beschränkt

Denn $a_n \to a$, so ist $(a_n - a)$ als Nullfolge beschränkt und
$$|a_n| = |a + a_n - a| \leq |a| + |a_n - a|.$$

6.4 Konvergenz der Beträge

Aus $a_n \to a$ folgt $|a_n| \to |a|$.

BEWEIS.

Aus der Dreiecksungleichung nach unten $\S\,1:5.10$ folgt

$$\big||a| - |a_n|\big| \leq |a - a_n|.$$

Also gilt $|a| - |a_n| \to 0$ nach den Vergleichssatz. Nach Definition des Grenzwerts folgt $|a| = \lim\limits_{n \to \infty} |a_n|.$ $\qquad \square$

6.5 Supremum und Infimum als Grenzwert

Ist $s = \sup M$, so gibt es eine Folge (a_n) mit Gliedern $a_n \in M$ und $s = \lim\limits_{n \to \infty} a_n$.

Denn nach 1.2 gibt es zu jedem $n \in \mathbb{N}$ ein $a_n \in M$ mit

$$s - \frac{1}{n} < a_n \leq s.$$

Für das Infimum gilt Entsprechendes.

6.6 Dreifolgensatz.

Ist $b = \lim\limits_{n \to \infty} a_n = \lim\limits_{n \to \infty} c_n$ und $a_n \leq b_n \leq c_n$ für alle $n \in \mathbb{N}$, so ist auch $b = \lim\limits_{n \to \infty} b_n$. Beweis als $\boxed{\text{ÜA}}$.

6.7 Das Rechnen mit Grenzwerten

Unter der Voraussetzung $a = \lim\limits_{n \to \infty} a_n$, $b = \lim\limits_{n \to \infty} b_n$ gilt

(a) $\lim\limits_{n \to \infty} (\alpha a_n + \beta b_n) = \alpha a + \beta b$,

(b) $\lim\limits_{n \to \infty} (a_n \cdot b_n) = a \cdot b$,

(c) $\lim\limits_{n \to \infty} \dfrac{b_n}{a_n} = \dfrac{b}{a}$, *falls $a \neq 0$.*

(Dabei kann der Nenner höchstens endlich oft Null sein; die entsprechenden Glieder der Folge $\left(\frac{b_n}{a_n}\right)$ müssen wir natürlich fortlassen.)

BEWEIS.

(a) $|(\alpha a_n + \beta b_n) - (\alpha a + \beta b)|$

$$= |\alpha(a_n - a) + \beta(b_n - b)| \leq |\alpha| \cdot |a_n - a| + |\beta| \cdot |b_n - b|,$$

und die rechte Seite geht gegen Null nach Voraussetzung und wegen der Rechengesetze über Nullfolgen. Nach dem Vergleichskriterium 4.9 folgt somit $(\alpha a_n + \beta b_n) - (\alpha a + \beta b) \to 0$, also die Behauptung.

(b) Nach 6.3 ist die Folge (b_n) beschränkt, etwa $|b_n| \leq M$ für alle $n \in \mathbb{N}$. Der folgende Trick wird uns im folgenden noch oft begegnen:

$$|a_n \cdot b_n - a \cdot b| = |(a_n - a)b_n + a(b_n - b)| \leq |a_n - a| \cdot |b_n| + |a| \cdot |b_n - b|$$

$$\leq M \cdot |a_n - a| + |a| \cdot |b_n - b| \to 0,$$

also nach dem Vergleichssatz $a_n b_n - ab \to 0$.

(c) Wegen (b) reicht es, $\lim\limits_{n\to\infty} \frac{1}{a_n} = \frac{1}{a}$ zu zeigen. Sei zunächst $a > 0$. Nach (6.2) (c) gibt es ein n_0 mit $a_n > \frac{a}{2}$ für $n > n_0$. Es ist dann

$$\left|\frac{1}{a_n} - \frac{1}{a}\right| = \left|\frac{a - a_n}{a_n \cdot a}\right| = \frac{|a - a_n|}{a \cdot a_n} \leq \frac{2|a - a_n|}{a^2}$$

für $n > n_0$. Die rechte Seite geht gegen Null, also auch die linke nach dem Vergleichssatz. Der Fall $a < 0$ ergibt sich analog. $\square$

6.8 Konvergenz von Teilfolgen. *Hat die Folge (a_n) den Grenzwert a, so hat auch jede Teilfolge den Grenzwert a.*

Das ergibt sich direkt aus 5.4.

6.9 Die Konvergenztreue der m–ten Potenz

Konvergiert die Folge (a_n) gegen a, so konvergiert auch die Folge der m–ten Potenzen a_n^m gegen a^m für $m = 1, 2, \ldots$.

BEWEIS.

Nach 6.3 ist die Folge (a_n) beschränkt. Sei $M := \sup\{|a|, |a_1|, |a_2|, \ldots\}$. Die geometrische Summenformel und die Dreiecksungleichung liefern

$$|a_n^m - a^m| = |a_n - a| \cdot \left| \sum_{j=1}^{m} a_n^{m-j} a^{j-1} \right|$$

$$\leq |a_n - a| \sum_{j=1}^{m} \left|a_n^{m-j}\right| \cdot \left|a^{j-1}\right| \leq |a_n - a| \cdot m \cdot M^{m-1}.$$

Also gilt $a_n^m - a^m \to 0$ nach dem Vergleichssatz. $\square$

6.10 Aufgaben

Geben Sie den Grenzwert der Folge (a_n) an und begründen Sie Ihre Wahl.

(a) $a_n = \frac{3n^3+n-2}{(2n+\sqrt{n})^3}$,

(b) $a_n = (1+\frac{1}{n^2})^n$ (mit Hilfe von 6.1 (b)),

(c) $a_n = \sqrt{4n^2+5n+2} - 2n$ (mit Hilfe von 2.7 (a)).

7 Existenz der m–ten Wurzel, rationale Potenzen

7.1 Die m–te Wurzel

Für $a \geq 0$ und $m \in \mathbb{N}$ gibt es genau ein $x \geq 0$ mit $x^m = a$, bezeichnet mit $\sqrt[m]{a}$.

BEWEIS.

Für $a = 0$ kommt nur $x = 0$ in Frage (warum?); sei also $a > 0$.

(a) *Existenz.* Die Menge $M = \{x \in \mathbb{R} \mid x \geq 0$ und $x^m \leq a\}$ ist nicht leer, da $0 \in M$. Ferner ist $1 + a$ eine obere Schranke von M. Denn aus $x > 1 + a$ folgt $x^m > (1+a)^m \geq 1 + ma > ma \geq a$ nach der Bernoullischen Ungleichung. Ist also $x \in M$, so kann x nicht größer als $1 + a$ sein; es bleibt $x \leq 1 + a$.

Wir betrachten $s = \sup M$. Nach 6.5 gibt es zu jedem $n \in \mathbb{N}$ eine Zahl $a_n \in M$ mit $s - \frac{1}{n} < a_n \leq s$; insbesondere ist $a_n \to s$. Wegen 6.9 folgt $a_n^m \to s^m$, und wegen $a_n^m \leq a$ folgt nach 6.2 (b), daß $s^m \leq a$.

Andererseits ist $a_n + \frac{1}{n} > s$, also $a_n + \frac{1}{n} \notin M$, d.h. $(a_n + \frac{1}{n})^m > a$. Natürlich ist $s = \lim\limits_{n \to \infty} (a_n + \frac{1}{n})$, also ist $s^m = \lim\limits_{n \to \infty} (a_n + \frac{1}{n})^m$ und damit $s^m \geq a$ nach 6.2 (a). Insgesamt folgt $s^m = a$.

(b) *Eindeutigkeit.* Aus $x > 0$, $y > 0$ und $x^m = y^m = a$ folgt

$$0 = x^m - y^m = (x - y) \cdot \sum_{k=1}^{m} x^{m-k} y^{k-1} \qquad (\text{vgl. } \S 1 : 6.11),$$

daher ist einer der Faktoren auf der rechten Seite Null. Der zweite kann es nach Voraussetzung $x > 0$, $y > 0$ nicht sein.

Die Gleichung $x^m = 0$ besitzt genau eine Lösung (warum?). Also gibt es zu jedem $a \geq 0$ genau ein $x \geq 0$ mit $x^m = a$. $\qquad\qquad$ □

7.2 Rationale Potenzen

$\boxed{\text{ÜA}}$ Warum ist für natürliche Zahlen n, m und $a \geq 0$

$$\sqrt[n]{\sqrt[m]{a}} = \sqrt[n\cdot m]{a} = \sqrt[m]{\sqrt[n]{a}} \ ?$$

$\boxed{\text{ÜA}}$ Zeigen Sie: Sind n, m, k natürliche Zahlen und ist $a > 0$, so gilt

$$\sqrt[n]{a^m} = \sqrt[nk]{a^{mk}}.$$

Aufgrund dieser Vorüberlegungen dürfen wir definieren:

Für $a > 0$ und $r = \frac{m}{n}$ mit $m, n, \in \mathbb{N}$ erklären wir die r–te **Potenz von** a durch

$$a^r := \sqrt[n]{a^m} \quad \text{und} \quad a^{-r} := \frac{1}{a^r}.$$

Ferner setzen wir $a^0 := 1$. Hierfür gelten die folgenden RECHENREGELN:

$$a^{r+s} = a^r \cdot a^s, \qquad a^{r \cdot s} = (a^r)^s, \qquad (a \cdot b)^r = a^r b^r.$$

7.3 Aufgaben

(a) Bringen Sie $\sqrt{\dfrac{648^{\frac{4}{3}}}{\sqrt{2} \cdot 2^{\frac{3}{2}}}}$ auf möglichst einfache Form.

(b) Warum ist $0 < \sqrt[n]{1+h} \leq 1 + \frac{h}{n}$ für $h > -1$?

(c) Zeigen Sie: Ist $a_n \geq 0$ und $a = \lim\limits_{n \to \infty} a_n$, so ist auch $\sqrt{a} = \lim\limits_{n \to \infty} \sqrt{a_n}$.

Für $a = 0$ siehe 5.2 (d), für $a > 0$ beachten Sie 6.2 (c).

7.4 Satz. Für $a > 0$ ist $\lim\limits_{n \to \infty} \sqrt[n]{a} = 1$.

BEWEIS.

(a) Sei zunächst $a > 1$, also $a = 1 + h$ mit $h > 0$. Dann ist $1 < \sqrt[n]{1+h} \leq 1 + \frac{h}{n}$ nach 7.3 (b), also $0 < \sqrt[n]{1+h} - 1 \leq \frac{h}{n}$ und damit $\sqrt[n]{1+h} \to 1$ nach dem Vergleichssatz für Nullfolgen.

(b) $\boxed{\text{ÜA}}$ Wie kann man den Fall $0 < a < 1$ auf den vorigen zurückführen? $\quad \Box$

8 Intervallschachtelungen

8.1 Definition. Eine Folge von Intervallen $[a_n, b_n]$ bildet eine **Intervallschachtelung**, wenn

(a) $[a_{n+1}, b_{n+1}] \subset [a_n, b_n]$ für $n \in \mathbb{N}$,

(b) $b_n - a_n \to 0$ für $n \to \infty$.

SATZ. *Eine Intervallschachtelung erfaßt genau eine reelle Zahl a, d.h. es gibt eine und nur eine Zahl a, die allen Intervallen angehört. Für diese Zahl a gilt:* $a = \lim\limits_{n \to \infty} a_n = \lim\limits_{n \to \infty} b_n$.

BEWEIS.

1. Schritt: Bestimmung von a. Nach Voraussetzung (a) ist

$$(*) \qquad a_1 \leq a_2 \leq \ldots \leq a_n \leq a_{n+1} \leq b_{n+1} \leq b_n \leq \ldots \leq b_2 \leq b_1 \,.$$

Insbesondere ist $a_n \leq b_1$ für alle $n \in \mathbb{N}$, und es existiert

$$a = \sup\{a_n \mid n \in \mathbb{N}\}\,.$$

2. Schritt: $a \in [a_n, b_n]$ für alle $n \in \mathbb{N}$.

Nach Konstruktion ist $a \geq a_n$ für alle $n \in \mathbb{N}$.

Zwischenbehauptung (Z): $a_n \leq b_m$ für alle $n, m \in \mathbb{N}$. Denn ist $m \leq n$, so ist $a_n \leq b_n \leq b_m$. Ist aber $m > n$, so ist $a_n \leq a_m \leq b_m$.

Nach (Z) ist jedes b_m obere Schranke von $A = \{a_n \mid n \in \mathbb{N}\}$. Da a die kleinste obere Schranke von A ist, folgt $a \leq b_m$ für alle $m \in \mathbb{N}$, insgesamt $a_m \leq a \leq b_m$ für alle $m \in \mathbb{N}$.

3. Schritt: $a = \lim\limits_{n \to \infty} a_n = \lim\limits_{n \to \infty} b_n$ (und damit die eindeutige Bestimmtheit von a). Es ist nämlich $0 \leq a - a_n \leq b_n - a_n$, und damit $a = \lim\limits_{n \to \infty} a_n$ nach dem Vergleichskriterium für Nullfolgen. Entsprechend ist $0 \leq b_n - a \leq b_n - a_n \to 0$.
$$\square$$

8.2 Dezimalbruchentwicklung einer positiven reellen Zahl

Für $x > 0$ setzen wir $x_0 = [x]$,

$$x_1 = \max\left\{k \in \{0, 1, 2, \ldots, 9\} \ \Big| \ x_0 + \frac{k}{10} \leq x\right\},$$

$$x_2 = \max\left\{k \in \{0, 1, 2, \ldots, 9\} \ \Big| \ x_0 + \frac{x_1}{10} + \frac{k}{100} \leq x\right\} \quad \text{usw.}$$

Sind die Ziffern $x_1, x_2, \ldots, x_n$ schon gefunden, so setzen wir

$$x_{n+1} = \max\left\{k \in \{0, 1, 2, \ldots, 9\} \ \Big| \ x_0 + \frac{x_1}{10} + \cdots + \frac{x_n}{10^n} + \frac{k}{10^{n+1}} \leq x\right\}.$$

Auf diese Weise ist jedem $x > 0$ eine ganze Zahl $x_0 \geq 0$ und eine Folge (x_n) von Ziffern zugeordnet. Wir definieren eine Intervallschachtelung, welche x erfaßt, durch

$$a_n = x_0 + \frac{x_1}{10} + \cdots + \frac{x_n}{10^n}\,, \qquad b_n = a_n + \frac{1}{10^n}\,.$$

Nach Konstruktion von x_n ist dann

$$a_n \leq x < b_n\,.$$

Ferner ist

$$a_{n+1} \geq a_n \quad \text{und} \quad b_{n+1} = a_n + \frac{x_{n+1}}{10^{n+1}} + \frac{1}{10^{n+1}} \leq a_n + \frac{10}{10^{n+1}} = b_n \,.$$

Also ist $[a_{n+1}, b_{n+1}] \subset [a_n, b_n]$. Schließlich ist $b_n - a_n = \left(\frac{1}{10}\right)^n \to 0$.

BEISPIEL: $x = \sqrt[3]{2}$.

Wegen $1^3 < 2 < 2^3$ ist $x_0 = 1$. Durch Probieren erhalten wir

$$\left(1 + \frac{2}{10}\right)^3 = 1.728 < 2 < 2.197 = \left(1 + \frac{3}{10}\right)^3, \text{ somit } x_1 = 2$$

Durch nochmaliges Probieren sehen wir, daß

$$\left(1 + \frac{2}{10} + \frac{5}{100}\right)^3 < 2 < \left(1 + \frac{2}{10} + \frac{6}{100}\right)^3 \,.$$

Somit $1.25 < \sqrt[3]{2} < 1.26$.

SATZ. *Auf die oben beschriebene Weise wird jeder positiven Zahl x eine ganze Zahl $x_0 \geq 0$ und eine Folge (x_n) von Ziffern zugeordnet, die* **Dezimalbruchentwicklung** *von x. Wir schreiben*

$$x = x_0, x_1 x_2 x_3 \ldots \quad \text{oder} \quad x = x_0.x_1 x_2 x_3 \ldots \,.$$

(a) *Bei der so gewonnenen Dezimalbruchentwicklung kann es nicht vorkommen, daß von einer bestimmten Stelle ab alle Ziffern gleich 9 sind.*

(b) *Ist umgekehrt $x_0 \geq 0$ eine ganze Zahl und (x_n) eine Folge von Ziffern, die von einer bestimmten Stelle ab nicht alle gleich 9 sind, so gibt es genau eine reelle Zahl, die diese Dezimalbruchentwicklung hat.*

(c) *Unterscheiden sich die Dezimalbruchentwicklungen von x und y an irgend einer Stelle, so ist $x \neq y$.*

BEWEIS.

(a) Wäre $x_n = 9$ für $n > m$, $x_m < 9$, so wäre für $n > m$

$$a_n = a_m + \frac{9}{10^{m+1}} + \cdots + \frac{9}{10^n}, \qquad b_n = a_m + \frac{1}{10^m}$$

(Addition mit Übertrag). Wegen $b_n \to x$ wäre dann $x = a_m + \frac{1}{10^m}$ im Widerspruch zur Definition von a_m.

(b) Definieren wir

$$a_n = x_0 + \frac{x_1}{10} + \cdots + \frac{x_n}{10^n}, \qquad b_n = a_n + \frac{1}{10^n} \,,$$

so sehen wir wie oben, daß die Intervalle $[a_n, b_n]$ eine Intervallschachtelung bilden. Die von ihr erfaßte Zahl x liegt in $[a_n, b_n]$. Zu zeigen bleibt, daß $x < b_n$

für alle $n \in \mathbb{N}$. Wäre irgendwann einmal $x = b_k$, so wäre auch $x = b_n$ für alle $n \geq k$. Eine einfache Rechnung $\boxed{\text{ÜA}}$ zeigt, daß dann $a_{n+1} - a_n = \frac{9}{10^{n+1}}$, also $x_n = 9$ für alle $n > k$, was ausgeschlossen war.

(c) Ist $x_n = y_n$ für $n < m$ und $x_m < y_m$, so ist

$$y - x > \left(y_0 + \cdots + \frac{y_m}{10^m} \right) - \left(x_0 + \cdots + \frac{x_m}{10^m} + \frac{1}{10^m} \right) = \frac{y_m - x_m - 1}{10^m} \geq 0,$$

also $y > x$. $\hfill \square$

8.3 Gültige Stellen

Die Schreibweise $x = 10.435$ soll besagen $x = 10 + \frac{3}{10} + \frac{4}{100} + \frac{5}{1000}$. Die Schreibweise $x \approx 3.1416$ bedeutet dagegen $|x - 3.1416| \leq \frac{1}{2} \cdot 10^{-4}$ (d.h. die letzte angegebene Stelle ist aus der Dezimalbruchdarstellung durch Rundung entstanden). Wir sagen in diesem Fall: x ist auf 4 Stellen nach dem Komma bestimmt.

Physikalische Meßwerte werden auf so viele Stellen angegeben, wie es der Meßgenauigkeit entspricht. Rechnet man mit solchen Werten, so wird auch das Resultat auf entsprechende Stellenzahl gerundet angegeben.

8.4 Die Überabzählbarkeit von $\mathbb{R}$

Schon die Menge $[0, 1[$ läßt sich nicht abzählen, d.h. als Folge schreiben.

BEWEIS.

Angenommen, $[0, 1[= \{ z_n \mid n \in \mathbb{N} \}$.

Wir können dann die z_n gemäß 8.2 in Dezimalmalbruchdarstellung angeben:

$$z_1 = 0.x_{11}x_{12}x_{13}\ldots$$
$$z_2 = 0.x_{21}x_{22}x_{23}\ldots$$
$$z_3 = 0.x_{31}x_{32}x_{33}\ldots$$
$$\vdots \qquad \qquad \ddots$$

Die Zahl y mit den Dezimalziffern

$$y_n = \begin{cases} x_{nn} - 1 & \text{falls } x_{nn} \geq 1 \\ 8 & \text{falls } x_{nn} = 0 \end{cases}$$

liegt in $[0, 1[$, kommt aber in dem Schema oben nicht vor, was ein Widerspruch ist. $\hfill \square$

9 Grenzwertfreie Konvergenzkriterien

9.1 Problemstellung

Wir betrachten einige Beispiele:

(a) $a_n = \left(\left(1 + \frac{1}{n}\right)^n\right)$.

Der Taschenrechner liefert

$$a_1 = 2, \ a_2 = 2.25, \ a_3 \approx 2.37, \ a_4 \approx 2.441, \ a_5 \approx 2.488,$$

$$a_6 \approx 2.521, \ \ldots, \ a_{50} \approx 2.6915.$$

Es sieht so aus, als ob die a_n laufend ansteigen und unterhalb von 3 bleiben.

(b) $a_n = \sqrt[n]{n}$. Der Taschenrechner liefert $a_1 = 1$, $a_2 \approx 1.414$, $a_3 \approx 1.442$, $a_4 \approx 1.414$, $a_5 \approx 1.397$, $a_6 \approx 1.348$, $\ldots$, $a_{10} \approx 1.258$. Hier sieht es so aus, daß von $n = 3$ ab die Glieder dieser Folge immer kleiner werden. Sie liegen sicher alle oberhalb von 1.

(c) Setzen wir $a_1 = 1$, $a_2 = \sqrt{1 + a_1}$, $\ldots$, $a_{n+1} = \sqrt{1 + a_n}$, $\ldots$, so sind die Glieder der Reihe nach ungefähr 1, 1.414, 1.553, 1.598, 1.611 usw. Der Taschenrechner liefert $a_{10} \approx 1.618$.

(d) Für

$$s_n = \sum_{k=1}^{n} \frac{1}{k^2} \qquad \text{ist} \qquad s_1 = 1, \ s_2 = 1.25, \ s_3 \approx 1.361, \ s_{10} \approx 1.549.$$

In allen diesen Fällen haben wir das Empfinden, daß die Folgen einen Grenzwert a haben. Wir kennen den jeweiligen Grenzwert aber nicht und können so das Kriterium „$\lim_{n \to \infty} a_n = a$, wenn $a_n - a \to 0$" nicht anwenden.

9.2 Konvergente Folgen. Die folgenden Kriterien gestatten uns, auf die Existenz des Grenzwerts einer Folge (a_n) zu schließen, ohne daß wir diesen Grenzwert angeben müssen. Wir nennen eine Folge **konvergent**, wenn wir sicher sind, daß sie einen Grenzwert besitzt.

9.3 Monotone Folgen

Eine Folge (a_n) heißt **monoton wachsend**, wenn $a_n \leq a_{n+1}$ für alle $n \in \mathbb{N}$. Ist sogar $a_n < a_{n+1}$ für alle $n \in \mathbb{N}$, so heißt die Folge (a_n) **streng monoton wachsend**. Ganz analog sind die Begriffe **monoton fallend** ($a_{n+1} \leq a_n$) und **streng monoton fallend** erklärt.

9.4 Das Monotoniekriterium

Jede monoton wachsende, nach oben beschänkte Folge ist konvergent. Entsprechend ist jede monoton fallende, nach unten beschränkte Folge konvergent.

BEMERKUNG. Da das Konvergenzverhalten von den ersten Gliedern nicht abhängt, genügt es hier vorauszusetzen, daß die Folge sich von einer bestimmten Stelle ab monoton verhält.

BEWEIS.

Nach dem Supremumsaxiom existiert

$$a = \sup\{a_n \mid n \in \mathbb{N}\}\,.$$

Es wird behauptet, daß $a = \lim_{n\to\infty} a_n$. Ist nämlich $\varepsilon > 0$ vorgegeben, so gibt es ein n_ε, so daß $a - \varepsilon < a_{n_\varepsilon} \leq a$, denn $a - \varepsilon$ ist nicht obere Schranke der Menge $\{a_n \mid n \in \mathbb{N}\}$.

Wegen der Monotonie der Folge (a_n) ist dann auch $a - \varepsilon < a_{n_\varepsilon} \leq a_n \leq a$ für alle $n \geq n_\varepsilon$. Also ist $|a_n - a| = a - a_n < \varepsilon$ für alle $n \geq n_\varepsilon$, und damit ist $(a - a_n)$ eine Nullfolge.

Ist (a_n) monoton fallend und nach unten beschränkt, so wenden wir (a) auf die Folge $(-a_n)$ an. Für $b = \sup\{-a_n \mid n \in \mathbb{N}\}$ folgt nach (a) $b = \lim_{n\to\infty} (-a_n)$, also ist $\lim_{n\to\infty} a_n = -b$. $\qquad\square$

9.5 Beispiele.

(a) In §3:1 werden wir zeigen, daß $\left(1 + \frac{1}{n}\right)^n$ monoton wächst und die obere Schranke 3 besitzt. Also ist diese Folge konvergent. Den Grenzwert nennen wir e (Eulersche Zahl, e = 2.718281828459...).

(b) $\lim_{n\to\infty} \sqrt[n]{n} = 1$.

Denn für $a_n = \sqrt[n]{n}$ ist $a_n \geq 1$, und für $n \geq 3$ gilt nach (a)

$$\left(\frac{a_n}{a_{n+1}}\right)^{n(n+1)} = \frac{n^{n+1}}{(n+1)^n} = n\left(\frac{n}{n+1}\right)^n = \frac{n}{\left(1+\frac{1}{n}\right)^n} \geq \frac{n}{3} \geq 1,$$

also $a_n \geq a_{n+1}$. Nach dem Monotoniekriterium hat die Folge einen Grenzwert $a \geq 1$; dieser ist auch Grenzwert der Teilfolge (a_{2n}).

Wir zeigen $a = \sqrt{a}$, also $a = 1$:

$$\begin{aligned}
a &= \lim_{n\to\infty} a_{2n} = \lim_{n\to\infty} \sqrt[2n]{2n} = \lim_{n\to\infty} \sqrt[2n]{2} \cdot \sqrt{a_n} \\
&= \lim_{n\to\infty} \sqrt[2n]{2} \cdot \lim_{n\to\infty} \sqrt{a_n} = 1 \cdot \sqrt{a},
\end{aligned}$$

denn $\sqrt[2n]{2} \to 1$ nach 7.4 und $\sqrt{a_n} \to \sqrt{a}$ nach 7.3(c).

(c) Mit $a_1 = 1$, $a_{n+1} = \sqrt{1 + a_n}$ ist $a_2 = \sqrt{2} > a_1$ und

$$a_{k+1} - a_k = \sqrt{1 + a_k} - \sqrt{1 + a_{k-1}} = \frac{a_k - a_{k-1}}{\sqrt{1 + a_k} + \sqrt{1 + a_{k-1}}}\,.$$

Also folgt $a_{n+1} > a_n$ per Induktion. Aus $a_{k+1}^2 = 1 + a_k < 2 + a_k$ ergibt sich durch vollständige Induktion $a_n < 2$. Also existiert $\lim_{n\to\infty} a_n = a$, und es ist

$$a = \lim_{n \to \infty} a_{n+1} = \lim_{n \to \infty} \sqrt{1 + a_n} = \sqrt{1 + a},$$

woraus sich ergibt, daß $a^2 = 1 + a$, also $a = \frac{1}{2} + \frac{\sqrt{5}}{2}$.

(d) Die Folge $a_n = \sum_{k=1}^{n} \frac{1}{k^2}$ ist streng monoton wachsend. Durch vollständige Induktion zeigt man $a_n \leq 2 - \frac{1}{n}$ $\boxed{\text{ÜA}}$.

Also existiert $a = \lim_{n \to \infty} a_n$. Wir werden später sehen, daß $a = \dfrac{\pi^2}{6}$.

9.6* Das Cauchy–Kriterium

Die Wichtigkeit dieses Kriteriums läßt sich erst im Zusammenhang mit unendlichen Reihen einsehen. Daher kann der Rest dieses Abschnitts bei der ersten Lektüre übergangen werden.

DEFINITION. Eine Folge (a_n) heißt **Cauchy–Folge**, wenn es zu jedem $\varepsilon > 0$ ein $n_\varepsilon \in \mathbb{N}$ gibt, so daß

$$|a_n - a_m| < \varepsilon \qquad \text{für alle } n, m \text{ mit } m, n > n_\varepsilon.$$

SATZ. *Jede Cauchy–Folge besitzt einen Grenzwert.*

Viele Autoren charakterisieren die **Vollständigkeit von** $\mathbb{R}$ durch diese Eigenschaft und verlangen zusätzlich die archimedische Eigenschaft 2.1. Aus beiden zusammen läßt sich dann die Supremumseigenschaft 1.2 beweisen. Der Beweis folgt in 9.9.

Jede konvergente Folge ist eine Cauchy–Folge. Dies folgt aus

$$|a_n - a_m| = |a_n - a + a - a_m| \leq |a_n - a| + |a - a_m|.$$

9.7* Jede Cauchy–Folge ist beschränkt.

BEWEIS.

Wir wählen $\varepsilon = 1$ und n_1 so, daß $|a_n - a_m| < 1$ für $m, n > n_1$. Dann gilt mit $N = n_1 + 1$

$$|a_n| = |a_n - a_N + a_N| \leq |a_n - a_N| + |a_N| < 1 + |a_N|$$

für alle $n > n_1$. Somit ist

$$|a_n| \leq \max \left\{ |a_1|, \ldots, |a_{n_1}|, 1 + |a_N| \right\}. \qquad \qquad \square$$

9.8* Der Satz von Bolzano–Weierstraß.

Jede beschränkte Folge (a_n) besitzt mindestens eine konvergente Teilfolge.

BEWEIS durch Intervallhalbierung:

Ist $|a_n| \leq M$ für alle n, so setzen wir

$$I_1 = \begin{cases} [-M, 0] & \text{falls } a_n \in [-M, 0] \text{ für unendlich viele } n, \\ [0, M] & \text{sonst.} \end{cases}$$

Ferner setzen wir $n_1 = \min\{n \in \mathbb{N} \mid a_n \in I_1\}$. Dann gilt $a_{n_1} \in I_1$ und $a_n \in I_1$ für unendlich viele n. Wir bezeichnen I_1 mit $[\alpha_1, \beta_1]$. Jetzt setzen wir

$$I_2 = \begin{cases} \left[\alpha_1, \frac{1}{2}(\alpha_1 + \beta_1)\right] & \text{falls } a_n \leq \frac{1}{2}(\alpha_1 + \beta_1) \text{ für unendlich viele } n, \\ \left[\frac{1}{2}(\alpha_1 + \beta_1), \beta_1\right] & \text{sonst.} \end{cases}$$

Wir bezeichnen das Intervall I_2 mit $[\alpha_2, \beta_2]$ und setzen $n_2 = \min\{n > n_1 | a_n \in I_2\}$. Es ist dann $a_{n_2} \in I_2$. Fahren wir so fort, so erhalten wir nach k Schritten ein Intervall $I_k = [\alpha_k, \beta_k]$ mit $I_k \subset I_{k-1}$, $\beta_k - \alpha_k = \frac{m}{2^k}$ und einen Index n_k mit $a_{n_k} \in I_k$. Ferner ist $a_n \in I_k$ für unendlich viele n.

Die durch die Intervalle $[\alpha_k, \beta_k]$ gegebene Intervallschachtelung erfaßt eine Zahl a mit $a = \lim\limits_{k \to \infty} \alpha_k = \lim\limits_{k \to \infty} \beta_k$. Wegen $\alpha_k \leq a_{n_k} \leq \beta_k$ folgt auch $a = \lim\limits_{k \to \infty} a_{n_k}$, vgl. 6.6. $\qquad\square$

9.9* Beweis des Satzes 9.6.

Es ist noch zu zeigen, daß jede Cauchy–Folge (a_n) konvergiert. Die Folge ist nach 9.7 beschränkt, besitzt also nach dem Satz von Bolzano–Weierstraß eine konvergente Teilfolge (a_{n_k}). Deren Grenzwert nennen wir a. Es ist nun nicht nur $a_{n_k} \to a$ für $k \to \infty$, sondern sogar $a_n \to a$. Sei nämlich $\varepsilon > 0$ gegeben und

(a) n_ε so gewählt, daß $|a_n - a_m| < \varepsilon$ für $n, m > n_\varepsilon$,

(b) m so gewählt, daß $m > n_\varepsilon$ und $|a_{n_m} - a| < \varepsilon$.

Dann ist $n_m \geq m > n_\varepsilon$ und $|a - a_n| = |a - a_{n_m} + a_{n_m} - a_n| < 2\varepsilon$ für $n > m$. $\quad\square$

§3 Elementare Funktionen

1 Die Folge $\left(\left(1 + \frac{x}{n}\right)^n\right)$

1.1 Das Problem der stetigen Verzinsung

Beträgt der Zinssatz $p\%$, ist $\alpha = \frac{p}{100}$ und K das Anfangskapital, so ist das Kapital nach einem Jahr nicht $K(1 + \alpha)$, sondern

- bei halbjähriger Verzinsung $K\left(1 + \frac{\alpha}{2}\right)^2$,

- bei monatlicher Verzinsung $K\left(1 + \frac{\alpha}{12}\right)^{12}$,

- bei täglicher Verzinsung $K\left(1 + \frac{\alpha}{365}\right)^{365}$, bzw. $K\left(1 + \frac{\alpha}{366}\right)^{366}$ in Schaltjahren.

Wir fragen uns: (a) Gibt es in Schaltjahren mehr Zinsen?

(b) Bei großen Devisengeschäften wird „stetig verzinst". Wie ist das zu verstehen?

1.2 Radioaktiver Zerfall

Die Zahl ΔN der in einem kleinen Zeitintervall Δt zerfallenden Atome ist näherungsweise proportional zu der Zahl N der gerade vorhandenen nichtzerfallenen Atome: $\Delta N = \beta \cdot N \cdot \Delta t$ mit einem Zerfallskonstante genannten Proportionalitätsfaktor β. Nach der Zeit Δt sind also noch ungefähr $N - \Delta N = N\left(1 - \beta \Delta t\right)$ Atome vorhanden, dies umso genauer, je kleiner Δt ist.

Wie stark ist der Zerfall nach einer großen Zeitdifferenz t, wenn zur Zeit $t = 0$ N_0 Atome vorhanden sind? Hierzu zerlegen wir das Zeitintervall $[0, t]$ in n gleiche Teile so, daß für $\Delta t = \frac{t}{n}$ das obige Zerfallsgesetz gilt. Nach der Zeit $\frac{t}{n}$ sind also etwa $N_0 \left(1 - \beta \frac{t}{n}\right)$ nichtzerfallene Atome da, nach der Zeit $2\frac{t}{n}$ noch $N_0 \left(1 - \beta \frac{t}{n}\right)^2$ und nach Ablauf der n Zeitschritte der Länge $\frac{t}{n}$ dann näherungsweise $N_0 \left(1 - \beta \frac{t}{n}\right)^n$.

Wir nehmen nun an, daß diese Näherung umso besser wird, je feiner die Unterteilung, d.h. je größer n ist. Die wahre Zahl der nach der Zeit t übrigen nichtzerfallenen Atome wird also durch $\lim_{n \to \infty} N_0 \left(1 - \beta \frac{t}{n}\right)^n$ gegeben sein.

1.3 Das Verhalten von $a_n = \left(1 + \frac{x}{n}\right)^n$ und $b_n = \left(1 - \frac{x}{n}\right)^{-n}$

Sei x eine feste reelle Zahl und $n_0 \in \mathbb{N}$ so gewählt, daß $n_0 > |x|$. Dann gilt:

(a) $a_n \leq a_{n+1}$ für $n \geq n_0$. Im Fall $x \geq 0$ gilt dies für alle $n \in \mathbb{N}$.

(b) $b_n \geq b_{n+1}$ für $n \geq n_0$.

(c) $a_n \leq b_n$ für $n \geq n_0$.

(d) $b_n - a_n \to 0$ für $n \to \infty$.

Die Intervalle $[a_n, b_n]$ bilden somit für $n \geq n_0$ eine Intervallschachtelung.

BEWEIS.

(a) Wir benötigen im folgenden, daß $1 + \frac{x}{n} > 0$. Für $x \geq 0$ ist das immer richtig; für negative x gilt das für $n \geq n_0 > |x|$. Wir definieren h durch

$$\frac{1 + \frac{x}{n+1}}{1 + \frac{x}{n}} = 1 + h, \quad \text{also} \quad h = -\frac{x}{n(n+1)\left(1 + \frac{x}{n}\right)}.$$

Die erste Gleichung zeigt $1 + h > 0$. Nach der Bernoullischen Ungleichung § 1 : 6.6 folgt

$$\frac{a_{n+1}}{a_n} = \frac{\left(1 + \frac{x}{n+1}\right)^{n+1}}{\left(1 + \frac{x}{n}\right)^n} = \left(1 + \frac{x}{n}\right)(1 + h)^{n+1}$$

$$\geq \ \left(1+\frac{x}{n}\right)(1+(n+1)h) = \left(1+\frac{x}{n}\right)\left(1-\frac{x}{n\left(1+\frac{x}{n}\right)}\right) = 1\,,$$

also $a_{n+1} \geq a_n$.

(b) Für $n \geq n_0$ ist $n > |x|$, also $1 - \frac{x}{n} > 0$ und daher $\left(1-\frac{x}{n}\right)^n$ monoton wachsend nach (a). Also ist $b_n = \left(1-\frac{x}{n}\right)^{-n}$ monoton fallend.

(c) Für $n \geq n_0$ ist

$$\frac{a_n}{b_n} = \left(1+\frac{x}{n}\right)^n \left(1-\frac{x}{n}\right)^n = \left(1-\frac{x^2}{n^2}\right)^n \leq 1\,,$$

also $a_n \leq b_n$ wegen $b_n > 0$.

(d) Für $n \geq n_0$ gilt nach der Bernoullischen Ungleichung

$$b_n - a_n = b_n\left(1-\frac{a_n}{b_n}\right) = b_n\left(1-\left(1-\frac{x^2}{n^2}\right)^n\right) \leq b_n\frac{x^2}{n} \leq b_{n_0}\frac{x^2}{n} \to 0$$

für $n \to \infty$. $\qquad\qquad\qquad\qquad\qquad\qquad\qquad\qquad\qquad\qquad\qquad$ $\square$

2 Die Exponentialfunktion

Nach dem vorangegangenen Satz 1.3 wird für jedes $x \in \mathbb{R}$ durch die Intervallschachtelung $[a_n, b_n]$ genau eine reelle Zahl $f(x)$ erfaßt, für die also gilt

$$f(x) = \lim_{n\to\infty}\left(1+\frac{x}{n}\right)^n = \lim_{n\to\infty}\left(1-\frac{x}{n}\right)^{-n}.$$

2.1 Das Exponentialgesetz

Es gilt

(a) $f(0) = 1$

(b) $f(x+y) = f(x) \cdot f(y)$.

FOLGERUNG: $f(x) > 0$ und $f(-x) = \dfrac{1}{f(x)}$ $\boxed{\text{ÜA}}$.

BEWEIS von (b). Nach den Rechenregeln §2:6.7 für Grenzwerte ist

$$f(x+y) - f(x) \cdot f(y) = \lim_{n\to\infty}\left[\left(1+\frac{x+y}{n}\right)^n - \left(1+\frac{x}{n}\right)^n\left(1+\frac{y}{n}\right)^n\right]$$

Die eckige Klammer [...] hat nach der geometrischen Summenformel die Form

$$c^n - (ab)^n = (c - ab) \cdot \sum_{k=1}^{n} c^{n-k} \cdot (ab)^{k-1}\,.$$

Dabei ist

$$|ab| \le \left(1 + \frac{|x|}{n}\right)\left(1 + \frac{|y|}{n}\right),$$

$$|c| \le 1 + \frac{|x|}{n} + \frac{|y|}{n} \le 1 + \frac{|x|}{n} + \frac{|y|}{n} + \frac{|x|\,|y|}{n^2} = \left(1 + \frac{|x|}{n}\right)\left(1 + \frac{|y|}{n}\right),$$

$$c - ab = -\frac{xy}{n^2}.$$

Hieraus folgt

$$\left|c^{n-k}\cdot(ab)^{k-1}\right| \le \left(1 + \frac{|x|}{n}\right)^{n-1}\left(1 + \frac{|y|}{n}\right)^{n-1}$$

$$\le \left(1 + \frac{|x|}{n}\right)^{n}\cdot\left(1 + \frac{|y|}{n}\right)^{n} \le f(|x|)\cdot f(|y|),$$

und damit $\left|[\ldots]\right| \le \dfrac{|x|\,|y|}{n^2}\cdot n\cdot f(|x|)\cdot f(|y|) \to 0 \quad$ für $\quad n \to \infty.$ $\qquad\square$

2.2 Definition von e^x

Wir definieren die **Eulersche Zahl** durch

$$e := \lim_{n\to\infty}\left(1 + \frac{1}{n}\right)^{n} = 2.718281828459\ldots$$

und zeigen

$$f(x) = e^x \quad \text{für jede rationale Zahl } x\,.$$

Im Fall $x = \frac{m}{n} > 0$ mit $m,n \in \mathbb{N}$ gilt nach 2.1

$$e^m = f(1)^m = \underbrace{f(1)\cdot\,\cdots\,\cdot f(1)}_{m\text{-mal}} = f(\underbrace{1 + \cdots + 1}_{m\text{-mal}}) = f(m)$$

$$= f(nx) = f(\underbrace{x + \cdots + x}_{n\text{-mal}}) = \underbrace{f(x)\cdot\,\cdots\,\cdot f(x)}_{n\text{-mal}} = f(x)^n\,,$$

somit nach Definition der n-ten Wurzel § 2 : 7

$$e^x = e^{\frac{m}{n}} = \sqrt[n]{e^m} = f(x).$$

Im Fall $x = -\frac{m}{n}$ mit $m,n \in \mathbb{N}$ ist

$$f(x) = \frac{1}{f(-x)} = \frac{1}{f(\frac{m}{n})} = \frac{1}{e^{\frac{m}{n}}} = e^{-\frac{m}{n}} = e^x\,.$$

Die somit für alle rationalen Zahlen x bestehende Identität berechtigt uns zu folgender

DEFINITION. $\quad e^x = f(x) = \lim\limits_{n \to \infty} \left(1 + \dfrac{x}{n}\right)^n \quad$ für alle $x \in \mathbb{R}$.

2.3 Eigenschaften von e^x

(a) $e^0 = 1$

(b) $e^{x+y} = e^x \cdot e^y$ (Exponentialgesetz).

(c) $e^x \geq 1 + x$

(d) Aus $x < y$ folgt $e^x < e^y$ (Monotonie).

Daher ist $0 < e^x < 1$ für $x < 0$ und $e^x > 1$ für $x > 0$.

(e) Für $|x| < 1$ gilt $|e^x - 1| \leq \dfrac{|x|}{1 - |x|}$.

(f) e^x wächst stärker als jede Potenz von x.
Genauer: Ist n eine feste natürliche Zahl, so ist $e^x > x^n$ für alle $x > 4n^2$.

(g) $\lim\limits_{n \to \infty} e^{-n} = 0$.

BEWEIS.

(c) Für $x > 0$ gilt nach 1.3(a)

$$1 + x = \left(1 + \frac{x}{1}\right)^1 \leq \left(1 + \frac{x}{n}\right)^n \leq e^x.$$

Dieselbe Ungleichung gilt nach 1.3(a), falls $-1 < x < 0$ ($n_0 = 1$). Ist $x \leq -1$, so ist $e^x > 0 \geq 1 + x$.

(d) Insbesondere ist $e^x > 1$ für $x > 0$. Für $x < y$ folgt daher, daß

$$e^y - e^x = e^x \left(e^{y-x} - 1\right) > 0.$$

(e) Für $|x| < 1$ fällt $\left(1 - \frac{x}{n}\right)^{-n}$ monoton gegen e^x (1.3(a), $n_0 = 1$). Daher ist insbesondere $e^x \leq \frac{1}{1-x}$. Also ist $e^x - 1 \leq \frac{1}{1-x} - 1 = \frac{x}{1-x}$. Für $x \geq 0$ ist das schon die Behauptung. Ist $-1 < x < 0$, so ist nach (c)

$$1 - e^x \leq -x = |x| < \frac{|x|}{1 - |x|}.$$

(f) Ist $x > 4n^2$, so ist $\sqrt{x} > 2n$, also $\frac{x}{2n} > \sqrt{x}$ und somit

$$e^x > \left(1 + \frac{x}{2n}\right)^{2n} > \left(1 + \sqrt{x}\right)^{2n} > \left(\sqrt{x}\right)^{2n} = x^n.$$

(g) $e^n > 1 + n$ nach (c), daher ist $e^{-n} < \frac{1}{1+n}$. $\qquad\qquad\square$

2.4 Radioaktiver Zerfall. Besitzt ein radioaktives Präparat mit der Zerfallskonstanten β zum Zeitpunkt $t = 0$ die Masse m_0, so hat es zum Zeitpunkt $t \geq 0$ den unzerfallenen Masseanteil $m_0 \cdot e^{-\beta t}$.

2.5 Die Größenordnung von $n!$

Zeigen Sie

$$\mathrm{e} \cdot \left(\frac{n}{\mathrm{e}}\right)^n < n! < n \cdot \mathrm{e} \cdot \left(\frac{n}{\mathrm{e}}\right)^n .$$

Multiplizieren Sie dazu jeweils die folgenden Ungleichungen miteinander

$$\left(1 + \frac{1}{k}\right)^k < \mathrm{e} \quad (k = 1, \ldots, n-1) \quad \text{und} \quad \mathrm{e} < \left(1 - \frac{1}{k}\right)^{-k} \quad (k = 2, \ldots, n) .$$

3 Funktionen (Abbildungen)

Sind M und N nichtleere Mengen, und ist durch eine Vorschrift $x \mapsto f(x)$ jedem $x \in M$ genau ein Element $f(x) \in N$ zugeordnet, so sprechen wir von einer **Funktion** oder **Abbildung** $f : M \to N$. Das Wort „Funktion" ziehen wir vor, wenn N eine Menge von Zahlen ist; in geometrischen Zusammenhängen sprechen wir eher von Abbildungen, doch sind im Prinzip beide Bezeichnungen möglich.

Die Menge aller Punkte der x–y–Ebene mit Koordinaten $(x, f(x))$ heißt der **Graph** von f.

3.1 Beispiele

(a) $x \mapsto x^3$ vermittelt eine Funktion $f : \mathbb{R} \to \mathbb{R}$.

(b) *Identische Abbildung.* Ist M eine nichtleere Menge so heißt

$$f : M \to M, \quad \text{mit} \quad x \mapsto x$$

die *Identität auf M* und wird mit 1_M bezeichnet (oder kürzer 1, wenn keine Verwechslungen möglich sind).

(c) Durch die Relation „$y = f(x)$, falls $y^2 = x$" ist keine Funktion gegeben, da jedem $x \neq 0$ zwei Zahlen y mit $y^2 = x$

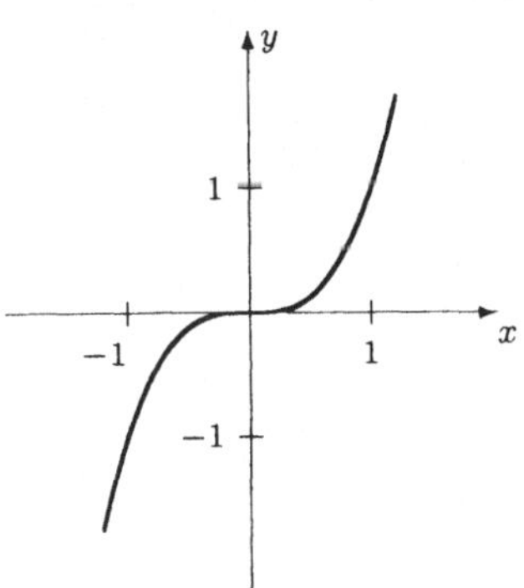

entsprechen. Dagegen liefert $x \mapsto \sqrt{x}$ eine Funktion $w : \mathbb{R}_+ \to \mathbb{R}_+$.

($\mathbb{R}_+ = \{x \in \mathbb{R} \mid x \geq 0\}$.)

(d) Eine Drehung um den Nullpunkt mit Drehwinkel $\frac{\pi}{2}$ (90°) in der Anschauungsebene E vermittelt eine Abbildung $d : E \to E$, die jedem Punkt $P \in E$ einen Bildpunkt $d(P) \in E$ zuordnet.

(e) Die **Exponentialfunktion** ist durch die Vorschrift $x \mapsto e^x$ gegeben. Hier ist $M = \mathbb{R}$, $N = \mathbb{R}_{>0}$. Wir werden auch die Schreibweise

$$\exp : \mathbb{R} \to \mathbb{R}_{>0}, \ x \mapsto e^x$$

verwenden.

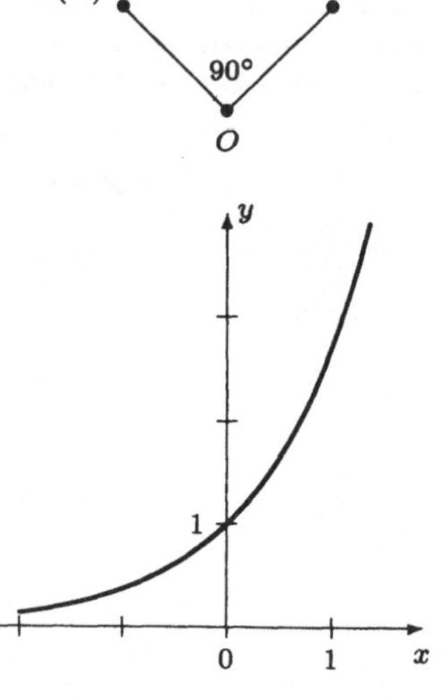

3.2 Bezeichnungen, Gleichheit von Funktionen

Ist $f : M \to N$ (lies: f ist eine Funktion bzw. Abbildung von M nach N), so heißt M der **Definitionsbereich**, N die **Zielmenge** von f. Eine Funktion ist festgelegt durch folgende Angaben:

(a) Angabe des Definitionsbereiches M.

(b) Angabe der Vorschrift $x \mapsto f(x)$. Dazu gehört

(c) Angabe darüber, welcher Art die Bilder $f(x)$ sein sollen, d.h. einer Menge $N \neq \emptyset$, in der die Bilder liegen sollen.

Die letztere Angabe ist nicht wesentlich; man wird im allgemeinen mit der Angabe irgend einer einfach formulierbaren Zielmenge N zufrieden sein, ohne den genauen **Wertevorrat** (**Bildmenge**) der Funktion $f : M \to N$, nämlich $\{f(x) \mid x \in M\}$ angeben zu wollen. (Oft ist das auch gar nicht so einfach.) Bei der Definition einer Funktion benützen wir in der Regel eine der folgenden Schreibweisen

$$f : \ M \to N, \ x \mapsto f(x) \quad \text{oder} \quad f : x \mapsto f(x) \quad \text{für} \quad x \in M \,.$$

BEISPIELE.

$$f : \ ]{-1,1}[\ \to \mathbb{R}, \ x \mapsto \frac{1}{1-x^2}, \qquad g : x \mapsto \frac{1}{x} \quad \text{für} \quad x > 0 \,.$$

Zwei Funktionen $f_1 : M_1 \to N$, $f_2 : M_2 \to N$ heißen **gleich**, wenn

(a) $M_1 = M_2$ und

(b) $f_1(x) = f_2(x)$ für alle $x \in M_1 = M_2$.

Die Gleichheit nimmt also keinen Bezug auf die Zielmenge.

3.3 Injektive und surjektive Funktionen

Eine Abbildung, bzw. Funktion, nennt man **injektiv (eineindeutig, 1–1–Abbildung)**, wenn aus $f(x_1) = f(x_2)$ *stets* $x_1 = x_2$ folgt, oder andersherum, wenn aus $x_1 \neq x_2$ stets $f(x_1) \neq f(x_2)$ folgt. Injektivität bedeutet also, daß die Gleichung $f(x) = y$ für $y \in N$ höchstens eine Lösung x besitzt.

Die Funktion $x \mapsto x^3$ ist injektiv, weil aus

$$0 = x^3 - y^3 = (x - y)\left(x^2 + xy + y^2\right) = \frac{1}{2}(x - y)\left(x^2 + y^2 + (x + y)^2\right)$$

in jedem Falle $x = y$ folgt.

Die Funktion $f : \mathbb{R} \to \mathbb{R}$, $x \mapsto x^2$ ist nicht injektiv wegen $f(1) = f(-1)$. Dagegen ist die auf $\mathbb{R}_+$ eingeschränkte Funktion $x \mapsto x^2$ injektiv.

Anschaulich bedeutet Injektivität einer reellen Funktion $f : M \subset \mathbb{R} \to \mathbb{R}$, daß jede Parallele zur x-Achse den Graphen von f höchstens einmal schneidet.

Eine Abbildung $f : M \to N$ heißt **surjektiv**, wenn N die Bildmenge von f ist, d.h. wenn für jedes $y \in N$ die Gleichung $f(x) = y$ wenigstens eine Lösung $x \in M$ besitzt.

BEMERKUNG. Eigentlich ist die Zielmenge nicht wesentlich für die Festlegung einer Funktion. Bei der Surjektivität allerdings kommt es auf N an. Die Funktion $f : \mathbb{R} \to \mathbb{R}$, $x \mapsto x^3$ ist surjektiv, denn die Gleichung $f(x) = y$ hat die Lösung

$$x = \sqrt[3]{y} \quad \text{für} \quad y \geq 0 \quad \text{und} \quad x = -\sqrt[3]{-y} \quad \text{für} \quad y < 0.$$

3.4 Bijektive Funktionen und Umkehrfunktionen

Eine Abbildung $f : M \to N$ heißt **bijektive Abbildung** (*Bijektion*) von M auf N (*kurz: $f : M \to N$ ist* **bijektiv**), wenn sie injektiv und surjektiv ist.

Das bedeutet, daß es zu jedem $y \in N$ genau ein $x \in M$ gibt mit $f(x) = y$. Bezeichnen wir dieses x mit $g(y)$, so ist auf diese Weise eine Abbildung

$$g : N \to M$$

definiert, und nach Definition von g ist $f(g(y)) = y$ für alle $y \in N$, $g(f(x)) = x$ für alle $x \in M$. Die Abbildung g ist ihrerseits injektiv und surjektiv als Abbildung von N nach M. Sie heißt **Umkehrabbildung** zu f und wird üblicherweise mit f^{-1} bezeichnet (Nicht zu verwechseln mit $\frac{1}{f}$!).

Daß g surjektiv ist, folgt unmittelbar aus $g(f(x)) = x$. g ist injektiv, denn aus $g(y_1) = g(y_2)$ folgt $y_1 = f(g(y_1)) = f(g(y_2)) = y_2$.

Daß g surjektiv ist, folgt unmittelbar aus $g(f(x)) = x$. g ist injektiv, denn aus $g(y_1) = g(y_2)$ folgt $y_1 = f(g(y_1)) = f(g(y_2)) = y_2$.

3.5 Monotone Funktionen

Eine reelle Funktion $f : I \to \mathbb{R}$ auf einem Intervall I heißt **monoton wachsend**, wenn aus $x < y$ folgt $f(x) \leq f(y)$. Sie heißt **streng monoton wachsend**, wenn aus $x < y$ folgt $f(x) < f(y)$. Entsprechend heißt $f : I \to \mathbb{R}$ monoton fallend (bzw. streng monoton fallend), wenn aus $x < y$ folgt $f(x) \geq f(y)$ (bzw. $f(x) > f(y)$).

Streng monoton wachsende (bzw. fallende) Funktionen f sind injektiv. Denn ist $f(x) = f(y)$, so kann weder $x < y$ (sonst $f(x) < f(y)$) noch $x > y$ (sonst $f(x) > f(y)$) eintreten. Es bleibt $x = y$.

4 Die Logarithmusfunktion

4.1 *Die Exponentialfunktion* $\exp : \mathbb{R} \to \mathbb{R}_{>0}, \quad x \mapsto \mathrm{e}^x$ *ist bijektiv. Die Umkehrfunktion wird mit*

$$x \mapsto \log x \quad \textit{für} \quad x > 0$$

bezeichnet. Sie ist streng monoton wachsend.

In der Literatur ist auch die Bezeichnung $\ln x$ (*logarithmus naturalis*) üblich. Auch die Schreibweise $\log(x)$ ist gebräuchlich.

BEWEIS.

Nach 2.3 (d) ist die Exponentialfunktion streng monoton wachsend, also injektiv. Wir wollen nun zeigen, daß sie bezüglich $\mathbb{R}_{>0}$ auch surjektiv ist.

Zu gegebenem $y > 0$ ist die Existenz einer reellen Zahl a mit $\mathrm{e}^a = y$ zu zeigen. Hierzu setzen wir $A := \{x \in \mathbb{R} \mid \mathrm{e}^x < y\}$. A ist nichtleer, denn wegen $\lim\limits_{n \to \infty} \mathrm{e}^{-n} = 0$ nach 2.3 (g) folgt $-n \in A$ für genügend großes n. A ist nach oben beschränkt, denn für $x \in A$ gilt nach 2.3 (c) $x \leq \mathrm{e}^x - 1 < y - 1$.

Damit existiert $a := \sup A$; wir zeigen $\mathrm{e}^a = y$. Nach Definition des Supremums gibt es zu jedem $n \in \mathbb{N}$ ein $x_n \in A$ mit $a - \frac{1}{n} < x_n \leq a$. Hieraus folgt mit der Monotonie der Exponentialfunktion

$$\mathrm{e}^{a - \frac{1}{n}} < \mathrm{e}^{x_n} < y \leq \mathrm{e}^{a + \frac{1}{n}},$$

letzteres wegen $a + \frac{1}{n} \notin A$. Nach 2.3 (e) gilt für $n \to \infty$

$$\mathrm{e}^{a - \frac{1}{n}} = \mathrm{e}^a \cdot \mathrm{e}^{-\frac{1}{n}} \to \mathrm{e}^a \quad \text{und} \quad \mathrm{e}^{a + \frac{1}{n}} = \mathrm{e}^a \cdot \mathrm{e}^{\frac{1}{n}} \to \mathrm{e}^a,$$

also folgt aus den Ungleichungen nach dem Dreifolgensatz §2 : 6.6

$$e^a \le y \le e^a,$$

somit $e^a = y$. $\qquad\qquad\qquad\qquad$ □

Die Monotonie des Logarithmus folgt so: Für $0 < x < y$ kann $\log x \ge \log y$ nicht eintreten, denn wegen der Monotonie der Exponentialfunktion hätte dies $x = e^{\log x} \ge e^{\log y} = y$ zur Folge.

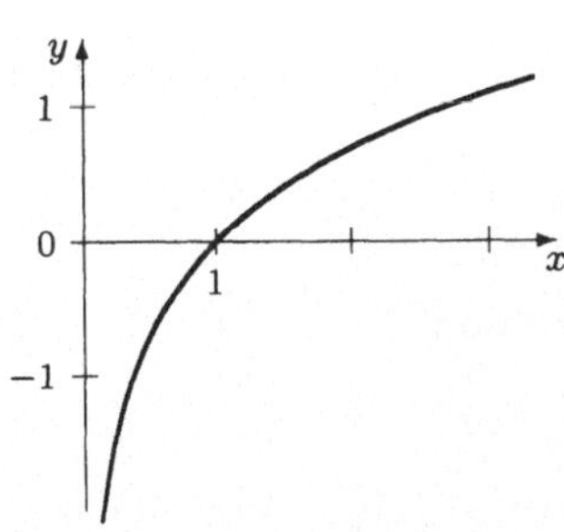

4.2 Eigenschaften des Logarithmus

(a) $e^{\log y} = y$ für alle $y > 0$, $\log e^x = x$, für alle $x \in \mathbb{R}$, insbesondere gilt $\log 1 = 0$, $\log e = 1$.

(b) $\log(a \cdot b) = \log a + \log b$, $\log \frac{a}{b} = \log a - \log b$ für $a, b > 0$.

(c) $\log(x^n) = n \cdot \log x$ $(x > 0, n \in \mathbb{N})$.

(d) $\log(1 + x) < x$ für alle $x > 0$.

(e) Der Logarithmus wächst schwächer als jede lineare Funktion $x \mapsto cx$ mit $c > 0$: Ist $n \in \mathbb{N}$ so gewählt, daß $\frac{1}{n} < c$, so ist $\log x < \frac{x}{n} < cx$ für $x > 4n^2$.

BEWEIS.

(a) ist einfach die Eigenschaft der Umkehrfunktion. Alle anderen Behauptungen sind unmittelbare Folgerungen aus 2.3. Die einfachen Beweise werden dem Leser als $\boxed{\text{ÜA}}$ eindringlich empfohlen. $\qquad\qquad\qquad\qquad$ □

4.3 Halbwertszeit. Nach welcher Zeit T ist ein radioaktives Präparat mit dem Zerfallsgesetz $N_0 e^{-\beta t}$ zur Hälfte zerfallen? $\boxed{\text{ÜA}}$

5 Die allgemeine Potenz und der Zehnerlogarithmus

5.1 Vorbemerkung. In §2:7 wurde x^y definiert für $x > 0$ und rationale Zahlen y. Wir zeigen jetzt, daß

$$x^y = e^{y \log x} \quad \text{für alle } x > 0, \ y \in \mathbb{Q}$$

bzw., was dasselbe ist, $\log x^y = y \log x$.

Für $y = \frac{n}{m}$ $(n, m \in \mathbb{N})$ gilt wegen $n \log x = \log x^n$ nämlich

$$m \log x^{\frac{n}{m}} = m \log \left(\sqrt[m]{x} \right)^n = n \cdot m \cdot \log \sqrt[m]{x} = n \cdot \log x$$

Also ist $\log x^{\frac{n}{m}} = \frac{n}{m} \log x$.

Für $y < 0$ beachte man $\log \frac{1}{a} = -\log a$.

Die Gleichung $x^y = e^{y \log x}$ schreiben wir jetzt auf irrationale Zahlen y fort:

5.2 Definition der allgemeinen Potenz

Für $x > 0$, $y \in \mathbb{R}$ setzen wir

$$x^y := e^{y \log x}.$$

Es gilt $\boxed{\text{ÜA}}$

$$(xy)^r = x^r \cdot y^r,$$
$$(x^r)^s = x^{r \cdot s},$$
$$x^{r+s} = x^r \cdot x^s, \quad \text{insbesondere} \quad x^0 = 1, \ x^{-r} = \frac{1}{x^r}.$$

5.3 Der Zehnerlogarithmus (Dekadischer Logarithmus)

Die Funktion $z : \mathbb{R} \to \mathbb{R}_{>0}$, $x \mapsto 10^x$ ist streng monoton wachsend und bijektiv. Der Beweis bleibt dem Leser als leichte Übungsaufgabe überlassen.

Die Umkehrfunktion nennen wir

$$x \mapsto \log_{10}(x) = \frac{\log(x)}{\log 10}.$$

Der Zehnerlogarithmus tritt im Zusammenhang mit dem pH–Wert in der Chemie auf. Vor der Einführung der Rechenmaschinen wurden numerische Rechnungen sehr häufig mit Hilfe der (Zehner–)Logarithmentafeln ausgeführt.

6 Zusammengesetzte Funktionen

6.1 Summe, Produkt und Vielfache von Funktionen

(a) Für Funktionen $f, g : D \to \mathbb{R}$ definieren wir

$$f + g : D \to \mathbb{R} \quad \text{durch die Vorschrift } x \mapsto f(x) + g(x),$$
$$f \cdot g : D \to \mathbb{R} \quad \text{durch die Vorschrift } x \mapsto f(x) \cdot g(x),$$
$$\lambda f : D \to \mathbb{R} \quad \text{durch } x \mapsto \lambda \cdot f(x) \text{ für } \lambda \in \mathbb{R},$$
$$-f : D \to \mathbb{R} \quad \text{durch } x \mapsto -f(x).$$

(b) Die durch $x \mapsto 0$ für $x \in D$ definierte Funktion heißt *Nullfunktion* (auf D) und wird mit 0 bezeichnet. **Vorsicht!** $f = 0$ heißt $f(x) = 0$ für alle $x \in D$. Man schreibt dafür oft auch $f(x) \equiv 0$. $f \neq 0$ heißt nur, daß f nicht die Nullfunktion ist. Für

$$f(x) = \begin{cases} 1 & \text{für } x = 0, \\ 0 & \text{für alle } x \in \mathbb{R} \text{ mit } x \neq 0 \end{cases}$$

gilt $f \neq 0$.

(c) *Für das Rechnen mit Funktionen gelten dieselben Rechengesetze wie in $\mathbb{Z}$:*

$$f + (g + h) = (f + g) + h, \quad (f \cdot g) \cdot h = f \cdot (g \cdot h).$$

Ferner ist $f + 0 = 0 + f = f$, $f + (-f) = 0$, und die Gleichung $f + g = h$ besitzt bei gegebenen Funktionen g, h die eindeutige Lösung $f = h - g = h + (-g)$. Bezeichnen wir die Funktion $x \mapsto 1$ mit 1, so ist $1 \cdot f = f \cdot 1 = f$. Schließlich gilt das Distributivgesetz $f \cdot (g + h) = f \cdot g + f \cdot h$.

Die Gleichung $f \cdot g = h$ ist bei gegebenen Funktionen g, h i.a. nicht lösbar.

$\boxed{\text{ÜA}}$ Finden sie ein Gegenbeispiel!

6.2 Hintereinanderausführung. Mit $f : D \to M$ und $g : M \to N$ ist durch die Vorschrift

$$x \mapsto g(f(x)) \quad \text{für } x \in D$$

eine Abbildung $h : D \to N$ gegeben. Wir bezeichnen sie mit

$$g \circ f \quad (\text{lies: } g \text{ nach } f).$$

BEISPIEL. $f(x) = e^x$ für $x \in \mathbb{R}$, $g(x) = \log x$ für $x > 0$. Dann ist $g \circ f = 1$, wo $1 : x \mapsto x$ die identische Abbildung (Identität) auf $\mathbb{R}$ ist. Entsprechend ist $f \circ g = 1_{\mathbb{R}>0}$.

7 Polynome und rationale Funktionen

7.1 Polynome.

Sind $a_0, a_1, \ldots, a_n$ reelle Zahlen, so heißt eine Funktion p der Gestalt

$$x \mapsto a_0 + a_1 x + a_2 x^2 + \cdots + a_n x^n$$

ein **Polynom** mit reellen Koeffizienten $a_0, a_1, \ldots, a_n$.

Spezielle Polynome sind die konstanten Funktionen $x \mapsto a_0$ und die Identität $1 : x \mapsto x$.

Satz vom Koeffizientenvergleich. *Sind zwei Polynome*

$$p(x) = a_0 + a_1 x + \cdots + a_n x^n \quad \text{und} \quad q(x) = b_0 + b_1 x + \cdots + b_m x^m$$

als Funktionen gleich, $p(x) = q(x)$ für alle x, so gilt $m = n$ und $a_k = b_k$ für $k = 0, 1, \ldots, n$.

BEWEIS.

Wir dürfen $n \geq m$ annehmen (sonst Vertauschung der Rollen von p und q). Auch $r = p - q$ ist ein Polynom, hat also die Form $r(x) = c_0 + c_1 x + \cdots + c_n x^n$. Zu zeigen ist $c_0 = c_1 = \cdots = c_n = 0$. Nach Voraussetzung gilt $r(x) = 0$ für alle $x \in \mathbb{R}$. Es folgt $0 = r(0) = c_0$ und

$$0 = \frac{r(x)}{x} = c_1 + c_2 x + \cdots + c_n x^{n-1} \quad \text{für } x \neq 0.$$

Für $x_k = \dfrac{1}{k}$ gilt $\lim\limits_{k \to \infty} x_k = 0$, also mit §2:6.7

$$0 = \lim_{k \to \infty} \frac{r(x_k)}{x_k} = c_1.$$

Nun ist $c_0 = c_1 = 0$, also

$$0 = \frac{r(x)}{x^2} = c_2 + c_3 x + \cdots + c_n x^{n-2} \quad \text{für } x \neq 0.$$

Setzen wir wieder die Nullfolge (x_k) ein, so folgt wie oben $c_2 = 0$ usw. $\qquad\square$

Wir erklären den **Grad eines Polynoms** $p(x) = a_0 + a_1 x + \cdots + a_n x^n$ durch

$$\text{Grad}\,(p) = \begin{cases} n, & \text{falls } a_n \neq 0 \\ -1, & \text{falls } p \text{ das Nullpolynom ist.} \end{cases}$$

Konstante Polynome $p \neq 0$ haben den Grad 0.

7.2 Summe und Produkt von Polynomen

Offenbar ist die Summe zweier Polynome wieder ein Polynom, ebenso ist mit p auch cp ein Polynom für $c \in \mathbb{R}$. Für

$$p(x) = a_0 + a_1 x + \cdots + a_n x^n, \quad a_n \neq 0, \quad \text{und}$$

$$q(x) = b_0 + b_1 x + \cdots + b_m x^m, \quad b_m \neq 0, \quad \text{gilt}$$

$$p(x) \cdot q(x) = a_0 b_0 + (a_1 b_0 + a_0 b_1)x + \cdots + a_n b_m x^{n+m}.$$

Also ist $p \cdot q$ wieder ein Polynom. Bei der Multiplikation zweier vom Nullpolynom verschiedener Polynome addieren sich die Grade:

$$\text{Grad}\,(p \cdot q) = \text{Grad}\,(p) + \text{Grad}\,(q) \quad \text{für } p \neq 0,\ q \neq 0.$$

Eine übersichtliche Darstellung der Koeffizienten von $p \cdot q$ erhalten wir durch folgende Formel: Es ist

$$p(x) \cdot q(x) = \sum_{k=0}^{n+m} c_k x^k \quad \text{mit} \quad c_k = \sum_{i=0}^{k} a_i b_{k-i} = \sum_{\mu + \nu = k} a_\mu b_\nu.$$

Dabei gilt die Vereinbarung $a_{n+1} = a_{n+2} = \cdots = 0 = b_{m+1} = b_{m+2} \cdots$.

Für die Rechenregeln bei Summe und Produkt gilt das unter 6.1 gesagte. Die Verwandtschaft des Rechnens mit Polynomen und des Rechnens in $\mathbb{Z}$ findet in der Übertragung der Teilbarkeitslehre ihren Niederschlag (vgl. 7.4ff.).

7.3 Rationale Funktionen sind gegeben durch eine Vorschrift $x \mapsto \dfrac{p_1(x)}{p_2(x)}$, wo p_1 und p_2 Polynome sind und p_2 nicht das Nullpolynom ist.

Die Frage nach dem Definitionsbereich D rationaler Funktionen $\dfrac{p_1}{p_2}$ scheint durch die Festsetzung $D = \{x \in \mathbb{R} \mid p_2(x) \neq 0\}$ beantwortet zu sein, doch kann diese Antwort nicht ganz befriedigen.

Betrachten wir beispielsweise $p_1(x) = x^2 - 1$, $p_2(x) = x - 1$, so ist

$$\frac{p_1(x)}{p_2(x)} = \frac{(x-1)(x+1)}{x-1} = x + 1 \quad \text{für} \quad x \neq 1.$$

Wir wollen im folgenden die Frage untersuchen, inwieweit sich ein rationaler Ausdruck $\dfrac{p_1(x)}{p_2(x)}$ durch „Kürzen" auf einfachere Form bringen läßt. Diese Frage ist im Zusammenhang mit der Integration von Bedeutung.

7.4 Division mit Rest

Sind p_1, p_2 Polynome mit $\mathrm{Grad}\,(p_2) \geq 1$, *so gibt es eindeutig bestimmte Polynome q, r mit*

$$p_1 = p_2 \cdot q + r \quad \text{und} \quad \mathrm{Grad}\,(r) < \mathrm{Grad}\,(p_2).$$

Die Bestimmung von q und r geschieht nach demselben Divisionsalgorithmus wie bei den ganzen Zahlen. Bei dem Beispiel

$$p_1(x) = -4x^5 + 2x^4 - 14x^3 + 6x^2 - 14x + 10, \qquad p_2(x) = 2x^3 + 3x - 1$$

spricht das folgende Schema für sich:

$$
\begin{array}{l}
-4x^5 + 2x^4 - 14x^3 + 6x^2 - 14x + 10 : (2x^3 + 3x - 1) = -2x^2 + x - 4 \\
\underline{-4x^5 \qquad\quad - 6x^3 + 2x^2} \\
\qquad\quad 2x^4 - 8x^3 + 4x^2 - 14x \\
\qquad\quad \underline{2x^4 \qquad\quad + 3x^2 - x} \\
\qquad\qquad\quad -8x^3 + x^2 - 13x + 10 \\
\qquad\qquad\quad \underline{-8x^3 \qquad\quad - 12x + 4} \\
\qquad\qquad\qquad \text{Rest:}\quad x^2 - x + 6
\end{array}
$$

Ergebnis: $p_1(x) = p_2(x) \cdot (-2x^2 + x - 4) + x^2 - x + 6$.

Dieses Verfahren führt offenbar immer zum Ziel. Die Eindeutigkeit ergibt sich so: Ist $p_1 = p_2 q_1 + r_1 = p_2 q_2 + r_2$, so folgt $p_2 \cdot (q_1 - q_2) = r_2 - r_1$. Wäre $q_1 \neq q_2$, so hätte die linke Seite mindestens den Grad von p_2, die rechte Seite aber einen kleineren Grad. Also bleibt nur $q_1 = q_2$ und damit auch $r_1 = r_2$.

7.5 Teilbarkeit von Polynomen

Wir sagen „p_2 *teilt* p_1" (in Zeichen $p_2 \mid p_1$), falls $p_2 \neq 0$ und es ein Polynom q gibt mit $p_1 = p_2 \cdot q$.

Ist beispielsweise $p_1(x) = x^2 - 1$, $p_2(x) = x - 1$, so ist $p_1(x) = p_2(x) \cdot (x + 1)$, also $p_2 \mid p_1$.

Man sieht leicht ein $\boxed{\text{ÜA}}$, daß

(a) Aus $p_3 \mid p_2$ und $p_2 \mid p_1$ folgt $p_3 \mid p_1$.

(b) Aus $p \mid p_1$ und $p \mid p_2$ folgt $p \mid q_1 p_1 + q_2 p_2$, wenn q_1, q_2 irgendwelche Polynome sind.

(c) Ist $p_2 \mid p_1$, so ist $\mathrm{Grad}\,(p_2) \leq \mathrm{Grad}\,(p_1)$.

(d) Aus $p_2 \mid p_1$ und $p_1 \mid p_2$ folgt, daß es eine Konstante $c \neq 0$ gibt mit $p_1 = cp_2$.

7.6 Nullstellen

λ heißt *Nullstelle* von p, falls $p(\lambda) = 0$. Das ist genau dann der Fall, wenn $x - \lambda$ ein Teiler von $p(x)$ ist, d.h. wenn es ein Polynom q gibt mit

$$p(x) = (x - \lambda)q(x).$$

Denn ist $p(x) = (x - \lambda)q(x)$, so ist $p(\lambda) = (\lambda - \lambda) \cdot q(\lambda) = 0$. Ist umgekehrt λ Nullstelle von p, so erhalten wir durch Division mit Rest

$$p(x) = (x - \lambda)q(x) + r \,,$$

wo r eine Konstante ist (Grad < 1). Einsetzen von $x = \lambda$ liefert $r = 0$.

λ heißt **k-fache Nullstelle** (im Falle $k = 1$ **einfache Nullstelle**), wenn es ein Polynom q gibt mit

$$p(x) = (x - \lambda)^k \cdot q(x) \text{ und } q(\lambda) \neq 0.$$

SATZ. *Ein Polynom vom Grad $n \geq 1$ besitzt höchstens n verschiedene Nullstellen.*

BEWEIS.

Hat p die N verschiedenen Nullstellen $\lambda_1, \ldots, \lambda_N$ und setzen wir

$$p_2(x) = (x - \lambda_1) \cdots (x - \lambda_N) \,,$$

so ist $p_2 \mid p$, also $N = \mathrm{Grad}\,(p_2) \leq \mathrm{Grad}\,(p) = n$ nach 7.5 (c) $\qquad\qquad$ □

7.7 Größter gemeinsamer Teiler

Sind p_1, p_2 Polynome mit $p_1 \neq 0$, $p_2 \neq 0$, so heißt das Polynom g *ein größter gemeinsamer Teiler* (**ggT**) von p_1 und p_2, wenn $g \mid p_1$, $g \mid p_2$ und es keinen gemeinsamen Teiler von p_1 und p_2 gibt, der einen höheren Grad hat als g.

7.8′ Bestimmung eines ggT nach dem euklidischen Algorithmus

Ist $n = \mathrm{Grad}\,(p_1) \geq m = \mathrm{Grad}\,(p_2) \geq 1$, so ergibt sukzessive Division mit Rest Polynome p_k, q_k mit

$$
\begin{aligned}
p_1 &= p_2 \cdot q_1 + p_3 & (\mathrm{Grad}\,(p_3) < \mathrm{Grad}\,(p_2),\ p_3 \neq 0) \\
p_2 &= p_3 \cdot q_2 + p_4 & (\mathrm{Grad}\,(p_4) < \mathrm{Grad}\,(p_3),\ p_4 \neq 0) \\
&\ \vdots & \vdots \\
p_{k-1} &= p_k \cdot q_{k-1} + p_{k+1} & (\mathrm{Grad}\,(p_{k+1}) < \mathrm{Grad}\,(p_k),\ p_{k+1} \neq 0) \\
p_k &= p_{k+1} \cdot q_k
\end{aligned}
$$

Da bei jedem Schritt der Grad um mindestens 1 reduziert wird, muß spätestens nach $m + 1$ Schritten der Rest Null sein.

Dann ist p_{k+1} ein ggT von p_1 und p_2, und jeder andere ggT g von p_1, p_2 hat die Gestalt $g = c \cdot p_{k+1}$ mit einer Konstanten $c \neq 0$.

BEWEIS.

(a) Wir beweisen zunächst eine Zwischenbehauptung (Z): Teilt ein Polynom g zwei aufeinanderfolgende der Polynome p_i, etwa $g \mid p_\varrho$, $g \mid p_{\varrho+1}$, so teilt g alle p_i ($i = 1, \dots, k+1$). In der Tat: ist $\varrho > 1$, so folgt aus $p_{\varrho-1} = p_\varrho q_{\varrho-1} + p_{\varrho+1}$ mit 7.5 (b), daß g auch $p_{\varrho-1}$ teilt, und so fort. Also teilt g alle p_ϱ vorangehenden p_i.

Entsprechendes ergibt sich für die nachfolgenden p_i: Ist $\varrho < k$, so folgt aus $p_{\varrho+2} = p_\varrho - p_{\varrho+1} q_\varrho$, daß g auch $p_{\varrho+2}$ teilt, und so fort. Soweit die Zwischenbehauptung (Z).

(b) Damit folgt nun sofort, daß p_{k+1} ein Teiler von p_1 und p_2 ist. Denn $p_{k+1} \mid p_{k+1}$ und $p_{k+1} \mid p_k$ nach der letzten Gleichung.

(c) Ist g irgendein Teiler von p_1 und p_2, so folgt nach (Z), daß g auch p_{k+1} teilen muß, also höchstens denselben Grad hat wie p_{k+1}. Damit ist p_{k+1} ein ggT von p_1 und p_2. Ist g sogar selbst ein ggT, hat g also denselben Grad wie p_{k+1}, so folgt aus $g \mid p_{k+1}$, daß $g = c \cdot p_{k+1}$ mit einer Konstanten $c \neq 0$ (Division mit Rest !). $\qquad\qquad\square$

7.9 Teilerfremde Polynome

Sind p_1 und p_2 nichtkonstante teilerfremde Polynome, d.h. ist 1 ein ggT von p_1 und p_2, so gibt es Polynome r_1 und r_2 mit

$$
1 = r_1 \cdot p_2 + r_2 \cdot p_1 \quad und \quad \mathrm{Grad}\,(r_i) < \mathrm{Grad}\,(p_i), \quad i = 1, 2 \,.
$$

BEWEIS.

Es sei etwa $\mathrm{Grad}\,(p_2) \leq \mathrm{Grad}\,(p_1)$. Wir schreiben die Gleichungskette des euklidischen Algorithmus in umgekehrter Reihenfolge auf:

$$p_{k+1} = p_{k-1} - p_k \cdot q_{k-1}$$

$$p_k = p_{k-2} - p_{k-1} \cdot q_{k-2}$$

$$\vdots$$

$$p_3 = p_1 - p_2 \cdot q_1 \,.$$

Nach Voraussetzung ist der ggT p_{k+1} eine Konstante $c \neq 0$. Setzen wir in die erste Gleichung sukzessive die folgenden Gleichungen ein, so erhalten wir

$$c = p_{k+1} = p_{k-1} - p_k \cdot q_{k-1} = p_{k-1} - (p_{k-2} - p_{k-1} \cdot q_{k-2}) \cdot q_{k-1}$$

$$- (1 + q_{k-2} \cdot q_{k-1}) \cdot p_{k-1} - q_{k-1} \cdot p_{k-2} = \cdots = f_1 \cdot p_2 + f_2 \cdot p_1$$

mit Polynomen f_1 und f_2. Division mit Rest ergibt $\frac{1}{c} f_i = p_i \cdot s_i + r_i$ für $i = 1, 2$ und mit $\mathrm{Grad}\,(r_i) < \mathrm{Grad}\,(p_i)$. Also gilt

$$1 = \frac{1}{c}\,(f_1 \cdot p_2 + f_2 \cdot p_1) = r_1 \cdot p_2 + r_2 \cdot p_1 + p_1 \cdot p_2 \cdot (s_1 + s_2)\,,$$

und aus $\mathrm{Grad}\,(p_1 \cdot p_2 \cdot (s_1 + s_2)) = \mathrm{Grad}\,(r_1 \cdot p_2 + r_2 \cdot p_1) < \mathrm{Grad}\,(p_1 \cdot p_2)$ folgt $s_1 + s_2 = 0$. $\qquad\square$

7.10 Die Darstellung rationaler Funktionen.

Sind p_1 und p_2 Polynome mit $p_1 \neq 0$, $\mathrm{Grad}\,(p_2) \geq 1$, so bestimme man einen ggT g von p_1 und p_2 nach 7.8. Ist dann $p_1 = g \cdot q_1$, $p_2 = g \cdot q_2$, so ist

$$\frac{p_1(x)}{p_2(x)} = \frac{q_1(x)}{q_2(x)} \quad \text{für alle} \quad x \quad \text{mit} \quad p_2(x) \neq 0\,.$$

Der rationale Ausdruck $\dfrac{q_1(x)}{q_2(x)}$ ist erklärt auf $D = \{x \in \mathbb{R} \mid q_2(x) \neq 0\}$. Das ist der größtmögliche Definitionsbereich, für den $\dfrac{p_1}{p_2}$ einen Sinn macht. Man beachte, daß q_1 und q_2 keine gemeinsame Nullstelle haben.

7.11 Aufgaben

(a) Bestimmen Sie einen ggT von

$$2x^4 + 2x^3 + x^2 - x - 1 \quad \text{und} \quad 3x^5 + 3x^4 + 4x^3 - x^2 - x - 2\,.$$

(b) Vereinfachen Sie $\dfrac{5x^5 - 5x^4 - 11x^3 + 4x^2 - x - 6}{x^4 - x^3 - 11x^2 + 9x + 18}\,.$

Welche Definitionslücken bleiben?

(c) Bestimmen Sie gemäß 7.9 Polynome r_1 und r_2 mit $1 = r_1 \cdot p_2 + r_2 \cdot p_1$ für

$$p_1(x) = x^3 - 3x^2 - x + 3\,, \qquad p_2(x) = x^2 - 4x + 4\,.$$

8 Die trigonometrischen Funktionen

8.1 Winkel im Bogenmaß

Wir setzen elementare Kenntnisse der ebenen Schulgeometrie voraus. Einige grundsätzliche Bemerkungen zur Beziehung zwischen Geometrie, Zahlen und Vektoren finden Sie in § 5.

Wir denken uns in der Ebene ein kartesisches Koordinatensystem. Jeder Punkt P ist durch ein Koordinatenpaar (x, y) beschrieben, wo x und y reelle Zahlen sind.

Der **Einheitskreis** ist die Menge der Punkte $P = (x, y)$ mit $x^2 + y^2 = 1$. Die **Länge** eines Kreisbogens ist definiert als das Supremum der Längen aller einbeschriebenen Sehnenpolygone.

Die Bogenlänge des oberen Halbkreises bezeichnen wir mit π. Dabei ist

$$\pi = 3.14159265358\ldots.$$

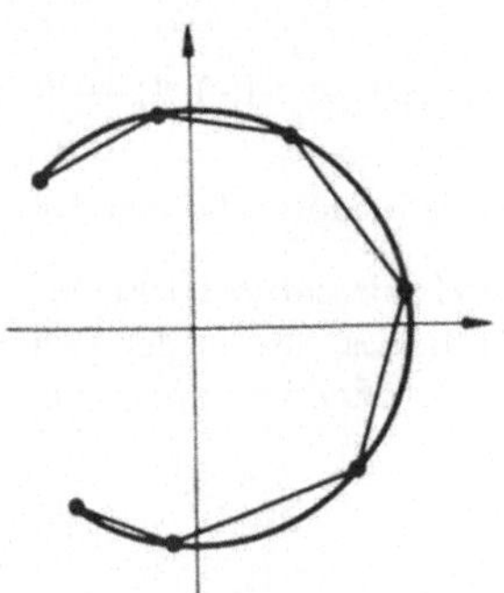

Aus der Anschauung entnehmen wir:

(a) Beim Aneinandersetzen von Bögen addieren sich die Bogenlängen.

(b) Bei Drehungen um den Nullpunkt bleiben die Bogenlängen erhalten. Demnach hat jeder Halbkreis die Bogenlänge π. Somit hat jeder Viertelkreis die Bogenlänge $\frac{\pi}{2}$, und der Bogen zwischen zwei Nachbarpunkten eines regelmäßigen einbeschriebenen Sechseckes hat die Bogenlänge $\frac{\pi}{3}$.

(c) Jede Zahl aus $[0, 2\pi]$ kommt als Bogenlänge vor.

Wir werden später die Bogenlänge durch ein Integral beschreiben und diese Eigenschaften bestätigt finden.

Zwei vom Kreismittelpunkt ausgehende Strahlen S_1 und S_2 schneiden den Einheitskreis in zwei Punkten P_1 und P_2. Den (nichtorientierten) **Winkel** $\varphi = \angle(S_1, S_2)$ zwischen S_1 und S_2 definieren wir als die Länge des kürzeren Kreisbogens zwischen P_1 und P_2 (Fig.).

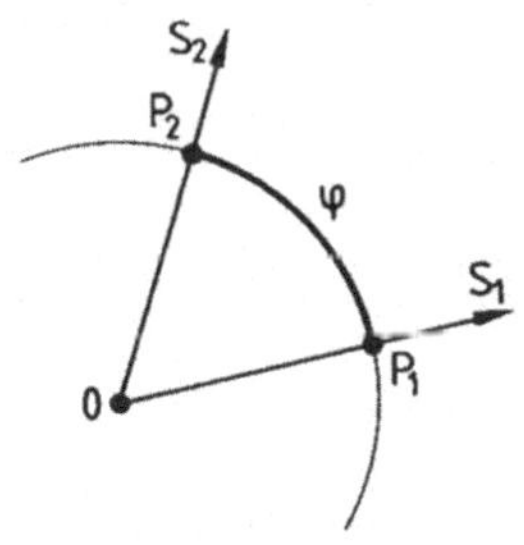

Wir haben zwei Möglichkeiten, Winkel anzugeben: im üblichen Gradsystem und durch die Bogenlänge. Die letztere ist für die Mathematik zweckmäßiger, wie wir noch sehen werden.

8.2 Arcuscosinus und Kosinus

Für jedes $x \in [-1,1]$ bezeichnen wir
die Länge des Kreisbogens zwischen
den beiden Punkten mit den Koor-
dinaten $(1,0)$ und $\left(x, \sqrt{1-x^2}\right)$ mit
$\arccos x \in [0,\pi]$.

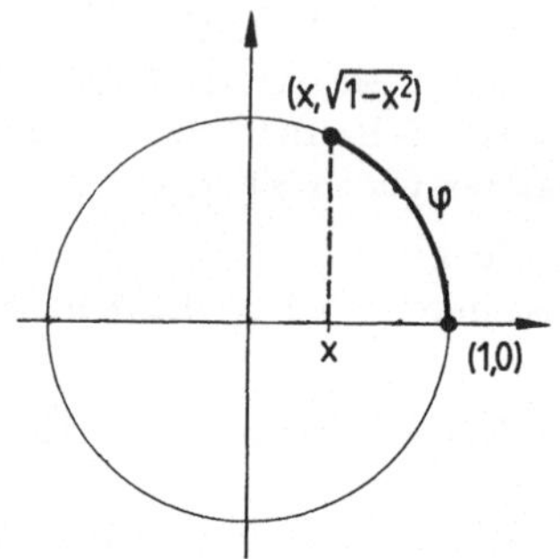

Aus dem oben Gesagten ergibt sich,
daß die hierdurch erklärte Funktion

$$\arccos \; : \; [-1,1] \to [0,\pi]$$

streng monoton fällt und surjektiv ist.

Die **Kosinusfunktion** $\cos : [0,\pi] \to [-1,1]$ ist erklärt als die Umkehrfunktion
von arccos, also in der Figur oben $x = \cos\varphi$. In der folgenden Figur finden Sie
die Graphen von arccos (links) und cos (rechts).

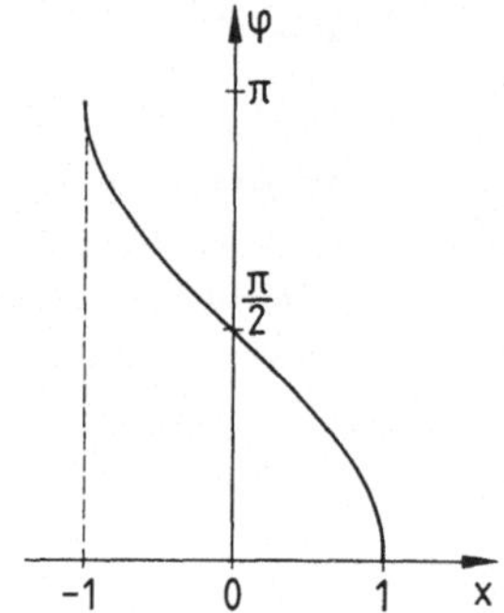

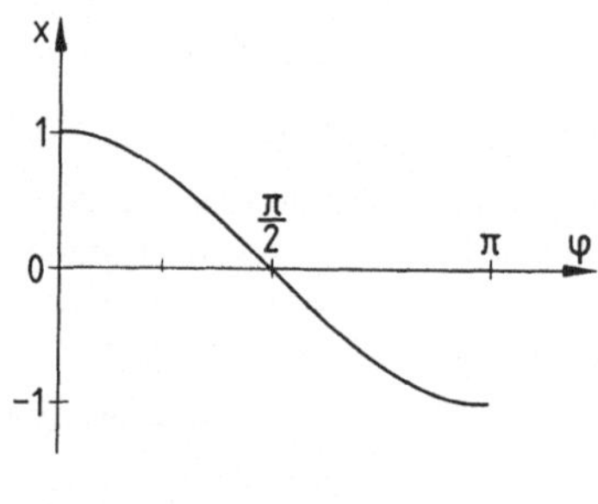

$\boxed{\text{ÜA}}$. Lesen Sie am Einheitskreis die Werte $\cos\frac{\pi}{4}$, $\cos\frac{\pi}{3}$, $\cos\frac{2\pi}{3}$ und $\cos\frac{5\pi}{6}$ ab.

8.3 Sinus und Kosinus als Funktionen auf $\mathbb{R}$

Für $0 \le \varphi \le \pi$ setzen wir

$$\sin\varphi := \sqrt{1 - \cos^2\varphi}\,.$$

Dann liegt der Punkt $P = (\cos\varphi, \sin\varphi)$ auf der oberen Hälfte der Einheitskreislinie, und der Bogen zwischen $(1,0)$ und P hat die Länge φ, siehe nächste
Figur.

Vergewissern Sie sich, daß $\cos(\pi - \varphi) = -\cos\varphi$ und $\sin(\pi - \varphi) = \sin\varphi$ $\boxed{\text{ÜA}}$.

Wir setzen die Funktionen sin, cos zunächst auf das Intervall $]-\pi, 0[$ fort durch die Festsetzungen

$$\cos(-\varphi) := \cos\varphi$$
$$\sin(-\varphi) := -\sin\varphi\,,$$

jeweils für $0 < \varphi < \pi$.

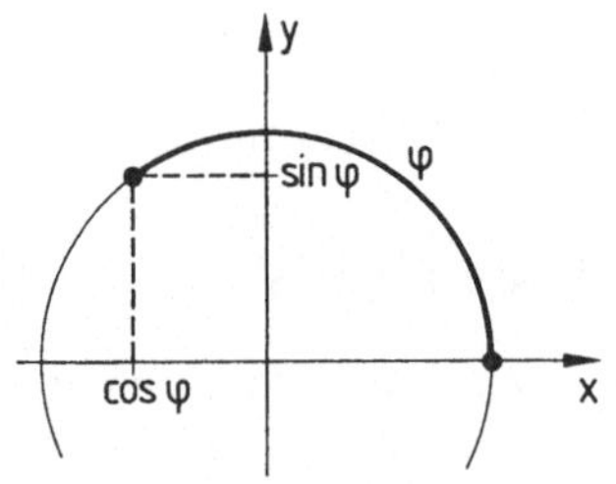

Geometrisch erhält man den Punkt $(\cos(-\varphi), \sin(-\varphi))$, indem man von $(1,0)$ aus einen Bogen der Länge φ im mathematisch negativen Sinn beschreibt (oder, anders ausgedrückt, den Bogen φ nach unten anträgt — siehe folgende Figur).

Schließlich setzen wir cos und sin durch die Vorschriften

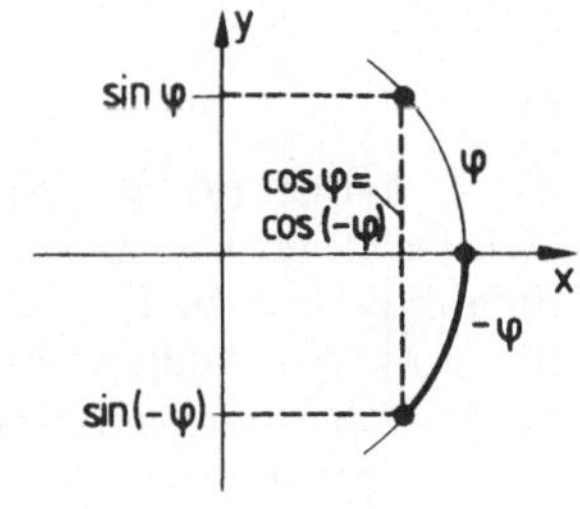

$$\cos(2\pi k + \varphi) := \cos\varphi$$
$$\sin(2\pi k + \varphi) := \sin\varphi \quad (k \in \mathbb{Z})$$

2π**–periodisch** auf ganz $\mathbb{R}$ fort. Daß dabei keine Doppeldeutigkeiten auftreten können liegt daran, daß $\cos(-\pi) = \cos\pi$, $\sin(-\pi) = -\sin\pi$.

Diese Festsetzung trägt der Tatsache Rechnung, daß wir wieder im Punkt $P = (\cos\varphi, \sin\varphi)$ ankommen, wenn wir vom Punkt $(1,0)$ aus einen Bogen der Länge $2\pi + \varphi$ im mathematisch positiven Sinn durchlaufen.

8.4 Eigenschaften der trigonometrischen Funktionen

(a) *Der Wertevorrat des Kosinus und des Sinus ist jeweils* $[-1, 1]$,

$$\cos 0 = 1\,, \quad \sin 0 = 0\,, \quad \cos\tfrac{\pi}{2} = 0\,, \quad \sin\tfrac{\pi}{2} = 1\,.$$

(b) $\cos^2\varphi + \sin^2\varphi = 1.$

(c) **Periodizität:** $\cos(2\pi k + \varphi) = \cos\varphi$, $\sin(2\pi k + \varphi) = \sin\varphi \quad (k \in \mathbb{Z}).$

(d) **Symmetrieeigenschaften:**

cos *ist eine* **gerade Funktion**, *d.h.* $\cos(-x) = \cos x$.

sin *ist eine* **ungerade Funktion**, *d.h.* $\sin(-x) = -\sin x$.

$\cos(\pi + \varphi) = -\cos\varphi$, $\sin(\pi + \varphi) = -\sin\varphi$.

(e) $\cos\left(\frac{\pi}{2} - \varphi\right) = \sin\varphi, \quad \sin\left(\frac{\pi}{2} - \varphi\right) = \cos\varphi$

(f) **Additionstheoreme**:

$$\cos(\varphi + \psi) = \cos\varphi\cos\psi - \sin\varphi\sin\psi$$

$$\sin(\varphi + \psi) = \sin\varphi\cos\psi + \cos\varphi\sin\psi$$

(g) **Halbwinkelformeln**:

$$1 - \cos\varphi = 2\sin^2\tfrac{\varphi}{2}, \qquad 1 + \cos\varphi = 2\cos^2\tfrac{\varphi}{2}.$$

BEWEIS.

Die Eigenschaften (a) bis (e) macht man sich leicht am Einheitskreis klar. Die Halbwinkelformeln folgen aus (f) und (b) $\boxed{\text{ÜA}}$. Die Additionstheoreme liest man aus der Figur ab: Wegen der Ähnlichkeit der Dreiecke OTC, OSB, QAB ist

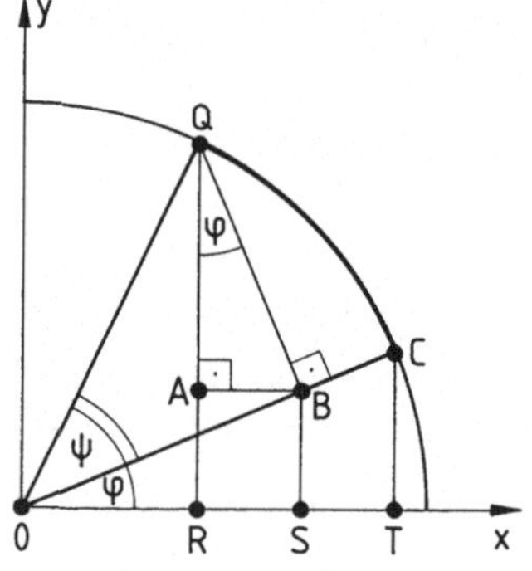

$$\overline{QA} = \overline{QB}\cos\varphi = \sin\psi\cos\varphi$$

$$\overline{AR} = \overline{BS} = \overline{OB}\sin\varphi = \cos\psi\sin\varphi$$

$$\overline{OS} = \overline{OB}\cos\varphi = \cos\psi\cos\varphi$$

$$\overline{RS} = \overline{AB} = \overline{QB}\sin\varphi = \sin\psi\sin\varphi,$$

woraus sich ergibt:

$$\cos(\varphi + \psi) = \overline{OR} = \overline{OS} - \overline{RS} = \cos\psi\cdot\cos\varphi - \sin\psi\cdot\sin\varphi$$

$$\sin(\varphi + \psi) = \overline{QR} = \overline{QA} + \overline{AR} = \sin\psi\cdot\cos\varphi + \cos\psi\cdot\sin\varphi \qquad \square$$

8.5 Der Arcussinus

Für $y \in [0, 1]$ setzen wir

$$\arcsin y = \text{Länge des Bogens zwischen } (1,0) \text{ und } (\sqrt{1 - y^2}, y).$$

Für $y \in [-1, 0[$ setzen wir

$$\arcsin y = -\arcsin(-y) \,.$$

Dann ist

$$\arcsin : [-1, +1] \to \left[-\tfrac{\pi}{2}, \tfrac{\pi}{2}\right]$$

streng monoton wachsend und surjektiv. Die Umkehrfunktion ist offenbar

$$\sin : \left[-\tfrac{\pi}{2}, \tfrac{\pi}{2}\right] \to [-1, 1] \,.$$

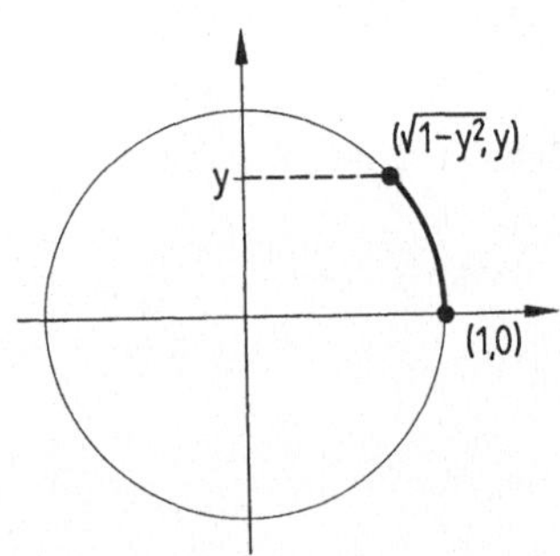

Wir geben die Graphen des Sinus (links) und des Arcussinus (rechts):

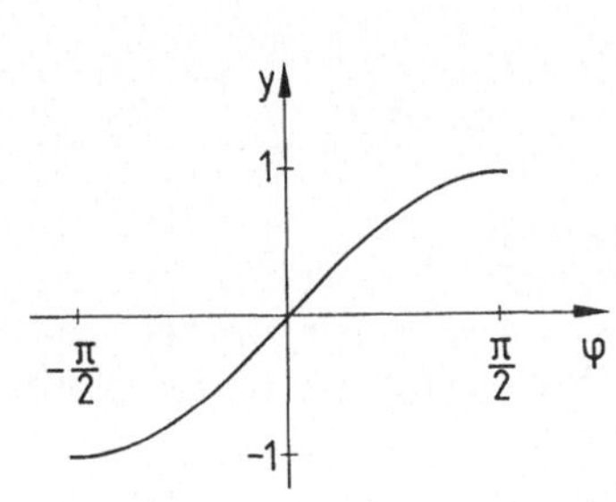

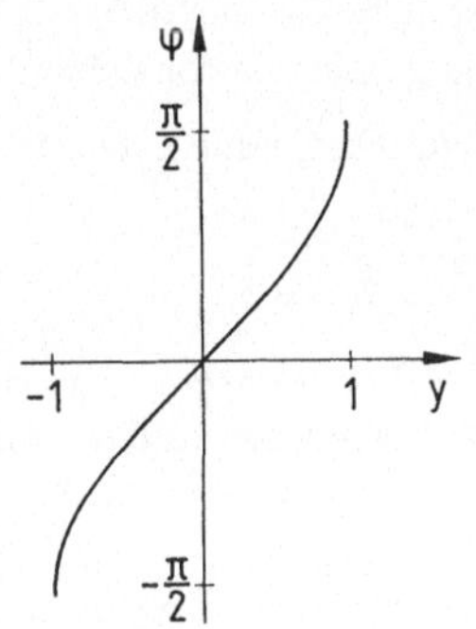

8.6 Tangens, Kotangens und Arcustangens

Die **Tangensfunktion** ist zunächst für $-\tfrac{\pi}{2} < \varphi < \tfrac{\pi}{2}$ definiert durch

$$\tan \varphi = \frac{\sin \varphi}{\cos \varphi}$$

der **Kotangens** zunächst durch

$$\cotg \varphi = \frac{\cos \varphi}{\sin \varphi} \quad \text{für} \ \ 0 < \varphi < \pi \,.$$

Der Tangens wächst streng monoton..

Denn für $-\tfrac{\pi}{2} < \varphi < \psi < \tfrac{\pi}{2}$ gilt

$$\tan \psi - \tan \varphi = \frac{\sin(\psi - \varphi)}{\cos \varphi \cdot \cos \psi}$$

und die rechte Seite ist positiv wegen $0 < \psi - \varphi < \pi$.

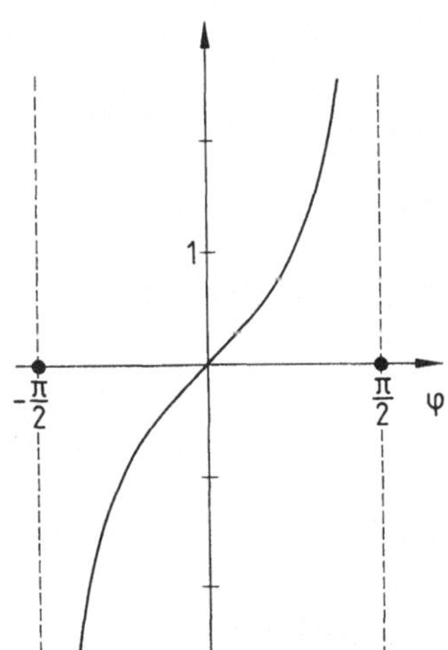

Der Tangens $\tan \: : \; \left]-\frac{\pi}{2}, \frac{\pi}{2}\right[\to \mathbb{R}$ ist surjektiv, d.h. hat $\mathbb{R}$ als Bildmenge. Dies werden wir in §8:5.2 beweisen.

Wir definieren den *Arcustangens* als Umkehrfunktion des Tangens:

$$\arctan \: : \; \mathbb{R} \to \left]-\frac{\pi}{2}, \frac{\pi}{2}\right[.$$

Es ist

$$\arctan 1 = \frac{\pi}{4},$$

$$\arctan \frac{1}{\sqrt{3}} = \frac{\pi}{6}.$$

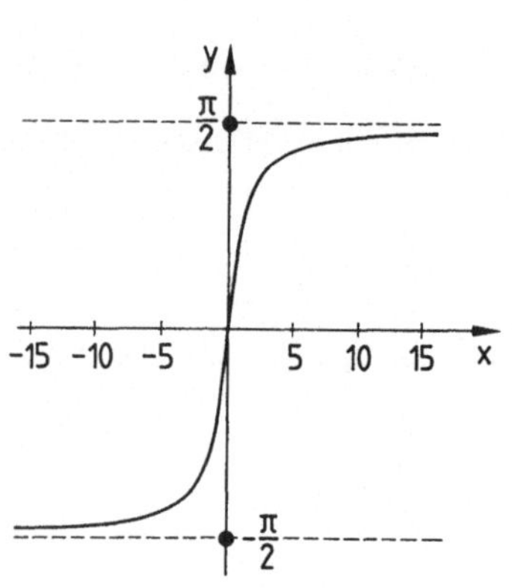

Diese Formeln werden wir später zur Berechnung von π heranziehen.

Periodische Fortsetzung. Durch

$$\tan \varphi := \frac{\sin \varphi}{\cos \varphi}$$

für alle $\varphi \in \mathbb{R}$ mit $\cos \varphi \neq 0$ wird der Tangens zu einer 2π–periodischen Funktion mit Definitionslücken in den Nullstellen des Kosinus fortgesetzt. Entsprechend verfahren wir beim Kotangens.

8.7 Drei wichtige Ungleichungen

(a) $|\sin \varphi| \leq |\varphi|$,

(b) $1 - \frac{\varphi^2}{2} \leq \cos \varphi \leq 1$,

(c) $\frac{\tan \varphi}{\varphi} \geq 1$ *für* $0 < |\varphi| < \frac{\pi}{2}$.

BEWEIS.

(a) Mit den Bezeichnungen der Figur gilt für $|\varphi| \leq \frac{\pi}{2}$

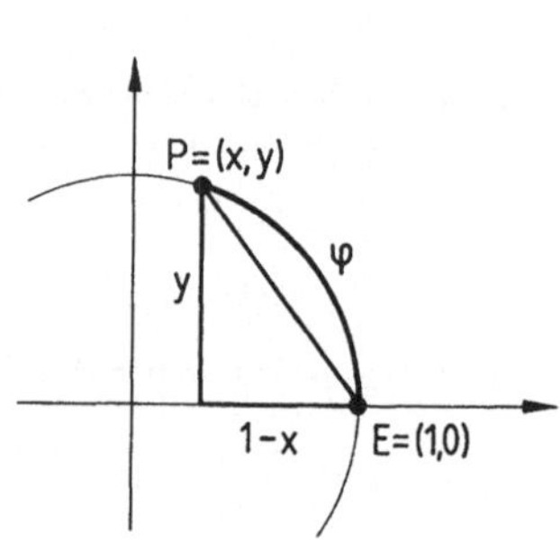

$$|\sin \varphi| = |y|$$
$$\leq \sqrt{(1-x)^2 + y^2} = \overline{EP}$$
$$\leq \text{Bogenlänge zwischen } E \text{ und } P = |\varphi|$$

nach Definition der Bogenlänge.

Für $|\varphi| > \frac{\pi}{2}$ ist $|\sin \varphi| \leq 1 < \frac{\pi}{2} < |\varphi|$.

(b) Nach der Halbwinkelformel 8.4 (g) ist

$$0 \le 1 - \cos\varphi = 2\left(\sin\tfrac{\varphi}{2}\right)^2 \le 2\left(\tfrac{\varphi}{2}\right)^2 = \tfrac{1}{2}\varphi^2\,.$$

(c) Es sei $0 < \varphi < \tfrac{\pi}{2}$. In das Kreissegment zwischen den Punkten $E = (0,1)$ und $P = (\cos\varphi, \sin\varphi)$ legen wir ein Sehnenpolygon mit monoton angeordneten Punkten $E = A_0, \ldots, A_n = P$.

Diese Kreispunkte projizieren wir längs Strahlen durch den Ursprung auf die Gerade $x = 1$. Bezeichnen wir die Bildpunkte mit $E = A_0', \ldots, A_n' = P'$, so ist $P' = (1, \tan\varphi)$.

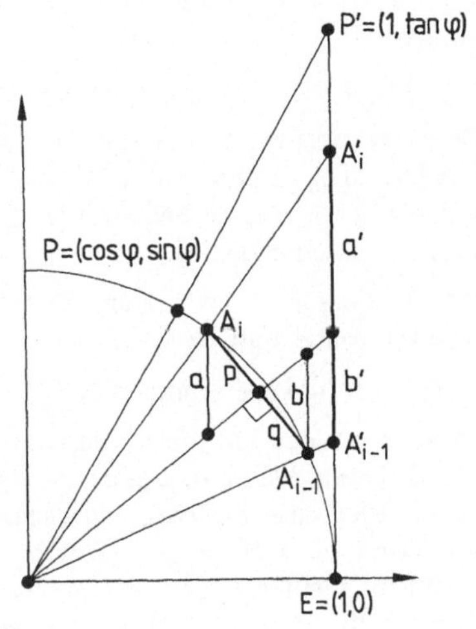

Mit Hilfe des Strahlensatzes ergibt sich mit den Bezeichnungen der Figur

$$\overline{A_{i-1}A_i} = p + q \le a + b \le a' + b'$$

$$= \overline{A_{i-1}'A_i'}\,.$$

Addition dieser Ungleichungen ergibt für die Länge des Sehnenpolygons zwischen E und P

$$\sum_{i=1}^{n} \overline{A_{i-1}A_i} \le \sum_{i=1}^{n} \overline{A_{i-1}'A_i'} = \tan\varphi\,.$$

Hieraus folgt

$$\varphi = \left\{ \begin{array}{l} \text{Supremum der Längen aller dem Kreissegment} \\ EP \text{ einbeschriebenen Sehnenpolygone} \end{array} \right\} \le \tan\varphi\,.$$

Im Fall $-\tfrac{\pi}{2} < \varphi < 0$ ergibt sich hieraus

$$\frac{\tan\varphi}{\varphi} = \frac{\tan(-\varphi)}{-\varphi} \ge 1\,. \qquad\qquad \square$$

8.8 Zur Berechnung von e^x, $\cos x$, $\sin x$ und $\arctan x$ werden wir später Reihenentwicklungen angeben.

§4 Mengen und Wahrscheinlichkeit

1 Einfache Mengenalgebra

1.1 Vereinigung, Durchschnitt, Differenz

Sind A, B Mengen, so nennen wir die Menge

$$A \cup B := \{x \mid x \in A \text{ oder } x \in B\}$$

die **Vereinigung** von A mit B. Man beachte den Gebrauch des Wortes „oder": $x \in A \cup B$ bedeutet $x \in A$ oder $x \in B$ oder beides.

Ferner definieren wir den **Durchschnitt** von A und B:

$$A \cap B := \{x \in A \text{ und } x \in B\}.$$

Dabei kann der Fall eintreten, daß A und B *disjunkt* sind, d.h. keine gemeinsamen Elemente besitzen; wir schreiben dann $A \cap B = \emptyset$. Durch die Einführung einer *leeren Menge* ist sichergestellt, daß $A \cap B$ *immer* eine Menge ist.

Die **Differenz** von A und B („A ohne B") wird definiert durch

$$A \setminus B := \{x \in A \mid x \notin B\}.$$

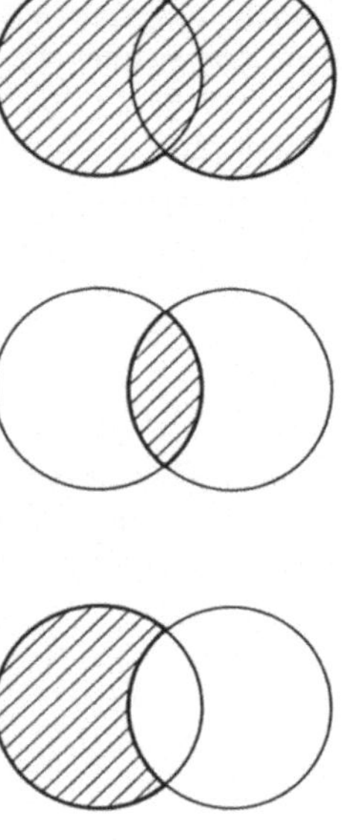

Auch diese Menge kann leer sein. Es ist manchmal hilfreich, sich wie oben die Verhältnisse an *Venn–Diagrammen* zu verdeutlichen. Dadurch gewinnen die logischen Verknüpfungen „oder", „und", „nicht" eine geometrische Anschaulichkeit.

1.2 Teilmengen, Gleichheit von Mengen

Wir nennen A eine **Teilmenge** von B oder **enthalten** in B,

$$A \subset B,$$

wenn jedes Element von A auch zu B gehört.

So ist beispielsweise $A \subset A \cup B$. Denn ist $x \in A$, so ist die Aussage „$x \in A$ oder $x \in B$" richtig. Entsprechend gilt $A \cap B \subset A$.

BEMERKUNG. In der Literatur wird für die Teilmengenbeziehung häufig das Symbol $\subseteq$ verwendet, während $\subset$ für echtes Enthaltensein steht. Für letzteres schreiben wir $A \subset B$, $A \neq B$.

Gleichheit zweier Mengen. $A = B$ bedeutet $A \subset B$ und $B \subset A$.

1.3 Beispiele für den Nachweis der Gleichheit zweier Mengen

Für beliebige Mengen A, B gelten die *Distributivgesetze*

$$A \cup (B \cap C) = (A \cup B) \cap (A \cup C), \quad A \cap (B \cup C) = (A \cap B) \cup (A \cap C).$$

BEWEIS der ersten Formel.

(Venn–Diagramme sind kein Beweis, da A, B, C in verschiedener Weise zueinander liegen können. Außerdem denken wir nicht nur an Mengen in der Ebene.)

(a) Wir zeigen $A \cup (B \cap C) \subset (A \cup B) \cap (A \cup C)$.
Für jedes Element x von $A \cup (B \cap C)$ folgt $x \in A$ oder $x \in B \cap C$. Im ersten Fall $x \in A$ folgt $x \in A \cup B$ und $x \in A \cup C$ nach 1.2, also $x \in (A \cup B) \cap (A \cup C)$. Im Fall $x \notin A$ folgt $x \in B$ und $x \in C$, also $x \in A \cup B$ und $x \in A \cup C$ nach 1.2. Also ergibt sich beidesmal $x \in (A \cup B) \cap (A \cup C)$.

(b) Umgekehrt: Aus $x \in (A \cup B) \cap (A \cup C)$ folgt zunächst $x \in A \cup B$ und $x \in A \cup C$. Im Fall $x \in A$ folgt sofort $x \in A \cup (B \cap C)$ nach 1.2, andernfalls muß x in B und in C, also in $B \cap C$ enthalten sein. Nach 1.2 liegt dann x auch in $A \cup (B \cap C)$. Somit gehört jedes Element x von $(A \cup B) \cap (A \cup C)$ zu $A \cup (B \cap C)$, d.h. $(A \cup B) \cap (A \cup C) \subset A \cup (B \cap C)$.   □

$\boxed{\text{ÜA}}$ Beweisen Sie in analoger Weise die zweite Formel.

1.4 Weitere Rechenregeln der Mengenalgebra

Unmittelbar aus der Definition von Vereinigung und Durchschnitt folgt

(a) $A \cup B = B \cup A$, $A \cap B = B \cap A$,

(b) $A \cup (B \cup C) = (A \cup B) \cup C$, $A \cap (B \cap C) = (A \cap B) \cap C$

(c) $A = A \cap (A \cup B)$, $A = A \cup (A \cap B)$ $\boxed{\text{ÜA}}$.

(d) Aus $A \subset B$ folgt $A = A \cap B$ und umgekehrt.

(e) Entsprechend ist $A \subset B$ gleichbedeutend mit $B = A \cup B$.

1.5 Komplement, de Morgansche Regeln

Betrachtet man nur Teilmengen einer festen Menge E, so wird $E \setminus A$ auch als *Komplement von A (bezüglich E)* bezeichnet. Es gilt dann offenbar

(a) $E = A \cup (E \setminus A)$ und $A \cap (E \setminus A) = \emptyset$

(b) *De Morgansche Regeln* $\boxed{\text{ÜA}}$

$$E \setminus (A \cap B) = (E \setminus A) \cup (E \setminus B), \quad E \setminus (A \cup B) = (E \setminus A) \cap (E \setminus B).$$

1.6 Bildmenge und Urbildmenge

Sei $f : M \to N$ und $A \subset M$. Dann heißt

$$f(A) = \{\, f(x) \mid x \in A \,\} \qquad \text{die } \textbf{Bildmenge (oder das Bild) von } A$$

unter f. Für Teilmengen B von N heißt

$$f^{-1}(B) = \{\, x \in M \mid f(x) \in B \,\} \qquad \text{die } \textbf{Urbildmenge (das Urbild) von } B$$

unter f. (f braucht nicht invertierbar zu sein !)

$\boxed{\text{ÜA}}$ $f(A \cup B) = f(A) \cup f(B)$. Nicht immer gilt $f(A \cap B) = f(A) \cap f(B)$.
$f^{-1}(C \cup D) = f^{-1}(C) \cup f^{-1}(D)\,, \qquad f^{-1}(C \cap D) = f^{-1}(C) \cap f^{-1}(D)\,.$

2 Exkurs über logisches Schließen und Beweistechnik

2.1 Aus $\mathcal{A}$ folgt $\mathcal{B}$ $(\mathcal{A} \Longrightarrow \mathcal{B})$

Die meisten unserer mathematischen Lehrsätze sind von folgender Art:

Innerhalb eines bestimmten Gegenstandsbereichs folgt unter der Voraussetzung $\mathcal{A}$ die Behauptung $\mathcal{B}$. Wir schreiben dafür

$$\mathcal{A} \Longrightarrow \mathcal{B} \qquad (\text{Aus } \mathcal{A} \text{ folgt } \mathcal{B}; \text{ wenn } \mathcal{A}, \text{ dann } \mathcal{B}).$$

BEISPIELE.

(a) *Im Rahmen der Anordnung reeller Zahlen*

$$\mathcal{A} : 0 \leq x < y\,, \qquad \mathcal{B} : x^2 < y^2\,.$$

(b) *Teilbarkeit ganzer Zahlen*

$$\mathcal{A} : r = \frac{p}{q}\,, \qquad \mathcal{B} : r^2 \neq 2\,.$$

(c) *Polynome* (vgl. §3:7). Aus $\mathcal{A} : p(\lambda) = 0$ folgt

$$\mathcal{B} : p(x) = (x - \lambda)q(x) \quad \text{mit einem geeigneten Polynom } q\,.$$

(d) *Mengen* $\mathcal{A} : x \in A \cap B, \qquad \mathcal{B} : x \in A.$

2.2 Direkter und indirekter Beweis, Widerspruchsbeweis

Der Beweis der Aussage $\mathcal{A} \Longrightarrow \mathcal{B}$ kann auf drei Arten geschehen.

(a) **Direkter Beweis.** *Mit Hilfe der Grundannahmen des jeweiligen Gegenstandsbereichs, schon bewiesener Sätze und der Voraussetzung $\mathcal{A}$ schließen wir mit Hilfe der Logik auf die Richtigkeit von $\mathcal{B}$.*

BEISPIEL. Die Grundannahmen über die Anordnung reeller Zahlen sind (O_1) bis (O_4), vgl. §1:5. Wir zeigen

$$0 \leq x < y \Longrightarrow x^2 < y^2 \quad (\text{also } \mathcal{A}(x,y) \Longrightarrow \mathcal{B}(x,y))$$

BEWEIS.

Seien also x, y reelle Zahlen mit $0 \leq x < y$. Es gibt zwei Fälle:

(α) $x = 0$, also $0 < y$. Nach (O_4) folgt durch Multiplikation der Ungleichung $0 < y$ mit y, daß $0 < y^2$, also $0 = x^2 < y^2$.

(β) $x > 0$. Nach (O_2) folgt $y > 0$. Aus (O_4) folgt einerseits $x^2 < xy$ (Multiplikation von $x < y$ mit $x > 0$), andererseits $xy < y^2$ (Multiplikation von $x < y$ mit $y > 0$).

Aus beiden Ungleichungen folgt mit (O_2) $x^2 < y^2$. $\qquad\qquad\square$

(b) **Widerspruchsbeweis.** $\mathcal{A} \Longrightarrow \mathcal{B}$ bedeutet, daß der Fall „$\mathcal{A}$ richtig, $\mathcal{B}$ falsch" nicht eintreten kann. Um das zu zeigen, nehmen wir einmal an, $\mathcal{A}$ sei richtig und $\mathcal{B}$ sei falsch und leiten daraus einen Widerspruch ab, d.h. wir zeigen, daß sich dann eine bestimmte Aussage $\mathcal{C}$ zusammen mit ihrem Gegenteil ergeben müßte, was natürlich nicht sein kann.

Ein klassisches Beispiel ist der Beweis für die Irrationalität von $\sqrt{2}$ (§ 1 : 12): Um zu zeigen, daß $r \in \mathbb{Q} \Longrightarrow r^2 \neq 2$ gilt, nahmen wir an, es sei $r \in \mathbb{Q}$ und $r^2 = 2$ und zeigten, daß einerseits

$$\mathcal{C} : \text{„} r = \frac{p}{q} \text{ mit teilerfremden ganzen Zahlen } p, q \text{"} \quad \text{und andererseits}$$

nicht $\mathcal{C} : \text{„} 2 \mid p \text{ und } 2 \mid q \text{"}$ gelten muß.

(c) **Indirekter Beweis.** *Wir zeigen auf direktem Wege: Ist $\mathcal{B}$ falsch, so ist auch $\mathcal{A}$ falsch.* Wenn dann $\mathcal{A}$ richtig ist, so muß auch $\mathcal{B}$ richtig sein, sonst hätten wir einen Widerspruch: $\mathcal{A}$ richtig und $\mathcal{A}$ falsch. Dazu sei noch einmal bemerkt: *Nicht falsch bedeutet richtig (tertium non datur).*

BEISPIEL. Für die Anordnung der reellen Zahlen nach (O_1) bis (O_4) gilt

$$x^2 \leq y^2 \Longrightarrow |x| \leq |y| \qquad (\mathcal{A}(x,y) \Longrightarrow \mathcal{B}(x,y))$$

Indirekter Beweis. Wäre $|x| > |y|$, so hätten wir nach dem oben bewiesenen Satz $x^2 = |x|^2 > |y|^2 = y^2$, also wäre $\mathcal{A}(x,y)$ falsch. $\qquad\square$

Ex falso quodlibet (Aus Falschem folgt Alles). Die Aussage $\mathcal{A} \Longrightarrow \mathcal{B}$ wollen wir stets dann als richtig ansehen, wenn die Voraussetzung $\mathcal{A}$ nicht eintreten kann. Daß die leere Menge Teilmenge jeder Menge A ist, bedeutet nach 1.2

$$x \in \emptyset \Longrightarrow x \in A.$$

In der Tat: Man zeige uns ein $x \in \emptyset$, und wir zeigen dann, daß $x \in A$.

3 Notwendige und hinreichende Bedingungen

3.1 Zum Sprachgebrauch. Gilt $\mathcal{A} \Longrightarrow \mathcal{B}$, so heißt $\mathcal{A}$ eine *hinreichende Bedingung für* $\mathcal{B}$, und $\mathcal{B}$ heißt *eine notwendige Bedingung für* $\mathcal{A}$.

BEISPIEL. Oft reicht es zum Nachweis von $a_n \to 0$ hin, die Bedingung $|a_n| \leq \frac{c}{n}$ nachzuweisen. Diese Bedingung ist also hinreichend für die Nullfolgeneigenschaft, aber nicht notwendig, wie das Beispiel der Folge $\left(\frac{1}{\sqrt{n}}\right)$ zeigt.

3.2 Äquivalente Bedingungen

Wir sagen, die Aussagen $\mathcal{A}$ und $\mathcal{B}$ seien *äquivalent* oder *gleichbedeutend* (in Zeichen $\mathcal{A} \Longleftrightarrow \mathcal{B}$), wenn $\mathcal{B}$ eine *notwendige und hinreichende Bedingung* für $\mathcal{A}$ ist. Wir sagen in diesem Fall auch: $\mathcal{A}$ ist *genau dann* richtig, wenn $\mathcal{B}$ richtig ist.

BEISPIEL. Für Polynome p vom Grad ≥ 1 gilt:

$$\lambda \text{ ist Nullstelle von } p \Longleftrightarrow x - \lambda \text{ teilt } p(x) \quad (\text{vgl. } \S\, 3 : 7.6)\,.$$

3.3 Beachtung der Schlußrichtung beim Lösen von Gleichungen

Die Gleichung

$$(1) \qquad \sqrt{x^2 - 16} = 2 - x$$

führt durch Quadrieren auf die Gleichung

$$(2) \qquad x^2 - 16 = (2 - x)^2 = 4 - 4x + x^2\,, \quad \text{also auf } \ x = 5\,.$$

Wir sehen aber durch Einsetzen in (1), daß $x = 5$ keine Lösung ist. Es gilt

$$(1) \Longrightarrow (2) \Longrightarrow x = 5\,;$$

für eine Lösung von (1) folgt notwendig $x = 5$. Der Umkehrschluß „ $x = 5 \Longrightarrow x$ erfüllt (1)" gilt nicht, aus (2) folgt nur $\sqrt{x^2 - 16} = |2 - x|$.

4 Beliebige Vereinigungen und Durchschnitte

4.1 Definition und Beispiele. Sei I eine nichtleere Menge. Zu jedem $i \in I$ sei eine Menge A_i gegeben. I heißt *Indexmenge* für die Kollektion der A_i.

Wir definieren

$$\bigcup_{i \in I} A_i = \{x \mid x \in A_k \text{ für wenigstens ein } k \in I\},$$

$$\bigcap_{i \in I} A_i = \{x \mid x \in A_i \text{ für jedes } i \in I\}\,.$$

BEISPIELE.

(a) $I = \mathbb{N}$, $A_i = \left[\frac{1}{1+i}, \frac{1}{i}\right]$. Dann gilt $\bigcup\limits_{i \in \mathbb{N}} A_i = \,]0,1]$.

Denn ist $x \in \bigcup\limits_{i \in \mathbb{N}} A_i$, so gibt es ein $k \in \mathbb{N}$ mit $x \in \left[\frac{1}{k+1}, \frac{1}{k}\right]$, somit gilt

$$0 < \tfrac{1}{k+1} \leq x \leq \tfrac{1}{k} \leq 1\,.$$

Umgekehrt, für $x \in \,]0,1]$ wählen wir $k := \left[\frac{1}{x}\right] \in \mathbb{N}$, es ist dann $k \leq \frac{1}{x} < k+1$, also $x \in \left[\frac{1}{k+1}, \frac{1}{k}\right]$.

(b) Für die von einer Intervallschachtelung $([a_n, b_n])$ erfasste reelle Zahl a ist

$$\{a\} = \bigcap_{n \in \mathbb{N}} [a_n, b_n]\,.$$

(c) Für $I = \mathbb{R}_{>0}$ und $A_r = \left[\frac{r}{2}, 2r\right]$ ist $\bigcup\limits_{r > 0} A_r = \mathbb{R}_{>0}$ $\boxed{\text{ÜA}}$.

4.2 Die de Morganschen Regeln

Ist $I \neq \emptyset$ und $A_i \subset E$ für alle $i \in I$, so gilt

$$E \setminus \bigcup_{i \in I} A_i = \bigcap_{i \in I} (E \setminus A_i)\,,$$

$$E \setminus \bigcap_{i \in I} A_i = \bigcup_{i \in I} (E \setminus A_i) \quad \text{(vgl. 1.5)}.$$

Denn $x \in E \setminus \bigcup\limits_{i \in I} A_i \iff x \in E$ und $x \notin \bigcup\limits_{i \in I} A_i \iff x \in E$ und es gibt kein $k \in I$ mit $x \in A_k \iff x \in E$ und $x \notin A_k$ für alle $k \in I \iff x \in E \setminus A_k$ für alle $k \in I \iff x \in \bigcap\limits_{k \in I} (E \setminus A_k)$.

Der Beweis der zweiten Formel sei dem Leser als $\boxed{\text{ÜA}}$ überlassen.

5 Beispiele zur Wahrscheinlichkeit

5.1 Münzwurf

Bei einer längeren Serie von Münzwürfen erwarten wir, daß in etwa der Hälfte aller Fälle die „Zahl" oben liegt (und natürlich dann auch in etwa der Hälfte aller Fälle „Wappen"). Ein Experiment von Karl PEARSON zu Beginn dieses Jahrhunderts ergab beispielsweise bei 24000 Würfen 12012 mal die „Zahl". Dem entspricht eine *relative Häufigkeit* der „Zahl" von $\frac{12012}{24000} = 0.5005$.

Die mathematische Idealisierung solcher Erwartungen und Erfahrungen besteht darin, zu sagen: Bei einer idealen Münze ist die *Wahrscheinlichkeit* für „Zahl" bzw. „Wappen" jeweils $\frac{1}{2}$.

5.2 Zweimaliger Münzwurf

Wir werfen zweimal hintereinander eine ideale Münze und notieren die 4 möglichen Ausgänge folgendermaßen:

$$(Z, Z), \quad (Z, W), \quad (W, Z), \quad (W, W)$$

(Z für „Zahl", W für „Wappen"). Die Wahrscheinlichkeit für jeden dieser Ausgänge halten wir für gleich, demnach müßte sie jeweils $\frac{1}{4}$ betragen. Wir können diese Einschätzung auch so plausibel machen: Bei einer größeren Versuchsreihe wird in etwa der Hälfte aller Fälle zuerst Z erscheinen, in der Hälfte dieser Fälle, also in einem Viertel aller Fälle wäre auch das zweite Ergebnis Z. Somit ist die Wahrscheinlichkeit für (Z, Z) gegeben durch $\frac{1}{4}$. Gleiches ergibt sich bei der Diskussion der drei anderen Fälle.

5.3 Zweimaliges Ziehen aus einem Kartenspiel

Wir ziehen aus einem Paket mit 16 roten und 16 schwarzen Karten hintereinander 2 Karten ohne Zurückstecken. Die Wahrscheinlichkeit, erst Rot und dann Schwarz zu ziehen, ist $\frac{8}{31}$ (warum?). Die Wahrscheinlichkeit für die Kombination (Rot,Rot) ist dagegen $\frac{15}{62}$.

Wir notieren die möglichen Farbkombinationen und ihre Wahrscheinlichkeiten (R für Rot, S für Schwarz):

$$(R, R) \ \frac{15}{62}, \qquad (R, S) \ \frac{8}{31}, \qquad (S, R) \ \frac{8}{31}, \qquad (S, S) \ \frac{15}{62}$$

5.4 Beispiel für die Zweckmäßigkeit des Mengenmodells

Wir werfen zweimal mit einem idealen Würfel und fragen nach der Wahrscheinlichkeit p dafür, daß die Augensumme beider Würfe 5 oder 6 beträgt. Dazu zeichnen wir ein Diagramm aller 36 möglichen Ergebnisse und schraffieren die uns interessierenden Möglichkeiten. Durch Abzählen der Punkte in der schraffierten Fläche F erhalten wir

$$p = \frac{\text{Anzahl der Punkte in } F}{\text{Gesamtzahl der Punkte}}$$

$$= \frac{9}{36} = \frac{1}{4}.$$

6 Das mathematische Modell endlicher Zufallsexperimente

6.1 Zufallsexperimente und Ereignisse

Das folgende ist eine Absichtserklärung und keine Definition im mathematischen Sinne.

(a) Ein *Zufallsexperiment* ist ein unter gleichen Bedingungen wiederholter gedachter Versuch, dessen Ergebnis vom Zufall abhängt. Eine einmalige Durchführung eines Zufallsexperiments heißt *Stichprobe*.

(b) Aussagen über den Ausgang eines Zufallsexperiments heißen *Ereignisse*. Den Ereignissen entsprechen also denkbare Fragen über das Ergebnis eines Zufallsexperiments.

Beim Werfen mit 2 Münzen treten zu den Ereignissen (Z,Z), (Z,W), (W,Z) und (W,W), welche alle möglichen Stichprobenergebnisse wiedergeben, u.a. noch folgende Ereignisse hinzu:

Das Ereignis „Genau einmal Z" oder, gleichbedeutend damit, „Genau einmal W" (Wahrscheinlichkeit $\frac{1}{2}$)

Das Ereignis „Beide Würfe haben dasselbe Ergebnis" (Wahrscheinlichkeit $\frac{1}{2}$)

Das sichere Ereignis „Irgend eine Kombination von Z und W" (Wahrscheinlichkeit 1)

Unmögliches Ereignis „Gleichzeitig (W,Z) und (Z,W)" (Wahrscheinlichkeit 0).

6.2 Verknüpfung von Ereignissen. Beim Werfen eines idealen Würfels betrachten wir die Ereignisse

E_1 „ungerade Augenzahl" (Wahrscheinlichkeit $\frac{1}{2}$) und

E_2 „Primzahl", also eine der Zahlen 2, 3 oder 5 (Wahrscheinlichkeit $\frac{1}{2}$).

Das Ereignis „Ungerade Primzahl" tritt dann ein, wenn E_1 *und* E_2 eintreten, entsprechend können wir vom Ereignis E_1 *oder* E_2 : „Primzahl oder ungerade Augenzahl" sprechen; es tritt ein, wenn eine der Zahlen 1, 2, 3 oder 5 geworfen wird. Schließlich können wir nach der Wahrscheinlichkeit fragen, daß *nicht* E_1 eintritt.

Im Beispiel 5.4 haben wir gesehen, wie Ereignisse durch Teilmengen der Menge aller möglichen Stichprobenergebnisse beschrieben werden können. Dem Ereignis E_1 *und* E_2 entspricht im Mengenbild der Durchschnitt der betreffenden Teilmengen, dem Ereignis E_1 *oder* E_2 entspricht die Vereinigung.

6.3 Endliche Wahrscheinlichkeitsräume

Wir betrachten hier Wahrscheinlichkeitsfragen, die sich durch das folgende mathematische Modell beschreiben lassen:

Eine endliche Menge $\Omega = \{\omega_1, \ldots, \omega_N\}$ von *Merkmalen* (für die Stichprobenergebnisse).

Eine Wahrscheinlichkeitsbelegung: Jedem möglichen Stichprobenergebnis ω_k ist eine Wahrscheinlichkeit $p_k \in [0,1]$ zugeordnet, wobei $\sum_{k=1}^{N} p_k = 1$ verlangt wird.

Ω heißt **Merkmalraum** oder **Stichprobenraum**; die Teilmengen von Ω heißen **Ereignisse**, die einelementigen Ereignisse heißen **Elementarereignisse**. Jedem Ereignis wird durch

$$p(A) = \sum_{\omega_i \in A} p_i$$

eine **Wahrscheinlichkeit** zugeordnet mit

(W_1) $0 \leq p(A) \leq 1$

(W_2) $p(\Omega) = 1$

(W_3) $p(A \cup B) = p(A) + p(B)$, falls $A \cap B = \emptyset$.

Wir sprechen von einem *endlichen Wahrscheinlichkeitsraum* (Ω, p); p heißt *Wahrscheinlichkeitsmaß*.

6.4 Beispiele

(a) *Münzwurf.* Hier ist $\Omega = \{Z, W\}$, Ereignisse sind $\{Z\}$, $\{W\}$ und $\Omega = \{Z, W\}$ (das sichere Ereignis) sowie $\emptyset$ (das unmögliche Ereignis). Bezeichnen wir das Merkmal „Zahl" mit ω_1, das Merkmal „Wappen" mit ω_2, so ist $p_1 = p_2 = \frac{1}{2}$.

(b) *Zweifacher Münzwurf.* Hier ist $\Omega = \{(Z,Z), (Z,W), (W,Z), (W,W)\}$. Das Ereignis „Genau einmal Zahl" wird durch $A = \{(Z,W), (W,Z)\}$ beschrieben, es hat die Wahrscheinlichkeit $p(A) = \frac{1}{4} + \frac{1}{4} = \frac{1}{2}$.

(c) *Einmaliges Ziehen aus einem Kartenspiel mit 32 Karten.* Wir setzen $\omega_1 = (\clubsuit, \text{As})$, $\omega_2 = (\clubsuit, 10)$, $\omega_3 = (\clubsuit, \text{König})$,$\ldots$, $\omega_8 = (\clubsuit, 7)$, $\omega_9 = (\spadesuit, \text{As})$, $\ldots$, $\omega_{16} = (\spadesuit, 7)$, $\omega_{17} = (\heartsuit, \text{As})$, $\ldots$, $\omega_{24} = (\heartsuit, 7)$, $\omega_{25} = (\diamondsuit, \text{As})$, $\ldots$, $\omega_{32} = (\diamondsuit, 7)$.

Die Wahrscheinlichkeit des Ereignisses „Schwarzes Bild", beschrieben durch die Menge

$$A = \{\omega_3, \ \omega_4, \ \omega_5, \ \omega_{11}, \ \omega_{12}, \ \omega_{13}\},$$

ist also $p(A) = 6 \cdot \frac{1}{32} = \frac{3}{16}$.

Die Wahrscheinlichkeit, ein Bild zu ziehen, ist

$$p(B) \quad \text{mit} \quad B = \{\omega_3, \omega_4, \omega_5, \omega_{11}, \omega_{12}, \omega_{13}, \omega_{19}, \omega_{20}, \omega_{21}, \omega_{27}, \omega_{28}, \omega_{29}\},$$

also $p(B) = 12 \cdot \frac{1}{32} = \frac{3}{8}$.

6.5 Verschiedene Modelle und Eindringtiefen

(a) Interessieren wir uns beim vorangehenden Beispiel nur für die Kartenwerte, so ist der Merkmalraum

$$\Omega_1 = \{\text{As, Zehn, König, Dame, Bube}, 9, 8, 7\}$$

zur Beschreibung ausreichend. Jedes der Elementarereignisse {As}, {Zehn}, {König}, {Dame}, {Bube}, {9}, {8} und {7} muß offenbar als gleich wahrscheinlich angesehen werden, also jeweils die Wahrscheinlichkeit $\frac{1}{8}$ haben. Demnach ist die Wahrscheinlichkeit dafür, ein Bild zu ziehen, gegeben durch

$$p(\{\text{König, Dame, Bube}\}) = 3 \cdot \tfrac{1}{8} = \tfrac{3}{8}.$$

Interessieren wir uns nur für die Farbwerte, so genügt

$$\Omega_2 = \{\clubsuit, \spadesuit, \heartsuit, \diamondsuit\}.$$

Fragen wir nur nach den Farben, so ist es zweckmäßig,

$$\Omega_3 = \{\text{Rot}, \text{Schwarz}\}$$

zu betrachten, wobei die Elementarereignisse {Rot}, {Schwarz} jeweils Wahrscheinlichkeit $\frac{1}{2}$ haben.

Für ein und dasselbe Zufallsexperiment können je nach Fragestellung verschiedene Merkmalräume zweckmäßig sein. Fassen wir, wie oben geschehen, Gruppen von Merkmalen zu neuen Merkmalen zusammen, so sprechen wir von einer geringeren *Eindringtiefe*.

(b) *Werfen mit zwei Würfeln.* Es bieten sich zwei zwei Merkmalräume an:

(α) $\Omega_1 = \{(1,1),(1,2),\ldots,(1,6),(2,1),\ldots,(6,1)\}$, wobei jedes Elementarereignis durch ein geordnetes Paar (i,k) beschrieben wird und jeweils Wahrscheinlichkeit $\frac{1}{36}$ hat, vgl. 5.4.

(β) $\Omega_2 = \{\{1,1\},\{1,2\},\ldots,\{1,6\},\{2,2\},\{2,3\}\ldots,\{2,6\},\ldots,$
$\{3,3\},\{3,4\},\ldots,\{5,5\},\{5,6\},\{6,6\}\}.$

Hier sind die Merkmale ungeordneter Paare, und nicht alle Elementarereignisse sind gleich wahrscheinlich:

$$p_1 = \frac{1}{36}, \; p_2 = \frac{1}{18} = p_3 = p_4 = p_5 = p_6, \; p_7 = \frac{1}{36} \text{ usw.}$$

$\boxed{\text{ÜA}}$ Zeichnen Sie analog zu 5.4 ein Mengendiagramm und bestimmen Sie die Wahrscheinlichkeit für „Augensumme 5 oder 6".

6.6 Relative Häufigkeiten

Ein Zufallsexperiment sei durch den Merkmalraum $\Omega = \{\omega_1, \ldots, \omega_N\}$ beschrieben. Es werden n Stichproben gemacht. Dabei trete n_k-mal das Ergebnis ω_k auf $\left(\sum_{k=1}^{N} n_k = n\right)$. Dann heißt

$$h_n(A) = \frac{1}{n} \sum_{\omega_k \in A} n_k$$

die *relative Häufigkeit* des Ereignisses A. Offenbar gilt

(1) $0 \le h_n(A) \le 1$

(2) $h_n(\Omega) = 1$

(3) $h_n(A \cup B) = h_n(A) + h_n(B)$, falls $A \cap B = \emptyset$.

Setzen wir $p(A) := h_n(A)$, so gelten also die Eigenschaften 6.3 sowie alle daraus folgenden Sätze.

7 Das Rechnen mit Wahrscheinlichkeiten

7.1 Rechenregeln für Wahrscheinlichkeiten

Auf dem Merkmalraum $\Omega = \{\omega_1, \ldots, \omega_n\}$ sei ein *Wahrscheinlichkeitsmaß* p gegeben mit den Eigenschaften W_1, W_2 und W_3 von 6.3. Dann gilt

(a) $A \subset B \Longrightarrow p(A) \le p(B)$

(b) $p(\Omega \setminus A) = 1 - p(A)$

(c) $p(A \cup B) = p(A) + p(B) - p(A \cap B)$.

BEWEIS.

(a) Es ist $B = A \cup (B \setminus A)$ und $A \cap (B \setminus A) = \emptyset$, also folgt nach (W_3)

$$p(B) = p(A) + p(B \setminus A) \ge p(A).$$

(b) Es ist $\Omega = A \cup (\Omega \setminus A)$ und $A \cap (\Omega \setminus A) = \emptyset$, also ist nach (W_2) und (W_3)

$$1 = p(\Omega) = p(A) + p(\Omega \setminus A).$$

(c) Es ist $A \cup B = A \cup (B \setminus A)$ und $A \cap (B \setminus A) = \emptyset$, also $p(A \cup B) = p(A) + p(B \setminus A)$. Ferner ist $B = (A \cap B) \cup (B \setminus A)$ und $(A \cap B) \cap (B \setminus A) = \emptyset$, somit

$$p(B) = p(A \cap B) + p(B \setminus A) \quad \text{oder} \quad p(B \setminus A) = p(B) - p(A \cap B). \qquad \square$$

7.2 Übungsaufgabe. Geben Sie eine Formel für $p(A \cup B \cup C)$ an.

7.3 Der Additionssatz für unvereinbare Ereignisse

Zwei Ereignisse A, B heißen *unvereinbar*, wenn $A \cap B = \emptyset$. Entsprechend heißen
die Ereignisse $A_1, A_2, \ldots, A_n$ paarweise unvereinbar, wenn $A_i \cap A_k = \emptyset$ für $i \neq k$.
In diesem Falle gilt

$$p(A_1 \cup \cdots \cup A_n) = p(A_1) + \cdots + p(A_n)\,.$$

Das folgt leicht aus (W_3) mittels vollständiger Induktion.

7.4 Der Produktsatz

Ein Zufallsexperiment sei durch den Merkmalraum $\Omega = \{\omega_1, \ldots, \omega_N\}$ und die
Wahrscheinlichkeiten $p_k = p(\{\omega_k\})$ beschrieben. Machen wir zwei Stichproben
hintereinander, so können wir das Ergebnis durch ein geordnetes Paar (ω_k, ω_l)
beschreiben, wo ω_k das erste, ω_l das zweite Stichprobenergebnis ist. Ein adäqua-
ter Merkmalraum für die beiden Versuche zusammen ist also das „*kartesische
Produkt*"

$$\Omega \times \Omega = \{(\omega_1, \omega_1), (\omega_1, \omega_2), \ldots, (\omega_n, \omega_n)\}.$$

Gelten für die erste und zweite Ziehung jeweils dieselben Wahrscheinlichkeiten,
so ist die Wahrscheinlichkeit dafür, daß beim ersten Versuch das Ereignis A
und beim zweiten Versuch das Ereignis B eintritt, gegeben durch das Produkt
$p(A) \cdot p(B)$. Insbesondere ist die Wahrscheinlichkeit für das Merkmal (ω_k, ω_l)
gegeben durch $p_k \cdot p_l$. Das sehen wir so ein: Ist beispielsweise $p(A) = \frac{3}{4}$,
$p(B) = \frac{2}{3}$, so wird in drei Viertel aller Fälle zuerst das Ereignis A eintreten, und
in zwei Drittel dieser Fälle, also in $\frac{3}{4} \cdot \frac{2}{3}$ aller Fälle anschließend das Ereignis B.

Voraussetzung ist, wie gesagt, daß beim zweiten Versuch wieder dieselben Wahrscheinlichkeiten gelten wie beim ersten. Im Beispiel 5.3 (zweimaliges Ziehen aus
einem Kartenspiel ohne Zurückstecken) ist dies nicht der Fall.

*Machen wir unter immer gleichen Bedingungen n Stichproben hintereinander,
so multiplizieren sich die Wahrscheinlichkeiten entsprechend: Die Wahrscheinlichkeit dafür, daß in der ersten Stichprobe das Ereignis A_1, in der zweiten das
Ereignis A_2, $\ldots$, in der n-ten Stichprobe das Ereignis A_n auftritt, ist*

$$p(A_1) p(A_2) \cdots p(A_n)\,.$$

7.5 Das Problem des Chevalier de Méré

Um das Jahr 1654 herum gab sich ein beträchtlicher Teil des französischen
Adels dem Würfelspiel hin. Mangels einer Theorie der Glücksspiele beurteilte
man seine Chancen nach der statistischen Erfahrung. Eine Zeit lang war folgende Wette beliebt: „Wetten, daß bei vier aufeinanderfolgenden Würfen mit
einem Würfel mindestens einmal die Sechs auftritt?". Nach einer gewissen Zeit

wollte niemand mehr dagegen wetten. Kein Wunder! Die Wahrscheinlichkeit, bei vier Würfen nicht ein einziges Mal die Sechs zu erzielen, ist nach dem Multiplikationssatz $\left(\frac{5}{6}\right)^4 \approx 0.482$.

DE MÉRÉ schlug daruhin folgende Wette vor: „Wetten, daß bei 24 Würfen mit zwei Würfeln mindestens ein Sechserpasch(-paar) auftritt?". Er hatte sich das so zurechtgelegt: Die Wahrscheinlichkeit (*„facilité"*), nach der Sechs nochmal eine Sechs zu würfeln, ist sechsmal kleiner als die Wahrscheinlichkeit der Sechs. Also muß man sechsmal soviele Würfe ansetzen wie bei der alten Viererwette, um dieselben Chancen zu haben. Die Mitspieler durchschauten den schlauen Plan nicht und wetteten eifrig dagegen, dies umso lieber, als sie mit schöner Regelmäßigkeit dabei gewannen. DE MÉRÉ aber verzweifelte an der Mathematik und wandte sich mit diesem und anderen Glücksspielproblemen an Blaise PASCAL. Dieser entwickelte in einem Briefwechsel mit Pierre de FERMAT die Grundlagen für eine Theorie der Glücksspiele, die in der 1713 erschienenen *Ars conjectandi* (Kunst des Vermutens) von Jakob BERNOULLI einen ersten Abschluß fand.

ÜA Zeigen Sie, daß die Wahrscheinlichkeit, gegen DE MÉRÉ zu gewinnen, annähernd 0.5086 beträgt.

8 Kombinatorische Grundformeln (Teil I)

8.1 Laplacesche Wahrscheinlichkeitsräume

Haben alle Elementarereignisse $\{\omega_k\}$ von $\Omega = \{\omega_1, \ldots, \omega_N\}$ dieselbe Wahrscheinlichkeit, so muß diese $\frac{1}{N}$ betragen $\left(\sum p_k = 1\right)$.

Ist $n(A)$ die Elementezahl von A, so ist $p(A) = \frac{n(A)}{N}$. In vielen Lehrbüchern findet man die Formulierung

$$p(A) = \frac{\text{Zahl der (für } A \text{) günstigen Fälle}}{\text{Zahl aller möglichen Fälle}}.$$

In solchen „Laplaceschen Wahrscheinlichkeitsräumen" läuft daher die Wahrscheinlichkeitsrechnung auf das Auszählen von Realisierungsmöglichkeiten hinaus, die sogenannte *Kombinatorik*.

(Pierre Simon LAPLACE veröffentlichte 1812 die *Théorie analytique des probabilités* und 1814 seinen *Essay philosophique des probabilités*.)

8.2 Permutationen

Wie wahrscheinlich ist es, daß ein Kartenspiel von 32 Karten nach gründlichem Mischen zufällig nach Farben und Werten geordnet ist? („Nach gründlichem Mischen" soll heißen, daß jede denkbare Anordnung als gleich wahrscheinlich angesehen werden kann.) Dies führt uns auf die

Erste Grundaufgabe

Auf wieviel Arten lassen sich die Elemente einer Menge $\Omega = \{\omega_1, \ldots, \omega_N\}$ anordnen, d.h. als geordnetes n-tupel
$(\omega_{n_1}, \omega_{n_2}, \ldots, \omega_{n_N})$ *schreiben?*

Offenbar genügt es, statt der $\omega_1, \ldots, \omega_N$ ihre Nummern $1, \ldots, N$ zu betrachten. Wir fragen also: *Wieviele Möglichkeiten gibt es, die Zahlen des Abschnitts*

$$A_N = \{1, \ldots, N\}$$

als geordnetes N-tupel $(n_1, n_2, \ldots, n_N)$ aufzuschreiben, wobei jede der Zahlen $1, \ldots, N$ in dem N-tupel genau einmal vorkommt?

Jede solche Anordnung bestimmt eine bijektive Abbildung $f : A_N \to A_N$, nämlich $f : k \mapsto n_k$ ($k \in A_N$). Ist umgekehrt $f : A_N \to A_N$ bijektiv, so bestimmt f eine Anordnung von A_N, nämlich $(f(1), f(2), \ldots, f(N))$.

Wir können also die erste Grundaufgabe auch so formulieren:

Wieviele bijektive Abbildungen $f : A_N \to A_N$ gibt es?

Oder noch allgemeiner: Sind $\Omega = \{\omega_1, \ldots, \omega_N\}$ und $M = \{m_1, \ldots, m_N\}$ zwei N-elementige Mengen, so fragen wir nach der Anzahl der bijektiven Abbildungen $g : \Omega \to M$. Denn jede bijektive Abbildung $g : \Omega \to M$ erhält man, indem man die Nummern aufeinander abbildet.

Die gesuchte Anzahl bezeichnen wir mit $P(N)$. Dann ist $P(1) = 1$. Wir wollen jetzt zeigen: $P(n + 1) = (n + 1)P(n)$. Begründung: Jede bijektive Abbildung $f : A_{n+1} \to A_{n+1}$ kann folgendermaßen festgelegt werden:

(a) Angabe von $f(n + 1)$. Dazu gibt es $n + 1$ Möglichkeiten.

(b) Angabe einer bijektiven Abbildung von A_n nach $A_{n+1} \setminus \{f(n + 1)\}$.

Da beide Mengen n-elementig sind, ist dies auf $P(n)$ Arten möglich. Aus der Formel $P(1) = 1$, $P(n + 1) = (n + 1)P(n)$ folgt sukzessive

$$P(2) = 2, P(3) = 3 \cdot P(2) = 3 \cdot 2 = 6, \ldots, P(N) = N(N - 1) \cdot \ldots \cdot 2 \cdot 1 = N!.$$

Das Wort *Permutation* (im Sinne von Umordnung) wird auch für eine bijektive Abbildung $f : M \to M$ einer beliebigen nichtleeren Menge M auf sich verwendet.

Die Anzahl der Permutationen einer N-elementigen Menge beträgt $N!$

8.3 Geordnete Stichproben mit Zurücklegen

Zweite Grundaufgabe

(a) In einer Urne befinden sich k numerierte Lose $L_1, \ldots, L_k$. Wir wiederholen n-mal folgenden Vorgang: Mischen, Ziehen, die gezogene Nummer notieren, das

Los zurücklegen. Das Ergebnis ist ein geordnetes n–tupel $(k_1, \ldots, k_n)$. Gesucht ist die Anzahl $F(n, k)$ aller solchen n–Stichproben.

(b) Mit anderen Worten:
Gesucht ist die Anzahl aller Abbildungen $f : \; A_n \to A_k$ (allgemeiner: einer n–elementigen Menge in eine k–elementige).

(c) Auf wieviele Arten lassen sich n unterscheidbare Kugeln $K_1, \ldots, K_n$ auf k Urnen $U_1, \ldots, U_k$ verteilen?

Die gesuchte Anzahl ist in allen drei Fällen

$$F(n, k) = k^n \, .$$

BEWEIS.

Das Problem (c) führen wir so auf das Problem (b) zurück: Wir ordnen jeder Zahl $m \in \{1, \ldots, n\}$ die Nummer derjenigen Urne zu, in welche die Kugel K_m gelegt wurde. Wir haben also nur die Aufgabe (b) zu lösen. Offenbar ist $F(1, k) = k$. Ferner ist $F(n + 1, k) = k \cdot F(n, k)$, denn jede Abbildung $f : \; A_{n+1} \to A_k$ erhalten wir so: Wir legen $f(n + 1)$ fest (k Möglichkeiten) und haben dann noch A_n irgendwie in A_k abzubilden ($F(n, k)$ Möglichkeiten). Aus $F(1, k) = 1$, $F(2, k) = k \cdot F(1, k) = k^2$, $\ldots$, $F(n + 1, k) = kF(n, k)$, $\ldots$ folgt durch Induktion nach n die Behauptung. $\qquad\qquad\qquad\qquad\qquad\square$

8.4 Anzahl der Teilmengen von N–elementigen Mengen

Die Anzahl der Teilmengen einer N-elementigen Mengen beträgt 2^N.

BEWEIS.

Ist $\Omega = \{\omega_1, \ldots, \omega_N\}$ und $A \subset \Omega$, so betrachten wir die Abbildung

$$f_A : A_N = \{1, \ldots, N\} \to \{0, 1\}, \qquad f_A(n) = \begin{cases} 1 & \text{falls } \omega_n \in A \\ 0 & \text{sonst.} \end{cases}$$

$f_\emptyset$ ist die Nullfunktion und f_Ω die konstante Funktion Eins. Jede Abbildung $f : \; A_N \to \{0, 1\}$ bestimmt umgekehrt eine Teilmenge B von Ω durch

$$\omega_n \in B \iff f(n) = 1 \, .$$

Nach 8.3 ist die *Anzahl der Abbildungen $f : \; A_N \to \{0, 1\}$ gegeben durch 2^N.* $\square$

8.5 Partitionen

Dritte Grundaufgabe. *N unterscheidbare Kugeln $K_1, \ldots, K_N$ sollen auf r Urnen $U_1, \ldots, U_r$ so verteilt werden, daß sich N_1 Kugeln in U_1, $\ldots$, N_r Kugeln in U_r befinden. Auf wieviele Arten ist das möglich?*

Wir machen uns die Lösung des Problems für $r = 2$ klar; der allgemeine Fall läuft ganz analog. Es genügt auch hier wieder die Nummern der Kugeln statt der

Kugeln selbst zu betrachten. Die Urnen U_1 und U_2 stellen wir uns modellhaft so vor: Wir teilen die Strecke von 0 bis N in N Kästchen:

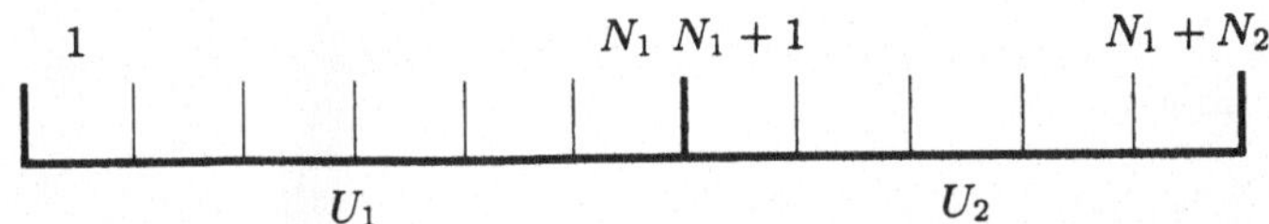

U_1 besteht aus den ersten N_1 Kästchen, U_2 aus den folgenden N_2 Kästchen. Eine Urnenbelegung im Sinne der dritten Grundaufgabe denken wir uns so hergestellt, daß wir die Nummern $1, \ldots, N$ irgendwie auf die N Kästchen verteilen. Diese $N!$ Permutationen von A_N ergeben aber nicht lauter verschiedene Urnenbelegungen im Sinne der Grundaufgabe, vielmehr fallen alle diejenigen zusammen, die durch Permutationen innerhalb U_1 und innerhalb U_2 auseinander hervorgehen. Jede der gesuchten Urnenbelegungen tritt also unter den $N!$ Permutation $N_1! \cdot N_2!$-mal auf, ihre Anzahl ist demnach $\frac{N!}{N_1! N_2!}$.

Die Verallgemeinerung für r Urnen liegt auf der Hand. Wir notieren das

ERGEBNIS. *Es gibt*

$$\frac{N!}{N_1! N_2! \ldots N_r!}$$

Möglichkeiten, N unterscheidbare Kugeln auf r Urnen so zu verteilen, daß die k-te Urne N_k Kugeln enthält. (Man beachte $0! = 1$).

Eine verwandte Aufgabenstellung:

Gegeben r Schreibsymbole („Buchstaben") $b_1, \ldots, b_r$. Wieviele Worte der Länge N lassen sich bilden, die genau N_1-mal den „Buchstaben" b_1, N_2-mal den „Buchstaben" b_2, $\ldots$, N_r-mal den „Buchstaben" b_r enthalten? Die gesuchte Anzahl ist wieder $\frac{N!}{N_1! \ldots N_r!}$.

BEGRÜNDUNG: Wir bilden r Töpfchen $U_1, \ldots, U_r$. Ist irgendein Wort der Länge N vorgelegt, so erhält jeder darin vorkommende Buchstabe seine Platzziffer. Diese Platzziffer kommt ins Töpfchen U_k, wenn an der betreffenden Stelle der Buchstabe b_k steht.

8.6 Die Boltzmann–Statistik ist das einfachste Erklärungsmodell der statistischen Thermodynamik. Sie vermag das Verhalten idealer Gase bei relativ hohen Temperaturen einigermaßen zutreffend wiederzugeben. Hierbei denkt man sich N unterscheidbare Teilchen $K_1, \ldots, K_N$, die auf r Energieniveaus $\varepsilon_1, \ldots, \varepsilon_r$ zu verteilen sind. Ein möglicher Zustand des Gases ist gegeben durch eine Verteilung:

$$(Z) \quad \begin{cases} N_1 \text{ Teilchen auf dem Energieniveau } \varepsilon_1 \\ \qquad\qquad \vdots \\ N_r \text{ Teilchen auf dem Energieniveau } \varepsilon_r\,. \end{cases}$$

Wie wir gesehen haben, läßt sich ein solcher Zustand auf $W(Z) = \dfrac{N!}{N_1!...N_r!}$ Arten realisieren.

Die Boltzmann–Statistik geht von folgenden Grundannahmen aus:

Gegeben seien die Teilchenzahl N, die Gesamtenergie U und die Energieniveaus $\varepsilon_1,\ldots,\varepsilon_r$. Von allen Zuständen Z mit

$$(*) \qquad \sum_{k=1}^{r} N_k = N\,, \qquad \sum_{k=1}^{r} \varepsilon_k \cdot N_k = U$$

nimmt das System denjenigen an, für den $W(Z)$ maximal wird. Dies ist so zu verstehen: Durch die Forderung $W(Z) = $ Maximum unter den Nebenbedingungen $(*)$ ist ein Zustand Z_0 ausgezeichnet. Dieser wird für 24 Teilchen im folgenden bestimmt; für große Teilchenzahlen geschieht die Berechnung in §22:6.4.

Der Zustand Z_0 ist unter allen Zuständen mit $(*)$ der wahrscheinlichste. Natürlich muß das Wahrscheinlichste nicht immer eintreten; hier verhält es sich aber so, daß der Zustand Z_0 und seine Nachbarzustände einerseits zusammen praktisch Wahrscheinlichkeit Eins haben, andererseits makroskopisch nicht unterscheidbar sind. So wird — abgesehen von mikroskopischen Schwankungen — praktisch immer der Zustand Z_0 beobachtet.

Das zeichnet sich schon an einfachen Zahlenbeispielen ab:

BEISPIEL 1: 24 Teilchen, Energieniveaus $\varepsilon_1 = 1$, $\varepsilon_2 = 2$, $\varepsilon_3 = 3$, Gesamtenergie 50.

In der Tabelle sind die 12 möglichen Zustände Z, die Werte $W(Z)$ auf drei Stellen und die Wahrscheinlichkeit p, bezogen auf die 12 möglichen Zustände, eingetragen. Die drei benachbarten Zustände $(6,10,8)$, $(7,8,9)$ und $(8,6,10)$ haben zusammen die Wahrscheinlichkeit 0.816.

N_1	N_2	N_3	$W/10^{10}$	p
0	22	2	≈ 0	≈ 0
1	20	3	≈ 0	≈ 0
2	18	4	≈ 0	≈ 0
3	16	5	0.004	0.002
4	14	6	0.041	0.017
5	12	7	0.214	0.086
6	10	8	0.589	0.238
7	8	9	0.841	0.340
8	6	10	0.589	0.238
9	4	11	0.178	0.072
10	2	12	0.018	0.007
11	0	13	≈ 0	≈ 0

BEISPIEL 2: $\boxed{\text{ÜA}}$ Machen Sie eine entsprechende Tabelle für 24 Teilchen mit Gesamtenergie 55, verteilt auf die Energieniveaus 1, 2, 4. Von den sieben möglichen Zuständen haben zwei zusammen die Wahrscheinlichkeit 0.83.

9 Binomialkoeffizienten und Binomialverteilung

9.1 Worte der Länge n aus Nullen und Einsen

Die Anzahl der Worte („strings") der Länge n, aus genau k Einsen und $n - k$ Nullen beträgt

$$\frac{n!}{k!(n - k)!}$$

(Das ist ein Spezialfall von 8.5. Wir beachten wieder, daß $0! = 1$).

9.2 Binomialkoeffizienten und Pascal–Dreieck

(a) Für $n \in \mathbb{R}$ und $k \in \{0, 1, 2, \ldots\}$ definieren wir den **Binomialkoeffizienten**

$$\binom{n}{k} := \frac{n(n - 1) \cdots (n - k + 1)}{k!} \quad \text{(lies: } n \text{ über } k\text{)}.$$

Es gilt für alle $n \in \mathbb{R}$ und alle $k \in \mathbb{N}$ $\boxed{\text{ÜA}}$

$$\binom{n + 1}{k} = \binom{n}{k - 1} + \binom{n}{k}.$$

BEISPIEL: $\displaystyle\binom{\frac{1}{2}}{2} = \frac{\left(\frac{1}{2}\right)\left(\frac{1}{2} - 1\right)}{2} = -\frac{1}{8}$.

(b) Für natürliche Zahlen n und $k = 0, 1, 2, \ldots, n$ ist

$$\binom{n}{k} = \frac{n!}{k!(n - k)!} = \binom{n}{n - k}$$

eine natürliche Zahl (vgl. 9.1). Man erhält diese Binomialzahlen sukzessive aus dem untenstehenden Schema (**Pascal–Dreieck**):

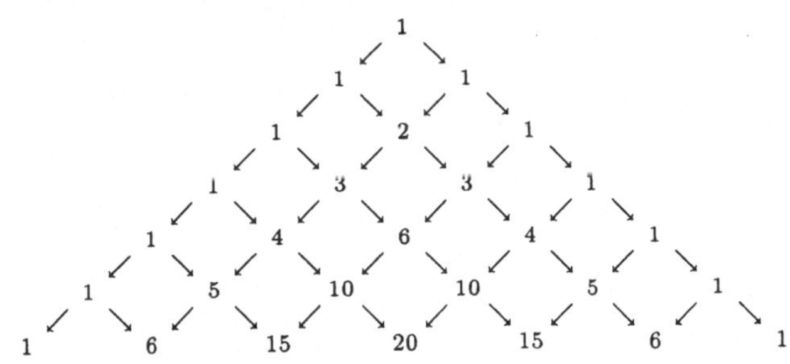

und so fort — nach dem Bildungsgesetz $\displaystyle\binom{n + 1}{k} = \binom{n}{k - 1} + \binom{n}{k}$.

9.3 Der binomische Lehrsatz

Für reelle Zahlen a, b und $n \in \mathbf{N}$ ist $\displaystyle (a + b)^n = \sum_{k=0}^{n} \binom{n}{k} a^k b^{n-k}$.

BEWEIS durch Induktion: $\boxed{\text{ÜA}}$ □

Wir wollen diese Formel kombinatorisch begründen. Beim Ausmultiplizieren der linken Seite entstehen, wenn man nicht von der Kommutativität der Multiplikation Gebrauch macht, Worte der Länge n aus den Buchstaben a und b:

$$(a + b)(a + b) = aa + ab + ba + bb,$$

$$(a + b)^2(a + b) = aaa + aba + baa + bba + aab + abb + bab + bbb.$$

Beim Ausmultiplizieren von $(a+b)^n$ kommen offenbar alle 2^n Worte der Länge n aus den Buchstaben a, b vor. (2^n ist die Zahl der Abbildungen $f : A_n \rightarrow \{a, b\}$). Durch die Kommutativität der Multiplikation fallen alle $\binom{n}{k}$ Worte der Länge n zusammen, die k–mal den Buchstaben a enthalten.

9.4 Binomialverteilung

Ein Ja/Nein–Experiment, dessen Ergebnis

> „Effekt tritt ein"   (markiert durch die Ziffer 1)
>
> „Effekt tritt nicht ein" (markiert durch die Ziffer 0)

vom Zufall abhängt, wird n–mal wiederholt, wobei *jedesmal* die Wahrscheinlichkeit dafür, daß der Effekt eintritt, gleich p ist ($0 < p < 1$, *Erfolgswahrscheinlichkeit*); die *Mißerfolgswahrscheinlichkeit* (Effekt tritt nicht ein) ist dann jedesmal $q = 1 - p$.

BEISPIELE.

(a) n–maliger Münzwurf (0 für Wappen, 1 für Zahl, $p = q = \frac{1}{2}$).

(b) Werfen mit einem idealen Würfel, wobei nur das Werfen einer Sechs als Erfolg gewertet wird ($p = \frac{1}{6}$, $q = \frac{5}{6}$)

Das Ergebnis der n–Serie wird durch ein Wort der Länge n notiert, bestehend aus Nullen und Einsen.

Die Wahrscheinlichkeit für irgend ein Wort der Länge n aus k Einsen und $n - k$ Nullen ist $p^k \cdot q^{n-k}$ (Produktsatz 7.4). Es gibt $\binom{n}{k}$ solche Worte, das sind $\binom{n}{k}$ disjunkte Ereignisse.

Also ist die Wahrscheinlichkeit für k Erfolge bei n Versuchen $\binom{n}{k} p^k q^{n-k}$.

Nehmen wir als Merkmal die Anzahl der Erfolge, also $\Omega = \{0, 1, \dots, n\}$ und $p_k = \binom{n}{k} p^k q^{n-k}$, so erhalten wir einen endlichen Wahrscheinlichkeitsraum, denn es ist

$$\sum_{k=1}^{n} p_k = \sum_{k=0}^{n} \binom{n}{k} p^k q^{n-k} = (p+q)^n = 1^n = 1.$$

Die Wahrscheinlichkeit dafür, daß die Zahl der Erfolge in irgend eine Menge A fällt, ist

$$p(A) = \sum_{k \in A} \binom{n}{k} p^k q^{n-k}.$$

9.5 Beispiel. Beim 12-maligen Werfen mit einer idealen Münze erwarten wir „im Schnitt" 6-mal das Ergebnis 1 (Zahl) und 6-mal das Ergebnis 0 (Wappen). Was heißt das eigentlich? Das heißt sicher nicht, daß das Ergebnis: „Genau 6-mal die 1, 6-mal die 0" sehr wahrscheinlich ist. In der Tat ist die Wahrscheinlichkeit dafür nur

$$\binom{12}{6} \left(\frac{1}{2}\right)^6 \cdot \left(\frac{1}{2}\right)^6 \approx 0.226.$$

Vielmehr ist gemeint: Die Wahrscheinlichkeit, daß die Zahl der Erfolge nahe bei 6 liegt, ist sehr groß.

Prüfen wir das nach! Die Wahrscheinlichkeit für eine Abweichung von maximal 2 vom erwarteten Wert 6 beträgt (mit $p = q = \frac{1}{2}$)

$$p(\{4,5,6,7,8\}) = \sum_{k=4}^{8} \binom{12}{k} \left(\frac{1}{2}\right)^k \left(\frac{1}{2}\right)^{12-k} = \left(\frac{1}{2}\right)^{12} \sum_{k=4}^{8} \binom{12}{k} \approx 0.854.$$

Die Wahrscheinlichkeit für eine Abweichung von höchtens 3 vom Mittelwert 6 beträgt

$$0.854 + \left(\frac{1}{2}\right)^{12} \cdot \left(\binom{12}{3} + \binom{12}{9}\right) = 0.854 + 2 \cdot \left(\frac{1}{2}\right)^{12} \cdot \binom{12}{3} \approx 0.96.$$

9.6* Ein Test zur Widerlegung einer Hypothese

Beim Abfluß von Wasser aus einem kreisrunden Becken, dessen Abflußöffnung ebenfalls kreisrund ist und genau in der Mitte sitzt, bildet sich erfahrungsgemäß ein Wirbel aus, und es scheint, als ob der Uhrzeigersinn („1") vor dem Gegen-uhrzeigersinn („0") bevorzugt ist. Wir wollen diese Frage experimentell klären.

Zwei Hypothesen sind gegeneinander abzuwägen:

Nullhypothese H_0: Beide Drehsinne sind gleichwahrscheinlich ($p = q = \frac{1}{2}$).

Gegenhypothese H_1: Die Nullhypothese ist falsch.

Die Durchführung eines Experimentes können wir als Münzwurf deuten. H_0 bedeutet dann die Annahme einer idealen Münze.

(a) **Entwerfen des Tests.** Wir planen 20 Versuche und nehmen uns vor, H_0 zu verwerfen, wenn die Zahl X der Erfolge vom erwarteten Wert 10 um mehr als 6 abweicht. Der „**Ablehnungsbereich**" ist also

$$A = \{0, 1, 2, 3, 17, 18, 19, 20\}$$

(b) **Die Beurteilung des Testverfahrens** geschieht durch Angabe der Irrtumswahrscheinlichkeit α, das ist die Wahrscheinlichkeit dafür, daß H_0 zwar richtig ist, aber das Ergebnis zufällig in den Ablehnungsbereich fällt und wir daher die Hypothese H_0 zu Unrecht verwerfen.

Sie ist gegeben durch

$$p(A) = \sum_{k \in A} \binom{20}{k} \left(\frac{1}{2}\right)^k \left(\frac{1}{2}\right)^{20-k} = \left(\frac{1}{2}\right)^{20} \sum_{k \in A} \binom{20}{k}.$$

Wegen $\binom{20}{k} = \binom{20}{20-k}$ vereinfacht sich dieser Ausdruck:

$$p(A) = \left(\frac{1}{2}\right)^{20} \cdot 2 \left(\binom{20}{0} + \binom{20}{1} + \binom{20}{2} + \binom{20}{3}\right)$$

$$= \frac{1 + 20 + 190 + 1140}{2^{19}} \approx 0.0026.$$

(c) Wie verhalten wir uns, wenn 16 Erfolge und 4 Mißerfolge eintreten ? Nach unserer Testvereinbarung gilt H_0 nicht als widerlegt. Damit ist H_0 natürlich noch nicht bewiesen, im Gegenteil: Das Ergebnis spricht immer noch stark gegen H_0. Sollten wir nicht vielleicht doch die Fälle $k = 16$ und $k = 4$ in unseren Ablehnungsbereich aufnehmen ? Damit steigen doch auch unsere Chancen, H_0 verwerfen zu dürfen, was wir ja eigentlich wollten. Allerdings nimmt auch die Irrtumswahrscheinlichkeit zu ! Beurteilen wir den Ablehnungsbereich

$$A' = \{0, 1, 2, 3, 4, 16, 17, 18, 19, 20\} = A \cup \{4, 16\},$$

so ergibt sich hier die Irrtumswahrscheinlichkeit

$$\alpha' = p(A') = p(A) + 2 \cdot \left(\tfrac{1}{2}\right)^{20} \cdot \binom{20}{4} = \alpha + 4845 \cdot 2^{-19} \approx 0.012.$$

Wählen wir gar den Ablehnungsbereich

$$A'' = \{0, 1, 2, 3, 4, 5, 15, 16, 17, 18, 19, 20\}, \text{ so erhalten wir}$$

$$\alpha'' = \alpha' + \left(\tfrac{1}{2}\right)^{19} \cdot \binom{20}{5} = \alpha' + 15504 \cdot 2^{-19} \approx 0.041$$

Man sagt: „Das *Signifikanzniveau* (:= $100 \cdot$ Irrtumswahrscheinlichkeit) liegt für die erste Testvorschrift bei 0.26%, für die zweite bei 1.2% und für die dritte bei 4.1%".

Im medizinischen Bereich würde letzteres noch toleriert, im naturwissenschaftlichen Bereich ist das 0.3%–Niveau üblich (Irrtum in 0.3% aller Fälle).

(d) *Kann man die Nullhypothese H_0 auch experimentell beweisen ?*
Kommen wir nochmals auf Pearsons Experiment 5.1 zurück. Bei 24000 Münzwürfen ergab sich 12012–mal die Zahl. Ist das ein „Beweis" für $p = \frac{1}{2}$ oder nicht eher ein „Beweis" für $p = \frac{12012}{24000} = 0.5005$?

(e) $\boxed{\text{ÜA}}$ Entwerfen Sie einen Test auf dem 3% Niveau für die Wirksamkeit (im Guten oder im Schlechten) eines Medikamentes bei 16 Versuchstieren (keine Menschen — wegen des Placebo–Effektes !).

(f) Mit großen Versuchszahlen wird die hier geschilderte Berechnungsmethode für die Irrtumswahrscheinlichkeit immer mühsamer. Eine brauchbare Approximation liefert der *Grenzwertsatz von de Moivre–Laplace* [FREUDENTHAL S. 60–67]: Sei X_n die Anzahl der Erfolge bei n–maliger Wiederholung eines Ja/Nein–Experiments mit Erfolgswahrscheinlichkeit p,

$$\widehat{X} = np \quad \text{der sogenannte } \textit{Erwartungswert} \text{ für } X_n$$

und

$$\sigma = \sqrt{n \cdot p \cdot (1 - p)} \quad \text{die sogenannte } \textit{Streuung} \text{ von } X_n \, .$$

Dann strebt die Wahrscheinlichkeit dafür, daß

$$|X_n - \widehat{X}| \geq k \cdot \sigma$$

ausfällt, für wachsendes n gegen

$$2\Phi(-k) \, , \quad \text{wobei} \quad \Phi(x) = \frac{1}{\sqrt{2\pi}} \int\limits_{-\infty}^{x} e^{-\frac{1}{2}t^2} \, dt \, .$$

Aus der nebenstehenden Tabelle läßt sich zu vorgegebener Irrtumswahrscheinlichkeit α der Ablehnungsbereich

$$A = \left\{ m \ \middle| \ |m - np| \geq k \cdot \sigma \right\}$$

für die Hypothese „Die Erfolgswahrscheinlichkeit ist p" bei großem n ablesen.

	$\alpha = 2\Phi(-k)$
1	0.317
1.5	0.134
2	0.045
2.5	0.012
2.58	0.01
3	0.0027
4	0.000064

Für $n = 100$, $p = \frac{1}{2}$ wird beispielsweise $\widehat{X} = 50$, $\sigma = 5$. Bei vorgegebener Irrtumswahrscheinlichkeit $\alpha = 0.01$ hat man $k = 2.58$ zu wählen und erhält mit $k \cdot \sigma \approx 12.9$ den Ablehnungsbereich

$$A = \{0, 1, \ldots, 37\} \cup \{63, 64, \ldots, 100\} \, .$$

Im naturwissenschaftlichen Bereich gilt die 3σ–Regel: Als Ablehnungsbereich wähle man $A = \{m \mid |m - np| \geq 3 \cdot \sigma\}$ (0.27 %–Niveau).

10* Kombinatorische Grundformeln (Teil II)

10.1 Geordnete Stichproben ohne Zurücklegen

Vierte Grundaufgabe. In einer Urne befinden sich n unterscheidbare Kugeln (Nr. 1 bis Nr. n). Wir ziehen der Reihe nach k Kugeln, ohne sie zurückzulegen und notieren die gezogenen Nummern in ihrer Reihenfolge.

Das Ziehungsergebnis ist ein geordnetes k–tupel $(n_1, n_2, \ldots, n_k)$, wobei $n_i \neq n_k$ für $i \neq k$. Gefragt ist nach der Anzahl solcher n–tupel.

Andere Formulierung: Gesucht ist die Anzahl der injektiven Abbildungen einer k–elementigen Menge in eine n–elementige (z.B. von $\{1, \ldots, k\}$ in $\{1, \ldots, n\}$). Diese Anzahl beträgt

$$n \cdot (n - 1) \cdots (n - k + 1) = \frac{n!}{(n - k)!} \, .$$

(Hat man eine Kugel ausgewählt, und das geht auf n Arten, so bleiben für die zweite Ziehung nur $(n - 1)$ Kugeln usw.)

BEMERKUNG. Interessiert man sich nicht für die Reihenfolge, sondern nur für die gezogenen Nummern, so geschieht die angemessene Notierung des Ziehungsergebnisses durch das Merkmal

$$\{n_1, \ldots, n_k\} = \text{Menge der gezogenen Nummern}$$

Die Zahl solcher *ungeordneten Stichproben ohne Zurücklegen beträgt* $\binom{n}{k}$ (Ordne jeder Kugel die Zahl 1 zu, falls sie gezogen wurde und die Zahl 0, falls nicht).

10.2 Geburtstagsproblem

Geben Sie eine Formel für die Wahrscheinlichkeit, daß im Jahre 1987 von n Zwanzigjährigen mindestens zwei am gleichen Tag Geburtstag haben (Wir setzen voraus, daß jeder Geburtstag gleich wahrscheinlich ist). Werten Sie die Formel mit Hilfe des Taschenrechners für $n = 22$, 23 und 30 aus.

10.3 Ungeordnete Stichproben mit Zurücklegen

Fünfte Grundaufgabe. Im Zusammenhang mit der *Bose–Einstein–Statistik* (z.B. für Photonengase) erhebt sich folgende Frage:

Auf wieviele Arten lassen sich N ununterscheidbare Kugeln in k Urnen (*Energieniveaus*) $U_1, \ldots, U_k$ unterbringen?

Andere Variante desselben Problems:
Wieviele N-Stichproben mit Zurücklegen ohne Berücksichtigung der Reihenfolge lassen sich aus einer k-elementigen Menge entnehmen?

Das heißt Ziehen, Nummer notieren, Zurücklegen, Mischen; und das Ganze N-mal, wobei als Ziehungsergebnis nur die Menge $\{n_1,\ldots,n_N\}$ der gezogenen Nummern interessiert.

Das Ergebnis lautet in beiden Fällen $\dbinom{N+k-1}{N}$.

BEWEIS.

(a) *Äquivalenz der beiden Aufgabenstellungen.* Haben wir die N Kugeln in den Urnen $U_1,\ldots,U_k$ untergebracht, so läßt sich die Verteilung so beschreiben: Jede Urne wird so oft aufgeführt, wie es der Anzahl der in ihr enthaltenen Kugeln entspricht; die einzelnen Notierungen werden durch einen senkrechten Strich getrennt.

Zahlenbeispiel: U_1 enthalte zwei, U_2 drei Kugeln, U_3 keine und U_4 vier Kugeln. Wir notieren die Belegung dann so:

$$U_1\,U_1\mid U_2\,U_2\,U_2\mid\ \mid U_4\,U_4\,U_4\,U_4$$

Noch kürzer und genauso informativ ist die Notierung

$$1\,1\mid 2\,2\,2\mid\ \mid 4\,4\,4\,4$$

Unsere N-Stichproben notieren wir so: Jede Kugel-Nummer wird so oft aufgeführt, wie sie gezogen wurde, dazwischen eine senkrechte Linie. Also sind beide Aufgabenstellungen auf dieselbe Protokollierung zurückgeführt.

(b) Genauso aussagekräftig wie das Schema

$$1\,1\mid 2\,2\,2\mid\ldots\mid k\ldots k$$

ist das Schema

$$0\,0\mid 0\,0\,0\mid\ldots\mid 0\ldots 0$$

mit N Nullen und $k-1$ Strichen. Die Anzahl solcher Wörter der Länge $N+k-1$ ist nach 9.1 gegeben durch $\dbinom{N+k-1}{N}$. $\qquad\square$

Kapitel II   Vektorrechnung im $\mathbb{R}^n$

§ 5 Vektorrechnung im $\mathbb{R}^2$, komplexe Zahlen

1 Vektorielle Größen in der Physik

Skalare Größen wie Zeit, Masse, Energie und Temperatur sind durch eine Maßzahl und die physikalische Dimension gegeben: 1.4 sec, 13 kg, 10 Joule, $-15°$C usw. In der mathematischen Physik sehen wir von der Dimension ab und beschreiben skalare Größen durch *Zahlen*: $t = 1.4$, $m = 13$, $E = 10$, $T = -15$ usw.

Andere physikalische Größen wie etwa Kraft, Geschwindigkeit, Beschleunigung, Drehimpuls usw. sind durch eine Richtung und einen Betrag gegeben; letzterer ist wieder eine skalare Größe. Wir veranschaulichen solche *vektorielle* oder *gerichtete Größen* durch einen Pfeil, dessen Länge den Betrag der betreffenden Größe angibt.

Das k–fache einer Kraft wird durch einen Pfeil gleicher Richtung, aber k–facher Länge veranschaulicht, die Gegenkraft durch einen Pfeil gleicher Länge, aber entgegengesetzter Richtung.

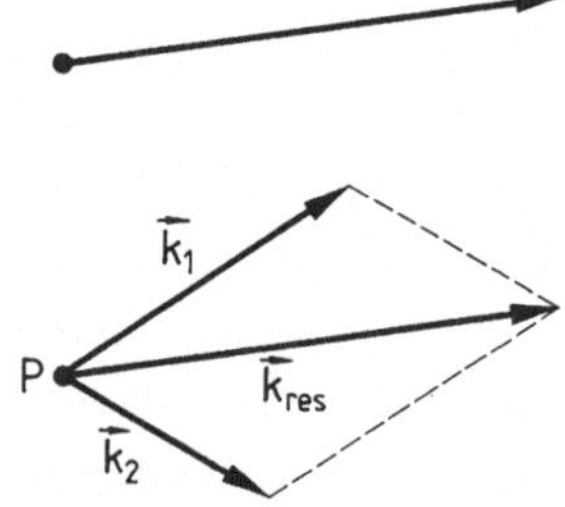

Die physikalische Auswirkung einer Kraft hängt davon ab, in welchem Punkt sie angreift. Greifen zwei Kräfte $\vec{k}_1$, $\vec{k}_2$ in demselben Punkt P an, so überlagern sie sich zu einer resultierenden Kraft $\vec{k}_{res}$, die man geometrisch aus dem Kräfteparallelogramm erhält. Entsprechend überlagern sich Geschwindigkeit und Beschleunigungen.

2 Vektoren in der ebenen Geometrie

2.1 Die euklidische Ebene

Wir appellieren im folgenden häufig an die geometrische Anschauung. Dabei wollen wir die Begriffe der ebenen euklidischen Geometrie wie Gerade, Parallele, Strecke, Winkel, Abstand und Flächeninhalt nicht näher erläutern, sondern von der Schule her als geläufig voraussetzen; dasselbe gilt für elementare Lehrsätze wie die Strahlensätze, Sätze über ähnliche und kongruente Dreiecke, Satz von Pythagoras u.a. Zu Grundlagenfragen siehe 2.3.

2.2 Translationen und Vektoren

Eine *Translation* (*Parallelverschiebung*) in der euklidischen Ebene E ist eine Abbildung $v : E \rightarrow E$, welche grob gesagt, jeden Punkt in eine feste Richtung um eine feste Strecke verschiebt. Sie ist dadurch gekennzeichnet, daß die vier Punkte P, Q, $v(Q)$, $v(P)$ jeweils ein *Parallelogramm* bilden (Figur). Eine Translation ist vollständig beschrieben durch Angabe *eines* Punktes P und seines Bildpunktes $P' = v(P)$.

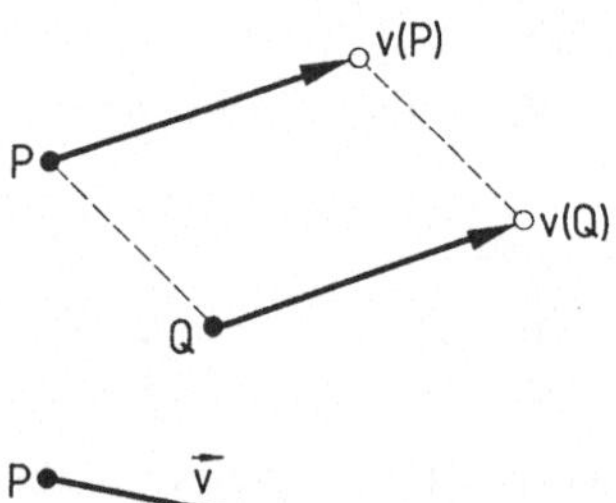

Wir veranschaulichen die Translation durch den „*Translationsvektor*" oder *Verschiebepfeil* $\vec{v} = \overrightarrow{PP'}$.

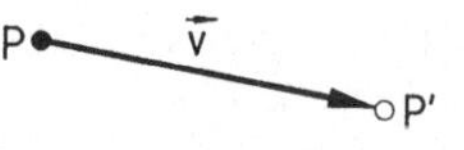

Statt zu sagen: „Die Translation v führt P in P' über" sagen wir „Der Vektor $\vec{v}$ führt P in P' über" oder „P' entsteht aus P durch *Anwendung von $\vec{v}$*". oder anschaulicher, „P' entsteht aus P durch Antragen von $\vec{v}$".

Die Hintereinanderausführung $w \circ v$ zweier Translationen v und w ist wieder eine Translation; der zugehörige Translationsvektor ergibt sich nach der *Parallelogrammkonstruktion* (siehe Kräfteparallelogramm). Wir bezeichnen ihn mit $\vec{v} + \vec{w}$. Aus der Figur entnehmen wir

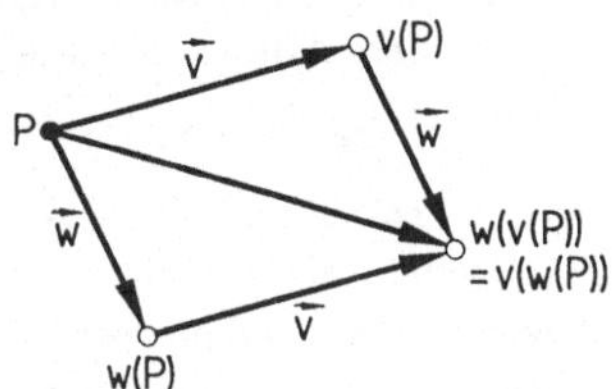

$$w \circ v = v \circ w; \quad \text{es ist also} \quad \vec{w} + \vec{v} = \vec{v} + \vec{w}.$$

Die identische Abbildung, welche jeden Punkt fest läßt, rechnen wir auch zu den Translationen; ihren Translationsvektor bezeichnen wir mit $\vec{0}$ (*Nullvektor*; hier macht es keinen Sinn, von einer Richtung zu sprechen). Translationen sind umkehrbar; den Translationsvektor der Umkehrabbildung v^{-1} von v bezeichnen wir mit $-\vec{v}$. Es ist also $\vec{v} + (-\vec{v}) = \vec{0}$. Der Vektor $-\vec{v}$ hat also dieselbe Länge wie $\vec{v}$, aber entgegengesetzte Richtung, falls $\vec{v}$ nicht der Nullvektor ist.

Den Vektor $\vec{v} + \vec{v}$ bezeichnen wir mit $2 \cdot \vec{v}$; er hat (für $\vec{v} \neq \vec{0}$) dieselbe Richtung wie $\vec{v}$, aber doppelte Länge. Entsprechend soll

$$3 \cdot \vec{v} = 2 \cdot \vec{v} + \vec{v} = \vec{v} + 2 \cdot \vec{v}$$

sein, und $n \cdot \vec{v}$ entspricht der n-maligen Ausführung der Translation v.

In der Figur ist der Vektor $\frac{1}{3} \cdot \vec{v}$ konstruiert; nach Konstruktion ist

$$3 \cdot \left(\frac{1}{3} \cdot \vec{v}\right) = \vec{v}$$

Entsprechend ist $\frac{1}{m} \cdot \vec{v}$ definiert für $m \in \mathbb{N}$.

Setzen wir

$$\frac{n}{m} \cdot \vec{v} := n \cdot \left(\frac{1}{m} \cdot \vec{v}\right)$$

so hat dieser Vektor dieselbe Richtung wie $\vec{v}$, aber $\frac{n}{m}$–fache Länge.

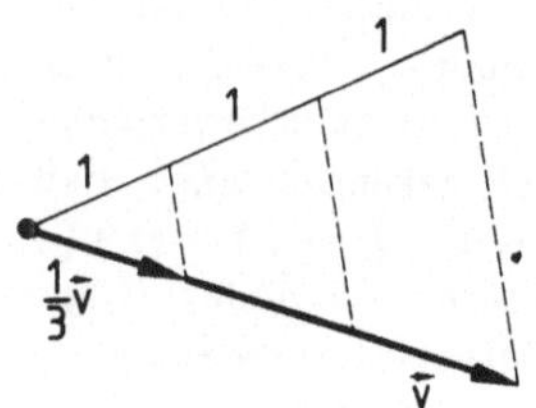

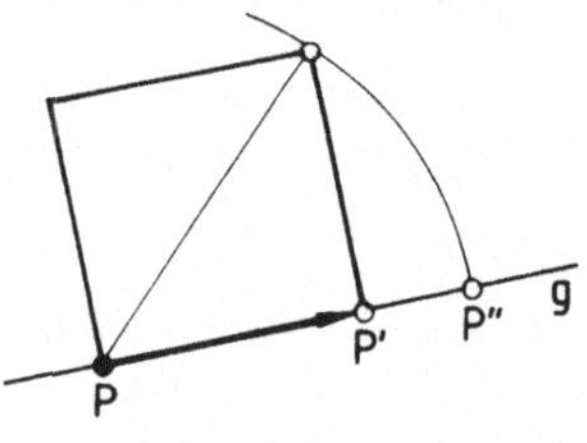

Seien P, P' zwei verschiedene Punkte und $\vec{v} = \overrightarrow{PP'}$ ihr Verbindungsvektor. Tragen wir in P alle Vielfachen $\frac{n}{m} \cdot \vec{v}$, $-\frac{n}{m} \cdot \vec{v}$ an, dann liegen die so entstehenden Punkte auf der Geraden g durch P und P'. g enthält noch weitere Punkte, z.B. den in der Figur konstruierten Punkt P''; wir bezeichnen $\overrightarrow{PP''}$ mit $\sqrt{2} \cdot \vec{v}$.

Allgemein verstehen wir für $c \in \mathbb{R}_{>0}$ unter $c \cdot \vec{v}$ einen Vektor gleicher Richtung wie $\vec{v}$, aber c–facher Länge; $(-c) \cdot \vec{v}$ soll der Gegenvektor $-(c \cdot \vec{v})$ sein. Ferner setzen wir $0 \cdot \vec{v} = \vec{0}$. Damit erreichen wir, daß jeder reellen Zahl t ein Punkt auf g entspricht, nämlich der aus P durch Antragen von $t \cdot \vec{v}$ entstandene. Wir gehen davon aus, daß umgekehrt jedem Punkt $Q \in g$ eindeutig ein *Parameterwert* $t \in \mathbb{R}$ entspricht mit $\overrightarrow{PQ} = t \cdot \vec{v}$. Bei dieser *Parametrisierung* von g entsprechen sich die Punkte von g und die reellen Zahlen in eindeutiger Weise.

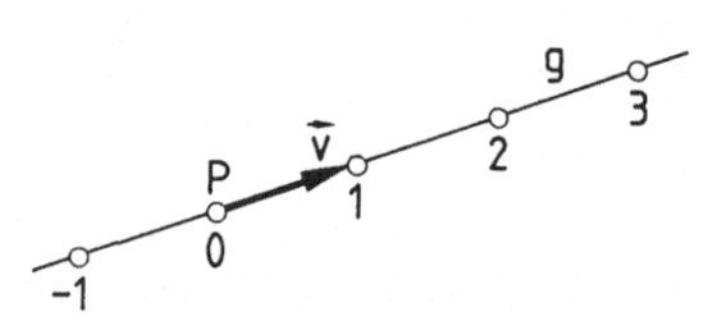

2.3 Historische Anmerkungen, Grundlagenfragen

Die Geometrie ist einer der Grundpfeiler der Mathematik. Wie steht es aber mit den Grundlagen der Geometrie? Gibt es — wie bei den reellen Zahlen — einige wenige Grundannahmen (Axiome), aus denen sich alles Wesentliche ableiten läßt und die in ihren Konsequenzen nicht auf Widersprüche führen?

Die erste uns überlieferte Systematik der gesamten Geometrie gab EUKLID von Alexandrien (ca. 300 v. Chr.). Seine *Elemente* gehörten bis in die Neuzeit zum festen und sichersten Bestand der Mathematik. Noch zu EULERs Zeiten wurden die reinen Mathematiker Geometer genannt. Das Werk EUKLIDs gab in den folgenden zwei Jahrtausenden Anlaß zu einer Fülle von Diskussionen über Fragen mathematischer, semantischer und philosophischer Art, dazu einige Beispiele:

• Was ist eigentlich Geometrie und was sind ihre Gegenstände? (Die ersten beiden „Definitionen" von EUKLID lauten: „Ein Punkt ist, was keine Teile hat, eine Linie (ist) breitenlose Länge").

• Hat EUKLID stillschweigend von bestimmten Grundannahmen Gebrauch gemacht, ohne sie zu benennen?

• Folgt aus den Grundpostulaten der euklidischen Geometrie das berühmte „*Parallelenaxiom*"? Dieses Postulat besagt: Ist in der Figur der Winkel $\alpha + \beta$ kleiner als zwei Rechte, so schneiden sich g und h. Es verlangt also, daß es zu g höchstens eine Parallele durch Q gibt, nämlich die Gerade g mit $\beta = 2\,\text{Rechte} - \alpha$. Daraus folgt der Satz über Wechselwinkel bei Parallelen und damit auch, daß die Winkelsumme beim Dreieck zwei Rechte beträgt.

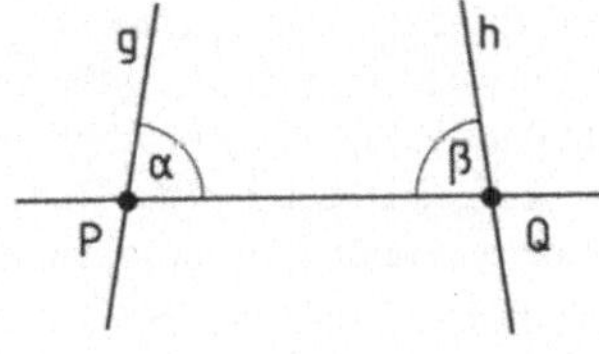

• Ist die geometrische Struktur des physikalischen Raumes eine euklidische? Gilt beispielsweise der Satz über die Winkelsumme auch für astronomische Dreiecke? Ist gar, wie KANT meint, die euklidische Geometrie denknotwendig?

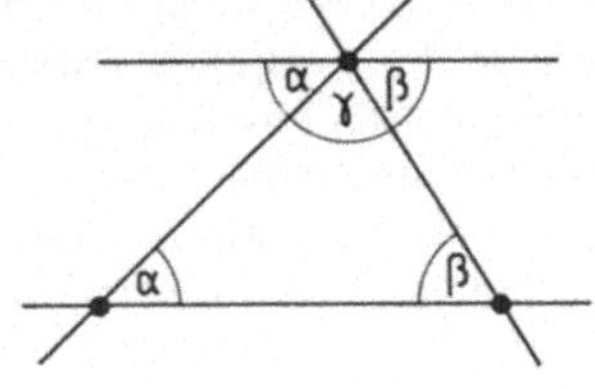

Eine strenge axiomatische Begründung der euklidischen Geometrie wurde erstmals 1899 von David HILBERT gegeben [HILBERT].

HILBERT zeigte, daß sein Axiomensystem keine überflüssigen Axiome enthält, daß es alle wesentlichen Aspekte der euklidischen Geometrie umfaßt, und er führte dessen Widerspruchsfreiheit auf die der reellen Zahlen zurück.

Zuvor war schon die Frage des Parallelenaxioms entschieden worden. Zu Beginn des 19. Jahrhunderts entdeckten Carl Friedrich GAUSS, János BOLAYI und Nikolai Iwanowitsch LOBATSCHEWSKI nichteuklidische Geometrien, in denen das Parallelenaxiom verletzt ist und die nicht weniger in sich begründet sind als die euklidische Geometrie. 1871 gab Felix KLEIN ein einfaches Modell einer nichteuklidischen Geometrie auf der Basis der euklidischen an.

Die Relativitätstheorie hat der Diskussion über Geometrien gekrümmter Räume, wie sie von GAUSS und Bernhard RIEMANN begonnen wurde, neue Aktualität verliehen.

Wir wollen diesen spannenden, aber komplizierten Fragen hier nicht weiter nachgehen, zumal Geometrie nicht unser primäres Ziel ist, und verweisen auf Band 3. Vielmehr wollen wir von der Möglichkeit Gebrauch machen, geometrische Beziehungen durch Zahlen auszudrücken. Wir hatten in 2.2 darauf hingewiesen, daß sich jede Gerade via Parametrisierung als eine Kopie der Zahlengeraden auffassen läßt, und daran werden wir jetzt anknüpfen.

2.4 Das Ziel dieses Abschnittes

Durch die Einführung eines kartesischen Koordinatensystems sollen geometrische Betrachtungen auf algebraische und damit auf das Rechnen mit den reellen Zahlen zurückgeführt werden. Es soll gezeigt werden, daß die *Vektorrechnung* diese Aufgabe leistet. Die Bedeutung der Vektorrechnung geht allerdings weit über die Geometrie hinaus, wie die Anwendung in der Physik zeigt und wie wir später in der linearen Algebra sehen werden.

Durch die Vektorrechnung wird die Geometrie nicht überflüssig, sie wird vielmehr im folgenden immer im Hintergrund stehen. Denn erstens sind die Gegenstände der Geometrie unabhängig von der willkürlichen Wahl eines Koordinatensystems. Zweitens werden wir die Begriffe, Formeln und Lehrsätze der Vektorrechnung geometrisch interpretieren. Dadurch kann die geometrische Anschauung als Richtschnur zum Verständnis der Struktur der Rechnungen, zur Entwicklung der Theorie und als Quelle für Beweisideen dienen.

3 Koordinatendarstellung von Punkten und Vektoren

3.1 Kartesische Koordinatensysteme

Wir zeichnen in der euklidischen Ebene E einen Punkt O aus, den *Nullpunkt* oder *Ursprung*. Durch diesen legen wir eine Gerade g_1 (erste Koordinatenachse) und wählen auf ihr einen Einheitspunkt E_1 mit Abstand 1 von O. Dann ziehen wir durch O eine zu g_1 senkrechte Gerade g_2 (zweite Koordinatenachse) und wählen auf ihr einen Einheitspunkt E_2 mit Abstand 1 vom Ursprung. Nun können wir jedem Punkt P von E ein Koordinatenpaar (x_1, x_2) zuordnen.

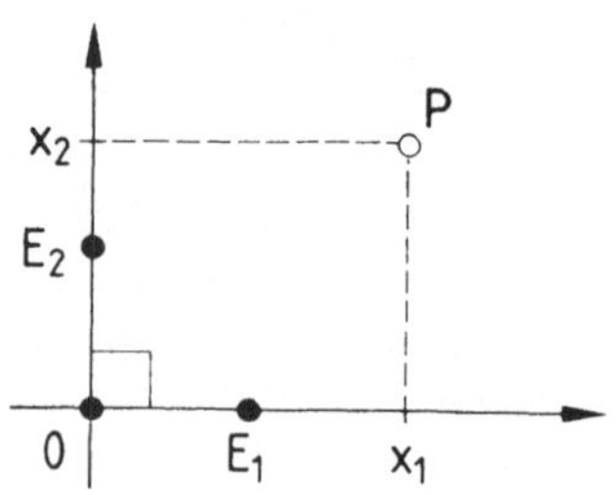

Wir schreiben kurz $P = (x_1, x_2)$, d.h.
für den rechnerischen Gebrauch unterscheiden wir nicht zwischen dem Punkt
und seinem Koordinatenpaar.

Der Abstand zweier Punkte

$$P = (x_1, x_2) \quad \text{und} \quad Q = (y_1, y_2)$$

ist nach der Figur gegeben durch

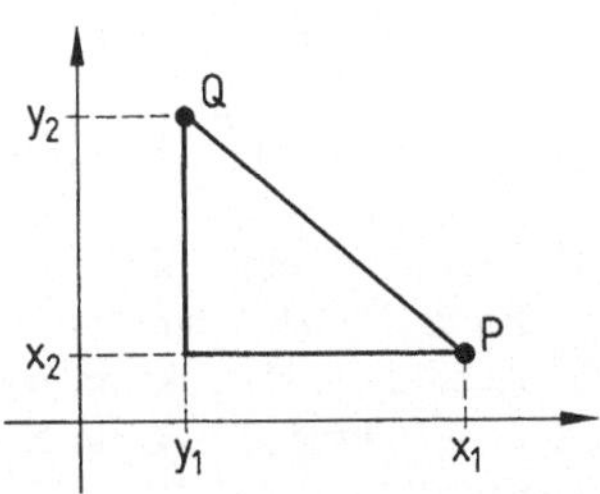

$$d(P, Q) = \sqrt{(x_1 - y_1)^2 + (x_2 - y_2)^2}\,.$$

3.2 Koordinatendarstellung von Vektoren

Wir wählen ein kartesisches Koordinatensystem in der Ebene und halten es im
folgenden fest. Ist $\vec{x}$ ein Vektor, so können wir ihn im Nullpunkt angreifen lassen
und erhalten so einen Punkt

$$P = (x_1, x_2) \quad \text{mit} \quad \vec{x} = \overrightarrow{OP}$$

Wir beschreiben $\vec{x}$ durch die

$$\textit{Koordinatenspalte} \begin{pmatrix} x_1 \\ x_2 \end{pmatrix}.$$

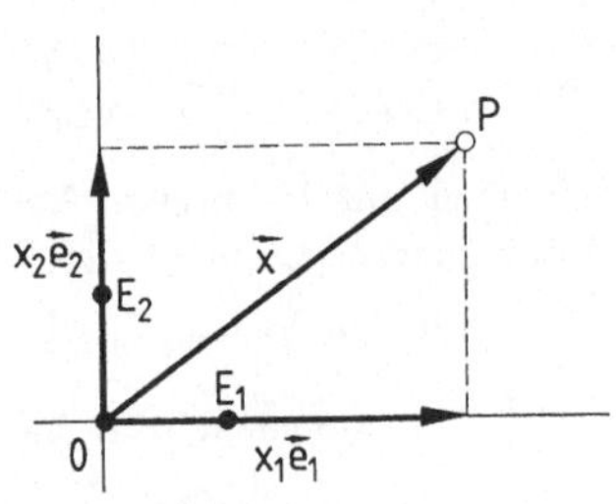

(Die Spaltenschreibweise wird sich
später für die Matrizenrechnung als
zweckmäßig erweisen). Aus der Figur
entnehmen wir, daß

$$\vec{x} = x_1 \vec{e}_1 + x_2 \vec{e}_2$$

mit $\vec{e}_1 = \overrightarrow{OE_1}$ und $\vec{e}_2 = \overrightarrow{OE_2}$.

Als nächstes haben wir das Vielfache
$c \cdot \vec{x}$ und die Hintereinanderausführung
$\vec{x} + \vec{y}$ in Koordinaten auszudrücken.

Aus der Figur entnehmen wir mit Hilfe
des Strahlensatzes, daß das c–fache des
Vektors $\vec{x}$ die Koordinatendarstellung

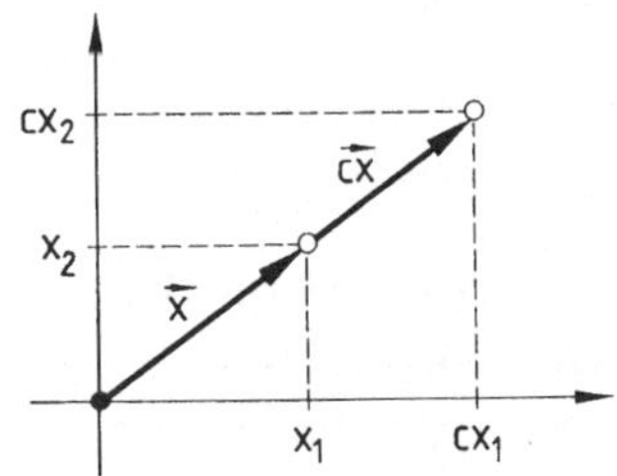

$$\begin{pmatrix} cx_1 \\ cx_2 \end{pmatrix}$$

haben wird.

Sind die Vektoren $\vec{x}$, $\vec{y}$ durch die Koordinatenspalten

$$\begin{pmatrix} x_1 \\ x_2 \end{pmatrix} \quad \text{und} \quad \begin{pmatrix} y_1 \\ y_2 \end{pmatrix}$$

beschrieben, so zeigt die nebenstehende Figur, daß der nach der Parallelogramm–Konstruktion zusammengesetzte Vektor $\vec{x} + \vec{y}$ die Koordinatenspalte

$$\begin{pmatrix} x_1 + y_1 \\ x_2 + y_2 \end{pmatrix}$$

haben muß.

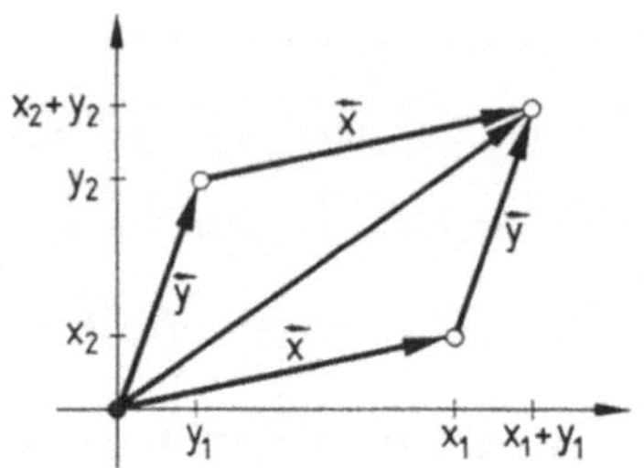

3.3 Zur Schreibweise

Koordinatenspalten werden mit halbfetten lateinischen Buchstaben bezeichnet:

$$\mathbf{x} = \begin{pmatrix} x_1 \\ x_2 \end{pmatrix}, \qquad \mathbf{y} = \begin{pmatrix} y_1 \\ y_2 \end{pmatrix}, \qquad \mathbf{a} = \begin{pmatrix} a_1 \\ a_2 \end{pmatrix}.$$

Wir beziehen uns in diesem Abschnitt immer auf ein und dasselbe kartesische Koordinatensystem in der Ebene. Dann steht der „Koordinatenvektor" $\mathbf{x} = \begin{pmatrix} x_1 \\ x_2 \end{pmatrix}$ für den Vektor $\vec{x}$; wir dürfen der Einfachheit halber von dem Vektor $\mathbf{x} = \begin{pmatrix} x_1 \\ x_2 \end{pmatrix}$ sprechen. Für handschriftliche Aufzeichnungen empfehlen wir die Schreibweise $\vec{x} = \begin{pmatrix} x_1 \\ x_2 \end{pmatrix}$ (Es sind auch die Schreibweisen $\overrightarrow{x}$, $x^{\downarrow}$ und $\underline{x}$ im Gebrauch).

Im laufenden Text werden wir uns von Fall zu Fall erlauben, aus drucktechnischen Gründen Vektoren durch Zeilenvektoren (x_1, x_2) darzustellen.

Es sei noch einmal wiederholt: Wenn wir im folgenden die Vektoren $\vec{x}$ mit ihren Koordinatenvektoren $\mathbf{x} = \begin{pmatrix} x_1 \\ x_2 \end{pmatrix}$ gleichsetzen, so ist das nur erlaubt, weil wir uns immer auf ein festes Koordinatensystem beziehen. Ein und derselbe Vektor $\vec{x}$ hat in verschiedenen Koordinatensystemen verschiedene Koordinatenvektoren. Auf das Transformationsverhalten der Koordinatenvektoren bei einem Wechsel des Koordinatensystems kommen wir in Kap. IV zurück.

3.4 Der Vektorraum $\mathbb{R}^2$

Für das Rechnen mit Vektoren genügt es, ihre Koordinatenspalten bezüglich eines fest gewählten Koordinatensystems zu betrachten. Zu diesem Zweck definieren wir

$$\mathbb{R}^2 := \left\{ \mathbf{x} = \begin{pmatrix} x_1 \\ x_2 \end{pmatrix} \mid x_1, x_2 \in \mathbb{R} \right\}.$$

Die Elemente von $\mathbb{R}^2$ heißen **Vektoren des $\mathbb{R}^2$**, nachfolgend kurz **Vektoren**. Zwei Vektoren $\begin{pmatrix} x_1 \\ x_2 \end{pmatrix}$ und $\begin{pmatrix} y_1 \\ y_2 \end{pmatrix}$ heißen **gleich**, wenn $x_1 = y_1$ *und* $x_2 = y_2$. $\mathbf{0} = \begin{pmatrix} 0 \\ 0 \end{pmatrix}$ heißt *Nullvektor*, $\mathbf{e}_1 = \begin{pmatrix} 1 \\ 0 \end{pmatrix}$ und $\mathbf{e}_2 = \begin{pmatrix} 0 \\ 1 \end{pmatrix}$ erster und zweiter **Einheitsvektor**.

3.5 Die Rechengesetze

Für $\mathbf{x} = \begin{pmatrix} x_1 \\ x_2 \end{pmatrix}$, $\mathbf{y} = \begin{pmatrix} y_1 \\ y_2 \end{pmatrix} \in \mathbb{R}^2$ definieren wir

$$\mathbf{x} + \mathbf{y} := \begin{pmatrix} x_1 + y_1 \\ x_2 + y_2 \end{pmatrix}, \quad c \cdot \mathbf{x} := \begin{pmatrix} cx_1 \\ cx_2 \end{pmatrix} \quad \text{und} \quad -\mathbf{x} := \begin{pmatrix} -x_1 \\ -x_2 \end{pmatrix}.$$

Statt $c \cdot \mathbf{x}$ schreiben wir auch $c\mathbf{x}$.

Dann gelten, wie man leicht nachrechnen kann, folgende Rechenregeln

(A_1) $(\mathbf{a} + \mathbf{b}) + \mathbf{c} = \mathbf{a} + (\mathbf{b} + \mathbf{c})$

(A_2) $\mathbf{a} + \mathbf{b} = \mathbf{b} + \mathbf{a}$

(A_3) $\mathbf{a} + \mathbf{0} = \mathbf{0} + \mathbf{a} = \mathbf{a}$

(A_4) Die Gleichung $\mathbf{a} + \mathbf{x} = \mathbf{b}$ hat immer genau eine Lösung, nämlich $\mathbf{x} = \mathbf{b} + (-\mathbf{a})$, bezeichnet mit $\mathbf{b} - \mathbf{a}$ (vgl. §1:3.1).

Ferner gilt

$$(c + d) \cdot \mathbf{a} = c \cdot \mathbf{a} + d \cdot \mathbf{a}, \quad c \cdot (\mathbf{a} + \mathbf{b}) = c \cdot \mathbf{a} + c \cdot \mathbf{b},$$

$$c \cdot (d \cdot \mathbf{a}) = cd \cdot \mathbf{a} \quad \text{und} \quad 1 \cdot \mathbf{a} = \mathbf{a}.$$

3.6 Übungsaufgabe

Berechnen Sie aus den Angaben der Skizze die Zugkraft im Seil nach dem Kräfteparallelogramm.

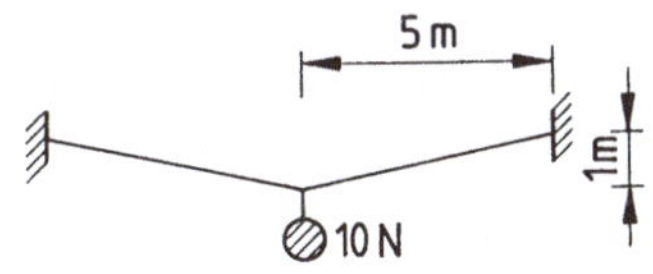

4 Punkte und Vektoren

Punkte und Vektoren der Ebene sind prinzipiell verschiedene Dinge. Im Zuge einer konsequenten Zurückführung der Geometrie auf Vektorrechnung im $\mathbb{R}^2$ können wir diesen Unterschied aber fallen lassen.

Dazu einige Bemerkungen:

Ist $A = (a_1, a_2)$ ein Punkt der euklidischen Ebene und ist

$$\mathbf{b} = \begin{pmatrix} b_1 \\ b_2 \end{pmatrix}$$

ein Vektor, so entsteht der Punkt

$$C = (a_1 + b_1, a_2 + b_2)$$

aus A durch *Anwendung* (*Antragen*) von **b**. Insbesondere entsteht A durch Anwendung von

$$\mathbf{a} = \begin{pmatrix} a_1 \\ a_2 \end{pmatrix} \text{ auf den Nullpunkt } \mathbf{0}.$$

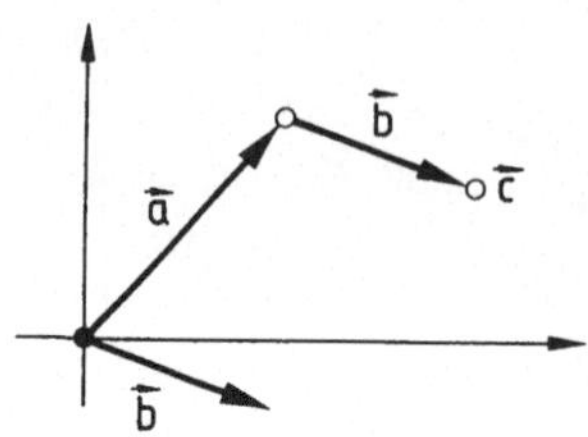

a heißt **Ortsvektor** des Punktes A. Der Ortsvektor von C ist also $\mathbf{a} + \mathbf{b}$.

Für rechnerische Zwecke genügt es, statt der Punkte deren Ortsvektoren zu betrachten. Statt „Der Punkt A mit Ortsvektor **a**" schreiben wir daher häufig kurz „Der Punkt **a**". In einer Übergangsphase ergänzen wir das in Gedanken zu „Der Punkt (A mit Ortsvektor) **a**", einerseits, um den prinzipiellen Unterschied zwischen Punkten und Vektoren nicht einfach unter den Tisch zu kehren, andererseits, um uns zu vergewissern, daß der Zusatz in Klammern für die Rechnung unwesentlich ist.

Wir wenden uns jetzt dem unter 2.4 formulierten Programm zu, geometrische Begriffe und Sätze in der Sprache der Vektorrechnung zu formulieren.

5 Geraden und Strecken, Schnitt zweier Geraden

5.1 Parameterdarstellung von Geraden

Sind A und B zwei verschiedene Punkte mit Ortsvektoren **a** und **b** und ist g die Gerade durch A und B, so sind die Punkte von g durch die Ortsvektoren $\mathbf{a} + t(\mathbf{b} - \mathbf{a})$ mit $t \in \mathbb{R}$ gegeben. Wir schreiben (mit $\mathbf{v} = \mathbf{b} - \mathbf{a}$)

$$g = \{\mathbf{a} + t\mathbf{v} \mid t \in \mathbb{R}\}$$

und nennen g die Gerade durch den Punkt **a** mit *Richtungsvektor* **v** in *Parameterdarstellung*.

Wir haben in der Figur einige Geradenpunkte durch ihre Parameterwerte t markiert.

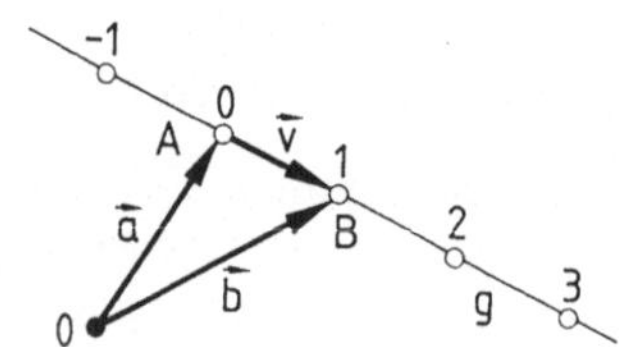

5.2 Verschiedene Parameterdarstellungen einer Geraden

Die Parametrisierungen

$$\{\mathbf{a} + t\mathbf{v} \mid t \in \mathbb{R}\} \quad \text{und} \quad \{\mathbf{b} + s\mathbf{w} \mid s \in \mathbb{R}\}$$

mit $\mathbf{v} \neq \mathbf{0}$, $\mathbf{w} \neq \mathbf{0}$ beschreiben genau dann dieselbe Gerade, wenn

$$\mathbf{b} = \mathbf{a} + \lambda\mathbf{v} \quad \text{mit geeignetem } \lambda \quad \text{und} \quad \mathbf{w} = \mu\mathbf{v} \quad \text{mit} \quad \mu \neq 0 \,.$$

BEWEIS als $\boxed{\text{ÜA}}$.

5.3 Die Verbindungstrecke zweier Punkte mit Ortsvektoren $\mathbf{a}$ und $\mathbf{b}$ ist offenbar

$$\{\mathbf{a} + t(\mathbf{b} - \mathbf{a}) \mid 0 \leq t \leq 1\} = \{\alpha\mathbf{a} + \beta\mathbf{b} \mid \alpha, \beta \geq 0, \ \alpha + \beta = 1\} \,.$$

Ihr Mittelpunkt ist gegeben durch $\frac{1}{2}(\mathbf{a} + \mathbf{b})$ $\left(\text{Parameterwert } t = \frac{1}{2}\right)$.

5.4 Aufgaben

(a) Sei $g = \{\mathbf{a} + t\mathbf{v} \mid t \in \mathbb{R}\}$ mit $\mathbf{a} = (a_1, a_2)$ und $\mathbf{v} = (v_1, v_2) \neq \mathbf{0}$.
Ist $v_1 \neq 0$, so erfüllen die Vektoren $(x, y) \in g$ eine Gleichung $y = mx + b$.

Geben Sie m und b an! Zeigen Sie, daß aus $y = mx + b$ folgt, daß $(x, y) \in g$.

Wie lautet die Geradengleichung im Falle $v_1 = 0$?

(b) Sei eine Gerade g durch die Gleichung $y = mx + b$ gegeben. Geben Sie eine Parametrisierung von g an!

(c) Dasselbe, wenn g durch die Gleichung $x = a$ gegeben ist!

(d) Zahlenbeispiel: $5x + y = 11$.

5.5 Schnitt zweier Geraden

Für einen gemeinsamen Punkt der Geraden

$$g = \{\mathbf{a} + s\mathbf{b} \mid s \in \mathbb{R}\} \quad \text{und} \quad h = \{\mathbf{c} + t\mathbf{d} \mid t \in \mathbb{R}\} \quad \text{mit} \quad \mathbf{b} \neq \mathbf{0},\ \mathbf{d} \neq \mathbf{0}$$

muß die Bedingung $\mathbf{a} + s\mathbf{b} = \mathbf{c} + t\mathbf{d}$ mit geeigneten Parameterwerten s und t erfüllt sein. Für die Komponenten lautet diese Bedingung

$$\begin{cases} sb_1 - td_1 = c_1 - a_1 \\ sb_2 - td_2 = c_2 - a_2 \end{cases}, \quad \text{wobei} \quad \mathbf{a} = \begin{pmatrix} a_1 \\ a_2 \end{pmatrix}, \ \mathbf{b} = \begin{pmatrix} b_1 \\ b_2 \end{pmatrix} \text{ usw.}$$

Das ist ein lineares Gleichungsystem für die Unbekannten s und t. Die folgenden Aussagen sind von der geometrischen Vorstellung her klar: Das Gleichungssystem besitzt ein eindeutig bestimmtes Lösungspaar (s, t), wenn $\mathbf{d}$ kein Vielfaches von **b** ist. Ist dagegen **d** ein Vielfaches von **b** („g ist parallel zu h"), so fallen g und h zusammen oder haben keinen gemeinsamen Punkt. Daß die Rechnung dasselbe Ergebnis liefert, wird sich gleich zeigen.

6 Lineare 2 × 2–Gleichungssysteme

6.1 Elimination

Gegeben sind reelle Zahlen a_{11}, a_{12}, a_{21}, a_{22}, b_1, b_2. Gesucht sind x_1, x_2 mit

$$(S) \qquad \begin{cases} a_{11}x_1 + a_{12}x_2 = b_1 \\ a_{21}x_1 + a_{22}x_2 = b_2 \end{cases}$$

Wir versuchen das Gleichungssystem durch Elimination zu lösen. Subtrahieren wir das a_{12}–fache der zweiten Zeile von (S) von der mit a_{22} multiplizierten ersten Zeile, so erhalten wir

$$(a_{11}a_{22} - a_{12}a_{21})x_1 = a_{22}b_1 - a_{12}b_2 \,.$$

Entsprechend ergibt $a_{21} \cdot$ (Zeile 1) $- a_{11} \cdot$ (Zeile 2)

$$(a_{12}a_{21} - a_{11}a_{22})x_2 = a_{21}b_1 - a_{11}b_2 \,.$$

Damit haben wir den ersten Teil des folgenden Satzes.

6.2 Lösbarkeit und Determinante

(a) Ist die **Determinante**

$$D = a_{11}a_{22} - a_{12}a_{21}$$

des Gleichungssystems (S) von Null verschieden, so hat dieses genau einen Lösungsvektor (x_1, x_2). Dieser ist nach 6.1 gegeben durch die **Cramersche Regel**

$$x_1 = \frac{1}{D}(a_{22}b_1 - a_{12}b_2) \quad \text{und} \quad x_2 = \frac{1}{D}(a_{11}b_2 - a_{21}b_1)$$

(b) Ist die Determinante Null, so ist (S) entweder unlösbar, oder die Menge der Lösungen enthält mindestens eine Gerade.

BEWEIS von (b) durch Diskussion dreier Fälle:

(α) Sind a_{11}, a_{21}, a_{12} und a_{22} alle Null, so ist (S) nur erfüllbar, falls $b_1 = b_2 = 0$. In diesem Fall lösen alle x_1, x_2 das System (S).

(β) Im Fall $a_{11} = a_{21} = 0$, $|a_{12}| + |a_{22}| > 0$ dürfen wir $a_{12} \neq 0$ annehmen (sonst Vertauschung der beiden Gleichungen). Das System (S) lautet dann $x_2 = \frac{b_1}{a_{12}}$, $a_{22}x_2 = b_2$. Diese Gleichungen sind genau dann miteinander vereinbar, wenn

$a_{22}b_1 = a_{12}b_2$. In diesem Fall ist x_2 eindeutig bestimmt, und x_1 darf beliebig sein.

(γ) Sind a_{11} und a_{21} nicht beide Null, so dürfen wir annehmen, daß $a_{11} \neq 0$ (sonst Vertauschung der Gleichungen). Die Gleichung $a_{11}a_{22} - a_{12}a_{21} = 0$ liefert $a_{22} = \dfrac{a_{12}a_{21}}{a_{11}}$. Multiplikation der ersten Zeile von (S) mit $\dfrac{a_{21}}{a_{11}}$ ergibt dann

$$a_{21}x_1 + a_{22}x_2 = \frac{a_{21}}{a_{11}}b_1$$

Damit dies nicht der zweiten Gleichung von (S) widerspricht, muß $\dfrac{a_{21}}{a_{11}}b_1 = b_2$ sein. In diesem Falle bestimmt die erste Zeile von (S) schon die Lösungsmenge; diese ist gegeben durch die Geradengleichung

$$x_1 = -\frac{a_{12}}{a_{11}}\,x_2 + \frac{b_1}{a_{11}}\,. \qquad \qquad \square$$

6.3 Lineare Abhängigkeit und Unabhängigkeit

Zwei Vektoren **a** und **b** heißen *linear abhängig*, wenn einer von ihnen Vielfaches des anderen ist. So sind **a** $= (4, -6)$ und **b** $= (-6, 9)$ linear abhängig, denn **b** $= -\frac{3}{2}$**a** (und **a** $= -\frac{2}{3}$**b**).

a $\neq$ **0** und **0** sind linear abhängig, da **0** $= 0 \cdot$ **a**. (Im Fall **a** $\neq$ **0** ist **a** aber kein Vielfaches von **0**.) Statt „nicht linear abhängig" sagen wir *linear unabhängig*.

Satz. *Zwei Vektoren*

$$\mathbf{a} = \begin{pmatrix} a_1 \\ a_2 \end{pmatrix} \quad und \quad \mathbf{b} = \begin{pmatrix} b_1 \\ b_2 \end{pmatrix}$$

sind genau dann linear abhängig, wenn $a_1b_2 - a_2b_1 = 0$.

Beweis.

(a) Daß aus **a** $= c \cdot$ **b** bzw. aus **b** $= d \cdot$ **a** jeweils $a_1b_2 - a_2b_1 = 0$ folgt, ist eine simple $\boxed{\text{ÜA}}$.

(b) Für $a_1b_2 = a_2b_1$ und $a_1 \neq 0$ ist

$$b_2 = \frac{b_1}{a_1}a_2 \quad \text{und natürlich} \quad b_1 = \frac{b_1}{a_1}a_1\,, \quad \text{also} \quad \mathbf{b} = \frac{b_1}{a_1}\mathbf{a}\,.$$

Analog ergibt sich der Fall $a_1 = 0$, $a_2 \neq 0$. Für $a_1 = a_2 = 0$ folgt **a** $=$ **0** $= 0 \cdot$ **b**.

$$\qquad \qquad \square$$

7 Abstand, Norm, Winkel, ebene Drehungen

Im folgenden seien **a** $= \begin{pmatrix} a_1 \\ a_2 \end{pmatrix}$ und **b** $= \begin{pmatrix} b_1 \\ b_2 \end{pmatrix}$ die Ortsvektoren der Punkte A und B.

7.1 Abstand, Norm und Dreiecksungleichung

Der Abstand $d(A, B)$ von A und B ist nach 3.1 gegeben durch

$$\|\mathbf{a} - \mathbf{b}\| := \sqrt{(a_1 - b_1)^2 + (a_2 - b_2)^2}\,.$$

Dabei ist

$$\|\mathbf{a}\| = \sqrt{a_1^2 + a_2^2}$$

die **Länge** oder **Norm** von $\mathbf{a}$, in der Literatur auch mit $|\mathbf{a}|$ bezeichnet.

Es gilt die **Dreiecksungleichung**

$$\|\mathbf{a} + \mathbf{b}\| \le \|\mathbf{a}\| + \|\mathbf{b}\|\,.$$

Dieses ist anschaulich klar (vgl. Fig.) und wird im nächsten Abschnitt allgemein für den $\mathbb{R}^n$ bewiesen, vgl. §6 : 2.6.

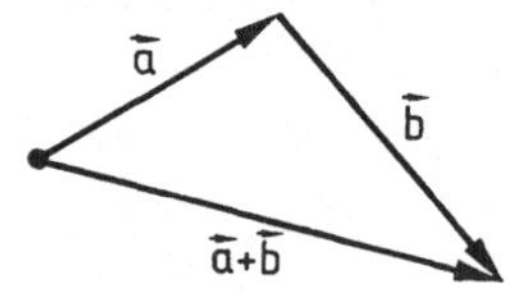

7.2 Polardarstellung, Drehungen, Winkel, Orthogonalität

(a) Ist $\|\mathbf{a}\| = 1$, so gibt es genau einen Winkel α (im Bogenmaß), so daß

$$\mathbf{a} = \begin{pmatrix} \cos\alpha \\ \sin\alpha \end{pmatrix} \quad \text{mit} \quad -\pi < \alpha \le \pi\,.$$

Denn der Punkt A mit Ortsvektor $\mathbf{a}$ liegt auf der Einheitskreislinie. α heißt *orientierter Winkel* zwischen $\mathbf{e}_1$ und $\mathbf{a}$.

Die *Drehung* D_ψ mit Angelpunkt O und Drehwinkel ψ führt den Punkt A mit Ortsvektor

$$\mathbf{a} = \begin{pmatrix} \cos\alpha \\ \sin\alpha \end{pmatrix}$$

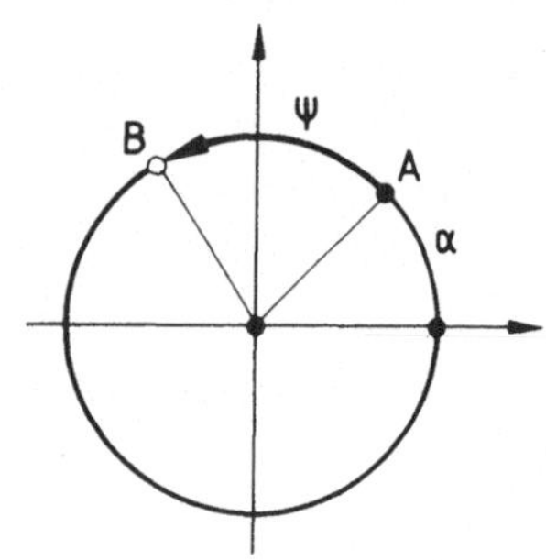

über in den Punkt B mit Ortsvektor $\mathbf{b} = \begin{pmatrix} \cos(\alpha + \psi) \\ \sin(\alpha + \psi) \end{pmatrix}.$

Ist $\psi \ge 0$, so sprechen wir von einer Drehung im *mathematisch positiven Sinn*, (d.h. gegen den Uhrzeigersinn), ist $\psi < 0$, so erfolgt die Drehung im *mathematisch negativen Sinn*.

Sind umgekehrt zwei Punkte $A = (\cos\alpha, \sin\alpha)$ und $B = (\cos\beta, \sin\beta)$ auf der Einheitskreislinie gegeben mit $-\pi < \alpha, \beta \le \pi$, so können wir ψ so bestimmen, daß die Drehung D_ψ den Punkt A in den Punkt B überführt und daß $-\pi < \psi \le \pi$. Die hierdurch eindeutig bestimmte Zahl ψ heißt **der orientierte Winkel** zwischen $\mathbf{a} = \begin{pmatrix} \cos\alpha \\ \sin\alpha \end{pmatrix}$ und $\mathbf{b} = \begin{pmatrix} \cos\beta \\ \sin\beta \end{pmatrix}$.

Es ist entweder $\psi = \beta - \alpha$ oder $\psi = \beta - \alpha + 2\pi$ oder $\psi = \beta - \alpha - 2\pi$; in jedem Fall ist

$$\cos\psi = \cos(\beta - \alpha) = \cos\beta\cos\alpha + \sin\beta\sin\alpha$$

$$\sin\psi = \sin(\beta - \alpha) = \sin\beta\cos\alpha - \cos\beta\sin\alpha\,.$$

(b) Zu jedem Vektor $\mathbf{a}$ der Länge $r = \|\mathbf{a}\| > 0$ gibt es einen eindeutig bestimmten Winkel $\alpha \in\ ]-\pi, \pi]$ mit

$$\mathbf{a} = r \cdot \begin{pmatrix} \cos\alpha \\ \sin\alpha \end{pmatrix} \qquad (\text{\emph{Polardarstellung von} } \mathbf{a}).$$

Denn $\frac{1}{r}\,\mathbf{a}$ hat offenbar die Länge 1, also gilt das unter (a) Gesagte.

(c) **Der orientierte Winkel** ψ zwischen zwei nichtverschwindenden Vektoren

$$\mathbf{a} = \begin{pmatrix} a_1 \\ a_2 \end{pmatrix} \quad \text{und} \quad \mathbf{b} = \begin{pmatrix} b_1 \\ b_2 \end{pmatrix}$$

ist definiert als der orientierte Winkel zwischen

$$\frac{\mathbf{a}}{\|\mathbf{a}\|} \quad \text{und} \quad \frac{\mathbf{b}}{\|\mathbf{b}\|}$$

im Sinne von (a), also

$$\cos\psi = \frac{a_1 b_1 + a_2 b_2}{\|\mathbf{a}\| \cdot \|\mathbf{b}\|} \qquad \text{und} \qquad \sin\psi = \frac{a_1 b_2 - a_2 b_1}{\|\mathbf{a}\| \cdot \|\mathbf{b}\|}\,.$$

Man beachte: Der orientierte Winkel zwischen $\mathbf{b}$ und $\mathbf{a}$ ist $-\psi$. **Der nichtorientierte Winkel** zwischen $\mathbf{a}$ und $\mathbf{b}$ ist definiert durch $|\psi|$.

(d) Zwei Vektoren

$$\mathbf{a} = \begin{pmatrix} a_1 \\ a_2 \end{pmatrix}, \qquad \mathbf{b} = \begin{pmatrix} b_1 \\ b_2 \end{pmatrix}$$

sind zueinander **orthogonal** oder **senkrecht**, wenn $a_1 b_1 + a_2 b_2 = 0$.

Sind sie von Null verschieden, so schließen sie einen rechten Winkel ein.

7.3 Aufgabe. Gegeben ist ein Dreieck mit den Ecken $O = (0,0)$, $A = (a,0)$ und $B = (b,c)$, wobei $a \neq 0$, $c \neq 0$. Zeigen Sie

(a) Die drei Seitenhalbierenden schneiden sich in einem Punkt S. In welchem Verhältnis teilt S die Seitenhalbierenden? Physikalische Deutung von S?

(b) Die drei Mittelsenkrechten schneiden sich im Umkreismittelpunkt M.

(c) Die drei Höhen (Lote der Eckpunkte auf die gegenüberliegenden Seiten) schneiden sich in einem Punkt H.

(d) M, S und H liegen auf einer Geraden. In welchem Verhältnis teilt S die Strecke $\overline{MH}$?

8 Die komplexen Zahlen

8.1 Was sollen die komplexen Zahlen ?

In seiner *Ars magna sive de regulis algebraicis* (Nürnberg 1545) gab Geronimo CARDANO für die (im Reellen unlösbare) Gleichung $x(10 - x) = 40$ die „fiktiven Wurzeln" $5 + \sqrt{-15}$ und $5 - \sqrt{-15}$ an. Die heute geläufige Schreibweise $5 + i\sqrt{15}$, $5 - i\sqrt{15}$ mit $i = \sqrt{-1}$, wurde ab 1777 von Leonhard EULER verwendet.

Ende des 16. Jahrhunderts wurde schon ganz unbekümmert mit solchen fiktiven Größen nach den Regeln der Algebra gerechnet, z.B. nach der Regel (in Eulerscher Notation):

$$(*) \qquad \begin{cases} (x_1 + ix_2) \cdot (y_1 + iy_2) = x_1y_1 + i^2 \cdot x_2y_2 + i(x_1y_2 + x_2y_1) \\ \qquad\qquad\qquad\;\; = x_1y_1 - x_2y_2 + i(x_1y_2 + x_2y_1) \end{cases}$$

Im Jahre 1629 formulierte Albert GIRARD den *Fundamentalsatz der Algebra*, wonach eine Gleichung n–ten Grades

$$x^n + a_{n-1}x^{n-1} + \cdots + a_1x + a_0 = 0$$

n „Wurzeln" hat, wenn man „unmögliche" Wurzeln $a + \sqrt{-b}$ zuläßt. Wir formulieren das heute so: Für jedes Polynom

$$p(x) = x^n + a_{n-1}x^{n-1} + \cdots + a_1x + a_0$$

gibt es „komplexe Zahlen" $z_k = \alpha_k + i\beta_k$, so daß

$$p(x) = (x - z_1)(x - z_2) \cdots (x - z_n).$$

Der Fundamentalsatz sichert die Existenz mindestens einer Nullstelle und gibt Auskunft darüber, wieviele Nullstellen (mit Vielfachheit) insgesamt zu erwarten sind. Darüberhinaus gestattet die komplexe Rechnung die Vereinheitlichung von Formeln für die Nullstellen, siehe Abschnitt 10.

Wir werden später sehen, daß viele Schwingungsprobleme der Physik auf algebraische Gleichungen führen. Der „Umweg über das Komplexe" wird es uns erlauben, mit *einem* Lösungsansatz sowohl im Falle reeller als auch nichtreeller Nullstellen durchzukommen.

Die komplexen Zahlen sind nicht nur für die Algebra wichtig, sie gestatten auch, viele Rechnungen in der Analysis wie in der Geometrie besonders elegant zu fassen. Wir werden am Ende dieses Abschnitts davon eine Kostprobe geben.

Im 17. und 18. Jahrhundert war man sich über die Tragweite des Fundamentalsatzes klar, und die bedeutendsten Mathematiker des 18. Jahrhunderts versuchten, diesen Satz zu beweisen. Der erste einigermaßen strenge Beweis wurde 1799 von Carl Friedrich GAUSS gegeben. Wir werden später einen sehr einfachen Beweis kennenlernen ($\S\,27:6.4$).

8.2 Was sind komplexe Zahlen?

Was soll $i = \sqrt{-1}$ sein? Gibt es so etwas überhaupt? Und wenn man $\sqrt{-1}$ einfach fingiert, kann man denn sicher sein, daß das Rechnen mit solchen Objekten nach den herkömmlichen Regeln nicht auf Widersprüche führt? Dazu ein Beispiel: 1768 stellte EULER folgende „Rechnung" auf:

$$\sqrt{-1} \cdot \sqrt{-4} = \sqrt{4} = 2\,, \quad \text{da} \quad \sqrt{a} \cdot \sqrt{b} = \sqrt{a \cdot b}\,.$$

Nach den Regeln der Algebra müßte aber $i \cdot 2i = -2$ sein.

Wie man den komplexen Zahlen eine geometrische Deutung geben und das Rechnen mit ihnen durch Zurückführung auf das Rechnen im $\mathbb{R}^2$ absichern kann, hat 1797 der norwegische Feldmesser Caspar WESSEL dargelegt.

WESSELs Idee präzisieren wir wie folgt:

Im $\mathbb{R}^2$ hatten wir schon eine **Addition**

$$\binom{x_1}{x_2} + \binom{y_1}{y_2} = \binom{x_1 + y_1}{x_2 + y_2}$$

eingeführt. Nun definieren wir eine **Multiplikation**, die auf die Rechenregel (∗) von 8.1 hinauslaufen soll:

$$\binom{x_1}{x_2} \cdot \binom{y_1}{y_2} = \binom{x_1 y_1 - x_2 y_2}{x_1 y_2 + x_2 y_1}\,.$$

Weiter setzen wir $\mathbf{1} = \binom{1}{0}$.

Dann gelten neben den Rechengesetzen der Addition für Vektoren des $\mathbb{R}^2$ die Regeln

(M_1) $\mathbf{a} \cdot (\mathbf{b} \cdot \mathbf{c}) = (\mathbf{a} \cdot \mathbf{b}) \cdot \mathbf{c}$.

(M_2) $\mathbf{a} \cdot \mathbf{b} = \mathbf{b} \cdot \mathbf{a}$.

(M_3) $\mathbf{a} \cdot \mathbf{1} = \mathbf{1} \cdot \mathbf{a} = \mathbf{a}$.

(M_4) Die Gleichung $\mathbf{a} \cdot \mathbf{x} = \mathbf{b}$ hat für $\mathbf{a} \neq \mathbf{0}$ genau eine Lösung $\mathbf{x}$.

(D) $(\mathbf{a} + \mathbf{b}) \cdot \mathbf{c} = \mathbf{a} \cdot \mathbf{c} + \mathbf{b} \cdot \mathbf{c}$.

Einen Zahlenbereich mit diesen Rechenregeln nannten wir einen Körper. Der $\mathbb{R}^2$ mit der oben definierten Addition und Multiplikation heißt **Körper der komplexen Zahlen** und wird mit $\mathbb{C}$ bezeichnet.

BEWEIS.

Die Gesetze (M_1), (M_2), (M_3) und (D) sind unmittelbar nachzurechnen, eine einfache $\boxed{\text{ÜA}}$.

Zu (M_4): Für Vektoren

$$\mathbf{a} = \begin{pmatrix} a_1 \\ a_2 \end{pmatrix} \neq \mathbf{0}, \qquad \mathbf{b} = \begin{pmatrix} b_1 \\ b_2 \end{pmatrix} \quad \text{und} \quad \mathbf{x} = \begin{pmatrix} x_1 \\ x_2 \end{pmatrix}$$

bedeutet die Gleichung $\mathbf{a} \cdot \mathbf{x} = \mathbf{b}$ in Komponenten

$$a_1 x_1 - a_2 x_2 = b_1$$
$$a_2 x_1 + a_1 x_2 = b_2 \,.$$

Dieses lineare Gleichungssystem hat die Determinante $a_1^2 + a_2^2 > 0$ und damit eine eindeutig bestimmte Lösung x_1, x_2, die nach der Cramerschen Regel berechnet werden kann.

Die Lösung der Gleichung $\mathbf{a} \cdot \mathbf{x} = \mathbf{1}$ bezeichnen wir mit $\dfrac{\mathbf{1}}{\mathbf{a}}$. Die Cramersche Regel liefert

$$\frac{\mathbf{1}}{\mathbf{a}} = \frac{1}{a_1^2 + a_2^2} \begin{pmatrix} a_1 \\ -a_2 \end{pmatrix} . \qquad\qquad \square$$

8.3 Darstellung komplexer Zahlen

Die eben verwendete Darstellungsform ist zu schwerfällig. Wir gehen deshalb zu der Darstellung $x + iy$ über, die wir wie folgt erhalten:

Jede komplexe Zahl läßt sich schreiben in der Form

$$\begin{pmatrix} x \\ y \end{pmatrix} = \begin{pmatrix} x \\ 0 \end{pmatrix} + \begin{pmatrix} 0 \\ 1 \end{pmatrix} \cdot \begin{pmatrix} y \\ 0 \end{pmatrix},$$

denn es ist

$$\begin{pmatrix} x \\ y \end{pmatrix} = \begin{pmatrix} x \\ 0 \end{pmatrix} + \begin{pmatrix} 0 \\ y \end{pmatrix} \quad \text{und} \quad \begin{pmatrix} 0 \\ 1 \end{pmatrix} \cdot \begin{pmatrix} y \\ 0 \end{pmatrix} = \begin{pmatrix} 0 \cdot y - 1 \cdot 0 \\ 0 \cdot 0 + 1 \cdot y \end{pmatrix} = \begin{pmatrix} 0 \\ y \end{pmatrix}$$

Für die **imaginäre Einheit**

$$i = \begin{pmatrix} 0 \\ 1 \end{pmatrix}$$

gilt

$$i \cdot i = \begin{pmatrix} 0 \\ 1 \end{pmatrix} \cdot \begin{pmatrix} 0 \\ 1 \end{pmatrix} = \begin{pmatrix} 0 \cdot 0 - 1 \cdot 1 \\ 0 \cdot 1 + 0 \cdot 1 \end{pmatrix} = \begin{pmatrix} -1 \\ 0 \end{pmatrix} .$$

Wir schreiben zur Abkürzung

$$x \quad \text{statt} \quad \begin{pmatrix} x \\ 0 \end{pmatrix}.$$

Damit ergibt sich

$$\begin{pmatrix} x \\ y \end{pmatrix} = \begin{pmatrix} x \\ 0 \end{pmatrix} + \begin{pmatrix} 0 \\ 1 \end{pmatrix} \cdot \begin{pmatrix} y \\ 0 \end{pmatrix} = x + iy \quad \text{und} \quad i^2 = -1.$$

Diese **Identifizierung der reellen Zahlen** x **mit den Punkten** $\begin{pmatrix} x \\ 0 \end{pmatrix}$ **der** x–**Achse** wird durch folgende Tatsachen über die komplexen Rechenoperationen gerechtfertigt:

$$\begin{pmatrix} x_1 \\ 0 \end{pmatrix} + \begin{pmatrix} x_2 \\ 0 \end{pmatrix} = \begin{pmatrix} x_1 + x_2 \\ 0 \end{pmatrix}, \qquad \begin{pmatrix} x_1 \\ 0 \end{pmatrix} \cdot \begin{pmatrix} x_2 \\ 0 \end{pmatrix} = \begin{pmatrix} x_1 x_2 \\ 0 \end{pmatrix}.$$

Anders ausgedrückt: Das komplexe Addieren und Multiplizieren für Punkte $\begin{pmatrix} x \\ 0 \end{pmatrix}$ der x–Achse läuft auf das reelle Addieren und Multiplizieren mit Zahlen x hinaus.

Die oben eingeführte Addition und Multiplikation nehmen nun folgende Gestalt an:

$$(x_1 + iy_1) + (x_2 + iy_2) = (x_1 + x_2) + i(y_1 + y_2)$$

$$(x_1 + iy_1) \cdot (x_2 + iy_2) = x_1 x_2 - y_1 y_2 + i(x_1 y_2 + x_2 y_1).$$

Das letztere erhält man nach den Regeln der Algebra unter Beachtung der Tatsache, daß $i^2 = -1$:

$$(x_1 + iy_1) \cdot (x_2 + iy_2) = x_1 x_2 + iy_1 x_2 + ix_1 y_2 + i^2 y_1 y_2$$

$$= x_1 x_2 - y_1 y_2 + i \cdot (x_1 y_2 + x_2 y_1).$$

8.4 Zusammenfassung

Für komplexe Zahlen haben wir zwei Darstellungen:

* als Punkte (x, y) der *Zahlenebene*, wobei sich die reellen Zahlen in der Form $(x, 0)$ wiederfinden,

* in der Form

$$z = x + iy \qquad (x, y \in \mathbb{R}).$$

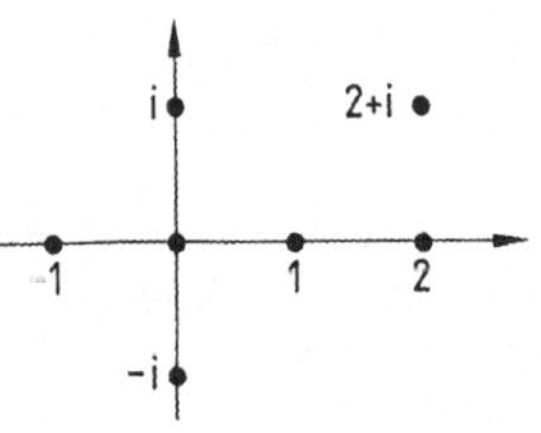

Zwei komplexe Zahlen $z_1 = x_1 + iy_1$, $z_2 = x_2 + iy_2$ sind genau dann gleich, wenn $x_1 = x_2$ und $y_1 = y_2$. Das folgt direkt aus der Gleichheit für Vektoren des $\mathbb{R}^2$. Daher besitzt eine komplexe Zahl z nur eine Darstellung $x + iy$.

x heißt der **Realteil** von z : $x = \operatorname{Re} z$,

y heißt der **Imaginärteil** von z : $y = \operatorname{Im} z$.

Da die komplexen Zahlen $\mathbb{C} = \{z = x + iy \mid x, y \in \mathbb{R}\}$ einen Körper bilden, gelten alle aus der Algebra bekannten Rechenregeln, wie zum Beispiel

$$(a + b)^n = \sum_{k=0}^{n} \binom{n}{k} a^k b^{n-k} ,$$

$$\sum_{k=0}^{n} z^k = \frac{1 - z^{n+1}}{1 - z} \quad \text{für} \quad z \neq 1 .$$

$\boxed{\text{ÜA}}$ Schreiben Sie die folgenden Zahlen in der Form $x + iy$:

(a) $(1 + i)(2 - i)$ (b) $(1 + i)(3 - i)(2 - i)^2$

(c) $\dfrac{1}{1 - i}$ (d) $\dfrac{2 + i}{1 + i}$ (e) $\left(\dfrac{i}{1 + i}\right)^3$.

8.5 Konjugiert komplexe Zahlen

Für $z = x + iy$ definieren wir die zu z *konjugiert komplexe Zahl* durch

$$\overline{z} := x - iy .$$

Es gilt $\boxed{\text{ÜA}}$:

$$\overline{z_1 + z_2} = \overline{z_1} + \overline{z_2} \quad \text{und} \quad \overline{z_1 \cdot z_2} = \overline{z_1} \cdot \overline{z_2} .$$

Daraus folgt für endliche Summen

$$\overline{\sum_{k=1}^{n} a_k \cdot b_k} = \sum_{k=1}^{n} \overline{a_k} \cdot \overline{b_k} .$$

Geometrisch bedeutet die Konjugation Spiegelung an der reellen Achse.

8.6 Der Betrag einer komplexen Zahl $z = x + iy$ ist definiert durch

ihren Abstand vom Nullpunkt in der Zahlenebene, also durch $\sqrt{x^2 + y^2}$. Da die Auffassung von z als „Zahl" im Vordergrund steht, verwenden wir statt $\|z\|$ das von $\mathbb{R}$ her gewohnte Zeichen $|z|$, also

$$|z| = |x + iy| = \sqrt{x^2 + y^2} .$$

Für den Betrag gilt wie in $\mathbb{R}$ (vgl. §1 : 5.9):

(a) $|z| \geq 0$; $|z| = 0$ nur für $z = 0$.

(b) $|z_1 \cdot z_2| = |z_1| \cdot |z_2|$.

(c) $|z_1 + z_2| \leq |z_1| + |z_2|$ (Dreiecksungleichung).

(d) $z \cdot \bar{z} = |z|^2$, also $\dfrac{1}{z} = \dfrac{\bar{z}}{|z|^2}$ falls $z \neq 0$.

(e) $\max\{|x|, |y|\} \leq |x + iy| \leq |x| + |y|$.

BEWEIS.

(a) ist klar.

(b) Durch Nachrechnen $\boxed{\text{ÜA}}$, bilden Sie $|z_1 \cdot z_2|^2$ und $|z_1|^2 \cdot |z_2|^2$.

(c) Wird zu Beginn des nächsten Abschnitts nachgeholt.

(d) Letzte Formel von 8.2.

(e) Es ist $x^2 \leq x^2 + y^2$, also $|x| \leq \sqrt{x^2 + y^2}$, entsprechend $|y| \leq \sqrt{x^2 + y^2}$. Nach der Dreiecksungleichung ist $|x + iy| \leq |x| + |iy| = |x| + |y|$. $\square$

8.7 Polardarstellung (Teil I)

Für $z = x + iy \neq 0$ ist durch

$$\cos\varphi = \frac{x}{|z|} \quad \text{und} \quad \sin\varphi = \frac{y}{|z|}$$

ein Winkel $\varphi \in \mathbb{R}$ bis auf Vielfache von 2π festgelegt, vgl. 7.2. Mit diesem ergibt sich folgende Polardarstellung

$$z = |z| \cdot (\cos\varphi + i\sin\varphi) \,.$$

8.8 Geometrische Deutung der Rechenoperationen

(a) *Addition*. Die Addition entspricht definitionsgemäß der Addition von Vektoren (Parallelogrammkonstruktion)

(b) *Multiplikation*. Für

$$z = |z| \cdot (\cos\varphi + i\sin\varphi), \qquad w = |w| \cdot (\cos\psi + i\sin\psi),$$

gilt

$$z \cdot w = |z| \cdot |w| \big((\cos\varphi\cos\psi - \sin\varphi\sin\psi) + i\,(\cos\varphi\sin\psi + \cos\psi\sin\varphi)\big)$$

$$= |z \cdot w| \big(\cos(\varphi + \psi) + i\sin(\varphi + \psi)\big)$$

Somit ist die Abbildung

$$z \mapsto z \cdot w$$

ist für festes $w \neq 0$ eine **Drehstreckung**: erst Drehung D_ψ um den Winkel ψ, dann Streckung mit dem Faktor $|w|$, bzw. umgekehrt.

8.9 Übungsaufgaben

(a) Beschreiben Sie die Abbildung $z \mapsto \dfrac{i}{1+i} \cdot z$ geometrisch.

(b) Dasselbe für $z \mapsto (1 + \sqrt{3}\,i)z$.

9 Die komplexe Exponentialfunktion

9.1 Vorbemerkung

Setzen wir $g(\varphi) = \cos\varphi + i\sin\varphi$, so ist nach der oben durchgeführten Rechnung $g(\varphi)\cdot g(\psi) = g(\varphi+\psi)$, was an die Gleichung $f(x+y) = f(x)\cdot f(y)$ für $f(x) = \mathrm{e}^x$ erinnert.

Wir suchen eine Funktion $F : \mathbb{C} \to \mathbb{C}$, welche für alle $z, w \in \mathbb{C}$ das Exponentialgesetz $F(z + w) = F(z)\cdot F(w)$ erfüllt und die eine Fortsetzung der reellen Exponentialfunktion darstellt, also $F(x) = \mathrm{e}^x$ für $x \in \mathbb{R}$.

Das Exponentialgesetz verlangt, daß

$$F(x + iy) = F(x) \cdot F(iy) = \mathrm{e}^x \cdot F(iy)$$

gilt. Für $x = 0$ müßte sich

$$F(i(\varphi + \psi)) = F(i\varphi) \cdot F(i\psi)$$

ergeben.

9.2 Definition. Für $z = x + iy$ setzen wir

$$\mathrm{e}^z := \mathrm{e}^x(\cos y + i\sin y)\,, \quad \text{insbesondere } \mathrm{e}^{i\varphi} = \cos\varphi + i\sin\varphi\,.$$

Dann ist durch $F(z) = \mathrm{e}^z$ eine Fortsetzung der Exponentialfunktion $x \mapsto \mathrm{e}^x$ ins Komplexe gegeben mit $F(z + w) = F(z)\cdot F(w)$.

Im Zusammenhang mit Reihenentwicklungen (siehe §7) werden wir sehen, daß dies die einzig vernünftige Art ist, die Funktion $x \mapsto \mathrm{e}^x$ ins Komplexe fortzusetzen. Zunächst soll $\mathrm{e}^{i\varphi}$ nur eine Abkürzung für $\cos\varphi + i\sin\varphi$ sein, deren Zweckmäßigkeit sich anschließend und später im Zusammenhang mit der Schwingungsgleichung ergeben wird (§10). Eine Unverträglichkeit der neuen mit der alten Definition kann nicht eintreten, da $\mathrm{e}^{0\cdot i} = \cos 0 + i\sin 0 = 1$.

Die Funktion e^z *hat folgende Eigenschaften* $\boxed{\text{ÜA}}$

(a) $\mathrm{e}^{z+w} = \mathrm{e}^z \cdot \mathrm{e}^w$.

(b) $\mathrm{e}^{iy} = \cos y + i\sin y$.

(c) $\left\{ \mathrm{e}^{it} \mid t \in [0, 2\pi[\right\}$ *ist der Einheitskreis.*

(d) $|\mathrm{e}^z| = \mathrm{e}^{\mathrm{Re}\,z}$

(e) $\mathrm{e}^z = \mathrm{e}^w \Longleftrightarrow z = w + 2\pi i k$ *für ein* $k \in \mathbb{Z}$.

9.3 Polardarstellung (Teil II), Argument einer komplexen Zahl

Jede komplexe Zahl z läßt sich in der Form $z = r \cdot e^{i\varphi}$ darstellen mit $r \geq 0$ und $\varphi \in \mathbb{R}$.

r ist durch z eindeutig bestimmt: $r = |z|$. Ist $z \neq 0$, so ist auch die Zahl $e^{i\varphi}$ durch z eindeutig bestimmt.

Denn für $z = re^{i\varphi}$ ist

$$|z| = |r| \cdot \left| e^{i\varphi} \right| = r \cdot 1 = r .$$

Ist also $z \neq 0$, so ist $|z| > 0$ und somit $e^{i\varphi} = \dfrac{z}{|z|}$.

Dagegen ist φ durch z nicht eindeutig bestimmt. Legt man jedoch φ durch die Bedingung $-\pi < \varphi \leq \pi$ fest, so entspricht jedem $z \neq 0$ eindeutig ein Winkel $\varphi \in {]-\pi, \pi]}$ mit $z = |z| \cdot e^{i\varphi}$. φ heißt das **Argument von** z: $\varphi = \arg(z)$.

10 Der Fundamentalsatz der Algebra, Beispiele

10.1 Quadratische Gleichungen

(a) *Quadratwurzeln.* Für $w = r \cdot e^{i\varphi} \neq 0$ gibt es genau zwei Lösungen z_1 und z_2 der Gleichung $z^2 = w$. Diese sind

$$z_1 = \sqrt{r}\, e^{\frac{1}{2}i\varphi}, \qquad z_2 = -z_1 .$$

Andere Lösungen gibt es nicht, denn aus $z^2 = w$ und $z_1^2 = w$ folgt $0 = z^2 - z_1^2 = (z - z_1)(z + z_1)$, also $z = z_1$ oder $z = -z_1$.

Die Gleichung $z^2 = 0$ hat nur die Lösung $z = 0$.

(b) *Quadratische Ergänzung.* Die Gleichung $z^2 + az + b = 0$ hat für $a, b \in \mathbb{C}$, $a^2 \neq 4b$ genau zwei Lösungen $z_1, z_2 \in \mathbb{C}$. Man erhält sie wie im Reellen durch quadratische Ergänzung, d.h. man schreibt die Gleichung $z^2 + az + b = 0$ in der Form

$$\left(z + \frac{a}{2} \right)^2 = \frac{a^2}{4} - b .$$

Ist $z_0 \in \mathbb{C}$ eine Lösung der Gleichung $z_0^2 = \frac{1}{4}a^2 - b$ (siehe (a)), so sind diese beiden Lösungen gegeben durch

$$z_1 = -\frac{a}{2} + z_0 \quad \text{und} \quad z_2 = -\frac{a}{2} - z_0 .$$

Ist $a^2 = 4b$, so fallen z_1 und z_2 zusammen: $z_1 = z_2 = -\frac{1}{2}a$.

(c) *Der Vietasche Wurzelsatz.* Mit den Bezeichnungen von (b) gilt

$$z_1 + z_2 = -a \quad \text{und} \quad z_1 \cdot z_2 = b \,.$$

Dies gilt auch im Falle $a^2 = 4b$.

Das erste folgt sofort aus (b), das zweite aus

$$z_1 \cdot z_2 = \left(-\frac{a}{2} - z_0\right)\left(-\frac{a}{2} + z_0\right) = \frac{a^2}{4} - z_0^2 = \frac{a^2}{4} - \left(\frac{a^2}{4} - b\right) = b \,.$$

(d) *Zusammenfassung.* Für $p(z) = z^2 + az + b$ $(a, b \in \mathbb{C})$ gibt es komplexe Zahlen z_1, z_2 mit $p(z) = (z - z_1)(z - z_2)$.

10.2 n–te Wurzeln

(a) *n–te Einheitswurzeln.* Ist n eine feste natürliche Zahl, so hat die Gleichung

$$w^n = 1$$

genau n komplexe Lösungen, nämlich

$$w_k = \mathrm{e}^{\frac{2\pi i k}{n}} \quad (k = 0, 1, \ldots, n - 1) \,.$$

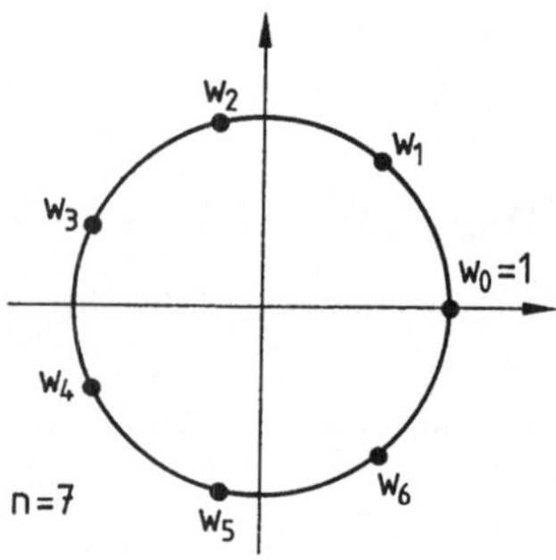

Daß $w_k^n = 1$ $(k = 0, \ldots, n-1)$ gilt, sieht man sofort; ist andererseits $w = r\mathrm{e}^{i\varphi}$ und $w^n = 1$, so folgt $r^n \mathrm{e}^{in\varphi} = 1$, also $r = 1$ und $\mathrm{e}^{in\varphi} = 1$, somit $n\varphi = 2\pi k$ mit $k \in \mathbb{Z}$.

(b) *n–te Wurzeln.* Ist $a = r\mathrm{e}^{i\varphi}$ und $r > 0$, so hat die Gleichung $z^n = a$ genau n Lösungen, nämlich

$$z_0 = \sqrt[n]{r} \cdot \mathrm{e}^{i\frac{\varphi}{n}} \quad \text{und} \quad z_k = z_0 \cdot w_k \quad (k = 1, \ldots, n - 1)$$

Die Beispiele 10.1 und 10.2 ordnen sich dem folgenden Satz unter:

10.3 Der Fundamentalsatz der Algebra

Für jedes Polynom mit komplexen Koeffizienten $a_0, \ldots, a_{n-1}$

$$p(z) = a_0 + a_1 z + \cdots + a_{n-1} z^{n-1} + z^n \,,$$

vom Grad $n \geq 1$ gibt es komplexe Zahlen $z_1, \ldots, z_n$ mit

$$p(z) = (z - z_1) \cdots (z - z_n) \quad \text{für alle} \quad z \in \mathbb{C} \,.$$

BEMERKUNGEN.

(a) Die z_k sind also komplexe Nullstellen von p: $p(z_k) = 0$. Jede Nullstelle von p kommt unter den z_k vor: Ist $p(\lambda) = 0$, so ist $\lambda = z_k$ für wenigstens ein $k \in \{1, \dots, n\}$, denn ein Produkt ist genau dann Null, wenn wenigstens einer der Faktoren verschwindet.

(b) Es ist möglich, daß gewisse z_k zusammenfallen; im Extremfall $p(z) = z^n$ ist beispielsweise $z_1 = z_2 = \cdots = z_n = 0$.

Wir schreiben den Fundamentalsatz oft in der folgenden Form

$$p(z) = (z - \lambda_1)^{k_1} \cdots (z - \lambda_r)^{k_r}$$

Hierbei sind $\lambda_1, \dots, \lambda_r$ nun die *verschiedenen* Nullstellen von p, k_j heißt die **Ordnung** oder **algebraische Vielfachheit** der Nullstelle λ_j.

BEISPIEL:
$$z^3 + iz^2 + z + i = (z^2 + 1)(z + i) = (z + i)(z - i)(z + i) = (z + i)^2 \cdot (z - i).$$

Hier hat $\lambda_1 = -i$ die Ordnung $k_1 = 2$, und $\lambda_2 = i$ hat die Ordnung $k_2 = 1$.

(c) Der Beweis des Fundamentalsatzes wird in § 27 im Rahmen der Funktionentheorie gegeben. Wir haben den Satz für $n = 2$ und für $p(z) = z^n - a$ oben bewiesen.

(d) Neben der „Mitternachtsformel" (siehe 10.1) für quadratische Gleichungen finden Sie in der Literatur die „Cardanischen Formeln" für kubische Gleichungen. Für $n = 4$ gibt es eine Regel zur Berechnung der Nullstellen mit Hilfe von Wurzelziehen und algebraischen Operationen. Für $n = 5$ dagegen kann es, grob gesagt, keine solche geschlossene Lösungsformel zur Bestimmung der Nullstellen von $p(z)$ geben. Dieser Sachverhalt wurde 1826 von Niels Hendrik ABEL präzisiert und bewiesen.

10.4 Vietasche Wurzelsätze. Unter den Voraussetzungen 10.3 ist

$$\sum_{k=1}^{n} (-z_k) = a_{n-1}, \qquad \prod_{k=1}^{n} (-z_k) = a_0.$$

BEWEIS: Induktion $\boxed{\text{ÜA}}$

10.5 Satz

Hat ein Polynom reelle Koeffizienten, so ist mit z auch $\bar{z}$ eine Nullstelle $\boxed{\text{ÜA}}$.

10.6 Aufgaben

(a) Stellen sie $\left(\frac{i}{i+1}\right)^{15}$ in der Form $x + iy$ dar.

(b) Geben Sie alle komplexen Lösungen z der folgenden Gleichung an:

$$z^4 = -\sqrt[3]{3} + 9i\,.$$

10.7 Primfaktorzerlegung reeller Polynome

Sei p ein Polynom vom Grad ≥ 1 mit reellen Koeffizienten. Für eine Nullstelle λ von p gibt es zwei Möglichkeiten:

(a) λ *ist reell.* Dann läßt sich der Faktor $z - \lambda$ abspalten:

$$p(z) = (z - \lambda) \cdot q(z)\,,$$

wobei q wieder reelle Koeffizienten hat.

(b) λ *ist nicht reell.* Nach 10.5 ist dann $\overline{\lambda}$ eine weitere Nullstelle und

$$p(z) = (z - \lambda)(z - \overline{\lambda}) \cdot r(z)\,.$$

Dabei ist

$$(z - \lambda)(z - \overline{\lambda}) = z^2 - 2z \cdot \operatorname{Re}\lambda + |\lambda|^2$$

ein reelles Polynom. Durch Polynomdivision ergibt sich, daß auch r ein reelles Polynom ist.

Zusammen mit dem Fundamentalsatz ergibt sich also:

Jedes reelle Polynom zerfällt in reelle Polynome vom Grad ≤ 2.

11 Drehungen und Spiegelungen im $\mathbb{R}^2$

11.1 Die Drehung D_α

Die Drehung in der Ebene um den Mittelpunkt O mit dem Drehwinkel α läßt sich in komplexer Schreibweise besonders einfach angeben:

$$D_\alpha : z \mapsto z \cdot e^{i\alpha} \qquad \text{(vgl. 8.8)}\,.$$

Offenbar ist die Hintereinanderausführung von D_β und D_α,

$$D_\alpha \circ D_\beta = D_{\alpha+\beta} = D_\beta \circ D_\alpha\,,$$

wieder eine Drehung.

11.2 Spiegelung an der Ursprungsgeraden

Sei $g = \{t\mathbf{a} \mid t \in \mathbb{R}\}$ eine Gerade durch den Nullpunkt. Wir dürfen $\|\mathbf{a}\| = 1$ annehmen, also $\mathbf{a} = (\cos\alpha, \sin\alpha)$. Die Spiegelung S_α an g können wir in komplexer Schreibweise so erhalten: Durch die Drehung $D_{-\alpha}$ drehen wir g in die reelle Achse. Dann führen wir die Spiegelung an der reellen Achse durch, das ist der Übergang $z \mapsto \overline{z}$. Schließlich machen wir die Drehung wieder rückgängig:

$$S_\alpha(z) = \mathrm{e}^{i\alpha}\overline{(\mathrm{e}^{-i\alpha}z)} = \mathrm{e}^{2i\alpha} \cdot \overline{z}\,.$$

Zur Kontrolle bestimmen wir S_α auf direktem Wege:

Für $z = r \cdot \mathrm{e}^{i\varphi}$ ist

$$S_\alpha(z) = z \cdot \mathrm{e}^{-2i\psi}\,,$$

wobei $\psi = \varphi - \alpha$ (Fig.). Also ist

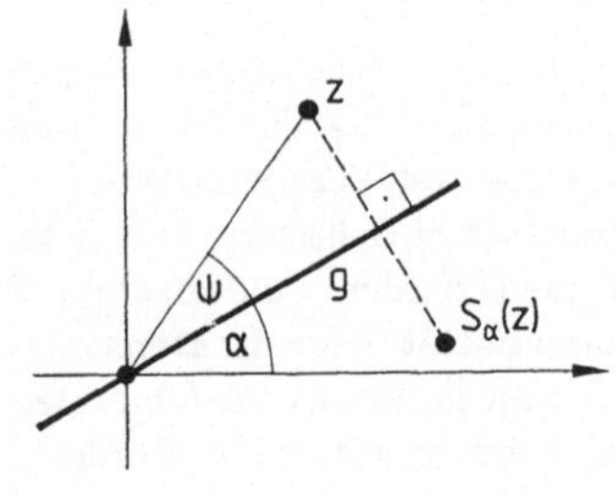

$$\begin{aligned}
S_\alpha(z) &= z \cdot \mathrm{e}^{-2i\psi} = r\,\mathrm{e}^{i\varphi}\mathrm{e}^{-2i\psi}\\
&= r\,\mathrm{e}^{i(\varphi - 2\varphi + 2\alpha)} = r\,\mathrm{e}^{-i\varphi}\mathrm{e}^{2i\alpha}\\
&= \mathrm{e}^{2i\alpha}\,\overline{z}\,.
\end{aligned}$$

11.3 Zusammensetzen von Drehungen und Spiegelungen

(a) *Die Hintereinanderausführung zweier Spiegelungen S_α und S_β ist eine Drehung D_γ, wobei $\gamma = 2(\alpha - \beta)$.*

(b) *Die Hintereinanderausführung einer Spiegelung S_α und einer Drehung D_β ist eine Spiegelung:*

$$S_\alpha \circ D_\beta = S_\gamma \quad \text{mit} \quad \gamma = \alpha - \frac{\beta}{2}$$

$$D_\beta \circ S_\alpha = S_\delta \quad \text{mit} \quad \delta = \alpha + \frac{\beta}{2}\,.$$

Der Beweis der beiden Sätze bleibt dem Leser als leichte $\boxed{\text{ÜA}}$ überlassen.

§6 Vektorrechnung im $\mathbb{R}^n$

1 Der Vektorraum $\mathbb{R}^n$

1.1 Vektoren im dreidimensionalen Raum

Nach den grundsätzlichen Bemerkungen in §5 über das Verhältnis zwischen Geometrie und Vektorrechnung dürfen wir uns hier kurz fassen. Wir führen im dreidimensionalen euklidischen Raum ein kartesisches Koordinatensystem ein (Fig.) und halten es im folgenden fest. Dann können wir jeden Punkt P des Raumes durch sein

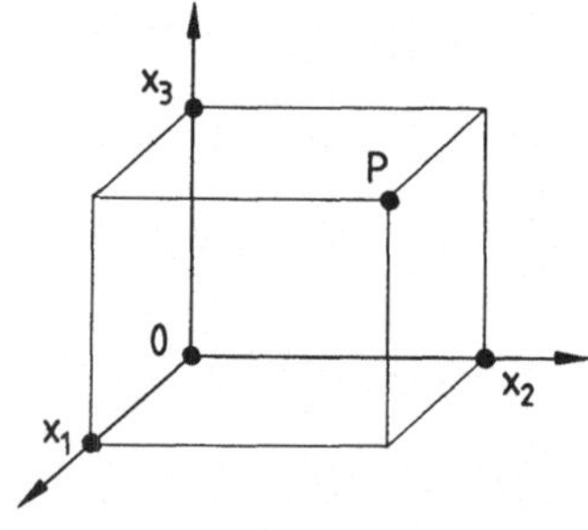

Koordinatentripel (x_1, x_2, x_3)

beschreiben, kurz $P = (x_1, x_2, x_3)$.

Jede gerichtete Größe $\vec{x} = \overrightarrow{PP'}$ (man denke an Translationen, Geschwindigkeiten oder Kräfte) besitzt bezüglich unseres Koordinatensystems eine Koordinatendarstellung; $\vec{x}$ ist gegeben durch einen

$$\textbf{Koordinatenvektor} \quad \mathbf{x} = \begin{pmatrix} x_1 \\ x_2 \\ x_3 \end{pmatrix}.$$

Bei festgehaltenem Koordinatensystem können wir den Vektor $\vec{x}$ mit dem Koordinatenvektor $\mathbf{x}$ identifizieren. Zwischen Punkten $P = (x_1, x_2, x_3)$ und ihren Ortsvektoren $\mathbf{x}$ werden wir nicht unterscheiden.

1.2 Das Rechnen mit Vektoren des $\mathbb{R}^n$

In der Mechanik wird der Zustand eines Systems von N Massenpunkten durch einen Satz von Lage– und Impulskoordinaten beschrieben. Der Zustand eines Massenpunktes, der sich frei im Raum bewegen kann, ist beispielsweise durch sechs Koordinaten

$$x, y, z, mv_x, mv_y, mv_z$$

gegeben, wo (x, y, z) den Ort, (v_x, v_y, v_z) die Geschwindigkeit und m die Masse angibt. Das Rechnen mit solchen Koordinatenvektoren erfordert die Einführung höherdimensionaler Räume. Wir setzen

$$\mathbb{R}^n = \left\{\, \mathbf{x} = \begin{pmatrix} x_1 \\ \vdots \\ x_n \end{pmatrix} \;\middle|\; x_1, x_2, \ldots, x_n \in \mathbb{R} \,\right\}$$

Es ist üblich, Vektoren durch *Spalten* darzustellen. Aus Platzgründen erlauben wir uns im laufenden Text hin und wieder die Zeilenschreibung.

Gleichheit von Vektoren:

$$\begin{pmatrix} x_1 \\ \vdots \\ x_n \end{pmatrix} = \begin{pmatrix} y_1 \\ \vdots \\ y_n \end{pmatrix} \iff x_1 = y_1, \; x_2 = y_2, \; \ldots, \; x_n = y_n \,.$$

Addition und Multiplikation mit Skalaren: Wir setzen

$$\begin{pmatrix} x_1 \\ \vdots \\ x_n \end{pmatrix} + \begin{pmatrix} y_1 \\ \vdots \\ y_n \end{pmatrix} = \begin{pmatrix} x_1 + y_1 \\ \vdots \\ x_n + y_n \end{pmatrix} \quad \text{und} \quad c \cdot \begin{pmatrix} x_1 \\ \vdots \\ x_n \end{pmatrix} = \begin{pmatrix} cx_1 \\ \vdots \\ cx_n \end{pmatrix} .$$

Dann gelten wieder alle Rechenregeln von § 5 : 3.5.

1.3 Zur geometrischen Interpretation: Geraden und Ebenen

Der n–dimensionale Raum für $n > 3$ entzieht sich unserer Vorstellung. Dennoch können wir in vielen Zusammenhängen geometrische Vorstellungen und Sprechweisen aus dem $\mathbb{R}^2$ und dem $\mathbb{R}^3$ übernehmen. Dafür zwei Beispiele:

(a) Ist $\mathbf{v} \in \mathbb{R}^3$ nicht der Nullvektor und ist $\mathbf{a} \in \mathbb{R}^3$, so beschreibt

$$g = \{\mathbf{a} + t\mathbf{v} \mid t \in \mathbb{R}\}$$

offenbar eine Gerade im Raum.

Analog definieren wir im $\mathbb{R}^n$ die **Gerade durch a mit Richtungsvektor v** durch

$$g = \{\mathbf{a} + t\mathbf{v} \mid t \in \mathbb{R}\} \,.$$

(b) **Ebenen.** Zwei Vektoren $\mathbf{u}, \mathbf{v} \in \mathbb{R}^n$ heißen **linear unabhängig**, wenn keiner von ihnen Vielfaches des anderen ist.

Für linear unabhängige Vektoren $\mathbf{u}, \mathbf{v}$ und $\mathbf{a} \in \mathbb{R}^n$ heißt

$$E = \{\mathbf{a} + s\mathbf{u} + t\mathbf{v} \mid s, t \in \mathbb{R}\}$$

die von $\mathbf{u}$ *und* $\mathbf{v}$ *aufgespannte Ebene durch den Punkt* $\mathbf{a}$, *gegeben in Parameterdarstellung.*

Die Abbildung:

$$\binom{s}{t} \mapsto \mathbf{a} + s\mathbf{u} + t\mathbf{v}$$

ist eine bijektive Abbildung von $\mathbb{R}^2$ nach E. In diesem Sinne ist E eine Kopie des $\mathbb{R}^2$.

BEWEIS.

Nach Definition von E ist die Abbildung surjektiv. Die Injektivität ergibt sich so:

Aus $\mathbf{a} + s\,\mathbf{u} + t\,\mathbf{v} = \mathbf{a} + s'\,\mathbf{u} + t'\,\mathbf{v}$ folgt $(s - s') \cdot \mathbf{u} = (t' - t) \cdot \mathbf{v}$. Wäre $s \neq s'$, so wäre $\mathbf{u} = \frac{t'-t}{s-s'}\,\mathbf{v}$. Aber $\mathbf{u}$ und $\mathbf{v}$ sollten linear unabhängig sein. Also ist $s = s'$. Entsprechend ergibt sich $t = t'$, also $(s,t) = (s',t')$. □

2 Skalarprodukt, Längen, Winkel

2.1 Das Skalarprodukt im $\mathbb{R}^n$

Im $\mathbb{R}^2$ ist die Länge $\|\mathbf{x}\|$ eines Vektors $\mathbf{x}$ mit Koordinaten x_1, x_2 gegeben durch

$$\|\mathbf{x}\|^2 = x_1 x_1 + x_2 x_2 \,.$$

Nach §5:7.2 gilt für den Winkel φ zweier Vektoren $\mathbf{x}$, $\mathbf{y}$ der Länge 1:

$$\cos\varphi = x_1 y_1 + x_2 y_2 \,.$$

Beidesmal kommt es auf den Ausdruck $x_1 y_1 + x_2 y_2$ an. Im $\mathbb{R}^n$ führen wir einen entsprechenden Ausdruck ein, das **Skalarprodukt**

$$\langle \mathbf{x}, \mathbf{y} \rangle := \sum_{k=1}^{n} x_k y_k \quad \text{für} \quad \mathbf{x} = \begin{pmatrix} x_1 \\ \vdots \\ x_n \end{pmatrix}, \quad \mathbf{y} = \begin{pmatrix} y_1 \\ \vdots \\ y_n \end{pmatrix}.$$

Es soll uns gestatten, Winkel– und Längenmessung auf den $\mathbb{R}^n$ übertragen. In der Literatur wird das Skalarprodukt auch mit $\mathbf{x} \cdot \mathbf{y}$ bezeichnet.

2.2 Eigenschaften des Skalarprodukts

(a) $\langle \mathbf{x}, \mathbf{x} \rangle \geq 0$ und $= 0$ genau dann, wenn $\mathbf{x} = \mathbf{0}$,

(b) $\langle \mathbf{x}, \mathbf{y} \rangle = \langle \mathbf{y}, \mathbf{x} \rangle$.

(c) $\langle \alpha_1 \mathbf{x}_1 + \alpha_2 \mathbf{x}_2, \mathbf{y} \rangle = \alpha_1 \langle \mathbf{x}_1, \mathbf{y} \rangle + \alpha_2 \langle \mathbf{x}_2, \mathbf{y} \rangle$,

$\langle \mathbf{x}, \beta_1 \mathbf{y}_1 + \beta_2 \mathbf{y}_2 \rangle = \beta_1 \langle \mathbf{x}, \mathbf{y}_1 \rangle + \beta_2 \langle \mathbf{x}, \mathbf{y}_2 \rangle$.

Durch Kombination beider Formeln ergibt sich

(d) $\langle\, \alpha_1\,\mathbf{x}_1 + \alpha_2\,\mathbf{x}_2, \beta_1\,\mathbf{y}_1 + \beta_2\,\mathbf{y}_2\,\rangle$

$$= \alpha_1\beta_1\langle\,\mathbf{x}_1,\mathbf{y}_1\,\rangle + \alpha_1\beta_2\langle\,\mathbf{x}_1,\mathbf{y}_2\,\rangle + \alpha_2\beta_1\langle\,\mathbf{x}_2,\mathbf{y}_1\,\rangle + \alpha_2\beta_2\langle\,\mathbf{x}_2,\mathbf{y}_2\,\rangle\,.$$

(e) Allgemeiner gilt:

$$\Big\langle\, \sum_{i=1}^{k}\alpha_i\,\mathbf{x}_i\ ,\ \sum_{j=1}^{l}\beta_j\,\mathbf{y}_j\ \Big\rangle = \sum_{i=1}^{k}\sum_{j=1}^{l}\alpha_i\beta_j\,\langle\,\mathbf{x}_i,\mathbf{y}_j\,\rangle\,.$$

Auf den Beweis von (e) durch Induktion wollen wir verzichten.

2.3 Norm und Abstand

Die **Norm** oder **Länge** eines Vektors $\mathbf{x} \in \mathbb{R}^n$ definieren wir durch

$$\|\mathbf{x}\| := \sqrt{\langle\,\mathbf{x},\mathbf{x}\,\rangle} = \sqrt{x_1^2 + \cdots + x_n^2}\,.$$

Geometrische Deutung im $\mathbb{R}^3$: $\|\mathbf{x}\|$ ist
der Abstand des Punktes X mit Orts-
vektor $\mathbf{x}$ vom Nullpunkt. Denn in der
Figur ist $d^2 = x_1^2 + x_2^2$ nach dem Satz
von Pythagoras. Derselbe Satz liefert
für das Dreieck OFX:

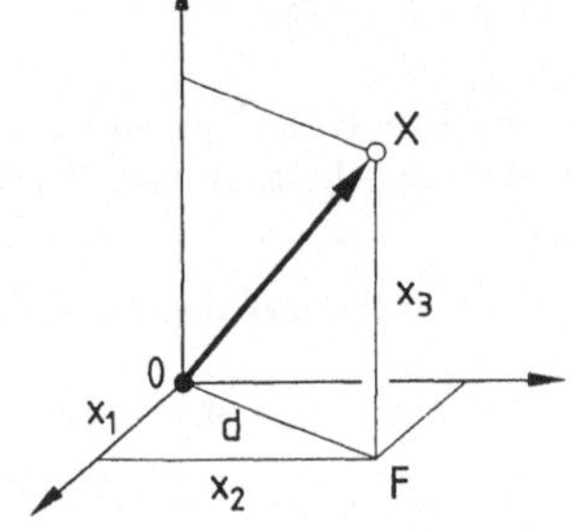

$$\overline{OX}^2 = d^2 + x_3^2 = x_1^2 + x_2^2 + x_3^2\,.$$

Als **Abstand der Punkte** X, Y mit
Ortsvektoren $\mathbf{x}, \mathbf{y}$ definieren wir

$$d(X,Y) := \|\mathbf{x} - \mathbf{y}\|\,.$$

$\boxed{\text{ÜA}}$ Wie müssen Vektoren $\mathbf{a}, \mathbf{b} \in \mathbb{R}^3$ beschaffen sein, damit die Kurve

$$t \mapsto \cos t \cdot \mathbf{a} + \sin t \cdot \mathbf{b}$$

einen Kreis um O mit Radius r beschreibt?

2.4 Geometrische Deutung des Skalarprodukts

Seien $\mathbf{x}, \mathbf{v} \in \mathbb{R}^n$ und $\|\mathbf{v}\| = 1$. Wir suchen auf der Ursprungsgeraden

$$g = \{t\,\mathbf{v} \mid t \in \mathbb{R}\}$$

den Punkt mit dem kleinsten Abstand zu $\mathbf{x}$, d.h. wir suchen das Minimum von

$$\|\mathbf{x} - t\mathbf{v}\| \quad \text{für} \quad t \in \mathbb{R},$$

falls ein solches existiert. Nach 2.2 gilt unter Beachtung von $\langle\,\mathbf{v},\mathbf{v}\,\rangle = 1$

$$\|x - tv\|^2 = \langle x - tv, x - tv \rangle$$
$$= \langle x, x \rangle - t\langle v, x \rangle - t\langle x, v \rangle + t^2 \langle v, v \rangle$$
$$= \|x\|^2 - 2t\langle v, x \rangle + t^2$$
$$= \|x\|^2 - \langle v, x \rangle^2 + (\langle v, x \rangle - t)^2 \,.$$

Damit haben wir den

SATZ. *Für $\|v\| = 1$ wird $\|x - tv\|$ am kleinsten, wenn $t = \langle v, x \rangle$. Es ist dann*

(1) $\|x - \langle v, x \rangle v\|^2 = \|x\|^2 - \langle v, x \rangle^2.$

Insbesondere gilt

(2) $\langle x, v \rangle^2 = \langle v, x \rangle^2 \le \|x\|^2 \,.$

Für jedes $x \in \mathbb{R}^n$ ist

$$Px = \langle v, x \rangle v$$

derjenige Punkt auf g, welcher zu x den kleinsten Abstand hat. Wir zeigen jetzt:

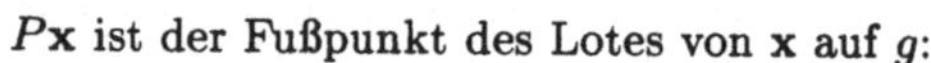

Px ist der Fußpunkt des Lotes von x auf g:

$$x - Px \perp g, \quad \text{d.h.} \quad \langle x - Px, tv \rangle = 0, \quad \text{siehe 2.7.}$$

In der Tat gilt wegen $\langle v, v \rangle = 1$

$$\langle tv, x - Px \rangle = \langle tv, x - \langle v, x \rangle v \rangle$$
$$= t\big(\langle v, x \rangle - \langle v, \langle v, x \rangle v \rangle\big) = t\big(\langle v, x \rangle - \langle v, x \rangle \cdot \langle v, v \rangle\big) = 0 \,.$$

Wir nennen Px die **orthogonale Projektion** von x auf g.

2.5 Die Cauchy–Schwarzsche Ungleichung

Für $x, y \in \mathbb{R}^n$ ist

$$|\langle x, y \rangle| \le \|x\| \cdot \|y\| \,,$$

und Gleichheit tritt genau dann ein, wenn x und y linear abhängig sind.

BEWEIS.

(a) Ist $y = 0$, so ist $\langle x, y \rangle = 0 = \|x\| \cdot \|y\|$, und x, y sind linear abhängig.

(b) Ist $y \ne 0$, so betrachten wir $v = \frac{y}{\|y\|}$. Dann ist $\|v\| = 1$ und $y = \|y\| \cdot v$. Nach der Gleichung (2) von 2.4 folgt

$$\left|\langle \mathbf{x}, \mathbf{y} \rangle\right| = \left|\langle \mathbf{x}, \|\mathbf{y}\| \cdot \mathbf{v} \rangle\right| = \left|\|\mathbf{y}\|\langle \mathbf{x}, \mathbf{v} \rangle\right| \leq \|\mathbf{y}\| \cdot \|\mathbf{x}\| \,.$$

Nach 2.4: (2) gilt das Gleichheitszeichen genau dann, wenn $\left|\langle \mathbf{x}, \mathbf{v} \rangle\right| = \|\mathbf{x}\|$, und nach (1) bedeutet dies

$$\mathbf{x} = \langle \mathbf{x}, \mathbf{v} \rangle \cdot \mathbf{v} = \left(\langle \mathbf{x}, \mathbf{v} \rangle / \|\mathbf{y}\|\right) \cdot \mathbf{y} \,. \qquad \square$$

2.6 Eigenschaften der Norm

(a) $\|\mathbf{x}\| \geq 0,\ \|\mathbf{x}\| = 0 \iff \mathbf{x} = \mathbf{0}\,,$

(b) $\|\lambda \mathbf{x}\| = |\lambda| \cdot \|\mathbf{x}\| \quad für \quad \lambda \in \mathbb{R}\,,$

(c) $\|\mathbf{x} + \mathbf{y}\| \leq \|\mathbf{x}\| + \|\mathbf{y}\| \qquad (Dreiecksungleichung)\,.$

In der Dreiecksungleichung gilt das Gleichheitszeichen dann und nur dann, wenn $\mathbf{x} = c\mathbf{y}$ *mit* $c > 0$ *oder wenn* $\mathbf{y} = \mathbf{0}$.

BEMERKUNG. Damit ist der noch fehlende Beweis für die Dreiecksungleichung in $\mathbb{R}^2$ und $\mathbb{C}$ erbracht.

BEWEIS.

(a) und (b) folgen unmittelbar aus der Definition.

(c) ergibt sich mit Hilfe der Cauchy–Schwarzschen Ungleichung wie folgt:

$$\|\mathbf{x} + \mathbf{y}\|^2 = \langle \mathbf{x} + \mathbf{y}, \mathbf{x} + \mathbf{y} \rangle = \langle \mathbf{x}, \mathbf{x} \rangle + \langle \mathbf{x}, \mathbf{y} \rangle + \langle \mathbf{y}, \mathbf{x} \rangle + \langle \mathbf{y}, \mathbf{y} \rangle$$

$$\leq \|\mathbf{x}\|^2 + 2\|\mathbf{x}\| \cdot \|\mathbf{y}\| + \|\mathbf{y}\|^2 = (\|\mathbf{x}\| + \|\mathbf{y}\|)^2 \,.$$

Das Gleichheitszeichen gilt hier genau dann, wenn $\langle \mathbf{x}, \mathbf{y} \rangle = \|\mathbf{x}\| \cdot \|\mathbf{y}\|$. Das bedeutet nach 2.5 entweder $\mathbf{y} = \mathbf{0}$ oder $\mathbf{y} \neq \mathbf{0}$ und $\mathbf{x} = c\mathbf{y}$. Im letzteren Fall ist

$$\|\mathbf{x}\| \cdot \|\mathbf{y}\| = \langle \mathbf{x}, \mathbf{y} \rangle = c\langle \mathbf{y}, \mathbf{y} \rangle \,,$$

also $c > 0$ oder $\mathbf{x} = \mathbf{0}$. $\qquad \square$

2.7 Winkel und Orthogonalität

Im $\mathbb{R}^2$ gilt für den Winkel φ zwischen $\mathbf{a} = \begin{pmatrix} a_1 \\ a_2 \end{pmatrix} \neq \mathbf{0}$ und $\mathbf{b} = \begin{pmatrix} b_1 \\ b_2 \end{pmatrix} \neq \mathbf{0}$ nach §5 : 7.2

$$\cos \varphi = \frac{a_1 b_1 + a_2 b_2}{\|\mathbf{a}\| \cdot \|\mathbf{b}\|} = \frac{\langle \mathbf{a}, \mathbf{b} \rangle}{\|\mathbf{a}\| \cdot \|\mathbf{b}\|} \,.$$

Entsprechend ist für Vektoren $\mathbf{a} \neq \mathbf{0},\ \mathbf{b} \neq \mathbf{0}$ des $\mathbb{R}^n$ ein Winkel φ durch

$$\cos \varphi = \frac{\langle \mathbf{a}, \mathbf{b} \rangle}{\|\mathbf{a}\| \cdot \|\mathbf{b}\|} \quad und \quad 0 \leq \varphi \leq \pi$$

eindeutig bestimmt, der **nichtorientierte Winkel** zwischen **a** und **b**.
Denn nach der Cauchy–Schwarzschen Ungleichung gilt

$$-1 \leq \frac{\langle \mathbf{a}, \mathbf{b} \rangle}{\|\mathbf{a}\| \cdot \|\mathbf{b}\|} \leq 1 \,.$$

Insbesondere ist $\varphi = \frac{\pi}{2} \iff \langle \mathbf{a}, \mathbf{b} \rangle = 0$.

Zwei beliebige Vektoren $\mathbf{a}, \mathbf{b} \in \mathbb{R}^n$ heißen zueinander **orthogonal**, $\mathbf{a} \perp \mathbf{b}$, wenn $\langle \mathbf{a}, \mathbf{b} \rangle = 0$. Entsprechend schreiben wir für eine Teilmenge $M \subset \mathbb{R}^n$

$$\mathbf{a} \perp M \,, \quad \text{falls} \quad \langle \mathbf{a}, \mathbf{x} \rangle = 0 \quad \text{für alle} \quad \mathbf{x} \in M \,.$$

2.8 Parallelogramm– und Polarisierungsgleichung

Für $\mathbf{x}, \mathbf{y} \in \mathbb{R}^n$ *gilt*

(a) $\|\mathbf{x} + \mathbf{y}\|^2 + \|\mathbf{x} - \mathbf{y}\|^2 = 2\|\mathbf{x}\|^2 + 2\|\mathbf{y}\|^2$ (*Parallelogrammgleichung*)

(b) $\langle \mathbf{x}, \mathbf{y} \rangle = \frac{1}{4}\left(\|\mathbf{x} + \mathbf{y}\|^2 - \|\mathbf{x} - \mathbf{y}\|^2\right)$ (*Polarisierungsgleichung*)

Die Beweise ergeben sich durch direktes Nachrechnen $\boxed{\text{ÜA}}$. Geometrische Deutung von (a)?

3 Das Vektorprodukt im $\mathbb{R}^3$

3.1 Zielsetzung

Zu gegebenen linear unabhängigen Vektoren $\mathbf{a}, \mathbf{b} \in \mathbb{R}^3$ soll ein dritter Vektor $\mathbf{c} \in \mathbb{R}^3$ mit folgenden Eigenschaften bestimmt werden:

(a) **c** steht senkrecht auf **a** und **b**,

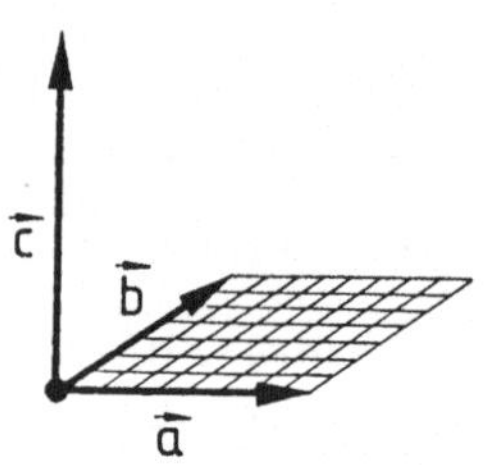

(b) die Länge von **c** ist der Flächeninhalt des von **a** und **b** aufgespannten Parallelogramms (Figur), also

$$\|\mathbf{c}\| = \|\mathbf{a}\| \cdot \|\mathbf{b}\| \cdot \sin\varphi \,,$$

wo $0 < \varphi < \pi$ der Winkel zwischen **a** und **b** ist,

(c) **a**, **b**, **c** bilden ein *positiv orientiertes Dreibein*, d.h. liegen im Raum wie Daumen, Zeigefinger und Mittelfinger der rechten Hand („Dreifingerregel", Figur).

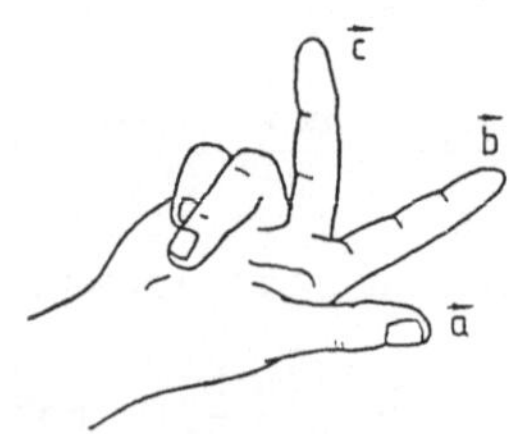

Diese Aufgabenstellung tritt in der Physik beispielsweise bei der Beschreibung des Drehimpulses, der Bewegung eines starren Körpers sowie bei der Bewegung eines Elektrons in einem Magnetfeld auf.

3.2 Das Vektorprodukt

Für Vektoren

$$\mathbf{a} = \begin{pmatrix} a_1 \\ a_2 \\ a_3 \end{pmatrix}, \qquad \mathbf{b} = \begin{pmatrix} b_1 \\ b_2 \\ b_3 \end{pmatrix}$$

definieren wir das **Vektorprodukt** oder **Kreuzprodukt** durch

$$\mathbf{a} \times \mathbf{b} := \begin{pmatrix} a_2 b_3 - a_3 b_2 \\ a_3 b_1 - a_1 b_3 \\ a_1 b_2 - a_2 b_1 \end{pmatrix} .$$

Andere Bezeichnungen hierfür sind: $[\mathbf{a}, \mathbf{b}]$, $[\mathbf{ab}]$, $\mathbf{a} \wedge \mathbf{b}$.

Es gilt

(a) *Sind $\mathbf{a}$ und $\mathbf{b}$ linear unabhängig, so ist jeder zu $\mathbf{a}$ und $\mathbf{b}$ senkrechte Vektor ein Vielfaches von $\mathbf{a} \times \mathbf{b}$.*

(b) *$\mathbf{a}$ und $\mathbf{b}$ sind genau dann linear unabhängig, wenn $\mathbf{a} \times \mathbf{b} \neq 0$.*

(c) *Für $\mathbf{a} \neq \mathbf{0}, \mathbf{b} \neq \mathbf{0}$ gilt*

$$\|\mathbf{a} \times \mathbf{b}\| = \|\mathbf{a}\| \cdot \|\mathbf{b}\| \cdot \sin\varphi = \sqrt{\|\mathbf{a}\|^2 \cdot \|\mathbf{b}\|^2 - \langle \mathbf{a}, \mathbf{b} \rangle^2},$$

wo $\varphi \in [0, \pi]$ der Winkel zwischen $\mathbf{a}$ und $\mathbf{b}$ ist.

BEWEIS.

(b) Wir zeigen: $\mathbf{a}$ und $\mathbf{b}$ sind genau dann linear abhängig, wenn alle Determinanten

$$\Delta_1 = a_2 b_3 - a_3 b_2, \quad \Delta_2 = a_3 b_1 - a_1 b_3, \quad \Delta_3 = a_1 b_2 - a_2 b_1$$

Null sind.

Sind $\mathbf{a}$ und $\mathbf{b}$ linear abhängig, etwa $\mathbf{a} = \lambda \mathbf{b}$, so ergibt sich unmittelbar $\Delta_1 = \Delta_2 = \Delta_3 = 0$.

Sei $\Delta_1 = \Delta_2 = \Delta_3 = 0$. Ist $\mathbf{b} = \mathbf{0}$, so sind $\mathbf{a}$ und $\mathbf{b}$ linear abhängig. Ist $\mathbf{b} \neq \mathbf{0}$, etwa $b_3 \neq 0$, so folgt aus $\Delta_1 = 0$ und $\Delta_2 = 0$:

$$a_2 = \frac{a_3}{b_3} b_2, \quad a_1 = \frac{a_3}{b_3} b_1. \qquad \text{Außerdem gilt} \quad a_3 = \frac{a_3}{b_3} b_3 .$$

Also ist $\mathbf{a} = \frac{a_3}{b_3}\mathbf{b}$. Ist $b_2 \neq 0$, so ergibt sich in analoger Weise $\mathbf{a} = \frac{a_2}{b_2}\mathbf{b}$; aus $b_1 \neq 0$ folgt $\mathbf{a} = \frac{a_1}{b_1}\mathbf{b}$.

(a) Bestimmung von $\mathbf{x}$ aus den Bedingungen $\mathbf{x} \perp \mathbf{a}$, $\mathbf{x} \perp \mathbf{b}$.

Sind $\mathbf{a}$ und $\mathbf{b}$ linear unabhängig, so ist eine der Determinanten Δ_1, Δ_2, Δ_3 von Null verschieden, etwa $\Delta_3 \neq 0$. Die Bedingungen $\langle \mathbf{a}, \mathbf{x} \rangle = \langle \mathbf{b}, \mathbf{x} \rangle = 0$ lauten komponentenweise

$$\begin{array}{l} a_1 x_1 + a_2 x_2 + a_3 x_3 = 0 \\ b_1 x_1 + b_2 x_2 + b_3 x_3 = 0 \end{array}, \quad \text{d.h.} \quad \begin{array}{l} a_1 x_1 + a_2 x_2 = -a_3 x_3 \\ b_1 x_1 + b_2 x_2 = -b_3 x_3 \end{array}$$

Die Cramersche Regel §5:6.2 ergibt

$$x_1 = \frac{a_2 b_3 - a_3 b_2}{a_1 b_2 - a_2 b_1} x_3 = \frac{\Delta_1}{\Delta_3} x_3\,, \qquad x_2 = \frac{a_3 b_1 - a_1 b_3}{a_1 b_2 - a_2 b_1} x_3 = \frac{\Delta_2}{\Delta_3} x_3\,.$$

Mit der trivialen Beziehung $x_3 = \frac{\Delta_3}{\Delta_3} x_3$ zusammen ergibt sich

$$\mathbf{x} = \frac{x_3}{\Delta_3}\, \mathbf{a} \times \mathbf{b}\,.$$

Die Fälle $\Delta_1 \neq 0$ bzw. $\Delta_2 \neq 0$ werden in analoger Weise behandelt $\boxed{\text{ÜA}}$.

(c) $\|\mathbf{a}\|^2 \|\mathbf{b}\|^2 \sin^2 \varphi = \|\mathbf{a}\|^2 \|\mathbf{b}\|^2 (1 - \cos^2 \varphi) = \|\mathbf{a}\|^2 \|\mathbf{b}\|^2 - \langle \mathbf{a}, \mathbf{b} \rangle^2$

$$= (a_1^2 + a_2^2 + a_3^2)(b_1^2 + b_2^2 + b_3^2) - (a_1 b_1 + a_2 b_2 + a_3 b_3)^2$$

$$= (a_2 b_3 - a_3 b_2)^2 + (a_3 b_1 - a_1 b_3)^2 + (a_1 b_2 - a_2 b_1)^2 = \|\mathbf{a} \times \mathbf{b}\|^2\,. \qquad \square$$

3.3 Zur Dreifingerregel

Leistet das Kreuzprodukt das Gewünschte? Ist $\mathbf{c}$ ein Vektor der in 3.1 angegebenen Art, so folgt aus der Forderung (a) zunächst $\mathbf{c} = \lambda \cdot \mathbf{a} \times \mathbf{b}$, siehe 3.2 (a). Aus der Forderung (b) von 3.1 folgt dann $|\lambda| = 1$ nach 3.2 (c), also $\mathbf{c} = \pm \mathbf{a} \times \mathbf{b}$.

Die Forderung (c) (Dreifingerregel) wird über das Vorzeichen entscheiden und $\mathbf{c}$ damit festlegen. Behauptet wird, daß das Dreibein $\mathbf{a}, \mathbf{b}, \mathbf{a} \times \mathbf{b}$ (in dieser Reihenfolge) immer der Dreifingerregel genügt.

(a) Wir prüfen dies für eine einfache Situation nach: Für den orientierten Winkel ψ zwischen den linear unabhängigen Vektoren (a_1, a_2) und (b_1, b_2) der Ebene gilt nach §5:7.2

$$\sin \psi = \frac{a_1 b_2 - a_2 b_1}{\sqrt{(a_1^2 + a_2^2)(b_1^2 + b_2^2)}}\,.$$

Ist $a_1 b_2 - a_2 b_1 > 0$, so ist $0 < \psi < \pi$, und die Vektoren

$$\mathbf{a} = \begin{pmatrix} a_1 \\ a_2 \\ 0 \end{pmatrix}, \qquad \mathbf{b} = \begin{pmatrix} b_1 \\ b_2 \\ 0 \end{pmatrix}, \qquad \mathbf{e}_3 = \begin{pmatrix} 0 \\ 0 \\ 1 \end{pmatrix}$$

genügen offenbar der Dreifingerregel. In diesem Fall ist

$$\mathbf{a} \times \mathbf{b} = \begin{pmatrix} 0 \\ 0 \\ a_1 b_2 - a_2 b_1 \end{pmatrix}$$

tatsächlich ein positives Vielfaches von $\mathbf{e}_3$. Ist $a_1 b_2 - a_2 b_1 < 0$, so genügen $\mathbf{a}$, $\mathbf{b}$ und $-\mathbf{e}_3$ der Dreifingerregel, und $\mathbf{a} \times \mathbf{b}$ ist ein positives Vielfaches von $-\mathbf{e}_3$.

(b) Sind $\mathbf{a}$ und $\mathbf{b}$ in allgemeiner Lage, so werden wir später sehen, daß wir das Dreibein $\mathbf{a}$, $\mathbf{b}$ und $\mathbf{a} \times \mathbf{b}$ starr in die Situation (a) überführen können und von dort auch starr wieder zurück, so daß die Verhältnisse in Bezug auf die Dreifingerregel erhalten bleiben.

3.4 Eigenschaften des Vektorproduktes

(a) $\mathbf{a} \times \mathbf{b} = -\mathbf{b} \times \mathbf{a}$ (Schiefsymmetrie).

(b) $(\alpha\, \mathbf{a} + \beta\, \mathbf{b}) \times \mathbf{c} = \alpha\, \mathbf{a} \times \mathbf{c} + \beta\, \mathbf{b} \times \mathbf{c},$
   $\mathbf{a} \times (\beta\, \mathbf{b} + \gamma\, \mathbf{c}) = \beta\, \mathbf{a} \times \mathbf{b} + \gamma\, \mathbf{a} \times \mathbf{c}$ (Linearität in jedem Argument).

(c) $(\mathbf{a} \times \mathbf{b}) \times \mathbf{c} = \langle \mathbf{a}, \mathbf{c} \rangle \mathbf{b} - \langle \mathbf{b}, \mathbf{c} \rangle \mathbf{a}$ (Graßmannscher Entwicklungssatz).

(d) $(\mathbf{a} \times \mathbf{b}) \times \mathbf{c} + (\mathbf{b} \times \mathbf{c}) \times \mathbf{a} + (\mathbf{c} \times \mathbf{a}) \times \mathbf{b} = \mathbf{0}$.

BEMERKUNG. Das Vektorprodukt ist also weder kommutativ noch assoziativ.

$\boxed{\text{UA}}$. Wann gilt $(\mathbf{a} \times \mathbf{b}) \times \mathbf{c} = \mathbf{a} \times (\mathbf{b} \times \mathbf{c})$?

BEWEIS.
(a) und (b) folgen direkt aus der Koordinatendarstellung 3.2.

(d) folgt aus (c) $\boxed{\text{ÜA}}$.

(c) ergibt sich durch direkte Rechnung:

$$(\mathbf{a} \times \mathbf{b}) \times \mathbf{c} = \begin{pmatrix} a_2b_3 - a_3b_2 \\ a_3b_1 - a_1b_3 \\ a_1b_2 - a_2b_1 \end{pmatrix} \times \begin{pmatrix} c_1 \\ c_2 \\ c_3 \end{pmatrix}$$

$$= \begin{pmatrix} (a_3b_1 - a_1b_3)c_3 - (a_1b_2 - a_2b_1)c_2 \\ (a_1b_2 - a_2b_1)c_1 - (a_2b_3 - a_3b_2)c_3 \\ (a_2b_3 - a_3b_2)c_2 - (a_3b_1 - a_1b_3)c_1 \end{pmatrix}$$

$$= \begin{pmatrix} (a_2c_2 + a_3c_3)b_1 - (b_2c_2 + b_3c_3)a_1 \\ (a_1c_1 + a_3c_3)b_2 - (b_1c_1 + b_3c_3)a_2 \\ (a_1c_1 + a_2c_2)b_3 - (b_1c_1 + b_2c_2)a_3 \end{pmatrix}$$

$$= \begin{pmatrix} (a_1c_1 + a_2c_2 + a_3c_3)b_1 - (b_1c_1 + b_2c_2 + b_3c_3)a_1 \\ (a_1c_1 + a_2c_2 + a_3c_3)b_2 - (b_1c_1 + b_2c_2 + b_3c_3)a_2 \\ (a_1c_1 + a_2c_2 + a_3c_3)b_3 - (b_1c_1 + b_2c_2 + b_3c_3)a_3 \end{pmatrix}$$

$$= \langle \mathbf{a}, \mathbf{c} \rangle \mathbf{b} - \langle \mathbf{b}, \mathbf{c} \rangle \mathbf{a} \,. \qquad \square$$

3.5* Gleichförmige Kreisbewegung im Raum

Bei einer gleichförmigen Kreisbewegung um den Mittelpunkt $\mathbf{x}_0$ gilt für den Geschwindigkeitsvektor $\dot{\mathbf{x}}(t)$

$$\dot{\mathbf{x}}(t) = \mathbf{w} \times (\mathbf{x}(t) - \mathbf{x}_0) \,.$$

Dabei liegt der *Drehvektor* $\mathbf{w}$ in Richtung der Drehachse, also senkrecht zur Kreisebene, und seine Länge ist die Winkelgeschwindigkeit ω.

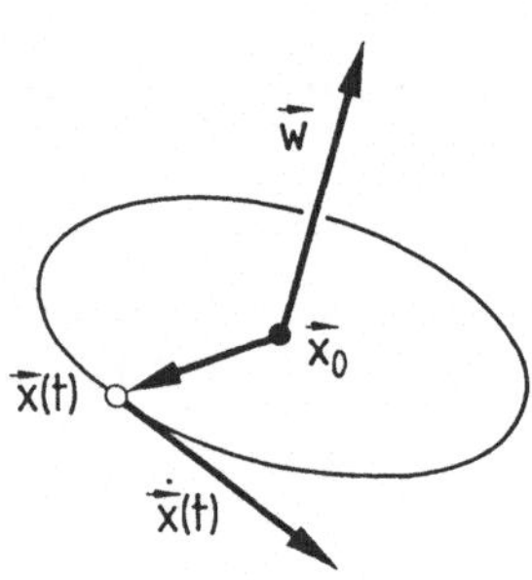

Denn zunächst gilt — wir nehmen etwas Differentialrechnung vorweg —

$$\mathbf{x}(t) = \mathbf{x}_0 + r(\cos(\omega t) \cdot \mathbf{a} + \sin(\omega t) \cdot \mathbf{b}) \,,$$

$$\dot{\mathbf{x}}(t) = r\omega(-\sin(\omega t) \cdot \mathbf{a} + \cos(\omega t) \cdot \mathbf{b}) \,,$$

wobei $\mathbf{a}$ und $\mathbf{b}$ zueinander senkrechte Vektoren der Länge 1 in der Bahnebene sind und $r > 0$ der Bahnradius ist. Der Vektor $\mathbf{w} := \omega \cdot \mathbf{a} \times \mathbf{b}$ steht senkrecht zur Bahnebene und hat die Länge ω. Die Behauptung ergibt sich nun mit Hilfe des Graßmannschen Entwicklungssatzes $\boxed{\ddot{\text{U}}\text{A}}$.

4 Entwicklung nach Orthonormalsystemen, Orthonormalbasen

4.1 Linearkombinationen, Aufspann

Für Vektoren $\mathbf{v}_1, \ldots, \mathbf{v}_k$ des $\mathbb{R}^n$ heißt die Menge aller **Linearkombinationen**, $t_1\mathbf{v}_1 + \cdots + t_k\mathbf{v}_k$ mit $t_1, \ldots, t_k \in \mathbb{R}$ der von $\mathbf{v}_1, \ldots, \mathbf{v}_k$ aufgespannte Raum (auch Aufspann bzw. lineare Hülle bzw. Erzeugnis der Vektoren $\mathbf{v}_1, \ldots, \mathbf{v}_k$). Wir schreiben

$$\mathrm{Span}\,\{\mathbf{v}_1, \ldots, \mathbf{v}_k\} = \{t_1\mathbf{v}_1 + \cdots + t_k\mathbf{v}_k \mid t_1, \ldots t_k \in \mathbb{R}\}\,.$$

BEISPIEL. Sind $\mathbf{a}$ und $\mathbf{b}$ linear unabhängig, so ist $\mathrm{Span}\,\{\mathbf{a}, \mathbf{b}\}$ eine Ebene durch den Nullpunkt, vgl. 1.3.

4.2 Orthogonale Projektion

Vektoren $\mathbf{v}_1, \ldots, \mathbf{v}_k$ im $\mathbb{R}^n$ bilden ein **Orthonormalsystem (ONS)**, wenn

$$\langle \mathbf{v}_i, \mathbf{v}_j \rangle = \delta_{ij} = \begin{cases} 1 & \text{für } i = j \\ 0 & \text{für } i \neq j \end{cases}.$$

Dies bedeutet, daß sie die Länge 1 haben und paarweis aufeinander senkrecht stehen. Sei

$$E = \mathrm{Span}\,\{\mathbf{v}_1, \ldots, \mathbf{v}_k\}\,.$$

Wir wollen den Begriff „orthogonale Projektion" von 2.4 verallgemeinern. Dazu suchen wir zu einem gegebenen Vektor $\mathbf{x} \in \mathbb{R}^n$ denjenigen Vektor $\mathbf{y} \in E$, der zu $\mathbf{x}$ den kleinsten Abstand hat. Dieselbe Rechnung wie in 2.4 zeigt $\boxed{\text{ÜA}}$:

$$\left\| \mathbf{x} - \sum_{i=1}^{k} t_i\mathbf{v}_i \right\|^2 = \|\mathbf{x}\|^2 - \sum_{i=1}^{k}\langle \mathbf{v}_i, \mathbf{x} \rangle^2 + \sum_{i=1}^{k}\left(t_i - \langle \mathbf{v}_i, \mathbf{x} \rangle\right)^2\,.$$

Dieser Ausdruck wird genau dann minimal, wenn $t_i = \langle \mathbf{v}_i, \mathbf{x} \rangle$, $i = 1, \ldots, k$.

Der Punkt minimalen Abstandes auf E ist also gegeben durch

$$P\mathbf{x} := \sum_{i=1}^{k}\langle \mathbf{v}_i, \mathbf{x} \rangle\mathbf{v}_i$$

$P\mathbf{x}$ heißt die *orthogonale Projektion von $\mathbf{x}$ auf E.*

$P\mathbf{x}$ ist auch dadurch charakterisiert, daß

$$P\mathbf{x} \in E, \quad \mathbf{x} - P\mathbf{x} \perp E\,.$$

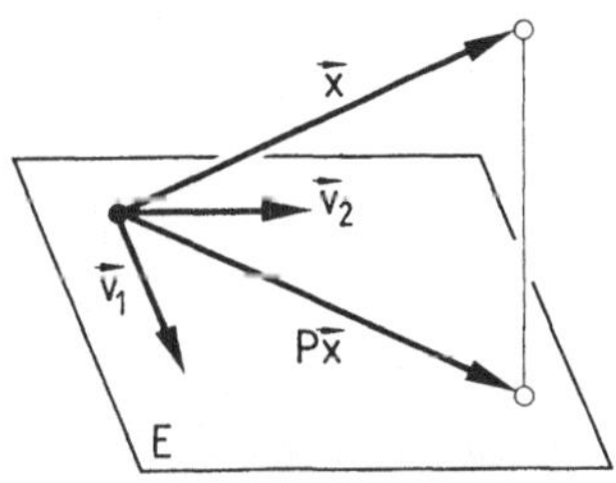

Denn einerseits ist

$$\langle\, \mathbf{x} - P\mathbf{x}\, ,\ \sum_{j=1}^{k} t_j \mathbf{v}_j \,\rangle = \sum_{j=1}^{k} t_j \left(\langle \mathbf{x}, \mathbf{v}_j \rangle - \langle P\mathbf{x}, \mathbf{v}_j \rangle \right) = 0\,,\ \text{ da}$$

$$\langle\, P\mathbf{x}, \mathbf{v}_j \,\rangle = \langle\, \sum_{i=1}^{k} \langle \mathbf{x}, \mathbf{v}_i \rangle \mathbf{v}_i\, ,\ \mathbf{v}_j \,\rangle = \sum_{i=1}^{k} \langle \mathbf{x}, \mathbf{v}_i \rangle \langle \mathbf{v}_i, \mathbf{v}_j \rangle = \langle \mathbf{x}, \mathbf{v}_j \rangle\,.$$

Andererseits folgt aus $\mathbf{y} \in E$ und $\mathbf{y} - \mathbf{x} \perp \mathbf{v}_1, \ldots, \mathbf{v}_k$ die Beziehung $\mathbf{y} = P\mathbf{x}$ $\boxed{\text{ÜA}}$.

4.3 Ebene und Normale

Sei E eine Ebene im $\mathbb{R}^3$ durch den Nullpunkt,

$$E = \text{Span}\,\{\mathbf{a}, \mathbf{b}\}\,.$$

Alle zu E senkrechten Vektoren bilden die *Normale* von E:

$$E^{\perp} := \left\{ \mathbf{x} \in \mathbb{R}^3 \mid \langle \mathbf{x}, \mathbf{v} \rangle = 0 \ \text{ für alle } \mathbf{v} \in E \right\}\,.$$

Nach 3.2(a) ist $E^{\perp}$ die Gerade $\{\lambda\, \mathbf{n} \mid \lambda \in \mathbb{R}\} = \text{Span}\,\{\mathbf{n}\}$ mit dem **Normalenvektor** $\mathbf{n} = \frac{\mathbf{a} \times \mathbf{b}}{\|\mathbf{a} \times \mathbf{b}\|}$.

Die zu $\mathbf{n}$ senkrechten Vektoren sind gerade wieder die Vektoren von E. Wir drücken das so aus:

$$E^{\perp\perp} = E\,.$$

BEWEIS.

(a) Direkt aus der Definition folgt $E \subset E^{\perp\perp}$.

(b) Wir zeigen $E^{\perp\perp} \subset E$. Für die orthogonale Projektion P auf E gilt $\langle P\mathbf{x}, \mathbf{n} \rangle = 0$. Sei $\mathbf{x} \in E^{\perp\perp}$, also $\mathbf{x} \perp \mathbf{n}$. Mit $\mathbf{x} - P\mathbf{x} \perp E$, also $\mathbf{x} - P\mathbf{x} = t\mathbf{n}$ folgt

$$\|\mathbf{x} - P\mathbf{x}\|^2 = \langle \mathbf{x} - P\mathbf{x}, \mathbf{x} - P\mathbf{x} \rangle = \langle \mathbf{x} - P\mathbf{x}, t\,\mathbf{n} \rangle = t\langle \mathbf{x}, \mathbf{n} \rangle - t\langle P\mathbf{x}, \mathbf{n} \rangle = 0\,,$$

also $\mathbf{x} - P\mathbf{x} = 0$ und damit $\mathbf{x} = P\mathbf{x} \in E$. $\qquad\qquad\square$

4.4 Orthonormalsysteme im $\mathbb{R}^3$ und ihre Orientierung

Bilden die Vektoren $\mathbf{v}_1, \mathbf{v}_2, \mathbf{v}_3$ ein ONS im $\mathbb{R}^3$, so ist entweder

$$\mathbf{v}_3 = \mathbf{v}_1 \times \mathbf{v}_2 \quad \text{oder} \quad \mathbf{v}_3 = -\mathbf{v}_1 \times \mathbf{v}_2\,.$$

Im ersten Fall sprechen wir von einem *positiv orientierten* ONS (*Rechtssystem*), im zweiten Fall von einem *negativ orientierten* ONS.

BEWEIS.

Da $\mathbf{v}_3$ auf $\mathbf{v}_1$ und $\mathbf{v}_2$ senkrecht steht, gilt $\mathbf{v}_3 = c \cdot \mathbf{v}_1 \times \mathbf{v}_2$ nach 3.2(a). Die Konstante c ergibt sich aus

$$1 = \|\mathbf{v}_3\| = |c| \cdot \|\mathbf{v}_1\| \cdot \|\mathbf{v}_2\| \cdot \sin \tfrac{\pi}{2} = |c|, \text{ also } c = 1 \text{ oder } c = -1. \qquad \square$$

4.5 Entwicklung nach Orthonormalbasen im $\mathbb{R}^3$

Bilden die Vektoren $\mathbf{v}_1, \mathbf{v}_2, \mathbf{v}_3$ ein ONS im $\mathbb{R}^3$, so läßt sich jeder Vektor $\mathbf{x} \in \mathbb{R}^3$ in eindeutiger Weise als Linearkombination $\mathbf{x} = a_1\mathbf{v}_1 + a_2\mathbf{v}_2 + a_3\mathbf{v}_3$ schreiben.

Die Koeffizienten a_i ergeben sich sehr einfach aus $a_i = \langle \mathbf{v}_i, \mathbf{x} \rangle$, es ist also

$$\mathbf{x} = \langle \mathbf{v}_1, \mathbf{x} \rangle \mathbf{v}_1 + \langle \mathbf{v}_2, \mathbf{x} \rangle \mathbf{v}_2 + \langle \mathbf{v}_3, \mathbf{x} \rangle \mathbf{v}_3 \, .$$

In dieser Situation heißt das System der $\mathbf{v}_k$ eine **Orthonormalbasis** für $\mathbb{R}^3$.

BEWEIS.

(a) *Eindeutigkeit*: Aus $\mathbf{x} = a_1\mathbf{v}_1 + a_2\mathbf{v}_2 + a_3\mathbf{v}_3$ folgt

$$\langle \mathbf{v}_k, \mathbf{x} \rangle = \Big\langle \mathbf{v}_k, \sum_{j=1}^{3} a_j \mathbf{v}_j \Big\rangle = \sum_{j=1}^{3} a_j \langle \mathbf{v}_k, \mathbf{v}_j \rangle = a_k$$

wegen $\langle \mathbf{v}_k, \mathbf{v}_j \rangle = \delta_{kj}$.

(b) *Darstellbarkeit*: Wir betrachten die Ebene $E = \mathrm{Span}\,\{\mathbf{v}_1, \mathbf{v}_2\}$. Die orthogonale Projektion von $\mathbf{x}$ auf E ist

$$P\mathbf{x} = \langle \mathbf{v}_1, \mathbf{x} \rangle \mathbf{v}_1 + \langle \mathbf{v}_2, \mathbf{x} \rangle \mathbf{v}_2 \, .$$

Nach 4.2 ist $\mathbf{x} - P\mathbf{x} \perp E$, also ist $\mathbf{x} - P\mathbf{x}$ ein Vielfaches von $\mathbf{v}_1 \times \mathbf{v}_2$ nach 3.2(a). In 4.4 hatte sich ergeben, daß $\mathbf{v}_1 \times \mathbf{v}_2$ bis auf das Vorzeichen gleich $\mathbf{v}_3$ ist. Also ist $\mathbf{x} = P\mathbf{x} + \lambda\mathbf{v}_3$, und λ ergibt sich nach (a): $\lambda = \langle \mathbf{v}_3, \mathbf{x} \rangle$. $\qquad \square$

5 Aufgaben

5.1 Räumliche Drehung. Berechnen Sie das Bild des Vektors $\mathbf{x} = (1,1,1)$ unter der Drehung D mit Drehvektor $\mathbf{w} = \tfrac{1}{3}(2,2,1)$ und dem Drehwinkel $\tfrac{\pi}{3}$.

Anleitung: Verschaffen Sie sich ein ONS $\mathbf{a}, \mathbf{b}, \mathbf{c}$ mit $\mathbf{c} = \mathbf{w}$, vgl. 3.5.

5.2 Hessesche Normalform. Zeigen Sie: Die Ebene E durch $\mathbf{x}_0$ parallel zu $\mathrm{Span}\,\{\mathbf{a}, \mathbf{b}\}$ ist durch die Gleichung $\langle \mathbf{x} - \mathbf{x}_0, \mathbf{n} \rangle = 0$ gegeben mit $\mathbf{n} = \frac{\mathbf{a} \times \mathbf{b}}{\|\mathbf{a} \times \mathbf{b}\|}$. Für jeden Vektor $\mathbf{x} \in \mathbb{R}^3$ ist $d = |\langle \mathbf{x} - \mathbf{x}_0, \mathbf{n} \rangle|$ der Abstand des Punktes $\mathbf{x}$ von E.

5.3   Die Ebene E sei gegeben durch die Gleichung $2x_1 - x_2 + 2x_3 = 3$.

(a) Geben Sie eine Parameterdarstellung von E.

(b) Bestimmen Sie den Abstand des Punktes $P = \left(\frac{1}{2}, 2, -4\right)$ von E.

(c) Bestimmen Sie die orthogonale Projektion von P auf E.

(d) Spiegeln Sie den Punkt P an E.

5.4   Wir betrachten den Zylinder im $\mathbb{R}^3$ mit Achse

$$A = \left\{ \begin{pmatrix} 1 \\ 1 \\ 1 \end{pmatrix} + t \begin{pmatrix} 2 \\ -2 \\ 1 \end{pmatrix} \mid t \in \mathbb{R} \right\} \quad \text{und Radius 1.}$$

(a) Warum liegt der Punkt $P = (2, 1, 2)$ auf dem Zylindermantel?

(b) Geben Sie die Tangentialebene E an den Zylinder im Punkt P in Hessescher Normalform an und in Parameterdarstellung.

5.5 Das Spatprodukt

Das Volumen des nebenstehenden Spatkristalls ist definiert durch

$$V = F \cdot h,$$

wobei F die Fläche des von $\mathbf{a}$ und $\mathbf{b}$ aufgespannten Parallelogramms ist und h die Höhe des Spats über diesem Parallelogramm. Dabei sollen $\mathbf{a}$ und $\mathbf{b}$ linear unabhängig sein.

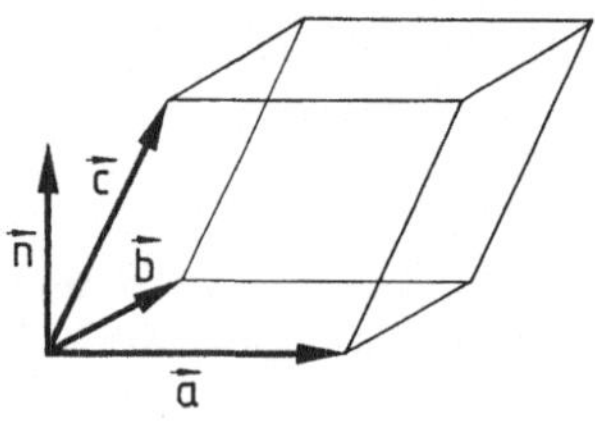

Zeigen Sie $V = \left| \langle \mathbf{a} \times \mathbf{b}, \mathbf{c} \rangle \right|$.

HINWEIS: h ist die Länge der orthogonalen Projektion von $\mathbf{c}$ auf die Normale von Span $\{\mathbf{a}, \mathbf{b}\}$.

Aufgaben. (a) Rechnen Sie für das **Spatprodukt** $S(\mathbf{a}, \mathbf{b}, \mathbf{c}) := \langle \mathbf{a} \times \mathbf{b}, \mathbf{c} \rangle$ nach, daß

$$S(\mathbf{b}, \mathbf{c}, \mathbf{a}) = S(\mathbf{c}, \mathbf{a}, \mathbf{b}) = S(\mathbf{a}, \mathbf{b}, \mathbf{c}).$$

(b) Zeigen Sie: Das Spatprodukt ändert sein Vorzeichen bei Vertauschung zweier Einträge, also

$$S(\mathbf{b}, \mathbf{a}, \mathbf{c}) = -S(\mathbf{a}, \mathbf{b}, \mathbf{c}) = S(\mathbf{c}, \mathbf{b}, \mathbf{a}) = -S(\mathbf{c}, \mathbf{a}, \mathbf{b}) \quad \text{usw.}$$

(Eigenschaften des Vektorprodukts, Benützung von (a)).

Auf das Spatprodukt kommen wir in § 17 (Determinanten) noch einmal zurück.

Kapitel III Analysis einer Veränderlichen

§ 7 Unendliche Reihen

1 Reihen im Reellen

1.1 Problemstellung. Wie läßt sich dem symbolischen Ausdruck

$$a_0 + a_1 + a_2 + \cdots \;=\; \sum_{k=0}^{\infty} a_k$$

ein Sinn geben? Selbstverständlich können wir nicht unendlich viele Zahlen addieren. Wir können jedoch aus den **Partialsummen**

$$s_n = a_0 + a_1 + a_2 + \cdots + a_n = \sum_{k=1}^{n} a_k$$

eine Folge bilden und deren Grenzwert — soweit vorhanden — als die gesuchte „Summe" ansehen. Wir bezeichnen die Folge (s_n) als **Reihe** mit den **Gliedern** a_k. Hiermit ist unser Problem auf die Untersuchung von Folgen zurückgeführt, wofür die Konvergenzkriterien von § 2 : 9 zur Verfügung stehen. Hinzu treten weitere, für Reihen spezifische Konvergenzkriterien.

Reihen gehören zusammen mit den Integralen zu den den wichtigsten konstruktiven Hilfsmitteln der Analysis. Mit ihrer Hilfe ist es möglich, Funktionen, Integrale und Lösungen von Differentialgleichungen darzustellen und mit beliebiger Genauigkeit zu berechnen. Hierbei spielen zwei Typen von Reihen eine ausgezeichnete Rolle, die *Potenzreihen*

$$a_0 + a_1 z + a_2 z^2 + \cdots$$

und die *trigonometrischen Reihen*

$$a_0 + (a_1 \cos x + b_1 \sin x) + (a_2 \cos 2x + b_2 \sin 2x) + \cdots .$$

1.2 Konvergenz und Divergenz von Reihen

Gegeben seien reelle Zahlen $a_0, a_1, \dots$. Wir bilden die Partialsummen

$$s_n = a_0 + \cdots + a_n = \sum_{k=0}^{n} a_k .$$

Besitzt die Folge (s_n) einen Grenzwert a, so schreiben wir

$$a = \sum_{k=0}^{\infty} a_k$$

und nennen die Reihe $\displaystyle\sum_{k=0}^{\infty} a_k$ **konvergent**; andernfalls heißt diese Reihe **divergent**.

Wir verwenden also das Symbol $\displaystyle\sum_{k=0}^{\infty} a_k$ in zweierlei Bedeutung: Einerseits steht es für die Aufgabe, das Konvergenzverhalten der Folge (s_n) zu untersuchen, andererseits als Abkürzung für ihren Grenzwert $a = \lim_{n \to \infty} s_n$, falls dieser existiert. Eine Gleichung $a = \displaystyle\sum_{k=0}^{\infty} a_k$ lesen wir so: Die Reihe konvergiert, und ihr Grenzwert ist a.

Entsprechend steht hinter dem Symbol

$$\sum_{k=N}^{\infty} a_k \qquad (N \in \mathbb{N})$$

die Frage nach der Konvergenz und ggf. dem Grenzwert der Folge der Partialsummen

$$s_n = a_N + a_{N+1} + \cdots + a_n = \sum_{k=N}^{n} a_k \qquad (n \geq N).$$

1.3 Beispiele

(a) Für die **geometrische Reihe** gilt

$$\sum_{k=0}^{\infty} q^k = \frac{1}{1-q} \quad \text{für} \quad |q| < 1.$$

Denn es ist $s_n = 1 + q + q^2 + \cdots + q^n = \dfrac{1 - q^{n+1}}{1 - q}$ für $q \neq 1$ nach §1:6.11, und für $|q| < 1$ gilt $\lim_{n \to \infty} q^{n+1} = 0$.

(b) Es gilt $\displaystyle\sum_{k=1}^{\infty} \frac{1}{k(k+1)} = 1,$ denn wegen $\dfrac{1}{k(k+1)} = \dfrac{1}{k} - \dfrac{1}{1+k}$ ergibt sich

$$s_n = \sum_{k=1}^{n} \frac{1}{k(k+1)} = \left(1 - \frac{1}{2}\right) + \left(\frac{1}{2} - \frac{1}{3}\right) + \cdots + \left(\frac{1}{n} - \frac{1}{n+1}\right)$$

$$= 1 - \frac{1}{n+1} \to 1 \quad \text{für} \quad n \to \infty.$$

(c) Die Reihe $\displaystyle\sum_{k=1}^{\infty} \frac{1}{k^2}$ konvergiert, denn die Partialsummen s_n bilden eine monoton wachsende, nach oben beschränkte Folge: Es gilt

$$s_n = s_{n-1} + \frac{\cdot 1}{n^2} > s_{n-1},$$

und nach der Rechnung in (b) folgt

$$s_n = 1 + \frac{1}{2^2} + \frac{1}{3^2} + \cdots + \frac{1}{n^2}$$

$$< 1 + \frac{1}{1 \cdot 2} + \frac{1}{2 \cdot 3} + \cdots + \frac{1}{(n-1)n} = 1 + 1 - \frac{1}{n} < 2.$$

Den Grenzwert können wir erst in § 28 : 6.3 bestimmen; es ergibt sich $\frac{\pi^2}{6}$.

(d) Die Reihe $\sum\limits_{k=0}^{\infty} (-1)^k$ konvergiert nicht, denn für die Partialsummen gilt

$$s_n = \begin{cases} 1, & \text{falls } n \text{ gerade}, \\ 0, & \text{falls } n \text{ ungerade}. \end{cases}$$

(e) Die **harmonische Reihe** $\sum\limits_{k=1}^{\infty} \frac{1}{k}$ divergiert, denn die Folge der Partialsummen ist unbeschränkt wegen

$$\begin{aligned}
s_{2^n} &= 1 + \frac{1}{2} + \left(\frac{1}{3} + \frac{1}{4} \right) + \left(\frac{1}{5} + \frac{1}{6} + \frac{1}{7} + \frac{1}{8} \right) + \cdots + \\
&\quad + \left(\frac{1}{2^{n-1}+1} + \cdots + \frac{1}{2^n} \right) \\
&> 1 + \frac{1}{2} + 2\frac{1}{4} + 4\frac{1}{8} + \cdots + 2^{n-1} \cdot \frac{1}{2^n} = 1 + \frac{n}{2}
\end{aligned}$$

(Der Grundgedanke findet sich schon bei NIKOLAUS ORESME 1371).

1.4 Zur Geschichte. (a) Die geometrische Progression $1 + q + q^2 + \cdots + q^n$ spielt eine große Rolle für die klassischen Exhaustionsmethoden zur Flächen- und Volumenbestimmung. Im X. Buch der Elemente, Zusatz zu Prop. 1 umschreibt und beweist EUKLID den folgenden Sachverhalt: Sind a, ε positive Größen, so wird $a - \frac{1}{2}a - \frac{1}{4}a - \cdots - \left(\frac{1}{2} \right)^n a < \varepsilon$ für genügend großes n. Damit zeigt EUKLID in Buch XII, Prop. 2, daß die Flächen F_1, F_2 zweier Kreise mit Durchmessern d_1, d_2 sich wie die Quadrate der Durchmesser verhalten: Für die Flächen regelmäßiger Polygone ist dies leicht einzusehen. Mittels Approximation der Kreisfläche durch ein- und umbeschriebene regelmäßige Polygonflächen mit 2^n Ecken und Verwendung des oben erwähnten Zusatzes führt EUKLID die Fälle $F_1 : F_2 > d_1^2 : d_2^2$ und $F_1 : F_2 < d_1^2 : d_2^2$ zum Widerspruch. ARCHIMEDES erhält die Parabelfläche mit Hilfe der Progression $\frac{1}{4} + \left(\frac{1}{4} \right)^2 + \cdots + \left(\frac{1}{4} \right)^n \approx \frac{1}{3}$.

(b) Die Anwendung der Exhaustionsmethode war auf solche Gebilde beschränkt, bei denen die Inhalte der ausschöpfenden Figuren in bestimmten, ausgezeichneten Progressionen standen. Zudem waren die Beweise zwar streng, aber auch sehr umständlich. Im 17. Jahrhundert versuchte man diese Fesseln zu sprengen, um einen möglichst weit tragenden Kalkül der Flächen– und Volumenberechnung zu entwickeln. In diesem Zusammenhang setzte ein neues Interesse an unendlichen Reihen ein. Im Jahr 1647 fand Pietro MENGOLI heraus, daß $\log 2$ durch die Summen $1 - \frac{1}{2} + \frac{1}{3} - \cdots \pm \frac{1}{n}$ angenähert werden kann. In seiner *Logarithmotechnia* bestimmte MERCATOR 1668 die Fläche unter der Hyperbel $\frac{1}{1+t}$ über dem Intervall $[0, x]$ — nämlich $\log(1+x)$ — und gab dafür die Darstellung

$$\log(1 + x) = x - \frac{x^2}{2} + \frac{x^3}{2} - \frac{x^4}{4} + \cdots$$

Ihm war vermutlich nicht bekannt, daß das letztere Ergebnis schon 1656 von VAN HUDDE entdeckt worden war. Isaac NEWTON hatte die Logarithmusreihe 1665 unabhängig von VAN HUDDE und MERCATOR gefunden und dazu eine Fülle weiterer Beispiele, so die Reihenentwicklungen von $\sin x$, $\cos x$, e^x, $\arcsin x$, $\arctan x$ u.a. Durch die Veröffentlichung MERCATORS sah er sich veranlaßt, seine Ergebnisse über Quadraturen und Reihenentwicklungen 1669 mitzuteilen: *Analysis per aequationes numero terminorum infinitas* (Analysis mittels Gleichungen mit unendlich vielen Gliedern), gedruckt 1711.

Vor allem in der Kombination mit der Differential– und Integralrechnung gewannen Reihenentwicklungen zunehmend an Bedeutung. Wichtige Beiträge leisteten neben NEWTON John WALLIS, James GREGORY, Gottfried Wilhelm LEIBNIZ, später u.a. Leonard EULER, die BERNOULLIS und Jean Baptiste Joseph FOURIER.

(c) Hinter den großen Erfolgen des Kalküls der Reihenentwicklungen blieb die Grundsatzdiskussion zunächst zurück: Was sind eigentlich „unendliche Summen", und wie ist mit ihnen umzugehen? LEIBNIZ kam z.B. zum Ergebnis $1 - 1 + 1 - 1 + \cdots = \frac{1}{2}$; EULER erhielt dasselbe aus $\frac{1}{1-x} = 1 + x + x^2 + \cdots$ für $x = -1$. Besonders im Zusammenhang mit der Entwickelbarkeit nach trigonometrischen Reihen bei Schwingungs– und Wärmeleitungsproblemen blieben manche Fragen mangels präziser Vorstellungen offen. Zwar hatte GREGORIUS a S. VINCENTIO schon 1647 den Kernpunkt getroffen: „Terminus einer Progression ist das Ende einer Reihe, das die Progression nicht erreicht, selbst wenn sie ins Unendliche fortgesetzt wird, aber an das sie näher herankommt, als irgend ein vorgegebenes Intervall angibt" (in Übersetzung). Endgültige Klarheit brachten aber erst die Untersuchungen von CAUCHY 1833 (vgl. Abschnitt 5).

1.5 Eigenschaften konvergenter Reihen

(a) *Aus* $\sum\limits_{k=0}^{\infty} a_k = a$ *und* $\sum\limits_{k=0}^{\infty} b_k = b$ *folgt* $\sum\limits_{k=0}^{\infty} (\alpha a_k + \beta b_k) = \alpha a + \beta b$.

(b) *Abänderung von endlich vielen Gliedern ändert das Konvergenzverhalten der Reihe nicht, d.h. konvergente Reihen bleiben konvergent und divergente Reihen bleiben divergent. Aber anders als bei Folgen bewirkt die Abänderung eines Reihengliedes auch eine Änderung des Grenzwertes.*

(c) *Die Glieder einer konvergenten Reihe bilden eine Nullfolge.*

Letzteres ist für die Konvergenz der Reihe zwar notwendig, aber nicht hinreichend, wie das Beispiel der harmonischen Reihe zeigt.

Für $|q| \geq 1$ ist (q^k) keine Nullfolge, also divergiert $\sum_{k=0}^{\infty} q^k$ für $|q| \geq 1$.

BEWEIS.

(a) Setzt man $s_n = \sum_{k=0}^{n} a_k$, $t_n = \sum_{k=0}^{n} b_k$, so gilt

$$\sum_{k=0}^{n} (\alpha a_k + \beta b_k) = \alpha s_n + \beta t_n \to \alpha a + \beta b \quad \text{für } n \to \infty.$$

(b) Gilt für zwei Reihen mit den Gliedern a_k, b_k und den Partialsummen s_n, t_n

$$a_k = b_k \quad \text{für} \quad k \geq N,$$

so folgt $s_n - (a_0 + a_1 + \cdots + a_N) = t_n - (b_0 + b_1 + \cdots + b_N)$ für $n \geq N$. Die Konvergenz der einen Reihe ist somit gleichwertig mit der Konvergenz der anderen. Im Fall der Konvergenz gilt

$$\sum_{k=0}^{\infty} a_k - (a_0 + a_1 + \cdots + a_N) = \sum_{k=0}^{\infty} b_k - (b_0 + b_1 + \cdots + b_N).$$

(c) Ist eine Reihe $s_n = \sum_{k=0}^{n} a_k$ konvergent mit Grenzwert a, so gibt es zu jedem $\varepsilon > 0$ ein n_ε mit $|a - s_n| < \varepsilon$ für $n > n_\varepsilon$, somit gilt für $n > n_\varepsilon + 1$

$$|a_n| = |s_n - s_{n-1}| \leq |s_n - a| + |a - s_{n-1}| < 2\varepsilon. \qquad \square$$

2 Konvergenzkriterien für Reihen

2.1 Das Monotoniekriterium. *Eine Reihe $\sum_{k=0}^{\infty} a_k$ mit $a_k \geq 0$ (endlich viele Ausnahmen sind zugelassen) konvergiert genau dann, wenn die Folge der Partialsummen nach oben beschränkt ist.*

BEWEIS.

Ist $a_n \geq 0$ für $n > N$, so ist $s_{n+1} = s_n + a_{n+1} \geq s_n$ für $n > N$, also ist die Folge (s_n) schließlich monoton wachsend. Nach dem Monotoniekriterium § 2 : 9.4 ist eine monoton wachsende Folge genau dann konvergent, wenn sie nach oben beschränkt ist. $\qquad \square$

2.2 Das Majorantenkriterium

Ist von einer bestimmten Nummer N ab $|a_k| \leq b_k$, und ist die Reihe $\displaystyle\sum_{k=0}^{\infty} b_k$ konvergent, so konvergiert auch die Reihe $\displaystyle\sum_{k=0}^{\infty} a_k$.

Die Reihe $\displaystyle\sum_{k=0}^{\infty} b_k$ heißt **Majorante** für die Reihe $\displaystyle\sum_{k=0}^{\infty} a_k$.

Der Beweis dafür wird in 5.2 für komplexe Reihenglieder geführt und sei bis dahin zurückgestellt.

Das Majorantenkriterium ist von großer praktischer Bedeutung. Die am häufigsten verwendeten Majoranten sind

$$\sum_{k=0}^{\infty} M \cdot r^k \quad (0 \leq r < 1) \quad \text{und} \quad \sum_{k=1}^{\infty} \frac{c}{k^2} \, .$$

Beide Reihen konvergieren nach 1.3 (a) und (c).

2.3 Beispiele für die Anwendung des Majorantenkriteriums

(a) $\displaystyle\sum_{k=0}^{\infty} \frac{x^k}{k!}$ konvergiert für jedes $x \in \mathbb{R}$.

Zum Nachweis wählen wir ein $N \in \mathbb{N}$ mit $N > 2|x|$. Für $k \geq N$ gilt dann

$$\left|\frac{x^k}{k!}\right| = \left|\frac{x^N}{N!}\right| \cdot \frac{|x|}{N+1} \cdots \frac{|x|}{k} \leq \frac{|x|^N}{N!} \cdot \left(\frac{1}{2}\right)^{k-N} = \frac{|2x|^N}{N!} \left(\frac{1}{2}\right)^k = M \left(\frac{1}{2}\right)^k ,$$

$\displaystyle\sum_{k=0}^{\infty} M \cdot \left(\frac{1}{2}\right)^k$ ist also eine Majorante.

(b) $\displaystyle\sum_{k=1}^{\infty} k \cdot q^k$ konvergiert für $|q| < 1$. Zum Beweis benützen wir nochmals den Kunstgriff von §2:5.5. Wir setzen $r := \sqrt{|q|}$ und $a_k := k \cdot q^k$. Dann ist

$$|a_k| = k \cdot r^k \cdot r^k$$

Die Folge $\left(k \cdot r^k\right)$ ist als Nullfolge beschränkt, etwa $k \cdot r^k \leq M$ für alle $k \in \mathbb{N}$. Es folgt

$$|a_k| \leq M \cdot r^k ,$$

und wegen $0 \leq r < 1$ ist $\displaystyle\sum_{k=1}^{\infty} M r^k$ eine konvergente Majorante.

2.4 Das Leibniz–Kriterium für alternierende Reihen

Bilden die positiven Zahlen $a_0, a_1, \ldots$ eine monoton fallende Nullfolge, so konvergiert die Reihe $\sum_{k=0}^{\infty} (-1)^k a_k$. Für die Teilsummen $s_n = \sum_{k=0}^{n} (-1)^k a_k$ und den Grenzwert s einer solchen **Leibniz–Reihe** *gelten die Abschätzungen*

$$s_{2n+1} \leq s \leq s_{2n} \quad \text{und} \quad |s - s_n| \leq a_n \,.$$

BEWEIS.
Wir zeigen, daß die Intervalle $[s_{2n+1}, s_{2n}]$ eine Intervallschachtelung bilden:
Wegen $a_{2n-1} \geq a_{2n} \geq a_{2n+1}$ gilt

$$s_{2n+1} = s_{2n-1} + a_{2n} - a_{2n+1} \geq s_{2n-1} = s_{2(n-1)+1} \,,$$

$$s_{2n} = s_{2n-2} - a_{2n-1} + a_{2n} \leq s_{2n-2} = s_{2(n-1)} \,,$$

$$s_{2n} - s_{2n+1} = -(-1)^{2n+1} a_{2n+1} = a_{2n+1} \to 0 \quad \text{für} \quad n \to \infty \,.$$

Für die von dieser Intervallschachtelung erfaßte Zahl s gilt

$$s = \lim_{n \to \infty} s_{2n} = \lim_{n \to \infty} s_{2n+1} \,, \quad \text{also} \quad s = \lim_{n \to \infty} s_n \,.$$

Für gerades n ist $s_{n+1} \leq s \leq s_n$, also

$$|s - s_n| = s_n - s \leq s_n - s_{n+1} = a_{n+1} \leq a_n;$$

für ungerades n ist $s_n \leq s \leq s_{n-1}$, also

$$|s - s_n| = s - s_n \leq s_{n-1} - s_n = a_n \,. \qquad \square$$

2.5 Beispiele

Die folgenden Reihen konvergieren nach dem Leibniz–Kriterium:

$$1 - \frac{1}{2} + \frac{1}{3} - \frac{1}{4} \pm \cdots = \sum_{k=1}^{\infty} (-1)^{k-1} \frac{1}{k} \,,$$

$$1 - \frac{1}{3} + \frac{1}{5} - \frac{1}{7} \pm \cdots = \sum_{k=0}^{\infty} (-1)^k \frac{1}{2k+1} \,,$$

$$\sum_{k=1}^{\infty} (-1)^k \frac{1}{\log k} \,.$$

2.6 Aufgaben

(a) In den Voraussetzungen des Leibniz–Kriteriums ist die Monotonieforderung unentbehrlich. Konstruieren Sie ein Gegenbeispiel durch „Mischen" der beiden Reihen $\sum_{k=1}^{\infty} \frac{1}{k}$ und $\sum_{k=0}^{\infty} \frac{1}{2^k}$.

(b) Warum konvergiert die Reihe $\sum_{k=0}^{\infty} \log(k+1) \cdot e^{\sin k - k}$?

(c) Warum konvergiert die Reihe $\sum_{k=0}^{\infty} (-1)^k \frac{1}{(2k+1) \cdot 3^k}$? Wir bezeichnen den Grenzwert dieser Reihe mit s, die Partialsummen wieder mit s_n. Geben Sie ein N an mit

$$|s_N - s| < 0.5 \cdot 10^{-4}$$

Berechnen Sie $2 \cdot \sqrt{3} \cdot s_n$. Welche Vermutung ergibt sich für s?

(d) Sei $s_n = \sum_{k=1}^{n} (-1)^{k-1} \frac{1}{k} \cdot \left(\frac{1}{4}\right)^k$ und $s = \lim_{n \to \infty} s_n$. (Warum existiert dieser Grenzwert?) Geben Sie ein N an mit $|s_N - s| < 0.5 \cdot 10^{-6}$ und bestimmen Sie e^{s_N} mit dem Taschenrechner. Welche Vermutung drängt sich für s auf?

3 Komplexe Folgen, Vollständigkeit von $\mathbf{C}$

3.1 Konvergenz komplexer Zahlenfolgen

Eine Folge (z_n) komplexer Zahlen **konvergiert gegen** z oder **hat den Grenzwert** z, wenn

$$\lim_{n \to \infty} |z - z_n| = 0 \,.$$

Hierfür schreiben wir

$$\lim_{n \to \infty} z_n = z \quad \text{oder auch} \quad z_n \to z \ \text{ für } \ n \to \infty \,.$$

Die Folge (z_n) heißt *konvergent*, wenn sie einen Grenzwert besitzt.

3.2 Eigenschaften konvergenter Folgen

(a) Jede konvergente Folge ist beschränkt.

(b) Aus $z_n \to z$ folgt $c \cdot z_n \to c \cdot z$ für $n \to \infty$.

(c) Aus $z_n \to z$ und $w_n \to w$ folgt $z_n + w_n \to z + w$ und $z_n \cdot w_n \to z \cdot w$.

BEWEIS: Konvergenzfragen bei komplexen Folgen werden durchweg auf Konvergenzfragen für reelle Folgen zurückgeführt. Dieses Prinzip wird uns bei Folgen im $\mathbb{R}^n$ und in unendlichdimensionalen Räumen wieder begegnen. Die Beweistechniken für Aussagen vom Typ (a), (b) und (c) sind immer dieselben und sollten deshalb sicher beherrscht werden. Wir überlassen Ihnen daher den Beweis als $\boxed{\text{ÜA}}$. Sollten Sie nicht zurechtkommen, so übertragen Sie die Beweise aus § 2 : 5 und § 2 : 6.7.

3.3 Einige Ungleichungen

(a) Für $z = x + iy$ gilt $\max\{|x|, |y|\} \leq |z| \leq |x| + |y|$.

(b) Dreiecksungleichung nach unten: $\big||z| - |w|\big| \leq |z - w|$.

BEWEIS.

(a) $|x| = \sqrt{x^2} \leq \sqrt{x^2 + y^2} = |z|$, entsprechend $|y| \leq |z|$. Nach der Dreiecksungleichung für komplexe Zahlen ist

$$|z| = |x + iy| \leq |x| + |iy| = |x| + |y| \, .$$

(b) $|z| = |w + z - w| \leq |w| + |z - w|$, also $|z| - |w| \leq |z - w|$,
$\quad\,\, |w| = |z + w - z| \leq |z| + |w - z|$, also $|w| - |z| \leq |z - w|$.

Da $\big||z| - |w|\big|$ eine der Zahlen $|z| - |w|$, $|w| - |z|$ ist, folgt die Behauptung . $\square$

3.4 Konvergenz von Real- und Imaginärteil

Für $z_n = x_n + iy_n$ und $z = x + iy$ gilt

$$z_n \to z \iff x_n \to x \quad und \quad y_n \to y \, .$$

BEWEIS.

„$\Longrightarrow$": $|x_n - x| \leq |z_n - z|$ und $|y_n - y| \leq |z_n - z|$ (s.o.). Aus $z_n \to z$, d.h. $|z_n - z| \to 0$ folgt $|x_n - x| \to 0$ und $|y_n - y| \to 0$ nach dem Vergleichssatz für reelle Nullfolgen.

„$\Longleftarrow$": Aus $x_n \to x$, $y_n \to y$ folgt $|x_n - x| + |y_n - y| \to 0$. Es ist aber $|z_n - z| \leq |x_n - x| + |y_n - y|$ (s.o.). $\hspace{2cm}\square$

3.5 Weitere Eigenschaften konvergenter Folgen

(a) Aus $z_n \to z$ folgt $|z_n| \to |z|$.

(b) Es gilt $z_n \to z$ genau dann, wenn $\overline{z}_n \to \overline{z}$.

(c) Ist $z_n \to z$ und $z \neq 0$, so gibt es ein n_0 mit $|z_n| > \frac{|z|}{2} > 0$ für $n > n_0$. Ferner gilt

$$\frac{1}{z_n} \to \frac{1}{z} \, .$$

BEWEIS.

(a) Dreiecksungleichung nach unten: $\big||z_n| - |z|\big| \leq |z_n - z|$.

(b) $|z_n - z| = |\bar{z}_n - \bar{z}|$.

(c) Wählen wir $\varepsilon = \dfrac{|z|}{2}$, so gibt es ein $n_0 \in \mathbb{N}$, so daß $|z - z_n| < \varepsilon$ für alle $n > n_0$. Also ist (Dreiecksungleichung nach unten)

$$|z_n| = |z - (z - z_n)| \geq |z| - |z - z_n| > |z| - \varepsilon = \frac{|z|}{2} > 0 \quad \text{für} \quad n > n_0 \,.$$

Nun folgt $\left|\dfrac{1}{z} - \dfrac{1}{z_n}\right| \leq \dfrac{2|z_n - z|}{|z|^2}$ für $n > n_0$. $\qquad\qquad \square$

3.6 Cauchy–Folgen und Vollständigkeit von $\mathbb{C}$

Eine Folge (z_n) von komplexen Zahlen heißt **Cauchy–Folge** in $\mathbb{C}$, wenn es zu jedem $\varepsilon > 0$ ein $n_\varepsilon \in \mathbb{N}$ gibt, so daß

$$|z_n - z_m| < \varepsilon \quad \text{für alle} \quad m, n > n_\varepsilon \,.$$

Wie im Reellen gilt der **Satz über die Vollständigkeit von $\mathbb{C}$**:

Eine Folge (z_n) ist genau dann konvergent, wenn sie eine Cauchy–Folge ist.

BEWEIS.

(a) Ist (z_n) eine Cauchy–Folge und sind $\varepsilon, n_\varepsilon$ wie oben gewählt, so folgt nach 3.3 für die Realteile x_n und die Imaginärteile y_n erst recht

$$|x_n - x_m| < \varepsilon, \quad |y_n - y_m| < \varepsilon$$

für $n, m > n_\varepsilon$, d.h. die reellen Folgen $(x_n), (y_n)$ erfüllen die Cauchy–Bedingung. Wegen der Vollständigkeit von $\mathbb{R}$ (§ 2: 9.6) gibt es also reelle Zahlen x, y mit $x_n \to x$ und $y_n \to y$. Für $z = x + iy$ ist dann $z_n \to z$ nach 3.4.

(b) Ist umgekehrt die Folge (z_n) konvergent und $z = \lim\limits_{n \to \infty} z_n$, so ist

$$|z_n - z_m| = |z_n - z + z - z_m| \leq |z_n - z| + |z - z_m| \,.$$

Wählen wir n_ε so, daß $|z_k - z| < \varepsilon$ für $k > n_\varepsilon$, so ist $|z_n - z_m| < 2\varepsilon$ für $n, m > n_\varepsilon$. $\qquad\qquad \square$

4 Reihen mit komplexen Gliedern

4.1 Konvergenz von Reihen

Sind $a_0, a_1, \ldots$ komplexe Zahlen, so führen wir in völliger Analogie zu den Reihen mit reellen Gliedern die Begriffe Reihe, Partialsumme, Konvergenz und Divergenz einer Reihe ein, vgl. 1.2. Eine Gleichung

$$a = \sum_{k=0}^{\infty} a_k$$

bedeutet wie im Reellen: Die Folge der Partialsummen konvergiert und hat den Grenzwert a.

4.2 Eigenschaften konvergenter Reihen

(a) *Eine Reihe ist genau dann konvergent, wenn die aus Real- und Imaginärteil der Glieder gebildeten Reihen konvergieren.* In diesem Fall gilt

$$\sum_{k=0}^{\infty} (x_k + iy_k) = \sum_{k=0}^{\infty} x_k + i \sum_{k=0}^{\infty} y_k \,.$$

(b) *Aus* $a = \sum_{k=0}^{\infty} a_k$ *und* $b = \sum_{k=0}^{\infty} b_k$ *folgt für* $\alpha, \beta \in \mathbb{C}$

$$\alpha a + \beta b = \sum_{k=0}^{\infty} (\alpha a_k + \beta b_k) \,.$$

(c) *Eine Abänderung von endlich vielen Gliedern ändert das Konvergenzverhalten einer Reihe nicht. Konvergiert eine der folgenden Reihen, so auch die andere, und es gilt*

$$\sum_{k=0}^{\infty} a_k = a_0 + a_1 + \cdots + a_N + \sum_{k=N+1}^{\infty} a_k \,.$$

(d) *Die Glieder einer konvergenten Reihe bilden eine Nullfolge.*

BEWEIS.

(a) folgt aus 3.4.

(b), (c) und (d) verlaufen wörtlich wie die Beweise im Reellen, vgl. 1.5.   □

4.3 Die geometrische Reihe im Komplexen

Für alle $z \in \mathbb{C}$ mit $|z| < 1$ konvergiert die geometrische Reihe

$$\sum_{k=0}^{\infty} z^k = \frac{1}{1-z} \qquad \text{für } |z| < 1 \,.$$

Denn für $|z| < 1$ gilt $\lim_{n \to \infty} |z^{n+1}| = \lim_{n \to \infty} |z|^{n+1} = 0$, also

$$\lim_{n \to \infty} (1 + z + \cdots + z^n) = \lim_{n \to \infty} \frac{1 - z^{n+1}}{1-z} = \frac{1}{1-z} \,.$$

Im Fall $|z| \geq 1$ konvergiert die Reihe nicht, da die Glieder keine Nullfolge bilden.

4.4 Aufgaben. Sei $0 \leq r < 1$ und $\varphi \in \mathbb{R}$.

(a) Bestimmen Sie den Grenzwert der Reihe $\sum\limits_{k=0}^{\infty} r^k e^{ik\varphi}$.

(b) Was ergibt sich für $\sum\limits_{k=1}^{\infty} r^k \cdot \sin k\varphi$?

(c) Stellen Sie $\sum\limits_{k=0}^{\infty} r^k e^{ik\varphi} + \sum\limits_{k=1}^{\infty} r^k e^{-ik\varphi}$ in der Form $x + iy$ dar.

(d) Für welche $z \in \mathbb{C}$ konvergiert $\sum\limits_{k=0}^{\infty} e^{kz}$?

(e) Geben Sie den (reellen) Grenzwert der Reihe $\sum\limits_{k=0}^{\infty} e^{(i\pi-1)k}$ an.

5 Cauchy–Kriterium und Majorantenkriterium

Augustin–Louis CAUCHY (1789–1857) war einer der Wegbereiter der modernen Analysis. In den *Résumés Analytiques* (Turin 1833) stellte er die erste methodenstrenge systematische Abhandlung über unendliche Reihen vor.

5.1 Das Cauchy–Kriterium für Reihen

Die Reihe $\sum\limits_{k=0}^{\infty} a_k$ ist genau dann konvergent, wenn es zu jedem $\varepsilon > 0$ ein $n_\varepsilon \in \mathbb{N}$ gibt, so daß

$$\left| \sum_{k=n+1}^{m} a_k \right| < \varepsilon \quad \text{für alle} \quad m > n > n_\varepsilon$$

gilt.

BEWEIS.

Wegen $\sum\limits_{k=n+1}^{m} a_k = s_m - s_n$ bedeutet die genannte Bedingung, daß die Folge (s_n) eine Cauchy-Folge in $\mathbb{C}$ ist, also nach 3.6 konvergiert. $\qquad\square$

5.2 Das Majorantenkriterium. *Konvergiert die Reihe $\sum\limits_{k=0}^{\infty} b_k$ und gilt*

$$|a_k| \leq b_k \quad \text{für alle} \quad k \quad \text{von einer bestimmten Nummer } N \text{ ab,}$$

so konvergiert die Reihe $\sum\limits_{k=0}^{\infty} a_k$, ebenso die Reihe $\sum\limits_{k=0}^{\infty} |a_k|$.

Die Reihe $\sum\limits_{k=0}^{\infty} b_k$ heißt eine **Majorante** für die Reihe $\sum\limits_{k=0}^{\infty} a_k$. Für den Konvergenznachweis komplexer Reihen benützt man fast ausschließlich das Majorantenkriterium. In den meisten Fällen verwendet man als Majorante eine der Reihen

$$\sum_{k=0}^{\infty} M r^k \quad \text{mit} \quad 0 < r < 1 \quad \text{oder} \quad \sum_{k=1}^{\infty} \frac{c}{k^2} \, .$$

BEWEIS.

Für $m > n \geq N$ ist

$$\Big| \sum_{k=n+1}^{m} a_k \Big| \leq \sum_{k=n+1}^{m} |a_k| \leq \sum_{k=n+1}^{m} b_k \, .$$

Da die Reihe $\sum\limits_{k=0}^{\infty} b_k$ konvergiert, gibt es nach dem Cauchy–Kriterium zu jedem $\varepsilon > 0$ ein $n_\varepsilon \geq N$, so daß

$$0 \leq \sum_{k=n+1}^{m} b_k < \varepsilon \quad \text{für alle} \quad m > n > n_\varepsilon \, .$$

Für diese n und m ist dann auch

$$\Big| \sum_{k=n+1}^{m} a_k \Big| \leq \sum_{k=n+1}^{m} |a_k| < \varepsilon \, ,$$

d.h. die Reihen $\sum\limits_{k=0}^{\infty} a_k$ und $\sum\limits_{k=0}^{\infty} |a_k|$ erfüllen das Cauchy–Kriterium. $\square$

5.3 Ungleichungen für Reihen

Konvergiert die Reihe $\sum\limits_{k=0}^{\infty} |a_k|$, so konvergiert auch die Reihe $\sum\limits_{k=0}^{\infty} a_k$, und es gilt

$$\Big| \sum_{k=0}^{\infty} a_k \Big| \leq \sum_{k=0}^{\infty} |a_k| \, , \qquad \lim_{N \to \infty} \sum_{k=N+1}^{\infty} a_k = 0 \, , \qquad \lim_{N \to \infty} \sum_{k=N+1}^{\infty} |a_k| = 0 \, .$$

BEWEIS.

Wir setzen

$$s_n = \sum_{k=0}^{n} a_k \, , \qquad t_n = \sum_{k=0}^{n} |a_k| \, , \qquad t = \lim_{n \to \infty} t_n \, .$$

Die Konvergenz sämtlicher Reihen $\sum\limits_{k=n+1}^{\infty} a_k$ ergibt sich aus dem Majorantensatz, insbesondere existiert $s = \lim\limits_{n \to \infty} s_n$. Es folgt mit Hilfe von § 2 : 6.2

$$|s_n| = \Big| \sum_{k=0}^{n} a_k \Big| \leq \sum_{k=0}^{n} |a_k| = t_n \leq t, \quad \text{also}$$

$$\Big| \sum_{k=0}^{\infty} a_k \Big| = |s| = \lim_{n \to \infty} |s_n| \leq t = \sum_{k=0}^{\infty} |a_k|.$$

Aus der Gleichung 4.2 (c): $t - t_N = \sum_{k=N+1}^{\infty} |a_k|$ folgt

$$0 = \lim_{N \to \infty} (t - t_N) = \lim_{N \to \infty} \sum_{k=N+1}^{\infty} |a_k|.$$

Wegen $\Big| \sum_{k=N+1}^{\infty} a_k \Big| \leq \sum_{k=N+1}^{\infty} |a_k|$ (s.o.) folgt $\lim_{N \to \infty} \sum_{k=N+1}^{\infty} a_k = 0.$ $\qquad\square$

5.4 Beispiele

(a) Die Reihe $\sum_{k=0}^{\infty} \dfrac{z^k}{k!}$ konvergiert für alle $z \in \mathbb{C}$, denn $\sum_{k=0}^{\infty} \dfrac{|z|^k}{k!}$ ist Majorante und konvergiert nach 2.3(a).

(b) Die Reihe $\sum_{k=1}^{\infty} kz^k$ konvergiert für $|z| < 1$, denn sie besitzt die nach 2.3 (b) konvergente Majorante $\sum_{k=1}^{\infty} k|z|^k$.

5.5 Aufgaben. Zeigen Sie:

(a) Konvergieren die Reihen $\sum_{k=0}^{\infty} |a_k|^2$ und $\sum_{k=0}^{\infty} |b_k|^2$ mit $a_k, b_k \in \mathbb{C}$, so konvergiert auch $\sum_{k=0}^{\infty} \bar{a}_k b_k$, und es gilt

$$\Big| \sum_{k=0}^{\infty} \bar{a}_k b_k \Big| \leq \frac{1}{2} \left(\sum_{k=0}^{\infty} |a_k|^2 + \sum_{k=0}^{\infty} |b_k|^2 \right).$$

(b) Konvergiert $\sum_{k=1}^{\infty} |a_k|^2$, so auch $\sum_{k=1}^{\infty} \dfrac{a_k}{k}$.

6 Umordnung von Reihen

6.1 Problemstellung. In endlichen Summen von reellen oder komplexen Zahlen können beliebig Klammern gesetzt und Vertauschungen vorgenommen werden:

$$a_0 + a_1 + \cdots + a_8 = (a_0 + a_1) + (a_2 + a_3 + a_4 + a_5) + (a_6 + a_7 + a_8)$$

$$= a_0 + a_2 + a_7 + a_8 + a_1 + a_5 + a_6 + a_3 + a_4 \,.$$

(a) Gilt für Reihen auch eine Art von Assoziativgesetz? Die Präzisierung dieser Frage lautet: Es sei $n_1 < n_2 < \cdots$ eine Teilfolge in $\mathbb{N}_0 = \{0, 1, 2, \ldots\}$ und

$$b_1 = a_0 + a_1 + \cdots + a_{n_1}, \quad b_2 = a_{n_1+1} + \cdots + a_{n_2}, \quad \cdots .$$

Folgt dann aus $\sum\limits_{n=1}^{\infty} b_n = a$ auch $\sum\limits_{k=0}^{\infty} a_k = a$, d.h. ist Klammerauflösung erlaubt?

Die letzte Frage muß verneint werden, wie das Beispiel

$$a_k = (-1)^k \quad \text{und} \quad b_1 = a_0 + a_1 = 0, \; b_2 = a_2 + a_3 = 0, \; \ldots \quad \text{zeigt.}$$

Klammersetzung ist dagegen erlaubt. Denn für die beiden Partialsummen

$$s_n = \sum_{k=0}^{n} a_k, \quad t_m = \sum_{n=1}^{m} b_n \quad \text{gilt} \quad t_m = s_{n_m},$$

also ist (t_m) eine Teilfolge von (s_n) und hat daher denselben Grenzwert.

(b) Gilt für unendliche Reihen das Kommutativgesetz? Betrachten wir eine bijektive Abbildung („Permutation") φ von $\mathbb{N}_0 = \{0, 1, 2, \ldots\}$ auf sich, so enthält die **umgeordnete Reihe** $\sum\limits_{k=0}^{\infty} a_{\varphi(k)}$ wieder alle Glieder a_k, nur in anderer Reihenfolge.

$$\text{Gilt stets} \qquad \sum_{k=0}^{\infty} a_k = \sum_{k=0}^{\infty} a_{\varphi(k)} \,?$$

Die Antwort darauf lautet: nein! Dies zeigt zuerst CAUCHY 1833 am Beispiel der Leibniz–Reihe

$$1 - \frac{1}{2} + \frac{1}{3} - \frac{1}{4} + \cdots .$$

Die umgeordnete Reihe

$$\left(1 + \frac{1}{3} - \frac{1}{2}\right) + \left(\frac{1}{5} + \frac{1}{7} - \frac{1}{4}\right) + \left(\frac{1}{9} + \frac{1}{11} - \frac{1}{6}\right) + \left(\frac{1}{13} + \frac{1}{15} - \frac{1}{8}\right) + \cdots$$

hat den 1.5–fachen Grenzwert der ursprünglichen Reihe.

RIEMANN konnte 1866 zeigen, daß sich durch geeignetes Umordnen sogar jeder Grenzwert erzielen läßt, und zwar zeigte er dies für alle Reihen, die nicht absolut konvergent sind, vgl. 6.2. Für Einzelheiten: [MANGOLDT–KNOPP, Bd. 2, Nr. 78 und 80].

6.2 Absolute Konvergenz

Die Reihe $\sum\limits_{k=0}^{\infty} a_k$ heißt *absolut konvergent*, wenn $\sum\limits_{k=0}^{\infty} |a_k|$ konvergiert.

Aus der Konvergenz von $\sum\limits_{k=0}^{\infty} |a_k|$ folgt immer die Konvergenz von $\sum\limits_{k=0}^{\infty} a_k$ nach dem Majorantensatz. Die Umkehrung gilt nicht: Zwar konvergiert die Leibniz-Reihe $\sum\limits_{k=1}^{\infty} (-1)^{k-1}\frac{1}{k}$, die Reihe $\sum\limits_{k=1}^{\infty} \left|(-1)^{k-1}\frac{1}{k}\right| = \sum\limits_{k=1}^{\infty} \frac{1}{k}$ aber nicht.

6.3 Der Umordnungssatz

Konvergiert eine Reihe absolut, so konvergiert auch jede Umordnung gegen denselben Grenzwert.

Darüberhinaus gilt:
Ist irgend eine Umordnung $\sum a_{\varphi(k)}$ der Reihe $\sum a_k$ absolut konvergent, so konvergiert auch jede Umordnung absolut, insbesondere die gegebene Reihe.

[MANGOLDT–KNOPP, Bd. 2, Nr. 80].

6.4 Doppelreihen

Gegeben sind komplexe Zahlen a_{ik} $(i, k \in \mathbb{N}_0 = \mathbb{N} \cup \{0\})$. Um $\sum\limits_{i,k=0}^{\infty} a_{ik}$ zu definieren, bieten sich verschiedene Wege an:

(a) Man bildet $\sum\limits_{i=0}^{\infty} \left(\sum\limits_{k=0}^{\infty} a_{ik} \right)$, falls die Reihen $b_i = \sum\limits_{k=0}^{\infty} a_{ik}$ und $\sum\limits_{i=0}^{\infty} b_i$ konvergieren.

(b) Man kann $\sum\limits_{i,k=0}^{\infty} a_{ik}$ durch $\sum\limits_{k=0}^{\infty} \left(\sum\limits_{i=0}^{\infty} a_{ik} \right)$ definieren.

(c) Schließlich kann man die a_{ik} durchnumerieren, d.h. die Menge $\{a_{ik} \mid i, k \in \mathbb{N}_0\}$ als Folge $\left(a_{\varphi(n)}\right)$ durchlaufen und $\sum\limits_{n=0}^{\infty} a_{\varphi(n)}$ bilden.

Auf die letzte Möglichkeit wollen wir etwas näher eingehen.

6.5 Lineare Anordnung einer Doppelfolge

Unter einer **Anordnung (Abzählung)** der Paare (i, k) $(i, k \in \mathbb{N}_0)$ verstehen wir eine bijektive Abbildung φ von $\mathbb{N}_0$ auf $\mathbb{N}_0 \times \mathbb{N}_0 = \{(i, k) \mid i, k \in \mathbb{N}_0\}$.

Ist $\varphi(n) = (i, k)$, so schreiben wir $a_{\varphi(n)}$ an Stelle von a_{ik}. Ein Beispiel für eine Anordnung von $\mathbb{N}_0 \times \mathbb{N}_0$ hatten wir in § 1 : 11 kennengelernt, wir stellen diesem noch ein zweites gegenüber:

Diagonalverfahren

$$
\begin{array}{ccccc}
a_{00} & a_{01} \rightarrow & a_{02} & a_{03} \rightarrow & \cdots \\
\downarrow \;\nearrow & \swarrow & \nearrow & \swarrow & \\
a_{10} & a_{11} & a_{12} & a_{13} & \cdots \\
& \swarrow & \nearrow & \swarrow & \\
a_{20} & a_{21} & a_{22} & a_{23} & \cdots \\
\downarrow \;\nearrow & \swarrow & \nearrow & & \\
a_{30} & a_{31} & a_{32} & a_{33} & \cdots \\
\vdots & \vdots & \vdots & &
\end{array}
$$

$$\varphi(0) = (0,0), \quad \varphi(3) = (0,2)$$
$$\varphi(8) = (1,2), \quad \text{usw.}$$

Quadratverfahren

$$
\begin{array}{ccccc}
a_{00} & a_{01} \rightarrow & a_{02} & a_{03} \rightarrow & \cdots \\
\downarrow & \uparrow & \downarrow & \uparrow & \\
a_{10} \rightarrow & a_{11} & a_{12} & a_{13} & \cdots \\
& & \downarrow & \uparrow & \\
a_{20} \leftarrow & a_{21} \leftarrow & a_{22} & a_{23} & \cdots \\
\downarrow & & & \uparrow & \\
a_{30} \rightarrow & a_{31} \rightarrow & a_{32} \rightarrow & a_{33} & \cdots \\
\vdots & \vdots & \vdots & \vdots &
\end{array}
$$

$$\varphi(0) = (0,0), \quad \varphi(3) = (0,1)$$
$$\varphi(8) = (2,0), \quad \text{usw.}$$

6.6 Der große Umordnungssatz.

Für jede Doppelfolge (a_{ik}) in $\mathbb{C}$ sind die folgenden Aussagen äquivalent:

(a) $\displaystyle\sum_{k=0}^{\infty} |a_{\varphi(k)}|$ *konvergiert für eine Anordnung φ,*

(b) $\displaystyle\sum_{k=0}^{\infty} |a_{\varphi(k)}|$ *konvergiert für jede Anordnung φ,*

(c) $\displaystyle\sum_{i=0}^{\infty} \Big(\sum_{k=0}^{\infty} |a_{ik}| \Big)$ *konvergiert*

(dies schließt die Konvergenz aller $\displaystyle\sum_{k=0}^{\infty} |a_{ik}|$ für $i = 0, 1, \ldots$ ein),

(d) $\displaystyle\sum_{k=0}^{\infty} \Big(\sum_{i=0}^{\infty} |a_{ik}| \Big)$ *konvergiert*

(dies schließt die Konvergenz aller $\displaystyle\sum_{i=0}^{\infty} |a_{ik}|$ für $k = 0, 1, 2, \ldots$ ein).

Ist eine dieser vier Aussagen erfüllt, so gilt

$$\sum_{i=0}^{\infty} \Big(\sum_{k=0}^{\infty} a_{ik} \Big) = \sum_{k=0}^{\infty} \Big(\sum_{i=0}^{\infty} a_{ik} \Big) = \sum_{j=0}^{\infty} a_{\varphi(j)}$$

für jede Anordnung φ.

Der relativ lange und ziemlich technische Beweis findet sich in [MANGOLDT-KNOPP, Bd. 2, Nr. 81]. Wesentliche Ideen gehen auf CAUCHY zurück.

7 Das Cauchy–Produkt

7.1 Der Produktsatz von Cauchy

Sind die Reihen $a = \sum\limits_{i=0}^{\infty} a_i$ und $b = \sum\limits_{k=0}^{\infty} b_k$ absolut konvergent, so ist auch die Reihe $c = \sum\limits_{n=0}^{\infty} c_n$ mit den Gliedern

$$c_n = a_0 b_n + a_1 b_{n-1} + \cdots + a_{n-1} b_1 + a_n b_0 = \sum_{i+k=n} a_i b_k = \sum_{k=0}^{n} a_k b_{n-k}$$

absolut konvergent, und es gilt

$$a \cdot b = \sum_{n=0}^{\infty} c_n \,.$$

Der Beweis läßt sich auf den großen Umordnungssatz zurückführen, siehe dazu [MANGOLDT-KNOPP, Bd. 2, Nr. 82].

BEMERKUNG. Konvergiert keine der beiden Reihen absolut, so gilt der Produktsatz im allgemeinen nicht (CAUCHY 1833).

7.2 Die Exponentialreihe

$$E(z) = \sum_{k=0}^{\infty} \frac{z^k}{k!}$$

konvergiert absolut nach 5.4. Es ist

$$E(z + w) = E(z) \cdot E(w) \quad \text{und} \quad E(0) = 1 \,.$$

Denn es gilt $E(z) \cdot E(w) = \sum\limits_{n=0}^{\infty} c_n$ mit

$$c_n = \sum_{k=0}^{n} \frac{z^k}{k!} \frac{w^{n-k}}{(n-k)!} = \frac{1}{n!} \sum_{k=0}^{n} \binom{n}{k} z^k \cdot w^{n-k} = \frac{1}{n!}(z + w)^n \,.$$

Also ist $E(z) \cdot E(w) = \sum\limits_{n=0}^{\infty} \dfrac{(z + w)^n}{n!} = E(z + w)$.

(Später werden wir sehen, daß $E(z) = e^z = e^x(\cos y + i \sin y)$.)

7.3 Aufgabe. Zeigen Sie mit Hilfe des Produktsatzes

$$\frac{1}{(1 - z)^2} = \sum_{n=0}^{\infty} (n + 1)z^n \quad \text{für} \quad |z| < 1 \,.$$

§ 8 Grenzwerte von Funktionen und Stetigkeit

1 Grenzwerte von Funktionen

1.1 Das Beispiel $\dfrac{\sin x}{x}$

$f(x) = \frac{\sin x}{x}$ ist zunächst nur für $x \neq 0$
erklärt. Aus dem Graphen dieser Funktion ersehen wir aber, daß f sinnvoll in den Nullpunkt fortgesetzt wird, wenn man $f(0) = 1$ setzt. Was heißt „sinnvolle Fortsetzung"?

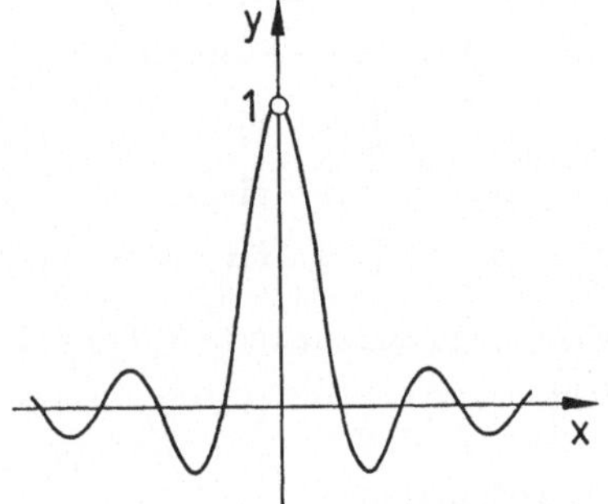

1.2 Definition und Erläuterung

Die Funktion f sei erklärt in einem echten Intervall I mit eventueller Ausnahme des Punktes $a \in I$. Wir schreiben

$$\lim_{\substack{x \to a \\ x \in I}} f(x) = b \quad \text{oder} \quad \lim_{I \ni x \to a} f(x) = b$$

(f hat an der Stelle a den **Grenzwert** b), wenn

$$\lim_{n \to \infty} f(x_n) = b \text{ für \textbf{jede} Folge } (x_n) \text{ in } I \setminus \{a\} \text{ mit } \lim_{n \to \infty} x_n = a.$$

Man beachte, daß in diese Definition der Funktionswert $f(a)$, soweit erklärt, nicht eingeht. Aus drucktechnischen Gründen ziehen wir die Schreibweise

$$\lim_{I \ni x \to a} f(x) = b \quad \text{vor.}$$

Die Definition umfaßt drei Fälle:

Rechtsseitiger Grenzwert. Ist $I = \,]a, a + r[$ mit $r > 0$ und $\lim_{I \ni x \to a} f(x) = b$, so heißt b der rechtsseitige Grenzwert von $f(x)$ an der Stelle a und wird mit

$$\lim_{x \to a+} f(x) \quad \text{oder kurz} \quad f(a+)$$

bezeichnet. Entsprechend ist der **linksseitige Grenzwert** definiert: Ist $J = \,]a - r, a[$ mit $r > 0$, so setzen wir

$$\lim_{x \to a-} f(x) = f(a-) := \lim_{J \ni x \to a} f(x),$$

falls dieser Grenzwert existiert, d.h. falls für jede Folge (x_n) mit $x_n < a$ und $x_n \to a$ die Folge $(f(x_n))$ einen und denselben Grenzwert hat.

Ist schließlich a ein innerer Punkt von I, so bezeichnen wir

$$\lim_{I \ni x \to a} f(x) \quad \text{schlicht mit} \quad \lim_{x \to a} f(x)\,.$$

(zweiseitiger Grenzwert).

Für die **Heaviside–Funktion** h

$$h(x) = \begin{cases} 1 & \text{für } x > 0 \\ \frac{1}{2} & \text{für } x = 0 \\ 0 & \text{für } x < 0 \end{cases}$$

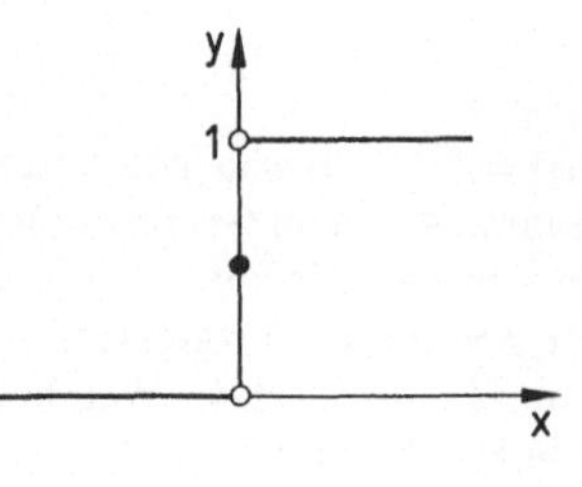

existieren die Grenzwerte $h(0+) = 1$ und $h(0-) = 0$, dagegen existiert $\lim\limits_{x \to 0} h(x)$ nicht.

1.3 Beispiele

Im folgenden stützen wir uns öfters auf den Dreifolgensatz von §2:6.6: Ist $\lim\limits_{n \to \infty} a_n = \lim\limits_{n \to \infty} c_n = b$ und $a_n \le b_n \le c_n$, so konvergiert auch die eingeschlossene Folge (b_n) gegen b.

(a) $\lim\limits_{x \to 0} \cos x = 1$. Denn nach §3:8.7 ist

$$1 - \frac{x^2}{2} \le \cos x \le 1\,.$$

Ist also (x_n) eine Nullfolge und sind alle x_n von Null verschieden, so folgt daraus

$$\lim_{n \to \infty} \cos x_n = \lim_{n \to \infty} 1 - \frac{x_n^2}{2} = 1\,.$$

(b) $\lim\limits_{x \to 0} \dfrac{1 - \cos x}{x} = 0$.

Denn aus $1 - \frac{1}{2}x^2 \le \cos x \le 1$ folgt $|1 - \cos x| = 1 - \cos x \le \frac{1}{2}x^2$. Für $x_n \to 0, x_n \ne 0$ ergibt sich also

$$0 \le \left| \frac{1 - \cos x_n}{x_n} \right| \le \frac{1}{2} \cdot |x_n|\,, \quad \text{also} \quad \lim_{n \to \infty} \frac{1 - \cos x_n}{x_n} = 0\,.$$

(c) $\lim\limits_{x \to 0} \dfrac{\sin x}{x} = 1$.

Wir benützen die in §3:8.7 gegebenen Abschätzungen

$$|\sin x| \le |x| \le |\tan x| \quad \text{für} \quad |x| \le \frac{\pi}{2}\,.$$

Daraus folgt

$$\cos x = \frac{x}{\tan x} \cdot \frac{\sin x}{x} \le \frac{\sin x}{x} \le 1 \, .$$

Damit folgt die Behauptung aus (a).

(d) $\displaystyle\lim_{x\to 0} \frac{\sin kx}{x} = k$ für jedes $k \in \mathbb{R}$ $\boxed{\text{ÜA}}$.

(e) $\displaystyle\lim_{x\to 0} \frac{e^x - 1}{x} = 1.$

Dazu beweisen wir die Ungleichung

$$\frac{1}{1 + |x|} \le \frac{e^x - 1}{x} \le \frac{1}{1 - |x|} \quad \text{für} \quad 0 < |x| < 1 \, ;$$

die Behauptung folgt dann mit $x = x_n \ne 0$, $x_n \to 0$. Der rechte Teil der Ungleichung wurde in §3:2.3 (e) bewiesen. Der andere Teil folgt für $x > 0$ aus $1 + x \le e^x$, also

$$\frac{e^x - 1}{x} \ge 1 \ge \frac{1}{1 + x} \, .$$

Für $-1 < x < 0$ gilt

$$e^x < \frac{1}{1 - x}, \quad \text{also} \quad 1 - e^x \ge 1 - \frac{1}{1 - x} = \frac{-x}{1 - x}, \quad \text{daraus}$$

$$\frac{e^x - 1}{x} \ge \frac{1}{1 - x} = \frac{1}{1 + |x|} \, .$$

(f) $\displaystyle\lim_{x\to 0+} e^{-\frac{1}{x}} = 0.$

Dagegen existiert $\displaystyle\lim_{x\to 0-} e^{-\frac{1}{x}}$ nicht.

Denn es gilt für $x > 0$

$$e^{\frac{1}{x}} \ge 1 + \frac{1}{x} > \frac{1}{x} \implies 0 < e^{-\frac{1}{x}} < x \, .$$

Für $x_n = -\frac{1}{n}$ wird $e^{-\frac{1}{x_n}} = e^n$ beliebig groß.

1.4 Beispiel. $\displaystyle\lim_{x\to 0} \sin \frac{1}{x}$ existiert nicht:

Zu jeder Zahl $c \in [-1, +1]$ gibt es eine Nullfolge (y_n) mit

$$\sin \frac{1}{y_n} \to c\,.$$

Setzt man nämlich $\alpha = \arcsin c$ und

$$y_n = \frac{1}{\alpha + 2\pi n} \quad \text{für} \quad n = 1, 2, \ldots,$$

so ist

$$\sin \frac{1}{y_n} = \sin\left(2\pi n + \alpha\right) = \sin \alpha = c\,.$$

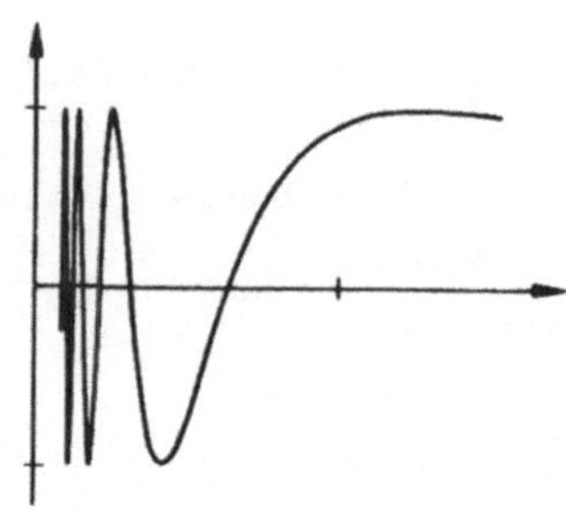

1.5 Das ε–δ–Kriterium

Genau dann ist $\lim\limits_{I \ni x \to a} f(x) = b$, wenn es zu jedem $\varepsilon > 0$ ein $\delta > 0$ gibt, so daß

$$|f(x) - b| < \varepsilon \quad \text{für alle} \quad x \in I \quad \text{mit} \quad 0 < |x - a| < \delta\,.$$

Bei Verkleinerung von ε wird man auch δ kleiner wählen müssen (Fig.).

BEWEIS.

„$\Longrightarrow$": Sei $\lim\limits_{I \ni x \to a} f(x) = b$ und sei $\varepsilon > 0$ vorgegeben. Wir behaupten, daß es ein $n_0 \in \mathbb{N}$ gibt mit der Eigenschaft

$$|f(x) - b| < \varepsilon$$

für alle $x \in I$ mit $0 < |x - a| < \frac{1}{n_0}$.

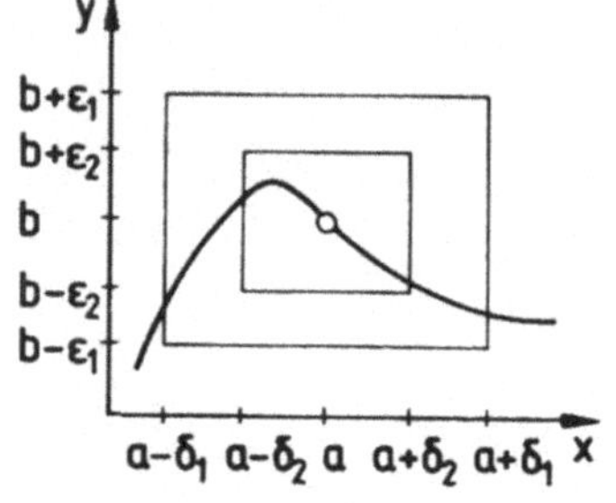

Wäre das nicht der Fall, so gäbe es zu jeder natürlichen Zahl n mindestens ein $x_n \in I$, für das zwar $0 < |x_n - a| < \frac{1}{n}$, aber nicht $|f(x) - b| < \varepsilon$ gilt. Dann wäre aber $x_n \to a, x_n \neq a$, also nach Voraussetzung $\lim\limits_{n \to \infty} f(x_n) = b$, im Widerspruch zu $|f(x_n) - b| \geq \varepsilon$ nach Wahl der x_n. Also muß es ein n_0 der oben behaupteten Art geben; wir setzen $\delta := \frac{1}{n_0}$.

„$\Longleftarrow$": f erfülle an der Stelle a das ε–δ–Kriterium. Ist $\varepsilon > 0$ vorgegeben, so wählen wir $\delta > 0$ so, daß

$$|f(x) - b| < \varepsilon \quad \text{für alle} \quad x \in I \quad \text{mit} \quad 0 < |x - a| < \delta\,.$$

Ist nun (x_n) eine Folge in I mit $x_n \to a$, $x_n \neq a$, so wählen wir n_0 so, daß $|x_n - a| < \delta$ für $n > n_0$. Dann ist $|f(x_n) - b| < \varepsilon$ für $n > n_0$ (n_0 hängt über δ von ε ab).

□

1.6 Folgerung. Ist $\lim\limits_{I \ni x \to a} f(x) = b > 0$, so gibt es ein $\delta > 0$ mit

$$f(x) > \frac{1}{2} \cdot b \quad \text{für alle} \quad x \in I \quad \text{mit} \quad 0 < |x - a| < \delta.$$

BEWEIS.
Wir wählen $\varepsilon = \frac{b}{2}$ und $\delta > 0$ so, daß

$$|f(x) - b| < \varepsilon \quad \text{für alle} \quad x \in I \quad \text{mit} \quad 0 < |x - a| < \delta.$$

Für diese x ist $f(x) = b + (f(x) - b) \geq b - |f(x) - b| > b - \frac{b}{2} = \frac{b}{2}.$ $\qquad\square$

1.7 Folgerung. Ist a ein innerer Punkt von I, so existiert $\lim\limits_{I \ni x \to a} f(x)$ genau dann, wenn die Grenzwerte $\lim\limits_{x \to a+} f(x),\ \lim\limits_{x \to a-} f(x)$ existieren und gleich sind.

(ÜA , benützen Sie das ε–δ–Kriterium.)

1.8 Grenzwerte für $x \to \infty$ und $x \to -\infty$

(a) *Ist $f(x)$ erklärt für alle $x \geq \alpha$, so sagen wir*

$$\lim_{x \to \infty} f(x) = b, \quad \text{falls} \quad \lim_{x \to 0+} f\left(\frac{1}{x}\right) = b.$$

(b) *Ist $f(x)$ für alle $x \leq \beta$ erklärt, so sagen wir*

$$\lim_{x \to -\infty} f(x) = c, \quad \text{falls} \quad \lim_{x \to 0-} f\left(\frac{1}{x}\right) = c.$$

(c) *Anschaulich gesprochen bedeutet $\lim\limits_{x \to \infty} f(x) = b$, daß der Graph von f für große x eine waagrechte Asymptote mit Gleichung $y = b$ hat.*

(d) *Genau dann ist $\lim\limits_{x \to \infty} f(x) = b$, wenn es zu jedem $\varepsilon > 0$ ein $R > 0$ gibt, mit*

$$|f(x) - b| < \varepsilon \quad \text{für alle} \quad x > R.$$

BEWEIS direkt aus dem ε–δ–Kriterium 1.5 unter Berücksichtigung von

$$0 < \frac{1}{x} < \delta \Longleftrightarrow x > \frac{1}{\delta} = R.$$

1.9 Beispiele

(a) $\lim\limits_{x \to \infty} e^{-x} = 0, \qquad \lim\limits_{x \to -\infty} e^{x} = 0.$

Denn nach 1.3 (f) ist $\lim\limits_{x \to 0+} e^{-\frac{1}{x}} = 0$, und für negative x ist $e^{\frac{1}{x}} = e^{-\frac{1}{|x|}}.$

(b) $\displaystyle\lim_{x\to\infty}\arctan x=\frac{\pi}{2}$, $\qquad\displaystyle\lim_{x\to-\infty}\arctan x=-\frac{\pi}{2}$.

Wir zeigen, daß $\displaystyle\lim_{x\to0+}\arctan\frac{1}{x}=\frac{\pi}{2}$; die zweite Behauptung folgt dann aus $\arctan(-x)=-\arctan x$. Für $x>0$ ist $\varphi=\arctan\frac{1}{x}\in\left]0,\frac{\pi}{2}\right[$, und es gilt

$$\frac{1}{x}=\tan\varphi=\frac{\sin\varphi}{\cos\varphi}=\frac{\cos\left(\frac{\pi}{2}-\varphi\right)}{\sin\left(\frac{\pi}{2}-\varphi\right)}=\frac{1}{\tan\left(\frac{\pi}{2}-\varphi\right)},$$

also $x=\tan\left(\frac{\pi}{2}-\varphi\right)$.

Für $0<x<\frac{\pi}{2}$ gilt die Ungleichung $x<\tan x$ (§3: 8.7), also folgt

$$\tan\left(\frac{\pi}{2}-\varphi\right)=x\le\tan x\,,$$

und wegen der Monotonie des Tangens folgt

$$\frac{\pi}{2}-\varphi\le x\quad\text{für}\ \ 0<x<\frac{\pi}{2}\,.$$

Damit haben wir

$$0<\frac{\pi}{2}-\arctan\frac{1}{x}\le x\quad\text{für}\ \ 0<x<\frac{\pi}{2}\,,$$

woraus mit dem Dreifolgensatz die Behauptung folgt.

(c) Für $b_n\neq0$ ist

$$\lim_{x\to\pm\infty}\frac{a_0+a_1x+\cdots+a_nx^n}{b_0+b_1x+\cdots+b_nx^n}=\frac{a_n}{b_n}\,.$$

(d) Sind p,q reelle Polynome mit Grad $(p)>$ Grad (q), so existieren die Grenzwerte $\displaystyle\lim_{x\to\pm\infty}\frac{p(x)}{q(x)}$ nicht $\boxed{\text{ÜA}}$.

1.10 Rechenregeln für Grenzwerte

Ist $\lim f(x)=c$ und $\lim g(x)=d$, so existieren die Grenzwerte

(a) $\lim\left(\alpha f(x)+\beta g(x)\right)=\alpha c+\beta d\,.$

(b) $\lim f(x)\cdot g(x)=c\cdot d\,.$

(c) $\displaystyle\lim\frac{f(x)}{g(x)}=\frac{c}{d}\,,\quad$ falls $\ \ d\neq0\,.$

Dabei steht $\lim f(x)=c$ für eine der Aussagen $\displaystyle\lim_{I\ni x\to a}f(x)=c$, $\displaystyle\lim_{x\to\infty}f(x)=c$, $\displaystyle\lim_{x\to-\infty}f(x)=c$; entsprechend soll $\lim g(x)=d$ verstanden werden.

BEWEIS.

Direkt aus der Definition und den Rechenregeln für konvergente Folgen. Bei (c) beachte man 1.6 $\boxed{\text{ÜA}}$.

1.11 Aufgaben

(a) Bestimmen Sie $\lim\limits_{x \to 0} \dfrac{\cos x - 1}{x^2}$ mit Hilfe von $\S\,3:8.7$.

(b) Bestimmen Sie $\lim\limits_{x \to 0+} \dfrac{1}{x^2}\mathrm{e}^{-\frac{1}{x}}$.

(c) Für welche $a, b \in \mathbb{R}$ existiert $\lim\limits_{x \to 0} \left(\dfrac{\sin(ax)}{\sin(bx)} \right)^2$, und was ergibt sich als Grenzwert?

1.12 Zur Berechnung weiterer Grenzwerte wird uns die Regel von de l'Hospital dienen, vgl. $\S\,9:9$.

2 Stetigkeit

2.1 Definition. Die Funktion $f : I \to \mathbb{R}$ heißt **stetig** an der Stelle $a \in I$, wenn $\lim\limits_{n \to \infty} f(x_n) = f(a)$ für jede Folge (x_n) in I mit $x_n \to a$.

2.2 SATZ. *Äquivalente Bedingungen sind:*

(a) *f ist stetig an der Stelle a.*

(b) $\lim\limits_{I \ni x \to a} f(x) = f(a)$ *(Funktionswert gleich Grenzwert).*

(c) *ε-δ-Kriterium: Zu jedem $\varepsilon > 0$ gibt es ein $\delta > 0$, so daß*

$$|f(x) - f(a)| < \varepsilon \ \text{ für alle } \ x \in I \ \text{ mit } \ |x - a| < \delta.$$

BEWEIS.

(a) $\implies$ (b): Ist f stetig an der Stelle a, so ist $\lim\limits_{n \to \infty} f(x_n) = f(a)$ für alle Folgen (x_n) in I mit $x_n \to a$, also erst recht für alle Folgen (x_n) in I mit $x_n \to a$, $x_n \neq a$.

(b) $\implies$ (c): Nach 1.5 gibt es zu jedem $\varepsilon > 0$ ein $\delta > 0$ mit

$$|f(x) - f(a)| < \varepsilon \ \text{ für alle } \ x \in I \ \text{ mit } \ 0 < |x - a| < \delta.$$

Für $x = a$ ist natürlich $|f(x) - f(a)| = 0$. Also ist

$$|f(x) - f(a)| < \varepsilon \ \text{ für alle } \ x \in I \ \text{ mit } \ |x - a| < \delta.$$

(c) $\implies$ (a): Genau wie im zweiten Teil des Beweises 1.5, $\boxed{\text{ÜA}}$. $\square$

2.3 Folgerung.

Ist f stetig an der Stelle a und $f(a) > 0$, so gibt es ein $\delta > 0$, so daß

$$f(x) > \frac{1}{2} \cdot f(a) \quad \text{für alle} \quad x \in I \quad \text{mit} \quad |x - a| < \delta.$$

2.4 Stetigkeit in einem Intervall, die Menge C(I)

f heißt *stetig im Intervall I*, wenn f in jedem Punkt von I stetig ist (natürlich soll I wieder ein echtes Intervall sein). Die Menge aller stetigen Funktionen $f : I \to \mathbb{R}$ bezeichnen wir mit C(I). Im Fall $I = [a, b]$ schreiben wir C$[a, b]$ statt C$([a, b])$.

2.5 Einfache Beispiele und Gegenbeispiele

(a) Konstante Funktionen sind stetig.

(b) Die Identität $x \mapsto x$ ist stetig auf $\mathbb{R}$.

(c) Die Exponentialfunktion ist stetig auf ganz $\mathbb{R}$. Denn nach §3 : 2.3 (e) ist

$$\left| e^x - e^a \right| = \left| e^a \left(e^{x-a} - 1 \right) \right| < e^a \frac{|x - a|}{1 - |x - a|} \quad \text{für} \quad |x - a| < 1$$

(d) Die Dirichlet–Funktion, gegeben durch

$$f(x) = \begin{cases} 1 & \text{für } x \in \mathbb{Q} \\ 0 & \text{für } x \notin \mathbb{Q} \end{cases}$$

ist an keiner Stelle stetig $\boxed{\text{ÜA}}$.

(e) Die durch

$$f(x) = \begin{cases} \sin \frac{1}{x} & \text{für } x \neq 0 \\ 0 & \text{für } x = 0 \end{cases}$$

gegebene Funktion ist an der Stelle 0 schon deswegen nicht stetig, weil $\lim\limits_{x \to 0} f(x)$ nicht existiert, siehe 1.4. Dagegen ist die Funktion $g : x \mapsto x \cdot f(x)$ stetig an der Stelle 0, denn $|g(x)| = \left| x \sin \frac{1}{x} \right| \leq |x|$ für $x \neq 0$, also $\lim\limits_{x \to 0} g(x) = 0$.

(f) Die Funktion $x \mapsto \frac{1}{x}$ ist stetig auf $\mathbb{R}_{>0}$ (und auf $\mathbb{R}_{<0}$). Denn für $a > 0$ und $x \geq \frac{a}{2}$ gilt

$$\left| \frac{1}{x} - \frac{1}{a} \right| = \left| \frac{a - x}{a \cdot x} \right| \leq \frac{2}{a^2} |x - a| < \varepsilon, \quad \text{sobald} \quad |x - a| < \delta = \frac{a^2 \cdot \varepsilon}{2}.$$

3 Stetigkeit zusammengesetzter Funktionen

3.1 Vielfaches, Summe, Produkt

(a) *Ist f stetig, so auch $\lambda f : x \mapsto \lambda f(x)$.*

(b) *Sind f, g stetig, so sind auch*

$$f + g \quad : \quad x \mapsto f(x) + g(x) \quad und$$

$$f \cdot g \quad : \quad x \mapsto f(x) \cdot g(x)$$

stetige Funktionen.

(c) *Entsprechendes gilt für Summe und Produkt endlich vieler stetiger Funktionen.*

(d) *Sind f, g stetig, so ist*

$$\frac{f}{g} \; : x \mapsto \frac{f(x)}{g(x)}$$

an jeder Stelle a mit $g(a) \neq 0$ stetig.

Diese Aussagen können wahlweise auf die Stetigkeit in einem Intervall als auch auf die Stetigkeit in einem einzelnen Punkt bezogen werden. Sie folgen unmittelbar aus 1.10.

3.2 Polynome sind stetig auf $\mathbb{R}$

Denn jede konstante Funktion ist stetig, ebenso die Identität $1 : x \mapsto x$. Durch wiederholte Anwendung von 3.1 (a), (b), (c) ergibt sich die Behauptung.

Rationale Funktionen $\frac{p}{q}$ sind in allen Punkten a mit $q(a) \neq 0$ stetig. Das ergibt sich aus 3.1 (d). Sind p und q nicht teilerfremd, so läßt sich der Definitionsbereich von $\frac{p}{q}$ durch Kürzen unter Umständen vergrößern.

3.3 Betrag und Supremum

Ist f stetig, so auch $|f| : x \mapsto |f(x)|$.

Denn aus $f(x_n) \to f(a)$ folgt $|f(x_n)| \to |f(a)|$.

Das **Supremum** zweier Funktionen f, g ist definiert durch

$$f \vee g : x \mapsto \max\{f(x), g(x)\} \, .$$

Eine einfache Fallunterscheidung $\boxed{\ddot{\text{U}}\text{A}}$ zeigt

$$f \vee g = \frac{1}{2}\left(f + g + |f - g|\right) \, .$$

Sind also f und g stetig, so ist auch $f \vee g$ stetig. Entsprechendes gilt für $f \wedge g : x \mapsto \min\{f(x), g(x)\}$ $\boxed{\ddot{\text{U}}\text{A}}$.

3.4 Hintereinanderausführung

Sind $g : I \to J$ und $f : J \to \mathbb{R}$ stetige Funktionen, so ist auch

$$f \circ g : I \to \mathbb{R}, \quad x \mapsto f(g(x))$$

stetig.

Denn ist (x_n) eine beliebige Folge in I mit $x_n \to a \in I$, so ist zunächst $\lim\limits_{n \to \infty} g(x_n) = g(a)$. Da f seinerseits an der Stelle $g(a)$ stetig ist, folgt

$$\lim_{n \to \infty} f(g(x_n)) = f(g(a)) \,.$$

3.5 Stetigkeit von Sinus und Kosinus

Beide Funktionen sind auf ganz $\mathbb{R}$ stetig.

Denn für $a \in \mathbb{R}$ gilt

$$
\begin{aligned}
|\sin(a + h) - \sin a| \;&=\; |\sin a(\cos h - 1) + \cos a \cdot \sin h| \\[2mm]
&=\; \left|\cos a \cdot \sin h - 2\sin^2 \frac{h}{2} \cdot \sin a\right| \\[2mm]
&\leq\; |\cos a| \cdot |h| + \frac{1}{2}|\sin a| \cdot |h|^2 \to 0 \quad \text{für} \quad h \to 0 \,.
\end{aligned}
$$

Nun ist $\cos x = \sin\left(\frac{\pi}{2} - x\right)$, also ist der Kosinus als Hintereinanderausführung der stetigen Funktionen $x \mapsto \frac{\pi}{2} - x$ und $x \mapsto \sin x$ stetig.

4 Die Hauptsätze über stetige Funktionen

4.1 Der Satz von Bolzano–Weierstraß für kompakte Intervalle

Das entscheidende Hilfsmittel für die kommenden Erörterungen ist der Satz von Bolzano–Weierstraß, den wir in der folgenden Form verwenden.

Jede Folge in einem kompakten Intervall $[a, b]$ besitzt eine konvergente Teilfolge, deren Grenzwert in $[a, b]$ liegt.

Denn nach Bolzano–Weierstraß §2 : 9.8 besitzt jede Folge (x_n) in $[a, b]$ eine konvergente Teilfolge (x_{n_k}). Aus $a \leq x_{n_k} \leq b$ für $k = 1, 2, \ldots$ folgt, daß auch der Grenzwert in $[a, b]$ liegt.

Für offene Intervalle $]a, b[$ gilt kein solcher Satz: Die Folge $\left(a + \frac{b-a}{2n}\right)$ liegt in $]a, b[$, ihr Grenzwert aber nicht. Auch in unbeschränkten Intervallen enthält nicht jede Folge eine konvergente Teilfolge, zum Beispiel $I = \mathbb{R}_+$, $x_n = n$.

4.2 Beschränktheit stetiger Funktionen auf kompakten Intervallen

Jede auf einem kompakten Intervall stetige Funktion ist dort beschränkt: Ist $f \in \mathrm{C}\,[a, b]$, so gibt es eine Schranke M mit $|f(x)| \leq M$ für alle $x \in [a, b]$.

BEMERKUNGEN.

(a) Auf beschänkten *offenen* Intervallen kann eine stetige Funktion durchaus unbeschränkt sein.

(b) Ist $f : [a, b] \to \mathbb{R}$ unstetig, so braucht f nicht beschränkt zu sein.

Für beide Aussagen liefert die Funktion

$$f(x) = \begin{cases} \dfrac{1}{x} & \text{für } x \neq 0 \\[2mm] 0 & \text{für } x = 0 \end{cases}$$

ein Gegenbeispiel, das eine Mal auf dem Definitionsintervall $]0, 1[$, das andere Mal auf $[0, 1]$.

BEWEIS.

Angenommen, f ist stetig auf $[a, b]$, aber unbeschränkt. Dann gibt es zu jedem $n \in \mathbb{N}$ ein $x_n \in [a, b]$ mit $|f(x_n)| \geq n$. Ist $(x_{n_k})_k$ eine konvergente Teilfolge von (x_n) mit $x_{n_k} \to x_0 \in [a, b]$, so folgt aus der Stetigkeit $f(x_{n_k}) \to f(x_0)$ für $k \to \infty$. Die Folge $(f(x_{n_k}))_k$ ist als konvergente Folge beschränkt, andererseits ist $|f(x_{n_k})| > n_k \geq k$, ein Widerspruch.   □

4.3 Der Satz vom Maximum

Eine auf einem kompakten Intervall stetige Funktion besitzt dort ein Maximum und ein Minimum: Für $f \in C\,[a, b]$, gibt es Punkte $x^*, x_* \in [a, b]$ mit

$$f(x^*) \geq f(x) \quad \text{für alle } x \in [a, b] \,,$$
$$f(x_*) \leq f(x) \quad \text{für alle } x \in [a, b] \,.$$

BEMERKUNGEN. Ist eine der Voraussetzungen nicht erfüllt, so braucht es kein Maximum (bzw. Minimum) zu geben. Dazu einige Beispiele:

(a) *Nichtkompaktes Intervall I, stetiges f.*

$$f(x) = x \qquad \text{auf } I = \,]0, 1[$$
$$f(x) = \arctan x \quad \text{auf } I = \mathbb{R} \,.$$

In beiden Fällen wird das Supremum der Funktionswerte nicht angenommen.

(b) *Kompaktes Intervall I, unstetiges f.* Wir betrachten

$$f(x) = \begin{cases} x & \text{für } -1 < x < +1 \\[1mm] 0 & \text{für } x = -1 \ \text{ und } \ x = +1 \,. \end{cases}$$

f besitzt im Intervall $[-1, +1]$ weder ein Maximum noch ein Minimum.

BEWEIS.

Wir zeigen, daß f ein Maximum besitzt. Nach 4.2 ist f beschränkt, also existiert

$$s = \sup\{f(x) \mid a \leq x \leq b\}.$$

Zu jedem $n \in \mathbb{N}$ gibt es ein $x_n \in [a,b]$ mit $s - \frac{1}{n} < f(x_n) \leq s$ (Definition des Supremums). Die Folge (x_n) besitzt eine konvergente Teilfolge $(x_{n_k})_k$. Ist $x^* = \lim_{k \to \infty} x_{n_k}$, so gilt $f(x^*) = \lim_{k \to \infty} f(x_{n_k})$ wegen der Stetigkeit von f.

Nun ist aber

$$|s - f(x_{n_k})| = s - f(x_{n_k}) < \frac{1}{n_k} \leq \frac{1}{k},$$

also ist $f(x^*) = \lim_{k \to \infty} f(x_{n_k}) = s$. Es folgt $f(x^*) \geq f(x)$ für alle $x \in [a,b]$.

Nach dem gerade Bewiesenen nimmt $-f$ sein Maximum auf $[a,b]$ an, das heißt es gibt ein $x_* \in [a,b]$ mit $-f(x_*) \geq -f(x)$ oder $f(x_*) \leq f(x)$ für alle $x \in [a,b]$.
$\square$

4.4 Der Zwischenwertsatz

Ist f stetig im Intervall I und sind $\alpha, \beta \in I$, so nimmt f jeden Wert zwischen $f(\alpha)$ und $f(\beta)$ an. Ist insbesondere $f(\alpha) < 0$, $f(\beta) > 0$, so hat f zwischen α und β eine Nullstelle.

BEWEIS.

Im folgenden bedeutet o.B.d.A. (ohne Beschränkung der Allgemeinheit), daß diese spezielle Annahme die Allgemeingültigkeit der Argumentation nicht berührt.

Sei also o.B.d.A. $\alpha < \beta$, sonst vertauschen wir die Rollen von α und β. Ferner dürfen wir annehmen, daß $f(\alpha) < f(\beta)$ (sonst betrachten wir $-f$ statt f). Zu zeigen ist: Zu gegebenem c mit $f(\alpha) < c < f(\beta)$ hat die Gleichung $f(x) = c$ eine Lösung $x_0 \in [\alpha, \beta]$. Wir beweisen dies, indem wir ein Iterationsverfahren zur Bestimmung von x_0 angeben.

4.5 Lösung der Gleichung $f(x) = c$ durch Intervallhalbierung

Sei $f(\alpha) < c < f(\beta)$ und f stetig in $[\alpha, \beta]$. Gesucht ist eine Lösung x_0 der Gleichung $f(x) = c$.

Zu diesem Zwecke setzen wir $x_1 = \alpha$, $y_1 = \beta$. Dann setzen wir

$$x_2 = \frac{x_1 + y_1}{2}, \quad y_2 = y_1 \quad , \text{ falls } f\left(\frac{x_1 + y_1}{2}\right) < c \text{ bzw.}$$

$$x_2 = x_1, \quad y_2 = \frac{x_1 + y_1}{2}, \text{ falls } f\left(\frac{x_1 + y_1}{2}\right) > c.$$

Ist $f\left(\frac{x_1 + y_1}{2}\right) = c$, so sind wir fertig. Sonst haben wir

$$f(x_2) < c < f(y_2) \quad \text{und} \quad y_2 - x_2 = \frac{1}{2}(y_1 - x_1) = \frac{1}{2}(\beta - \alpha).$$

Nun fahren wir so fort: Haben wir x_n, y_n schon so bestimmt, daß

$$f(x_n) < c < f(y_n)\,, \qquad y_n - x_n = \left(\frac{1}{2}\right)^{n-1}(\beta - \alpha)\,,$$

so setzen wir

$$x_{n+1} = \tfrac{x_n + y_n}{2}\,, \qquad y_{n+1} = y_n \qquad , \qquad \text{falls}\quad f\left(\tfrac{x_n+y_n}{2}\right) < c,$$

$$x_{n+1} = x_n \qquad , \qquad y_{n+1} = \tfrac{x_n+y_n}{2}\,, \qquad \text{falls}\quad f\left(\tfrac{x_n+y_n}{2}\right) > c,$$

und beenden das Verfahren, falls $f\left(\tfrac{x_n+y_n}{2}\right) = c$.

Tritt dieser Fall nie ein, so bilden die Intervalle $[x_n, y_n]$ eine Intervallschachtelung. Für die davon erfaßte Zahl $x_0 = \lim\limits_{n\to\infty} x_n = \lim\limits_{n\to\infty} y_n$ folgt wegen $f(x_n) < c$ die Ungleichung $f(x_0) = \lim\limits_{n\to\infty} f(x_n) \leq c$, und aus $f(y_n) > c$ folgt $f(x_0) = \lim\limits_{n\to\infty} f(y_n) \geq c$. Also ist $f(x_0) = c$. $\square$

4.6 Aufgabe Warum besitzt die Gleichung $e^x = x + 2$ eine Lösung $x_0 \in [0, 2]$? Berechnen Sie x_0 durch Intervallhalbierung auf drei gültige Stellen nach dem Komma.

4.7 Eine Charakterisierung von Intervallen

Eine nichtleere Teilmenge J von $\mathbb{R}$ ist genau dann ein Intervall, wenn mit je zwei Zahlen $\alpha < \beta$ in J auch $[\alpha, \beta]$ in J liegt.

BEWEIS.

„$\Longrightarrow$" liegt auf der Hand.

„$\Longleftarrow$": Die Menge J enthalte zu je zwei Zahlen $\alpha < \beta$ auch das Intervall $[\alpha, \beta]$. Sei J beschränkt und $a = \inf J$, $b = \sup J$. Wir haben zu zeigen, daß $]a, b[\subset J$. Dann ist J ein Intervall, ganz gleich, ob die Randpunkte dazugehören oder nicht. Sei also $x \in\,]a, b[$. Nach Definition des Supremums bzw. Infimums gibt es Zahlen α, β mit $a < \alpha < x < \beta < b$. Nach Voraussetzung folgt $[\alpha, \beta] \subset J$, insbesondere $x \in J$.

Für unbeschränkte Mengen J argumentiert man ganz analog $\boxed{\text{ÜA}}$. $\square$

4.8 Stetige Bilder von Intervallen

(a) *Ist f stetig auf dem Intervall I, so ist die Bildmenge $f(I)$ wieder ein Intervall.*

(b) *Für ein kompaktes Intervall I ist auch $f(I)$ ein kompaktes Intervall.*

BEWEIS.

(a) Für konstantes $f = c$ ist $f(I) = [c, c]$. Für nicht konstantes f ergibt sich die Behauptung aus dem Kriterium 4.7, denn für $\alpha, \beta \in f(I)$ mit $\alpha < \beta$ gilt $[\alpha, \beta] \subset f(I)$ nach dem Zwischenwertsatz.

(b) Ist I ein kompaktes Intervall, so nimmt f nach 4.3 das Minimum und Maximum an:

$$A := \min f(I) \in f(I), \qquad B := \max f(I) \in f(I).$$

Zusammen mit (a) folgt $[A, B] = f(I)$. $\square$

5 Die Stetigkeit der Umkehrfunktion

5.1 Satz. *Sei f auf dem Intervall I stetig und injektiv. Dann ist f streng monoton, $J = f(I)$ ein Intervall, und $f^{-1} : J \to I$ stetig.*

BEWEIS.

(a) *Monotonie von f:*
Wir zeigen zunächst: Sind x_1, x_2, x_3 Zahlen in I mit $x_1 < x_2 < x_3$, so ist entweder $f(x_1) < f(x_2) < f(x_3)$ oder $f(x_3) < f(x_2) < f(x_1)$.

Angenommen, dies ist nicht der Fall, etwa $f(x_1) < f(x_3) < f(x_2)$. Dann wählen wir $c \in \ ]f(x_3), f(x_2)[$ und finden wir nach dem Zwischenwertsatz Zahlen $u \in \ ]x_1, x_2[$, $v \in \ ]x_2, x_3[$ mit $f(u) = f(v) = c$, im Widerspruch zur Injektivität von f. Entsprechend schließen wir in den anderen Fällen.

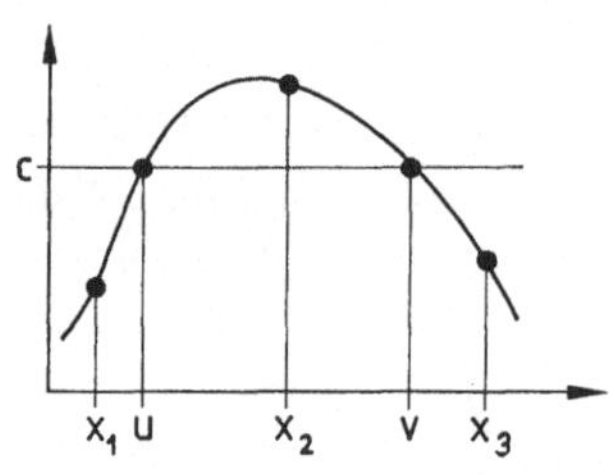

Wir fixieren nun $a, b \in I$ mit $a < b$ und nehmen o.B.d.A. $f(a) < f(b)$ an (sonst betrachten wir $-f$ statt f).

Für beliebige $x < y$ zeigen wir nun $f(x) < f(y)$. Sei zunächst $x < a$. Dann folgt nach dem eingangs gemachten Schluß $f(x) < f(a) < f(b)$, wovon wir nur die erste Ungleichung benutzen. Aus $y < a$ folgt $f(x) < f(y) < f(a)$, aus $y = a$ folgt $f(x) < f(a) = f(y)$, und aus $y > a$ folgt $f(x) < f(a) < f(y)$. Ganz entsprechend schließen wir im Fall $a \geq x$.

(b) f^{-1} *ist stetig:* Wir dürfen annehmen, daß f streng monoton wachsend ist. Es sei $y_0 = f(x_0) \in J$. Falls x_0 kein Randpunkt von I ist, wählen wir $\varepsilon > 0$ so klein, daß $[x_0 - \varepsilon, x_0 + \varepsilon] \subset I$ ist. Ferner setzen wir $y_1 = f(x_0 - \varepsilon)$, $y_2 = f(x_0 + \varepsilon)$ und $\delta := \min \{y_0 - y_1, y_2 - y_0\}$. Dann folgt aus $|y - y_0| < \delta$

$$y_1 \leq y_0 - \delta < y < y_0 + \delta \leq y_2.$$

Aus der Monotonie von f ergibt sich

$$x_0 - \varepsilon = f^{-1}(y_1) < f^{-1}(y) < f^{-1}(y_2) = x_0 + \varepsilon \,,$$

somit $\left| f^{-1}(y) - x_0 \right| < \varepsilon$.

Für Randpunkte x_0 schließen wir entsprechend $\boxed{\text{ÜA}}$.   □

5.2 Beispiele

(a) Der Logarithmus ist stetig auf $\mathbb{R}_{>0}$ als Umkehrfunktion der Exponentialfunktion (vgl. 2.5(c)).

(b) Stetigkeit von arcsin, arccos und arctan.

Der Arcussinus ist stetig auf $\left[-\frac{\pi}{2}, \frac{\pi}{2}\right]$ als Umkehrfunktion des Sinus, entsprechend ist der Arcuscosinus stetig auf $[0, \pi]$.

Der Tangens $\tan : \left]-\frac{\pi}{2}, \frac{\pi}{2}\right[\to \mathbb{R}$ ist surjektiv. Denn wegen

$$\lim_{x \to \frac{\pi}{2}} \frac{1}{\tan x} = \lim_{x \to \frac{\pi}{2}} \frac{\cos x}{\sin x} = 0$$

nimmt der Tangens beliebig große positive Werte an für $0 \le x < \frac{\pi}{2}$. Nach dem Zwischenwertsatz ist also $\mathbb{R}_+$ der Wertebereich des Tangens auf $\left[0, \frac{\pi}{2}\right[$. Der Rest folgt aus $\tan(-x) = -\tan x$. Nach §3:8.6 ist der Tangens streng monoton. Damit ist der Arcustangens als Umkehrfunktion des Tangens auf ganz $\mathbb{R}$ definiert und dort stetig.

(c) Die Quadratwurzel $x \mapsto \sqrt{x}$ ist stetig für $x \ge 0$ als Umkehrfunktion von $x \mapsto x^2$ für $x \ge 0$.

(d) Allgemeine Potenz. Für jedes $a \in \mathbb{R}$ ist die Funktion $x \mapsto x^a = e^{a \log x}$ stetig für $x > 0$. Für $b > 0$ ist $x \mapsto b^x = e^{x \log b}$ stetig auf $\mathbb{R}$.

6* Der Satz von der gleichmäßigen Stetigkeit

Ist f stetig auf dem kompakten Intervall I, so gibt es zu jedem $\varepsilon > 0$ ein $\delta > 0$, so daß

$$|f(x) - f(y)| < \varepsilon \quad \textit{für alle} \quad x, y \in I \quad \text{mit} \quad |x - y| < \delta \,.$$

BEMERKUNGEN.

(a) Diesen Satz benötigen wir erst für die Integralrechnung.

(b) Kennzeichnend für die gleichmäßige Stetigkeit ist, daß δ zu gegebenem ε gleichmäßig, d.h. unabhängig von x gewählt werden kann.

(c) Ein Beispiel für nichtgleichmäßige Stetigkeit ist $f(x) = \frac{1}{x}$ auf $]0, 1[$: Fixiert man $a \in]0, 1[$, so gilt für ε mit $0 < \varepsilon < \frac{1}{a}$

$$\left|\frac{1}{x} - \frac{1}{a}\right| < \varepsilon \iff |x - a| < \varepsilon a x = \varepsilon a(x - a) + \varepsilon a^2 \,.$$

Hieraus folgt, daß das größte erlaubte $\delta = \delta_{\max}$ nicht unabhängig von a gewählt werden kann:

$$\delta_{\max} = \frac{\varepsilon a^2}{1 - \varepsilon a}\,,$$

$\boxed{\text{ÜA}}$. Unterscheiden Sie die Fälle $x \geq a$ und $x \leq a$.

BEWEIS.

Wir setzen für $n = 1, 2, \ldots$

$$s_n = \sup \left\{ |f(x) - f(y)| \mid x, y \in I \ \text{ und } \ |x - y| \leq \frac{1}{n} \right\}.$$

Dann gibt es Zahlen $x_n, y_n \in I$ mit

$$(*) \qquad s_n - \frac{1}{n} < |f(x_n) - f(y_n)| \leq s_n \,.$$

Nach dem Satz von Bolzano–Weierstraß gibt es konvergente Teilfolgen $(x_{n_k})_k$, $(y_{n_k})_k$. Sei $x_0 = \lim_{k \to \infty} x_{n_k}$. Dann ist auch $\lim_{k \to \infty} y_{n_k} = x_0$, denn

$$|x_{n_k} - y_{n_k}| \leq \frac{1}{n_k} \leq \frac{1}{k} \to 0 \quad \text{für} \quad k \to \infty \,.$$

Wegen der Stetigkeit von f ist $\lim_{k \to \infty} |f(x_{n_k}) - f(y_{n_k})| = 0$, also nach $(*)$

$$\lim_{k \to \infty} s_{n_k} = \lim_{k \to \infty} |f(x_{n_k}) - f(y_{n_k})| + \frac{1}{n_k} = 0 \,.$$

Sei jetzt $\varepsilon > 0$ vorgegeben. Wir wählen k so, daß $s_{n_k} < \varepsilon$ und setzen $\delta := \frac{1}{n_k}$. Ist dann $|x - y| < \delta$, so ist $|x - y| < \frac{1}{n_k}$, also $|f(x) - f(y)| \leq s_{n_k} < \varepsilon$. $\qquad \square$

§ 9 Differentialrechnung

1 Vorbemerkungen

1.1 Zum Begriff der Geschwindigkeit

Wir betrachten der Einfachheit halber die Bewegung eines Massenpunktes in der Ebene. Nach Einführung eines festen kartesischen Koordinatensystems können wir seinen Ort zum Zeitpunkt t durch den Koordinatenvektor

$$\mathbf{x}(t) = \begin{pmatrix} x_1(t) \\ x_2(t) \end{pmatrix}$$

beschreiben.

Gleichförmige Bewegung. Wirken auf den Massenpunkt keine Kräfte ein, so ist nach dem ersten Newtonschen Gesetz die Bewegung gleichförmig:

$$\mathbf{x}(t) = \mathbf{a} + t\mathbf{v}\,.$$

$\mathbf{v}$ ist der *Geschwindigkeitsvektor*; ist er von Null verschieden, so gibt er die Richtung der gleichförmigen Bewegung an. Für je zwei verschiedene Zeitpunkte t_0, t_1 ist

$$\frac{\mathbf{x}(t_1) - \mathbf{x}(t_0)}{t_1 - t_0} = \mathbf{v}\,.$$

Die Zahl $\|\mathbf{v}\|$ heißt die *Geschwindigkeit*, ihre Messung ergibt sich aus der vorangegangenen Beziehung.

Ungleichförmige Bewegung. Als angenähertes Maß für den Geschwindigkeitsvektor zum Zeitpunkt t_0 kann der Vektor

$$\frac{\mathbf{x}(t_1) - \mathbf{x}(t_0)}{t_1 - t_0}$$

angesehen werden, falls t_1 nicht allzu weit von t_0 entfernt ist. Dieser Ausdruck hat aber den Nachteil, von dem willkürlich gewählten Zeitpunkt t_1 abzuhängen. Je näher t_1 an t_0 heranrückt, desto besser wird er die momentane Geschwindigkeit beschreiben. Wir definieren daher den *momentanen Geschwindigkeitsvektor* zum Zeitpunkt t_0 durch

$$\mathbf{v}(t_0) = \lim_{t \to t_0} \frac{\mathbf{x}(t) - \mathbf{x}(t_0)}{t - t_0} := \begin{pmatrix} \lim\limits_{t \to t_0} \dfrac{x_1(t) - x_1(t_0)}{t - t_0} \\ \lim\limits_{t \to t_0} \dfrac{x_2(t) - x_2(t_0)}{t - t_0} \end{pmatrix},$$

falls beide Grenzwerte existieren. Hiermit haben wir einen für die Entwicklung der Mechanik fundamentalen Begriff eingeführt. Vom meßtechnischen Standpunkt aus machen diese Grenzwerte allerdings wenig Sinn. Durch die unvermeidlichen Meßfehler wird der Ausdruck $\frac{1}{t-t_0}\left(\mathbf{x}(t) - \mathbf{x}(t_0)\right)$ umso weniger genau ermittelt werden können, je näher t an t_0 herankommt, und er wird sinnlos, wenn $t - t_0$ die Meßgenauigkeit unterschreitet.

Dennoch hat der Vektor $\mathbf{v}(t_0)$ eine ganz reale physikalische Bedeutung: Er gibt die Tangentenrichtung an die Bahnkurve an und liefert die Geschwindigkeit derjenigen gleichförmigen Bewegung, mit der der Massenpunkt weiterfliegen würde, wenn zum Zeitpunkt t_0 die Zwangskräfte plötzlich wegfallen würden, die ihn auf der Bahn gehalten haben (z.B. Durchschneiden der Schnur bei der skizzierten kreisförmigen Bewegung).

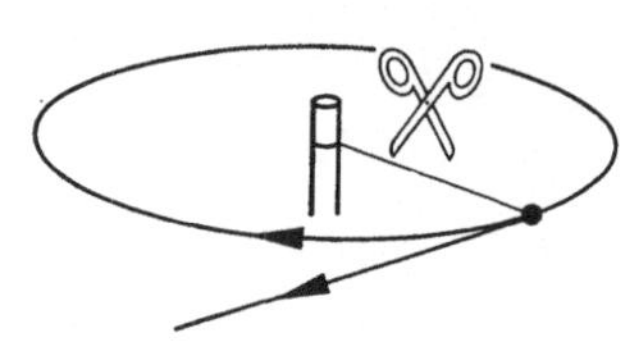

1.2 Das Tangentenproblem

Eng verwandt mit dem Problem der Geschwindigkeit ist das Tangentenproblem: Ist f eine auf einem Intervall I erklärte Funktion, so ist für $x \neq x_0$ der Quotient

$$m = \frac{f(x) - f(x_0)}{x - x_0}$$

die Steigung der Sekanten durch die Punkte $(x_0, f(x_0))$ und $(x, f(x))$. Mit den in der Physik gebräuchlichen Bezeichnungen

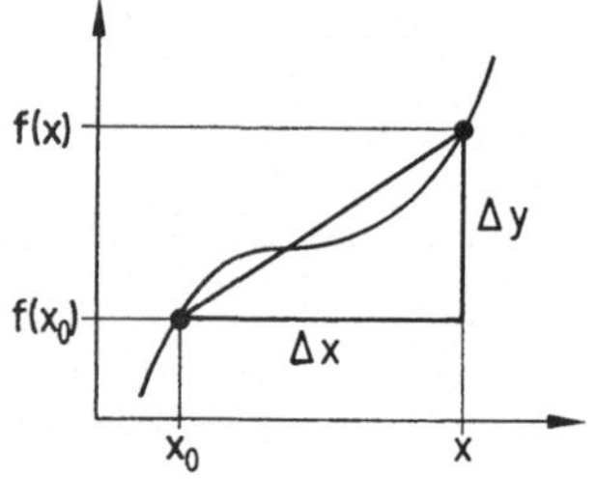

$$\Delta x = x - x_0 \qquad \text{(Zuwachs des Arguments)},$$

$$\Delta y = f(x) - f(x_0) \qquad \text{(Zuwachs des Funktionswertes)}$$

ist also $m = \frac{\Delta y}{\Delta x}$.

Bei den bisher bekannten elementaren Funktionen nähern sich für $x \to x_0$ die Sekanten einer Grenzgeraden, der Tangente im Punkt x_0, und

$$\lim_{x \to x_0} \frac{f(x) - f(x_0)}{x - x_0} \qquad \text{ist die Steigung dieser Tangente.}$$

2 Differenzierbarkeit und Ableitung

2.1 Differenzierbarkeit

Im folgenden sei I immer ein echtes Intervall. Eine Funktion $f : I \to \mathbb{R}$ heißt an der Stelle $x_0 \in I$ **differenzierbar**, wenn der Grenzwert

$$f'(x_0) \ := \ \lim_{I \ni x \to x_0} \frac{f(x) - f(x_0)}{x - x_0}$$

existiert. In diesem Fall heißt $f'(x_0)$ die **Ableitung von f an der Stelle x_0**. Andere Schreibweisen für die Ableitung sind

$$\frac{d}{dx} f(x_0) \,, \quad \frac{d}{dx} f(x) \,\Big|_{x=x_0} \,, \quad \frac{df}{dx}(x_0) \,.$$

Im Zusammenhang mit der letzten Bezeichnungsweise spricht man auch vom „Differentialquotienten". Dies geht auf die Vorstellung aus dem 17. Jahrhundert zurück, daß aus Δx schließlich ein dx, aus Δy schließlich ein dy und aus dem Differenzenquotienten $\dfrac{\Delta y}{\Delta x}$ schließlich ein Quotient $\dfrac{dy}{dx}$ der „Differentiale" dy und dx wird.

Faßt man die Veränderliche als Zeit t auf, so ist seit NEWTON die Bezeichnungsweise $\dot{f}(t_0)$ für die Ableitung gebräuchlich.

2.2 Differenzierbarkeit und Tangente

Eine äquivalente Formulierung für die Differenzierbarkeit lautet:

Es gibt eine Zahl a, so daß

$$f(x) = f(x_0) + a \cdot (x - x_0) + R(x, x_0) \,,$$

wobei für das dadurch definierte Rest-glied $R(x, x_0)$

$$\lim_{I \ni x \to x_0} \frac{R(x, x_0)}{x - x_0} = 0$$

gilt.

a ist durch diese Beziehung eindeutig bestimmt: $a = f'(x_0)$.

Geometrisch bedeutet das: Es gibt eine Gerade g mit der Gleichung

$$y = f(x_0) + a \cdot (x - x_0) \,,$$

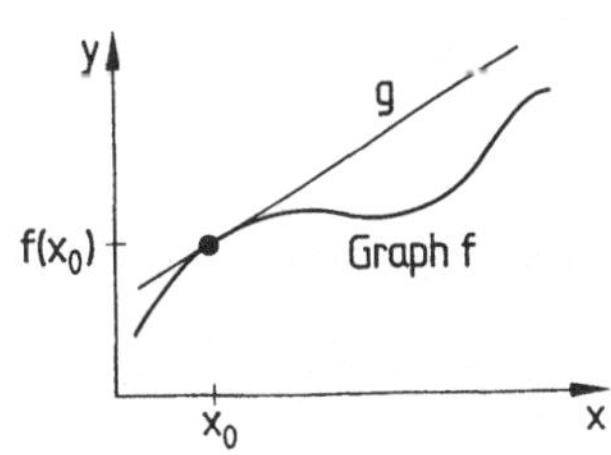

welche sich in der Nähe von x_0 deutlich besser an den Graphen von f anschmiegt, als jede andere Gerade durch $(x_0, f(x_0))$. Sie heißt die **Tangente** im Punkt $(x_0, f(x_0))$; $f'(x_0)$ ist ihre **Steigung**.

BEWEIS.

(a) Ist f differenzierbar an der Stelle x_0 und

$$R(x, x_0) := f(x) - f(x_0) - f'(x_0) \cdot (x - x_0),$$

so ist offenbar

$$\lim_{I \ni x \to x_0} \frac{R(x, x_0)}{x - x_0} = \lim_{I \ni x \to x_0} \frac{f(x) - f(x_0)}{x - x_0} - f'(x_0) = 0.$$

(b) Gibt es eine Zahl a, so daß

$$f(x) = f(x_0) + a \cdot (x - x_0) + R(x, x_0), \quad \lim_{I \ni x \to x_0} \frac{R(x, x_0)}{x - x_0} = 0,$$

so hat für $x \neq x_0$

$$\frac{f(x) - f(x_0)}{x - x_0} = a + \frac{R(x, x_0)}{x - x_0}$$

den Grenzwert a für $x \to x_0$. $\qquad\square$

2.3 Differenzierbarkeit in einem Intervall

Eine Funktion f heißt *im Intervall I differenzierbar*, wenn f in jedem Punkt $x_0 \in I$ differenzierbar ist. In diesem Fall ist die Ableitung

$$f' : I \to \mathbb{R}, \quad x \mapsto f'(x)$$

selbst eine Funktion.

Man beachte: Nach Definition 2.1 ist $f : [a, b] \to \mathbb{R}$ genau dann an der Stelle a differenzierbar, wenn die **rechtsseitige Ableitung**

$$\lim_{x \to a+} \frac{f(x) - f(a)}{x - a}$$

existiert. Entsprechendes gilt für die Stelle b, hier wird die Existenz der **linksseitigen Ableitung** verlangt.

2.4 Beispiele und Gegenbeispiele

(a) Konstante Funktionen sind überall differenzierbar mit Ableitung 0.

(b) Die Identität $\mathbb{1} : x \mapsto x$ ist auf ganz $\mathbb{R}$ differenzierbar mit Ableitung 1.

(c) Es gilt $\frac{d}{dx} x^2 = 2x$ für alle $x \in \mathbb{R}$. Denn für jedes $x \in \mathbb{R}$ ist

$$\lim_{x \to x_0} \frac{f(x) - f(x_0)}{x - x_0} = \lim_{x \to x_0} \frac{x^2 - x_0^2}{x - x_0} = \lim_{x \to x_0} (x + x_0) = 2x_0.$$

(d) Die Exponentialfunktion ist auf ganz $\mathbb{R}$ differenzierbar, und es gilt

$$\frac{d}{dx} e^x = e^x.$$

Für $x_0 \in \mathbb{R}$ und $x \neq x_0$ gilt nach §8:1.3 (e)

$$\frac{e^x - e^{x_0}}{x - x_0} = e^{x_0} \cdot \frac{e^{(x-x_0)} - 1}{x - x_0} \to e^{x_0} \quad \text{für} \quad x \to x_0.$$

(e) Kosinus und Sinus sind überall differenzierbar, und es gilt

$$\sin'(x) = \cos(x), \quad \cos'(x) = -\sin(x).$$

Denn für $x_0 \in \mathbb{R}$ und $h \neq 0$ ist nach den Additionstheoremen

$$\frac{\sin(x_0 + h) - \sin(x_0)}{h} = \sin(x_0) \frac{\cos(h) - 1}{h} + \cos(x_0) \frac{\sin(h)}{h},$$

$$\frac{\cos(x_0 + h) - \cos(x_0)}{h} = \cos(x_0) \frac{\cos(h) - 1}{h} - \sin(x_0) \frac{\sin(h)}{h}.$$

Die Behauptung folgt jetzt für $h = x - x_0 \to 0$ aus §8:1.3(b) und (c).

(f) Für $x \neq 0$ ist $\dfrac{d}{dx} \left(\dfrac{1}{x} \right) = -\dfrac{1}{x^2}$.

Denn für $x_0 \neq 0$ und für $0 < |h| < |x_0|$ gilt $x_0 + h \neq 0$ und

$$\frac{1}{h} \left(\frac{1}{x_0 + h} - \frac{1}{x_0} \right) = \frac{x_0 - (x_0 + h)}{h \cdot x_0(x_0 + h)} = -\frac{1}{x_0(x_0 + h)} \to -\frac{1}{x_0^2} \quad \text{für} \quad h \to 0.$$

(g) Die Funktion $x \mapsto |x|$ ist auf $\mathbb{R}$ mit Ausnahme von $x = 0$ differenzierbar $\boxed{\text{ÜA}}$.

2.5 Differenzierbarkeit und Stetigkeit

Ist f an der Stelle x_0 differenzierbar, so ist f dort stetig.

BEWEIS.
Wir setzen $R(x, x_0) = f(x) - f(x_0) - f'(x_0)(x - x_0)$. Nach Voraussetzung ist

$$\lim_{I\ni x\to x_0}\frac{R(x,x_0)}{x-x_0}=\lim_{I\ni x\to x_0}\left(\frac{f(x)-f(x_0)}{x-x_0}-f'(x_0)\right)=0\,,$$

also folgt

$$\lim_{I\ni x\to x_0}(f(x)-f(x_0))=\lim_{I\ni x\to x_0}\big(f(x)-f(x_0)-f'(x_0)\cdot(x-x_0)\big)$$
$$=\lim_{I\ni x\to x_0}R(x,x_0)=\lim_{I\ni x\to x_0}(x-x_0)\frac{R(x,x_0)}{x-x_0}=0.\quad\square$$

BEMERKUNG. Aus Stetigkeit folgt im allgemeinen nicht die Differenzierbarkeit, wie wir am Beispiel $x\mapsto|x|$ gesehen haben.

Es gibt sogar Funktionen, die auf ganz $\mathbb{R}$ stetig, aber an keiner Stelle differenzierbar sind, vgl. [MANGOLDT–KNOPP, Bd. 2, Nr. 100].

3 Differentiation zusammengesetzter Funktionen

3.1 Summen und Produkte

(a) *Sind $f,g:I\to\mathbb{R}$ differenzierbar, so auch $\alpha f+\beta g$ für $\alpha,\beta\in\mathbb{R}$, und es gilt*

$$(\alpha f+\beta g)'=\alpha f'+\beta g'\,.$$

(b) *Sind $f_1,\dots,f_n$ differenzierbar in I, so ist auch jede Linearkombination $\alpha_1 f_1+\cdots+\alpha_n f_n$ dort differenzierbar und*

$$(\alpha_1 f_1+\cdots\alpha_n f_n)'=\alpha_1 f_1'+\cdots+\alpha_n f_n'\,.$$

(c) **Produktregel**. *Sind $f,g:I\to\mathbb{R}$ differenzierbar, so auch $f\cdot g$, und es gilt*

$$(f\cdot g)'=f'\cdot g+f\cdot g'\,.$$

(d) Entsprechende Aussagen gelten für die Differenzierbarkeit in einem Punkt x_0.

BEWEIS.

(a) folgt mit Hilfe der Rechengesetze für Grenzwerte aus

$$\frac{(\alpha f(x)+\beta g(x))-(\alpha f(x_0)+\beta g(x_0))}{x-x_0}=\alpha\frac{f(x)-f(x_0)}{x-x_0}+\beta\frac{g(x)-g(x_0)}{x-x_0}\,.$$

(b) ergibt sich durch sukzessives Anwenden von (a).

(c) Für $x\neq x_0$ ist

$$\frac{f(x)g(x)-f(x_0)g(x_0)}{x-x_0}=\frac{f(x)-f(x_0)}{x-x_0}g(x)+\frac{g(x)-g(x_0)}{x-x_0}f(x_0)\,.$$

Da g als differenzierbare Funktion stetig ist, folgt $\lim\limits_{I \ni x \to x_0} g(x) = g(x_0)$. Nach den Rechenregeln für Grenzwerte hat die rechte Seite also den Grenzwert

$$f'(x_0)g(x_0) + g'(x_0)f(x_0). \qquad \qquad \Box$$

3.2 Die Kettenregel

Ist $g : I \to J$ an der Stelle x_0 differenzierbar und ist $f : J \to \mathbb{R}$ an der Stelle $y_0 = g(x_0)$ differenzierbar, so ist auch

$$f \circ g : I \to \mathbb{R}$$

an der Stelle x_0 differenzierbar und es gilt

$$(f \circ g)'(x_0) = f'(y_0) \cdot g'(x_0).$$

$g'(x_0)$ wird oft „innere Ableitung", $f'(y_0)$ „äußere Ableitung" genannt.

Ist f in J und g in I differenzierbar, so gilt also

$$\frac{d}{dx} f(g(x)) = f'(g(x)) \cdot g'(x).$$

BEWEIS.

Nach 2.2 läßt sich die Voraussetzung über f so fassen:

$$f(y) = f(y_0) + \big(f'(y_0) + r(y, y_0)\big) \cdot (y - y_0) \quad \text{mit} \quad \lim\limits_{J \ni y \to y_0} r(y, y_0) = 0$$

$\left(\text{Mit den Bezeichnungen 2.2 ist } r(y, y_0) = \frac{R(y, y_0)}{y - y_0}\right)$. Analog gilt für g

$$g(x) = g(x_0) + \big(g'(x_0) + s(x, x_0)\big) \cdot (x - x_0) \quad \text{mit} \quad \lim\limits_{I \ni x \to x_0} s(x, x_0) = 0.$$

Also ist

$$\begin{aligned}
f(g(x)) - f(y_0) &= (f'(y_0) + r(g(x), y_0)) \cdot (g(x) - y_0) \\
&= (f'(y_0) + r(g(x), y_0)) \cdot (g'(x_0) + s(x, x_0)) \cdot (x - x_0) \\
&= f'(y_0) \cdot g'(x_0) \cdot (x - x_0) + \varrho(x, x_0) \cdot (x - x_0), \quad \text{wobei}
\end{aligned}$$

$$\varrho(x, x_0) = f'(y_0) \cdot s(x, x_0) + r(g(x), y_0) \cdot \big[g'(x_0) + s(x, x_0)\big] \to 0$$

für $x \to x_0$ nach den Rechenregeln für Grenzwerte unter Beachtung von $\lim\limits_{x \to x_0} r(g(x), y_0) = 0$.

Damit ist $f \circ g$ differenzierbar und $(f \circ g)'(x_0) = f'(y_0) \cdot g'(x_0)$ nach dem Kriterium 2.2. $\qquad \Box$

3.3 Die Quotientenregel

Sind $f, g : I \to \mathbb{R}$ differenzierbar, so ist $\frac{f}{g}$ überall dort differenzierbar, wo g keine Nullstellen hat, und es gilt dort

$$\left(\frac{f}{g}\right)' = \frac{f'g - fg'}{g^2}.$$

Insbesondere ist für alle x_0 mit $g(x_0) \neq 0$

$$\left(\frac{1}{g}\right)'(x_0) = -\frac{g'(x_0)}{g^2(x_0)}.$$

BEWEIS.

Die letzte Formel ergibt sich nach der Kettenregel für $F \circ g$ mit $F(y) = \frac{1}{y}$ und 2.4 (f). Die erste folgt dann mit der Produktregel. $\qquad\square$

3.4 Die Ableitung der n-ten Potenz

Für jede ganze Zahl n gilt

$$\frac{d}{dx}x^n = nx^{n-1}$$

für alle $x \in \mathbb{R}$ mit Ausnahme von $x = 0$ im Falle $n < 0$.

BEWEIS.

(a) Für $n = 0$ ist die Behauptung offenbar richtig; für $n \in \mathbb{N}$ ergibt sie sich durch Induktion mit Hilfe der Produktregel $\boxed{\text{ÜA}}$.

(b) Mit $F(y) = \dfrac{1}{y}$ und $m \in \mathbb{N}$ ergibt die Kettenregel für $x \neq 0$

$$\frac{d}{dx}\left(x^{-m}\right) = \frac{d}{dx}F\left(x^m\right) = -\frac{1}{x^{2m}}\left(mx^{m-1}\right) = (-m)x^{-m-1}.$$

Für $n = -m$ ist also $(x^n)' = nx^{n-1}$. $\qquad\square$

3.5 Die Ableitung eines Polynoms ergibt sich aus der Formel

$$\frac{d}{dx}(a_0 + a_1x + \cdots + a_nx^n) = a_1 + 2a_2x + \cdots + na_nx^{n-1}.$$

Das folgt unmittelbar aus 3.4 und 3.1.

3.6 Die Ableitung der Quadratwurzel

Die Funktion $x \mapsto \sqrt{x}$ ist für $x > 0$ differenzierbar. Es ist

$$\frac{d}{dx}\sqrt{x} = \frac{1}{2\sqrt{x}} \, .$$

Denn $\dfrac{\sqrt{x}-\sqrt{x_0}}{x-x_0} = \dfrac{1}{\sqrt{x}+\sqrt{x_0}} \to \dfrac{1}{2\sqrt{x_0}}$ für $x \to x_0$ wegen der Stetigkeit der Wurzelfunktion.

3.7 Die Ableitung des Tangens

$\boxed{\text{ÜA}}$ Für $x \in \left] -\frac{\pi}{2}, \frac{\pi}{2} \right[$ ist

$$\tan'(x) = 1 + \tan^2(x) = \frac{1}{\cos^2 x} \, .$$

3.8 Aufgaben

(a) Bestimmen Sie die Ableitung von $\ \sqrt{1+x^2} + \dfrac{1}{\sqrt{1+x^2}}\,$.

(b) Bestimmen Sie die Ableitung von $\ \dfrac{\sin x \, \mathrm{e}^{\sin x}}{2+\sin x}\,$.

(c) Bestimmen Sie $\dfrac{d}{dx}\sqrt{r^2-x^2}$ für $-r < x < r$ und geben Sie eine geometrische Deutung.

4 Mittelwertsätze und Folgerungen

4.1 Notwendige Bedingungen für lokale Maxima und Minima

Sei f in einem Intervall I definiert und x_0 ein innerer Punkt von I. f hat an der Stelle x_0 ein **lokales Maximum**, wenn $f(x_0) \geq f(x)$ für alle hinreichend nahe an x_0 gelegenen x (d.h. für $|x - x_0| < \delta$ mit geeignetem $\delta > 0$). Entsprechend ist ein **lokales Minimum** definiert.

SATZ. *Hat f an der Stelle x_0 ein lokales Minimum und ist f an der Stelle x_0 differenzierbar, so gilt $f'(x_0) = 0$.*

BEWEIS.

Liegt in x_0 ein lokales Maximum vor, so ist für $x_0 < x < x_0 + \delta$

$$\frac{f(x) - f(x_0)}{x - x_0} \leq 0\,, \quad \text{also auch} \quad f'(x_0) = \lim_{x \to x_0+} \frac{f(x) - f(x_0)}{x - x_0} \leq 0\,.$$

Für $x_0 - \delta < x < x_0$ ist dagegen

$$\frac{f(x) - f(x_0)}{x - x_0} \geq 0\,, \quad \text{also auch} \quad f'(x_0) = \lim_{x \to x_0-} \frac{f(x) - f(x_0)}{x - x_0} \geq 0\,.$$

Zusammen ergibt sich $f'(x_0) = 0$. Hat f an einer Stelle y_0 lokales Minimum, so hat $-f$ dort ein lokales Maximum, also ist $-f'(y_0) = 0$. □

4.2 Der Mittelwertsatz der Differentialrechnung

Die Funktion f sei auf $[a,b]$ stetig und im Innern $]a,b[$ differenzierbar. Dann gibt es mindestens ein $\vartheta \in \,]a,b[$ mit

$$\frac{f(b) - f(a)}{b - a} = f'(\vartheta)\,.$$

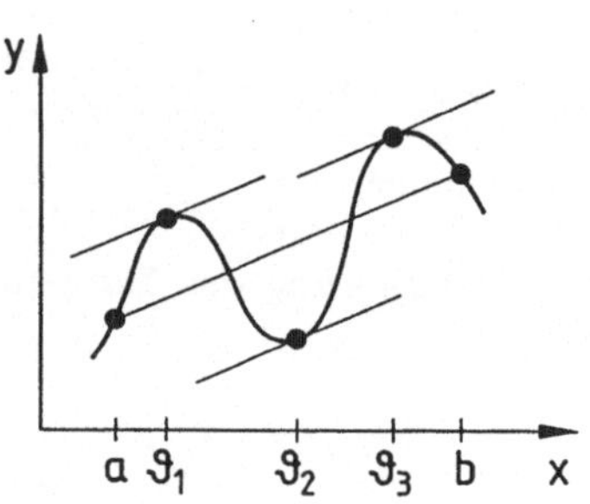

BEMERKUNG. Im Fall $f(a) = f(b) = 0$ ist insbesondere $f'(\vartheta) = 0$ für ein geeignetes $\vartheta \in \,]a,b[$. Dies ist der **Satz von Rolle.**

BEWEIS.

(a) Wir beweisen zunächst den Satz von Rolle. Für konstante Funktionen gibt es nichts zu beweisen; wir nehmen also an, daß f nicht konstant ist.

Da f in $[a,b]$ stetig ist, gilt der Satz vom Maximum. Nimmt f sein Maximum an einer Stelle ϑ im Innern $]a,b[$ an, so ist dort $f'(\vartheta) = 0$ nach 4.1, und wir sind fertig. Andernfalls gilt $f(x) \leq 0$ in $[a,b]$, und das Minimum von f ist negativ, da f nicht konstant ist. In diesem Fall wird also das Minimum an einer inneren Stelle ϑ angenommen (wegen $f(a) = f(b) = 0$).

(b) Der allgemeine Fall des Mittelwertsatzes wird auf den speziellen Fall (a) durch die Transformation

$$g(x) = f(x) - f(a) - m\,(x - a)\,, \qquad m = \frac{f(b) - f(a)}{b - a}$$

zurückgeführt: Es ist leicht nachzuprüfen, daß g die Voraussetzungen des Satzes von Rolle erfüllt. Also ist $f'(\vartheta) - m = g'(\vartheta) = 0$ für ein geeignetes $\vartheta \in \,]a,b[$. $\square$

4.3 Monotonie und Vorzeichen der Ableitung

Für differenzierbare Funktionen $f : I \to \mathbb{R}$ gilt

(a) *f ist monoton wachsend genau dann, wenn $f'(x) \geq 0$ für alle $x \in I$.*

(b) *Ist $f'(x) > 0$ für alle $x \in I$, so ist f streng monoton wachsend.*

Entsprechendes gilt für monoton fallende Funktionen.

BEMERKUNG. Das Beispiel $f(x) = x^3$ zeigt, daß eine Funktion streng monoton wachsend sein kann, ohne daß die Ableitung dauernd positiv ist.

BEWEIS.

Für $\alpha, \beta \in I$ mit $\alpha < \beta$ sind auf dem Intervall $[\alpha, \beta]$ die Voraussetzungen des Mittelwertsatzes erfüllt. Also ist

$$f(\beta) - f(\alpha) = (\beta - \alpha)f'(\vartheta) \quad \text{mit einem geeignetem } \vartheta \in \,]\alpha, \beta[\,.$$

Aus dieser Beziehung lassen sich alle Behauptungen ablesen.   □

4.4 Das Verschwinden der Ableitung

Hat eine Funktion im Intervall I überall die Ableitung Null, so ist sie dort konstant.

BEWEIS.

Wir wählen einen festen Punkt $a \in I$ und erhalten aus dem Mittelwertsatz für jedes $x \in I$

$$f(x) - f(a) = (x - a)f'(\vartheta_x)$$

mit einem geeigneten Zwischenwert ϑ_x zwischen x und a (Fallunterscheidung $x > a$, $x < a$, $x = a$). Nach Voraussetzung ist $f'(\vartheta_x) = 0$, also ist $f(x) = f(a)$ für jedes $x \in I$.   □

4.5 Der verallgemeinerte Mittelwertsatz

Sind f, g auf $[a, b]$ stetig und in $]a, b[$ differenzierbar, ist ferner $g'(x) \neq 0$ für alle $x \in]a, b[$, so gibt es ein $\vartheta \in]a, b[$ mit

$$\frac{f(b) - f(a)}{g(b) - g(a)} = \frac{f'(\vartheta)}{g'(\vartheta)} \,.$$

BEWEIS.

Nach dem Mittelwertsatz folgt zunächst $g(b) \neq g(a)$. Wir setzen

$$\varphi(x) = f(x) - f(a) - \frac{f(b) - f(a)}{g(b) - g(a)}\,(g(x) - g(a)) \,.$$

Dann erfüllt φ die Voraussetzungen des Satzes von Rolle, also gibt es ein $\vartheta \in]a, b[$ mit

$$0 = \varphi'(\vartheta) = f'(\vartheta) - \frac{f(b) - f(a)}{g(b) - g(a)}\,g'(\vartheta) \,.$$ □

5 Differenzierbarkeit der Umkehrfunktion und Beispiele

5.1 Die Differenzierbarkeit der Umkehrfunktion

Sei f im Intervall I differenzierbar und $f'(x)$ entweder stets positiv oder stets negativ. Dann ist $J = f(I)$ wieder ein Intervall, $f : I \to J$ bijektiv, und f^{-1} ist differenzierbar in J. Die Ableitung von f^{-1} ist gegeben durch

$$\left(f^{-1}\right)'(y) = \frac{1}{f'(x)} \quad \text{für} \quad y \in J \quad \text{und} \quad x = f^{-1}(y) \,.$$

MERKREGEL. Die Formel für $\left(f^{-1}\right)'(y)$ ergibt sich durch Differentiation der Gleichung $y = f(f^{-1}(y))$ nach der Kettenregel.

BEWEIS.

Ist $f'(x) > 0$ für alle $x \in I$, so ist f in I streng monoton wachsend nach 4.3, also ist f injektiv. Wegen der Stetigkeit von f ist $J = f(I)$ ein Intervall, und $f^{-1} : J \to I$ ist stetig nach §8:5.1.

Sind nun y_n, y_0 verschiedene Punkte in J und $x_n = f^{-1}(y_n), x_0 = f^{-1}(y_0)$ ihre Urbilder, so gilt

$$\frac{f^{-1}(y_n) - f^{-1}(y_0)}{y_n - y_0} = \frac{x_n - x_0}{f(x_n) - f(x_0)} \, .$$

Gilt $y_n \to y_0$, so folgt wegen der Stetigkeit von f^{-1} auch $x_n \to x_0$, also existiert der Grenzwert

$$\lim_{n \to \infty} \frac{f^{-1}(y_n) - f^{-1}(y_0)}{y_n - y_0} = \lim_{n \to \infty} \frac{x_n - x_0}{f(x_n) - f(x_0)} = \frac{1}{f'(x_0)}$$

für alle Folgen (y_n) mit $y_n \to y_0, y_n \neq y_0$. Das ist die Behauptung im Falle $f' > 0$. Im Fall $f' < 0$ betrachtet man $-f$ statt f. $\qquad\qquad\square$

5.2 Die Ableitung des Logarithmus und der allgemeinen Potenz

(a) $\dfrac{d}{dx} \log x = \dfrac{1}{x} \quad$ für $\quad x > 0$.

Denn der Logarithmus ist die Umkehrfunktion der Exponentialfunktion, die durchweg positive Ableitung hat. Aus 5.1 folgt

$$\log'(y) = \frac{1}{e^{\log y}} = \frac{1}{y} \quad \text{für alle} \quad y \in \mathbb{R}_{>0} \, .$$

(b) Wegen $a^b = e^{b \log a}$ für $a > 0$ ergibt die Kettenregel

$$\frac{d}{dx} a^x = \log a \cdot a^x \quad \text{für} \quad a > 0 \quad \text{und alle} \quad x \in \mathbb{R},$$

$$\frac{d}{dx} x^b = b \cdot x^{b-1} \quad \text{für} \quad x > 0 \quad \text{und alle} \quad b \in \mathbb{R}.$$

$\boxed{\text{ÜA}}$ Bestimmen Sie die Ableitung von x^x für $x > 0$.

5.3 Die Ableitung des Arcustangens

Der Tangens ist in $\left] -\frac{\pi}{2}, \frac{\pi}{2} \right[$ stetig differenzierbar mit der Ableitung

$$\tan'(x) = 1 + \tan^2(x) > 0 \quad \text{nach 3.7.}$$

Das Bildintervall des Tangens ist $\mathbb{R}$ nach § 8 : 5.2, und für die Umkehrfunktion des Tangens gilt

$$\arctan'(x) = \frac{1}{1 + x^2} \, .$$

Denn mit $y = \arctan(x)$ folgt aus 5.1

$$\arctan'(y) = \frac{1}{\tan'(x)} = \frac{1}{1 + \tan^2(x)} = \frac{1}{1 + y^2} \, .$$

5.4 Die Ableitungen von Arcussinus und Arcuscosinus

$$\frac{d}{dx} \arcsin x = \frac{1}{\sqrt{1 - x^2}} \, , \qquad \frac{d}{dx} \arccos x = -\frac{1}{\sqrt{1 - x^2}} \quad \text{für} \quad |x| < 1 \;\; \boxed{\text{ÜA}} \, .$$

6 Höhere Ableitungen und C^n–Funktionen

6.1 Höhere Ableitungen

Ist f differenzierbar in I und $f' : I \to \mathbb{R}$ wiederum differenzierbar, so heißt f *zweimal differenzierbar* in I, und $f'' = (f')'$ heißt die *zweite Ableitung* von f. Es ist also

$$f''(x_0) = \lim_{I \ni x \to x_0} \frac{f'(x) - f'(x_0)}{x - x_0} \, .$$

Ist $f'' : I \to \mathbb{R}$ differenzierbar in I, so definieren wir

$$f''' = \left(f''\right)' = \left(f'\right)'' \, .$$

Analog sind $f^{(4)} = (f''')'$, $f^{(5)} = \left(f^{(4)}\right)', \ldots f^{(n+1)} = \left(f^{(n)}\right)', \ldots$ definiert, falls die entsprechenden Differentiationen ausführbar sind.

Andere Schreibweisen sind

$$f^{(n)} = \frac{d^n f}{dx^n} = \frac{d^n}{dx^n} f = \left(\frac{d}{dx}\right)^n f \, .$$

Aus formalen Gründen führen wir noch die *nullte Ableitung* ein durch

$$f^{(0)} := f \, .$$

6.2 Leibniz–Regel

$\boxed{\text{ÜA}}$ Beweisen Sie durch Induktion: Sind f, g n-mal differenzierbar im Intervall I, so ist dort

$$(f \cdot g)^{(n)} = \sum_{k=0}^{n} \binom{n}{k} f^{(k)} g^{(n-k)} \, .$$

6.3 Beispiele und Aufgaben

(a) Die Exponentialfunktion ist auf ganz $\mathbb{R}$ beliebig oft differenzierbar mit

$$\frac{d^n}{dx^n}\mathrm{e}^x = \mathrm{e}^x\,.$$

(b) $\cos''(x) = -\cos x, \qquad \sin''(x) = -\sin x\,.$

(c) Für $p(x) = a_0 + a_1 x + \cdots + a_n x^n$ ist

$$p^{(n)}(x) = n!\cdot a_n \quad \text{und} \quad p^{(n+1)} \equiv 0\,.$$

(d) $\boxed{\text{ÜA}}$ Zeigen Sie, daß die durch

$$f(x) = \begin{cases} \mathrm{e}^{-\frac{1}{x^2}} & \text{für } x \neq 0 \\[2mm] 0 & \text{für } x = 0 \end{cases}$$

gegebene Funktion f auf ganz $\mathbb{R}$ beliebig oft differenzierbar ist und daß

$$f^{(n)}(0) = 0 \quad \text{für alle} \quad n \in \mathbb{N}\,.$$

Anleitung: Zeigen Sie per Induktion, daß $f^{(n)}(x) = p_n\left(\frac{1}{x}\right)\cdot \mathrm{e}^{-\frac{1}{x^2}}$ mit einem geeignetem Polynom p_n und beachten Sie, daß $\lim\limits_{y\to\infty} y^m\cdot\mathrm{e}^{-y} = 0$ für jedes $m \in \mathbb{N}$.

(e) Die durch

$$f(x) = \begin{cases} x^2 \sin \dfrac{1}{x} & \text{für } x \neq 0 \\[3mm] 0 & \text{für } x = 0 \end{cases}$$

gegebene Funktion besitzt folgende Ableitung:

$$f'(x) = \begin{cases} 2x \sin \dfrac{1}{x} - \cos \dfrac{1}{x} & \text{für } x \neq 0 \\[3mm] 0 & \text{für } x = 0 \text{ nach 2.2.} \end{cases}$$

f ist also genau einmal differenzierbar, denn f' ist unstetig an der Stelle 0.

6.4 Stetige Differenzierbarkeit und C^n–Funktionen

Eine Funktion heißt **stetig differenzierbar im Intervall** I (C^1**–Funktion in** I, C^1**–differenzierbar in** I), wenn f in I differenzierbar und f' dort stetig ist.

Entsprechend heißt f n**–mal stetig differenzierbar in** I, (C^n**–Funktion in** I, C^n**–differenzierbar in** I), wenn f dort n–mal differenzierbar und $f^{(n)}$ stetig ist.

Ist f beliebig oft differenzierbar, so nennt man f eine C^∞-**Funktion**. C^0-Funktionen sind einfach stetige Funktionen. Die Menge aller C^n-Funktionen in I bezeichnen wir mit

$$C^n(I), \quad \text{bzw.} \quad C^n\,[a,b] \quad \text{für} \quad I = [a,b]\;;$$

die Menge aller in I beliebig oft differenzierbaren Funktionen wird mit $C^\infty(I)$ bezeichnet.

7 Taylorentwicklung

7.1 Der Satz von Taylor

Jede Funktion $f \in C^{n+1}(I)$ läßt sich für $x, x_0 \in I$ auf folgende Weise nach Potenzen von $(x - x_0)$ entwickeln:

$$f(x) = f(x_0) + f'(x_0)(x - x_0) + \cdots + f^{(n)}(x_0)\,\frac{(x - x_0)^n}{n!} + R_n(x)\,,$$

dabei ist das Restglied $R_n(x)$ von der Form

$$R_n(x) = f^{(n+1)}(\Theta)\,\frac{(x - x_0)^{n+1}}{(n + 1)!}\,,$$

mit einer zwischen x_0 und x liegenden Stelle Θ, d.h. $\Theta = x_0 + \vartheta \cdot (x - x_0)$ mit $0 < \vartheta < 1$. Die (im allgemeinen unbekannte) Zahl ϑ hängt von x ab.

BEMERKUNGEN.

(a) Dieser Satz ist von großer Bedeutung, u.a. aus folgenden Gründen: Mit seiner Hilfe können wir uns einen Überblick über das Verhalten einer Funktion in genügender Nähe des *Entwicklungspunkts* x_0 verschaffen. Ferner gestattet er die rasche und genaue Berechnung von Funktionswerten und die Abschätzung des Fehlers, wie wir in den folgenden Beispielen zeigen. Schließlich liefert er Reihenentwicklungen von Funktionen und die Lösungen von Differentialgleichungen durch Reihenansätze.

(b) Der Ausdruck

$$p_n(x) = \sum_{k=0}^{n} \frac{f^{(k)}(x_0)}{k!}\,(x - x_0)^k$$

heißt das **Taylorpolynom n-ter Ordnung** von f an der Stelle x_0. Man beachte, daß der Grad von p_n kleiner als n sein kann.

BEWEIS.

Wir halten $x \in I$ fest und setzen

$$F(t) = f(x) - f(t) - f'(t)(x - t) - \cdots - f^{(n)}(t)\frac{(x - t)^n}{n!}\,,$$

$$G(t) = \frac{(x - t)^{n+1}}{(n + 1)!}\,.$$

Dann zeigt eine leichte Rechnung $\boxed{\text{ÜA}}$, daß

$$F'(t) = -f^{(n+1)}(t)\frac{(x - t)^n}{n!}\,, \qquad G'(t) = -\frac{(x - t)^n}{n!}\,.$$

Setzen wir nun $t = x_0$, so erhalten wir aus dem verallgemeinerten Mittelwertsatz 4.5

$$(*) \qquad \frac{F(x) - F(x_0)}{G(x) - G(x_0)} = \frac{F'(\Theta)}{G'(\Theta)} = f^{(n+1)}(\Theta)$$

mit geeignetem, echt zwischen x und x_0 liegendem Θ. Für $t = x$ ergibt sich $F(x) = G(x) = 0$, und für $t = x_0$

$$F(x_0) = f(x) - f(x_0) - f'(x_0)(x - x_0) - \cdots - f^{(n)}(x_0) \cdot \frac{(x - x_0)^n}{n!}\,,$$

$$G(x_0) = \frac{(x - x_0)^{n+1}}{(n + 1)!}\,.$$

Aus $(*)$ folgt $F(x_0) = G(x_0) \cdot f^{(n+1)}(\Theta)$, das ist die Behauptung. $\qquad\qquad \square$

7.2 Die Entwicklung der Exponentialfunktion

Nach dem Satz von Taylor (Entwicklung um den Punkt $x_0 = 0$) ist

$$\mathrm{e}^x = 1 + x + \frac{x^2}{2} + \cdots + \frac{x^n}{n!} + \frac{x^{n+1}}{(n + 1)!}\mathrm{e}^{\vartheta \cdot x} \quad \text{mit} \quad 0 < \vartheta < 1\,.$$

Wollen wir beispielsweise die Exponentialfunktion im Intervall $[-1, +1]$ durch ein Polynom p auf zwei Stellen nach dem Komma genau approximieren, so leistet das Taylorpolynom 5–ten Grades

$$p(x) = 1 + x + \frac{x^2}{2} + \frac{x^3}{6} + \frac{x^4}{24} + \frac{x^5}{120}$$

das Gewünschte. Es ist nämlich

$$|\mathrm{e}^x - p(x)| = \frac{x^6}{720}\mathrm{e}^{\vartheta \cdot x} < \frac{\mathrm{e}}{720} < 0.0038\,.$$

$\boxed{\text{ÜA}}$ Geben Sie ein Polynom p an mit $|\mathrm{e}^x - p(x)| < \frac{1}{2} \cdot 10^{-5}$ für $|x| \le 2$.

7.3 Entwicklungen für den Logarithmus

(a) Wir betrachten $f(x) = \log(1+x)$ für $x > -1$. Es ist

$$f'(x) = \frac{1}{1+x}\,, \quad f''(x) = -\frac{1}{(1+x)^2}\,, \quad f'''(x) = \frac{2}{(1+x)^3}\,, \quad \text{allgemein}$$

$$f^{(n)}(x) = (-1)^{n-1}\frac{(n-1)!}{(1+x)^n}\,.$$

Wegen $f(0) = 0$, $f'(0) = 1$, $\ldots$, $f^{(n)}(0) = (-1)^{n-1}\cdot(n-1)!$ ist

$$\log(1+x) = x - \frac{1}{2}x^2 + \frac{1}{3}x^3 - \cdots + \frac{(-1)^{n-1}}{n}x^n + \frac{(-1)^n}{n+1}\cdot\frac{x^{n+1}}{(1+\vartheta x)^{n+1}}$$

mit $0 < \vartheta < 1$. Insbesondere ergibt sich $\boxed{\text{ÜA}}$

$$x - \frac{1}{2}x^2 < \log(1+x) < x \quad \text{für} \quad x > 0\,.$$

(b) Für $0 \le x \le 1$ erhalten wir aus (a) wegen $1 + \vartheta x \ge 1$

$$\left|\log(1+x) - \left(x - \frac{x^2}{2} + \cdots + (-1)^{n-1}\frac{x^n}{n}\right)\right| \le \frac{x^{n+1}}{n+1}\,.$$

Für kleine x geht $\frac{1}{n+1}x^{n+1}$ sehr rasch gegen Null; dafür sorgt vor allem x^{n+1}. Für größere x wird die Approximation zusehends schlechter; für $x = 1$ ist der Fehler von der Größenordnung $\frac{1}{n+1}$. Zum Beispiel ist

$$1 - \frac{1}{2} + \frac{1}{3} - \frac{1}{4} + \frac{1}{5} - \frac{1}{6} + \frac{1}{7} - \frac{1}{8} + \frac{1}{9} - \frac{1}{10} + \frac{1}{11} = 0.736544\ldots\,;$$

der wahre Wert für $\log 2$ ist dagegen $0.6931471805\ldots$

(c) Eine wesentlich bessere Approximation erhalten wir für $0 \le x \le 1$ durch die Transformation

$$1 + x - \frac{1+z}{1-z}\,.$$

Da $\dfrac{x}{x+2}$ monoton wächst (die Ableitung ist positiv) erhalten wir

$$0 \le z = \frac{x}{x+2} \le \frac{1}{1+2} = \frac{1}{3}\,.$$

Damit wird

$$\log(1+x) = \log\frac{1+z}{1-z} = \log(1+z) - \log(1-z)$$

$$= z - \frac{z^2}{2} + \frac{z^3}{3} + \cdots - \frac{z^{2n}}{2n} + \frac{z^{2n+1}}{2n+1} \cdot \frac{1}{(1+\vartheta_1 z)^{2n+1}}$$

$$+ z + \frac{z^2}{2} + \frac{z^3}{3} + \cdots + \frac{z^{2n}}{2n} + \frac{z^{2n+1}}{2n+1} \cdot \frac{1}{(1+\vartheta_2 z)^{2n+1}}$$

$$= 2\left(z + \frac{z^3}{3} + \cdots + \frac{z^{2n-1}}{2n-1}\right) + r_n(z)\,;$$

dabei ist wegen $1 + \vartheta z \geq \frac{2}{3}$

$$|r_n(z)| \leq 2 \cdot \frac{1}{2n+1}\left(\frac{1}{3}\right)^{2n+1} \cdot \left(\frac{3}{2}\right)^{2n+1} = \frac{1}{2n+1}\left(\frac{1}{2}\right)^{2n}\,.$$

Für $n = 7$ ergibt sich

$$\log 2 \approx 2\left(\frac{1}{3} + \frac{1}{3}\left(\frac{1}{3}\right)^3 + \frac{1}{5}\left(\frac{1}{3}\right)^5 + \frac{1}{7}\left(\frac{1}{3}\right)^7 + \frac{1}{9}\left(\frac{1}{3}\right)^9 + \right.$$

$$\left. + \frac{1}{11}\left(\frac{1}{3}\right)^{11} + \frac{1}{13}\left(\frac{1}{3}\right)^{13}\right)$$

$$= 0.693147170\ldots$$

mit einem Fehler, der garantiert kleiner ist als $\frac{1}{15} \cdot \left(\frac{1}{2}\right)^{14} \approx 0.407 \cdot 10^{-5}$. (In Wirklichkeit ist er ungefähr 10^{-8}, s.o.)

7.4 Entwicklung von Kosinus und Sinus

Es ist

$$\frac{d^n}{dx^n}\cos x = \begin{cases} (-1)^k \cos x & \text{für } n = 2k\,, \\ (-1)^{k+1} \sin x & \text{für } n = 2k+1 \end{cases}$$

und

$$\frac{d^n}{dx^n}\sin x = \begin{cases} (-1)^k \sin x & \text{für } n = 2k\,, \\ (-1)^k \cos x & \text{für } n = 2k+1\,. \end{cases}$$

Daher liefert der Satz von Taylor an der Stelle $x_0 = 0$:

$$\cos x = \sum_{k=0}^{n} (-1)^k \frac{x^{2k}}{(2k)!} + (-1)^{n+1}\frac{x^{2n+2}}{(2n+2)!}\cos(\vartheta_1 x)\,,$$

$$\sin x = \sum_{k=0}^{n-1} (-1)^k \frac{x^{2k+1}}{(2k+1)!} + (-1)^{n}\frac{x^{2n+1}}{(2n+1)!}\cos(\vartheta_2 x)\,.$$

Die folgende Grafik zeigt $\sin x$ zusammen mit den Taylorpolynomen $p_3(x)$, $p_5(x)$, $p_7(x)$, ... $p_{25}(x)$ dargestellt. Es ist

$$p_3(x) = x - \frac{x^3}{6}\,, \quad p_5(x) = x - \frac{x^3}{6} + \frac{x^5}{120}\,, \quad p_7(x) = x - \frac{x^3}{6} + \frac{x^5}{120} - \frac{x^7}{5040}\,.$$

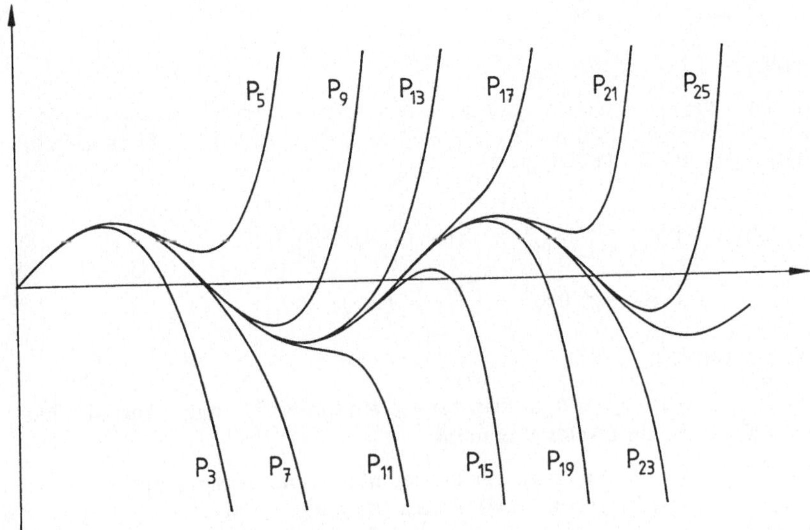

$\boxed{\text{ÜA}}$ Schätzen Sie die Fehler $|\sin x - p_5(x)|$, $|\sin x - p_7(x)|$ für $|x| \leq \pi$ ab!

$\boxed{\text{ÜA}}$ Geben Sie ein Polynom p möglichst niedrigen Grades an mit

$$|\cos x - p(x)| < \frac{1}{2}10^{-5} \quad \text{für} \quad |x| \leq \frac{1}{2}\,.$$

8 Lokale Minima und Maxima

8.1 Notwendige und hinreichende Bedingungen

f sei im offenen Intervall I zweimal stetig differenzierbar und $x_0 \in I$.

(a) Wenn f an der Stelle x_0 ein lokales Minimum besitzt, vgl. 4.1, so ist notwendigerweise

$$f'(x_0) = 0\,, \quad f''(x_0) \geq 0\,.$$

Hat f an der Stelle x_0 ein lokales Maximum, so folgt

$$f'(x_0) = 0\,, \quad f''(x_0) \leq 0\,.$$

(b) *Hinreichend für ein lokales Minimum an der Stelle x_0 ist*

$$f'(x_0) = 0, \quad f''(x_0) > 0.$$

Hinreichend für ein lokales Maximum an der Stelle x_0 ist

$$f'(x_0) = 0, \quad f''(x_0) < 0.$$

BEWEIS.

(b) Ist $f'(x_0) = 0$ und $f''(x_0) > 0$, so gibt es wegen der Stetigkeit von f'' ein $\delta > 0$ mit $f''(x) > 0$ für $|x - x_0| < \delta$. Zu jedem solchen x gibt es nach dem Satz von Taylor ein Θ zwischen x_0 und x mit

$$\begin{aligned}
f(x) &= f(x_0) + f'(x_0)(x - x_0) + f''(\Theta)\frac{(x - x_0)^2}{2} \\
&= f(x_0) + f''(\Theta)\frac{(x - x_0)^2}{2} > f(x_0)
\end{aligned}$$

wegen $f''(\Theta) > 0$.

Ist $f'(x_0) = 0$, $f''(x_0) < 0$, so liegt für $-f$ ein lokales Minimum vor, also hat f an der Stelle x_0 ein lokales Maximum.

(a) f habe an der Stelle x_0 ein lokales Maximum. Dann folgt $f'(x_0) = 0$ nach 4.1. Wäre $f''(x_0) > 0$, so wäre nach (b) $f(x) > f(x_0)$ für $0 < |x - x_0| < \delta$ mit geeignetem δ. Es muß also $f''(x_0) \leq 0$ sein. Entsprechend argumentiert man bei lokalen Minima. $\square$

BEMERKUNG. Daß bei einem lokalen Minimum an der Stelle x_0 nicht notwendigerweise $f''(x_0) > 0$ sein muß, zeigt das Beispiel $f(x) = x^4$ an der Stelle 0. Daß $f'(x_0) = 0, f''(x_0) \geq 0$ nicht hinreichend für ein lokales Minimum ist, zeigt das Beispiel $f(x) = x^3$ an der Stelle $x_0 = 0$.

8.2 Zur Bestimmung eines Minimums bzw. Maximums

Ist $f \in C^2[a, b]$, so hat f als stetige Funktion in $[a, b]$ ein *Minimum*, d.h. es gibt ein $x_0 \in [a, b]$ mit

$$f(x_0) \leq f(x) \quad \text{für alle} \quad x \in [a, b] .$$

Liegt x_0 im Innern von $[a, b]$, so folgt $f'(x_0) = 0, f''(x_0) \geq 0$ nach 8.1. Liegt x_0 auf dem Rand, so braucht die Ableitung dort nicht zu verschwinden.

Sind $x_1, \ldots, x_k$ sämtliche innere Punkte von $[a, b]$ mit $f'(x_k) = 0$, $f''(x_k) \geq 0$, so ist x_0 unter den Zahlen $a, x_1, \ldots, x_k, b$ zu finden, und zwar durch Größenvergleich der Funktionswerte.

8.3 Aufgabe. Ein Kreiszylinder soll so bemessen werden, daß bei festem Volumen V die Oberfläche F minimal wird. In welchem Verhältnis müssen Höhe und Radius stehen? (Warum besitzt F ein absolutes Minimum?)

8.4 Zum Brechungsgesetz

Ein Wanderer will in der eingezeichneten Weise vom Punkt $A = (0, -c)$ zum Punkt $B = (a, b)$ gelangen. Seine Geschwindigkeit für $y < 0$ beträgt v_A, für $y > 0$ soll sie $v_B > v_A$ sein. Bestimmen Sie die Laufzeit $T(x)$ in Abhängigkeit von der Knickstelle x, $0 \leq x \leq a$. Zeigen Sie, daß T ein absolutes Minimum besitzt und daß für dieses das *Snelliussche Brechungsgesetz*

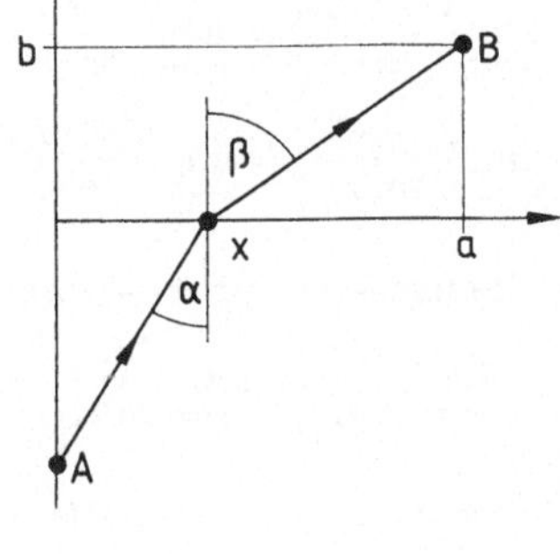

$$\frac{\sin \alpha}{\sin \beta} = \frac{v_A}{v_B}$$

gilt, $\boxed{\text{ÜA}}$.

9 Bestimmung von Grenzwerten nach de l'Hospital

9.1 Die Regel von de l'Hospital

Sind f und g differenzierbar in $]a, b]$ und ist

$$\lim_{x \to a+} f(x) = \lim_{x \to a+} g(x) = 0, \quad \text{so gilt}$$

$$\lim_{x \to a+} \frac{f(x)}{g(x)} = \lim_{x \to a+} \frac{f'(x)}{g'(x)},$$

falls der letztere Grenzwert existiert. Ein entsprechender Satz gilt für linksseitige bzw. zweiseitige Grenzwerte.

BEWEIS.

Setzt man $f(a) := 0$ und $g(a) := 0$, so erfüllen f und g in $[a, b]$ die Voraussetzungen des verallgemeinerten Mittelwertsatzes 4.5. Demnach gibt es zu jedem $x \in]a, b]$ ein $\vartheta \in]a, x[$ mit

$$\frac{f(x)}{g(x)} = \frac{f(x) - f(a)}{g(x) - g(a)} = \frac{f'(\vartheta)}{g'(\vartheta)}.$$

Ist (x_n) eine Folge in $]a, b]$ mit $x_n \to a$ und sind die ϑ_n die zugehörigen Zwischenwerte, so geht auch die Folge (ϑ_n) von rechts gegen a, also existiert

$$\lim_{n\to\infty} \frac{f(x_n)}{g(x_n)} = \lim_{n\to\infty} \frac{f'(\vartheta_n)}{g'(\vartheta_n)} = \lim_{x\to a+} \frac{f'(x)}{g'(x)}\,. \qquad\qquad \square$$

9.2 Beispiele

(a) $\displaystyle \lim_{x\to 0} \frac{\sin x}{x} = \lim_{x\to 0} \frac{\cos x}{1} = 1\,.$

(b) $\displaystyle \lim_{x\to 0} \frac{1-\cos x}{x^2} = \lim_{x\to 0} \frac{\sin x}{2x} = \frac{1}{2}$ nach (a)\,.

(c) $\displaystyle \lim_{x\to 0} \frac{e^x - e^{-x}}{\sin x} = \lim_{x\to 0} \frac{e^x + e^{-x}}{\cos x} = 2\,.$

9.3 Grenzwerte für $x \to \infty$

$$\lim_{x\to\infty} \frac{f(x)}{g(x)} = \lim_{x\to\infty} \frac{f'(x)}{g'(x)}$$

gilt unter folgenden Voraussetzungen:

(a) f und g sind differenzierbar für hinreichend große x,

(b) $\displaystyle \lim_{x\to\infty} g(x) = \infty$ oder $\displaystyle \lim_{x\to\infty} f(x) = \lim_{x\to\infty} g(x) = 0$,

(c) der in der Behauptung rechtsstehende Grenzwert existiert.

Der Beweis für den Fall $\displaystyle \lim_{x\to\infty} g(x) = \infty$ findet sich bei [HEUSER 1, pp. 287/288].
Der andere Fall ergibt sich aus 9.1 durch Übergang von x zu $\frac{1}{x}$ und $x \to 0+$,
vgl. §8:1.8 $\boxed{\text{ÜA}}$\,.

9.4 Beispiele

(a) $\displaystyle \lim_{x\to\infty} \frac{\log x}{x^\alpha} = \lim_{x\to\infty} \frac{\frac{1}{x}}{\alpha x^{\alpha-1}} = \lim_{x\to\infty} \frac{1}{\alpha x^\alpha} = 0$ für $\alpha > 0$.

(b) $\displaystyle \lim_{x\to\infty} x\left(\frac{\pi}{2} - \arctan x\right) = \lim_{x\to\infty} \frac{\frac{\pi}{2} - \arctan x}{\frac{1}{x}} = \lim_{x\to\infty} \frac{x^2}{1 + x^2} = 1.$

9.5 Wiederholte Anwendung der de l'Hospitalschen Regel

Sind f, g n-mal differenzierbar in $]a, b]$ und ist

$$\lim_{x\to a+} f^{(k)}(x) = \lim_{x\to a+} g^{(k)}(x) = 0 \quad \text{für} \quad k = 0, \ldots, n-1, \quad \text{so ist}$$

$$\lim_{x\to a+} \frac{f(x)}{g(x)} = \lim_{x\to a+} \frac{f^{(n)}(x)}{g^{(n)}(x)}\,,$$

falls der rechtsstehende Grenzwert existiert. Entsprechendes gilt für linksseitige bzw. zweiseitige Grenzwerte.

Der Beweis ergibt sich unmittelbar durch mehrfache Anwendung von 9.1.

9.6 Aufgaben. Bestimmen Sie die folgenden Grenzwerte:

(a) $\displaystyle\lim_{x\to 0}\frac{x-\sin x}{x^3}$,

(b) $\displaystyle\lim_{x\to 0}\frac{1-\cos(2x)}{1-\cos x}$,

(c) $\displaystyle\lim_{x\to 0}\frac{1-\frac{1}{3}x^2-x\cot g\,x}{x^4}$ (Erweiterung mit $\sin x$.)

§ 10 Reihenentwicklungen und Schwingungen

1 Taylorreihen

1.1 Die Exponentialreihe

Es gilt

$$e^x = \sum_{k=0}^{\infty} \frac{x^k}{k!} = 1 + x + \frac{x^2}{2} + \frac{x^3}{6} + \cdots \qquad \text{für jedes } x \in \mathbb{R}.$$

Denn nach dem Satz von Taylor ist

$$e^x = \sum_{k=0}^{n} \frac{x^k}{k!} + R_n(x) \quad \text{mit} \quad R_n(x) = \frac{x^{n+1}}{(n+1)!}e^{\vartheta \cdot x}$$

mit einem von x abhängigen $\vartheta = \vartheta(x) \in \,]0,1[$. Dabei gilt

$$\left| e^x - \sum_{k=0}^{n} \frac{x^k}{k!} \right| \le |R_n(x)| \le \frac{|x|^{n+1}}{(n+1)!}e^{|x|} \to 0 \quad \text{für} \quad n \to \infty.$$

1.2 Kosinus– und Sinusreihe

Für alle $x \in \mathbb{R}$ gilt

$$\cos x = \sum_{k=0}^{\infty}(-1)^k \frac{x^{2k}}{(2k)!} = 1 - \frac{x^2}{2} + \frac{x^4}{4!} - \frac{x^6}{6!} + \cdots.$$

$$\sin x = \sum_{k=0}^{\infty}(-1)^k \frac{x^{2k+1}}{(2k+1)!} = x - \frac{x^3}{3!} + \frac{x^5}{5!} - \frac{x^7}{7!} + \cdots.$$

Denn nach § 9 : 7.4 gilt

$$\left| \cos x - \sum_{k=0}^{n} (-1)^k \frac{x^{2k}}{(2k)!} \right| = \left| (-1)^{n+1} \frac{x^{2n+2}}{(2n+2)!} \cos(\vartheta_1 x) \right| \leq \frac{|x|^{2n+2}}{(2n+2)!} \, ,$$

$$\left| \sin x - \sum_{k=0}^{n-1} (-1)^k \frac{x^{2k+1}}{(2k+1)!} \right| = \left| (-1)^{n} \frac{x^{2n+1}}{(2n+1)!} \cos(\vartheta_2 x) \right| \leq \frac{|x|^{2n+1}}{(2n+1)!} \, ,$$

und die rechten Seiten bilden jeweils Nullfolgen.

1.3 Die komplexe Exponentialreihe

Die komplexe Exponentialfunktion e^z, definiert durch

$$\mathrm{e}^z := \mathrm{e}^x \cdot (\cos y + i \sin y) \quad \text{für} \quad z = x + iy$$

besitzt für alle $z \in \mathbb{C}$ die Reihenentwicklung

$$\mathrm{e}^z = \sum_{n=0}^{\infty} \frac{z^n}{n!} \, .$$

Denn in §7:7.2 wurde für die durch die Exponentialreihe gegebene Funktion $E(z)$ das Exponentialgesetz

$$E(z + w) = E(z) \cdot E(w)$$

gezeigt. Nach 1.2 ist

$$\cos y + i \sin y = \left(1 - \frac{y^2}{2!} + \frac{y^4}{4!} - \cdots \right) + i \left(y - \frac{y^3}{3!} + \frac{y^5}{5!} - \cdots \right)$$

$$= \left(1 + \frac{(iy)^2}{2!} + \frac{(iy)^4}{4!} + \cdots \right) + \left(iy + \frac{(iy)^3}{3!} + \frac{(iy)^5}{5!} + \cdots \right)$$

$$= 1 + iy + \frac{(iy)^2}{2!} + \frac{(iy)^3}{3!} + \cdots = E(iy) \, .$$

Zusammen mit

$$\mathrm{e}^x = \sum_{k=0}^{\infty} \frac{x^k}{k!} = E(x)$$

und dem Exponentialgesetz folgt

$$\sum_{n=0}^{\infty} \frac{z^n}{n!} = E(z) = E(x + iy) = E(x) \cdot E(iy) = \mathrm{e}^x (\cos x + i \sin y) \, .$$

Damit ist die bei den komplexen Zahlen eingeführte Schreibweise

$$\mathrm{e}^{i\varphi} = \cos \varphi + i \sin \varphi$$

im nachhinein gerechtfertigt.

1.4 Die Logarithmusreihe

Für $-1 < x \leq 1$ besteht die Entwicklung

$$\log(1 + x) = \sum_{k=1}^{\infty} (-1)^{k-1} \frac{x^k}{k} = x - \frac{x^2}{2} + \frac{x^3}{3} - \cdots .$$

Insbesondere ist also

$$\log 2 = 1 - \frac{1}{2} + \frac{1}{3} - \cdots .$$

Wir zeigen das zunächst für $x \geq -\frac{1}{2}$; der Rest folgt in 3.3 (b).

Die für $x > -1$ gültige Taylorentwicklung

$$\log(1 + x) = \sum_{k=1}^{n} (-1)^{k-1} \frac{x^k}{k} + (-1)^n \frac{x^{n+1}}{n+1} \cdot \frac{1}{(1 + \vartheta x)^{n+1}}$$

mit $0 < \vartheta < 1$ erlaubt für $-\frac{1}{2} \leq x \leq 1$ die Restgliedabschätzung:

$$\left| \frac{(-1)^n}{n+1} \left(\frac{x}{1 + \vartheta x} \right)^{n+1} \right| \leq \frac{1}{n+1} .$$

Denn für $0 \leq x \leq 1$ ist $1 + \vartheta x \geq 1$, also $0 \leq \frac{x}{1+\vartheta x} \leq 1$. Für $-\frac{1}{2} \leq x \leq 0$ ist $1 + \vartheta x \geq \frac{1}{2}$ und $|x| \leq \frac{1}{2}$, also ebenfalls $\left| \frac{x}{1+\vartheta x} \right| \leq 1$. Damit gilt

$$\left| \log(1 + x) - \sum_{k=1}^{n} (-1)^{k-1} \frac{x^k}{k} \right| \leq \frac{1}{n+1} \to 0 \quad \text{für} \quad n \to \infty .$$

1.5* Die Stirlingsche Formel

Es besteht die asymptotische Gleichheit

$$n! \sim \sqrt{2\pi n} \cdot \left(\frac{n}{e} \right)^n ,$$

worunter wir verstehen, daß

$$\lim_{n \to \infty} \frac{n!}{\sqrt{2\pi n} \cdot \left(\frac{n}{e} \right)^n} = 1 .$$

Die Quotientenfolge ist streng monoton fallend, und es gilt die Fehlerabschätzung

$$0 < \frac{n!}{\sqrt{2\pi n} \cdot \left(\frac{n}{e} \right)^n} - 1 < e^{\frac{1}{12(n-1)}} - 1 \quad \text{für} \quad n = 2, 3, \ldots .$$

BEWEIS.

(a) Für

$$a_n = \frac{n!}{\sqrt{n} \cdot \left(\frac{n}{e}\right)^n} \quad \text{und} \quad b_n = \log \frac{a_n}{a_{n+1}} \quad \text{gilt}$$

$$b_n = \log \frac{1}{e} \left(1 + \frac{1}{n}\right)^{n+\frac{1}{2}} = \log \frac{1}{e} + \left(n + \frac{1}{2}\right) \log \left(1 + \frac{1}{n}\right)$$

$$= -1 + \left(n + \frac{1}{2}\right) \cdot \left(\frac{1}{n} - \frac{1}{2n^2} + \frac{1}{3n^3} - \cdots\right)$$

$$= \left(\frac{1}{3} - \frac{1}{4}\right) \frac{1}{n^2} - \left(\frac{1}{4} - \frac{1}{6}\right) \frac{1}{n^3} + \cdots + (-1)^k \left(\frac{1}{k+1} - \frac{1}{2k}\right) \frac{1}{n^k} + \cdots .$$

b_n ist damit als alternierende Reihe $c_2 - c_3 + c_4 - \cdots$ dargestellt mit

$$c_2 = \frac{1}{12n^2}, \quad c_3 = \frac{1}{12n^3}, \quad \frac{c_{n+1}}{c_n} = \frac{n^2}{n^2 + n - 2} \geq 1 \quad \text{für} \quad n \geq 2 .$$

Damit sind die Voraussetzungen des Leibniz–Kriteriums § 7 : 2.4 erfüllt. Es folgt

$$\frac{1}{12n^2} - \frac{1}{12n^3} < b_n < \frac{1}{12n^2} \quad \text{für alle} \quad n .$$

Insbesondere ist $b_n > 0$ und damit $a_n > a_{n+1} > 0$ für alle n.

(b) Für $m > n > 1$ gilt

$$\log \frac{a_n}{a_m} = \log \frac{a_n}{a_{n+1}} \cdot \frac{a_{n+1}}{a_{n+2}} \cdots \frac{a_{m-1}}{a_m} = b_n + b_{n+1} + \cdots + b_{m-1}$$

$$< \frac{1}{12} \left(\frac{1}{n^2} + \cdots + \frac{1}{(m-1)^2}\right) .$$

Nach Grenzübergang $m \to \infty$ ergibt sich für den Grenzwert a der Folge (a_n)

$$\log \frac{a_n}{a} \leq \frac{1}{12} \sum_{k=n}^{\infty} \frac{1}{k^2} < \frac{1}{12} \sum_{k=n}^{\infty} \frac{1}{k(k-1)} = \frac{1}{12(n-1)} ,$$

vgl. § 7 : 1.3 (b), somit

$$0 < \frac{a_n}{a} - 1 < e^{\frac{1}{12(n-1)}} - 1 .$$

(c) Für den Grenzwert a läßt sich $a = \sqrt{2\pi} \approx 2.506$ beweisen [FORSTER 1, S. 159 ff.]; wir zeigen hier nur

$$2.488 < a < 2.560 .$$

Es ist $a < a_4 < 2.560$. Weiter ist nach (b)

$$\log \frac{a_4}{a} < \frac{1}{12 \cdot (4-1)} = \frac{1}{36}\,,$$

woraus mit $a_4 > 2.559$ zusammen $a > 2.488$ folgt.   □

1.6 Die Arcustangensreihe und Reihendarstellungen für π

(a) *Taylorentwicklung.* Für $f(x) = \arctan x$ gilt aufgrund von §9:5.3:

$$f'(x) = \frac{1}{1+x^2}\,, \quad f''(x) = -\frac{2x}{(1+x^2)^2}\,,$$

$$f'''(x) = -\frac{2}{(1+x^2)^2} + \frac{8x^2}{(1+x^2)^3}\,,$$

$$f^{(4)}(x) = \frac{24x}{(1+x^2)^3} - \frac{48x^3}{(1+x^2)^4}\,, \quad f^{(5)}(x) = \frac{24}{(1+x^2)^3} + x(\cdots)\,.$$

Daraus erraten wir das Bildungsgesetz

$$f^{(2k+1)}(0) = (-1)^k \cdot (2k)!\,, \quad f^{(2k)}(0) = 0\,.$$

und vermuten demnach für die Taylorentwicklung

$$\arctan x = \sum_{k=0}^{n-1} (-1)^k \frac{x^{2k+1}}{2k+1} + R_n(x)\,.$$

Wir bestätigen diese Vermutung mit Hilfe eines Differentiationstricks, der die
unübersichtliche Berechnung der höheren Ableitungen umgeht. Hierzu definieren wir

$$R_n(x) := \arctan x - \left(x - \frac{x^3}{3} + \frac{x^5}{5} - \frac{x^7}{7} + \cdots + (-1)^{n-1}\frac{x^{2n-1}}{2n-1} \right)\,.$$

Differentiation ergibt mit der geometrischen Summenformel §1:6.11 (b)

$$R_n'(x) = \frac{1}{1+x^2} - \left(1 - x^2 + x^4 - \cdots + (-1)^{n-1}x^{2n-2} \right)$$

$$= \frac{1}{1+x^2} - \frac{1-(-x^2)^n}{1-(-x^2)} = (-1)^n \frac{x^{2n}}{1+x^2}\,.$$

Nach dem verallgemeinerten Mittelwertsatz §9:4.5, angewandt auf $R_n(x)$ und
$g(x) = \frac{1}{2n+1} \cdot x^{2n+1}$, ergibt sich

$$\frac{R_n(x) - R_n(0)}{g(x) - g(0)} = \frac{R_n'(\vartheta x)}{g'(\vartheta x)} = \frac{(-1)^n}{1 + (\vartheta x)^2} \quad \text{mit} \quad 0 < \vartheta < 1, \quad \text{also}$$

$$R_n(x) = \frac{(-1)^n}{1 + (\vartheta x)^2} \cdot \frac{x^{2n+1}}{2n + 1}.$$

Damit ist unsere Vermutung über die Entwicklung des Arcustangens bestätigt.

(b) **Arcustangensreihe.** Für $|x| \leq 1$ ergibt sich $|R_n(x)| \leq \frac{1}{2n+1}$, also

$$\arctan x = \sum_{k=0}^{\infty} (-1)^k \frac{x^{2k+1}}{2k + 1} \quad \text{für} \quad |x| \leq 1.$$

(c) **Reihendarstellungen von π.**

$$\frac{\pi}{4} = \arctan 1 = \sum_{n=0}^{\infty} (-1)^n \frac{1}{2n + 1} = 1 - \frac{1}{3} + \frac{1}{5} - \frac{1}{7} + \cdots.$$

Diese Reihe konvergiert sehr schlecht $\left(|R_n(1)| > \frac{1}{2} \cdot \frac{1}{2n+1}\right)$. Rascher konvergiert die folgende Reihe (vgl. §7, Aufgabe 2.6 (c)):

$$\frac{\pi}{6} = \arctan \frac{1}{\sqrt{3}} = \frac{1}{\sqrt{3}} \sum_{n=0}^{\infty} (-1)^n \frac{1}{(2n + 1) \cdot 3^n}.$$

1.7 Die Binomialreihe

Für $\alpha \in \mathbb{R}$ und $|x| < 1$ gilt

$$(1 + x)^\alpha = \sum_{k=0}^{\infty} \binom{\alpha}{k} \cdot x^k \quad \text{mit} \quad \binom{\alpha}{k} = \frac{\alpha(\alpha - 1) \cdot \ldots \cdot (\alpha - k + 1)}{k!}.$$

Wir zeigen dies zunächst für $x \geq 0$ und verweisen für $x < 0$ auf 3.3 (c)
Für $f(x) = (1 + x)^\alpha = e^{\alpha \log(1+x)}$ ergibt sich

$$f'(x) = \frac{\alpha}{1 + x} f(x), \quad f''(x) = \frac{\alpha(\alpha - 1)}{(1 + x)^2} f(x), \quad f'''(x) = \frac{\alpha(\alpha - 1)(\alpha - 2)}{(1 + x)^3} f(x),$$

und durch vollständige Induktion $\boxed{\text{ÜA}}$

$$f^{(n)}(x) = \frac{\alpha(\alpha - 1) \cdots (\alpha - n + 1)}{(1 + x)^n} \cdot f(x) = \binom{\alpha}{n} \cdot n! \cdot (1 + x)^{\alpha - n}.$$

Daher erhalten wir für $\alpha \in \mathbb{R}$ und $|x| < 1$ die folgende Taylorentwicklung:

$$(1 + x)^\alpha = \sum_{k=0}^{n} \binom{\alpha}{k} x^k + R_n(x) \quad \text{mit}$$

$$R_n(x) = \binom{\alpha}{n+1} \cdot (1 + \vartheta x)^{\alpha - n - 1} \cdot x^{n+1}, \quad 0 < \vartheta < 1.$$

Für festes $x \in [0, 1[$ sei $a_k = \binom{\alpha}{k} x^k$. Dann gilt

$$\frac{a_{k+1}}{a_k} = \frac{\alpha - k}{k + 1}\, x, \quad \text{also} \quad \lim_{k \to \infty} \frac{a_{k+1}}{a_k} = -x.$$

Sei $\varepsilon > 0$ so gewählt, daß $|x| + \varepsilon < 1$. Wir wählen N so groß, daß $N \geq \alpha$ und daß für $k \geq N$

$$\left| \frac{a_{k+1}}{a_k} + x \right| < \varepsilon, \quad \text{also} \quad \left| \frac{a_{k+1}}{a_k} \right| < |x| + \varepsilon =: q$$

mit $0 < q < 1$. Für $n \geq N$ gilt dann wegen $(1 + \vartheta x)^{n+1-\alpha} \geq 1$

$$|R_n(x)| \leq |a_{n+1}| = \left| \frac{a_{n+1}}{a_n} \right| \cdots \left| \frac{a_{N+1}}{a_N} \right| \cdot |a_N| < q^{n-N+1} |a_N|,$$

also $\lim\limits_{n \to \infty} R_n(x) = 0$ für jedes feste $x \in [0, 1[$. $\qquad\qquad\qquad\square$

1.8 Beispiel einer nichtentwickelbaren C^∞–Funktion

$$f(x) = \begin{cases} e^{-\frac{1}{x^2}} & \text{für} \quad x \neq 0, \\ 0 & \text{für} \quad x = 0 \end{cases}$$

ist auf ganz $\mathbb{R}$ beliebig oft differenzierbar und $f^{(n)}(0) = 0$ für $n = 0, 1, 2, \ldots$, vgl. §9 : 6.3 (d). Daher verschwindet die Taylorreihe mit Entwicklungspunkt $x_0 = 0$ für jedes x, stellt also die Funktion f nicht dar.

2 Potenzreihen

2.1 Konvergenzbereiche von Potenzreihen

Eine **Potenzreihe** ist eine Reihe der Form

$$\sum_{n=0}^{\infty} a_n (z - z_0)^n \quad \text{mit} \quad a_n, z, z_0 \in \mathbb{C}.$$

Für welche $z \in \mathbb{C}$ konvergiert eine solche Reihe? Wie wir gleich sehen werden, können drei typische Fälle eintreten, wofür wir je ein Beispiel geben:

(a) $\displaystyle\sum_{n=0}^{\infty} \frac{1}{n!} z^n$ konvergiert für alle $z \in \mathbb{C}$, §7 : 5.4.

(b) $\displaystyle\sum_{n=0}^{\infty} z^n$ konvergiert genau für $|z| < 1$.

(c) $\displaystyle\sum_{n=0}^{\infty} n!(z - z_0)^n$ konvergiert nur für $z = z_0$,

denn für $z \neq z_0$ bilden die Reihenglieder $n!(z - z_0)^n$ eine unbeschränkte Folge, insbesondere keine Nullfolge, so daß die Reihe nicht konvergieren kann.

2.2 Ein Vergleichssatz

(a) *Konvergiert die Reihe* $\displaystyle\sum_{n=0}^{\infty} a_n(z - z_0)^n$ *für* $z = z_1$, *so konvergiert sie für alle* z *mit* $|z - z_0| < |z_1 - z_0|$ *absolut.*

(b) *Divergiert die Reihe für* $z = z_2$, *so divergiert sie auch für alle* z *mit* $|z - z_0| > |z_2 - z_0|$.

BEISPIEL. Die Reihe

$$\sum_{n=1}^{\infty} (-1)^{n-1}\frac{z^n}{n}$$

konvergiert für $z = 1$ (gegen $\log 2$) und divergiert für $z = -1$ (harmonische Reihe). Also konvergiert sie für $|z| < 1$ und divergiert für $|z| > 1$.

BEWEIS.

(a) Die Anwendung des Majorantenkriteriums §7:5.2, und zwar mit einer geometrischen Reihe als Majorante, ist das entscheidende Hilfsmittel bei Potenzreihen.

Da die Reihe $\displaystyle\sum_{n=0}^{\infty} a_n(z_1 - z_0)^n$ konvergiert, bilden die Glieder eine Nullfolge und sind daher beschränkt: $|a_n(z_1 - z_0)^n| \leq M$ für alle $n \in \mathbb{N}$ mit einer geeigneten Schranke M. Für $|z - z_0| < |z_1 - z_0|$ setzen wir

$$q = \frac{|z - z_0|}{|z_1 - z_0|} < 1$$

und erhalten $|a_n(z - z_0)^n| = |a_n(z_1 - z_0)^n| \cdot |q^n| \leq M \cdot q^n$.

(b) Angenommen $|z - z_0| > |z_2 - z_0|$ und $\displaystyle\sum_{n=0}^{\infty} a_n(z - z_0)^n$ konvergiert, dann muß nach (a) auch die Reihe $\displaystyle\sum_{n=0}^{\infty} a_n(z_2 - z_0)^n$ konvergieren, Widerspruch! $\square$

2.3 Der Konvergenzradius

Wir setzen $w = z - z_0$. Konvergiert die Potenzreihe $\displaystyle\sum_{n=0}^{\infty} a_n w^n$ nicht für alle $w \in \mathbb{C}$, so definieren wir den *Konvergenzradius* dieser Reihe durch

$$R = \sup \left\{ |w| \,\Big|\, \sum_{n=0}^{\infty} a_n w^n \text{ ist konvergent} \right\},$$

und schreiben $R = \infty$, falls $\sum_{n=0}^{\infty} a_n w^n$ für alle $w \in \mathbb{C}$ konvergiert. Dann gilt:

Die Reihe $\sum_{n=0}^{\infty} a_n(z - z_0)^n$ *konvergiert absolut für alle z mit $|z - z_0| < R$ und divergiert für alle z mit $|z - z_0| > R$.*

BEWEIS.

Ist $|z - z_0| < R$ (bzw. z beliebig im Fall $R = \infty$), so gibt es nach Definition von R ein $z_1 \in \mathbb{C}$ mit $|z - z_0| < |z_1 - z_0|$, so daß die Reihe $\sum_{n=0}^{\infty} a_n(z_1 - z_0)^n$ konvergiert. Daher konvergiert $\sum_{n=0}^{\infty} |a_n(z - z_0)^n|$ nach 2.2.

Für $|z - z_0| > R$ kann die Reihe $\sum_{n=0}^{\infty} a_n(z - z_0)^n$ nach Definition von R nicht konvergieren. $\qquad\square$

2.4 Beispiele für das Verhalten auf dem Rand des Konvergenzkreises

(a) Die geometrische Reihe $\sum_{n=0}^{\infty} z^n$ hat den Konvergenzradius 1 und divergiert für $|z| = 1$.

(b) Die Logarithmusreihe $\sum_{n=1}^{\infty} (-1)^{n-1} \frac{z^n}{n}$ hat nach 2.2 den Konvergenzradius 1 und konvergiert für $z = 1$, ist aber divergent für $z = -1$.

(c) Die Reihe $\sum_{n=0}^{\infty} \frac{1}{n^2} \cdot z^n$ hat für $|z| \leq 1$ die Majorante $\sum_{n=1}^{\infty} \frac{1}{n^2}$, konvergiert also für $|z| \leq 1$. Für $|z| > 1$ bilden die Glieder keine Nullfolge, also ist der Konvergenzradius $R = 1$.

2.5 Weitere Beispiele und Übungsaufgaben

(a) $\sum_{n=1}^{\infty} n^2 z^n$ hat den Konvergenzradius 1, denn für $|z| < 1$ ist $\left(n^2 \sqrt{|z|^n} \right)$ als Nullfolge beschränkt, also gilt $|n^2 z^n| \leq M \cdot \left(\sqrt{|z|} \right)^n$ mit einer geeigneten Konstanten M, und damit konvergiert die Reihe für $|z| < 1$. Für $|z| \geq 1$ ist $|n^2 z^n| \geq 1$.

(b) Für welche z konvergiert die Reihe $\sum_{n=0}^{\infty} 2^n (z - 2)^n$?

(c) Wo konvergiert $\displaystyle\sum_{n=1}^{\infty} n^n z^n$?

3 Gliedweise Differenzierbarkeit und Identitätssatz

3.1 Gliedweise Differenzierbarkeit von Potenzreihen

Sind die a_n reelle Koeffizienten und konvergiert die Reihe

$$f(x) = \sum_{n=0}^{\infty} a_n(x - x_0)^n \qquad \text{im Intervall} \qquad]x_0 - r, x_0 + r[\, ,$$

so ist f dort beliebig oft differenzierbar, und die Ableitungen können durch gliedweise Differentiation der Reihe gewonnen werden:

$$f'(x) = \sum_{n=1}^{\infty} n \cdot a_n(x - x_0)^{n-1} \, ,$$

$$f''(x) = \sum_{n=2}^{\infty} n(n - 1)a_n(x - x_0)^{n-2} \, ,$$

$$f^{(k)}(x) = \sum_{n=k}^{\infty} n(n - 1) \cdots (n - k + 1)a_n(x - x_0)^{n-k}$$

für $|x - x_0| < r$.

Alle diese Reihen haben denselben Konvergenzradius wie die Reihe für f.

Der direkte Beweis ist etwas mühsam; in § 12 werden wir mit Hilfe der Integralrechnung einen einfacheren Beweis führen können.

3.2 Der Identitätssatz (Satz vom Koeffizientenvergleich)

(a) Ist f im Intervall $]x_0 - r, x_0 + r[$ durch eine Reihe mit reellen Koeffizienten

$$f(x) = \sum_{n=0}^{\infty} a_n(x - x_0)^n \, ,$$

dargestellt, so gilt

$$a_n = \frac{f^{(n)}(x_0)}{n!} \qquad (n = 0, 1, 2, \ldots) \, .$$

Jede für $|x - x_0| < r$ konvergente Potenzreihe mit reellen Koeffizienten ist also eine Taylorreihe.

(b) *Aus*

$$\sum_{n=0}^{\infty} a_n(x - x_0)^n = \sum_{n=0}^{\infty} b_n(x - x_0)^n \quad \text{für} \quad |x - x_0| < r$$

folgt

$$a_n = b_n \quad \text{für} \quad n = 0, 1, 2, \ldots .$$

BEWEIS.

(a) Aus Satz 3.1 ergibt sich unmittelbar

$$f^{(k)}(x_0) = k(k - 1) \cdots (k - k + 1)a_k = k! \cdot a_k \,.$$

(b) folgt aus (a) $\boxed{\text{ÜA}}$. $\qquad\qquad\qquad\qquad\qquad\qquad\qquad\square$

3.3 Beispiele

(a) Für $|x| < 1$ ist $\displaystyle\sum_{n=1}^{\infty} nx^{n-1} = \frac{1}{(1-x)^2} = \frac{d}{dx}\left(\frac{1}{1-x}\right).$

(b) Für $-1 < x \le 1$ ist $\log(1 + x) = \displaystyle\sum_{n=1}^{\infty}(-1)^{n-1}\frac{x^n}{n}\,.$

Für $-\frac{1}{2} \le x \le 1$ wurde dies schon in 1.4 bewiesen. Der Konvergenzradius der Reihe beträgt aber 1. Setzen wir $f(x) = \displaystyle\sum_{n=1}^{\infty}(-1)^{n-1}\frac{x^n}{n}$ $(-1 < x \le 1)$, so ergibt gliedweise Differentiation für $-1 < x < 1$:

$$f'(x) = \sum_{n=1}^{\infty}(-1)^{n-1}x^{n-1} = \sum_{k=0}^{\infty}(-x)^k = \frac{1}{1+x} = \frac{d}{dx}\log(1 + x)\,.$$

Also ist $f(x) - \log(1 + x)$ konstant und damit gleich $f(0) - \log 1 = 0$.

(c) Analog ergibt sich mit 1.7 $\displaystyle\sum_{n=0}^{\infty}\binom{\alpha}{n}x^n = (1 + x)^{\alpha}$ für $|x| < 1$ $\boxed{\text{ÜA}}$.

3.4 Analytische Funktionen

Eine Funktion f heißt im offenen Intervall I **reell–analytisch**, wenn es zu jedem Punkt $x_0 \in I$ eine Reihendarstellung

$$f(x) = \sum_{n=0}^{\infty} a_n(x - x_0)^n$$

mit positivem Konvergenzradius gibt.

Eine im Intervall I beliebig oft differenzierbare Funktion muß dort nicht analytisch sein, wie wir in 1.8 gesehen haben.

4 Theorie der Schwingungsgleichung

4.1 Zwei Beispiele aus der Physik

(a) Wir denken uns die Masse des
in der Figur dargestellten Wagens im
Schwerpunkt S vereinigt; dessen Auslenkung aus der Ruhelage zum Zeitpunkt t bezeichnen wir mit $x(t)$. Diese
Auslenkung soll eine Rückstellkraft
$-k \cdot x(t)$ bewirken (Hookesches Gesetz). Bezeichnen wir die Geschwindigkeit mit $\dot{x}(t)$ und die Beschleunigung
mit $\ddot{x}(t)$, so gilt nach dem Newtonschen
Gesetz

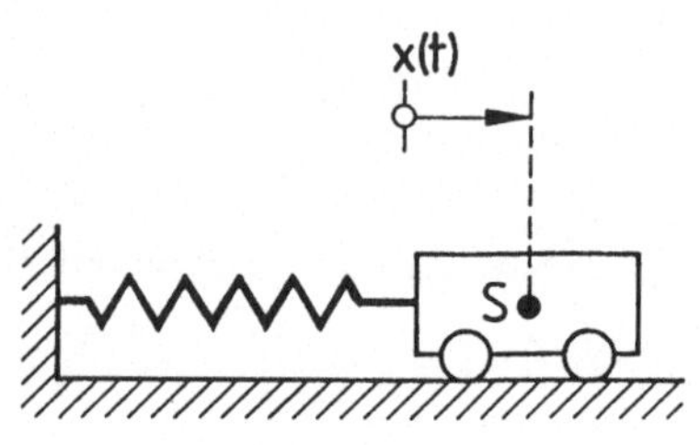

$$m\ddot{x}(t) = -d\dot{x}(t) - kx(t) + F(t)\,,$$

wobei $-d\dot{x}(t)$ die Reibungskraft und $F(t)$ eine von außen wirkende zeitabhängige
Kraft in x–Richtung sein sollen. Wir erhalten so die *Gleichung der erzwungenen
Schwingung*

$$\ddot{x}(t) + \frac{d}{m}\dot{x}(t) + \frac{k}{m}x(t) = \frac{1}{m}F(t)\,.$$

Ist $F(t) \equiv 0$, so sprechen wir von der *freien Schwingung*.

(b) Bei dem skizzierten elektrischen
Schwingkreis gilt für die angelegte
Spannung $U(t)$, den Strom $I(t)$ und die
Ladung $Q(t)$ des Kondensators die Be-
ziehung

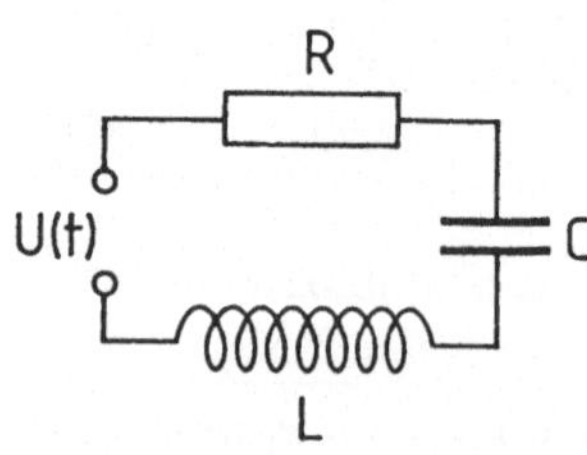

$$L\dot{I}(t) + RI(t) + \frac{1}{C}Q(t) = U(t)\,.$$

Wegen $\dot{Q}(t) = I(t)$ folgt daraus

$$L\ddot{I}(t) + R\dot{I}(t) + \frac{1}{C}I(t) = \dot{U}(t)\,.$$

4.2 Die Schwingungsgleichung

Beide Beispiele, obwohl aus verschiedenen Gebieten der Physik stammend, führen auf die gleiche mathematische Fragestellung: Gegeben $a, b \in \mathbb{R}$ und eine
stetige Funktion f auf $\mathbb{R}$. Gesucht sind alle **Lösungen** $t \mapsto y(t)$ der **Differentialgleichung**

$$\ddot{y}(t) + a\dot{y}(t) + by(t) = f(t)\,,$$

d.h. alle C^2-Funktionen auf $\mathbb{R}$, die dieser Gleichung genügen. Verschwindet f identisch, so sprechen wir von der **homogenen Schwingungsgleichung** oder der **Differentialgleichung der freien Schwingung**. Für $f \neq 0$ heißt die Schwingungsgleichung **inhomogen**. In den meisten Anwendungen ist $a \geq 0$; das Glied $a\dot{y}(t)$ wird dann als Dämpfungs- oder Reibungsterm gedeutet.

Wegweiser. Der Rest von Abschnitt 4 betrifft die *Theorie der Schwingungsgleichung*: Wie sieht die Lösungsgesamtheit im homogenen und im inhomogenen Fall aus? Was ist ein Fundamentalsystem? Durch welche Anfangsvorgaben sind die Lösungen y festgelegt? Die Antworten finden Sie in 4.5 und 4.9. Erst nach Klärung dieser Fragen können wir in Abschnitt 5 *die praktischen Lösungsverfahren* behandeln.

4.3 Der Begriff des Fundamentalsystems

(a) Sind y_1, y_2 zwei Lösungen der homogenen Schwingungsgleichung

$$(*) \qquad \ddot{y} + a\dot{y} + by = 0,$$

so ist jede **Superposition** (Linarkombination)

$$c_1 y_1 + c_2 y_2 \quad \text{mit} \quad c_1, c_2 \in \mathbb{R}$$

wieder eine Lösung von $(*)$ $\boxed{\text{ÜA}}$.

(b) Wir zeigen im folgenden, daß es mindestens ein **Fundamentalsystem** y_1, y_2 für $(*)$ gibt, d.h. zwei Lösungen y_1, y_2 derart, daß sich jede beliebige Lösung y von $(*)$ als Superposition

$$y = c_1 y_1 + c_2 y_2$$

mit eindeutig bestimmten Konstanten c_1, c_2 schreiben läßt.

4.4 Die Wronski–Determinante $W(t)$ zweier Lösungen u_1, u_2 von $(*)$ ist definiert als die Determinante der „Zustandsvektoren"

$$\begin{pmatrix} u_1(t) \\ \dot{u}_1(t) \end{pmatrix} \quad \text{und} \quad \begin{pmatrix} u_2(t) \\ \dot{u}_2(t) \end{pmatrix}, \qquad \text{also} \quad W(t) = u_1(t)\dot{u}_2(t) - \dot{u}_1(t)u_2(t).$$

SATZ. $e^{at} W(t)$ *ist konstant, also entweder nirgends Null oder identisch Null. a ist die Reibungskonstante in $(*)$.*

BEWEIS als $\boxed{\text{ÜA}}$: Zeigen Sie mit Hilfe von $(*)$, daß $\frac{d}{dt} e^{at} W(t) \equiv 0$.

4.5 Fundamentalsysteme und Wronski–Determinante

Zwei Lösungen y_1, y_2 von $(*)$ bilden ein Fundamentalsystem, wenn ihre Wronski-Determinante $W(t)$ von Null verschieden ist.

Für eine beliebige Lösung y gibt es dann also eindeutig bestimmte Zahlen c_1, c_2 mit $y = c_1 y_1 + c_2 y_2$. Diese ergeben sich aus den Gleichungen

$$y(0) = c_1 y_1(0) + c_2 y_2(0),$$
$$\dot{y}(0) = c_1 \dot{y}_1(0) + c_2 \dot{y}_2(0).$$

BEWEIS.

Sei y eine Lösung von (∗). Gesucht sind Zahlen c_1, c_2 mit

$$c_1 y_1(t) + c_2 y_2(t) = y(t) \quad \text{und damit auch}$$
$$c_1 \dot{y}_1(t) + c_2 \dot{y}_2(t) = \dot{y}(t).$$

Dieses Gleichungssystem besitzt wegen $W(t) \neq 0$ für jedes t eindeutig bestimmte Lösungen c_1, c_2, die aber möglicherweise noch von t abhängen. Sie ergeben sich nach der Cramerschen Regel § 5 : 6.2:

$$c_1 = \frac{y(t)\dot{y}_2(t) - \dot{y}(t)y_2(t)}{W(t)}, \qquad c_2 = \frac{y_1(t)\dot{y}(t) - \dot{y}_1(t)y(t)}{W(t)}.$$

Nach 4.4 sind alle drei auftretenden Wronski–Determinanten konstante Vielfache von e^{-at}. Also sind c_1, c_2 sogar Konstanten. $\qquad\square$

4.6 Beispiele für Fundamentalsysteme

Zum Abschluß der Theorie der homogenen Gleichung fehlt jetzt noch der Nachweis, daß es immer Fundamentalsysteme gibt.

(a) *Freie Schwingung ohne Reibung.* Wir betrachten zunächst die Gleichung

$$(\ast\ast) \quad \ddot{u}(t) + ku(t) = 0 \quad \text{mit} \quad k \in \mathbb{R}.$$

Für diese läßt sich ein Fundamentalsystem u_1, u_2 leicht erraten oder durch einen Potenzreihenansatz gewinnen, vgl. 4.10. Wir erhalten

$$u_1(t) = \cos(\omega t), \quad u_2(t) = \sin(\omega t) \quad \text{im Fall } k = \omega^2 > 0,$$
$$u_1(t) = 1, \qquad\qquad u_2(t) = t \qquad\qquad \text{im Fall } k = 0,$$
$$u_1(t) = e^{\omega t}, \qquad\quad u_2(t) = e^{-\omega t} \qquad \text{im Fall } k = -\omega^2 < 0.$$

$\boxed{\text{ÜA}}$ Zeigen Sie, daß u_1, u_2 jeweils Lösungen von (∗∗) mit $W(t) \neq 0$ sind.

(b) *Fundamentalsysteme mit $u_1(0) = 1$, $\dot{u}_1(0) = 0$, $u_2(0) = 0$, $\dot{u}_2(0) = 1$:*

$$u_1(t) = \cos(\omega t), \quad u_2(t) = \tfrac{1}{\omega}\sin(\omega t) \quad \text{im Fall } k = \omega^2 > 0,$$
$$u_1(t) = 1, \qquad\qquad u_2(t) = t \qquad\qquad\quad \text{im Fall } k = 0,$$
$$u_1(t) = \cosh(\omega t), \quad u_2(t) = \sinh(\omega t) \quad\;\; \text{im Fall } k = -\omega^2 < 0.$$

Dabei sind die **Hyperbelfunktionen** cosh und sinh definiert durch

$$\cosh x = \tfrac{1}{2}\left(e^x + e^{-x}\right) \qquad \textbf{(Cosinus hyperbolicus)}$$
$$\sinh x = \tfrac{1}{2}\left(e^x - e^{-x}\right) \qquad \textbf{(Sinus hyperbolicus)}$$

(c) *Fundamentalsysteme im allgemeinen Fall $\ddot{y} + a\dot{y} + by = 0$.*
Dieser wird durch folgende Transformation auf den Fall (∗∗) zurückgeführt:

$$\ddot{y}(t) + a\dot{y}(t) + by(t) = 0 \quad \Longleftrightarrow$$

$$\text{für } u(t) = e^{\frac{1}{2}at}\, y(t) \text{ gilt } \ddot{u}(t) + ku(t) = 0 \text{ mit } k = b - \tfrac{a^2}{4}$$

$\boxed{\ddot{\text{U}}\text{A}}$. Damit erhalten wir ein Fundamentalsystem y_1, y_2 von (∗) durch

$$y_1(t) = e^{-\frac{1}{2}at}\, u_1(t)\,, \qquad y_2(t) = e^{-\frac{1}{2}at}\, u_2(t)\,,$$

wobei u_1, u_2 wie in (a) oder (b) gewählt sind.

$\boxed{\ddot{\text{U}}\text{A}}$. Prüfen Sie das durch Berechnung der Wronski–Determinante nach!

4.7 Existenz– und Eindeutigkeitssatz für die homogene Gleichung

Zu vorgegebenen Zahlen $t_0, \alpha, \beta \in \mathbb{R}$ gibt es genau eine Lösung y für das **Anfangswertproblem**

$$\ddot{y} + a\dot{y} + by = 0 \quad \text{mit} \quad y(t_0) = \alpha, \quad \dot{y}(t_0) = \beta\,.$$

Als **Zustand** eines mechanischen Systems wird ein Satz von Koordinaten bezeichnet, dessen Kenntnis zu einem Zeitpunkt das System für alle Zeiten determiniert. In diesem Sinn ist das Wort **Zustandsvektor** in 4.4 zu verstehen.

BEWEIS.
Genau dann ist y eine Lösung, wenn $u(t) = y(t - t_0)$ eine Lösung von (∗) mit $u(0) = \alpha$, $\dot{u}(0) = \beta$ ist $\boxed{\ddot{\text{U}}\text{A}}$. Zur Bestimmung von u wählen wir ein Fundamentalsystem y_1, y_2 gemäß 4.6. Dann muß u die Form $u = c_1 y_1 + c_2 y_2$ haben. Es folgt $\dot{u} = c_1 \dot{y}_1 + c_2 \dot{y}_2$, also

$$c_1 y_1(0) + c_2 y_2(0) = \alpha\,, \quad \text{und} \quad c_1 \dot{y}_1(0) + c_2 \dot{y}_2(0) = \beta\,.$$

Bestimmen wir c_1, c_2 aus diesen Gleichungen, was nach 4.5 in eindeutiger Weise möglich ist, so leistet $u = c_1 y_1 + c_2 y_2$ das Gewünschte. $\qquad\qquad\square$

4.8 Die Lösungsmenge der erzwungenen Schwingung

Für eine äußere „Zwangskraft" $f \in C(\mathbb{R})$ betrachten wir die inhomogene Schwingungsgleichung

$$\ddot{y}(t) + a\dot{y}(t) + by(t) = f(t)\,, \quad \text{kurz } \ddot{y} + a\dot{y} + by = f\,.$$

Wenn diese Gleichung wenigstens eine Lösung $y_0 \in C^2(\mathbb{R})$ besitzt, so haben sämtliche Lösungen von $\ddot{y} + a\dot{y} + by = f$ die Form

$$y = y_0 + c_1 y_1 + c_2 y_2 \,,$$

wenn y_1, y_2 ein Fundamentalsystem für die homogene Gleichung bilden.

BEWEIS.

(a) Ist y_0 eine spezielle Lösung der erzwungenen Schwingung, so rechnet man leicht nach $\boxed{\text{ÜA}}$ daß $y = y_0 + c_1 y_1 + c_2 y_2$ ebenfalls eine Lösung von $\ddot{y} + a\dot{y} + by = f$ ist.

(b) Ist y eine beliebige Lösung der inhomogenen Gleichung, so setzen wir $z := y - y_0$. Dann ist

$$\ddot{z} + a\dot{z} + bz = (\ddot{y} + a\dot{y} + by) - (\ddot{y}_0 + a\dot{y}_0 + by_0) = f - f = 0 \,,$$

also $z = c_1 y_1 + c_2 y_2$ nach Definition des Fundamentalsystems. $\qquad\square$

4.9 Lösung des inhomogenen Anfangswertproblems

$$\ddot{y}(t) + a\dot{y}(t) + by(t) = f(t) \,, \qquad y(t_0) = \alpha \,, \qquad \dot{y}(t_0) = \beta \,.$$

Man suche zuerst ein Fundamentalsystem y_1, y_2 für die homogene Gleichung. Dann verschaffe man sich eine spezielle Lösung y_0 der inhomogenen Gleichung. Für die Lösung des inhomogenen Anfangswertproblems gilt dann nach 4.8

$$y = y_0 + c_1 y_1 + c_2 y_2 \,.$$

Die Konstanten c_1 und c_2 ergeben sich eindeutig aus dem Gleichungssytem

$$c_1 \begin{pmatrix} y_1(t_0) \\ \dot{y}_1(t_0) \end{pmatrix} + c_2 \begin{pmatrix} y_2(t_0) \\ \dot{y}_2(t_0) \end{pmatrix} = \begin{pmatrix} \alpha - y_0(t_0) \\ \beta - \dot{y}_0(t_0) \end{pmatrix} \,.$$

AUFGABE. Lösen Sie das Problem $\ddot{y}(t) + 4y(t) = t$, $y(0) = 1$, $\dot{y}(0) = \frac{1}{2}$.

4.10 Potenzreihenansatz.
Die in 4.6 angegebenen Fundamentalsysteme fallen nicht vom Himmel. Bestimmen Sie in den Fällen $k = \omega^2$ bzw. $k = -\omega^2$ die Lösungen der Anfangswertaufgabe 4.6 (b) durch einen Potenzreihenansatz $u(t) = \sum_{n=0}^{\infty} \frac{a_n}{n!} t^n$, zweimalige gleichweise Differentiation, Koeffizientenvergleich und rekursive Bestimmung der a_n, wobei a_0 und a_1 jeweils bekannt sind.

5 Lösung der Schwingungsgleichung durch komplexen Ansatz

5.1 Aufgabenstellung.
Nach dem vorangehenden erhält man die allgemeine Lösung der inhomogenen Gleichung $\ddot{y} + a\dot{y} + by = f$ durch

(1) Aufstellung eines Fundamentalsystems z_1, z_2 (das ist immer möglich),

(2) Aufsuchen einer einzigen („partikulären") Lösung y_0 der inhomogenen Differentialgleichung.

Sämtliche Lösungen sind dann von der Form $y_0 + c_1 z_1 + c_2 z_2$. Gibt es aber immer eine Lösung y_0 der inhomogenen Gleichung? Die komplexe Rechnung wird uns für einige physikalisch wichtige Anregungen f partikuläre Lösungen y_0 liefern. Ansatzpunkt ist folgende Tatsache:

Im Fall $b - \frac{1}{4}a^2 = \omega^2 > 0$ lassen sich die Fundamentallösungen der homogenen Gleichung in der Form

$$e^{-\frac{1}{2}at} \cos \omega t = \operatorname{Re}\left(e^{\lambda t}\right), \qquad e^{-\frac{1}{2}at} \sin \omega t = \operatorname{Im}\left(e^{\lambda t}\right)$$

mit $\lambda = -\frac{1}{2}a + i\omega$ darstellen.

5.2 Differentiation komplexwertiger Funktionen

(a) Eine komplexwertige Funktion $z : t \mapsto u(t) + iv(t)$ heißt im Intervall I C^k-differenzierbar, wenn u und v beide k-mal stetig differenzierbar sind in I (bzw. stetig im Fall $k = 0$).

(b) Ist $z = u + iv$ C^k-differenzierbar, so definieren wir

$$\dot{z}(t) = \dot{u}(t) + i \cdot \dot{v}(t), \qquad \ddot{z}(t) = \ddot{u}(t) + i \cdot \ddot{v}(t), \quad \text{usw.}$$

(c) BEISPIEL. Für $\lambda \in \mathbb{C}$, $\lambda = \varrho + i\omega$ gilt

$$\frac{d}{dt}e^{\lambda t} = \lambda e^{\lambda t}.$$

$\boxed{\text{ÜA}}$ Zerlegen Sie $e^{\lambda t}$ in Real– und Imaginärteil.

5.3 Komplexwertige Lösungen der Schwingungsgleichung

(a) $z(t) = u(t) + iv(t)$ liefert genau dann eine Lösung der homogenen Schwingungsgleichung, wenn u und v Lösungen der homogenen Schwingungsgleichung sind $\boxed{\text{ÜA}}$.

(b) Für $h = f + ig$, $z = u + iv$ ist die Gleichung

$$\ddot{z} + a\dot{z} + bz = h \qquad \text{äquivalent zu}$$

$$\ddot{u} + a\dot{u} + bu = f \quad \text{und} \quad \ddot{v} + a\dot{v} + bv = g \quad \boxed{\text{ÜA}}.$$

5.4 Exponentialansatz und charakteristische Gleichung

Notwendig und hinreichend dafür, daß der **Exponentialansatz** $z(t) = e^{\lambda t}$ ($\lambda \in \mathbb{C}$) eine Lösung der homogenen Schwingungsgleichung $\ddot{z} + a\dot{z} + bz = 0$ liefert, ist die **charakteristische Gleichung**

$$\lambda^2 + a\lambda + b = 0$$

$\boxed{\text{ÜA}}$. Da nach §5:10.1 jede quadratische Gleichung mindestens eine Lösung in der komplexen Zahlenebene besitzt, führt der komplexe Exponentialansatz $z(t) = e^{\lambda t}$ immer zum Ziel.

Wir haben wieder drei Fälle zu unterscheiden:

(a) $b - \frac{a^2}{4} > 0$. Wir setzen $\omega = \sqrt{b - \frac{a^2}{4}}$.

Die charakteristische Gleichung besitzt die beiden Nullstellen $\lambda = -\frac{a}{2} + i\omega$ und $\overline{\lambda} = -\frac{a}{2} - i\omega$. Für $z = e^{\lambda t}$ bilden

$$z_1(t) = \operatorname{Re} z(t) = e^{-\frac{1}{2}at} \cos \omega t, \qquad z_2(t) = \operatorname{Im} z(t) = e^{-\frac{1}{2}at} \sin \omega t,$$

ein Fundamentalsystem nach 4.6.

(b) $b - \frac{a^2}{4} = -\omega^2 < 0$ mit $\omega > 0$.

Hier hat die charakteristische Gleichung zwei verschiedene reelle Nullstellen, nämlich $\lambda_1 = -\frac{a}{2} + \omega$, $\lambda_2 = -\frac{a}{2} - \omega$. Ein reelles Fundamentalsystem ist

$$z_1(t) = e^{\lambda_1 t}, \quad z_2(t) = e^{\lambda_2 t}.$$

(c) $b - \frac{a^2}{4} = 0$.

Die charakteristische Gleichung hat die Gestalt $\left(\lambda + \frac{a}{2}\right)^2 = 0$, also die Doppelnullstelle $-\frac{a}{2}$. Der Exponentialansatz liefert nur die Lösung $z_1(t) = e^{-\frac{1}{2}at}$. Nach der Theorie muß es noch eine weitere Fundamentallösung z_2 geben. Nach 4.6 ist diese gegeben durch $z_2(t) = te^{-\frac{1}{2}at}$. Im Fall $a > 0$ spricht man vom *aperiodischen Grenzfall*.

5.5 Erzwungene Schwingung mit periodischer Anregung

Gesucht ist eine spezielle Lösung von

(1) $\qquad \ddot{y}(t) + a\dot{y}(t) + by(t) = c \cdot \cos(\omega_0 t - \varphi) \quad$ mit $\quad c, \omega_0 > 0$

Die Umskalierung $u(t) = \frac{1}{c} \cdot y\left(t + \frac{\varphi}{\omega_0}\right)$ führt auf

(2) $\qquad \ddot{u}(t) + a\dot{u}(t) + bu(t) = \cos(\omega_0 t).$

Wir suchen eine komplexwertige Lösung z von

(3) $\ddot{z}(t) + a\dot{z}(t) + bz(t) = e^{i\omega_0 t}$.

Aufgrund von 5.3 (b) wissen wir, daß dann $u_0(t) = \operatorname{Re} z(t)$ eine Lösung der Gleichung (2) liefert.

Für die gesuchte Lösung z machen wir den Exponentialansatz

$$z(t) = ke^{i\omega_0 t} \quad \text{mit} \quad k \in \mathbb{C}\,.$$

Dann ist $\ddot{z}(t) + a\dot{z}(t) + bz(t) = ke^{i\omega_0 t}\left(-\omega_0^2 + i\omega_0 a + b\right)$. Notwendig und hinreichend dafür, daß $z(t) = ke^{i\omega_0 t}$ eine Lösung von (3) liefert, ist daher die Bedingung

$$k\left(-\omega_0^2 + i\omega_0 a + b\right) = 1\,.$$

Wir behandeln zunächst den Fall $-\omega_0^2 + i\omega_0 a + b \neq 0$, d.h. daß $i\omega_0$ keine Lösung der charakteristischen Gleichung ist. Das ist bei vorhandener Reibung immer der Fall, denn aus $-\omega_0^2 + i\omega_0 a + b = 0$ folgt für den Imaginärteil $\omega_0 a = 0$. In diesem Fall ergibt sich für $z(t) = ke^{i\omega_0 t}$

$$z(t) = \frac{e^{i\omega_0 t}}{-\omega_0^2 + i\omega_0 a + b} = \frac{b - \omega_0^2 - ia\omega_0}{(b - \omega_0^2)^2 + a^2\omega_0^2}e^{i\omega_0 t} = \frac{\overline{w}}{|w|^2}e^{i\omega_0 t}$$

mit $w = b - \omega_0^2 + ia\omega_0$. Wir bestimmen die Polardarstellung $w = r\,e^{i\psi}$ und erhalten mit $r = \sqrt{(b - \omega_0^2)^2 + a^2\omega_0^2}$

$$z(t) = \tfrac{1}{r}e^{-i\psi}\,e^{i\omega_0 t} = \tfrac{1}{r}\,e^{i(\omega_0 t - \psi)}\,, \quad \text{also}$$

$$u_0(t) = \operatorname{Re} z(t) = \frac{1}{r}\cos(\omega_0 t - \psi)\,.$$

Die zugehörige Lösung von (1) ist

$$y_0(t) = \frac{c}{r}\cos(\omega_0 t - \varphi - \psi)\,.$$

Im Falle vorhandener, aber nicht zu großer Reibung ($0 < b - \frac{a^2}{4} < b$) ist die allgemeine Lösung von (1) gegeben durch

$$y(t) = y_0(t) + \alpha_1 e^{-\frac{1}{2}at}\cos\omega t + \alpha_2 e^{-\frac{1}{2}at}\sin\omega t\,.$$

Nach kurzem Einschwingvorgang stellt sich eine harmonische Schwingung mit der Anfangsfrequenz ein, die gegenüber der aufgezwungenen Schwingung die Phasenverschiebung ψ hat.

5.6 Potenzreihenansatz im Resonanzfall

Der Fall $-\omega_0^2 + ia\omega_0 + b = 0$ tritt, wie oben gesagt, nur bei fehlender Reibung ein. Es ist dann $b = \omega_0^2 > 0$, also ist die Anregungsfrequenz ω_0 gleich der Eigenfrequenz $\omega = \sqrt{b}$ der freien Schwingung. Wir haben also in diesem Fall (nach Umskalierung) eine spezielle Lösung y_0 von

$$(*) \qquad \ddot{y}(t) + \omega^2 y(t) = \cos \omega t \quad \text{mit} \quad y(0) = \dot{y}(0) = 0$$

zu suchen. Dazu machen wir einen Potenzreihenansatz

$$y_0(t) = \sum_{k=2}^{\infty} \frac{a_k}{k!} t^k \qquad (a_0 = y(0) = 0, \; a_1 = \dot{y}(0) = 0).$$

Zunächst ist natürlich keineswegs klar, ob es Lösungen in dieser Form gibt. Wenn das aber der Fall ist, folgt durch gliedweise Differentiation und Einsetzen in $(*)$

$$\sum_{k=0}^{\infty} \left(a_{k+2} + \omega^2 a_k \right) \frac{t^k}{k!} = \sum_{n=0}^{\infty} (-1)^n \frac{(\omega t)^{2n}}{(2n)!} \, .$$

Koeffizientenvergleich ergibt unter Berücksichtigung von $a_0 = a_1 = 0$ der Reihe nach

$$a_2 = 1, \quad a_3 = 0, \quad a_4 + \omega^2 a_2 = -\omega^2, \quad a_5 + \omega^2 a_3 = 0,$$

$$a_6 + \omega^2 a_4 = \omega^4, \quad a_7 + \omega^2 a_5 = 0, \dots .$$

Somit

$$a_2 = 1, \quad a_4 = -2\omega^2, \quad a_6 = 3\omega^4, \dots \quad \text{und} \quad a_3 = a_5 = a_7 = \cdots = 0 \, .$$

Durch Induktion ergibt sich

$$a_{2n} = (-1)^{n-1} n \omega^{2n-2}, \qquad a_{2n+1} = 0$$

für alle $n \in \mathbb{N}$, also

$$y_0(t) = \sum_{n=1}^{\infty} (-1)^{n-1} n \frac{\omega^{2n-2} t^{2n}}{(2n)!} = \frac{t}{2\omega} \sum_{n=1}^{\infty} (-1)^{n-1} \frac{(\omega t)^{2n-1}}{(2n-1)!} = \frac{t}{2\omega} \sin(\omega t) \, .$$

Es ist leicht nachzurechnen, daß y_0 die Gleichung $(*)$ erfüllt, der Potenzreihenansatz also gerechtfertigt war.

5.7 Aufgabe

Bestimmen Sie eine komplexwertige Lösung der Differentialgleichung

$$\ddot{z}(t) + a\dot{z}(t) + bz(t) = te^{i\omega_0 t}$$

im Nichtresonanzfall $\omega \neq \omega_0$ durch den Ansatz $z(t) = (c + dt)e^{i\omega_0 t}$.

§ 11 Integralrechnung

1 Treppenfunktionen und ihr Integral

1.1 Das Flächenproblem

Gegeben ist eine Funktion

$$f : [a,b] \to \mathbb{R}_+ \,.$$

Unter welchen Bedingungen kann man
der Fläche

$$\{(x,y) \mid a \leq x \leq b, \ 0 \leq y \leq f(x)\}$$

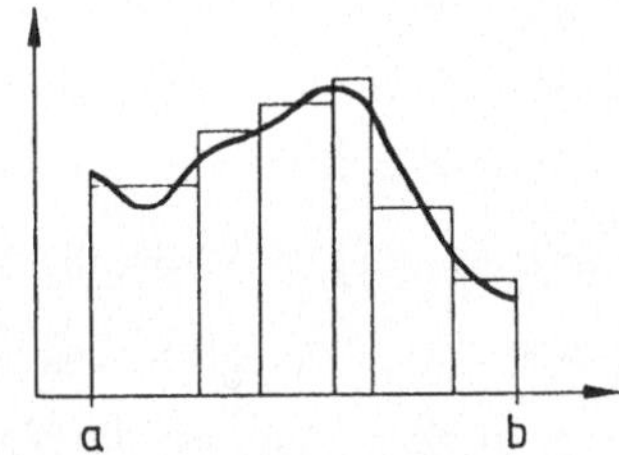

unter dem Graphen von f in vernünftiger Weise einen Flächeninhalt zuschreiben, und wie kann man diesen gegebenenfalls bestimmen?

Für „Treppenfunktionen" (stückweis konstante Funktionen) läßt sich dieser Flächeninhalt elementar angeben. Es liegt nahe, die gegebene Funktion f in geeigneter Weise durch Treppenfunktionen anzunähern und den gesuchten Flächeninhalt durch einen Grenzübergang zu gewinnen.

1.2 Treppenfunktionen

Eine Funktion $\varphi : \mathbb{R} \to \mathbb{R}$ heißt **Treppenfunktion**, wenn es endlich viele Zahlen $a_0 < \ldots < a_N$ gibt, so daß

(a) φ jeweils konstant ist im Innern $]a_{k-1}, a_k[$ und

(b) $\varphi(x) = 0$ für alle x außerhalb $[a_0, a_N]$.

Auf die Werte $\varphi(a_k)$ kommt es nicht an, weil diese zum Flächeninhalt keinen Beitrag liefern.

φ heißt Treppenfunktion auf $[a,b]$, wenn $\varphi(x) = 0$ außerhalb $[a,b]$. Wir sagen auch „φ *lebt auf* $[a,b]$".

BEISPIELE.

(a) Ist I ein beschränktes Intervall, so ist die **charakteristische Funktion** von I, gegeben durch

$$\chi_I(x) = \begin{cases} 1 & \text{für } x \in I \\ 0 & \text{für } x \notin I, \end{cases}$$

eine Treppenfunktion. Denn ist a_0 der linke, a_1 der rechte Randpunkt von I, so ist $\chi_I(x) = 1$ in $]a_0, a_1[$ und $\chi_I(x) = 0$ außerhalb $[a_0, a_1]$.

(b) Ebenso ist $c \cdot \chi_I$ für jedes $c \in \mathbb{R}$ eine Treppenfunktion.

(c) Für $I = [0, 2[$ und $J = [1, 3[$ ist

$$\varphi = 3\chi_I - 2\chi_J$$

eine Treppenfunktion. Denn mit $a_0 = 0$, $a_1 = 1$, $a_2 = 2$ und $a_3 = 3$ ist $\varphi(x) = 3$ in $]a_0, a_1[$, $\varphi(x) = 1$ in $]a_1, a_2[$, $\varphi(x) = -2$ in $]a_2, a_3[$ und $\varphi(x) = 0$ außerhalb $[a_0, a_3]$.

1.3 Darstellung von Treppenfunktionen

Zwei Treppenfunktionen φ, ψ heißen **fast überall gleich**,

$$\varphi(x) = \psi(x) \quad \text{fast überall, kurz} \quad \varphi = \psi \quad \text{f.ü.},$$

wenn $\varphi(x) \neq \psi(x)$ für höchstens endlich viele x gilt.

Mit $a_0 < a_1 < \cdots < a_N$ sei die Treppenfunktion φ auf $[a_0, a_N]$ gegeben durch

$$\varphi(x) = \begin{cases} c_k & \text{in } I_k =]a_{k-1}, a_k[\quad (k = 1, \ldots, N) \\ 0 & \text{außerhalb von } [a_0, a_N] \end{cases}$$

und beliebige Werte $\varphi(a_0), \ldots, \varphi(a_N)$. Dann besteht für φ die Darstellung

$$\varphi = \sum_{k=1}^{N} c_k \cdot \chi_{I_k} \quad \text{f.ü..}$$

Für eine Treppenfunktion sind verschiedene solche Darstellungen möglich, z.B.

$$\chi_{[0,3]} = \chi_{]0,1[} + \chi_{]1,3[} \quad \text{f.ü.} = \ 2\chi_{[0,4]} - \chi_{[0,3]} - 2\chi_{[3,4]} \quad \text{f.ü.}$$

1.4 Verknüpfung von Treppenfunktionen

(a) *Mit φ sind auch $|\varphi|$ und $c \cdot \varphi$ $(c \in \mathbb{R})$ Treppenfunktionen.*

(b) *Mit φ, ψ sind auch $\varphi + \psi$ und $\varphi \cdot \psi$ Treppenfunktionen.*

Das erste ist unmittelbar klar. Aus den Darstellungen

$$\varphi = \sum_{k=1}^{N} c_k \chi_{I_k} \quad \text{f.ü.} \quad \text{und} \quad \psi = \sum_{l=1}^{M} d_l \chi_{J_l} \quad \text{f.ü.}$$

ergibt sich eine Darstellung von $\varphi + \psi$ bzw. $\varphi \cdot \psi$ auf folgende Weise: Man bildet alle Intervalle $I_k \cap J_l$ und bringt sie in ihre natürliche Reihenfolge. Aus der „gemeinsamen Darstellung"

$$\varphi = \sum_{k=1}^{N} \sum_{l=1}^{M} c_k \cdot \chi_{I_k \cap J_l} \quad \text{f.ü.}, \qquad \psi = \sum_{k=1}^{N} \sum_{l=1}^{M} d_l \cdot \chi_{I_k \cap J_l} \quad \text{f.ü.}$$

ergeben sich Darstellungen von $\varphi + \psi$ und $\varphi \cdot \psi$.

$\boxed{\text{ÜA}}$ Führen Sie dies mit Hilfe einer Skizze aus für

$$\varphi = \chi_{[-1,0]} + \tfrac{1}{2}\chi_{]0,1[} - \chi_{[1,3]}, \qquad \psi = \tfrac{1}{2}\chi_{[0,2]} + \chi_{]2,4]}.$$

1.5 Das Integral von Treppenfunktionen ist definiert als der Inhalt der Fläche unter dem Graphen, wobei die Anteile unter der x-Achse negativ gerechnet werden. Für

$$\varphi = \sum_{k=1}^{N} c_k \chi_{I_k} \quad \text{f.ü.}, \qquad I_k = \,]a_{k-1}, a_k[\,, \qquad a_0 < a_1 < \cdots < a_N$$

definieren wir also *das Integral* durch

$$\int \varphi \; := \; \sum_{k=1}^{N} c_k \, (a_k - a_{k-1}) \;.$$

Der Wert des Integrals hängt nicht von der speziellen Darstellung von φ ab, insbesondere nicht von den Werten $\varphi(a_k)$. Auf den rein technischen Nachweis sei verzichtet. Allgemein gilt:

$$\varphi = \psi \quad \text{f.ü.} \implies \int \varphi = \int \psi \,.$$

1.6 Eigenschaften des Integrals von Treppenfunktionen

(a) $\int (c_1 \varphi_1 + c_2 \varphi_2) = c_1 \int \varphi_1 + c_2 \int \varphi_2$ (*Linearität*).

(b) Aus $\varphi(x) \geq \psi(x)$ f.ü. folgt $\int \varphi \geq \int \psi$ (*Monotonie*).

(c) Lebt φ auf dem Intervall $[a, b]$, so ist

$$\left| \int \varphi \right| \leq \int |\varphi| \leq (b - a) \cdot \max \left\{ |\varphi(x)| \mid a \leq x \leq b \right\} \,.$$

Die Beweise von (a) und (b) sind rein technischer Art und lediglich eine Frage der Notation, vgl. 1.4. Der Beweis von (c) ergibt sich aus

$$\left| \sum_{k=1}^{N} c_k \, (a_k - a_{k-1}) \right| \leq \sum_{k=1}^{N} |c_k| \, (a_k - a_{k-1})$$

$$\leq \max \left\{ |\varphi(x)| \mid a \leq x \leq b \right\} \cdot \sum_{k=1}^{N} (a_k - a_{k-1})$$

$$\leq (b - a) \cdot \max \left\{ |\varphi(x)| \mid a \leq x \leq b \right\} \,.$$

1.7 Integration über Teilbereiche

(a) Lebt φ auf dem Intervall $[a, b]$, so schreiben wir auch

$$\int_{a}^{b} \varphi \quad \text{statt} \quad \int \varphi \,.$$

(b) Für $[c, d] \subset [a, b]$ und jede auf $[a, b]$ lebende Treppenfunktion φ ist auch $\psi = \varphi \cdot \chi_{[c,d]}$ eine auf $[c, d]$ lebende Treppenfunktion. Wir definieren

$$\int\limits_{c}^{d} \varphi := \int\limits_{a}^{b} \varphi \cdot \chi_{[c,d]} \, .$$

Insbesondere ist $\int\limits_{a}^{a} \varphi = 0$.

(c) Dann gilt für $a \le b \le c$

$$\int\limits_{a}^{c} \varphi = \int\limits_{a}^{b} \varphi + \int\limits_{b}^{c} \varphi \, .$$

2 Der gleichmäßige Abstand zweier beschränkter Funktionen

2.1 Die Supremumsnorm

(a) Für beschränkte Funktionen $f : [a,b] \to \mathbb{R}$ definieren wir die **Supremumsnorm** durch

$$\|f\| := \sup \left\{ |f(x)| \mid x \in [a,b] \right\} \, .$$

(b) Der **gleichmäßige Abstand** zweier auf $[a,b]$ beschränkter Funktionen f, g *ist definiert durch* $\|f - g\|$.

$\|f - g\| < \varepsilon$ bedeutet also $|f(x) - g(x)| < \varepsilon$ für alle $x \in [a,b]$.

Für zwei Treppenfunktionen φ, ψ auf $[a,b]$ gilt nach 1.6 (c)

$$\left| \int\limits_{a}^{b} \varphi - \int\limits_{a}^{b} \psi \right| = \left| \int\limits_{a}^{b} (\varphi - \psi) \right| \le (b - a) \, \|\varphi - \psi\| \, .$$

2.2 Eigenschaften der Supremumsnorm

(a) $\|f\| \ge 0 \, , \quad \|f\| = 0 \Longleftrightarrow f = 0 \, ,$

(b) $\|cf\| = |c| \cdot \|f\|$ für alle $c \in \mathbb{R} \, ,$

(c) $\|f + g\| \le \|f\| + \|g\| \qquad (Dreiecksungleichung) \, ,$

Man beachte die Analogie zur euklidischen Norm im $\mathbb{R}^n$.

BEWEIS.

(a) und (b) sind klar. Für (c) beachten wir, daß für alle $x \in [a,b]$

$$|f(x) + g(x)| \le |f(x)| + |g(x)| \le \|f\| + \|g\| \, .$$

Also ist $\|f\| + \|g\|$ eine obere Schranke für die Werte $|f(x) + g(x)|$, und für deren kleinste obere Schranke gilt $\|f + g\| \le \|f\| + \|g\|$. $\qquad\qquad\square$

2.3 Approximation stetiger Funktionen durch Treppenfunktionen

Ist f stetig auf $[a,b]$, so gibt es zu jedem $\varepsilon > 0$ eine Treppenfunktion φ auf $[a,b]$ mit

$$\|f - \varphi\| < \varepsilon .$$

Es gibt somit eine Folge von Treppenfunktionen φ_n auf $[a,b]$ mit

$$\|f - \varphi_n\| \to 0 \quad \text{für} \quad n \to \infty .$$

BEWEIS.

Nach dem Satz über die gleichmäßige
Stetigkeit § 8 : 6 gibt es zu gegebenem
$c > 0$ ein $\delta > 0$ mit $|f(x) - f(y)| < \varepsilon$
für alle $x, y \in [a,b]$ mit $|x - y| < \delta$.

Wir wählen $N \in \mathbb{N}$ so groß, daß

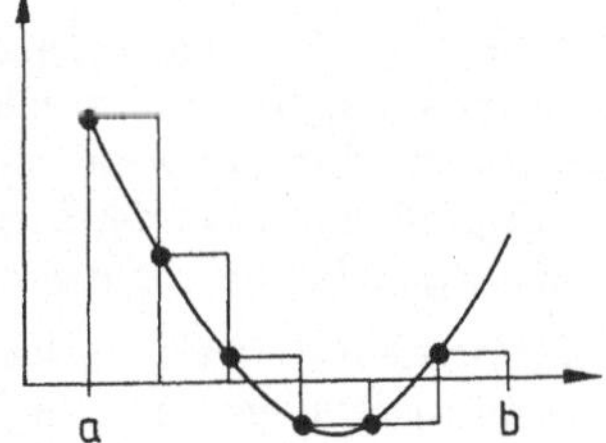

$$h := \frac{b-a}{N} < \delta$$

wird und setzen

$$a_k = a + kh \quad \text{für} \quad k = 0, 1, \ldots, N .$$

Dann ist durch

$$\varphi(x) = \begin{cases} f(a_{k-1}) & \text{für } a_{k-1} \leq x < a_k \quad (k = 1, \ldots, N) \\ f(b) & \text{für } x = b \\ 0 & \text{sonst} \end{cases}$$

eine Treppenfunktion φ auf $[a,b]$ definiert mit $\|f - \varphi\| < \varepsilon$.

Wählen wir zu $\varepsilon = \frac{1}{n}$ $(n = 1, 2, \ldots)$ jeweils eine Treppenfunktion φ_n mit $\|f - \varphi_n\| < \frac{1}{n}$, so erhalten wir Treppenfunktionen φ_n mit $\|f - \varphi_n\| \to 0$.

$\square$

Die Fläche unter dem Graphen von f — Teile unter der x–Achse negativ gerechnet — ist nach der Figur annähernd gleich

$$\int \varphi = \sum_{k=1}^{N} f(a_{k-1}) \cdot (a_k - a_{k-1}) = \sum_{k=1}^{N} f(a_{k-1}) \cdot h .$$

Dies legt nahe, das Integral über f als Grenzwert von Integralen approximierender Treppenfunktionen zu definieren:

3 Integrierbare Funktionen und Eigenschaften des Integrals

3.1 Integrierbarkeit

Eine beschränkte Funktion $f : [a,b] \to \mathbb{R}$ heißt **integrierbar**, wenn es eine Folge von Treppenfunktionen φ_n auf $[a,b]$ gibt mit $\|f - \varphi_n\| \to 0$.

Für solche Funktionen f existiert der Grenzwert

$$\int\limits_a^b f := \lim_{n\to\infty} \int\limits_a^b \varphi_n$$

und ist unabhängig von der approximierenden Folge (φ_n).

Stetige Funktionen sind intergrierbar nach 2.3.

BEMERKUNGEN. Der hier eingeführte Integralbegriff wird in der Literatur als *Cauchy-* oder *Regelintegral* bezeichnet. Dieser Zugang verlangt wesentlich geringeren technischen Aufwand als das in der Literatur häufig verwendete *Riemann-Integral*; die Klasse der Riemann-integrierbaren Funktionen ist allerdings etwas umfangreicher als die der regelintegrierbaren.

Für die Anwendung erweist es sich als notwendig, auch Integrale unbeschränkter Funktionen zu definieren und die Integration über unbeschränkte Intervalle einzuführen (uneigentliches Integral). Das geschieht in §12. Alle in diesem Band eingeführten Integrale sind Spezialfälle des *Lebesgue-Integrals*, welches wir in Band 2 besprechen.

BEWEIS.

(a) *Existenz des Grenzwertes* $\lim\limits_{n\to\infty} \int \varphi_n$:

Zu gegebenem $\varepsilon > 0$ wählen wir n_0 so, daß $\|f - \varphi_n\| < \varepsilon$ für alle $n > n_0$. Dann ist für $n, m > n_0$

$$\|\varphi_n - \varphi_m\| = \|\varphi_n - f + f - \varphi_m\| \leq \|\varphi_n - f\| + \|f - \varphi_m\| < 2\varepsilon,$$

also

$$\left| \int \varphi_n - \int \varphi_m \right| = \left| \int (\varphi_n - \varphi_m) \right| \leq (b - a) \cdot \|\varphi_n - \varphi_m\| < 2(b - a) \cdot \varepsilon.$$

Somit bildet die Folge $\left(\int \varphi_n \right)$ eine Cauchy-Folge in $\mathbb{R}$, besitzt also einen Grenzwert.

(b) *Unabhängigkeit von der approximierenden Folge*: Ist $\|f - \psi_n\| \to 0$, so ergibt sich wie in (a)

$$\|\varphi_n - \psi_n\| \leq \|\varphi_n - f\| + \|f - \psi_n\| \to 0, \quad \text{also}$$

$$\left| \int \varphi_n - \int \psi_n \right| = \left| \int (\varphi_n - \psi_n) \right| \leq (b - a) \cdot \|\varphi_n - \psi_n\| \to 0, \quad \text{d.h.}$$

$$\lim_{n\to\infty} \int \varphi_n = \lim_{n\to\infty} \int \psi_n . \qquad \qquad \square$$

3.2 Bezeichnungen und Vereinbarungen

(a) Die übliche Bezeichnungsweise ist

$$\int\limits_a^b f(x)\,dx \quad\text{oder auch}\quad \int\limits_a^b f(y)\,dy\,, \quad \int\limits_a^b f(t)\,dt \quad\text{statt}\quad \int\limits_a^b f\,.$$

Das Integralzeichen (stilisiertes S für „Summe") wurde 1675 von Gottfried Wilhelm LEIBNIZ eingeführt, ebenso das „Differential" dx unter dem Integralzeichen. LEIBNIZ stellte sich das Integral als eine Summe über alle Ordinatenlinien vor (*utile est scribi* ... $\int \ell$ *pro omnia* ℓ). Erinnern wir uns an den Beweis 2.3: Für stetige Funktionen f wurde $\int\limits_a^b f(x)\,dx$ durch Summen der Gestalt

$$\sum_{k=1}^N f(x_k)\cdot \Delta x$$

angenähert; wir schrieben damals h statt Δx. Unter dx stellte LEIBNIZ sich die Differenz „nächstliegender" x–Werte vor.

Die Bezeichnungsweise hat praktische Vorteile:

$$\int\limits_a^b x\,dx \quad\text{und}\quad \int\limits_a^b e^x\,dx \qquad\text{sind deutlicher als}\quad \int\limits_a^b \mathbb{1}_{[a,b]}\,, \quad \int\limits_a^b \exp\,.$$

Bei Integralen der Form $\int\limits_a^b f(x,y)\,dx$ bzw. $\int\limits_a^b f(x,y)\,dy$, wie sie in § 23 betrachtet werden, geht aus der Schreibweise unmittelbar hervor, bezüglich welcher Variablen integriert werden soll.

(b) Zur Vermeidung lästiger Fallunterscheidungen vereinbaren wir für $a \geq b$

$$\int\limits_a^b f(x)\,dx := -\int\limits_b^a f(x)\,dx\,.$$

3.3 Eigenschaften des Integrals

(a) **Linearität.** *Mit f_1 und f_2 ist auch $c_1 f_1 + c_2 f_2$ für $c_1, c_2 \in \mathbb{R}$ über $[a,b]$ integrierbar, und es gilt*

$$\int\limits_a^b (c_1 f_1 + c_2 f_2) = c_1 \int\limits_a^b f_1 + c_2 \int\limits_a^b f_2\,.$$

(b) **Monotonie.** *Sind f,g über $[a,b]$ integrierbar und ist $f(x) \leq g(x)$ für alle $x \in [a,b]$, so gilt*

$$\int\limits_a^b f \leq \int\limits_a^b g\,.$$

(c) **Abschätzung des Integrals.** *Mit f ist auch $|f|$ über $[a,b]$ integrierbar.
Aus $|f(x)| \leq M$ für alle $x \in [a,b]$ folgt*

$$\left| \int\limits_a^b f \right| \leq \int\limits_a^b |f| \leq (b-a) \cdot M \,.$$

(d) *Mit f,g ist auch $f \cdot g$ über $[a,b]$ integrierbar.*

BEWEIS.

(a) Sind φ_n, ψ_n Treppenfunktion mit $\|f_1 - \varphi_n\| \to 0$, $\|f_2 - \psi_n\| \to 0$, so gilt

$$\big\|(c_1 f_1 + c_2 f_2) - (c_1\varphi_n + c_2\psi_n)\big\| = \big\|(c_1(f_1 - \varphi_n) + c_2(f_2 - \psi_n)\big\|$$

$$\leq |c_1| \cdot \|f_1 - \varphi_n\| + |c_2| \cdot \|f_2 - \psi_n\| \to 0 \quad \text{für} \quad n \to \infty,$$

also ist $c_1 f_1 + c_2 f_2$ integrierbar. Ferner gilt

$$\int\limits_a^b (c_1 f_1 + c_2 f_2) = \lim_{n\to\infty} \int\limits_a^b (c_1\varphi_n + c_2\psi_n)$$

$$= \lim_{n\to\infty} \left(c_1 \int\limits_a^b \varphi_n + c_2 \int\limits_a^b \psi_n \right) = c_1 \int\limits_a^b f_1 + c_2 \int\limits_a^b f_2$$

wegen der Linearität des Integrals für Treppenfunktionen und nach den Rechenregeln für Grenzwerte.

(b) Wir setzen $h = g - f$. Nach (a) ist h integrierbar und

$$\int\limits_a^b h = \int\limits_a^b g - \int\limits_a^b f \,.$$

Zu zeigen bleibt $\int\limits_a^b h \geq 0$, falls $h(x) \geq 0$ für alle $x \in [a,b]$.

Ist (φ_n) eine Folge von Treppenfunktionen mit $\|\varphi_n - h\| \to 0$, so sind auch
die $|\varphi_n|$ Treppenfunktionen, und wegen $h \geq 0$ gilt

$$\big| \, |\varphi_n(x)| - h(x) \big| \leq \big|\varphi_n(x) - h(x)\big| \leq \big\|\varphi_n - h\big\|$$

(Dreiecksungleichung nach unten). Es folgt $\big\|h - |\varphi_n|\big\| \to 0$ und

$$\int\limits_a^b h = \lim_{n\to\infty} \int\limits_a^b |\varphi_n| \geq 0 \,.$$

(c) Wie in (b) ergibt sich $\big\| |f| - |\varphi_n| \big\| \leq \|f - \varphi_n\|$, also die Integrierbarkeit
von $|f|$. Wegen $\pm f(x) \leq |f(x)| \leq M$ folgt die Behauptung für die Integrale
nach (b):

$$\pm \int\limits_a^b f \leq \int\limits_a^b |f| \leq \int\limits_a^b M \cdot \chi_{[a,b]} = M \cdot (b-a) \,.$$

(d) $\boxed{\text{ÜA}}$ $\square$

3.4 Integration über Teilintervalle

Sei f über $[a,b]$ integrierbar, $[c,d]$ ein Teilintervall von $[a,b]$ und

$$g : [c,d] \to \mathbb{R}, \quad x \mapsto f(x)$$

die Einschränkung von f auf $[c,d]$. Dann ist g über $[c,d]$ integrierbar. Wir definieren

$$\int\limits_c^d f(x)\, dx := \int\limits_c^d g(x)\, dx \,.$$

Es gilt dann $\displaystyle \int\limits_c^d f = \int\limits_a^b f \cdot \chi_{[c,d]}$ und

$$\int\limits_a^b f = \int\limits_a^c f + \int\limits_c^b f \quad \text{für} \quad a \leq c \leq b \,.$$

BEWEIS $\boxed{\text{ÜA}}$

4 Zwei wichtige Klassen integrierbarer Funktionen

4.1 Stückweis stetige Funktionen

$f : [a,b] \to \mathbb{R}$ heißt *stückweis stetig*, wenn es eine Unterteilung $a = a_0 < a_1 < \cdots < a_N = b$ von $[a,b]$ gibt, so daß f in $]a_{k-1}, a_k[$ stetig ist und die einseitigen Grenzwerte

$$f(a_k+) \qquad (k = 0, 1, \ldots, N-1) \,,$$

$$f(a_k-) \qquad (k = 1, \ldots, N)$$

existieren.

Das bedeutet: Die Einschränkung von f auf $]a_{k-1}, a_k[$ läßt sich zu einer stetigen Funktion f_k auf $[a_{k-1}, a_k]$ fortsetzen $(k = 1, \ldots, N)$.

SATZ. *Stückweis stetige Funktionen sind integrierbar, und es gilt mit den Bezeichnungen oben*

$$\int\limits_a^b f = \sum_{k=1}^N \int\limits_{a_{k-1}}^{a_k} f_k \,.$$

Denn aus den approximierenden Treppenfunktionen für die einzelnen f_k lassen sich leicht solche für f zusammenbauen. Die Behauptung folgt dann aus 3.4.

4.2 Integrierbarkeit monotoner Funktionen

Monotone Funktionen $f : [a,b] \to \mathbb{R}$ sind über $[a,b]$ integrierbar.

BEWEIS.

Sei o.B.d.A. f monoton wachsend. Wir unterteilen das Intervall $[f(a), f(b)]$ in n Teilintervalle der Länge

$$h = \frac{f(b) - f(a)}{n}$$

mit Teilpunkten

$$y_k = f(a) + k \cdot h$$

$(k = 0, 1, \ldots, n)$ und setzen

$$a_k = \sup \{x \in [a,b] \mid f(x) \le y_k\}.$$

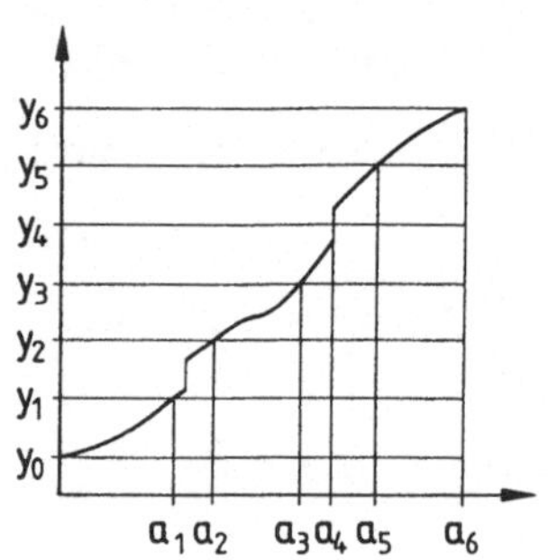

Wegen der Monotonie von f gilt $a = a_0 \le a_1 \le a_2 \le \cdots \le a_n = b$. Ferner gilt $f(x) \in \ ]y_{k-1}, y_k]$ für $x \in \ ]a_{k-1}, a_k[$ $\boxed{\text{ÜA}}$.

Die Treppenfunktion

$$\varphi_n = \sum_{k=1}^{n} y_k \cdot \chi_{]a_{k-1}, a_k[} \ + \ \sum_{k=0}^{n} f(a_k) \cdot \chi_{[a_k, a_k]}$$

hat die Eigenschaft

$$\|f - \varphi_n\| \le \frac{1}{n} \left(f(b) - f(a) \right). \qquad \qquad \square$$

4.3 Bemerkungen und Aufgaben

(a) Funktionen, die sich als Differenz zweier monotoner Funktionen schreiben lassen, heißen **von beschränkter Schwankung**. Solche Funktionen können abzählbar unendlich viele Sprungstellen haben. Dennoch sind sie nach 4.2 und 3.3 integrierbar.

(b) Sei

$$f(x) = \frac{1}{k} + \frac{1}{k+1} \ \text{ in } \ \left]\frac{1}{k+1}, \frac{1}{k}\right] \quad (k \in \mathbb{N}) \quad \text{und} \quad f(0) = 0.$$

Dann ist f in $[0, 1]$ monoton wachsend mit abzählbar vielen Sprungstellen $\frac{1}{n}$. Approximieren Sie f durch geeignete Treppenfunktionen φ_n und zeigen Sie, daß

$$\int\limits_{0}^{1} f(x)\,dx = 1\,.$$

(c) **Approximation des Integrals durch endliche Summen.**
Sei $f : [a,b] \to \mathbb{R}$ stetig, $h = \frac{b-a}{n}$ mit $n \in \mathbb{N}$ und $a_k = a + kh$ $(k = 0, 1, \ldots, n)$.
Zeigen Sie, daß

$$\int\limits_{a}^{b} f \;=\; \lim_{n\to\infty} \sum_{k=1}^{n} f(a_{k-1})\cdot(a_k - a_{k-1}) \;=\; \lim_{n\to\infty} \sum_{k=1}^{n} f(a_k)\cdot(a_k - a_{k-1})\,.$$

5 Der Hauptsatz der Differential– und Integralrechnung

5.1 Das Integral als Funktion der oberen Grenze

Für jede über $[a,b]$ integrierbare Funktion f und $c \subset [a,b]$ liefert

$$U(x) = \int\limits_{c}^{x} f(t)\,dt$$

eine stetige Funktion U.

BEWEIS.
Für $y \geq x$ folgt nach 3.4

$$U(y) - U(x) = \int\limits_{a}^{y} f - \int\limits_{a}^{x} f = \int\limits_{x}^{y} f\,.$$

Für $y < x$ ergibt sich analog

$$U(x) - U(y) = \int\limits_{y}^{x} f$$

Also gilt beidesmal $|U(x) - U(y)| \leq \|f\| \cdot |x - y|$.

BEISPIEL. Für die Heaviside–Funktion $f = \chi_{\mathbb{R}_+}$ ergibt sich das unbestimmte
Integral

$$U(x) = \int\limits_{0}^{x} f(t)\,dt = \begin{cases} 0 & (x < 0) \\ x & (x \geq 0)\,. \end{cases}$$

5.2 Stammfunktionen

Wir nennen eine Funktion $F : I \to \mathbb{R}$ eine **Stammfunktion** für $f : I \to \mathbb{R}$,
wenn F differenzierbar ist und

$$F'(x) = f(x) \quad \text{für alle} \quad x \in I\,.$$

Besitzt f eine Stammfunktion F, so sind sämtliche Stammfunktionen von der Form

$$F + c \quad \text{mit} \quad c \in \mathbb{R}.$$

Denn ist $G(x) = F(x) + c$, so ist $G'(x) = F'(x) = f(x)$. Also ist mit F auch G eine Stammfunktion. Ist umgekehrt G eine beliebige Stammfunktion, so ist $(G - F)' = f - f = 0$, also $G - F$ konstant.

SATZ. *Jede auf einem Intervall I stetige Funktion f besitzt dort Stammfunktionen. Man erhält für jedes $c \in I$ eine Stammfunktion F durch das* **unbestimmte Integral**

$$F(x) = \int\limits_c^x f(t)\, dt\,.$$

BEWEIS.

Sei x ein fester Punkt aus I und $\varepsilon > 0$ vorgegeben. Wegen der Stetigkeit von f gibt es ein $\delta > 0$, so daß $|f(y) - f(x)| < \varepsilon$ für alle $x \in I$ mit $|x - y| < \delta$.

Nach 5.1 folgt für $0 < |x - y| < \delta$, $y \in I$

$$\frac{F(y) - F(x)}{y - x} = \frac{1}{y - x} \int\limits_x^y f(t)\, dt = f(x) + \frac{1}{y - x} \int\limits_x^y (f(t) - f(x))\, dt.$$

Mit der Integralabschätzung 3.3 (c) folgt

$$\left| \frac{F(y) - F(x)}{y - x} - f(x) \right| = \left| \frac{1}{y - x} \int\limits_x^y (f(t) - f(x))\, dt \right| \leq \varepsilon$$

für alle $y \in I$ mit $0 < |y - x| < \delta$. Das ist die Behauptung. $\qquad\square$

$\boxed{\text{ÜA}}$ Die (unstetige) Heaviside–Funktion 5.1 besitzt keine Stammfunktion F in $[-1, +1]$. Anleitung: Wie hätte $F(x)$ für $x < 0$ bzw. $x > 0$ auszusehen?

5.3 Der Hauptsatz der Differential– und Integralrechnung

(a) *Für jede Stammfunktion F von $f \in \mathrm{C}(I)$ und für $a, b \in I$ gilt*

$$\int\limits_a^b f(x)\, dx = F(b) - F(a)\,.$$

(b) *Für $f \in \mathrm{C}^1(I)$ und $a, x \in I$ gilt*

$$f(x) = f(a) + \int\limits_a^x f'(t)\, dt\,.$$

Die Integration ist also in folgendem Sinn die Umkehraufgabe zur Differentiation: Für $F(x) = \int\limits_a^x f(t)\,dt$ gilt $F' = f$, und das unbestimmte Integral von f' ist — bis auf eine Integrationskonstante — wieder f.

Bezeichnung. Wir schreiben den Hauptsatz (a) in der einprägsameren Form

$$\int\limits_a^b f(t)\,dt = F(x)\,\Big|_a^b$$

mit $F(x)\,\Big|_a^b = F(b) - F(a)$ (lies: „F an den Grenzen a und b“).

BEWEIS.

(a) $U(x) = \int\limits_a^x f(t)\,dt$ liefert eine Stammfunktion U von f nach 5.2. Jede andere Stammfunktion F ist von der Form $F = U + c$. Nach 5.1 ist also

$$F(b) - F(a) = U(b) - U(a) = \int\limits_a^b f(x)\,dx\,.$$

(b) folgt direkt aus (a) mit f' statt f und x statt b.   □

5.4 Erste Anwendungen: Integration elementarer Funktionen

Die Kenntnis der Ableitungen elementarer Funktionen gestattet es uns nun, mit einem Schlag eine Fülle von Integrationsaufgaben zu lösen:

(a) $$\int\limits_a^b x^n\,dx = \frac{x^{n+1}}{n+1}\Big|_a^b \qquad \text{für}\quad n \in \mathbb{Z},\quad n \neq -1.$$

Denn wegen $\frac{d}{dx}x^{n+1} = (n+1)x^n$ gibt $\frac{1}{n+1}x^{n+1}$ eine Stammfunktion zu x^n.

(b) $$\int\limits_a^b e^{\alpha x}\,dx = \frac{1}{\alpha}e^{\alpha x}\Big|_a^b \qquad \text{für}\quad \alpha \neq 0.$$

Denn $\frac{d}{dx}e^{\alpha x} = \alpha e^{\alpha x}$, also liefert $\frac{1}{\alpha}e^{\alpha x}$ eine Stammfunktion zu $e^{\alpha x}$.

(c) $$\int\limits_a^b x^\alpha\,dx = \frac{x^{\alpha+1}}{\alpha+1}\Big|_a^b \qquad \text{für } \alpha \in \mathbb{R},\ \alpha \neq -1 \text{ und } 0 < a \leq b.$$

Denn $\frac{d}{dx}x^{\alpha+1} = \frac{d}{dx}e^{(\alpha+1)\log x} = \frac{\alpha+1}{x}\,e^{(\alpha+1)\log x} = (\alpha+1)x^\alpha\,.$

(d) $\quad \displaystyle\int_a^b \frac{1}{x}\,dx = \log|x|\ \Big|_a^b = \log\frac{b}{a}\quad$ für $\quad a\cdot b>0$.

Denn $f(x)=\frac{1}{x}$ besitzt in $\mathbb{R}_{>0}$ die Stammfunktion $x\mapsto\log x$, in $\mathbb{R}_{<0}$ dagegen die Stammfunktion $x\mapsto\log|x|=\log(-x)$.

5.5 Zur Geschichte (vgl. §7:1.4)

Die systematische Flächen- und Inhaltsbestimmung der Neuzeit auf der Basis infinitesimaler Betrachtungen beginnt mit Johannes KEPLER. (*Nova stereometria doliorum vinariorum* — Neue Methoden zur Inhaltsbestimmung von Weinfässern, 1615). KEPLER dachte sich beispielsweise die Kugel aus lauter winzigen Kegeln mit Spitze im Mittelpunkt und Basis auf der Oberfläche aufgebaut und fand so für den Inhalt $\frac{1}{3}\cdot$ Oberfläche $\cdot$ Radius.

In GALILEIS *Discorsi e dimostrazioni matematice intorno a due nuove scienze* (1638) wird die gleichförmig beschleunigte Bewegung anhand der nebenstehenden Figur behandelt. (Längs AB sind die Zeiten, längs CD die entsprechend durchlaufenen Strecken zu denken. Die linear anwachsenden Geschwindigkeiten sind als parallele Linien PQ, BE abgetragen.) Die Zeit AB ist nach GALILEI dieselbe, die sich bei gleichförmiger Bewegung längs CD

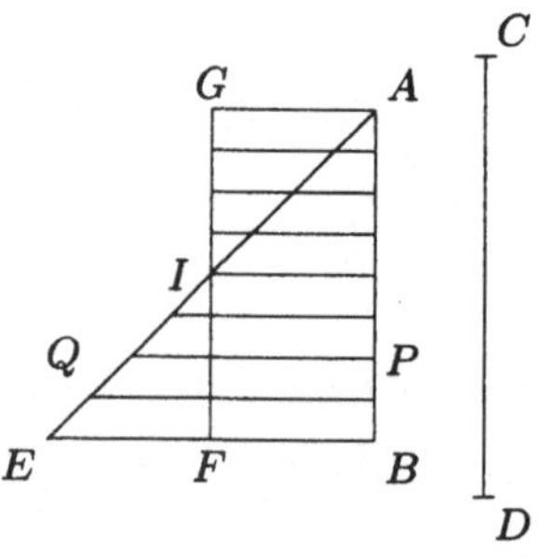

mit der halben Endgeschwindigkeit BF ergeben würde. Die Gesamtheit der Parallelen im Rechteck $ABFG$ nämlich ist gleich der Gesamtheit der Parallelen im Dreieck ABE. So ergeben sich jeweils gleichviele „Geschwindigkeitsmomente": Was in ABE oben fehlt, wird unten wieder ausgeglichen. Die uns heute naheliegende Deutung der „Momente" als $v\cdot\Delta t$ erfolgte erst später.

Nach GALILEIS Schüler Bonaventura CAVALIERI ist folgendes Prinzip benannt: *Schneidet eine Schar von parallelen Linien aus zwei Figuren jeweils Stücke gleicher Länge aus, so sind beide Figuren flächengleich. Schneidet eine Schar von parallelen Ebenen aus zwei Körpern jeweils flächengleiche Figuren aus, so haben beide Körper gleichen Inhalt*, vgl. die Figur in §17:4.2. Dieses Prinzip bemühte auch schon GALILEI.

CAVALIERIS *Geometria indivisibilibus ... promota* von 1635 war ein wichtiger Schritt in systematischer Hinsicht. CAVALIERI konnte z.B. die Fläche unter der allgemeinen Parabel $x\mapsto x^n$ bestimmen. Die Begründung seiner Verfahren mittels Indivisibler (z.B. Fläche als Gesamtheit indivisibler Linien) war allerdings problematisch und heftig umstritten.

Als Wegbereiter der Differential– und Integralrechnung sind u.a. Blaise PASCAL, Pierre de FERMAT, Christiaan HUYGENS, John WALLIS und NEWTONs Lehrer Isaac BARROW zu nennen; letzterer verstand die Flächenbestimmung bereits als Umkehraufgabe zum Tangentenproblem.

Aus Differentialkalkül, Integrationsverfahren, Hauptsatz und Reihenentwicklungen ein geschlossenes Ganzes gemacht zu haben, ist das Verdienst von Isaac NEWTON und Gottfried Wilhelm LEIBNIZ. Nach der schon in § 7 : 1.4 erwähnten *Analysis* (1669) veröffenlichte NEWTON 1671 die *Methodus fluxionum et serierum infinitorum.* LEIBNIZ fasste seine Ergebnisse 1675 und 1684 zusammen: *Methodi tangentium inversae exempla* und *Nova methodus pro maximis et minimis itemque tangentibus . . . .*

NEWTONs Hauptwerk *Philosophiae naturalis principia mathematica* (erschienen 1687) war noch in der Sprache der klassischen Geometrie verfaßt, allerdings mit besonderem Augenmerk auf Grenzübergänge. Es bestimmte die Fragestellungen der Analysis im 18. Jahrhundert.

LEIBNIZ' Verdienst war die Schaffung eines Differential– und Integralkalküls, dessen Notation bezüglich der formalen Handhabung aufs genaueste durchdacht war. Wenn auch eine strenge Begründung fehlte, war das Rechnen mit „Differentialen" doch äußerst praktisch und hat auch heute noch heuristischen Wert, vgl. 7.3.

Die begriffliche Präzisierung der Analysis geschah im 19. Jahrhundert u.a. durch G. P. Lejeune DIRICHLET, Bernhard BOLZANO, CAUCHY und Karl WEIERSTRASS.

6 Partielle Integration

6.1 Vorbemerkung. Wegen des Haupsatzes der Differential– und Integralrechnung zieht jede Differentiationsregel eine entsprechende Integrationsregel nach sich. Wir beginnnen mit der „Umkehrung" der Produktregel.

6.2 Satz von der partiellen Integration

Für $u, v \in C^1\,[a, b]$ gilt

$$\int_a^b u(x)v'(x)\,dx - u(x) \cdot v(x)\,\Big|_a^b - \int_a^b u'(x) \cdot v(x)\,dx\,.$$

BEWEIS.
Wegen $(u \cdot v)' = u \cdot v' + u' \cdot v$ ist $u \cdot v$ eine Stammfunktion zu $u \cdot v' + u' \cdot v$. Nach dem Hauptsatz folgt

$$u \cdot v\,\Big|_a^b = \int_a^b (u \cdot v' + u' \cdot v) = \int_a^b u \cdot v' + \int_a^b u' \cdot v\,. \qquad\qquad \square$$

FOLGERUNG.

$$\int_a^b f(x) \cdot g(x)\, dx = f(x) \cdot G(x)\Big|_a^b - \int_a^b f'(x) \cdot G(x)\, dx \,,$$

falls $f \in C^1\,[a,b]$, $g \in C\,[a,b]$ und G eine Stammfunktion von g ist.

Die geschickte Aufspaltung eines gegebenen Integranden in ein Produkt $f \cdot g$ ist Erfahrungs- und Übungssache!

6.3 Integration von $p(x) \cdot e^x$ für Polynome p

Das Prinzip wird an folgendem Beispiel deutlich: Zur Berechnung von

$$\int_a^b x^2 \cdot e^x\, dx$$

setzen wir $f(x) = x^2$, $g(x) = e^x$, $G(x) = e^x$ und erhalten durch zweimalige partielle Integration

$$\int_a^b x^2 e^x\, dx = x^2 \cdot e^x\Big|_a^b - \int_a^b 2x \cdot e^x\, dx$$

$$= \left(x^2 - 2x\right) \cdot e^x\Big|_a^b + \int_a^b 2 \cdot e^x\, dx = \left(x^2 - 2x + 2\right) \cdot e^x\Big|_a^b \,.$$

6.4 Integration von $p(x) \cdot \log x$ für Polynome p

Sei $f(x) = \log x$, $g(x) = p(x) = a_0 + a_1 x + \cdots + a_n x^n$ und

$$P(x) = \int_0^x p(t)\, dt = a_0 x + \tfrac{1}{2} a_1 x^2 + \cdots + \tfrac{1}{n+1} a_n x^{n+1} = x \cdot q(x)$$

wobei q wieder ein Polynom n-ten Grades ist. Partielle Integration liefert dann

$$\int_a^b \log x \cdot p(x)\, dx = \log x \cdot P(x)\Big|_a^b - \int_a^b \frac{1}{x} \cdot P(x)\, dx$$

$$= x \cdot \log x \cdot q(x)\Big|_a^b - \int_a^b q(x)\, dx \,, \quad \text{falls} \quad a, b > 0 \,.$$

Das letzte Integral ergibt sich nach 5.4(a).

Für $p(x) = 1$ erhalten wir insbesondere

$$\int_a^b \log x\, dx = x\,(\log x - 1)\Big|_a^b \quad \text{für} \quad 0 < a < b \,.$$

6.5 Integrale mit trigonometrischen Funktionen

(a) $\int\limits_a^b \cos^2 x\, dx$.

Wir setzen $f(x) = g(x) = \cos x$, $G(x) = \sin x$ und erhalten mit Hilfe partieller Integration und unter Berücksichtigung von $\sin^2 x = 1 - \cos^2 x$

$$\int\limits_a^b \cos x \cdot \cos x\, dx = \cos x \cdot \sin x \Big|_a^b + \int\limits_a^b \sin x \cdot \sin x\, dx$$

$$= \sin x \cdot \cos x \Big|_a^b + \int\limits_a^b \left(1 - \cos^2 x\right) dx, \quad \text{also}$$

$$2 \int\limits_a^b \cos^2 x\, dx = \sin x \cdot \cos x \Big|_a^b + \int\limits_a^b 1\, dx \qquad \text{und schließlich}$$

$$\int\limits_a^b \cos^2 x\, dx = \tfrac{1}{2}(b - a) + \tfrac{1}{2} \sin x \cdot \cos x \Big|_a^b .$$

(b) Der Trick, mittels mehrfacher partieller Integration auf eine Formel der Gestalt

$$\int\limits_a^b f(x) \cdot g(x)\, dx = h(x)\Big|_a^b + c \cdot \int\limits_a^b f(x) \cdot g(x)\, dx$$

mit $c \neq 1$ abzuzielen, ist häufig nützlich. Man erhält dann

$$\int\limits_a^b f(x) \cdot g(x)\, dx = \frac{1}{1 - c} \cdot h(x)\Big|_a^b .$$

(c) $\boxed{\text{ÜA}}$ $\int\limits_a^b \sin^2 x\, dx =$

(d) $\boxed{\text{ÜA}}$ Zeigen Sie mittels zweimaliger partieller Integration die sogenannten *Orthogonalitätsrelationen für die trigonometrischen Funktionen:*

$$\int\limits_{-\pi}^{\pi} \cos nx \cdot \cos mx\, dx = \int\limits_{-\pi}^{\pi} \sin nx \cdot \sin mx\, dx = \pi \cdot \delta_{nm} \quad (n, m \in \mathbb{N}),$$

$$\int\limits_{-\pi}^{\pi} \sin nx \cdot \cos mx\, dx = 0 \quad \text{für alle} \quad n, m \in \mathbb{N}.$$

(e) $\boxed{\text{ÜA}}$ Bestimmen Sie $\int\limits_a^b x^2 \sin x\, dx$.

(f) $\boxed{\text{ÜA}}$ Bestimmen Sie $\int\limits_a^b e^x \sin x \, dx$.

Weitere Integrale mit trigonometrischen Funktionen werden in Abschnitt 11 behandelt.

6.6 Aufgaben

(a) $\int\limits_a^b \dfrac{\log x}{x} \, dx$ für $0 < a < b$. (Beachten Sie 6.5 (b) !)

(b) $\int\limits_a^b x^\alpha \log x \, dx$ für $\alpha \in \mathbb{R},\, \alpha \neq -1,\, 0 < a < b$.

7 Die Substitutionsregel

7.1 Umkehrung der Kettenregel

Ist $u : [\alpha, \beta] \to [a, b]$ stetig differenzierbar und $f \in \mathrm{C}\,[a, b]$, so gilt

$$\int\limits_{u(\alpha)}^{u(\beta)} f(x)\, dx = \int\limits_\alpha^\beta f(u(t)) \cdot u'(t)\, dt.$$

BEWEIS.
Sei F eine Stammfunktion zu f. Dann folgt nach der Kettenregel

$$\frac{d}{dt} F(u(t)) = F'(u(t)) \cdot u'(t) = f(u(t)) \cdot u'(t).$$

Der Hauptsatz ergibt also

$$\int\limits_{u(\alpha)}^{u(\beta)} f(x)\, dx = F(x)\Big|_{u(\alpha)}^{u(\beta)} = F(u(t))\Big|_\alpha^\beta = \int\limits_\alpha^\beta \frac{d}{dt} F(u(t))\, dt$$

$$= \int\limits_\alpha^\beta f(u(t)) \cdot u'(t)\, dt. \qquad \Box$$

7.2 Der Integrand als Ableitung

Zur Berechnung eines Integrals der Form $\int\limits_a^b g(x)\, dx$ versuchen wir den Integranden in der Form $g(x) = f(u(x)) \cdot u'(x)$ zu schreiben (Das Erkennen einer solchen Situation ist Übungssache !). Ist F eine Stammfunktion zu f, so gilt nach 7.1

$$\int\limits_a^b g(x)\,dx = \int\limits_a^b f(u(x))\cdot u'(x)\,dx = \int\limits_{u(a)}^{u(b)} f(y)\,dy = F(u(x))\Big|_a^b\,.$$

Wir fassen also $g(x)$ als $\dfrac{d}{dx}F(u(x))$ auf.

BEISPIELE

(a) $\displaystyle\int\limits_a^b x e^{-\frac{1}{2}x^2}\,dx\,.$

Für $f(y) = e^{-y}$ und $u(x) = \frac{1}{2}x^2$ gilt

$$x e^{-\frac{1}{2}x^2} = f(u(x))\cdot u'(x)\,. \quad \text{Daher ist}$$

$$\int\limits_a^b x e^{-\frac{1}{2}x^2}\,dx = \int\limits_{u(a)}^{u(b)} e^{-y}\,dy = -e^{-y}\,\Big|_{u(a)}^{u(b)} = e^{-\frac{1}{2}a^2} - e^{-\frac{1}{2}b^2}\,.$$

(b) *Das Integral des Tangens.*

Es ist

$$\tan x = \frac{\sin x}{\cos x} = -\frac{\cos' x}{\cos x}\,.$$

Mit $f(y) = -\dfrac{1}{y}$, $u(x) = \cos x$ ist $\tan x = f(u(x))\cdot u'(x)$, also

$$\int\limits_a^b \tan x\,dx = \int\limits_{\cos a}^{\cos b} -\frac{1}{y}\,dy = \log\frac{\cos a}{\cos b}\,,$$

solange das Intervall $[a, b]$ keine Nullstellen des Kosinus enthält.

(c) Integrale der Form $\displaystyle\int\limits_a^b \sin x\cdot f(\cos x)\,dx,\ \int\limits_a^b \cos x\cdot g(\sin x)\,dx$ werden ganz entsprechend behandelt.

(d) $\displaystyle\int\limits_a^b \frac{u'(x)}{u(x)}\,dx = \int\limits_{u(a)}^{u(b)} \frac{1}{y}\,dy = \log\frac{u(b)}{u(a)}$, solange das Intervall $[a, b]$ keine Null-stellen von u enthält.

(e) $\boxed{\text{ÜA}}$ Bestimmen Sie die Integrale

$$\int\limits_a^b \frac{x^3}{x^4+1}\,dx\,, \qquad \int\limits_a^b \frac{x}{\sqrt{(1+x^2)^3}}\,dx\,, \qquad \int\limits_a^b \frac{x^7}{x^4+2}\,dx\,.$$

7.3 Substitution der Integrationsveränderlichen

Zur Berechnung von $\int\limits_a^b f(x)\,dx$ substituieren (ersetzen) wir x durch $u(t)$, wobei $u : [\alpha,\beta] \to [a,b]$ eine bijektive C^1–Funktion ist.

Für $f \in C\,[a,b]$ gilt nach 7.1 die *Substitutionsregel*

$$\int\limits_a^b f(x)\,dx = \int\limits_{u^{-1}(a)}^{u^{-1}(b)} f(u(t)) \cdot u'(t)\,dt\,.$$

(Beachten Sie, daß $u^{-1}(b) < u^{-1}(a)$ sein kann!)

In der Sprache des Leibnizschen Differentialkalküls läßt sich die Substitutionsregel leicht merken und handhaben:

Man erhält das transformierte Integral, indem man im Integral $\int\limits_a^b f(x)\,dx$ die folgenden Ersetzungen vornimmt:

$$x = u(t)\,,$$

$$dx = u'(t)\,dt \qquad \left(\text{formal aus } \frac{dx}{dt} = u'(t)\right),$$

und man ersetze die Grenzen a,b für x durch die Grenzen $u^{-1}(a), u^{-1}(b)$ für t.

In manchen Fällen wird die Substitution $x = u(t)$ durch ihre inverse Funktion $t = \varphi(x)$ angegeben, wobei auch $\varphi : [a,b] \to [\alpha,\beta]$ C^1–differenzierbar ist.

Da nach der Kettenregel

$$1 = u'(t) \cdot \varphi'(x) \quad \text{mit} \quad x = u(t) \ \text{ bzw. } \ t = \varphi(x)$$

gilt, erhält die Substitutionsregel die Gestalt

$$\int\limits_a^b f(x)\,dx = \int\limits_{\varphi(a)}^{\varphi(b)} \frac{f(x)}{\varphi'(x)}\bigg|_{x=u(t)}\,dt\,.$$

Auch hier liefert die Leibnizsche Notation eine Merkhilfe: Aus $t = \varphi(x)$ folgt $dt = \varphi'(x)\,dx$, also $dx = \dfrac{dt}{\varphi'(x)}\,.$

7.4 Beispiele

(a) $\displaystyle\int\limits_{a}^{b}\frac{dx}{\sqrt{1+x^2}}$ für $0 < a < b$.

Wir setzen $t = \varphi(x) := x + \sqrt{1+x^2}$ und erhalten

$$dt = \varphi'(x)\,dx = \left(1 + \frac{x}{\sqrt{1+x^2}}\right)dx = \frac{x + \sqrt{1+x^2}}{\sqrt{1+x^2}}\,dx = \frac{t\,dx}{\sqrt{1+x^2}}\,.$$

Es gilt also

$$\int\limits_{a}^{b}\frac{dx}{\sqrt{1+x^2}} = \int\limits_{\varphi(a)}^{\varphi(b)}\frac{dt}{t} = \log t\,\Big|_{\varphi(a)}^{\varphi(b)} = \log\left(x + \sqrt{1+x^2}\right)\Big|_{a}^{b}\,.$$

(b) $\displaystyle\int\limits_{a}^{b}\frac{1}{\sqrt{x}}\log\sqrt{x}\,dx$ für $0 < a < b$.

Wir setzen $x^2 = t$, also $dx = 2t\,dt$ und erhalten

$$\int\limits_{a}^{b}\frac{1}{\sqrt{x}}\log\sqrt{x}\,dx = \int\limits_{\sqrt{a}}^{\sqrt{b}}\frac{1}{t}\log t \cdot 2t\,dt = 2\int\limits_{\sqrt{a}}^{\sqrt{b}}\log t\,dt$$

$$= 2t\,(\log t - 1)\,\Big|_{\sqrt{a}}^{\sqrt{b}} \qquad \text{nach 6.4.}$$

(c) $\displaystyle\int\limits_{a}^{b}\sin\left(\sqrt{x}\right)dx$ für $0 < a < b$.

Wir setzen wieder $t = \sqrt{x}$, d.h. $x = t^2$, $dx = 2t\,dt$ und erhalten

$$\int\limits_{a}^{b}\sin\sqrt{x}\,dx - \int\limits_{\sqrt{a}}^{\sqrt{b}}\sin t \cdot 2t\,dt\,.$$

Das letztere Integral wird mit partieller Integration behandelt $\boxed{\text{ÜA}}$.

(d) $\displaystyle\int\limits_{a}^{b}\sin(\log x)\,dx$ $(0 < a < b)$

Setzen wir $x = \mathrm{e}^t$, also $dx = \mathrm{e}^t\,dt$, so ergibt sich

$$\int\limits_a^b \sin(\log x)\, dx = \int\limits_{\log a}^{\log b} \sin t \cdot e^t\, dt\,.$$

Das letztere Integral ergibt sich durch zweimalige partielle Integration ($\boxed{\text{ÜA}}$, vgl. 6.5(b)).

(e) $\displaystyle \int\limits_a^b \frac{x^7}{x^4+1}\, dx$

Wir setzen $t = x^4$, also $dt = 4x^3\, dx$ oder $dx = \dfrac{dt}{4x^3}$ und erhalten nach der Substitutionsregel 7.3

$$\int\limits_a^b \frac{x^7}{x^4+1}\, dx = \frac{1}{4}\int\limits_{a^4}^{b^4} \frac{t\, dt}{t+1} = \frac{1}{4}\int\limits_{a^4}^{b^4} \left(1 - \frac{1}{1+t}\right) dt$$

$$= \frac{1}{4}\Big[t - \log(t+1)\Big]_{a^4}^{b^4}$$

(f) $\displaystyle \int\limits_a^b \frac{e^x - 1}{e^x + 1}\, dx$

Für $t = e^x$, also $dt = e^x\, dx$ oder $dx = \dfrac{dt}{e^x} = \dfrac{dt}{t}$ erhalten wir mit $A = e^a$ und $B = e^b$

$$\int\limits_a^b \frac{e^x - 1}{e^x + 1}\, dx = \int\limits_A^B \frac{t - 1}{t(t+1)}\, dt\,. \qquad \text{Dabei ist}$$

$$\frac{t-1}{t(t+1)} = \frac{1}{t+1} - \frac{1}{t(t+1)} = \frac{1}{t+1} - \left(\frac{1}{t} - \frac{1}{t+1}\right) = \frac{2}{t+1} - \frac{1}{t}\,,$$

$$\int\limits_a^b \frac{e^x - 1}{e^x + 1}\, dx = \big(2\log(t+1) - \log t\big)\Big|_{e^a}^{e^b} = a - b + 2\log \frac{1+e^b}{1+e^a}\,.$$

7.5 Aufgaben

Geben Sie Stammfunktionen an für

$$\frac{\sqrt{x}}{x+1}\,, \qquad \frac{\sqrt{x}}{1+\sqrt{x}}\,.$$

8 Integration rationaler Funktionen

8.1 Satz. *Sind p, q reelle Polynome mit $q(x) \neq 0$ in $[a, b]$, so läßt sich das Integral*

$$\int_a^b \frac{p(x)}{q(x)}\, dx$$

bei Kenntnis der Nullstellen des Nenners formelmäßig angeben.

Das Verfahren wird im folgenden erklärt.

Es besteht aus einer Zerlegung des Integranden in eine Summe von elementaren Bausteinen (8.2 und 8.3), deren Integrale dann in 8.4–8.6 berechnet werden.

8.2 Reduktion des Integranden

Durch Kürzen mit einem größten gemeinsamen Teiler § 3 : 7.7 läßt sich erreichen, daß p und q teilerfremd sind. Den höchsten Koeffizienten von q ziehen wir vor das Integral oder schlagen ihn p zu.

Im Fall $\operatorname{Grad}(p) \geq \operatorname{Grad}(q)$ dividieren wir p durch q mit Rest (§ 3: 7.4) und erhalten dabei Polynome f und r mit

$$\frac{p}{q} = f + \frac{r}{q} \quad \text{und} \quad \operatorname{Grad}(r) < \operatorname{Grad}(q).$$

Die Integration eines Polynoms macht keine Probleme; wir beschäftigen uns deshalb nur noch mit dem restlichen Term $\frac{r}{q}$.

Wir schreiben wieder p statt r und setzen in 8.1 voraus:

(a) p und q sind teilerfremd,

(b) $\operatorname{Grad}(p) < \operatorname{Grad}(q)$,

(c) der höchste Koeffizient von q ist 1.

8.3 Partialbruchzerlegung

Unter den Voraussetzungen (a), (b) *und* (c) *von 8.2 läßt sich $\frac{p(x)}{q(x)}$ auf eindeutige Weise in eine Summe einfacherer rationaler Ausdrücke zerlegen:*

Jede reelle Nullstelle c der Vielfachheit m von q liefert dazu den Anteil

$$\frac{a_1}{x-c} + \frac{a_2}{(x-c)^2} + \cdots + \frac{a_m}{(x-c)^m},$$

und jedes Paar $c, \bar{c}$ nichtreeller Nullstellen von q mit der Vielfachheit n leistet den Beitrag

$$\frac{A_1 x + B_1}{x^2 + \alpha x + \beta} + \frac{A_2 x + B_2}{(x^2 + \alpha x + \beta)^2} + \cdots + \frac{A_n x + B_n}{(x^2 + \alpha x + \beta)^n} \,,$$

wobei $x^2 + \alpha x + \beta = (x - c)(x - \bar{c})$. *Die Koeffizienten* a_i, A_k, B_k *sind reell und eindeutig bestimmt.*

Wir verzichten auf den etwas technischen Beweis und verweisen auf [HEUSER, Bd. 1, Nr. 69], [MANGOLDT–KNOPP, Bd. 2, Nr. 190].

BEISPIEL 1: $\quad \dfrac{p(x)}{q(x)} = \dfrac{5x^2 + 12x + 47}{(x - 3)(x + 5)^2}$.

Der Nenner hat die einfache Nullstelle $x_1 = 3$ und die zweifache Nullstelle $x_2 = -5$. Somit besitzt die Partialbruchzerlegung die Gestalt

$$\frac{p(x)}{q(x)} = \frac{a}{x - 3} + \frac{b}{x + 5} + \frac{c}{(x + 5)^2} \,.$$

Zur Bestimmung der Koeffizienten a, b, c multiplizieren wir mit $q(x)$ und erhalten

$$(*) \quad 5x^2 + 12x + 47 = a(x + 5)^2 + b(x - 3)(x + 5) + c(x - 3) \,.$$

Durch Ordnen nach Potenzen von x und Koeffizientenvergleich erhalten wir die Gleichungen

$$5 = a + b \,, \qquad 12 = 10a + 2b + c \,, \qquad 47 = 25a - 15b - 3c$$

mit der Lösung

$$a = 2 \,, \qquad b = 3 \,, \qquad c = -14 \,.$$

Schneller ergeben sich die Koeffizienten durch Einsetzen der Nullstellen $x_1 = 3$ und $x_2 = -5$ in die Gleichung $(*)$. Diese gilt zunächst nur außerhalb der Nullstellen, dann jedoch aus Stetigkeitsgründen auch für alle $x \in \mathbb{R}$. Man erhält sofort $a = 2$ und $c = -14$. Den Koeffizienten $b = 3$ findet man durch Differenzieren der Gleichung $(*)$ und Einsetzen von $x_1 = -5$.

BEISPIEL 2: $\quad \dfrac{p(x)}{q(x)} = \dfrac{3x^2 + 4x + 29}{(x - 1)(x^2 + 4x + 13)}$.

$q(x)$ hat die einfachen Nullstellen $x_1 = 1$, $x_{2/3} = -2 \pm 3i$, besitzt somit die Partialbruchentwicklung

$$\frac{p(x)}{q(x)} = \frac{a}{x - 1} + \frac{Ax + B}{x^2 + 4x + 13} \,.$$

Multiplikation mit $q(x)$ ergibt

$$(*) \quad 3x^2 + 4x + 29 = a(x^2 + 4x + 13) + (Ax + B)(x - 1) \,.$$

Durch Einsetzen von $x_1 = 1$ erhalten wir

$$36 = a \cdot 18, \quad \text{also} \quad a = 2.$$

Zur Bestimmung von A, B empfiehlt sich Koeffizientenvergleich. Man kann aber auch spezielle x-Werte in $(*)$ einsetzen, z.B. $x = 0$.

Methoden zur Koeffizientenbestimmung werden ausführlicher beschrieben in [HEUSER Bd. 1, Nr. 69], [MANGOLDT–KNOPP, Bd. 3, Nr. 12].

8.4 Für das Integral $\displaystyle\int_a^b \frac{dx}{(x-c)^k}$, $c \notin [a,b]$, ergibt sich

$$\log(x-c)\,\Big|_a^b \quad \text{für} \quad k = 1 \quad \text{und} \quad \frac{1}{(1-k)(x-c)^{k-1}}\,\Big|_a^b \quad \text{für} \quad k > 1.$$

8.5 Reduktion des Integrals $\displaystyle\int_a^b \frac{Ax + B}{(x^2 + \alpha x + \beta)^k}\, dx$

Wir zerlegen das Integral in

$$\frac{A}{2} \int_a^b \frac{2x + \alpha}{(x^2 + \alpha x + \beta)^k}\, dx + \left(B - \frac{A\alpha}{2}\right) \int_a^b \frac{dx}{(x^2 + \alpha x + \beta)^k}$$

Für das erste Integral erhalten wir

$$\begin{cases} \dfrac{A}{2} \cdot \log\left(x^2 + \alpha x + \beta\right)\,\Big|_a^b & \text{für} \quad k = 1 \\[3ex] \dfrac{A}{2(1-k)\left(x^2 + \alpha x + \beta\right)^{k-1}}\,\Big|_a^b & \text{für} \quad k > 1. \end{cases}$$

Das zweite Integral wird mit mit Hilfe der folgenden Rekursionsformel vereinfacht.

Reduktion des Nennergrades. *Für reelle Zahlen α, β, k mit*

$$D := (k-1)(4\beta - \alpha^2) \neq 0 \ \textit{gilt}$$

$$\int_a^b \frac{dx}{(x^2 + \alpha x + \beta)^k} = \frac{2x + \alpha}{D\,(x^2 + \alpha x + \beta)^{k-1}}\,\Big|_a^b + \frac{4k - 6}{D} \int_a^b \frac{dx}{(x^2 + \alpha x + \beta)^{k-1}}.$$

Dies ergibt sich aus der direkt zu verifizierenden Identität $\boxed{\text{ÜA}}$

$$\frac{d}{dx}\frac{2x+\alpha}{(x^2+\alpha x+\beta)^{k-1}} = \frac{(k-1)(4\beta-\alpha^2)}{(x^2+\alpha x+\beta)^k} - \frac{2(2k-3)}{(x^2+\alpha x+\beta)^{k-1}}\,.$$

Ist k eine natürliche Zahl, so kommen wir durch wiederholte Anwendung dieses Reduktionsverfahrens zu folgendem Integral:

8.6 Das Integral $\displaystyle\int_a^b \frac{dx}{x^2+\alpha x+\beta}$

Drei Fälle sind zu unterscheiden:

(a) $4\beta > \alpha^2$, d.h. $x^2+\alpha x+\beta$ hat keine reellen Nullstellen. Quadratische Ergänzung liefert

$$x^2+\alpha x+\beta = \left(x+\frac{\alpha}{2}\right)^2 + \beta - \frac{\alpha^2}{4} = \frac{1}{4}\left((2x+\alpha)^2 + 4\beta - \alpha^2\right)$$

$$= \frac{4\beta-\alpha^2}{4}\cdot\left(\frac{(2x+\alpha)^2}{4\beta-\alpha^2}+1\right) = \frac{A^2}{4}(t^2+1)\,,$$

wobei

$$A = \sqrt{4\beta-\alpha^2}\,, \qquad t = \frac{2x+\alpha}{\sqrt{4\beta-\alpha^2}} = \frac{2x+\alpha}{A} = \varphi(x)\,.$$

Für die Substitution $t = \varphi(x)$ gilt $dx = \frac{A}{2}\,dt$, also

$$\int_a^b \frac{dx}{x^2+\alpha x+\beta} = \frac{2}{A}\int_{\varphi(a)}^{\varphi(b)} \frac{dt}{t^2+1} = \frac{2}{A}\arctan\left(\frac{2x+\alpha}{A}\right)\Big|_a^b\,.$$

(b) $4\beta < \alpha^2$, d.h. der Nenner hat zwei reelle Nullstellen $x_1, x_2 \notin [a,b]$. Partialbruchzerlegung ergibt mit Hilfe von 5.4 (d)

$$\frac{1}{x^2+\alpha x+\beta} = \frac{1}{(x-x_1)(x-x_2)} = \frac{1}{x_2-x_1}\left(\frac{1}{x-x_2}-\frac{1}{x-x_1}\right)\,, \quad \text{also}$$

$$\int_a^b \frac{dx}{x^2+\alpha x+\beta} = \frac{1}{x_2-x_1}\left(\int_a^b \frac{dx}{x-x_2} - \int_a^b \frac{dx}{x-x_1}\right)$$

$$= \frac{1}{x_2-x_1}\cdot\log\left(\left|\frac{x-x_2}{x-x_1}\right|\right)\Big|_a^b\,.$$

(c) $4\beta = \alpha^2$, also $x^2+\alpha x+\beta = \left(x+\frac{1}{2}\alpha\right)^2$.

Dieser Fall wurde in 8.4 behandelt. Es ergibt sich im Fall $-\frac{1}{2} \notin [a,b]$

$$\int\limits_a^b \frac{dx}{x^2 + \alpha x + \beta} = -\frac{2}{2x + \alpha}\bigg|_a^b \,.$$

8.7 Aufgaben

Geben Sie zu folgenden rationalen Ausdrücken Stammfunktionen an:

(a) $\dfrac{x^3 + x + 1}{x^2 + 2x - 3}$ (b) $\dfrac{1}{x^3 + 7x^2 + 15x + 9}$ (c) $\dfrac{2x + 1}{x^2 + 4x + 5}$

(d) $\dfrac{1}{(x^2 - 4x + 5)^2}$ (e) $\dfrac{x^2 + 1}{(x^3 + 1)^2}\,.$

8.8 Aufgabe

Seien α, β zwei voneinander verschiedene positive Zahlen. Geben Sie Konstanten A, B an mit

$$\frac{1}{(x^2 + \alpha^2)\,(x^2 + \beta^2)} = \frac{A}{x^2 + \alpha^2} + \frac{B}{x^2 + \beta^2}\,.$$

9 Integration von $(\sqrt{x^2 + \alpha x + \beta}\,)^p$

9.1 Das Integral $\displaystyle\int\limits_a^b \frac{dx}{\sqrt{x^2 + \alpha x + \beta}}$

(a) Im Fall $4\beta > \alpha^2$ nehmen wir wie in 8.6 (a) quadratische Ergänzung vor:

$$x^2 + \alpha x + \beta = \left(x + \frac{\alpha}{2}\right)^2 + \beta - \frac{\alpha^2}{4} = \frac{A^2}{4}\left(t^2 + 1\right) \quad \text{mit}$$

$$A = \sqrt{4\beta - \alpha^2} \quad \text{und} \quad t = \varphi(x) = \frac{2x + \alpha}{A}\,.$$

Es ergibt sich

$$\int\limits_a^b \frac{dx}{\sqrt{x^2 + \alpha x + \beta}} = \int\limits_{\varphi(a)}^{\varphi(b)} \frac{dt}{\sqrt{t^2 + 1}} = \log\left(t + \sqrt{1 + t^2}\,\right)\bigg|_{\varphi(a)}^{\varphi(b)}$$

nach 7.4 (a).

(b) Im Fall $x^2 + \alpha x + \beta = (x - x_1)\,(x - x_2)$ mit $x_1 < x_2 < a$ setzen wir

$$t = \sqrt{x - x_2}\,, \quad \text{also} \quad dt = \frac{1}{2\sqrt{x - x_2}}\,dx \quad \text{und erhalten}$$

$$\int\limits_a^b \frac{dx}{\sqrt{(x-x_1)(x-x_2)}} = \int\limits_{\sqrt{a-x_2}}^{\sqrt{b-x_2}} \frac{2\,dt}{\sqrt{t^2 + x_2 - x_1}}\,.$$

Somit sind wir wieder bei (a).

Im Falle $b < x_1 < x_2$ führt die Substitution $t = \sqrt{x_1 - x}$ auf denselben Integranden, aber andere Integrationsgrenzen $\boxed{\text{ÜA}}$.

9.2 Das Reduktionsverfahren

Die Reduktionsformel 8.5 liefert für $k = n + \frac{1}{2}$, $n \in \mathbb{N}$ im Fall $4\beta > \alpha^2$

$$\int\limits_a^b \frac{dx}{\left(\sqrt{x^2 + \alpha x + \beta}\right)^{2n+1}} = \frac{2x + \alpha}{D\left(\sqrt{x^2 + \alpha x + \beta}\right)^{2n-1}}\Bigg|_a^b$$

$$+ \frac{4(n-1)}{D} \int\limits_a^b \frac{dx}{\left(\sqrt{x^2 + \alpha x + \beta}\right)^{2n-1}}$$

mit $D = \left(n - \frac{1}{2}\right)\left(4\beta - \alpha^2\right)$ $\boxed{\text{ÜA}}$.

Für $k = -n + \frac{1}{2}$, $n \in \mathbb{N} \cup \{0\}$ ergibt sich aus 8.5 $\boxed{\text{ÜA}}$

$$\int\limits_a^b \left(\sqrt{x^2 + \alpha x + \beta}\right)^{2n+1} dx = \frac{2x + \alpha}{4(n+1)} \left(\sqrt{x^2 + \alpha x + \beta}\right)^{2n+1}\Bigg|_a^b$$

$$+ \frac{(2n+1)(4\beta - \alpha^2)}{8(n+1)} \int\limits_a^b \left(\sqrt{x^2 + \alpha x + \beta}\right)^{2n-1} dx\,.$$

Damit sind alle in der Überschrift genannten Integrale auf das in 9.1 betrachtete Integral zurückgespielt.

9.3 Beispiele

$$\text{(a)} \quad \int\limits_a^b \sqrt{1 + x^2}\, dx = \frac{1}{2}\int\limits_a^b \frac{dx}{\sqrt{1 + x^2}} + \frac{1}{2}x\sqrt{1 + x^2}\Bigg|_a^b$$

$$= \left(\frac{1}{2}x\sqrt{1 + x^2} + \frac{1}{2}\log\left(x + \sqrt{1 + x^2}\right)\right)\Bigg|_a^b\,,$$

vgl. 7.4. Die Substitution $x = c \cdot y$, $c > 0$, liefert

$$\int\limits_a^b \sqrt{x^2 + c^2}\, dx = c^2 \int\limits_{a/c}^{b/c} \sqrt{1 + y^2}\, dy\,.$$

$$\text{(b)} \quad \int\limits_a^b \frac{dx}{\left(\sqrt{1+x^2}\right)^3} = \left.\frac{x}{\sqrt{1+x^2}}\right|_a^b\,.$$

10 Übergang zum halben Winkel

10.1 Integrale rationaler Funktionen von $\cos x$ und $\sin x$

Solche Integrale lassen sich immer formelmäßig angeben:

Wir substituieren

$$u = \tan\frac{x}{2} \quad\text{bzw.}\quad x = 2 \cdot \arctan u$$

und erhalten nach § 9 : 3.7

$$du = \frac{1}{2}\left(1 + \tan^2\frac{x}{2}\right) dx = \frac{1+u^2}{2}\, dx\,, \quad\text{also}\quad dx = \frac{2}{1+u^2}\, du\,,$$

$$\sin x = 2\sin\frac{x}{2} \cdot \cos\frac{x}{2} = 2\tan\frac{x}{2} \cdot \cos^2\frac{x}{2} = \frac{2\tan\frac{x}{2}}{1+\tan^2\frac{x}{2}} = \frac{2u}{1+u^2}\,,$$

$$\cos x = \cos^2\frac{x}{2} - \sin^2\frac{x}{2} = \cos^2\frac{x}{2} \cdot \left(1 - \tan^2\frac{x}{2}\right) = \frac{1-u^2}{1+u^2}\,.$$

Nach Ausführung dieser Substitution ist der Integrand also eine rationale Funktion in u, und es kann das Verfahren von Abschnitt 8 angewendet werden.

10.2 Beispiel $\displaystyle\int\limits_a^b \frac{dx}{\sin x}\,.$

Es sei $0 < a < b < \pi$. Durch Substitution $u = \tan\frac{x}{2}$ geht dieses Integral mit $A = \tan\frac{a}{2}$, $B = \tan\frac{b}{2}$ über in

$$\int\limits_A^B \frac{1+u^2}{2u} \cdot \frac{2}{1+u^2}\, du = \int\limits_A^B \frac{du}{u} = \left.\log u\,\right|_A^B = \log\frac{\tan\frac{b}{2}}{\tan\frac{a}{2}}\,.$$

10.3 Aufgaben. Berechnen Sie die Integrale

(a) $\displaystyle\int_a^b \frac{dx}{\cos x} \qquad \left(-\frac{\pi}{2} < a < b < \frac{\pi}{2}\right)$

(b) $\displaystyle\int_a^b \frac{1 + \cos^3 x}{\sin x}\, dx \qquad (0 < a < b < \pi)\,.$

11 Schlußbemerkung und Literatur

11.1 In geschlossener Form integrierbare Funktionen

Ein *geschlossener Ausdruck* entsteht aus den elementaren Ausdrücken

$$1,\quad x,\quad \mathrm{e}^x,\quad \log x,\quad \sqrt{x},\quad \sin x,\quad \cos x,\quad \ldots$$

dadurch, daß endlich oft einer der Prozesse Addition, Multiplikation, Division und Hintereinanderausführung durchgeführt wird. Zum Beispiel ist

$$\log\left(\frac{\sqrt{x} + \mathrm{e}^x}{1 + \sin^2(1 + x)}\right)$$

ein geschlossener Ausdruck.

Ein *rationaler Ausdruck* in den Funktionen $f_1, \ldots, f_n$ entsteht aus diesen dadurch, daß endlich oft eine der Operationen Addition, Multiplikation, Division mit ihnen durchgeführt wird.

Folgende Funktionen gestatten die Angabe einer Stammfunktion durch einen geschlossenen Ausdruck:

(a) rationale Ausdrücke in 1 und x (vgl. Abschnitt 8),

(b) rationale Ausdrücke in 1, x, $\sqrt{ax + b}$, $\sqrt{cx + d}$,

(c) rationale Ausdrücke in 1, x, $\sqrt{x^2 + \alpha x + \beta}$,

(d) rationale Ausdrücke in 1, $\sin x$, $\cos x$.

Einzelheiten finden Sie in der angegebenen Literatur.

11.2 Nicht in geschlossener Form integrierbare Funktionen

$$\mathrm{e}^{-x^2},\quad \frac{\sin x}{x},\quad \frac{\mathrm{e}^x}{x},\quad \frac{1}{\log x},\quad \frac{1}{\sqrt{1 - \cos x}},\quad \frac{1}{\sqrt{1 + x^4}}\,.$$

Diese Funktionen lassen sich nicht in geschlossener Form integrieren, vgl. dazu [MANGOLDT–KNOPP, Bd. 3].

Das hat u.a. die Konsequenz, daß sich die Bogenlänge eines Ellipsenstückes nicht formelmäßig angeben läßt und daß die Differentialgleichung $\ddot{x} + \omega^2 \sin x = 0$ des mathematischen Pendels keine geschlossen darstellbare Lösung zuläßt.

11.3 Schlußbemerkungen

Natürlich sind die Funktionen 11.2 über jedes Stetigkeitsintervall integrierbar, nur gibt es eben keinen geschlossenen Ausdruck für die jeweilige Stammfunktion.

Mit Computerhilfe läßt sich jedes bestimmte Integral numerisch beliebig genau berechnen; wir werden später entsprechende Näherungsverfahren diskutieren (Stichworte: Keplersche Faßregel und Simpson–Regel).

Zur Herleitung von Gesetzmäßigkeiten in der Physik kann aber auch im Computerzeitalter auf die exakte Bestimmung von Integralen, sei es durch geschlossene Ausdrücke oder durch Reihen, nicht verzichtet werden.

Die unten angegebene Literatur enthält eine so große Fülle von Beispielen, daß sie unmöglich alle hier aufgenommen werden können. So haben wir uns darauf beschränkt, die wichtigsten Integrationstechniken vorzustellen.

11.4 Literatur

[GRÖBNER–HOFREITER], [MANGOLDT–KNOPP, Bd. 3], [KAMKE].

Ferner erwähnen wir das Computerprogramm REDUCE, das die formelmäßige Berechnung von Integralen (soweit möglich) erlaubt und Formelsammlungen an Fehlersicherheit überlegen ist.

§ 12 Vertauschung von Grenzprozessen, uneigentliche Integrale

1 Problemstellungen, Beispiele

1.1 Worum geht es ?

Die Notwendigkeit strengerer Betrachtungsweisen in der Analysis ergab sich Ende des 18. Jahrhunderts anläßlich folgender Frage, die für die weitere Entwicklung der mathematischen Physik eine Schlüsselrolle spielte:

Gegeben eine Funktion $f : [0, L] \to \mathbb{R}$ mit $f(0) = f(L) = 0$ (z.B. die Gestalt einer an den Enden eingespannten Saite zu einem Zeitpunkt). Läßt sich f in eine Sinusreihe

$$f(x) = \sum_{n=1}^{\infty} a_n \sin \frac{n\pi}{L} x$$

entwickeln ?

EULER hielt einer solchen Vorstellung entgegen, daß eine Reihe, deren Glieder analytische Funktionen sind, selbst wieder analytisch sein müsse. Daher komme eine solche Entwicklung für „physikalische Funktionen", z.B. auch solche mit Ecken oder gar Sprüngen, nicht in Frage.

Diese Auffassung ist nur bedingt richtig. Eigenschaften der Reihenglieder wie Differenzierbarkeit oder Integrierbarkeit müssen sich keineswegs auf die Grenzfunktion vererben; hierfür sind Zusatzbedingungen erforderlich. Wir formulieren die Fragestellungen zunächst für Folgen:

Gegeben eine Folge von Funktionen $f_1, f_2, \ldots$ auf einem Intervall I, für die

$$f(x) = \lim_{n \to \infty} f_n(x)$$

für alle $x \in I$ existiert.

(a) Unter welchen Voraussetzungen folgt aus der Differenzierbarkeit der f_n die Differenzierbarkeit der Grenzfunktion f und

$$f'(x) = \lim_{n \to \infty} f_n'(x) \, ?$$

(b) Wann folgt aus der Integrierbarkeit der f_n die von f und

$$\int_I f = \lim_{n \to \infty} \int_I f_n \, ?$$

Für unendliche Reihen

$$f(x) = \sum_{k=0}^{\infty} u_k(x)$$

lauten die entsprechenden Fragen:

(a) Folgt aus der Integrierbarkeit der u_k auch die von f und

$$\int_I f = \sum_{k=0}^{\infty} \int_I u_k \qquad \text{(gliedweise Integrierbarkeit)}\,?$$

(b) Folgt für C^1–Funktionen u_k die Differenzierbarkeit von f und

$$f'(x) = \sum_{k=0}^{\infty} u_k'(x) \qquad \text{(gliedweise Differenzierbarkeit)}\,?$$

Über die Partialsummen $f_n(x) = \sum_{k=0}^{n} u_k(x)$ werden die beiden letzten Fragen unmittelbar auf die ersten zwei zurückgeführt.

1.2 Zwei Beispiele

(a) Die Grenzfunktion einer konvergenten Folge von C^∞–Funktionen braucht nicht einmal stetig zu sein. Dies zeigt das Beispiel

$$f_n(x) = x^n \quad \text{für} \quad x \in [0,1]\,.$$

Die f_n sind beliebig oft differenzierbar, und es gilt

$$f_n(x) \to f(x) = \begin{cases} 0 & \text{für} \quad 0 \le x < 1 \\ 1 & \text{für} \quad x = 1\,. \end{cases}$$

(b) *Im allgemeinen sind Integration und Grenzübergang nicht vertauschbar.*

Für die in der Figur eingezeichneten stetigen Funktionen f_n gilt $\lim\limits_{n\to\infty} f_n(x) = 0$ für alle $x \in [0,1]$.

Für $x = 0$ ist das klar; für $x > 0$ gilt $f_n(x) = 0$ für $\frac{1}{n} < \frac{x}{2}$, also $n > \frac{2}{x}$

Ferner ist $\int\limits_0^1 f_n(x)\,dx = 1$, somit

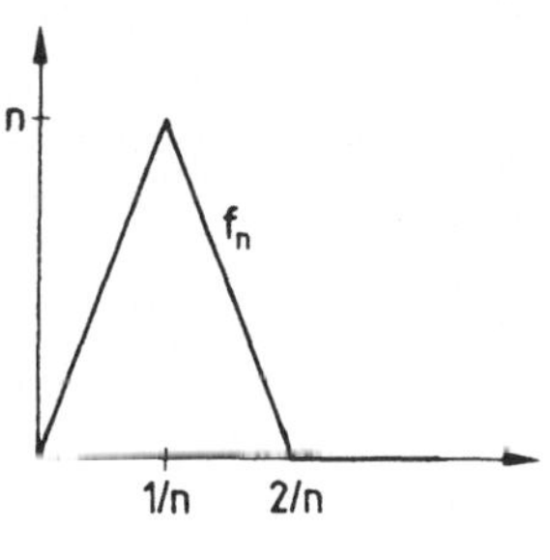

$$\int\limits_0^1 \lim_{n\to\infty} f_n \neq \lim_{n\to\infty} \int\limits_0^1 f_n\,.$$

2 Gleichmäßige Konvergenz von Folgen und Reihen

2.1 Die Suprem ˇˇˇˇˇ wurde in § 11 : 2 für reelle Funktionen eingeführt. Im Hinblick auf Po¹ nzreihen ₁assen wir diese Definition hier etwas allgemeiner:

Sei im folgenden D eine beliebige Menge (wir denken zunächst an Teilmengen von $\mathbb{C}$). Eine Funktion $f : D \to \mathbb{C}$ heißt **beschränkt** auf $M \subset D$, wenn die Menge $\{|f(x)| \mid x \in M\}$ beschränkt ist. Ist dies der Fall, so heißt

$$\|f\|_M = \sup \left\{ |f(x)| \mid x \in M \right\}$$

die **Supremumsnorm** von f bezüglich M.

Wie in § 11 : 2 gelten die folgenden Eigenschaften der Norm:

$$\|f\|_M = 0 \quad \text{genau dann, wenn } f \text{ die Nullfunktion ist,}$$

$$\|cf\|_M = |c| \cdot \|f\|_M \quad \text{für} \quad c \in \mathbb{C},$$

$$\|f + g\|_M \leq \|f\|_M + \|g\|_M$$

2.2 Gleichmäßige Konvergenz

Für auf M beschränkte Funktionen f und f_n ist die folgende Begriffsbildung von grundlegender Bedeutung:

Die f_n **konvergieren auf M gleichmäßig** gegen f, wenn

$$\|f - f_n\|_M \to 0 \quad \text{für} \quad n \to \infty.$$

Wir sagen auch:

$$f_n(x) \to f(x) \quad \text{gleichmäßig für alle} \quad x \in M, \quad \text{kurz}$$

$$f_n \to f \quad \text{gleichmäßig auf} \quad M.$$

BEISPIEL. Ist $f : [a,b] \to \mathbb{R}$ integrierbar, so gibt es eine Folge von Treppenfunktionen φ_n, die auf $[a,b]$ gleichmäßig gegen f konvergieren, vgl. § 11 : 2.3.

2.3 Das Verhältnis von gleichmäßiger zu punktweiser Konvergenz

Von der gleichmäßigen Konvergenz ist die **punktweise Konvergenz auf M**

$$f_n(x) \to f(x) \quad \text{für jedes} \quad x \in M$$

wohl zu unterscheiden.

Aus der gleichmäßigen Konvergenz $f_n \to f$ auf M folgt die punktweise.
Das ergibt sich sofort aus

$$|f(x) - f_n(x)| \leq \|f - f_n\|_M \quad \text{für jedes} \quad x \in M.$$

Die Umkehrung gilt jedoch i.a. nicht.

BEISPIEL. (vgl. 1.2). Es gilt $x^n \to 0$ für jedes $x \in [0, 1[$. Für $f_n(x) = x^n$ und $f = 0$ ist also $f_n(x) \to f(x)$ punktweise in $M = [0, 1[$. Es ist aber

$$\|f - f_n\|_M = \sup\{x^n \mid 0 \le x < 1\} = 1.$$

(Man beachte, daß die f_n auf jedem Intervall $[0, r]$ mit $r < 1$ gleichmäßig gegen Null konvergieren:

$$\|f_n - 0\|_{[0,r]} = \sup\{x^n \mid 0 \le x \le r\} = r^n \to 0 \quad \text{für} \quad n \to \infty.)$$

BEMERKUNG. Punktweise Konvergenz auf M bedeutet: Für jedes $x \in M$ gibt es zu vorgegebenem $\varepsilon > 0$ ein — im allgemeinen von x abhängiges — $n_\varepsilon = n_\varepsilon(x)$, so daß

$$|f(x) - f_n(x)| < \varepsilon \quad \text{für} \quad n > n_\varepsilon(x).$$

(In unserem Beispiel ist $n > \dfrac{\log \varepsilon}{\log x}$ zu wählen.) Bei gleichmäßiger Konvergenz kann n_ε unabhängig von x gewählt werden.

2.4 Das Rechnen mit gleichmäßig konvergenten Folgen

(a) *Konvergiert die Folge (f_n) gleichmäßig auf M, so gibt es eine Schranke C mit $\|f_n\|_M \le C$ für $n = 1, 2, \ldots$.*

(b) *Aus der gleichmäßigen Konvergenz $f_n \to f$, $g_n \to g$ auf M folgt die gleichmäßige Konvergenz auf M von*

$$af_n + bg_n \to af + bg \quad \text{für} \quad a, b \in \mathbb{C},$$

$$f_n \cdot g_n \to f \cdot g,$$

$$|f_n| \to |f|.$$

$\boxed{\text{ÜA}}$ Geben Sie die Beweise nach dem Muster von §2 : 6.

2.5 Aufgaben

(a) Warum ist die Folge (f_n) in 1.2 (b) nicht gleichmäßig konvergent?

(b) Ist die Folge h_n mit $h_n(x) = \chi_{[-n,n]}$ punktweise konvergent auf $\mathbb{R}$?

(c) Sei $f(x) = e^{-|x|}$, h_n wie in (b) und $f_n = f \cdot h_n$. Zeigen Sie, daß $f_n \to f$ gleichmäßig auf $\mathbb{R}$.

2.6 Gleichmäßige Konvergenz von Reihen, Majorantenkriterium

Die reell– oder komplexwertigen Funktionen $f, f_0, f_1, \ldots$ seien auf einer Menge D definiert, und es sei M eine nichtleere Teilmenge von D. Die Reihe

$$\sum_{k=0}^{\infty} f_k(x) \quad \text{mit den Teilsummen} \quad s_n(x) = \sum_{k=0}^{n} f_k(x)$$

heißt **gleichmäßig konvergent auf M**, wenn die Teilsummen s_n auf M gleichmäßig gegen eine geeignete Funktion f konvergieren.

Das Majorantenkriterium. *Der Nachweis der gleichmäßigen Konvergenz einer Reihe $\sum_{k=0}^{\infty} f_k(x)$ auf M wird so gut wie immer durch die Angabe einer Majoranten mit konstanten Gliedern geführt: Gleichmäßige Konvergenz auf M findet sicher dann statt, wenn eine Abschätzung*

$$|f_k(x)| \leq a_k \quad \text{für alle} \quad x \in M \quad \text{und} \quad k = 0, 1, 2, \ldots$$

gilt und die Reihe $\sum_{k=0}^{\infty} a_k$ mit konstanten Gliedern konvergiert.

BEWEIS.

Für jedes feste $x \in M$ konvergiert die Reihe $\sum_{k=0}^{\infty} f_k(x)$ nach dem Majorantenkriterium §7:5.2; den Grenzwert nennen wir $f(x)$. Für $m > n$ gilt

$$|s_m(x) - s_n(x)| = \Big| \sum_{k=n+1}^{m} f_k(x) \Big| \leq \sum_{k=n+1}^{m} |f_k(x)| \leq \sum_{k=n+1}^{m} a_k\,.$$

Nach dem CAUCHY-Kriterium §7:5.1 gibt es zu vorgegebenem $\varepsilon > 0$ ein n_0, so daß

$$\sum_{k=n+1}^{m} a_k < \varepsilon \quad \text{für alle} \quad n > n_0 \quad \text{und alle} \quad m > n\,.$$

Dann gilt für $m > n > n_0$ und für alle $x \in M$

$$|s_m(x) - s_n(x)| < \varepsilon\,, \quad \text{also für} \quad f(x) = \lim_{m \to \infty} s_m(x)$$

$$|f(x) - s_n(x)| \leq \varepsilon \quad \text{für alle} \quad n > n_0 \quad \text{und alle} \quad x \in M\,.$$

Damit ist $\|f - s_n\|_M \leq \varepsilon$ für $n > n_0$. $\qquad\qquad\square$

BEISPIEL. $\sum_{n=1}^{\infty} \frac{1}{n^2} \sin(nx)$ konvergiert gleichmäßig für alle $x \in \mathbb{R}$, denn

$$\left| \frac{1}{n^2} \sin(nx) \right| \le \frac{1}{n^2}, \quad \text{und} \quad \sum_{n=1}^{\infty} \frac{1}{n^2} \quad \text{konvergiert nach } \S\,7:1.3\,(c).$$

2.7 Gleichmäßige Konvergenz von Potenzreihen

Hat die Potenzreihe $\sum\limits_{n=0}^{\infty} a_n (z - z_0)^n$ den Konvergenzradius $R > 0$, so konvergieren die Reihen

$$\sum_{n=0}^{\infty} a_n (z - z_0)^n \quad und \quad \sum_{n=1}^{\infty} n \cdot a_n (z - z_0)^{n-1}$$

gleichmäßig in jeder Kreisscheibe $|z - z_0| \le r$ für $0 < r < R$.

BEMERKUNG. *Für die volle Kreisscheibe $|z - z_0| < R$ liegt im allgemeinen keine gleichmäßige Konvergenz vor.* Wir wollen uns dieses für Potenzreihen typische Konvergenzverhalten anhand der geometrischen Reihe klar machen. Mit

$$f(z) = \frac{1}{1-z} \quad \text{und} \quad s_n(z) = \sum_{k=0}^{n} z^k = \frac{1 - z^{n+1}}{1-z}$$

gilt für $|z| < 1$

$$|f(z) - s_n(z)| = \left| \frac{z^{n+1}}{1-z} \right| \le \frac{|z|^{n+1}}{1 - |z|}.$$

Für $0 \le z < 1$ gilt dabei das Gleichheitszeichen. Damit haben wir für jedes feste r mit $0 < r < 1$

$$\sup \left\{ |f(z) - s_n(z)| \;\middle|\; |z| \le r \right\} = \frac{r^{n+1}}{1-r},$$

also gleichmäßige Konvergenz für $|z| \le r$. Für $r \to 1$ wird die Konvergenz immer schlechter. Auf der offenen Einheitskreisscheibe $|z| < 1$ ist $|f(z) - s_n(z)|$ sogar unbeschränkt.

BEWEIS.

(a) Nach Definition des Konvergenzradius konvergiert die Reihe

$$\sum_{n=0}^{\infty} |a_n| \cdot r^n \quad \text{für} \quad 0 \le r < R.$$

Für $|z - z_0| \le r$ liefert die Abschätzung

$$|a_n (z - z_0)^n| \le |a_n| r^n$$

die gleichmäßige Konvergenz von $\sum\limits_{n=0}^{\infty} a_n (z - z_0)^n$ nach dem Majorantenkriterium.

(b) Wir wählen ein ϱ mit $r < \varrho < R$. Nach (a) konvergiert die Reihe

$$\sum_{n=0}^{\infty} |a_n| \cdot \varrho^n .$$

Ihre Glieder bilden also eine Nullfolge und sind insbesondere beschränkt:
$|a_n| \cdot \varrho^n \leq C$ für alle n. Für $|z - z_0| \leq r$ haben wir die Abschätzung

$$\left| na_n (z - z_0)^{n-1} \right| \leq n \cdot |a_n| r^{n-1} = \frac{n}{r} \cdot |a_n| \cdot \varrho^n \cdot \left(\frac{r}{\varrho} \right)^n \leq \frac{n}{r} \cdot C \cdot q^n$$

mit $q = \dfrac{r}{\varrho}$, also $0 < q < 1$.

Die Reihe $\sum\limits_{n=1}^{\infty} \frac{n}{r} \cdot C \cdot q^n = \frac{C}{r} \sum\limits_{n=1}^{\infty} n \cdot q^n$ konvergiert nach § 7 : 2.3 (b).

Damit ergibt das Majorantenkriterium die gleichmäßige Konvergenz von

$$\sum_{n=1}^{\infty} n \cdot a_n (z - z_0)^{n-1} \quad \text{für} \quad |z - z_0| \leq r .$$

(c) *Der Konvergenzradius der letztgenannten Reihe ist R:* Einerseits konvergiert
$\sum\limits_{n=1}^{\infty} n|a_n| r^{n-1}$ für jedes $r < R$, wie wir gerade gesehen haben. Andererseits
gilt für $|w| > R$ die Abschätzung $\left| n \cdot a_n \cdot w^{n-1} \right| \geq \frac{n}{|w|} |a_n \cdot w^n|$, und die Reihe
$\sum\limits_{n=0}^{\infty} |a_n \cdot w^n|$ ist divergent nach Definition des Konvergenzradius.

2.8 Der Weierstraßsche Approximationssatz

*Jede auf einem kompakten Intervall $[a, b]$ stetige Funktion ist dort gleichmäßiger
Limes einer geeigneten Folge von Polynomen.*

Der Beweis wird sich im zweiten Band im Zusammenhang mit Fourierreihen
ergeben. Für einen direkten Beweis siehe [BARNER–FLOHR 1, pp. 322–326].

3 Vertauschung von Grenzübergängen

3.1 Stetigkeit der Grenzfunktion

Der gleichmäßige Limes einer Folge stetiger Funktionen ist stetig:

$$f_n \in \mathrm{C}(I), \quad f_n \to f \ \text{gleichmäßig auf} \ I \implies f \in \mathrm{C}(I) .$$

BEWEIS.

Zu gegebenem $\varepsilon > 0$ gibt es ein $k \in \mathbb{N}$ mit $\|f - f_k\| < \varepsilon$. Sei $x_0 \in I$. Dann gibt
es wegen der Stetigkeit von f_k ein $\delta > 0$ mit

$$|f_k(x) - f_k(x_0)| < \varepsilon \quad \text{für alle} \quad x \in I \quad \text{mit} \quad |x - x_0| < \delta \,.$$

Für diese x gilt dann

$$|f(x) - f(x_0)| = |f(x) - f_k(x) + f_k(x) - f_k(x_0) + f_k(x_0) - f(x_0)|$$

$$\leq |f(x) - f_k(x)| + |f_k(x) - f_k(x_0)| + |f_k(x_0) - f(x_0)|$$

$$\leq 2\|f - f_k\|_I + |f_k(x) - f_k(x_0)| < 2\varepsilon + \varepsilon = 3\varepsilon \,. \qquad \square$$

3.2 Vertauschung von Integration und Grenzübergang

Sind die Funktionen f_n über $[a,b]$ integrierbar und konvergieren sie dort gleichmäßig gegen f, so ist auch f integrierbar, und es gilt

$$\int\limits_a^b f(x)\,dx = \lim_{n\to\infty} \int\limits_a^b f_n(x)\,dx$$

BEWEIS.

(a) *Integrierbarkeit von f*: Nach Voraussetzung gibt es zu jedem f_n eine Treppenfunktion φ_n mit $\|f_n - \varphi_n\| < \dfrac{1}{n}$. Also gilt

$$\|f - \varphi_n\| = \|f - f_n + f_n - \varphi_n\| \leq \|f - f_n\| + \|f_n - \varphi_n\| \to 0$$

für $n \to \infty$. f ist somit als gleichmäßiger Limes der Treppenfunktionen φ_n integrierbar.

(b) Die Vertauschbarkeit von Limes und Integral folgt aus

$$\left| \int\limits_a^b f - \int\limits_a^b f_n \right| = \left| \int\limits_a^b (f - f_n) \right| \leq \int\limits_a^b |f - f_n| \leq (b - a)\,\|f - f_n\| \to 0$$

für $n \to \infty$. $\qquad \square$

3.3 Gliedweise Integration von Reihen

Sind die f_n über $[a,b]$ integrierbar und konvergiert die Reihe

$$f(x) = \sum_{n=0}^{\infty} f_n(x)$$

gleichmäßig auf $[a,b]$, so ist f über $[a,b]$ integrierbar und

$$\int\limits_a^b f(x)\,dx = \sum_{n=0}^{\infty} \int\limits_a^b f_n(x)\,dx \,.$$

BEWEIS.

Mit $s_N = \sum\limits_{n=0}^{N} f_n$ folgt nach 3.2

$$\int\limits_a^b f = \lim_{N\to\infty} \int\limits_a^b s_N = \lim_{N\to\infty} \sum_{n=0}^{N} \int\limits_a^b f_n = \sum_{n=0}^{\infty} \int\limits_a^b f_n$$

wegen der Linearität des Integrals. $\qquad\qquad\square$

3.4 Aufgabe

Berechnen Sie $\int\limits_0^1 e^{-\frac{1}{2}x^2}\, dx$ auf zwei Stellen genau. (Leibniz–Reihe!)

3.5 Vertauschung von Differentiation und Grenzübergang

Konvergiert eine Folge $f_1, f_2, \ldots$ von C^1-Funktionen auf I in folgendem Sinne:

$f_n \to f$ punktweise in I,

$f_n' \to g$ gleichmäßig auf jedem kompakten Teilintervall von I,

so ist f in I stetig differenzierbar und $f' = g$, d.h.

$$\frac{d}{dx} \lim_{n\to\infty} f_n(x) = \lim_{n\to\infty} \frac{d}{dx} f_n(x)\,.$$

BEWEIS.

Sei $x_0 \in I$. Nach dem Hauptsatz der Differential– und Integralrechnung gilt

$$f_n(x) = f_n(x_0) + \int\limits_{x_0}^{x} f_n'(t)\, dt\,.$$

Lassen wir in dieser Gleichung n gegen unendlich gehen! Nach der Voraussetzung gilt $f_n(x) \to f(x)$, $f_n(x_0) \to f(x_0)$, und wegen der gleichmäßigen Konvergenz $f_n' \to g$ auf $[x_0, x]$ bzw. $[x, x_0]$ erhalten wir

$$f(x) = f(x_0) + \int\limits_{x_0}^{x} g(t)\, dt\,.$$

Nach 3.1 ist g stetig in I, denn jeder Punkt von I liegt in einem geeigneten kompakten Teilintervall von I. Nach dem Hauptsatz ist f daher C^1-differenzierbar, und es gilt $f' = g$. $\qquad\qquad\square$

3.6 Gliedweise Differentiation von Reihen

Die Reihe

$$f(x) = \sum_{n=0}^{\infty} f_n(x)$$

konvergiere für alle $x \in I$. Wenn alle f_n stetig differenzierbar sind und wenn die gliedweise differenzierte Reihe

$$\sum_{n=0}^{\infty} f_n'(x)$$

auf jedem kompakten Teilintervall von I gleichmäßig konvergiert, so ist auch f stetig differenzierbar und

$$f'(x) = \sum_{n=0}^{\infty} f_n'(x)\,.$$

BEWEIS durch Anwendung von 3.5 auf die Teilsummen, vgl. 3.3.

FOLGERUNG. *Hat die Potenzreihe mit reellen Koeffizienten*

$$f(x) = \sum_{n=0}^{\infty} a_n \, (x - x_0)^n$$

den Konvergenzradius $R > 0$, so ist f in $]x_0 - R, x_0 + R[$ beliebig oft differenzierbar, und es gilt dort

$$f'(x) = \sum_{n=1}^{\infty} n a_n \, (x - x_0)^{n-1}\,, \quad f''(x) = \sum_{n=2}^{\infty} n(n-1)a_n \, (x - x_0)^{n-2}$$

usw. Das ist die Behauptung § 10 : 3.1, deren Beweis noch ausstand.

BEWEIS.

Jedes $x \in \,]x_0 - R, x_0 + R[$ liegt in einem geeigneten Intervall $[x_0 - r, x_0 + r]$ mit $r < R$. In diesem konvergieren die abgeleiteten Reihen gleichmäßig nach 2.7. Somit folgt die Behauptung aus 3.6. $\square$

3.7 Aufgaben

(a) Zeigen Sie die C^1–Differenzierbarkeit von

$$f(x) = \sum_{n=1}^{\infty} \frac{1}{n} \sin \frac{x}{n} \quad \text{mit} \quad 0 \le x \le 1\,.$$

(b) Geben Sie den Wert der Reihe $\displaystyle\sum_{n=1}^{\infty} n^2 x^n$ für $\,-1 < x < 1$ in geschlossener Form an, vgl. § 10 : 3.3 (a).

4 Uneigentliche Integrale

4.1 Vorbereitende Beispiele

(a) *Die Fläche unter $\frac{1}{x^2}$ für $x \geq 1$.*

Wir betrachten im $\mathbb{R}^2$ die unbeschränkte Menge

$$M = \left\{ (x,y) \mid x \geq 1,\ 0 \leq y \leq \frac{1}{x^2} \right\},$$

also die Fläche unter dem Graphen von

$$x \mapsto \frac{1}{x^2}$$

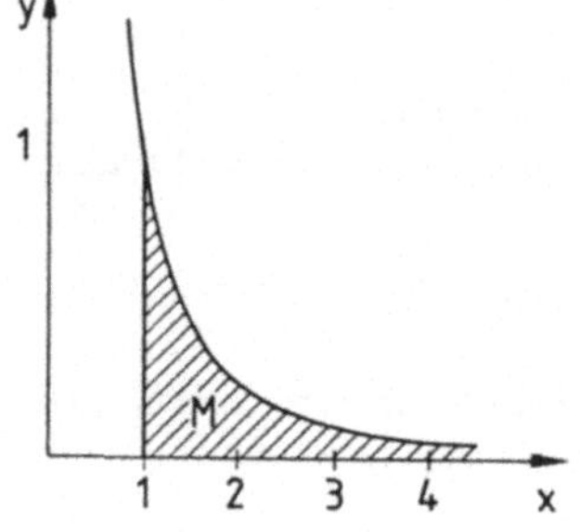

über dem Intervall $[1, \infty[$ (Fig.).

Wir schreiben der Fläche M auf folgende Weise einen *Flächeninhalt $A(M)$* zu: Zunächst bestimmen wir

$$\int_1^s \frac{dx}{x^2} = -\frac{1}{x} \Big|_1^s = 1 - \frac{1}{s} \quad \text{für} \quad s > 1$$

und stellen fest, daß dieser Ausdruck für $s \to \infty$ den Grenzwert 1 besitzt. Es ist daher vernünftig, $A(M)$ durch

$$A(M) := \lim_{s \to \infty} \int_1^s \frac{dx}{x^2} = 1$$

zu definieren.

(b) *Die Fläche unter $\dfrac{1}{\sqrt{x}}$ für $0 < x \leq b$* definieren wir analog durch

$$F = \lim_{s \to 0+} \int_s^b \frac{1}{\sqrt{x}}\, dx = \lim_{s \to 0+} 2\sqrt{x}\ \Big|_s^b = \lim_{s \to 0+} \left(2\sqrt{b} - 2\sqrt{s} \right) = 2\sqrt{b}$$

(c) Die Fläche unter der Hyperbel $\frac{1}{x}$ über dem Intervall $[1, \infty[$ läßt sich kein Flächeninhalt zuordnen. Denn es gilt

$$\int_1^s \frac{dx}{x} = \log s \to \infty \quad \text{für} \quad s \to \infty.$$

4.2 Uneigentliche Integrale über positive Funktionen

(a) *Nach rechts halboffene Intervalle.*

Die Funktion f sei auf $I = [a, b[$, $a < b \leq \infty$ nicht negativ und über jedes Teilintervall $[a, s]$ von I integrierbar (dies ist zum Beispiel der Fall, wenn f stetig ist, vgl. § 11). Das unbestimmte Integral von f

$$F(s) = \int_a^s f(x)\, dx$$

ist dann monoton wachsend. Ist F beschränkt, so existiert der Grenzwert

$$\int_a^b f(x)\, dx := \lim_{s \to b-} F(s) = \lim_{s \to b-} \int_a^s f(x)\, dx\,,$$

bzw. $\lim_{s \to \infty} F(s)$ im Falle $b = \infty$.

Wir nennen f in diesem Fall **integrierbar** über I. Andere Sprechweisen sind:

$$\int_a^b f(x)\, dx \quad \textbf{konvergiert, bzw. existiert.}$$

Ist F unbeschränkt, so heißt dieses Integral **divergent**.

BEWEIS.

Wegen der Beschränktheit von F existiert $A = \sup \{ F(s) \mid s \in [a, b[\}$. Zu gegebenem $\varepsilon > 0$ gibt es ein $s_0 \in [a, b[$ mit $A - \varepsilon < F(s_0) \leq A$. Wegen der Monotonie von F gilt dann

$$A - \varepsilon < F(s) \leq A \quad \text{oder} \quad |A - F(s)| < \varepsilon \quad \text{für alle} \quad s > s_0\,,$$

d.h. für $|s - s_0| < b - s_0 =: \delta$. Das bedeutet $\lim_{s \to b-} F(s) = A$. $\qquad\square$

(b) *Nach links halboffene Intervalle.*

Für Intervalle I der Form $]a, b]$, bzw. $]-\infty, b]$ betrachten wir

$$F(s) = \int_s^b f(x)\, dx\,,$$

falls $f : I \to \mathbb{R}_+$ über jedes Intervall $[s, b] \subset I$ integrierbar ist. Wir erhalten in analoger Weise die (uneigentlichen) Integrale

(a) $\displaystyle \int_a^b f(x)\, dx := \lim_{s \to a+} \int_s^b f(x)\, dx\,,$

(b) $\displaystyle \int_{-\infty}^b f(x)\, dx := \lim_{s \to -\infty} \int_s^b f(x)\, dx\,,$

falls diese Grenzwerte existieren.

4.3 Beispiel $x \mapsto x^\alpha$

$$\int_0^1 x^\alpha \, dx \quad \text{existiert genau dann, wenn } \alpha > -1.$$

In diesem Fall ist der Wert des Integrals $\dfrac{1}{\alpha + 1}$ $\boxed{\text{ÜA}}$.

$$\int_1^\infty \frac{dx}{x^\alpha} \quad \text{existiert genau dann, wenn } \alpha > 1.$$

In diesem Fall ist der Wert des Integrals $\dfrac{1}{\alpha - 1}$ $\boxed{\text{ÜA}}$.

4.4 Positive Funktionen auf offenen Intervallen

Es sei $I =]a,b[$ mit $-\infty \leq a < b \leq \infty$ und $f : I \to \mathbb{R}_+$ **lokal integrierbar**, d.h. über jedes kompakte Teilintervall von I im Sinne von § 11 integrierbar. f heißt (uneigentlich) **über I integrierbar**, wenn für ein geeignetes $x_0 \in I$ die beiden Integrale

$$\int_a^{x_0} f(x) \, dx \quad \text{und} \quad \int_{x_0}^b f(x) \, dx \quad \text{konvergieren.}$$

Wir setzen dann

$$\int_a^b f(x) \, dx \ := \ \int_a^{x_0} f(x) \, dx + \int_{x_0}^b f(x) \, dx \,.$$

Man beachte: Existieren die beiden genannten Integrale für *ein* $x_0 \in I$, so existieren sie beide für *alle* $x_0 \in I$, und ihre Summe ist jedesmal dieselbe $\boxed{\text{ÜA}}$.

4.5 Positiver und negativer Teil einer reellen Funktion

Ist M eine beliebige nichtleere Menge und $f : M \to \mathbb{R}$, so setzen wir

$$f_+(x) \ := \ \begin{cases} f(x) & \text{falls } f(x) > 0 \\ 0 & \text{sonst,} \end{cases} \qquad f_-(x) \ := \ \begin{cases} -f(x) & \text{falls } f(x) < 0 \\ 0 & \text{sonst.} \end{cases}$$

Dann ist $f_+ \geq 0$, $f_- \geq 0$, und es gilt $\boxed{\text{ÜA}}$:

$$f = f_+ - f_- \,, \qquad |f| = f_+ + f_- \,.$$

$\boxed{\text{ÜA}}$ Skizzieren Sie f_+, f_- für $f(x) = \sin x$.

4.6 Integral für Funktionen beliebigen Vorzeichens

Sei I ein halboffenes oder offenes Intervall und $f : I \to \mathbb{R}$ sei lokal integrierbar in I (vgl. 4.4). Dann sind auch f_+ und f_- lokal integrierbar ($\boxed{\text{ÜA}}$: Betrachten Sie die positiven und negativen Teile der f approximierenden Treppenfunktionen!)

f heißt **über I integrierbar**, wenn f_+ und f_- über I uneigentlich integrierbar sind (nach 4.3 bzw. 4.4). In diesem Fall setzen wir

$$\int\limits_I f(x)\,dx \; := \; \int\limits_I f_+(x)\,dx - \int\limits_I f_-(x)\,dx \,.$$

Definitionsgemäß gilt dann

$$\int\limits_I |f(x)|\,dx = \int\limits_I f_+(x)\,dx + \int\limits_I f_-(x)\,dx \,.$$

Interpretation: Wir betrachten die Fläche zwischen dem Graphen von f und der x–Achse und definieren deren Flächeninhalt als Differenz der Anteile ober– und unterhalb der Achse.

4.7 Die Hauptkriterien für Integrierbarkeit

Sei I ein offenes oder halboffenes Intervall und $f : I \to \mathbb{R}$ lokal integrierbar in I. (Das ist zum Beispiel der Fall, wenn f stetig oder in jedem kompakten Intervall stückweis stetig ist.)

f ist genau dann über I (uneigentlich) integrierbar, wenn eine der beiden folgenden Bedingungen erfüllt ist:

(a) **Beschränktheitskriterium.** *Es gibt eine Zahl $C \geq 0$ mit*

$$\int\limits_\alpha^\beta |f(x)|\,dx \leq C$$

für alle kompakten Teilintervalle $[\alpha, \beta] \subset I$.

(b) **Majorantenkriterium.** *Es gibt eine positive, über I integrierbare Funktion g mit*

$$|f(x)| \leq g(x) \quad \textit{für alle} \ \ x \in I \,.$$

BEWEIS.

(a) Ist f über I integrierbar, so sind f_+ und f_- über I integrierbar. Dann gilt

$$\int\limits_\alpha^\beta f_+ \; \leq \; \int\limits_I f_+ \,, \qquad \int\limits_\alpha^\beta f_- \; \leq \; \int\limits_I f_-$$

für alle $[\alpha, \beta] \subset I$ und daher

$$\int\limits_\alpha^\beta |f| \; = \; \int\limits_\alpha^\beta f_+ + \int\limits_\alpha^\beta f_- \leq \int\limits_I f_+ \; + \; \int\limits_I f_- = C \,.$$

Umgekehrt: Gibt es eine Konstante C mit

$$\int\limits_\alpha^\beta f_+ + \int\limits_\alpha^\beta f_- = \int\limits_\alpha^\beta |f| \; \leq \; C$$

für alle kompakten Teilintervalle $[\alpha, \beta]$ von I, so folgt insbesondere

$$\int\limits_\alpha^\beta f_+ \leq C \,, \qquad \int\limits_\alpha^\beta f_- \leq C$$

und daher die Integrierbarkeit von f_+ und f_- nach dem Muster 4.2 (a).

(b) Ist f über I integrierbar, so existiert $\int\limits_I |f(x)|\,dx$ nach 4.6. Wir wählen als Majorante $g(x) = |f(x)|$. Hat umgekehrt f die Majorante g, so gilt

$$\int\limits_\alpha^\beta |f(x)|\,dx \leq \int\limits_\alpha^\beta g(x)\,dx \leq \int\limits_I g(x)\,dx \,,$$

also ist f integrierbar nach (a).

4.8 Beispiele

Die für die Praxis wichtigsten Majoranten werden im folgenden zusammengestellt:

(a) $\displaystyle\int\limits_a^\infty e^{-\lambda x}\,dx = \frac{1}{\lambda} \cdot e^{\lambda a}$ für $\lambda > 0$.

Für $\lambda \leq 0$ existiert das Integral nicht.

(b) $\displaystyle\int\limits_{-\infty}^{+\infty} \frac{dx}{1 + x^2} = \pi$.

Denn es gilt $\displaystyle\int\limits_0^y \frac{dx}{1 + x^2} = \arctan x \Big|_0^y \to \frac{\pi}{2}$ für $y \to \infty$.

(c) $\displaystyle\int\limits_{-\infty}^{+\infty} e^{-\frac{1}{2}x^2}\,dx = \sqrt{2\pi}$.

Eine integrierbare Majorante g für $e^{-\frac{1}{2}x^2}$ erhalten wir durch

$$g(x) = \begin{cases} 1 & \text{für } -1 \le x \le 1 \\[2mm] e^{-\frac{1}{2}|x|} & \text{für } |x| \ge 1. \end{cases}$$

Die Integrierbarkeit folgt daher aus (a).

Daß der Wert des Integrals $\sqrt{2\pi}$ ist, werden wir erst mit den Mitteln der mehrdimensionalen Integralrechnung beweisen können, § 23 : 8.4.

4.9 Aufgaben

Konvergieren die folgenden Integrale? Wenn ja, geben Sie ihren Wert an:

$$\text{(a)} \int_{-1}^{1} \frac{dx}{\sqrt{1-x^2}}, \quad \text{(b)} \int_{0}^{1} \log x\, dx, \quad \text{(c)} \int_{1}^{\infty} \frac{\log x}{x}\, dx, \quad \text{(d)} \int_{1}^{\infty} \frac{\log x}{x^2}\, dx.$$

4.10 Rechenregeln für uneigentliche Integrale

(a) Sind f und g über I integrierbar und $a, b \in \mathbb{R}$, so ist auch $af + bg$ über I integrierbar, und es gilt $\boxed{\text{ÜA}}$

$$\int_{I} (af + bg) = a \int_{I} f + b \int_{I} g.$$

(b) Ist f über I integrierbar, so gilt $\boxed{\text{ÜA}}$

$$\left| \int_{I} f(x)\, dx \right| \le \int_{I} |f(x)|\, dx.$$

5 Substitution und partielle Integration, Gamma–Funktion

5.1 Substitution

Stellvertretend für die anderen Fälle sei der Fall $I = [a, \infty[$ betrachtet. Sei f stetig für $x \ge a$ und über $[a, \infty[$ integrierbar, $\varphi \in C^1[b, \infty[$ mit $\varphi(b) = a$, $\varphi'(x) > 0$ für alle $x > b$ sowie $\lim\limits_{x \to \infty} \varphi(x) = +\infty$. Dann gilt

$$\int_{a}^{\infty} f(x)\, dx = \int_{b}^{\infty} f(\varphi(t))\, \varphi'(t)\, dt.$$

BEWEIS.

Die gewöhnliche Subsitutionsregel liefert

$$\int_{a}^{\varphi(s)} |f(x)|\, dx = \int_{b}^{s} |f(\varphi(x))|\, \varphi'(x)\, dx.$$

Da die linke Seite beschränkt bleibt, gilt das auch für die rechte, also ist $|f \circ \varphi| \cdot \varphi'$ integrierbar. Ferner gilt

$$\int\limits_a^\infty f = \lim_{s \to \infty} \int\limits_a^{\varphi(s)} f = \lim_{s \to \infty} \int\limits_b^s (f \circ \varphi) \cdot \varphi' = \int\limits_b^\infty (f \circ \varphi) \cdot \varphi' . \qquad \square$$

5.2 Zum Verhalten integrierbarer Funktionen im Unendlichen

Für jede über $\mathbb{R}_+$ integrierbare Funktion f gilt

(a) $\displaystyle \lim_{R \to \infty} \int\limits_{x \geq R} |f(x)|\, dx = 0$,

(b) $\displaystyle \lim_{x \to \infty} f(x) = 0$, *falls f zusätzlich C^1-differenzierbar und f' über $[R, \infty[$ integrierbar ist.*

(c) Entsprechendes gilt für die Integration über $\mathbb{R}_-$.

BEMERKUNG. $\displaystyle \lim_{|x| \to \infty} f(x) = 0$ gilt i.a. nicht ohne zusätzliche Bedingungen an f: Als Gegenbeispiel betrachten wir die skizzierte Wolkenkratzerfunktion f, bei der auf jeder Grundlinie $\left[n, n + \frac{1}{2} n^{-3}\right]$ ein Rechteck der Höhe n steht. $f(x)$ ist zwar unbeschränkt für $x \to \infty$, aber wegen

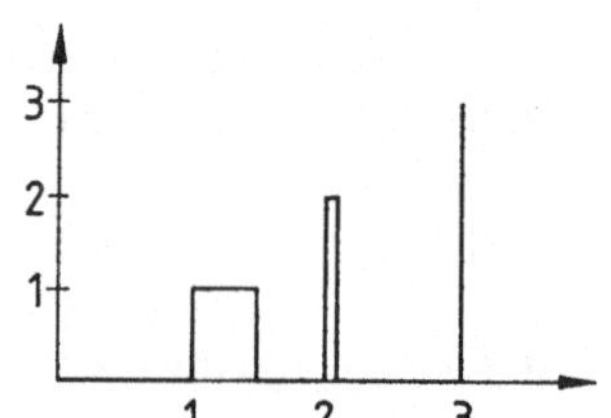

$$\int\limits_0^{N+1} f(x)\, dx = \frac{1}{2} \sum_{n=1}^N \frac{1}{n^2} < \frac{1}{2} \sum_{n=1}^\infty \frac{1}{n^2}$$

über $\mathbb{R}_+$ integrierbar. Durch Abrundung der Ecken läßt sich f in eine C^1-Funktion abändern, die das gleiche Grenzverhalten zeigt.

BEWEIS.

(a) $\displaystyle \int\limits_0^\infty |f| = \lim_{R \to \infty} \int\limits_0^R |f|$, also gilt

$$\int\limits_{x \geq R} |f| = \int\limits_0^\infty |f| - \int\limits_0^R |f| \to 0 \quad \text{für} \quad R \to \infty .$$

(b) Unter den genannten Voraussetzungen existiert der Grenzwert

$$\lim_{x \to \infty} f(x) = \lim_{x \to \infty} \left(f(0) + \int\limits_0^x f'(t)\, dt \right) = f(0) + \int\limits_0^\infty f'(t)\, dt .$$

Wäre $\lim\limits_{x\to\infty} f(x) \neq 0$, so würde $\int\limits_0^\infty |f(x)|\,dx$ nicht konvergieren.

(c) ergibt sich analog. $\square$

5.3 Partielle Integration

(a) *Für $f,g \in C^1(\mathbb{R})$ seien $fg, f'g$ und fg' über $\mathbb{R}$ integrierbar. Dann gilt*

$$\int\limits_{-\infty}^{+\infty} f'g = - \int\limits_{-\infty}^{+\infty} fg' \,.$$

(b) Unter entsprechenden Voraussetzungen für $f,g \in C^1([a,\infty[)$ gilt

$$\int\limits_a^\infty f'g = -f(a)\cdot g(a) - \int\limits_a^\infty fg' \,.$$

BEWEIS.
Partielle Integration ergibt

$$\int\limits_a^b f'g = f(b)\cdot g(b) - f(a)\cdot g(a) - \int\limits_a^b fg' \,.$$

Da $(fg)' = f'g + fg'$ integrierbar ist, folgt nach 5.2 (b)

$$\lim_{b\to\infty} f(b)\cdot g(b) = 0 \quad \left(\text{und}\quad \lim_{a\to-\infty} f(a)\cdot g(a) = 0 \text{ in (a)}\right).$$

Für $b \to \infty$ folgt die zweite Behauptung 5.3, aus dieser folgt die erste für $a \to -\infty$. $\square$

5.4 Aufgaben

(a) Zeigen Sie mittels partieller Integration, daß

$$\int\limits_{-\infty}^{+\infty} x^2 \mathrm{e}^{-\frac{1}{2}x^2}\,dx = \int\limits_{-\infty}^{+\infty} \mathrm{e}^{-\frac{1}{2}x^2}\,dx \,.$$

(b) Geben Sie die beiden Integrale

$$\int\limits_0^\infty \mathrm{e}^{-xy}\sin x\,dx \quad \text{und} \quad \int\limits_{-\infty}^{+\infty} \mathrm{e}^{-y|x|}\cos x\,dx$$

für $y > 0$ formelmäßig an. Beachten Sie dabei die Bemerkungen von § 11 : 6.5 (b).

5.5 Die Gamma-Funktion

ist definiert durch das uneigentliche Integral

$$\Gamma(x) = \int\limits_0^\infty t^{x-1} e^{-t}\, dt\,.$$

(a) *Dieses Integral konvergiert für $x > 0$.*

(b) *Die Gamma-Funktion ist differenzierbar auf $\mathbb{R}_{>0}$.*

(c) $\Gamma(1) = 1$, $\Gamma(x+1) = x\,\Gamma(x)$ für $x > 0$, also $\Gamma(n+1) = n!$

(d) $\Gamma\left(\tfrac{1}{2}\right) = \sqrt{\pi}$.

BEWEIS.

(a) Jedes $x > 0$ liegt in einem geeigneten Intervall $[r, R]$ mit $r > 0$. Wir geben im Hinblick auf (c) gleich eine Majorante $g(t)$ für $t^{x-1}e^{-t}$ an, welche für ein solches Intervall $[r, R]$ zuständig ist, nämlich

$$g(t) = \begin{cases} t^{r-1} & \text{für } 0 < t \le 1 \\ t^R e^{-t} & \text{für } t \ge 1\,. \end{cases}$$

Dann existiert $\int\limits_0^1 g(t)\, dt$ nach 4.3. Da e^t stärker wächst als jede Potenz von t, gibt es eine Konstante C mit $\left|e^t\right| \ge C t^{R+2}$ oder $\left|t^R e^{-t}\right| \le \frac{1}{Ct^2}$, somit ist g auch über $[1, \infty[$ integrierbar.

(b) Wir zeigen, daß $\Gamma'(x)$ für $x > 0$ durch das Integral

$$I(x) = \int\limits_0^\infty \log t \cdot t^{x-1} \cdot e^{-t}\, dt$$

gegeben ist, daß also die Differentiation unter dem Integral ausgeführt werden darf. Die Konvergenz dieses Integrals ergibt sich nun ähnlich wie in (a): Sei $0 < 2r < x < R$ und

$$G(t) := \begin{cases} \log t \cdot t^{2r-1} & \text{für } 0 < t \le 1 \\ \log t \cdot t^R e^{-t} & \text{für } t \ge 1\,. \end{cases}$$

Dann ist G eine Majorante für den Integranden von $I(x)$ in $[2r, R]$. Wegen $\lim\limits_{t \to 0+} \log t \cdot t^r = 0$ gibt es eine Konstante C mit

$$G(t) \le C \cdot t^{r-1} \quad \text{für} \quad 0 < t \le 1\,,$$

also ist G über $]0, 1]$ integrierbar. Wegen $\log t \le t$ für $t \ge 1$ ist $G(t) \le t^{R+1} e^{-t}$ für $t \ge 1$, also ist G auch über $[1, \infty[$ integrierbar.

Sei jetzt $0 < h \le \delta$ mit $\delta = x - 2r$. Dann gilt

$$\frac{\Gamma(x+h)-\Gamma(x)}{h} - I(x) = \int\limits_{0}^{\infty} \left(\frac{e^{h\log t}-1}{h} - \log t \right) t^{x-1}e^{-t}\, dt\,.$$

Nach dem Satz von Taylor ist

$$e^{y}-1-y = \frac{y^2}{2}e^{\vartheta y} \quad \text{mit} \quad \vartheta \in\,]0,1[\quad \text{also}$$

$$\left| \frac{e^{h\log t}-1}{h} - \log t \right| = \left| \frac{1}{2}h(\log t)^2 e^{h\vartheta \log t} \right| \le \frac{1}{2}|h| \cdot H(t) \quad \text{mit}$$

$$H(t) := \begin{cases} (\log t)^2 \cdot t^{-\delta} & \text{für } 0 < t \le 1 \\ (\log t)^2 \cdot t^{\delta} & \text{für } t \ge 1\,. \end{cases}$$

Das folgende Integral existiert aus denselben Gründen, wie sie für G geltend gemacht wurden, und wir erhalten

$$\left| \frac{\Gamma(x+h)-\Gamma(x)}{h} - I(x) \right| \le \frac{|h|}{2} \cdot \int\limits_{0}^{\infty} H(t) t^{x-1}e^{-t}\, dt \to 0 \quad \text{für} \quad h \to 0\,.$$

(c) $\Gamma(1) = \int\limits_{0}^{\infty} e^{-t}\, dt = 1$. Partielle Integration ergibt

$$\int\limits_{\alpha}^{\beta} t^{x}e^{-t}\, dt = -t^{x}e^{-t}\Big|_{\alpha}^{\beta} + x \int\limits_{\alpha}^{\beta} t^{x-1}e^{-t}\, dt$$

und daraus die Behauptung für $\alpha \to 0+$, $\beta \to +\infty$.

(d) $\Gamma\left(\tfrac{1}{2}\right) = \int\limits_{0}^{\infty} \frac{1}{\sqrt{t}}e^{-t}\, dt$. Die Substitution $t = \frac{1}{2}x^2$ liefert

$$\int\limits_{\alpha}^{\beta} \frac{1}{\sqrt{t}}e^{-t}\, dt = \int\limits_{\sqrt{2\alpha}}^{\sqrt{2\beta}} \sqrt{2}\, e^{-\frac{1}{2}x^2}\, dx\,.$$

Für $\alpha \to 0+$, $\beta \to +\infty$ ergibt sich nach 4.8 (c)

$$\Gamma\left(\tfrac{1}{2}\right) = \sqrt{2} \int\limits_{0}^{\infty} e^{-\frac{1}{2}x^2}\, dx = \sqrt{\pi}\,. \qquad \qquad \Box$$

§13 Elementar integrierbare Differentialgleichungen

1 Die lineare Differentialgleichung $y' = a(x)y + b(x)$

1.1 Die Abnahme des Luftdrucks mit der Höhe

Der Luftdruck $p(h)$ in der Höhe h über dem Meeresspiegel wird verursacht durch das Gewicht der über einem Quadratmeter lastenden Luftsäule. Nehmen wir konstantes spezifisches Gewicht ϱ an, so besteht die Beziehung

$$p(h) - p(h - \Delta h) = \varrho \cdot \Delta h \,.$$

Da aber ϱ von der Höhe abhängt, $\varrho = \varrho(h)$, gibt diese Gleichung die Verhältnisse nur angenähert wieder. Für $\Delta h \to 0$ ergibt sich als strenge Beziehung

$$p'(h) = \lim_{\Delta h \to 0} \frac{p(h - \Delta h) - p(h)}{\Delta h} = -\varrho(h) \,.$$

Wir legen die ideale Gasgleichung zwischen ϱ, p und der Temperatur T zugrunde:

$$\varrho = \alpha \cdot \frac{p}{T} \quad \text{mit einer geeigneten Konstanten } \alpha \,.$$

(a) Betrachten wir die Temperatur als konstant, so erhalten wir mit $\beta = \frac{\alpha}{T}$ die **Differentialgleichung**

$$p'(h) = -\beta p(h) \,.$$

Unter der Voraussetzung $p(h) > 0$ können wir diese in der Form

$$0 = \frac{p'(h)}{p(h)} + \beta = \frac{d}{dh} \left(\log p(h) + \beta h \right)$$

bringen. Es folgt, daß $\log p(h) + \beta h$ konstant ist, also

$\log p(h) + \beta h \equiv \log p(h_0) + \beta h_0$ oder

$$p(h) = p(h_0) e^{-\beta(h - h_0)} \quad (\textit{Barometrische Höhenformel}) \,.$$

Diese Beziehung ist wegen der Annahme $T = $ const. nur in sehr kleinen Bereichen korrekt.

(b) In Wirklichkeit fällt die Temperatur mit der Höhe. Die einfachste Modellannahme $T(h) = T_0 - bh$ führt auf die *Differentialgleichung der Standardatmosphäre*

$$p'(h) = -\alpha \cdot \frac{p(h)}{T_0 - bh} \,.$$

Es stellt sich die Frage, ob eine solche Beziehung die Funktion $p(h)$ schon festlegt, vorausgesetzt, wir kennen einen Funktionswert $p(h_0)$.

1.2 Die homogene lineare Differentialgleichung erster Ordnung

Die zuletzt gestellte Frage ordnet sich folgender Problemstellung unter:

Zu gegebener stetiger Funktion $a : I \to \mathbb{R}$ und gegebenen Anfangswerten $x_0 \in I$, $y_0 \in \mathbb{R}$ ist eine C^1–Funktion $y : I \to \mathbb{R}$ gesucht mit

$$\begin{cases} y'(x) = a(x) \cdot y(x) & \text{für alle} \quad x \in I \\ y(x_0) = y_0 \,. \end{cases}$$

Dies ist das **Anfangswertproblem** für die **homogene, lineare Differentialgleichung erster Ordnung**

$$y'(x) = a(x) \cdot y(x) \,.$$

Für diese schreiben wir auch kurz

$$y' = a \cdot y \quad \text{oder} \quad y' = a(x) \cdot y \,.$$

Aufstellung einer Lösungsformel: Sei $y_0 > 0$ und y eine Lösung von $y' = a \cdot y$ mit $y(x_0) = y_0$. Dann ist auch $y(x) > 0$, solange x nahe bei x_0 liegt, vgl. § 8 : 2.3. Aus der Differentialgleichung

$$a(t) = \frac{y'(t)}{y(t)} \quad \text{folgt durch Integration} \quad \int\limits_{x_0}^{x} a(t)\, dt = \int\limits_{x_0}^{x} \frac{y'(t)}{y(t)}\, dt \,.$$

Nehmen wir im zweiten Integral die Substitution $s = y(t)$ vor und beachten wir $y(x_0) = y_0$, so ergibt sich

$$\int\limits_{x_0}^{x} a(t)\, dt = \int\limits_{y_0}^{y(x)} \frac{ds}{s} = \log y(x) - \log y_0 = \log \frac{y(x)}{y_0} \,, \quad \text{also}$$

$$y(x) = y_0 e^{A(x)} \quad \text{mit} \quad A(x) = \int\limits_{x_0}^{x} a(t)\, dt \,.$$

Im Fall $y < 0$ ergibt sich dieselbe Lösungsformel $\boxed{\text{ÜA}}$.

SATZ. *Das Anfangswertproblem*

$$\begin{cases} y' = a \cdot y \\ y(x_0) = y_0 \end{cases}$$

besitzt genau eine Lösung auf dem Intervall I. Diese ist gegeben durch

$$y(x) = y_0 \cdot e^{A(x)} \quad \text{mit} \quad A(x) = \int_{x_0}^{x} a(t)\,dt\,.$$

BEMERKUNG. Die Lösung dieses Anfangswertproblems ist also entweder identisch Null (*triviale Lösung*), oder sie hat keine Nullstellen. Das angegebene Lösungsverfahren liefert somit alle nichttrivialen Lösungen.

BEWEIS.

(a) *Die angegebene Formel liefert eine Lösung*, denn

$$y'(x) = y_0 \cdot e^{A(x)} \cdot A'(x) = y_0 \cdot e^{A(x)} \cdot a(x) = y(x) \cdot a(x)\,,$$

$$y(x_0) = y_0 \quad \text{wegen} \quad A(x_0) = 0\,.$$

(b) *Die angegebene Lösung y ist die einzige*: Denn ist $z : I \to \mathbb{R}$ eine weitere Lösung des Anfangswertproblems, so gilt für $u(x) := z(x)e^{-A(x)}$

$$u'(x) = z'(x)e^{-A(x)} - z(x) \cdot a(x) \cdot e^{-A(x)}$$

$$= \left(z'(x) - a(x) \cdot z(x)\right) e^{-A(x)} = 0\,.$$

Also ist u konstant: $u(x) = u(x_0) = z(x_0) = y_0$. Damit gilt

$$z(x) = u(x)\, e^{A(x)} = y_0 e^{A(x)}\,. \qquad \qquad \Box$$

BEISPIEL. Das Anfangswertproblem für die Differentialgleichung der Standardatmosphäre lautet

$$p'(x) = -\alpha \cdot \frac{p(x)}{T_0 - bx} \qquad (\alpha, b \text{ positive Konstanten})\,,$$

$$p(0) = p_0\,.$$

Diese ist vom eben behandelten Typ mit

$$a(x) = -\frac{\alpha}{T_0 - bx}\,.$$

Die Stammfunktion $A(x)$ von $a(x)$ mit $A(0) = 0$ ist für $x < \dfrac{T_0}{b}$

$$A(x) = \frac{\alpha}{b} \log\left(1 - \frac{bx}{T_0}\right) = \log\left(1 - \frac{bx}{T_0}\right)^{\frac{\alpha}{b}}\,,$$

also ergibt sich die Lösungsformel

$$p(x) = p_0 \cdot e^{A(x)} = p_0 \cdot \left(1 - \frac{bx}{T_0}\right)^{\frac{\alpha}{b}}\,.$$

1.3 Die inhomogene lineare Differentialgleichung erster Ordnung

Diese ist von der Gestalt

$$y'(x) = a(x) \cdot y(x) + b(x)\,,$$

in abgekürzter Schreibweise

$$y' = a \cdot y + b \quad \text{oder} \quad y' = a(x) \cdot y + b(x)$$

mit gegebenen stetigen Funktionen a, b auf einem Intervall I.

Bei der Lösung dieser Differentialgleichung macht man Gebrauch von der Lösungsformel für die zugehörige homogene Differentialgleichung $y' = a \cdot y$. Von dieser wissen wir nach 1.2, daß sämtliche Lösungen die Gestalt

$$y(x) = c \cdot e^{A(x)}$$

haben, wobei $A(x)$ irgendeine Stammfunktion von $a(x)$ und $c \in \mathbb{R}$ eine Konstante ist.

Wir versuchen nun, Lösungen der inhomogenen Differentialgleichung durch den Ansatz

$$y(x) = c(x) \cdot e^{A(x)}$$

zu gewinnen, wobei c eine geeignete C^1–Funktion auf I ist. Diesen auf LAGRANGE zurückgehenden Trick nennt man **Variation der Konstanten**.

Für die so angesetzte Funktion y ergibt sich

$$y'(x) = c'(x) \cdot e^{A(x)} + c(x) \cdot a(x) \cdot e^{A(x)}$$

$$= c'(x)e^{A(x)} + a(x) \cdot y(x)\,.$$

Die Differentialgleichung $y'(x) = a(x) \cdot y(x) + b(x)$ ist genau dann erfüllt, wenn

$$c'(x)e^{A(x)} = b(x) \quad \text{für alle} \quad x \in I\,,$$

oder, hierzu äquivalent, wenn

$$c'(x) = e^{-A(x)} \cdot b(x) \quad \text{für alle} \quad x \in I \text{ bzw.}$$

$$c(x) = y_0 + \int\limits_{x_0}^{x} e^{-A(s)} \cdot b(s)\, ds$$

mit $x_0 \in I$ und einer Integrationskonstanten y_0. Für $y(x) = c(x)e^{A(x)}$ gilt dann $y(x_0) = c(x_0) = y_0$. Die Variation der Konstanten führt uns zu folgendem

SATZ. *Das Anfangswertproblem für die inhomogene lineare Differentialgleichung*

$$\begin{cases} y' = a \cdot y + b \\ y(x_0) = y_0 \end{cases}$$

besitzt auf dem Intervall I genau eine Lösung, und diese ist gegeben durch

$$y(x) = y_0 \cdot e^{A(x)} + \int_{x_0}^{x} e^{A(x)-A(s)} \cdot b(s)\, ds \quad \text{mit} \quad A(x) = \int_{x_0}^{x} a(t)\, dt\,.$$

BEMERKUNG. Es ist nicht notwendig, die fertige Lösungsformel auswendig zu lernen. Man merkt sich besser das Lösungsverfahren:

- Lösung der zugehörigen homogenen Differentialgleichung $y' = a \cdot y$. Hierbei erhält man $y(x) = c \cdot e^{A(x)}$.

- Variation der Konstanten mit dem Ansatz $y(x) = c(x) \cdot e^{A(x)}$.

BEWEIS.

Daß die angegebene Formel eine Lösung des Anfangswertproblems liefert, rechnet man leicht nach. $\boxed{\text{ÜA}}$

Zum Nachweis der eindeutigen Lösbarkeit setzen wir

$$w(x) = \int_{x_0}^{x} e^{A(x)-A(s)} \cdot b(s)\, ds = e^{A(x)} \int_{x_0}^{x} e^{-A(s)} b(s)\, ds\,. \qquad \text{Dann gilt}$$

$$w'(x) = a(x) \cdot w(x) + b(x)\,, \quad w(x_0) = 0\,.$$

Für jede Lösung z des inhomogenen Anfangswertproblems ist $u = z - w$ eine Lösung der homogenen Differentialgleichung $u' = a \cdot u$ mit

$$u(x_0) = z(x_0) - w(x_0) = y_0\,.$$

Nach der Eindeutigkeitsaussage 1.2 folgt

$$u(x) = y_0 \cdot e^{A(x)}\,, \quad \text{also}$$

$$z(x) = u(x) + w(x) = y_0 \cdot e^{A(x)} + \int_{x_0}^{x} e^{A(x)-A(s)} \cdot b(s)\, ds\,. \qquad \square$$

1.4 Aufgaben

Lösen Sie die Anfangswertprobleme

(a) $y'(x) = \lambda y(x) + c \cdot e^{\lambda x}$, $\quad y(0) = y_0$.

(b) $y'(x) = \lambda y(x) + (cx + d)\, e^{\lambda x}$, $\quad y(0) = y_0$.

2 Zwei aufschlußreiche Beispiele

2.1 Die spezielle Riccati–Gleichung

Wir betrachten das Anfangswertproblem

$$\begin{cases} y'(x) = 2xy^2(x) \\ y(0) = y_0 > 0 \,. \end{cases}$$

Für eine Lösung y dieses Problems gilt wegen $y(0) > 0$ auch $y(t) > 0$ in einer geeigneten Umgebung von 0. In dieser Umgebung gilt dann

$$2t = \frac{y'(t)}{y^2(t)}, \qquad y(0) = y_0 \,.$$

Integration und Substitution $s = y(t)$ liefert

$$x^2 = 2\int_0^x t\,dt = \int_0^x \frac{y'(t)}{y^2(t)}\,dt = \int_{y_0}^{y(x)} \frac{ds}{s^2} = \frac{1}{y_0} - \frac{1}{y(x)} \,.$$

Durch Auflösung dieser Gleichung nach $y(x)$ erhalten wir

$$y(x) = \frac{y_0}{1 - y_0 x^2} \,.$$

Man rechnet leicht nach, daß diese Formel für $|x| < \frac{1}{\sqrt{y_0}}$ auch wirklich eine Lösung liefert. Offenbar läßt sich die Lösung nicht über das Intervall

$$I_0 = \left] -\frac{1}{\sqrt{y_0}}, \frac{1}{\sqrt{y_0}} \right[$$

hinaus fortsetzen, denn y wird an den Intervallenden unbeschränkt (Fig.).

SCHLUSSFOLGERUNG. Bei einer Differentialgleichung der Form

$$y'(x) = a(x)y^2(x)$$

kann es geschehen, daß die Lösungen nicht auf dem vollen Definitionsintervall von $a(x)$ existieren.

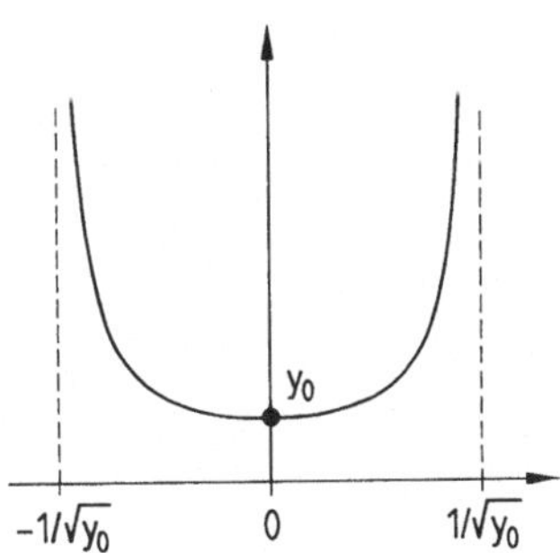

2.2 Der auslaufende Becher

(a) Am Boden eines zylindrischen Bechers mit Durchmesser $2R$ befindet sich ein kreisförmiges Ausflußrohr mit Durchmesser 2ϱ (Fig.). Die Höhe des Wasserspiegels zum Zeitpunkt 0 sei h_0. Gesucht ist der Wasserstand $h(t)$ zum Zeitpunkt t und die Auslaufzeit T.

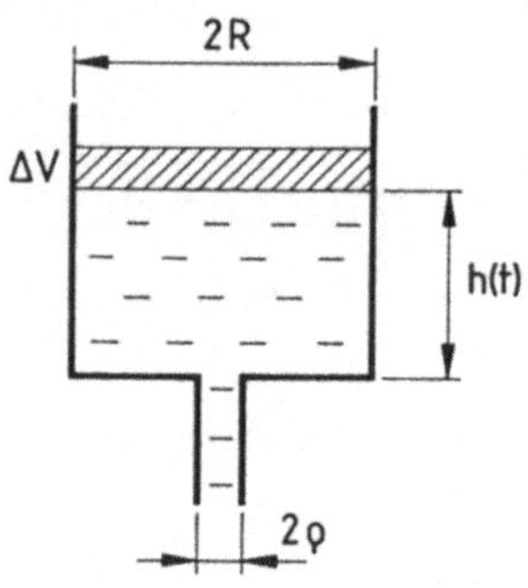

Beim Auslaufen eines kleinen Volumens ΔV nimmt die potentielle Energie um $g \cdot \Delta V \cdot h(t)$ ab; die kinetische Energie nimmt um $\frac{1}{2}v(t)^2 \Delta V$ zu, wo $v(t)$ die Ausflußgeschwindigkeit zum Zeitpunkt t ist. Wird keine Arbeit gegen die Zähigkeit geleistet, so liefert der Energieerhaltungssatz $v(t) = \sqrt{2g\,h(t)}$ (Torricelli–Gesetz).

In Wirklichkeit wird nur eine Bruchteil der potentiellen Energie in kinetische umgesetzt, das ergibt $v(t) = \alpha\sqrt{g\,h(t)}$ mit $\alpha \approx 0.85$.

Offenbar gilt

$$-\frac{\dot{h}(t)}{v(t)} = \frac{\varrho}{R}\,, \quad \text{somit} \quad \dot{h}(t) = -2c\sqrt{h(t)} \quad \text{mit} \quad 2c = \frac{\varrho\alpha\sqrt{g}}{R}\,.$$

(b) Wir lösen die Anfangswertaufgabe

$$\dot{h} = -2c\sqrt{h}\,, \qquad h(0) = h_0$$

nach dem schon bewährten Muster: Für eine Lösung h gilt, solange sie positiv ist,

$$-2c = \frac{\dot{h}(\tau)}{\sqrt{h(\tau)}}\,.$$

Integration von 0 bis t und Substitution $s = h(\tau)$ ergibt

$$-2ct = -2c\int_0^t d\tau = \int_0^t \frac{\dot{h}(\tau)}{\sqrt{h(\tau)}}\,d\tau = \int_{h_0}^{h(t)} \frac{ds}{\sqrt{s}}$$

$$= 2\sqrt{s}\,\Big|_{h_0}^{h(t)} = 2\left(\sqrt{h(t)} - \sqrt{h_0}\right)\,.$$

Lösen wir diese Gleichung nach $h(t)$ auf, so erhalten wir

$$h(t) = \left(\sqrt{h_0} - ct \right)^2 \quad \text{für} \quad t < \frac{\sqrt{h_0}}{c} \, .$$

Die Auslaufzeit ist also $T = \dfrac{\sqrt{h_0}}{c}$. Was geschieht für größere t? Der physikalische Ablauf wird beschrieben durch

$$h(t) = \begin{cases} \left(\sqrt{h_0} - ct \right)^2 & \text{für} \quad 0 \le t < T \\ 0 & \text{für} \quad t \ge T \, . \end{cases}$$

Für die so beschriebene physikalische Lösung haben wir das interessante Phänomen, daß der Zustand des Systems zu irgend einem Zeitpunkt zwar das zukünftige Verhalten festlegt, daß sich die Vergangenheit aber bei leerem Becher nicht mehr rekonstruieren läßt. Mit anderen Worten:

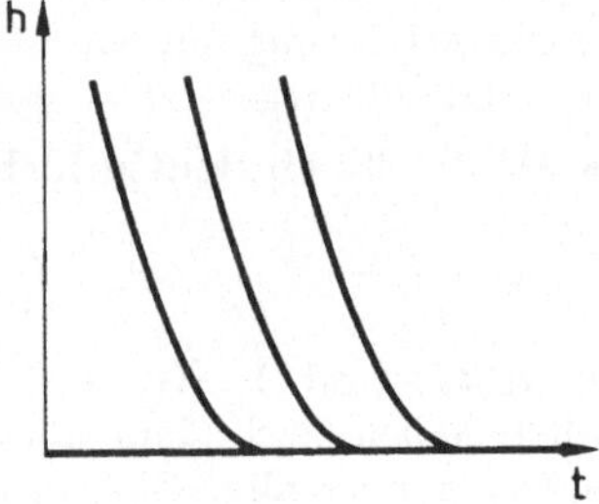

Das Anfangswertproblem

$$\dot{h} = -2\sqrt{h}, \quad h(0) = 0$$

ist nicht eindeutig lösbar !

3 Die separierte Differentialgleichung $y' = a(x) \cdot b(y)$

3.1 Vorbemerkung zum Existenzbereich der Lösung

Gegeben seien stetige Funktionen $a : I \to \mathbb{R}$, $b : J \to \mathbb{R}$ und $x_0 \in I$, $y_0 \in J$.

Das Anfangswertproblem für die **separierte Differentialgleichung** (DGL *mit getrennten Variablen*) lautet: Gesucht ist eine C^1–Funktion $y : I_0 \to \mathbb{R}$ auf einem Teilintervall I_0 von I mit

$$\begin{cases} y'(x) = a(x) \cdot b(y(x)) & \text{für} \quad x \in I_0 \, , \\ y(x_0) = y_0 \, . \end{cases}$$

Dabei muß selbstverständlich $x_0 \in I_0$ und $y(x) \in J$ für alle $x \in I_0$ gelten. Jede solche Funktion heißt **Lösung des Anfangswertproblems (AWP)**. Die separierte DGL schreiben wir kurz in der Form

$$y' = a(x) \cdot b(y) \, .$$

Wie das Beispiel 2.1 lehrte, müssen wir damit rechnen, daß das Existenzintervall I_0 der Lösung nicht das volle Intervall I ist. Ein weiteres Beispiel gibt die nebenstehende Figur wieder, vgl. 3.8 (a).

Eine Ausnahme bildet die lineare DGL $y' = a(x)\,y$, bei der die Lösung y auf dem bestmöglichen Intervall $I_0 = I$ angegeben werden kann.

Wir nennen eine Lösung $y : I_0 \to \mathbb{R}$ **maximal definiert (maximal)**, wenn sie nicht als Lösung auf ein umfassenderes Intervall fortgesetzt werden kann.

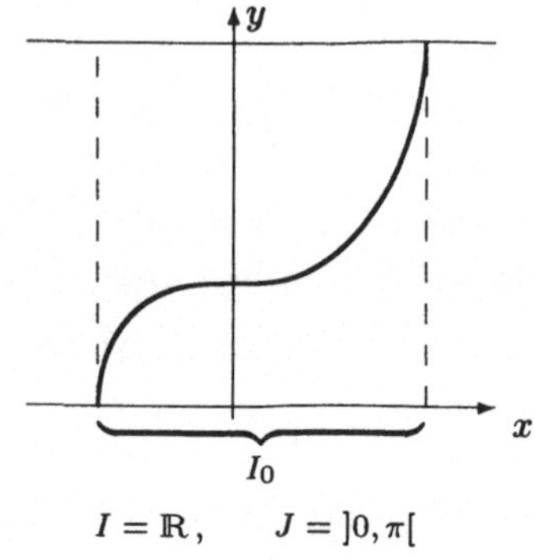

Das AWP heißt **eindeutig lösbar**, wenn für je zwei Lösungen

$$y_1 : I_1 \to \mathbb{R}, \qquad y_2 : I_2 \to \mathbb{R}$$

stets $y_1(x) = y_2(x)$ für $x \in I_1 \cap I_2$ gilt. Das muß, wie wir im Beispiel 2.2 gesehen haben, nicht immer der Fall sein. Man beachte: Gleichheit zweier Funktionen beinhaltet Gleichheit der Definitionsbereiche.

3.2 Das Lösungsverfahren für das Anfangswertproblem

$$y'(x) = a(x) \cdot b(y), \quad y(x_0) = y_0\,.$$

Ähnlich wie bei $y' = a(x)\,y$ integrieren wir die DGL zunächst unter der zusätzlichen Bedingung, daß b keine Nullstellen in J besitzt. Dann gilt für jede Lösung $y : I_0 \to J$ des Anfangswertproblems

$$\frac{y'(t)}{b(y(t))} = a(t)\,, \quad \text{also} \quad \int_{x_0}^{x} \frac{y'(t)}{b(y(t))}\,dt = \int_{x_0}^{x} a(t)\,dt\,.$$

Die Substitution $s = y(t)$ im linken Integral führt unter Beachtung von $y(x_0) = y_0$ auf

$$\int_{y_0}^{y(x)} \frac{ds}{b(s)} = \int_{x_0}^{x} a(t)\,dt\,.$$

Dies stellt eine Gleichung für $y(x)$ dar. Das wird deutlicher, wenn wir diese Gleichung in der Form

(*) $B(y(x)) = A(x)$

schreiben mit den Stammfunktionen

$$A(x) = \int\limits_{x_0}^{x} a(t)\,dt\,, \qquad B(y) = \int\limits_{y_0}^{y} \frac{ds}{b(s)}\,.$$

$y(x)$ ist durch (*) eindeutig bestimmt, denn $B'(y) = \frac{1}{b(y)}$ hat nach Voraussetzung festes Vorzeichen, also ist B streng monoton und damit injektiv.

Wir haben jetzt noch die Gleichung (*) nach $y(x)$ aufzulösen, was in vielen Fällen formelmäßig möglich ist. Für die Fälle, wo die explizite Auflösung nicht möglich ist, sichert der folgende Satz 3.3 die Existenz einer Lösung.

Genau nach diesem Muster sind wir auch beim Beispiel $y'(x) = 2\,x\,y^2(x)$ vorgegangen, vgl. 2.1. Dort ist

$$A(x) = x^2\,, \qquad B(y) = -\frac{1}{y} + \frac{1}{y_0}\,,$$

und die Auflösung der Gleichung $B(y(x)) = A(x)$ ergibt

$$y(x) = \frac{y_0}{1 - y_0 x^2}\,.$$

BEMERKUNGEN.

(a) Es ist auch hier nicht notwendig, sich die Lösungsformel zu merken, sondern nur das Verfahren.

(b) In der Leibnizschen Differentialschreibweise stellt sich dieses kurz und knapp so dar:

$$\frac{dy}{dx} = a(x) \cdot b(y) \implies \frac{dy}{b(y)} = a(x)\,dx \implies \int\limits_{y_0}^{y} \frac{dy}{b(y)} = \int\limits_{x_0}^{x} a(x)\,dx\,.$$

Diese Merkregel wird durch die vorangegangene Herleitung gerechtfertigt.

3.3 Lokaler Existenz– und Eindeutigkeitssatz für $b(y) \neq 0$

Gegeben seien stetige Funktionen auf offenen Intervallen

$$a : I \to \mathbb{R}\,, \qquad b : J \to \mathbb{R}$$

und $x_0 \in I$, $y_0 \in J$. Ferner sei $b(y) \neq 0$ für alle $y \in J$. Dann besitzt das Anfangswertproblem

$$\begin{cases} y' = a(x) \cdot b(y) \\ y(x_0) = y_0 \end{cases}$$

eine Lösung y, die mindestens in einer Umgebung $]x_0 - \delta, x_0 + \delta[$ definiert ist. Sie ergibt sich nach dem in 3.2 beschriebenen Verfahren.

Weiter ist das Anfangswertproblem im Rechteck $I \times J$ eindeutig lösbar im Sinne von 3.1.

BEWEIS.

(a) Die Eindeutigkeit wurde in 3.2 festgestellt.

(b) Gemäß 3.2 setzen wir

$$A(x) = \int_{x_0}^{x} a(t)\,dt, \qquad B(y) = \int_{y_0}^{y} \frac{ds}{b(s)} \quad \text{für} \quad x \in I, \; y \in J.$$

A und B sind C^1–Funktionen mit $A(x_0) = B(y_0) = 0$. Da $B'(y) = \frac{1}{b(y)}$ nach Voraussetzung festes Vorzeichen hat, ist B streng monoton und besitzt nach dem Umkehrsatz §9:5.1 eine C^1–differenzierbare Umkehrfunktion B^{-1}.

(c) Es gibt ein $\varepsilon > 0$ mit $]-\varepsilon, \varepsilon[\subset B(J)$, sonst wäre wegen der strengen Monotonie von B der Punkt $y_0 = B^{-1}(0)$ ein Randpunkt von J.

(d) Es gibt ein $\delta > 0$ mit $A(x) \in]-\varepsilon, \varepsilon[$ für $x \in I_0 :=]x_0 - \delta, x_0 + \delta[$. Das folgt aus der Stetigkeit von A an der Stelle x_0 und $A(x_0) = 0$.

(e) Damit ist $y(x) = B^{-1}(A(x))$ für $x \in I_0$ definiert und löst dort das Anfangswertproblem: Zunächst einmal ist $y(x_0) = B^{-1}(A(x_0)) = B^{-1}(0) = y_0$. Weiter ist y C^1–differenzierbar nach (b). Aus der Identität $B(y(x)) = A(x)$ für $x \in I_0$ folgt schließlich

$$a(x) = \frac{d}{dx} A(x) = \frac{d}{dx} B(y(x)) = B'(y(x)) \cdot y'(x) = \frac{1}{b(y(x))} \cdot y'(x),$$

d.h. y erfüllt die Differentialgleichung. $\qquad\qquad\square$

BEISPIEL.

$$y'(x) = \frac{\cos x}{1 + \cos y}, \qquad y(0) = 0.$$

Das Integrationsverfahren 3.2 führt auf die Gleichung

$$y(x) + \sin y(x) = \sin x \qquad \boxed{\text{ÜA}}.$$

Diese Gleichung läßt sich nicht explizit, d.h. formelmäßig nach $y(x)$ auflösen. Der Existenzsatz sichert auch hier eine eindeutig bestimmte lokale Lösung.

3.4 Der Fall einer isolierten Nullstelle von b

Das Anfangswertproblem

$$y' = a(x) \cdot b(y), \qquad y(x_0) = y_0$$

wird im Fall $b(y_0) = 0$ durch die konstante Funktion $y = y_0$ gelöst, wie man sofort verifiziert.

Das Beispiel 2.2 (b) zeigt, daß in diese konstante Lösung noch eine weitere, nicht konstante Lösung des Anfangswertproblems einmünden kann.

Dieses Phänomen wird ausgeschlossen, wenn wir an die Funktion b die stärkere Forderung der stetigen Differenzierbarkeit stellen:

SATZ. *Ist unter den bisherigen Voraussetzungen die Funktion b zusätzlich C^1-differenzierbar auf J und ist y_0 eine isolierte Nullstelle von b, so ist die konstante Funktion y_0 die einzige Lösung des Anfangswertproblems*

$$y' = a(x) \cdot b(y), \qquad y(x_0) = y_0 \,.$$

Dabei heißt y_0 *isolierte Nullstelle* der Funktion b, wenn $b(y_0) = 0$ und $b(y) \neq 0$ für $0 < |y - y_0| < \varepsilon$ für ein geeignetes $\varepsilon > 0$.

BEWEIS.

Angenommen, eine weitere Lösung y mündet im Punkt (α, y_0) in die konstante Lösung von rechts oben her ein, also

$$y(\alpha) = y_0 \quad \text{und} \quad y(x) > y_0 \quad \text{für} \quad \alpha < x \leq \alpha + \delta \,.$$

Da y an der Stelle α stetig ist, können wir δ so klein wählen, daß mit dem obengenannten ε

$$y_0 < y(x) \leq y_0 + \varepsilon \quad \text{für} \quad \alpha < x \leq \alpha + \delta \,.$$

Wir setzen $\beta = \alpha + \delta$, $\gamma = y(\beta)$ und integrieren die Differentialgleichung gemäß 3.2 von $x \in \,]\alpha, \beta]$ bis β:

$$\int\limits_{y(x)}^{\gamma} \frac{ds}{b(s)} - \int\limits_{x}^{\beta} a(t)\, dt \,.$$

Durch Grenzübergang $x \to \alpha+$ ergibt sich die Existenz des Grenzwertes

$$\lim_{x \to \alpha+} \int\limits_{y(x)}^{\gamma} \frac{ds}{b(s)} = \lim_{x \to \alpha+} \int\limits_{x}^{\beta} a(t)\, dt = \int\limits_{\alpha}^{\beta} a(t)\, dt \,.$$

Das ist aber unmöglich: Nach dem Mittelwertsatz gilt

$$|b(s)| = |b(s) - b(y_0)| = \left|b'(\vartheta) \cdot (s - y_0)\right| \leq L \cdot (s - y_0) \quad \text{mit}$$

$$L = \max\left\{ \left|b'(s)\right| \mid y_0 \leq s \leq y_0 + \varepsilon \right\} .$$

Wegen des festen Vorzeichens von $b(s)$ in $y_0 < s \leq y_0 + \varepsilon$ folgt

$$\left| \int\limits_{y(x)}^{\gamma} \frac{ds}{b(s)} \right| = \int\limits_{y(x)}^{\gamma} \frac{ds}{|b(s)|} \geq \frac{1}{L} \int\limits_{y(x)}^{x} \frac{ds}{s - y_0} \to \infty \quad \text{für} \quad x \to \alpha + . \qquad \square$$

3.5 Der globale Existenz– und Eindeutigkeitssatz

Gegeben sei eine stetige Funktion $a : I \to \mathbb{R}$ und eine C^1-Funktion $b : J \to \mathbb{R}$ auf offenen Intervallen I, J mit $x_0 \in I$, $y_0 \in J$. Dann besitzt das Anfangswertproblem

$$\begin{cases} y' = a(x) \cdot b(y) \\ y(x_0) = y_0 \end{cases}$$

genau eine maximal definierte Lösung $y : I_0 \to \mathbb{R}$ auf einem offenen Teilintervall I_0 von I.

Falls y_0 eine isolierte Nullstelle von b ist, ist dies die konstante Funktion $y = y_0$ auf $I_0 = I$. Im Fall $b(y_0) \neq 0$ ist die Lösung und ihr maximales Existenzintervall I_0 wie folgt bestimmt:

Sei J_0 das größte Teilintervall von J ohne Nullstellen von b mit $y_0 \in J_0$ und

$$A(x) := \int\limits_{x_0}^{x} a(t)\, dt , \qquad B(x) := \int\limits_{y_0}^{y} \frac{ds}{b(s)} \quad \text{für} \quad x \in I , \ \ y \in J_0 .$$

Dann ist I_0 das größte Teilintervall von I mit $x_0 \in I_0$ und $A(I_0) \subset B(J_0)$, und die Lösung y ist bestimmt durch die Gleichung

$$B(y(x)) = A(x) \quad \text{für} \quad x \in I_0 .$$

BEWEIS.

Dieser Beweis greift die Argumente von 3.3 und 3.4 nochmals auf. Wir fassen uns daher kurz.

(a) Die *Eindeutigkeit* ergibt sich im Fall $b(y_0) = 0$ aus 3.4. Im Fall $b(y_0) \neq 0$ müssen für jede Lösung y die Werte $y(x)$ im Intervall J_0 liegen. Das folgt wie in 3.4. Für zwei Lösungen $y_1 : I_1 \to J_0$, $y_2 : I_2 \to J_0$ folgt nach 3.2

$$B(y_1(x)) = A(x) = B(y_2(x)) \quad \text{für} \quad x \in I_1 \cap I_2 \,,$$

also $y_1(x) = y_2(x)$ wegen der Injektivität von B in J_0.

(b) *Existenz.* Der Fall $b(y_0) = 0$ ist klar. Im Fall $b(y_0) \neq 0$ hat $B' = \frac{1}{b}$ festes Vorzeichen in J_0. Deshalb ist B eine bijektive Funktion von J_0 nach $K_0 :=$ $B(J_0)$ und besitzt eine C^1-differenzierbare Umkehrfunktion $B^{-1} : K_0 \to J_0$. Wegen $A(I_0) \subset B(J_0) = K_0$ ist durch

$$y(x) = B^{-1}(A(x)) \quad \text{für} \quad x \in I_0$$

eine C^1-Funktion $y : I_0 \to J_0$ gegeben. Daß diese das Anfangswertproblem löst, ergibt sich wie im Beweis 3.3.

(c) *Maximalität.* Im Fall $b(y_0) = 0$ ist das klar. Im Fall $b(y_0) \neq 0$ muß jede Lösung $y_1 : I_1 \to \mathbb{R}$ nach (a) in J_0 verlaufen, also gilt $A(x) = B(y_1(x)) \subset B(J_0)$, und damit $I_1 \subset I_0$ nach Wahl von I_0.

(d) I_0 ist offen, d.h. kein Punkt $x_1 \in I_0$ kann Randpunkt von I_0 sein. Denn das AWP mit den neuen Anfangswerten x_1 und $y(x_1)$ (y die maximale Lösung) ist nach 3.3 in einer ganzen Umgebung von x_1 lösbar. Die Lösung ist natürlich wieder y. $\qquad\qquad\square$

3.6 Bemerkungen

In den Fällen, in denen die Gleichung $B(y(x)) = A(x)$ explizit nach $y(x)$ auflösbar ist, gibt der letzte Satz das Verfahren zur konkreten Bestimmung der maximalen Lösung. In den anderen Fällen liefert er zunächst nur eine theoretische Existenzaussage. Dennoch ist er auch von großer praktischer Bedeutung. Denn nachdem erst einmal die Lösbarkeit des Anfangswertproblems gesichert ist, kann man eines der gängigen numerischen Verfahren zur näherungsweisen Berechnung der Lösung ansetzen (z.B. das Runge–Kutta–Verfahren oder eines der Prediktor–Korrektor–Verfahren; näheres dazu in Büchern über Numerische Mathematik).

3.7 Beispiel.

Das Anfangswertproblem $y' = x \cdot (1 + y^2),\; y(-\sqrt{2\pi}) = 1$.

Hier ist $I = J = \mathbb{R}$ und

$$A(x) = \frac{1}{2}\left(x^2 - 2\pi\right) \,,$$

$$B(y) = \int_1^y \frac{dt}{1 + t^2} = \arctan y - \arctan 1 = \arctan y - \frac{\pi}{4} \,.$$

Der Wertebereich des Arcustangens ist $\left]-\frac{\pi}{2}, \frac{\pi}{2}\right[$, wir haben also

$$B(J) = \left]-\frac{3}{4}\pi, \frac{1}{4}\pi\right[\, .$$

Die Bedingung $A(x) \in B(J)$ führt auf

$$x^2 \in \left]\frac{\pi}{2}, \frac{5\pi}{2}\right[\, , \quad \text{also} \quad \sqrt{\frac{\pi}{2}} < |x| < \sqrt{\frac{5\pi}{2}} \, .$$

Das größtmögliche Intervall I_0 mit $x_0 = -\sqrt{2\pi} \in I_0$ und $A(I_0) \subset B(J_0)$ ist

$$I_0 = \left]-\sqrt{\frac{5\pi}{2}}, -\sqrt{\frac{\pi}{2}}\right[\, .$$

Die Auflösung der Gleichung

$$\arctan y(x) - \frac{\pi}{4} \; = \; \frac{1}{2}\left(x^2 - 2\pi\right) \quad \text{nach } y \text{ liefert}$$

$$y(x) = \tan\left(\frac{x^2}{2} - \frac{3\pi}{4}\right) \quad \text{für} \quad -\sqrt{\frac{5\pi}{2}} < x < -\sqrt{\frac{\pi}{2}} \, .$$

3.8 Aufgaben

(a) Geben Sie eine maximale Lösung für das Anfangswertproblem

$$y' = \frac{x^2}{\sin y} \, , \qquad y(0) = \frac{\pi}{3} \, , \qquad \text{vgl. Fig. 3.1.}$$

(b) Gegeben ist die DGL $y' = \frac{\cos x}{\cos y}$. In welchen Bereichen sind die beiden folgenden Anfangswertaufgaben lösbar bzw. eindeutig lösbar?

$$(1) \quad y(0) = \frac{\pi}{6} \, , \qquad (2) \quad y(0) = -\pi \, .$$

(c) Geben Sie die maximale Lösung des Anfangswertproblems

$$y' = \cos x \cdot \sin y \, , \quad y(0) = \frac{\pi}{6} \quad \text{an.}$$

4 Zurückführung auf getrennte Variable

Differentialgleichungen vom Typ

$$y' = F\left(\frac{ax + by + c}{dx + ey + f}\right)$$

lassen sich durch Substitution auf eine DGL mit getrennten Variablen zurückführen. Wir zeigen dies für zwei Spezialfälle.

(a) Die DGL $\ y' = F(ax + by + c)\ $ mit $\ a \neq 0\ $ und $\ b \neq 0$.

Für jede Lösung y erfüllt $u(x) = ax + by(x) + c$ die DGL

$$u'(x) = a + by'(x) = a + b\,F(u(x))\,.$$

Das ist eine DGL der Form $u' = g(u)$. Erfüllt umgekehrt u diese DGL, so erfüllt $y(x) = \frac{1}{b}\,(u(x) - ax - c)$ die ursprüngliche DGL $\boxed{\text{ÜA}}$.

(b) *Die Differentialgleichung* $y' = F\left(\frac{y}{x}\right).$

Sei $F \in C(\mathbb{R})$ und $y \in C^1\,(\mathbb{R}_{>0})$ eine Lösung. Setzen wir

$$u(x) = \frac{y(x)}{x}, \quad \text{so gilt}\quad u'(x) = \frac{1}{x}\left(F(u(x)) - u(x)\right)\,.$$

Das ist eine DGL der Form $u' = f(x)g(u)$. Erfüllt umgekehrt u diese DGL, so erfüllt $y(x) = x \cdot u(x)$ die ursprüngliche $\boxed{\text{ÜA}}$.

Man beachte: Aus jeder Lösung $y \in C^1\,(\mathbb{R}_{>0})$ entsteht durch $z(x) = -y(-x)$ mit $\ x < 0$ eine Lösung z auf $\mathbb{R}_{<0}$ $\boxed{\text{ÜA}}$.

5 Wegweiser: Differentialgleichungen in Band 1

(a) *Weitere Differentialgleichungen erster Ordnung*: In Kapitel VI, § 24 werden Differentialgleichungen der Form

$$\frac{d}{dx}U(x, y(x)) = P(x, y(x)) + Q(x, y(x)) \cdot y'(x) = 0$$

(*exakte Differentialgleichungen*) und verwandte Differentialgleichungen untersucht.

(b) *Die Schwingungsgleichung* $\ddot{x}(t) + a\dot{x}(t) + bx(t) = f(t)$ als Differentialgleichung zweiter Ordnung wurde in § 10 abgehandelt.

(c) *Systeme von Differentialgleichungen mit konstanten Koeffizienten* werden im Rahmen der linearen Algebra behandelt: in § 18 : 5.2 Systeme erster Ordnung und in § 20 : 5 die Differentialgleichungen gekoppelter Systeme von Massenpunkten in linearisierter Form.

(d) *Nachschlagewerk über gewöhnliche Differentialgleichungen.* Die meisten bekannten Lösungen und Lösungsmethoden sind bei [KAMKE] in systematischer Form zusammengestellt.

Kapitel IV   Lineare Algebra

§ 14 Vektorräume

1 Wovon handelt die lineare Algebra?

1.1 Lineare Gleichungen

Ausgangspunkt der linearen Algebra sind *lineare Gleichungen*

$$L(u) = v$$

verschiedenster Art. Wir geben zunächst Beispiele, stellen anschließend fest, was diese gemeinsam haben und formulieren dann die Problemstellungen.

(a) **Lineare Gleichungssysteme** wie zum Beispiel

$$\begin{cases} 2x_1 + x_2 - x_3 = y_1 \\ -7x_1 - 5x_2 + 3x_3 = y_2 \end{cases}, \quad \text{kurz} \quad L(\mathbf{u}) = \mathbf{v}, \quad \text{mit}$$

$$\mathbf{u} = \begin{pmatrix} x_1 \\ x_2 \\ x_3 \end{pmatrix}, \quad \mathbf{v} = \begin{pmatrix} y_1 \\ y_2 \end{pmatrix}, \quad L(\mathbf{u}) = \begin{pmatrix} 2x_1 + x_2 - x_3 \\ -7x_1 - 5x_2 + 3x_3 \end{pmatrix}.$$

Gegeben ist $\mathbf{v}$, gesucht sind alle Lösungen $\mathbf{u}$.

(b) **Schwingungsgleichung.** Gegeben $v(t) = \cos \omega t$. Gesucht sind alle C^2–Funktionen u mit

$$\ddot{u} + a\dot{u} + bu = v\,.$$

Wir können auch diese Gleichung in die Kurzform $L(u) = v$ bringen.

(c) **Potentialgleichung**

$$\frac{\partial^2 u}{\partial x^2}(x,y) + \frac{\partial^2 u}{\partial y^2}(x,y) = v(x,y)\,, \quad \text{kurz} \quad \Delta u = v\,.$$

Dabei soll $\dfrac{\partial^2 u}{\partial x^2}(x,y)$ die zweite Ableitung von $u(x,y)$ nach x bei konstantem y bedeuten, entsprechend ist die zweite partielle Ableitung nach y definiert.

(d) **Wellengleichung.** Im Zusammenhang mit der schwingenden Saite sind Lösungen u der Gleichung

$$\frac{\partial^2 u}{\partial t^2} - \frac{\partial^2 u}{\partial x^2} = 0\,, \quad \text{kurz} \quad L(u) = 0,$$

gesucht.

Was haben diese Probleme gemeinsam?

In allen Beispielen hat die Abbildung $L : u \mapsto L(u)$ die Eigenschaft

$$L\left(\alpha_1 u_1 + \alpha_2 u_2\right) = \alpha_1 L(u_1) + \alpha_2 L(u_2).$$

Wir sagen: L ist eine **lineare Abbildung**.

Problemstellungen: Gibt es Lösungen u? Wenn ja, sind diese eindeutig bestimmt? Wenn nicht, was läßt sich über die Gesamtheit der Lösungen sagen?

Ohne die Frage nach der Lösbarkeit untersuchen zu müssen, können wir über die Struktur des Lösungsraums $\{u \mid L(u) = v\}$ folgendes sagen:

• Die homogene Gleichung $L(u) = 0$ besitzt immer die (uninteressante) Lösung $u = 0$; sie heißt die **triviale Lösung**.

• Sind u_1 und u_2 Lösungen der homogenen Gleichung, so ist auch jede **Linearkombination** oder **Superposition**

$$\alpha_1 u_1 + \alpha_2 u_2$$

eine Lösung. Wir sagen: Die Lösungen bilden einen **Vektorraum**.

• Ist u_0 eine *spezielle* Lösung der inhomogenen Gleichung $L(u) = v$, so erhält man *sämtliche* Lösungen der inhomogenen Gleichung in der Form

$$u_0 + u,$$

wobei u die Lösungen der homogenen Gleichung durchläuft.

Diese Ergebnisse haben wir für die Schwingungsgleichung schon bewiesen, vgl. § 10 : 4.3 und 4.8; sie ergeben sich genauso für beliebige lineare Gleichungen.

1.2 Die Wahl geeigneter Koordinatensysteme

In der Vektorrechnung haben wir für die euklidische Ebene bzw. für den Raum ein Koordinatensystem ausgezeichnet und ein für allemal festgehalten. Die Beschreibung geometrischer Sachverhalte erfolgte dann nur noch mit Hilfe von Koordinatenspalten bezüglich dieses Systems.

Für viele Fragestellungen ist es aber von entscheidender Bedeutung, das Koordinatensystem zu wechseln und passend zu dem vorliegenden Problem auszuwählen, man denke etwa an die Hauptträgheitsachsen bei der Kreiselbewegung. Eine wichtige Frage ist dann die nach dem Transformationsverhalten einer Größe bei Wechsel des Bezugssystems.

Wir haben in Zukunft deutlich zu unterscheiden zwischen den eigentlich interessierenden geometrischen und physikalischen Objekten und deren verschiedenen Koordinatendarstellungen. Dementsprechend werden wir soweit wie möglich eine koordinatenunabhängige Formulierung der Theorie bevorzugen.

2 Vektorräume

2.1 Definition. Eine nichtleere Menge V heißt **Vektorraum über $\mathbb{R}$ bzw. über $\mathbb{C}$**, wenn auf V eine Addition und eine Multiplikation mit Zahlen aus $\mathbb{R}$ bzw. $\mathbb{C}$ erklärt ist, so daß die von der Vektorrechnung her geläufigen Rechenregeln gelten. Diese lauten:

Mit u und v gehört auch $u + v$ zu V. Ferner enthält V ein ausgezeichnetes Element 0, und es gilt

(A_1) $(u + v) + w = u + (v + w)\,,$

(A_2) $u + v = v + u\,,$

(A_3) $u + 0 = u\,,$

(A_4) die Gleichung $u + x = v$ besitzt stets genau eine Lösung x.

Mit $u \in V$, $\alpha \in \mathbb{R}$ (bzw. $\alpha \in \mathbb{C}$) gehört auch $\alpha \cdot u$ zu V, und es gilt:

(S_1) $(\alpha + \beta) \cdot u = \alpha \cdot u + \beta \cdot u\,,$

(S_2) $\alpha \cdot (u + v) = \alpha u + \alpha v\,,$

(S_3) $\alpha \cdot (\beta \cdot u) = (\alpha\beta) \cdot u\,,$

(S_4) $1 \cdot u = u\,.$

Die Elemente von V nennen wir **Vektoren**.

Die Elemente des jeweils zugrundeliegenden Zahlkörpers $\mathbb{R}$ oder $\mathbb{C}$ nennen wir **Skalare**. Solange die Theorie für $\mathbb{R}$ und $\mathbb{C}$ gemeinsam formuliert werden kann, bezeichnen wir den jeweils zugrundeliegenden Zahlkörper einheitlich mit $\mathbb{K}$. Häufig schreiben wir αu statt $\alpha \cdot u$.

Das bezüglich der Addition neutrale Element 0 heißt der **Nullvektor**.

Die eindeutig bestimmte Lösung x der Gleichung $u + x = 0$ wird wie üblich mit $-u$ bezeichnet; die Lösung der Gleichung $u + x = v$ heißt wieder $x = v - u$.

2.2 Die Beispiele $\mathbb{R}^n$ und $\mathbb{C}^n$

(a) $\mathbb{R}^n$ ist ein Vektorraum über $\mathbb{R}$. Dies wurde in §5:3.5 und §6:1.2 festgestellt.

(b) Ganz analog ist

$$\mathbb{C}^n = \left\{ \, z = \begin{pmatrix} z_1 \\ \vdots \\ z_n \end{pmatrix} \ \middle| \ z_1, \ldots, z_n \in \mathbb{C} \, \right\}$$

ein $\mathbb{C}$-*Vektorraum* (= Vektorraum über $\mathbb{C}$) mit den Verknüpfungen

$$\mathbf{z} + \mathbf{w} = \begin{pmatrix} z_1 + w_1 \\ \vdots \\ z_n + w_n \end{pmatrix}, \qquad \alpha \cdot \mathbf{z} = \begin{pmatrix} \alpha z_1 \\ \vdots \\ \alpha z_n \end{pmatrix} \qquad (\alpha \in \mathbb{C}).$$

Die Gleichheit zweier Vektoren ist wie im $\mathbb{R}^n$ definiert durch die Gleichheit der Koordinaten.

Die beiden Fälle $\mathbb{R}^n$ und $\mathbb{C}^n$ fassen wir in der Bezeichnung $\mathbb{K}^n$ zusammen, wo $\mathbb{K}$ wahlweise $\mathbb{R}$ oder $\mathbb{C}$ bedeuten kann.

$\mathbb{K}$ als Vektorraum. Wir interpretieren die Zahlen von $\mathbb{K}$ gleichermaßen als Vektoren und als Skalare. Die Multiplikation mit Skalaren ist dann die gewöhnliche Multiplikation von Zahlen. Es ist leicht zu sehen, daß die Vektorraumaxiome erfüllt sind; sie sind in den Körperaxiomen enthalten. Wir fassen diesen Vektorraum als Spezialfall des $\mathbb{K}^n$ für $n = 1$ auf.

2.3 Der Folgenraum

Wir bezeichnen eine komplexe Zahlenfolge (z_n) mit

$$z = (z_1, z_2, \ldots).$$

Die Menge aller komplexen Folgen wird mit den Verknüpfungen

$$(z_1, z_2, \ldots) + (w_1, w_2, \ldots) = (z_1 + w_1, z_2 + w_2, \ldots),$$
$$\alpha \cdot (z_1, z_2, \ldots) = (\alpha z_1, \alpha z_2, \ldots)$$

zu einem $\mathbb{C}$–Vektorraum, dem *Folgenraum* über $\mathbb{C}$.

2.4 Funktionenräume

Ist M eine nichtleere Menge, $\mathbb{K}$ einer der Zahlkörper $\mathbb{R}$ oder $\mathbb{C}$, so wird

$$\mathcal{F}(M, \mathbb{K}) = \{ f \mid f : M \to \mathbb{K} \}$$

mit den üblichen Verknüpfungen

$$f + g : x \mapsto f(x) + g(x)$$
$$\alpha \cdot f \; : x \mapsto \alpha f(x)$$

ein Vektorraum über $\mathbb{K}$, wie man leicht nachprüfen kann. Die Beispiele $\mathbb{K}^n$ und der Folgenraum sind Spezialfälle: Wir können eine Funktion $f : \{1, \ldots, n\} \to \mathbb{K}$ durch den Spaltenvektor

$$\begin{pmatrix} f(1) \\ \vdots \\ f(n) \end{pmatrix} \in \mathbb{K}^n$$

beschreiben.

Eine Folge (z_n) ist gegeben durch eine Abbildung

$$f : \mathbb{N} \to \mathbb{K}; \quad n \mapsto z_n .$$

Weitere Vektorräume erhalten wir anschließend durch Betrachtung von Teilräumen von $\mathcal{F}(M, \mathbb{K})$.

Zunächst aber noch einige

2.5 Bemerkungen zu den Vektorraumaxiomen

(a) In diesen Axiomen ist alles enthalten, was wir vom Rechnen im $\mathbb{R}^n$ her kennen, insbesondere die Rechenregeln

$$0 \cdot u = 0, \qquad (-1) \cdot u = -u, \qquad \alpha \cdot 0 = 0$$

$\boxed{\text{ÜA}}$, vgl. § 1 : 3.4.

(b) Keines der Axiome ist überflüssig. Die Forderung $1 \cdot u = u$ soll beispielsweise sicherstellen, daß die Addition im Vektorraum und die Addition im Zahlenraum zueinander passen:

$$u + u = 1 \cdot u + 1 \cdot u = (1 + 1) \cdot u = 2 \cdot u$$

$$u + u + u = (u + u) + u = 2 \cdot u + 1 \cdot u = 3 \cdot u \quad \text{usw.}$$

Definieren wir im $\mathbb{R}^2$ die Addition wie üblich, die Multiplikation mit reellen Zahlen α dagegen durch

$$\alpha \begin{pmatrix} x_1 \\ x_2 \end{pmatrix} = \begin{pmatrix} \alpha x_1 \\ 0 \end{pmatrix},$$

so sind alle Vektorraumaxiome erfüllt mit Ausnahme von $1 \cdot u = u$.

2.6 Vektorräume und Geometrie

Die Vektorraumaxiome sind zunächst algebraische Rechenregeln, die in bestimmten Bereichen gelten, z.B. im Folgenraum. Genauso wie wir im $\mathbb{R}^n$ mit der Vektorrechnung bestimmte geometrische Vorstellungen verbinden, wollen wir es auch bei allgemeinen Vektorräumen halten. Wir sprechen wieder von der „Geraden" $\{a + tv \mid t \in \mathbb{K}\}$ durch den „Punkt" a mit Richtungsvektor $v \neq 0$ oder von der durch die „Vektoren" u und v „aufgespannten Ebene" durch den „Punkt" a:

$$E = \{a + su + tv \mid s, t \in \mathbb{K}\} ,$$

wobei wir auch den Begriff „linear unabhängig" analog zum $\mathbb{R}^n$ definieren; das geschieht in Abschnitt 5.

In vielen Fällen, besonders bei Vektorräumen mit Skalarprodukt, macht die geometrische Interpretation die algebraischen Rechnungen erst durchsichtig und vermittelt die Intuition zur Schaffung neuer Begriffe und für Beweisansätze. Der Standpunkt, Funktionen u und v als Vektoren im Sinne der Geometrie aufzufassen, hat für die Entwicklung der modernen Mathematik ganz entscheidende Bedeutung.

3 Teilräume

3.1 Definition. *Ist V ein $\mathbb{K}$-Vektorraum ($\mathbb{K}$ steht für $\mathbb{R}$ oder $\mathbb{C}$), so nennen wir eine nichtleere Teilmenge U einen* **Teilraum** *oder* **Untervektorraum,** *wenn $0 \in U$ und*

$$u + v \in U\,, \quad \text{falls}\ \ u, v \in U\,,$$

$$\alpha u \in U\,, \quad \ \ \text{falls}\ \ u \in U \ \ \text{und}\ \ \alpha \in \mathbb{K}\,.$$

Das ist gleichbedeutend damit, daß $0 \in U$ und daß mit u, v auch jede Linearkombination $\alpha u + \beta v$ $(\alpha, \beta \in \mathbb{K})$ wieder zu U gehört.

Ein Teilraum U ist mit den von V geerbten Verknüpfungen selbst wieder ein $\mathbb{K}$-Vektorraum, weil die Verknüpfungen nicht aus U herausführen und die Vektorraumaxiome insbesondere für alle Vektoren aus U erfüllt sind.

3.2 Beispiele und Aufgaben

(a) $\{0\}$ ist immer ein Teilraum von V, ebenso V selbst.

(b) Die Lösungen $\mathbf{x} = (x_1, \ldots, x_n) \in \mathbb{R}^n$ der Gleichung

$$a_1 x_1 + a_2 x_2 + \cdots + a_n x_n = 0$$

bilden einen Teilraum des $\mathbb{R}^n$ $\boxed{\text{ÜA}}$.

(c) Der Durchschnitt beliebig vieler Teilräume von V ist wieder ein Teilraum von V $\boxed{\text{ÜA}}$.

(d) Daher bilden auch die Lösungen $\mathbf{x} \in \mathbb{R}^n$ des Gleichungssystems

$$
\begin{aligned}
a_{11} x_1 + \cdots + a_{1n} x_n &= 0 \\
a_{21} x_1 + \cdots + a_{2n} x_n &= 0 \\
&\ \ \vdots \\
a_{m1} x_1 + \cdots + a_{mn} x_n &= 0
\end{aligned}
$$

einen Teilraum von $\mathbb{R}^n$ nach (b) und (c).

(e) $\boxed{\text{ÜA}}$ Wann ist für zwei Teilräume U_1, U_2 des $\mathbb{R}^2$ auch $U_1 \cup U_2$ ein Teilraum?

3.3 Reelle Funktionenräume

Sei I ein Intervall. Dann bilden alle Funktionen

$$u : I \to \mathbb{R}$$

einen Vektorraum V über $\mathbb{R}$ nach 2.4.

Jede nichtleere Teilmenge U von V mit

$$u, v \in U \Longrightarrow \alpha u + \beta v \in U \quad \text{für} \quad \alpha, \beta \in \mathbb{R}$$

ist ein Teilraum von V, also für sich selbst genommen ein Vektorraum über $\mathbb{R}$. So erhalten wir folgende Beispiele von $\mathbb{R}$–Vektorräumen:

(a) Die Menge $C(I)$ der stetigen Funktionen $f : I \to \mathbb{R}$.

(b) Die Menge $C^1(I)$ der stetig differenzierbaren Funktionen.

(c) Die über das Intervall I integrierbaren Funktionen.

(d) Die Lösungen $u \in C^1(I)$ der DGL $\dot{u}(t) = a(t) \cdot u(t)$.

3.4 Komplexe Funktionenräume

Ist I ein reelles Intervall, so bilden die Funktionen

$$f : I \to \mathbb{C}; \quad x \mapsto u(x) + iv(x)$$

einen Vektorraum über $\mathbb{C}$.

(a) f heißt **k–mal stetig differenzierbar**, wenn u und v k–mal stetig differenzierbar sind. Die Gesamtheit dieser Funktionen bildet einen Vektorraum über $\mathbb{C}$; wir bezeichnen ihn ebenfalls mit $C^k(I)$. Für den Vektorraum der stetigen, komplexwertigen Funktionen schreiben wir auch $C(I)$.

(b) Die komplexwertigen Lösungen y der Schwingungsgleichung

$$\ddot{y} + a\dot{y} + by = 0$$

bilden einen Teilraum, vgl. § 10 : 5.

3.5 Polynome

(a) Die Polynome $p : x \mapsto a_0 + a_1 x + \cdots + a_n x^n$ mit Koeffizienten aus $\mathbb{K} = \mathbb{R}$ oder $\mathbb{C}$ bilden einen Vektorraum über $\mathbb{K}$, bezeichnet mit $\mathcal{P}_\mathbb{K}$. Denn die Nullfunktion gehört dazu, die Summe zweier Polynome ist wieder ein Polynom, und mit p ist auch αp ein Polynom.

(b) Die Polynome vom Grad $\leq n$ bilden einen Teilraum.

4 Linearkombinationen, lineare Hülle, Erzeugendensystem

4.1 Linearkombinationen und Aufspann

Jeder Vektor der Form

$$\alpha_1 v_1 + \cdots + \alpha_n v_n = \sum_{k=1}^{n} \alpha_k v_k \quad \text{mit} \quad \alpha_1, \ldots \alpha_n \in \mathbb{K}$$

heißt **Linearkombination** der Vektoren $v_1, \ldots, v_n \in V$. Dabei ist, wie im folgenden immer, V ein Vektorraum über $\mathbb{K}$. Die Menge aller Linearkombinationen aus $v_1, \ldots, v_n$ heißt ihr **Aufspann** oder ihre **lineare Hülle**, bezeichnet mit

$$\text{Span} \, \{v_1, \ldots, v_n\} \, .$$

Dieser Aufspann ist ein Teilraum von V $\boxed{\text{ÜA}}$.

Die Vektoren $v_1, \ldots, v_n$ heißen ein **Erzeugendensystem** für

$$U = \text{Span} \, \{v_1, \ldots, v_n\} \, ;$$

U heißt auch **der von $v_1, \ldots, v_n$ erzeugte Teilraum**.

BEISPIELE.

(a) Für jeden Vektor $\mathbf{v} \neq \mathbf{0}$ des $\mathbb{R}^3$ ist

$$\text{Span} \, \{\mathbf{v}\} = \{t\mathbf{v} \mid t \in \mathbb{R}\}$$

die Ursprungsgerade mit Richtungsvektor $\mathbf{v}$.

(b) Sind $\mathbf{u}$ und $\mathbf{v}$ linear unabhängige Vektoren des $\mathbb{R}^3$, d.h. gilt weder $\mathbf{u} = \alpha\mathbf{v}$ noch $\mathbf{v} = \beta\mathbf{u}$, so ist

$$\text{Span} \, \{\mathbf{u}, \mathbf{v}\} = \{s\mathbf{u} + t\mathbf{v} \mid s, t \in \mathbb{R}\}$$

die von $\mathbf{u}$ und $\mathbf{v}$ aufgespannte Ursprungsebene.

(c) Setzen wir $p_k(x) = x^k$ $(k = 0, 1, \ldots, n)$, so ist

$$\text{Span} \, \{p_0, p_1, \ldots, p_n\}$$

der Vektorraum der Polynome vom Grad $\leq n$.

4.2 Die lineare Hülle einer Menge M

Für nichtleere Teilmengen M eines Vektorraumes V bezeichnet man mit

$$\text{Span} \, M$$

die Menge aller Linearkombinationen aus je endlich vielen Vektoren aus M. Span M heißt auch hier *lineare Hülle* oder *Aufspann von M* und ist ein Teilraum von V $\boxed{\text{ÜA}}$.

BEISPIEL. Im Funktionenraum $\mathcal{F}(\mathbb{R}, \mathbb{K})$ seien p_k wieder die Potenzen $x \mapsto x^k$. Dann ist Span $\{p_0, p_1, \ldots\}$ der Vektorraum $\mathcal{P}$ aller Polynome mit Koeffizienten aus $\mathbb{K}$.

4.3 Aufgabe.

(a) Für jede von Null verschiedene Zahl $a \in \mathbb{K}$ ist

$$\text{Span} \{v_1, v_2, \ldots, v_n\} = \text{Span} \{av_1, v_2, \ldots, v_n\}.$$

(b) Für beliebiges $a \in \mathbb{K}$ gilt

$$\text{Span} \{v_1, v_2, \ldots, v_n\} = \text{Span} \{v_1 + av_2, v_2, \ldots, v_n\}.$$

5 Lineare Abhängigkeit und Unabhängigkeit

5.1 Vorbemerkung. In §5 und §6 wurden zwei Vektoren $\mathbf{a}, \mathbf{b}$ des $\mathbb{R}^n$ linear abhängig genannt, wenn einer von ihnen ein Vielfaches des andern ist. Drei Vektoren $\mathbf{a}, \mathbf{b}, \mathbf{c}$ hießen linear abhängig. wenn wenigstens einer von ihnen eine Linearkombination der übrigen ist. Das Prüfen auf lineare Abhängigkeit ist wegen der notwendigen Fallunterscheidungen etwas umständlich. Die folgende Definition ist besser zu handhaben.

5.2 Lineare Abhängigkeit und Unabhängigkeit

Vektoren $v_1, \ldots, v_n$ eines $\mathbb{K}$-Vektorraums V heißen **linear abhängig (l.a.)**, wenn es Skalare $\alpha_1, \ldots, \alpha_n \in \mathbb{K}$ gibt, die nicht alle Null sind, so daß

$$\alpha_1 v_1 + \ldots + \alpha_n v_n = 0.$$

Andernfalls heißen sie **linear unabhängig (l.u.)**.

Lineare Unabhängigkeit ist genau dann gegeben, wenn aus

$$\alpha_1 v_1 + \ldots + \alpha_n v_n = 0$$

notwendig $\alpha_1 = \ldots = \alpha_n = 0$ folgt.

Für $n = 1$ besagt die lineare Unabhängigkeit eines Vektors v_1 einfach $v_1 \neq 0$. Die hier gegebene Definition besagt dasselbe wie die von §6:

SATZ. *Für $n \geq 2$ sind $v_1, \ldots, v_n$ genau dann linear abhängig, wenn wenigstens einer von ihnen eine Linearkombination der übrigen ist.*

BEWEIS.

(a) Gilt $\alpha_1 v_1 + \ldots + \alpha_n v_n = 0$ und ist $\alpha_m \neq 0$, so folgt

$$v_m = \sum_{k \neq m} \left(-\frac{\alpha_k}{\alpha_m}\right) \cdot v_k \,.$$

(b) Ist einer der Vektoren $v_1, \ldots, v_n$ Linearkombination der übrigen, etwa $v_1 = \alpha_2 v_2 + \ldots + \alpha_n v_n$, so folgt

$$(-1) \cdot v_1 + \alpha_2 v_2 + \ldots + \alpha_n v_n = 0 \,,$$

also lineare Abhängigkeit wegen $\alpha_1 = -1 \neq 0$. $\qquad\qquad\Box$

Definition. *Eine beliebige nichtleere Teilmenge M von V heißt linear unabhängig, wenn je endlich viele Vektoren aus M linear unabhängig sind.*

5.3 Beispiele

(a) Im $\mathbb{K}^n$ sind die Einheitsvektoren

$$\mathbf{e}_1 = \begin{pmatrix} 1 \\ 0 \\ 0 \\ \vdots \\ 0 \end{pmatrix}, \quad \mathbf{e}_2 = \begin{pmatrix} 0 \\ 1 \\ 0 \\ \vdots \\ 0 \end{pmatrix}, \quad \ldots, \quad \mathbf{e}_n = \begin{pmatrix} 0 \\ 0 \\ 0 \\ \vdots \\ 1 \end{pmatrix}$$

linear unabhängig. Denn aus $\alpha_1 \mathbf{e}_1 + \ldots + \alpha_n \mathbf{e}_n = 0$ folgt

$$\begin{pmatrix} \alpha_1 \\ \vdots \\ \alpha_n \end{pmatrix} = 0 \,, \qquad \text{also} \quad \alpha_1 = \ldots = \alpha_n = 0 \,.$$

(b) Die durch $p_0(x) = 1$, $p_1(x) = x$, $\ldots$, $p_n(x) = x^n$ gegebenen Polynome sind linear unabhängig. Denn aus $\alpha_0 p_0 + \ldots + \alpha_n p_n = 0$ folgt, daß

$$\alpha_0 + \alpha_1 x + \cdots + \alpha_n x^n$$

für alle $x \in \mathbb{R}$ verschwindet. Aufspalten in Real– und Imaginärteil und Koeffizientenvergleich nach $\S\,3 : 7.1$ liefern $\alpha_0 = \cdots = \alpha_n = 0$.

Die Menge $M = \{p_0, p_1, \ldots\}$ ist daher eine linear unabhängige Menge im Vektorraum $\mathcal{P}$ der Polynome.

5.4 Prüfen auf lineare Unabhängigkeit im $\mathbb{K}^n$

Sind die Vektoren

$$\mathbf{u} = \begin{pmatrix} 1 \\ 0 \\ -1 \\ 0 \end{pmatrix}, \quad \mathbf{v} = \begin{pmatrix} 0 \\ 1 \\ 1 \\ -2 \end{pmatrix}, \quad \mathbf{w} = \begin{pmatrix} 3 \\ -1 \\ -4 \\ 2 \end{pmatrix}$$

des $\mathbb{R}^4$ linear unabhängig? Dazu ist zu prüfen, ob die Gleichung

$$x_1\mathbf{u} + x_2\mathbf{v} + x_3\mathbf{w} = \mathbf{0}, \quad \text{in Koordinaten}$$

$$
\begin{aligned}
x_1 \phantom{{}+x_2} + 3x_3 &= 0 \\
x_2 - x_3 &= 0 \\
-x_1 + x_2 - 4x_3 &= 0 \\
- 2x_2 + 2x_3 &= 0,
\end{aligned}
$$

nur die triviale Lösung $x_1 = x_2 = x_3 = x_4 = 0$ besitzt. Aus den ersten beiden Gleichungen folgt

$$x_1 = -3x_3, \quad x_2 = x_3.$$

Setzt man dies in die restlichen Gleichungen ein, so sind diese identisch erfüllt, insbesondere ergeben die Werte

$$x_1 = -3,, \quad x_2 = 1, \quad x_3 = 1$$

eine Lösung des Gleichungssystems. Damit haben wir

$$-3\mathbf{u} + \mathbf{v} + \mathbf{w} = \mathbf{0};$$

die Vektoren $\mathbf{u}$, $\mathbf{v}$ und $\mathbf{w}$ sind also linear abhängig.

Wir halten fest: *Das Prüfen auf lineare Abhängigkeit von Vektoren $\mathbf{v}_1, \ldots, \mathbf{v}_m$ des $\mathbb{K}^n$ führt auf ein homogenes System von n linearen Gleichungen für m Unbekannte.*

5.5 Aufgaben

(a) Bilden die Vektoren $\mathbf{v}_1, \ldots, \mathbf{v}_m$ ein Orthonormalsystem im $\mathbb{R}^n$, d.h. gilt $\langle \mathbf{v}_i, \mathbf{v}_k \rangle = \delta_{ik}$ (vgl. §6:4.2), so sind sie linear unabhängig.

(b) Zeigen Sie, daß die durch

$$f(x) = \log \frac{(1 + x)^2}{1 + x^2}, \quad g(x) = \log\left(1 + 2x^2 + x^4\right), \quad h(x) = \log(1 + x)$$

gegebenen Funktionen $f, g, h \in C\,[0, 1]$ linear abhängig sind.

6 Vektorräume mit Basis

6.1 Basen. Ein geordnetes n-Tupel

$$\mathcal{B} = (v_1, \ldots, v_n)$$

von Vektoren des $\mathbb{K}$–Vektorraums V heißt eine **Basis von V**, wenn sich jeder Vektor $v \in V$ als eine Linearkombination

$$v = \alpha_1 v_1 + \alpha_2 v_2 + \ldots + \alpha_n v_n$$

mit eindeutig bestimmten Koeffizienten $\alpha_1, \ldots, \alpha_n$ darstellen läßt (**Basisdarstellung von v**).

Die durch v eindeutig bestimmten Zahlen $\alpha_1, \ldots, \alpha_n$ heißen die Koordinaten von v bezüglich der Basis $\mathcal{B}$, sie werden zu einem **Koordinatenvektor**

$$(v)_{\mathcal{B}} = \begin{pmatrix} \alpha_1 \\ \vdots \\ \alpha_n \end{pmatrix}$$

zusammengefaßt.

SATZ. $\mathcal{B} = (v_1, \ldots, v_n)$ *ist genau dann eine Basis, wenn $v_1, \ldots, v_n$ ein linear unabhängiges Erzeugendensystem ist.*

BEWEIS.

(a) Sei $\mathcal{B} = (v_1, \ldots, v_n)$ eine Basis. Nach Definition gilt

$$V = \operatorname{Span}\{v_1, \ldots, v_n\}.$$

Aus $\alpha_1 v_1 + \ldots + \alpha_n v_n = 0 = 0 \cdot v_1 + \ldots + 0 \cdot v_n$ folgt wegen der Eindeutigkeit der Basisdarstellung $\alpha_1 = \ldots = \alpha_n = 0$, also sind die $v_1, \ldots, v_n$ linear unabhängig.

(b) Sei $v_1, \ldots, v_n$ ein linear unabhängiges Erzeugendensystem. Dann ist jeder Vektor $v \in V$ eine Linearkombination

$$v = \alpha_1 v_1 + \ldots + \alpha_n v_n.$$

Die Zahlen $\alpha_1, \ldots, \alpha_n$ sind eindeutig bestimmt, denn aus

$$v = \beta_1 v_1 + \ldots + \beta_n v_n \qquad \text{folgt} \quad (\alpha_1 - \beta_1)v_1 + \ldots + (\alpha_n - \beta_n)v_n = 0,$$

also $\alpha_1 = \beta_1, \ldots, \alpha_n = \beta_n$ wegen der linearen Unabhängigkeit. $\qquad\square$

0.2 Beispiele

(a) **Die kanonische Basis oder Standardbasis $\mathcal{K}$ des $\mathbb{K}^n$** ist gegeben durch

$$\mathbf{e}_1 = \begin{pmatrix} 1 \\ 0 \\ 0 \\ \vdots \\ 0 \end{pmatrix}, \qquad \mathbf{e}_2 = \begin{pmatrix} 0 \\ 1 \\ 0 \\ \vdots \\ 0 \end{pmatrix}, \ldots, \quad \mathbf{e}_n = \begin{pmatrix} 0 \\ 0 \\ 0 \\ \vdots \\ 1 \end{pmatrix}.$$

(b) **Fundamentalsysteme für die Schwingungsgleichung** $\ddot{y} + a\dot{y} + by = 0$.
Nach § 10 : 4.6 bilden zwei Lösungen y_1, y_2 ein Fundamentalsystem, wenn jede
Lösung y der homogenen DGL sich in der Form

$$y = c_1 y_1 + c_2 y_2$$

darstellen läßt mit eindeutig bestimmten Koeffizienten c_1, c_2. Daher ist $\mathcal{B} =$
(y_1, y_2) eine Basis des Lösungsraumes V der homogenen Gleichung, ebenso $\mathcal{B}' =$
(y_2, y_1).

(c) **Die Polynome vom Grad $\leq n$.** Für den Vektorraum $\mathcal{P}_{\mathbb{K}}^n$ der Polynome vom Grad $\leq n$ mit Koeffizienten aus $\mathbb{K}$ ist eine Basis gegeben durch die
Potenzen

$$p_0(x) = 1, \qquad p_1(x) = x, \quad \ldots, \quad p_n(x) = x^n.$$

Jedes Polynom $x \mapsto a_0 + a_1 x + \cdots + a_n x^n$ hat die Form

$$p = a_0 \cdot p_0 + \cdots + a_n \cdot p_n,$$

und die Koeffizienten sind eindeutig bestimmt nach § 3 : 7.1 bzw. 5.3 (b).

(d) $\boxed{\text{ÜA}}$ Geben Sie eine Basis für den Lösungsraum der DGL $y' = a(x)y$ an.

6.3 Eine Basis für den Vektorraum aller Polynome

Für den Vektorraum $\mathcal{P}_{\mathbb{K}}$ aller Polynome mit Koeffizienten aus $\mathbb{K}$ bilden die
Potenzen $p_k : x \mapsto x^k$ $(k = 0, 1, 2, \ldots)$ ein linear unabhängiges Erzeugendensystem. Wir sagen auch in diesem Fall, daß $\mathcal{B} = (p_0, p_1, p_2, \ldots)$ eine Basis
für den $\mathcal{P}_{\mathbb{K}}$ ist. Jedem Polynom $p : x \mapsto a_0 + a_1 x + \cdots + a_n x^n$ entspricht
bezüglich dieser Basis die Koordinatenfolge

$$(p)_{\mathcal{B}} = (a_0, a_1, \ldots, a_n, 0, 0, 0, \ldots).$$

6.4 Die Dimension eines Vektorraums

Der Dimensionsbegriff beruht auf dem folgenden

SATZ. *Besitzt ein Vektorraum V eine Basis aus n Vektoren, so besteht auch
jede andere Basis aus n Vektoren.*

Die somit von der gewählten Basis unabhängige Kennzahl n des Vektorraums V
nennen wir die **Dimension von V** und schreiben

$$\dim V = n.$$

Für $V = \{0\}$ setzen wir $\dim V := 0$.

Besitzt ein Vektorraum keine endliche Basis, so bezeichnen wir ihn als **unend-
lichdimensional**.

In diesem Band beschäftigen wir uns größtenteils mit endlichdimensionalen Vektorräumen.

Der Beweis des Satzes ergibt sich unmittelbar aus dem folgenden

Hilfssatz. *Ist $b_1, \ldots, b_n$ ein Erzeugendensystem für V und sind $a_1, \ldots, a_m$ linear unabhängige Vektoren in V, so gilt $m \leq n$.*

BEWEIS.

Wir zeigen durch Induktion nach n die äquivalente Aussage: *Hat ein Vektorraum V ein Erzeugendensystem $b_1, \ldots, b_n$, so ist jede aus $m > n$ Vektoren bestehende Kollektion $a_1, \ldots, a_m$ in V linear abhängig.*

$n = 1$: b_1 erzeuge V. Für Vektoren $a_1, \ldots, a_m$ $(m > 1)$ gilt dann $a_i = \alpha_i b_1$ mit $i = 1, \ldots, m$. Seien nicht alle α_i gleich Null, etwa $\alpha_1 \neq 0$. Dann sind schon a_1, a_2 linear abhängig wegen $\alpha_2 a_1 - \alpha_1 a_2 = \alpha_2 \alpha_1 b_1 - \alpha_1 \alpha_2 b_1 = 0$.

Die Behauptung sei für $n - 1$ richtig. In $V = \mathrm{Span}\,\{b_1, \ldots, b_n\}$ seien Vektoren $a_1, \ldots, a_m$ $(m > n)$ gegeben. Dann gibt es Zahlen $\alpha_{ik} \in \mathbb{K}$ mit

$$a_i = \sum_{k=1}^{n} \alpha_{ik} b_k \qquad (i = 1, \ldots, m)\,.$$

Durch geeignete Umnummerierung der a_i und b_k kann erreicht werden, daß $\alpha_{11} \neq 0$. (Wären alle $\alpha_{ik} = 0$, so wäre jedes $a_i = 0$, also $a_1, \ldots, a_m$ linear abhängig.) Die $m - 1$ Vektoren

$$c_i := a_i - \frac{\alpha_{i1}}{\alpha_{11}} a_1 = \sum_{k=1}^{n} \frac{\alpha_{11}\alpha_{ik} - \alpha_{i1}\alpha_{1k}}{\alpha_{11}} b_k \qquad (i = 2, \ldots, m)$$

liegen in $\mathrm{Span}\,\{b_2, \ldots, b_n\}$, da der Koeffizient von b_1 Null ist, und es gilt $m - 1 > n - 1$. Nach Induktionsvoraussetzung sind die $c_2, \ldots, c_m$ linear abhängig, es gibt also Zahlen $\lambda_2, \ldots, \lambda_m$, die nicht sämtlich Null sind, und für die

$$0 = \sum_{i=2}^{m} \lambda_i c_i = \sum_{i=2}^{m} \lambda_i \left(a_i - \frac{\alpha_{i1}}{\alpha_{11}} a_1 \right) = \sum_{i=1}^{m} \lambda_i a_i \quad \text{mit} \quad \lambda_1 = -\frac{1}{\alpha_{11}} \sum_{i=2}^{m} \lambda_i \alpha_{i1}\,,$$

und nicht alle λ_i sind Null. Also sind $a_1, \ldots, a_m$ linear abhängig. $\square$

6.5 Basisergänzungssatz. *Ist $b_1, \ldots, b_n$ ein Erzeugendensystem von V und sind $a_1, \ldots, a_m$ linear unabhängige Vektoren in V, die keine Basis von V bilden, so lassen sich die $a_1, \ldots, a_m$ durch Hinzunahme geeigneter b_k zu einer Basis von V ergänzen.*

Diesen Satz beweisen wir zusammen mit dem

6.6 Basisauswahlsatz *Besitzt der Vektorraum V ein endliches Erzeugendensystem $b_1, \ldots, b_n$, so läßt sich aus diesem eine Basis für V auswählen.*

Auf diesen beiden Sätzen und der Invarianz der Dimension 7.1 basieren alle weiteren Schlüsse der endlichdimensionalen linearen Algebra.

BEWEIS.

Für 6.5 sei $A = \{a_1, \ldots, a_m\}$, $M = \{a_1, \ldots, a_m, b_1, \ldots, b_n\}$. Wir betrachten alle Mengen S mit

$$A \subset S \subset M \quad \text{und} \quad V = \operatorname{Span} S.$$

M selbst ist eine solche Menge. Unter ihnen gibt es eine Menge S_0 mit kleinster Elementezahl, vgl. § 1 : 6.1. Dann sind die Vektoren von S_0 linear unabhängig, d.h. keiner der Vektoren von S_0 läßt sich durch die übrigen ausdrücken:

(a) Wäre ein $b_k \in S_0$ Linearkombination der restlichen Vektoren von S_0, so wäre S_0 nicht minimal.

(b) Wäre ein $a_l \in S_0$ Linearkombination der übrigen Vektoren von S_0, so müßte dabei irgend ein b_k einen von Null verschiedenen Vorfaktor haben, da $a_1, \ldots, a_m$ linear unabhängig sind. Dieses b_k wäre dann eine Linearkombination der restlichen Vektoren von S_0 , und wir wären wieder bei (a). Also enthält S_0 ein linear unabhängiges Erzeugendensystem, und das ist nach 6.1 eine Basis.

Für den Beweis des Basisauswahlsatzes 6.6 wiederholen wir diese Argumentation mit $A = \emptyset$, $M = \{b_1, \ldots, b_n\}$. $\square$

FOLGERUNGEN.

(a) *In einem n–dimensionalen Vektorraum bilden je n linear unabhängige Vektoren eine Basis.*

(b) *Hat ein Teilraum W von V die gleiche endliche Dimension wie V, so ist $V = W$.*

BEWEIS.

(a) Ist eine unmittelbare Folge des Basisergänzungssatzes $\boxed{\text{ÜA}}$.

(b) Sei $\mathcal{A} = (a_1, \ldots, a_n)$ eine Basis für W und $\mathcal{B} = (b_1, \ldots, b_n)$ eine Basis von V. Wäre W ein echter Teilraum von V, so wäre $\mathcal{A}$ keine Basis für V, ließe sich also durch Hinzunahme geeigneter b_k zu einer Basis für V ergänzen. Damit wäre $\dim V > n$. $\square$

6.7 Aufgabe

Warum bilden die Polynome $a_1(x) = 1 + x + x^2$, $a_2(x) = 3x^2 - 2$ keine Basis für den Vektorraum $\mathcal{P}_{\mathbb{C}}^2$ aller Polynome vom Grad ≤ 2 ?

Ergänzen Sie a_1, a_2 durch Hinzunahme einer der Potenzen $1, x, x^2$ zu einer Basis für $\mathcal{P}_{\mathbb{C}}^2$. (Nachweis der Basiseigenschaft nicht vergessen !)

§ 15 Lineare Abbildungen und Matrizen

1 Beispiele linearer Abbildungen

1.1 Lineare Abbildungen

Eine Abbildung $L : V \to W$ zwischen Vektorräumen V, W über demselben Körper $\mathbb{K}$ heißt **linear**, wenn

$$L(\alpha_1 u_1 + \alpha_2 u_2) = \alpha_1 L(u_1) + \alpha_2 L(u_2)$$

für beliebige Vektoren $u_1, u_2 \in V$ und Skalare $\alpha_1, \alpha_2 \in \mathbb{K}$.

Es ist üblich, bei linearen Abbildungen auch

$$Lu \quad \text{statt} \quad L(u)$$

zu schreiben. Lineare Abbildungen werden oft auch **lineare Operatoren** genannt, vor allem bei unendlichdimensionalen Räumen. Ist $W = \mathbb{K}$, so spricht man von **Linearformen** oder **linearen Funktionalen** auf V.

Wie schon in § 14 erwähnt, gilt ein Hauptinteresse der linearen Algebra den linearen Gleichungen $Lu = b$, wobei L eine lineare Abbildung ist.

Einfache Eigenschaften linearer Abbildungen L

(a) $L0 = 0$.

(b) $L(u + v) = Lu + Lv$, $\quad L(\alpha u) = \alpha \cdot Lu$.

Umgekehrt folgt aus diesen beiden Gleichungen die Linearität von L.

(c) $L \left(\sum_{k=1}^{n} \alpha_k u_k \right) = \sum_{k=1}^{n} \alpha_k Lu_k$.

Die erste Gleichung müßte genaugenommen $L0_V = 0_W$ lauten. Sie ergibt sich aus $L0 = L(0 \cdot 0 + 0 \cdot 0) = 0 \cdot L0 + 0 \cdot L0 = 0$.

(b) ist eine einfache $\boxed{\text{ÜA}}$; (c) ergibt sich durch Induktion nach (b).

1.2 Beispiele

(a) Die einfachsten linearen Abbildungen sind

> **der Nulloperator** $\quad 0 : u \mapsto 0 \quad$ und
> **die Identität** $\qquad 1 = \mathbb{1}_V : u \mapsto u$.

(b) *Der Ableitungsoperator:*

Sei I ein reelles Intervall, $V = \mathrm{C}^1(I)$ und $W = C(I)$. Dann ist

$$D : u \mapsto u'$$

eine lineare Abbildung von V nach W.

(c) *Der Differentialoperator der Schwingungsgleichung*:
Für $a, b \in \mathbb{R}$ ist

$$u \mapsto Lu = \ddot{u} + a\dot{u} + bu, \qquad C^2(\mathbb{R}) \to C^0(\mathbb{R})$$

ein linearer Operator.

(d) *Das Integral*: Ist I ein reelles Intervall und V der Vektorraum aller über I integrierbaren Funktionen, so liefert $Lu = \int_I u(x)\,dx$ eine Linearform auf V.

1.3 Beispiele aus der ebenen Geometrie

(a) *Orthogonale Projektion auf eine Gerade*. Sei $\|\mathbf{a}\| = 1$ und $g = \mathrm{Span}\,\{\mathbf{a}\}$. Nach § 6 : 2.4 ist die orthogonale Projektion eines Vektors $\mathbf{x}$ auf g gegeben durch $P\mathbf{x} = \langle \mathbf{a}, \mathbf{x} \rangle \cdot \mathbf{a}$. $\boxed{\text{ÜA}}$ Zeigen Sie, daß P linear ist.

(b) *Drehungen in der Ebene*. Die Drehung D_α um den Ursprung mit dem Winkel α ordnet jedem Punkt $\mathbf{x} = (x_1, x_2)$ den Bildpunkt

$$D_\alpha \mathbf{x} = \begin{pmatrix} x_1 \cos \alpha - x_2 \sin \alpha \\ x_1 \sin \alpha + x_2 \cos \alpha \end{pmatrix} \quad \text{zu.}$$

Das ergibt sich am einfachsten durch komplexe Rechnung: Nach § 5 : 11.1 gilt für $D_\alpha \mathbf{x} = (y_1, y_2)$

$$(y_1 + iy_2) = e^{i\alpha}(x_1 + ix_2) = (\cos \alpha + i \sin \alpha) \cdot (x_1 + ix_2)$$
$$= (x_1 \cos \alpha - x_2 \sin \alpha) + i(x_1 \sin \alpha + x_2 \cos \alpha).$$

$\boxed{\text{ÜA}}$ Zeigen Sie, daß D_α eine lineare Abbildung ist.

(c) *Spiegelung an einer Geraden*. Sei $g = \mathrm{Span}\,\{\mathbf{a}\}$ eine Ursprungsgerade in der Ebene und $\mathbf{a}$ ein Vektor der Länge 1. Die Spiegelung S_g an der Geraden g ordnet dem Punkt $\mathbf{x}$ den Bildpunkt

$$S_g \mathbf{x} = \mathbf{x} + 2 \cdot (P\mathbf{x} - \mathbf{x})$$

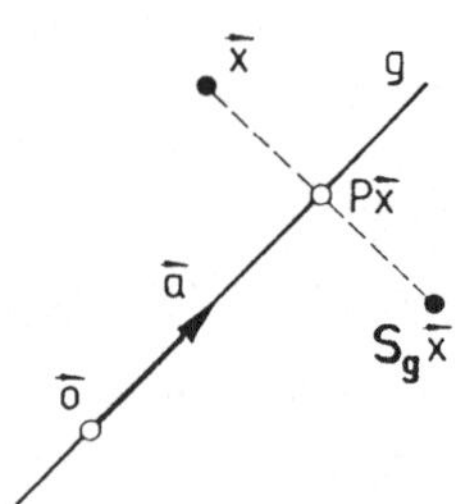

zu, wo $P\mathbf{x}$ die orthogonale Projektion von $\mathbf{x}$ auf g ist (Fig.).

Nach (a) gilt also

$$S_g \mathbf{x} = 2 \cdot \langle \mathbf{a}, \mathbf{x} \rangle \cdot \mathbf{a} - \mathbf{x},$$

und S_g ist linear $\boxed{\text{ÜA}}$.

2 Die Dimensionsformel

2.1 Kern und Bild einer linearen Abbildung

Für lineare Abbildungen $L : V \to W$ gilt

(a) *Bild $L = \{Lu \mid u \in V\}$ ist ein Teilraum von W.*

(b) *Kern $L = \{u \in V \mid Lu = 0\}$ ist ein Teilraum von V.*

(c) *L ist genau dann injektiv, wenn Kern $L = \{0\}$.*

BEWEIS.

(a) Wegen $0 = L0$ ist Bild L nicht leer. Gehören $v_1 = Lu_1$ und $v_2 = Lu_2$ zum Bild von L, so gilt $\alpha_1 v_1 + \alpha_2 v_2 = \alpha_1 Lu_1 + \alpha_2 Lu_2 = L(\alpha_1 u_1 + \alpha_2 u_2) \in$ Bild L.

(b) Wegen $L0 = 0$ ist Kern L nicht leer. Gehören u_1, u_2 zu Kern L und sind $\alpha_1, \alpha_2 \in \mathbb{K}$, so gilt $L(\alpha_1 u_1 + \alpha_2 u_2) = \alpha_1 Lu_1 + \alpha_2 Lu_2 = \alpha_1 \cdot 0 + \alpha_2 \cdot 0 = 0$,

(c) Sei L injektiv. Dann hat die Gleichung $Lu = 0$ nur eine einzige Lösung u, nämlich $u = 0$. Also ist Kern $L = \{0\}$.

Ist umgekehrt Kern $L = \{0\}$, so folgt aus $Lu_1 = Lu_2$ wegen der Linearität von L die Gleichung $L(u_1 - u_2) = Lu_1 - Lu_2 = 0$, also $u_1 - u_2 \in$ Kern L und damit $u_1 - u_2 = 0$, d.h. $u_1 = u_2$. Also ist L injektiv.

FOLGERUNG. *Die Lösungen der homogenen Gleichung $Lu = 0$ bilden einen Vektorraum.*

Es sei nochmals an das Beispiel der Schwingungsgleichung erinnert: Die Lösungen von $Lu = \ddot{u} + a\dot{u} + bu = 0$ bilden einen Vektorraum der Dimension 2.

2.2 Dimensionsformel

Der Vektorraum V habe die endliche Dimension n, und $L : V \to W$ sei linear. Dann gilt

$$\dim \text{Kern } L + \dim \text{Bild } L = n.$$

Die Dimension des Bildraumes heißt auch der **Rang** von L. Die Dimensionsformel ist fundamental für die Theorie linearer Gleichungssysteme, vgl. § 16. Das nebenstehende Schema beschreibt die Situation symbolisch.

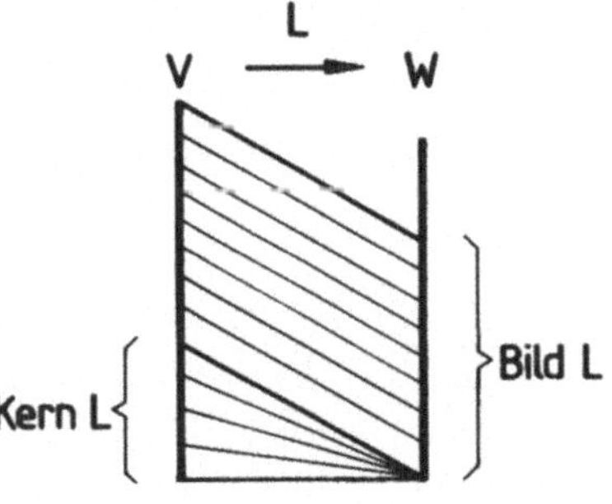

BEWEIS.

Im Fall $L = 0$ ist Kern $L = V$ und Bild $L = \{0\}$, die Formel also richtig. Im Fall $L \neq 0$ haben wir zwei Fälle zu unterscheiden.

Im Fall $m := \dim \operatorname{Kern} L > 0$ wählen wir eine Basis $(b_1, \ldots, b_m)$ für $\operatorname{Kern} L$ und ergänzen diese gemäß §14:6.5 zu einer Basis $\mathcal{B} = (b_1, \ldots, b_m, b_{m+1}, \ldots, b_n)$ von V.

Im Fall $m = 0$ sei $\mathcal{B} = (b_1, \ldots, b_n)$ irgend eine Basis von V. Wir zeigen, daß

$$(Lb_{m+1}, \ldots, Lb_n)$$

eine Basis für $\operatorname{Bild} L$ ist, womit die Dimensionsformel bewiesen ist.

(a) Wir zeigen $\operatorname{Bild} L = \operatorname{Span} \{Lb_{m+1}, \ldots, Lb_n\}$. $\operatorname{Bild} L$ enthält als Vektorraum mit $Lb_{m+1}, \ldots, Lb_n$ auch den Aufspann dieser Vektoren.

Umgekehrt gilt für $u = \displaystyle\sum_{k=1}^{n} x_k b_k \in V$

$$Lu = \sum_{k=1}^{n} x_k Lb_k = \sum_{k=1}^{m} x_k Lb_k + \sum_{k=m+1}^{n} x_k Lb_k$$

$$= \sum_{k=m+1}^{n} x_k Lb_k \in \operatorname{Span} \{Lb_{m+1}, \ldots, Lb_n\}.$$

(b) $Lb_{m+1}, \ldots, Lb_n$ sind linear unabhängig. Dazu nehmen wir an, daß

$$\sum_{k=m+1}^{n} x_k Lb_k = 0$$

und haben zu zeigen $x_{m+1} = \cdots = x_n = 0$. In der Tat, für

$$u = \sum_{k=m+1}^{n} x_k b_k$$

folgt wegen der Linearität von L

$$Lu = \sum_{m+1}^{n} x_k Lb_k = 0,$$

also gilt $u \in \operatorname{Kern} L = \operatorname{Span} \{b_1, \ldots, b_m\}$. Es gibt also Zahlen $y_1, \ldots, y_m$ mit $u = \displaystyle\sum_{i=1}^{m} y_i b_i$. Aus

$$\sum_{i=1}^{m} y_i b_i = \sum_{m+1}^{n} x_k b_k$$

folgt wegen der Eindeutigkeit der Basisdarstellung $(u)_{\mathcal{B}}$

$$y_1 = \cdots = y_m = x_{m+1} = \cdots = x_n = 0. \qquad \qquad \square$$

3 Verknüpfung linearer Abbildungen

3.1 Der Vektorraum $\mathcal{L}(V, W)$

Sind $L_1, L_2 : V \to W$ lineare Abbildungen und $\alpha_1, \alpha_2 \in \mathbb{K}$, so ist auch

$$\alpha_1 L_1 + \alpha_2 L_2 : u \mapsto \alpha_1 L_1 u + \alpha_2 L_2 u$$

eine lineare Abbildung von V nach W $\boxed{\text{ÜA}}$.

Damit bilden die linearen Abbildungen $L : V \to W$ ihrerseits einen $\mathbb{K}$–Vektorraum, bezeichnet mit $\mathcal{L}(V, W)$. Im Falle $V = W$ schreiben wir $\mathcal{L}(V)$ statt $\mathcal{L}(V, V)$.

3.2 Die Hintereinanderausführung linearer Abbildungen

Für zwei lineare Abbildungen zwischen $\mathbb{K}$–Vektorräumen

$$U \xrightarrow{T} V \xrightarrow{S} W$$

ist die Hintereinanderausführung $S \circ T : U \to W$ wieder eine lineare Abbildung $\boxed{\text{ÜA}}$.

Schreibweise: Wir schreiben ST statt $S \circ T$.

4 Lineare Abbildungen und Matrizen

Für den Rest dieses Abschnittes sei grundsätzlich V ein Vektorraum der Dimension n und W ein Vektorraum der Dimension m, beide über demselben Körper $\mathbb{K}$.

4.1 Beschreibung einer linearen Abbildung mit Hilfe von Basen

Sei $(v_1, \ldots, v_n)$ eine Basis von V.

(a) *Eine lineare Abbildung $L : V \to W$ ist durch Kenntnis der Bildvektoren $Lv_1, \ldots, Lv_n$ vollständig beschrieben.*

(b) *Zu vorgegebenen Vektoren $w_1, \ldots, w_n \in W$ gibt es genau eine lineare Abbildung $L : V \to W$ mit*

$$Lv_1 = w_1, \quad \ldots, \quad Lv_n = w_n .$$

BEWEIS.

(a) Besitzt $u \in V$ die Basisdarstellung $u = \sum_{k=1}^{n} x_k v_k$ $(x_k \in \mathbb{K})$, so gilt

$$Lu = \sum_{k=1}^{n} x_k Lv_k .$$

(b) Gegeben sind $w_1, \ldots, w_n$. Gesucht ist eine lineare Abbildung $L : V \to W$ mit $Lv_k = w_k$ $(k = 1, \ldots, n)$. Gemäß (a) muß Lu für $u = \sum_{k=1}^{n} x_k v_k \in V$ durch

$$Lu := \sum_{k=1}^{n} x_k w_k$$

definiert werden. Der Nachweis, daß die so erklärte Abbildung L linear ist, sei dem Leser als $\boxed{\text{ÜA}}$ überlassen.

4.2 Die Matrix einer linearen Abbildung bezüglich gegebener Basen

Wir wählen Basen

$$\mathcal{A} = (v_1, \ldots, v_n) \quad \text{für} \quad V, \qquad \mathcal{B} = (w_1, \ldots, w_m) \quad \text{für} \quad W.$$

Zur Beschreibung einer linearen Abbildung $L : V \to W$ reicht es nach 4.1 völlig aus, die Bilder $Lv_1, \ldots, Lv_n$ anzugeben. Bezüglich der Basis $\mathcal{B}$ besitzt jedes Lv_k eine Basisdarstellung

$$Lv_k = \sum_{i=1}^{m} a_{ik} w_i$$

mit eindeutig bestimmten Koeffizienten a_{ik}. Wir ordnen diese in einem rechteckigen Schema

$$\begin{pmatrix} a_{11} & a_{12} & \cdots & a_{1n} \\ a_{21} & a_{22} & \cdots & a_{2n} \\ \vdots & \vdots & \ddots & \vdots \\ a_{m1} & a_{m2} & \cdots & a_{mn} \end{pmatrix}$$

an und nennen dieses Schema die **Matrix von L bezüglich der Basen $\mathcal{A}$ und $\mathcal{B}$**, bezeichnet mit $M_{\mathcal{A}}^{\mathcal{B}}(L)$.

Matrizen werden (bei fest gewählten Basen) mit lateinischen Großbuchstaben abgekürzt, üblich sind die Schreibweisen

$$A = \begin{pmatrix} a_{11} & \cdots & a_{1n} \\ \vdots & \ddots & \vdots \\ a_{m1} & \cdots & a_{mn} \end{pmatrix} = (a_{ik})_{m \times n}, \quad \text{kurz} \quad (a_{ik}).$$

Wir sprechen von einer **$m \times n$–Matrix** (m Zeilen, n Spalten). Die a_{ik} heißen *Koeffizienten von A.*

MERKE: *Die Spalten von $A = M_{\mathcal{A}}^{\mathcal{B}}(L)$ enthalten die Bilder der Basisvektoren in Koordinatendarstellung; für die k-te Spalte gilt*

$$\begin{pmatrix} a_{1k} \\ \vdots \\ a_{mk} \end{pmatrix} = (Lv_k)_{\mathcal{B}} \qquad \text{(Koordinatendarstellung von } Lv_k \text{ bezüglich } \mathcal{B}).$$

4.3 Quadratische Matrizen

(a) Im Fall $V = W$ wird man in der Regel im Bild– und Urbildraum dieselbe Basis $\mathcal{B}$ wählen; statt $M_{\mathcal{B}}^{\mathcal{B}}(L)$ schreiben wir dann $M_{\mathcal{B}}(L)$.

(b) **Drehungen im $\mathbb{R}^2$.** Wir verwenden die kanonische Basis $\mathcal{K} = (\mathbf{e}_1, \mathbf{e}_2)$. Bei der Drehung D_α um den Ursprung mit Drehwinkel α ergibt sich

$$D_\alpha \mathbf{e}_1 = \begin{pmatrix} \cos\alpha \\ \sin\alpha \end{pmatrix}, \qquad D_\alpha \mathbf{e}_2 = \begin{pmatrix} -\sin\alpha \\ \cos\alpha \end{pmatrix} \qquad \text{(vgl. 1.3 (b)), also}$$

$$M_{\mathcal{K}}(D_\alpha) = \begin{pmatrix} \cos\alpha & -\sin\alpha \\ \sin\alpha & \cos\alpha \end{pmatrix}.$$

(c) **Spiegelung an einer Geraden.** Sei $\mathbf{a} = \begin{pmatrix} a_1 \\ a_2 \end{pmatrix}$ ein Vektor der Länge 1, $g = \mathrm{Span}\,\{\mathbf{a}\}$ und

$$L\mathbf{x} = S_g \mathbf{x} = 2\langle \mathbf{a}, \mathbf{x} \rangle \mathbf{a} - \mathbf{x}, \quad \text{vgl. 1.3 (c).}$$

Die Matrix von L bezüglich der kanonischen Basis ergibt sich durch

$$L\mathbf{e}_1 = 2a_1\mathbf{a} - \mathbf{e}_1 = \begin{pmatrix} 2a_1^2 - 1 \\ 2a_1 a_2 \end{pmatrix}, \qquad L\mathbf{e}_2 = 2a_2\mathbf{a} - \mathbf{e}_2 = \begin{pmatrix} 2a_1 a_2 \\ 2a_2^2 - 1 \end{pmatrix},$$

$$M_{\mathcal{K}}(L) = \begin{pmatrix} 2a_1^2 - 1 & 2a_1 a_2 \\ 2a_1 a_2 & 2a_2^2 - 1 \end{pmatrix}.$$

Eine der Spiegelung L besonders gut angepaßte Basis ist durch $\mathcal{B} = (\mathbf{a}, \mathbf{b})$ gegeben, wo $\mathbf{b}$ der zu $\mathbf{a}$ senkrechte Vektor $\begin{pmatrix} -a_2 \\ a_1 \end{pmatrix}$ ist. Es gilt $L\mathbf{a} = \mathbf{a} = 1 \cdot \mathbf{a} + 0 \cdot \mathbf{b}$, $L\mathbf{b} = -\mathbf{b} = 0 \cdot \mathbf{a} - 1 \cdot \mathbf{b}$.

Also hat $M_{\mathcal{B}}(L)$ die besonders einfache Gestalt $\begin{pmatrix} 1 & 0 \\ 0 & -1 \end{pmatrix}$.

Man darf also nicht den Fehler machen, aus $L\mathbf{a} = \mathbf{a}$ und $L\mathbf{b} = -\mathbf{b}$ auf die Matrix $\begin{pmatrix} a_1 & a_2 \\ a_2 & -a_1 \end{pmatrix}$ zu schließen. Die letztere Matrix wäre $M_{\mathcal{B}}^{\mathcal{K}}(L)$!

(d) **Die Einheitsmatrix.** Ist $\mathcal{B}$ eine beliebige Basis des n–dimensionalen Vektorraums V, so ist die Matrix $M_{\mathcal{B}}(\mathbf{1})$ der Identität offenbar

$$E_n = \begin{pmatrix} 1 & 0 & \cdots & 0 \\ 0 & 1 & & 0 \\ \vdots & 0 & \ddots & \vdots \\ 0 & 0 & \cdots & 1 \end{pmatrix}_{n \times n} = (\delta_{ik})_{n \times n} \quad \text{mit} \quad \delta_{ik} = \begin{cases} 0 & \text{für } i \neq k \\ 1 & \text{für } i = k. \end{cases}$$

Meistens schreiben wir E statt E_n.

(e) Zur Nullabbildung 0 gehört die **Nullmatrix** $0 = \begin{pmatrix} 0 & \cdots & 0 \\ \vdots & \ddots & \vdots \\ 0 & \cdots & 0 \end{pmatrix}$.

(f) *Der Ableitungsoperator auf* $\mathcal{P}_{\mathbb{R}}^2$, dem Vektorraum der reellen Polynome vom Grad ≤ 2, hat bezüglich der Basis $\mathcal{B} = (p_0, p_1, p_2)$ der Potenzen $p_k(x) = x^k$ die Matrixdarstellung $\boxed{\text{ÜA}}$

$$M_{\mathcal{B}}(D) = \begin{pmatrix} 0 & 1 & 0 \\ 0 & 0 & 2 \\ 0 & 0 & 0 \end{pmatrix}.$$

4.4 Linearformen auf V. Wir wählen eine Basis $\mathcal{B} = (v_1, \ldots, v_n)$ von V. Als kanonische Basis für den eindimensionalen Vektorraum $\mathbb{K}$ wählen wir die Zahl 1.

Jede lineare Abbildung $L : V \to \mathbb{K}$ besitzt dann die $1 \times n$–Matrix (Zeilenmatrix)

$$M_{\mathcal{B}}^{\mathcal{K}}(L) = (Lv_1, \ldots, Lv_n) \, .$$

Hat beispielsweise der Vektor $\mathbf{a} \in \mathbb{R}^n$ die Komponenten $a_1, \ldots, a_n$ und ist $L(\mathbf{x}) = \langle \mathbf{a}, \mathbf{x} \rangle$, so hat L bezüglich der kanonischen Basen in $\mathbb{R}^n$ und $\mathbb{R}$ die Zeilenmatrix $(a_1, a_2, \ldots, a_n)$.

4.5 Berechnung des Bildvektors (Matrix–Vektor–Multiplikation)

Sei $M_{\mathcal{A}}^{\mathcal{B}}(L) = A = (a_{ik})_{m \times n}$. Die Koordinatendarstellungen des Vektors $u \in V$ und seines Bildvektors Lu seien gegeben durch

$$(u)_{\mathcal{A}} = \begin{pmatrix} x_1 \\ \vdots \\ x_n \end{pmatrix} = \mathbf{x}, \qquad (Lu)_{\mathcal{B}} = \begin{pmatrix} y_1 \\ \vdots \\ y_m \end{pmatrix} = \mathbf{y} \, .$$

Dann bestehen die Gleichungen

$$y_i = \sum_{k=1}^{n} a_{ik} x_k \qquad (i = 1, \ldots, m) \, .$$

Wir fassen diese Gleichungen in die Kurzform

$$\mathbf{y} = A\mathbf{x}\,.$$

Die so definierte Matrix–Vektor–Multiplikation ergibt sich nach dem folgenden Schema:

$$\begin{pmatrix} a_{11} & a_{12} & \cdots & a_{1n} \\ \vdots & \vdots & & \vdots \\ \boxed{a_{i1} \quad a_{i2} \quad \cdots \quad a_{in}} \\ \vdots & \vdots & & \vdots \\ a_{m1} & a_{m2} & \cdots & a_{mn} \end{pmatrix} \begin{pmatrix} x_1 \\ x_2 \\ \vdots \\ x_n \end{pmatrix} \qquad y_i = a_{i1}x_1 + a_{i2}x_2 + \cdots + a_{in}x_n$$

Zur Berechnung von $y_i = (A\mathbf{x})_i$ denke man sich den Vektor $\mathbf{x}$ über die i–te Zeile gelegt und bilde die Summe der Produkte übereinanderstehender Koeffizienten.

BEWEIS.

Für $u = x_1 v_1 + \cdots + x_n v_n$ gilt

$$\begin{aligned} Lu &= x_1 L v_1 + \cdots + x_n L v_n \\ &= x_1 \left(a_{11} w_1 + a_{21} w_2 + \cdots a_{m1} w_m \right) \\ &\quad + x_2 \left(a_{12} w_1 + a_{22} w_2 + \cdots a_{m2} w_m \right) \\ &\quad \vdots \\ &\quad + x_n \left(a_{1n} w_1 + a_{2n} w_2 + \cdots a_{mn} w_m \right) \\ &= w_1 \left(a_{11} x_1 + a_{12} x_2 + \cdots + a_{1n} x_n \right) \\ &\quad + w_2 \left(a_{21} x_1 + a_{22} x_2 + \cdots + a_{2n} x_n \right) \\ &\quad \vdots \\ &\quad + w_m \left(a_{m1} x_1 + a_{m2} x_2 + \cdots + a_{mn} x_n \right) . \end{aligned}$$

$\square$

BEISPIEL. Rechnen Sie nach, daß

$$\begin{pmatrix} -1 & 2 & 1 & 0 \\ 1 & -1 & 0 & 1 \\ 2 & 1 & -3 & 1 \end{pmatrix} \begin{pmatrix} 1 \\ 2 \\ 3 \\ 4 \end{pmatrix} = \begin{pmatrix} 6 \\ 3 \\ -1 \end{pmatrix}.$$

5 Matrizenrechnung

5.1 Zielsetzung

Wir wollen für die linearen Abbildungen $S, T : V \to W$ mit Matrizen $A = M_A^B(S)$, $B = M_A^B(T)$ die Matrix von $\lambda S + \mu T$ berechnen; diese werden wir mit

$\lambda A + \mu B$ bezeichnen. Ferner wollen wir im Falle

$$U \xrightarrow{T} V \xrightarrow{S} W$$

die Matrix der Hintereinanderausführung ST bestimmen. Diese bezeichnen wir mit $A \cdot B = M_{\mathcal{A}}^{\mathcal{C}}(ST)$, wobei $B = M_{\mathcal{A}}^{\mathcal{B}}(T)$ und $A = M_{\mathcal{B}}^{\mathcal{C}}(S)$. Schließlich wollen wir die Rechenregeln für den so definierten Matrizenkalkül untersuchen.

5.2 Summe und Vielfaches von Matrizen

(a) *Haben die linearen Abbildungen $S, T : V \to W$ bezüglich fest gewählter Basen $\mathcal{A}$ für V, $\mathcal{B}$ für W die $m \times n$-Matrizen*

$$M_{\mathcal{A}}^{\mathcal{B}}(S) = A = (a_{ik}) \, , \qquad M_{\mathcal{A}}^{\mathcal{B}}(T) = B = (b_{ik}) \, ,$$

so ist die Matrix von $S + T$ gegeben durch

$$A + B := (a_{ik} + b_{ik}) \qquad (koeffizientenweise \ Addition).$$

(b) *Die Matrix von λS ($\lambda \in \mathbb{K}$) ist gegeben durch*

$$\lambda A := (\lambda a_{ik}) \, .$$

Die Matrix von $\lambda S + \mu T$ ist demnach $(\lambda a_{ik} + \mu b_{ik})$.

BEWEIS.

Wir beweisen die zuletzt gemachte Behauptung, die beiden ersten sind darin enthalten. Sei $\mathcal{A} = (v_1, \ldots, v_n)$ und $\mathcal{B} = (w_1, \ldots, w_n)$. Die Matrix $C = (c_{ik})$ von $\lambda S + \mu T$ bezüglich dieser Basen ist nach 4.1 eindeutig bestimmt durch

$$(\lambda S + \mu T) \, v_k = \sum_{i=1}^{m} c_{ik} w_i \qquad (k = 1, \ldots, n) \, .$$

Nun ist aber

$$(\lambda S + \mu T) \, v_k = \lambda S \, v_k + \mu T \, v_k$$

$$= \lambda \sum_{i=1}^{m} a_{ik} w_i + \mu \sum_{i=1}^{m} b_{ik} w_i = \sum_{i=1}^{m} (\lambda a_{ik} + \mu b_{ik}) \, w_i \, . \qquad \square$$

5.3 Matrizenmultiplikation

Gegeben sind lineare Abbildungen

$$U \xrightarrow{T} V \xrightarrow{S} W$$

zwischen den Vektorräumen U, V, W über $\mathbb{K}$ mit den Basen

$$\mathcal{A} = (u_1, \ldots, u_n) \quad \text{für} \quad U ,$$

$$\mathcal{B} = (v_1, \ldots, v_m) \quad \text{für} \quad V ,$$

$$\mathcal{C} = (w_1, \ldots, w_l) \quad \text{für} \quad W .$$

Die zu diesen Basen gehörigen Matrizen seien

$$A = M_{\mathcal{B}}^{\mathcal{C}}(S) , \qquad B = M_{\mathcal{A}}^{\mathcal{B}}(T) .$$

Die Matrix von ST bezüglich der Basen $\mathcal{A}$ und $\mathcal{C}$ bezeichnen wir mit

$$A \cdot B = (c_{ik})_{l \times n} .$$

Dann gilt

$$c_{ik} = \sum_{j=1}^{m} a_{ij} \cdot b_{jk} \qquad (i = 1, \ldots, l; \ k = 1, \ldots, n) .$$

BEMERKUNGEN.

(a) *Als Merkregel und zur praktischen Berechnung dient das folgende Schema:*

$$
\begin{pmatrix}
a_{11} & \cdots & a_{1m} \\
\vdots & & \vdots \\
\boxed{a_{i1} \ \cdots \ a_{im}} & & \\
\vdots & & \vdots \\
a_{l1} & \cdots & a_{lm}
\end{pmatrix}
\begin{pmatrix}
b_{11} & \cdots & \boxed{b_{1k}} & \cdots & b_{1n} \\
\vdots & & \vdots & & \vdots \\
b_{m1} & \cdots & \boxed{b_{mk}} & \cdots & b_{mn}
\end{pmatrix}
=
\begin{pmatrix}
c_{11} & \cdots & c_{1n} \\
\vdots & \boxed{c_{ik}} & \vdots \\
c_{l1} & \cdots & c_{ln}
\end{pmatrix}
$$

(b) *Die k–te Spalte von $A \cdot B$ entsteht durch Matrix–Vektor–Multiplikation $A\mathbf{b}_k$, wobei $\mathbf{b}_k$ die k–te Spalte von B ist.*

(c) Statt $A \cdot B$ schreiben wir auch AB.

BEWEIS.

Nach Definition der c_{ik} gilt

$$(*) \qquad ST\, u_k = S(T\, u_k) = \sum_{i=1}^{l} c_{ik} w_i .$$

Wir berechnen nun $S(T\, u_k)$ für festgehaltenes k. Dazu geben wir die Basisdarstellung von $T\, u_k$ an:

$$T\, u_k = \sum_{j=1}^{m} y_j v_j \quad \text{mit} \quad y_j = b_{jk}$$

nach Definition der Matrix B. Daraus ergibt sich

$$S(T\,u_k) = \sum_{j=1}^{m} y_j\, S\, v_j\,.$$

Nach Definition der Matrix A gilt $S\,v_j = \sum_{i=1}^{l} a_{ij} w_i$, also

$$S(T\,u_k) = \sum_{j=1}^{m} y_j \sum_{i=1}^{l} a_{ij} w_i = \sum_{i=1}^{l} w_i \sum_{j=1}^{m} a_{ij} y_j = \sum_{i=1}^{l} w_i \sum_{j=1}^{m} a_{ij} b_{jk}$$

nach Definition der y_j. Vergleich mit ($*$) ergibt die behauptete Formel für die c_{ik} wegen der Eindeutigkeit der Basisdarstellung. $\qquad\square$

5.4 Beispiele. Rechnen Sie die folgenden Ergebnisse nach:

(a) Für $A = \begin{pmatrix} 1 & -2 & 3 \\ 2 & 1 & -3 \end{pmatrix}$ und $B = \begin{pmatrix} 2 & -1 \\ 1 & 0 \\ -1 & 1 \end{pmatrix}$ gilt

$$AB = \begin{pmatrix} -3 & 2 \\ 8 & -5 \end{pmatrix} \quad\text{und}\quad BA = \begin{pmatrix} 0 & -5 & 9 \\ 1 & -2 & 3 \\ 1 & 3 & -6 \end{pmatrix}.$$

(b) Für $A = (i, -i, 1)$ und $B = \begin{pmatrix} 1 & 1 \\ i & -1 \\ -i & i \end{pmatrix}$ gilt $AB = (1\,,\,3i)$.

BA macht aus Formatgründen keinen Sinn!

5.5 Rechenregeln

(a) *Bei fest gewählten Basen $\mathcal{A}$ von V und $\mathcal{B}$ von W gibt es zu jeder $m \times n$– Matrix A genau eine lineare Abbildung $L : V \to W$ mit*

$$A = M_\mathcal{A}^\mathcal{B}(L)\,.$$

(b) *Die $m \times n$–Matrizen mit Koeffizienten aus $\mathbb{K}$ bilden einen $\mathbb{K}$–Vektorraum der Dimension $n \cdot m$.*

(c) *Für die Multiplikation (sofern aus Formatgründen möglich) gilt*

$$A(BC) = (AB)C \quad (Assoziativgesetz),$$

$$A(B + C) = AB + AC, \quad (A + B)C = AC + BC \quad (Distributivgesetze).$$

BEWEIS.

(a) folgt direkt aus 4.1 (b).

(b) Die Vektorraumseigenschaft ist leicht nachzuprüfen. Eine Basis bilden alle
diejenigen $m \times n$–Matrizen, bei denen ein Koeffizient Eins ist und alle anderen
Null sind.

(c) Die Distributivität ergibt sich direkt aus der Formel 5.3 für c_{ik}. Zur Assoziativität: Seien R, S, T die zu A, B, C gehörigen linearen Abbildungen bezüglich
der jeweiligen Basen. Dann ist $A(BC)$ die Matrix von $R(ST) = (RS)T$, und
die letztere Abbildung hat die Matrix $(AB)C$. $\square$

5.6 Die Algebra der $n \times n$–Matrizen

Bei fest gewählter Basis $\mathcal{B} = (v_1, \ldots, v_n)$ von V gehört zu jeder linearen Abbildung $T \in \mathcal{L}(V)$ eine quadratische Matrix $A = M_\mathcal{B}(T)$ mit der k–ten Spalte
$(T v_k)_\mathcal{B}$. Umgekehrt entspricht jeder $n \times n$–Matrix A genau eine lineare Abbildung $T \in \mathcal{L}(V)$ mit $M_\mathcal{B}(T) = A$. Nach Definition der Matrixoperationen
gilt

$$M_\mathcal{B}(\alpha S + \beta T) = \alpha M_\mathcal{B}(S) + \beta M_\mathcal{B}(T), \qquad M_\mathcal{B}(ST) = M_\mathcal{B}(S) \cdot M_\mathcal{B}(T).$$

Damit korrespondieren die Verknüpfungen von linearen Abbildungen mit denen
der Matrizen. Wir fassen die Rechenregeln zusammen:

(a) *Die $n \times n$–Matrizen mit Koeffizienten aus $\mathbb{K}$ bilden einen $\mathbb{K}$–Vektorraum
der Dimension n^2, bezeichnet mit $\mathcal{M}(n, \mathbb{K})$.*

(b) *Die Multiplikation ist assoziativ und distributiv.*

(c) *Es gilt $(\alpha A) \cdot (\beta B) = \alpha\beta \cdot AB$.*

(d) *Es gibt ein neutrales Element der Multiplikation, nämlich die Einheitsmatrix E_n, vgl. 4.3 (d).*

(e) *Die Multiplikation ist für $n \geq 2$ nicht kommutativ:*

Gegenbeispiel:

$$A = \begin{pmatrix} 0 & 1 \\ 0 & 0 \end{pmatrix}, \quad B = \begin{pmatrix} 0 & 0 \\ 1 & 0 \end{pmatrix}, \quad AB = \begin{pmatrix} 1 & 0 \\ 0 & 0 \end{pmatrix}, \quad BA - \begin{pmatrix} 0 & 0 \\ 0 & 1 \end{pmatrix}.$$

(f) *Die Multiplikation ist nicht nullteilerfrei, das heißt im allgemeinen folgt
aus $AB = 0$ nicht $A = 0$ oder $B = 0$.*

Gegenbeispiel: Für die Matrix A in (e) gilt $A^2 = A \cdot A = 0$.

Die Mathematiker fassen diese Eigenschaften so zusammen:
*Die Menge $\mathcal{M}(n, \mathbb{K})$ der $n \times n$–Matrizen über $\mathbb{K}$ bildet eine nichtkommutative
Algebra mit Einselement.*

6 Invertierbare lineare Abbildungen und reguläre Matrizen

6.1 Linearität der Umkehrabbildung

Ist eine lineare Abbildung $L : V \to W$ bijektiv, so ist die Umkehrabbildung $L^{-1} : W \to V$ ebenfalls linear.

BEWEIS.

Seien $w_1, w_2 \in W$ und $\alpha_1, \alpha_2 \in \mathbb{K}$. Wegen der Bijektivität von L gibt es eindeutig bestimmte Vektoren $u_1, u_2 \in V$ mit

$$w_1 = L(u_1), \quad w_2 = L(u_2) \quad \text{bzw.} \quad u_1 = L^{-1}(w_1), \quad u_2 = L^{-1}(w_2).$$

Wegen der Linearität von L folgt

$$L(\alpha_1 u_1 + \alpha_2 u_2) = \alpha_1 L(u_1) + \alpha_2 L(u_2) = \alpha_1 w_1 + \alpha_2 w_2, \quad \text{also}$$

$$L^{-1}(\alpha_1 w_1 + \alpha_2 w_2) = \alpha_1 u_1 + \alpha_2 u_2 = \alpha_1 L^{-1}(w_1) + \alpha_2 L^{-1}(w_2). \qquad \square$$

6.2 Bedingungen für die Umkehrbarkeit im endlichdimensionalen Fall

Für endlichdimensionale Räume V, W gilt wegen der Dimensionsformel 2.2:

(a) *Eine lineare Abbildung $L : V \to W$ kann nur umkehrbar sein, wenn* $\dim V = \dim W$.

(b) *Haben V und W dieselbe endliche Dimension, so gilt für eine lineare Abbildung $L : V \to W$:*

$$L \text{ ist bijektiv} \iff L \text{ ist injektiv} \iff L \text{ ist surjektiv.}$$

$\boxed{\ddot{\text{U}}\text{A}}$ Führen Sie die sehr einfachen Beweise mit Hilfe der Dimensionsformel durch. Beachten Sie dabei 2.1 (c): L ist injektiv $\iff$ Kern $L = \{0\}$.

BEMERKUNG. In unendlichdimensionalen Räumen ist (b) nicht mehr richtig. Im Vektorraum $\mathcal{P}_{\mathbb{R}}$ der reellen Polynome ist beispielsweise der Ableitungsoperator surjektiv, aber nicht injektiv $\boxed{\ddot{\text{U}}\text{A}}$.

Im Folgenraum § 14 : 2.3 ist der „Rechtsshift"

$$R : (x_1, x_2, \ldots) \mapsto (0, x_1, x_2, \ldots)$$

injektiv aber nicht surjektiv $\boxed{\ddot{\text{U}}\text{A}}$.

6.3 Invertierbare Matrizen

(a) Eine $n \times n$–Matrix A heißt **invertierbar** oder **regulär**, wenn es eine $n \times n$–Matrix B gibt mit

$$AB = BA = E = \begin{pmatrix} 1 & 0 & 0 \\ \vdots & \ddots & \vdots \\ 0 & 0 & 1 \end{pmatrix}.$$

Die Matrix B ist durch diese Bedingung eindeutig bestimmt und wird mit A^{-1} bezeichnet.

(b) *Der Vektorraum V besitze die Basis $\mathcal{B} = (v_1, \ldots, v_n)$, und es sei $A = M_\mathcal{B}(L)$. Regularität von A bedeutet Invertierbarkeit von L; es ist dann $A^{-1} = M_\mathcal{B}\left(L^{-1}\right)$.*

BEWEIS.

Wir beginnen mit der zweiten Behauptung. Sei $A = M_\mathcal{B}(L)$, $B = M_\mathcal{B}\left(L^{-1}\right)$ und $E = M_\mathcal{B}(\mathbb{1})$ die Einheitsmatrix. Aus $LL^{-1} = L^{-1}L = \mathbb{1}$ folgt für die Matrizen $AB = BA = E$.

Sei umgekehrt $AB = BA = E$, $A = M_\mathcal{B}(L)$, $B = M_\mathcal{B}(T)$. (Man beachte 5.5 (a).) Dann folgt

$$M_\mathcal{B}(LT) = AB = E, \quad \text{ebenso} \quad M_\mathcal{B}(TL) = BA = E,$$

also $LT = TL = \mathbb{1}$. Damit ist L invertierbar, $T = L^{-1}$ und $B = M_\mathcal{B}\left(L^{-1}\right)$. Das beweist auch die Behauptung (a). $\square$

ZUSATZ. *Gilt für zwei $n \times n$–Matrizen $AB = E$, so sind beide invertierbar und zueinander invers.*

Denn für die zugehörigen linearen Abbildungen L, T gilt $L \circ T = \mathbb{1}$, also ist L surjektiv und T injektiv $\boxed{\text{ÜA}}$. Damit sind beide Abbildungen nach 6.2 (b) invertierbar und $L^{-1} = T$, $T^{-1} = L$. Für die zugehörigen Matrizen folgt $A^{-1} = B$, $B^{-1} = A$ nach (b).

6.4 Die Inverse eines Produkts

Sind A, B invertierbare Matrizen, so ist auch AB invertierbar und

$$(AB)^{-1} = B^{-1}A^{-1}.$$

Denn es gilt

$$(AB)(B^{-1}A^{-1}) = A(BB^{-1})A^{-1} = AEA^{-1} = AA^{-1} = E,$$

$$(B^{-1}A^{-1})(AB) = B^{-1}(A^{-1}A)B = B^{-1}EB = B^{-1}B = E.$$

7 Basiswechsel und Koordinatentransformation

7.1 Übergang zu einer anderen Basis

Bezüglich einer Ausgangsbasis $\mathcal{A} = (u_1, \ldots, u_n)$ von V besitze der Vektor $u \in V$ die Basisdarstellung $u = \sum_{k=1}^{n} x_k u_k$. Gehen wir zu einer neuen Basis $\mathcal{B} = (v_1, \ldots, v_n)$ über, so besitzt derselbe Vektor u dort die Basisdarstellung $u = \sum_{k=1}^{n} y_k v_k$. Wie rechnet man die Koordinatenvektoren

$$(u)_\mathcal{A} = \mathbf{x} = \begin{pmatrix} x_1 \\ \vdots \\ x_n \end{pmatrix}, \qquad (u)_\mathcal{B} = \mathbf{y} = \begin{pmatrix} y_1 \\ \vdots \\ y_n \end{pmatrix}$$

ineinander um?

Eng mit dieser Frage verbunden ist die nach der Umrechnung der Matrixdarstellungen $A = M_\mathcal{A}(L)$, $B = M_\mathcal{B}(L)$ einer linearen Abbildung $L \in \mathcal{L}(V)$. Zur Untersuchung beider Fragen definieren wir

7.2 Die Transformationsmatrix S

Die k–te Spalte der Matrix S soll den Koordinatenvektor $(v_k)_\mathcal{A}$ von v_k bezüglich der Ausgangsbasis $\mathcal{A}$ enthalten. (In den meisten Anwendungen ist $\mathcal{A}$ die kanonische Basis.) Nach Definition 4.2 ist also

$$S = M_\mathcal{B}^\mathcal{A}(\mathbb{1}).$$

Damit ist S regulär, und die inverse Matrix ist gegeben durch

$$S^{-1} = M_\mathcal{A}^\mathcal{B}(\mathbb{1});$$

sie enthält in der k–ten Spalte den Koordinatenvektor $(u_k)_\mathcal{B}$.

BEWEIS.

Wir erinnern uns an die Definition des Matrizenprodukts: Tragen die Vektorräume U, V, W die Basen $\mathcal{A}, \mathcal{B}, \mathcal{C}$ und gilt

$$U \xrightarrow{L_1} V \xrightarrow{L_2} W, \quad \text{so ist}$$

$$M_\mathcal{A}^\mathcal{C}(L_2 L_1) = M_\mathcal{B}^\mathcal{C}(L_2) \cdot M_\mathcal{A}^\mathcal{B}(L_1).$$

Wir spezialisieren $U = V = W$ und $L_1 = L_2 = \mathbb{1}$ sowie $\mathcal{C} = \mathcal{A}$. Dann ergibt sich

$$E_n = M_\mathcal{A}^\mathcal{A}(\mathbb{1}) = M_\mathcal{A}^\mathcal{A}(\mathbb{1} \cdot \mathbb{1}) = M_\mathcal{B}^\mathcal{A}(\mathbb{1}) \cdot M_\mathcal{A}^\mathcal{B}(\mathbb{1}) = S \cdot M_\mathcal{A}^\mathcal{B}(\mathbb{1}),$$

woraus die Regularität von S und die Behauptung $S^{-1} = M_\mathcal{A}^\mathcal{B}(\mathbb{1})$ folgen, siehe Zusatz zu 6.3. $\qquad\square$

7.3 Transformationsverhalten von Koordinatenvektoren und Matrizen

Zwischen den Matrizen $B = M_\mathcal{B}(L)$ und $A = M_\mathcal{A}(L)$ besteht die Beziehung

$$B = S^{-1} A S,$$

wobei S die Transformationsmatrix 7.2 ist.

Für die Koordinatenvektoren $\mathbf{x} = (u)_A$ und $\mathbf{y} = (u)_B$ gilt

$$\mathbf{x} = S\mathbf{y} \quad \text{bzw.} \quad \mathbf{y} = S^{-1}\mathbf{x}.$$

BEMERKUNGEN.

(a) Anwendungen finden Sie in §18. Dort ist A die kanonische Basis.

(b) Zwei $n \times n$–Matrizen A, B, die zu derselben linearen Abbildung bezüglich verschiedener Basen gehören, für die also $B = S^{-1}AS$ mit einer geeigneten regulären Matrix S gilt, heißen zueinander **ähnlich**.

BEWEIS.

(a) Nach den Bemerkungen im Beweis 7.2 folgt

$$\begin{aligned}
B &= M_B(L) = M_B^B(1\,L) = M_A^B(1) \cdot M_B^A(L) = S^{-1} M_B^A(L) \\
&= S^{-1} M_B^A(L\,1) = S^{-1} M_A^A(L) \cdot M_B^A(1) = S^{-1}AS.
\end{aligned}$$

(b) Für $\mathbf{y} = (u)_B$, $\mathbf{x} = (u)_A$ und $S = M_B^A(1)$ folgt aus 4.5

$$\mathbf{x} = (1u)_A = M_B^A(1)(u)_B = S\mathbf{y}.$$

Die Formel $\mathbf{y} = S^{-1}\mathbf{x}$ folgt analog $\boxed{\text{ÜA}}$. $\qquad\qquad\square$

§16 Lineare Gleichungen

1 Problemstellungen und Beispiele

1.1 Lineare Gleichungssysteme

Ein lineares Gleichungssystem mit m Gleichungen für n Unbekannte, (kurz ein $m \times n$–Gleichungssystem) hat die Form

$$\begin{aligned}
a_{11}x_1 + a_{12}x_2 + \cdots + a_{1n}x_n &= b_1 \\
a_{21}x_1 + a_{22}x_2 + \cdots + a_{2n}x_n &= b_2 \\
\vdots \qquad\quad \vdots \qquad\qquad \vdots \qquad\quad \vdots & \\
a_{m1}x_1 + a_{m2}x_2 + \cdots + a_{mn}x_n &= b_m.
\end{aligned}$$

Gegeben sind hierbei die Koeffizienten $a_{ik} \in \mathbb{K}$ und die $b_k \in \mathbb{K}$ auf der „rechten Seite". Gesucht sind die Werte $x_1, \ldots, x_n \in \mathbb{K}$, welche diese Gleichungen erfüllen.

Mit Hilfe der Matrix–Vektor–Multiplikation § 15 : 4.5 können wir das System in die kompaktere Form

$$A\mathbf{x} = \mathbf{b}$$

bringen; dabei ist

$$A = \begin{pmatrix} a_{11} & \cdots & a_{1n} \\ \vdots & & \vdots \\ a_{m1} & \cdots & a_{mn} \end{pmatrix}, \quad \mathbf{x} = \begin{pmatrix} x_1 \\ \vdots \\ x_n \end{pmatrix} \in \mathbb{K}^n, \quad \mathbf{b} = \begin{pmatrix} b_1 \\ \vdots \\ b_m \end{pmatrix} \in \mathbb{K}^m.$$

1.2 Beispiele für lineare Gleichungssysteme

(a) *Schnitt zweier Ebenen.* Eine Ebene im $\mathbb{R}^3$ ist gegeben durch eine Gleichung $a_1 x_1 + a_2 x_2 + a_3 x_3 = b$ (vgl. § 6 : 5.2). Der Schnitt zweier Ebenen führt demnach auf ein 2×3-Gleichungssystem.

(b) *Basisdarstellung.* Ist $\mathcal{A} = (\mathbf{a}_1, \cdots, \mathbf{a}_n)$ eine Basis des $\mathbb{K}^n$, so führt die Bestimmung der Basisdarstellung

$$\mathbf{u} = x_1 \mathbf{a}_1 + \cdots + x_n \mathbf{a}_n$$

eines vorgegebenen Vektors $\mathbf{u}$ auf ein $n \times n$-Gleichungssystem.

(c) *Das Nachprüfen der linearen Unabhängigkeit* von m Vektoren des $\mathbb{K}^n$ führt nach § 14 : 5.4 auf ein homogenes $n \times m$-Gleichungssystem $A\mathbf{x} = \mathbf{0}$.

1.3 Allgemeine lineare Gleichungen

Gegeben ist eine lineare Abbildung $L : V \to W$ und ein Vektor $b \in W$. Gesucht sind alle Lösungen $x \in V$ der **linearen Gleichung**

$$L x = b.$$

Im Fall $b = 0$ heißt die Gleichung **homogen**; ist die „rechte Seite" b von Null verschieden, so sprechen wir von einer **inhomogenen Gleichung**. Beispiele wurden in § 14 : 1.1 gegeben.

Die linearen Gleichungssysteme ordnen sich diesem allgemeinen Konzept als Spezialfall unter mit $V = \mathbb{K}^n$, $W = \mathbb{K}^m$ und $L : \mathbf{x} \mapsto A\mathbf{x}$.

2 Allgemeines zur Lösbarkeit und zur Lösungsmenge

2.1 Eindeutige und universelle Lösbarkeit des Problems $Lu = v$

(a) Ist L injektiv, so hat die Gleichung $Lx = b$ für jedes $b \in W$ höchstens eine Lösung x. Man spricht dann von **eindeutiger Lösbarkeit des Problems** $Lx = b$. Die Ausdrucksweise „eindeutig lösbar" wird in der Mathematik immer im folgenden Sinn gebraucht: Wenn das Problem überhaupt eine Lösung besitzt, so ist diese eindeutig bestimmt. Nach § 15 : 2.1 ist die eindeutige Lösbarkeit des Problems $Lx = b$ äquivalent zu Kern $(L) = \{0\}$, d.h. dazu, daß die homogene Gleichung $Lx = 0$ nur die triviale Lösung $x = 0$ besitzt.

(b) Ist $L : V \to W$ surjektiv, so hat die Gleichung $Lx = b$ für jedes $b \in W$ mindestens eine Lösung x. Man sagt dann „Das Problem $Lx = b$ ist **universell lösbar**".

Ist $L : V \to W$ bijektiv, so ist das Problem $Lx = b$ **universell und eindeutig lösbar**, d.h. die Gleichung $Lx = b$ besitzt für jedes $b \in W$ genau eine Lösung $x = L^{-1}b$.

2.2 Struktur des Lösungsraums

(a) *Die Lösungsmenge $\mathcal{L}_0$ der homogenen Gleichung ist ein Teilraum von V, nämlich* Kern L.

(b) *Ist x_0 eine spezielle Lösung der inhomogenen Gleichung $Lx = b$, so ist die Lösungsmenge $\mathcal{L}_b$ dieser Gleichung gegeben durch*

$$\mathcal{L}_b = x_0 + \mathcal{L}_0 := \{x_0 + x \mid x \in \mathcal{L}_0\}\,.$$

Beides ergibt sich unmittelbar aus der Linearität von L $\boxed{\text{ÜA}}$, vgl. § 14 : 1.1.

Eine Teilmenge

$$v_0 + U = \{v_0 + u \mid u \in U\}\,,$$

die aus einem Teilraum U von V durch Verschieben um einen Vektor v_0 hervorgeht, heißt **affiner Teilraum** von V. $\mathcal{L}_b$ ist also entweder leer oder ein affiner Teilraum.

3 Rangbedingungen

3.1 Der Rang einer Matrix

Für eine $m \times n$–Matrix $A = (a_{ik})$ mit Koeffizienten aus $\mathbb{K}$ sind folgende drei Zahlen gleich:

(a) *Die Maximalzahl linear unabhängiger Zeilenvektoren (**Zeilenrang**),*

(b) *die Maximalzahl linear unabhängiger Spaltenvektoren (**Spaltenrang**),*

(c) *die Dimension des Bildraumes der linearen Abbildung*

$$\mathbf{x} \mapsto A\mathbf{x}\,, \qquad \mathbb{K}^n \to \mathbb{K}^m\,,$$

die wir der Einfachheit halber wieder mit A bezeichnen.

*Diese Zahl nennen wir den **Rang** von A (Rang A, vgl. § 15 : 2.2).*

BEWEIS.

Wir zeigen, daß der Spaltenrang gleich der Dimension von Bild A ist. Die Spalten von A sind

$$Ae_1, \ldots, Ae_n\,.$$

Sie bilden ein Erzeugendensystem für Bild L, wie wir uns schon bei der Dimensionsformel klargemacht haben. Nach dem Basisauswahlsatz können wir aus ihr eine Basis für Bild L auswählen. Die Länge dieser Basis ist aber definitionsgemäß der Spaltenrang von A.

Daß Zeilenrang und Spaltenrang übereinstimmen, ergibt sich anschließend im Rahmen des Eliminationsverfahrens 4.6. $\square$

3.2 Beispiele und Aufgaben

(a) Die Matrix $\begin{pmatrix} 1 & -2 & 4 & 0 & 5 \\ -2 & 1 & -1 & 2 & -6 \\ -1 & -1 & 3 & 2 & -1 \end{pmatrix}$ hat den Rang 2, denn die beiden

ersten Zeilen sind linear unabhängig, und ihre Summe ergibt die dritte.

(b) Bestimmen Sie den Rang von $\begin{pmatrix} 1 & 2 & 3 & 4 \\ 1 & -2 & -3 & 3 \\ -1 & 6 & 9 & -2 \end{pmatrix}$.

(c) Sei $A = \begin{pmatrix} a_{11} & \cdots & a_{1n} \\ & \ddots & \vdots \\ 0 & & a_{nn} \\ 0 & \cdots & 0 \\ \vdots & \ddots & \vdots \\ 0 & \cdots & 0 \end{pmatrix}$ mit von Null verschiedenen Diagonalelementen

$a_{11}, \ldots, a_{nn}$. Zeigen Sie, daß der Spaltenrang und der Zeilenrang jeweils gleich n sind.

(d) Dasselbe für $B = \begin{pmatrix} a_{11} & \cdots & a_{1n} & \cdots & a_{1m} \\ & \ddots & \vdots & & \vdots \\ 0 & & a_{nn} & \cdots & a_{nm} \end{pmatrix}$ mit $a_{11} \cdot a_{22} \cdot \ldots \cdot a_{nn} \neq 0$.

3.3 Die Rangbedingungen

Hat V die Dimension n, W die Dimension m, so ist die lineare Abbildung $L : V \to W$ genau dann injektiv, wenn $\operatorname{Rang} L = n$ und genau dann surjektiv, wenn $\operatorname{Rang} L = m$.

Demnach ist das lineare Gleichungsproblem $Ax = \mathbf{b}$ eindeutig lösbar genau dann, wenn $\operatorname{Rang} A = n$ und universell lösbar genau dann, wenn $\operatorname{Rang} A = m$.

Der Beweis ergibt sich unmittelbar aus der Dimensionsformel § 15 : 2.2 $\boxed{\text{ÜA}}$.

4 Das Eliminationsverfahren für lineare Gleichungssyteme

4.1 Herstellung der Zeilenstufenform

Wir erläutern das Verfahren an einem Beispiel. Für die allgemeine Durchführung verweisen wir auf [FISCHER, 1.5].

Es sollen alle Lösungen des folgenden Gleichungssystems bestimmt werden:

$$
\begin{aligned}
4x_2 + 4x_3 + 3x_4 - 2x_5 &= 16 \\
-3x_1 - 3x_2 + 3x_3 + x_4 - 2x_5 &= -2 \\
2x_2 + 2x_3 + 3x_4 - 4x_5 &= 14 \\
4x_1 - x_2 - 9x_3 - 2x_4 - x_5 &= -5
\end{aligned}
$$

1. Schritt: Die Reihenfolge der Gleichungen ist für die Lösungsmenge unerheblich. Aus systematischen Gründen wählen wir als oberste Zeile (Kopfzeile) eine solche, deren erste Spalte besetzt ist; das geschieht beispielsweise durch Vertauschen der ersten und der zweiten Zeile. Um unnötige Schreibarbeit zu vermeiden, stellen wir das umgestellte Gleichungssystem gleich schematisch dar:

$$
\begin{array}{rrrrr|r}
-3 & -3 & 3 & 1 & -2 & -2 \\
0 & 4 & 4 & 3 & -2 & 16 \\
0 & 2 & 2 & 3 & -4 & 14 \\
4 & -1 & -9 & -2 & -1 & -5
\end{array}
$$

2. Schritt: *Normierung der Kopfzeile.* Multiplikation einer Zeile mit einem von Null verschiedenen Faktor ändert die Lösungsmenge nicht. Wir multiplizieren die erste Zeile mit $-\frac{1}{3}$ und erhalten

$$
\begin{array}{rrrrr|r}
1 & 1 & -1 & -\frac{1}{3} & \frac{2}{3} & \frac{2}{3} \\
0 & 4 & 4 & 3 & -2 & 16 \\
0 & 2 & 2 & 3 & -4 & 14 \\
4 & -1 & -9 & -2 & -1 & -5
\end{array}
$$

3. Schritt: *Elimination von x_1 aus allen Gleichungen bis auf die erste.* Wir subtrahieren das vierfache der Kopfzeile von der letzten und erhalten

$$
\begin{array}{rrrrr|r}
1 & 1 & -1 & -\frac{1}{3} & \frac{2}{3} & \frac{2}{3} \\
0 & 4 & 4 & 3 & -2 & 16 \\
0 & 2 & 2 & 3 & -4 & 14 \\
0 & -5 & -5 & -\frac{2}{3} & -\frac{11}{3} & -\frac{23}{3}
\end{array}
$$

Daß sich bei dieser Operation die Lösungsmenge nicht ändert, wird in 4.6 gezeigt. Die erste Zeile und die erste Spalte bleiben im folgenden unverändert. Wir schleppen sie nicht weiter mit und betrachten nur noch das Restschema.

4. Schritt: *Normierung der Kopfzeile im Restsystem.* Durch Multiplikation der ersten verbleibenden Zeile mit $\frac{1}{4}$ erhalten wir das Restsystem

$$
\begin{array}{cccc|c}
1 & 1 & \frac{3}{4} & -\frac{1}{2} & 4 \\
2 & 2 & 3 & -4 & 14 \\
-5 & -5 & -\frac{2}{3} & -\frac{11}{3} & -\frac{23}{3}
\end{array}
$$

5. Schritt: *Elimination von x_2 aus den letzten beiden Gleichungen.* Wir subtrahieren das zweifache der Kopfzeile von der zweiten und addieren das fünffache der Kopfzeile zur dritten. Ergebnis:

$$
\begin{array}{cccc|c}
1 & 1 & \frac{3}{4} & -\frac{1}{2} & 4 \\
0 & 0 & \frac{3}{2} & -3 & 6 \\
0 & 0 & \frac{37}{12} & -\frac{37}{6} & \frac{37}{3}
\end{array}
$$

6. Schritt: Die Koeffizienten von x_3 sind zufälligerweise Null. Wir lassen im folgenden alles unverändert bis auf das Restsystem

$$
\begin{array}{cc|c}
\frac{3}{2} & -3 & 6 \\
\frac{37}{12} & -\frac{37}{6} & \frac{37}{3}
\end{array}
$$

7. Schritt: *Normierung der Kopfzeile ergibt*

$$
\begin{array}{cc|c}
1 & -2 & 4 \\
\frac{37}{12} & -\frac{37}{6} & \frac{37}{3}
\end{array}
$$

8. Schritt: *Elimination von x_4.* Subtraktion des $\frac{37}{12}$-fachen der Kopfzeile von der letzten ergibt das Schema

$$
\begin{array}{cc|c}
1 & -2 & 4 \\
0 & 0 & 0
\end{array}
$$

9. Schritt: *Die Zeilenstufenform.* Wir fassen das Ergebnis der Umformungen schematisch zusammen:

$$
\begin{array}{ccccc|c}
1 & 1 & -1 & -\frac{1}{3} & \frac{2}{3} & \frac{2}{3} \\
0 & 1 & 1 & \frac{3}{4} & -\frac{1}{2} & 4 \\
0 & 0 & 0 & 1 & -2 & 4 \\
0 & 0 & 0 & 0 & 0 & 0
\end{array}
$$

Diesem Schema entsprechen die umgeformten Gleichungen

$$x_1 + x_2 - x_3 - \tfrac{1}{3}x_4 + \tfrac{2}{3}x_5 = \tfrac{2}{3}$$

$$x_2 + x_3 + \tfrac{3}{4}x_4 - \tfrac{1}{2}x_5 = 4$$

$$x_4 - 2x_5 = 4\,.$$

4.2 Auflösung der Gleichungen in Zeilenstufenform

In den zuletzt notierten Gleichungen sind zwei Unbekannte frei wählbar, beispielsweise x_3 und x_5. Wir setzen $x_3 = s$, $x_5 = t$ willkürlich fest und rollen die Gleichungen von hinten her auf.

Aus der letzten folgt $x_4 = 4 + 2t$. Setzen wir dies in die vorletzte Gleichung ein, so erhalten wir $x_2 = 1 - s - t$.

Gehen wir damit in die erste Gleichung, so ergibt sich $x_1 = 1 + 2s + t$. Damit ergibt sich der allgemeine Lösungsvektor

$$\mathbf{x} = \begin{pmatrix} 1 \\ 1 \\ 0 \\ 4 \\ 0 \end{pmatrix} + s \begin{pmatrix} 2 \\ -1 \\ 1 \\ 0 \\ 0 \end{pmatrix} + t \begin{pmatrix} 1 \\ -1 \\ 0 \\ 2 \\ 1 \end{pmatrix}.$$

Daß alle diese Vektoren das ursprüngliche System befriedigen, wird in 4.6 begründet. Demnach ist die Lösungsmenge eine Ebene im fünfdimensionalen Raum.

4.3 Mögliche Endergebnisse, Zahl der Freiheitsgrade

(a) *Die komprimierte Zeilenform.* Durch Vertauschen von Spalten im Laufe der Elimination oder danach läßt sich immer eine „komprimierte" Zeilenstufenform

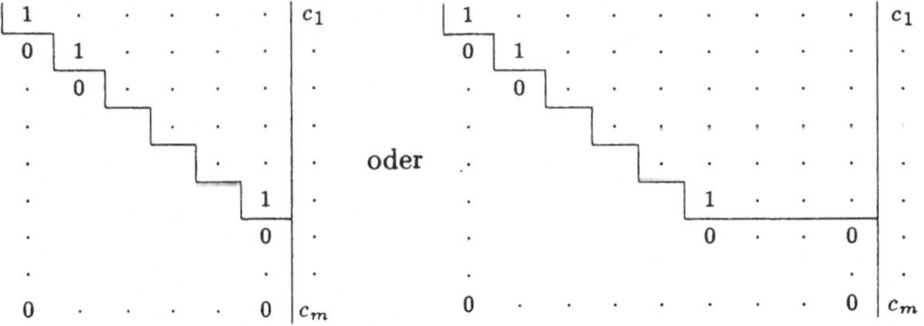

herstellen, also eine Treppe mit 45° Steigung. Die Nullzeilen brauchen nicht vorhanden zu sein. Man beachte, daß eine Vertauschung von Spalten einer entsprechenden Umstellung der Unbekannten entspricht. Nach 3.2 (c), (d) sind der Zeilenrang und der Spaltenrang dieser Matrizen jeweils gleich der Anzahl der Stufen.

(b) Die erste der beiden Stufenformen entsteht im Fall der eindeutigen Lösbarkeit (Rang $(A) = n$). Notwendig und hinreichend für die Lösbarkeit des zugehörigen Gleichungssystems ist das Verschwinden der letzten $m - n$ Komponenten der umgeformten rechten Seite.

(c) Letzteres gilt auch für die zweite der oben skizzierten Zeilenstufenformen. Haben wir hier r Stufen, d.h. Rang $A = r$, so können wir im Falle der Lösbarkeit genau $n-r$ Unbekannte frei wählen; die restlichen sind dann eindeutig bestimmt. In der Physik spricht man auch von $n - r$ **Freiheitsgraden**.

4.4 Simultane Elimination bei mehreren rechten Seiten

Gegeben sind A und $\mathbf{b}_1, \ldots, \mathbf{b}_k$. Gesucht sind Vektoren $\mathbf{x}_1, \ldots, \mathbf{x}_k$ mit

$$A\mathbf{x}_1 = \mathbf{b}_1, \quad \ldots, \quad A\mathbf{x}_k = \mathbf{b}_k .$$

Wir brauchen das Eliminationsverfahren für die Matrix A natürlich nur einmal durchzuführen. Daher ist es zweckmäßig, die Matrix B mit den Spalten $\mathbf{b}_1, \ldots, \mathbf{b}_k$ zu bilden und das Eliminationsverfahren gleich für das Schema

$$A \mid B$$

durchzuführen.

4.5 Zur Berechnung der inversen Matrix

wenden wir gemäß 4.4 das Eliminationsverfahren auf das Schema $A \mid E$ an, wo E die Einheitsmatrix ist. Es ergibt sich ein System $A' \mid E'$ in Stufenform. Für die nun notwendige Auflösung nach 4.2 ergibt sich eine weitere Vereinfachung, wenn wir wie im folgenden Beispiel verfahren.

Für

$$A = \begin{pmatrix} 0 & 1 & -1 \\ 1 & 3 & 2 \\ 2 & -1 & 12 \end{pmatrix}$$

führt das Eliminationsverfahren nach Vertauschung der ersten beiden Zeilen auf folgendes Schema $A' \mid E'$ in Stufenform

$$\begin{array}{rrr|rrr} 1 & 3 & 2 & 0 & 1 & 0 \\ 0 & 1 & -1 & 1 & 0 & 0 \\ 0 & 0 & 1 & 7 & -2 & 1 \end{array}$$

$\boxed{\text{ÜA}}$. Subtraktion der mit 3 multiplizierten zweiten Zeile von der ersten ergibt das Schema

$$
\begin{array}{ccc|ccc}
1 & 0 & 5 & -3 & 1 & 0 \\
0 & 1 & -1 & 1 & 0 & 0 \\
0 & 0 & 1 & 7 & -2 & 1
\end{array} \ .
$$

Addieren wir nun noch die erste Zeile zur zweiten und subtrahieren wir anschließend ihr fünffaches von der ersten, so erhalten wir

$$
\begin{array}{ccc|ccc}
1 & 0 & 0 & -38 & 11 & -5 \\
0 & 1 & 0 & 8 & -2 & 1 \\
0 & 0 & 1 & 7 & -2 & 1
\end{array} \ .
$$

Denken wir uns das Auflösungsverfahren 4.2 durchgeführt, so erkennen wir, daß die rechte Matrix des Schemas die gesuchte Inverse ist.

4.6 Begründung des Eliminationsverfahrens

(a) *Bei jeder der elementaren Umformungen*

- *Vertauschung zweier Zeilen*

- *Multiplikation einer Zeile mit einer von Null verschiedenen Zahl*

- *Addition eines Vielfachen einer Zeile zu einer anderen*

ändern sich Lösungsmenge und Zeilenrang nicht.

BEWEIS.

Jede Lösung $\mathbf{x}$ des ursprünglichen Gleichungssystems erfüllt auch das umgeformte System. Da sich jede elementare Umformung durch eine entsprechende rückgängig machen läßt, ist das umgeformte Gleichungssystem also äquivalent zum ursprünglichen.

Nach 3.1 ist der Zeilenrang die Dimension des Aufspanns der Zeilenvektoren. Dieser Aufspann wird aber durch Zeilenvertauschung nicht geändert, und nach § 14 : 4.3 auch nicht bei den anderen Umformungen. □

(b) *Bei den genannten elementaren Umformungen ändert sich auch der Spaltenrang nicht.*

BEWEIS.

Die Lösungsmenge des homogenen Systems $A\mathbf{x} = \mathbf{0}$ ändert sich nicht nach (a). Daher ändert sich die Dimension des Kerns einer Matrix bei elementaren Umformungen nicht. Es gilt aber nach der Rangformel 3.1 und der Dimensionsformel

$$
\text{Spaltenrang}\,(A) = \dim \text{Bild}\, A = n - \dim \text{Kern}\, A \ . \qquad\qquad □
$$

(c) FOLGERUNG. *Zeilenrang = Spaltenrang.*

Denn für die Matrix in Stufenform wurde das schon als richtig erkannt.

4.7 Aufgaben. (a) *Basisdarstellung.* Gegeben sind die Vektoren

$$\mathbf{a}_1 = \begin{pmatrix} 6 \\ 4 \\ 2 \end{pmatrix}, \qquad \mathbf{a}_2 = \begin{pmatrix} -7 \\ 3 \\ 1 \end{pmatrix}, \qquad \mathbf{a}_3 = \begin{pmatrix} 1 \\ -2 \\ 1 \end{pmatrix} \quad \text{und} \quad \mathbf{b} = \begin{pmatrix} 1 \\ 2 \\ 3 \end{pmatrix}.$$

Zeigen Sie, daß $\mathcal{A} = (\mathbf{a}_1, \mathbf{a}_2, \mathbf{a}_3)$ eine Basis für $\mathbb{R}^3$ ist und geben Sie die Basisdarstellung $(\mathbf{b})_{\mathcal{A}}$ an.

(b) Geben Sie alle Lösungen $\mathbf{x} \in \mathbb{C}^3$ des Gleichungssystems $A\mathbf{x} = \mathbf{b}$ mit

$$A = \begin{pmatrix} -1 & i & i \\ i & i & 2i+1 \\ 1 & -2 & 2i-1 \end{pmatrix} \quad \text{und} \quad \mathbf{b} = \begin{pmatrix} i-2 \\ 2i-1 \\ -1-2i \end{pmatrix}.$$

(c) Bestimmen Sie die Inverse der Matrix

$$\begin{pmatrix} 2 & 0 & -1 \\ 1 & 1 & 0 \\ 1 & 1 & \frac{1}{2} \end{pmatrix}.$$

(d) Geben Sie alle Lösungen des homogenen Systems $A\mathbf{x} = 0$ und des inhomogenen Systems $A\mathbf{x} = \mathbf{b}$ für

$$A = \begin{pmatrix} 2 & -3 & 1 & -7 & 0 \\ 3 & 2 & 8 & 9 & 13 \\ -3 & 4 & -2 & 9 & -1 \\ 2 & 3 & 7 & 1 & 6 \\ 2 & 1 & 5 & -1 & 8 \end{pmatrix}, \qquad \mathbf{b} = \begin{pmatrix} 0 \\ 13 \\ -1 \\ 2 \\ 2 \end{pmatrix}.$$

5 Interpolation und numerische Quadratur

5.1 Das Interpolationsproblem

Gegeben sind „Stützstellen"

$$x_0 < x_1 < \cdots < x_n$$

und Zahlenwerte $y_0, y_1, \ldots, y_n \in \mathbb{R}$. Gesucht ist ein Polynom p vom Grad $\leq n$ mit

$$p(x_0) = y_0, \ldots, p(x_n) = y_n .$$

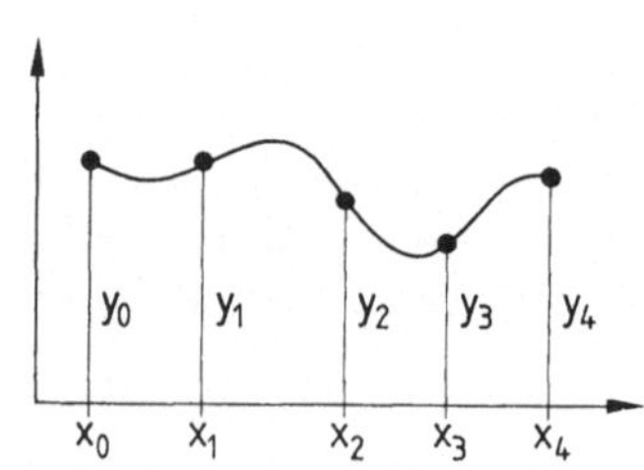

Wir formulieren diese Aufgabe als lineares Gleichungsproblem:

Auf dem Vektorraum $\mathcal{P}_{\mathbb{R}}^n$ der reellen Polynome vom Grad $\leq n$ definieren wir die Abbildung

$$L : \mathcal{P}_{\mathbb{R}}^n \to \mathbb{R}^{n+1}, \quad Lp = \begin{pmatrix} p(x_0) \\ \vdots \\ p(x_n) \end{pmatrix}.$$

Diese ist offenbar linear. Die Interpolationsaufgabe lautet dann:

Gegeben $\mathbf{y} = \sum_{k=0}^{n} y_k \mathbf{e}_{k+1} \in \mathbb{R}^{n+1}$. Gesucht ein Polynom $p \in V$ mit $Lp = \mathbf{y}$.

5.2 Die Interpolationsaufgabe ist universell und eindeutig lösbar.

Dazu haben wir zu zeigen, daß L bijektiv ist. Für die Injektivität beachten wir: $p \in \text{Kern } L$ bedeutet

$$p(x_0) = p(x_1) = \cdots = p(x_n) = 0,$$

d.h. p hat $n+1$ verschiedene Nullstellen. Wegen Grad $(p) \leq n$ folgt daraus $p = 0$. Die Surjektivität ergibt sich aus der Dimensionsformel:

$$\dim \text{Bild } L = \dim V - \dim \text{Kern } L = n + 1 - 0 = n + 1.$$

5.3 Bestimmung des Interpolationspolynoms

Die Lösung p der Aufgabe $Lp = \mathbf{y}$ ist gegeben durch $p = L^{-1}\mathbf{y}$. Dabei ist die Abbildung L^{-1} linear (vgl. § 15 : 6.1) und durch die Wirkung auf die kanonische Basis $\mathbf{e}_1, \ldots, \mathbf{e}_{n+1}$ eindeutig bestimmt:

$$L^{-1}\mathbf{y} = L^{-1}(y_0 \mathbf{e}_1 + \cdots + y_n \mathbf{e}_{n+1}) = y_0 L^{-1}\mathbf{e}_1 + \cdots + y_n L^{-1}\mathbf{e}_{n+1}.$$

Die Polynome $\ell_k = L^{-1}(\mathbf{e}_{k+1})$ heißen **Lagrange–Polynome**.

Definitionsgemäß gilt $\ell_k(x_j) = 0$ für $j \neq k$ und $\ell_k(x_k) = 1$.

Aus der Kenntnis der Nullstellen von ℓ_k ergibt sich

$$\ell_k(x) = c_k \prod_{\substack{j=0 \\ j \neq k}}^{n} (x - x_j) \qquad \text{mit einer geeigneten Konstanten } c_k.$$

Diese ergibt sich aus der Bedingung

$$1 = \ell_k(x_k) = c_k \prod_{j \neq k} (x_k - x_j).$$

Somit ist die eindeutig bestimmte Lösung p der Interpolationsaufgabe $Lp = \mathbf{y}$ gegeben durch

$$p(x) = \sum_{k=0}^{n} y_k \ell_k(x) \quad \text{mit} \quad \ell_k(x) = \prod_{\substack{j=0 \\ j \neq k}}^{n} \frac{x - x_j}{x_k - x_j} \, .$$

5.4 Keplersche Faßregel und Simpson–Regel

(a) Zur näherungsweisen Berechnung von

$$\int_a^b f(x)\,dx$$

betrachten wir die Stützstellen $x_0 = a$, $x_1 = \frac{1}{2}(a+b)$ und $x_2 = b$. Ferner setzen wir $y_0 = f(x_0)$, $y_1 = f(x_1)$ und $y_2 = f(x_2)$ und bestimmen das Polynom p vom Grad ≤ 2 mit $p(x_0) = y_0$, $p(x_1) = y_1$, $p(x_2) = y_2$. So erhalten wir einen Näherungswert für $\int_a^b f(x)\,dx$ durch

$$\int_a^b p(x)\,dx = \frac{b-a}{6}\,(y_0 + 4y_1 + y_2)\,.$$

$\boxed{\text{ÜA}}$ Bestätigen Sie dieses Ergebnis durch formelmäßige Durchführung der Interpolation.

In seiner *Nova steriometria* von 1615 gab Johannes KEPLER eine Formel für den Inhalt von Weinfässern an, die auf dieser Näherungsformel beruht.

(b) Eine sehr brauchbare Näherung für $\int_a^b f(x)\,dx$ liefert die **Simpson–Regel**: Das Intervall $[a,b]$ wird in n gleichgroße Intervalle zerlegt, und auf jedes dieser Intervalle wird die Keplersche Faßregel angewendet. Setzt man

$$h = \frac{1}{2n}(b-a) \quad \text{und} \quad x_k = a + k \cdot h \qquad (k = 0, \ldots, 2n)\,,$$

so ergibt sich der folgende Näherungswert I für $\int_a^b f(x)\,dx$:

$$I = \frac{h}{3}\left(f(a) + f(b) + 2\sum_{k=1}^{n-1} f(x_{2k}) + 4\sum_{k=0}^{n-1} f(x_{2k+1}) \right)\,.$$

Für C^4-Funktionen f ist der Fehler

$$I - \int_a^b f(x)\,dx = \frac{(b-a)^5}{2880 \cdot n^4}\,f^{(4)}(\vartheta) \qquad \text{mit einem} \ \ \vartheta \in \,]a,b[\,.$$

[MANGOLDT–KNOPP, Bd. 3, Nr. 49].

6 Die Methode der kleinsten Quadrate

6.1 Die Ausgleichsgerade

Zwischen den Meßgrößen X, Y wird
eine Beziehung der Form

$$Y = aX + b$$

mit unbekannten Parametern a, b vermutet. Das Experiment ergibt für
(X, Y) Wertepaare

$$(x_1, y_1), \ldots, (x_m, y_m).$$

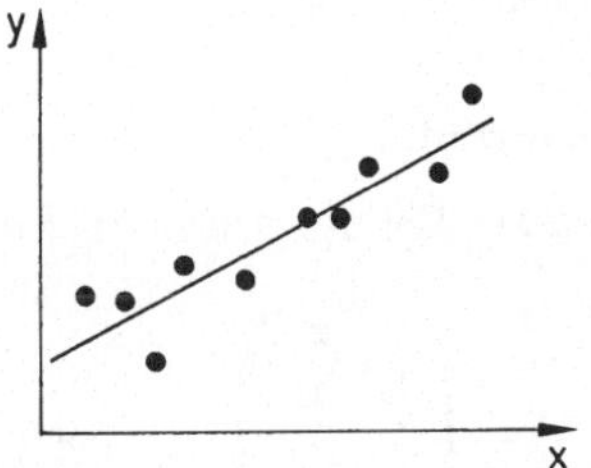

Wegen der unvermeidbaren Meßfehler
liegen die Punkte (x_k, y_k) nicht alle auf
einer Geraden.

Wir bestimmen eine Ausgleichsgerade durch diese Punktwolke nach der **Methode der kleinsten Quadrate**: Für eine beliebige Gerade g mit der Gleichung $y = ax + b$ sei

$$Q(a, b) = \sum_{k=1}^{m} (ax_k + b - y_k)^2$$

die Summe der vertikalen Abstandsquadrate der Punkte (x_k, y_k) von der Geraden g. Wir wollen im folgenden a, b so bestimmen, daß $Q(a, b)$ minimal wird.

6.2 Ausgleichsparabel. Zwischen den Meßgrößen X, Y wird ein quadratischer Zusammenhang

$$Y = a_0 + a_1 X + a_2 X^2$$

vermutet; gemessen werden die Paare $(x_1, y_1), \ldots, (x_m, y_m)$. Die Methode der kleinsten Quadrate besteht hier darin, a_0, a_1, a_2 so zu wählen, daß

$$\sum_{k=1}^{m} \left(a_0 + a_1 x_k + a_2 x_k^2 - y_k\right)^2 = \text{Min.}$$

Wir behandeln die Aufgaben 6.1, 6.2 als Spezialfall der folgenden.

6.3 Überbestimmte Gleichungen und kleinste Quadrate

Gegeben ist eine $m \times n$–Matrix A mit $m > n = \text{Rang} \, A$ und ein Vektor $\mathbf{y} \in \mathbb{R}^m$. Dann ist das Gleichungssystem $A\mathbf{x} = \mathbf{y}$ im allgemeinen unlösbar, wenn nicht gerade $\mathbf{y}$ in Bild A liegt (zu viele Bedingungen an die Unbekannten).

Wir suchen als Kompromißlösung einen Vektor $\mathbf{u}$ mit Komponenten $u_1, \ldots, u_n$, welcher die Gleichung $A\mathbf{u} = \mathbf{y}$ zwar nicht exakt, aber doch „so gut wie möglich" erfüllt. Wie oben verlangen wir, daß das Abstandsquadrat

$$\|A\mathbf{u} - \mathbf{y}\|^2 = \sum_{i=1}^{m} \Big(\sum_{k=1}^{n} a_{ik} u_k - y_i \Big)^2$$

minimal wird.

BEISPIELE. Bei der Ausgleichsgeraden bzw. der Ausgleichsparabel ist

$$A = \begin{pmatrix} 1 & x_1 \\ 1 & x_2 \\ \vdots & \vdots \\ 1 & x_m \end{pmatrix} \quad \text{bzw.} \quad A = \begin{pmatrix} 1 & x_1 & x_1^2 \\ 1 & x_2 & x_2^2 \\ \vdots & \vdots & \vdots \\ 1 & x_m & x_m^2 \end{pmatrix} \quad \text{und}$$

$$\mathbf{u} = \begin{pmatrix} b \\ a \end{pmatrix} \quad \text{bzw.} \quad \mathbf{u} = \begin{pmatrix} a_0 \\ a_1 \\ a_2 \end{pmatrix}.$$

Als notwendige Bedingung für ein Minimum ergibt sich: Die Ableitung dieses Ausdrucks nach u_j bei festgehaltenen $u_1, \ldots, u_{j-1}, u_{j+1}, \ldots, u_n$ muß Null sein. Für $j = 1, \ldots n$ muß also gelten

$$0 = \frac{d}{du_j} \sum_{i=1}^{m} \Big(\sum_{k=1}^{n} a_{ik} u_k - y_i \Big)^2 = 2 \sum_{i=1}^{m} a_{ij} \sum_{k=1}^{n} (a_{ik} u_k - y_i)$$

$$= 2 \sum_{k=1}^{n} u_k \sum_{i=1}^{m} a_{ij} a_{ik} - 2 \sum_{i=1}^{m} a_{ij} y_i .$$

Wir definieren die **transponierte Matrix** A^T von A durch

$$A^T = \begin{pmatrix} a_{11} & a_{21} & a_{31} & \cdots \cdots & a_{m1} \\ a_{12} & a_{22} & a_{32} & \cdots \cdots & a_{m2} \\ \vdots & \vdots & \vdots & & \vdots \\ a_{1n} & a_{2n} & a_{3n} & \cdots \cdots & a_{mn} \end{pmatrix}.$$

Dann sind $b_{jk} = \sum_{i=1}^{m} a_{ij} a_{ik}$ die Koeffizienten von $A^T A$, und $\sum_{i=1}^{m} a_{ij} y_i$ ist die j–te Komponente von $A^T \mathbf{y}$.

Die notwendigen Bedingungen lassen sich jetzt so zusammenfassen:

$$A^T A \mathbf{u} = A^T \mathbf{y} .$$

Das sind die **Gaußschen Normalgleichungen**.

In § 20 : 4.7 und § 22 : 4.6 wird gezeigt, daß diese universell und eindeutig lösbar sind und daß die Lösung $\mathbf{u}$ den Ausdruck $\|A\mathbf{u} - \mathbf{y}\|^2$ zum Minimum macht.

§ 17 Determinanten

1 Beispiele

1.1 Die 2 × 2–Determinante

2 × 2 Für ein 2 × 2–Gleichungssystem

$$a_{11}x_1 + a_{12}x_2 = b_1$$
$$a_{21}x_1 + a_{22}x_2 = b_2$$

haben wir in § 5 : 6.2 die Determinante $D = a_{11}a_{22} - a_{12}a_{21}$ erklärt. Wir schreiben dafür im folgenden

$$\begin{vmatrix} a_{11} & a_{12} \\ a_{21} & a_{22} \end{vmatrix} := a_{11}a_{22} - a_{12}a_{21}\,.$$

$D \neq 0$ ist notwendig und hinreichend für die universelle und eindeutige Lösbarkeit des Gleichungssystems. Das ergab sich durch Elimination und bleibt daher auch für komplexe Koeffizienten richtig.

Als Funktion der Matrixspalten aufgefaßt, hat die Determinante folgende leicht nachprüfbare Eigenschaften:

(a) *Linearität in jeder der beiden Spalten*,

$$\begin{vmatrix} \alpha a_{11} + \beta b_{11} & a_{12} \\ \alpha a_{21} + \beta b_{21} & a_{22} \end{vmatrix} = \alpha \begin{vmatrix} a_{11} & a_{12} \\ a_{21} & a_{22} \end{vmatrix} + \beta \begin{vmatrix} b_{11} & a_{12} \\ b_{21} & a_{22} \end{vmatrix}$$

$$\begin{vmatrix} a_{11} & \alpha a_{12} + \beta b_{12} \\ a_{21} & \alpha a_{22} + \beta b_{22} \end{vmatrix} = \alpha \begin{vmatrix} a_{11} & a_{12} \\ a_{21} & a_{22} \end{vmatrix} + \beta \begin{vmatrix} a_{11} & b_{12} \\ a_{21} & b_{22} \end{vmatrix}\,,$$

(b) *Vorzeichenänderung bei Vertauschung der Spalten*,

$$\begin{vmatrix} a_{12} & a_{11} \\ a_{22} & a_{21} \end{vmatrix} = - \begin{vmatrix} a_{11} & a_{12} \\ a_{21} & a_{22} \end{vmatrix}\,,$$

(c) $\begin{vmatrix} 1 & 0 \\ 0 & 1 \end{vmatrix} = 1\,.$

1.2 Die 3×3–Determinante

Das lineare Gleichungssystem

$$a_{11}x_1 + a_{12}x_2 + a_{13}x_3 = b_1$$
$$a_{21}x_1 + a_{22}x_2 + a_{23}x_3 = b_2$$
$$a_{31}x_1 + a_{32}x_2 + a_{33}x_3 = b_3$$

bringen wir in die Form

$$x_1 \cdot \mathbf{a}_1 + x_2 \cdot \mathbf{a}_2 + x_3 \cdot \mathbf{a}_3 = \mathbf{b}, \qquad \text{wobei}$$

$$\mathbf{a}_1 = \begin{pmatrix} a_{11} \\ a_{21} \\ a_{31} \end{pmatrix}, \qquad \mathbf{a}_2 = \begin{pmatrix} a_{12} \\ a_{22} \\ a_{32} \end{pmatrix}, \qquad \mathbf{a}_3 = \begin{pmatrix} a_{13} \\ a_{23} \\ a_{33} \end{pmatrix}, \qquad \mathbf{b} = \begin{pmatrix} b_1 \\ b_2 \\ b_3 \end{pmatrix}.$$

Mit dem Vektorprodukt §6:3.2 ergibt sich wegen $\mathbf{a}_1 \times \mathbf{a}_1 = \mathbf{a}_2 \times \mathbf{a}_2 = 0$

$$(*) \qquad \begin{cases} x_1 \cdot \mathbf{a}_1 \times \mathbf{a}_2 + x_3 \cdot \mathbf{a}_3 \times \mathbf{a}_2 = \mathbf{b} \times \mathbf{a}_2, \\ x_2 \cdot \mathbf{a}_1 \times \mathbf{a}_2 + x_3 \cdot \mathbf{a}_1 \times \mathbf{a}_3 = \mathbf{a}_1 \times \mathbf{b}. \end{cases}$$

Diese Gleichungen formen wir mit Hilfe des Spatproduktes um. Nach §6:5.5 gilt für $S(\mathbf{x}, \mathbf{y}, \mathbf{z}) = \langle \mathbf{x} \times \mathbf{y}, \mathbf{z} \rangle$

(a) S ist linear in jeder der Variablen $\mathbf{x}, \mathbf{y}, \mathbf{z}$, z.B.

$$S(\mathbf{x}, \mathbf{y}, \alpha\mathbf{z}_1 + \beta\mathbf{z}_2) = \alpha\, S(\mathbf{x}, \mathbf{y}, \mathbf{z}_1) + \beta\, S(\mathbf{x}, \mathbf{y}, \mathbf{z}_2),$$

(b) bei Vertauschen zweier Spalten ändert sich das Vorzeichen, z.B.

$$S(\mathbf{x}, \mathbf{z}, \mathbf{y}) = -S(\mathbf{x}, \mathbf{y}, \mathbf{z}) = S(\mathbf{z}, \mathbf{y}, \mathbf{x}) = -S(\mathbf{y}, \mathbf{z}, \mathbf{x}),$$

(c) $S(\mathbf{e}_1, \mathbf{e}_2, \mathbf{e}_3) = 1$ für die kanonischen Basisvektoren.

Damit folgt aus $(*)$ die sogenannte Cramersche Regel $\boxed{\text{ÜA}}$

$$x_1 \cdot S(\mathbf{a}_1, \mathbf{a}_2, \mathbf{a}_3) = S(\mathbf{b}, \mathbf{a}_2, \mathbf{a}_3), \quad x_2 \cdot S(\mathbf{a}_1, \mathbf{a}_2, \mathbf{a}_3) = S(\mathbf{a}_1, \mathbf{b}, \mathbf{a}_3),$$
$$x_3 \cdot S(\mathbf{a}_1, \mathbf{a}_2, \mathbf{a}_3) = S(\mathbf{a}_1, \mathbf{a}_2, \mathbf{b}).$$

Das Gleichungssystem ist also genau dann eindeutig (und damit auch universell lösbar, wenn $S(\mathbf{a}_1, \mathbf{a}_2, \mathbf{a}_3) \neq 0$. Dies bleibt auch für komplexe Koeffizienten richtig, wenn wir auch hier $S(\mathbf{x}, \mathbf{y}, \mathbf{z})$ definieren als

$$(x_2y_3 - x_3y_2)z_1 + (x_3y_1 - x_1y_3)z_2 + (x_1y_2 - x_2y_1)z_3.$$

2 Die Definition der Determinante

2.1 Zum Vorgehen

Analog zu den eben betrachteten Fällen $n = 2$ und $n = 3$ läßt sich für jedes
$n \times n$–Gleichungssystem $A\mathbf{x} = \mathbf{b}$ eine Kennzahl für die universelle und eindeutige
Lösbarkeit aufstellen, die Determinante der Matrix A. Diese läßt sich prinzipiell
mit Hilfe der Matrixkoeffizienten ausdrücken, doch werden diese Ausdrücke mit
wachsendem n immer komplexer und schwieriger auszuwerten.

Um zu einer durchsichtigen und gut handhabbaren Definition der Determinante
zu kommen, beschreiten wir folgenden Weg: Wir geben die Determinante einer
$n \times n$–Matrix nicht explizit an, sondern verlangen, daß sie als Funktion der
Matrixspalten die für $n = 2, 3$ angegebenen Eigenschaften (a), (b) und (c) haben
soll, sinngemäß auf n Dimensionen fortgeschrieben. Es wird sich herausstellen,
daß die Determinante mit ihren sämtlichen Eigenschaften durch (a), (b) und (c)
bereits eindeutig festgelegt ist.

Daß es eine Determinante mit den verlangten Eigenschaften gibt, wird durch
Induktion bewiesen: Die n–Determinante wird durch „Entwicklung nach Zeilen
oder Spalten" auf die $(n - 1)$–Determinante zurückgeführt. Das liefert gleichzeitig ein Berechnungsverfahren.

Der hier beschrittene Weg hat erhebliche beweistechnische Vorteile, z.B. bei der
Herleitung der Produktsatzes und der Cramerschen Regel.

2.2 Determinantenformen

Eine $n \times n$–Matrix A ist durch das n–tupel $(\mathbf{a}_1, \mathbf{a}_2, \ldots \mathbf{a}_n)$ ihrer Spalten gegeben. Wir beschreiben die Determinante von A als Funktion $D(\mathbf{a}_1, \ldots, \mathbf{a}_n)$ dieser
Spalten. Der Definitionsbereich dieser Funktion ist

$$\underbrace{\mathbb{K}^n \times \cdots \times \mathbb{K}^n}_{n\text{–mal}} := \{(\mathbf{a}_1, \ldots, \mathbf{a}_n) \mid \mathbf{a}_k \in \mathbb{K}^n\} \ .$$

Definition. Eine Abbildung $F : \mathbb{K}^n \times \cdots \times \mathbb{K}^n \to \mathbb{K}$ heißt

(a) **Multilinearform** auf $\mathbb{K}^n$, kurz n–**Form**, wenn F in jedem der n Argumente (Spalten) linear bei festgehaltenen restlichen Spalten ist:

$$F(\ldots, \alpha\mathbf{x} + \beta\mathbf{y}, \ldots) = \alpha F(\ldots, \mathbf{x}, \ldots) + \beta F(\ldots, \mathbf{y}, \ldots),$$

(b) **alternierende Multilinearform** auf $\mathbb{K}^n$, wenn (a) gilt und sich beim
Vertauschen zweier Spalten das Vorzeichen ändert:

$$F(\ldots, \mathbf{a}_i, \ldots, \mathbf{a}_j, \ldots) = -F(\ldots, \mathbf{a}_j, \ldots, \mathbf{a}_i, \ldots),$$

(c) **Determinantenform**, wenn (a) und (b) erfüllt sind und $F(\mathbf{e}_1, \ldots, \mathbf{e}_n) = 1$
für die kanonische Basis $\mathbf{e}_1, \ldots, \mathbf{e}_n$ des $\mathbb{K}^n$ gilt.

BEMERKUNG. Der Begriff „Determinantenform" wird in der Literatur nicht einheitlich verwendet.

In 1.1 haben wir für $n = 2$ und $n = 3$ Beispiele von Determinantenformen angegeben.

2.3 Alternierende Formen und lineare Unabhängigkeit

Für eine alternierende Multilinearform F gilt: Sind $\mathbf{a}_1, \ldots, \mathbf{a}_n$ linear abhängig, so folgt $F(\mathbf{a}_1, \ldots, \mathbf{a}_n) = 0$. Insbesondere ist $F(\mathbf{a}_1, \ldots, \mathbf{a}_n) = 0$, falls zwei Spalten gleich sind.

BEWEIS.

(a) Ist F alternierend, so ergibt sich durch Vertauschen von Spalten

$$F(\ldots, \mathbf{a}, \ldots, \mathbf{a}, \ldots) = -F(\ldots, \mathbf{a}, \ldots, \mathbf{a}, \ldots), \quad \text{also} \quad F(\ldots, \mathbf{a}, \ldots, \mathbf{a}, \ldots) = 0.$$

Seien $\mathbf{a}_1, \ldots, \mathbf{a}_n$ linear abhängig, etwa $\mathbf{a}_1 = \sum_{k=2}^{n} c_k \mathbf{a}_k$. Dann gilt wegen der Linearität in der ersten Spalte

$$F(\mathbf{a}_1, \ldots, \mathbf{a}_n) = \sum_{k=2}^{n} c_k F(\mathbf{a}_k, \mathbf{a}_2, \ldots, \mathbf{a}_k, \ldots) = 0. \qquad \square$$

Das Verschwinden von F bei zwei gleichen Spalten ist typisch für alternierende n-Formen:

2.4 Ein Kriterium für das Alternieren einer n-Form

Gilt für eine n-Form $F(\mathbf{a}_1, \ldots, \mathbf{a}_n) = 0$, falls zwei benachbarte Spalten gleich sind, so ist sie alternierend.

BEWEIS.

Es gilt

$$\begin{aligned} 0 &= F(\ldots, \mathbf{a} + \mathbf{b}, \mathbf{a} + \mathbf{b}, \ldots) \\ &= F(\ldots, \mathbf{a}, \mathbf{a}, \ldots) + F(\ldots, \mathbf{a}, \mathbf{b}, \ldots) + F(\ldots, \mathbf{b}, \mathbf{a}, \ldots) + F(\ldots, \mathbf{b}, \mathbf{b}, \ldots) \\ &= F(\ldots, \mathbf{a}, \mathbf{b}, \ldots) + F(\ldots, \mathbf{b}, \mathbf{a}, \ldots), \end{aligned}$$

also ändert F sein Vorzeichen bei Vertauschung benachbarter Spalten. Sind die Spalten $\mathbf{a}_j$, $\mathbf{a}_k$ $(j < k)$ nicht benachbart, so erreichen wir durch sukzessives Vertauschen benachbarter Spalten, daß $\mathbf{a}_j$ und $\mathbf{a}_k$ die Plätze tauschen; dazu sind $2s - 1$ Vertauschungen nötig mit $s = k - j$ $\boxed{\text{ÜA}}$. Bei jeder Vertauschung wechselt F das Vorzeichen. Es gilt also

$$\begin{aligned} F(\ldots, \mathbf{a}_j, \ldots, \mathbf{a}_k, \ldots) &= (-1)^{2s-1} F(\ldots, \mathbf{a}_k, \ldots, \mathbf{a}_j, \ldots) \\ &= -F(\ldots, \mathbf{a}_k, \ldots, \mathbf{a}_j, \ldots). \qquad \square \end{aligned}$$

2.5 Der Haupsatz über Determinanten

(a) *Für jedes $n \geq 2$ gibt es genau eine Determinantenform auf $\mathbb{K}^n$. Wir bezeichnen sie mit* $\det(\mathbf{a}_1, \ldots, \mathbf{a}_n)$.

(b) *Hat die $n \times n$-Matrix $A = (a_{ik})$ die Spalten $\mathbf{a}_1, \ldots, \mathbf{a}_n \in \mathbb{K}^n$, so heißt* $\det(\mathbf{a}_1, \ldots, \mathbf{a}_n)$ *die* **Determinante von** A, *bezeichnet mit*

$$|A| = \begin{vmatrix} a_{11} & \cdots & a_{1n} \\ \vdots & \ddots & \vdots \\ a_{n1} & \cdots & a_{nn} \end{vmatrix} = |(a_{ik})| = \det A \,.$$

(c) **Laplacescher Entwicklungssatz.** *Die Determinante einer $n \times n$-Matrix $A = (a_{ik})$ läßt sich auf $2n$ Weisen durch $(n-1) \times (n-1)$-Determinanten ausdrücken:*

$$|A| = \sum_{j=1}^{n} (-1)^{i+j} a_{ij} |A_{ij}| \qquad (\textit{Entwicklung nach der } i\text{-ten Zeile})$$

$$|A| = \sum_{j=1}^{n} (-1)^{j+k} a_{jk} |A_{jk}| \qquad (\textit{Entwicklung nach der } k\text{-ten Spalte}).$$

Dabei bedeutet A_{ij} diejenige $(n-1) \times (n-1)$-Matrix, welche aus A durch Streichen der i-ten Zeile und der j-ten Spalte hervorgeht.

Der Beweis erfolgt in 2.7, 2.8, 3.1 und kann bei der ersten Lektüre übergangen werden.

2.6 Beispiele und Aufgaben

(a) Durch Entwicklung nach der ersten Zeile erhalten wir

$$\begin{vmatrix} a_{11} & a_{12} & a_{13} \\ a_{21} & a_{22} & a_{23} \\ a_{31} & a_{32} & a_{33} \end{vmatrix} = a_{11} \begin{vmatrix} a_{22} & a_{23} \\ a_{32} & a_{33} \end{vmatrix} - a_{12} \begin{vmatrix} a_{21} & a_{23} \\ a_{31} & a_{33} \end{vmatrix} + a_{13} \begin{vmatrix} a_{21} & a_{22} \\ a_{31} & a_{32} \end{vmatrix}$$

$$= a_{11}(a_{22}a_{33} - a_{23}a_{32}) - a_{12}(a_{21}a_{33} - a_{23}a_{31}) + a_{13}(a_{21}a_{32} - a_{22}a_{31})\,.$$

(b) Zweckmäßigerweise wird man nach solchen Zeilen oder Spalten entwickeln, welche möglichst viele Nullen enthalten. Im folgenden Beispiel entwickeln wir nach der zweiten Spalte:

$$\begin{vmatrix} 2 & 1 & 2 & 2 \\ 1 & 0 & 1 & 1 \\ -2 & 0 & 1 & -2 \\ 3 & 4 & 1 & 0 \end{vmatrix} = (-1) \cdot \begin{vmatrix} 1 & 1 & 1 \\ -2 & 1 & -2 \\ 3 & 1 & 0 \end{vmatrix} + 4 \cdot \begin{vmatrix} 2 & 2 & 2 \\ 1 & 1 & 1 \\ -2 & 1 & -2 \end{vmatrix}\,.$$

Die zweite Determinante ist Null, wegen Gleichheit zweier Spalten nach 2.3. Die erste entwickeln wir nach der letzten Zeile:

$$\begin{vmatrix} 1 & 1 & 1 \\ -2 & 1 & -2 \\ 3 & 1 & 0 \end{vmatrix} = 3 \cdot \begin{vmatrix} 1 & 1 \\ 1 & -2 \end{vmatrix} - 1 \cdot \begin{vmatrix} 1 & 1 \\ -2 & -2 \end{vmatrix} = 3 \cdot \begin{vmatrix} 1 & 1 \\ 1 & -2 \end{vmatrix} - 1 \cdot 0 = -9\,.$$

Die gesuchte Determinante hat also den Wert 9.

(c) Berechnen Sie $\begin{vmatrix} 2 & 1 & 3 \\ 0 & 2 & -1 \\ 4 & 1 & 1 \end{vmatrix}$.

(d) Rechnen Sie nach, daß

$$\begin{vmatrix} 1 & 5 & -1 & 0 & 4 \\ 0 & 2 & 0 & 0 & 3 \\ 2 & 7 & 0 & 3 & 0 \\ 6 & -3 & 4 & 0 & 1 \\ 0 & 8 & 1 & -4 & 6 \end{vmatrix} = 1223\,.$$

(c) Beweisen Sie mittels vollständiger Induktion, daß

$$\begin{vmatrix} a_{11} & \cdots & a_{1n} \\ & \ddots & \vdots \\ 0 & & a_{nn} \end{vmatrix} = \begin{vmatrix} a_{11} & & 0 \\ \vdots & \ddots & \\ a_{n1} & \cdots & a_{nn} \end{vmatrix} = a_{11} \cdot a_{22} \cdots a_{nn}\,.$$

2.7* Der Eindeutigkeitssatz für alternierende n–Formen

(a) *Gilt für eine alternierende n–Form $F(\mathbf{e}_1, \ldots, \mathbf{e}_n) = 0$, so ist $F = 0$.*

(b) *Stimmen daher zwei alternierende n–Formen F und G auf der kanonischen Basis überein, so sind sie gleich. Insbesondere gibt es höchstens eine Determinantenform auf $\mathbb{K}^n$.*

BEWEIS.

(b) folgt unmittelbar aus (a), denn $H = F - G$ ist eine alternierende n–Form mit $H(\mathbf{e}_1, \ldots, \mathbf{e}_n) = 0$.

Wir führen den Beweis von (a) zunächst für $n = 2$. Nach Voraussetzung gilt $F(\mathbf{e}_1, \mathbf{e}_2) = 0$, also auch $F(\mathbf{e}_2, \mathbf{e}_1) = -F(\mathbf{e}_1, \mathbf{e}_2) = 0$. Außerdem gilt selbstverständlich $F(\mathbf{e}_1, \mathbf{e}_1) = F(\mathbf{e}_2, \mathbf{e}_2) = 0$ nach 2.3.

Für beliebige $\mathbf{x} = \begin{pmatrix} x_1 \\ x_2 \end{pmatrix}$ und $\mathbf{y} = \begin{pmatrix} y_1 \\ y_2 \end{pmatrix}$ gilt daher

$$F(\mathbf{x}, \mathbf{y}) = F(x_1 \mathbf{e}_1 + x_2 \mathbf{e}_2, \mathbf{y}) = x_1 F(\mathbf{e}_1, \mathbf{y}) + x_2 F(\mathbf{e}_2, \mathbf{y})\,, \quad \text{wobei}$$

$$F(\mathbf{e}_1, \mathbf{y}) = F(\mathbf{e}_1, y_1 \mathbf{e}_1 + y_2 \mathbf{e}_2) = y_1 F(\mathbf{e}_1, \mathbf{e}_1) + y_2 F(\mathbf{e}_1, \mathbf{e}_2) = 0$$

für alle $\mathbf{x}, \mathbf{y}$. Entsprechend ergibt sich $F(\mathbf{e}_2, \mathbf{y}) = 0$, also gilt $F(\mathbf{x}, \mathbf{y}) = 0$ für alle $\mathbf{x}, \mathbf{y}$.

Induktion nach n. Ist (a) für alternierende n–Formen richtig und F eine alternierende $(n+1)$–Form mit $F(\mathbf{e}_1, \ldots, \mathbf{e}_{n+1}) = 0$, so gilt auch $F(\mathbf{e}_1, \ldots, \mathbf{e}_n, \mathbf{e}_k) = 0$ für $k \neq n+1$ wegen gleicher Spalten. Daher liefert für jedes feste $\mathbf{e}_k$

$$G_k(\mathbf{a}_1, \ldots, \mathbf{a}_n) = F(\mathbf{a}_1, \ldots, \mathbf{a}_n, \mathbf{e}_k)$$

eine alternierende n–Form mit $G_k(\mathbf{e}_1, \ldots, \mathbf{e}_n) = 0$. Nach Induktionsvoraussetzung gilt $G_k = 0$, also für beliebiges $\mathbf{a}_{n+1} = x_1 \mathbf{e}_1 + \cdots + x_{n+1} \mathbf{e}_{n+1}$

$$F(\mathbf{a}_1, \ldots, \mathbf{a}_{n+1}) = \sum_{k=1}^{n+1} x_k \cdot G_k(\mathbf{a}_1, \ldots, \mathbf{a}_n) = 0. \qquad \square$$

2.8* Konstruktion der n–Determinante durch Entwicklung nach Zeilen

Hier soll durch Induktion gezeigt werden, daß es zu jedem $n \geq 2$ eine Determinantenform D_n auf $\mathbb{K}^n$ gibt. Gleichzeitig soll der Laplacesche Entwicklungssatz nach Zeilen bewiesen werden. Der Entwicklungssatz nach Spalten ergibt sich in 3.1.

(a) Für $n = 2$ liefert $D_2(A) = a_{11}a_{22} - a_{12}a_{21}$ eine Determinantenform in den Spalten von $A = (a_{ik})$, und das ist die einzige nach 2.7.

(b) *Induktionsschritt.* Wir nehmen an, für $n \geq 3$ sei schon eine Determinantenform D_{n-1} auf $\mathbb{K}^{n-1}$ gegeben. Wir wählen ein beliebiges $i \in \{1, \ldots, n\}$ und halten es fest. Für $n \times n$–Matrizen A definieren wir gemäß dem Laplaceschen Entwicklungssatz

$$(*) \qquad D_n(A) := \sum_{j=1}^{n} (-1)^{i+j} a_{ij} D_{n-1}(A_{ij}).$$

Wir zeigen, daß D_n eine Determinantenform in den Spalten $\mathbf{a}_1, \ldots, \mathbf{a}_n$ von A liefert.

Die Multilinearität von D_n ist gegeben, wenn jeder der Ausdrücke $a_{ij} D_{n-1}(A_{ij})$ eine n–Form liefert. Die Abbildung $\mathbf{a}_j \mapsto a_{ij} D_{n-1}(A_{ij})$ ist linear, da $\mathbf{a}_j$ in A_{ij} nicht auftritt. Für $k \neq j$ hängt a_{ij} nicht von $\mathbf{a}_k$ ab, und nach Induktionsvoraussetzung ist $\mathbf{a}_k \mapsto D_{n-1}(A_{ij})$ linear. Damit hängt $a_{ij} D_{n-1}(A_{ij})$ linear von $\mathbf{a}_k$ ab. Also ist jeder Ausdruck $a_{ij} D_{n-1}(A_{ij})$ eine n–Form in $\mathbf{a}_1, \ldots, \mathbf{a}_n$.

D_n ist alternierend. Nach 2.4 genügt der Nachweis, daß $D_n(A)$ Null wird, falls zwei benachbarte Spalten gleich sind. Sei etwa $\mathbf{a}_k = \mathbf{a}_{k+1}$. Dann hat A_{ij} für $j \neq k$, $j \neq k+1$ zwei gleiche Spalten, also ist $D_{n-1}(A_{ij}) = 0$ nach Induktionsvoraussetzung und 2.3. Von der Summe $(*)$ bleibt nur noch

$$D_n(A) = (-1)^{i+k} a_{ik} D_{n-1}(A_{ik}) + (-1)^{i+k+1} a_{i,k+1} D_{n-1}(A_{i,k+1}).$$

Wegen $\mathbf{a}_k = \mathbf{a}_{k+1}$ gilt aber $a_{ik} = a_{i,k+1}$ und $A_{ik} = A_{i,k+1}$. Daher ist $D_n(A) = 0$.

Für die Einheitsmatrix E ist $D_n(E) = 1$. Denn für $j \neq i$ hat E_{ij} die i-te Spalte $\mathbf{0}$, und E_{ii} ist die $(n-1) \times (n-1)$-Einheitsmatrix, also ist nach Induktionsvoraussetzung $D_{n-1}(E_{ii}) = 1$. Es folgt

$$D_n(E) = \sum_{j=1}^{n} (-1)^{i+j} \delta_{ij} D_{n-1}(E_{ij}) = (-1)^{i+i} D_{n-1}(E_{ii}) = D_{n-1}(E_{ii}) \,.$$

(c) *Ergebnis.* Nach dem Induktionsprinzip gibt es für jedes $n \geq 2$ wenigstens eine Determinantenform D_n auf $\mathbb{K}^n$. Die scheinbare Willkür der Wahl von i in (*) erledigt sich mit dem Eindeutigkeitssatz 2.7: Da es höchstens eine n–Determinantenform geben kann, liefert (*) für jedes i dasselbe.

3 Die Eigenschaften der Determinante

3.1 Die Determinante der Transponierten

Es gilt $\left|A^T\right| = |A|$. Dabei ist A^T die zu A transponierte Matrix:

$$A^T = \begin{pmatrix} a_{11} & a_{21} & \cdots & a_{n1} \\ a_{12} & a_{22} & \cdots & a_{n2} \\ \vdots & \vdots & \ddots & \vdots \\ a_{1n} & a_{2n} & \cdots & a_{nn} \end{pmatrix} \quad \text{für} \quad A = \begin{pmatrix} a_{11} & a_{12} & \cdots & a_{1n} \\ a_{21} & a_{22} & \cdots & a_{2n} \\ \vdots & \vdots & \ddots & \vdots \\ a_{n1} & a_{n2} & \cdots & a_{nn} \end{pmatrix} \,.$$

BEWEIS.

Offenbar ist $\begin{vmatrix} a_{11} & a_{21} \\ a_{12} & a_{22} \end{vmatrix} = a_{11}a_{22} - a_{21}a_{12} = \begin{vmatrix} a_{11} & a_{12} \\ a_{21} & a_{22} \end{vmatrix}$. Sei also $n > 2$. Es gilt $\left|A^T\right| = \det(\mathbf{z}_1, \ldots, \mathbf{z}_n)$, wo $\mathbf{z}_1, \ldots, \mathbf{z}_n$ die Zeilenvektoren von A sind. Wir betrachten andererseits $D(\mathbf{z}_1, \ldots, \mathbf{z}_n) = |A|$, aufgefaßt als Funktion der Zeilen $\mathbf{z}_k$. Für jedes $i \in \{1, \ldots, n\}$ ist D linear in $\mathbf{z}_i$. Das ergibt sich durch Entwickeln nach der i-ten Zeile gemäß 2.8 (*):

$$(*) \qquad D(\mathbf{z}_1, \ldots, \mathbf{z}_n) = |A| = \sum_{j=1}^{n} (-1)^{i+j} a_{ij} |A_{ij}| \,.$$

Bei dieser Entwicklung kommt $\mathbf{z}_i$ nicht in A_{ij} vor.

Damit ist D eine n–Form. Ferner ist $D(\mathbf{e}_1, \ldots, \mathbf{e}_n) = |E| = 1$. Wir zeigen jetzt, daß D alternierend ist. Sei $\mathbf{z}_k = \mathbf{z}_{k+1}$. Wir betrachten die Entwicklung (*) für ein von k und $k+1$ verschiedenes i. Bei dieser ist $|A_{ij}| = 0$ für jedes j. Denn A_{ij} hat zwei gleiche Zeilen, also nicht den vollen Rang $n-1$. Somit sind auch die Spalten von A_{ij} linear abhängig, und nach 2.3 ergibt sich $|A_{ij}| = 0$.

Nach dem Eindeutigkeitssatz für Determinantenformen folgt

$$|A| = D(\mathbf{z}_1, \ldots, \mathbf{z}_n) = \det(\mathbf{z}_1, \ldots, \mathbf{z}_n) = \left|A^T\right| \,. \qquad \square$$

Beweis des Laplaceschen Satzes über Entwicklung nach Spalten. Wir beachten, daß $\left(A^T\right)_{kj} = (A_{jk})^T$, also $\left|\left(A^T\right)_{kj}\right| = |A_{jk}|$. Somit gilt

$$|A| = \left|A^T\right| = \sum_{j=1}^{n}(-1)^{k+j}a_{jk}\left|\left(A^T\right)_{kj}\right| = \sum_{j=1}^{n}(-1)^{j+k}a_{jk}|A_{jk}|. \qquad \Box$$

3.2 Multiplikationssatz und Folgerungen

(a) *Für $n \times n$–Matrizen A, B gilt $|AB| = |A| \cdot |B|$.*

(b) *Für invertierbare Matrizen A gilt*

$$\left|A^{-1}\right| = \frac{1}{|A|}.$$

(c) *A ist genau dann invertierbar, wenn $|A| \neq 0$. Es gilt also*

$|A| \neq 0 \iff$ *Das Gleichungssystem $A\mathbf{x} = \mathbf{b}$ ist universell und eindeutig lösbar*

$\iff$ *Die Spalten von A sind linear unabhängig*

$\iff$ *Die Zeilen von A sind linear unabhängig*

$\iff \operatorname{Rang} A = n.$

BEWEIS.

(a) Sind $\mathbf{b}_1, \ldots, \mathbf{b}_n$ die Spalten von B, so hat AB die Spalten $A\mathbf{b}_1, \ldots, A\mathbf{b}_n$. Für festes A und beliebige Matrizen B betrachten wir

$$F(\mathbf{b}_1, \ldots, \mathbf{b}_n) := \det(A\mathbf{b}_1, \ldots, A\mathbf{b}_n) = |AB|.$$

F ist linear in jedem $\mathbf{b}_k$ als Hintereinanderausführung der linearen Abbildungen $\mathbf{b}_k \mapsto A\mathbf{b}_k$ und $\mathbf{a}_k \mapsto \det(\mathbf{a}_1, \ldots, \mathbf{a}_k, \ldots, \mathbf{a}_n)$. Ferner ist F alternierend. Schließlich gilt mit den Spalten $\mathbf{a}_k = A\mathbf{e}_k$ von A

$$F(\mathbf{e}_1, \ldots, \mathbf{e}_n) = \det(\mathbf{a}_1, \ldots, \mathbf{a}_n) = |A|.$$

Durch $G(\mathbf{b}_1, \ldots, \mathbf{b}_n) = |A|\det(\mathbf{b}_1, \ldots, \mathbf{b}_n) = |A| \cdot |B|$ ist ebenfalls eine n–Form G gegeben mit $G(\mathbf{e}_1, \ldots, \mathbf{e}_n) = |A|$. Nach dem Eindeutigkeitssatz 2.6 folgt $F = G$, d.h. $|AB| = |A| \cdot |B|$.

(b) folgt nach dem Multiplikationssatz wegen $1 = |E| = \left|AA^{-1}\right| = |A| \cdot \left|A^{-1}\right|$.

(c) Nach 2.3 gilt: Sind $\mathbf{a}_1, \ldots, \mathbf{a}_n$ linear abhängig, d.h. ist A nicht invertierbar, so gilt $|A| = 0$. Sind $\mathbf{a}_1, \ldots, \mathbf{a}_n$ linear unabhängig, so hat A den Rang n und ist invertierbar. Aus $|A| \cdot \left|A^{-1}\right| = 1$ folgt $|A| \neq 0$. $\qquad \Box$

3.3 Die Determinante einer linearen Abbildung

(a) *Ähnliche Matrizen haben gleiche Determinante:* $\left|S^{-1}AS\right| = |A|$.

(b) *Sei V ein Vektorraum der Dimension n, $L : V \to V$ ein linearer Operator und $\mathcal{B}$ eine Basis von V. Die Zahl $|M_\mathcal{B}(L)|$ hängt nicht von der Basis $\mathcal{B}$ ab. Wir bezeichnen sie mit $\det L$.*

BEWEIS.

(a) Nach dem Multiplikationssatz 3.2 (a) und nach 3.2 (b) gilt

$$\left|S^{-1}AS\right| = \left|S^{-1}\right| \cdot |AS| = \left|S^{-1}\right| \cdot |A| \cdot |S| = |A|\,.$$

(b) Sind $\mathcal{A}$ und $\mathcal{B}$ zwei Basen von V, $A = M_\mathcal{A}(L)$ und $B = M_\mathcal{B}(L)$, so gilt nach §15 : 7.3 $B = S^{-1}AS$ mit einer Transformationsmatrix S, also folgt $|B| = |A|$. $\qquad\qquad\square$

$\boxed{\text{ÜA}}$ Zeigen Sie, daß für lineare Operatoren $L_1, L_2 : V \to V$ der Multiplikationssatz $\det(L_1 L_2) = \det L_1 \cdot \det L_2$ gilt.

3.4 Die Matrix der Adjunkten

Zu gegebener $n \times n$–Matrix $A = (a_{ik})$ wollen wir eine Matrix $A^{\#} = (a_{ik}^{\#})$ bestimmen mit der Eigenschaft

(a) $A \cdot A^{\#} = A^{\#} \cdot A = |A| \cdot E$.

Ist eine solche Matrix $A^{\#}$ gefunden, so gilt im Fall der Invertierbarkeit von A

(b) $A^{-1} = \dfrac{1}{|A|} A^{\#}$.

In Koordinatenschreibweise bedeutet die Forderung (a)

(c) $\displaystyle\sum_{j=1}^{n} a_{ij} a_{jk}^{\#} = \sum_{j=1}^{n} a_{ij}^{\#} a_{jk} = |A| \cdot \delta_{ik} \quad (i, k = 1, \ldots, n)\,.$

Für $i = k$ ist insbesondere zu fordern

$$\sum_{j=1}^{n} a_{ij} a_{ji}^{\#} = \sum_{j=1}^{n} a_{jk} a_{kj}^{\#} = |A|\,.$$

Der Vergleich mit dem Laplaceschen Entwicklungssatz 2.5 (c) legt es nahe,

$$a_{ik}^{\#} := (-1)^{i+k} |A_{ki}| \quad \text{für} \quad i, k = 1, \ldots, n$$

zu setzen, genannt die **Adjunkte** von a_{ki}.

Bei dieser Wahl ist (c) auch für $i \neq k$ richtig. Denn nach dem Entwicklungssatz ist

$$\sum_{j=1}^{n} a_{ij} a_{jk}^{\#} = \sum_{j=1}^{n} (-1)^{j+k} a_{ij} |A_{kj}|$$

die Determinante derjenigen Matrix, die aus A entsteht, wenn man die k-te Zeile durch die i-te ersetzt. Weil diese Matrix zwei gleiche Zeilen besitzt, verschwindet nach 3.2 ihre Determinante (Zeilenrang $< n$). Somit ist

$$\sum_{j=1}^{n} a_{ij} a_{jk}^{\#} = 0 \quad \text{für} \quad i \neq k .$$

Analog zeigt man $\sum_{j=1}^{n} a_{ij}^{\#} a_{jk} = 0 \quad \text{für} \quad i \neq k$.

3.5 Die Cramersche Regel

Für eine invertierbare $n \times n$-Matrix $A = (\mathbf{a}_1, \ldots, \mathbf{a}_n)$ über $\mathbb{K}$ und $\mathbf{b} \in \mathbb{K}^n$ ist die eindeutig bestimmte Lösung des Gleichungssystems $A\mathbf{x} = \mathbf{b}$ gegeben durch

$$x_i = \frac{1}{|A|} \det(\mathbf{a}_1, \ldots, \mathbf{a}_{i-1}, \mathbf{b}, \mathbf{a}_{i+1}, \ldots, \mathbf{a}_n) \quad \textit{für} \quad i = 1, \ldots, n .$$

Die im Zähler stehende Matrix entsteht also aus A durch Ersetzen der i-ten Spalte durch den Vektor $\mathbf{b}$. Für $n = 3$ liefert die Cramersche Regel (vgl. 1.2)

$$x_1 = \frac{1}{|A|} \begin{vmatrix} b_1 & a_{12} & a_{13} \\ b_2 & a_{22} & a_{23} \\ b_3 & a_{32} & a_{33} \end{vmatrix} , \quad x_2 = \frac{1}{|A|} \begin{vmatrix} a_{11} & b_1 & a_{13} \\ a_{21} & b_2 & a_{23} \\ a_{31} & b_3 & a_{33} \end{vmatrix} , \quad x_3 = \frac{1}{|A|} \begin{vmatrix} a_{11} & a_{12} & b_1 \\ a_{21} & a_{22} & b_2 \\ a_{31} & a_{32} & b_3 \end{vmatrix} .$$

BEMERKUNG. Zur praktischen Berechnung der Lösung ist die Cramersche Regel nur für 2×2-Gleichungssysteme sinnvoll, denn für $n \geq 3$ benötigt man für die Determinantenberechnung viel mehr Rechenschritte als beim Eliminationsverfahren in § 16 : 4.1.

Die Cramersche Regel ist jedoch wichtig für den Nachweis, daß die Lösungen $x_1, \ldots, x_n$ „stetig" von den Matrixkoeffizienten a_{ik} und den b_j abhängen.

BEWEIS.
Für die eindeutig bestimmte Lösung $\mathbf{x}$ des Gleichungssystems $A\mathbf{x} = \mathbf{b}$ gilt nach 3.4

$$\mathbf{x} = A^{-1}\mathbf{b} = \frac{1}{|A|} A^{\#}\mathbf{b} , \quad \text{also}$$

$$|A|x_i = \sum_{k=1}^{n} a_{ik}^{\#} b_k = \sum_{k=1}^{n} (-1)^{i+k} b_k |A_{ki}| = \det(\mathbf{a}_1, \ldots, \mathbf{a}_{i-1}, \mathbf{b}, \mathbf{a}_{i+1}, \ldots, \mathbf{a}_n)$$

(Entwicklung nach der i-ten Spalte). $\qquad\qquad\qquad\qquad\qquad\qquad\qquad\qquad\qquad\quad \square$

3.6 Aufgaben

(a) Zeigen Sie: Die Determinante von A ändert sich nicht, wenn man ein Vielfaches einer Spalte (bzw. einer Zeile) zu einer anderen addiert.

(b) Nützen Sie diesen Sachverhalt möglichst geschickt aus, um

$$\begin{vmatrix} 0 & -2 & 1 & 3 & 0 \\ -1 & 1 & 2 & 3 & 1 \\ 0 & 1 & 0 & 0 & 2 \\ 1 & -1 & 2 & 1 & 0 \\ 0 & 2 & 3 & 1 & 2 \end{vmatrix}$$

zu berechnen. (Zur Kontrolle: Das Ergebnis ist 8.)

(c) Sei $A = \begin{pmatrix} a_{11} & a_{12} \\ a_{21} & a_{22} \end{pmatrix}$ und $|A| \neq 0$. Geben Sie A^{-1} explizit an.

4 Das Volumen von Parallelflachen

4.1 Definition. Unter einem n–dimensionalen **Parallelflach** oder **Parallelotop** verstehen wir eine Menge der Gestalt

$$P(\mathbf{a}_1,\ldots,\mathbf{a}_n) = \left\{ \sum_{i=1}^{n} t_i \mathbf{a}_i \mid 0 \leq t_i \leq 1 \quad \text{für} \quad i = 1,\ldots,n \right\}$$

oder jede aus einer solchen Menge durch Translation hervorgehende.

Für $n = 1$ ist ein Parallelflach eine Strecke, für $n = 2$ ein Parallelogramm und für $n = 3$ ein Spat (vgl. §6 : 5.5).

$$P(\mathbf{e}_1,\ldots,\mathbf{e}_n) = \{\mathbf{x} \in \mathbb{R}^n \mid 0 \leq x_i \leq 1 \quad \text{für} \quad i = 1,\ldots,n\}$$

ist der n–dimensionale Einheitswürfel.

4.2 Grundeigenschaften des n–dimensionalen Volumens

(a) *Der Flächeninhalt des von* $\mathbf{a}_1 = \begin{pmatrix} a_{11} \\ a_{21} \end{pmatrix}$, $\mathbf{a}_2 = \begin{pmatrix} a_{21} \\ a_{22} \end{pmatrix} \in \mathbb{R}^2$ *aufgespannten Parallelogramms ist gegeben durch* $\|\mathbf{a}_1\| \cdot \|\mathbf{a}_2\| \cdot |\sin\varphi| = |a_{11}a_{22} - a_{12}a_{21}| = |\det(\mathbf{a}_1,\mathbf{a}_2)|$, vgl. §6 : 3.

(b) *Der Rauminhalt des von* $\mathbf{a}_1,\mathbf{a}_2,\mathbf{a}_3$ *aufgespannten Spats ist gegeben durch* $|\langle \mathbf{a}_1 \times \mathbf{a}_2, \mathbf{a}_3 \rangle| = |\det(\mathbf{a}_1,\mathbf{a}_2,\mathbf{a}_3)|$.

Denn nach §6 : 5.5 ist dieses Volumen durch $|\langle \mathbf{a}_1 \times \mathbf{a}_2, \mathbf{a}_3 \rangle|$ gegeben, und nach 1.2 liefert $S(\mathbf{a}_1,\mathbf{a}_2,\mathbf{a}_3) = \langle \mathbf{a}_1 \times \mathbf{a}_2, \mathbf{a}_3 \rangle$ eine Determinantenform, also gilt

$$S(\mathbf{a}_1,\mathbf{a}_2,\mathbf{a}_3) = \det(\mathbf{a}_1,\mathbf{a}_2,\mathbf{a}_3).$$

(c) Die Einführung eines Volumenbegriffs für n–dimensionale Figuren erweist sich sowohl in der Physik (statistische Mechanik) als auch von der mehrdimensionalen Integralrechnung her als notwendig. Wir beschränken uns an dieser Stelle auf das Volumen von Parallelflachen und wollen den Volumenbegriff aus einfachen plausiblen Grundannahmen ableiten.

Zunächst soll das Volumen zweier Parallelflache, die durch eine Translation auseinander hervorgehen, gleich sein, das heißt, das Volumen eines Parallelflaches $\mathbf{a}_0 + P(\mathbf{a}_1, \ldots, \mathbf{a}_n)$ soll nur von den aufspannenden Vektoren $\mathbf{a}_1, \ldots, \mathbf{a}_n$ abhängen. Wir bezeichnen es mit $V(\mathbf{a}_1, \ldots, \mathbf{a}_n)$.

Für die Funktion V stellen wir die drei Forderungen auf:

(a) *Positive Homogenität in jeder Richtung*:

$$V(\ldots, \mathbf{a}_{i-1}, \alpha\mathbf{a}_i, \mathbf{a}_{i+1}, \ldots) = |\alpha| \cdot V(\mathbf{a}_1, \ldots, \mathbf{a}_n)$$

für jedes $i = 1, \ldots, n$ und $\alpha \in \mathbb{R}$.

(b) *Cavalierisches Prinzip*:

$$V(\ldots, \mathbf{a}_i + \beta\mathbf{a}_k, \ldots, \mathbf{a}_k, \ldots) = V(\ldots, \mathbf{a}_i, \ldots, \mathbf{a}_k, \ldots) \quad \text{für} \quad \beta \in \mathbb{R} \quad \text{und} \quad i \neq k.$$

(c) *Der Einheitswürfel hat das Volumen 1*: $V(\mathbf{e}_1, \ldots, \mathbf{e}_n) = 1$.

Die Eigenschaft (a) bedeutet, daß bei einer Streckung bzw. einer Stauchung mit einer positiven Zahl α sich das Volumen um den gleichen Faktor ändert.

Der Name „Cavalierisches Prinzip" spielt auf die Vorstellung CAVALIERIS an, daß ein Spat ein Stapel aus lauter dünnen Blättern ist, dessen Volumen sich beim Verrutschen nicht ändert. Für $n = 2$ ist (b) der Satz: „Auf derselben Grundlinie zwischen denselben Parallelen gelegene Parallelogramme sind flächengleich." (EUKLID I, § 35).

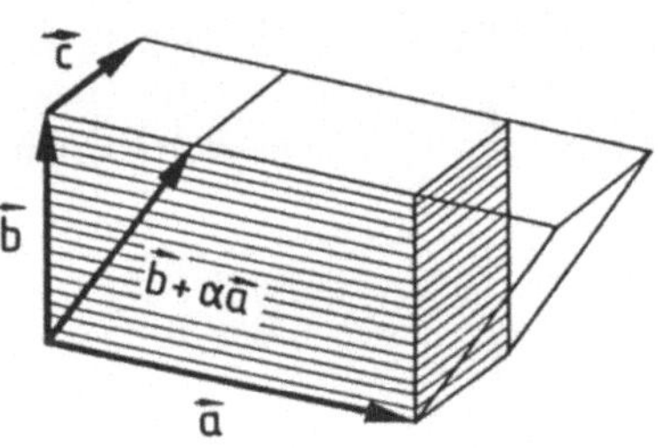

4.3 Volumen und Determinante

Es gibt genau eine Funktion $V : \mathbb{R}^n \times \cdots \times \mathbb{R}^n \to \mathbb{R}$, *welche die Forderungen* (a), (b) *und* (c) *erfüllt; sie ist gegeben durch*

$$V(\mathbf{a}_1, \ldots, \mathbf{a}_n) = |\det(\mathbf{a}_1, \ldots, \mathbf{a}_n)|\,.$$

$V(\mathbf{a}_1, \ldots, \mathbf{a}_n)$ *heißt das* n–*dimensionale Volumen des Parallelflachs*

$$\mathbf{a}_0 + P(\mathbf{a}_1, \ldots, \mathbf{a}_n)\,.$$

BEWEISSKIZZE.

(a) daß der Betrag der Determinante die Forderungen (a), (b) und (c) erfüllt, ist leicht nachzuprüfen $\boxed{\text{ÜA}}$.

(b) Sei $V : \mathbb{R}^n \times \cdots \times \mathbb{R}^n \to \mathbb{R}$ eine Funktion mit (a), (b) und (c). Man definiert für linear unabhängige $\mathbf{a}_1, \ldots, \mathbf{a}_n$

$$F(\mathbf{a}_1, \ldots, \mathbf{a}_n) := \frac{V(\mathbf{a}_1, \ldots, \mathbf{a}_n)}{|\det(\mathbf{a}_1, \ldots, \mathbf{a}_n)|} \det(\mathbf{a}_1, \ldots, \mathbf{a}_n)$$

und setzt $F(\mathbf{a}_1, \ldots, \mathbf{a}_n) := 0$, falls $\mathbf{a}_1, \ldots, \mathbf{a}_n$ linear abhängig sind. Dann zeigt man, daß F eine Determinantenform ist, also $F(\mathbf{a}_1, \ldots, \mathbf{a}_n) = \det(\mathbf{a}_1, \ldots, \mathbf{a}_n)$ nach dem Eindeutigkeitssatz. Für Einzelheiten sei auf [SPERNER] verwiesen. $\square$

4.4 Volumenverzerrung unter affinen Abbildungen

Eine Abbildung $T : \mathbb{R}^n \to \mathbb{R}^n$ der Gestalt

$$\mathbf{x} \mapsto A\mathbf{x} + \mathbf{c}$$

mit einer $n \times n$-Matrix A und einem festen Vektor $\mathbf{c} \in \mathbb{R}^n$ heißt **affine Abbildung** des $\mathbb{R}^n$.

Für ein Parallelflach $P = \mathbf{a}_0 + P(\mathbf{a}_1, \ldots, \mathbf{a}_n)$ ist die Bildmenge unter T

$$T(P) = T(\mathbf{a}_0) + P(A\mathbf{a}_1, \ldots, A\mathbf{a}_n),$$

also wieder ein Parallelflach $\boxed{\text{ÜA}}$. Für das Volumen $V(T(P))$ gilt der

Satz. *Die Volumenverzerrung unter der affinen Abbildung*

$$T : \mathbf{x} \mapsto A\mathbf{x} + \mathbf{c}$$

ist gegeben durch

$$V(T(P)) = |\det A| \cdot V(P)$$

für jedes Parallelflach P.

BEWEIS.

Wegen der Translationsinvarianz des Volumens erhalten wir aus 4.2

$$V(T(P)) = |\det(A\mathbf{a}_1, \ldots, A\mathbf{a}_n)|, \quad V(P) = |\det(\mathbf{a}_1, \ldots, \mathbf{a}_n)| = |\det B|,$$

wobei B die Matrix mit den Spalten $\mathbf{a}_1, \ldots, \mathbf{a}_n$ ist.

Die Matrix AB hat die Spalten $A\mathbf{a}_1, \ldots, A\mathbf{a}_n$, also gilt nach dem Multiplikationssatz $V(T(P)) \doteq |\det(AB)| = |\det A \cdot \det B| = |\det A| \cdot V(P)$. $\square$

4.5 Aufgabe. Für Vektoren $\mathbf{a}_1, \ldots, \mathbf{a}_n$ des $\mathbb{R}^n$ heißt die Matrix mit den Koeffizienten

$$g_{ik} = \langle \mathbf{a}_i, \mathbf{a}_k \rangle \qquad (i, k = 1, \ldots, n)$$

die **Gramsche Matrix** und $g = \det(g_{ik})$ die **Gramsche Determinante**.

Zeigen Sie für das Volumen des von $\mathbf{a}_1, \ldots, \mathbf{a}_n$ aufgespannten Parallelflachs

$$V(\mathbf{a}_1, \ldots, \mathbf{a}_n) = \sqrt{g}.$$

5* Orientierung und Determinante

5.1 Orientierung eines n–dimensionalen Vektorraums

Zwei Basen $\mathcal{A} = (a_1, \ldots, a_n)$, $\mathcal{B} = (b_1, \ldots, b_n)$ eines reellen Vektorraumes V heißen **gleich orientiert**, wenn die Transformationsmatrix $S = M_{\mathcal{B}}^{\mathcal{A}}(1)$ positive Determinante hat. Sie heißen **entgegengesetzt orientiert**, wenn $\det S$ negativ ist.

Im Fall $n = 1$ heißen die Basen $\mathcal{A} = \{a\}$, $\mathcal{B} = \{b\}$ gleich orientiert, wenn b ein positives Vielfaches von a ist, sonst entgegengesetzt orientiert.

Die Gesamtheit aller Basen von V zerfällt so in zwei disjunkte Klassen gleich orientierter Basen. Im $\mathbb{R}^3$ ist eine dieser Klassen in natürlicher Weise vor der anderen ausgezeichnet: Man nennt üblicherweise die kanonische Basis und alle gleich orientierten Basen positiv orientiert. Auf einer Ursprungsebene des $\mathbb{R}^3$ gibt es keine in natürlicher Weise ausgezeichnete Orientierung; man kann die Ebene von zwei verschiedenen Seiten her betrachten. Um auch hier einen Orientierungssinn einzuführen, hat man eine bestimmte Basis auszuwählen und als positiv orientiert festzulegen.

Allgemein heißt V ein **orientierter Vektorraum**, wenn eine bestimmte Basis $\mathcal{B}$ als **positiv orientiert** ausgezeichnet ist. Dann heißen alle zu $\mathcal{B}$ gleich orientierten Basen positiv orientiert, die anderen **negativ orientiert**.

Im $\mathbb{R}^n$ zeichnen wir immer die kanonische Basis als positiv orientiert aus.

Das Vektorprodukt zweier linear unabhängiger Vektoren $\mathbf{a}, \mathbf{b} \in \mathbb{R}^3$ hat die Eigenschaft, daß die Basis $(\mathbf{a}, \mathbf{b}, \mathbf{a} \times \mathbf{b})$ die gleiche Orientierung hat wie die kanonische. Denn für die Determinante ($=$ Spatprodukt) gilt

$$\det(\mathbf{a}, \mathbf{b}, \mathbf{a} \times \mathbf{b}) = \langle \mathbf{a} \times \mathbf{b}, \mathbf{a} \times \mathbf{b} \rangle > 0.$$

Damit ist nicht bewiesen, daß das Vektorprodukt der Dreifingerregel genügt. Die hier gegebene algebraische Charakterisierung der Orientierung beschreibt nur einen Teil dessen, woran wir bei der Orientierung des physikalischen Anschauungsraumes denken, beispielsweise, daß bei der Kreiselbewegung eines starren Systems von Massenpunkten die Orientierung erhalten bleibt. Näheres zur Frage einer „topologischen" Beschreibung des Begriffs „gleichorientiert" finden Sie bei [G. FISCHER, 4.4].

5.2 Orientierungstreue lineare Abbildungen

Ein bijektiver linearer Operator T eines n–dimensionalen reellen Vektorraumes heißt **orientierungstreu**, wenn T jede Basis in eine gleichorientierte Basis überführt. *T ist genau dann orientierungstreu, wenn* $\det T > 0$. Denn ist $\mathcal{A} = (a_1, \ldots, a_n)$ eine Basis von V und $\mathcal{B} = (Ta_1, \ldots, Ta_n)$, so ist die Transformationsmatrix $S = M_{\mathcal{B}}^{\mathcal{A}}(\mathbb{1})$ von $\mathcal{A}$ nach $\mathcal{B}$ im Sinne von 5.1 gerade die Matrix $M_{\mathcal{A}}(T)$, und es gilt $\det M_{\mathcal{A}}(T) = \det T$.

5.3 Beispiele

(a) Drehungen in der Ebene sind orientierungstreu. Nach § 15 : 4.3 hat die Drehung D_α bezüglich der kanonischen Basis die Matrix

$$\begin{pmatrix} \cos\alpha & -\sin\alpha \\ \sin\alpha & \cos\alpha \end{pmatrix} \quad \text{mit Determinante 1.}$$

(b) Spiegelungen an einer Geraden der Ebene sind nicht orientierungstreu. Nach § 15 : 4.3 (c) hat eine Spiegelung bezüglich einer geeigneten Basis die Matrix

$$\begin{pmatrix} 1 & 0 \\ 0 & -1 \end{pmatrix} \quad \text{mit Determinante } -1.$$

§ 18 Eigenwerte und Eigenvektoren

1 Diagonalisierbarkeit und Eigenwertproblem

1.1 Gekoppelte Pendel

Zwei starre Pendel der Masse m sind durch eine Feder verbunden, welche in der Ruhelage $\varphi_1 = 0$, $\varphi_2 = 0$ entspannt ist (Fig.). Wir dürfen uns ihre Massen in den Schwerpunkten konzentriert denken. Die Newtonschen Bewegungsgleichungen lauten bei kleinen Auslenkungen

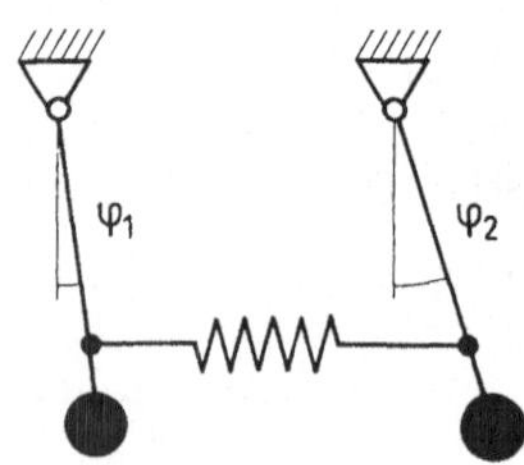

$$ml\ddot{\varphi}_1 = -mg\varphi_1 + k(\varphi_2 - \varphi_1),$$

$$ml\ddot{\varphi}_2 = -mg\varphi_2 - k(\varphi_2 - \varphi_1).$$

Mit den Abkürzungen $x_1 = ml\varphi_1$, $x_2 = ml\varphi_2$, $\alpha = \frac{g}{l}$, $\beta = \frac{k}{ml}$ erhalten wir das System von Differentialgleichungen

$$\ddot{x}_1 = -\alpha x_1 + \beta(x_2 - x_1)\,,$$

$$\ddot{x}_2 = -\alpha x_2 - \beta(x_2 - x_1)\,.$$

Die beiden Differentialgleichungen sind miteinander gekoppelt; keine kann für sich allein gelöst werden. Wir schreiben das System in der Form

$$\ddot{\mathbf{x}}(t) = A\mathbf{x}(t) \quad \text{mit} \quad A = \begin{pmatrix} -\alpha - \beta & \beta \\ \beta & -\alpha - \beta \end{pmatrix} \quad \text{und} \quad \mathbf{x}(t) = \begin{pmatrix} x_1(t) \\ x_2(t) \end{pmatrix}.$$

Wir versuchen nun dieses System mit Hilfe einer Koordinatentransformation zu entkoppeln. Ist S eine zeitunabhängige, invertierbare Matrix, so führen wir zunächst wie in § 15 : 7 neue Funktionen y_1, y_2 ein mit

$$\mathbf{y}(t) = \begin{pmatrix} y_1(t) \\ y_2(t) \end{pmatrix} = S^{-1}\mathbf{x}(t)\,, \qquad \mathbf{x}(t) = S\mathbf{y}(t)\,.$$

Für $\mathbf{y}(t)$ erhalten wir durch Einsetzen in $\ddot{\mathbf{x}}(t) = A\mathbf{x}(t)$ ein transformiertes System

$$S\ddot{\mathbf{y}}(t) = \tfrac{d^2}{dt^2} S\mathbf{y}(t) = \ddot{\mathbf{x}}(t) = A\mathbf{x}(t) = AS\mathbf{y}(t)\,, \quad \text{also}$$

$$(*) \qquad \ddot{\mathbf{y}}(t) = S^{-1}AS\mathbf{y}(t)\,.$$

Wir suchen nun nach einer Matrix S, für die $S^{-1}AS$ eine Diagonalmatrix $\begin{pmatrix} \lambda_1 & 0 \\ 0 & \lambda_2 \end{pmatrix}$ wird. Dann zerfällt $(*)$ in zwei unabhängig voneinander lösbare Schwingungsgleichungen

$$\ddot{y}_1(t) = \lambda_1 y_1(t)\,, \qquad \ddot{y}_2(t) = \lambda_2 y_2(t)\,.$$

Die Bestimmung von S und die Lösung des Pendelproblems erfolgt in 5.1. Wegen der Tragweite solcher Entkopplungsansätze (vgl. 5.2 und § 20 : 5) definieren wir:

1.2 Diagonalisierbarkeit und Eigenwertproblem

Eine $n \times n$–Matrix A mit Koeffizienten aus $\mathbb{K}$ heißt **diagonalähnlich** (oder **diagonalisierbar**) über $\mathbb{K}$, wenn es eine invertierbare $n \times n$–Matrix S mit Koeffizienten aus $\mathbb{K}$ gibt, so daß $S^{-1}AS$ Diagonalgestalt hat:

$$S^{-1}AS = \begin{pmatrix} \lambda_1 & & 0 \\ & \ddots & \\ 0 & & \lambda_n \end{pmatrix} \quad \text{mit} \quad \lambda_1, \dots, \lambda_n \in \mathbb{K}\,.$$

Sind $\mathbf{u}_1, \ldots, \mathbf{u}_n$ die Spalten von S, so bedeutet dies nach § 15 : 7 den Übergang zu einer neuen Basis $\mathcal{B} = (\mathbf{u}_1, \ldots, \mathbf{u}_n)$ des $\mathbb{K}^n$, bezüglich der die lineare Abbildung $T : \mathbf{x} \mapsto A\mathbf{x}$ mit $M_{\mathcal{K}}(T) = A$ eine Diagonalmatrix besitzt. Nach Definition der Matrix $M_{\mathcal{B}}(T)$ gilt dann für die Spalten $\mathbf{u}_1, \ldots, \mathbf{u}_n$ von S

$$T\mathbf{u}_1 = A\mathbf{u}_1 = \lambda_1\mathbf{u}_1, \quad \ldots, \quad T\mathbf{u}_n = A\mathbf{u}_n = \lambda_n\mathbf{u}_n \,.$$

Wir werden so auf das folgende **Eigenwertproblem** geführt: *Gesucht sind alle* $\lambda \in \mathbb{K}$, *für welche die Gleichung* $A\mathbf{x} = \lambda\mathbf{x}$ *eine nichttriviale Lösung* $\mathbf{x}$ *besitzt.*

2 Eigenwerte und Eigenvektoren

2.1 Eigenwerte und Eigenvektoren linearer Operatoren

Sei V ein Vektorraum über $\mathbb{K}$ und $T : V \to V$ ein linearer Operator. Eine Zahl $\lambda \in \mathbb{K}$ heißt **Eigenwert** von T, wenn es einen von Null verschiedenen Vektor $v \in V$ gibt mit

$$Tv = \lambda v \,.$$

v heißt dann **Eigenvektor** von T zum Eigenwert λ.

λ ist genau dann ein Eigenwert von T, wenn die lineare Abbildung

$$u \mapsto Tu - \lambda u = (T - \lambda\mathbb{1})u$$

nicht injektiv ist, d.h. wenn Kern $(T - \lambda\mathbb{1})$ nicht nur aus dem Nullvektor besteht. Wir bezeichnen dann

$$N_\lambda := \text{Kern}\,(T - \lambda\mathbb{1})$$

als den zu λ gehörigen **Eigenraum**. Er enthält alle Eigenvektoren zum Eigenwert λ und den Nullvektor.

BEISPIELE.

(a) Die *Identität* $\mathbb{1} : u \mapsto u$ besitzt nur den Eigenwert 1; der zugehörige Eigenraum ist ganz V. Entsprechend hat der Nulloperator nur den Eigenwert 0.

(b) *Die Spiegelung im* $\mathbb{R}^3$ an der Ebene Span $\{\mathbf{a}, \mathbf{b}\}$ besitzt die beiden Eigenwerte

$$1 \quad \text{mit Eigenraum} \quad N_1 = \text{Span}\,\{\mathbf{a}, \mathbf{b}\}$$

$$-1 \quad \text{mit Eigenraum} \quad N_{-1} = \text{Span}\,\{\mathbf{a} \times \mathbf{b}\}\,.$$

(c) *Die Drehung im* $\mathbb{R}^2$ *um den Nullpunkt mit Drehwinkel* $\frac{\pi}{2}$ *besitzt keine Eigenwerte.* Denn kein von Null verschiedener Vektor wird in ein Vielfaches von sich übergeführt.

2.2 Eigenvektoren zu verschiedenen Eigenwerten sind linear unabhängig. Insbesondere kann kein Vektor $v \neq 0$ Eigenvektor zu zwei verschiedenen Eigenwerten sein.

BEWEIS.

Wir zeigen durch Induktion nach n:
Stimmen keine zwei der Eigenwerte $\lambda_1, \ldots, \lambda_n$ überein und sind $v_1, \ldots, v_n$ zugehörige Eigenvektoren, so sind diese linear unabhängig.

Für $n = 1$ ist dies klar, denn ein Eigenvektor ist nach Definition von Null verschieden, also linear unabhängig.

Sei die Behauptung schon für n richtig, und seien $v_1, \ldots, v_{n+1}$ Eigenvektoren zu $\lambda_1, \ldots, \lambda_{n+1}$ mit

$$(1) \quad c_1 v_1 + \cdots + c_n v_n + c_{n+1} v_{n+1} = 0.$$

Es folgt

$$(2) \quad T(c_1 v_1 + \cdots + c_{n+1} v_{n+1}) = c_1 \lambda_1 v_1 + \cdots + c_n \lambda_n v_n + c_{n+1} \lambda_{n+1} v_{n+1} = 0.$$

Subtraktion der mit λ_{n+1} multiplizierten Gleichung (1) von Gleichung (2) ergibt

$$c_1(\lambda_1 - \lambda_{n+1}) v_1 + \cdots + c_n(\lambda_n - \lambda_{n+1}) v_n = 0.$$

Nach Induktionsvoraussetzung folgt $c_1(\lambda_1 - \lambda_{n+1}) = \cdots = c_n(\lambda_n - \lambda_{n+1}) = 0$, also $c_1 = \cdots = c_n = 0$. Aus Gleichung (1) folgt dann $c_{n+1} v_{n+1} = 0$, also auch $c_{n+1} = 0$ wegen $v_{n+1} \neq 0$. $\qquad\square$

2.3 Eigenwerte von Matrizen

Sei A eine $n \times n$-Matrix mit Koeffizienten aus $\mathbb{K}$. Eine Zahl $\lambda \in \mathbb{K}$ heißt *Eigenwert* der Matrix A, wenn es einen Vektor $\mathbf{v} \neq \mathbf{0}$ gibt mit $A\mathbf{v} = \lambda\mathbf{v}$.

$\mathbf{v}$ heißt dann ein *Eigenvektor* von A zum Eigenwert λ. Diese Definition ordnet sich der in 2.1 gegebenen unter, wenn wir die lineare Abbildung $\mathbf{x} \mapsto A\mathbf{x}$ betrachten, die wir im folgenden immer mit A bezeichnen wollen.

Ist umgekehrt T ein linearer Operator auf einem endlichdimensionalen Vektorraum und $A = M_{\mathcal{B}}(T)$ die Matrix von T bezüglich irgend einer Basis $\mathcal{B}$, so gilt

$$Tv = \lambda v \iff A(v)_{\mathcal{B}} = \lambda(v)_{\mathcal{B}} \quad \text{und}$$

$$\dim \mathrm{Kern}\,(T - \lambda\mathbb{1}) = \dim \mathrm{Kern}\,(A - \lambda E)$$

nach der Dimensionsformel und wegen Bild $(A - \lambda E) = \{((T - \lambda\mathbb{1})u)_{\mathcal{B}} \mid u \in V\}$. Daraus folgt unmittelbar:

Ähnliche Matrizen haben gleiche Eigenwerte, und die Eigenräume N_λ haben jeweils gleiche Dimension.

3 Das charakteristische Polynom

3.1 Das charakteristische Polynom einer Matrix

Sei A eine $n \times n$–Matrix mit Koeffizienten aus $\mathbb{K}$. dann gilt

(a) $\lambda \in \mathbb{K}$ *ist genau dann Eigenwert von A, wenn*

$$\det(A - \lambda E) = 0\,.$$

(b) $p_A(x) := \det(A - xE)$ *ist ein Polynom n–ten Grades*:

$$p_A(x) = (-x)^n + (\operatorname{Spur} A) \cdot (-x)^{n-1} + \cdots + \det A\,.$$

Dabei ist die **Spur** von A die Summe der Diagonalelemente von A:

$$\operatorname{Spur} A = \sum_{k=1}^{n} a_{kk}\,.$$

BEMERKUNGEN. Die Eigenwerte sind also genau die Nullstellen des charakteristischen Polynoms. Im Fall $\mathbb{K} = \mathbb{C}$ gibt es nach dem Fundamentalsatz der Algebra immer mindestens einen Eigenwert. Im Fall $\mathbb{K} = \mathbb{R}$ braucht das nicht zu gelten, z.B. hat die Drehmatrix $\begin{pmatrix} 0 & -1 \\ 1 & 0 \end{pmatrix}$ (Drehung um 90°) das charakteristische Polynom $\begin{vmatrix} -x & -1 \\ 1 & -x \end{vmatrix} = x^2 + 1$ ohne reelle Nullstellen.

BEWEIS.

(α) λ ist genau dann Eigenwert, wenn die Gleichung $(A - \lambda E)\mathbf{x} = \mathbf{0}$ eine nichttriviale Lösung $\mathbf{x} \neq \mathbf{0}$ hat; das bedeutet, daß $A - \lambda E$ nicht invertierbar ist, also $\det(A - \lambda E) = 0$ nach § 17 : 3.2 (c).

(β) Zunächst bestimmen wir das konstante Glied in $p_A(x)$:

$$p_A(0) = \det(A - 0 \cdot E) = \det A\,.$$

(γ) Alsdann stellen wir fest: Sind A und B beliebige $n \times n$–Matrizen, so ist $\det(A - xB)$ ein Polynom vom Grad $\leq n$. Der einfache Induktionsbeweis durch Entwicklung nach der letzten Spalte sei dem Leser als $\boxed{\text{ÜA}}$ überlassen.

(δ) Die restlichen Behauptungen (b) beweisen wir für $n \geq 2$ mit der Variante § 1 : 6.8 des Induktionsprinzips.

Für $n = 2$ ist

$$p_A(x) = \begin{vmatrix} a_{11} - x & a_{12} \\ a_{21} & a_{22} - x \end{vmatrix} = x^2 - (a_{11} + a_{22})x + a_{11}a_{22} - a_{12}a_{21}\,.$$

Die Behauptung sei für alle $k \times k$–Matrizen mit $k < n$ schon richtig und A eine $n \times n$–Matrix, $n \geq 3$. Entwicklung nach der ersten Zeile liefert

$$\begin{vmatrix} a_{11} - x & a_{12} & \cdots & a_{1n} \\ a_{21} & a_{22} - x & & a_{2n} \\ \vdots & \vdots & \ddots & \vdots \\ a_{n1} & a_{n2} & \cdots & a_{nn} - x \end{vmatrix} = (a_{11} - x)P_1(x) + \sum_{k=2}^{n} (-1)^{k-1} a_{1k} P_k(x).$$

Nach Induktionsannahme ist

$$P_1(x) = \begin{vmatrix} a_{22} - x & \cdots & a_{2n} \\ \vdots & \ddots & \vdots \\ a_{n2} & \cdots & a_{nn} - x \end{vmatrix} = (-x)^{n-1} + \left(\sum_{k=2}^{n} a_{kk} \right)(-x)^{n-2} + \cdots.$$

Ferner sind die P_k Polynome vom Grad $\leq n - 2$. Das ergibt sich durch Entwicklung nach der ersten Spalte, welche x nicht enthält, und durch Anwendung der Feststellung (γ).

Damit haben wir insgesamt

$$\det(A - xE) = (a_{11} - x)\left((-x)^{n-1} + \left(\sum_{k=2}^{n} a_{kk} \right)(-x)^{n-2} \right) + q(x)$$

$$= (-x)^n + \left(\sum_{k=1}^{n} a_{kk} \right)(-x)^{n-1} + r(x)$$

mit Restpolynomen q und r vom Grad $\leq n - 2$. $\qquad\qquad\square$

3.2 Das charakteristische Polynom eines linearen Operators

Sei V ein endlichdimensionaler Vektorraum über $\mathbb{K}$ und $T \in L(V)$. Hat T bezüglich irgend einer Basis $\mathcal{A}$ von V die Matrix A, so definieren wir **das charakteristische Polynom p_T von T** durch

$$p_T(x) = p_A(x) = \det(A - xE).$$

In diese Definition geht die Wahl der Basis nicht mit ein, denn es gilt der

Satz. *Ähnliche Matrizen haben dasselbe charakteristische Polynom.*

BEWEIS.

Sei $A = M_{\mathcal{A}}(T)$ und $B = M_{\mathcal{B}}(T)$. Dann gibt es nach § 15 : 7.3 eine Transformationsmatrix S mit $B = S^{-1}AS$. Daher gilt

$$p_B(x) = |B - xE| = \left| S^{-1}AS - xS^{-1}ES \right|$$

$$= \left| S^{-1}(A - xE)S \right| = |S|^{-1}|A - xE| \cdot |S| = |A - xE| = p_A(x)$$

nach dem Multiplikationssatz für Determinanten § 17 : 3.2 (a), (b). $\qquad\qquad\square$

3.3 Algebraische und geometrische Vielfachheit

Ein Eigenwert λ von T hat die **algebraische Vielfachheit** oder **Ordnung** k, wenn λ eine k–fache Nullstelle des charakteristischen Polynoms ist, d.h. wenn es ein Polynom q gibt mit

$$p_T(x) = (x - \lambda)^k q(x) \quad \text{und} \quad q(\lambda) \neq 0 \,.$$

Man spricht in diesem Fall auch von einem **k–fachen Eigenwert**.

Die **geometrische Vielfachheit** eines Eigenwerts λ von T ist definiert als die Dimension des zugehörigen Eigenraums N_λ.

BEISPIEL. Für die Matrix

$$A = \begin{pmatrix} \lambda & 1 \\ 0 & \lambda \end{pmatrix}$$

gilt $p_A(x) = (x - \lambda)^2$, also ist λ zweifacher Eigenwert. Der Eigenraum ist

$$N_\lambda = \text{Kern}\,(A - \lambda E) = \text{Kern}\,\begin{pmatrix} 0 & 1 \\ 0 & 0 \end{pmatrix} = \text{Span}\,\{e_1\} \,.$$

Die geometrische Vielfachheit ist somit 1.

Satz. *Die geometrische Vielfachheit ist höchstens gleich der algebraischen.*

BEWEIS [FISCHER, S. 171].

3.4 Summe und Produkt der Eigenwerte

Sind $\lambda_1, \ldots, \lambda_r$ die verschiedenen komplexen Nullstellen des charakteristischen Polynoms von A, $k_1, \ldots, k_r$ die entsprechenden Ordnungen, so gilt

$$\text{Spur}\, A = k_1 \lambda_1 + \cdots + k_r \lambda_r \,,$$

$$\det A = \lambda_1^{k_1} \cdots \lambda_r^{k_r} \,.$$

BEWEIS: Direkt aus 3.1 (b) und den Vietaschen Wurzelsätzen § 5 : 10.4. $\qquad\qquad$ □

4 Diagonalisierbarkeit von Operatoren, Beispiele

4.1 Ein Kriterium für die Diagonalisierbarkeit von Operatoren

Ein linearer Operator T eines n–dimensionalen Vektorraumes V heißt **diagonalisierbar**, wenn es eine aus Eigenvektoren von T bestehende Basis $\mathcal{B} = (v_1, \ldots, v_n)$ für V gibt mit

$$T v_k = \lambda_k v_k \quad \text{für} \quad k = 1, \ldots, n \,.$$

Das bedeutet für die Koeffizientenmatrix bezüglich dieser Basis

$$M_B(T) = D = \begin{pmatrix} \lambda_1 & & 0 \\ & \ddots & \\ 0 & & \lambda_n \end{pmatrix}.$$

SATZ. *T ist genau dann diagonalisierbar, wenn p_T über $\mathbb{K}$ zerfällt und für jede Nullstelle von p_T die algebraische und die geometrische Vielfachheit übereinstimmen.*

Insbesondere ist ein Operator T sicher dann diagonalisierbar, wenn sein charakteristisches Polynom n verschiedene Nullstellen in $\mathbb{K}$ hat.

BEWEIS.

(a) Sei T diagonalisierbar, $Tv_k = \lambda_k v_k$ $(k = 1, \ldots, n)$ und $B = (v_1, \ldots, v_n)$ eine Basis für V. Die Matrix $M_B(T)$ ist dann die oben angegebene Diagonalmatrix D. Nach 3.2 ist $p_T(x) = p_D(x) = |D - xE|$. Seien $\mu_1, \ldots, \mu_r$ die *verschiedenen* Nullstellen von p_T und $k_1, \ldots, k_r$ die zugehörigen algebraischen Vielfachheiten. Durch eventuelle Umordnung der Basisvektoren können wir erreichen, daß

$$\lambda_1 = \cdots = \lambda_{k_1} = \mu_1, \quad \ldots, \quad \lambda_{n-k_r+1} = \cdots = \lambda_n = \mu_r.$$

Es genügt zu zeigen, daß $\dim N_{\mu_1} = k_1$, denn der allgemeine Fall $\dim N_{\mu_i} = k_i$ kann durch Umnumerierung der Basisvektoren auf diesen speziellen Fall zurückgeführt werden.

Hat der Koordinatenvektor $\mathbf{x} = (u)_B$ die Komponenten $x_1, \ldots, x_n$, so gilt

$$u \in N_{\mu_1} \iff (D - \mu_1 E)\mathbf{x} = \mathbf{0} \iff (\lambda_k - \mu_1)x_k = 0 \quad \text{für} \quad k > k_1$$

$$\iff x_k = 0 \quad \text{für} \quad k > k_1 \iff \mathbf{x} \in \text{Span}\{\mathbf{e}_1, \ldots, \mathbf{e}_{k_1}\}.$$

Also gilt $\dim N_{\mu_1}(T) = \dim \text{Kern}\,(D - \mu_1 E) = k_1$ nach 2.3.

(b) Sei $\dim N_{\mu_i} = k_i$ für $i = 1, \ldots, r$ und $\sum_{i=1}^{r} k_i = n$. Wir wählen Basen B_1 für $N_{\mu_1}, \ldots, B_r$ für N_{μ_r}. Da nach 2.2 Eigenvektoren zu verschiedenen Eigenwerten linear unabhängig sind, bilden die Vektoren von $B_1 \cup \cdots \cup B_r$ ein System von n linear unabhängigen Vektoren und damit eine Basis für V.

(c) Hat T die verschiedenen Eigenwerte $\lambda_1, \ldots, \lambda_n$ und sind $v_1, \ldots, v_n$ jeweils zugehörige Eigenvektoren, so sind diese linear unabhängig nach 2.2, bilden also eine Eigenvektorbasis für V. $\qquad\Box$

4.2 Spiegelungen

Sind $\mathbf{b}_1$ und $\mathbf{b}_2$ linear unabhängige Vektoren des $\mathbb{R}^3$ und ist $E = \text{Span}\{\mathbf{b}_1, \mathbf{b}_2\}$, so hat die Spiegelung S an der Ebene E bezüglich der Basis $B = (\mathbf{b}_1, \mathbf{b}_2, \mathbf{b}_3)$ mit $\mathbf{b}_3 = \mathbf{b}_1 \times \mathbf{b}_2$ die Matrix

$$M_B(S) = \begin{pmatrix} 1 & 0 & 0 \\ 0 & 1 & 0 \\ 0 & 0 & -1 \end{pmatrix},$$

also ist S diagonalisierbar.

4.3 Beispiel. Die Matrix

$$A = \begin{pmatrix} 2 & 1 & \frac{1}{2} \\ 1 & 2 & \frac{1}{2} \\ 2 & 2 & 2 \end{pmatrix}$$

hat das charakteristische Polynom $p_A(x) = (2-x)^3 - 3(2-x) + 2 = z^3 - 3z + 2$ mit $z = 2 - x$ $\boxed{\text{ÜA}}$. Offenbar ist $z = 1$ eine Nullstelle. Polynomdivision ergibt $(z^3 - 3z + 2) = (z-1)(z^2 + z - 2)$ $\boxed{\text{ÜA}}$.

Die Lösung der quadratischen Gleichung liefert für die Eigenwerte von A

$$\lambda_1 = 1 \quad (\text{zweifach}) \quad \text{und} \quad \lambda_2 = 4.$$

Der Eigenraum N_1 zum Eigenwert 1 ist

$$\operatorname{Kern}(A - 1 \cdot E) = \operatorname{Kern} \begin{pmatrix} 1 & 1 & \frac{1}{2} \\ 1 & 1 & \frac{1}{2} \\ 2 & 2 & 1 \end{pmatrix}.$$

Diese Matrix hat den Rang 1, also einen zweidimensionalen Kern. Somit ist A diagonalähnlich nach dem Kriterium 4.1 (c).

$N_1 = \operatorname{Kern}(A - E)$ ist die Lösungsmenge der Gleichung

$$2x_1 + 2x_2 + x_3 = 0.$$

Wir können $x_1 = s$ und $x_2 = t$ frei wählen und erhalten die Lösungsvektoren

$$\begin{pmatrix} s \\ t \\ -2s - 2t \end{pmatrix} = s \begin{pmatrix} 1 \\ 0 \\ -2 \end{pmatrix} + t \begin{pmatrix} 0 \\ 1 \\ -2 \end{pmatrix} = s\mathbf{b}_1 + t\mathbf{b}_2.$$

Somit gilt $N_1 = \operatorname{Span}\{\mathbf{b}_1, \mathbf{b}_2\}$.

$\boxed{\text{ÜA}}$ Bestimmen Sie $N_4 = \operatorname{Kern}(A - 4 \cdot E) = \operatorname{Span}\{\mathbf{b}_3\}$.

4.4 Beispiel. Die $n \times n$-Matrix

$$A = \begin{pmatrix} \alpha + 1 & 1 & \cdots & 1 \\ 1 & \alpha + 1 & \cdots & 1 \\ \vdots & \vdots & \ddots & \vdots \\ 1 & 1 & \cdots & \alpha + 1 \end{pmatrix} = \begin{pmatrix} 1 & 1 & \cdots & 1 \\ 1 & 1 & \cdots & 1 \\ \vdots & \vdots & \ddots & \vdots \\ 1 & 1 & \cdots & 1 \end{pmatrix} + \alpha E = B + \alpha E$$

besitzt offenbar den Eigenwert α, denn $A - \alpha E = B$ hat den Rang 1. Daher gilt nach der Dimensionsformel

$$\dim N_\alpha = \dim \operatorname{Kern}(A - \alpha E) = n - 1 .$$

Nach der Spurbedingung 3.4 ist $\operatorname{Spur} A = n(\alpha + 1)$ die Summe aller komplexen Nullstellen von p_A, multipliziert mit ihrer Ordnung. Damit ist α nicht die einzige (und damit n–fache) Nullstelle, vielmehr muß α die Ordnung $n - 1$ haben nach 3.3. Der noch fehlende Eigenwert ergibt sich aus der Spurbedingung als

$$(\alpha + 1)n - (n - 1)\alpha = \alpha + n .$$

A ist also diagonalähnlich über $\mathbb{R}$ nach 4.1.

Eine Basis für N_α erhalten wir mit Hilfe von $\mathbf{e} = (1, 1, \ldots, 1)^T$ durch $\mathbf{b}_k = \mathbf{e} - n\mathbf{e}_k \ \ (k = 1, \ldots, n - 1)$. $\mathbf{e}$ selbst ist ein Eigenvektor zum Eigenwert $\alpha + n$.

4.5 Aufgabe. Zeigen Sie, daß der durch

$$T\mathbf{e}_1 = \mathbf{0} , \qquad T\mathbf{e}_k = \mathbf{e}_{k-1} \ \ (k = 2, \ldots, n)$$

gegebene Operator $T \in L(\mathbb{R}^n)$ nicht diagonalisierbar ist.

5 Entkopplung von Systemen linearer Differentialgleichungen

5.1 Zwei gekoppelte Pendel (vgl. 1.1)

Gesucht ist eine invertierbare Matrix S mit $S^{-1}AS = \begin{pmatrix} \lambda_1 & 0 \\ 0 & \lambda_2 \end{pmatrix}$, wobei

$$A = \begin{pmatrix} -\alpha - \beta & \beta \\ \beta & -\alpha - \beta \end{pmatrix} \quad \text{mit} \quad \alpha > 0, \ \ \beta > 0 .$$

Nach 1.2 müssen die Spalten von S eine Eigenvektorbasis enthalten. Das charakteristische Polynom von A ist $p_A(x) = (\alpha + \beta + x)^2 - \beta^2$. Also hat A die Eigenwerte $-\alpha$ und $-\alpha - 2\beta$. Da beide voneinander verschieden sind, ist A diagonalähnlich nach 4.1. Es gilt

$$\operatorname{Kern}(A + \alpha E) = \operatorname{Kern}\begin{pmatrix} -\beta & \beta \\ \beta & -\beta \end{pmatrix} = \operatorname{Span}\left\{ \begin{pmatrix} 1 \\ 1 \end{pmatrix} \right\} ,$$

$$\operatorname{Kern}(A + (\alpha + 2\beta)E) = \operatorname{Kern}\begin{pmatrix} \beta & \beta \\ \beta & \beta \end{pmatrix} = \operatorname{Span}\left\{ \begin{pmatrix} 1 \\ -1 \end{pmatrix} \right\} .$$

Setzen wir daher

$$S = \begin{pmatrix} 1 & 1 \\ 1 & -1 \end{pmatrix}, \qquad S^{-1} = \frac{1}{2}\begin{pmatrix} 1 & 1 \\ 1 & -1 \end{pmatrix}, \qquad \mathbf{y}(t) = S^{-1}\mathbf{x}(t),$$

so erhalten wir für $\mathbf{y} = \begin{pmatrix} y_1(t) \\ y_2(t) \end{pmatrix}$ das System

$$\ddot{\mathbf{y}}(t) = S^{-1}\ddot{\mathbf{x}}(t) = S^{-1}A\mathbf{x}(t) = S^{-1}AS\mathbf{y}(t) = \begin{pmatrix} -\alpha & 0 \\ 0 & -\alpha - 2\beta \end{pmatrix}\mathbf{y}(t),$$

also die beiden entkoppelten Differentialgleichungen

$$\ddot{y}_1(t) + \omega_1^2 y_1(t) = 0 \quad \text{mit} \quad \omega_1 = \sqrt{\alpha},$$
$$\ddot{y}_2(t) + \omega_2^2 y_2(t) = 0 \quad \text{mit} \quad \omega_2 = \sqrt{\alpha + 2\beta}.$$

Schreiben wir für $\mathbf{x}(t)$ einfachheitshalber die Anfangsbedingungen

$$\mathbf{x}(0) = \mathbf{a} = \begin{pmatrix} a_1 \\ a_2 \end{pmatrix}, \qquad \dot{\mathbf{x}}(0) = \mathbf{0}$$

vor, so ergeben sich für $\mathbf{y}(t)$ die Anfangsbedingungen

$$\mathbf{y}(0) = S^{-1}\mathbf{x}(0) = \frac{1}{2}\begin{pmatrix} a_1 + a_2 \\ a_1 - a_2 \end{pmatrix}, \qquad \dot{\mathbf{y}}(0) = S^{-1}\dot{\mathbf{x}}(0) = \mathbf{0}.$$

Daher ergibt sich

$$y_1(t) = \frac{1}{2}(a_1 + a_2)\cos\omega_1 t, \qquad y_2(t) = \frac{1}{2}(a_1 - a_2)\cos\omega_2 t \quad \text{und}$$

$$\mathbf{x}(t) = S\mathbf{y}(t) = \begin{pmatrix} 1 & 1 \\ 1 & -1 \end{pmatrix}\mathbf{y}(t) = y_1(t)\begin{pmatrix} 1 \\ 1 \end{pmatrix} + y_2(t)\begin{pmatrix} 1 \\ -1 \end{pmatrix}.$$

5.2 Systeme linearer DGln 1. Ordnung mit konstanten Koeffizienten

Die Differentialgleichungen

$$\dot{x}_1(t) = a_{11}x_1(t) + \cdots + a_{1n}x_n(t)$$
$$\vdots$$
$$\dot{x}_n(t) = a_{n1}x_1(t) + \cdots + a_{nn}x_n(t)$$

sind gekoppelt; keine dieser Gleichungen kann für sich gelöst werden. Wir schreiben das System in der Form $\dot{\mathbf{x}} = A\mathbf{x}$ mit der Anfangsbedingung $\mathbf{x}(0) = \mathbf{a}$. Angenommen, A ist diagonalähnlich:

$$S^{-1}AS = \begin{pmatrix} \lambda_1 & & 0 \\ & \ddots & \\ 0 & & \lambda_n \end{pmatrix}.$$

Führen wir den Vektor $\mathbf{y}(t) = S^{-1}\mathbf{x}(t)$ ein, so ergibt sich für $\mathbf{y}(t)$ das System

$$\dot{\mathbf{y}}(t) = S^{-1}\dot{\mathbf{x}}(t) = S^{-1}AS\mathbf{y}(t) = \begin{pmatrix} \lambda_1 & & 0 \\ & \ddots & \\ 0 & & \lambda_n \end{pmatrix} \mathbf{y}(t)\,.$$

Wir erhalten also die entkoppelten Differentialgleichungen

$$\dot{y}_1(t) = \lambda_1 y_1(t), \quad \ldots, \quad \dot{y}_n(t) = \lambda_n y_n(t)\,.$$

Die Anfangsbedingungen ergeben sich aus $\mathbf{y}(0) = S^{-1}\mathbf{x}(0) = S^{-1}\mathbf{a} = \mathbf{b}$. Mit den Komponenten $b_1,\ldots,b_n$ von $\mathbf{b}$ erhalten wir

$$y_1(t) = b_1 e^{\lambda_1 t}, \quad \ldots, \quad y_n(t) = b_n e^{\lambda_n t}\,.$$

Hat S die Spalten $\mathbf{u}_1,\ldots,\mathbf{u}_n$ mit $A\mathbf{u}_k = \lambda_k \mathbf{u}_k$, so wird

$$\mathbf{x}(t) = S\mathbf{y}(t) = y_1(t)\mathbf{u}_1 + \cdots + y_n(t)\mathbf{u}_n\,.$$

§ 19 Skalarprodukte, Orthonormalsysteme und unitäre Gruppen

1 Skalarprodukträume

1.1 Skalarprodukte

Ein Vektorraum V über $\mathbb{K}$ heißt **Skalarproduktraum**, wenn zu je zwei Vektoren $u, v \in V$ ein

$$\textbf{Skalarprodukt} \quad \textbf{(inneres Produkt)} \quad \langle u, v \rangle \in \mathbb{K}$$

erklärt ist mit folgenden Rechenregeln:

(a) $\langle u, \alpha_1 v_1 + \alpha_2 v_2 \rangle = \alpha_1 \langle u, v_1 \rangle + \alpha_2 \langle u, v_2 \rangle$
   (*Linearität im zweiten Argument*),

(b) $\langle u, v \rangle = \overline{\langle v, u \rangle}$ (*Symmetrie*),

(c) $\langle u, u \rangle \geq 0$, und $\langle u, u \rangle = 0$ genau für $u = 0$ (*positive Definitheit*).

Im Fall $\mathbb{K} = \mathbb{R}$ besagt (b): $\langle u, v \rangle = \langle v, u \rangle$.

Im Fall $\mathbb{K} = \mathbb{C}$ ist die Funktion $u \mapsto \langle u, v \rangle$ **antilinear**:

$$\langle \alpha_1 u_1 + \alpha_2 u_2, v \rangle = \overline{\alpha}_1 \langle u_1, v \rangle + \overline{\alpha}_2 \langle u_2, v \rangle\,.$$

Das folgt sofort aus (a) und (b) $\boxed{\text{ÜA}}$.

1.2 Eigenschaften des Skalarprodukts

(a) $\left\langle \sum\limits_{k=1}^{m} \alpha_k u_k , \sum\limits_{l=1}^{n} \beta_l v_l \right\rangle = \sum\limits_{k=1}^{m} \sum\limits_{l=1}^{n} \overline{\alpha}_k \beta_l \langle u_k, v_l \rangle$,

(b) Aus $\langle u, v \rangle = 0$ für alle $u \in V$ folgt $v = 0$ und umgekehrt $\boxed{\text{ÜA}}$.

1.3 Beispiele

(a) $\mathbb{R}^n$ mit dem natürlichen Skalarprodukt $\langle \mathbf{x}, \mathbf{y} \rangle = \sum\limits_{k=1}^{n} x_k y_k$.

(b) $\mathbb{C}^n$ mit dem natürlichen Skalarprodukt $\langle \mathbf{x}, \mathbf{y} \rangle = \sum\limits_{k=1}^{n} \overline{x}_k y_k$.

(c) Durch

$$\langle f, g \rangle = \int\limits_{a}^{b} \overline{f(x)}\, g(x)\, dx$$

ist auf dem Vektorraum $C\,[a, b]$ der stetigen Funktionen ein Skalarprodukt definiert.

Die Eigenschaften (a) und (b) liegen auf der Hand. Für (c) betrachten wir

$$\langle f, f \rangle = \int\limits_{a}^{b} |f(x)|^2\, dx \geq 0.$$

Ist $f \neq 0$, so gibt es eine Stelle $x_0 \in [a, b]$ mit $f(x_0) \neq 0$. Wegen der Stetigkeit von f gibt es dann ein $\delta > 0$ mit

$$|f(x)| \geq \frac{1}{2}|f(x_0)| =: \varrho \quad \text{für alle} \quad x \in [a, b] \quad \text{mit} \quad |x - x_0| \leq \delta.$$

Hieraus folgt

$$\int\limits_{a}^{b} |f(x)|^2\, dx \geq \int\limits_{|x-x_0| \leq \delta} |f(x)|^2\, dx \geq \delta \cdot \varrho^2 > 0.$$

1.4 Der Hilbertsche Folgenraum ℓ^2

(a) Die Menge ℓ^2 aller komplexen Folgen $a = (a_1, a_2, \ldots)$, für welche die Reihe $\sum\limits_{k=1}^{\infty} |a_k|^2$ konvergiert, ist ein Vektorraum über $\mathbb{C}$.

(b) Für $a = (a_1, a_2, \ldots)$, $b = (b_1, b_2, \ldots) \in \ell^2$ konvergiert die Reihe

$$\langle a, b \rangle := \sum\limits_{k=1}^{\infty} \overline{a}_k b_k$$

und liefert für ℓ^2 ein Skalarprodukt.

BEWEIS.

(a) Für $a = (a_1, a_2, \ldots) \in \ell^2$ und $\alpha \in \mathbb{C}$ konvergiert die Reihe $\sum\limits_{k=1}^{\infty} |\alpha a_k|^2$, also ist auch $\alpha a = (\alpha a_1, \alpha a_2, \ldots) \in \ell^2$. Es gilt (vgl. § 1 : 5.11)

$$|a_k + b_k|^2 \leq 2|a_k|^2 + 2|b_k|^2 \quad \text{und}$$

$$|\bar{a}_k b_k| = |a_k| \cdot |b_k| \leq \frac{1}{2}\left(|a_k|^2 + |b_k|^2\right),$$

also konvergieren die Reihen

$$\sum_{k=1}^{\infty} |a_k + b_k|^2 \quad \text{und} \quad \sum_{k=1}^{\infty} \bar{a}_k b_k$$

nach dem Majorantenkriterium. Damit ist mit a und b auch $a + b \in \ell^2$, ferner macht die Reihe für das Skalarprodukt einen Sinn.

(b) Die Eigenschaft (a) des Skalarproduktes folgt aus den Rechengesetzen für Reihen. Für (b) betrachte man

$$\langle a, b \rangle = \lim_{n \to \infty} \sum_{k=1}^{n} \bar{a}_k b_k = \lim_{n \to \infty} \overline{\sum_{k=1}^{n} \bar{b}_k a_k} = \overline{\langle b, a \rangle}.$$

Aus $\langle a, a \rangle = \sum\limits_{k=1}^{\infty} |a_k|^2 = 0$ folgt $a_1 = a_2 = \cdots = 0$, also $a = 0$. $\qquad \square$

1.5 Norm und Cauchy–Schwarzsche Ungleichung

Wir definieren analog zu § 6 : 2.3

$$\|u\| := \sqrt{\langle u, u \rangle}.$$

Dann gilt die Cauchy-Schwarzsche Ungleichung

$$|\langle u, v \rangle| \leq \|u\| \cdot \|v\|,$$

wobei Gleichheit genau dann eintritt, wenn u und v linear abhängig sind. Für die Norm gelten die Eigenschaften

(α) $\|u\| \geq 0$, $\qquad \|u\| = 0$ *genau dann, wenn $u = 0$.*

(β) $\|\alpha u\| = |\alpha| \cdot \|u\|$.

(γ) $\|u + v\| \leq \|u\| + \|v\|$ (*Dreiecksungleichung*).

BEWEIS.

Die Beweisidee wurde für das natürliche Skalarprodukt im $\mathbb{R}^n$ in § 6 : 2.4 ausführlich geometrisch begründet. Wir dürfen uns daher darauf beschränken, die Rechnungen auf die allgemeinere Situation zu übertragen.

Die ersten beiden Eigenschaften der Norm sind klar; die Dreiecksungleichung wird ähnlich wie in § 6 auf Cauchy–Schwarz zurückgeführt:

$$\|u+v\|^2 = \langle u+v, u+v \rangle = \langle u,u \rangle + \langle u,v \rangle + \langle v,u \rangle + \langle v,v \rangle$$

$$= \|u\|^2 + 2\operatorname{Re}\langle u,v \rangle + \|v\|^2 \le \|u\|^2 + 2\|u\| \cdot \|v\| + \|v\|^2 = \big(\|u\| + \|v\| \big)^2 \, .$$

Für die Cauchy–Schwarzsche Ungleichung unterscheiden wir drei Fälle:

(a) Im Fall $v = 0$ gilt $|\langle u,v \rangle| = 0 = \|u\| \cdot \|v\|$, und u, v sind linear abhängig.

(b) Im Fall $\|v\| = 1$ gilt für alle $\lambda \in \mathbb{K}$

$$\|u - \lambda v\|^2 = \langle u - \lambda v, u - \lambda v \rangle = \langle u,u \rangle - \overline{\lambda}\langle v,u \rangle - \lambda\langle u,v \rangle + \overline{\lambda} \cdot \lambda$$

$$= \|u\|^2 - \langle u,v \rangle \cdot \langle v,u \rangle + \big(\overline{\lambda} - \langle u,v \rangle \big) \cdot \big(\lambda - \langle v,u \rangle \big)$$

$$= \|u\|^2 - |\langle u,v \rangle|^2 + |\lambda - \langle v,u \rangle|^2 \, .$$

Dieser Ausdruck wird minimal für $\lambda = \langle v,u \rangle$. Damit ist

$$\|u\|^2 - |\langle u,v \rangle|^2 = \|u - \langle v,u \rangle v\|^2 \ge 0 \, ,$$

und das Gleichheitszeichen gilt genau dann, wenn $u = \langle v,u \rangle v$.

(c) Ist $v \ne 0$, so hat $w = \dfrac{v}{\|v\|}$ die Norm 1 nach (β). Nach Beweisteil (b) folgt

$$|\langle u,w \rangle| = \frac{|\langle u,v \rangle|}{\|v\|} \le \|u\|, \quad \text{also} \quad |\langle u,v \rangle| \le \|u\| \cdot \|v\| \, ,$$

wobei Gleichheit genau dann eintritt, wenn

$$u = \langle w,u \rangle w = \frac{1}{\|v\|^2} \langle v,u \rangle v \, . \qquad \square$$

2 Orthonormalsysteme und orthogonale Projektionen

2.1 Orthonormalsysteme

Zwei Vektoren u, v eines Skalarproduktraumes V nennen wir **orthogonal**, wenn $\langle u,v \rangle = 0$, und wir schreiben dafür $u \perp v$. Weiter soll für eine nichtleere Teilmenge A von V $u \perp A$ bedeuten, daß $u \perp v$ für jeden Vektor $v \in A$ gilt.

Für nichtleere Teilmengen $A \subset V$ heißt

$$A^\perp = \big\{ u \in V \mid u \perp A \big\}$$

das **orthogonale Komplement** von A.

Eine endliche oder abzählbare Menge von Vektoren $v_1, v_2, \ldots$ in V bildet ein **Orthonormalsystem (ONS)**, wenn gilt

$$\langle v_i, v_k \rangle = \delta_{ik} = \begin{cases} 1 & \text{für} \quad i = k \\ 0 & \text{für} \quad i \neq k. \end{cases}$$

BEISPIELE.

(a) Die Standardvektoren $\mathbf{e}_1, \ldots, \mathbf{e}_n$ bilden ein Orthonormalsystem im $\mathbb{R}^n$ (und im $\mathbb{C}^n$) bezüglich des natürlichen Skalarproduktes.

(b) In $C\,[-\pi, \pi]$, versehen mit dem Skalarprodukt $\langle u, v \rangle = \int\limits_{-\pi}^{\pi} \overline{u(x)}\, v(x)\, dx$,

bilden die Funktionen $v_1, v_2, \ldots$ mit

$$v_1(x) = \tfrac{1}{\sqrt{2\pi}}, \qquad v_2(x) = \tfrac{1}{\sqrt{\pi}} \cos x, \qquad v_3(x) = \tfrac{1}{\sqrt{\pi}} \sin x,$$

$$v_4(x) = \tfrac{1}{\sqrt{\pi}} \cos 2x, \qquad v_5(x) = \tfrac{1}{\sqrt{\pi}} \sin 2x,$$

$$v_{2k}(x) = \tfrac{1}{\sqrt{\pi}} \cos kx, \qquad v_{2k+1}(x) = \tfrac{1}{\sqrt{\pi}} \sin kx,$$

ein Orthonormalsystem, vgl. § 11 : 6.5.

2.2 Entwicklung nach Orthonormalbasen

Jedes Orthonormalsystem $v_1, v_2, \ldots$ ist linear unabhängig, d.h. je endlich viele dieser Vektoren sind linear unabhängig.

Denn aus

$$\sum_{i=1}^{n} \alpha_i v_i = 0 \quad \text{mit} \quad \alpha_1, \ldots, \alpha_n \in \mathbb{K}$$

folgt für $k = 1, \ldots, n$

$$0 = \Big\langle v_k\,, \sum_{i=1}^{n} \alpha_i v_i \Big\rangle = \sum_{i=1}^{n} \alpha_i \langle v_i, v_k \rangle = \alpha_k\,.$$

Hieraus ergibt sich:

(a) *Ist $v_1, \ldots, v_n$ ein ONS in einem n–dimensionalen Skalarproduktraum V, so ist $(v_1, \ldots, v_n)$ eine Basis.*

(b) *Die Basisdarstellung eines Vektors $u \in V$ bezüglich einer solchen* **Orthonormalbasis** *(ONB) erhält man auf sehr einfache Weise durch*

$$u = \langle v_1, u \rangle v_1 + \cdots + \langle v_n, u \rangle v_n = \sum_{k=1}^{n} \langle v_k, u \rangle v_k\,.$$

(c) *Für $u, v \in V$ ist*

$$\langle u, v \rangle = \sum_{k=1}^{n} \overline{\langle v_k, u \rangle} \langle v_k, v \rangle \,,$$

insbesondere gilt die **Parsevalsche Gleichung**

$$\|u\|^2 = \sum_{k=1}^{n} \left| \langle v_k, u \rangle \right|^2 .$$

BEWEIS.

(a) n linear unabhängige Vektoren bilden in einem n–dimensionalen Vektorraum eine Basis.

(b) Zu jedem $u \in V$ gibt es $\alpha_1, \ldots, \alpha_n \in \mathbb{K}$ mit $u = \sum_{i=1}^{n} \alpha_i v_i$. Hieraus folgt für $k = 1, \ldots, n$

$$\langle v_k, u \rangle = \Big\langle v_k , \sum_{i=1}^{n} \alpha_i v_i \Big\rangle = \sum_{i=1}^{n} \alpha_i \langle v_k, v_i \rangle = \alpha_k .$$

(c) Für $u, v \in V$ gilt nach (b)

$$u = \sum_{i=1}^{n} \langle v_i, u \rangle v_i \,, \qquad v = \sum_{k=1}^{n} \langle v_k, v \rangle v_k \,,$$

also ist nach 1.2 (a)

$$\langle u, v \rangle = \Big\langle \sum_{i=1}^{n} \langle v_i, u \rangle v_i , \sum_{k=1}^{n} \langle v_k, v \rangle v_k \Big\rangle$$

$$= \sum_{i,k=1}^{n} \overline{\langle v_i, u \rangle} \langle v_k, v \rangle \langle v_i , v_k \rangle = \sum_{k=1}^{n} \overline{\langle v_k, u \rangle} \langle v_k, v \rangle . \qquad \Box$$

2.3 Orthogonale Projektionen

Es sei V ein Skalarproduktraum, $v_1, \ldots, v_m$ ein ONS in V und

$$W = \mathrm{Span} \{ v_1, \ldots, v_m \} .$$

Wir definieren die **orthogonale Projektion P auf den Teilraum W** analog zu § 6 : 4.2 und veranschaulichen uns die Verhältnisse an derselben Figur.

Der zu $u \in V$ nächstgelegene Punkt Pu auf W ist gegeben durch

$$Pu = \sum_{k=1}^{m} \langle v_k, u \rangle v_k .$$

Der Lotvektor $u - Pu$ steht senkrecht auf W, d.h. es gilt $u - Pu \perp w$ für alle $w \in W$.

Durch Übertragung der im Beweis von 1.5 verwendeten „quadratischen Ergänzung" ergibt eine leichte Rechnung $\boxed{\text{ÜA}}$

$$\left\| u - \sum_{k=1}^{m} \lambda_k v_k \right\|^2 = \|u\|^2 - \sum_{k=1}^{m} |\langle v_k, u \rangle|^2 + \sum_{k=1}^{m} |\lambda_k - \langle v_k, u \rangle|^2 ,$$

woraus die erste Behauptung unmittelbar folgt. Die zweite ergibt sich aus

$$\langle u - Pu, v_j \rangle = \left\langle u - \sum_{k=1}^{m} \langle v_k, u \rangle v_k , v_j \right\rangle$$

$$= \langle u, v_j \rangle - \sum_{k=1}^{m} \overline{\langle v_k, u \rangle} \langle v_k, v_j \rangle = \langle u, v_j \rangle - \overline{\langle v_j, u \rangle} = 0 ,$$

also auch $\langle u - Pu, w \rangle = 0$ für $w = \sum_{j=1}^{m} \lambda_j v_j$ wegen der Linearität der Funktion $v \mapsto \langle u - Pu, v \rangle$.

2.4 Eigenschaften der orthogonalen Projektion P

$P : V \to V$ ist ein linearer Operator mit den Eigenschaften

(a) $P^2 = P$,

(b) $\langle u, Pv \rangle = \langle Pu, v \rangle$ *für alle* $u, v \in V$.

BEWEIS.
Die Linearität ergibt sich aus der Darstellung 2.3 für Pu, da die Funktionen $u \mapsto \langle v_k, u \rangle v_k$ linear sind. $P^2 = P$ folgt wegen $Pu \in W$.

Es gilt

$$\langle Pu, v \rangle - \langle u, Pv \rangle = \langle Pu, v - Pv \rangle - \langle u - Pu, Pv \rangle = 0 ,$$

da $u - Pu$ und $v - Pv$ orthogonal zu W sind. $\square$

2.5 Beste Approximation im Quadratmittel

Sei $v_1, v_2, \ldots$ das in 2.1 angegebene Orthonormalsystem der trigonometrischen Funktionen. Eine wichtige Aufgabe der mathematischen Physik besteht darin, eine gegebene Funktion u durch Linearkombinationen $s_m = \sum_{k=1}^{m} \lambda_k v_k$ möglichst gut „im Quadratmittel" zu approximieren, das heißt die λ_k so zu wählen, daß $\int_{-\pi}^{\pi} |u(x) - s_m(x)|^2 \, dx$ möglichst klein wird. Wir haben es also mit dem Skalarprodukt $\langle u, v \rangle = \int_{-\pi}^{\pi} \overline{u}(x)\, v(x)\, dx$ zu tun. Nach 2.3 wird die beste Approximation durch $\lambda_k = \langle v_k, u \rangle$ geliefert, und es gilt

$$\Big\| u - \sum_{k=1}^{m} \langle v_k, u \rangle v_k \Big\|^2 = \|u\|^2 - \sum_{k=1}^{m} |\langle v_k, u \rangle|^2 \quad \text{für jedes } m \in \mathbb{N}.$$

Aufgabe. Sei $u(x) = \dfrac{x}{2} - \dfrac{x^3}{18}$. Bestimmen Sie m und $\lambda_1, \ldots, \lambda_m$ so, daß

$$\int_{-\pi}^{\pi} \Big| u - \sum_{k=1}^{m} \lambda_k v_k \Big|^2 = \Big\| u - \sum_{k=1}^{m} \lambda_k v_k \Big\|^2 < 0.006.$$

3 Das Orthonormalisierungsverfahren von Gram–Schmidt

3.1 Das Verfahren

Wir konstruieren aus einer gegeben endlichen oder abzählbaren Menge linear unabhängiger Vektoren $u_1, u_2, \ldots$ eines Skalarproduktraumes ein Orthonormalsystem $v_1, v_2, \ldots$ mit

$$\text{Span}\,\{v_1, \ldots, v_n\} = \text{Span}\,\{u_1, \ldots, u_n\} \quad \text{für} \quad n = 1, 2, \ldots .$$

1. Schritt. Nach Voraussetzung ist $u_1 \neq 0$. Wir setzen $v_1 := \frac{u_1}{\|u_1\|}$. Dann ist $\|v_1\| = 1$ wegen $\|\alpha u_1\| = |\alpha| \|u_1\|$. Ferner gilt $\text{Span}\,\{u_1\} = \text{Span}\,\{v_1\}$.

2. Schritt. P_1 sei die orthogonale Projektion auf

$$W_1 = \text{Span}\,\{u_1\} = \text{Span}\,\{v_1\}.$$

Dann gilt $u_2 - P_1 u_2 \perp W_1$ (Fig.). Da u_1, u_2 linear unabhängig sind, liegt u_2 nicht in W_1, also ist $u_2 \neq P_1 u_2$. Für

$$v_2 = \frac{u_2 - P_1 u_2}{\|u_2 - P_1 u_2\|}$$

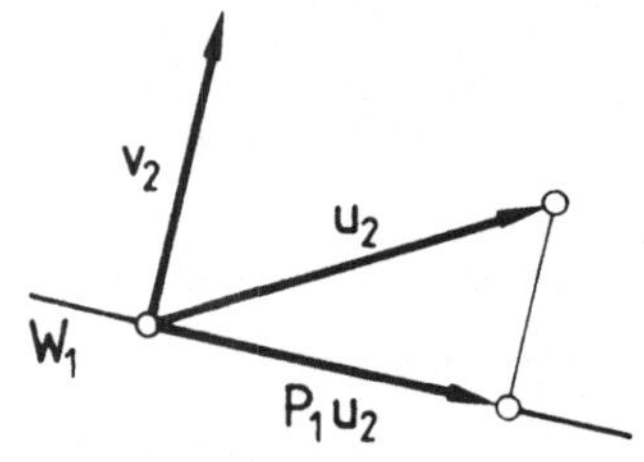

gilt $\|v_2\| = 1$ und $v_2 \perp v_1$. Da v_1, v_2 beide in $W_2 = \text{Span}\,\{u_1, u_2\}$ liegen und nach 2.2 linear unabhängig sind, folgt $\text{Span}\,\{v_1, v_2\} = W_2$.

n–ter Schritt. Seien $v_1, \ldots, v_{n-1}$ schon konstruiert mit

$$\text{Span}\,\{v_1, \ldots, v_{n-1}\} = \text{Span}\,\{u_1, \ldots, u_{n-1}\} =: W_{n-1},$$

und sei P_{n-1} die orthogonale Projektion auf W_{n-1}. Dann gilt

$$u_n - P_{n-1}u_n \perp W_{n-1} \quad \text{und} \quad u_n - P_{n-1}u_n \neq 0,$$

sonst wäre $u_n = P_{n-1}u_n \in W_{n-1}$ eine Linearkombination von $u_1, \ldots, u_{n-1}$. Für

$$v_n = \frac{u_n - P_{n-1}u_n}{\|u_n - P_{n-1}u_n\|}$$

gilt dann $\|v_n\| = 1$, $v_n \perp W_{n-1}$, also $v_n \perp v_1, \ldots, v_{n-1}$. Also bilden $v_1, \ldots, v_n$ ein ONS, das in dem n–dimensionalen Vektorraum $W_n = \mathrm{Span}\,\{u_1, \ldots, u_n\}$ liegt. Da die Vektoren $v_1, \ldots, v_n$ linear unabhängig sind nach 2.2, bilden sie eine Basis für W_n.

Bei abzählbar vielen linear unabhängigen Vektoren $u_1, u_2, \ldots$ folgt jetzt die Existenz des behaupteten ONS $v_1, v_2, \ldots$ per Induktion. $\qquad\square$

3.2 Existenz von Orthonormalbasen

(a) *Jeder endlichdimensionale Skalarproduktraum besitzt eine Orthonormalbasis.*

(b) *Jedes ONS $v_1, \ldots, v_k$ eines n–dimensionalen Skalarproduktraumes V läßt sich zu einer Orthonormalbasis von V ergänzen.*

FOLGERUNG. *Für jeden Teilraum U gilt*

$$\dim U + \dim U^{\perp} = n.$$

Das erste folgt direkt aus 3.1; für die zweite Behauptung ergänzen wir wie schon in § 14 : 6.5 das gegebene ONS zu einer Basis $(v_1, \ldots, v_k, u_{k+1}, \ldots, u_n)$ für V und führen die Schritte $k, k+1, \ldots, n$ des Orthonormalisierungsverfahrens durch.

3.3 Die Legendrepolynome

In $C\,[-1,1]$ mit dem Skalarprodukt $\langle u, v \rangle = \int\limits_{-1}^{1} \overline{u(x)}\, v(x)\, dx$ liefern die Potenzen $u_0(x) = 1$, $u_1(x) = x$, $\ldots$, $u_n(x) = x^n$, $\ldots$ eine abzählbare Menge linear unabhängiger Vektoren. Das Gram–Schmidtsche Verfahren liefert ein ONS $v_0, v_1, v_2, \ldots$. Die durch $p_n(x) = \sqrt{\frac{2}{2n+1}}\, v_n(x)$ gegebenen Polynome p_n heißen *Legendre-Polynome.*

$\boxed{\text{ÜA}}$ Bestimmen Sie nach dem Gram–Schmidtschen Verfahren die Polynome v_0, v_1, v_2, v_3. Zur Kontrolle: $p_n(1) = 1$ (ohne Beweis).

4 Unitäre Abbildungen und Matrizen

4.1 Polarisierungsgleichung und Parallelogrammgleichung

(a) In jedem Skalarproduktraum über $\mathbb{R}$ gilt ($\boxed{\text{ÜA}}$)

$$\langle u, v \rangle = \frac{1}{4} \left(\|u + v\|^2 - \|u - v\|^2 \right).$$

(b) In jedem Skalarproduktraum über $\mathbb{C}$ gilt ($\boxed{\text{ÜA}}$)

$$\langle u, v \rangle = \frac{1}{4} \left(\|u + v\|^2 - \|u - v\|^2 + i\|u - iv\|^2 - i\|u + iv\|^2 \right).$$

(c) In jedem Skalarproduktraum gilt die **Parallelogrammgleichung**

$$\|u + v\|^2 + \|u - v\|^2 = 2\|u\|^2 + 2\|v\|^2.$$

4.2 Isometrien und unitäre Abbildungen

(a) Ein linearer Operator T eines Skalarproduktraumes V heißt **Isometrie**, wenn

$$\|Tu\| = \|u\|$$

für alle $u \in V$. Ist T zusätzlich surjektiv, so heißt T **unitär**.

(b) Für Isometrien T gilt $\langle Tu, Tv \rangle = \langle u, v \rangle$. Im $\mathbb{R}^n$ mit dem natürlichen Skalarprodukt bedeutet dies: *Isometrien sind winkeltreu*, vgl. § 6 : 2.7.

(c) *In endlichdimensionalen Skalarprodukträumen ist jede Isometrie unitär.*

Im Hilbertschen Folgenraum ℓ^2 (1.4) dagegen ist die Abbildung

$$T \ : \ (x_1, x_2, \ldots) \mapsto (0, x_1, x_2, \ldots)$$

eine Isometrie, aber nicht surjektiv.

BEWEIS.

(b) folgt direkt aus der Polarisierungsgleichung 4.1.

(c) Jede Isometrie ist offensichtlich injektiv: $\|Tu\| = 0 \implies \|u\| = 0 \implies u = 0$. Nach der Dimensionsformel folgt dann auch die Surjektivität. $\square$

4.3 Die adjungierte Matrix A^*

Zu jeder $m \times n$–Matrix $A = (a_{ik})$ definieren wir die **adjungierte Matrix**

$$A^* := \overline{A}^T, \quad \text{also} \quad a_{ik}^* = \overline{a}_{ki}.$$

Für reelle Matrizen ist $A^* = A^T$.

Für $n \times n$–Matrizen A mit Koeffizienten aus $\mathbb{K}$ gilt:

(a) $\langle \mathbf{x}, A\mathbf{y} \rangle = \langle A^*\mathbf{x}, \mathbf{y} \rangle$ mit dem natürlichen Skalarprodukt.

(b) $\det A^* = \overline{\det A}$.

(c) $\operatorname{Rang} A^* = \operatorname{Rang} A$.

(d) λ ist genau dann Eigenwert von A, wenn $\overline{\lambda}$ Eigenwert von A^* ist. Dabei gilt: $\dim \operatorname{Kern}(A - \lambda E) = \dim \operatorname{Kern}(A^* - \overline{\lambda}E)$.

BEWEIS.

(a) $\langle \mathbf{x}, A\mathbf{y} \rangle = \sum_{i=1}^{n} \overline{x}_i \sum_{k=1}^{n} a_{ik} y_k = \sum_{k=1}^{n} y_k \overline{\sum_{i=1}^{n} \overline{a}_{ik} x_i} = \langle A^*\mathbf{x}, \mathbf{y} \rangle$

(b) Für 2×2–Matrizen $A = \begin{pmatrix} a_{11} & a_{12} \\ a_{21} & a_{22} \end{pmatrix}$ gilt

$$\det A^* = \begin{vmatrix} \overline{a}_{11} & \overline{a}_{21} \\ \overline{a}_{12} & \overline{a}_{22} \end{vmatrix} = \overline{a}_{11}\overline{a}_{22} - \overline{a}_{12}\overline{a}_{21} = \overline{a_{11}a_{22} - a_{12}a_{21}} = \overline{\det A}\,.$$

Der allgemeine Fall ergibt sich daraus durch Induktion mit Hilfe des Laplaceschen Entwicklungssatzes $\boxed{\text{ÜA}}$.

(c) Genau dann sind die Vektoren $\mathbf{a}_1, \ldots, \mathbf{a}_r$ linear unabhängig, wenn die Vektoren $\overline{\mathbf{a}}_1, \ldots, \overline{\mathbf{a}}_r$ mit den konjugiert komplexen Komponenten linear unabhängig sind $\boxed{\text{ÜA}}$. Die Behauptung folgt jetzt aus der Gleichheit von Zeilenrang und Spaltenrang.

(d) Nach (c) gilt $\operatorname{Rang}(A - \lambda E) = \operatorname{Rang}(A^* - \overline{\lambda}E)$, also $\dim \operatorname{Kern}(A - \lambda E) = \dim \operatorname{Kern}(A^* - \overline{\lambda}E)$ nach der Dimensionsformel. $\qquad\square$

Zusatz.

(a) *Für $m \times k$-Matrizen A und $k \times n$-Matrizen B gilt*

$$(AB)^* = B^* A^*\,.$$

(b) *Für $m \times n$-Matrizen A ist $A^* A$ eine $n \times n$-Matrix mit*

$$\langle \mathbf{x}, A^* A \mathbf{x} \rangle = \|A\mathbf{x}\|^2\,,$$

wobei links das natürliche Skalarprodukt im $\mathbb{K}^n$, rechts die Norm in $\mathbb{K}^m$ stehen.

BEWEIS als $\boxed{\text{ÜA}}$. Für (b) fasse man den Spaltenvektor $\mathbf{x}$ als $n \times 1$–Matrix auf und beachte, daß $\langle \mathbf{x}, \mathbf{y} \rangle = \mathbf{x}^* \mathbf{y}$.

4.4 Die Matrix einer unitären Abbildung, unitäre und orthogonale Matrizen

In endlichdimensionalen Skalarprodukträumen sind unitäre Abbildungen dadurch ausgezeichnet, daß ihre Matrizen A bezüglich jeder Orthonormalbasis B **unitär** *sind, d.h.*

$$A^* = A^{-1}, \qquad AA^* = A^* A = E\,.$$

Reelle unitäre Matrizen $(A^T = A^{-1})$ heißen **orthogonal**.

BEWEIS.

(a) Sei T ein unitärer Operator und $\mathcal{B} = (v_1, \ldots, v_n)$ eine Orthonormalbasis. Wegen $\langle Tv_i, Tv_k \rangle = \langle v_i, v_k \rangle = \delta_{ik}$ bilden die

$$u_1 = Tv_1, \quad u_2 = Tv_2, \quad \ldots, \quad u_n = Tv_n$$

wieder eine Orthonormalbasis. Nach 2.2 (b) gilt

$$Tv_i = u_i = \sum_{k=1}^{n} \langle v_k, u_i \rangle v_k.$$

Für $A = M_{\mathcal{B}}(T) = (a_{ik})$ gilt also $a_{ik} = \langle v_k, u_i \rangle$. Da die u_i ein ONS bilden, gilt nach 2.2 (c)

$$\delta_{ij} = \langle u_i, u_j \rangle = \sum_{k=1}^{n} \overline{\langle u_i, v_k \rangle} \langle u_j, v_k \rangle = \sum_{k=1}^{n} a_{ik}\overline{a_{jk}} = \sum_{k=1}^{n} a_{ik}a_{kj}^*,$$

also $AA^* = E$. Die Behauptung folgt aus dem Zusatz zu § 15 : 6.3.

(b) Sei $M_{\mathcal{B}}(T) = A$ unitär, also $A^*A = E$. Nach 4.3 gilt dann

$$\|A\mathbf{x}\|^2 = \langle \mathbf{x}, A^*A\mathbf{x} \rangle = \langle \mathbf{x}, E\mathbf{x} \rangle = \|\mathbf{x}\|^2$$

mit dem natürlichen Skalarprodukt und der zugehörigen Norm im $\mathbb{K}^n$ (siehe 4.3 Zusatz (b)). Da $\mathcal{B}$ eine ONB ist, folgt nach der Parsevalschen Gleichung 2.2 (c) für $\mathbf{x} = (u)_{\mathcal{B}}$, $A\mathbf{x} = (Tu)_{\mathcal{B}}$ und der Norm $\|\cdot\|_V$ in V

$$\|u\|_V = \|\mathbf{x}\| = \|A\mathbf{x}\| = \|Tu\|_V,$$

also ist T unitär. $\qquad\qquad\square$

SATZ. *Eine $n \times n$-Matrix A über $\mathbb{K}$ ist genau dann unitär, wenn ihre Spaltenvektoren (bzw. Zeilenvektoren) ein Orthonormalsystem im $\mathbb{K}^n$ mit dem natürlichen Skalarprodukt bilden.*

Denn für die Spalten $\mathbf{a}_k$ von A gilt $\langle \mathbf{a}_i, \mathbf{a}_k \rangle = (A^*A)_{ik}$. Daraus folgt für den

4.5 Basiswechsel zwischen Orthonormalbasen

Die Transformationsmatrix S eines Basiswechsels zwischen Orthonormalbasen ist unitär, und bei unitären Koordinatentransformationen gehen Orthonormalbasen des $\mathbb{K}^n$ mit dem natürlichen Skalarprodukt in Orthonormalbasen über.

4.6 Drehungen im $\mathbb{R}^3$

Eine Drehung im $\mathbb{R}^3$ ist vollständig beschrieben durch einen Drehvektor $\mathbf{u}$ der Länge 1 und einen Drehwinkel $\varphi \in [0, 2\pi[$. Für eine Matrixdarstellung verschaffen wir uns einen beliebigen, zu $\mathbf{u}$ senkrechten Vektor $\mathbf{v}$ der Länge 1 (z.B. durch $\frac{\mathbf{u} \times \mathbf{a}}{\|\mathbf{u} \times \mathbf{a}\|}$ mit einem von $\mathbf{u}$ linear unabhängigen Vektor $\mathbf{a}$). Die ONB $\mathcal{B} = (\mathbf{u}, \mathbf{v}, \mathbf{u} \times \mathbf{v})$ ist positiv orientiert wegen

$$\det(\mathbf{u}, \mathbf{v}, \mathbf{u} \times \mathbf{v}) = S(\mathbf{u}, \mathbf{v}, \mathbf{u} \times \mathbf{v}) = \langle \mathbf{u} \times \mathbf{v}, \mathbf{u} \times \mathbf{v} \rangle = 1.$$

Die Matrix der Drehung bezüglich der Basis $\mathcal{B}$ ist dann

$$D_\varphi = \begin{pmatrix} 1 & 0 & 0 \\ 0 & \cos\varphi & -\sin\varphi \\ 0 & \sin\varphi & \cos\varphi \end{pmatrix}.$$

Eine leichte Rechnung $\boxed{\text{ÜA}}$ zeigt $D_\varphi^T D_\varphi = E$, also ist die Drehung eine unitäre Abbildung. Ferner gilt offenbar

$$D_\varphi^T = D_\varphi^{-1} = D_{-\varphi}.$$

4.7 Eigenschaften unitärer Matrizen S

(a) *Jede komplexe Nullstelle λ des charakteristischen Polynoms liegt auf dem Einheitskreis: $|\lambda| = 1$.*

(b) $|\det S| = 1$.

(c) *Die Spaltenvektoren bilden eine ONB des $\mathbb{K}^n$ mit dem natürlichen Skalarprodukt*, vgl. Satz 4.4.

BEWEIS.

(a) Die Abbildung $\mathbf{x} \mapsto S\mathbf{x}$ des $\mathbb{C}^n$, versehen mit dem natürlichen Skalarprodukt, ist unitär nach 4.4. Für die Eigenvektoren $\mathbf{u}$ zum Eigenwert λ gilt daher $|\lambda| \cdot \|\mathbf{u}\| = \|\lambda \mathbf{u}\| = \|S\mathbf{u}\| = \|\mathbf{u}\|$, also $|\lambda| = 1$.

(b) Aus $S^* S = E$ folgt

$$1 = \det E = \det(S^* S) = \det S^* \cdot \det S = \overline{\det S} \cdot \det S = |\det S|^2. \qquad \square$$

4.8 Ebene unitäre Abbildungen

Sei T eine Isometrie auf einem zweidimensionalen Skalarproduktraum V über $\mathbb{R}$ und $\mathcal{B}$ eine ONB für V. Dann ergeben sich für die Matrix $M_\mathcal{B}(T)$ zwei Fälle:

(a) Determinante 1: $\begin{pmatrix} \cos\varphi & -\sin\varphi \\ \sin\varphi & \cos\varphi \end{pmatrix}$ (Drehmatrix),

(b) Determinante -1: $\begin{pmatrix} \cos\varphi & \sin\varphi \\ \sin\varphi & -\cos\varphi \end{pmatrix}$ (Spiegelung s.u.).

Denn nach 4.4 ist die Matrix orthogonal. Da die Spalten nach 4.7 eine ONB bilden, können wir die erste Spalte in der Form $\begin{pmatrix} \cos\varphi \\ \sin\varphi \end{pmatrix}$ ansetzen. Die einzigen dazu senkrechten Vektoren der Länge 1 sind $\pm\begin{pmatrix} \sin\varphi \\ -\cos\varphi \end{pmatrix}$.

Aufgaben. (a) Weisen Sie nach, daß die zweite Matrix zu einer Spiegelung an einer Ursprungsgeraden gehört (vgl. § 5 : 11.2).

(b) Zeigen Sie: Hat die ONB $\mathcal{A}$ dieselbe Orientierung wie $\mathcal{B}$, so gilt $M_{\mathcal{A}}(T) = M_{\mathcal{B}}(T)$.

4.9 Die unitären Abbildungen des $\mathbb{R}^3$

Sei T eine Isometrie des $\mathbb{R}^3$. Das charakteristische Polynom p_T hat reelle Koeffizienten, also ist mit λ auch $\overline{\lambda}$ eine Nullstelle (vgl. § 5 : 10.5). Insbesondere gibt es wenigstens einen reellen Eigenwert λ_1. Wir dürfen annehmen, daß

$$\lambda_1 = \det T .$$

Denn für $p_T(x) = (\lambda_1 - x)(\lambda_2 - x)(\lambda_3 - x)$ gilt $\lambda_1 \cdot \lambda_2 \cdot \lambda_3 = \det T$ nach § 18 : 3.4. Für reelle $\lambda_1, \lambda_2, \lambda_3$ folgt die Behauptung wegen $\lambda_k \in \{-1, 1\}$ nach 4.7. Ist λ_2 nicht reell, so gilt $\lambda_3 = \overline{\lambda}_2$, also $\lambda_2 \cdot \lambda_3 = |\lambda_2|^2 = 1$ nach 4.7.

Sei $\mathbf{u}$ ein zu λ_1 gehöriger Eigenvektor von T mit $\|\mathbf{u}\| = 1$. Die zu $\mathbf{u}$ senkrechte Ursprungsebene E wird durch T in sich übergeführt. Denn aus $\langle \mathbf{v}, \mathbf{u} \rangle = 0$ folgt wegen $\langle T\mathbf{v}, T\mathbf{u} \rangle = \langle \mathbf{v}, \mathbf{u} \rangle$

$$\lambda_1 \langle T\mathbf{v}, \mathbf{u} \rangle = \langle T\mathbf{v}, T\mathbf{u} \rangle = \langle \mathbf{v}, \mathbf{u} \rangle = 0, \qquad \text{also} \quad T\mathbf{v} \in E .$$

Auf die Vektoren von E wirkt T wie eine ebene Isometrie. Ergebnis:

(a) *Die orientierungstreuen unitären Abbildungen des $\mathbb{R}^3$ sind genau die Drehungen.*

Führen wir nämlich eine ONB $\mathcal{B} = (\mathbf{u}, \mathbf{v}, \mathbf{u} \times \mathbf{v})$ ein, so ist nach 4.4 und 4.8

$$M_{\mathcal{B}}(T) = \begin{pmatrix} 1 & 0 & 0 \\ 0 & \cos\varphi & -\sin\varphi \\ 0 & \sin\varphi & \cos\varphi \end{pmatrix} \quad \text{oder} \quad M_{\mathcal{B}}(T) = \begin{pmatrix} 1 & 0 & 0 \\ 0 & \cos\varphi & \sin\varphi \\ 0 & \sin\varphi & -\cos\varphi \end{pmatrix} .$$

Wegen Determinante 1 bleibt nur die erste Möglichkeit.

(b) *Die unitären Abbildungen des $\mathbb{R}^3$ mit Determinante -1 sind Drehspiegelungen.* Denn wie oben bleibt nur

$$M_{\mathcal{B}}(T) = \begin{pmatrix} -1 & 0 & 0 \\ 0 & \cos\varphi & -\sin\varphi \\ 0 & \sin\varphi & \cos\varphi \end{pmatrix} .$$

Für $\varphi = 0$ ergeben sich Spiegelungen an einer Ebene; für $\varphi = \pi$ ergibt sich die „Punktspiegelung" $\mathbf{x} \mapsto -\mathbf{x}$.

5 Die Bewegungsgruppe und andere Gruppen

5.1 Matrixgruppen

$\mathcal{M}(n, \mathbb{K})$ bezeichne den Vektorraum aller $n \times n$–Matrizen mit Koeffizienten aus $\mathbb{K}$. Eine Teilmenge $\mathcal{G}$ von $\mathcal{M}(n, \mathbb{K})$ bildet eine **Gruppe**, wenn gilt:

(a) Mit je zwei Matrizen gehört auch das Produkt zu $\mathcal{G}$.

(b) Die Einheitsmatrix E gehört zu $\mathcal{G}$.

(c) Alle Matrizen $A \in \mathcal{G}$ sind invertierbar mit $A^{-1} \in \mathcal{G}$.

BEISPIELE

(a) Alle invertierbaren $n \times n$–Matrizen bilden die **lineare Gruppe GL$(n, \mathbb{K})$** („general linear group").

(b) Die unitären komplexen $n \times n$–Matrizen bilden die **unitäre Gruppe U$_n$**.

(c) Die orthogonalen $n \times n$–Matrizen bilden die **orthogonale Gruppe O$_n$**.

(d) Die orthogonalen Matrizen mit Determinante 1 bilden die **spezielle orthogonale Gruppe SO$_n$**. Die SO$_3$ besteht nach 4.9 aus allen Drehmatrizen.

(e) Die **Kreisgruppe** besteht aus den Matrizen $e^{it}E$, $\; t \in \mathbb{R}$.

$\boxed{\text{ÜA}}$ Weisen Sie jeweils die Gruppeneigenschaft nach.

5.2 Transformationsgruppen

Sei $M \neq \emptyset$. Eine Menge $\mathcal{G}$ von bijektiven Abbildungen $F : M \to M$ heißt eine **Transformationsgruppe** auf M, wenn folgendes gilt:

(a) Mit F, G gehört auch $F \circ G$ zu $\mathcal{G}$.

(b) Die Identität $\mathbb{1}$ gehört zu $\mathcal{G}$.

(c) Mit F gehört auch F^{-1} zu $\mathcal{G}$.

BEISPIELE

(a) Alle bijektiven Abbildungen $F : M \to M$ bilden eine Gruppe.

(b) Die unitären Abbildungen eines Skalarproduktraumes V bilden die **unitäre Gruppe von V**.

(c) **Die Translationsgruppe** eines Vektorraumes V besteht aus allen Translationen

$$T_{\mathbf{a}} : \mathbf{x} \mapsto \mathbf{a} + \mathbf{x}$$

Dabei ist $T_{\mathbf{a}} \circ T_{\mathbf{b}} = T_{\mathbf{a}+\mathbf{b}}$.

$\boxed{\text{ÜA}}$ Prüfen Sie jeweils die Gruppeneigenschaften nach.

5.3 Längentreue Abbildungen

Sei V ein reeller Skalarproduktraum und $F : V \to V$ längentreu, d.h.

$$\|F(u) - F(v)\| = \|u - v\| \quad \text{für alle} \quad u, v \in V.$$

Dann gibt es eine Isometrie T von V mit

$$F(u) = F(0) + Tu \quad \text{für alle} \quad u \in V.$$

BEWEIS ALS AUFGABE. Zeigen Sie, daß f mit $u \mapsto f(u) = F(u) - F(0)$ isometrisch und linear ist mit den Zwischenschritten $f(0) = 0$, $\|f(u)\| = \|u\|$, $\|f(u) + f(v)\| = \|u + v\|$, $\langle f(u), f(v) \rangle = \langle u, v \rangle$, $f(u + v) = f(u) + f(v)$, $f(\alpha u) = \alpha f(u)$, wobei Sie mehrfach die Parallelogrammgleichung und die Polarisierungsgleichung 4.1 benützen.

5.4 Bewegungen eines starren Körpers, die Bewegungsgruppe

Bei einer Bewegung eines starren Körpers bleiben die Abstände von je zwei Massenpunkten unverändert; weiter bleibt die Orientierung erhalten. Bringt man also einen starren Körper von einer Lage in eine neue Lage, so geht der Ortsvektor $\mathbf{x}$ eines Massenpunktes über in den Ortsvektor $\mathbf{a} + D\mathbf{x}$ mit $\mathbf{a} \in \mathbb{R}^3$ und einer Drehmatrix $D \in SO_3$. Abbildungen der Form

$$\mathbf{x} \mapsto \mathbf{a} + D\mathbf{x} \quad \text{mit} \quad \mathbf{a} \in \mathbb{R}^3, \quad D \in SO_3$$

heißen **Bewegungen** des $\mathbb{R}^3$. Sie bilden eine Gruppe, die **Bewegungsgruppe** des $\mathbb{R}^3$.

Die Bewegung in Abhängigkeit von der Zeit t beschreiben wir demgemäß durch eine Schar von Bewegungen des $\mathbb{R}^3$

$$\mathbf{x} \mapsto F_t(\mathbf{x}) = \mathbf{a}(t) + D(t)\mathbf{x} \quad \text{mit} \quad F_0 = \mathbb{1}.$$

Hierbei sind die Koeffizienten von $\mathbf{a}(t) \in \mathbb{R}^3$ und $D(t) \in SO_3$ differenzierbare Funktionen von t. Die Bahn eines Massenpunktes im Raum ist dabei gegeben durch die Kurve

$$t \mapsto F_t(\mathbf{x}_0) =: \mathbf{x}(t),$$

wobei $\mathbf{x}(0) = \mathbf{x}_0$ der Ortsvektor zur Zeit $t = 0$ ist.

5.5* Der momentane Drehvektor einer Bewegung

Wir betrachten die Bewegung eines starren Körpers, bei der ein Punkt festgehalten wird (Kreiselbewegung). Diesen Fixpunkt O wählen wir als Ursprung des Koordinatensystems.

Die Bahn eines Massenpunktes mit Ortsvektor $\mathbf{x}_0$ zur Zeit $t = 0$ wird dann beschrieben durch

$$\mathbf{x}(t) = D(t)\,\mathbf{x}_0 \, .$$

Wir nehmen an, daß die Komponenten $d_{ik}(t)$ von $D(t)$ C^1–differenzierbar sind und definieren die Ableitung der Matrix D durch

$$\dot{D}(t) := \big(\dot{d}_{ik}(t)\big) \, .$$

Wir zeigen im folgenden, daß es einen Vektor $\mathbf{w}(t)$ gibt, so daß für den Ortsvektor $\mathbf{x}(t)$ eines beliebigen Massenpunkts zum Zeitpunkt t

$$\dot{\mathbf{x}}(t) = \mathbf{w}(t) \times \mathbf{x}(t) \, ,$$

gilt; $\mathbf{w}(t)$ heißt **der momentane Drehvektor** der Bewegung. Seine Komponenten hängen stetig von t ab, und in Anlehnung an die Betrachtungen in §6:3.5 für die gleichförmige Kreisbewegung eines Massenpunkts ist seine Länge $\omega(t) = \|\mathbf{w}(t)\|$ als **momentane Winkelgeschwindigkeit** aufzufassen.

Die Isometrie von $D(t)$ bedeutet $D(t)^{-1} = D(t)^T$, also folgt für $\mathbf{x}(t) = D(t)\mathbf{x}_0$

$$\dot{\mathbf{x}}(t) = \dot{D}(t)\mathbf{x}_0 = \dot{D}(t)D(t)^{-1}\mathbf{x}(t) = \dot{D}(t)D(t)^T\mathbf{x}(t) \, .$$

Wir lassen der Übersichtlichkeit halber die Argumente t weg und setzen

$$A := \dot{D}D^T \, .$$

Komponentenweise Differentiation und die Produktregel ergeben

$$0 = \dot{E} = (DD^T)^{\cdot} = \dot{D}D^T + D\dot{D}^T = \dot{D}D^T + (\dot{D}D^T)^T = A + A^T \, .$$

Also ist A schiefsymmetrisch, d.h. $A^T = -A$, und damit

$$A = \begin{pmatrix} 0 & -w_3 & w_2 \\ w_3 & 0 & -w_1 \\ -w_2 & w_1 & 0 \end{pmatrix}$$

mit geeigneten Zahlen w_1, w_2, w_3. Fassen wir diese Zahlen zu einem Vektor $\mathbf{w}$ zusammen, so folgt

$$\dot{D}D^T\mathbf{x} = A\mathbf{x} = \begin{pmatrix} 0 & -w_3 & w_2 \\ w_3 & 0 & -w_1 \\ -w_2 & w_1 & 0 \end{pmatrix} \begin{pmatrix} x_1 \\ x_2 \\ x_3 \end{pmatrix} = \begin{pmatrix} w_2 x_3 - w_3 x_2 \\ w_3 x_1 - w_1 x_3 \\ w_1 x_2 - w_2 x_1 \end{pmatrix} = \mathbf{w} \times \mathbf{x} \, .$$

Tragen wir nun t wieder ein, so erhalten wir die Behauptung:

$$\dot{\mathbf{x}}(t) = \dot{D}(t)D(t)^T\mathbf{x}(t) = A(t)\mathbf{x}(t) = \mathbf{w}(t) \times \mathbf{x}(t) \, .$$

5.6* Der Trägheitstensor und das Trägheitsellipsoid

Bei der eben beschriebenen Kreiselbewegung führen wir ein körperfestes Koordinatensystem mit Ursprung O und den Basisvektoren $D(t)\mathbf{e}_1$, $D(t)\mathbf{e}_2$, $D(t)\mathbf{e}_3$ ein. Der Drehvektor $\mathbf{w}(t)$ hat in diesem System den Koordinatenvektor $\mathbf{u}(t) = D(t)^{-1}\mathbf{w}(t) = D(t)^T\mathbf{w}(t)$ mit Komponenten $u_1(t)$, $u_2(t)$, $u_3(t)$.

Wir zeigen zunächst, daß sich die kinetische Energie darstellen läßt durch

$$T(t) = \tfrac{1}{2} \sum_{i=1}^{3} \sum_{k=1}^{3} \Theta_{ik} u_i(t) u_k(t) = \tfrac{1}{2}\big\langle\, \mathbf{u}(t), \Theta\mathbf{u}(t) \,\big\rangle,$$

wobei die Koeffizienten $\Theta_{ik} = \Theta_{ki}$ der Matrix Θ nur von der Massenverteilung des Körpers und der Lage des Fixpunktes abhängen. Zur Berechnung der Θ_{ik} nehmen wir der Einfachheit halber an, daß der Körper aus endlich vielen, starr verbundenen Einzelmassen $m_1, \ldots, m_N$ mit Ortsvektoren $\mathbf{y}_1, \ldots, \mathbf{y}_N$ im körperfesten System besteht. Die Komponenten von $\mathbf{y}_j$ seien y_{j1}, y_{j2}, y_{j3}. Mit den Bezeichnungen 5.5 gilt also

$$\mathbf{x}_j(t) = D(t)\mathbf{y}_j \quad \text{und} \quad \mathbf{w}(t) = D(t)\mathbf{u}(t).$$

Für die folgenden Rechnungen beachten wir, daß nach § 6 : 3.2 (c)

$$\|\mathbf{a} \times \mathbf{b}\|^2 = \|\mathbf{a}\|^2 \cdot \|\mathbf{b}\|^2 - \langle \mathbf{a}, \mathbf{b} \rangle^2,$$

ferner nützen wir die Isometrieeigenschaft von $D(t)$ aus, d.h.

$$\|D(t)\mathbf{a}\| = \|\mathbf{a}\|, \qquad \langle D(t)\mathbf{a}, D(t)\mathbf{b} \rangle = \langle \mathbf{a}, \mathbf{b} \rangle.$$

Damit erhalten wir für die kinetische Energie

$$T(t) = \tfrac{1}{2} \sum_{j=1}^{N} m_j \|\dot{\mathbf{x}}_j(t)\|^2 = \tfrac{1}{2} \sum_{j=1}^{N} m_j \|\mathbf{w}(t) \times \mathbf{x}_j(t)\|^2$$

$$= \tfrac{1}{2} \sum_{j=1}^{N} m_j \left(\|\mathbf{w}(t)\|^2 \cdot \|\mathbf{x}_j(t)\|^2 - \langle \mathbf{w}(t), \mathbf{x}_j(t) \rangle^2 \right)$$

$$= \tfrac{1}{2} \sum_{j=1}^{N} m_j \left(\|D(t)\mathbf{u}(t)\|^2 \cdot \|D(t)\mathbf{y}_j\|^2 - \langle D(t)\mathbf{u}(t), D(t)\mathbf{y}_j \rangle^2 \right)$$

$$= \tfrac{1}{2} \sum_{j=1}^{N} m_j \left(\|\mathbf{u}(t)\|^2 \cdot \|\mathbf{y}_j\|^2 - \langle \mathbf{u}(t), \mathbf{y}_j \rangle^2 \right)$$

$$= \tfrac{1}{2} \sum_{j=1}^{N} m_j \left(\|\mathbf{y}_j\|^2 \sum_{i=1}^{3} \sum_{k=1}^{3} \delta_{ik} u_i(t) u_k(t) - \sum_{i=1}^{3} u_i(t) y_{ji} \sum_{k=1}^{3} u_k(t) y_{jk} \right)$$

$$= \tfrac{1}{2} \sum_{i=1}^{3} \sum_{k=1}^{3} \Theta_{ik} u_i(t) u_k(t) \quad \text{mit}$$

$$\Theta_{ik} = \sum_{j=1}^{N} m_j \left(\|\mathbf{y}_j\|^2 \delta_{ik} - y_{ji} y_{jk} \right) .$$

Zur Interpretation betrachten wir folgenden Spezialfall: Wir halten im Körper eine durch den Punkt O gehende Achse mit Richtungsvektor $\mathbf{u}$ fest und lassen den Körper um diese Achse mit konstanter Winkelgeschwindigkeit $\omega = \|\mathbf{u}\|$ rotieren. Dann liefert $\frac{1}{2}\langle \mathbf{u}, \Theta\mathbf{u} \rangle$ die Rotationsenergie.

Die Funktion $\mathbf{u} \mapsto \frac{1}{2}\langle \mathbf{u}, \Theta\mathbf{u} \rangle$ heißt **Trägheitstensor**. Sie ist allein durch die Massenverteilung bezüglich O bestimmt und erspart es uns, die oben beschriebenen Rotationen wirklich ausführen zu müssen.

Die Fläche $\{\mathbf{x} \in \mathbb{R}^3 \mid \langle \mathbf{x}, \Theta\mathbf{x} \rangle = 1\}$ heißt **Trägheitsellipsoid**, Näheres in § 20 : 4.

Im Fall $\|\mathbf{u}\| = 1$ ist der in $\langle \mathbf{u}, \Theta\mathbf{u} \rangle$ auftretende Ausdruck

$$\|\mathbf{u}\|^2 \|\mathbf{y}_j\|^2 - \langle \mathbf{u}, \mathbf{y}_j \rangle^2 = \|\mathbf{y}_j\|^2 - \langle \mathbf{u}, \mathbf{y}_j \rangle^2$$

nach § 6 : 2.4 (1) nichts anderes als das Abstandsquadrat $\|\mathbf{y}_j - \langle \mathbf{u}, \mathbf{y}_j \rangle \mathbf{u}\|^2$ des Punktes $\mathbf{y}_j$ von der Drehachse $\{s\,\mathbf{u} \mid s \in \mathbb{R}\}$.

Funktionen $\mathbf{u} \mapsto \langle \mathbf{u}, A\mathbf{u} \rangle$ mit $A^T = A$ heißen quadratische Formen. Diese und das Transformationsverhalten bei Übergang zu einer anderen Basis werden im folgenden Paragraphen untersucht.

5.7 Die Galilei–Gruppe

Wir wenden auf die kanonische Basis des $\mathbb{R}^3$ erst die Drehmatrix D und anschließend die Translation $\mathbf{a}$ an. Das so erhaltene Koordinatensystem wird vom Zeitpunkt τ an mit gleichförmiger Geschwindigkeit $\mathbf{v}$ bewegt und gleichzeitig die Uhr im neuen Koordinatensystem auf Null gestellt.

Ist t die Zeit im bewegten System und hat ein Punkt des Raumes im bewegten System den Koordinatenvektor $\mathbf{x}$, so sind die Zeiten und Ortsvektoren im ortsfesten System

$$t' = t + \tau$$
$$\mathbf{x}' = \mathbf{a} + D\mathbf{x} + t\,\mathbf{v}$$

Fassen wir Zeit und Ort zu Vektoren $\binom{t}{\mathbf{x}}$ des $\mathbb{R}^4$ zusammen, so sind alle Koordinatentransformationen zwischen gleichförmig bewegten Inertialsystemen von der Form

$$\binom{t}{\mathbf{x}} \mapsto \binom{t + \tau}{\mathbf{a} + D\mathbf{x} + t\,\mathbf{v}} .$$

Diese Transformationen bilden die *Galilei-Gruppe*.

$\boxed{\text{ÜA}}$ Weisen Sie die Gruppeneigenschaft nach !

§ 20 Symmetrische Operatoren und quadratische Formen

1 Quadratische Formen

1.1 Das Trägheitsellipsoid eines starren Körpers wird durch eine Gleichung

$$\sum_{i=1}^{3} \sum_{k=1}^{3} a_{ik} x_i x_k = 1$$

beschrieben, wobei die reelle 3×3–Matrix $A = (a_{ik})$ *symmetrisch ist*, d.h. $A^T = A$ (A ist die Trägheitsmatrix § 19 : 5.6). Wir können diese Gleichung auch in der Form

$$\langle \mathbf{x}, A\mathbf{x} \rangle = 1$$

schreiben.

Fragen: Wann beschreibt eine solche Gleichung ein Ellipsoid? Wie erhält man die Hauptachsen dieses Ellipsoids?

1.2 Quadratische Formen auf einem $\mathbb{K}$–Vektorraum V sind Funktionen

$$Q : V \times V \to \mathbb{K},$$

die symmetrisch und im zweiten Argument linear sind:

$$Q(u,v) = \overline{Q(v,u)},$$

$$Q(u, \alpha_1 v_1 + \alpha_2 v_2) = \alpha_1 Q(u, v_1) + \alpha_2 Q(u, v_2).$$

Wie beim Skalarprodukt folgt die Antilinearität im ersten Argument:

$$Q(\alpha_1 u_1 + \alpha_2 u_2, v) = \overline{\alpha}_1 Q(u_1, v) + \overline{\alpha}_2 Q(u_2, v).$$

Ferner ist $Q(u,u)$ reell wegen der Symmetriebedingung. Im Unterschied zum Skalarprodukt darf eine quadratische Form auch negative Werte annehmen, und es darf $Q(u,u) = 0$ auch für Vektoren $u \neq 0$ eintreten.

Eine quadratische Form heißt **positiv definit**, wenn $Q(u,u) > 0$ für alle $u \neq 0$. In diesem Fall liefert $\langle u,v \rangle := Q(u,v)$ ein Skalarprodukt.

In der Literatur finden Sie auch die Bezeichnungen *symmetrische Bilinearform* ($\mathbb{K} = \mathbb{R}$) und *hermitesche Sesquilinearform* ($\mathbb{K} = \mathbb{C}$).

1.3 Beispiele

(a) Für jedes Skalarprodukt liefert $Q(u,v) = \langle u,v \rangle$ eine positiv definite quadratische Form.

(b) Für eine $n \times n$-Matrix A mit $A^* = A$ ist durch

$$Q(\mathbf{x},\mathbf{y}) = \langle \mathbf{x}, A\mathbf{y} \rangle = \sum_{i=1}^{n}\sum_{k=1}^{n} a_{ik}\overline{x}_i y_k$$

eine quadratische Form auf $\mathbb{K}^n$ gegeben $\boxed{\text{ÜA}}$.

(c) In der speziellen Relativitätstheorie spielt die *Lorentzform*

$$Q(\mathbf{x},\mathbf{y}) = x_1 y_1 + x_2 y_2 + x_3 y_3 - c^2 x_4 y_4$$

eine entscheidende Rolle bei der Beschreibung von Raum und Zeit. Diese Form ist weder positiv noch negativ definit.

(d) Für jede reellwertige, auf $[a,b]$ stetige Funktion ϱ liefert

$$Q(u,v) = \int\limits_{a}^{b} \varrho(t)\,\overline{u(t)}\,v(t)\,dt$$

eine quadratische Form auf $C\,[a,b]$.

1.4 Parallelogramm– und Polarisierungsgleichung

Wir schreiben zur Abkürzung $Q(u)$ statt $Q(u,u)$.

Es gelten die **Parallelogrammgleichung**

$$Q(u+v) + Q(u-v) = 2Q(u) + 2Q(v)$$

und die **reelle** und **komplexe Polarisierungsgleichung**

$$Q(u,v) = \frac{1}{4}\left(Q(u+v) - Q(u-v)\right) \quad \text{für} \quad \mathbb{K} = \mathbb{R}\,,$$

$$Q(u,v) = \tfrac{1}{4}\left(Q(u+v) - Q(u-v)\right)$$

$$-\tfrac{i}{4}\left(Q(u+iv) - Q(u-iv)\right) \quad \text{für} \quad \mathbb{K} = \mathbb{C} \;\boxed{\text{ÜA}}.$$

Hiernach ist eine quadratische Form schon durch die reellwertige Funktion

$$u \mapsto Q(u)$$

bestimmt; für diese ist ebenfalls die Bezeichnung „quadratische Form" üblich.

1.5 Die Matrix einer quadratischen Form und ihr Transformationsverhalten

(a) *Hat der Skalarproduktraum V die Basis $\mathcal{A} = (u_1, \ldots, u_n)$, so ordnen wir jeder quadratischen Form Q auf V die Matrix*

$$A = M_{\mathcal{A}}(Q) = (Q(u_i, u_k))$$

zu. Wegen der Symmetrie von Q gilt $A^* = A$.

(b) *Für $u = \sum_{i=1}^{n} x_i u_i$ und $v = \sum_{k=1}^{n} y_k u_k$ ist dann*

$$Q(u, v) = \sum_{i=1}^{n} \sum_{k=1}^{n} a_{ik} \overline{x}_i y_k = \langle \mathbf{x}, A\mathbf{y} \rangle$$

mit dem natürlichen Skalarprodukt auf $\mathbb{K}^n$ und mit $\mathbf{x} = (u)_{\mathcal{A}}$, $\mathbf{y} = (v)_{\mathcal{A}}$.

(c) *Ist B die Matrix der quadratischen Form Q bezüglich der Basis $\mathcal{B} = (v_1, \ldots, v_n)$ und S die Transformationsmatrix des Basiswechsels, so gilt*

$$B = S^* A S.$$

BEWEIS.

Der erste Teil von (b) ergibt sich leicht aus der Linearität von Q in der zweiten und der Antilinearität in der ersten Veränderlichen. Der zweite Teil folgt aus

$$\langle \mathbf{x}, A\mathbf{y} \rangle = \sum_{i=1}^{n} \overline{x}_i \left(\sum_{k=1}^{n} a_{ik} y_k \right).$$

Für (c) sei $\mathbf{x} = (u)_{\mathcal{A}}$, $\mathbf{x}' = (u)_{\mathcal{B}}$, $\mathbf{y} = (v)_{\mathcal{A}}$, $\mathbf{y}' = (v)_{\mathcal{B}}$. Dann gilt $\mathbf{x} = S\mathbf{x}'$, $\mathbf{y} = S\mathbf{y}'$, also

$$Q(u, v) = \langle \mathbf{x}, A\mathbf{y} \rangle = \langle S\mathbf{x}', AS\mathbf{y}' \rangle = \langle \mathbf{x}', S^* AS\mathbf{y}' \rangle,$$

andererseits $Q(u, v) = \langle \mathbf{x}', B\mathbf{y}' \rangle$. Für $\mathbf{x}' = \mathbf{e}_i$, $\mathbf{y}' = \mathbf{e}_k$ ergibt sich

$$b_{ik} = (S^* AS)_{ik}. \qquad \qquad \square$$

2 Symmetrische Operatoren und quadratische Formen

2.1 Symmetrische Operatoren

Ein linearer Operator $T : V \to V$ auf einem Skalarproduktraum V heißt **symmetrisch**, wenn

$$\langle Tu, v \rangle = \langle u, Tv \rangle \quad \text{für alle} \quad u, v \in V.$$

BEISPIELE. (a) Auf $\mathbb{K}^n$ mit dem natürlichen Skalarprodukt ist der Operator $T : \mathbf{x} \mapsto A\mathbf{x}$ symmetrisch, falls $A = A^*$.

(b) Jede orthogonale Projektion auf einen endlichdimensionalen Teilraum von V ist nach § 19 : 2.4 (b) ein symmetrischer Operator.

SATZ.

(a) *Sind S, T symmetrisch, so auch*

$$\alpha S + \beta T \quad \text{für} \quad \alpha, \beta \in \mathbb{R}.$$

(b) *Ist T symmetrisch und invertierbar, so ist auch T^{-1} symmetrisch* $\boxed{\text{ÜA}}$.

2.2 Die zugehörige quadratische Form

(a) *Zu jedem symmetrischen Operator T auf V ist durch*

$$Q(u, v) = \langle u, Tv \rangle$$

eine quadratische Form Q auf V definiert $\boxed{\text{ÜA}}$.

(b) *Ist Q eine quadratische Form auf einem endlichdimensionalen Skalarproduktraum V, so gibt es genau einen symmetrischen Operator T auf V mit*

$$Q(u, v) = \langle u, Tv \rangle \quad \text{für alle} \quad u, v \in V.$$

BEWEIS.

(1) *Eindeutigkeit.* Sei $\langle u, Tv \rangle = Q(u, v) = \langle u, Sv \rangle$ für alle $u, v \in V$. Für festes $v \in V$ gilt dann $\langle u, (T - S)v \rangle = 0$ für alle $u \in V$. Für $u = (T - S)v$ ergibt sich $\|(T - S)v\|^2 = 0$, also $Tv = Sv$ für jedes $v \in V$.

(2) *Existenz.* Wir wählen eine ONB $\mathcal{A} = (u_1, \ldots, u_n)$ für V und setzen

$$a_{ik} = Q(u_i, u_k).$$

Für einen Operator T der gewünschten Art muß gelten

$$\langle u_i, Tu_k \rangle = a_{ik}, \quad \text{also nach} \ \S\, 19 : 2.2 \, (b)$$

$$Tu_k = \sum_{i=1}^{n} \langle u_i, Tu_k \rangle u_i = \sum_{i=1}^{n} a_{ik} u_i.$$

Wir definieren jetzt T als denjenigen Operator, der bezüglich der ONB $\mathcal{A}$ die Matrix (a_{ik}) besitzt. Dieser Operator ist symmetrisch, denn für

$$u = \sum_{i=1}^{n} x_i u_i, \qquad v = \sum_{k=1}^{n} y_k u_k \quad \text{gilt}$$

$$\langle Tu_i, u_k \rangle = \overline{\langle u_k, Tu_i \rangle} = \overline{Q(u_k, u_i)} = Q(u_i, u_k) = \langle u_i, Tu_k \rangle, \quad \text{also}$$

$$\langle Tu, v \rangle = \Big\langle \sum_{i=1}^{n} x_i Tu_i, \sum_{k=1}^{n} y_k u_k \Big\rangle = \sum_{i=1}^{n}\sum_{k=1}^{n} \overline{x}_i y_k \langle Tu_i, u_k \rangle$$

$$= \sum_{i=1}^{n}\sum_{k=1}^{n} \overline{x}_i y_k \langle u_i, Tu_k \rangle = \Big\langle \sum_{i=1}^{n} x_i u_i, \sum_{k=1}^{n} y_k Tu_k \Big\rangle = \langle u, Tv \rangle. \quad \Box$$

2.3 Matrixdarstellung symmetrischer Operatoren

Die Matrix A eines symmetrischen Operators bezüglich einer Orthonormalbasis ist **symmetrisch,** *d.h.*

$$A^* = A.$$

(Im Fall $\mathbb{K} = \mathbb{C}$ *spricht man auch von hermiteschen Matrizen).*

Für symmetrische Matrizen A ist der Operator $\mathbf{x} \mapsto A\mathbf{x}$ *des* $\mathbb{K}^n$ *symmetrisch bezüglich des natürlichen Skalarproduktes.*

Das erste folgt aus dem vorangehenden Beweis, das zweite aus § 19 : 4.3 (a).

3 Die Diagonalisierbarkeit symmetrischer Operatoren

3.1 Eigenwerte und Eigenvektoren symmetrischer Operatoren

Für symmetrische Operatoren T in beliebigen Skalarprodukträumen V gilt:

(a) *Alle Eigenwerte sind reell.*

(b) *Eigenvektoren zu verschiedenen Eigenwerten sind zueinander orthogonal.*

(c) *Ist u ein Eigenvektor von T, so ist der zu u senkrechte Teilraum*

$$W = \{u\}^{\perp} = \{v \in V \mid \langle u, v \rangle = 0\}$$

T**–invariant,** *d.h. wird durch T in sich übergeführt:* $T(W) \subset W$.

BEWEIS.

(a) Aus der Eigenwertgleichung $Tu = \lambda u$ mit $u \neq 0$ folgt

$$(\lambda - \overline{\lambda})\langle u, u \rangle = \langle u, \lambda u \rangle - \langle \lambda u, u \rangle = \langle u, Tu \rangle - \langle Tu, u \rangle = 0,$$

also $\lambda = \overline{\lambda}$ wegen $\langle u, u \rangle \neq 0$.

(b) Aus $Tu = \lambda u$, $Tv = \mu v$ mit reellen Zahlen $\lambda \neq \mu$ folgt

$$(\lambda - \mu)\langle u, v \rangle = \langle \lambda u, v \rangle - \langle u, \mu v \rangle = \langle Tu, v \rangle - \langle u, Tv \rangle = 0,$$

also $\langle u, v \rangle = 0$ wegen $\lambda - \mu \neq 0$.

(c) Für $w \in W$ gilt $\langle Tw, u \rangle = \langle w, Tu \rangle = \langle w, \lambda u \rangle = \lambda \langle w, u \rangle = 0$, also ist auch Tw orthogonal zu u. $\qquad \Box$

3.2 Die Existenz von Eigenwerten

Jeder symmetrische Operator T eines endlichdimensionalen Skalarproduktraumes V besitzt wenigstens einen reellen Eigenwert.

BEWEIS.

(a) Im komplexen Fall $\mathbb{K} = \mathbb{C}$ besitzt das charakteristische Polynom $p_T(\lambda) = \det(T - \lambda\mathbf{1})$ nach dem Hauptsatz der Algebra eine Nullstelle. Diese ist ein Eigenwert von T und reell nach 3.1.

(b) Im Fall $\mathbb{K} = \mathbb{R}$ wählen wir eine Orthonormalbasis $\mathcal{B}$ für V. Die Matrix $A = M_{\mathcal{B}}(T)$ ist symmetrisch nach 2.3. Fassen wir A als Abbildung $\mathbf{x} \mapsto A\mathbf{x}$ des $\mathbb{C}^n$ auf, so erhalten wir einen symmetrischen Operator des $\mathbb{C}^n$ mit dem natürlichen Skalarprodukt:

$$\langle \mathbf{x}, A\mathbf{y} \rangle = \langle A^*\mathbf{x}, \mathbf{y} \rangle = \langle A\mathbf{x}, \mathbf{y} \rangle .$$

Nach (a) besitzt A eine reellen Eigenwert λ, d.h. das charakteristische Polynom $p_A = p_T$ besitzt eine reelle Nullstelle. $\qquad\qquad\square$

3.3 Diagonalisierbarkeit symmetrischer Operatoren

Jeder symmetrische Operator auf einem endlichdimensionalen Skalarproduktraum ist diagonalisierbar: Es gibt eine Orthonormalbasis für V aus Eigenvektoren von T.

BEWEIS.

Nach 3.2 besitzt T einen reellen Eigenwert λ_1. Wir wählen einen zugehörigen Eigenvektor v_1 mit $\|v_1\| = 1$. Der zu v_1 senkrechte Teilraum W_1 wird von T in sich übergeführt nach 3.1 (c). Daher ist die Einschränkung T_1 von T auf W_1 ein symmetrischer Operator auf dem Skalarproduktraum W_1. Hat V die Dimension n, so hat W_1 die Dimension $n-1$, denn W_1 ist der Kern der Projektion $u \mapsto \langle v_1, u \rangle v_1$, deren Bildraum eindimensional ist. Für $T_1 : W_1 \to W_1$ gilt wieder das oben Gesagte: Es gibt einen Eigenwert λ_2 und einen Eigenvektor $v_2 \in W_1$ mit $\|v_2\| = 1$. Der Teilraum

$$W_2 = \{w \in W_1 \mid \langle w, v_2 \rangle = 0\} = \{w \in V \mid w \perp v_1, w \perp v_2\}$$

ist wieder T–invariant usw. Nach n Schritten sind wir am Ziel. $\qquad\square$

BEMERKUNG. Die T–Invarianz von W ist der entscheidende Punkt! Für den Operator

$$\begin{pmatrix} x_1 \\ x_2 \end{pmatrix} \mapsto \begin{pmatrix} 0 & 1 \\ 0 & 0 \end{pmatrix} \begin{pmatrix} x_1 \\ x_2 \end{pmatrix} = \begin{pmatrix} x_2 \\ 0 \end{pmatrix}$$

ist 0 der einzige Eigenwert mit Eigenraum Span $\{e_1\}$. Also ist T nicht diagonalisierbar. Der Orthogonalraum $e_1^{\perp} = \text{Span}\,\{e_2\}$ ist nicht T–invariant.

3.4 Diagonalisierung von symmetrischen Matrizen

Es sei A eine symmetrische $n \times n$–Matrix mit Koeffizienten aus $\mathbb{K}$, $A = A^*$. Nach 2.3 ist $A : \mathbb{K}^n \to \mathbb{K}^n$ ein symmetrischer Operator bezüglich des natürlichen Skalarproduktes. Wir können nach 3.3 eine Orthonormalbasis $\mathbf{v}_1, \ldots, \mathbf{v}_n$ aus Eigenvektoren von A finden:

$$A\mathbf{v}_j = \lambda_j \mathbf{v}_j \quad \text{für} \quad j = 1, \ldots, n \quad \text{mit} \quad \lambda_1, \ldots, \lambda_n \in \mathbb{R},$$

$$\langle \mathbf{v}_i, \mathbf{v}_k \rangle = \delta_{ik} \quad \text{für} \quad i, k = 1, \ldots, n.$$

Bilden wir die Transformationsmatrix S mit den Spalten $\mathbf{v}_1, \ldots, \mathbf{v}_n$, so lassen sich die Gleichungen $\langle \mathbf{v}_k, \mathbf{v}_j \rangle = \delta_{kj}$ in die folgende Gestalt bringen:

$$S^*S = E, \quad \text{d.h.} \quad S^{-1} = S^*.$$

Damit haben wir nach § 18 : 1.2

$$S^*AS = S^{-1}AS = \begin{pmatrix} \lambda_1 & & 0 \\ & \ddots & \\ 0 & & \lambda_n \end{pmatrix}.$$

BEMERKUNG zur praktischen Bestimmung der ONB $(\mathbf{v}_1, \ldots, \mathbf{v}_n)$ und damit von S. Ist μ eine k–fache Nullstelle des charakteristischen Polynoms, so muß μ nach § 18 : 4.1 k–mal unter den $\lambda_1, \ldots, \lambda_n$ vorkommen, und der zugehörige Eigenvektorraum ist k–dimensional. Die Auflösung der Eigenwertgleichung

$$(A - \mu E)\mathbf{x} = 0$$

mittels Elimination liefert i.a. zunächst nur k linear unabhängige Eigenvektoren; aus diesen kann dann aber mit Hilfe des Gram–Schmidtschen Verfahrens eine ONB für den Eigenraum N_μ bestimmt werden. Eigenräume N_μ und N_ν für $\mu \neq \nu$ sind nach 3.1 (b) zueinander orthogonal; die ONB aller N_μ liefern also zusammen eine ONB für $\mathbb{K}^n$.

4 Hauptachsentransformation quadratischer Formen

4.1 Hauptachsendarstellung einer quadratischen Form

Sei V ein n–dimensionaler Skalarproduktraum und Q eine quadratische Form, also

$$Q(u) = \langle u, Tu \rangle$$

mit einem symmetrischen Operator T (siehe 2.2 (b)). Nach 3.3 gibt es eine ONB $\mathcal{B} = (v_1, \ldots, v_n)$ aus Eigenvektoren von T:

$$Tv_1 = \lambda_1 v_1, \quad \ldots, \quad Tv_n = \lambda_n v_n \, .$$

Dann hat Q bezüglich $\mathcal{B}$ die Hauptachsendarstellung

$$Q(u) = \sum_{k=1}^{n} \lambda_k |y_k|^2 \quad \text{für jeden Vektor} \quad u = \sum_{k=1}^{n} y_k v_k \, .$$

Die Geraden Span $\{v_k\}$ heißen *Hauptachsen* von Q.

BEWEIS.

In § 19 : 2.2 wurde gezeigt, daß jedes $u \in V$ die Basisdarstellung

$$u = \sum_{k=1}^{n} y_k v_k \quad \text{mit} \quad y_k = \langle\, v_k, u \,\rangle$$

besitzt und daß $\langle\, u, v \,\rangle = \sum_{k=1}^{n} \overline{\langle\, v_k, u \,\rangle} \cdot \langle\, v_k, v \,\rangle = \sum_{k=1}^{n} \overline{y}_k \langle\, v_k, v \,\rangle \, .$

Für $v = Tu$ ist insbesondere

$$\langle\, v_k, Tu \,\rangle = \langle\, Tv_k, u \,\rangle = \lambda_k \langle\, v_k, u \,\rangle = \lambda_k y_k \, , \qquad \text{also}$$

$$Q(u) = \langle\, u, Tu \,\rangle = \sum_{k=1}^{n} \lambda_k |y_k|^2 \qquad \left(\text{und} \ \|u\|^2 = \sum_{k=1}^{n} |y_k|^2 \right). \qquad \square$$

Folgerung

Sind die Eigenwerte von T der Größe nach geordnet, $\lambda_1 \leq \cdots \leq \lambda_n$, so gilt

$$\lambda_1 = \min \{Q(u) \mid \|u\| = 1\} \, , \qquad \lambda_n = \max \{Q(u) \mid \|u\| = 1\}$$

(Rayleigh–Prinzip, $\boxed{\text{ÜA}}$*. Man beachte* $\|u\|^2 = \sum_{k=1}^{n} |y_k|^2$*).*

4.2 Die Hauptachsentransformation

Sei jetzt $V = \mathbb{K}^n$ mit dem natürlichen Skalarprodukt und

$$Q(\mathbf{x}) = \sum_{i=1}^{n} \sum_{k=1}^{n} a_{ik} \overline{x}_i x_k = \langle\, \mathbf{x}, A\mathbf{x} \,\rangle$$

mit einer symmetrischen Matrix A. Wir bestimmen eine ONB $\mathcal{B} = (\mathbf{v}_1, \ldots, \mathbf{v}_n)$ aus Eigenvektoren von A. Das durch $\mathcal{B}$ bestimmte kartesische Koordinatensystem heißt Hauptachsensystem. S sei die Transformationsmatrix mit den Spalten $\mathbf{v}_1, \ldots, \mathbf{v}_n$ und $\mathbf{y} = S^{-1}\mathbf{x} = S^*\mathbf{x}$ der Koordinatenvektor von $\mathbf{x}$ mit Komponenten $y_1, \ldots, y_n$ im Hauptachsensystem. Dann gilt

$$Q(\mathbf{x}) = \lambda_1 |y_1|^2 + \cdots + \lambda_n |y_n|^2 \, .$$

Das folgt direkt aus $\langle \mathbf{x}, A\mathbf{x}\rangle = \langle S\mathbf{y}, AS\mathbf{y}\rangle = \langle \mathbf{y}, S^*AS\mathbf{y}\rangle$ und

$$S^*AS = \begin{pmatrix} \lambda_1 & & 0 \\ & \ddots & \\ 0 & & \lambda_n \end{pmatrix}.$$

4.3 Hauptachsen eines Ellipsoids

Hat eine reelle symmetrische 3×3–Matrix $A = (a_{ik})$ positive Eigenwerte λ_1, λ_2, λ_3, so beschreibt die Gleichung

$$Q(\mathbf{x}) = \sum_{i=1}^{3} \sum_{k=1}^{3} a_{ik} x_i x_k = 1$$

ein Ellipsoid. Dies erkennt man nach Ausführung der Hauptachsentransformation: Ist S die Transformationsmatrix und sind λ_1, λ_2, λ_3 die Eigenwerte, so gilt mit $\mathbf{x} = S\mathbf{y}$ bzw. $\mathbf{y} = S^{-1}\mathbf{x} = S^T\mathbf{x}$

$$1 = Q(\mathbf{x}) = \lambda_1 y_1^2 + \lambda_2 y_2^2 + \lambda_3 y_3^2 = \left(\frac{y_1}{a_1}\right)^2 + \left(\frac{y_2}{a_2}\right)^2 + \left(\frac{y_3}{a_3}\right)^2.$$

Hierbei sind $a_1 = \frac{1}{\sqrt{\lambda_1}}$, $a_2 = \frac{1}{\sqrt{\lambda_2}}$, $a_3 = \frac{1}{\sqrt{\lambda_3}}$ die Hauptachsenabschnitte des Ellisoids. Wie man der Gleichung entnimmt, sind dies die Abstände zwischen den Durchstoßpunkten der Hauptachsen durch das Ellipsoid und dem Ursprung.

Beim Trägheitsellipsoid eines starren Körpers (vgl. § 19 : 5.6) bezeichnet man die Hauptachsen als *Hauptträgheitsachsen*.

Nach dem Rayleigh–Prinzip 4.1 gilt: Unter allen Drehungen mit festem Drehvektor liefert die Drehung um eine Hauptträgheitsachse zum größten Eigenwert die größte kinetische Energie, entsprechend ist die kinetische Energie bei Drehung um eine Hauptachse zum kleinsten Eigenwert minimal.

4.4 Kegelschnitte und Flächen zweiter Ordnung

(a) Durch die Gleichung $a_{11}x^2 + 2a_{12}xy + a_{22}y^2 + a_1 x + a_2 y = c$ ist — von entarteten Fällen abgesehen — ein Kegelschnitt (Ellipse, Hyperbel oder Parabel) beschrieben.

(b) Die Gleichung $\sum_{i=1}^{3} \sum_{k=1}^{3} a_{ik} x_i x_k + \sum_{i=1}^{3} a_i x_i = c$ beschreibt im allgemeinen eine Fläche zweiter Ordnung (Ellipsoid, Hyperboloid, Paraboloid, Kegel oder Zylinder), wenn man von entarteten Fällen absieht.

(c) Beidesmal handelt es sich um eine Gleichung

$$\langle \mathbf{x}, A\mathbf{x}\rangle + \langle \mathbf{a}, \mathbf{x}\rangle = c,$$

welche durch die Hauptachsentransformation $\mathbf{x} = S\mathbf{y}$ in die Form

$$\langle \mathbf{y}, S^*AS\mathbf{y} \rangle + \langle S^*\mathbf{a}, \mathbf{y} \rangle = c, \quad \text{also}$$

$$\sum_{k=1}^{n} \lambda_k y_k^2 + \sum_{k=1}^{n} b_k y_k = c \qquad (n = 2 \text{ oder } 3)$$

übergeführt wird. Aus dieser ergibt sich dann die geometrische Gestalt der Lösungsmenge der Gleichung $\langle \mathbf{x}, A\mathbf{x} \rangle + \langle \mathbf{a}, \mathbf{x} \rangle = c$. Eine vorzügliche Analyse alle möglichen Fälle findet man bei [PICKERT, Abschnitt 23].

4.5 Aufgabe

Bestimmen Sie die Gestalt des Kegelschnittes mit der Gleichung

$$x_1^2 + 4x_1 x_2 + 4x_2^2 + 2x_1 - x_2 = 5.$$

4.6 Positive Definitheit und Vorzeichen der Eigenwerte

Ein symmetrischer Operator T auf einem Skalarproduktraum V heißt
- **positiv** $(T \geq 0)$, wenn $\langle u, Tu \rangle \geq 0$ für alle $u \in V$,
- **positiv definit** $(T > 0)$, wenn $\langle u, Tu \rangle > 0$ für alle $u \in V$ mit $u \neq 0$.

Diese Begriffe wendet man auch auf symmetrische Matrizen an, wobei die quadratische Form $\langle \mathbf{x}, A\mathbf{x} \rangle$ mit dem natürlichen Skalarprodukt betrachtet wird.

Satz. *In einem endlichdimensionalen Skalarproduktraum gilt*
- *$T \geq 0$ genau dann, wenn $\lambda \geq 0$ für alle Eigenwerte λ von T und*
- *$T > 0$ genau dann, wenn alle Eigenwerte von T echt positiv sind. Im letzteren Fall ist T invertierbar, denn 0 ist kein Eigenwert.*

BEWEIS.

Die erste Behauptung folgt sofort aus der Darstellung 4.1:

$$\langle u, Tu \rangle = \sum_{k=1}^{n} \lambda_k |y_k|^2 \quad \text{für} \quad u = \sum_{k=1}^{n} y_k v_k.$$

Sind alle Eigenwerte des Operators T positiv, so ist $\langle u, Tu \rangle = 0$ nur dann, wenn $y_1 = \cdots = y_n = 0$, also $u = 0$. Ist umgekehrt T positiv definit, so gilt

$$0 < \langle v_k, Tv_k \rangle = \langle v_k, \lambda_k v_k \rangle = \lambda_k \quad \text{für} \quad k = 1, \dots, n. \qquad \square$$

4.7 Beispiele positiver Matrizen

(a) **Die Matrix der Gaußschen Normalgleichungen**, vgl. § 16:6.3. *Für eine reelle $m \times n$-Matrix A mit $\text{Rang}\, A = n < m$ ist die $n \times n$-Matrix $A^T A$ positiv definit, also insbesondere invertierbar.*

Denn fassen wir den Spaltenvektor $\mathbf{x}$ als $n \times 1$-Matrix auf, so ergibt sich

$$\left\langle \mathbf{x}, A^T A \mathbf{x} \right\rangle = \mathbf{x}^T A^T A \mathbf{x} = (A\mathbf{x})^T A\mathbf{x} = \|A\mathbf{x}\|^2 \geq 0 \, ;$$

die Norm auf der rechten Seite ist die von $\mathbb{R}^m$. Nach der Dimensionsformel ist $\dim \operatorname{Kern} A = 0$, also $\left\langle \mathbf{x}, A^T A \mathbf{x} \right\rangle = 0 \Longleftrightarrow A\mathbf{x} = 0 \Longleftrightarrow \mathbf{x} = 0$.

(b) **Matrizen mit überwiegender Hauptdiagonale.** *Gilt für die Diagonalelemente einer symmetrischen Matrix* $A = (a_{ik})$

$$a_{ii} > \sum_{k \neq i} |a_{ik}|, \quad i = 1, \ldots, n \, ,$$

so ist A positiv definit.

Wir zeigen, daß alle Eigenwerte echt positiv sind. Sei $\mathbf{x} \neq 0$, $A\mathbf{x} = \lambda \mathbf{x}$ und x_i die betragsgrößte Komponente von $\mathbf{x}$. Aus $A\mathbf{x} = \lambda \mathbf{x}$ folgt insbesondere

$$(\lambda - a_{ii})x_i = \sum_{k \neq i} a_{ik} x_k \, , \quad \text{also}$$

$$|a_{ii} - \lambda| \cdot |x_i| \leq \sum_{k \neq i} |a_{ik}| \cdot |x_k| \leq |x_i| \sum_{k \neq i} |a_{ik}| \, .$$

Daraus folgt $\quad |a_{ii} - \lambda| \leq \sum_{k \neq i} |a_{ik}| < a_{ii} \, ,$ also liegt λ im Innern des Kreises mit Mittelpunkt $a_{ii} > 0$ und Radius a_{ii}.

5 Gekoppelte Systeme von Massenpunkten

5.1 Transversalschwingung einer Saite mit diskreter Massenverteilung

Wir machen uns ein diskretes Modell einer schwingenden Saite, indem wir uns die Gesamtmasse in n äquidistanten Massenpunkten gleicher Masse m konzentriert denken. Wir lassen nur vertikale Bewegungen mit kleinem Auslenkungen $y_k(t)$ des k-ten Massenpunktes zu. In erster Näherung wirkt dann auf den k-ten Massenpunkt die Rückstellkraft f_k mit

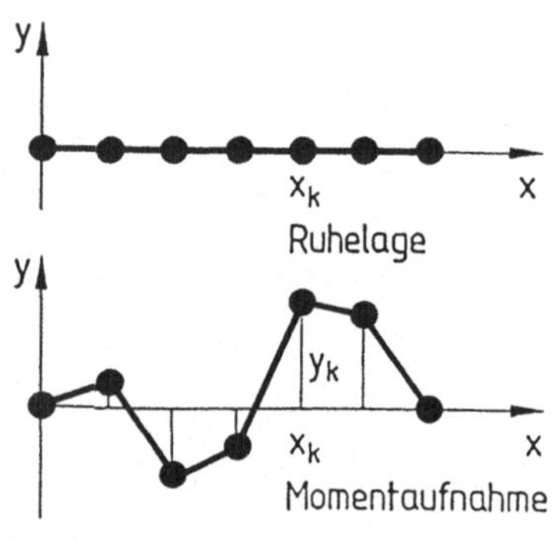

$$f_1 = -k y_1 + k(y_2 - y_1)$$

$$f_2 = k(y_1 - y_2) + k(y_3 - y_2)$$

$$\vdots$$

$$f_n = k(y_{n-1} - y_n) - k y_n \, .$$

Nach dem zweiten Newtonschen Gesetz ergibt sich $m\,\ddot{y}_k(t) = f_k(t)$ für $k = 1, \ldots, n$. Mit $a = \sqrt{\frac{k}{m}}$ erhalten wir so das System von Differentialgleichungen

$$\begin{aligned}
\ddot{y}_1(t) + a^2(2y_1(t) - y_2(t)) &= 0 \\
\ddot{y}_2(t) + a^2(-y_1(t) + 2y_2(t) - y_3(t)) &= 0 \\
&\ \ \vdots \\
\ddot{y}_n(t) + a^2(-y_{n-1}(t) + 2y_n(t)) &= 0\,,
\end{aligned}$$

welches wir in der Form

$$\ddot{\mathbf{y}}(t) + a^2 A\mathbf{y}(t) = \mathbf{0}$$

notieren. Die Matrix A ist positiv definit, denn es gilt $\boxed{\text{ÜA}}$

$$\begin{aligned}
\langle \mathbf{x}, A\mathbf{x} \rangle &= 2x_1^2 - 2x_1x_2 + 2x_2^2 - 2x_2x_3 + \cdots - 2x_{n-1}x_n + 2x_n^2 \\
&= x_1^2 + (x_1 - x_2)^2 + (x_2 - x_3)^2 + \cdots + (x_{n-1} - x_n)^2 + x_n^2\,.
\end{aligned}$$

5.2 Allgemeine gekoppelte Systeme

Ein System von m räumlich angeordneten, durch Federn gekoppelten Massenpunkten soll kleine elastische Schwingungen ausführen. Die Auslenkung des k–ten Massenpunktes aus seiner Ruhelage sei (x_k, y_k, z_k). Wir fassen diese Zahlentripel zu einem Vektor $\mathbf{x} = (x_1, y_1, z_1, \ldots, x_N, y_N, z_N) \in \mathbb{R}^{3N}$ zusammen. Bei sehr kleinen Auslenkungen dürfen wir annehmen, daß potentielle Energie U und kinetische Energie T quadratische Formen sind:

$$U(\mathbf{x}) = \tfrac{1}{2}\langle \mathbf{x}, A\mathbf{x} \rangle, \qquad T(\dot{\mathbf{x}}) = \tfrac{1}{2}\langle \dot{\mathbf{x}}, B\dot{\mathbf{x}} \rangle\,.$$

In vielen Fällen ist

$$B = \begin{pmatrix} m_1 & & 0 \\ & \ddots & \\ 0 & & m_{3N} \end{pmatrix},$$

etwa im vorigen Beispiel bei beliebigen Massen. Die Euler–Lagrangeschen Bewegungsgleichungen lauten

$$B\ddot{\mathbf{x}}(t) + A\mathbf{x}(t) = \mathbf{0}\,.$$

Wir wollen voraussetzen, daß A und B beides positiv definite Matrizen sind. Dann ist insbesondere B invertierbar, und die Bewegungsgleichungen können in der Form

$$\ddot{\mathbf{x}} + B^{-1}A\mathbf{x} = \mathbf{0}$$

geschrieben werden. Die Matrix $C = B^{-1}A$ ist in der Regel nicht symmetrisch, wohl aber diagonalähnlich, wie im folgenden gezeigt werden soll.

5.3 Simultane Hauptachsentransformation

(a) *Sind A, B symmetrische Matrizen mit $B > 0$, so ist die Matrix $B^{-1}A$ diagonalähnlich mit reellen Eigenwerten. Genauer*:

Es gibt eine Basis $\mathcal{B} = (\mathbf{v}_1, \ldots, \mathbf{v}_n)$ des $\mathbb{K}^n$ und reelle Zahlen $\lambda_1, \ldots, \lambda_n$ mit

$$A\mathbf{v}_1 = \lambda_1 B\mathbf{v}_1, \quad \ldots, \quad A\mathbf{v}_n = \lambda_n B\mathbf{v}_n \quad \text{sowie} \quad \langle \mathbf{v}_i, B\mathbf{v}_k \rangle = \delta_{ik}.$$

Die Zahlen λ_k sind die Nullstellen des Polynoms $p(\lambda) = \det(A - \lambda B)$.

(b) *Für $\mathbf{x} = y_1\mathbf{v}_1 + \cdots + y_n\mathbf{v}_n$ gilt dann*

$$\langle \mathbf{x}, A\mathbf{x} \rangle = \sum_{k=1}^{n} \lambda_k |y_k|^2, \qquad \langle \mathbf{x}, B\mathbf{x} \rangle = \sum_{k=1}^{n} |y_k|^2.$$

BEMERKUNGEN. (c) $B^{-1}A$ ist genau dann symmetrisch, wenn $AB = BA$.

(d) $\mathcal{B}$ ist bezüglich des natürlichen Skalarproduktes im allgemeinen keine ONB!

BEWEIS.

(a) Da die Matrix B positiv definit ist, wird durch

$$\langle \mathbf{u}, \mathbf{v} \rangle_B := \langle \mathbf{u}, B\mathbf{v} \rangle$$

neben dem natürlichen Skalarprodukt $\langle \cdot, \cdot \rangle$ ein weiteres definiert. Der Operator $T : \mathbf{x} \mapsto B^{-1}A\mathbf{x}$ ist bezüglich dieses Skalarproduktes symmetrisch:

$$\langle \mathbf{u}, B^{-1}A\mathbf{v} \rangle_B = \langle \mathbf{u}, BB^{-1}A\mathbf{v} \rangle = \langle \mathbf{u}, A\mathbf{v} \rangle = \langle A\mathbf{u}, \mathbf{v} \rangle$$
$$= \langle A\mathbf{u}, B^{-1}B\mathbf{v} \rangle = \langle B^{-1}A\mathbf{u}, B\mathbf{v} \rangle = \langle B^{-1}A\mathbf{u}, \mathbf{v} \rangle_B,$$

da B^{-1} nach 2.1(b) symmetrisch ist. Also gibt es eine ONB bezüglich $\langle \cdot, \cdot \rangle_B$ von Eigenvektoren zu reellen Eigenwerten:

$$T\mathbf{v}_k = B^{-1}A\mathbf{v}_k = \lambda_k\mathbf{v}_k, \quad \text{d.h.} \quad A\mathbf{v}_k = \lambda_k B\mathbf{v}_k,$$

$$\langle \mathbf{v}_i, \mathbf{v}_k \rangle_B = \delta_{ik}.$$

Da jedes ONS linear unabhängig ist, ist $\mathcal{B} = (\mathbf{v}_1, \ldots, \mathbf{v}_n)$ eine Basis für $\mathbb{K}^n$. Der Rest folgt aus $|B^{-1}A - \lambda E| = |B^{-1}(A - \lambda B)| = |B^{-1}| \cdot |A - \lambda B|$.

(b) folgt aus 4.1 mit $\langle \mathbf{x}, T\mathbf{x} \rangle_B = \langle \mathbf{x}, A\mathbf{x} \rangle$, $\langle \mathbf{x}, B\mathbf{x} \rangle = \langle \mathbf{x}, \mathbf{x} \rangle_B$.

(c) Ist $B^{-1}A$ symmetrisch, so gilt nach § 19 : 4.3, Zusatz (a)

$$B^{-1}A = (B^{-1}A)^* = A^*(B^{-1})^* = AB^{-1}, \quad \text{da } B^{-1} \text{ symmetrisch ist.}$$

Multiplikation mit B von links und rechts liefert $AB = BA$. Aus $AB = BA$ folgt analog $B^{-1}A = AB^{-1} = A^*(B^{-1})^* = (B^{-1}A)^*$ durch Multiplikation mit B^{-1} von links und rechts $\boxed{\text{ÜA}}$. $\square$

5.4 Lösung des Problems gekoppelter Massenpunkte

Wir betrachten für $A > 0$, $B > 0$ das Anfangswertproblem

$$B\ddot{\mathbf{x}}(t) + A\mathbf{x}(t) = \mathbf{0}$$

mit vorgeschriebenen Anfangsdaten $\mathbf{x}(0) = \mathbf{x}_0$, $\dot{\mathbf{x}}(0) = \mathbf{x}_1$.

Gemäß 5.3 bestimmen wir eine Basis $(\mathbf{v}_1, \ldots, \mathbf{v}_n)$ des $\mathbb{R}^n$ mit

$$A\mathbf{v}_k = \lambda_k B\mathbf{v}_k, \qquad \langle \mathbf{v}_i, \mathbf{v}_k \rangle_B = \langle \mathbf{v}_i, B\mathbf{v}_k \rangle = \delta_{ik}.$$

Nach 5.3 (b) sind alle λ_k echt positiv wegen $A > 0$.

Jeder Lösungsvektor $\mathbf{x}(t)$ besitzt eine Basisdarstellung

$$(*) \quad \mathbf{x}(t) = \sum_{k=1}^{n} y_k(t)\mathbf{v}_k; \qquad \text{dabei gilt nach } \S\,19:2.2\,(b)$$

$$y_k(t) = \langle \mathbf{v}_k, \mathbf{x}(t) \rangle_B = \langle v_k, B\mathbf{x}(t) \rangle = \langle B\mathbf{v}_k, \mathbf{x}(t) \rangle.$$

Daher gilt

$$\ddot{y}_k(t) = \langle B\mathbf{v}_k, \ddot{\mathbf{x}}(t) \rangle = \langle \mathbf{v}_k, B\ddot{\mathbf{x}}(t) \rangle = -\langle \mathbf{v}_k, A\mathbf{x}(t) \rangle$$

$$= -\langle A\mathbf{v}_k, \mathbf{x}(t) \rangle = -\lambda_k \langle B\mathbf{v}_k, \mathbf{x}(t) \rangle = -\lambda_k y_k(t).$$

Mit $\omega_k = \sqrt{\lambda_k}$ erhalten wir also die gewöhnlichen Schwingungsgleichungen

$$\ddot{y}_k(t) + \omega_k^2 y_k(t) = 0$$

mit den allgemeinen Lösungen

$$y_k(t) = a_k \cos \omega_k t + b_k \sin \omega_k t \qquad (k = 1, \ldots, n).$$

Die Koeffizienten $a_k = y_k(0)$, $b_k = \frac{1}{\omega_k}\dot{y}_k(0)$ ergeben sich aus $(*)$:

$$\mathbf{x}_0 = \mathbf{x}(0) = \sum_{k=1}^{n} a_k \mathbf{v}_k, \qquad \mathbf{x}_1 = \dot{\mathbf{x}}(0) = \sum_{k=1}^{n} \omega_k b_k \mathbf{v}_k, \qquad \text{daraus}$$

$$a_k = \langle B\mathbf{v}_k, \mathbf{x}_0 \rangle, \qquad b_k = \frac{1}{\omega_k}\langle B\mathbf{v}_k, \mathbf{x}_1 \rangle.$$

Dadurch sind $y_1(t), \ldots, y_n(t)$ und damit $\mathbf{x}(t)$ eindeutig bestimmt. Daß $(*)$ mit diesen a_k, b_k tatsächlich eine Lösung liefert, ist leicht nachzurechnen.

Kapitel V   Analysis mehrerer Variabler

§ 21 Topologische Grundbegriffe normierter Räume

1 Normierte Räume

1.1 Vorbemerkungen. Auch in der mehrdimensionalen Analysis sind die Begriffe „Konvergenz", „Stetigkeit", „Differenzierbarkeit" fundamental. Neu hinzu treten „topologische" Begriffe, welche die Gestalt von Punktmengen betreffen, wie „offen", „kompakt", „zusammenhängend". Alle diese Begriffe können auf den Begriff des Abstands zweier Punkte, also letztlich auf die euklidische Norm zurückgeführt werden.

Der Begriff der Norm ist uns schon in mehreren Kontexten begegnet. Normen spielen eine große Rolle in unendlichdimensionalen Funktionenräumen, wie sie z.B. in der Quantenmechanik auftreten. Die Begriffe und Sätze dieses Abschnittes sind zwar für den $\mathbb{R}^n$ gedacht, doch fast alle Schlüsse bleiben in beliebigen normierten Räumen gültig. Daher halten wir die Formulierungen dieses Abschnittes allgemein; dem Leser bleibt unbenommen, dabei an die Gerade, die Ebene oder den Raum zu denken.

1.2 Norm und Abstand

Ein Vektorraum V über $\mathbb{K}$ ($= \mathbb{R}$ oder $\mathbb{C}$) heißt **normierter Raum**, wenn er mit einer **Norm** versehen ist, worunter wir eine reellwertige Funktion $u \mapsto \|u\|$ auf V mit folgenden Eigenschaften verstehen:

(a) $\|u\| \geq 0$ und $\|u\| = 0 \iff u = 0$,

(b) $\|\alpha u\| = |\alpha| \cdot \|u\|$ für $\alpha \in \mathbb{K}$,

(c) $\|u + v\| \leq \|u\| + \|v\|$ (*Dreiecksungleichung*).

Als direkte Folgerungen aus (a), (b) und (c) ergeben sich

(d) $\left\| \sum\limits_{k=1}^m \alpha_k u_k \right\| \leq \sum\limits_{k=1}^m |\alpha_k| \cdot \|u_k\|$ für $\alpha_k \in \mathbb{K}, \ u_k \in V$,

(e) $\big| \|u\| - \|v\| \big| \leq \|u - v\|$ (*Dreiecksungleichung nach unten*).

Der Nachweis von (e) erfolgt nach dem Muster von § 7 : 3.3 $\boxed{\text{ÜA}}$.

Für $u, v \in V$ nennen wir $\|u - v\|$ den **Abstand** von u und v. Sind $A, B \subset V$ nichtleere Mengen, so bezeichnen wir

$$\text{dist}\,(A, B) := \inf \big\{ \|u - v\| \mid u \in A, v \in B \big\}$$

als **Abstand** der Mengen A und B. Für $u \in V, r > 0$ nennen wir die Menge

$$K_r(u) := \left\{ v \in V \mid \|v - u\| < r \right\}$$

die **offene Kugel** um u mit Radius r.

Eine Teilmenge M heißt **beschränkt**, wenn es ein $R > 0$ gibt mit $\|u\| \leq R$ für alle $u \in M$.

1.3 Beispiele von Normen in $\mathbb{R}^n$ und $\mathbb{C}^n$

Analog zur euklidischen Norm $\|\mathbf{x}\| := \sqrt{x_1^2 + \cdots + x_n^2}$ im $\mathbb{R}^n$ (vgl. §6:2.3) definieren wir die euklidische Norm im $\mathbb{C}^n$ durch

$$\|\mathbf{x}\| := \sqrt{|x_1|^2 + \cdots + |x_n|^2}\,.$$

Im $\mathbb{K}^n$ ($= \mathbb{R}^n$ oder $\mathbb{C}^n$) lassen sich noch weitere Normen definieren:

Jedes Skalarprodukt liefert eine Norm. Weitere wichtige Normen sind

$$\|\mathbf{x}\|_1 := |x_1| + \cdots + |x_n|, \qquad \|\mathbf{x}\|_\infty := \max\left\{|x_1|, \ldots, |x_n|\right\}\,.$$

Die euklidische Norm wird manchmal auch mit $\|\cdot\|_2$ bezeichnet.

$\boxed{\text{ÜA}}$. Weisen Sie die Normeigenschaften nach und zeichnen Sie die Einheitskugeln $K_1(0)$ im $\mathbb{R}^2$ für die Normen $\|\cdot\|_1$ und $\|\cdot\|_\infty$.

Zwischen diesen drei Normen bestehen die Beziehungen

$$\frac{1}{\sqrt{n}}\,\|\mathbf{x}\| \leq \|\mathbf{x}\|_\infty \leq \|\mathbf{x}\|_1 \leq \sqrt{n}\,\|\mathbf{x}\|,$$

letzteres nach der Cauchy–Schwarzschen Ungleichung:

$$\sum_{k=1}^{n} 1 \cdot |x_k| \leq \sqrt{1^2 + \cdots + 1^2} \cdot \sqrt{|x_1|^2 + \cdots + |x_n|^2}\,.$$

Wenn nichts anderes gesagt wird, verwenden wir im $\mathbb{K}^n$ die euklidische Norm.

Es sei hervorgehoben, daß der Betrag auf $\mathbb{R}$ bzw. $\mathbb{C}$ die Eigenschaften einer Norm hat. $\mathbb{R}$ und $\mathbb{C}$ mit dem üblichen Abstandsbegriff sind im folgenden miteinbezogen.

1.4 Normen auf unendlichdimensionalen Vektorräumen

(a) $C\,[a,b]$ sei der Vektorraum der stetigen Funktionen auf dem kompakten Intervall $[a,b]$. In §12:2.1 wurde gezeigt, daß durch

$$\|f\|_\infty := \max\left\{|f(x)| \mid a \leq x \leq b\right\}$$

eine Norm auf $C\,[a,b]$ gegeben ist, die Supremumsnorm.

(b) Für den Hilbertschen Folgenraum

$$\ell^2 = \Big\{ \, a = (a_1, a_2, \dots) \; \mid \; a_k \in \mathbb{C}, \; \sum_{k=1}^{\infty} |a_k|^2 \text{ konvergiert} \, \Big\}$$

ist durch $\|a\| := \Big(\sum_{k=1}^{\infty} |a_k| \Big)^{\frac{1}{2}}$ eine Norm gegeben, vgl. § 19 : 1.4.

2 Konvergente Folgen

2.1 Definition. Es sei V ein normierter Raum und (u_k) eine Folge in V. Wir sagen, die Folge **konvergiert gegen** $u \in V$ oder hat den **Grenzwert (Limes)** u, wenn

$$\lim_{k \to \infty} \|u - u_k\| = 0 \,.$$

Wir schreiben dafür

$$u = \lim_{k \to \infty} u_k \quad \text{oder} \quad u_k \to u \quad \text{für} \quad k \to \infty \,.$$

2.2 Eigenschaften konvergenter Folgen

(a) *Eine konvergente Folge kann nur einen Grenzwert besitzen.*

(b) *Eine konvergente Folge (u_k) ist beschränkt, d.h. es gibt ein $r > 0$ mit*

$$\|u_k\| < r \quad \text{für} \quad k = 1, 2, \dots \,.$$

BEWEIS.

(a) Aus $u_k \to u$, $u_k \to v$ für $k \to \infty$ folgt

$$\|u - v\| = \|(u - u_k) + (u_k - v)\| \leq \|u - u_k\| + \|u_k - v\| \to 0$$

für $k \to \infty$, also $u = v$.

(b) Da $(\|u - u_k\|)$ eine Nullfolge in $\mathbb{R}$ ist, ist sie beschränkt: $\|u - u_k\| < s$ für $k = 1, 2, \dots$. Es folgt

$$\|u_k\| = \|u + (u_k - u)\| \leq \|u\| + \|u_k - u\| < \|u\| + s =: r \,. \qquad \square$$

2.3 Das Rechnen mit konvergenten Folgen

(a) *Aus $u_k \to u$, $v_k \to v$ folgt $\alpha u_k + \beta v_k \to \alpha u + \beta v$ für $\alpha, \beta \in \mathbb{K}$.*

(b) *Aus $u_k \to u$ folgt $\|u_k\| \to \|u\|$.*

(c) *Ist (u_k) konvergent, so konvergiert auch jede Teilfolge von (u_k) und hat denselben Grenzwert.*

BEWEIS.

Wortwörtlich wie in § 2. $\boxed{\text{ÜA}}$: Führen Sie die Beweise aus, ohne an der angegebenen Stelle nachzusehen. $\qquad \square$

2.4 Konvergenz im $\mathbb{R}^n$

Alle drei in 1.3 erklärten Normen führen auf denselben Konvergenzbegriff: Die Konvergenz in jeder dieser Normen ist äquivalent zu koordinatenweiser Konvergenz.

Daß die Konvergenz bezüglich einer dieser Normen die Konvergenz bezüglich der beiden anderen nach sich zieht, folgt aus

$$\frac{1}{\sqrt{n}}\,\|\mathbf{x}\| \;\leq\; \|\mathbf{x}\|_\infty \;\leq\; \|\mathbf{x}\|_1 \;\leq\; \sqrt{n}\,\|\mathbf{x}\|,$$

wenn $\mathbf{x}$ durch $\mathbf{u} - \mathbf{u}_k$ ersetzt wird. $\mathbf{u} - \mathbf{u}_k$ habe die Koordinaten $x_{k,i}$ ($i = 1,\ldots,n$). Aus koordinatenweiser Konvergenz $\lim\limits_{k\to\infty} x_{k,i} = 0$ für jedes i folgt

$$\lim_{k\to\infty} \sum_{i=1}^{n} |x_{k,i}| = 0, \text{ also } \|\mathbf{u} - \mathbf{u}_k\|_1 \to 0.$$

Wegen $|x_{k,i}| \leq \|\mathbf{u} - \mathbf{u}_k\|_\infty$ folgt aus $\|\mathbf{u} - \mathbf{u}_k\|_\infty \to 0$ die koordinatenweise Konvergenz. $\square$

3 Offene und abgeschlossene Mengen

3.1 Offene Mengen

Das Konzept der Ableitung einer Funktion mehrerer Veränderlicher in einem Punkt erfordert die Kenntnis der Funktion in einer ganzen Umgebung dieses Punktes. Wir lassen deshalb als Definitionsbereiche differenzierbarer Funktionen nur offene Mengen zu:

Eine Teilmenge Ω eines normierten Raumes V heißt **offen**, wenn Ω mit jedem Punkt u auch noch eine Kugel $K_\varepsilon(u)$ um u enthält.

Die r-Kugel um $u \in V$

$$K_r(u) = \big\{ v \in V \mid \|v - u\| < r \big\}$$

ist offen; dies rechtfertigt die Bezeichnung „offene Kugel".

Denn mit $v \in K_r(u)$ liegt auch die Kugel $K_\varepsilon(v)$ mit $\varepsilon = r - \|u - v\| > 0$ noch in $K_r(u)$, wie man mit Hilfe der Dreiecksungleichung sofort nachprüft.

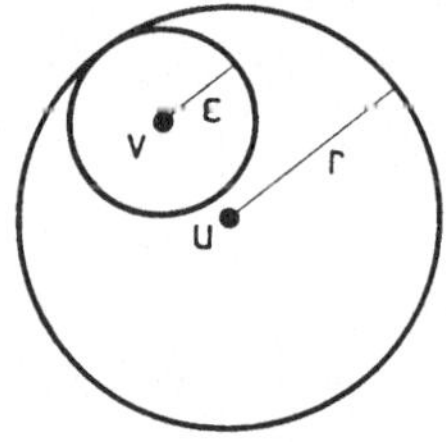

In $\mathbb{R}$ sind die Intervalle der Form $]a,b[$, $]a,\infty[$ und $]-\infty,b[$ offen, $\boxed{\text{ÜA}}$.

3.2 Eigenschaften offener Mengen

(a) *$\emptyset$ und V sind offene Mengen.*

(b) *Die Vereinigung von beliebig vielen offenen Mengen ist offen.*

(c) *Der Durchschnitt endlich vieler offener Mengen ist offen.*

Der Durchschnitt unendlich vieler offener Mengen muß nicht offen sein. Zum Beispiel ist

$$\bigcap_{n=1}^{\infty} K_{\frac{1}{n}}(0) = \{0\}$$

keine offene Menge.

BEWEIS.

(a) Die Offenheit von V ist offensichtlich. Aus Gründen formaler Zweckmäßigkeit setzen wir die leere Menge als offen fest. Das ist auch deshalb gerechtfertigt, weil die Aussage $u \in \emptyset \implies K_r(u) \subset \emptyset$ nach den Verabredungen §4:2.2 richtig ist.

(b) bleibt als leichte $\boxed{\text{ÜA}}$ dem Leser überlassen.

(c) Seien $\Omega_1, \ldots, \Omega_m$ offene Mengen in V und sei $u \in \Omega_1 \cap \cdots \cap \Omega_m$. Dann gehört u zu jedem Ω_k, es gibt also Radien $r_k > 0$ mit $K_{r_k}(u) \subset \Omega_k$. Setzen wir $r = \min\{r_1, \ldots, r_m\}$, so gilt $K_r(u) \subset \Omega_1 \cap \cdots \cap \Omega_m$. $\qquad\square$

3.3 Aufgaben

(a) Zeigen Sie, daß jeder *Halbraum* im $\mathbb{R}^n$

$$\{\mathbf{x} \in \mathbb{R}^n \mid \langle \mathbf{x}, \mathbf{a} \rangle > b\} \quad \text{mit} \quad \mathbf{a} \neq 0,\ b \in \mathbb{R}$$

eine offene Menge ist.

(b) Folgern Sie hieraus zusammen mit der Durchschnittseigenschaft 3.2 (c), daß

$$\{\mathbf{x} \in \mathbb{R}^n \mid a_k < x_k < b_k \quad \text{für} \quad k = 1, \ldots, n\}$$

eine offene Menge im $\mathbb{R}^n$ ist.

3.4 Abgeschlossene Mengen

Eine Teilmenge A eines normierten Raumes V heißt **abgeschlossen**, wenn mit jeder konvergenten Folge, deren Glieder in A liegen, auch der Grenzwert zu A gehört:

$$u_k \to u,\ u_k \in A \implies u \in A.$$

BEISPIELE

(a) In $\mathbb{R}$ sind Intervalle der Form $[a,b]$, $[a,\infty[$ und $]-\infty,b]$ abgeschlossen, man beachte dazu § 2 : 6.2.

(b) Die Menge N der Nullstellen einer stetigen Funktion $f : [a,b] \to \mathbb{R}$ ist abgeschlossen. Denn aus $x_k \in N$, $x_k \to x$, folgt nach (a) $x \in [a,b]$, und wegen der Stetigkeit von f folgt $f(x) = \lim_{k\to\infty} f(x_k) = 0$, also $x \in N$.

3.5 Komplemente von offenen und abgeschlossenen Mengen

In einem normierten Raum V ist eine Teilmenge Ω genau dann offen, wenn ihr Komplement $V \setminus \Omega$ abgeschlossen ist.

Hieraus folgt unmittelbar, daß $A \subset V$ genau dann abgeschlossen ist, wenn $V \setminus A$ offen ist.

BEWEIS.

„$\Longrightarrow$": Ω sei offen. Zum Nachweis der Abgeschlossenheit von $V \setminus \Omega$ ist zu zeigen

$$u_k \in V \setminus \Omega, \quad u_k \to u \implies u \in V \setminus \Omega.$$

Wäre $u \in \Omega$, so würde nach Voraussetzung $K_\varepsilon(u) \subset \Omega$ für ein $\varepsilon > 0$ gelten. Wegen $u_k \to u$ gäbe es ein n_ε mit

$$\|u - u_k\| < \varepsilon \quad \text{für} \quad k > n_\varepsilon\,,$$

d.h. $u_k \in K_\varepsilon(u) \subset \Omega$ für $k > n_\varepsilon$, was ein Widerspruch zu $u_k \in V \setminus \Omega$ ist.

„$\Longleftarrow$": Sei Ω nicht offen. Dann existiert ein $u \in \Omega$ mit $K_\varepsilon(u) \not\subset \Omega$ für jedes $\varepsilon > 0$. Wählen wir der Reihe nach $\varepsilon = \frac{1}{k}$ für $k = 1,2,\dots$, so finden wir $u_k \in K_{\frac{1}{k}}(u)$ mit $u_k \in V \setminus \Omega$. Damit ist (u_k) eine Folge in $V \setminus \Omega$, die gegen $u \in \Omega$ konvergiert. $V \setminus \Omega$ ist also nicht abgeschlossen. $\qquad\square$

3.6 Eigenschaften abgeschlossener Mengen

(a) *$\emptyset$ und V sind abgeschlossene Mengen,*

(b) *der Durchschnitt beliebig vieler abgeschlossener Mengen ist abgeschlossen,*

(c) *die Vereinigung endlich vieler abgeschlossener Mengen ist abgeschlossen.*

Die Vereinigung unendlich vieler abgeschlossener Mengen braucht nicht abgeschlossen zu sein. Dies zeigt das Beispiel

$$\bigcup_{n=1}^{\infty} \left[-1 + \tfrac{1}{n}, 1 - \tfrac{1}{n}\right] =]-1,1[\,.$$

Der Beweis ergibt sich unmittelbar mit Hilfe der de Morganschen Regeln § 4 : 4.2, aus 3.5 und aus den Eigenschaften offener Mengen 3.2, $\boxed{\text{ÜA}}$.

4 Inneres, Äußeres, Abschluß und Rand einer Menge

4.1 Definition

Für eine Teilmenge M eines normierten Raumes V heißt $u \in V$
innerer Punkt von M, wenn $K_\varepsilon(u) \subset M$ für ein $\varepsilon > 0$,
äußerer Punkt von M, wenn $K_\varepsilon(u) \subset V \setminus M$ für ein $\varepsilon > 0$,
Randpunkt von M, wenn jede ε-Kugel um u sowohl M als auch das Komplement von M trifft: $\quad M \cap K_\varepsilon(u) \neq \emptyset \quad$ und $\quad (V \setminus M) \cap K_\varepsilon(u) \neq \emptyset$.

Der Leser mache sich klar, daß jeder Punkt von V genau eine dieser drei Eigenschaften besitzt, $\boxed{\text{ÜA}}$. Hiernach wird V durch M in drei disjunkte Mengen zerlegt; in das **Innere** $\overset{\circ}{M}$ von M, die Menge der inneren Punkte, das **Äußere** von M, die Menge der äußeren Punkte, und den **Rand** ∂M von M, die Menge der Randpunkte.

Der **Abschluß** oder die **abgeschlossene Hülle** von M ist definiert durch

$$\overline{M} = \{u \in V \mid u \text{ ist Grenzwert einer Folge in } M\}\,.$$

Es besteht die Beziehung $\overset{\circ}{M} \subset M \subset \overline{M}$ $\boxed{\text{ÜA}}$.

4.2 Beispiele

(a) Für $I = [a,b[$ gilt $\overset{\circ}{I} =]a,b[\,,\qquad \partial I = \{a,b\}\,,\qquad \overline{I} = [a,b]$.

(b) Für $I =]a,\infty[$ gilt $\overline{I} = [a,\infty[,\ \partial I = \{a\}\quad$ und $\quad \overset{\circ}{I} = I$.

(c) $\boxed{\text{ÜA}}$ Was ergibt sich für $\overline{\mathbb{Z}}$, $\partial\mathbb{Z}$ und $\overset{\circ}{\mathbb{Z}}$?

(d) $\overline{\mathbb{Q}} = \mathbb{R}$, denn jede reelle Zahl ist Grenzwert einer geeigneten Folge rationaler Zahlen. $\overset{\circ}{\mathbb{Q}} = \emptyset$, denn in jeder Umgebung einer rationalen Zahl liegen irrationale Zahlen.

(e) $\boxed{\text{ÜA}}$ Bestimmen Sie $\overline{M}$ und ∂M für $M = \left\{\frac{1}{n} \mid n \in \mathbb{N}\right\}$.

(f) In normierten Räumen V gilt

$$\overline{K_r(u_0)} = \left\{u \in V \mid \|u - u_0\| \leq r\right\}$$

$$\partial K_r(u_0) = \left\{u \in V \mid \|u - u_0\| = r\right\}$$

Wir zeigen nur das erste. Ist (u_k) eine Folge in $K_r(u_0)$ mit $u_k \to u$, so gilt

$$\|u - u_0\| \leq \|u - u_k\| + \|u_k - u_0\| < \|u - u_k\| + r\,.$$

Wegen $\|u - u_k\| \to 0$ folgt $\|u - u_0\| \leq r$.
Ist umgekehrt $\|u - u_0\| \leq r$, so ist

$$u = \lim_{k \to \infty} \left(u_0 + \left(1 - \tfrac{1}{k}\right)(u - u_0)\right) = \lim_{k \to \infty} u_k \quad \text{mit} \quad \|u_k - u_0\| < r\,.$$

4.3 Eigenschaften des Abschlusses

(a) $\overline{M}$ *ist abgeschlossen.*

(b) $M \subset \overline{M}$; $M = \overline{M}$ *genau dann, wenn M abgeschlossen ist.*

(c) $M_1 \subset M_2 \Longrightarrow \overline{M}_1 \subset \overline{M}_2$.

(d) $\overline{M} = \overset{\circ}{M} \cup \partial M$.

(e) $\overline{M \cup N} = \overline{M} \cup \overline{N}$.

BEWEIS.

(a) Sei (u_k) eine Folge in $\overline{M}$ mit $u_k \to u$. Wegen $u_k \in \overline{M}$ gibt es $v_k \in M$ mit $\|u_k - v_k\| < \frac{1}{k}$. Dann gilt

$$\|u - v_k\| = \|u - u_k + u_k - v_k\| \le \|u - u_k\| + \tfrac{1}{k} \to 0 \quad \text{für} \quad k \to \infty,$$

also ist $u = \lim_{k \to \infty} v_k$ mit $v_k \in M$ und damit $u \in \overline{M}$. $\qquad\qquad\square$

Die noch fehlenden Beweise sind prinzipiell nicht schwierig und dem Leser als $\boxed{\text{ÜA}}$ überlassen. Näheres dazu in [HEUSER 2, § 155]. Das gilt auch im folgenden.

4.4 Aufgaben zum Inneren und zum Rand einer Menge

(a) $\overset{\circ}{M}$ ist eine offene Teilmenge von M; $\overset{\circ}{M} = M \iff M$ offen.

(b) ∂M ist abgeschlossen; $\partial M = \overline{M} \setminus \overset{\circ}{M}$.

(c) $(V \setminus M)^{\circ} = V \setminus \overline{M}, \qquad \overline{V \setminus M} = V \setminus \overset{\circ}{M}$.

4.5 Aufgabe. Zeigen Sie für $M \ne \emptyset$: $\operatorname{dist}(u, M) = 0 \iff u \in \overline{M}$.

4.6* Dichte Teilmengen

Eine Teilmenge M von V heißt **dicht** in V, wenn $\overline{M} = V$.

BEISPIELE. (a) $\mathbb{Q}$ ist dicht in $\mathbb{R}$.

(b) In $C[a, b]$ mit der Supremumsnorm liegen die Polynome dicht. Das folgt aus dem Weierstraßschen Approximationssatz § 12 : 2.8.

5 Vollständigkeit

5.1 Cauchy–Folgen

Eine Folge (u_n) in einem normierten Raum V heißt **Cauchy–Folge**, wenn es zu jedem $\varepsilon > 0$ ein $n_\varepsilon \in \mathbb{N}$ gibt mit

$$\|u_m - u_n\| < \varepsilon \quad \text{für} \quad m, n > n_\varepsilon.$$

Es gilt:

(a) Jede konvergente Folge ist eine Cauchy–Folge.

(b) Jede Cauchy–Folge ist beschränkt.

BEWEIS als $\boxed{\text{ÜA}}$ nach den Mustern in § 2 : 9.6, 9.7.

5.2 Vollständigkeit

Eine Teilmenge M eines normierten Raumes V heißt **vollständig**, wenn jede Cauchy–Folge aus M gegen einen Grenzwert in M konvergiert.

Ein vollständiger normierter Raum heißt auch **Banachraum**.

In § 2 hatten wir von der Vollständigkeit von $\mathbb{R}$ im Sinne der Ordnung gesprochen. Aus dieser folgte die Vollständigkeit von $\mathbb{R}$ im hier angegebenen Normsinn, vgl. § 2 : 9.6. Nach § 7 : 3.6 ist $\mathbb{C}$ vollständig. Daraus folgt

5.3 Die Vollständigkeit von $\mathbb{R}^n$ und $\mathbb{C}^n$

$\mathbb{R}^n$ und $\mathbb{C}^n$ *sind vollständig in jeder der Normen* $\|\cdot\|$, $\|\cdot\|_1$, $\|\cdot\|_\infty$ *von* 1.3.

BEWEIS.

Der Begriff der Cauchy–Folge läuft in allen drei Normen auf dasselbe hinaus:

$$\frac{1}{\sqrt{n}}\,\|\mathbf{u}_k - \mathbf{u}_m\| \le \|\mathbf{u}_k - \mathbf{u}_m\|_\infty \le \|\mathbf{u}_k - \mathbf{u}_m\|_1 \le \sqrt{n}\,\|\mathbf{u}_k - \mathbf{u}_m\|\,.$$

Ist $(\mathbf{u}_k)$ eine Cauchy–Folge, so gilt für die i–ten Koordinaten

$$|u_{k,i} - u_{m,i}| \le \|\mathbf{u}_k - \mathbf{u}_m\|_\infty\,,$$

also bilden die i–ten Koordinaten jeweils Cauchy–Folgen in $\mathbb{R}$ bzw. $\mathbb{C}$. Wegen der Vollständigkeit von $\mathbb{R}$ bzw. $\mathbb{C}$ existiert

$$u_i = \lim_{k\to\infty} u_{k,i} \quad \text{für} \quad i = 1,\dots,n\,.$$

Die Vektoren $\mathbf{u}_k$ konvergieren also koordinatenweise gegen einen Vektor $\mathbf{u} \in \mathbb{K}^n$. Nach 2.4 folgt die Konvergenz $\mathbf{u}_k \to \mathbf{u}$ in jeder der angegebenen Normen. $\square$

5.4 Die Vollständigkeit von $C[a,b]$

(a) $C\,[a,b]$, *versehen mit der Supremumsnorm*

$$\|f\|_\infty = \max\big\{|f(x)| \mid a \le x \le b\big\}\,,$$

ist vollständig.

(b) $C^1\,[a,b]$ *ist in derselben Norm nicht vollständig.*

(c) $C[a,b]$ *ist mit der zum Skalarprodukt* $\langle f,g \rangle = \int_a^b \overline{f}\, g$ *gehörigen Norm un-*
vollständig. Näheres dazu in Band 2.

BEWEIS.

(a) Sei (f_n) eine Cauchy–Folge in $C[a,b]$, d.h. zu jedem $\varepsilon > 0$ gebe es ein n_ε
mit

$$\|f_m - f_n\|_\infty < \varepsilon \quad \text{für} \quad m,n > n_\varepsilon\,.$$

Für jedes feste $x \in [a,b]$ folgt

$$|f_m(x) - f_n(x)| \le \|f_m - f_n\|_\infty < \varepsilon \quad \text{für} \quad m,n > n_\varepsilon\,.$$

Das bedeutet, daß $(f_n(x))$ eine Cauchy–Folge in $\mathbb{K}$ ist. Bezeichnen wir deren
Grenzwert mit $f(x)$, so ist

$$|f(x) - f_n(x)| = \lim_{m \to \infty} |f_m(x) - f_n(x)| \le \varepsilon \quad \text{für} \quad n > n_\varepsilon\,.$$

Die Folge (f_n) konvergiert also gleichmäßig gegen f. Nach §12:3.1 ist f stetig.

(b) Sei $f \in C[a,b] \setminus C^1[a,b]$. Nach dem Weierstraßschen Approximationssatz
ist f gleichmäßiger Limes von Polynomen p_n. Diese bilden eine Cauchy–Folge
in $C^1[a,b]$ mit der Supremumsnorm, deren Limes f aber nach Voraussetzung
nicht zu $C[a,b]$ gehört. $\qquad\qquad\qquad\qquad\qquad\qquad\qquad\qquad\qquad\quad \square$

6 Kompakte Teilmengen

6.1 Der Satz von Bolzano–Weierstraß in $\mathbb{R}^n$ und $\mathbb{C}^n$

Ist $M \subset \mathbb{K}^n$ *eine beschränkte Menge, d.h.* $M \subset K_r(0)$ *für ein* $r > 0$, *so besitzt*
jede Folge aus M *eine konvergente Teilfolge.*

BEWEIS.

(a) *Beweis für den* $\mathbb{R}^2$: $(\mathbf{x}_n) = (a_n, b_n)$ sei eine beschränkte Folge in $\mathbb{R}^2$. Wegen

$$|a_n|, |b_n| \le \|\mathbf{x}_n\| < r \quad \text{für} \quad n = 1, 2, \ldots$$

sind (a_n) und (b_n) beschränkte Folgen in $\mathbb{R}$. Nach Bolzano–Weierstraß §2:9.8
besitzt (a_n) eine konvergente Teilfolge: $a_{n_k} \to a$. Weiter besitzt die Folge $(b_{n_k})_k$
eine konvergente Teilfolge: $b_{m_j} \to b$. Setzen wir $\mathbf{x} = (a,b)$, so gilt

$$\|\mathbf{x} - \mathbf{x}_{m_j}\|_1 = |a - a_{m_j}| + |b - b_{m_j}| \to 0 \quad \text{für} \quad j \to \infty\,.$$

(b) Der Beweis für den $\mathbb{R}^n$ mit $n > 2$ ist nun reine Routine: n-maliges Auswählen von Teilfolgen nach dem Muster von (a).

(c) Da $\mathbb{C}$ mit $\mathbb{R}^2$ identifiziert ist $\left(|x + iy| = \sqrt{x^2 + y^2} \right)$, folgt die Behauptung für $\mathbb{C}$ aus (a). Der Beweis für $\mathbb{C}^2$ verläuft jetzt ganz analog zu (a), und der Beweis für $\mathbb{C}^n$ ergibt sich wie in (b). □

Hiernach sind wir also sicher, daß die Folge $\left(e^{i\sqrt{2}k} \right)$ in $\mathbb{C}$ eine konvergente Teilfolge besitzt.

$\boxed{\text{ÜA}}$ Wählen sie aus der Folge $\left(\cos \frac{\pi k}{3}, i^k \right)$ in $\mathbb{C}^2$ konvergente Teilfolgen aus. Welche Grenzwerte können auftreten?

6.2 Kompakte Mengen

Eine Teilmenge M eines normierten Raumes V heißt **kompakt**, wenn jede Folge aus M eine konvergente Teilfolge mit Grenzwert in M enthält.

SATZ. *Jede kompakte Menge ist beschränkt und abgeschlossen.*

BEWEIS.

(a) *Abgeschlossenheit*: Sei (u_n) eine konvergente Folge in M, $u_n \to u$. Nach Voraussetzung besitzt (u_n) eine konvergente Teilfolge mit Grenzwert $v \in M$, also ist $u = v \in M$.

(b) *Beschränktheit*: Ist M nicht beschränkt, so gibt es zu jedem $n = 1, 2, \ldots$ ein $u_n \in M$ mit $\|u_n\| > n$. Dann ist auch jede Teilfolge unbeschränkt, kann also nicht konvergieren nach 2.2 (b). □

SATZ. *Im $\mathbb{R}^n$ und $\mathbb{C}^n$ gilt auch die Umkehrung: Jede beschränkte und abgeschlossene Menge in $\mathbb{K}^n$ ist kompakt.*

Einpunktige Mengen sind also kompakt. Intervalle $[a, b]$ mit $a < b$ hatten wir in § 1 zu Recht kompakte Intervalle genannt.

BEWEIS.

Ist $M \subset \mathbb{K}^n$ beschränkt, so besitzt jede Folge aus M nach Bolzano–Weierstraß eine konvergente Teilfolge. Ist M auch abgeschlossen, so gehört der Grenzwert zu M. □

In jedem normierten Raum V ist die Einheitskugel $\{v \in V \mid \|v\| \leq 1\}$ beschränkt und abgeschlossen nach 4.2 (f).

In unendlichdimensionalen Räumen ist die Einheitskugel jedoch nicht kompakt.

Wir zeigen dies für Skalarprodukträume: Mit Hilfe des Orthonormalisierungsverfahrens § 19 : 3.1 können wir uns ein Orthonormalsystem $v_1, v_2, \ldots$ in V verschaffen. Für dieses gilt

$$\|v_n\| = 1 \quad \text{und} \quad \|v_m - v_n\|^2 = \|v_m\|^2 + \|v_n\|^2 = 2 \,.$$

Keine Teilfolge von (v_n) kann konvergieren, weil keine Teilfolge eine Cauchy–Folge sein kann.

6.3 Der Überdeckungssatz von Heine–Borel

Eine Teilmenge M eines normierten Raumes V ist genau dann kompakt, wenn es zu jeder beliebigen Überdeckung von M durch offene Mengen,

$$M \subset \bigcup_{i \in I} \Omega_i, \quad \Omega_i \subset V \text{ offen,}$$

eine endliche Teilüberdeckung gibt,

$$M \subset \Omega_{i_1} \cup \cdots \cup \Omega_{i_p}.$$

Wir verzichten auf den nicht ganz einfachen Beweis und verweisen auf [HEUSER Bd. 2, § 157].

6.4 Jede kompakte Menge ist vollständig

BEWEIS.

Ist M kompakt und (u_n) eine Cauchy–Folge in M, so gibt es eine Teilfolge (u_{n_k}), die gegen ein $u \in M$ konvergiert. Zu $\varepsilon > 0$ gibt es also $m_\varepsilon, n_\varepsilon \in \mathbb{N}$ mit

$$\|u_m - u_n\| < \varepsilon \quad \text{für} \quad m, n > m_\varepsilon,$$

$$\|u - u_{n_k}\| < \varepsilon \quad \text{für} \quad k > n_\varepsilon.$$

Fixieren wir ein $k > \max\{m_\varepsilon, n_\varepsilon\}$, so ist $n_k \geq k > m_\varepsilon$ und $n_k > n_\varepsilon$. Es folgt

$$\|u - u_n\| \leq \|u - u_{n_k}\| + \|u_{n_k} - u_n\| < 2\varepsilon \quad \text{für} \quad n > m_\varepsilon,$$

d.h. $u_n \to u$. $\qquad\qquad\square$

7 Stetige Funktionen

7.1 Definition stetiger Funktionen

Es seien V_1 und V_2 normierte Räume mit Normen $\|\cdot\|_1$, $\|\cdot\|_2$ und $f : M \to V_2$ eine Funktion auf einer Teilmenge $M \subset V_1$. Diese häufig auftretende Situation kennzeichnen wir kurz durch die Schreibweise

$$f : V_1 \supset M \to V_2.$$

Die Funktion f heißt **stetig an der Stelle** $u_o \in M$, wenn

$$f(u_k) \to f(u_0) \quad \text{für jede Folge } (u_k) \text{ in } M \text{ mit } u_k \to u_0.$$

f heißt **stetig auf** M, wenn f an jeder Stelle von M stetig ist.

Eine äquivalente Definition ist:

$f : V_1 \supset M \to V_2$ ist an der Stelle $u_0 \in M$ stetig, wenn es zu jedem $\varepsilon > 0$ ein $\delta > 0$ gibt mit

$$\|f(u) - f(u_0)\|_2 < \varepsilon \quad \text{für alle} \quad u \in M \quad \text{mit} \quad \|u - u_0\|_1 < \delta,$$

d.h. das Bild von $M \cap K_\delta(u_0)$ unter der Abbildung f liegt in der Kugel $K_\varepsilon(f(u_0))$.

Der Beweis ergibt sich durch sinngemäße Übertragung von §8:1.5.

7.2 Beispiele stetiger Funktionen

(a) Jede konstante Funktion $V_1 \to V_2$ ist stetig.

(b) Die Identität $1 : V \to V$, $u \mapsto u$ ist stetig.

(c) Jede lineare Abbildung $A : \mathbb{R}^n \to \mathbb{R}^m$, $\mathbf{x} \mapsto A\mathbf{x}$ ist stetig.

Denn mit $A = (a_{ik})$ gilt nach der Cauchy–Schwarzschen Ungleichung

$$\|A\mathbf{x}\|^2 = \sum_{i=1}^{m} \Big(\sum_{k=1}^{n} a_{ik} x_k \Big)^2 \le \sum_{i=1}^{m} \Big(\sum_{k=1}^{n} a_{ik}^2 \Big) \Big(\sum_{k=1}^{n} x_k^2 \Big) = \|A\|_2^2 \cdot \|\mathbf{x}\|^2 \quad \text{mit}$$

$$\|A\|_2 = \Big(\sum_{i=1}^{m} \sum_{k=1}^{n} a_{ik}^2 \Big)^{\frac{1}{2}} . \qquad \text{Hieraus folgt}$$

$$\|A\mathbf{x} - A\mathbf{y}\| = \|A(\mathbf{x} - \mathbf{y})\| \le \|A\|_2 \cdot \|\mathbf{x} - \mathbf{y}\|,$$

woran wir unmittelbar die Stetigkeit ablesen.

(d) Skalarprodukte sind stetig, d.h. die Abbildung $f : u \mapsto \langle u, v \rangle$ von einem Skalarproduktraum V über $\mathbb{K}$ in den Körper $\mathbb{K}$ ist stetig. Das folgt sofort aus der Cauchy–Schwarzschen Ungleichung:

$$\big| \langle v, u \rangle - \langle v, u_0 \rangle \big| = \big| \langle v, u - u_0 \rangle \big| \le \|v\| \cdot \|u - u_0\|.$$

(e) **Stetigkeit der Norm.** In jedem normierten Raum V gilt

$$u_n \to u_0 \implies \|u_n\| \to \|u_0\|.$$

Das folgt aus $\big| \|u_n\| - \|u_0\| \big| \le \|u_n - u_0\|$ nach 1.2 (e).

7.3 Hintereinanderausführung stetiger Funktionen

Gegeben sind zwei Funktionen

$$f : V_1 \supset M \to V_2, \qquad g : V_2 \supset N \to V_3 \quad \text{mit} \quad f(M) \subset N.$$

Ist f in $u_0 \in M$ stetig und g in $v_0 := f(u_0) \in N$ stetig, so ist auch

$$g \circ f \; : \; M \to V_3$$

in u_0 stetig.

Der Beweis ergibt sich unmittelbar aus der Definition 7.1 $\boxed{\text{ÜA}}$.

7.4 Linearkombination stetiger Funktionen

Seien V_1 und V_2 normierte Räume über $\mathbb{K}$ und sei M eine Teilmenge von V_1. Für $a, b \in \mathbb{K}$ und stetige Funktionen

$$f, g \; : \; V_1 \supset M \to V_2$$

ist auch die Linearkombination

$$af + bg \; : \; V_1 \supset M \to V_2$$

wieder eine stetige Funktion auf M.

Die Gesamtheit aller stetigen Funktionen von M nach V_2 bildet somit einen $\mathbb{K}$–Vektorraum.

Dies folgt unmittelbar nach der Abschätzung

$$\|(af + bg)(u) - (af + bg)(u_0)\|_2 = \|a(f(u) - f(u_0)) + b(g(u) - g(u_0))\|_2$$
$$\leq |a| \cdot \|f(u) - f(u_0)\|_2 + |b| \cdot \|g(u) - g(u_0)\|_2 \, .$$

7.5 Produkt stetiger Funktionen. *Ist V ein normierter Vektorraum über $\mathbb{K}$ und sind*

$$f, g \; : \; V \supset M \to \mathbb{K}$$

stetige Funktionen, so ist auch $f \cdot g$ stetig auf M.

Denn $f(u_n) \to f(u_0)$, $g(u_n) \to g(u_0) \implies f(u_n)g(u_n) \to f(u_0)g(u_0)$ (Rechnen mit konvergenten Folgen in $\mathbb{K}$).

7.6 Das Urbild offener und abgeschlossener Mengen

Wir erinnern an die Definition der Urbildmenge

$$f^{-1}(B) = \big\{ u \in M \mid f(u) \in B \big\}$$

für eine Funktion $f : V_1 \supset M \to V_2$ und $B \subset V_2$.

SATZ. *Für eine stetige Funktion $f \; : \; V_1 \supset M \to V_2$ gilt:*

(a) *Ist M offen, so ist $f^{-1}(B)$ offen für jede offene Menge $B \subset V_2$.*

(b) *Ist M abgeschlossen, so ist $f^{-1}(B)$ abgeschlossen für jede abgeschlossene Menge $B \subset V_2$.*

BEWEIS.

(a) Sei $B \subset V_2$ offen. Für jedes $u_0 \in f^{-1}(B)$ ist $v_0 := f(u_0) \in B$, also gibt es ein $\varepsilon > 0$ mit $K_\varepsilon(v_0) \subset B$. Wegen der Stetigkeit von f gibt es ein $\delta > 0$ mit $f(M \cap K_\delta(u_0)) \subset K_\varepsilon(v_0) \subset B$. Da M offen in V_1 ist, kann $\delta > 0$ gleich so klein gewählt werden, daß $K_\delta(u_0) \subset M$. Damit gilt $f(K_\delta(u_0)) = f(M \cap K_\delta(u_0)) \subset B$ bzw. $K_\delta(u_0) \subset f^{-1}(B)$.

(b) Sei $B \subset V_2$ abgeschlossen und (u_k) eine Folge in $f^{-1}(B)$ mit Grenzwert u ($u \in M$ wegen $M = \overline{M}$). Zu zeigen ist $u \in f^{-1}(B)$. Wegen der Stetigkeit ist $f(u) = \lim_{k \to \infty} f(u_k)$. Dabei ist $f(u_k) \in B$, also auch $f(u) \in B$ wegen der Abgeschlossenheit von B. $f(u) \in B$ bedeutet aber $u \in f^{-1}(B)$. □

FOLGERUNGEN.

(a) *Ist M offen, so ist $\{u \in M \mid f(u) \neq 0\}$ offen.*

(b) *Ist M abgeschlossen, so ist die Nullstellenmenge $\{u \in M \mid f(u) = 0\}$ abgeschlossen* $\boxed{\text{ÜA}}$.

7.7 Stetigkeit der Abstandsfunktion

Für den Abstand $\operatorname{dist}(u, M) = \inf\{\|u - w\| \mid w \in M\}$ *eines Punktes u von einer nichtleeren Menge M gilt*

$$\big| \operatorname{dist}(u, M) - \operatorname{dist}(v, M) \big| \leq \|u - v\|.$$

Insbesondere ist die Abstandsfunktion $u \mapsto \operatorname{dist}(u, M)$ stetig.

BEWEIS.

Sei $v \in V$ und $\varepsilon > 0$. Dann gibt es nach Definition der Infimums ein $w \in M$ mit

$$\|v - w\| < \operatorname{dist}(v, M) + \varepsilon.$$

Hieraus folgt für $u \in V$

$$\operatorname{dist}(u, M) \leq \|u - w\| = \|u - v + v - w\| \leq \|u - v\| + \|v - w\|$$

$$\leq \|u - v\| + \operatorname{dist}(v, M) + \varepsilon \quad \text{für jedes } \varepsilon > 0, \quad \text{also}$$

$$\operatorname{dist}(u, M) - \operatorname{dist}(v, M) \leq \|u - v\|.$$

Durch Vertauschen der Rollen von u und v folgt die Behauptung. □

8 Stetige Funktionen auf kompakten Mengen

8.1 Stetige Bilder kompakter Mengen sind kompakt

Ist $f : V_1 \supset M \to V_2$ stetig und $K \subset M$ kompakt, so ist $f(K)$ kompakt.

BEWEIS.

Sei (v_n) eine Folge in $f(K)$, d.h. $v_n = f(u_n)$ mit $u_n \in K$. Wegen der Kompaktheit von K gibt es eine Teilfolge (u_{n_k}), deren Limes u in K liegt. Wegen der Stetigkeit von f folgt

$$v_{n_k} = f(u_{n_k}) \to f(u) \in f(K). \qquad \qquad \square$$

8.2 Der Satz vom Maximum und vom Minimum

Jede auf einer nichtleeren kompakten Menge stetige, reellwertige Funktion besitzt dort ein Maximum und ein Minimum.

BEWEIS.

Es genügt den Satz vom Maximum zu beweisen; der Satz vom Minimum folgt dann durch Betrachtung von $-f$. Sei also $f : V \supset K \to \mathbb{R}$ stetig und K kompakt. Nach 8.1 ist $f(K)$ eine nichtleere kompakte Teilmenge von $\mathbb{R}$, damit beschränkt und abgeschlossen. Sei $s = \sup f(K)$. Dann gibt es eine Folge $(s_n) \in f(K)$ mit $s_n \to s$. Da $f(K)$ abgeschlossen ist, folgt $s \in f(K)$, also $s = f(u)$ mit geeignetem $u \in K$. $\qquad \square$

8.3 Trennung von kompakten und abgeschlossenen Mengen

Seien A und K disjunkte nichtleere Teilmengen eines normierten Raumes V, A sei abgeschlossen, und K sei kompakt. Dann haben diese Mengen einen positiven Abstand.

Der Abstand zweier disjunkter abgeschlossener Mengen kann dagegen Null sein. Beispiel in der Ebene: x–Achse und Graph der Exponentialfunktion $\boxed{\text{ÜA}}$.

BEWEIS.

Nach 7.7 ist die Funktion $u \mapsto \operatorname{dist}(u, A)$ stetig auf K, nimmt dort also ihr Minimum an. Wäre dieses Null, so gäbe es ein $v \in K$ mit $\operatorname{dist}(v, A) = 0$. Nach 4.5 wäre dann $v \in A$ im Widerspruch zu $A \cap K = \emptyset$. $\qquad \square$

8.4 Gleichmäßige Stetigkeit

Eine auf einer kompakten Menge K stetige Funktion $f : V_1 \supset K \to V_2$ ist dort gleichmäßig stetig, d.h. zu jedem $\varepsilon > 0$ gibt es ein $\delta > 0$, so daß

$$\left\| f(u) - f(v) \right\|_2 < \varepsilon \quad \text{für alle} \quad u, v \in K \quad \text{mit} \quad \left\| u - v \right\|_1 < \delta.$$

BEWEIS. Angenommen, zu einem vorgegebenen $\varepsilon > 0$ gäbe es kein $\delta > 0$ der angegebenen Art. Zu jedem $\delta = \frac{1}{n}$ würde es dann $u_n, v_n \in K$ geben mit

$$\left\| f(u_n) - f(v_n) \right\|_2 \geq \varepsilon \quad \text{und} \quad \left\| u_n - v_n \right\|_1 < \frac{1}{n}\,.$$

Wegen der Kompaktheit von K konvergieren Teilfolgen

$$u_{n_k} \to u \in K\,, \qquad v_{n_k} \to v \in K\,.$$

Die Grenzwerte sind gleich: Wegen $\|u_{n_k} - v_{n_k}\|_1 < \frac{1}{n_k} \leq \frac{1}{k}$ gilt

$$\|u - v\|_1 \leq \|u - u_{n_k} + u_{n_k} - v_{n_k} + v_{n_k} - v\|_1$$

$$\leq \|u - u_{n_k}\|_1 + \|u_{n_k} - v_{n_k}\|_1 + \|v_{n_k} - v\|_1 \to 0\,.$$

Aus $u = v$ und damit $f(u) = f(v)$ ergibt sich der Widerspruch

$$0 = \left\| f(u) - f(v) \right\|_2 = \lim_{k \to \infty} \left\| f(u_{n_k}) - f(v_{n_k}) \right\|_2 \geq \varepsilon\,. \qquad \square$$

9 Zusammenhang, Gebiete

9.1 Wege

Eine stetige Abbildung

$$\varphi : [a,b] \to V\,, \quad t \mapsto \varphi(t)$$

definiert einen Weg in V mit Endpunkten $\varphi(a)$ und $\varphi(b)$.

BEISPIELE.

(a) Für $u, v \in V$ liefert $\varphi : t \mapsto u + t(v - u)$ für $0 \leq t \leq 1$ die Strecke zwischen u und v. Die Stetigkeit folgt aus

$$\left\| \varphi(s) - \varphi(t) \right\| = \left\| (s - t)(v - u) \right\| = |s - t| \cdot \|v - u\|\,.$$

(b) Für $u, v, w \in V$ liefert

$$\varphi(t) = \begin{cases} u + t(v - u) & \text{für} \quad 0 \leq t \leq 1 \\ v + (t - 1)(w - v) & \text{für} \quad 1 \leq t \leq 2 \end{cases}$$

einen Weg. Die Bildmenge entsteht durch Aneinandersetzen der Strecken zwischen u und v sowie zwischen v und w.

(c) Verbindet man die Punkte $u_0, u_1, \ldots, u_N \in V$ durch Strecken, so erhält man einen *Polygonzug mit Endpunkten* u_0 und u_N, gegeben durch eine stetige Abbildung $\varphi : [0, N] \to V$ nach dem Muster von (b).

Aneinandersetzen von Wegen. Sind $\varphi_1 : [a,b] \to V$, $\varphi_2 : [c,d] \to V$ Wege mit $\varphi_1(b) = \varphi_2(c)$, so liefert

$$
\psi(t) = \begin{cases} \varphi_1(t) & \text{für} \quad a \le t \le b \\[2mm] \varphi_2(c + (t - b)) & \text{für} \quad b \le t \le b + d - c \end{cases}
$$

einen Weg $\psi : [a, b + d - c] \to V$.

9.2 Zusammenhängende Mengen

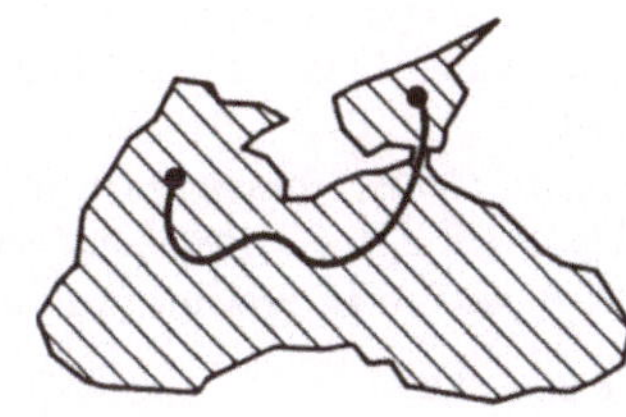

Eine Menge $M \subset V$ heißt **wegzu-sammenhängend**, wenn sich je zwei Punkte von M durch einen Weg verbinden lassen, der ganz in M verläuft.

BEISPIELE

(a) *Die Kugel $K_r(u_0)$ in V ist wegzusammenhängend*, weil sich je zwei Punkte $u, v \in K_r(u_0)$ durch eine Strecke in $K_r(u_0)$ verbinden lassen $\boxed{\text{ÜA}}$.

(b) *In $\mathbb{R}$ sind die wegzusammenhängenden Mengen die Intervalle.* Denn zwei Punkte $a < b$ eines Intervalls lassen sich durch den Weg $\varphi : [a,b] \to [a,b]$, $t \to t$ verbinden. Ist umgekehrt $M \subset \mathbb{R}$ wegzusammenhängend, so gibt es zu je zwei Punkten $\alpha < \beta$ aus M eine stetige Funktion $\varphi : [a,b] \to M$ mit $\varphi(a) = \alpha$, $\varphi(b) = \beta$. Nach dem Zwischenwertsatz ist $[\alpha, \beta] \subset \varphi([a,b]) \subset M$. Also ist M ein Intervall nach dem Hilfssatz § 8: 4.7.

(c) Nicht zusammenhängend ist eine aus zwei disjunkten Kreisscheiben beste-hende Menge M in $\mathbb{R}^2$, etwa

$$
(x - 1)^2 + y^2 < 1, \qquad (x + 1)^2 + y^2 < 1.
$$

Jeder Weg $t \mapsto \varphi(t) = (\varphi_1(t), \varphi_2(t))$ mit Endpunkten in verschiedenen Kreis-scheiben muß M verlassen. Dies scheint evident; eine strenge Begründung ergibt sich durch Anwendung des Zwischenwertsatzes für φ_1 $\boxed{\text{ÜA}}$.

9.3 Stetige Bilder wegzusammenhängender Mengen

Ist $f : V_1 \supset M \to V_2$ stetig und M wegzusammenhängend, so ist auch $f(M)$ wegzusammenhängend.

Insbesondere ist das Bild einer wegzusammenhängenden Menge unter einer re-ellwertigen stetigen Funktion ein Intervall.

BEWEIS.

Für $v_1, v_2 \in f(M)$ wählen wir $u_1, u_2 \in M$ mit $f(u_1) = v_1$ und $f(u_2) = v_2$. Nach Voraussetzung gibt es einen Weg $\varphi : [a,b] \to V_1$ in M mit $\varphi(a) = u_1$, $\varphi(b) = u_2$. Die Hintereinanderausführung von φ und f,

$$\psi = f \circ \varphi \,:\, [a,b] \to V_2 \,,$$

ist ein Weg in $f(M)$ mit $\psi(a) = v_1$, $\psi(b) = v_2$. $f(M)$ ist somit wegzusammenhängend. $\qquad\square$

9.4 Gebiete und polygonale Wege

Eine nichtleere, offene, wegzusammenhängende Menge $\Omega \subset \mathbb{R}^n$ heißt ein **Gebiet**.
In einem Gebiet lassen sich je zwei Punkte durch einen Polygonzug verbinden, der ganz in Ω verläuft (vgl. Fig.).

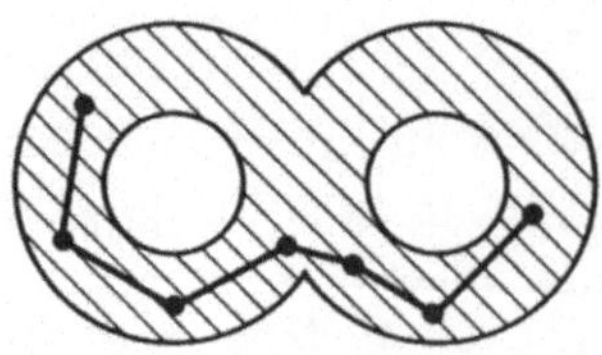

BEWEISSKIZZE.

$\mathbf{x}, \mathbf{y} \in \Omega$ seien beliebige Punkte, und $\varphi \,:\, [a,b] \to \mathbb{R}^n$ sei ein Weg von $\mathbf{x}$ nach $\mathbf{y}$ mit $K := \varphi([a,b]) \subset \Omega$. Als stetiges Bild eines kompakten Intervalls ist K eine kompakte Menge. Da $\partial\Omega$ abgeschlossen und zu K disjunkt ist, ist $r := \mathrm{dist}\,(K, \partial\Omega) > 0$ nach 8.3. Wegen der gleichmäßigen Stetigkeit von φ können wir Zwischenpunkte $a = t_0 < t_1 < \cdots < t_N = b$ finden mit

$$\|\varphi(t_{k-1}) - \varphi(t_k)\| < r \quad \text{für} \quad k = 1, \ldots, N \,.$$

Die Strecke zwischen $\varphi(t_{k-1})$ und $\varphi(t_k)$ liegt ganz in Ω, somit auch das Polygon mit den Ecken $\mathbf{x} = \varphi(t_0), \varphi(t_1), \ldots, \varphi(t_N) = \mathbf{y}$. $\qquad\square$

§ 22 Differentialrechnung im $\mathbb{R}^n$

1 Differenzierbarkeit und Ableitung

1.1 Zur Notation

Im folgenden sei $\Omega \subset \mathbb{R}^n$ immer ein **Gebiet**, d.h. offen und wegzusammenhängend. Unter einer **Umgebung** eines Punktes $\mathbf{a} \in \Omega$ verstehen wir ein Gebiet U mit $\mathbf{a} \in U$, z.B. eine Kugel $K_r(\mathbf{a})$. Eine **Umgebung einer kompakten Menge** K ist ein Gebiet U mit $K \subset U$.

Die Formulierung „für $|t| \ll 1$" soll bedeuten „für alle hinreichend kleinen t".

Wir betrachten Abbildungen

$$\mathbf{f} \,:\, \mathbb{R}^n \supset \Omega \to \mathbb{R}^m \,, \quad \mathbf{x} \mapsto \mathbf{f}(\mathbf{x}) = \begin{pmatrix} f_1(\mathbf{x}) \\ \vdots \\ f_m(\mathbf{x}) \end{pmatrix} = f_1(\mathbf{x})\mathbf{e}_1 + \cdots + f_m(\mathbf{x})\mathbf{e}_m \,.$$

Die Funktionen $f_k : \Omega \to \mathbb{R}$ mit $k = 1, \ldots, m$ heißen die *Komponentenfunktionen* von $\mathbf{f}$. Für $m \geq 2$ heißt $\mathbf{f} : \Omega \to \mathbb{R}^m$ *vektorwertige Funktion*, für $m = 1$ Funktion oder *Skalarfunktion* f.

Aus Platzgründen verwenden wir häufig die Zeilenschreibweise:

$$\mathbf{x} = (x_1, \ldots, x_n),$$

$$\mathbf{f}(\mathbf{x}) = (f_1(\mathbf{x}), \ldots, f_m(\mathbf{x})) = (f_1(x_1, \ldots, x_n), \ldots, f_m(x_1, \ldots, x_n)).$$

Wenn nichts anderes gesagt wird, verwenden wir immer das natürliche Skalarprodukt und die euklidische Norm; dabei bezeichnen wir die Normen in $\mathbb{R}^n$ und $\mathbb{R}^m$ mit demselben Symbol $\|\cdot\|$, solange keine Verwechslungen möglich sind.

Unter dem **kartesischen Produkt** $A \times B$ zweier Mengen $A \subset \mathbb{R}^n$, $B \subset \mathbb{R}^m$ verstehen wir die Menge

$$\big\{ (\mathbf{x}, \mathbf{y}) = (x_1, \ldots, x_n, y_1, \ldots, y_m) \mid \mathbf{x} \in A,\ \mathbf{y} \in B \big\} \subset \mathbb{R}^{n+m}.$$

Lineare Abbildungen $A : \mathbb{R}^n \to \mathbb{R}^m$ beschreiben wir durch ihre Matrizen bezüglich der kanonischen Basen. Wir unterscheiden daher nicht zwischen der linearen Abbildung und ihrer Matrix. Nach §21:7.2 gilt für Matrizen $A = (a_{ik})$

$$\|A\mathbf{x}\| \leq \|A\|_2 \cdot \|\mathbf{x}\| \quad \text{mit} \quad \|A\|_2 = \Big(\sum_{i=1}^{m} \sum_{k=1}^{n} |a_{ik}|^2 \Big)^{\frac{1}{2}}.$$

1.2 Differenzierbarkeit und Ableitung

Eine Abbildung $\mathbf{f} : \mathbb{R}^n \supset \Omega \to \mathbb{R}^m$ heißt an der Stelle $\mathbf{a} \in \Omega$ **differenzierbar**, wenn es eine lineare Abbildung $L : \mathbb{R}^n \to \mathbb{R}^m$ gibt, so daß für alle $\mathbf{x} \in \Omega$

$$\mathbf{f}(\mathbf{x}) = \mathbf{f}(\mathbf{a}) + L(\mathbf{x} - \mathbf{a}) + \mathbf{R}(\mathbf{x} - \mathbf{a}) \quad \text{mit} \quad \lim_{\mathbf{h} \to \mathbf{0}} \frac{\mathbf{R}(\mathbf{h})}{\|\mathbf{h}\|} = \mathbf{0}.$$

Differenzierbarkeit bedeutet also, daß $\mathbf{f}$ *in einer Umgebung von* $\mathbf{a}$ *durch eine affine Abbildung*

$$\mathbf{x} \mapsto \mathbf{f}(\mathbf{a}) + L(\mathbf{x} - \mathbf{a})$$

so gut approximiert werden kann, daß der Fehler

$$\mathbf{R}(\mathbf{x} - \mathbf{a}) = \mathbf{f}(\mathbf{x}) - \mathbf{f}(\mathbf{a}) - L(\mathbf{x} - \mathbf{a})$$

für $\mathbf{x} \to \mathbf{a}$ *stärker als von erster Ordnung gegen Null geht* (vgl. §9:2.2).

Die lineare Abbildung L *ist durch diese Bedingung eindeutig bestimmt; sie heißt* **Ableitung von f an der Stelle a** *und wird wahlweise mit*

$$d\mathbf{f}(\mathbf{a}), \qquad \mathbf{f}'(\mathbf{a}), \qquad D\mathbf{f}(\mathbf{a})$$

bezeichnet. Die Eindeutigkeit zeigen wir unter 1.5.

Die Differenzierbarkeit an der Stelle **a** drücken wir auch so aus:

$$\mathbf{f}(\mathbf{a} + \mathbf{h}) = \mathbf{f}(\mathbf{a}) + d\mathbf{f}(\mathbf{a})\,\mathbf{h} + \mathbf{R}(\mathbf{h}) \quad \text{für} \quad \|\mathbf{h}\| \ll 1\,, \quad \text{wobei} \quad \lim_{\mathbf{h}\,\to\,\mathbf{0}} \frac{\mathbf{R}(\mathbf{h})}{\|\mathbf{h}\|} = \mathbf{0}\,.$$

Da Ω offen ist, gilt $K_r(\mathbf{a}) \subset \Omega$ für $r \ll 1$. Die Beziehung für $\mathbf{f}(\mathbf{a} + \mathbf{h})$ macht dann für $\|\mathbf{h}\| < r$ einen Sinn.

f heißt *im Gebiet Ω differenzierbar*, wenn **f** an jeder Stelle $\mathbf{a} \in \Omega$ differenzierbar ist.

1.3 Beispiele und Anmerkungen

(a) Eine affine Abbildung $\mathbf{f} : \mathbb{R}^n \to \mathbb{R}^m\,,\qquad \mathbf{x} \mapsto \mathbf{c} + A\mathbf{x}$ ist überall differenzierbar, und es gilt $\mathbf{f}'(\mathbf{a}) = A$ für alle $\mathbf{a} \in \Omega$. Denn

$$\mathbf{f}(\mathbf{x}) = \mathbf{f}(\mathbf{a}) + A(\mathbf{x} - \mathbf{a}) \quad \text{mit Rest} \quad \mathbf{R} = \mathbf{0}\,.$$

(b) *Eine quadratische Form $Q(\mathbf{x}) = \langle \mathbf{x}, A\mathbf{x} \rangle$ auf $\mathbb{R}^n$ mit $A^T = A$ ist überall differenzierbar; für die Ableitung gilt $Q'(\mathbf{a})\,\mathbf{h} = 2\langle A\mathbf{a}, \mathbf{h} \rangle$* .
$\boxed{\text{ÜA}}$: Verwenden Sie die Abschätzung $\|A\mathbf{h}\| \leq \|A\|_2\|\mathbf{h}\|$.

(c) BEMERKUNG. Der konkrete Nachweis der Differenzierbarkeit und die Berechnung der Ableitung werden unter 1.6 behandelt.

(d) *Zusammenhang mit der Differentialrechnung einer Veränderlichen.* Für differenzierbare Funktionen $f : \mathbb{R} \supset \Omega \to \mathbb{R}$ gilt nach §9:2.2

$$f(x) = f(a) + f'(a) \cdot (x - a) + R(x - a) \quad \text{mit} \quad \lim_{h\to 0} \frac{R(h)}{h} = 0\,.$$

Die Ableitung im Sinne der Definition 1.2 ist die lineare Abbildung

$$h \mapsto f'(a) \cdot h\,.$$

Wir haben diese bisher stillschweigend mit der Zahl $f'(a)$ identifiziert. Der Unterschied in den beiden Auffassungen wird dadurch deutlich, daß im Sinne der Definition 1.2 die linearen Funktionen $x \mapsto ax$ die einzigen sind, die mit ihrer Ableitung übereinstimmen.

(e) BEMERKUNG. **f** ist genau dann an der Stelle $\mathbf{a} \in \Omega$ differenzierbar, wenn

$$\mathbf{g}(\mathbf{x}) = \mathbf{f}(\mathbf{x} + \mathbf{a}) \quad \text{mit} \quad \mathbf{x} + \mathbf{a} \in \Omega$$

an der Stelle $\mathbf{0}$ differenzierbar ist. $\boxed{\text{ÜA}}$: Machen Sie sich das klar !

1.4 Differenzierbarkeit und Stetigkeit

Ist $\mathbf{f} : \mathbb{R}^n \supset \Omega \to \mathbb{R}^m$ *an der Stelle* $\mathbf{a} \in \Omega$ *differenzierbar, so ist* $\mathbf{f}$ *dort stetig.*

BEWEIS.

Wir verwenden die Bezeichnungen von 1.2. Wegen $\lim\limits_{\mathbf{h} \to \mathbf{0}} \frac{\mathbf{R(h)}}{\|\mathbf{h}\|} = \mathbf{0}$ gibt es zu $\varepsilon = 1$ ein $\delta > 0$, so daß $K_\delta(\mathbf{a}) \in \Omega$ und

$$\frac{\|\mathbf{R(h)}\|}{\|\mathbf{h}\|} < \varepsilon = 1 \quad \text{für alle} \quad \mathbf{h} \quad \text{mit} \quad 0 < \|\mathbf{h}\| < \delta \,.$$

Nach 1.1 gilt $\|L\mathbf{h}\| \leq \|L\|_2 \cdot \|\mathbf{h}\|$. Damit erhalten wir

$$\|\mathbf{f}(\mathbf{a} + \mathbf{h}) - \mathbf{f}(\mathbf{a})\| = \|L\mathbf{h} + \mathbf{R(h)}\| \leq \left(\|L\|_2 + 1\right)\|\mathbf{h}\| \,. \qquad \square$$

1.5 Partielle Ableitungen und Jacobimatrix

Für $f : \mathbb{R}^n \supset \Omega \to \mathbb{R}$ und $\mathbf{a} = (a_1, \ldots, a_n) \in \Omega$ betrachten wir die Funktion einer Variablen

$$t \mapsto f(\mathbf{a} + t\,\mathbf{e}_k) = f(a_1, \ldots, a_{k-1}, a_k + t, a_{k+1}, \ldots, a_n),$$

wo $\mathbf{e}_k$ der k-te kanonische Basisvektor des $\mathbb{R}^n$ ist. Falls diese Funktion an der Stelle $t = 0$ differenzierbar ist, nennen wir

$$\frac{\partial f}{\partial x_k}(\mathbf{a}) := \frac{d}{dt} f(\mathbf{a} + t\,\mathbf{e}_k) \bigg|_{t=0}$$

die **partielle Ableitung** von f nach der Variablen x_k an der Stelle $\mathbf{a}$. Wir differenzieren also f nach der Variablen x_k, wobei wir die anderen Variablen als Konstante behandeln.

Es ist üblich, bei anderer Benennung der Variablen die partiellen Ableitungen auch mit dem Variablennamen zu versehen, z.B. bei $f(x, y, z)$

$$\frac{\partial f}{\partial x}(x, y, z), \qquad \frac{\partial f}{\partial y}(x, y, z), \qquad \frac{\partial f}{\partial z}(x, y, z) \,.$$

Sehr praktisch sind auch die folgenden Bezeichnungen:

$$\partial_1 f(\mathbf{a}), \ldots, \partial_n f(\mathbf{a}) \quad \text{bzw.} \quad \partial_x f(x, y, z), \ \partial_y f(x, y, z), \ \partial_z f(x, y, z) \,.$$

BEISPIEL. Für $f(x, y, z) = x^2 \mathrm{e}^y + \sin z$ ist

$$\frac{\partial f}{\partial x}(x, y, z) = 2x\mathrm{e}^y \,, \qquad \frac{\partial f}{\partial y}(x, y, z) = x^2 \mathrm{e}^y \,, \qquad \frac{\partial f}{\partial z}(x, y, z) = \cos z \,.$$

SATZ. *Ist* $\mathbf{f} : \mathbb{R}^n \supset \Omega \to \mathbb{R}^m$ *in* $\mathbf{a} \in \Omega$ *differenzierbar, so sind die Komponentenfunktionen* $f_1, \ldots, f_m$ *in* $\mathbf{a}$ *partiell differenzierbar, und die Ableitung* $\mathbf{df}(\mathbf{a})$ *hat bezüglich der kanonischen Basen von* $\mathbb{R}^n$ *und* $\mathbb{R}^m$ *die* **Jacobimatrix**

$$\begin{pmatrix} \dfrac{\partial f_1}{\partial x_1}(\mathbf{a}) & \cdots & \dfrac{\partial f_1}{\partial x_n}(\mathbf{a}) \\ \vdots & & \vdots \\ \dfrac{\partial f_m}{\partial x_1}(\mathbf{a}) & \cdots & \dfrac{\partial f_m}{\partial x_n}(\mathbf{a}) \end{pmatrix} = \left(\dfrac{\partial f_i}{\partial x_k}(\mathbf{a}) \right) .$$

Insbesondere ist die Ableitung durch $\mathbf{f}$ *und* $\mathbf{a}$ *eindeutig bestimmt.*

Da wir durchweg mit den kanonischen Basen arbeiten, identifizieren wir die Ableitung mit der Jacobimatrix:

$$d\mathbf{f}(\mathbf{a}) = \left(\frac{\partial f_i}{\partial x_k}(\mathbf{a}) \right) .$$

Die Spalten von $d\mathbf{f}(\mathbf{a})$ bezeichnen wir mit $\partial_1\mathbf{f}(\mathbf{a}), \dots, \partial_n\mathbf{f}(\mathbf{a})$.

BEWEIS.

Bezeichnen wir die kanonische Basis von $\mathbb{R}^n$ wie üblich sowie die von $\mathbb{R}^m$ mit $\mathbf{e}'_1, \dots, \mathbf{e}'_m$, so ist nach Definition der Matrix einer linearen Abbildung zu zeigen:

$$d\mathbf{f}(\mathbf{a})\mathbf{e}_k = \sum_{i=1}^{m} \frac{\partial f_i}{\partial x_k}(\mathbf{a})\mathbf{e}'_i \quad \text{für} \quad k = 1, \dots, n .$$

Das ergibt sich durch Grenzübergang $t \to 0$ $(t \neq 0)$ aus den Beziehungen

$$\sum_{i=1}^{m} \frac{f_i(\mathbf{a} + t\,\mathbf{e}_k) - f_i(\mathbf{a})}{t}\,\mathbf{e}'_i = \frac{\mathbf{f}(\mathbf{a} + t\,\mathbf{e}_k) - \mathbf{f}(\mathbf{a})}{t}$$

$$= \frac{d\mathbf{f}(\mathbf{a})(t\,\mathbf{e}_k) + \mathbf{R}(t\,\mathbf{e}_k)}{t} = d\mathbf{f}(\mathbf{a})\mathbf{e}_k \pm \frac{\mathbf{R}(t\,\mathbf{e}_k)}{\|t\,\mathbf{e}_k\|} :$$

Die rechte Seite hat nach Voraussetzung dem Limes $d\mathbf{f}(\mathbf{a})\mathbf{e}_k$. Also existiert auch der Limes der linken Seite, und zwar koordinatenweise nach §21 : 2.4. $\qquad\square$

Für eine Funktion $f : \mathbb{R}^n \supset \Omega \to \mathbb{R}$ erhalten wir insbesondere

$$df(\mathbf{a})\mathbf{h} = \frac{\partial f}{\partial x_1}(\mathbf{a}) \cdot h_1 + \cdots + \frac{\partial f}{\partial x_n}(\mathbf{a}) \cdot h_n$$

für jeden Vektor $\mathbf{h} = (h_1, \dots, h_n) \in \mathbb{R}^n$.

In der Physikliteratur wird hierfür häufig nach klassischem Vorbild (unter Fortlassung aller Argumente)

$$df = \frac{\partial f}{\partial x_1}\,dx_1 + \cdots + \frac{\partial f}{\partial x_n}\,dx_n$$

geschrieben. Man sollte die „Differentiale" $df, dx_1, \ldots, dx_n$ besser nicht als „unendlich kleine Größen" deuten; das kann Verwirrung stiften. Eine korrekte Interpretation wäre: dx_k ist die Linearform $\mathbb{R}^n \to \mathbb{R}$, die jedem Vektor $\mathbf{h} = (h_1, \ldots, h_n)$ seine k–te Komponente h_k zuordnet.

1.6 Das Haupkriterium für Differenzierbarkeit

Existieren für $\mathbf{f} : \mathbb{R}^n \supset \Omega \to \mathbb{R}^m$ *die partiellen Ableitungen der Komponenten* $f_1, \ldots, f_m$ *an jeder Stelle in* Ω *und sind diese stetige Funktionen auf* Ω*, so ist* $\mathbf{f}$ *in ganz* Ω *differenzierbar. Die Ableitung ist durch die Jacobische Matrix gegeben:*

$$d\mathbf{f}(\mathbf{x}) = \left(\frac{\partial f_i}{\partial x_k}(\mathbf{x}) \right) \quad \text{für} \quad \mathbf{x} \in \Omega \,.$$

Mit Hilfe dieses Satzes ist die Entscheidung über Differenzierbarkeit und die Berechnung der Ableitung relativ einfach, da partielle Ableitungen mit Hilfe der gewöhnlichen Differentialrechnung bestimmt werden können.

BEWEIS.

(a) Zunächst sei f eine reellwertige Funktion zweier Variablen. Wir dürfen o.B.d.A. annehmen, daß

$$f : \mathbb{R}^2 \supset \Omega \to \mathbb{R} \quad \text{und} \quad \mathbf{a} = (0,0) \in \Omega \,,$$

vgl. 1.3 (e). Zu gegebenem $\varepsilon > 0$ gibt es wegen der Stetigkeit der partiellen Ableitungen ein $\delta > 0$ mit $K_\delta(0,0) \subset \Omega$ und

$$\left| \partial_x f(x,y) - \partial_x f(0,0) \right| < \varepsilon \,, \qquad \left| \partial_y f(x,y) - \partial_y f(0,0) \right| < \varepsilon$$

für alle $(x,y) \in K_\delta(0,0)$.

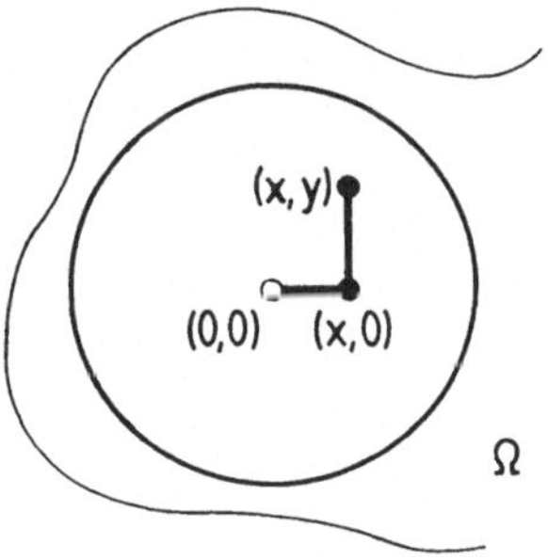

Sei im folgenden $(x,y) \in K_\delta(x,y)$. Dann liegt auch der Streckenzug mit den Ecken $(0,0), (x,0), (x,y)$ ganz in $K_\delta(0,0)$.

Mit dem Hauptsatz der Differential- und Integralrechnung ergibt sich

$$(*) \quad f(x,y) = f(x,0) + \int_0^y \partial_y f(x,t)\, dt$$

$$= f(0,0) + \int_0^x \partial_x f(s,0)\, ds + \int_0^y \partial_y f(x,t)\, dt \,.$$

Diese Darstellung nützen wir wie folgt aus: Zunächst schreiben wir $f(x,y)$ in der Form

$$f(x,y) = f(0,0) + x \cdot \partial_x f(0,0) + y \cdot \partial_y f(0,0) + R(x,y) \qquad \text{mit}$$

$$R(x,y) = f(x,y) - f(0,0) - x \cdot \partial_x f(0,0) - y \cdot \partial_y f(0,0) . \qquad \text{Mit } (*) \text{ folgt}$$

$$R(x,y) = \int\limits_0^x (\partial_x f(s,0) - \partial_x f(0,0))\, ds + \int\limits_0^y (\partial_y f(x,t) - \partial_y f(0,0))\, dt , \quad \text{also}$$

$$|R(x,y)| \leq \left| \int\limits_0^x |\partial_x f(s,0) - \partial_x f(0,0)|\, ds \right| + \left| \int\limits_0^y |\partial_y f(x,t) - \partial_y f(0,0)|\, dt \right|$$

$$\leq |x| \cdot \varepsilon + |y| \cdot \varepsilon \leq 2\sqrt{x^2 + y^2} \cdot \varepsilon \quad \text{für} \quad \sqrt{x^2 + y^2} < \delta .$$

Somit gilt

$$\lim_{(x,y) \to (0,0)} \frac{R(x,y)}{\sqrt{x^2 + y^2}} = 0 ,$$

was die Differenzierbarkeit von f an der Stelle $(0,0)$ bedeutet.

(b) Bei einer Funktion von $n \geq 3$ Variablen $f : \mathbb{R}^n \supset \Omega \to \mathbb{R}$ gehen wir ganz entsprechend vor, indem wir $\mathbf{a} = \mathbf{0}$ und $\mathbf{x}$ durch den achsenparallelen Polygonzug mit den Ecken

$$(0, \ldots, 0), \ (x_1, 0, \ldots, 0), \ (x_1, x_2, 0, \ldots, 0), \ldots, (x_1, \ldots, x_n)$$

verbinden.

(c) Es sei nun $\mathbf{f} : \mathbb{R}^n \supset \Omega \to \mathbb{R}^m$. Nach (a) und (b) ist jede Komponentenfunktion f_i an jeder Stelle $\mathbf{a} \in \Omega$ differenzierbar, es gilt also für $i = 1, \ldots, m$

$$f_i(\mathbf{a} + \mathbf{h}) = f_i(\mathbf{a}) + \sum_{k=1}^n \frac{\partial f_i}{\partial x_k}(\mathbf{a})h_k + R_i(\mathbf{h}) \quad \text{mit} \quad \lim_{\mathbf{h} \to \mathbf{0}} \frac{R_i(\mathbf{h})}{\|\mathbf{h}\|} = 0 .$$

Hieraus folgt mit der kanonischen Basis $(\mathbf{e}_1, \ldots, \mathbf{e}_m)$ von $\mathbb{R}^m$

$$\mathbf{f}(\mathbf{a} + \mathbf{h}) = \sum_{i=1}^m f_i(\mathbf{a} + \mathbf{h})\mathbf{e}_i$$

$$= \sum_{i=1}^m f_i(\mathbf{a})\mathbf{e}_i + \sum_{i=1}^m \sum_{k=1}^n \frac{\partial f_i}{\partial x_k}(\mathbf{a})h_k\mathbf{e}_i + \sum_{i=1}^m R_i(\mathbf{h})\mathbf{e}_i$$

$$= \mathbf{f}(\mathbf{a}) + A\,\mathbf{h} + \mathbf{R}(\mathbf{h}) ,$$

wobei $A = \left(\frac{\partial f_i}{\partial x_k}(\mathbf{a}) \right)$ die Jacobimatrix ist und $\mathbf{R}(\mathbf{h}) := \sum_{i=1}^m R_i(\mathbf{h})\mathbf{e}_i$ gesetzt wurde. Es gilt somit nach der Dreiecksungleichung

$$\frac{\|\mathbf{R}(\mathbf{h})\|}{\|\mathbf{h}\|} \le \sum_{i=1}^{m} \frac{|R_i(\mathbf{h})|}{\|\mathbf{h}\|} \to 0 \quad \text{für} \quad \mathbf{h} \to \mathbf{0}. \qquad\qquad \square$$

1.7 Beispiele und Anmerkungen

(a) $\mathbf{f} : \mathbb{R}^2 \to \mathbb{R}^2, \quad \begin{pmatrix} x \\ y \end{pmatrix} \mapsto \begin{pmatrix} \mathrm{e}^x \cdot \cos y \\ \mathrm{e}^x \cdot \sin y \end{pmatrix}.$

Die Komponenten $f_1(x,y) = \mathrm{e}^x \cos y$, $f_2(x,y) = \mathrm{e}^x \sin y$ sind partiell differenzierbar, und es ist

$$\frac{\partial f_1}{\partial x}(x,y) = \mathrm{e}^x \cdot \cos y\,, \qquad \frac{\partial f_1}{\partial y}(x,y) = -\mathrm{e}^x \cdot \sin y\,,$$

$$\frac{\partial f_2}{\partial x}(x,y) = \mathrm{e}^x \cdot \sin y\,, \qquad \frac{\partial f_2}{\partial y}(x,y) = \mathrm{e}^x \cdot \cos y\,.$$

Da die partiellen Ableitungen stetig sind, ist $\mathbf{f}$ nach 1.6 differenzierbar und besitzt die Ableitung

$$\begin{pmatrix} \mathrm{e}^x \cdot \cos y & -\mathrm{e}^x \cdot \sin y \\ \mathrm{e}^x \cdot \sin y & \mathrm{e}^x \cdot \cos y \end{pmatrix}.$$

(b) **Partielle und totale Differenzierbarkeit**. In der Physik ist auch die Bezeichnung „total differenzierbar" statt „differenzierbar" gebräuchlich. Aus totaler Differenzierbarkeit folgt nach Satz 1.6 die Existenz der partiellen Ableitungen. Die Umkehrung gilt nicht, wenn man auf die Stetigkeit der partiellen Ableitungen verzichtet. Sei z.B.

$$f(x,y) = \frac{xy}{x^2+y^2} \quad \text{für} \quad \begin{pmatrix} x \\ y \end{pmatrix} \ne \begin{pmatrix} 0 \\ 0 \end{pmatrix} \quad \text{und} \quad f(0,0) = 0\,.$$

Dann existieren die partiellen Ableitungen in jedem Punkt $\mathbf{a} \in \mathbb{R}^2$ $\boxed{\text{ÜA}}$, aber f ist an der Stelle $(0,0)$ unstetig:

$$\lim_{x \to 0} f(x,0) = 0\,, \qquad \lim_{x \to 0} f(x,x) = \frac{1}{2}\,.$$

Also kann f an der Stelle $(0,0)$ nicht differenzierbar sein. Nach 1.6 können also auch die partiellen Ableitungen nicht stetig sein. $\boxed{\text{ÜA}}$ Prüfen Sie das nach!

(c) Berechnen Sie die Jacobi–Matrix und deren Determinante für die beiden Abbildungen $\mathbb{R}^2 \to \mathbb{R}^2$ bzw. $\mathbb{R}^3 \to \mathbb{R}^3$:

$$\begin{pmatrix} r \\ \varphi \end{pmatrix} \mapsto \begin{pmatrix} r \cdot \cos\varphi \\ r \cdot \sin\varphi \end{pmatrix}, \qquad \begin{pmatrix} r \\ \vartheta \\ \varphi \end{pmatrix} \mapsto \begin{pmatrix} r \cdot \cos\varphi \cdot \sin\vartheta \\ r \cdot \sin\varphi \cdot \sin\vartheta \\ r \cdot \cos\vartheta \end{pmatrix}.$$

2 Rechenregeln für differenzierbare Funktionen

2.1 Die Kettenregel

Sei $\mathbf{g} : \mathbb{R}^n \supset \Omega \to \mathbb{R}^m$ *an der Stelle* $\mathbf{x} \in \Omega$ *differenzierbar, ferner sei* $\mathbf{f} : \mathbb{R}^m \supset \Omega' \to \mathbb{R}^l$ *an der Stelle* $\mathbf{y} = \mathbf{g}(\mathbf{x}) \in \Omega'$ *differenzierbar und* $g(\Omega) \subset \Omega'$, *also*

$$\Omega \xrightarrow{\mathbf{g}} \Omega' \xrightarrow{\mathbf{f}} \mathbb{R}^l \,.$$

Dann ist auch die Hintereinanderausführung $\mathbf{f} \circ \mathbf{g} : \Omega \to \mathbb{R}^l$ *an der Stelle* $\mathbf{x}$ *differenzierbar, und es gilt*

$$d(\mathbf{f} \circ \mathbf{g})(\mathbf{x}) = d\mathbf{f}(\mathbf{y})\, d\mathbf{g}(\mathbf{x}) \,.$$

Für die Jacobimatrizen ergibt sich nach Ausführung der Matrizenmultiplikation

$$\frac{\partial(f_i \circ \mathbf{g})}{\partial x_k}(\mathbf{x}) = \sum_{j=1}^{m} \frac{\partial f_i}{\partial y_j}(\mathbf{y}) \cdot \frac{\partial g_j}{\partial x_k}(\mathbf{x}) \quad \text{mit} \quad i = 1, \ldots, l;\ k = 1, \ldots, n \,.$$

BEWEIS.

Wir setzen zur Abkürzung $A = d\mathbf{g}(\mathbf{x})$, $B = d\mathbf{f}(\mathbf{y})$. Nach Voraussetzung gilt

$$\mathbf{g}(\mathbf{x} + \mathbf{h}) = \mathbf{g}(\mathbf{x}) + A\mathbf{h} + \mathbf{R}(\mathbf{h}) \quad \text{und} \quad \lim_{\mathbf{h} \to 0} \frac{\mathbf{R}(\mathbf{h})}{\|\mathbf{h}\|} = \mathbf{0} \,,$$

$$\mathbf{f}(\mathbf{y} + \mathbf{k}) = \mathbf{f}(\mathbf{y}) + B\mathbf{k} + \mathbf{S}(\mathbf{k}) \quad \text{und} \quad \lim_{\mathbf{k} \to 0} \frac{\mathbf{S}(\mathbf{k})}{\|\mathbf{k}\|} = \mathbf{0} \,.$$

Hieraus ergibt sich

$$(\mathbf{f} \circ \mathbf{g})(\mathbf{x} + \mathbf{h}) = \mathbf{f}(\mathbf{g}(\mathbf{x} + \mathbf{h})) = \mathbf{f}(\mathbf{g}(\mathbf{x}) + A\mathbf{h} + \mathbf{R}(\mathbf{h}))$$

$$= \mathbf{f}(\mathbf{g}(\mathbf{x})) + B \cdot (A\mathbf{h} + \mathbf{R}(\mathbf{h})) + \mathbf{S}(A\mathbf{h} + \mathbf{R}(\mathbf{h}))$$

$$= (\mathbf{f} \circ \mathbf{g})(\mathbf{x}) + BA\mathbf{h} + \mathbf{T}(\mathbf{h}), \quad \text{wobei}$$

$$\mathbf{T}(\mathbf{h}) := B\mathbf{R}(\mathbf{h}) + \mathbf{S}(A\mathbf{h} + \mathbf{R}(\mathbf{h})) \,.$$

Wir zeigen $\frac{\mathbf{T}(\mathbf{h})}{\|\mathbf{h}\|} \to \mathbf{0}$ für $\mathbf{h} \to \mathbf{0}$: Zu gegebenem $\varepsilon > 0$ mit $\varepsilon \leq 1$ gibt es nach Voraussetzung Zahlen $\delta_1, \delta_2 > 0$ mit

$$\|\mathbf{R}(\mathbf{h})\| < \varepsilon \|\mathbf{h}\| \quad \text{für} \quad \|\mathbf{h}\| < \delta_1 \,, \qquad \|\mathbf{S}(\mathbf{k})\| < \varepsilon \|\mathbf{k}\| \quad \text{für} \quad \|\mathbf{k}\| < \delta_2 \,.$$

Setzen wir

$$\delta := \min\left\{ \delta_1, \frac{\delta_2}{\|A\|_2 + 1} \right\} \,,$$

so gilt für $\|\mathbf{h}\| < \delta$

$$\|B\mathbf{R}(\mathbf{h})\| \le \|B\|_2 \cdot \|\mathbf{R}(\mathbf{h})\| \le \|B\|_2 \cdot \varepsilon \cdot \|\mathbf{h}\|\,,$$

$$\|A\mathbf{h} + \mathbf{R}(\mathbf{h})\| \le \|A\|_2 \cdot \|\mathbf{h}\| + \varepsilon \cdot \|\mathbf{h}\| \le \left(\|A\|_2 + 1\right) \cdot \|\mathbf{h}\| < \delta_2\,,$$

somit

$$\|\mathbf{T}(\mathbf{h})\| \le \|B\|_2 \cdot \varepsilon \cdot \|\mathbf{h}\| + \varepsilon \cdot \|A\mathbf{h} + \mathbf{R}(\mathbf{h})\| \le \varepsilon \left(\|B\|_2 + \|A\|_2 + 1\right) \cdot \|\mathbf{h}\|\,.$$
$$\square$$

2.2 Aufgabe. Für $x > 0$, $y > 0$ und $u, v \in \mathbb{R}$ sei

$$\mathbf{f}(u,v) = \begin{pmatrix} u^2 - v^2 \\ 2uv \end{pmatrix} \quad \text{und} \quad \mathbf{g}(x,y) = 2 \begin{pmatrix} \log \sqrt{x^2 + y^2} \\ \arctan \frac{y}{x} \end{pmatrix}.$$

Bestimmen Sie die Ableitung von $\mathbf{f} \circ \mathbf{g}$.

2.3 Der Vektorraum $\mathrm{C}^1(\Omega, \mathbb{R}^m)$

Eine Abbildung $\mathbf{f} : \mathbb{R}^n \supset \Omega \to \mathbb{R}^m$ nennen wir **stetig differenzierbar (C^1–differenzierbar, C^1–Abbildung**), wenn alle partiellen Ableitungen $\partial_i f_k$ auf Ω existieren und dort stetig sind. Nach dem Hauptkriterium 1.6 sind C^1–Abbildungen differenzierbar auf Ω. Die Gesamtheit aller C^1–Abbildungen $\mathbf{f} : \Omega \to \mathbb{R}^m$ bezeichnen wir mit $\mathrm{C}^1(\Omega, \mathbb{R}^m)$. C^1–*Funktionen* sind stetig differenzierbare Funktionen $f : \Omega \to \mathbb{R}$; ihre Gesamtheit wird mit $\mathrm{C}^1(\Omega)$ bezeichnet.

SATZ. $\mathrm{C}^1(\Omega, \mathbb{R}^m)$ *ist ein Vektorraum über* $\mathbb{R}$, *das heißt für* $\mathbf{f}, \mathbf{g} \in \mathrm{C}^1(\Omega, \mathbb{R}^m)$ *und* $\alpha, \beta \in \mathbb{R}$ *gehört auch* $\alpha\mathbf{f} + \beta\mathbf{g} : \mathbf{x} \mapsto \alpha\mathbf{f}(\mathbf{x}) + \beta\mathbf{g}(\mathbf{x})$ *zu* $\mathrm{C}^1(\Omega, \mathbb{R}^m)$, *und es gilt* $d(\alpha\mathbf{f} + \beta\mathbf{g}) = \alpha\,d\mathbf{f} + \beta\,d\mathbf{g}$.

BEWEIS: $\boxed{\ddot{\mathrm{U}}\mathrm{A}}$.

2.4 C^r–Abbildungen

Eine Funktion $f : \Omega \to \mathbb{R}$ heißt **C^2–differenzierbar**, wenn alle partiellen Ableitungen

$$\partial_i \partial_j f = \frac{\partial^2 f}{\partial x_i \partial x_j} := \frac{\partial}{\partial x_i}\left(\frac{\partial f}{\partial x_j}\right)$$

in Ω existieren und dort stetig sind. f heißt C^3–differenzierbar auf Ω, wenn die $\partial_i \partial_j f$ ihrerseits stetig partiell differenzierbar sind, wenn also

$$\partial_i \partial_j \partial_k f = \frac{\partial^3 f}{\partial x_i \partial x_j \partial x_k} := \frac{\partial}{\partial x_i}\left(\frac{\partial^2 f}{\partial x_j \partial x_k}\right)$$

auf Ω existieren und stetig sind. Entsprechend ist **C^r–Differenzierbarkeit** $(r = 0, 1, 2, \dots, \infty)$ definiert. In 2.6 werden wir zeigen, daß es auf die Reihenfolge der Differentiation nicht ankommt. Die Gesamtheit aller C^r–differenzierbaren Funktionen bezeichnen wir mit $C^r(\Omega)$; die stetigen Funktionen werden auch C^0–Funktionen genannt.

Eine vektorwertige Funktion heißt **C^r–Abbildung** $(\mathbf{f} \in C^r(\Omega, \mathbb{R}^m))$ wenn alle Komponentenfunktionen zu $C^r(\Omega)$ gehören, $(r = 0, 1, 2, \dots, \infty)$.

SATZ. *Für jedes $r \geq 0$ ist $C^r(\Omega, \mathbb{R}^m)$ ein Vektorraum über $\mathbb{R}$.*

BEWEIS.

Die Vektorraumeigenschaft der stetigen Funktionen ist bekannt. Die übrigen Behauptungen folgen leicht durch Induktion nach r $\boxed{\text{ÜA}}$. $\qquad\square$

2.5 Produkt– und Quotientenregel

(a) *Mit $f, g \in C^1(\Omega)$ ist auch $f \cdot g \in C^1(\Omega)$, und es gilt*

$$d(f \cdot g)(\mathbf{x}) = f(\mathbf{x})\, dg(\mathbf{x}) + g(\mathbf{x})\, df(\mathbf{x}) \qquad \text{für alle } \mathbf{x} \in \Omega.$$

(b) *Ferner ist $\dfrac{f}{g}$ an jeder Stelle $\mathbf{a}$ mit $g(\mathbf{a}) \neq 0$ stetig differenzierbar mit*

$$d\left(\frac{f}{g}\right)(\mathbf{a}) = \frac{g(\mathbf{a})\, df(\mathbf{a}) - f(\mathbf{a})\, dg(\mathbf{a})}{g(\mathbf{a})^2}.$$

Bei Fortlassen der Argumente erhalten die beiden Regeln die übersichtliche Gestalt

$$d(fg) = f\, dg + g\, df, \qquad d\left(\frac{f}{g}\right) = \frac{g\, df - f\, dg}{g^2}.$$

BEWEIS.

(a) Sei $F(u, v) = u \cdot v$. Dann ist $dF(u, v)$ eine 1×2–Matrix:

$$dF(u, v) = (v, u),$$

und die Kettenregel ergibt mit $\mathbf{G}(\mathbf{x}) = \begin{pmatrix} f(\mathbf{x}) \\ g(\mathbf{x}) \end{pmatrix}$

$$d(fg)(\mathbf{x}) = d(F \circ \mathbf{G})(\mathbf{x}) = (g(\mathbf{x}), f(\mathbf{x}))\, d\mathbf{G}(\mathbf{x}) = g(\mathbf{x})\, df(\mathbf{x}) + f(\mathbf{x})\, dg(\mathbf{x})$$

$\boxed{\text{ÜA}}$. (Wie sieht die Matrix $d\mathbf{G}(\mathbf{x})$ aus?)

(b) Analog zu (a) mit $H(u, v) = \dfrac{u}{v}$ $\boxed{\text{ÜA}}$. $\qquad\square$

2.6 Vertauschbarkeit der partiellen Ableitungen

Für jede C^2-Funktion f auf $\Omega \subset \mathbb{R}^n$ gilt nach Hermann Amandus Schwarz:

$$\frac{\partial}{\partial x_i}\,\frac{\partial}{\partial x_k}\,f = \frac{\partial}{\partial x_k}\,\frac{\partial}{\partial x_i}\,f \quad \text{für} \quad i,k = 1,\dots,n\,.$$

Der Beweis stützt sich auf den folgenden

Satz über Parameterintegrale. *Ist* $g : \mathbb{R}^2 \supset \Omega \to \mathbb{R}$ C^1-*differenzierbar und ist das Rechteck* $[a,b] \times [c,d]$ *ganz in* Ω *gelegen, so liefert*

$$G(x) = \int\limits_c^d g(x,y)\,dy$$

eine auf ganz $[a,b]$ *stetig differenzierbare Funktion mit*

$$G'(x) = \int\limits_c^d \frac{\partial g}{\partial x}(x,y)\,dy\,.$$

Der Beweis wäre an dieser Stelle zwar nicht schwer zu führen, soll aber in allgemeinerer Form unter §23 : 2.3 gegeben werden.

Beweis von 2.6.

Für einen gegebenen Punkt $\mathbf{a} \in \Omega$ und $i \neq k$ setzen wir

$$\varphi(u,v) := f(\mathbf{a} + u\mathbf{e}_i + v\mathbf{e}_k)\,.$$

Zu zeigen ist dann $\partial_u \partial_v \varphi(0,0) = \partial_v \partial_u \varphi(0,0)\,.$

Die Funktion φ ist in einer Umgebung U des Nullpunktes definiert. U enthält eine Kreisscheibe $K_\delta(0,0)$ mit $\delta > 0$ und diese wieder ein kompaktes Quadrat

$$Q = \big\{(u,v) \,\big|\, |u| \leq r,\; |v| \leq r\big\} \qquad \big(\,r = \tfrac{\delta}{2} > 0\,\big)\,.$$

Der Hauptsatz der Differential- und Integralrechnung liefert

$$\varphi(u,v) = \varphi(u,0) + \int\limits_0^v \partial_v \varphi(u,t)\,dt\,.$$

in Q, und nach dem Satz über Parameterintegrale für $g = \partial_v \varphi$ gilt

$$\partial_u \varphi(u,v) - \partial_u \varphi(u,0) = \int\limits_0^v \partial_u \partial_v \varphi(u,t)\,dt\,.$$

Daraus folgt nach dem Hauptsatz der Differential- und Integralrechnung

$$\partial_v \partial_u \varphi(u,v) = \partial_u \partial_v \varphi(u,v) \qquad \text{im Quadrat } Q. \qquad \qquad \square$$

2.7 Beispiele und Aufgaben

(a) Die Funktionen $\mathbf{x} \mapsto \cos\langle \mathbf{k}, \mathbf{x} \rangle$, $\mathbf{x} \mapsto \sin\langle \mathbf{k}, \mathbf{x} \rangle$ mit $\mathbf{k} \in \mathbb{R}^n$ sind beliebig oft differenzierbar. Beide genügen der Differentialgleichung $\Delta f + \|\mathbf{k}\|^2 \cdot f = 0$ mit $\Delta = \partial_1 \partial_1 + \cdots + \partial_n \partial_n$.

(b) Die Funktion $\mathbf{x} \mapsto e^{-\frac{1}{\|\mathbf{x}\|^2}}$ für $\mathbf{x} \neq \mathbf{0}$ ist bei geeigneter Fortsetzung in den Nullpunkt C^∞–differenzierbar auf $\mathbb{R}^n$. Verwenden Sie §9:6.3 (d).

(c) Seien $F, G : \mathbb{R} \to \mathbb{R}$ beliebige C^2–Funktionen und $c > 0$. Zeigen Sie für $u(t, x) := F(x + ct) + G(x - ct)$, daß $u \in C^2(\mathbb{R}^3)$ und der „Wellengleichung"

$$\frac{1}{c^2} \cdot \frac{\partial^2 u}{\partial t^2} = \frac{\partial^2 u}{\partial x^2}$$

genügt. Machen Sie sich klar, wie sich der Graph der beiden Funktionen $x \mapsto F(x + ct)$, $x \mapsto G(x - ct)$ in Abhängigkeit des Zeitparameters t bewegt.

3 Richtungsableitungen reellwertiger Funktionen

3.1 Der Gradient

Für C^1–Funktionen $f : \Omega \to \mathbb{R}$ ist die Ableitung an einer festen Stelle $\mathbf{a} \in \Omega$ eine Linearform:

$$df(\mathbf{a}) : \mathbb{R}^n \to \mathbb{R}, \qquad \mathbf{h} \mapsto df(\mathbf{a})\,\mathbf{h}\,.$$

Sie wird auch **Differential** genannt. Die Jacobi–Matrix ist

$$\bigl(\partial_1 f(\mathbf{a}), \ldots, \partial_n f(\mathbf{a})\bigr)\,.$$

Für $\mathbf{h} = \sum_{k=1}^{n} h_k \mathbf{e}_k$ erhalten wir die Koordinatendarstellung

$$df(\mathbf{a})\,\mathbf{h} = \sum_{k=1}^{n} \partial_k f(\mathbf{a}) \cdot h_k\,.$$

Es ist zweckmäßig, diese Summe als Skalarprodukt der Vektoren

$$\nabla f(\mathbf{a}) = \begin{pmatrix} \partial_1 f(\mathbf{a}) \\ \vdots \\ \partial_n f(\mathbf{a}) \end{pmatrix}, \qquad \mathbf{h} = \begin{pmatrix} h_1 \\ \vdots \\ h_n \end{pmatrix}$$

aufzufassen, also

$$df(\mathbf{a})\,\mathbf{h} = \langle \nabla f(\mathbf{a}), \mathbf{h} \rangle\,.$$

Der Vektor $\nabla f(\mathbf{a})$ heißt **Gradient** von f an der Stelle $\mathbf{a}$; der Name ergibt sich aus der Interpretation 3.2.

Die Ableitungsregeln 2.3, 2.5 lauten in Gradientenschreibweise

(a) $\nabla(\alpha f + \beta g) = \alpha \cdot \nabla f + \beta \cdot \nabla g$ (*Linearität des Gradienten*),

(b) $\nabla(f \cdot g) = f \cdot \nabla g + g \cdot \nabla f$ (*Produktregel*),

(c) $\displaystyle \nabla\left(\frac{f}{g}\right) = \frac{g \cdot \nabla f - f \cdot \nabla g}{g^2}$ (*Quotientenregel*);

letzteres wie in 2.5 außerhalb der Nullstellenmenge von g.

$\boxed{\text{ÜA}}$ Zeigen Sie für den euklidischen Abstand von $\mathbf{x} \in \mathbb{R}^n$ zum Ursprung, also

$$\mathbf{x} \mapsto f(\mathbf{x}) := \|\mathbf{x}\| = \sqrt{\sum_{k=1}^{n} x_k^2} : f \text{ ist } C^1\text{-differenzierbar außerhalb des Ursprungs,}$$

und für $\mathbf{x} \neq \mathbf{0}$ gilt $\nabla f(\mathbf{x}) = \frac{\mathbf{x}}{\|\mathbf{x}\|}$.

3.2 Kettenregel und Richtungsableitung

Unter einem C^1–**Weg** im $\mathbb{R}^n$ verstehen wir eine C^1–Abbildung

$$\boldsymbol{\varphi} : I \to \mathbb{R}^n$$

auf einem reellen Intervall I. Die Bildmenge $\boldsymbol{\varphi}(I)$ heißt **Spur** von $\boldsymbol{\varphi}$. Für jedes $t_0 \in I$ ist der **Tangentenvektor** durch

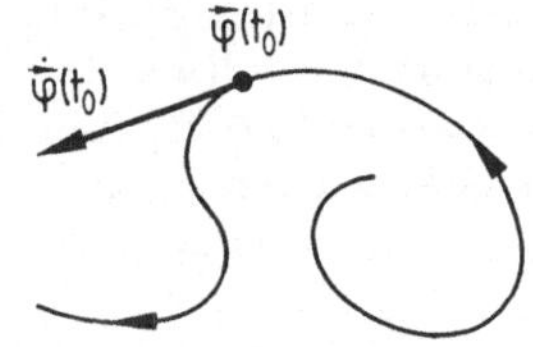

$$\dot{\boldsymbol{\varphi}}(t_0) := \lim_{t \to t_0} \frac{\boldsymbol{\varphi}(t) - \boldsymbol{\varphi}(t_0)}{t - t_0} = \begin{pmatrix} \dot{\varphi}_1(t_0) \\ \vdots \\ \dot{\varphi}_n(t_0) \end{pmatrix}$$

definiert; in Randpunkten von I ist die Ableitung als einseitiger Grenzwert im Sinne von § 9 : 2.3 zu verstehen. Die Stetigkeit von $t \mapsto \dot{\boldsymbol{\varphi}}(t)$ ist gleichbedeutend mit der Stetigkeit der Funktionen $t \mapsto \dot{\varphi}_k(t)$ für $k = 1, \ldots, n$.

Deuten wir $\boldsymbol{\varphi}(t)$ als den Ort eines Massenpunktes zum Zeitpunkt t, so ist $\dot{\boldsymbol{\varphi}}(t)$ der Geschwindigkeitsvektor.

Die Kettenregel. Ist $f \in C^1(\Omega)$ und $\boldsymbol{\varphi} : I \to \Omega$ ein C^1–Weg, so gilt

$$\frac{d}{dt} f(\boldsymbol{\varphi}(t)) = \langle \nabla f(\boldsymbol{\varphi}(t)), \dot{\boldsymbol{\varphi}}(t) \rangle .$$

BEWEIS.

(a) Für offene Intervalle I folgt das direkt aus der Kettenregel 2.1:

$$\frac{d}{dt}f(\varphi(t)) = df(\mathbf{x}) \cdot d\varphi(t) \quad \text{mit} \quad \mathbf{x} = \varphi(t), \quad \text{wobei}$$

$$df(\mathbf{x}) = (\partial_1 f(\mathbf{x}), \ldots, \partial_n f(\mathbf{x})) \quad \text{und} \quad d\varphi(t) = \dot{\varphi}(t).$$

(b) Sei I nicht offen und a ein Randpunkt von I, etwa der linke. Durch $\varphi(t) := \varphi(a) + (t-a)\dot{\varphi}(a)$ für $a - \delta < t \leq a$ läßt sich φ in stetig differenzierbarer Weise über I hinaus fortsetzen. Wegen der Stetigkeit von φ und der Offenheit von Ω gilt $\varphi(t) \in \Omega$ für genügend kleines δ. Wir dürfen also immer die Situation (a) unterstellen. $\qquad\qquad\Box$

Die Richtungsableitung von f an der Stelle $\mathbf{a}$ in Richtung $\mathbf{v}$ ist definiert durch

$$\partial_{\mathbf{v}} f(\mathbf{a}) := \frac{d}{dt}f(\mathbf{a} + t\,\mathbf{v})\,\Big|_{t=0}\,.$$

Nach der Kettenregel, angewandt auf $\varphi(t) = \mathbf{a} + t\,\mathbf{v}$, $\dot{\varphi}(t) = \mathbf{v}$, ergibt sich

$$\partial_{\mathbf{v}} f(\mathbf{a}) = \langle \nabla f(\mathbf{a}), \mathbf{v} \rangle\,.$$

Für $\mathbf{v} = \mathbf{e}_i$ ist $\partial_{\mathbf{v}} f(\mathbf{a})$ die partielle Ableitung $\partial_i f(\mathbf{a})$. Für $\|\mathbf{v}\| = 1$ gibt die Funktion $t \mapsto f(\mathbf{a} + t\,\mathbf{v})$ das Verhalten der Funktion f längs der Geraden $g = \{\mathbf{a} + t\,\mathbf{v} \mid t \in \mathbb{R}\}$ im gleichen Maßstab wieder, also ist $\partial_{\mathbf{v}} f(\mathbf{a})$ die Steigung des Graphen von f längs dieser Geraden. Daher wird der Begriff „Richtungsableitung" in der Literatur oft nur für Vektoren $\mathbf{v}$ der Länge 1 verwendet.

Gradient und Richtung stärksten Anstiegs. Im Fall $\|\mathbf{v}\| = 1$ gilt nach der Cauchy–Schwarzschen Ungleichung

$$|\partial_{\mathbf{v}} f(\mathbf{a})| \leq \|\nabla f(\mathbf{a})\|\,,$$

und im Fall $\nabla f(\mathbf{a}) \neq \mathbf{0}$ wird die größtmögliche Anstiegsrate $\|\nabla f(\mathbf{a})\|$ genau dann erreicht, wenn

$$\mathbf{v} = \frac{\nabla f(\mathbf{a})}{\|\nabla f(\mathbf{a})\|}\,.$$

Somit gibt $\nabla f(\mathbf{a})$ die Richtung stärksten Fortschreitens (lat. *gradiens*) an.

3.3 Aufgaben

(a) Eine Punktmasse an der Stelle $\mathbf{a}$ erzeugt das Gravitationspotential

$$U(\mathbf{x}) = -\frac{\gamma\,m}{\|\mathbf{x} - \mathbf{a}\|}\,.$$

Berechnen Sie die Gravitationskraft $\nabla U(\mathbf{x})$ auf eine Einheitsmasse im Punkt $\mathbf{x} \neq \mathbf{a}$.

(b) Berechnen Sie $\nabla F(\|\mathbf{x}\|)$ für $\mathbf{x} \neq \mathbf{0}$, wobei F eine C^1-Funktion auf $\mathbb{R}_{>0}$ ist.

3.4 Der Mittelwertsatz in integrierter Form

Sei f eine C^1-Funktion auf $\Omega \subset \mathbb{R}^n$ und $\varphi : [\alpha, \beta] \to \Omega$ ein C^1-Weg in Ω mit den Endpunkten $\mathbf{a} = \varphi(\alpha)$ und $\mathbf{b} = \varphi(\beta)$. In der Figur ist die Spur eines solchen Weges skizziert.

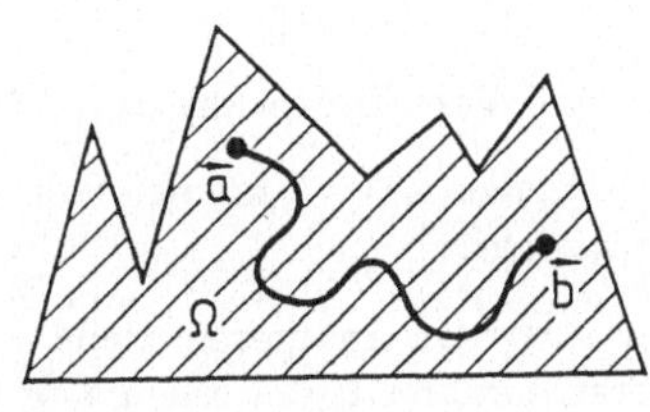

Dann gilt nach dem Hauptsatz der Differential- und Integralrechnung und der Kettenregel 3.2

$$f(\mathbf{b}) - f(\mathbf{a}) = f(\varphi(\beta)) - f(\varphi(\alpha)) = \int\limits_{\alpha}^{\beta} \tfrac{d}{dt} f(\varphi(t))\, dt$$

$(*)$

$$= \int\limits_{\alpha}^{\beta} \langle \nabla f(\varphi(t)), \dot{\varphi}(t) \rangle\, dt .$$

Diese Gleichung spielt für Funktionen mehrerer Veränderlicher die Rolle des Hauptsatzes der Differential- und Integralrechnung. Wir sprechen auch vom **Mittelwertsatz in integrierter Form**. Diese Beziehung erlaubt es, aus Informationen über die Ableitung Schlüsse auf das Verhalten der Funktion im Großen zu ziehen. Eine erste Folgerung ist der

Schrankensatz. *Sei* $f \in C^1(\Omega)$, *und die Verbindungsstrecke* S *der Punkte* $\mathbf{a}$ *und* $\mathbf{b}$ *liege ganz in* Ω. *Dann gilt*

$$|f(\mathbf{b}) - f(\mathbf{a})| \leq M \cdot \|\mathbf{b} - \mathbf{a}\| \quad \text{mit} \quad M = \max\big\{ \|\nabla f(\mathbf{x})\| \mid \mathbf{x} \in S \big\} .$$

Beweis.
Mit $\varphi(t) = \mathbf{a} + t(\mathbf{b} - \mathbf{a})$ für $0 \leq t \leq 1$ ergibt sich aus $(*)$

$$|f(\mathbf{b}) - f(\mathbf{a})| = \Big| \int\limits_{0}^{1} \langle \nabla f(\varphi(t)), \mathbf{b} - \mathbf{a} \rangle\, dt \Big| \leq \int\limits_{0}^{1} |\langle \nabla f(\varphi(t)), \mathbf{b} - \mathbf{a} \rangle|\, dt$$

$$\leq \int\limits_{0}^{1} \|\nabla f(\varphi(t))\| \cdot \|\mathbf{b} - \mathbf{a}\|\, dt \leq M \cdot \|\mathbf{b} - \mathbf{a}\| . \qquad \square$$

Folgerung. Für vektorwertige Funktionen $\mathbf{f} : \mathbb{R}^n \supset \Omega \to \mathbb{R}^m$ gilt unter entsprechenden Voraussetzungen

$$\|\mathbf{f}(\mathbf{b}) - \mathbf{f}(\mathbf{a})\| \leq L \cdot \|\mathbf{b} - \mathbf{a}\| \quad \text{mit} \quad L = \max\big\{ \|d\mathbf{f}(\mathbf{x})\|_2 \mid \mathbf{x} \in S \big\} .$$

$$\|\mathbf{f}(\mathbf{b}) - \mathbf{f}(\mathbf{a})\| \le L \cdot \|\mathbf{b} - \mathbf{a}\| \quad \text{mit} \quad L = \max\left\{ \|df(\mathbf{x})\|_2 \mid \mathbf{x} \in S \right\}.$$

BEWEIS: $\boxed{\text{ÜA}}$. Zeigen Sie wie eben mit Hilfe von Cauchy–Schwarz

$$\|\mathbf{f}(\mathbf{b}) - \mathbf{f}(\mathbf{a})\|^2 \le \|\mathbf{b} - \mathbf{a}\|^2 \cdot \int\limits_0^1 \sum_{i=1}^m \|\nabla f_i(\boldsymbol{\varphi}(t))\|^2 \, dt.$$

3.5 Das Verschwinden der Ableitung

Verschwindet der Gradient einer C^1-Funktion f auf einem Gebiet Ω, so ist f dort konstant.

BEMERKUNG. An dieser Stelle wird klar, warum wir als Definitionsbereiche differenzierbarer Funktionen nur wegzusammenhängende Mengen betrachten. Sonst folgt aus dem Verschwinden der Ableitung nicht die Konstanz von f. Ist beispielsweise $\Omega = \Omega_1 \cup \Omega_2$ mit disjunkten offenen Mengen Ω_1 und Ω_2, und ist $f(\mathbf{x}) = 1$ für $\mathbf{x} \in \Omega_1$, $f(\mathbf{x}) = 2$ für $\mathbf{x} \in \Omega_2$, so ist $\nabla f(\mathbf{x}) = 0$ für alle $\mathbf{x} \in \Omega$, aber f nicht konstant.

BEWEIS.

Wir fixieren einen Punkt $\mathbf{x}_0 \in \Omega$. Ein beliebiger Punkt $\mathbf{x} \in \Omega$ läßt sich nach §21:9.4 mit $\mathbf{x}_0$ durch einen polygonalen Weg mit Ecken $\mathbf{x}_0, \mathbf{x}_1, \ldots, \mathbf{x}_N = \mathbf{x}$ verbinden. Anwendung des Mittelwertsatzes 3.4 auf die einzelnen Verbindungsstrecken ergibt

$$f(\mathbf{x}_0) = f(\mathbf{x}_1) = \cdots = f(\mathbf{x}_N) = f(\mathbf{x}). \qquad\qquad \square$$

3.6 Aufgaben. Zeigen Sie:

(a) Haben zwei C^1-Funktionen auf einem Gebiet Ω gleiche partielle Ableitungen, so unterscheiden sie sich nur um eine additive Konstante.

(b) Eine C^1-Funktion f auf der gelochten Ebene ist genau dann von der Form $f(\mathbf{x}) = F(\|\mathbf{x}\|)$ mit einer C^1-Funktion F auf $\mathbb{R}_{>0}$, wenn

$$-x_2 \partial_1 f(x_1, x_2) + x_1 \partial_2 f(x_1, x_2) = 0$$

für alle $\mathbf{x} = (x_1, x_2) \neq \mathbf{0}$.

Hinweis für „$\Longleftarrow$": Zeigen Sie, daß f auf jeder Kreislinie $\|\mathbf{x}\| = r > 0$ konstant ist.

(c) Eine Funktion $f : \mathbb{R}^n \setminus \{0\} \to \mathbb{R}$ heißt *positiv homogen vom* Grad $p \in \mathbb{R}$, wenn $f(t\,\mathbf{x}) = t^p \cdot f(\mathbf{x})$ für jedes $t > 0$ und $\mathbf{x} \neq \mathbf{0}$ gilt. Z.B. ist $f(\mathbf{x}) = \sqrt{|x_1 \cdots x_n|}$ positiv homogen vom Grad $\frac{n}{2}$. Zeigen Sie für C^1-Funktionen mit dieser Eigenschaft die *Eulersche Relation* $p \cdot f(\mathbf{x}) = \langle \nabla f(\mathbf{x}), \mathbf{x} \rangle$.

4 Der Satz von Taylor

4.1 Die Methode der eindimensionalen Schnitte

Zur Taylorentwicklung einer Funktion $f \in C^r(\Omega)$ an einer Stelle $\mathbf{a}$ studiert man das Verhalten von f längs aller durch $\mathbf{a}$ gehenden Geraden $\{\mathbf{a} + t\,\mathbf{h} \mid t \in \mathbb{R}\}$, betrachtet also $g(t) = f(\mathbf{a} + t\,\mathbf{h})$. Wegen der Offenheit von Ω gibt es ein $\delta > 0$ mit $K_\delta(\mathbf{a}) \subset \Omega$, also $\mathbf{a} + t\,\mathbf{h} \in \Omega$ für alle $\|\mathbf{h}\| < \delta$ und alle $|t| \leq 1$. Für $g :$ $[-1,1] \to \mathbb{R}$ ergibt der Satz von Taylor § 9 : 7.1 zusammen mit der Kettenregel eine Taylorentwicklung von f.

Mittelwertsatz. *Sei $f \in C^1(\Omega)$ und $K_\delta(\mathbf{a}) \subset \Omega$. Dann gibt es zu jedem $\mathbf{h}$ mit $\|\mathbf{h}\| < \delta$ ein $\vartheta \in {]0,1[}$, so daß*

$$f(\mathbf{a} + \mathbf{h}) = f(\mathbf{a}) + \langle \nabla f(\mathbf{a} + \vartheta\mathbf{h}), \mathbf{h} \rangle \,.$$

BEWEIS als $\boxed{\text{ÜA}}$.

4.2 Taylorentwicklung zweiter Ordnung

Sei $f \in C^2(\Omega)$ und $K_\delta(\mathbf{a}) \subset \Omega$. Dann gibt es zu jedem Vektor $\mathbf{h} = (h_1, \ldots, h_n)$ mit $\|\mathbf{h}\| < \delta$ ein $\vartheta \in {]0,1[}$ mit

$$f(\mathbf{a} + \mathbf{h}) = f(\mathbf{a}) + \sum_{k=1}^{n} \partial_k f(\mathbf{a}) h_k + \frac{1}{2} \sum_{i=1}^{n} \sum_{k=1}^{n} \partial_i \partial_k f(\mathbf{a} + \vartheta\mathbf{h}) h_i h_k \,.$$

Wir schreiben jetzt $f'(\mathbf{x})$ für die Jacobi–Matrix und bezeichnen die Matrix der zweiten partiellen Ableitungen mit

$$f''(\mathbf{x}) = \big(\partial_i \partial_k f(\mathbf{x})\big) \,.$$

Diese **Hesse–Matrix** ist symmetrisch wegen der Vertauschbarkeit der Differentiationsreihenfolge.

Die Taylorentwicklung von f erhält damit die besonders einprägsame Form

$$f(\mathbf{a} + \mathbf{h}) = f(\mathbf{a}) + f'(\mathbf{a})\mathbf{h} + \frac{1}{2} \big\langle \mathbf{h}, f''(\mathbf{a} + \vartheta\mathbf{h})\mathbf{h} \big\rangle \,.$$

BEWEIS.

Nach der Kettenregel gilt für $g(t) = f(\mathbf{a} + t\,\mathbf{h})$

$$g'(t) = \sum_{k=1}^{n} \partial_k f(\mathbf{a} + t\,\mathbf{h}) \cdot h_k \,, \quad \text{also}$$

$$g''(t) = \sum_{k=1}^{n} h_k \sum_{i=1}^{n} \partial_i \partial_k f(\mathbf{a} + t\,\mathbf{h}) h_i = \sum_{i=1}^{n} \sum_{k=1}^{n} \partial_i \partial_k f(\mathbf{a} + t\,\mathbf{h}) h_i h_k \,.$$

Die Behauptung folgt jetzt aus

$$g(1) = g(0) + g'(0) + \tfrac{1}{2}g''(\vartheta)\,. \qquad\qquad \square$$

4.3 Die Taylorentwicklung höherer Ordnung läßt sich prinzipiell nach der oben geschilderten Methode gewinnen. Wie man die auftretenden Vielfachsummen in den höheren partiellen Ableitungen mit Hilfe der „Multiindexschreibweise" in eine überschaubarere Form bringen kann, finden Sie bei [BARNER–FLOHR, Bd. 2, § 14.4].

4.4 Aufgaben

(a) Berechnen Sie $1.04^{0.98}$ mit Hilfe der Taylorentwicklung zweiter Ordnung an der Stelle $\mathbf{a} = (1,1)$ und geben Sie eine Fehlerabschätzung an.

(b) Geben Sie für eine C^3–Funktion $f : \mathbb{R}^2 \to \mathbb{R}$ die Taylorentwicklung dritter Ordnung an.

(c) Bestimmen Sie das Taylorpolynom mit Gliedern bis zur dritten Ordnung für $f(x,y) = e^x \cdot \cos y$ im Nullpunkt. Vergleichen Sie dieses mit dem Produkt der gewöhnlichen Taylorpolynome $\left(1 + x + \frac{x^2}{2} + \frac{x^3}{6}\right)\left(1 - \frac{y^2}{2}\right)$.

4.5 Lokale Extrema

Eine Funktion $f : \mathbb{R}^n \supset \Omega \to \mathbb{R}$ hat in $\mathbf{a} \in \Omega$ ein **lokales Minimum (Maximum)**,   wenn es ein $r > 0$ gibt mit

$$f(\mathbf{a}) \le f(\mathbf{x}) \qquad (f(\mathbf{a}) \ge f(\mathbf{x})) \qquad\text{für alle}\quad \mathbf{x} \in K_r(\mathbf{a}) \subset \Omega\,.$$

Ein lokales Minimum oder Maximum heißt auch lokales Extremum.

Ein Punkt $\mathbf{a} \in \Omega$ heißt ein **stationärer** oder **kritischer Punkt** einer C^1–Funktion $f : \Omega \to \mathbb{R}$, falls $\nabla f(\mathbf{a}) = \mathbf{0}$.

Die Bedingungen für ein lokales Extremum lassen sich völlig analog zum eindimensionalen Fall formulieren. Dazu erinnern wir an den Begriff „positive Matrix" § 20 : 4.6: Für symmetrische Matrizen A bedeutet $A \ge 0$, daß $\langle \mathbf{h}, A\mathbf{h} \rangle \ge 0$ für alle $\mathbf{h} \in \mathbb{R}^n$ gilt. $A > 0$ bedeutet die positive Definitheit dieser quadratischen Form und ist gleichbedeutend damit, daß alle Eigenwerte von A positiv sind.

SATZ.

(a) *Hat f in $\mathbf{a}$ ein lokales Minimum (Maximum), so ist notwendigerweise*

$$f'(\mathbf{a}) = 0 \quad \text{und} \quad f''(\mathbf{a}) \ge 0 \qquad \left(f''(\mathbf{a}) \le 0\right)\,.$$

(b) *Die Bedingungen*

$$f'(\mathbf{a}) = 0 \quad \text{und} \quad f''(\mathbf{a}) > 0 \qquad \left(f''(\mathbf{a}) < 0\right)$$

sind hinreichend für ein lokales Minimum (Maximum) an der Stelle **a**.

(c) *Nimmt die quadratische Form* $\mathbf{h} \mapsto \langle f''(\mathbf{a})\mathbf{h}, \mathbf{h} \rangle$ *sowohl positive als auch negative Werte an, so ist* **a** *keine Extremalstelle von* f.

BEWEIS.

(a) Für einen festen Vektor **h** betrachten wir

$$g(t) = f(\mathbf{a} + t\,\mathbf{h}) \quad \text{für} \quad |t| \ll 1\,.$$

Hat f an der Stelle **a** ein lokales Minimum, so gilt

$$g(t) = f(\mathbf{a} + t\,\mathbf{h}) \geq f(\mathbf{a}) = g(0)\,,$$

also hat g an der Stelle 0 ein lokales Minimum. Mit 4.2 und §9:8.1 folgt

$$g'(0) = \langle \nabla f(\mathbf{a}), \mathbf{h} \rangle = 0 \quad \text{und}$$

$$g''(0) = \sum_{i=1}^{n} \sum_{k=1}^{n} \partial_i \partial_k f(\mathbf{a}) h_i h_k = \langle \mathbf{h}, f''(\mathbf{a})\mathbf{h} \rangle \geq 0\,,$$

dies für alle $\mathbf{h} \in \mathbb{R}^n$. Aus der ersten Beziehung folgt $f'(\mathbf{a}) = \nabla f(\mathbf{a}) = \mathbf{0}$.

(b) Die Hesse–Matrix $f''(\mathbf{a})$ sei positiv definit und $\lambda > 0$ ihr kleinster Eigenwert. Nach § 20:4.1 gilt

$$\langle \mathbf{h}, f''(\mathbf{a})\mathbf{h} \rangle \geq \lambda \cdot \|\mathbf{h}\|^2 \quad \text{für alle} \quad \mathbf{h} \in \mathbb{R}^n\,.$$

Wir behaupten, daß es ein $\delta > 0$ gibt mit $K_\delta(\mathbf{a}) \subset \Omega$ und

$$(*) \quad \langle \mathbf{h}, f''(\mathbf{x})\mathbf{h} \rangle \geq \frac{\lambda}{2} \cdot \|\mathbf{h}\|^2 \quad \text{für alle} \quad \mathbf{x} \in K_\delta(\mathbf{a}) \quad \text{und alle} \quad \mathbf{h} \in \mathbb{R}^n\,.$$

Ist dies gezeigt, so folgt aus der Taylorentwicklung 4.2 mit $\nabla f(\mathbf{a}) = \mathbf{0}$

$$f(\mathbf{a} + \mathbf{h}) - f(\mathbf{a}) = \frac{1}{2} \langle \mathbf{h}, f''(\mathbf{a} + \vartheta \mathbf{h})\mathbf{h} \rangle \geq \frac{\lambda}{4} \cdot \|\mathbf{h}\|^2 > 0$$

für $\mathbf{h} \neq \mathbf{0}$ und $\mathbf{x} \in K_\delta(\mathbf{a})$, was die Behauptung darstellt.

Zum Nachweis von $(*)$ nützen wir die Stetigkeit von $\partial_i \partial_k f$ aus: Zu $\varepsilon = \frac{\lambda}{2 \cdot n}$ gibt es ein $\delta > 0$ mit $K_\delta(\mathbf{a}) \in \Omega$ und

$$\left| \partial_i \partial_k f(\mathbf{x}) - \partial_i \partial_k f(\mathbf{a}) \right| < \frac{\lambda}{2 \cdot n} \quad \text{für} \quad \|\mathbf{x} - \mathbf{a}\| < \delta$$

und $i, k = 1, \dots, n$. Für $\mathbf{x} \in K_\delta(\mathbf{a})$ ist dann

$$\left\| f''(\mathbf{x}) - f''(\mathbf{a}) \right\|_2 = \Big(\sum_{i=1}^{n} \sum_{k=1}^{n} |\partial_i \partial_k f(\mathbf{x}) - \partial_i \partial_k f(\mathbf{a})|^2 \Big)^{\frac{1}{2}} < \frac{\lambda}{2}\,.$$

Mit Cauchy–Schwarz und der Abschätzung 1.1 folgt dann

$$\langle \mathbf{h}, f''(\mathbf{x})\mathbf{h} \rangle = \langle \mathbf{h}, f''(\mathbf{a})\mathbf{h} \rangle + \langle \mathbf{h}, (f''(\mathbf{x}) - f''(\mathbf{a}))\mathbf{h} \rangle$$

$$\geq \lambda\|\mathbf{h}\|^2 - \|\mathbf{h}\| \cdot \|(f''(\mathbf{x}) - f''(\mathbf{a}))\mathbf{h}\| \geq \lambda\|\mathbf{h}\|^2 - \|f''(\mathbf{x}) - f''(\mathbf{a})\|_2\|\mathbf{h}\|^2$$

$$\geq \frac{\lambda}{2}\|\mathbf{h}\|^2 \quad \text{für alle } \mathbf{x} \in K_\delta(\mathbf{a}) \text{ und alle } \mathbf{h} \in \mathbb{R}^n.$$

Ist die Hesse–Matrix negativ definit, so betrachten wir $-f$ statt f.

(c) folgt direkt aus (a). $\qquad\qquad\square$

4.6 Zur Methode der kleinsten Quadrate (vgl. § 16 : 6.3 und § 20 : 4.7)

Gegeben sei eine $m \times n$–Matrix A mit $m > n$ und Rang $A = n$ sowie ein Vektor $\mathbf{y} \in \mathbb{R}^m$. *Wir zeigen, daß*

$$f(\mathbf{x}) = \|A\mathbf{x} - \mathbf{y}\|^2$$

eine eindeutig bestimmte Minimalstelle hat: Für die eindeutig bestimmte Lösung $\mathbf{a}$ *von* $A^T A\mathbf{x} = A^T\mathbf{y}$ *gilt* $f(\mathbf{a}) < f(\mathbf{x})$ *für alle* $\mathbf{x} \in \mathbb{R}^n$ *mit* $\mathbf{x} \neq \mathbf{a}$.

Nach § 16 : 6.3 gilt mit der symmetrischen $n \times n$–Matrix $A^T A = (c_{ik})$

$$\partial_j f(\mathbf{x}) = 2\sum_{k=1}^{n} c_{jk}x_k - 2\sum_{i=1}^{m} a_{ij}y_i, \quad \text{also} \quad \nabla f(\mathbf{x}) = 2\left(A^T A\mathbf{x} - A^T\mathbf{y}\right).$$

Wegen $\partial_i\partial_j f(\mathbf{x}) = 2c_{ji} = 2c_{ij}$ gilt $f''(\mathbf{x}) = 2A^T A$ für alle $\mathbf{x} \in \mathbb{R}^n$. Nach § 20 : 4.7 ist die Matrix $A^T A$ positiv definit, und die Gleichung

$$\nabla f(\mathbf{x}) = 0 \iff A^T A\mathbf{x} = A^T\mathbf{y}$$

ist eindeutig lösbar. Bezeichnen wir die Lösung mit $\mathbf{a}$, so gilt nach dem Satz von Taylor

$$f(\mathbf{a} + \mathbf{h}) = f(\mathbf{a}) + \langle \mathbf{h}, A^T A\mathbf{h} \rangle > f(\mathbf{a}) \quad \text{für alle} \quad \mathbf{h} \neq 0.$$

Also gilt $f(\mathbf{a}) < f(\mathbf{x})$ für alle $\mathbf{x} \in \mathbb{R}^n$ mit $\mathbf{x} \neq \mathbf{a}$.

4.7 Der Graph einer Funktion

Eine Vorstellung vom Verlauf einer Funktion $f : \mathbb{R}^2 \supset \Omega \to \mathbb{R}$ können wir uns mit Hilfe des **Graphen**

$$\left\{(x, y, f(x, y)) \mid (x, y) \in \Omega\right\}$$

verschaffen.

Wir fixieren $(a, b) \in \Omega$ und setzen $\mathbf{F}(x, y) := (x, y, f(x, y))$. Dann sind

$$s \mapsto \mathbf{F}(a+s,b), \qquad t \mapsto \mathbf{F}(a,b+t) \quad \text{mit} \quad |s|,|t| \ll 1$$

Wege auf dem Graphen, genannt **Koordinatenlinien** durch $\mathbf{F}(a,b)$. Deren Tangentenvektoren in $s=0$ bzw. $t=0$ sind

$$\mathbf{v}_1 = \frac{d}{ds}\mathbf{F}(a+s,b)\Big|_{s=0} = \partial_x \mathbf{F}(a,b) = \begin{pmatrix} 1 \\ 0 \\ \partial_x f(a,b) \end{pmatrix},$$

$$\mathbf{v}_2 = \frac{d}{dt}\mathbf{F}(a,b+t)\Big|_{t=0} = \partial_y \mathbf{F}(a,b) = \begin{pmatrix} 0 \\ 1 \\ \partial_y f(a,b) \end{pmatrix}.$$

Die von $\mathbf{v}_1, \mathbf{v}_2$ aufgespannte Ebene durch $\mathbf{F}(a,b)$ ist die **Tangentialebene** des Graphen im Punkt $\mathbf{F}(a,b)$.

In einem stationären Punkt (a,b) von f ist $\mathbf{v}_1 = \mathbf{e}_1$, $\mathbf{v}_2 = \mathbf{e}_2$, d.h. die Tangentialebene durch $\mathbf{F}(a,b)$ ist parallel zur x,y–Ebene.

Die nebenstehende Figur zeigt ein Stück des Graphen der Funktion $f(x,y) = \frac{1}{2}y^2 + 1 - \cos x$. Die Funktion hat in $(0,0)$ ein lokales Minimum und in $(-\pi,0)$ einen stationären Punkt, in dem kein lokales Extremum vorliegt, $\boxed{\text{ÜA}}$.

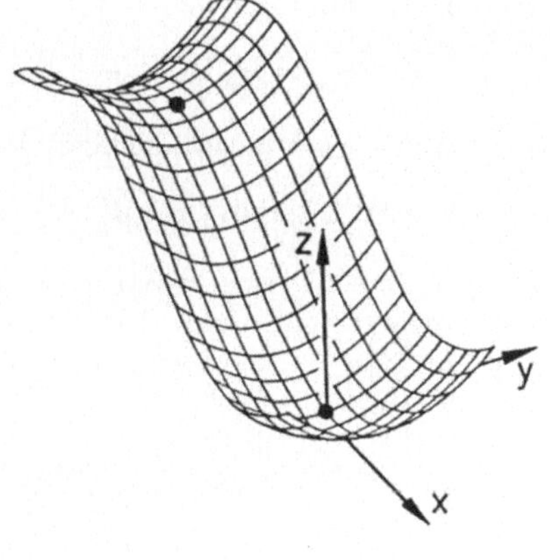

Da der Graph in der Umgebung des Punktes $\mathbf{F}(-\pi,0) = (-\pi,0,0)$ eine sattelförmige Gestalt hat, nennt man allgemein einen stationären Punkt, in dem kein lokales Extremum vorliegt, einen **Sattelpunkt**.

$\boxed{\text{ÜA}}$ Geben Sie zwei Wege durch den Sattelpunkt $(-\pi,0)$ an, in denen f ansteigt, bzw. absteigt.

4.8 Aufgaben

(a) Bestimmen Sie die im Quadrat $Q = [0,2\pi] \times [0,2\pi]$ liegenden stationären Punkte von $f(x,y) = \frac{1}{2}\left(\cos x + \sin y\right)^2 + \cos x \cdot \sin y$, und untersuchen Sie diese auf ihre Extremaleigenschaften. Bestimmen Sie das Maximum und das Minimum von f auf Q.

(b) Sei $f(x,y) = 3x^2 + 4xy + 2y^2 + x^2 y^2$. Besitzt f ein Maximum bzw. ein Minimum auf $\mathbb{R}^2$? Wenn ja, geben Sie dieselben an.

5 Der Umkehrsatz und der Satz über implizite Funktionen

5.1 Diffeomorphismen

Eine Abbildung $\mathbf{f} : U \to V$ von Gebieten $U, V \subset \mathbb{R}^n$ heißt $\mathbf{C^r}$**-Diffeomorphismus zwischen** $\mathbf{U}$ **und** $\mathbf{V}$ $(r \geq 1)$, wenn die Umkehrabbildung $\mathbf{f}^{-1} : V \to U$ existiert und wenn beide Abbildungen $\mathbf{f}$ und $\mathbf{f}^{-1}$ C^r-differenzierbar sind.

Alle Koordinatentransformationen der Mathematischen Physik sind Diffeomorphismen. Das einfachste Beispiel einer Koordinatentransformation ist die Beziehung zwischen Polarkoordinaten und kartesischen Koordinaten in der Ebene:

$$\mathbf{f} : \begin{pmatrix} r \\ \varphi \end{pmatrix} \mapsto \begin{pmatrix} x \\ y \end{pmatrix} = \begin{pmatrix} r \cdot \cos\varphi \\ r \cdot \sin\varphi \end{pmatrix} .$$

Diese Abbildung ist ein C^∞-Diffeomorphismus, wenn wir sie geeignet einschränken, z.B. auf das Gebiet

$$U = \left\{ (r, \varphi) \mid r > 0, \;\; -\pi < \varphi < \pi \right\} .$$

Als Bildmenge ergibt sich die längs der negativen x-Achse geschlitzte Ebene

$$V = \mathbb{R}^2 \setminus \left\{ (x, 0) \mid x \leq 0 \right\} .$$

Daß $\mathbf{f} : U \to V$ eine bijektive und C^∞-differenzierbare Abbildung ist, läßt sich unschwer verifizieren. Die explizite Angabe der inversen Transformation $(x, y) \mapsto (r, \varphi)$ ist schon schwieriger und kann nur in mehreren überlappenden Stücken erfolgen, z.B. durch

$$r = \sqrt{x^2 + y^2}, \quad \varphi = \begin{cases} \arctan \frac{y}{x} & \text{für } x > 0 \\ \frac{\pi}{2} - \arctan \frac{x}{y} & \text{für } y > 0 \\ \pi + \arctan \frac{y}{x} & \text{für } x < 0 \\ -\frac{\pi}{2} - \arctan \frac{x}{y} & \text{für } y < 0 \end{cases} .$$

$\boxed{\text{ÜA}}$ Machen Sie sich dies anhand einer Skizze klar! Aus dieser Darstellung folgt die C^∞-Differenzierbarkeit der Inversen.

Der Umkehrsatz 5.2 sichert uns die Existenz und Differenzierbarkeit der Umkehrabbildung, ohne daß wir diese kennen müssen.

Sehr nützlich ist folgender

SATZ. *Für einen C^r-Diffeomorphismus* $\mathbf{f} : U \to V$ *ist die Jacobi-Matrix* $\mathbf{df(a)}$ *an jeder Stelle* $\mathbf{a} \in U$ *umkehrbar. Für* $\mathbf{g} = \mathbf{f}^{-1} : V \to U$ *gilt*

$$d\mathbf{g}(\mathbf{y}) = d\mathbf{f}(\mathbf{x})^{-1} \quad \textit{für} \;\; \mathbf{x} \in U \;\; \textit{und} \;\; \mathbf{y} = f(\mathbf{x}) \in V .$$

Das ergibt sich sofort mit der Kettenregel: Aus $\mathbf{g} \circ \mathbf{f} = \mathbb{1}_U$ folgt

$$E = d\mathbb{1}_U = d(\mathbf{g} \circ \mathbf{f})(\mathbf{x}) = d\mathbf{g}(\mathbf{y})\, d\mathbf{f}(\mathbf{x}) \,.$$

Mit Hilfe dieses Satzes können wir in vielen Fällen auch ohne explizite Kenntnis der Umkehrabbildung deren Ableitung bestimmen.

Für die Polarkordinatentransformation

$$\mathbf{f} : \begin{pmatrix} r \\ \varphi \end{pmatrix} \mapsto \begin{pmatrix} r \cdot \cos\varphi \\ r \cdot \sin\varphi \end{pmatrix} \quad \text{mit} \quad d\mathbf{f}(r,\varphi) = \begin{pmatrix} \cos\varphi & -r\sin\varphi \\ \sin\varphi & r\cos\varphi \end{pmatrix}$$

ist beispielsweise leicht nachzuprüfen, daß

$$(d\mathbf{f}(r,\varphi))^{-1} = \frac{1}{r} \cdot \begin{pmatrix} r\cos\varphi & r\sin\varphi \\ -\sin\varphi & \cos\varphi \end{pmatrix} \,.$$

Mit $x = r\cos\varphi$, $y = r\sin\varphi$ erhalten wir also für die Umkehrabbildung $\mathbf{g}$

$$d\mathbf{g}(x,y) = \frac{1}{x^2+y^2} \cdot \begin{pmatrix} x \cdot \sqrt{x^2+y^2} & y \cdot \sqrt{x^2+y^2} \\ -y & x \end{pmatrix} \,.$$

5.2 Der Umkehrsatz

Sei $\mathbf{f} :\ \mathbb{R}^n \supset \Omega \to \mathbb{R}^n$ *eine* C^r*-Abbildung* $(r \geq 1)$, *deren Jacobi–Matrix* $d\mathbf{f}(\mathbf{a})$ *an der Stelle* $\mathbf{a} \in \Omega$ *invertierbar ist. Dann gibt es eine Umgebung* U *von* $\mathbf{a}$ *in* Ω *und eine Umgebung* V *von* $\mathbf{f}(\mathbf{a})$, *so daß die auf* U *eingeschränkte Abbildung*

$$\mathbf{f}\,\Big|_U :\ U \to V\,, \quad \mathbf{x} \mapsto \mathbf{f}(\mathbf{x})$$

ein C^r*-Diffeomorphismus zwischen* U *und* V *ist.*

Der Umkehrsatz, auch **Satz von der lokalen Umkehrbarkeit** genannt, sichert also die C^r-Umkehrbarkeit von $\mathbf{f}$ „im Kleinen", d.h. nach Einschränkung auf eine geeignete Umgebung von $\mathbf{a}$.

Auf die Darstellung des Beweises verzichten wir aus Platzgründen und verweisen auf [BARNER–FLOHR, Bd. 2, § 14.6], [HEUSER, Bd. 2, § 171]. Einen besonders schönen, elementaren Beweis findet man bei [SPIVAK, Thm. 2.11].

Der Leser halte sich vor Augen, daß die explizite Angabe der Umkehrabbildung im allgemeinen unmöglich ist, so zum Beispiel bei

$$\begin{pmatrix} x \\ y \end{pmatrix} \mapsto \begin{pmatrix} x + y + \mathrm{e}^x \\ x + y + \mathrm{e}^y \end{pmatrix} \,.$$

Aus dem Umkehrsatz folgt aber, daß diese Abbildung ein C^∞-Diffeomorphismus zwischen einer geeigneten Umgebung U von $(0,0)$ und einer geeigneten Umgebung V von $(1,1)$ ist $\boxed{\text{ÜA}}$.

Aus dem Umkehrsatz ergibt sich als

FOLGERUNG. *Ist* **f** *eine bijektive* C^r*-Abbildung zwischen Gebieten* Ω *und* $\Omega' =$ **f**(Ω) *und ist* $d\mathbf{f}(\mathbf{x})$ *an jeder Stelle* $\mathbf{x} \in \Omega$ *invertierbar, so ist* $\mathbf{f}^{-1} :\ \Omega' \to \Omega$ *ebenfalls* C^r*-differenzierbar.*

Denn zu jedem Punkt $\mathbf{b} = \mathbf{f}(\mathbf{a}) \in \Omega'$ gibt es eine Umgebung V und eine Umgebung U von $\mathbf{a}$, so daß $\mathbf{f}\,\big|_U$ eine C^r-differenzierbare Umkehrfunktion $\mathbf{g}_U$ besitzt. Diese stimmt auf V mit $\mathbf{f}^{-1}$ überein.

5.3 Problemstellungen bei nichtlinearen Gleichungen

Sei f eine C^1-Funktion auf einem Gebiet Ω. Unter der Auflösung der Gleichung

$$f(x_1, \ldots, x_n) = 0$$

nach einer Variablen, etwa x_n, verstehen wir eine C^1-Funktion φ mit der Eigenschaft

$$f(x_1, \ldots, x_n) = 0 \iff x_n = \varphi(x_1, \ldots, x_{n-1})\,.$$

Voraussetzung ist natürlich, daß es überhaupt Lösungen dieser Gleichung gibt, d.h. die Existenz wenigstens eines Lösungspunktes $\mathbf{c} = (c_1, \ldots, c_n)$ mit $f(\mathbf{c}) = 0$.

Bei nichtlinearen Funktionen f wird die formelmäßige Angabe solch einer „impliziten Funktion" φ im allgemeinen unmöglich sein, wie zum Beispiel bei der Gleichung $e^{x+y} + x + y - 1 = 0$.

Wir haben deshalb als erstes zu klären, unter welchen Bedingungen die Auflösung einer Gleichung wenigstens theoretisch möglich ist.

Eine Auflösung wird im allgemeinen nur lokal, das heißt in einer Umgebung des Lösungspunktes $\mathbf{c}$ möglich sein. Wir machen uns dies an der Kreisgleichung $x^2 + y^2 - 1 = 0$ klar. Für $y > 0$ liefert $\varphi(x) = \sqrt{1 - x^2}$ eine Auflösung, für $y < 0$ haben wir $\varphi(x) = -\sqrt{1 - x^2}$ zu wählen. In Umgebung der Punkte $(1,0)$ und $(-1,0)$ können wir die Gleichung $x^2 + y^2 - 1 = 0$ zwar nicht nach y, dafür aber jeweils nach x auflösen.

Ist die Existenz einer differenzierbaren Auflösung φ der Gleichung $f(x,y) = 0$ in einer Umgebung des Lösungspunktes (a,b) gesichert, so folgt aus der Gleichung $f(x, \varphi(x)) = 0$ für $|x - a| < \delta$ nach der Kettenregel

$$0 = \frac{d}{dx} f(x, \varphi(x)) \bigg|_{x=a} = \partial_x f(a,b) + \partial_y f(a,b) \cdot \varphi'(a)\,.$$

Im Fall $\partial_y f(a,b) \neq 0$ können wir damit $\varphi'(a)$ berechnen, ohne die implizite Funktion φ formelmäßig zu kennen. Entsprechendes gilt für Funktionen von drei und mehr Veränderlichen.

Zustandsgleichungen. Zwischen dem Druck p, dem Molvolumen v und der Temperatur T eines Gases besteht eine Zustandsgleichung $F(p,v,T) = 0$, z.B.

$$\left(p + \frac{a}{v^2}\right)(v - b) - RT = 0 \qquad \text{beim van der Waalsschen Gas.}$$

Denken wir uns die Gleichung $F(p, v, T)$ in einer Umgebung von (p_0, v_0, T_0) nach v aufgelöst:

$$F(p, v, T) = 0 \iff v = \varphi(p, T).$$

Dann heißt $\kappa = -\frac{1}{v_0} \frac{\partial \varphi}{\partial p}$ die *Kompressibilität*, $\alpha = \frac{1}{v_0} \frac{\partial \varphi}{\partial T}$ *der thermische Ausdehnungskoeffizient*. In der Physik bezeichnet man häufig

$$\frac{\partial \varphi}{\partial p} \quad \text{mit} \quad \left(\frac{\partial v}{\partial p}\right)_T, \qquad \frac{\partial \varphi}{\partial T} \quad \text{mit} \quad \left(\frac{\partial v}{\partial T}\right)_p.$$

Die Auflösung nach v ist schon beim van der Waalsschen Gas schwierig. Aus der Gleichung $F(p, \varphi(p, T), T) = 0$ folgt aber durch Differentiation nach p mit $v = \varphi(p, T)$

$$\frac{\partial F}{\partial p}(p, v, T) + \frac{\partial F}{\partial v}(p, v, T) \cdot \frac{\partial \varphi}{\partial p}(p, T) = 0,$$

woraus sich im Fall $\frac{\partial F}{\partial v} \neq 0$ sofort $\frac{\partial \varphi}{\partial p}(p, T)$ ergibt. Analog ergibt sich $\frac{\partial \varphi}{\partial T}$.

5.4 Der Satz über implizite Funktionen

Wir verwenden im folgenden Satz die Schreibweise

$$\mathbb{R}^{p+m} = \mathbb{R}^p \times \mathbb{R}^m = \left\{ (\mathbf{x}, \mathbf{y}) \mid \mathbf{x} = (x_1, \ldots, x_p),\ \mathbf{y} = (y_1, \ldots, y_m) \right\}.$$

SATZ. *Sei* $\mathbf{f} : \mathbb{R}^p \times \mathbb{R}^m \supset \Omega \to \mathbb{R}^m$ *eine* C^r*-Abbildung mit* $r \geq 1$*. An der Stelle* $\mathbf{c} = (\mathbf{a}, \mathbf{b}) \in \Omega$ *mit* $\mathbf{f}(\mathbf{c}) = 0$ *sei die* **Auflösebedingung**

$$\det\left(\frac{\partial f_i}{\partial y_k}(\mathbf{c})\right) \neq 0$$

erfüllt. Dann gibt es Umgebungen U, V *mit*

$$\mathbf{a} \in U \subset \mathbb{R}^p, \qquad \mathbf{b} \in V \subset \mathbb{R}^m, \qquad U \times V \subset \Omega,$$

so daß die Gleichung $\mathbf{f}(\mathbf{x}, \mathbf{y}) = 0$ *in* $U \times V$ *eindeutig nach* $\mathbf{y}$ *auflösbar ist: Es gibt genau eine* C^r*-Abbildung* $\varphi : U \to V$ *mit der Eigenschaft*

$$\mathbf{f}(\mathbf{x}, \mathbf{y}) = 0 \iff \mathbf{y} = \varphi(\mathbf{x}) \quad \text{für} \quad (\mathbf{x}, \mathbf{y}) \in U \times V.$$

Der Beweis folgt in 5.7.

Durch die Gleichung $\mathbf{f}(\mathbf{x}, \mathbf{y}) = 0$ ist φ also **implizit** bestimmt, während die **explizite** (formelmäßige) Angabe häufig nicht möglich ist.

Für $f(x,y) = \operatorname{Re}(x+iy)^k$ ist an der Stelle $(0,0)$ die Auflösebedingung nicht erfüllt. Hier besteht die Nullstellenmenge aus k durch den Nullpunkt gehenden Geraden, wie man sich mit Hilfe von Polarkoordinaten leicht klar macht. Eine Auflösung der Gleichung $f(x,y) = 0$ nach x oder y ist also in der Nähe des Nullpunkts unmöglich.

5.5 Parametrisierung von Lösungsmannigfaltigkeiten

Es sei $\mathbf{f} : \mathbb{R}^n \supset \Omega \to \mathbb{R}^m$ eine C^r–Abbildung mit $r \geq 1$, $1 \leq m < n$. Die Lösungsmenge

$$N := \big\{ \mathbf{x} \in \Omega \mid \mathbf{f}(\mathbf{x}) = \mathbf{0} \big\}$$

heißt **Lösungsmannigfaltigkeit**, wenn N nicht leer ist und die Gradienten der Komponentenfunktionen

$$\nabla f_1(\mathbf{x}), \ldots, \nabla f_m(\mathbf{x})$$

in jedem Punkt $\mathbf{x} \in N$ linear unabhängig sind. Dies bedeutet, daß die Jacobi-Matrix $d\mathbf{f}(\mathbf{x})$ in jedem Punkt $\mathbf{x}$ von N den Maximalrang m besitzt (m linear unabhängige Zeilen).

(a) **Eine Gleichung.** Für $m = 1$ ist die Nullstellenmenge N eine Lösungsmannigfaltigkeit, wenn $\nabla f(x_1, \ldots, x_n) \neq \mathbf{0}$ für jeden Punkt $(x_1, \ldots, x_n) \in N$. Fixieren wir ein $\mathbf{c} \in N$, so können wir nach geeigneter Umnumerierung der Koordinaten davon ausgehen, daß $\partial_n f(\mathbf{c}) \neq 0$. Dies stellt genau die Auflösebedingung des Satzes über implizite Funktionen dar, wobei $p = n-1$, $m = 1$, $\mathbf{x} = (x_1, \ldots, x_{n-1})$, $y = x_n$. Wir können demnach die Gleichung $f(x_1, \ldots, x_n) = 0$ in einer Umgebung von $\mathbf{c}$ nach x_n auflösen:

$$f(x_1, \ldots, x_n) = 0 \iff x_n = \varphi(x_1, \ldots, x_{n-1})$$

mit einer C^r–Funktion φ, die in einer Umgebung von $\mathbf{a} = (c_1, \ldots, c_{n-1})$ definiert ist (Figur in (b)).

Die Ableitungen von φ an der Stelle $\mathbf{a}$ lassen sich aus den Ableitungen von f an der Stelle $\mathbf{c}$ berechnen: Differenzieren wir die Gleichung

$$0 = f\big(x_1, \ldots, x_{n-1}, \varphi(x_1, \ldots, x_{n-1})\big)$$

nach x_i, so erhalten wir mit der Kettenregel

$$0 = \partial_i f(\mathbf{c}) + \partial_n f(\mathbf{c})\, \partial_i \varphi(\mathbf{a}), \quad \text{also} \quad \partial_i \varphi(\mathbf{a}) = -\frac{\partial_i f(\mathbf{c})}{\partial_n f(\mathbf{c})}.$$

Durch mehrfaches Ableiten der obigen Gleichung lassen sich alle höheren Ableitungen von φ bis zur Ordnung r aus f bestimmen.

(b) **Mehrere Gleichungen.** Wenn die Jacobi–Matrix $d\mathbf{f}(\mathbf{c})$ den vollen Rang m besitzt, können wir die Variablen so durchnumerieren, daß die letzten m Spalten von $d\mathbf{f}(\mathbf{c})$ linear unabhängig werden.

Bezeichnen wir die Variablen mit $x_1, \ldots, x_p, y_1, \ldots, y_m$ $(p = n - m)$, so ist die Auflösebedingung

$$\det \left(\frac{\partial f_i}{\partial y_k}(\mathbf{c}) \right) \neq 0$$

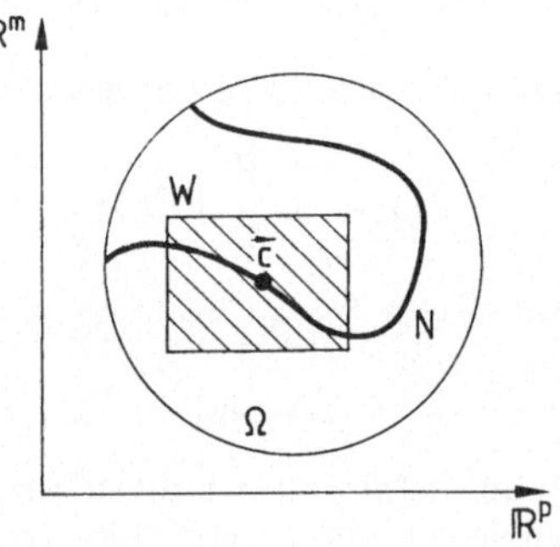

erfüllt, und nach dem Satz über implizite Funktionen können wir das Gleichungssystem $\mathbf{f}(\mathbf{x}) = \mathbf{0}$ in einer Umgebung W von $\mathbf{c}$ nach den Variablen $y_k = x_{p+k}$ auflösen:

$$x_{p+1} = \varphi_1(x_1, \ldots, x_p), \ldots, x_n = \varphi_m(x_1, \ldots, x_p),$$

wobei $\varphi_1, \ldots, \varphi_m$ C^r–Funktionen in einer Umgebung U von $\mathbf{a} = (c_1, \ldots, c_p)$ sind.

Aufgrund des Satzes über implizite Funktionen können wir also die Lösungsmannigfaltigkeit N der Gleichung $\mathbf{f}(\mathbf{x}) = \mathbf{0}$ lokal durch p Parameter beschreiben. Wir sagen, N hat die **Dimension p** *oder N besitzt p* **Freiheitsgrade.**

Die Ableitungen der Funktionen $\varphi_1, \ldots, \varphi_m$ erhalten wir analog zu (a) durch Differentiation der m Gleichungen

$$f_i\big(x_1, \ldots, x_p, \varphi_1(x_1, \ldots, x_p), \ldots, \varphi_m(x_1, \ldots, x_p)\big) = 0$$

nach den freien Variablen $x_1, \ldots, x_p$. Es ergibt sich ein lineares Gleichungssystem mit der Matrix $\left(\frac{\partial f_i}{\partial y_k}(\mathbf{c}) \right)$.

5.6 Aufgaben

(a) Zeigen Sie, daß das Gleichungssystem

$$f_1(x, y, z) = x + z - e^{x+2y} + e^{x+y+z} = 0$$

$$f_2(x, y, z) = x + y + z + 2\sin(x + y + z) = 0$$

in einer Umgebung des Nullpunktes nach x und y aufgelöst werden kann und bestimmen Sie den Tangentenvektor der Lösungskurve an der Stelle $z = 0$.

Geben Sie einen möglichst großen Bereich an, in welchem die Auflösung möglich ist.

(b) Bestimmen Sie für die durch $f(x,y,z) = 0$ mit $\nabla f(x,y,z) \neq 0$ gegebene Fläche die Tangentialebene in einem Punkt (x_0, y_0, z_0) mit

$$f(x_0, y_0, z_0) = 0\,, \qquad \partial_z f(x_0, y_0, z_0) \neq 0\,.$$

Was ergibt sich für das Ellipsoid mit der Gleichung

$$f(x,y,z) = \frac{x^2}{a^2} + \frac{y^2}{b^2} + \frac{z^2}{c^2} - 1 = 0$$

an der Stelle $(x_0, y_0, z_0) = \frac{1}{\sqrt{3}}(a, b, c)$?

5.7 Zum Beweis des Satzes über implizite Funktionen

(a) Im Fall $p = m = 1$ geben wir einen elementaren Beweis mit Hilfe des Zwischenwertsatzes. Wir dürfen o.B.d.A. $(a, b) = (0, 0)$, $\partial_y f(0, 0) > 0$ annehmen.

Wegen der Stetigkeit von $\partial_y f$ gibt es ein $r > 0$ mit

$$\partial_y f(x, y) > 0 \quad \text{für} \quad |x|, |y| \leq r\,.$$

Wir setzen

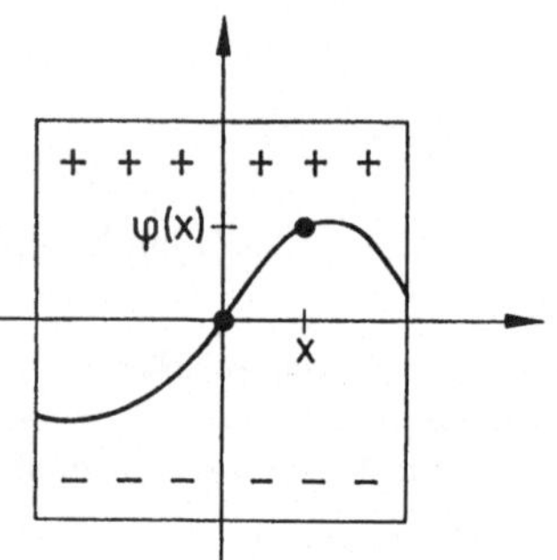

$$R = \{(x, y) \mid |x| \leq r, |y| \leq r\}\,,$$

$$\lambda = \min\left\{\partial_y f(x, y) \mid (x, y) \in R\right\}\,,$$

$$\mu = \max\left\{|\partial_x f(x, y)| \mid (x, y) \in R\right\}\,.$$

Weil $y \mapsto f(0, y)$ streng monoton steigt, gilt $f(0, -r) < f(0, 0) = 0 < f(0, r)$.

Wegen der Stetigkeit der Funktionen $x \mapsto f(x, -r)$ und $x \mapsto f(x, r)$ finden wir ein $\varrho > 0$ mit

$$f(x, -r) < 0 < f(x, r) \quad \text{für} \quad |x| < \varrho \leq r\,.$$

Für jedes $x \in \,]-\varrho, \varrho[$ wechselt die streng monotone Funktion $y \mapsto f(x, y)$ ihr Vorzeichen, besitzt somit nach dem Zwischenwertsatz genau eine Nullstelle in $]-r, r[$, die wir mit $\varphi(x)$ bezeichnen.

Für jedes $x \in U := \,]-\varrho, \varrho[$ ist also $\varphi(x) \in V := \,]-r, r[$, und es gilt für $(x, y) \in U \times V$:

$$f(x, y) = 0 \iff y = \varphi(x)\,.$$

Nach dem Mittelwertsatz gibt es Zahlen $\vartheta_1 = \vartheta_1(x)$, $\vartheta_2 = \vartheta_2(x)$ in $]0, 1[$, so daß mit der Abkürzung $k = \varphi(x + h) - \varphi(x)$

$$0 = f(x + h, \varphi(x + h)) - f(x, \varphi(x))$$

$$(*) \quad = f(x + h, \varphi(x + h)) - f(x + h, \varphi(x)) + f(x + h, \varphi(x)) - f(x, \varphi(x))$$

$$= \partial_y f(x + h, \varphi(x) + \vartheta_2 k) \cdot k + \partial_x f(x + \vartheta_1 h, \varphi(x)) \cdot h \,.$$

Hiermit erhalten wir die Stetigkeit von φ:

$$\left| \varphi(x + h) - \varphi(x) \right| = |k| = \left| \frac{\partial_x f(x + \vartheta_1 h, \varphi(x))}{\partial_y f(x + h, \varphi(x) + \vartheta_2 k)} \cdot h \right| \leq \frac{\mu}{\lambda} \, |h| \,.$$

Aus $(*)$ und der Stetigkeit von φ folgt die Differenzierbarkeit von φ:

$$\varphi'(x) = \lim_{h \to 0} \frac{\varphi(x + h) - \varphi(x)}{h} = -\lim_{h \to 0} \frac{\partial_x f(x + \vartheta_1 h, \varphi(x))}{\partial_y f(x + h, \varphi(x) + \vartheta_2 k)}$$

$$= -\frac{\partial_x f(x, \varphi(x))}{\partial_y f(x, \varphi(x))} \,.$$

Da $\partial_x f$ und $\partial_y f$ $(r - 1)$-mal stetig differenzierbar sind, gilt dies auch für φ'.

(b) Der Beweis läßt sich im Fall $\partial_n f(\mathbf{c}) \neq 0$ relativ leicht auf eine Gleichung $f(x_1, \ldots, x_{n-1}, y) = 0$ verallgemeinern. Hält man alle x_i mit Ausnahme einer Variablen x_k fest, so ergibt sich wie in (a) die stetige partielle Differenzierbarkeit der Auflösung $y = \varphi_k(x_k)$.

(c) *Im Fall beliebiger Dimension geben wir eine Beweisskizze mit Hilfe des Umkehrsatzes:* Wir erweitern $\mathbf{f} : \mathbb{R}^{p+m} \supset \Omega \to \mathbb{R}^m$ zur Abbildung

$$\mathbf{F} : \Omega \to \mathbb{R}^{p+m}, \qquad (\mathbf{x}, \mathbf{y}) \mapsto (\mathbf{x}, \mathbf{f}(\mathbf{x}, \mathbf{y})) \,.$$

F ist C^r-differenzierbar, und es gilt mit $\mathbf{c} = (\mathbf{a}, \mathbf{b})$

$$\mathbf{F}(\mathbf{c}) = (\mathbf{a}, \mathbf{f}(\mathbf{a}, \mathbf{b})) = (\mathbf{a}, \mathbf{0}) \,.$$

Für die Jacobimatrix rechnet man aus

$$d\mathbf{F}(\mathbf{c}) = \left. \left(\begin{array}{ccc|ccc} 1 & & 0 & 0 & & 0 \\ & \ddots & & & \ddots & \\ 0 & & 1 & 0 & & 0 \\ \hline & \dfrac{\partial f_i}{\partial x_j}(\mathbf{c}) & & & \dfrac{\partial f_i}{\partial y_k}(\mathbf{c}) & \end{array} \right) \begin{array}{l} \Big\} \, p \\[2em] \Big\} \, m \end{array} \right.$$

Diese Matrix besitzt $p+m$ linear unabhängige Zeilen, ist somit umkehrbar. Nach dem Umkehrsatz 5.2 besitzt $\mathbf{F}$ eine lokale C^r-differenzierbare Umkehrabbildung $\mathbf{G}$, für die wir schreiben

$$\mathbf{G} : \begin{pmatrix} \mathbf{u} \\ \mathbf{v} \end{pmatrix} \mapsto \begin{pmatrix} \boldsymbol{\Psi}(\mathbf{u},\mathbf{v}) \\ \boldsymbol{\Phi}(\mathbf{u},\mathbf{v}) \end{pmatrix} \in \mathbb{R}^p \times \mathbb{R}^m \, .$$

Es gilt

(a) $\quad \begin{pmatrix} \mathbf{u} \\ \mathbf{v} \end{pmatrix} = \mathbf{F}(\mathbf{G}(\mathbf{u},\mathbf{v})) = \begin{pmatrix} \boldsymbol{\Psi}(\mathbf{u},\mathbf{v}) \\ \mathbf{f}(\mathbf{G}(\mathbf{u},\mathbf{v})) \end{pmatrix} \quad$ für $\quad (\mathbf{u},\mathbf{v})$ nahe $(\mathbf{0},\mathbf{0})$,

(b) $\quad \begin{pmatrix} \mathbf{x} \\ \mathbf{y} \end{pmatrix} = \mathbf{G}(\mathbf{F}(\mathbf{x},\mathbf{y})) = \mathbf{G}(\mathbf{x},\mathbf{f}(\mathbf{x},\mathbf{y})) \quad$ für $\quad (\mathbf{x},\mathbf{y})$ nahe $(\mathbf{a},\mathbf{b})$.

Setzen wir in (a) $\mathbf{v} = \mathbf{0}$, so ergibt sich

$$\mathbf{u} = \boldsymbol{\Psi}(\mathbf{u},\mathbf{0}) \quad \text{und} \quad \mathbf{0} = \mathbf{f}(\mathbf{G}(\mathbf{u},\mathbf{0})) = \mathbf{f}(\mathbf{u},\boldsymbol{\Phi}(\mathbf{u},\mathbf{0})) \, .$$

Wir definieren $\boldsymbol{\varphi}$ durch $\boldsymbol{\varphi}(\mathbf{u}) := \boldsymbol{\Phi}(\mathbf{u},\mathbf{0})$. Diese Abbildung ist C^r-differenzierbar in einer Umgebung von $\mathbf{a}$, und es gilt $\mathbf{f}(\mathbf{x},\boldsymbol{\varphi}(\mathbf{x})) = \mathbf{0}$. Umgekehrt folgt aus $\mathbf{f}(\mathbf{x},\mathbf{y}) = \mathbf{0}$ nach (b)

$$\begin{pmatrix} \mathbf{x} \\ \mathbf{y} \end{pmatrix} = \mathbf{G}(\mathbf{x},\mathbf{0}) = \begin{pmatrix} \boldsymbol{\Psi}(\mathbf{x},\mathbf{0}) \\ \boldsymbol{\Phi}(\mathbf{x},\mathbf{0}) \end{pmatrix} = \begin{pmatrix} \mathbf{x} \\ \boldsymbol{\varphi}(\mathbf{x}) \end{pmatrix} . \qquad \qquad \square$$

5.8 Niveau- und Gradientenlinien

Es sei $f : \mathbb{R}^2 \supset \Omega \to \mathbb{R}$ eine C^1-Funktion. Für $c \in \mathbb{R}$ nennen wir

$$N_c := \big\{ (x,y) \in \Omega \mid f(x,y) = c \big\}$$

eine **Niveaumenge** von f. Ist N_c nichtleer und

$$\nabla f(x,y) \neq (0,0) \quad \text{für alle} \quad (x,y) \in N_c \, ,$$

so ist N_c eine eindimensionale Lösungsmannigfaltigkeit und kann nach 5.5 lokal durch C^1-Wege

$$t \mapsto (t,y(t)) \quad \text{oder} \quad t \mapsto (x(t),t)$$

beschrieben werden. Wir nennen in diesem Fall N_c eine **Niveaulinie**.

Beispiel. Für

$$f(x,y) = 1 - (x^2 - 1)^2 - y^2$$

ist N_c für $c < 1$ eine geschlossene
Kurve; für $0 < c < 1$ besteht N_c
aus zwei geschlossenen Kurven. N_0
ist keine Niveaulinie, wird aber zu einer solchen, wenn der stationäre Punkt
$(0,0)$ entfernt wird. N_1 besteht aus den
stationären Punkten $(1,0)$ und $(-1,0)$
und ist deshalb keine Niveaulinie.

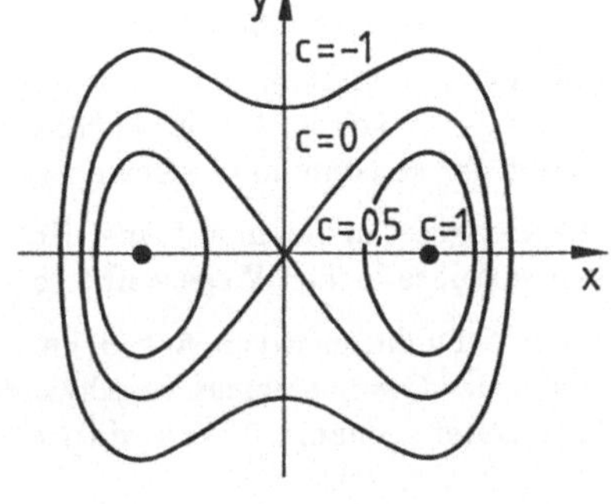

Unter einer **Gradientenlinie** von f verstehen wir einen C^1-Weg $\psi : I \mapsto \Omega$
(I ein offenes Intervall), dessen Tangentenvektor an jeder Stelle in Richtung des
Gradienten von f zeigt und nirgends verschwindet:

$$\dot\psi(t) = \lambda(t) \cdot \nabla f(\psi(t)) \neq 0 \quad \text{mit} \quad \lambda(t) > 0\,.$$

Satz. *Eine Gradientenlinie schneidet jede Niveaulinie senkrecht.*

Denn beschreibt $s \mapsto \varphi(s) = (s, y(s))$
(oder $(x(s), s)$) lokal eine Niveaulinie
N_c und ist $t \mapsto \psi(t)$ eine Gradientenlinie mit $\psi(t_0) = \varphi(s_0) =: \mathbf{a}$, so folgt
aus $f(\varphi(s)) = c$ nach der Kettenregel

$$0 = \frac{d}{ds}f(\varphi(s))\Big|_{s=s_0} = \langle \nabla f(\mathbf{a}), \dot\varphi(s_0) \rangle$$

$$= \frac{\langle \dot\psi(t_0), \dot\varphi(s_0) \rangle}{\lambda(t_0)}\,.$$

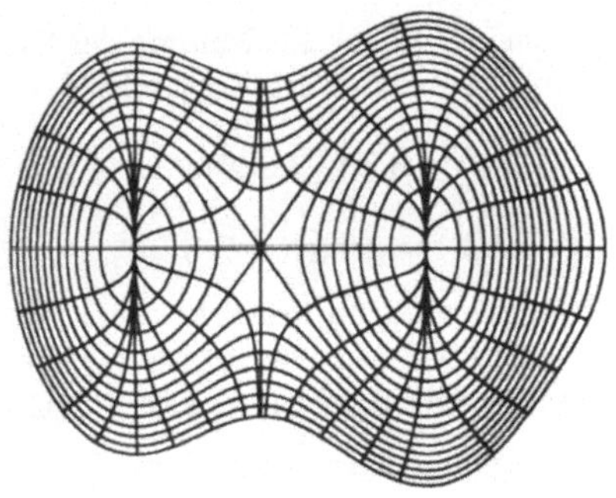

Die nebenstehende Figur zeigt die
Niveau– und Gradientenlinien einer
Funktion mit zwei lokalen Maxima und
einem Sattelpunkt, darunter den Graphen dieser Funktion. Fassen wir diesen als eine Landschaft auf, so entspricht jeder Niveaulinie eine Höhenlinie (Fig.). Wie in 3.2 gezeigt wurde,
zeigt der Gradient von f in jedem
nichtstationären Punkt der Landkarte
in Richtung des steilsten Anstiegs.

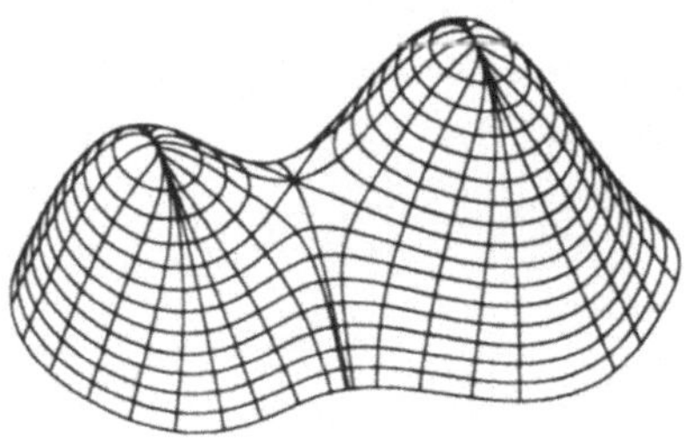

Für den Wanderer im Graphengebirge ist $t \mapsto \big(x(t), y(t), f(x(t), y(t)) \big)$ ein Weg steilsten Anstiegs, wenn $t \mapsto (x(t), y(t))$ eine Gradientenlinie ist.

$\boxed{\text{ÜA}}$ (a) Wie muß für den Wanderer im Graphengebirge auf dem Weg steilsten Anstiegs der Faktor $\lambda(t)$ in Abhängigkeit von der Zeit t gewählt werden, damit er mit der konstanten Geschwindigkeit $v > 0$ voran kommt?

(b) Begegnet er einem auf einer Höhenlinie laufenden Spaziergänger, so schneiden sich ihre beiden Wege senkrecht.

Für C^1-Funktionen von $n \geq 3$ Variablen sind die Niveaumengen $N_c \neq \emptyset$, auf denen der Gradient nicht verschwindet, $(n-1)$-dimensionale Lösungsmannigfaltigkeiten, genannt **Niveauflächen**. Auch diese werden von Gradientenlinien orthogonal durchsetzt.

6 Lokale Extrema unter Nebenbedingungen

6.1 Notwendige Bedingungen, Lagrange–Multiplikatoren

Gegeben seien C^1-Funktionen $g, f_1, \ldots, f_m$ auf $\Omega \subset \mathbb{R}^n$, und es sei $m < n$.
N sei die Lösungsmenge des Gleichungssystems

$$f_1(\mathbf{x}) = 0, \ \ldots \ , f_m(\mathbf{x}) = 0 \,.$$

Wir suchen die lokalen Minima der Funktion g auf der Menge N, also diejenigen Punkte $\mathbf{c} \in N$ mit der Eigenschaft

$$g(\mathbf{c}) \leq g(\mathbf{x}) \quad \text{für alle} \quad \mathbf{x} \in N \cap K_r(\mathbf{c})$$

mit einem geeigneten $r > 0$.

Entsprechend sind lokale Maxima von g unter der Bedingung $\mathbf{x} \in N$ definiert. Diese Punkte bezeichnen wir als die **lokalen Extrema von g unter den Nebenbedingungen** $f_1 = 0, \ldots, f_m = 0$.

Der folgende Satz erspart uns die explizite Auflösung des Gleichungssystems und liefert eine einfache notwendige Bedingung für die lokalen Extrema.

SATZ. *Sei N eine Lösungsmannigfaltigkeit und g habe unter den Nebenbedingungen $f_1 = 0, \ldots, f_m = 0$ an der Stelle $\mathbf{c} \in N$ ein lokales Extremum. Dann gibt es eindeutig bestimmte Zahlen (**Lagrange–Multiplikatoren**) $\lambda_1, \ldots, \lambda_m \in \mathbb{R}$ mit*

$$\nabla g(\mathbf{c}) = \sum_{j=1}^{m} \lambda_j \nabla f_j(\mathbf{c}) \,,$$

d.h. die Funktion $g - \sum_{j=1}^{m} \lambda_j f_j$ hat in $\mathbf{c}$ einen stationären Punkt.

Zur Bestimmung einer Extremalstelle $\mathbf{c} = (c_1, \ldots, c_n)$ hat man also für die $n+m$ Unbekannten $c_1, \ldots, c_n, \lambda_1, \ldots, \lambda_m$ das Gleichungssystem

$$f_i(c_1, \ldots, c_n) = 0 \qquad\qquad i = 1, \ldots, m \, ,$$

$$\partial_k g(c_1, \ldots, c_n) = \sum_{j=1}^{m} \lambda_j \partial_k f_j(c_1, \ldots, c_n) \qquad k = 1, \ldots, n$$

zu lösen.

BEWEIS.

Wie in 5.5 beschrieben, können wir durch eine geeignete Umnumerierung der $x_1, \ldots, x_n$ erreichen, daß in einer Umgebung von $\mathbf{c} = (c_1, \ldots, c_n)$ das Gleichungssystem $f_1 = \cdots = f_m = 0$ nach den letzten m Variablen $x_{p+1}, \ldots, x_n$ $(p = n - m)$ aufgelöst werden kann. Wie dort bezeichnen wir die impliziten Funktionen mit $\varphi_1, \ldots, \varphi_m$ und setzen $\mathbf{a} := (c_1, \ldots, c_p)$. Für die Abbildung

$$\boldsymbol{\Phi}(\mathbf{u}) = \boldsymbol{\Phi}(u_1, \ldots, u_p) := (u_1, \ldots, u_p, \varphi_1(\mathbf{u}), \ldots, \varphi_m(\mathbf{u})) \, ,$$

$$= \sum_{j=1}^{p} u_j \mathbf{e}_j + \sum_{k=1}^{m} \varphi_k(\mathbf{u}) \mathbf{e}_{p+k}$$

gilt dann $\boldsymbol{\Phi}(\mathbf{a}) = \mathbf{c}$ und

$$\partial_i \boldsymbol{\Phi}(\mathbf{a}) = \mathbf{e}_i + \sum_{k=1}^{m} \partial_i \varphi_k(\mathbf{a}) \mathbf{e}_{p+k} \quad \text{mit} \quad i = 1, \ldots, p \, .$$

Die Vektoren $\partial_1 \boldsymbol{\Phi}(\mathbf{a}), \ldots \partial_p \boldsymbol{\Phi}(\mathbf{a})$ sind linear unabhängig $\boxed{\text{ÜA}}$ und spannen deshalb einen p–dimensionalen Teilraum U im $\mathbb{R}^n$ auf.

In einer Umgebung von $\mathbf{a}$ bestehen die Gleichungen

$$f_k\big(\boldsymbol{\Phi}(\mathbf{u})\big) = f_k\big(u_1, \ldots, u_p, \varphi_1(\mathbf{u}), \ldots, \varphi_m(\mathbf{u})\big) = 0 \qquad (k = 1, \ldots, m) \, .$$

Nach Voraussetzung hat $\mathbf{u} \mapsto g(\boldsymbol{\Phi}(\mathbf{u}))$ an der Stelle $\mathbf{a}$ ein lokales Extremum, es gilt also notwendigerweise

$$\nabla(g \circ \boldsymbol{\Phi})(\mathbf{a}) = \mathbf{0} \, .$$

Mit der Kettenregel 3.2 ergibt sich

$$0 = \partial_i(f_k \circ \boldsymbol{\Phi})(\mathbf{a}) = \langle \nabla f_k(\mathbf{c}), \partial_i \boldsymbol{\Phi}(\mathbf{a}) \rangle$$

$$0 = \partial_i(g \circ \boldsymbol{\Phi})(\mathbf{a}) = \langle \nabla g(\mathbf{c}), \partial_i \boldsymbol{\Phi}(\mathbf{a}) \rangle$$

für $i = 1, \ldots, p$ und $k = 1, \ldots, m$. Die Vektoren $\nabla g(\mathbf{c}), \nabla f_1(\mathbf{c}), \ldots, \nabla f_m(\mathbf{c})$ gehören somit zum orthogonalen Komplement $U^\perp$. Dieses hat nach § 19 : 3.2 die

Dimension m. Da $\nabla f_1(\mathbf{c}), \ldots, \nabla f_m(\mathbf{c})$ nach Voraussetzung linear unabhängig sind, bilden Sie eine Basis von $U^\perp$, also gilt $\nabla g(\mathbf{c}) = \lambda_1 \nabla f_1(\mathbf{c}) + \cdots + \lambda_m \nabla f_m(\mathbf{c})$ mit eindeutig bestimmten Zahlen $\lambda_1, \ldots, \lambda_m$. $\qquad\qquad\qquad\qquad\square$

6.2 Hinreichende Bedingungen

$g, f_1, \ldots, f_m$ seien C^2–Funktionen auf $\Omega \subset \mathbb{R}^n$ mit $m < n$. Die Lösungsmenge N von $f_1 = \cdots = f_m = 0$ sei wie in 6.1 eine Lösungsmannigfaltigkeit.

Hinreichend für ein lokales Minimum von g unter den Nebenbedingungen $f_1 = \cdots = f_m = 0$ an der Stelle $\mathbf{c} \in N$ ist die Existenz von Zahlen $\lambda_1, \ldots, \lambda_m \in \mathbb{R}$, so daß für

$$G := g - \sum_{j=1}^m \lambda_j f_j$$

folgendes gilt:

(a) $\nabla G(\mathbf{c}) = \mathbf{0}$,

(b) $\langle \mathbf{v}, G''(\mathbf{c})\mathbf{v} \rangle > 0$ *für alle Vektoren* $\mathbf{v} \neq \mathbf{0}$, *die senkrecht auf den Gradienten* $\nabla f_1(\mathbf{c}), \ldots, \nabla f_m(\mathbf{c})$ *stehen*.

Beweis als $\boxed{\ddot{\text{U}}\text{A}}$ für Interessierte : Wählen Sie Φ wie im Beweis 6.1 und wenden Sie die hinreichende Bedingung 4.5 auf $g \circ \Phi$ an. Eliminieren Sie in der Hesse–Matrix von $g \circ \Phi$ die zweiten Ableitungen $\partial_i \partial_j \Phi$, indem Sie die Gleichungen $f_k \circ \Phi = 0$ zweimal differenzieren.

Beachten Sie Span $\left\{ \nabla f_1(\mathbf{c}), \ldots, \nabla f_m(\mathbf{c}) \right\}^\perp = $ Span $\left\{ \partial_1 \Phi(\mathbf{a}), \ldots, \partial_p \Phi(\mathbf{a}) \right\}$.

6.3 Aufgaben

(a) Für $a > 0$ und $ac - b^2 > 0$ seien

$$g(x,y) = x^2 + y^2 \quad \text{und} \quad f(x,y) = ax^2 + 2bxy + cy^2 - 1.$$

Zeigen Sie, daß die Bestimmung lokaler Extrema von g unter der Nebenbedingung $f = 0$ auf ein Eigenwertproblem führt und die Hauptachsen der Ellipse (bzw. des Kreises) $f(x,y) = 0$ liefert, vgl. § 20 : 4.3.

(b) Die Herstellungskosten einer Kiste ohne Deckel seien proportional zur Oberfläche plus der Summe der Kantenquadrate, also durch

$$f(x,y,z) = xy + 2xz + 2yz + 2x^2 + 2y^2 + 4z^2$$

mit den Kantenlängen x, y, z gegeben. Machen Sie das Volumen xyz zum Maximum unter der Nebenbedingung $f(x,y,z) = 32$.

(c) Seien $f(x,y,z) = x^2 + \frac{1}{2}y^2 + \frac{1}{2}z^2$, $g(x,y,z) = x^2 + 2xy - \frac{2}{3}z^3$. Bestimmen Sie das Maximum von $g(x,y,z)$ unter der Nebenbedingung $f(x,y,z) \leq 1$. (Existenz des Maximums? Wie steht es mit lokalen Extrema im Innern $f < 1$? Die Methode des Lagrange–Multiplikators für $f = 1$ führt auf vier Gleichungen mit zehn Lösungen, die miteinander zu vergleichen sind.)

6.4 Anwendung auf die Boltzmann–Statistik

In §4 : 8.6 stellte sich das Problem, das Maximum von

$$W = \frac{N!}{N_1! \cdot \ldots \cdot N_r!}$$

unter den Nebenbedingungen $\sum_{i=1}^{r} N_i = N$ (konstante Teilchenzahl)

und $\sum_{i=1}^{r} \varepsilon_i N_i = U$ (konstante Energie) zu bestimmen.

Mit Hilfe der Stirlingschen Formel $n! \sim \sqrt{2\pi n} \left(\frac{n}{e}\right)^n$ ergibt sich nach kurzer Rechnung $\boxed{\text{ÜA}}$

$$\log W \sim N \log N - \sum_{i=1}^{r} N_i \log N_i + \tfrac{1}{2} \log N - \tfrac{1}{2} \sum_{i=1}^{r} \log N_i - \frac{r-1}{2} \log 2\pi \,,$$

wobei $N = N_1 + \cdots + N_r$ einzutragen ist. Im Rahmen dieses Modells ist es üblich, diese Näherungsformel und auch die folgenden als Gleichung zu schreiben ($=$ statt $\sim$) und die N_i wie kontinuierliche Größen zu behandeln. Dann folgt

$$\frac{\partial}{\partial N_k} \log W = \log N - \log N_k + \frac{1}{2N} - \frac{1}{2N_k} \,.$$

Nach 6.1 gibt es Lagrange–Parameter $\lambda_1 = -\alpha$, $\lambda_2 = -\beta$ mit

$$\log N - \log N_k + \frac{1}{2N} - \frac{1}{2N_k} + \alpha + \beta \varepsilon_k = 0 \,.$$

Nach Vernachlässigung der Glieder $\frac{1}{2N}$ und $\frac{1}{2N_k}$ erhalten wir

$$\frac{N_k}{N} = e^{\alpha + \beta \varepsilon_k} \,.$$

Aus $\sum_{i=1}^{r} N_k = N$ folgt $e^{\alpha} \cdot \sum_{k=1}^{r} e^{\beta \varepsilon_k} = 1$, also $\alpha = -\log \sum_{k=1}^{r} e^{\beta \varepsilon_k}$.

Definieren wir die *Zustandssumme* σ durch $\sigma = \sum_{k=1}^{r} e^{\beta \varepsilon_k}$, so erhalten wir die *Besetzungszahlen*

$$N_k = \frac{N}{\sigma} e^{\beta \varepsilon_k} \,.$$

Einsetzen in $\log W_{\max}$ und Vernachlässigung aller relativ kleinen Glieder ergibt

$$\log W_{\max} = N \log \sigma - \beta U \quad \text{mit} \quad U = \frac{N}{\sigma} \sum_{i=1}^{r} \varepsilon_i e^{\beta \varepsilon_i} \,.$$

Zwischen β und der absoluten Temperatur T besteht der Zusammenhang

$$\beta = -\frac{1}{kT} \,; \quad k \text{ ist die Boltzmann–Konstante. Die Größe}$$

$$S = k \log W_{\max} = k \left(N \log N - \sum_{i=1}^{r} N_i \log N_i \right) = -k N \sum_{i=1}^{r} \frac{N_i}{N} \log \frac{N_i}{N}$$

heißt *Entropie.*

Auf dieser Basis werden in der Thermodynamik die ideale Gasgleichung, die Formel $U = \frac{3}{2} kNT$ und bei Photonengasen die Wiensche Strahlungsformel abgeleitet.

§ 23 Integralrechnung im $\mathbb{R}^n$

1 Das Integral für Treppenfunktionen

1.1 n–dimensionale Quader

Unter einem **n–dimensionalen Quader** oder **n–dimensionalen Intervall** verstehen wir das kartesische Produkt von n beschränkten eindimensionalen Intervallen $I_1, \ldots, I_n$,

$$I = I_1 \times \cdots \times I_n \,.$$

Außer der Beschränktheit unterliegen die Intervalle $I_1, \ldots, I_n$ keiner Bedingung; sie dürfen offen, abgeschlossen, halboffen und einpunktig sein. Es sei wieder

$$\chi_I(\mathbf{x}) = \begin{cases} 1 & \text{für } \mathbf{x} \in I \\ 0 & \text{für } \mathbf{x} \notin I \end{cases} \qquad \text{die charakteristische Funktion von } I.$$

Das **Volumen** $V(I) = V^n(I)$ eines Quaders definieren wir als Produkt aller Seitenlängen, also

$$V(I) = (b_1 - a_1) \cdot \ldots \cdot (b_n - a_n) \,,$$

wenn $a_k \leq b_k$ die Intervallgrenzen von I_k sind. Ein Quader heißt **entartet**, wenn sein Volumen 0 ist, d.h. wenn mindestens eines der I_k einpunktig ist.

Das Volumen ist *translationsinvariant:*

$$V(\mathbf{c} + I) = V(I) \qquad \text{für jede Translation mit einem Vektor } \mathbf{c}.$$

1.2 Rasterung von Quadersystemen

Seien $I_1, \ldots, I_N \subset \mathbb{R}^n$ kompakte Quader. Dann gibt es kompakte Quader $J_1, \ldots, J_M$ im $\mathbb{R}^n$ mit paarweise disjunktem Innern,

$$\overset{\circ}{J}_i \cap \overset{\circ}{J}_k = \emptyset \quad \text{für} \quad i \neq k,$$

mit

$$I_1 \cup \cdots \cup I_N = J_1 \cup \cdots \cup J_M,$$

und jedes I_j ist die Vereinigung geeigneter J_k.

Wir nennen $J_1, \ldots, J_M$ eine **Rasterung** von $I_1, \ldots, I_N$.

Im ebenen Fall $n = 2$ verlängern wir sämtliche bei den $I_1, \ldots, I_N$ vorkommenden Rechteckseiten zu Geraden in der Ebene. In diesem Raster markieren wir alle Rechtecke, die in einem der I_j liegen und bezeichnen diese mit $J_1, \ldots, J_M$.

Im Fall $n \geq 3$ gehen wir genauso vor; die Rasterung des $\mathbb{R}^n$ erfolgt durch Verlängerung aller Seitenflächen.

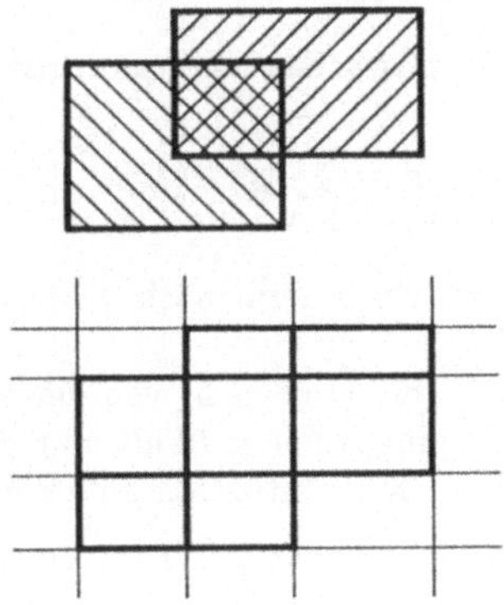

1.3 Treppenfunktionen

Es sei $I \subset \mathbb{R}^n$ ein kompakter Quader. Jede reelle Linearkombination

$$\varphi = \sum_{i=1}^{N} c_i \chi_{I_i}$$

aus charakteristischen Funktionen von Intervallen $I_i \subset I$ heißt eine **Treppenfunktion auf I**. Zwei Treppenfunktionen φ, ψ nennen wir *äquivalent* oder *fast überall gleich*, $\varphi = \psi$ f.ü., wenn sie sich höchstens auf Quaderrändern unterscheiden. Wir definieren $\|\varphi\| = \max \left\{ |\varphi(\mathbf{x})| \mid \mathbf{x} \in I \right\}$.

Jede Treppenfunktion $\varphi = \sum_{i=1}^{N} c_i \chi_{I_i}$ hat eine äquivalente Darstellung $\sum_{j=1}^{M} d_j \chi_{J_j}$ durch kompakte Quader J_j mit paarweise disjunktem Innern (*disjunkte Darstellung*). Zu je zwei Treppenfunktionen φ, ψ auf I gibt es eine gemeinsame disjunkte Darstellung

$$\varphi = \sum_{k=1}^{M} c_k \chi_{J_k} \quad \text{f.ü.}, \qquad \psi = \sum_{k=1}^{M} d_k \chi_{J_k} \quad \text{f.ü.}.$$

Beides ergibt sich nach 1.2 durch Rasterung aller in φ bzw. in φ und ψ auftretenden Quader. Es folgt

$$\alpha\varphi + \beta\psi = \sum_{k=1}^{M} (\alpha c_k + \beta d_k) \cdot \chi_{J_k} \quad \text{f.ü.}, \qquad |\varphi| = \sum_{k=1}^{M} |c_k| \cdot \chi_{J_k} \quad \text{f.ü.}.$$

1.4 Das Integral von Treppenfunktionen

Für eine Treppenfunktion φ auf I in disjunkter Darstellung

$$\varphi = \sum_{k=1}^{N} c_k \chi_{I_k}$$

definieren wir das Integral durch

$$\int_I \varphi := \sum_{k=1}^{N} c_k \cdot V(I_k).$$

Wir schreiben dafür auch $\int_I \varphi(\mathbf{x})\, d^n\mathbf{x}$.

Diese Zahl hängt nicht von der Wahl der Darstellung ab. (Zu zwei disjunkten Darstellungen von φ wählt man die gemeinsame Rasterung nach 1.2. Der Leser mache sich die Situation an einem einfachen Beispiel klar.)

Für einen Quader $J \subset I$ setzen wir

$$\int_J \varphi = \int_J \varphi(\mathbf{x})\, d^n\mathbf{x} := \int_I \varphi \cdot \chi_J.$$

1.5 Eigenschaften des Integrals für Treppenfunktionen

(a) $\int_I (\alpha\varphi + \beta\psi) = \alpha \int_I \varphi + \beta \int_I \psi \qquad$ (*Linearität*)

(b) $\varphi \geq 0 \ \text{ f.ü.} \Longrightarrow \int_I \varphi \geq 0 \qquad$ (*Positivität*)

(c) Äquivalente Treppenfunktionen haben dasselbe Integral. Die Funktionswerte auf Quaderrändern spielen für das Integral keine Rolle.

(d) $\varphi \leq \psi \ \text{ f.ü.} \Longrightarrow \int_I \varphi \leq \int_I \psi \qquad$ (*Monotonie*).

(e) $\left| \int_I \varphi \right| \leq \|\varphi\| \cdot V(I) \qquad$ (*Stetigkeit*).

Die Eigenschaft (a) folgt sofort aus einer gemeinsamen disjunkten Darstellung.

Für (b) und (c) beachte man, daß bei disjunkter Darstellung $\varphi = \sum_{k=1}^{N} c_k \cdot \chi_{I_k}$

$$\varphi \geq 0 \ \text{ f.ü.} \Longleftrightarrow c_k \geq 0, \quad \text{falls} \quad V(I_k) > 0.$$

(d) folgt aus (b) und (a) für die Treppenfunktion $\psi - \varphi$.

Zu (e): Ist $\varphi = \sum_{k=1}^{m} c_k \chi_{I_k}$ in disjunkter Darstellung, so gilt $|c_k| \leq \|\varphi\|$.

1.6 Sukzessive Integration

Seien $I \subset \mathbb{R}^p$, $J \subset \mathbb{R}^q$ kompakte Intervalle. Jeden Vektor $\mathbf{z} \in \mathbb{R}^{p+q}$ schreiben wir in der Form

$$\mathbf{z} = (x_1, \ldots, x_p, y_1, \ldots, y_q) = (\mathbf{x}, \mathbf{y}).$$

Dann gilt für jede Treppenfunktion φ auf $I \times J$:

(a) *Für jedes feste $\mathbf{x} \in I$ ist $\mathbf{y} \mapsto \varphi(\mathbf{x}, \mathbf{y})$ eine Treppenfunktion auf J,*

(b) *$\psi(\mathbf{x}) = \int_J \varphi(\mathbf{x}, \mathbf{y})\, d^q\mathbf{y}$ ist eine Treppenfunktion auf I,*

(c) *$\int_{I \times J} \varphi(\mathbf{z})\, d^{p+q}\mathbf{z} = \int_I \psi(\mathbf{x})\, d^p\mathbf{x} = \int_I \left(\int_J \varphi(\mathbf{x}, \mathbf{y})\, d^q\mathbf{y} \right) d^p\mathbf{x}.$*

BEWEIS.

Die in φ auftretenden Quader erzeugen eine Rasterung von I und J:

$$I = \bigcup_{i=1}^{M} I_i, \quad J = \bigcup_{j=1}^{N} J_j. \quad \text{Somit können wir schreiben}$$

$$\varphi = \sum_{i=1}^{M} \sum_{j=1}^{N} a_{ij} \chi_{I_i \times J_j} \quad \text{f.ü.}.$$

Aus

$$\chi_{I_i \times J_j}(\mathbf{x}, \mathbf{y}) = \chi_{I_i}(\mathbf{x}) \cdot \chi_{J_j}(\mathbf{y}), \qquad V^{p+q}(I_i \times J_j) = V^p(I_i) \cdot V^q(J_j)$$

folgt dann (a), (b) und (c):

$$\varphi(\mathbf{x}, \mathbf{y}) = \sum_{j=1}^{N} \left(\sum_{i=1}^{M} a_{ij} \chi_{I_i}(\mathbf{x}) \right) \cdot \chi_{J_j}(\mathbf{y}),$$

$$\int_J \varphi(\mathbf{x}, \mathbf{y})\, d^q\mathbf{y} = \sum_{j=1}^{N} \left(\sum_{i=1}^{M} a_{ij} \chi_{I_i}(\mathbf{x}) \right) V^q(J_j) = \sum_{i=1}^{M} \left(\sum_{j=1}^{N} a_{ij} V^q(J_j) \right) \chi_{I_i}(\mathbf{x}),$$

$$\int_I \left(\int_J \varphi(\mathbf{x}, \mathbf{y})\, d^q\mathbf{y} \right) d^p\mathbf{x} = \sum_{i=1}^{M} \left(\sum_{j=1}^{N} a_{ij} V^q(J_j) \right) \cdot V^p(I_i)$$

$$= \sum_{i=1}^{M} \sum_{j=1}^{N} a_{ij} V^{p+q}(I_i \times J_j) = \int_{I \times J} \varphi(\mathbf{z})\, d^{p+q}\mathbf{z}. \qquad \square$$

1.7 Additivität des Integrals. *Für jede Zerlegung eines Quaders I,*

$$I = \bigcup_{i=1}^{N} I_k \quad mit \quad \overset{\circ}{I}_i \cap \overset{\circ}{I}_j \neq \emptyset \quad für \quad i \neq j \quad gilt \quad \int_I \varphi = \sum_{i=1}^{N} \int_{I_i} \varphi \, .$$

Der Beweis ergibt sich, indem man aus $I_1, \ldots, I_N$ und den in φ auftretenden Quadern eine Rasterung herstellt, $\boxed{\text{ÜA}}$.

2 Integration stetiger Funktionen über kompakte Quader

2.1 Definition des Integrals

Jede auf einem kompakten Quader I stetige Funktion f ist gleichmäßiger Limes von Treppenfunktionen φ_k auf I. Für diese existiert $\lim\limits_{k \to \infty} \int_I \varphi_k$, und dieser Grenzwert ist für jede approximierende Folge derselbe.

Wir erklären das **Integral** von f durch

$$\int_I f(\mathbf{x}) \, d^n\mathbf{x} := \lim_{k \to \infty} \int_I \varphi_k \, .$$

Häufig schreiben wir kurz $\int_I f$.

Der Beweis ergibt sich wörtlich wie in §11:2.3 und §11:3.1. $\boxed{\text{ÜA}}$: Führen Sie den Beweis, ohne an der genannten Stelle nachzusehen!

Hinter dem Symbol $d^n\mathbf{x}$ ($= dx_1 \, dx_2 \cdots dx_n$, auch $d\mathbf{x}$, dV^n oder $dV^n(\mathbf{x})$ geschrieben) steht die Vorstellung eines „n–dimensionalen Volumenelements", vgl. §11:3.2. — Für $n = 2, 3$ sind die folgenden Schreibweisen üblich:

$$\int_{a_1}^{b_1} \int_{a_2}^{b_2} f(x,y) \, dx \, dy \quad statt \quad \int_I f \quad für \quad I = [a_1, b_1] \times [a_2, b_2] \, ,$$

$$\int_{a_1}^{b_1} \int_{a_2}^{b_2} \int_{a_3}^{b_3} f(x,y,z) \, dx \, dy \, dz \quad für \quad I = [a_1, b_1] \times [a_2, b_2] \times [a_3, b_3] \, .$$

$\int_I f(x,y) \, dx \, dy$ deuten wir im Fall $f \geq 0$ als Volumen des Körpers zwischen dem Rechteck I in der (x, y)–Ebene und dem Graphen von f über I.

2.2 Eigenschaften des Integrals

(a) $\int_I (\alpha f(\mathbf{x}) + \beta g(\mathbf{x})) \, d^n\mathbf{x} = \alpha \int_I f(\mathbf{x}) \, d^n\mathbf{x} + \beta \int_I g(\mathbf{x}) \, d^n\mathbf{x}$ \quad *(Linearität)*,

(b) $f \leq g \implies \int_I f(\mathbf{x}) \, d^n\mathbf{x} \leq \int_I g(\mathbf{x}) \, d^n\mathbf{x}$ \quad *(Monotonie)*,

(c) $\left|\int\limits_I f(\mathbf{x})\, d^n\mathbf{x}\right| \leq \int\limits_I |f(\mathbf{x})|\, d^n\mathbf{x} \leq \|f\| \cdot V(I)\,,$

(d) $\int\limits_I |f(\mathbf{x})|\, d^n\mathbf{x} = 0 \implies f = 0\,.$

$\|f\|$ bezeichnet hierbei die Supremumsnorm von f auf I.

Für die Beweise gilt das oben Gesagte.

2.3 Parameterintegrale

(a) *Sei I ein kompakter Quader im $\mathbb{R}^n$ und J ein reelles Intervall. Ist die Funktion $f : I \times J \to \mathbb{R}$ stetig, so ist auch*

$$F(t) = \int\limits_I f(\mathbf{x}, t)\, d^n\mathbf{x}$$

stetig in J.

(b) *Existiert zusätzlich $\frac{\partial f}{\partial t}(x, t)$ für alle $(\mathbf{x}, t) \in I \times J$ und ist dort stetig, so ist F eine C^1-Funktion auf J, und es gilt*

$$F'(t) = \int\limits_I \frac{\partial f}{\partial t}(\mathbf{x}, t)\, d^n\mathbf{x}\,.$$

BEWEIS.

Vorbemerkung. F ist genau dann stetig (bzw. stetig differenzierbar) in J, wenn F auf jedem kompakten Teilintervall $K \subset J$ stetig (bzw. stetig differenzierbar) ist. Wir dürfen daher o.B.d.A. J selbst als kompakt annehmen.

(a) f ist gleichmäßig stetig auf $I \times J$. Zu gegebenem $\varepsilon > 0$ gibt es insbesondere ein $\delta > 0$ so, daß $|f(\mathbf{x}, s) - f(\mathbf{x}, t)| < \varepsilon$ für alle $\mathbf{x} \in I$ und alle $s, t \in J$ mit $|s - t| < \delta$. Nach 2.2 ist dann

$$\left|F(s) - F(t)\right| = \left|\int\limits_I (f(\mathbf{x}, s) - f(\mathbf{x}, t))\, d^n\mathbf{x}\right| \leq \varepsilon \cdot V(I)\,.$$

(b) Entsprechend gibt es ein $\varrho > 0$, so daß $\left|\frac{\partial f}{\partial t}(\mathbf{x}, s) - \frac{\partial f}{\partial t}(\mathbf{x}, t)\right| < \varepsilon$ für alle $s, t \in J$ mit $|s - t| < \varrho$ und alle $\mathbf{x} \in I$.

Nach dem Mittelwertsatz der Differentialrechnung gilt

$$\frac{f(\mathbf{x}, s) - f(\mathbf{x}, t)}{s - t} = \frac{\partial f}{\partial t}(\mathbf{x}, \vartheta) = \frac{\partial f}{\partial t}(\mathbf{x}, t) + r(\mathbf{x}, s, t)$$

mit einer geeigneten Zahl $\vartheta = \vartheta(\mathbf{x}, s, t)$ zwischen s und t und

$$\left|r(\mathbf{x}, s, t)\right| = \left|\frac{\partial f}{\partial t}(\mathbf{x}, \vartheta) - \frac{\partial f}{\partial t}(\mathbf{x}, t)\right| < \varepsilon$$

für $|s - t| < \varrho$ und alle $\mathbf{x} \in I$. Somit haben wir für $|s - t| < \varrho$

$$\left| \frac{F(s) - F(t)}{s - t} - \int_I \frac{\partial f}{\partial t}(\mathbf{x}, t) \right| = \left| \int_I \left(\frac{f(\mathbf{x}, s) - f(\mathbf{x}, t)}{s - t} - \frac{\partial f}{\partial t}(\mathbf{x}, t) \right) d^n \mathbf{x} \right|$$

$$\leq \int_I |r(\mathbf{x}, s, t)| \, d^n \mathbf{x} < \varepsilon \cdot V(I) . \qquad \square$$

2.4 Sukzessive Integration

(a) *Für eine auf einem Rechteck $[a, b] \times [c, d]$ stetige Funktionen f gilt*

$$\int_a^b \int_c^d f(x, y) \, dx \, dy = \int_a^b \left(\int_c^d f(x, y) \, dy \right) dx = \int_c^d \left(\int_a^b f(x, y) \, dx \right) dy .$$

Das Integral über ein Rechteck läßt sich also auf die sukzessive Berechnung gewöhnlicher Integrale zurückführen. Man beachte, daß nach 2.3

$$F(x) = \int_c^d f(x, y) \, dy \quad \text{und} \quad G(y) = \int_a^b f(x, y) \, dx$$

stetige Funktionen liefern.

(b) *Ganz analog gilt für jede auf einem Quader $I \times J$ stetige Funktion f*

$$\int_{I \times J} f(\mathbf{x}, \mathbf{y}) \, d^p \mathbf{x} \, d^q \mathbf{y} = \int_I \left(\int_J f(\mathbf{x}, \mathbf{y}) \, d^q \mathbf{y} \right) d^p \mathbf{x} = \int_J \left(\int_I f(\mathbf{x}, \mathbf{y}) \, d^p \mathbf{x} \right) d^q \mathbf{y} ,$$

wobei $I \subset \mathbb{R}^p$, $J \subset \mathbb{R}^q$ kompakte Quader sind. Daher läßt sich das n–dimensionale Integral letztlich auf die sukzessive Berechnung gewöhnlicher eindimensionaler Integrale zurückführen: Für $I = [a_1, b_1] \times \cdots \times [a_n, b_n]$ gilt

$$\int_I f(\mathbf{x}) \, d^n \mathbf{x} = \int_{a_1}^{b_1} \left(\int_{a_2}^{b_2} \cdots \left(\int_{a_n}^{b_n} f(x_1, \ldots, x_n) \, dx_n \right) \cdots \right) dx_2 \Big) dx_1 ,$$

wobei die Reihenfolge der Integration keine Rolle spielt.

BEWEIS.

(a) Nach Definition des Integrals gibt es Treppenfunktionen φ_k mit

$$\|f - \varphi_k\| < \frac{1}{k} \quad \text{und} \quad \int_a^b \int_c^d \varphi_k(x, y) \, dx \, dy \to \int_a^b \int_c^d f(x, y) \, dx \, dy .$$

Dabei gilt nach 1.6

$$\int\limits_a^b \int\limits_c^d \varphi_k(x,y)\,dx\,dy = \int\limits_a^b \Big(\int\limits_c^d \varphi_k(x,y)\,dy \Big)\,dx = \int\limits_a^b \psi_k(x)\,dx\,, \qquad \text{wobei}$$

$$\psi_k(x) = \int\limits_c^d \varphi_k(x,y)\,dy$$

wieder Treppenfunktionen sind. Für diese gilt

$$\big| F(x) - \psi_k(x) \big| = \Big| \int\limits_c^d \big(f(x,y) - \varphi_k(x,y) \big)\,dy \Big| \le \frac{d-c}{k}\,, \qquad \text{also}$$

$$\Big| \int\limits_a^b F(x)\,dx - \int\limits_a^b \int\limits_c^d \varphi_k(x,y)\,dx\,dy \Big| = \Big| \int\limits_a^b \big(F(x) - \psi_k(x) \big)\,dx \Big| \le \frac{(b-a)(d-c)}{k}\,.$$

Es folgt

$$\int\limits_a^b \int\limits_c^d f(x,y)\,dx\,dy = \lim_{k\to\infty} \int\limits_a^b \int\limits_c^d \varphi_k(x,y)\,dx\,dy = \int\limits_a^b F(x)\,dx = \int\limits_a^b \Big(\int\limits_c^d f(x,y)\,dy \Big)\,dx\,.$$

Vertauschen der beiden Rollen von x und y liefert die zweite Behauptung.

(b) ergibt sich völlig analog. $\square$

2.5 Additivität des Integrals

(a) *Ist ein kompakter Quader I die Vereinigung kompakter Quader $I_1,\ldots,I_N$ mit $\overset{\circ}{I}_k \cap \overset{\circ}{I}_l = \emptyset$ für $k \neq l$, so gilt*

$$\int\limits_I f(\mathbf{x})\,dx = \sum_{k=1}^N \int\limits_{I_k} f(\mathbf{x})\,d^n\mathbf{x}\,.$$

(b) *Sind $I_1, I_2, \ldots$ abzählbar viele kompakte Quader mit paarweise disjunktem Innern und wird jeder kompakte Quader $J \subset \overset{\circ}{I}$ von je endlich vielen der I_k überdeckt, so gilt*

$$\int\limits_I f(\mathbf{x})\,d^n\mathbf{x} = \sum_{k=1}^\infty \int\limits_{I_k} f(\mathbf{x})\,d^n\mathbf{x}\,.$$

BEWEIS.

(a) Für jede Treppenfunktion φ gilt nach 1.7

$$\int\limits_I \varphi = \sum_{k=1}^N \int\limits_{I_k} \varphi\,.$$

Sind φ_j Treppenfunktionen mit $\|f - \varphi_j\| \to 0$ und $\int\limits_I \varphi_j \to \int\limits_I f$, so folgt die Behauptung durch Grenzübergang.

(b) Zu vorgegebenem $\varepsilon > 0$ können wir einen kompakten Quader $J \subset \overset{\circ}{I}$ wählen mit $V(I) - V(J) < \varepsilon$. Dann ist $0 < \int\limits_I |f| - \int\limits_J |f| < \|f\| \cdot \varepsilon$. Nach Voraussetzung gibt es ein N mit $J \subset \bigcup\limits_{k=1}^{N} I_k$. Durch Rasterung verschaffen wir uns endlich viele Intervalle $J_1, \ldots, J_M$ mit paarweise disjunktem Innern, so daß $I = I_1 \cup \cdots \cup I_N \cup J_1 \cup \cdots \cup J_M$. Dann ergibt sich nach (a)

$$\Big| \int\limits_I f - \sum_{k=1}^{N} \int\limits_{I_k} f \Big| = \Big| \sum_{l=1}^{M} \int\limits_{J_l} f \Big| \le \int\limits_I |f| - \int\limits_J |f| < \varepsilon \cdot \|f\| . \qquad \square$$

3 Das Volumen von Rotationskörpern

3.1 Das Volumen zwischen zwei Graphen

Sind $g \le h$ stetige Funktionen auf dem kompakten Rechteck $I = [a,b] \times [c,d]$, so ist das Volumen des Zylinders Z zwischen den beiden Graphen,

$$Z = \big\{ (x,y,z) \mid a \le x \le b,\ c \le y \le d,\ g(x,y) \le z \le h(x,y) \big\} ,$$

gegeben durch

$$V(Z) = \int\limits_a^b \int\limits_c^d \big(h(x,y) - g(x,y) \big)\, dx\, dy .$$

Das ist anschaulich plausibel und ordnet sich der in Abschnitt 7 gegebenen allgemeinen Volumendefinition unter.

3.2 Das Volumen von Rotationskörpern im $\mathbb{R}^3$

Sei $r : [a,b] \to [0,R]$ eine stetige Funktion. Durch Rotation der Fläche

$$\big\{ (x,y,z) \mid a \le x \le b,\ y = 0,\ 0 \le z \le r(x) \big\}$$

um die x-Achse entsteht ein Rotationskörper

$$K = \big\{ (x,y,z) \mid a \le x \le b,\ y^2 + z^2 \le r(x)^2 \big\} .$$

(Machen Sie sich das anhand einer Skizze klar!)

Setzen wir für $a \le x \le b$, $-R \le y \le R$

$$f(x,y) = \begin{cases} \sqrt{r(x)^2 - y^2}, & \text{falls} \quad |y| \le r(x) \\ 0 & \text{für} \quad r(x) < |y| \le R, \end{cases}$$

so ist f stetig auf $[a, b] \times [-R, R]$ und $V(K)$ gleich dem Volumen von

$$K^* = \left\{ (x, y, z) \mid (x, y) \in [a, b] \times [-R, R], -f(x, y) \leq z \leq f(x, y) \right\} .$$

Also gilt nach 2.4

$$V(K) = 2 \int\limits_a^b \int\limits_{-R}^R f(x, y) \, dx \, dy = 2 \int\limits_a^b \left(\int\limits_{-r(x)}^{r(x)} \sqrt{r(x)^2 - y^2} \, dy \right) dx .$$

Die Substitution $y = r(x) \cdot \sin t$ im inneren Integral ergibt

$$V(K) = 2 \int\limits_a^b r(x)^2 \int\limits_{-\frac{\pi}{2}}^{\frac{\pi}{2}} \cos^2 t \, dt = \pi \int\limits_a^b r(x)^2 \, dx .$$

Das Volumen ergibt sich also durch Aufintegrieren über alle an K beteiligten Kreisscheiben (*Cavalierisches Prinzip*).

3.3 Das Kugelvolumen

Im Fall $r(x) = \sqrt{R^2 - x^2}$ ergibt sich das Volumen von $\overline{K_r(0)}$ durch

$$\pi \int\limits_{-R}^R \left(R^2 - x^2 \right) dx = \pi \left(2R^3 - \tfrac{2}{3} R^3 \right) = \tfrac{4}{3} \pi R^3 .$$

3.4 Aufgabe. Berechnen Sie das Volumen eines senkrechten Kreiskegels mit Höhe h und Grundkreisradius R, dessen Spitze im Nullpunkt und dessen Achse in der positiven x-Achse liegt.

4 Das Integral stetiger Funktionen über offene Mengen

4.1 Quaderzerlegung offener Mengen

Zu jeder nichtleeren offenen Teilmenge Ω des $\mathbb{R}^n$ gibt es eine Folge von kompakten Quadern $I_1, I_2, \ldots$ mit paarweise disjunktem Innern, so daß

(a) $\Omega = \bigcup\limits_{k=1}^{\infty} I_k$,

(b) *jede kompakte Teilmenge von Ω bereits durch endlich viele dieser Quader überdeckt wird.*

Jede solche Zerlegung von Ω nennen wir eine **Quaderzerlegung** von Ω.

Wir führen den Beweis der einfacheren Notation halber nur für $n = 2$; der Allgemeinheit wird dadurch kein Abbruch getan.

Beweis.

(a) Wir überziehen die Ebene mit dem
Netz aller Geraden $x = k$, $y = l$ mit
$k, l \in \mathbb{Z}$. Die so entstehenden kompakten Einheitsquadrate nennen wir Quadrate nullter Stufe. K_0 sei die Vereinigung aller Quadrate nullter Stufe,
welche in Ω liegen. Nun unterteilen
wir das Quadratnetz durch Einziehen
von Halbierungslinien. Es entstehen
Quadrate erster Stufe mit Kantenlänge
$\frac{1}{2}$ und mit Eckpunktkoordinaten der
Form $\frac{1}{2}m$ mit $m \in \mathbb{Z}$. K_1 sei die Vereinigung aller Quadrate erster Stufe, wel-
che nicht in K_0 liegen (Fig.).

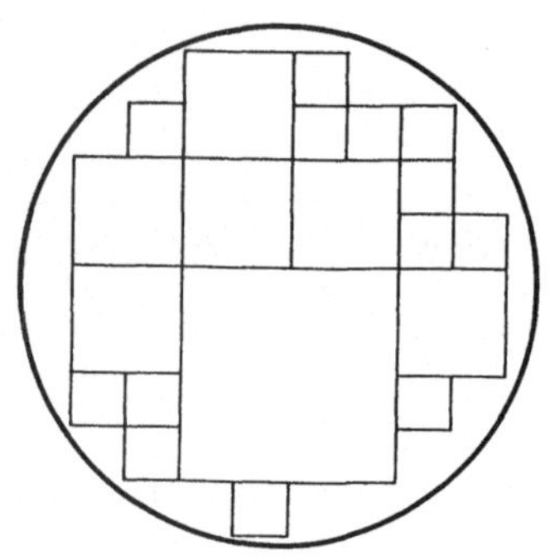

Durch weiteres Einziehen von Halbierungslinien gewinnen wir Quadrate zweiter
Stufe; K_2 ist dann die Vereinigung aller Quadrate zweiter Stufe, welche nicht
zu $K_0 \cup K_1$ gehören. Fahren wir mit diesem Verfahren fort, so erhalten wir
Intervallvereinigungen $K_0, K_1, \ldots$ mit $\bigcup\limits_{i=1}^{\infty} K_i \subset \Omega$.

Wir zeigen $\Omega \subset \bigcup\limits_{i=1}^{\infty} K_i$. Sei $\mathbf{x}_0 \in \Omega$ und $K_r(\mathbf{x}_0) \subset \Omega$. Für $2^{-m} \cdot \sqrt{2} < r$ liegt
jedes Quadrat m–ter Stufe, welches $\mathbf{x}_0$ enthält, ganz in Ω, wird also spätestens
durch K_m erfaßt. Also gilt $\mathbf{x}_0 \in \bigcup\limits_{i=1}^{m} K_i \subset \bigcup\limits_{i=1}^{\infty} K_i$.

Die Vereinigung aller K_i enthält genau abzählbar unendlich viele Quadrate.
Überabzählbar viele können es nicht sein, denn die linken unteren Eckpunkte
haben rationale Koordinaten, und jeder dieser Eckpunkte kommt nur einmal
vor. Endlich viele können es auch nicht sein, denn die Vereinigung endlich
vieler kompakter Quadrate ist kompakt und nicht offen.

(b) Ist K eine kompakte Teilmenge von Ω, so gibt es ein $r > 0$ mit $K_r(\mathbf{x}) \subset \Omega$
für alle $\mathbf{x} \in K$. Für $\Omega = \mathbb{R}^2$ ist dies klar. Andernfalls hat Ω einen Randpunkt,
und wir setzen $r = \frac{1}{2}\mathrm{dist}\,(K, \partial\Omega)$. Wir wählen wieder ein $m \in \mathbb{N}$ mit $2^{-m} \cdot \sqrt{2} <$
r und erkennen wie oben, daß $K \subset \bigcup\limits_{i=1}^{m} K_i$. Alle Quadrate in $\bigcup\limits_{i=1}^{m} K_i$ haben
mindestens Kantenlänge 2^{-m}. Da K beschränkt ist, genügen endlich viele von
ihnen, um K zu überdecken.   □

4.2 Das Integral über offene Mengen

Sei f auf der offenen Menge $\Omega \subset \mathbb{R}^n$ stetig. f heißt über Ω **integrierbar**, wenn
es eine Zahl $M \geq 0$ gibt, so daß

$$\sum_{k=1}^{N} \int_{I_k} |f(\mathbf{x})|\, d^n\mathbf{x} \leq M$$

für je endlich viele kompakte Quader $I_1, \ldots, I_N$ in Ω mit paarweise disjunktem Innern.

Für eine über Ω integrierbare Funktion f definieren wir das **Integral** durch

$$\int_{\Omega} f = \int_{\Omega} f(\mathbf{x})\, d^n\mathbf{x} := \sum_{k=1}^{\infty} \int_{I_k} f(\mathbf{x})\, d^n\mathbf{x}\,,$$

wobei $I_1, I_2, \ldots$ irgendeine Quaderzerlegung von Ω ist.

SATZ. *Die rechtsstehende Summe konvergiert und hat für jede Quaderzerlegung von Ω denselben Wert.*

BEMERKUNGEN.

(a) Diese Integraldefinition entspricht dem uneigentlichen Integral über offene Intervalle in $\mathbb{R}$, vgl. §12:4.

(b) Ist f auf einem kompakten Quader I stetig, so ist f nach 2.5 (b) auch über das Innere von I im Sinne von 4.2 integrierbar, und es gilt für $\Omega = \overset{\circ}{I}$

$$\int_{\Omega} f = \int_{I} f\,.$$

(c) Die Hilfsmittel zur praktischen Berechnung des Integrals (Ausschöpfungssatz, Transformationssatz, sukzessive Integration) werden später bereitgestellt.

BEWEIS der Konvergenz und Eindeutigkeit.

Die absolute Konvergenz der Reihe folgt aus

$$\sum_{k=1}^{N} \left| \int_{I_k} f(\mathbf{x})\, d^n\mathbf{x} \right| \leq \sum_{k=1}^{N} \int_{I_k} |f(\mathbf{x})|\, d^n\mathbf{x} \leq M \quad \text{für alle} \quad N \in \mathbb{N}\,.$$

Die Unabhängigkeit von der speziellen Quaderzerlegung ergibt sich auf folgende Weise: Sei $\Omega = \bigcup_{k=1}^{\infty} I_k = \bigcup_{l=1}^{\infty} J_l$. Dann ist $I_k \cap J_l$ wieder ein (evtl. entarteter) Quader oder aber leer. Man kann sich leicht klarmachen, daß die nichtleeren $I_k \cap J_l$ bei geeigneter Durchnumerierung eine Quaderzerlegung von Ω liefern. Es gilt $I_k = \bigcup_{l=1}^{\infty} I_k \cap J_l$ und $J_l = \bigcup_{k=1}^{\infty} I_k \cap J_l$, also gilt nach 2.5 (b)

$$\int_{I_k} f = \sum_{l=1}^{\infty} \int_{I_k \cap J_l} f \quad \text{und} \quad \int_{J_l} f = \sum_{k=1}^{\infty} \int_{I_k \cap J_l} f\,, \quad \text{dasselbe für } |f|.$$

Aus dem großen Umordnungssatz für Reihen §7:6.6 folgt

$$\sum_{k=1}^{\infty} \int_{I_k} f = \sum_{k=1}^{\infty} \Big(\sum_{l=1}^{\infty} \int_{I_k \cap J_l} f \Big) = \sum_{l=1}^{\infty} \Big(\sum_{k=1}^{\infty} \int_{I_k \cap J_l} f \Big) = \sum_{l=1}^{\infty} \int_{J_l} f \,. \qquad \square$$

4.3 Eigenschaften des Integrals

(a) **Linearität.** *Mit f und g ist auch $\alpha f + \beta g$ über Ω integrierbar und*

$$\int_{\Omega} \big(\alpha f(\mathbf{x}) + \beta g(\mathbf{x}) \big)\, d^n\mathbf{x} = \alpha \int_{\Omega} f(\mathbf{x})\, d^n\mathbf{x} + \beta \int_{\Omega} g(\mathbf{x})\, d^n\mathbf{x}\,.$$

(b) **Monotonie.** *Für integrierbare Funktionen f, g mit $f \leq g$ gilt*

$$\int_{\Omega} f(\mathbf{x})\, d^n\mathbf{x} \leq \int_{\Omega} g(\mathbf{x})\, d^n\mathbf{x}\,.$$

(c) **Integralabschätzung.** *Definitionsgemäß ist f genau dann über Ω integrierbar, wenn $|f|$ über Ω integrierbar ist. Es gilt dann*

$$\Big| \int_{\Omega} f(\mathbf{x})\, d^n\mathbf{x} \Big| \leq \int_{\Omega} |f(\mathbf{x})|\, d^n\mathbf{x}\,.$$

(d) **Majorantensatz.** *Besitzt eine stetige Funktion $f : \Omega \to \mathbb{R}$ eine integrierbare Majorante, so ist f über Ω integrierbar.*

(e) **Zerlegung in positiven und negativen Teil.** *Eine stetige Funktion f ist genau dann über Ω integrierbar, wenn ihr positiver und negativer Teil*

$$f_+ = \tfrac{1}{2} \big(|f| + f \big)\,, \qquad f_- = \tfrac{1}{2} \big(|f| - f \big)$$

beide über Ω integrierbar sind. Es gilt dann

$$\int_{\Omega} f(\mathbf{x})\, d^n\mathbf{x} = \int_{\Omega} f_+(\mathbf{x})\, d^n\mathbf{x} - \int_{\Omega} f_-(\mathbf{x})\, d^n\mathbf{x}\,.$$

Alle Beweise ergeben sich in einfacher Weise aus der Definition und den entsprechenden Eigenschaften des Integrals über kompakte Quader $\boxed{\text{ÜA}}$.

4.4 Additivität des Integrals

Seien $\Omega_1, \Omega_2, \ldots$ endlich viele oder abzählbar viele disjunkte offene Mengen. Eine auf $\Omega = \bigcup_k \Omega_k$ stetige Funktion f ist genau dann über Ω integrierbar, wenn f über jedes Ω_k integrierbar ist und die Reihe $\sum_k \int_{\Omega_k} |f|$ konvergiert. Es gilt dann

$$\int_{\Omega} f(\mathbf{x})\, d^n\mathbf{x} = \sum_k \int_{\Omega_k} f(\mathbf{x})\, d^n\mathbf{x}\,.$$

BEWEIS.

Die Quaderzerlegungen von $\Omega_1, \Omega_2, \ldots$ ergeben zusammen bei geeigneter Numerierung eine Quaderzerlegung von Ω. Nun folgt die Behauptung aus dem großen Umordnungssatz § 7 : 6.6 $\boxed{\text{ÜA}}$.   □

4.5 Integrierbarkeit beschränkter stetiger Funktionen

Jede auf einer beschränkten offenen Menge Ω beschränkte stetige Funktion ist über Ω integrierbar.

BEWEIS.

Nach Voraussetzung gibt es einen kompakten Quader I mit $\Omega \subset I$ und eine Schranke C für $|f(\mathbf{x})|$. Sind $I_1, \ldots, I_N$ kompakte Quader in Ω mit paarweise disjunktem Innern, so gilt

$$\sum_{k=1}^{N} \int_{I_k} |f(\mathbf{x})|\, d^n\mathbf{x} \leq C \cdot \sum_{k=1}^{N} V(I_k) \leq C \cdot V(I)\,. \qquad\qquad □$$

4.6 Ausschöpfende Folgen

Die offenen Mengen $\Omega_1 \subset \Omega_2 \subset \Omega_3 \subset \cdots$ bilden eine **Ausschöpfung** von Ω, wenn

$$\Omega = \bigcup_{k=1}^{\infty} \Omega_k \quad \text{und} \quad \overline{\Omega}_k \text{ jeweils eine kompakte Teilmenge von } \Omega \text{ ist.}$$

BEISPIELE.

(a) Die Rechtecke $\Omega_k =]\!-k, k[\times]\!-k, k[$ schöpfen $\mathbb{R}^2$ aus.

(b) Sei $\Omega = \bigcup_{k=1}^{\infty} I_k$ eine Quaderzerlegung und Ω_N das Innere von $V_N = \bigcup_{k=1}^{N} I_k$.
Die Ω_N bilden eine aufsteigende Folge mit $\overline{\Omega}_N \subset \Omega$. Jeder Punkt $\mathbf{x}_0 \in \Omega$ liegt in wenigstens einem Quader I_k. Liegt er im Innern, so gehört er zu Ω_k. Liegt $\mathbf{x}_0$ auf dem Rand von I_k, so gibt es noch weitere I_l mit $\mathbf{x}_0 \in I_l$. Man macht sich leicht klar, daß $\mathbf{x}_0$ im Innern der Vereinigung aller (endlich vielen) I_l mit $\mathbf{x}_0 \in I_l$ liegt.

BEMERKUNG zu (b). *Sei $\Omega_1 \subset \Omega_2 \subset \cdots$ eine beliebige ausschöpfende Folge. Dann gibt es zu jedem Ω_k ein V_N mit $\overline{\Omega}_k \subset V_N$, und jede kompakte Teilmenge K von Ω liegt in einem geeigneten Ω_l.* Denn einerseits ist $\overline{\Omega}_k$ kompakt und wird daher nach 4.1 schon von endlich vielen der $I_1, I_2, \ldots$ überdeckt. Ist andererseits $K \subset \Omega$ kompakt, so liegt jeder Punkt von K in einem geeigneten Ω_i. Nach dem Überdeckungssatz von Heine–Borel § 21 : 6.3 genügen daher endlich viele Ω_i, um K zu überdecken. Als Ω_l nehmen wir deren Vereinigung.

4.7 Der Ausschöpfungssatz

Sei $\Omega_1 \subset \Omega_2 \subset \cdots$ eine Ausschöpfung von Ω. Eine stetige Funktion f ist genau dann über Ω integrierbar, wenn die Folge der Integrale

$$\int\limits_{\Omega_k} |f(\mathbf{x})|\, d^n\mathbf{x}$$

beschränkt ist. In diesem Fall gilt

$$\int\limits_{\Omega} f(\mathbf{x})\, d^n\mathbf{x} = \lim_{k\to\infty} \int\limits_{\Omega_k} f(\mathbf{x})\, d^n\mathbf{x}\,.$$

Man beachte, daß f auf jeder der kompakten Mengen $\overline{\Omega}_k$ beschränkt, also $|f|$ über jedes Ω_k integrierbar ist nach 4.5.

BEWEIS.

Die eine Richtung ist klar: Aus der Integrierbarkeit von f folgt $\int\limits_{\Omega_k} |f| \le \int\limits_{\Omega} |f|$.

Sei die Folge der $\int\limits_{\Omega_k} |f|$ beschränkt. Dann sind auch die Integrale $\int\limits_{\Omega_k} f_+$ und $\int\limits_{\Omega_k} f_-$ beschränkt. Nach 4.3 (b) genügt es daher, den Satz für stetige Funktionen $f \ge 0$ zu beweisen. Für diese existiert $\alpha := \lim\limits_{k\to\infty} \int\limits_{\Omega_k} f$ nach dem Monotoniekriterium.

Sei $I_1, I_2, \ldots$ eine Quaderzerlegung von Ω. Nach der Bemerkung 4.6 gibt es zu jedem $V_N = I_1 \cup \cdots \cup I_N$ ein Ω_l mit $V_N \subset \Omega_l$, also $\sum\limits_{k=1}^{N} \int\limits_{I_k} f \le \int\limits_{\Omega_l} f \le \alpha$. Somit existiert nach dem Monotoniekriterium $\int\limits_{\Omega} f \le \alpha$. Da es zu jedem Ω_k ein V_N mit $\Omega_k \subset V_N$ gibt, gilt $\alpha = \lim\limits_{k\to\infty} \int\limits_{\Omega_k} f \le \lim\limits_{N\to\infty} \int\limits_{V_N} f = \int\limits_{\Omega} f$. $\qquad\qquad\square$

5 Parameterintegrale über offene Mengen

5.1 Stetigkeit von Parameterintegralen

Seien $\Omega_0 \subset \mathbb{R}^m$, $\Omega \subset \mathbb{R}^n$ offene Mengen, und es sei $f(\mathbf{x}, \mathbf{y})$ stetig für alle $(\mathbf{x}, \mathbf{y}) \in \Omega_0 \times \Omega$. Zu jedem kompakten Quader $K \subset \Omega_0$ gebe es eine integrierbare, stetige Funktion $g_K : \Omega \to \mathbb{R}_+$ mit

$$|f(\mathbf{x}, \mathbf{y})| \le g_K(\mathbf{y}) \quad \text{für alle} \ \ \mathbf{y} \in \Omega \ \ \text{und alle} \ \ \mathbf{x} \in K\,.$$

Dann ist

$$F(\mathbf{x}) = \int\limits_{\Omega} f(\mathbf{x}, \mathbf{y})\, d^n\mathbf{y}$$

stetig auf Ω_0.

BEMERKUNG. Für kompakte Intervalle I_k ist $\int\limits_{I_k} f(\mathbf{x},\mathbf{y})\,d\mathbf{y}$ stetig in $\mathbf{x}$. Das ergibt sich völlig analog zum Beweis von 2.3 (a) $\boxed{\text{ÜA}}$.

BEWEIS.

Sei $\mathbf{x}_0 \in \Omega_0$, $K \subset \Omega_0$ ein kompakter Quader mit $\mathbf{x}_0$ im Innern von K und $g = g_K$ die dazu passende Majorante. Zu gegebenem $\varepsilon > 0$ wählen wir Intervalle $I_1, \ldots, I_N$ aus einer Quaderzerlegung von Ω so aus, daß für $V_N = I_1 \cup \cdots \cup I_N$

$$\int\limits_{\Omega\backslash V_N} g = \int\limits_{\Omega} g - \sum_{k=1}^{N} \int\limits_{I_k} g < \varepsilon.$$

Nach der Bemerkung oben gibt es ein $\delta > 0$ mit $K_\delta(\mathbf{x}_0) \subset K$, so daß

$$\sum_{k=1}^{N} \Big| \int\limits_{I_k} \big(f(\mathbf{x},\mathbf{y}) - f(\mathbf{x}_0,\mathbf{y})\big)\,d^n\mathbf{y} \Big| < \varepsilon \quad \text{für} \quad \|\mathbf{x} - \mathbf{x}_0\| < \delta.$$

Es gilt dann für $\|\mathbf{x} - \mathbf{x}_0\| < \delta$

$$|F(\mathbf{x}) - F(\mathbf{x}_0)| = \Big| \int\limits_{\Omega} \big(f(\mathbf{x},\mathbf{y}) - f(\mathbf{x}_0,\mathbf{y})\big)\,d^n\mathbf{y} \Big|$$

$$\leq \Big| \int\limits_{V_N} \big(f(\mathbf{x},\mathbf{y}) + f(\mathbf{x}_0,\mathbf{y})\big)\,d\mathbf{y} \Big| + \int\limits_{\Omega\backslash V_N} \big(|f(\mathbf{x},\mathbf{y})| - |f(\mathbf{x}_0,\mathbf{y})|\big)\,d^n\mathbf{y}$$

$$\leq \sum_{k=1}^{N} \Big| \int\limits_{I_k} \big(f(\mathbf{x},\mathbf{y}) - f(\mathbf{x}_0,\mathbf{y})\big)\,d\mathbf{y} \Big| + 2 \int\limits_{\Omega\backslash V_N} g < 3\varepsilon. \qquad \square$$

5.2 Differenzierbarkeit von Parameterintegralen

Unter den Voraussetzungen 5.1 sei f zusätzlich auf $\Omega_0 \times \Omega$ stetig nach $\mathbf{x}$ differenzierbar, und zu jeder kompakten Teilmenge $K \subset \Omega_0$ gebe es eine integrierbare, stetige Funktion h_K mit

$$\left|\frac{\partial f}{\partial x_i}(\mathbf{x},\mathbf{y})\right| \leq h_K(\mathbf{y}) \quad \textit{für alle} \quad (\mathbf{x},\mathbf{y}) \in K \times \Omega \quad \textit{und} \quad i = 1,\ldots,m\,.$$

Dann ist F eine C^1-Funktion auf Ω_0, und es gilt

$$\frac{\partial F}{\partial x_i}(\mathbf{x}) = \int\limits_{\Omega} \frac{\partial f}{\partial x_i}(\mathbf{x},\mathbf{y})\,d^n\mathbf{y} \quad \textit{für} \quad i = 1,\ldots,m\,.$$

Der Beweis ergibt sich nach dem Vorbild von (a) mit Hilfe von 2.3 (b) $\boxed{\text{ÜA}}$.

5.3 Parameterintegrale mit stetigen Grenzen

Im folgenden schreiben wir $\mathbf{u} < \mathbf{v}$, wenn für alle Komponenten die Beziehung $u_i < v_i$ gilt. Ist Q der offene Quader $\{\mathbf{x} \mid \mathbf{u} < \mathbf{x} < \mathbf{v}\}$, so schreiben wir

$$\int\limits_{\mathbf{u}}^{\mathbf{v}} f(\mathbf{x})\,d^n\mathbf{x} \qquad \text{an Stelle von} \qquad \int\limits_{Q} f(\mathbf{x})\,d^n\mathbf{x}\,.$$

SATZ. *Sei $\Omega \subset \mathbb{R}^n$ offen, und $g,h : \Omega \to \mathbb{R}^m$ seien stetige Funktionen mit $g(\mathbf{x}) < h(\mathbf{x})$ für alle $\mathbf{x} \in \Omega$. Ferner sei $f(\mathbf{x},\mathbf{y})$ stetig für alle $\mathbf{x} \in \Omega$ und alle $\mathbf{y} \in \mathbb{R}^m$ mit $g(\mathbf{x}) < \mathbf{y} < h(\mathbf{x})$. Schließlich gebe es zu jedem kompakten Quader $I \subset \Omega$ eine Konstante C_I mit $|f(\mathbf{x},\mathbf{y})| \le C_I$ für alle $\mathbf{x} \in I$ und alle $\mathbf{y} \in \mathbb{R}^m$ mit $g(\mathbf{x}) < \mathbf{y} < h(\mathbf{x})$.*

Dann ist

$$F(\mathbf{x}) = \int\limits_{g(\mathbf{x})}^{h(\mathbf{x})} f(\mathbf{x},\mathbf{y})\,d^m\mathbf{y}$$

stetig in Ω.

BEMERKUNG. f muß nicht beschränkt
sein !

BEWEISSKIZZE.
Der Einfachheit halber sei $m = 1$. Zu
jedem $\mathbf{x}_0 \in \Omega$ und gegebenem $\varepsilon > 0$
gibt es einen Quader

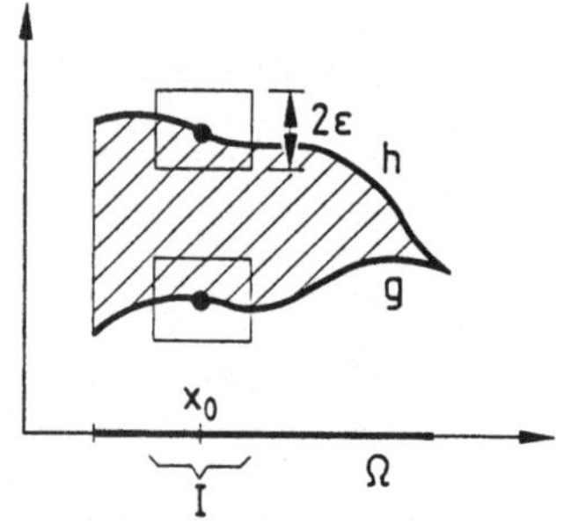

$$I = \left\{ \mathbf{x} \mid \|\mathbf{x} - \mathbf{x}_0\|_\infty \le \delta \right\}, \quad \text{so daß}$$

$|g(\mathbf{x}) - g(\mathbf{x}_0)| \le \varepsilon$, $|h(\mathbf{x}) - h(\mathbf{x}_0)| \le \varepsilon$
für alle $\mathbf{x} \in I$. Für diese $\mathbf{x}$ ist

$$F(\mathbf{x}) - F(\mathbf{x}_0) = \int\limits_{g(\mathbf{x}_0)+\varepsilon}^{h(\mathbf{x}_0)-\varepsilon} \big(f(\mathbf{x},\mathbf{y}) - f(\mathbf{x}_0,\mathbf{y})\big)\,d^n\mathbf{y} + R(\mathbf{x},\mathbf{x}_0)$$

mit $R(\mathbf{x},\mathbf{x}_0) \le 4\varepsilon \cdot C_I \cdot V(I)$. Das Integral auf der rechten Seite ist wieder ein Integral über einen festen kompakten Quader und strebt nach der Bemerkung 5.1 gegen Null für $\mathbf{x} \to \mathbf{x}_0$. $\qquad\square$

6 Sukzessive Integration

6.1 Integration über die Ebene

Hinreichend für die Integrierbarkeit einer stetigen Funktion f über $\mathbb{R}^2$ sind die folgenden Bedingungen

(a) *Zu jedem kompakten Intervall I gibt es eine integrierbare Majorante g_I mit*

$$|f(x,y)| \le g_I(y) \qquad \text{für alle } y \in \mathbb{R} \text{ und alle } x \in I.$$

(b) $G(x) = \int\limits_{-\infty}^{+\infty} |f(x,y)|\,dy$ *ist integrierbar über* $\mathbb{R}$. *Unter diesen Voraussetzungen ist* $F(x) = \int\limits_{-\infty}^{+\infty} f(x,y)\,dy$ *stetig und*

$$\iint\limits_{\mathbb{R}^2} f(x,y)\,dx\,dy \;=\; \int\limits_{-\infty}^{+\infty} F(x)\,dx \;=\; \int\limits_{-\infty}^{+\infty} \Big(\int\limits_{-\infty}^{+\infty} f(x,y)\,dy \Big)\,dx$$

BEWEIS.

(a) Die Konvergenz des Integrals für G folgt nach dem Majorantenkriterium für gewöhnliche uneigentliche Integrale.

(b) F und G sind stetig nach 5.1.

(c) f_+ und f_- erfüllen dieselben Voraussetzungen wie f. Es genügt also nach 4.3 (c), den Satz für positive stetige Funktionen zu beweisen.

(d) *Die Integrierbarkeit von* f. Jede Vereinigung kompakter Rechtecke liegt in einem geeigneten Rechteck $[-R, R] \times [-R, R]$. Für ein solches gilt unter der Voraussetzung $f \geq 0$ (also $F = G$)

$$\int\limits_{-R}^{R} \int\limits_{-R}^{R} f(x,y)\,dx\,dy = \int\limits_{-R}^{R} \Big(\int\limits_{-R}^{R} f(x,y)\,dy \Big)\,dx \leq \int\limits_{-R}^{R} F(x)\,dx$$

$$\leq \int\limits_{-\infty}^{+\infty} F(x)\,dx \;=: M\,.$$

Also ist die Integrierbarkeitsvoraussetzung 4.2 erfüllt und $\int\limits_{\mathbb{R}^2} f \leq \int\limits_{-\infty}^{+\infty} F$.

(e) Wir zeigen $\int\limits_{-\infty}^{+\infty} F \leq \iint\limits_{\mathbb{R}^2} f + \varepsilon$ für jedes $\varepsilon > 0$. Dazu wählen wir ein $M > 0$ so, daß

$$\int\limits_{-\infty}^{+\infty} F(x)\,dx \;<\; \int\limits_{-M}^{M} F(x)\,dx + \frac{\varepsilon}{2}\,,$$

ferner eine stetige Majorante $g = g_M$ mit

$$|f(x,y)| \leq g(y) \quad \text{für alle} \quad y \in \mathbb{R} \quad \text{und alle} \quad x \in [-M, M]\,.$$

Nun wählen wir N so, daß

$$\int\limits_{|y| \geq N} g(y)\,dy \;=\; \int\limits_{-\infty}^{+\infty} g(y)\,dy \;-\; \int\limits_{-N}^{N} g(y)\,dy \;<\; \frac{\varepsilon}{4M}\,.$$

Dann ergibt sich

$$\int\limits_{-M}^{M} F(x)\,dx \leq \int\limits_{-M}^{M} \Big(\int\limits_{-N}^{N} f(x,y)\,dy \Big)\,dx + \int\limits_{-M}^{M} \Big(\int\limits_{|y|\geq N} g(y)\,dy \Big)\,dx + \frac{\varepsilon}{2}$$

$$\leq \int\limits_{\mathbb{R}^2} f(x,y)\,dx\,dy + \varepsilon \qquad \text{und somit die Behauptung (e).} \quad \Box$$

6.2 Vertauschung der Integrationsreihenfolge

Erfüllt $f(x,y)$ die Voraussetzungen 6.1 und $f(y,x)$ entsprechende Voraussetzungen (Vertauschung der Rollen von x und y), so gilt

$$\int\limits_{-\infty}^{+\infty}\int\limits_{-\infty}^{+\infty} f(x,y)\,dx\,dy = \int\limits_{-\infty}^{+\infty} \Big(\int\limits_{-\infty}^{+\infty} f(x,y)\,dy \Big)\,dx = \int\limits_{-\infty}^{+\infty} \Big(\int\limits_{-\infty}^{+\infty} f(x,y)\,dx \Big)\,dy .$$

BEMERKUNG. Unter den Voraussetzungen 6.1 allein ist die Konvergenz des Integrals $\int\limits_{-\infty}^{+\infty} f(x,y)\,dx$ für alle $y \in \mathbb{R}$ noch nicht gesichert. Für $f(x,y) = \mathrm{e}^{-|y|(1+x^2)}$ gilt z.B. $|f(x,y)| \leq \mathrm{e}^{-|y|}\mathrm{e}^{-|y|x^2} \leq \mathrm{e}^{-|y|}$. Ferner ist

$$F(x) = G(x) = \int\limits_{-\infty}^{+\infty} \mathrm{e}^{-|y|(1+x^2)}\,dy = 2 \int\limits_{0}^{\infty} \mathrm{e}^{-y(1+x^2)}\,dy = \frac{2}{1+x^2}$$

über $\mathbb{R}$ integrierbar. Aber $\int\limits_{-\infty}^{+\infty} f(x,0)\,dx$ existiert nicht.

6.3 Sukzessive Integration im $\mathbb{R}^n$.

Sei $n = p+q$ und $f(\mathbf{x},\mathbf{y})$ stetig für alle $\mathbf{x} \in \mathbb{R}^p$, $\mathbf{y} \in \mathbb{R}^q$. Dann ergibt sich die zu 6.2 analoge Formel

$$\int\limits_{\mathbb{R}^n} f(\mathbf{z})\,d^n\mathbf{z} = \int\limits_{\mathbb{R}^p} \Big(\int\limits_{\mathbb{R}^q} f(\mathbf{x},\mathbf{y})\,d^q\mathbf{y} \Big)\,d^p\mathbf{x} = \int\limits_{\mathbb{R}^q} \Big(\int\limits_{\mathbb{R}^p} f(\mathbf{x},\mathbf{y})\,d^p\mathbf{x} \Big)\,d^q\mathbf{y}$$

bei sinngmäßer Übertragung der Voraussetzungen 6.1 und 6.2. Auch der Beweis kann wortwörtlich übernommen werden.

6.4 Ein allgemeiner Satz über sukzessive Integration

Wir verwenden die Bezeichnungen von 5.3.

SATZ. *Sei Ω_0 eine offene Menge des $\mathbb{R}^n$, und $\mathbf{g},\mathbf{h} : \Omega_0 \to \mathbb{R}^m$ seien stetige Funktionen mit $\mathbf{g}(\mathbf{x}) < \mathbf{h}(\mathbf{x})$ für alle $\mathbf{x} \in \Omega_0$. Schließlich sei f stetig auf*

$$\Omega = \big\{ (\mathbf{x},\mathbf{y}) \in \mathbb{R}^{m+n} \mid \mathbf{x} \in \Omega_0,\ \mathbf{g}(\mathbf{x}) < \mathbf{y} < \mathbf{h}(\mathbf{x}) \big\} .$$

Gibt es dann zu jedem kompakten Quader $I \subset \Omega_0$ eine Konstante C_I mit $|f(\mathbf{x},\mathbf{y})| \leq C_I$ für alle $\mathbf{x} \in I$, $\mathbf{g}(\mathbf{x}) < \mathbf{y} < \mathbf{h}(\mathbf{x})$, so sind

$$F(\mathbf{x}) = \int\limits_{\mathbf{g}(\mathbf{x})}^{\mathbf{h}(\mathbf{x})} f(\mathbf{x},\mathbf{y})\, d^n\mathbf{y} \quad und \quad G(\mathbf{x}) = \int\limits_{\mathbf{g}(\mathbf{x})}^{\mathbf{h}(\mathbf{x})} |f(\mathbf{x},\mathbf{y})|\, d^n\mathbf{y}$$

stetig in Ω_0. Ist G über Ω_0 integrierbar, so ist auch f über Ω integrierbar und

$$\int\limits_{\Omega} f(\mathbf{z})\, d^{n+m}\mathbf{z} = \int\limits_{\Omega_0} F(\mathbf{x})\, d^n\mathbf{x} = \int\limits_{\Omega_0} \left(\int\limits_{\mathbf{g}(\mathbf{x})}^{\mathbf{h}(\mathbf{x})} f(\mathbf{x},\mathbf{y})\, d^m\mathbf{y} \right) d^n\mathbf{x} \,.$$

Der Beweis ergibt sich ähnlich wie der von 6.1 und wird wegen des technischen Aufwandes weggelassen.

6.5 Anwendung im $\mathbb{R}^3$

$\Omega \subset \mathbb{R}^3$ sei wie folgt durch Graphen stetiger Funktionen begrenzt:

$$\Omega = \big\{ (x,y,z) \mid a < x < b,\ g_1(x) < y < h_1(x),\ g_2(x,y) < z < h_2(x,y) \big\}\,,$$

wobei $g_1(x) < h_1(x)$ stetige Funktionen auf $]a,b[$ und $g_2(x,y) < h_2(x,y)$ stetige Funktionen auf

$$\Omega_0 = \big\{ (x,y) \mid a < x < b,\ g_1(x) < y < h_1(x) \big\}$$

sind. Dann ergibt zweifache Anwendung von 6.4

$$\int\limits_{\Omega} f(x,y,z)\, dx\, dy\, dz = \int\limits_{a}^{b} \left(\int\limits_{g_1(x)}^{h_1(x)} \left(\int\limits_{g_2(x,y)}^{h_2(x,y)} f(x,y,z)\, dz \right) dy \right) dx\,.$$

$\boxed{\text{ÜA}}$ Formulieren Sie die Bedingungen für die Richtigkeit dieser Formel.

6.6 Beispiele und Aufgaben

(a) Nach 6.3 gilt

$$\int\limits_{x^2+y^2<1} 1\, dx\, dy = \int\limits_{-1}^{1} \left(\int\limits_{-\sqrt{1-x^2}}^{\sqrt{1-x^2}} 1\, dy \right) dx = 2\int\limits_{-1}^{1} \sqrt{1-x^2}\, dx$$

$$= 2\int\limits_{-\frac{\pi}{2}}^{\frac{\pi}{2}} \cos^2 \varphi\, d\varphi = \pi\,.$$

(b) Zeigen Sie: Konvergieren für die stetigen Funktionen f, g die uneigentlichen Integrale $\int\limits_{-\infty}^{+\infty} f(x)\,dx$, $\int\limits_{-\infty}^{+\infty} g(y)\,dy$, so ist $f(x)\cdot g(y)$ über $\mathbb{R}^2$ integrierbar, und es gilt

$$\int\limits_{-\infty}^{+\infty}\int\limits_{-\infty}^{+\infty} f(x)\,g(y)\,dx\,dy = \Big(\int\limits_{-\infty}^{+\infty} f(x)\,dx\Big)\cdot\Big(\int\limits_{-\infty}^{+\infty} g(y)\,dy\Big)\,.$$

(c) Zeigen Sie, daß $(x-y)\cdot e^{-(x+y)}$ über $\mathbb{R}_{>0}\times\mathbb{R}_{>0}$ integrierbar ist und bestimmen Sie das Integral.

7 Das n–dimensionale Volumen

7.1 Das Volumen offener Mengen

Besitzt die offene Menge $\Omega\subset\mathbb{R}^n$ die Quaderdarstellung $\Omega = \bigcup\limits_{k=1}^{\infty} I_k$, so definieren wir ihr **n–dimensionales Volumen** durch

$$V^n(\Omega) := \sum_{k=1}^{\infty} V^n(I_k)\,,$$

falls diese Reihe konvergiert. Andernfalls setzen wir $V^n(\Omega) := \infty$. Diese Definition ist unabhängig von der speziellen Quaderdarstellung. Das ergibt sich aus 4.2, wenn man beachtet, daß

$$V^n(\Omega) = \int\limits_{\Omega} 1\,d^n\mathbf{x}\,.$$

Für kompakte Quader $I\subset\mathbb{R}^n$ ist $V^n(\overset{\circ}{I})$ nach 2.5 (b) der elementargeometrische Inhalt, d.h. das Produkt der Kantenlängen.

Bei Teilmengen des $\mathbb{R}^2$ sprechen wir vom Flächeninhalt, im $\mathbb{R}^3$ vom Rauminhalt. Wenn keine Verwechslungen möglich sind, schreiben wir $V(\Omega)$ statt $V^n(\Omega)$.

Beschränkte offene Mengen besitzen nach 4.5 stets endliches Volumen. Aber auch eine unbeschränkte Menge kann endliches Volumen haben, wie z.B.

$$\Omega = \Big\{(x,y)\in\mathbb{R}^2 \mid x>1,\ \ 0<y<\frac{1}{x^2}\Big\}\,.$$

Mit $g(x) = 0$, $h(x) = \dfrac{1}{x^2}$ ergibt sich nach 6.4

$$V^2(\Omega) = \int\limits_{\Omega} 1\,dx\,dy = \int\limits_{1}^{\infty}\Big(\int\limits_{0}^{h(x)} 1\,dy\Big)\,dx = \int\limits_{1}^{\infty}\frac{1}{x^2}\,dx = 1\,.$$

7.2 Das Volumen von Parallelflachen

Für das Innere Ω eines von den Vektoren $\mathbf{a}_1, \ldots, \mathbf{a}_n$ aufgespannten Parallelflachs wird sich in 8.2 das Volumen

$$V^n(\Omega) = \left| \det(\mathbf{a}_1, \ldots, \mathbf{a}_n) \right|$$

ergeben. Dieses Ergebnis stellt die Verbindung zu dem in § 17:4 axiomatisch eingeführten Volumenbegriff her.

7.3 Das Cavalierische Prinzip

Sei Ω_0 eine beschränkte offene Menge des $\mathbb{R}^{n-1}$ und seien $g, h : \Omega_0 \to \mathbb{R}$ stetig mit $g(\mathbf{x}) < h(\mathbf{x})$ für alle $\mathbf{x} \in \Omega_0$. Dann gilt für das n–dimensionale Volumen der Menge

$$\Omega = \{(\mathbf{x}, y) \in \mathbb{R}^n \mid \mathbf{x} \in \Omega_0, \ g(\mathbf{x}) < y < h(\mathbf{x})\}$$

die Formel

$$V^n(\Omega) = \int\limits_{\Omega_0} \left(h(\mathbf{x}) - g(\mathbf{x}) \right) d^{n-1}\mathbf{x}.$$

Das folgt wegen $V^n(\Omega) = \int\limits_{\Omega} 1$ direkt aus 6.4.

BEISPIELE
(a) Die Fläche zwischen der x–Achse und dem Graphen der Funktion $f : I \to \mathbb{R}$ (I ein offenes Intervall) ist demnach $\int\limits_{I} f(x)\, dx$.

(b) Ist K ein Rotationskörper der in 3.2 beschriebenen Art, so gilt für das Volumen von $\overset{\circ}{K}$ die Beziehung $V^3(\overset{\circ}{K}) = \pi \int\limits_{a}^{b} r(x)^2\, dx$.

Im folgenden untersuchen wir den Beitrag der Ränder zum Volumen.

7.4 Nullmengen

Problemstellung. Gegeben ist eine offene Menge Ω endlichen Volumens und eine kompakte Teilmenge K. Dann sind $\overset{\circ}{K}$ und $\Omega \setminus K$ ebenfalls offene Mengen endlichen Volumens. Unter welchen Bedingungen leistet ∂K keinen Beitrag zum Volumen, d.h.

$$V(\Omega) = V(\overset{\circ}{K}) + V(\Omega \setminus K)\,?$$

Wenn der Rand von K allzu ausgefranst ist, gilt diese Beziehung nicht. Wir wollen im folgenden präzisieren, was wir unter einem gutartigen Rand verstehen.

Definition. Eine beschränkte Menge $M \subset \mathbb{R}^n$ heißt eine **Nullmenge** (auch Jordan–Nullmenge), wenn es zu jedem $\varepsilon > 0$ endlich viele Quader $I_1, \dots, I_N$ gibt mit

$$M \subset \bigcup_{k=1}^{N} I_k \quad \text{und} \quad \sum_{k=1}^{N} V^n(I_k) < \varepsilon\,.$$

Eine unbeschränkte Menge heißt Nullmenge, wenn jede beschränkte Teilmenge eine Nullmenge ist. Demnach ist jede Teilmenge einer Nullmenge wieder eine Nullmenge, und eine endliche Vereinigung von Nullmengen ist wieder eine Nullmenge $\boxed{\text{ÜA}}$.

Entartete Quader sind Nullmengen, also auch jede Randfläche eines Quaders und damit auch jede „Koordinatenebene" $\{(x_1, \dots, x_n) \mid x_k = c\}$. Nichtleere offene Mengen sind keine Nullmengen $\boxed{\text{ÜA}}$.

In der Lebesgueschen Integrationstheorie (siehe Band 2) wird der Begriff „Nullmenge" etwas weiter gefaßt.

Beispiele von Nullmengen

(a) *Graphen stetiger Funktionen.* Ist $\Omega \subset \mathbb{R}^{n-1}$ offen und $f : \Omega \to \mathbb{R}$ stetig, so ist der Graph

$$\bigl\{(\mathbf{x}, f(\mathbf{x})) \mid \mathbf{x} \in \Omega\bigr\}$$

eine Nullmenge im $\mathbb{R}^n$.

(b) C^1*-Bilder von Nullmengen.* Ist Ω eine offene Menge des $\mathbb{R}^n$, $K \subset \Omega$ die endliche Vereinigung kompakter Intervalle und $M \subset K$ eine Nullmenge, so ist auch $\varphi(M)$ eine Nullmenge für jede C^1–Abbildung $\varphi : \Omega \to \mathbb{R}^n$. Insbesondere sind C^1–Bilder von Quaderrändern Nullmengen.

Die Beweise beider Aussagen finden sich bei [HEUSER Bd. 2, §201 und §202].

$\boxed{\text{ÜA}}$. Ebenen im $\mathbb{R}^3$ sind Nullmengen.

7.5 Beitrag gutartiger Ränder zum Inhalt und Integral

Eine Menge M heißt **gutberandet**, wenn ihr Rand eine Nullmenge ist.

SATZ. *Ist Ω offen und K eine gutberandete kompakte Teilmenge von Ω, so gilt für alle über Ω integrierbaren Funktionen f*

$$\int\limits_{\Omega} f(\mathbf{x})\, d^n\mathbf{x} = \int\limits_{\overset{\circ}{K}} f(\mathbf{x})\, d^n\mathbf{x} + \int\limits_{\Omega \setminus K} f(\mathbf{x})\, d^n\mathbf{x}\,.$$

Wir definieren daher das Integral über die kompakte Menge K durch

$$\int\limits_{K} f(\mathbf{x})\, d^n\mathbf{x} := \int\limits_{\overset{\circ}{K}} f(\mathbf{x})\, d^n\mathbf{x} \,.$$

Hat Ω endlichen Inhalt, so gilt für gutberandete kompakte Mengen $K \subset \Omega$

$$V(\Omega) = V(\overset{\circ}{K}) + V(\Omega \setminus K)\,,$$

und wir definieren $V(K) := V(\overset{\circ}{K})$, $V(\partial K) := 0$.

BEWEISSKIZZE.

Wir dürfen uns wieder auf positive Funktionen f beschränken. Da ∂K kompakt ist, gibt es endlich viele kompakte Quader $J_1, \ldots, J_M$, so daß $\partial K \subset B :=$ $J_1 \cup \cdots \cup J_M$. Wir setzen $M = \max\{f(\mathbf{x}) \mid \mathbf{x} \in B\}$. Sei $\varepsilon > 0$ vorgegeben und $\partial K \subset I_1 \cup \cdots \cup I_N$ mit $\sum\limits_{k=1}^{N} V(I_k) < \varepsilon$. Nach 1.2 dürfen wir voraussetzen, daß die I_k kompakt sind und disjunktes Inneres haben. Ferner dürfen wir sie so klein wählen, daß $B_\varepsilon := I_1 \cup \cdots \cup I_N \subset B$.

Wir setzen $\Omega_\varepsilon := \Omega \setminus B_\varepsilon$ und wählen Quaderdarstellungen

$$\Omega = \bigcup_{i=1}^{\infty} Q_i \quad \text{und} \quad \Omega_\varepsilon = \bigcup_{j=1}^{\infty} R_j \,.$$

Dann bilden die Quader $Q_i \cap R_j \cap I_k$ ebenfalls eine Quaderdarstellung von Ω sowie von Ω_ε. Wir bezeichnen sie in geeigneter Numerierung mit $\Omega = \bigcup\limits_{l=1}^{\infty} S_l$. Nun ergibt sich

$$\int\limits_{\Omega \setminus \partial K} f \leq \int\limits_{\Omega} f - \int\limits_{\Omega_\varepsilon} f = \sum_{S_l \subset B_\varepsilon} \int\limits_{S_l} f < \varepsilon \cdot M \,. \qquad \square$$

8 Der Transformationssatz und Anwendungen

8.1 Der Transformationssatz

Der Substitutionsregel § 11 : 7.1

$$\int\limits_{\varphi(a)}^{\varphi(h)} f(y)\, dy = \int\limits_{a}^{b} f(\varphi(x))\, \varphi'(x)\, dx$$

entspricht im $\mathbb{R}^n$ der folgende

SATZ. *Seien Ω, Ω' offene Mengen im $\mathbb{R}^n$ und $\varphi : \Omega \to \Omega'$ ein C^1-Diffeomorphismus, d.h. bijektiv und mitsamt der Umkehrabbildung C^1-differenzierbar. Dann gilt*

$$\int\limits_{\varphi(\Omega)} f(\mathbf{y})\, d^n\mathbf{y} = \int\limits_{\Omega} f(\varphi(\mathbf{x})) \cdot |\det \varphi'(\mathbf{x})|\, d^n\mathbf{x}$$

für alle stetigen Funktionen $f : \Omega \to \mathbb{R}$, für welche eines der beiden Integrale konvergiert.

Der Beweis des Satzes ist sehr aufwendig; wir verweisen auf [FORSTER 3, pp. 16–21] und [BARNER–FLOHR Bd. 2, 16.4, pp. 314–325].

Die folgenden Betrachtungen für $n = 2$ sollen den Satz plausibel machen:

(a) Nach Definition des Integrals über offene Mengen genügt es, den Satz für Rechtecke I zu beweisen:

$$\int\limits_{\varphi(I)} f(\mathbf{y})\, d^n\mathbf{y} = \int\limits_{I} f(\varphi(\mathbf{x}))|\det \varphi'(\mathbf{x})|\, d^n\mathbf{x}\,.$$

Da die Ränder nach 7.4, 7.5 keine Rolle spielen, dürfen wir I als kompakt voraussetzen.

(b) Wir überziehen I schachbrettartig mit einem Netz kleiner Rechtecke $I_k = [\mathbf{x}_k, \mathbf{y}_k]$ und bilden für $g(\mathbf{x}) = f(\varphi(\mathbf{x}))|\det \varphi'(\mathbf{x})|$ die zugehörige Treppenfunktion $\sum\limits_{k=1}^{N} g(\mathbf{x}_k)\mathcal{X}_{I_k}$. Dann wird

$$\int\limits_{I} f(\varphi(\mathbf{x}))|\det \varphi'(\mathbf{x})|\, d^n\mathbf{x} = \int\limits_{I} g(\mathbf{x})\, d^n\mathbf{x} \approx \sum\limits_{k=1}^{N} g(\mathbf{x}_k)V(I_k)\,,$$

dies umso genauer, je feiner die Raster-unterteilung gewählt ist.

(c) $\varphi(\mathbf{x})$ kann auf jedem Teilrechteck I_k in guter Näherung durch den affinen Ausdruck

$$\varphi(\mathbf{x}_k) + \varphi'(\mathbf{x}_k)(\mathbf{x} - \mathbf{x}_k)$$

ersetzt werden. Dann wird $\varphi(I_k)$ nähe-rungsweise ein Parallelogramm mit In-halt $|\det \varphi'(\mathbf{x}_k)| \cdot V(I_k)$, vgl. §17:4.4.

(d) Die Rastereinteilung von I erzeugt auf $\varphi(I)$ ein krummliniges Raster; die Bilder $\varphi(I_k)$ sind dabei nahezu Parallelogramme P_k, auf denen f näherungs-weise konstant ist. Daher gilt

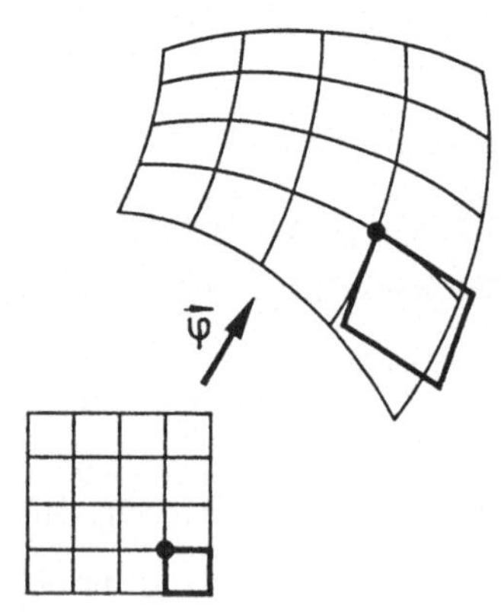

$$\int\limits_{\varphi(I)} f(\mathbf{y})\,d^n\mathbf{y} \approx \sum_{k=1}^{N} f(\varphi(\mathbf{x}_k))\cdot V(P_k) = \sum_{k=1}^{N} f(\varphi(\mathbf{x}_k))|\det\varphi'(\mathbf{x}_k)|\cdot V(I_k)$$

$$\approx \int\limits_{I} f(\varphi(\mathbf{x}))|\det\varphi'(\mathbf{x})|\,d^n\mathbf{x}\,.$$

8.2 Folgerungen für das Volumen

(a) *Das Volumen eines Parallelflachs* $P = \mathbf{a} + \{t_1\,\mathbf{a}_1 + \cdots + t_n\,\mathbf{a}_n \mid 0 \le t_i \le 1\}$
ist $V^n(P) = |\det(\mathbf{a}_1,\ldots,\mathbf{a}_n)|$. Denn ist A die Matrix mit den Spalten $\mathbf{a}_1,\ldots,\mathbf{a}_n$
und $\varphi(\mathbf{x}) = \mathbf{a} + A\mathbf{x}$, so ist P das Bild des Einheitswürfels W unter φ und φ'
die Abbildung $\mathbf{x} \mapsto A\mathbf{x}$. Also gilt nach 8.1

$$V^n(P) = \int\limits_{P} 1\,d^n\mathbf{y} = \int\limits_{W} 1\cdot|\det A|\,d\mathbf{x} = |\det A|\cdot V^n(W) = |\det A|\,.$$

(b) *Das Volumen ist bewegungsinvariant.* Ist T die Bewegung $\mathbf{x} \mapsto \mathbf{a} + A\mathbf{x}$ mit
$\det A = 1$, so gilt $V(\Omega) = V(T(\Omega))$.

8.3 Kugelsymmetrische Potentiale

Sei V stetig auf $\mathbb{R}_{>0}$. Dann heißt die Funktion

$$f : \mathbf{x} \to V(\|\mathbf{x}\|)\,, \qquad \mathbf{x} \in \mathbb{R}^3 \setminus \{0\}$$

ein *kugelsymmetrisches Potential*.

(a) Ist $A \in SO_3$ und f über $\Omega = K_R(0) \setminus \{0\}$ integrierbar, so gilt

$$\int\limits_{0<\|\mathbf{x}\|<R} V(\|\mathbf{x}\|)\,d^3\mathbf{x} = \int\limits_{0<\|\mathbf{x}\|<R} V(\|A\mathbf{x}\|)\,d^3\mathbf{x} \qquad \boxed{\text{ÜA}}\,.$$

(b) **Die Transformation auf Kugelkoordinaten** ist gegeben durch

$$\Phi : \begin{pmatrix} r \\ \vartheta \\ \varphi \end{pmatrix} \mapsto \begin{pmatrix} r\sin\vartheta\cos\varphi \\ r\sin\vartheta\sin\varphi \\ r\cos\vartheta \end{pmatrix}$$

für $r > 0,\ 0 < \vartheta < \pi,\ 0 < \varphi < 2\pi$.

Die Funktionaldeterminante ist $\det\Phi'(r,\vartheta,\varphi) = r^2\sin\vartheta$ $\boxed{\text{ÜA}}$.

SATZ. *Ist V stetig auf* $]0, R]$ *und* $r^2V(r)$ *dort beschränkt, so gilt*

$$\int\limits_{0<\|\mathbf{x}\|<R} V(\|\mathbf{x}\|)d^3\mathbf{x} = 2\pi \int\limits_{0}^{R} r^2 V(r)\,dr\,.$$

Insbesondere ist

$$\int\limits_{0<\|\mathbf{x}\|<R} \frac{d^3\mathbf{x}}{\|\mathbf{x}\|} = 2\pi R^2 \qquad \text{und} \qquad \int\limits_{0<\|\mathbf{x}\|<R} \frac{d^3\mathbf{x}}{\|\mathbf{x}\|^2} = 4\pi R\,.$$

BEWEIS.

Sei $0 < \varrho < R$. Das Bild des Quaders $Q = \,]\varrho, R[\,\times\,]0, \frac{\pi}{2}[\,\times\,]0, 2\pi[$ ist eine halbe Kugelschale mit einem Schlitz. Nach (a) und dem Transformationssatz folgt durch sukzessive Integration

$$\int\limits_{\varrho<\|\mathbf{x}\|<R} V(\|\mathbf{x}\|)d^3\mathbf{x} = 2\int\limits_{\Phi(Q)} V(\|\mathbf{x}\|)d^3\mathbf{x} = 2\int\limits_{\varrho}^{R}\int\limits_{0}^{\frac{\pi}{2}}\int\limits_{0}^{2\pi} r^2 V(r)\sin\vartheta\, dr\, d\vartheta\, d\varphi$$

$$= 2\int\limits_{\varrho}^{R}\int\limits_{0}^{\frac{\pi}{2}} \Big(r^2 V(r)\sin\vartheta \int\limits_{0}^{2\pi} d\varphi \Big)\, dr\, d\vartheta$$

$$= 4\pi\int\limits_{\varrho}^{R} \Big(r^2 V(r) \int\limits_{0}^{\frac{\pi}{2}} \sin\vartheta\, d\vartheta \Big)\, dr = 4\pi\int\limits_{\varrho}^{R} r^2 V(r)\, dr\,.$$

Die rechte Seite ist beschränkt, also folgt die Behauptung nach dem Ausschöpfungssatz für $\varrho \to 0$. Der Rest als $\boxed{\text{ÜA}}$. $\qquad\qquad\square$

8.4 $\displaystyle\int\limits_{-\infty}^{+\infty} e^{-\frac{1}{2}x^2}\, dx = \sqrt{2\pi}$

(a) *Zurückführung auf ein Doppelintegral.* Bezeichnen wir das gesuchte Integral mit A, so ergibt sukzessive Integration nach 6.6 (b)

$$A^2 = \int\limits_{-\infty}^{+\infty}\int\limits_{-\infty}^{+\infty} f(x,y)\, dx\, dy \quad \text{mit} \quad f(x,y) = e^{-\frac{1}{2}x^2}\cdot e^{-\frac{1}{2}y^2} = e^{-\frac{1}{2}(x^2+y^2)}\,.$$

(b) Aus Symmetriegründen (vgl. 8.3) gilt

$$\int\limits_{-\infty}^{+\infty}\int\limits_{-\infty}^{+\infty} f(x,y)\, dx\, dy = 4\int\limits_{0}^{\infty}\int\limits_{0}^{\infty} f(x,y)\, dx\, dy\,.$$

(c) Nach dem Ausschöpfungssatz 4.7 gilt also

$$A^2 = 4\lim_{n\to\infty}\iint\limits_{\Omega_n} f(x,y)\, dx\, dy \quad \text{mit}$$

$$\Omega_n = \Big\{ (x,y) \mid x > 0,\ y > 0,\ \tfrac{1}{n} < \sqrt{x^2+y^2} < n \Big\}\,.$$

(d) *Transformation auf Polarkoordinaten.* Das Kreisringviertel Ω_n ist das Bild des Rechtecks $R_n = \,]\frac{1}{n}, n[\,\times\,]0, \frac{\pi}{2}[$ unter der Abbildung

$$\varphi : \begin{pmatrix} r \\ \varphi \end{pmatrix} \mapsto \begin{pmatrix} r\cos\varphi \\ r\sin\varphi \end{pmatrix} \quad \text{mit} \quad \det\varphi'(r,\varphi) = r.$$

Aus dem Transformationssatz folgt mittels sukzessiver Integration

$$\iint\limits_{\Omega_n} f(x,y)\,dx\,dy = \int\limits_{\frac{1}{n}}^{n} \int\limits_{0}^{\frac{\pi}{2}} re^{-\frac{1}{2}r^2}\,dt\,dr = \int\limits_{\frac{1}{n}}^{n} \left(re^{-\frac{1}{2}r^2} \int\limits_{0}^{\frac{\pi}{2}} 1\,dt \right) dr$$

$$= \frac{\pi}{2} \int\limits_{\frac{1}{n}}^{n} re^{-\frac{1}{2}r^2}\,dr = -\frac{\pi}{2}\cdot e^{-\frac{1}{2}r^2} \Big|_{-\frac{1}{n}}^{n} = \frac{\pi}{2}\left(e^{-\frac{1}{2n^2}} - e^{-\frac{n^2}{2}} \right).$$

(e) Somit ergibt sich $A^2 = 4 \lim\limits_{n\to\infty} \iint\limits_{\Omega_n} f(x,y)\,dx\,dy = 4\frac{\pi}{2} = 2\pi.$

Kapitel VI Vektoranalysis

§ 24 Kurvenintegrale

1 Kurvenstücke

1.1 Reguläre Kurven

Wir nennen eine C^1–Kurve auf einem
Intervall I,

$$\boldsymbol{\alpha} : I \to \mathbb{R}^n, \quad t \mapsto \boldsymbol{\alpha}(t) = \begin{pmatrix} \alpha_1(t) \\ \vdots \\ \alpha_n(t) \end{pmatrix},$$

regulär, wenn der Tangentenvektor
$\dot{\boldsymbol{\alpha}}(t)$ an keiner Stelle $t \in I$ verschwindet.

Die Bildmenge $\boldsymbol{\alpha}(I)$ nennen wir die
Spur von $\boldsymbol{\alpha}$, vgl. §22: 3.2.

BEISPIELE.

(a) Die **Archimedische Spirale**

$$t \mapsto \begin{pmatrix} t \cdot \cos t \\ t \cdot \sin t \end{pmatrix}$$

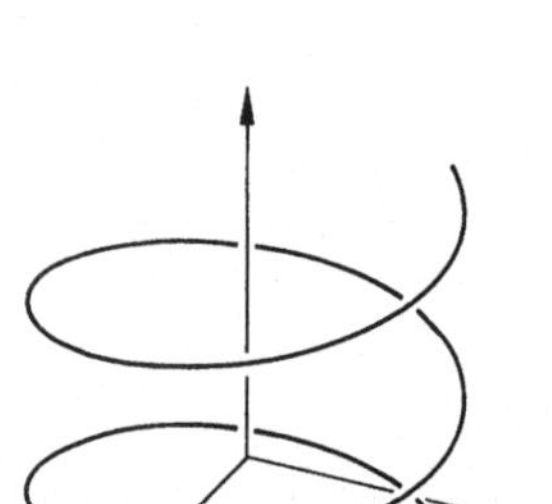

ist für $t > 0$ eine reguläre Kurve.

(b) Die **Schraubenlinie**

$$t \mapsto \begin{pmatrix} r \cdot \cos t \\ r \cdot \sin t \\ h \cdot t \end{pmatrix} \qquad (t \in \mathbb{R})$$

ist ebenfalls regulär, falls $r^2 + h^2 > 0$.

(c) Die **Zykloide**

$$t \mapsto \begin{pmatrix} t - \sin t \\ 1 - \cos t \end{pmatrix} \qquad (t \in \mathbb{R})$$

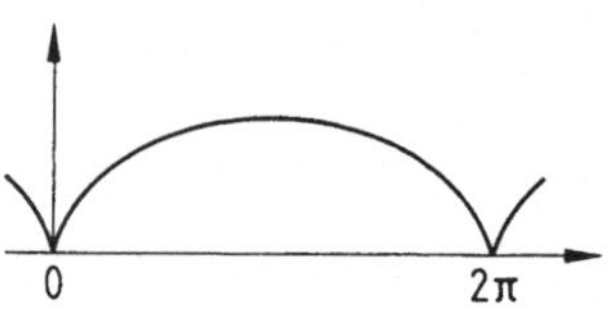

ist nicht regulär, weil der Tangentenvektor an den Stellen $t = 0, \pm 2\pi, \ldots$ verschwindet.

$\boxed{\text{ÜA}}$ Verifizieren Sie, daß die Zykloide durch Abrollen eines Kreises vom Radius 1
auf der x–Achse entsteht.

Bestimmen Sie den Grenzwert des Tangenteneinheitsvektors $\dfrac{\dot{\boldsymbol{\alpha}}(t)}{\|\dot{\boldsymbol{\alpha}}(t)\|}$ bei rechts–
und linksseitiger Annäherung an $t = 0$.

1.2 Kurvenstücke

Eine Menge $C \subset \mathbb{R}^n$ heißt **C^r–Kurvenstück**, kurz **Kurvenstück**, wenn C die Spur einer injektiven, regulären C^r-Kurve $\alpha : [a,b] \to \mathbb{R}^n$ mit $r \geq 1$, $a < b$ ist.

Jede solche Darstellung α von C nennen wir eine **C^r–Parametrisierung** von C, kurz **Parametrisierung**.

Die ganze Schraubenlinie ist kein Kurvenstück, wohl aber das Bild jedes kompakten Intervalls unter der Parametrisierung 1.1 (b).

1.3 Parametertransformationen

Zu je zwei C^r-Parametrisierungen eines Kurvenstückes C,

$$\alpha : [a,b] \to \mathbb{R}^n, \qquad \beta : [c,d] \to \mathbb{R}^n,$$

gibt es einen C^r-Diffeomorphismus h von $[a,b]$ auf $[c,d]$, welcher beide ineinander überführt:

$$\alpha(t) = \beta(h(t)) \quad \textit{für jedes} \quad t \in [a,b].$$

Wir nennen h eine **Parametertransformation** von C. Die Diffeomorphieeigenschaft besagt: h bildet $[a,b]$ bijektiv auf $[c,d]$ ab und h, h^{-1} sind beide C^r-differenzierbar. Aus der Kettenregel folgt, daß $h'(t) \neq 0$ für jedes $t \in [a,b]$.

BEWEISSKIZZE.

Durch $h(t) := \beta^{-1} \circ \alpha(t)$ ist eine bijektive Abbildung $[a,b] \to [c,d]$ definiert.

Zum Nachweis der C^r-Differenzierbarkeit von h reicht es, zu jedem $s_0 \in [a,b]$ eine Umgebung zu finden, auf der h C^r-differenzierbar ist. (In den Randpunkten sind einseitige Umgebungen zu betrachten.) Ist das gezeigt, so ergibt sich durch Vertauschung der Rollen von α, β, daß auch h^{-1} C^r-differenzierbar ist.

Es sei $s_0 \in [a,b]$ und $t_0 := h(s_0)$, also $\alpha(s_0) = \beta(t_0)$.

Wegen $\dot{\beta}(t_0) \neq 0$ ist wenigstens eine Komponente von Null verschieden, es sei dies $\dot{\beta}_k(t_0)$. Nach dem Umkehrsatz § 22 : 5.2 besitzt $t \mapsto \beta_k(t)$ eine C^r-differenzierbare Umkehrfunktion f auf einer Umgebung von $\beta_k(t_0)$. Für die Kurve $\tau \mapsto \gamma(\tau) := \beta \circ f(\tau)$ gilt dort $\gamma_k(\tau) = \beta_k \circ f(\tau) = \tau$. Hieraus folgt

$$\alpha = \beta \circ h = \beta \circ f \circ f^{-1} \circ h = \gamma \circ f^{-1} \circ h, \quad \text{insbesondere}$$

$$\alpha_k = \gamma_k \circ f^{-1} \circ h = f^{-1} \circ h, \quad \text{d.h.} \quad h = f \circ \alpha_k.$$

Damit ist h als Hintereinanderausführung der beiden C^r-differenzierbaren Funktionen f und α_k eine C^r-differenzierbare Funktion auf einer Umgebung von s_0.

Einen ausführlicheren Beweis findet man in [BARNER–FLOHR II, § 17.5]. $\square$

2 Länge und Bogenlänge

2.1 Die Länge eines Kurvenstücks

Die Länge $L(C)$ eines Kurvenstücks C ist definiert als das Supremum aller in C einbeschriebenen Sehnenpolygone.

SATZ. *Für jede C^1-Parametrisierung $\alpha : [a,b] \to \mathbb{R}^n$ von C gilt*

$$L(C) = L(\alpha) := \int_a^b \|\dot{\alpha}(t)\| \, dt \,.$$

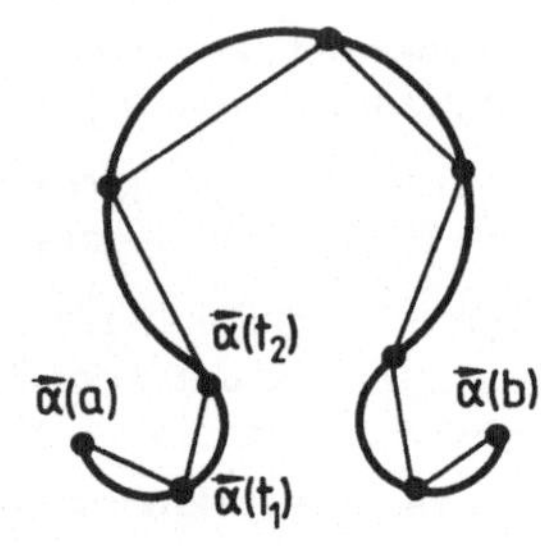

BEWEISSKIZZE (für Einzelheiten siehe [HEUSER, Bd. 2, § 177]).

(a) Sei $\mathcal{Z} : a = t_0 < t_1 < \cdots < t_N = b$ eine Zerlegung von $[a,b]$ und

$$\ell(\mathcal{Z}) = \sum_{j=1}^N \|\alpha(t_j) - \alpha(t_{j-1})\|$$

die Länge des Sehnenpolygons mit Eckpunkten $\alpha(t_0), \ldots, \alpha(t_N)$ (Fig.). Nehmen wir zu $\mathcal{Z}$ zusätzliche Teilpunkte hinzu, so entsteht eine Zerlegung $\mathcal{Z}'$ mit $\ell(\mathcal{Z}') \geq \ell(\mathcal{Z})$ (Dreiecksungleichung). Für das Supremum sind also nur die fein unterteilten Zerlegungen interessant:

$$\varrho(\mathcal{Z}) = \max\{t_j - t_{j-1} \mid j = 1, \ldots, N\} \ll 1 \,.$$

(b) Für eine solche Zerlegung und $g_j(t) = \|\alpha(t) - \alpha(t_{j-1})\|$ gilt $\boxed{\text{ÜA}}$

$$g_j'(t) = \frac{d}{dt} g_j(t) = \frac{1}{g_j(t)} \langle \alpha(t) - \alpha(t_{j-1}), \dot{\alpha}(t) \rangle \quad \text{für} \quad t \neq t_{j-1} \qquad \text{und}$$

$$g_j'(t_{j-1}) = \|\dot{\alpha}(t_{j-1})\| = \lim_{t \to t_{j-1}} g_j'(t) \quad \text{letzteres aus} \quad \frac{g_j(t) \cdot (t_j - t_{j-1})}{t_j - t_{j-1}} \,.$$

Nach dem Mittelwertsatz gilt mit geeigneten Zwischenstellen ϑ_j

$$(*) \qquad \ell(\mathcal{Z}) = \sum_{j=1}^N g_j(t_j) = \sum_{j=1}^N \big(g_j(t_j) - g_j(t_{j-1}) \big) = \sum_{j=1}^N g_j'(\vartheta_j) \cdot (t_j - t_{j-1}) \,,$$

also $\ell(\mathcal{Z}) \leq (b-a) \cdot \max\{g_j'(x) \mid t_{j-1} \leq x \leq t_j, \ j = 1, \ldots, N\}$, woraus die Existenz des Supremums folgt. Für hinreichend kleines $\varrho(\mathcal{Z})$ folgt aus $(*)$

$$\ell(\mathcal{Z}) \approx \sum_{j=1}^N g_j'(t_{j-1})(t_j - t_{j-1}) = \sum_{j=1}^N \|\dot{\alpha}(t_{j-1})\|(t_j - t_{j-1}) \approx \int_a^b \|\dot{\alpha}(t)\| \, dt \,,$$

dies umso genauer, je kleiner $\varrho(\mathcal{Z})$ ist, vgl. § 11 : 4.3 (c). $\qquad\qquad \square$

Für C^1-Kurven $\alpha : I \to \mathbb{R}^n$ auf einem beliebigen Intervall I setzen wir

$$L_a^b(\alpha) := \int\limits_a^b \|\dot\alpha(t)\|\, dt \quad \text{für} \quad a,b \in I, \quad a \leq b.$$

Aus der Additivität des Integrals ergibt sich unmittelbar

$$L_a^c(\alpha) = L_a^b(\alpha) + L_b^c(\alpha) \quad \text{für} \quad a \leq b \leq c, \qquad \text{vgl. } \S\, 3:8.1.$$

2.2 Aufgaben und Beispiele

(a) Für ebene Kurven in Graphenform: $\alpha(t) = (t, y(t))$ oder $\alpha(t) = (y(t), t)$ ist

$$L_a^b(\alpha) = \int\limits_a^b \sqrt{1 + \dot y^2(t)}\, dt\,.$$

(b) Zeigen Sie, daß die Länge einer ebenen Kurve der Gestalt

$$t \mapsto \alpha(t) = \begin{pmatrix} x_0 + r(t)\,\cos\omega(t) \\ y_0 + r(t)\,\sin\omega(t) \end{pmatrix}$$

durch $L_a^b(\alpha) = \int\limits_a^b \sqrt{\dot r^2 + r^2\dot\omega^2}\, dt$ gegeben ist.

(c) Insbesondere gilt für die *Länge eines Kreisbogens* vom Radius $r > 0$, also

$$r(t) \equiv r, \quad \omega(t) = t \quad \text{für} \quad \varphi \leq t \leq \psi \quad \text{und} \quad \psi - \varphi \leq 2\pi,$$

$$L_\varphi^\psi(\alpha) = r \cdot (\psi - \varphi), \qquad \text{vgl. } \S\, 3:8.1.$$

(d) Berechnen Sie $L_\pi^{2\pi}$ für die Archimedische Spirale 1.1 (a).

2.3 Die Invarianz gegenüber Parametertransformationen ist zwar schon
in der Definition 2.1 enthalten, kann aber auch direkt nachgerechnet werden:

Seien $\alpha : [a,b] \to \mathbb{R}^n$ und $\beta : [c,d] \to \mathbb{R}^n$ zwei C^1–Parametrisierungen von C. Dann gibt es nach 1.3 eine C^1–Parametertransformation h von $[a,b]$ auf $[c,d]$ mit $\alpha = \beta \circ h$. Nach der Kettenregel ist $\dot\alpha(t) = \dot\beta(h(t)) \cdot \dot h(t)$, und mit der Substitutionsregel ergibt sich

$$L(\alpha) = \int\limits_a^b \|\dot\alpha(t)\|\, dt = \int\limits_a^b \left\|\dot\beta(h(t)) \cdot \dot h(t)\right\|\, dt = \int\limits_a^b \left\|\dot\beta(h(t))\right\| \cdot \left|\dot h(t)\right|\, dt$$

$$= \int\limits_c^d \left\|\dot\beta(s)\right\|\, ds = L(\beta)\,.$$

2.4 Invarianz der Länge unter Bewegungen

Ist $\mathbf{x} \mapsto T\mathbf{x} = \mathbf{c} + A\mathbf{x}$ eine Bewegung des $\mathbb{R}^n$, d.h. $\mathbf{c} \in \mathbb{R}^n$ und A eine orthogonale $n \times n$-Matrix, so gilt $L(T(C)) = L(C)$ für jedes Kurvenstück C $\boxed{\text{ÜA}}$.

2.5 Parametrisierung durch die Bogenlänge

$\alpha : I \to \mathbb{R}^n$ sei eine reguläre C^1–Kurve und $t_0 \in I$. Die durch

$$h(t) := \int_{t_0}^{t} \|\dot{\alpha}(\tau)\| \, d\tau$$

definierte Funktion h ist ein C^1–Diffeomorphismus von I auf $J := h(I)$; sie ist wegen $\dot{h}(t) = \|\dot{\alpha}(t)\| > 0$ streng monoton steigend. Durch

$$s \mapsto \beta(s) := \alpha(h^{-1}(s)), \quad J \to \mathbb{R}^n$$

ist eine reguläre C^1–Kurve gegeben, welche die gleiche Spur wie α hat. Aus $\alpha(t) = \beta(h(t))$ für alle $t \in I$ folgt mit der Kettenregel

$$\|\dot{\alpha}(t)\| = \left\|\dot{\beta}(h(t)) \cdot \dot{h}(t)\right\| = \left\|\dot{\beta}(h(t))\right\| \cdot \|\dot{\alpha}(t)\| \quad \text{für jedes} \quad t \in I \,,$$

also $\left\|\dot{\beta}(s)\right\| = 1$ für jedes $s \in J$. Es gilt somit

$$\int_{s_0}^{s} \left\|\dot{\beta}(\sigma)\right\| \, d\sigma = \int_{s_0}^{s} 1 \, d\sigma = s - s_0 \,.$$

Bei dieser Parametrisierung gibt der Parameter s jeweils die Länge der Kurve zwischen einem festen Kurvenpunkt und dem Punkt $\beta(s)$ an. Wir sagen, die Spur $\alpha(I) = \beta(J)$ sei **durch die Bogenlänge parametrisiert**.

Insbesondere besitzt jedes Kurvenstück eine Bogenlängenparametrisierung; der Bogenlängenparameter ist bis auf eine additive Konstante eindeutig bestimmt.

$\boxed{\text{ÜA}}$. Geben Sie die Bogenlängenparametrisierung für einen Kreis vom Radius r und für die Schraubenlinie an.

2.6 Ketten von Kurvenstücken

Sind $C_1, \ldots, C_N$ Kurvenstücke im $\mathbb{R}^n$, von denen sich je zwei in höchstens endlich vielen Punkten treffen, so nennen wir die Vereinigung $C = C_1 \cup \cdots \cup C_N$ eine **Kette von Kurvenstücken**.

BEISPIEL. Eine aus zwei achsenparallelen, disjunkten Rechteckkurven bestehende Menge in der Ebene ($N = 8$).

Als **Länge** einer solchen Kette definieren wir

$$L(C) = L(C_1) + \cdots + L(C_N) \,.$$

Diese Längendefinition ist unabhängig von der gewählten Zerlegung von C in Kurvenstücke (ohne Beweis).

3 Skalare Kurvenintegrale

3.1 Das Kurvenintegral über Kurvenstücke

Auf einem Kurvenstück C sei eine reellwertige Funktion $\mathbf{x} \mapsto f(\mathbf{x})$ gegeben mit der Eigenschaft, daß für mindestens eine Parametrisierung $\boldsymbol{\alpha} : [a,b] \to \mathbb{R}^n$ von C die Funktion $t \mapsto f(\boldsymbol{\alpha}(t))$ stetig ist. Dies ist nach 1.3 dann für jede Parametrisierung von C der Fall.

Das **skalare Kurven– oder Wegintegral** von f über C erklären wir durch

$$\int\limits_C f\, ds = \int\limits_C f(\mathbf{x})\, ds := \int\limits_a^b f(\boldsymbol{\alpha}(t)) \cdot \|\dot{\boldsymbol{\alpha}}(t)\|\, dt\,,$$

Wie die Kurvenlänge ist auch dieses Integral unabhängig von der gewählten Parametrisierung $\boldsymbol{\alpha}$, vgl. 2.3.

Das Symbol ds steht für das **skalare Bogenelement** $\|\dot{\boldsymbol{\alpha}}(t)\|\, dt$.

3.2 Das Kurvenintegral über Ketten

Es sei $C = C_1 \cup \cdots \cup C_N$ eine Kette von Kurvenstücken und $f : C \to \mathbb{R}$ eine Funktion, die auf jedem Kurvenstück $C_1,\ldots,C_N$ stetig im Sinne von 3.1 ist. Dann setzen wir

$$\int\limits_C f\, ds = \int\limits_C f(\mathbf{x})\, ds := \int\limits_{C_1} f\, ds + \cdots + \int\limits_{C_N} f\, ds\,.$$

Dieses Integral hängt nicht von der Zerlegung von C in stückweis glatte Kurven ab; auch hier ersparen wir uns den Beweis.

3.3 Eigenschaftem des skalaren Kurvenintegrals

(a) $\int\limits_C (af + bg)\, ds = a \int\limits_C f\, ds + b \int\limits_C g\, ds$ *(Linearität)*,

(b) $\left| \int\limits_C f\, ds \right| \leq L(C) \cdot \sup \{|f(\mathbf{x})| \mid \mathbf{x} \in C\}$ $\boxed{\text{ÜA}}$.

3.4 Skalare Kurvenintegrale in der Physik

Ein Draht der Massendichte $\mu(\mathbf{x})$ (Masse pro Längeneinheit) sei durch ein Kurvenstück oder eine Kurvenkette $C \subset \mathbb{R}^3$ idealisiert. Dann ist

$$M = \int\limits_C \mu\, ds$$

die *Gesamtmasse* des Drahtes. Meistens schreibt man dm für $\mu\, ds$. Der Vektor $\mathbf{s}$ mit den Komponenten

$$s_k = \frac{1}{M} \int_C x_k \, dm \qquad (k = 1, 2, 3)$$

ist der *Schwerpunkt*.

Das *Trägheitsmoment* des Drahtes bezüglich einer beliebigen Ursprungsgeraden $g = \{t\,\mathbf{w} \mid t \in \mathbb{R}\}$ mit $\|\mathbf{w}\| = 1$ ist gegeben durch

$$\int_C \mathrm{dist}\,(\mathbf{x}, g)^2 \, dm \quad \text{mit}$$

$$\mathrm{dist}\,(\mathbf{x}, g)^2 = \left\| \mathbf{x} - \langle \mathbf{x}, \mathbf{w} \rangle\, \mathbf{w} \right\|^2 = \|\mathbf{x}\|^2 - \langle \mathbf{x}, \mathbf{w} \rangle^2, \qquad \text{vgl. } \S\,19:5.6.$$

AUFGABE. Berechnen Sie den Schwerpunkt eines Seiltänzers mit Balancierstange: Der Seiltänzer wird durch das Kurvenstück $C_1 = \big\{ (0, t) \mid 0 \le t \le 1.8 \big\}$ (sehr schematisch) beschrieben, es soll die Massendichte $\mu_1 = 32$ haben. Die Balancierstange ist gegeben durch $C_2 = \big\{ (t, 1.2 - 0.05\,t^2) \mid |t| \le 4 \big\}$ und $\mu_2 = 2$.

4 Vektorielle Kurvenintegrale

4.1 Vektorfelder

Unter einem **Vektorfeld** auf $\Omega \subset \mathbb{R}^n$ verstehen wir eine stetige Abbildung

$$\mathbf{v} : \Omega \to \mathbb{R}^n, \qquad \mathbf{x} \mapsto \mathbf{v}(\mathbf{x}) = \begin{pmatrix} v_1(\mathbf{x}) \\ \vdots \\ v_n(\mathbf{x}) \end{pmatrix},$$

wobei wir uns jeden Vektor $\mathbf{v}(\mathbf{x})$ an die Stelle $\mathbf{x}$ angeheftet denken. Sind alle Komponentenfunktionen $v_1, \ldots, v_n$ C^r–differenzierbar, so sprechen wir von einem **C^r–Vektorfeld**.

Beispiele von Vektorfeldern in der Physik liefern Geschwindigkeitsfelder von Gasen und Flüssigkeiten, Gravitationsfelder, elektrische und magnetische Felder. Diese hängen im allgemeinen noch vom Parameter Zeit ab.

Der Geschwindigkeitsvektor $\mathbf{v}(\mathbf{x})$ einer Luftströmung an der Stelle $\mathbf{x} \in \mathbb{R}^3$ ist tangential zu der durch den Punkt $\mathbf{x}$ laufenden Stromlinie (Fig.); er ist natürlicherweise an die Stelle $\mathbf{x}$ angeheftet. Beim Windkanaltest wird die Geschwindigkeitsrichtung der Strömung oft durch Papierstreifen sichtbar gemacht.

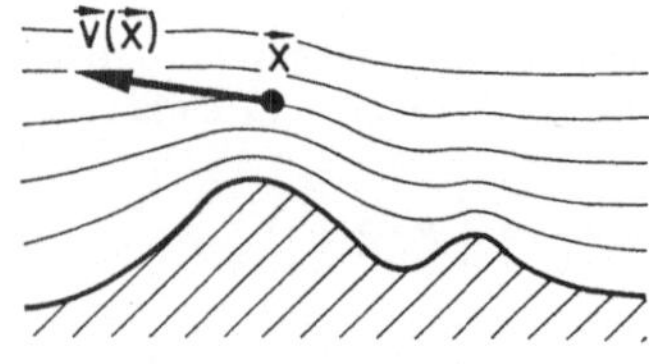

4.2 Das Kurvenintegral über Parametrisierungen

Für ein Vektorfeld $\mathbf{v}$ auf $\Omega \subset \mathbb{R}^n$ und eine reguläre C^1–Kurve $\boldsymbol{\alpha} : [a,b] \to \mathbb{R}^n$ in Ω definieren wir das **vektorielle Kurven–** oder **Wegintegral** durch

$$\int_{\alpha} \mathbf{v} \bullet d\mathbf{x} := \int_a^b \langle\, \mathbf{v}(\boldsymbol{\alpha}(t))\, ,\, \dot{\boldsymbol{\alpha}}(t)\, \rangle\, dt \,.$$

Das Symbol $d\mathbf{x}$ (oft auch mit $d\mathbf{s}$ bezeichnet) steht für das **vektorielle Bogenelement** $\dot{\boldsymbol{\alpha}}(t)\, dt$. Der Punkt zwischen $\mathbf{v}$ und $d\mathbf{x}$ kommt von der andernorts verwendeten Bezeichnung $\mathbf{x} \bullet \mathbf{y}$ für das Skalarprodukt $\langle\, \mathbf{x}, \mathbf{y}\, \rangle$.

Andere Schreibweisen sind:

$$\int_{\alpha} \mathbf{v}(\mathbf{x}) \bullet d\mathbf{x} \,, \qquad \int_{\alpha} \langle\, \mathbf{v}(\mathbf{x}), d\mathbf{x}\, \rangle \,, \qquad \int_{\alpha} v_1\, dx_1 + \cdots + v_n\, dx_n \,,$$

speziell in der Ebene und im Raum

$$\int_{\alpha} P\, dx + Q\, dy \,, \quad \text{bzw.} \quad \int_{\alpha} P\, dx + Q\, dy + R\, dz \,.$$

Aus der Darstellung

$$\mathbf{v} \bullet d\mathbf{x} \;=\; \mathbf{v} \bullet \dot{\boldsymbol{\alpha}}(t)\, dt \;=\; \left(\mathbf{v} \bullet \frac{\dot{\boldsymbol{\alpha}}}{\|\dot{\boldsymbol{\alpha}}\|} \right) \cdot (\|\dot{\boldsymbol{\alpha}}\|\, dt) \;=\; v_{\tan}\, ds$$

entnehmen wir, daß das vektorielle Wegintegral als skalares Wegintegral über die Tangentialkomponente des Vektorfeldes aufgefaßt werden kann.

Das Wegintegral über geschlossene Kurven wird in der Physik durch das Symbol $\oint \mathbf{v} \bullet d\mathbf{x}$ gekennzeichnet, oft ohne Angabe des Integrationsweges.

Beispiele für vektorielle Wegintegrale in der Physik:

Vektorfeld	Wegintegral
Kraftfeld	Arbeit
Geschwindigkeitsfeld	Zirkulation
elektrische Feldstärke	elektrische Spannung
infinitesimale Wärmeänderung	Wärmemenge

BEISPIEL.

Ein Massenpunkt im Ursprung erzeugt ein Gravitationsfeld, das bis auf einen konstanten Faktor gegeben ist durch

$$\mathbf{K}(\mathbf{x}) = -\frac{\mathbf{x}}{\|\mathbf{x}\|^3} = -\frac{1}{(x^2 + y^2 + z^2)^{\frac{3}{2}}} \begin{pmatrix} x \\ y \\ z \end{pmatrix} \quad \text{für} \quad \mathbf{x} = \begin{pmatrix} x \\ y \\ z \end{pmatrix} \neq \mathbf{0} \,.$$

Wird ein zweiter Massenpunkt der Masse 1 längs einer Kurve α : $[a,b] \to \mathbb{R}^3 \setminus \{0\}$ bewegt, so ist die an ihm geleistete *Arbeit* das Wegintegral

$$\int_\alpha K_{\tan} \, ds = \int_\alpha \mathbf{K} \bullet d\mathbf{x} = - \int_a^b \frac{x(t)\,\dot{x}(t) + y(t)\,\dot{y}(t) + z(t)\,\dot{z}(t)}{\left(x^2(t) + y^2(t) + z^2(t)\right)^{\frac{3}{2}}} \, dt \,.$$

$\boxed{\text{ÜA}}$ Zeigen Sie, daß in diesem Kraftfeld längs geschlossener Wege $\big(\alpha(a) = \alpha(b)\big)$ keine Arbeit geleistet wird.

Hinweis: Schreiben Sie $\int_\alpha \mathbf{K} \bullet d\mathbf{x}$ in der Form $\int_a^b \frac{d}{dt}\,(\dots)\,dt$.

4.3 Verhalten bei Umparametrisierungen, Orientierung

Sei C ein C^1-Kurvenstück in Ω und α, β zwei C^1-Parametrisierungen, vgl. 1.2. Nach 1.3 gibt es eine Parametertransformation h mit $\alpha = \beta \circ h$. Dann ergibt sich mit der Kettenregel ähnlich wie in 2.3 $\boxed{\text{ÜA}}$

$$\int_\alpha \mathbf{v} \bullet d\mathbf{x} = \begin{cases} \displaystyle\int_\beta \mathbf{v} \bullet d\mathbf{x}, & \text{falls } \dot{h} > 0, \quad \text{aber} \\[2.5ex] \displaystyle-\int_\beta \mathbf{v} \bullet d\mathbf{x}, & \text{falls } \dot{h} < 0. \end{cases}$$

Eine **Orientierung** von C besteht darin, eine bestimmte C^1-Parametrisierung β als positiv auszuzeichnen und jede C^1-Parametrisierung $\alpha = \beta \circ h$ mit $\dot{h} > 0$ als **positive Parametrisierung** zu bezeichnen, die mit $\dot{h} < 0$ als negative.

Eine Parametertransformation h mit $\dot{h} > 0$ heißt **orientierungstreu**. Nur unter solchen bleibt das vektorielle Kurvenintegral invariant. Im Fall $\dot{h} < 0$ sprechen wir von einer **Änderung des Durchlaufungssinns**.

4.4 Das Wegintegral für stückweis glatte Kurven

Gegeben seien ein Vektorfeld $\mathbf{v}$ auf $\Omega \subset \mathbb{R}^n$ und reguläre Kurven α_k : $[a_k, b_k] \to \mathbb{R}^n$ in Ω, $k = 1, \dots, N$. Ist der Endpunkt $\alpha_{k-1}(b_{k-1})$ gleich dem Anfangspunkt $\alpha_k(a_k)$ für $k = 2, \dots, N$, so heißt die Kollektion $\alpha_1, \dots, \alpha_N$ eine **stückweis glatte Kurve** oder ein **stückweis glatter Weg**. Wir bezeichnen sie mit $\alpha = \alpha_1 + \cdots \alpha_N$ und definieren das **Wegintegral** über α durch

$$\int_\alpha \mathbf{v} \bullet d\mathbf{x} := \int_{\alpha_1} \mathbf{v} \bullet d\mathbf{x} + \cdots + \int_{\alpha_N} \mathbf{v} \bullet d\mathbf{x} \,.$$

$\alpha_1(a_1)$ ist der **Anfangspunkt** und $\alpha_N(b_N)$ ist der **Endpunkt** von α. Wir sagen auch, α *ist eine Kurve von* $\alpha_1(a_1)$ *nach* $\alpha_N(b_N)$. α heißt **geschlossen**, wenn Anfangs- und Endpunkt gleich sind.

Unter der **Spur** von α verstehen wir die Vereinigung der Spuren von $\alpha_1, \ldots, \alpha_N$, weiter setzen wir $L(\alpha) = L(\alpha_1) + \cdots + L(\alpha_N)$.

Wie bei polygonalen Wegen (vgl. §21:9.1) können wir eine stückweis glatte Kurve mit Hilfe einer einzigen Umparametrisierung $\beta : I \to \mathbb{R}^n$ beschreiben, β ist dabei stetig und stückweis C^1-differenzierbar. Für die Definition des Integrals ist das jedoch unwichtig.

4.5 Rechenregeln

Es seien $\mathbf{v}, \mathbf{w}$ *Vektorfelder auf* Ω, α, β *stückweis glatte Kurven in* Ω *und* $a, b \in \mathbb{R}$. *Dann gilt:*

(a) $\displaystyle \int_{\alpha+\beta} \mathbf{v} \bullet d\mathbf{x} = \int_{\alpha} \mathbf{v} \bullet d\mathbf{x} + \int_{\beta} \mathbf{v} \bullet d\mathbf{x}$,

(b) $\displaystyle \int_{\alpha} (a\mathbf{v} + b\mathbf{w}) \bullet d\mathbf{x} = a \int_{\alpha} \mathbf{v} \bullet d\mathbf{x} + b \int_{\alpha} \mathbf{w} \bullet d\mathbf{x}$,

(c) $\displaystyle \left| \int_{\alpha} \mathbf{v} \bullet d\mathbf{x} \right| \leq L(\alpha) \cdot \sup \left\{ \|\mathbf{v}(\mathbf{x})\| \mid \mathbf{x} \in \mathrm{Spur}\,(\alpha) \right\}$.

BEWEIS.

(a) und (b) folgen unmittelbar aus der Definition.

(c) folgt aus

$$\left| \int_{\alpha} \mathbf{v} \bullet d\mathbf{x} \right| \leq \left| \int_{\alpha_1} \mathbf{v} \bullet d\mathbf{x} \right| + \cdots + \left| \int_{\alpha_N} \mathbf{v} \bullet d\mathbf{x} \right|,$$

wobei jeweils

$$\left| \int_{\alpha_k} \mathbf{v} \bullet d\mathbf{x} \right| = \left| \int_a^b \langle \mathbf{v}(\alpha_k(t)), \dot{\alpha}_k(t) \rangle \, dt \right| \leq \int_a^b \|\mathbf{v}(\alpha_k(t))\| \cdot \|\dot{\alpha}_k(t)\| \, dt$$

$$\leq L(\alpha_k) \cdot \sup \{\|\mathbf{v}(\mathbf{x})\| \mid \mathbf{x} \in \mathrm{Spur}\,(\alpha)\}$$

nach Cauchy–Schwarz und der Definition von $L(\alpha_k)$. $\qquad \square$

4.6 Aufgaben

(a) Berechnen Sie für das ebene Vektorfeld $\mathbf{v}(x,y) = (x^2, xy)$ und die beiden skizzierten Kurven γ_1 und γ_2 die Kurvenintegrale.

(b) Fließt durch einen in der z–Achse liegenden Draht ein konstanter Strom, so erzeugt dieser nach dem Biot–Savartschen Gesetz ein Magnetfeld außerhalb des Drahtes, das bis auf

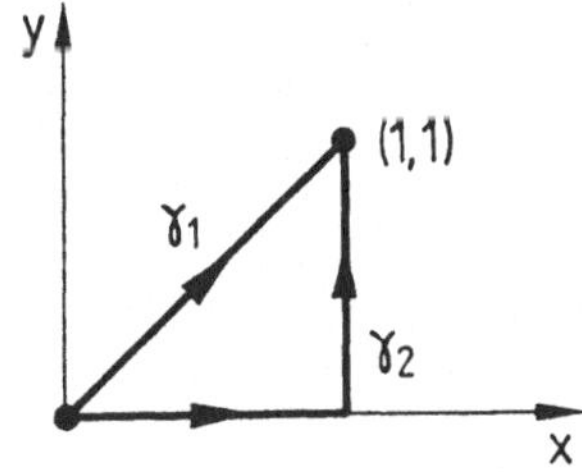

einen konstanten Faktor gegeben ist durch

$$\mathbf{H}(x,y,z) = \frac{1}{x^2+y^2}\begin{pmatrix} -y \\ x \\ 0 \end{pmatrix}.$$

Berechnen Sie das Wegintegral über $\mathbf{H}$ längs einer Kreislinie in der x,y–Ebene mit Radius $r > 0$ und dem Ursprung als Mittelpunkt.

(c) **Die Leibnizsche Sektorformel.** $C = \{(x(t),y(t)) \mid a \leq t \leq b\}$ sei ein ebenes Kurvenstück, das den Ursprung nicht enthält und das von jedem Strahl durch den Ursprung höchstens einmal und nicht tangential getroffen wird.

Zeigen Sie, daß $\frac{1}{2}\int\limits_C x\,dy - y\,dx$ (Bezeichnungen von 4.2) bis auf das Vorzeichen der Flächeninhalt des Gebietes Ω ist, das von C und den beiden Strecken in der Figur begrenzt wird.

Anleitung: Fassen Sie Ω als Bild des Rechteckes $]0,1[\,\times\,]a,b[$ unter der Koordinatentransformation

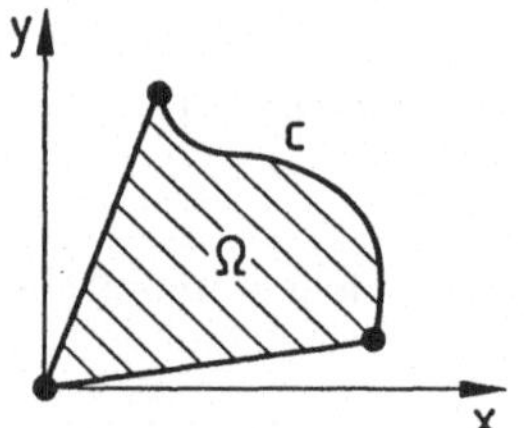

$$\varphi : (s,t) \mapsto \big(s\cdot x(t), s\cdot y(t)\big)$$

auf und wenden Sie den Transformationssatz für Integrale an.

5 Konservative Vektorfelder und Potentiale

5.1 Konservative Vektorfelder

Ein Vektorfeld $\mathbf{v}$ auf $\Omega \subset \mathbb{R}^n$ heißt **konservativ** oder **exakt**, wenn das Kurvenintegral $\int\limits_\gamma \mathbf{v} \bullet d\mathbf{x}$ über stückweis glatte Wege in Ω nur von den Endpunkten der Kurve γ, nicht aber vom übrigen Verlauf abhängt: $\int\limits_{\gamma_1} \mathbf{v} \bullet d\mathbf{x} = \int\limits_{\gamma_2} \mathbf{v} \bullet d\mathbf{x}$,

falls γ_1 und γ_2 den gleichen Anfangspunkt $\mathbf{x}_0$ und den gleichen Endpunkt $\mathbf{x}_1$ besitzen. Wir dürfen in diesem Fall das Kurvenintegral ohne Angabe des Integrationsweges mit

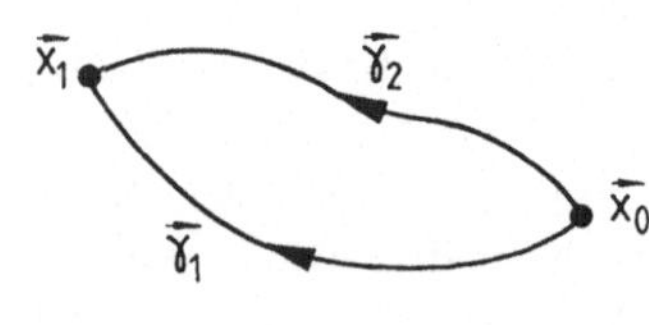

$$\int\limits_{\mathbf{x}_0}^{\mathbf{x}_1} \mathbf{v} \bullet d\mathbf{x}$$

bezeichnen.

Man überzeugt sich leicht, daß das Vektorfeld $\mathbf{v}$ genau dann konservativ ist, wenn das Kurvenintegral über alle geschlossenen stückweis glatten Kurven in Ω verschwindet.

Ein wichtiges Beispiel eines konservatives Vektorfeldes ist das Gravitationsfeld eines Massenpunktes 4.2. Dagegen ist das Magnetfeld in Aufgabe 4.6 (b) nicht konservativ.

5.2 Potentiale

Ein Vektorfeld $\mathbf{v}$ auf $\Omega \subset \mathbb{R}^n$ ist konservativ genau dann, wenn es eine C^1-Funktion $U : \Omega \to \mathbb{R}$ gibt mit

$$\mathbf{v} = \nabla U \, .$$

In integrierter Form lautet diese Beziehung

$$\int_\gamma \mathbf{v} \bullet d\mathbf{x} = U(\mathbf{x}_1) - U(\mathbf{x}_0)$$

für jede stückweis glatte Kurve γ in Ω von $\mathbf{x}_0$ nach $\mathbf{x}_1$.

Die Funktion U heißt **Potential** oder **Stammfunktion** des Vektorfeldes $\mathbf{v}$. Nach § 22 : 3.5 unterscheiden sich zwei Stammfunktionen von $\mathbf{v}$ nur um eine additive Konstante.

BEWEIS.

(a) *Jedes Gradientenfeld $\mathbf{v} = \nabla U$ ist konservativ:* Für jede C^1-Kurve γ : $[a,b] \to \Omega$ von $\mathbf{a}$ nach $\mathbf{b}$ gilt nach der Kettenregel § 22 : 3.2

$$\frac{d}{dt} U(\gamma(t)) = \langle \nabla U(\gamma(t)), \dot\gamma(t) \rangle = \langle \mathbf{v}(\gamma(t)), \dot\gamma(t) \rangle, \quad \text{also}$$

$$\int_\gamma \mathbf{v} \bullet d\mathbf{x} = \int_a^b \langle \mathbf{v}(\gamma(t)), \dot\gamma(t) \rangle \, dt = \int_a^b \frac{d}{dt} U(\gamma(t)) \, dt$$

$$= U(\gamma(b)) - U(\gamma(a)) = U(\mathbf{b}) - U(\mathbf{a}) \, .$$

Hieraus folgt auch für jede stückweis glatte Kurve $\gamma = \gamma_1 + \cdots + \gamma_N$ mit den Eckpunkten $\mathbf{x}_0, \ldots, \mathbf{x}_N$

$$\int_\gamma \mathbf{v} \bullet d\mathbf{x} = \sum_{k=1}^N \int_{\gamma_k} \mathbf{v} \bullet d\mathbf{x} = \sum_{k=1}^N (U(\mathbf{x}_k) - U(\mathbf{x}_{k-1})) = U(\mathbf{x}_N) - U(\mathbf{x}_0) \, .$$

Das Wegintegral hängt somit nur von den Endpunkten von γ ab.

(b) *Jedes konservative Vektorfeld $\mathbf{v} : \Omega \to \mathbb{R}^n$ besitzt eine Stammfunktion:* Wir wählen einen festen „Aufpunkt" $\mathbf{x}_0 \in \Omega$. Nach 5.1 ist mit den dortigen Bezeichnungen durch

$$U(\mathbf{x}) := \int\limits_{\mathbf{x}_0}^{\mathbf{x}} \mathbf{v} \bullet d\mathbf{x}$$

eine Funktion auf Ω bestimmt. Wir zeigen, daß U eine Stammfunktion von $\mathbf{v}$ ist. Es sei $\mathbf{a} \in \Omega$ und $W \subset \Omega$ ein Würfel mit Mittelpunkt $\mathbf{a}$ und Seitenlänge $2r$. Für $k = 1,\dots,n$ und $|h| < r$ liegt das Segment zwischen $\mathbf{a}$ und $\mathbf{a} + h\mathbf{e}_k$ in W und damit in Ω. Es gilt für $|h| < r$

$$U(\mathbf{a} + h\mathbf{e}_k) - U(\mathbf{a}) = \int\limits_{\mathbf{x}_0}^{\mathbf{a} + h\mathbf{e}_k} \mathbf{v} \bullet d\mathbf{x} - \int\limits_{\mathbf{x}_0}^{\mathbf{a}} \mathbf{v} \bullet d\mathbf{x}$$

$$= \int\limits_{\mathbf{a}}^{\mathbf{a} + h\mathbf{e}_k} \mathbf{v} \bullet d\mathbf{x} = \int\limits_{0}^{h} \langle \mathbf{v}(\mathbf{a} + t\,\mathbf{e}_k), \mathbf{e}_k \rangle \, dt$$

$$= \int\limits_{0}^{h} v_k(\mathbf{a} + t\,\mathbf{e}_k) \, dt.$$

Nach dem Hauptsatz der Differential- und Integralrechnung ist

$$h \mapsto U(\mathbf{a} + h\,\mathbf{e}_k)$$

differenzierbar, und es gilt

$$\frac{\partial U}{\partial x_k}(\mathbf{a}) = \frac{d}{dh}\, U(\mathbf{a} + h\mathbf{e}_k)\,\Big|_{h=0} = v_k(\mathbf{a}).$$

Damit gilt $\nabla U = \mathbf{v}$ auf ganz Ω; U ist also eine C^1-Funktion und Stammfunktion von $\mathbf{v}$. $\qquad\square$

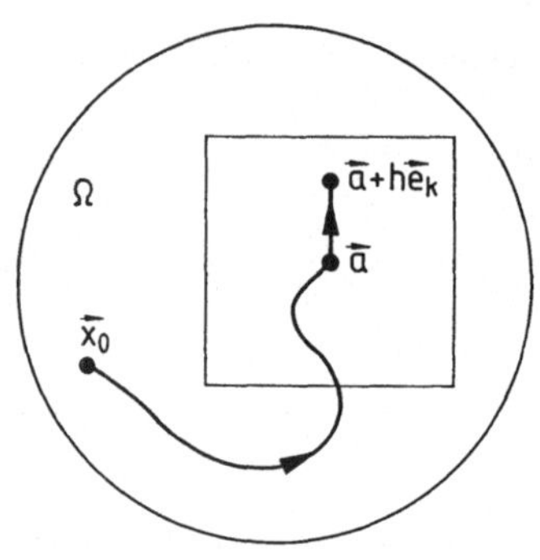

AUFGABE. Zeigen Sie, daß jedes *Zentralfeld* $\mathbf{v}(\mathbf{x}) = k(r)(\mathbf{x} - \mathbf{x}_0)$ mit $\mathbf{x}_0 \in \mathbb{R}^n$ und einer stetigen Funktion k von $r = \|\mathbf{x} - \mathbf{x}_0\| > 0$ ein Potential besitzt.

Hinweis: Machen Sie einen Ansatz $U(\mathbf{x}) = u(r)$.

5.3 Einfache Gebiete

Ein Gebiet $\Omega \subset \mathbb{R}^n$ heißt **sternförmig**, wenn es einen Punkt $\mathbf{x}_0 \in \Omega$ gibt, so daß mit jedem Punkt $\mathbf{x}$ auch die Verbindungsstrecke zwischen $\mathbf{x}_0$ und $\mathbf{x}$ in Ω liegt. Man kann also vom „Zentrum" $\mathbf{x}_0$ aus jeden Punkt von Ω „sehen".

Jede Kugel und jeder Quader $]a_1, b_1[\times \cdots \times]a_n, b_n[$ ist sternförmig. Weitere

Beispiele sternförmiger Gebiete sind:

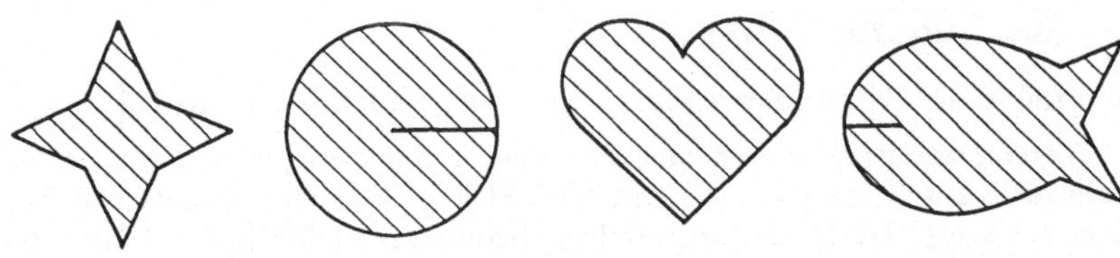

Ein Gebiet $\Omega \subset \mathbb{R}^n$ nennen wir **einfach**, wenn es das C^2–diffeomorphe Bild eines sternförmigen Gebietes im $\mathbb{R}^n$ ist.

Ein einfaches Gebiet entsteht also durch „Verbiegen" eines sternförmigen Gebietes.

BEISPIELE.

(a) Der geschlitzte Kreisring

$$\Omega = \left\{ (x,y) \mid r < \sqrt{x^2 + y^2} < R \right\}$$

$$\setminus \left\{ (x,0) \mid x \geq 0 \right\}$$

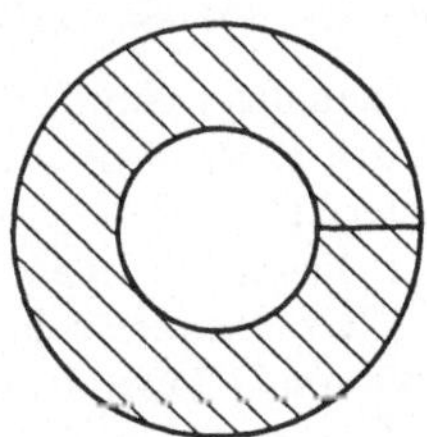

ist einfach, weil er als Bild eines offenen Rechteckes unter einem C^2 Diffeomorphismus darstellbar ist.

$\boxed{\text{ÜA}}$ Geben Sie den Diffeomorphismus an!

(b) Das Komplement der archimedischen Spirale $\{(t\cos t, t\sin t) \mid t \geq 0\}$ in der Ebene ist ein einfaches Gebiet.

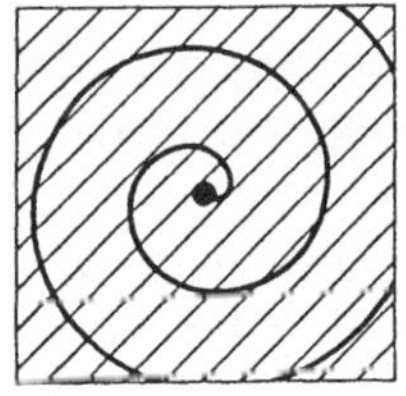

$\boxed{\text{ÜA}}$ Konstruieren Sie einen geeigneten Diffeomorphismus.

5.4 Die Integrabilitätsbedingungen

Wie sieht man einem gegebenen Vektorfeld **v** an, daß es ein Potential besitzt? Notwendig hierfür sind die **Integrabilitätsbedingungen**

$$\frac{\partial v_i}{\partial x_k} = \frac{\partial v_k}{\partial x_i} \quad \text{für} \quad i \neq k \,.$$

Denn hat $\mathbf{v}$ ein Potential U, so folgt aus $v_i = \partial_i U$ wegen der Vertauschbarkeit der partiellen Ableitungen §22:2.6

$$\frac{\partial v_i}{\partial x_k} = \frac{\partial}{\partial x_k}\frac{\partial U}{\partial x_i} = \frac{\partial}{\partial x_i}\frac{\partial U}{\partial x_k} = \frac{\partial v_k}{\partial x_i}.$$

Vektorfelder im $\mathbb{R}^3$ mit dieser Eigenschaft heißen auch **rotationsfrei**.

Die Integrabilitätsbedingungen sind aber nicht hinreichend für die Existenz eines Potentials! Hierfür liefert das Magnetfeld $\mathbf{H}$ in 4.6 (b) ein Gegenbeispiel. Man verifiziert leicht, daß $\mathbf{H}$ die Integrabilitätsbedingung erfüllt $\boxed{\text{ÜA}}$. $\mathbf{H}$ kann aber kein Potential besitzen, denn das Wegintegral über eine den Draht umlaufende Kreislinie verschwindet nicht.

5.5 Eine hinreichende Bedingung für die Existenz von Potentialen

Ein C^1-Vektorfeld $\mathbf{v}$ auf Ω besitzt ein Potential, wenn es die Integrabilitätsbedingungen

$$\frac{\partial v_i}{\partial x_k} = \frac{\partial v_k}{\partial x_i} \quad \text{für} \quad i \neq k$$

erfüllt, und wenn Ω ein einfaches Gebiet ist.

Hiernach kann das Definitionsgebiet des betrachteten Magnetfeldes $\mathbf{H}$ nicht einfach sein, den $\mathbf{H}$ ist nicht konservativ. Das Definitionsgebiet $\Omega_{\mathbf{H}}$ dieses Vektorfeldes ist der $\mathbb{R}^3$ ohne die z–Achse. Was unterscheidet $\Omega_{\mathbf{H}}$ von einem einfachen Gebiet? In einem einfachen Gebiet läßt sich jede geschlossene Kurve stetig auf einem Punkt zusammenziehen, ohne bei diesem Deformationsprozeß Ω zu verlassen. (Warum?) In $\Omega_{\mathbf{H}}$ ist das nicht möglich: Beim Versuch, den Einheitskreis der x,y–Ebene zu einem Punkt zusammenzuziehen, bleibt man unweigerlich an der z–Achse hängen.

FOLGERUNG. *Ist Ω ein beliebiges Gebiet und erfüllt das Vektorfeld $\mathbf{v}$ dort die Integrabilitätsbedingungen, so besitzt $\mathbf{v}$ in einer Umgebung jedes Punktes ein Potential.*

Denn für jeden Punkt gibt es eine einfache Umgebung in Ω, etwa eine Kugel. Diese lokalen Potentiale lassen sich aber nicht immer widerspruchsfrei zu einem Potential auf ganz Ω zusammenheften.

BEWEIS.

(a) *Sternförmige Gebiete* Ω. Wir dürfen o.B.d.A. annehmen, daß wir alle Punkte von Ω vom Nullpunkt aus „sehen" können. Sei

$$\boldsymbol{\alpha}_{\mathbf{x}} = \{t\,\mathbf{x} \mid 0 \leq t \leq 1\} \quad \text{die Verbindungsstrecke von } \mathbf{0} \text{ und } \mathbf{x}.$$

Wir definieren

$$V(\mathbf{x}) = \int\limits_{\alpha\mathbf{x}} \mathbf{v} \bullet d\mathbf{x} = \int\limits_0^1 \langle\, \mathbf{v}(t\,\mathbf{x}), \mathbf{x} \,\rangle\, dt = \int\limits_0^1 \sum_{i=1}^n v_i(t\,\mathbf{x}) \cdot x_i\, dt\,.$$

Nach dem Satz § 23 : 2.3 über Parameterintegrale folgt

$$\partial_k V(\mathbf{x}) = \int\limits_0^1 \sum_{i=1}^n \partial_k v_i(t\,\mathbf{x}) \cdot t x_i\, dt + \int\limits_0^1 v_k(t\,\mathbf{x})\, dt\,.$$

Partielle Integration des zweiten Integrals ergibt

$$\int\limits_0^1 v_k(t\,\mathbf{x})\, dt \;=\; t v_k(t\,\mathbf{x}) \Big|_0^1 - \int\limits_0^1 t \cdot \frac{d}{dt} v_k(t\,\mathbf{x})\, dt$$

$$=\; v_k(\mathbf{x}) - \int\limits_0^1 t \sum_{i=1}^n \partial_i v_k(t\,\mathbf{x}) x_i\, dt\,.$$

Zusammen mit den Integrabilitätsbedingungen $\partial_i v_k = \partial_k v_i$ folgt die Behauptung $\partial_k V(\mathbf{x}) = v_k(\mathbf{x})$ für $k = 1, \ldots, n$.

(b) Ω *sei einfach*, d.h. $\Omega = \varphi(\Omega_0)$ mit einem sternförmigen Gebiet $\Omega_0 \subset \mathbb{R}^n$ und einem C^2–Diffeomorphismus φ von Ω_0 nach Ω.

Der Beweis besteht darin, das auf Ω gegebene Vektorfeld $\mathbf{v}$ mittels φ nach Ω_0 zu verpflanzen („zurückzuholen"), für das verpflanzte Vektorfeld $\mathbf{w}$ auf Ω_0 die Integrabilitätsbedingungen nachzuweisen und schließlich das nach (a) existierende Potential für $\mathbf{w}$ von Ω_0 wieder nach Ω zu transportieren.

Wie das zurückgeholte Vektorfeld $\mathbf{w}$ auszusehen hat, machen wir uns folgendermaßen klar: Angenommen, $\mathbf{v}$ hat schon ein Potential $V : \Omega \to \mathbb{R}$. Für $W := V \circ \varphi : \Omega_0 \to \mathbb{R}$ gilt dann nach der Kettenregel

$$\partial_k W = \partial_k(V \circ \varphi) = \langle\, (\nabla V) \circ \varphi, \partial_k \varphi \,\rangle = \langle\, \mathbf{v} \circ \varphi, \partial_k \varphi \,\rangle$$

für $k = 1, \ldots, n$, d.h. W ist ein Potential für das Vektorfeld

$$\mathbf{w} := \sum_{k=1}^n \langle\, \mathbf{v} \circ \varphi, \partial_k \varphi \,\rangle \mathbf{e}_k \quad \text{auf} \quad \Omega_0\,.$$

(c) Zur Konstruktion einer Stammfunktion für das Vektorfeld $\mathbf{v}$ auf Ω definieren wir nun aufgrund dieser Vorüberlegung das zurückgeholte Vektorfeld durch

$$\mathbf{w} = \sum_{k=1}^n w_k \mathbf{e}_k := \sum_{k=1}^n \langle\, \mathbf{v} \circ \varphi, \partial_k \varphi \,\rangle \mathbf{e}_k\,.$$

$\mathbf{w}$ ist ein C^1–Vektorfeld auf Ω_0. Mit $\partial_i \partial_k \varphi = \partial_k \partial_i \varphi$ und $\partial_l v_j = \partial_j v_l$ ergibt sich für $\mathbf{w}$ die Integrabilitätsbedingung mit Hilfe der Kettenregel:

$$\partial_i w_k = \partial_i \langle \mathbf{v} \circ \boldsymbol{\varphi}, \partial_k \boldsymbol{\varphi} \rangle = \partial_i \sum_{j=1}^{n} (v_j \circ \boldsymbol{\varphi}) \partial_k \varphi_j$$

$$= \sum_{j=1}^{n} \sum_{l=1}^{n} \left((\partial_l v_j) \circ \boldsymbol{\varphi} \right) \partial_i \varphi_l \, \partial_k \varphi_j + \sum_{j=1}^{n} (v_j \circ \boldsymbol{\varphi}) \partial_i \partial_k \varphi_j$$

$$= \sum_{l=1}^{n} \sum_{j=1}^{n} \left((\partial_j v_l) \circ \boldsymbol{\varphi} \right) \partial_i \varphi_l \, \partial_k \varphi_j + \sum_{j=1}^{n} (v_j \circ \boldsymbol{\varphi}) \partial_k \partial_i \varphi_j$$

$$= \partial_k \sum_{l=1}^{n} (v_l \circ \boldsymbol{\varphi}) \partial_i \varphi_l = \partial_k w_i \quad \text{für} \quad i \neq k \, .$$

Gemäß (a) besitzt das Vektorfeld $\mathbf{w}$ auf dem sternförmigen Gebiet Ω_0 ein Potential $W : \Omega_0 \to \mathbb{R}$. Wir zeigen, daß

$$V := W \circ \boldsymbol{\varphi}^{-1} : \Omega \to \mathbb{R}$$

ein Potential von $\mathbf{v}$ ist:

Aus $W = V \circ \boldsymbol{\varphi}$ folgt für $\mathbf{x} \in \Omega_0$, $\mathbf{y} := \boldsymbol{\varphi}(\mathbf{x})$ nach Definition von $\mathbf{w}$ und mit Hilfe der Kettenregel

$$\langle \mathbf{v}(\mathbf{y}), \partial_i \boldsymbol{\varphi}(\mathbf{x}) \rangle = w_i(\mathbf{x}) = \partial_i W(\mathbf{x}) = \partial_i (V \circ \boldsymbol{\varphi})(\mathbf{x}) = \langle \nabla V(\mathbf{y}), \partial_i \boldsymbol{\varphi}(\mathbf{x}) \rangle \, ,$$

$$\text{also} \quad \langle \mathbf{v}(\mathbf{y}) - \nabla V(\mathbf{y}), \partial_i \boldsymbol{\varphi}(\mathbf{x}) \rangle = 0 \quad \text{für} \quad i = 1, \ldots, n \, .$$

Da $\boldsymbol{\varphi}$ ein Diffeomorphismus ist, bilden die Spaltenvektoren $\partial_1 \boldsymbol{\varphi}(\mathbf{x}), \ldots, \partial_n \boldsymbol{\varphi}(\mathbf{x})$ der Jacobi–Matrix eine Basis des $\mathbb{R}^n$, also ist $\mathbf{v}(\mathbf{y}) - \nabla V(\mathbf{y})$ orthogonal zu allen Vektoren des $\mathbb{R}^n$. Es folgt

$$\mathbf{v}(\mathbf{y}) - \nabla V(\mathbf{y}) = \mathbf{0} \quad \text{für jedes} \quad \mathbf{y} \in \Omega \qquad \qquad \Box$$

5.6 Zur praktischen Bestimmung von Potentialen

(a) *Ebene Vektorfelder.* Der Einfachheit halber beschränken wir uns auf ein achsenparalleles Rechteck Ω. Erfüllt das Vektorfeld $\mathbf{v}(x,y) = \big(P(x,y), Q(x,y)\big)$ die Integrabilitätsbedingung $\partial_y P = \partial_x Q$, so erhalten wir auf folgende Weise ein Potential U:

Wir halten y fest und bestimmen eine Stammfunktion $x \mapsto p(x,y)$ für $x \mapsto P(x,y)$, also mit $\partial_x p(x,y) = P(x,y)$. Die allgemeine Lösung U der Gleichung $\partial_x p(x,y) = P(x,y)$ enthält noch eine Integrationskonstante $q(y)$, ist also von der Form

$$(1) \quad U(x,y) = p(x,y) + q(y) \, .$$

Damit U auch die Gleichung $\partial_y U(x,y) = Q(x,y)$ erfüllt, muß für q gelten

$$(2) \quad q'(y) = Q(x,y) - \partial_y p(x,y) \, .$$

Die rechte Seite dieser Gleichung ist aufgrund der Integrabilitätsbedingung von x unabhängig:

$$\partial_x(Q - \partial_y p) = \partial_x Q - \partial_x \partial_y p = \partial_x Q - \partial_y \partial_x p = \partial_x Q - \partial_y P = 0 \,.$$

Bestimmen wir nun eine Stammfunktion q für $r(y) = Q(x,y) - \partial_y p(x,y)$, so ist durch (1) eine Stammfunktion U gegeben.

(b) *Räumliche Vektorfelder.* Hier gehen wir ähnlich vor. Das Vektorfeld $\mathbf{v} = (P, Q, R)$ erfülle auf einem achsenparallelen Quader die Integrabilitätsbedingungen. Wir halten (y, z) fest und bestimmen eine Stammfunktion $x \mapsto p(x,y,z)$ für $x \mapsto P(x,y,z)$. Die Integrationskonstante ist jetzt von der Form $q(y,z)$:

(1) $\quad U(x,y,z) = p(x,y,z) + q(y,z)\,.$

Hierdurch ist $\partial_x U = P$ erfüllt, und die beiden restlichen Gradientengleichungen führen auf

(2) $\quad \partial_y q = Q - \partial_y p\,, \qquad \partial_z q = R - \partial_z p\,.$

Hierbei hängen die rechten Seiten aufgrund der Integrabilitätsbedingungen nur von y und z ab.

Die Bestimmung von q aus (2) erfolgt nun wie in (a) beschrieben.

5.7 Aufgabe. Prüfen Sie nach, daß das Vektorfeld

$$\mathbf{v}(x,y,z) = \begin{pmatrix} y\,\mathrm{e}^{xy}\sin z + x + y \\ x\,\mathrm{e}^{xy}\sin z + x + y - z \\ \mathrm{e}^{xy}\cos z - y + z \end{pmatrix}$$

konservativ ist und bestimmen Sie ein Potential.

5.8 Exakte Differentialgleichungen

Durch $\mathbf{v}(x,y) = \big(P(x,y), Q(x,y)\big)$ sei ein C^1–Vektorfeld auf $\Omega \subset \mathbb{R}^2$ gegeben, und es sei $Q(x,y) \neq 0$ auf Ω. Die Differentialgleichung

$(\ast)$ $\quad P(x, y(x)) + Q(x, y(x)) \cdot y'(x) = 0$

heißt **exakt**, wenn das Vektorfeld $\mathbf{v}$ exakt ist, d.h. auf Ω ein Potential U besitzt.

Satz. *Das Vektorfeld $\mathbf{v}$ habe in Ω ein Potential U. Dann ist die Anfangswertaufgabe*

$$P(x,y) + Q(x,y) \cdot y' = 0\,, \qquad y(x_0) = y_0 \quad \text{mit} \quad (x_0, y_0) \in \Omega$$

eindeutig lösbar. Man erhält die Lösung y durch Auflösung der Gleichung $U(x,y) = U(x_0, y_0)$ *nach y.*

BEMERKUNG. Betreffs der expliziten Auflösbarkeit gilt das in §13:3.6 Gesagte.

BEWEIS.

(a) Wegen $\partial_y U(x,y) = Q(x,y) \neq 0$ besitzt die Gleichung $U(x,y) = U(x_0, y_0)$ eine eindeutige lokale Auflösung nach y (Satz über implizite Funktionen).

(b) Aus $U(x, y(x)) = U(x_0, y_0)$ folgt nach der Kettenregel

$$0 = \frac{d}{dx}U(x, y(x)) = P(x, y(x)) + Q(x, y(x)) \cdot y'(x)\,. \qquad \square$$

Aufgabe. Lösen Sie die Anfangswertaufgabe

$$y' = -\frac{2x + \cos(x+y)}{\cos(x+y)}\,, \qquad y(0) = 0 \quad \text{für} \quad |x+y| < \frac{\pi}{2}\,.$$

5.9 Integrierende Faktoren

Ist $c : \Omega \to \mathbb{R}$ eine C^1-Funktion ohne Nullstellen, so ist die Differentialgleichung

$$P(x,y) + Q(x,y) \cdot y' = 0$$

äquivalent zur Differentialgleichung $c(x,y) \cdot P(x,y) + c(x,y)Q(x,y) \cdot y' = 0$, die wir in der Form

$$F(x,y) + G(x,y) \cdot y' = 0$$

notieren. Ist das Vektorfeld $\mathbf{v} = (P,Q)$ nicht exakt, so kann man versuchen, c so zu bestimmen, daß $\mathbf{w} = (F,G)$ ein exaktes Vektorfeld wird. Gelingt dies, so heißt c ein **integrierender Faktor** für das Vektorfeld (P,Q).

Aufgaben

(a) Lösen Sie die Anfangswertaufgabe

$$y' = -\frac{xy^3}{1 + 2x^2y^2}\,, \qquad y(2) = \frac{1}{2}$$

mit Hilfe eines integrierenden Faktors $c(y)$.

(b) Seien $a, b \in C^1(I)$ und $b(y) \neq 0$ für alle $y \in I$. Die Differentialgleichung $-a(x)b(y) + y' = 0$ mit getrennten Variablen (vgl. §13:3) ist i.a. nicht exakt. Bestimmen Sie einen integrierenden Faktor.

6* Kurvenintegrale und Potentiale in der Thermodynamik

6.1 Der erste Hauptsatz

Wir betrachten als einfachstes thermo-
dynamisches System ein Mol eines Gases in einem Behälter mit Volumen v,
Druck p und Temperatur T. Diese drei
Größen sind durch eine für das Gas typische Zustandsgleichung

$$F(T,v,p) = 0$$

verbunden, z.B.

$$p \cdot v = RT \quad \text{für ein ideales Gas,}$$

$$\left(p + \tfrac{a}{v^2}\right)(v - b) = RT \quad \text{für ein van der Waalssches Gas.}$$

Wir nehmen die Zustandsgleichung als nach p aufgelöst an und schreiben also
$p = p(T,v)$ (vgl. § 22 : 5.3).

Wir wollen die Änderung ΔQ des Wärmeinhalts bei Übergang von einem Zustand (T,v) zu einem Nachbarzustand $(T + \Delta T, v + \Delta v)$ bestimmen. Die dafür
angesetzte erste Näherung

$$\Delta Q = Q_1(T,v)\,\Delta T + Q_2(T,v)\,\Delta v \quad \text{für kleine } \Delta T, \Delta v$$

$(Q_1 = c_v =$ spezifische Wärme bei konstantem Volumen) kann in dieser Form
mißverständlich sein. Ihre korrekte Interpretation gewinnen wir erst durch die
Beschreibung globaler Änderungen mittels Kurvenintegralen:

Bei einer Zustandsänderung des Systems längs eines Weges α in der
(T,v)-Ebene von (T_0, v_0) nach (T_1, v_1)
ist die Wärmeänderung das Weginte-
gral über das Vektorfeld (Q_1, Q_2), also
ist in der Notation von 4.2

$$\Delta Q = \int_\alpha Q_1\,dT + Q_2\,dv\,.$$

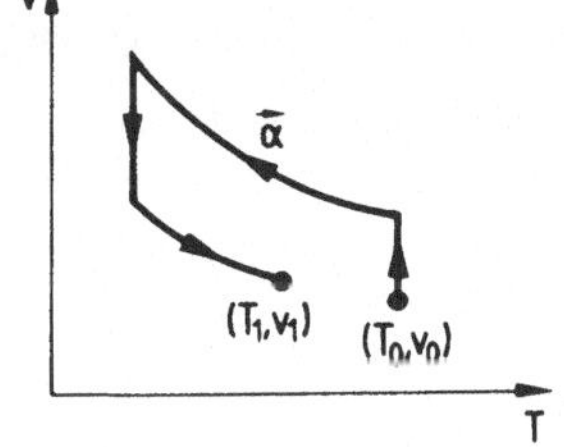

Für den Integranden dieses Wegintegrals wird in der Physik

$$\delta Q = Q_1 dT + Q_2\,dv$$

geschrieben. Das Symbol δQ soll zum Ausdruck bringen, daß das Vektorfeld
(Q_1, Q_2) nicht konservativ ist.

Für ein ideales Gas ist beispielsweise c_v konstant und

$$\delta Q = c_v\, dT + p\, dv = c_v\, dT + \frac{RT}{v}\, dv\,.$$

Bei dem nebenstehenden Kreisprozeß α ergibt sich $\boxed{\text{ÜA}}$

$$\int_\alpha \delta Q = R(T_2 - T_1)\log \frac{v_2}{v_1} \neq 0\,.$$

Für das Vektorfeld $\delta A = (0, p)$ ergibt

$$\int_\alpha \delta A = \int_\alpha p\, dv$$

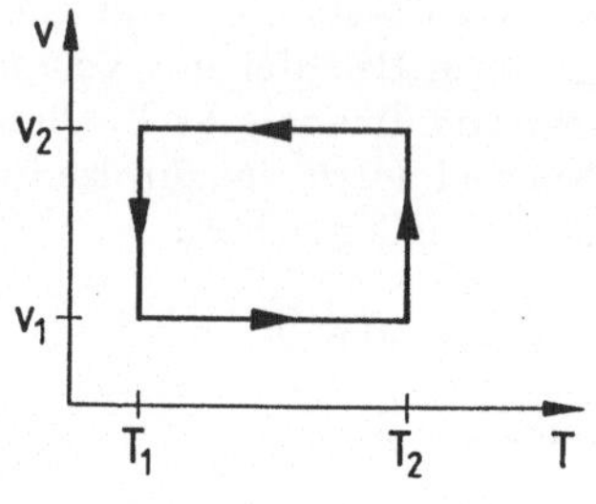

die bei einer Zustandsänderung längs
eines Weges α vom System geleistete mechanische Arbeit. (In der ersten Figur
ist $K = p \cdot F$ die auf die Kolbenfläche F wirkende Kraft, also $\int p\, dv = \int p\, F\, ds = \int K\, ds$ mit $dv = F\, ds$.)

Der erste Hauptsatz der Thermodynamik besagt:

$$\delta Q - \delta A = Q_1\, dT + (Q_2 - p)\, dv$$

ist ein „totales Differential", d.h. das Vektorfeld $(Q_1, Q_2 - p)$ ist exakt und besitzt daher ein Potential U.

$U = U(T, v)$ heißt **innere Energie** des Gases.

6.2 Der zweite Hauptsatz der Thermodynamik

besagt, daß das Vektorfeld $\frac{1}{T}(Q_1, Q_2)$ exakt ist, also ein Potential S besitzt. $\left(\frac{1}{T}\right.$ ist also ein integrierender Faktor für das Vektorfeld (Q_1, Q_2), vgl. 5.9.$\left.\right)$

$S = S(T, v)$ ist die **Entropie** des Gases.

Die beiden Hauptsätze liefern

$$\frac{\partial U}{\partial T} = Q_1\,, \qquad \frac{\partial U}{\partial v} = Q_2 - p\,, \qquad \frac{\partial S}{\partial T} = \frac{Q_1}{T}\,, \qquad \frac{\partial S}{\partial v} = \frac{Q_2}{T}\,.$$

Hieraus ergibt sich

$$0 = \frac{\partial}{\partial v}\frac{\partial S}{\partial T} - \frac{\partial}{\partial T}\frac{\partial S}{\partial v} = \frac{\partial}{\partial v}\left(\frac{1}{T}\frac{\partial U}{\partial T}\right) - \frac{\partial}{\partial T}\left(\frac{1}{T}\left(\frac{\partial U}{\partial v} + p\right)\right)$$

$$= \frac{1}{T}\frac{\partial}{\partial v}\frac{\partial U}{\partial T} + \frac{1}{T^2}\left(\frac{\partial U}{\partial v} + p\right) - \frac{1}{T}\left(\frac{\partial}{\partial T}\frac{\partial U}{\partial v} + \frac{\partial p}{\partial T}\right)$$

$$= \frac{1}{T^2}\left(\frac{\partial U}{\partial v} + p - T\cdot\frac{\partial p}{\partial T}\right)\,.$$

Als Folgerung aus den beiden Hauptsätzen erhalten wir somit eine Verknüpfung von Energie, Temperatur und Druck:

$$\frac{\partial U}{\partial v} = T\frac{\partial p}{\partial T} - p\,.$$

Aufgaben. Folgern Sie mit Hilfe dieser Beziehung:

(a) Für ein ideales Gas ist $U = U(T)$.

(b) Für ein van der Waalssches Gas gilt $U = -\frac{a}{v} + f(T)$.

(c) Gilt für ein Gas $U = U(T)$, so gilt

$$p = T \cdot g(v) \quad \text{und} \quad S = S_1(T) + S_2(v)\,.$$

(d) Gilt $U = U(T)$ und $p \cdot v = h(T)$, so handelt es sich um ein ideales Gas.

7 Divergenz, Laplaceoperator, Rotation, Vektorpotentiale

7.1 Divergenz, Laplaceoperator und Rotation

Für ein C^1-Vektorfeld $\mathbf{v} = (v_1, \ldots, v_n)$ auf $\Omega \subset \mathbb{R}^n$ erklären wir die **Divergenz** durch

$$\operatorname{div} \mathbf{v} = \frac{\partial v_1}{\partial x_1} + \cdots + \frac{\partial v_n}{\partial x_n}\,.$$

Für eine C^2-Funktion $U : \Omega \to \mathbb{R}$ setzen wir

$$\Delta U = \frac{\partial^2 U}{\partial x_1^2} + \cdots + \frac{\partial^2 U}{\partial x_n^2} = \operatorname{div} \nabla U\,.$$

Δ wird der **Laplaceoperator** genannt.

Die **Rotation** eines C^1-Vektorfeldes $\mathbf{v}$ auf $\Omega \subset \mathbb{R}^3$ ist definiert durch

$$\operatorname{rot} \mathbf{v} = \begin{pmatrix} \partial_2 v_3 - \partial_3 v_2 \\ \partial_3 v_1 - \partial_1 v_3 \\ \partial_1 v_2 - \partial_2 v_1 \end{pmatrix}\,.$$

In der Physikliteratur finden sich auch die Schreibweisen

$$\operatorname{div} \mathbf{v} = \nabla \bullet \mathbf{v}\,, \qquad \Delta U = \nabla^2 U\,, \qquad \operatorname{rot} \mathbf{v} = \nabla \times \mathbf{v}\,.$$

Diese Differentialoperatoren spielen in der Mathematischen Physik eine fundamentale Rolle, besonders in der Kontinuumsmechanik und Elektrodynamik, vgl. dazu § 26 : 6.

7.2 Rechenregeln

Unter geeigneten Differenzierbarkeitsvoraussetzungen gilt:

(a) $\operatorname{rot} \nabla U = \mathbf{0}$

(b) $\operatorname{div} \operatorname{rot} \mathbf{v} = 0$

(c) $\operatorname{div} (f \cdot \mathbf{v}) = \langle \nabla f, \mathbf{v} \rangle + f \cdot \operatorname{div} \mathbf{v}$

(d) $\operatorname{rot} \operatorname{rot} \mathbf{v} = \nabla \operatorname{div} \mathbf{v} - \Delta \mathbf{v}$

(e) $\operatorname{div} (\mathbf{v} \times \mathbf{w}) = \langle \operatorname{rot} \mathbf{v}, \mathbf{w} \rangle - \langle \mathbf{v}, \operatorname{rot} \mathbf{w} \rangle$

(f) $\operatorname{rot} (f \cdot \mathbf{v}) = (\nabla f) \times \mathbf{v} + f \cdot \operatorname{rot} \mathbf{v}$

(g) $\operatorname{rot} (\mathbf{v} \times \mathbf{w}) = (\operatorname{div} \mathbf{w}) \cdot \mathbf{v} - (\operatorname{div} \mathbf{v}) \cdot \mathbf{w} + d\mathbf{v} \cdot \mathbf{w} - d\mathbf{w} \cdot \mathbf{v}$.

In (d) ist der Laplaceoperator komponentenweise wirkend zu verstehen.

BEWEIS als $\boxed{\text{ÜA}}$. (a), (b) und (c) sollte jeder nachrechnen.

7.3* Vektorpotentiale

Ein C^1–Vektorfeld $\mathbf{w}$ auf $\Omega \subset \mathbb{R}^3$ heißt **Vektorpotential** für $\mathbf{v}$, wenn

$$\mathbf{v} = \operatorname{rot} \mathbf{w}.$$

Notwendig für die Existenz eines Vektorpotentials von $\mathbf{v}$ ist nach 7.2 (b)

$$\operatorname{div} \mathbf{v} = 0.$$

SATZ. *In einem sternförmigen Gebiet $\Omega \subset \mathbb{R}^3$ ist die Bedingung $\operatorname{div} \mathbf{v} = 0$ hinreichend für die Existenz eines Vektorpotentials. Ist $\mathbf{x}_0 \in \Omega$ ein Zentrum von Ω, so ist ein Vektorpotential gegeben durch*

$$\mathbf{w}(\mathbf{x}) = \int_0^1 t\, \mathbf{v}(\boldsymbol{\alpha}(t)) \times \dot{\boldsymbol{\alpha}}(t)\, dt \quad \text{mit} \quad \boldsymbol{\alpha}(t) = \mathbf{x}_0 + t(\mathbf{x} - \mathbf{x}_0).$$

Jedes weitere Vektorpotential von $\mathbf{v}$ unterscheidet sich von diesem nur durch ein Gradientenfeld.

BEWEIS als Aufgabe. Die letzte Behauptung folgt unmittelbar aus 5.5 Warum? Sei o.B.d.A. $\mathbf{x}_0 = \mathbf{0}$ und $\mathbf{w}$ wie oben definiert. Rechnen Sie unter Verwendung von 7.2 (g) nach, daß

$$\operatorname{rot} \mathbf{w}(\mathbf{x}) = \int_0^1 \frac{d}{dt}(t^2 \mathbf{v}(t\,\mathbf{x}))\, dt \; = \; \mathbf{v}(\mathbf{x}). \qquad \qquad \square$$

§ 25 Oberflächenintegrale

1 Flächenstücke im $\mathbb{R}^3$

1.1 Flächenparametrisierungen

Unter einer **Flächenparametrisierung** verstehen wir eine injektive C^r–Abbildung ($r \geq 1$) auf einem Gebiet $U \subset \mathbb{R}^2$,

$$\Phi : U \to \mathbb{R}^3 \,,$$

$$\mathbf{u} = (u_1, u_2) \mapsto \Phi(\mathbf{u}) = \begin{pmatrix} \Phi_1(\mathbf{u}) \\ \Phi_2(\mathbf{u}) \\ \Phi_3(\mathbf{u}) \end{pmatrix} ,$$

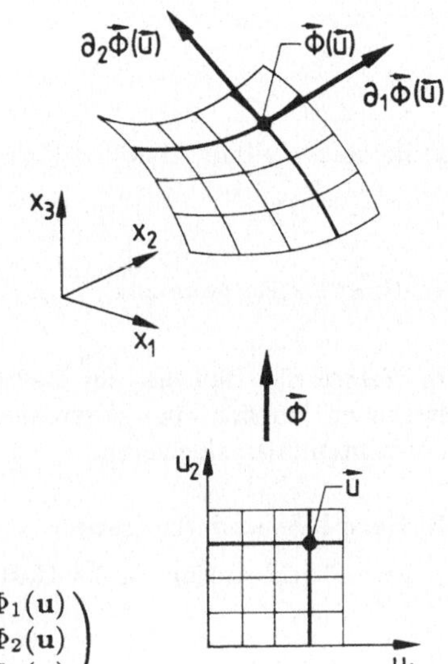

deren partielle Ableitungen

$$\partial_1 \Phi(\mathbf{u}) = \begin{pmatrix} \partial_1 \Phi_1(\mathbf{u}) \\ \partial_1 \Phi_2(\mathbf{u}) \\ \partial_1 \Phi_3(\mathbf{u}) \end{pmatrix} , \quad \partial_2 \Phi(\mathbf{u}) = \begin{pmatrix} \partial_2 \Phi_1(\mathbf{u}) \\ \partial_2 \Phi_2(\mathbf{u}) \\ \partial_2 \Phi_3(\mathbf{u}) \end{pmatrix}$$

an jeder Stelle $\mathbf{u} \in U$ linear unabhängig sind.

Für eine feste Stelle $\mathbf{u} = (u_1, u_2)$ des Parameterbereiches U sind

$$s \mapsto \Phi(u_1 + s, u_2) \quad \text{und} \quad t \mapsto \Phi(u_1, u_2 + t) \quad \text{mit} \quad |s|, |t| \ll 1$$

C^1–Kurven auf der Bildmenge $\Phi(U)$. Die Tangentenvektoren dieser **Koordinatenlinien** sind

$$\partial_1 \Phi(\mathbf{u}) = \frac{d}{ds} \Phi(u_1 + s, u_2) \Big|_{s=0} \,, \quad \partial_2 \Phi(\mathbf{u}) = \frac{d}{dt} \Phi(u_1, u_2 + t) \Big|_{t=0} .$$

Wir nennen $\partial_1 \Phi(\mathbf{u})$, $\partial_2 \Phi(\mathbf{u})$ die **Tangentenvektoren** von Φ an der Stelle $\mathbf{u}$.

Die lineare Unabhängigkeit dieser Tangentenvektoren für jedes $\mathbf{u} \in U$ stellt sicher, daß die Bildmenge von Φ unserer Vorstellung von einer Fläche als einem zweidimensionales Gebilde im Raum entspricht.

BEISPIELE.

Ebene $\qquad\qquad\qquad\qquad (u_1, u_2) \mapsto \mathbf{a} + u_1\mathbf{a}_1 + u_2\mathbf{a}_2\,,$

$$\text{obere/untere Hemisphäre}\qquad \mathbf{u} \mapsto \begin{pmatrix} u_1 \\ u_2 \\ \pm\sqrt{1 - \|\mathbf{u}\|^2} \end{pmatrix}, \qquad \|\mathbf{u}\| < 1\,,$$

$$\text{Sphäre ohne Nullmeridian}\qquad (\varphi, \vartheta) \mapsto \begin{pmatrix} \sin\vartheta \cdot \cos\varphi \\ \sin\vartheta \cdot \sin\varphi \\ \cos\vartheta \end{pmatrix}, \qquad \begin{cases} 0 < \varphi < 2\pi \\ 0 < \vartheta < \pi, \end{cases}$$

$$\text{geschlitzer Kreiskegelmantel}\quad (z, \varphi) \mapsto \begin{pmatrix} z \cdot \cos\varphi \\ z \cdot \sin\varphi \\ z \end{pmatrix}, \qquad \begin{cases} z > 0 \\ 0 < \varphi < 2\pi. \end{cases}$$

$\boxed{\text{ÜA}}$ Zeigen Sie, daß die vier Beispiele Flächenparametrisierungen darstellen. Verschaffen Sie sich eine Vorstellung von den Abbildungen, indem Sie einige Koordinatenlinien skizzieren.

1.2 Beispiele und Aufgaben

(a) Eine Parametrisierung der Gestalt

$$\mathbf{u} = (u_1, u_2) \mapsto \boldsymbol{\Phi}(\mathbf{u}) = \begin{pmatrix} u_1 \\ u_2 \\ \varphi(\mathbf{u}) \end{pmatrix}$$

beschreibt einen Graphen über der x, y–Ebene, vgl. § 22 : 4.7.

$\boxed{\text{ÜA}}$ Bestimmen Sie für diese Parametrisierung $\partial_1\boldsymbol{\Phi} \times \partial_2\boldsymbol{\Phi}$.

(b) In der rechten Hälfte der x, z–Ebene sei eine injektive und reguläre C^1–Kurve $t \mapsto \big(r(t), z(t)\big)$ gegeben. Läßt man dieses Kurvenstück um die z–Achse im Raum rotieren, so entsteht eine **Rotationsfläche**. Jede die z–Achse enthaltende Halbebene schneidet aus dieser eine **Meridiankurve** heraus.

$\boxed{\text{ÜA}}$ Geben Sie für die Rotationsfläche eine Parametrisierung an. Betrachten Sie insbesondere den Spezialfall des **Torus**, der durch Rotation einer Kreislinie entsteht (den Mittelpunkt des Kreises kann man einfachheitshalber auf die x–Achse legen).

1.3 Flächenstücke

Eine Menge $M \subset \mathbb{R}^3$ heißt **Flächenstück** (**C^r–Flächenstück**), wenn sie das Bild einer C^r–Flächenparametrisierung $\boldsymbol{\Phi} : \mathbb{R}^2 \supset U \to \mathbb{R}^3$ mit stetiger Umkehrabbildung ist ($r \geq 1$). Eine solche Parametrisierung nennen wir **zulässig** für M.

Flächenstücke sind die zweidimensionalen Analoga zu den Kurvenstücken. Parametrisierungen von Kurvenstücken haben einen kompakten Parameterbereich. Bei Flächenstücken setzen wir den Parameterbereich dagegen als offen voraus, um Schwierigkeiten bei der Differenzierbarkeit am Rand aus dem Wege zu gehen.

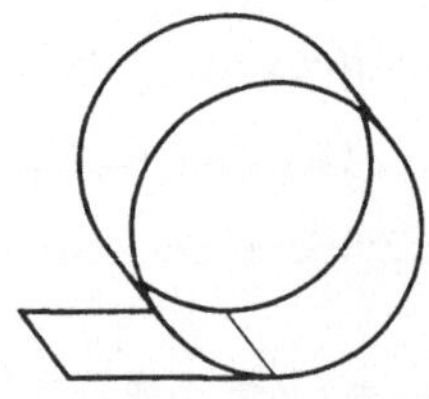

Die Stetigkeit der Umkehrabbildung einer Flächenparametrisierung muß nun extra gefordert werden; man braucht sie beim Beweis des fundamentalen Satzes über die Parametertransformation 1.4.   Diese Bedingung schließt Figuren mit „approximativen" Selbstdurchdringungen (Fig.) aus.

Alle vier Beispiele von Parametrisierungen in 1.1 haben Flächenstücke als Bildmengen. Darüberhinaus ist jeder Graph im $\mathbb{R}^3$ ein Flächenstück.

1.4 Parametertransformationen

Zu je zwei zulässigen C^r-Parametrisierungen $\boldsymbol{\Phi} : U \to \mathbb{R}^3$, $\boldsymbol{\Psi} : V \to \mathbb{R}^3$ eines C^r-Flächenstückes gibt es einen C^r-Diffeomorphismus $\mathbf{h}$ von U auf V mit

$$\boldsymbol{\Phi} = \boldsymbol{\Psi} \circ \mathbf{h}.$$

$\mathbf{h}$ heißt **Parametertransformation** zwischen $\boldsymbol{\Psi}$ und $\boldsymbol{\Phi}$.

Der Beweis verläuft ähnlich dem für Kurven (vgl. die Beweisskizze § 24: 1.3); wir verweisen auf [BARNER–FLOHR II; § 17.5].

1.5 Stereographische Projektion

Für $\mathbf{u} = (u_1, u_2) \in \mathbb{R}^2$ verbinden wir den „Nordpol" $N = (0,0,1)$ der Einheitssphäre

$$S^2 = \left\{ \mathbf{x} \in \mathbb{R}^3 \mid \|\mathbf{x}\| = 1 \right\}$$

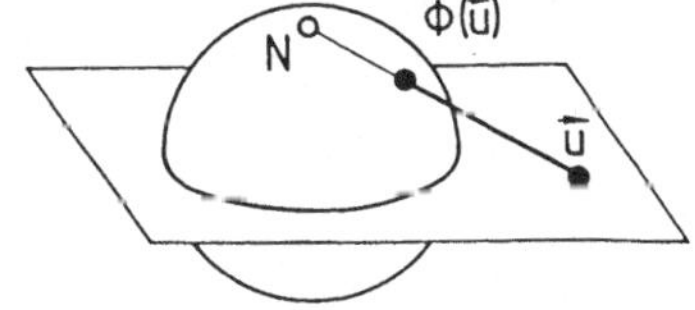

mit dem Punkt $(u_1, u_2, 0)$ durch eine Gerade.   Der von N verschiedene Durchstoßpunkt $\Phi(\mathbf{u})$ dieser Gerade durch die Sphäre ist gegeben durch

$$\boldsymbol{\Phi}(\mathbf{u}) = \frac{1}{\|\mathbf{u}\|^2 + 1} \begin{pmatrix} 2u_1 \\ 2u_2 \\ \|\mathbf{u}\|^2 - 1 \end{pmatrix}.$$

SATZ. $\Phi : \mathbb{R}^2 \to \mathbb{R}^3$ *ist eine zulässige Parametrisierung der im Nordpol gelochten Sphäre* $S^2 \setminus \{N\}$.

BEWEIS als $\boxed{\text{ÜA}}$. Verfizieren Sie zuerst die Formel für Φ und bestimmen Sie die Umkehrabbildung.

2 Der Flächeninhalt von Flächenstücken

2.1 Der Flächeninhalt einer Parametrisierung

Für eine Flächenparametrisierung $\Phi : \mathbb{R}^2 \supset U \to \mathbb{R}^3$ setzen wir

$$g_{ik} := \langle \partial_i \Phi, \partial_k \Phi \rangle \quad \text{für} \quad k = 1, 2, \quad g = \det(g_{ik}) = \begin{vmatrix} g_{11} & g_{12} \\ g_{21} & g_{22} \end{vmatrix} \quad \text{und}$$

$$A(\Phi) := \int_U \sqrt{g(\mathbf{u})}\, du_1\, du_2 \,.$$

BEMERKUNG. Es gilt $\sqrt{g(\mathbf{u})} = \|\partial_1 \Phi(\mathbf{u}) \times \partial_2 \Phi(\mathbf{u})\|$.

Denn seien $\mathbf{v}_1 = \partial_1 \Phi(\mathbf{u})$, $\mathbf{v}_2 = \partial_2 \Phi(\mathbf{u})$ und φ der von $\mathbf{v}_1$ und $\mathbf{v}_2$ eingeschlossene Winkel. Dann gilt

$$\|\mathbf{v}_1 \times \mathbf{v}_2\|^2 = \|\mathbf{v}_1\|^2 \cdot \|\mathbf{v}_2\|^2 \cdot \sin^2 \varphi = \|\mathbf{v}_1\|^2 \cdot \|\mathbf{v}_2\|^2 \left(1 - \cos^2 \varphi\right)$$

$$= \|\mathbf{v}_1\|^2 \cdot \|\mathbf{v}_2\|^2 - \langle \mathbf{v}_1, \mathbf{v}_2 \rangle^2 = g(\mathbf{u}) \,.$$

Wir wollen plausibel machen, daß das Integral $A(\Phi)$ den Flächeninhalt der Fläche $\Phi(U) \subset \mathbb{R}^3$ mißt.

Wir betrachten im Parametergebiet U ein kleines Rechteck

$$R = [u_1, u_1 + \Delta u_1] \times [u_2, u_2 + \Delta u_2] \,.$$

Den Flächeninhalt des krummen Vierecks $\Phi(R)$ sehen wir als approximiert an durch den Flächeninhalt des Parallelogrammes $\Psi(R)$, wobei

$$\Psi(\mathbf{u} + \mathbf{h}) = \Phi(\mathbf{u}) + \partial_1 \Phi(\mathbf{u}) h_1 + \partial_2 \Phi(\mathbf{u}) h_2$$

näherungsweise gleich $\Phi(\mathbf{u} + \mathbf{h})$ ist.

Schreiben wir wieder $\mathbf{v}_i = \partial_i \Phi(\mathbf{u})$, so wird das Parallelogramm $\Psi(R)$ aufgespannt von den Vektoren

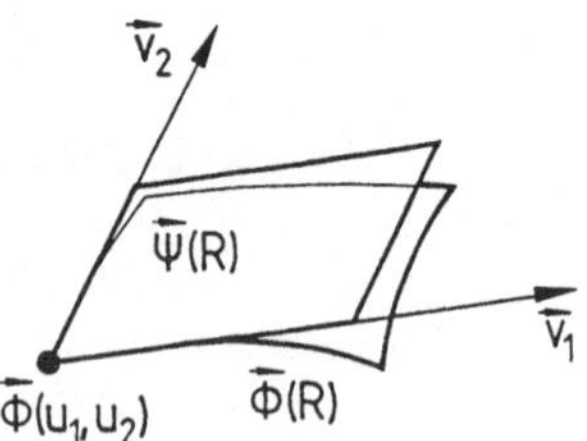

$$\mathbf{w}_1 = \Delta u_1 \cdot \mathbf{v}_1 \,, \quad \mathbf{w}_2 = \Delta u_2 \cdot \mathbf{v}_2 \,.$$

Bezeichnet φ den von $\mathbf{w}_1$ und $\mathbf{w}_2$ eingeschlossenen Winkel, so ist der Flächeninhalt ΔA des Parallelogramms $\boldsymbol{\Psi}(R)$ gegeben durch

$$\|\mathbf{w}_1\| \cdot \|\mathbf{w}_2\| \cdot |\sin\varphi| = \|\mathbf{w}_1 \times \mathbf{w}_2\| = \|\mathbf{v}_1 \times \mathbf{v}_2\| \cdot \Delta u_1 \Delta u_2 = \sqrt{g(\mathbf{u})}\, \Delta u_2 \Delta u_2$$

nach der weiter oben gemachten Bemerkung.

Denken wir uns nun das Parametergebiet U nahezu ausgeschöpft durch solche kleinen Rechtecke mit Eckpunkten $\mathbf{u}_1, \dots, \mathbf{u}_N$ und Seitenlängen $\Delta u_1, \Delta u_2$, so ist der Flächeninhalt von $\boldsymbol{\Phi}(U)$ näherungsweise

$$\sum_{k=1}^N \sqrt{g(\mathbf{u}_k)}\, \Delta u_1 \Delta u_2\,.$$

Diese Summe wiederum approximiert für kleine $\Delta u_1, \Delta u_2$ das Integral

$$\int\limits_U \sqrt{g(\mathbf{u})}\, d\mathbf{u}\,.$$

2.2 Der Inhalt eines Flächenstücks

Für ein Flächenstück $M \subset \mathbb{R}^3$ definieren wir den **Flächeninhalt** durch

$$A(M) = \int\limits_U \sqrt{g}\, du_1\, du_2 \quad \text{mit}$$

$$g = \det(g_{ik})\,, \qquad g_{ik} = \langle \partial_i \boldsymbol{\Phi}, \partial_k \boldsymbol{\Phi} \rangle \quad \text{für} \quad i,k = 1,2\,,$$

wobei $\boldsymbol{\Phi} : \mathbb{R}^2 \supset U \to \mathbb{R}^3$ eine beliebige zulässige Parametrisierung von M ist.

Zu zeigen ist, daß diese Zahl nicht von der gewählten Parametrisierung abhängt.

Es sei $\boldsymbol{\Psi} : \mathbb{R}^2 \supset V \to \mathbb{R}^3$ eine weitere zulässige Parametrisierung von M und

$$g^* = \det(g_{ik}^*)\,, \qquad g_{ik}^* = \langle \partial_i \boldsymbol{\Psi}, \partial_k \boldsymbol{\Psi} \rangle \quad \text{für} \quad i,k = 1,2\,.$$

Nach 1.4 gilt $\boldsymbol{\Phi} = \boldsymbol{\Psi} \circ \mathbf{h}$ mit einem C^1–Diffeomorphismus $\mathbf{h} : U \to V$. Mit der Kettenregel folgt nach kurzer Rechnung $\boxed{\ddot{\mathrm{U}}\mathrm{A}}$

$$\partial_1 \boldsymbol{\Phi} \times \partial_2 \boldsymbol{\Phi} = \big((\partial_1 \boldsymbol{\Psi}) \circ \mathbf{h}\big) \times \big((\partial_2 \boldsymbol{\Psi}) \circ \mathbf{h}\big) \cdot (\partial_1 h_1\, \partial_2 h_2 - \partial_1 h_2\, \partial_2 h_1)\,.$$

Daher gilt

$$\sqrt{g} = \|\partial_1 \boldsymbol{\Phi} \times \partial_2 \boldsymbol{\Phi}\| = |\det d\mathbf{h}| \cdot \|(\partial_1 \boldsymbol{\Psi}) \circ \mathbf{h} \times (\partial_2 \boldsymbol{\Psi}) \circ \mathbf{h}\| = |\det d\mathbf{h}| \cdot \sqrt{g^* \circ \mathbf{h}}\,.$$

Zusammen mit dem Transformationssatz für Integrale § 23 : 8.1 erhalten wir

$$\int\limits_U \sqrt{g}\, du_1\, du_2 = \int\limits_U \sqrt{g^* \circ \mathbf{h}} \cdot |\det d\mathbf{h}|\, du_1\, du_2 = \int\limits_V \sqrt{g^*}\, dv_1\, dv_2\,.$$

BEMERKUNGEN. Das Symbol $\sqrt{g}\,du_1\,du_2$ wird das **skalare Oberflächenelement** genannt und mit do, dA oder dS bezeichnet.

$$g = \det(g_{ik}) = \begin{vmatrix} g_{11} & g_{12} \\ g_{21} & g_{22} \end{vmatrix}$$

ist die **Gramsche Determinante**. In der Literatur finden sich auch noch die von C.F. GAUSS eingeführten Bezeichnungen

$$E,\ F,\ G \quad \text{für} \quad g_{11},\ g_{12} = g_{21},\ g_{22}\,.$$

Bei dieser Notation lautet das Oberflächenintegral

$$A(M) = \int\limits_{U} \sqrt{EG - F^2}\ du_1\,du_2\,.$$

2.3 Der Flächeninhalt niederdimensionaler Mengen

Die Herausnahme einer stückweis glatten Kurve oder von endlich vielen Punkten aus einem Flächenstück M ändert den Flächeninhalt nicht.

Wir wollen den Beweis nicht explizit ausführen. Er beruht auf der Tatsache, daß das Urbild einer stückweis glatten Kurve auf M unter einer Flächenparametrisierung wieder eine stückweis glatte Kurve ist. Die Spur einer solchen ist nach §23:7.4 (b) eine Nullmenge im $\mathbb{R}^2$ und ändert deshalb das Integral $\int \sqrt{g}\,du_1\,du_2$ nicht.

Wir treffen allgemein die

VEREINBARUNG. Der Spur von stückweis glatten Kurven und endlich vielen Punkten wird der Flächeninhalt 0 zugeschrieben.

2.4 Der Flächeninhalt einer Sphäre

Wir betrachten die r–Sphäre mit dem Ursprung als Mittelpunkt

$$S_r = \left\{ (x, y, z) \mid \sqrt{x^2 + y^2 + z^2} = r \right\}\,.$$

S_r ist kein Flächenstück. Nehmen wir aber aus S_r den Nullmeridian heraus, d.h. betrachten wir

$$S_r' = S_r \setminus N \quad \text{mit} \quad N = \left\{ (\cos\vartheta, 0, \sin\vartheta) \mid 0 \leq \vartheta \leq \pi \right\}\,,$$

so erhalten wir ein Flächenstück S_r', das sich von der Sphäre nur um eine glatte Kurve unterscheidet. Die geschlitzte Sphäre S_r' läßt sich durch Kugelkoordinaten parametrisieren:

$$\Phi : U \to \mathbb{R}^3\,, \quad (\varphi, \vartheta) \mapsto \begin{pmatrix} r \cdot \sin\vartheta \cos\varphi \\ r \cdot \sin\vartheta \sin\varphi \\ r \cdot \cos\vartheta \end{pmatrix}$$

mit dem Parametergebiet

$$U = \left\{ (\varphi, \vartheta) \mid 0 < \varphi < 2\pi,\ 0 < \vartheta < \pi \right\}.$$

Es ergibt sich:

$$\partial_\varphi \Phi = \begin{pmatrix} -r \cdot \sin \vartheta \cdot \sin \varphi \\ r \cdot \sin \vartheta \cdot \cos \varphi \\ 0 \end{pmatrix}, \qquad \partial_\vartheta \Phi = \begin{pmatrix} r \cdot \cos \vartheta \cdot \cos \varphi \\ r \cdot \cos \vartheta \cdot \sin \varphi \\ -r \cdot \sin \vartheta \end{pmatrix},$$

$$g_{\varphi\varphi} = \langle \partial_\varphi \Phi, \partial_\varphi \Phi \rangle = r^2 \cdot \sin^2 \vartheta,$$

$$g_{\varphi\vartheta} = \langle \partial_\varphi \Phi, \partial_\vartheta \Phi \rangle = 0,$$

$$g_{\vartheta\vartheta} = \langle \partial_\vartheta \Phi, \partial_\vartheta \Phi \rangle = r^2,$$

$$g = \begin{vmatrix} g_{\varphi\varphi} & g_{\varphi\vartheta} \\ g_{\varphi\vartheta} & g_{\vartheta\vartheta} \end{vmatrix} = \begin{vmatrix} r^2 \cdot \sin^2 \vartheta & 0 \\ 0 & r^2 \end{vmatrix} = r^4 \cdot \sin^2 \vartheta.$$

Nach der Vereinbarung 2.3 erhalten wir

$$A(S_r) = A(S_r \setminus N) = \int\limits_U \sqrt{g}\, d\varphi\, d\vartheta = \int\limits_0^\pi \left(\int\limits_0^{2\pi} r^2 \cdot \sin \vartheta\, d\varphi \right) d\vartheta$$

$$= 2\pi r^2 \int\limits_0^\pi \sin \vartheta\, d\vartheta = 4\pi r^2.$$

2.5 Beispiele und Aufgaben

(a) Für die Parametrisierung eines Graphen $\Phi(\mathbf{u}) = (u_1, u_2, \varphi(\mathbf{u}))$ über dem Parametergebiet $U \subset \mathbb{R}^2$ ergibt sich als Flächeninhalt

$$A = \int\limits_U \sqrt{1 + \|\nabla\varphi\|^2}\, du_1\, du_2 \qquad \boxed{\text{ÜA}}.$$

(b) Die durch die Parametrisierung

$$(u, v) \mapsto \begin{pmatrix} r(u) \cdot \cos v \\ r(u) \cdot \sin v \\ z(u) \end{pmatrix}, \quad a < u < b,\ 0 < v < 2\pi$$

gegebene (geschlitzte) Rotationsfläche hat den Flächeninhalt

$$A = 2\pi \int\limits_a^b r(u)\, \sqrt{\dot{r}^2(u) + \dot{z}^2(u)}\, du \qquad \boxed{\text{ÜA}}.$$

(c) Bestimmen Sie den Flächeninhalt des Torus 1.2 (b) mit Radien $0 < r < R$. Auch hier erfaßt die Parametrisierung nur den geschlitzten Torus.

(d) Berechnen Sie den Inhalt der Sphärenkappe mit Radius r und Höhe h:

$$\left\{ (x, y, z) \mid \sqrt{x^2 + y^2 + z^2} = r, \quad z > r - h \right\}.$$

2.6 Verhalten des Flächeninhalts unter Transformationen

(a) *Der Flächeninhalt eines Flächenstückes M bleibt unter einer Bewegung T des $\mathbb{R}^3$ erhalten:*

$$A(T(M)) = A(M).$$

(b) Bei der Streckung $\mathbf{x} \mapsto T_r(\mathbf{x}) = r\mathbf{x}$ ergibt sich

$$A(T_r(M)) = r^2 A(M)$$

BEWEIS als $\boxed{\text{ÜA}}$.

3 Oberflächenintegrale

3.1 Skalare Oberflächenintegrale

Für ein Flächenstück $M \subset \mathbb{R}^3$ und eine stetige Funktion $f : M \to \mathbb{R}$ definieren wir das **skalare Oberflächenintegral** von f über M durch

$$\int_M f(\mathbf{x})\, do := \int_U f(\boldsymbol{\Phi}(\mathbf{u})) \cdot \sqrt{g(\mathbf{u})}\, du_1\, du_2,$$

wobei $\boldsymbol{\Phi} : U \to \mathbb{R}^3$ eine zulässige Parametrisierung von M ist. Hierbei ist g wie in 2.2 die Gramsche Determinante von $\boldsymbol{\Phi}$. Das Symbol do steht für das Oberflächenelement $\sqrt{g}\, du_1\, du_2$.

Die Unabhängigkeit des Integrals von der gewählten Parametrisierung ergibt sich wie in 2.2.

3.2 Zwiebelweise Integration

Für jede auf der Kugel $K_R = K_R(0) \subset \mathbb{R}^3$ stetige und integrierbare Funktion f gilt

$$\int_{K_R} f(\mathbf{x})\, d^3\mathbf{x} = \int_0^R \left(\int_{S_r} f(\mathbf{x})\, do \right) dr = \int_0^R r^2 \left(\int_{S_1} f(r\mathbf{x})\, do \right) dr,$$

wobei S_r die Sphäre vom Radius r bezeichnet.

BEWEIS.

Die längs des Meridians $N = \{(x, 0, z) \mid x \geq 0,\ z \in \mathbb{R}\}$ geschlitzte Kugel $K'_R = K_R \setminus N$ ist das diffeomorphe Bild des Quaders

$$\Omega = \{(r, \vartheta, \varphi) \mid 0 < r < R,\ 0 < \vartheta < \pi,\ 0 < \varphi < 2\pi\}$$

unter der Transformation auf Kugelkoordinaten

$$\mathbf{h} : (r, \vartheta, \varphi) \mapsto \begin{pmatrix} r \sin \vartheta \cos \varphi \\ r \sin \vartheta \sin \varphi \\ r \cos \vartheta \end{pmatrix} \quad \text{mit} \quad \det(d\mathbf{h}) = r^2 \sin \vartheta\,.$$

Gleichzeitig ist für jedes feste $r > 0$

$$(\vartheta, \varphi) \mapsto \mathbf{h}(r, \vartheta, \varphi) \quad \text{auf} \quad]0, \pi[\ \times\ ]0, 2\pi[$$

eine zulässige Parametrisierung der geschlitzten Sphäre

$$S'_r = S_r \setminus N \quad \text{mit} \quad N = \{(\cos \vartheta, 0, \sin \vartheta) \mid 0 \leq \vartheta \leq \pi\}\,,$$

die bis auf die Reihenfolge der Parameter mit der in 2.4 angegebenen übereinstimmt. Das Oberflächenelement ist also $r^2 \sin \vartheta\, d\vartheta\, d\varphi$. Daher ist nach der Vereinbarung 2.3

$$\int\limits_{S_r} f(\mathbf{x})\, do = \int\limits_{S'_r} f(\mathbf{x})\, do = \int\limits_0^\pi \int\limits_0^{2\pi} f(h(r, \vartheta, \varphi))\, r^2 \sin \vartheta\, d\vartheta\, d\varphi\,.$$

Nach dem Transformationssatz für Integrale § 23 : 8.1 ergibt sich unter Vernachlässigung der Nullmenge N

$$\int\limits_{K_R} f(\mathbf{x})\, d^3\mathbf{x} = \int\limits_{K'_R} f(\mathbf{x})\, d^3\mathbf{x} = \int\limits_\Omega f \circ \mathbf{h} \cdot |\det d\mathbf{h}|\, dr\, d\vartheta\, d\varphi$$

$$= \int\limits_0^R \Big(\int\limits_0^\pi \int\limits_0^{2\pi} f(h(r, \vartheta, \varphi))\, r^2 \sin \vartheta\, d\vartheta\, d\varphi \Big)\, dr\,,$$

letzteres nach dem Satz § 23 : 2.4 über sukzessive Integration. $\qquad\qquad \Box$

3.3 Orientierte Flächenstücke

In § 17 : 5.1 hatten wir die Frage der Orientierung einer Ursprungsebene

$$E = \{u_1 \mathbf{a}_1 + u_2 \mathbf{a}_2 \mid u_1, u_2 \in \mathbb{R}\}$$

angeschnitten und festgestellt, daß es zwei Möglichkeiten der Orientierung von E gibt. Entsprechendes gilt für Flächenstücke:

Gegeben sei ein Flächenstück M im $\mathbb{R}^3$. Zwei zulässige Parametrisierungen Φ und Ψ von M nennen wir **gleichorientiert**, wenn für die Parametertransformation $\mathbf{h}$ mit $\Phi = \Psi \circ \mathbf{h}$ (vgl. 1.4)

$$\det(d\mathbf{h}) > 0$$

gilt; andernfalls heißen Φ und Ψ **entgegengesetzt orientiert**. Das Flächenstück besitzt also zwei Klassen von untereinander gleichorientierten Parametrisierungen, oder wie wir sagen, zwei **Orientierungen**.

Wir erhalten ein **orientiertes Flächenstück**, wenn wir eine der beiden Orientierungen auszeichnen; dies kann durch Auszeichnung einer Parametrisierung erfolgen. Jede Parametrisierung der ausgezeichneten Klasse nennen wir eine **positive Parametrisierung**, die Parametrisierungen der zweiten Klasse heißen **negative Parametrisierungen**.

Der einfachen Notation halber bezeichnen wir das orientierte Flächenstück auch wieder mit M und das entgegengesetzt orientierte mit $-M$.

SATZ. *Ein orientiertes Flächenstück M besitzt in jedem Punkt $\mathbf{x} \in M$ einen eindeutig bestimmten Einheitsvektor $\mathbf{n}(\mathbf{x}) \in \mathbb{R}^3$ mit der Eigenschaft*

$$\mathbf{n}(\mathbf{x}) = \pm \frac{\partial_1 \Phi \times \partial_2 \Phi}{\|\partial_1 \Phi \times \partial_2 \Phi\|}(\mathbf{u}) \qquad f\ddot{u}r \quad \mathbf{x} = \Phi(\mathbf{u}),$$

wobei das positive Vorzeichen für positive, das negative Vorzeichen für negative Parametrisierungen Φ steht. Das dadurch definierte Vektorfeld

$$\mathbf{n} : M \to \mathbb{R}^3, \quad \mathbf{x} \mapsto \mathbf{n}(\mathbf{x})$$

heißt **Einheitsnormalenfeld** von M. Der zu $\mathbf{n}(\mathbf{x})$ senkrechte 2–dimensionale Teilraum des $\mathbb{R}^3$ heißt **Tangentialraum**. Er wird von $\partial_1 \Phi(\mathbf{u})$, $\partial_2 \Phi(\mathbf{u})$ aufgespannt. Verschiebt man ihn in den Flächenpunkt, so erhält man die **Tangentialebene** an M im Punkt $\mathbf{x}$. Wir denken uns wie in der Figur auch $\mathbf{n}(\mathbf{x})$ im Flächenpunkt $\mathbf{x}$ angeheftet.

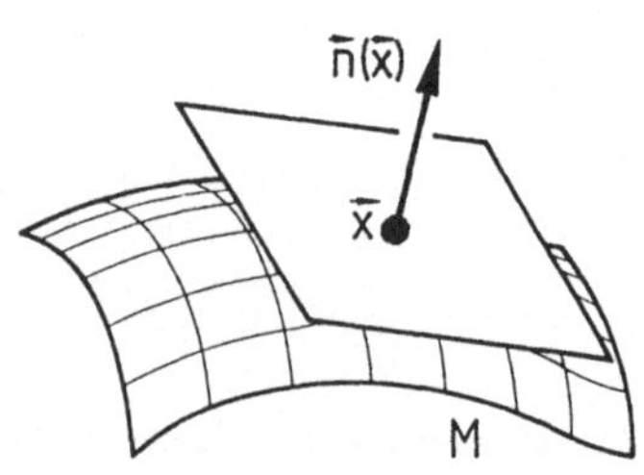

BEWEIS.

Wir wählen eine positive Parametrisierung Φ und setzen

$$\mathbf{n}(\mathbf{x}) = \frac{\partial_1 \Phi \times \partial_2 \Phi}{\|\partial_1 \Phi \times \partial_2 \Phi\|}(\mathbf{u}) \quad \text{für} \quad \mathbf{x} = \Phi(\mathbf{u}) \in M\,.$$

Ist $\boldsymbol{\Psi}$ eine beliebige zulässige Parametrisierung von M, so gibt es nach 1.4 eine Parametertransformation $\mathbf{h}$ mit $\boldsymbol{\Phi} = \boldsymbol{\Psi} \circ \mathbf{h}$. Wie in 2.2 gezeigt wurde, gilt für $\mathbf{v} = \mathbf{h}(\mathbf{u})$

$$\partial_1 \boldsymbol{\Phi}(\mathbf{u}) \times \partial_2 \boldsymbol{\Phi}(\mathbf{u}) = c \cdot \partial_1 \boldsymbol{\Psi}(\mathbf{v}) \times \partial_2 \boldsymbol{\Psi}(\mathbf{v}) \quad \text{mit} \quad c = \det(d\mathbf{h}(\mathbf{u})) \,.$$

Daraus folgt, daß $\mathbf{x} \mapsto \mathbf{n}(\mathbf{x})$ ein Einheitsnormalenfeld ist und die eindeutige Bestimmheit von $\mathbf{n}(\mathbf{x})$. $\hfill \square$

3.4 Aufgabe. Berechnen Sie das (nicht normierte) Normalenfeld $\partial_r \boldsymbol{\Phi} \times \partial_\varphi \boldsymbol{\Phi}$ für die Parametrisierung $\boldsymbol{\Phi}(r, \varphi) = (r \cos \varphi, r \sin \varphi, \varphi)$ einer *Wendelfläche* mit $r > 0$, $\varphi \in \mathbb{R}$ und veranschaulichen Sie sich die Richtung dieses Feldes relativ zur Fläche.

3.5 Das vektorielle Oberflächenintegral

Sei M ein orientiertes Flächenstück und $\mathbf{v} : \mathbf{x} \mapsto \mathbf{v}(\mathbf{x})$ ein auf M stetiges Vektorfeld. Wir definieren das **vektorielle Oberflächenintegral** durch

$$\int\limits_M \mathbf{v}(\mathbf{x}) \bullet d\mathbf{o} := \pm \int\limits_U \langle \mathbf{v} \circ \boldsymbol{\Phi}, \partial_1 \boldsymbol{\Phi} \times \partial_2 \boldsymbol{\Phi} \rangle \, du_1 \, du_2 \,,$$

wobei $\boldsymbol{\Phi} : \mathbb{R}^2 \supset U \to \mathbb{R}^3$ eine zulässige Parametrisierung von M ist und das Vorzeichen positiv oder negativ gewählt wird, je nachdem, ob die Parametrisierung $\boldsymbol{\Phi}$ positiv oder negativ ist.

Dieses Integral ist unabhängig von der Parametrisierung $\boldsymbol{\Phi}$. Das ergibt sich wie in 2.2 $\boxed{\ddot{\text{U}}\text{A}}$.

Das Symbol $d\mathbf{o}$ steht für das **vektorielle Oberflächenelement**.

$$d\mathbf{o} = \pm \, \partial_1 \boldsymbol{\Phi} \times \partial_2 \boldsymbol{\Phi} \, du_1 \, du_2 \,.$$

Mit dem skalaren Oberflächenelement $do = \sqrt{g} \, du_1 \, du_2$ besteht die Beziehung

$$d\mathbf{o} = \pm \frac{\partial_1 \boldsymbol{\Phi} \times \partial_2 \boldsymbol{\Phi}}{\sqrt{g}} \sqrt{g} \, du_1 \, du_2 = \mathbf{n} \, do \,,$$

denn nach der Bemerkung 2.1 und nach 3.3 gilt

$$\sqrt{g} = \|\partial_1 \boldsymbol{\Phi} \times \partial_2 \boldsymbol{\Phi}\| \quad \text{und} \quad \mathbf{n} = \pm \frac{\partial_1 \boldsymbol{\Phi} \times \partial_2 \boldsymbol{\Phi}}{\sqrt{g}} \,.$$

Das vektorielle Oberflächenintegral kann damit auch als skalares Oberflächenintegral geschrieben werden:

$$\int\limits_M \mathbf{v} \bullet d\mathbf{o} = \int\limits_M \mathbf{v} \bullet \mathbf{n} \, do \,.$$

Dies ist das skalare Oberflächenintegral über die Normalkomponente von $\mathbf{v}$ und wird daher auch der Fluß von $\mathbf{v}$ durch M genannt.

Bei der praktischen Behandlung des Oberflächenintegrals kann die folgende Determinantendarstellung nützlich sein:

$$\langle\, \mathbf{v}\circ\boldsymbol{\Phi}, \partial_1\boldsymbol{\Phi}\times\partial_2\boldsymbol{\Phi}\,\rangle = \begin{vmatrix} v_1\circ\boldsymbol{\Phi} & v_2\circ\boldsymbol{\Phi} & v_3\circ\boldsymbol{\Phi} \\ \partial_1\Phi_1 & \partial_1\Phi_2 & \partial_1\Phi_3 \\ \partial_2\Phi_1 & \partial_2\Phi_2 & \partial_2\Phi_3 \end{vmatrix}.$$

(Die linke Seite ist das Spatprodukt von $\mathbf{v}\circ\boldsymbol{\Phi}$, $\partial_1\boldsymbol{\Phi}$, $\partial_2\boldsymbol{\Phi}$, die rechte wegen $\det A^T = \det A$ die Determinante dieser Vektoren, vgl. § 17 : 4.2.)

Aufgaben. Berechnen Sie die folgenden Oberflächenintegrale. Die Orientierung der Flächenstücke ist dabei festgelegt durch die Angabe eines Einheitsnormalenvektors.

(a) $M = \left\{(x,y,z) \mid x^2 + y^2 = 2z < 1\right\}$ (Rotationsparaboloid),
$\mathbf{v}(x,y,z) = (x^3, x^2 y, xyz)$, $\quad \mathbf{n}(0,0,0) = (0,0,-1)$.

(b) $M = \left\{(r\cos\varphi, r\sin\varphi, \varphi) \mid 0 < r < 1,\ -\pi < \varphi < \pi\right\}$ (Schraubenfläche),

$\mathbf{v}(x,y,z) = (y,-x,z)$, $\quad \mathbf{n}\left(\tfrac{1}{2},0,0\right) = \left(0, -\tfrac{2}{\sqrt{5}}, \tfrac{1}{\sqrt{5}}\right)$.

§ 26 Die Integralsätze von Stokes, Gauß und Green

1 Übersicht

Die Integralsätze sind mehrdimensionale Versionen des Hauptsatzes der Differential– und Integralrechnung

$$\int\limits_a^b f'\, dx = f(b) - f(a)\,.$$

Zu diesen können wir die uns schon bekannte Beziehung

$$\int\limits_\gamma \nabla U \bullet d\mathbf{x} = U(\mathbf{x}_1) - U(\mathbf{x}_0)$$

rechnen (vgl. § 24 : 5.2). Die hier behandelten Integralsätze von Stokes und Gauß formulieren wir in der Schreibweise der klassischen Vektoranalysis, wie sie überwiegend in der Physikliteratur verwendet wird:

$$\int\limits_M \operatorname{rot}\mathbf{v} \bullet do = \int\limits_{\partial M} \mathbf{v} \bullet d\mathbf{x}\,,$$

$$\int\limits_{\Omega} \operatorname{div} \mathbf{v}\, d^3\mathbf{x} = \int\limits_{\partial\Omega} \mathbf{v} \bullet \mathbf{n}\, do\,.$$

Der Beweisaufwand für die Integralsätze hängt wesentlich von der Allgemeinheit der betrachteten Integrationsmengen ab. Bei deren Auswahl muß hier ein Kompromiß geschlossen werden, soll einerseits der begriffliche Aufwand in vertretbaren Grenzen bleiben und andererseits hinreichende Allgemeinheit für die Anwendungen in der Physik erreicht werden.

Wir betrachten hier *Pflasterketten* als Integrationsmengen und lassen uns von dem in [GRAUERT–LIEB, Kap. III] vorgestellten Konzept leiten.

Es sei erwähnt, daß sich sämtliche Integralsätze (auch für höhere Dimensionen) mit Hilfe des Differentialformenkalküls in die einheitliche und prägnante Form

$$\int\limits_{M} d\omega = \int\limits_{\partial M} \omega$$

bringen lassen, vgl. [ARNOLD, Ch. 7], [BARNER–FLOHR II, § 17.6], [FORSTER 3, § 21], [GRAUERT–LIEB, Kap. III], [HEUSER 2, Nr. 216] und [SPIVAK, 4]. Diese allgemeine Gestalt wird z.B. in der Hamiltonschen Mechanik und in der Relativitätstheorie benötigt.

2 Der Integralsatz von Stokes

2.1 Der Integralsatz für Rechtecke

Sei $R = \,]a, b[\, \times \,]c, d[$ ein offenes Rechteck im $\mathbb{R}^2$, P_1 und P_2 seien C^1–Funktionen in einer Umgebung von $\overline{R}$. Dann gilt

$$\int\limits_{R} (\partial_1 P_2 - \partial_2 P_1)\, dx_1\, dx_2 = \int\limits_{\partial R} P_1\, dx_1 + P_2\, dx_2\,.$$

Dabei ist das auf der rechten Seite stehende Integral zu verstehen als die Summe der vier Wegintegrale

$$\int\limits_{\sigma_k} P_1\, dx_1 + P_2\, dx_2 \qquad (k = 1, \ldots, 4)$$

des Vektorfeldes (P_1, P_2) über die im mathematisch positiven Sinn durchlaufenen Rechteckseiten:

$$\sigma_1 \;:\; [a,b] \to \mathbb{R}^2, \quad t \mapsto \begin{pmatrix} t \\ c \end{pmatrix}$$

$$\sigma_2 \;:\; [c,d] \to \mathbb{R}^2, \quad t \mapsto \begin{pmatrix} b \\ t \end{pmatrix}$$

$$\sigma_3 \;:\; [a,b] \to \mathbb{R}^2, \quad t \mapsto \begin{pmatrix} a+b-t \\ d \end{pmatrix}$$

$$\sigma_4 \;:\; [c,d] \to \mathbb{R}^2, \quad t \mapsto \begin{pmatrix} a \\ c+d-t \end{pmatrix}.$$

BEMERKUNG. Statt der Parametrisierung σ_k der k-ten Rechteckseite können wir nach § 24: 4.3 auch jede andere Parametrisierung α_k wählen, welche dasselbe Wegintegral ergibt, die also durch eine orientierungstreue Parametertransformation h ($h > 0$) mit σ_k verbunden ist. Bei jeder solchen Parametrisierung wird die Rechteckseite so durchlaufen, daß R zur Linken liegt.

BEWEIS.

Sukzessive Integration und Anwendung des Hauptsatzes der Differential- und Integralrechnung ergibt

$$\int\limits_R \partial_1 P_2 \, dx_1 \, dx_2 = \int\limits_c^d \left(\int\limits_a^b \frac{\partial P_2}{\partial x_1}(x_1, x_2) \, dx_1 \right) dx_2$$

$$= \int\limits_c^d \left(P_2(b, x_2) - P_2(a, x_2) \right) dx_2 = \int\limits_{\sigma_2} P_2 \, dx_2 + \int\limits_{\sigma_4} P_2 \, dx_2$$

$$= \int\limits_{\sigma_1} P_2 \, dx_2 + \int\limits_{\sigma_2} P_2 \, dx_2 + \int\limits_{\sigma_3} P_2 \, dx_2 + \int\limits_{\sigma_4} P_2 \, dx_2 = \int\limits_{\partial R} P_2 \, dx_2 \,,$$

denn

$$\int\limits_{\sigma_1} P_2 \, dx_2 = \int\limits_a^b \left\langle \begin{pmatrix} 0 \\ P_2(t,c) \end{pmatrix}, \begin{pmatrix} 1 \\ 0 \end{pmatrix} \right\rangle dt = 0 \,, \quad \text{entsprechend} \quad \int\limits_{\sigma_3} P_2 \, dx_2 = 0 \,.$$

Ebenso erhalten wir

$$\int\limits_R \partial_2 P_1 \, dx_1 \, dx_2 = \int\limits_a^b \left(\int\limits_c^d \frac{\partial P_1}{\partial x_2}(x_1, x_2) \, dx_2 \right) dx_1$$

$$= \int\limits_a^b \left(P_1(x_1, d) - P_1(x_1, c) \right) dx_1 = - \int\limits_{\sigma_3} P_1 \, dx_1 - \int\limits_{\sigma_1} P_1 \, dx_1$$

$$= - \left(\int_{\sigma_1} P_1 \, dx_1 + \int_{\sigma_2} P_1 \, dx_1 + \int_{\sigma_3} P_1 \, dx_1 + \int_{\sigma_4} P_1 \, dx_1 \right) = - \int_{\partial R} P_1 \, dx_1 \, .$$

Subtraktion der beiden Gleichungen ergibt die Behauptung.   □

2.2 Zweidimensionale Pflaster im $\mathbb{R}^3$

Wie erweitert man den Integralsatz auf kompliziertere Figuren, z.B. auf ein deformiertes Rechteck?

Im Beweis von 2.1 wenden wir den Hauptsatz der Differential– und Integralrechnung sowohl auf die x_1–Koordinate als auch auf die x_2–Koordinate an, integrieren also längs Koordinatenlinien.

Auch im allgemeinen Fall benötigen wir zwei Scharen von Integrationslinien, die „von Rand zu Rand" laufen. Bei der Auswahl solcher Integrationswege passen wir uns flexibel der Geometrie der betrachteten Figur an — vorausgesetzt natürlich, die Figur hat keinen zu wilden Rand. Ist eine Figur das differenzierbare Bild eines abgeschlossenen Rechteckes (die Abbildung hat noch gewissen Nichtentartungsbedingungen zu genügen), so erhalten wir Integrationslinien „von Rand zu Rand" als Bilder der Koordinatenlinien des Urbildrechtecks unter dieser Abbildung.

Dies ist der einfache Grundgedanke, der dem Konzept des Pflasters zugrunde liegt! Bei einem Pflaster lassen wir die Möglichkeit zu, daß eine Rechteckseite unter der Abbildung zu einem Punkt zusammenschrumpft (Beispiel: Dreieck) und daß zwei Rechteckseiten zu einer Seite verklebt werden (Beispiel: geschlitzte Kreisscheibe).

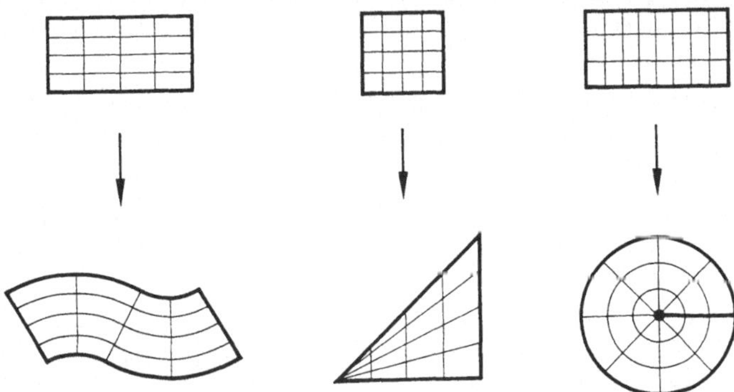

ÜA Bevor Sie weiterlesen, stellen Sie das Dreieck und die geschlitzte Kreisscheibe als differenzierbare Bilder von Rechtecken dar.

Wir präzisieren nun dieses Konzept, und zwar gleich für Flächenstücke im Raum.

Als Parameterbereich legen wir einfachheitshalber das Einheitsquadrat $[0,1]^2 :=$ $[0,1] \times [0,1]$ zugrunde; eine Übertragung der folgenden Definition auf beliebige Rechtecke ist leicht möglich. Das Innere von $[0,1]^2$ bezeichnen wir mit $E^2 =$ $]0,1[^2$. Wie in 2.1 seien $\sigma_1, \sigma_2, \sigma_3, \sigma_4$ die kanonischen Randparametrisierungen, durch die das Einheitsquadrat im mathematisch positiven Sinn umlaufen wird.

DEFINITION. Ein orientiertes Flächenstück $M \subset \mathbb{R}^3$ nennen wir ein **zweidimensionales Pflaster**, wenn es eine C^2-Abbildung

$$\Phi : \mathbb{R}^2 \supset U \to \mathbb{R}^3$$

auf einer Umgebung U von $[0,1]^2$ gibt mit folgenden Eigenschaften

(a) Die Einschränkung von Φ auf $]0,1[^2$ ist eine positive Flächenparametrisierung von M.

(b) Für $k = 1,2,3,4$ ist die **k-te Seite von Φ**

$$\varphi_k = \Phi \circ \sigma_k, \qquad \text{eingeschränkt auf }]0,1[,$$

entweder konstant (**entartet**) oder injektiv und regulär.

(c) Mehr als zwei nichtentartete Seiten können sich nicht treffen. Trifft sich die j-te Seite mit der k-ten ($j \neq k$), so gibt es eine C^1-Parametertransformation $h : [0,1] \to [0,1]$ mit $\varphi_j = \varphi_k \circ h$ und $\dot{h} < 0$.

Die Abbildung Φ nennen wir eine **Pflasterparametrisierung** von M. Wir schreiben im folgenden kurz $\Phi : [0,1]^2 \to \mathbb{R}^3$, da es auf das Verhalten von Φ außerhalb $[0,1]^2$ nicht ankommt.

BEMERKUNGEN. Die hier eingeführten Definitionen Pflaster und Pflasterparametrisierung weichen von den [GRAUERT–LIEB, Kap. III] verwendeten Begriffen ab.

Eine Pflasterparametrisierung liefert also ein deformiertes Bild des Einheitsquadrats $[0,1]^2$ im $\mathbb{R}^3$, wobei das Bild des offenen Einheitsquadrates $E^2 =]0,1[^2$ ein orientiertes Flächenstück ist.

Die Bedingung (b) läßt ausdrücklich zu, daß eine Quadratseite unter Φ zu einem Punkt entartet. Bei Nichtentartung ist zugelassen, daß das Bild einer vollen Rechtecksseite eine geschlossene Kurve ist.

Die Bedingung (c) erlaubt das Verkleben von nichtentarteten Seiten unter der Einschränkung, daß die beiden Randkurven φ_i und φ_k in entgegengesetzter Richtung durchlaufen werden.

Beispiele und Aufgaben

(a) Für $0 < \Theta \le 2\pi$ ist

$$\Phi : [0,1]^2 \to \mathbb{R}^3, \quad \begin{pmatrix} u_1 \\ u_2 \end{pmatrix} \mapsto \begin{pmatrix} \cos(\Theta u_1) \\ \sin(\Theta u_1) \\ u_2 \end{pmatrix}$$

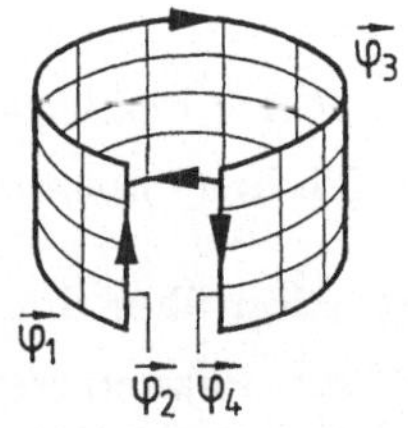

eine Pflasterparametrisierung für ein Zy-
lindermantelstück mit Öffnungswinkel
$2\pi - \Theta$ (Fig.). Alle vier Seiten sind
nicht entartet. Für $\Theta = 2\pi$ ist der Zy-
lindermantel geschlossen; die Klebstelle wird hierbei von den Seiten φ_2 und φ_4
in entgegengesetzter Richtung durchlaufen.

(b) Durch

$$\Phi : [0,1]^2 \to \mathbb{R}^3, \quad (u_1, u_2) \mapsto \begin{pmatrix} u_1 \\ u_1 u_2 \\ 0 \end{pmatrix}$$

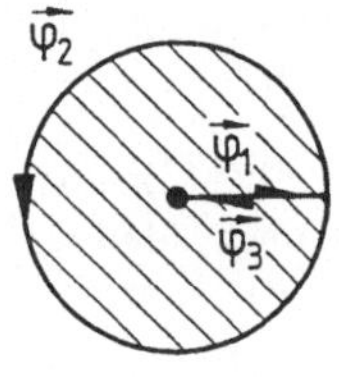

ist eine Pflasterparametrisierung eines
ebenen Dreiecks gegeben. Die Seite φ_4
entartet zu einem Punkt, die restlichen Seiten sind nichtentartet und haben
paarweise disjunktes Inneres.

(c) Durch

$$\Phi : [0,1]^2 \to \mathbb{R}^3,$$

$$(u_1, u_2) \mapsto \begin{pmatrix} u_1 \cdot \cos 2\pi u_2 \\ u_1 \cdot \sin 2\pi u_2 \\ 0 \end{pmatrix}$$

ist eine Pflasterparametrisierung der längs der positiven x–Achse geschlitzten
Einheitskreisscheibe in der x, y–Ebene gegeben. Hierbei entartet φ_4 zu einem
Punkt.

φ_1 und φ_3 durchlaufen den Schlitz in entgegengesetzter Richtung.

$\boxed{\text{ÜA}}$ Machen Sie sich diese Aussagen plausibel und veranschaulichen Sie sich
das Abbildungsverhalten der Pflasterparametrisierungen durch Betrachtung der
Koordinatenlinien $u_1 = $ const und $u_2 = $ const.

(d) Zeigen Sie, daß durch die Kugelkoordinaten § 25 : 2.4 mit $\vartheta = \pi u_1$, $\varphi = 2\pi u_2$
eine Pflasterparametrisierung der längs des Nullmeridians geschlitzten Sphäre
gegeben ist, und geben Sie die Seiten φ_k an.

(e) Zeigen Sie, daß die Darstellung des zweifach geschlitzten Torus (vergleiche § 25 : 1.2 (b)),

$$\Phi \,:\, [0,1]^2 \to \mathbb{R}^3, \quad (u_1, u_2) \mapsto \begin{pmatrix} (R + r\cos 2\pi\, u_2)\cos 2\pi\, u_1 \\ (R + r\cos 2\pi\, u_2)\sin 2\pi\, u_1 \\ r\sin 2\pi\, u_2 \end{pmatrix},$$

für $0 < r < R$ eine Pflasterparametrisierung ist.

(f) Geben Sie eine Pflasterparametrisierung für ein Kegelmantelstück an.

2.3 Integration über den Pflasterrand

Den Rand einer Pflasterparametrisierung $\Phi \,:\, [0,1] \times [0,1] \to \mathbb{R}^3$ definieren wir wie folgt: Von den vier Seiten

$$\varphi_k = \Phi \circ \sigma_k \,:\,]0,1[\,\to\, \mathbb{R}^3 \qquad (k = 1,2,3,4)$$

von Φ streichen wir die entarteten und entfernen dann noch die Paare φ_j, φ_k, die das gleiche Kurvenstück in entgegengesetzter Richtung durchlaufen.

Danach mögen die Seiten $\varphi_{i_1}, \ldots, \varphi_{i_m}$ übrig bleiben ($0 \le m \le 4$); $m = 0$ steht für den Fall, daß keine Seite übrigbleibt. Die orientierte Randkurve ∂M ist definiert als die Kollektion der übrigbleibenden Kurven, bzw. durch $\partial M = \emptyset$ für $m = 0$. Für ein Vektorfeld $\mathbf{v}$ auf einer Umgebung von $\overline{M}$ definieren wir

$$\int\limits_{\partial M} \mathbf{v} \bullet d\mathbf{x} := \int\limits_{\varphi_{i_1}} \mathbf{v} \bullet d\mathbf{x} + \cdots + \int\limits_{\varphi_{i_m}} \mathbf{v} \bullet d\mathbf{x}$$

für $m > 0$ und $\int\limits_{\partial M} \mathbf{v} \bullet d\mathbf{x} = 0$ für $m = 0$.

BEMERKUNG. Eigentlich hätten wir $\partial\Phi$ statt ∂M zu schreiben, denn es ist keineswegs ausgemacht, daß die rechte Seite nur vom orientierten Flächenstück M, nicht aber von der speziellen Pflasterparametrisierung Φ abhängt. Die Untersuchung dieser Frage ist überaus aufwendig und kann hier nicht erfolgen. Wir beschränken uns auf solche Fälle, in denen sich für das orientierte Flächenstück M in ganz natürlicher Weise eine Standardparametrisierung Φ anbietet.

2.4 Der Integralsatz von Stokes für Pflaster im $\mathbb{R}^3$

Ist $\mathbf{v}$ *ein* C^1*-Vektorfeld auf* $\Omega \subset \mathbb{R}^3$ *und* M *ein Pflaster mit* $\overline{M} \subset \Omega$, *so gilt*

$$\int\limits_{M} \operatorname{rot} \mathbf{v} \bullet d\mathbf{o} = \int\limits_{\partial M} \mathbf{v} \bullet d\mathbf{x}\,.$$

BEWEIS.

Der Beweisgedanke ist einfach: Wir holen das Vektorfeld mit Hilfe einer Parametrisierung Φ auf das Einheitsquadrat zurück (vgl. §24:5.5) und wenden auf das zurückgeholte Vektorfeld (P_1, P_2) den Integralsatz 2.1 für Rechtecke an.

(a) Mit den Bezeichnungen 2.3 gilt

$$\int\limits_{\partial M} \mathbf{v} \bullet d\mathbf{x} = \sum_{k=1}^{m} \int\limits_{\varphi_{i_k}} \mathbf{v} \bullet d\mathbf{x} = \sum_{j=1}^{4} \int\limits_{\varphi_j} \mathbf{v} \bullet d\mathbf{x} \, ,$$

denn in der letzten Summe liefern die entarteten φ_j keinen Beitrag, und die Integrale über die φ_j, welche nicht in ∂M erscheinen, heben sich wegen der entgegengesetzten Orientierung paarweise weg (vgl. §24:4.3). Ist $\partial M = \emptyset$, so ist die letzte Summe Null.

(b) Seien σ_{j_1} und σ_{j_2} die Komponenten von σ_j, der Parametrisierung der Quaderseiten. Mit der Kettenregel folgt aus $\varphi_j = \boldsymbol{\Phi} \circ \sigma_j$

$$\dot{\varphi}_j = ((\partial_1 \boldsymbol{\Phi}) \circ \sigma_j)\, \dot{\sigma}_{j_1} + ((\partial_2 \boldsymbol{\Phi}) \circ \sigma_j)\, \dot{\sigma}_{j_2} \, .$$

Also gilt

$$\int\limits_{\varphi_j} \mathbf{v} \bullet d\mathbf{x} = \int\limits_0^1 \langle\, \mathbf{v} \circ \varphi_j, \dot{\varphi}_j \,\rangle\, dt$$

$$= \int\limits_0^1 \big(\, \langle\, \mathbf{v} \circ \boldsymbol{\Phi} \circ \sigma_j, (\partial_1 \boldsymbol{\Phi}) \circ \sigma_j \,\rangle\, \dot{\sigma}_{j_1} + \langle\, \mathbf{v} \circ \boldsymbol{\Phi} \circ \sigma_j, (\partial_2 \boldsymbol{\Phi}) \circ \sigma_j \,\rangle\, \dot{\sigma}_{j_2}\, \big)\, dt$$

$$= \int\limits_{\sigma_j} P_1 \, du_1 + P_2 \, du_2 \quad \text{mit}$$

$$P_i = \langle\, \mathbf{v} \circ \boldsymbol{\Phi}, \partial_i \boldsymbol{\Phi} \,\rangle \quad \text{für} \quad i = 1, 2 \, .$$

Daher gilt nach dem Integralsatz 2.1 für das Einheitsquadrat

$$(*) \quad \begin{aligned} \int\limits_{\partial M} \mathbf{v} \bullet d\mathbf{x} &= \sum_{j=1}^{4} \int\limits_{\sigma_j} P_1 \, du_1 + P_2 \, du_2 \\ &= \int\limits_{\partial E^2} P_1 \, du_1 + P_2 \, du_2 = \int\limits_{E^2} (\partial_1 P_2 - \partial_2 P_1) \, du_1 \, du_2 \, . \end{aligned}$$

(c) Wir zerlegen das Vektorfeld $\mathbf{v}$ in seine Komponenten $\mathbf{v} = v_1 \mathbf{e}_1 + v_2 \mathbf{e}_2 + v_3 \mathbf{e}_3$. Wegen der Linearität aller auftretenden Integrale genügt es, den Integralsatz für die Vektorfelder $v_k \mathbf{e}_k$ zu beweisen. Wie die folgende Rechnung zeigt, bedeutet es keine Beschränkung der Allgemeinheit, wenn wir dies nur für $v_1 \mathbf{e}_1$ ausführen.

(d) Wir betrachten also ein einkomponentiges Vektorfeld $\mathbf{v} = f \mathbf{e}_1$ mit einer C^1-Funktion f auf Ω. Für dieses gilt

$$P_i = \langle\, (f \circ \boldsymbol{\Phi})\, \mathbf{e}_1, \partial_i \boldsymbol{\Phi} \,\rangle = (f \circ \boldsymbol{\Phi}) \cdot \partial_i \Phi_1 \qquad (i = 1, 2) \, .$$

Die Kettenregel liefert (mit den Abkürzungen f für $f \circ \boldsymbol{\Phi}$, $\partial_k f$ für $(\partial_k f) \circ \boldsymbol{\Phi}$)

$$\partial_1 P_2 = \partial_1 \partial_2 \Phi_1 \cdot f + \partial_2 \Phi_1 \cdot \sum_{k=1}^{3} \partial_k f \cdot \partial_1 \Phi_k \, ,$$

$$\partial_2 P_1 = \partial_2 \partial_1 \Phi_1 \cdot f + \partial_1 \Phi_1 \cdot \sum_{k=1}^{3} \partial_k f \cdot \partial_2 \Phi_k \,.$$

Damit ergibt sich für den Integranden des letzten Integrals in (∗) unter Beachtung von $\partial_1 \partial_2 \Phi = \partial_2 \partial_1 \Phi$ (deshalb die Voraussetzung $\Phi \in C^2$ für Pflasterparametrisierungen)

$$\partial_1 P_2 - \partial_2 P_1 = \partial_2 f \cdot (\partial_1 \Phi_2 \cdot \partial_2 \Phi_1 - \partial_1 \Phi_1 \cdot \partial_2 \Phi_2)$$

$$+ \partial_3 f \cdot (\partial_1 \Phi_3 \cdot \partial_2 \Phi_1 - \partial_1 \Phi_1 \cdot \partial_2 \Phi_3) \,.$$

Auf der anderen Seite ist

$$\operatorname{rot} \mathbf{v} = \operatorname{rot} (f \cdot \mathbf{e}_1) = \partial_3 f \cdot \mathbf{e}_2 - \partial_2 f \cdot \mathbf{e}_3 \,.$$

Weil Φ eine positive Parametrisierung von M ist (vgl. § 25 : 3.3), gilt

$$d\mathbf{o} = \partial_1 \Phi \times \partial_2 \Phi \, du_1 \, du_2 = \Big((\partial_1 \Phi_2 \cdot \partial_2 \Phi_3 - \partial_1 \Phi_3 \cdot \partial_2 \Phi_2) \mathbf{e}_1$$

$$+ (\partial_1 \Phi_3 \cdot \partial_2 \Phi_1 - \partial_1 \Phi_1 \cdot \partial_2 \Phi_3) \mathbf{e}_2$$

$$+ (\partial_1 \Phi_1 \cdot \partial_2 \Phi_2 - \partial_1 \Phi_2 \cdot \partial_2 \Phi_1) \mathbf{e}_3 \Big) \, du_1 \, du_2 \,.$$

Berechnung von $\operatorname{rot} \mathbf{v} \bullet d\mathbf{o} = \langle \operatorname{rot} \mathbf{v}, d\mathbf{o} \rangle$ und Vergleich mit oben ergibt

$$(\partial_1 P_2 - \partial_2 P_1) \, du_1 \, du_2 = (\operatorname{rot} \mathbf{v}) \circ \Phi \bullet d\mathbf{o} \,,$$

so daß wir mit (∗) erhalten

$$\int_{\partial M} \mathbf{v} \bullet d\mathbf{x} = \int_{E^2} \Big\langle (\operatorname{rot} \mathbf{v}) \circ \Phi \,,\, \partial_1 \Phi \times \partial_2 \Phi \Big\rangle \, du_1 \, du_2 = \int_{M} \operatorname{rot} \mathbf{v} \bullet d\mathbf{o} \,. \qquad \square$$

2.5 Beispiel. Wir betrachten das Zylinderstück Z

$$\left\{ (x,y,z) \mid x^2 + y^2 = 1,\ 0 < z < 1 \right\} \,.$$

Schlitzen wir dieses Zylinderstück längs einer Mantellinie auf, etwa längs

$$N = \left\{ (1,0,z) \mid 0 < z < 1 \right\} ,$$

so erhalten wir ein Flächenstück $M = Z \setminus N$. Wir orientieren M durch Auszeichnung des nach außen weisenden Einheitsnormalenfeldes $\mathbf{n}$.

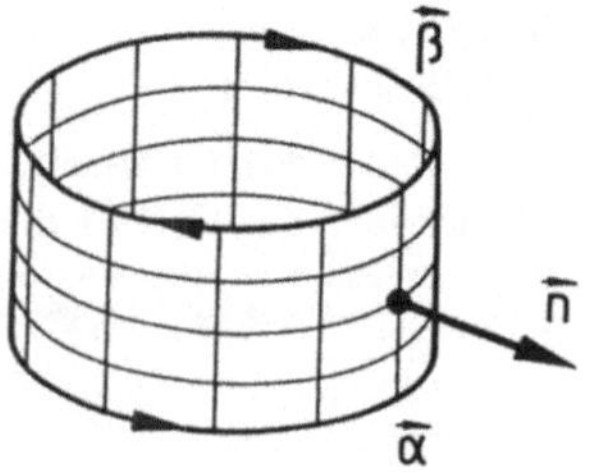

Die Zylinderkoordinaten liefern eine Pflasterparametrisierung von M wie in
2.2 (a), dessen Rand aus den beiden Kreisen $\alpha = \varphi_1$, $\beta = \varphi_3$ besteht (Fig.).
Für ein Vektorfeld $\mathbf{v}$ auf einer Umgebung von Z liefert der Integralsatz von
Stokes damit

$$\int_Z \operatorname{rot} \mathbf{v} \bullet do = \int_M \operatorname{rot} \mathbf{v} \bullet do = \int_{\partial M} \mathbf{v} \bullet d\mathbf{x} = \int_\alpha \mathbf{v} \bullet d\mathbf{x} + \int_\beta \mathbf{v} \bullet d\mathbf{x}\,.$$

2.6 Aufgaben

(a) Was liefert der Integralsatz von Stokes für eine Sphäre und einen Torus?

(b) Bewegt sich ein zweidimensionales Pflaster mit dem Geschwindigkeitsfeld
$\mathbf{v}$ im Raum und ist $\mathbf{B}$ ein konstantes Vektorfeld, so gilt

$$\frac{d}{dt} \int_{M_t} \mathbf{B} \bullet do = \int_{C_t} (\mathbf{B} \times \mathbf{v}) \bullet d\mathbf{x}\,,$$

wobei M_t das Pflaster und $C_t = \partial M_t$ dessen Rand zur Zeit t bezeichnet.

Diese Beziehung benötigt man für das Faradaysche Induktionsgesetz bei konstantem Magnetfeld $\mathbf{B}$ und bewegter Leiterschleife C_t.

Anleitung. M_t sei durch $(u_1, u_2) \mapsto \boldsymbol{\Phi}(t, u_1, u_2)$ mit einer in allen drei Variablen C^2-differenzierbaren Abbildungen $\boldsymbol{\Phi}$ parametrisiert. Dann ist $\mathbf{v} = \frac{\partial \boldsymbol{\Phi}}{\partial t}$ der
Geschwindigkeitsvektor der Bewegung und es gilt

$$\frac{\partial}{\partial t} \langle \mathbf{B} , \partial_1 \boldsymbol{\Phi} \times \partial_2 \boldsymbol{\Phi} \rangle = \langle \mathbf{B} , \partial_1 \mathbf{v} \times \partial_2 \boldsymbol{\Phi} + \partial_1 \boldsymbol{\Phi} \times \partial_2 \mathbf{v} \rangle$$

$$= \partial_1 \langle \mathbf{B} , \mathbf{v} \times \partial_2 \boldsymbol{\Phi} \rangle - \partial_2 \langle \mathbf{B} , \mathbf{v} \times \partial_1 \boldsymbol{\Phi} \rangle\,.$$

2.7 Zweidimensionale Pflasterketten im $\mathbb{R}^3$

In einem weiteren Schritt wollen wir nun den Gültigkeitsbereich des Integralsatzes auf Figuren erweitern, die durch regelmäßiges Aneinandersetzen von Pflastern entstehen. Hierdurch erhalten wir stückweis glatte Flächen im Raum und
die in der Funktionentheorie wichtigen mehrfach gelochten Gebiete in der Ebene.

DEFINITION. Unter einer **zweidimensionalen Pflasterkette** M im $\mathbb{R}^3$ verstehen wir eine Kollektion von Pflasterparametrisierungen

$$\boldsymbol{\Phi}_1, \ldots, \boldsymbol{\Phi}_N \,:\, [0,1]^2 \to \mathbb{R}^3\,,$$

so daß mit den Bezeichnungen von 2.2 und

$$M_i := \boldsymbol{\Phi}_i(E^2)\,, \qquad \varphi_{ij} := \boldsymbol{\Phi}_i \circ \sigma_j \,:\, [0,1] \to \mathbb{R}^3$$

für $i = 1, \ldots, N;\ j = 1, 2, 3, 4$ folgendes gilt:

(a) $M_i \cap M_k = \emptyset$ für $i \neq k$.

(b) Höchstens zwei nichtkonstante Seiten können sich treffen. Treffen sich zwei solche, so stimmen ihre Spuren überein und werden entgegengesetzt durchlaufen, d.h. gilt $\varphi_{ij}\,(]0,1[) \cap \varphi_{kl}\,(]0,1[) \neq \emptyset$ für $(i,j) \neq (k,l)$, so gibt es eine Parametertransformation

$$h : [0,1] \to [0,1]$$

mit $\varphi_{ij} = \varphi_{kl} \circ h$ und $\dot{h} < 0$.

Für eine Pflasterkette schreiben wir

$$M = M_1 + \cdots + M_N\,.$$

Die Vereinigungsmenge aller Pflaster mitsamt ihren Randseiten bezeichnen wir mit

$$|M| = \overline{M}_1 \cup \cdots \cup \overline{M}_N\,.$$

Für ein auf $|M|$ gegebenes Vektorfeld $\mathbf{v}$ erklären wir das **Oberflächenintegral über die Pflasterkette** M durch

$$\int\limits_{M} \mathbf{v} \bullet do := \int\limits_{M_1} \mathbf{v} \bullet do + \cdots + \int\limits_{M_N} \mathbf{v} \bullet do\,.$$

Den **Pflasterkettenrand** ∂M definieren wir wie in 2.3: Von den sämtlichen Seiten φ_{ij} $(i = 1,\ldots,N,\ j = 1,2,3,4)$ streichen wir zunächst die entarteten und dann alle Paare von Seiten, die sich gemäß (b) treffen und entgegengesetzt durchlaufen werden.

Die übrig bleibenden Seiten bezeichnen wir mit $\psi_1,\ldots,\psi_m$ und ihre Kollektion mit ∂M. ($\partial M = \emptyset$, falls keine Seite übrig bleibt.)

Das Integral von $\mathbf{v}$ über ∂M definieren wir durch

$$\int\limits_{\partial M} \mathbf{v} \bullet d\mathbf{x} := \int\limits_{\psi_1} \mathbf{v} \bullet d\mathbf{x} + \cdots + \int\limits_{\psi_m} \mathbf{v} \bullet d\mathbf{x} \quad \text{bzw.} = 0\,, \quad \text{falls} \quad \partial M = \emptyset\,.$$

Es gilt auch hier wieder das unter 2.3 Gesagte: Eigentlich müßten wir vom Rand der durch $\Phi_1,\ldots,\Phi_N$ parametrisierten Pflasterkette sprechen.

2.8 Der Integralsatz von Stokes für Pflasterketten im $\mathbb{R}^3$

Ist $M = M_1 + \cdots + M_N$ eine Pflasterkette im $\mathbb{R}^3$ und $\mathbf{v}$ ein C^1–Vektorfeld in einem Gebiet Ω mit $|M| \subset \Omega$, so gilt

$$\int\limits_{M} \mathrm{rot}\,\mathbf{v} \bullet do = \int\limits_{\partial M} \mathbf{v} \bullet do\,.$$

BEWEIS.

Wie in 2.4 (a) ergibt sich

$$\int\limits_{\partial M} \mathbf{v} \bullet d\mathbf{x} = \sum_{k=1}^{m} \int\limits_{\psi_k} \mathbf{v} \bullet d\mathbf{x} = \sum_{i=1}^{N} \sum_{j=1}^{4} \int\limits_{\varphi_{ij}} \mathbf{v} \bullet d\mathbf{x}\,.$$

Nach 2.4 gilt für jedes einzelne Pflaster M_i

$$\int\limits_{M_i} \operatorname{rot} \mathbf{v} \bullet d\mathbf{o} = \sum_{j=1}^{4} \int\limits_{\varphi_{ij}} \mathbf{v} \bullet d\mathbf{x}\,.$$

Die Behauptung folgt jetzt durch Addition der letzten Gleichungen. $\qquad\square$

3 Der Stokessche Integralsatz in der Ebene

3.1 Ebene Flächenstücke und ebene Pflaster

Liegt ein Flächenstück M in der x_1, x_2–Ebene des $\mathbb{R}^3$, so ergeben sich eine Reihe von Vereinfachungen. Erstens wird M grundsätzlich durch das Einheitsnormalenfeld $\mathbf{e}_3$ orientiert. Für $\boldsymbol{\Phi} = (\Phi_1, \Phi_2, 0)$ gilt

$$\partial_1 \boldsymbol{\Phi} \times \partial_2 \boldsymbol{\Phi} = (\partial_1 \Phi_1 \cdot \partial_2 \Phi_2 - \partial_1 \Phi_2 \cdot \partial_2 \Phi_1)\, \mathbf{e}_3 \qquad \boxed{\text{ÜA}}\,.$$

Wir lassen nun die dritte Komponente fort, beschreiben also M durch die wieder mit $\boldsymbol{\Phi}$ bezeichnete Parametrisierung

$$\boldsymbol{\Phi} = \begin{pmatrix} \Phi_1 \\ \Phi_2 \end{pmatrix} : \mathbb{R}^2 \supset U \to \mathbb{R}^2\,.$$

Damit ergibt sich für das vektorielle und skalare Oberflächenelement

$$d\mathbf{o} = \big|\det(d\boldsymbol{\Phi})\big| \cdot \mathbf{e}_3\, du_1\, du_2\,, \qquad do = \big|\det(d\boldsymbol{\Phi})\big|\, du_1\, du_2\,.$$

Das skalare Oberflächenintegral reduziert sich daher auf das gewöhnliche Integral über die Menge M:

$$\int\limits_{M} f\, do = \int\limits_{U} f(\boldsymbol{\Phi}(\mathbf{u})) \cdot |\det d\boldsymbol{\Phi}(\mathbf{u})|\, du_1\, du_2 = \int\limits_{M} f(x, y)\, dx\, dy$$

nach dem Transformationssatz für Integrale.

Für ebene Pflaster M gilt mit den vorangehenden Bezeichnungen $\det(d\boldsymbol{\Phi}) > 0$, d.h. die Pflasterparametrisierung ist auf dem offenen Einheitsquadrat orientierungstreu.

Denn nach der Pflasterbedingung (a) von 2.2 soll $\boldsymbol{\Phi}$ (als Abbildung in den $\mathbb{R}^3$ aufgefaßt) eine positive Parametrisierung sein, d.h. $\partial_1 \boldsymbol{\Phi} \times \partial_2 \boldsymbol{\Phi}$ soll ein positives Vielfaches des Einheitsnormalenvektors $\mathbf{e}_3$ sein.

3.2 Ebene Vektorfelder

In einer Reihe von Anwendungen können Vektorfelder der Physik durch ebene Felder

$$\mathbf{v} : \begin{pmatrix} x \\ y \end{pmatrix} \mapsto \begin{pmatrix} v_1(x,y) \\ v_2(x,y) \end{pmatrix}$$

beschrieben werden.

Das ist beispielsweise immer dann der Fall, wenn das räumliche Feld die Gestalt

$$\begin{pmatrix} x \\ y \\ z \end{pmatrix} \mapsto \begin{pmatrix} v_1(x,y) \\ v_2(x,y) \\ 0 \end{pmatrix} \qquad \text{hat.}$$

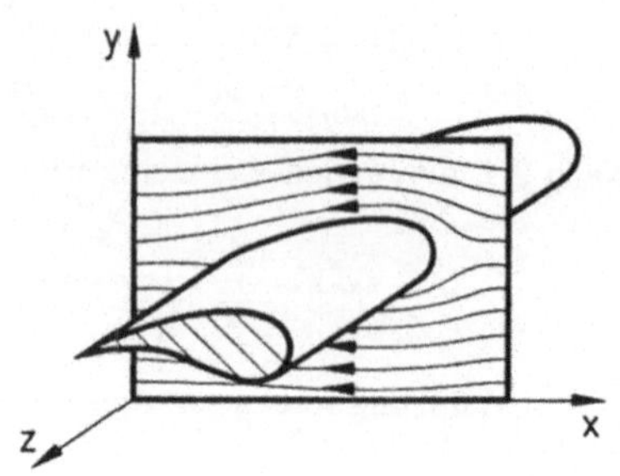

BEISPIELE.

(a) Luftströmung um eine unendlich lange Tragfläche (Fig.).

(b) Fließt durch die z–Achse ein konstanter Strom, so läßt sich das Magnetfeld durch das ebene Feld

$$\begin{pmatrix} x \\ y \end{pmatrix} \mapsto \frac{1}{x^2 + y^2} \begin{pmatrix} -y \\ x \end{pmatrix}$$

beschreiben, vgl. § 24 : 4.6 (b).

(c) *Kugel– und achsensymmetrische Felder* können durch einen einzigen ebenen Schnitt beschrieben werden.

Für ein räumliches Vektorfeld

$$\mathbf{v} : \begin{pmatrix} x \\ y \\ z \end{pmatrix} \mapsto \begin{pmatrix} v_1(x,y) \\ v_2(x,y) \\ 0 \end{pmatrix}$$

gilt $\operatorname{rot}\mathbf{v} = (\partial_1 v_2 - \partial_2 v_1) \cdot \mathbf{e}_3$ $\boxed{\text{ÜA}}$.

Für ebene Pflaster M gilt mit den Bezeichnungen 3.1

$$d\mathbf{o} = do \cdot \mathbf{e}_3 = \det(d\mathbf{\Phi}) \cdot \mathbf{e}_3 \, du_1 \, du_2 \,,$$

also für das zuletzt beschriebene Vektorfeld

$$\int\limits_M \operatorname{rot}\mathbf{v} \bullet d\mathbf{o} = \int\limits_M \langle \operatorname{rot}\mathbf{v}, \mathbf{e}_3 \rangle \, do = \int\limits_M (\partial_1 v_2 - \partial_2 v_1) \, dx \, dy \,.$$

3.3 Der Stokessche Integralsatz für die Ebene

Sei M eine ebene Pflasterkette. Dann gilt für jedes in einer Umgebung von $|M|$ erklärte C^1-Vektorfeld (P, Q)

$$\int\limits_{|M|} \left(\frac{\partial Q}{\partial x} - \frac{\partial P}{\partial y} \right) dx\,dy = \int\limits_{\partial M} P\,dx + Q\,dy$$

mit der Bezeichnung §24:4.2. Das ergibt sich nach den vorbereitenden Bemerkungen 3.1, 3.2, nun unmittelbar aus 2.8, wenn wir $v_1 = P$ und $v_2 = Q$ setzen.

3.4 Die Orientierungregel für ebene Pflaster

Sei $\Phi : [0,1]^2 \to \mathbb{R}^2$ eine Pflasterparametrisierung. Dann ist $\det(d\Phi) > 0$ im Innern des Einheitsrechtecks nach 3.1. Ein Punkt $\mathbf{x} = \Phi(\mathbf{u})$ heißt *regulärer Randpunkt* von Φ, wenn er auf einer nichtentarteten Seite φ_k liegt und wenn $\det d\Phi(\mathbf{u}) > 0$. In diesem Fall läßt sich leicht zeigen, daß in der Nähe von $\mathbf{x}$ beim Durchlaufen der Pflasterseite φ_k das Pflaster zur Linken liegt. Denn das gilt beim Umlaufen des Einheitsrechtecks durch die σ_k, und Φ ist in einer Umgebung von $\mathbf{u}$ orientierungstreu.

3.5 Der Stokessche Satz für die Einheitskreisscheibe

Für die Kreisscheibe $K = K_1(0)$ und den im mathematisch positiv durchlaufenen Rand ∂K gilt

$$\int\limits_{K} \left(\frac{\partial Q}{\partial x} - \frac{\partial P}{\partial y} \right) dx\,dy = \int\limits_{\partial K} P\,dx + Q\,dy \,.$$

Denn in 2.2 hatten wir gesehen, daß unter der Parametrisierung

$$\begin{pmatrix} u \\ v \end{pmatrix} \mapsto \begin{pmatrix} u\cos 2\pi v \\ u\sin 2\pi v \end{pmatrix}$$

die längs der positiven Achse geschlitzte Kreisscheibe K' ein Pflaster ist, wobei φ_1 und φ_3 entgegengesetzt durchlaufen werden und φ_4 entartet. Also ist $\partial K = \varphi_2$. Die Behauptung folgt jetzt wegen

$$\int\limits_{K'} (\partial_x Q - \partial_y P)\,dx\,dy = \int\limits_{K} (\partial_x Q - \partial_y P)\,dx\,dy \,.$$

3.6 Pflastersatz für einmal im positiven Sinn umlaufende Wege

Sei $\alpha = \alpha_1 + \cdots + \alpha_N$ ein stückweis glatter, geschlossener Weg mit $C = \mathrm{Spur}\,(\alpha)$ in der gelochten Ebene $\mathbb{R}^2 \setminus \{0\}$ und mit Parametrisierung $t \mapsto (x(t), y(t))$ für $a \leq t \leq b$, vgl. § 24 : 4.4. Die $\alpha_k : [a_{k-1}, a_k] \to \mathbb{R}^2$ seien C^2–differenzierbar $(a = a_0 < a_1 < \cdots < a_N = b)$.

Wir sagen: α umläuft den Nullpunkt einmal positiv (einmal im positiven Sinn), wenn

(a) jeder von 0 ausgehende Strahl $\alpha(t)$ für genau ein $t \in [a, b[$ trifft und

(b) $x(t)\dot{y}(t) - \dot{x}(t)y(t) > 0$ für jede der Teilkurven α_k gilt.

SATZ. *Unter diesen Voraussetzungen läßt sich das Gebiet zwischen $K_\varrho(0)$ und C für $0 < \varrho < \mathrm{dist}\,(0, C)$ als Pflasterkette darstellen.*

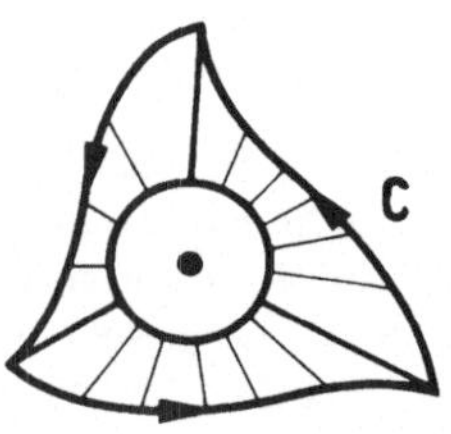

BEWEIS.

Wir geben für jedes k eine Pflasterparametrisierung des durch $K_\varrho(0)$, die $\mathrm{Spur}\,(\alpha_k)$ und die Ursprungsstrahlen durch $\alpha_k(a_{k-1})$, $\alpha_k(a_k)$ begrenzten Gebiets an.

(I) Stellen wir α_k in komplexer Schreibweise dar : $z(t) = x(t) + i\,y(t)$ für $a_{k-1} \leq t \leq a_k$, so gibt es C^2–Funktionen r, Θ mit $\Theta(t) \in [0, 2\pi[$, $z(t) = r(t)\,\mathrm{e}^{i\Theta(t)}$ und $\dot{\Theta}(t) > 0$ für $a_{k-1} \leq t \leq a_k$.

Das bedeutet, daß $z(t)$ den Nullpunkt im mathematisch positiven Sinn umläuft.

Denn nach Voraussetzung (a) ist $\Theta(t)$ zunächst eindeutig bestimmt. Die C^2–Differenzierbarkeit von $\Theta(t)$ und $r(t) = |z(t)|$ folgt etwas mühsam durch Zusammenstückeln der Umkehrformeln für die Polarkoordinatentransformation § 22 : 5.1.

Das Vorzeichen von $\dot{\Theta}(t)$ ergibt sich so: Zunächst ist

$$\frac{\dot{z}}{z} = \frac{\dot{r}\,\mathrm{e}^{i\Theta} + ir\dot{\Theta}\,\mathrm{e}^{i\Theta}}{r\,\mathrm{e}^{i\Theta}} = \frac{\dot{r}}{r} + i\dot{\Theta}\,, \quad \text{also}$$

$$\dot{\Theta} = \mathrm{Im}\,\frac{\dot{z}}{z} = \mathrm{Im}\,\frac{\dot{x} + i\dot{y}}{x + iy} = \frac{x\dot{y} - \dot{x}y}{x^2 + y^2} > 0\,.$$

(II) *Herstellung einer Pflasterparametrisierung zu $[a_{k-1}, a_k]$.* Wir verwenden wieder die komplexe Schreibweise und definieren

$$\Phi(s, t) := s\,z(t) + (1 - s)\varrho\,\mathrm{e}^{i\Theta(t)} \qquad (0 \leq s \leq 1,\ a_{k-1} \leq t \leq a_k)\,.$$

Für festes t durchläuft $s \mapsto \Phi(s,t)$ das radiale Segment zwischen dem Kreispunkt $\varrho\,e^{i\Theta(t)}$ und $z(t)$. Die Bildmenge von Φ ist der Bereich zwischen der Kreislinie und der Kurve $\boldsymbol{\alpha}$ im Winkelbereich $[\Theta(a_{k-1}),\Theta(a_k)]$, letzteres nach Voraussetzung (b). Man rechnet für $\boldsymbol{\Phi}=(\operatorname{Re}\Phi,\operatorname{Im}\Phi)$ leicht nach $\boxed{\text{ÜA}}$, daß

$$\det\left(d\boldsymbol{\Phi}(s,t)\right) = (r(t)-\varrho)\,(s\,r(t)+(1-s)\varrho)\cdot\dot\Theta(t) > 0\,.$$

$\boldsymbol{\Phi}$ läßt sich natürlich zu einer C^2–Abbildung über $[0,1]\times[a_{k-1},a_k]$ hinaus fortsetzen, indem $\boldsymbol{\alpha}_k$ geeignet fortgesetzt wird.

Zur Injektivität von $\boldsymbol{\Phi}$: Jeder Bildpunkt bestimmt das zugehörige t eindeutig. Das zugehörige s erhalten wir aus $s\,(r(t)-\varrho)+\varrho = |\Phi(s,t)|$. Die Durchlaufung von ∂M (vier nichtentartete Seiten) mache man sich an der Figur klar.

(c) Durch Zusammensetzen der zu den einzelnen Intervallen $[a_{k-1},a_k]$ konstruierten Pflaster erhalten wir offenbar eine Pflasterkette, denn zwei verschiedene Seiten treffen sich nur längs Radien und werden entgegengesetzt durchlaufen.
$\square$

4 Der Integralsatz von Gauß

4.1 Der Integralsatz für den Einheitswürfel im $\mathbb{R}^3$

Den dreidimensionalen, offenen Einheitswürfel bezeichnen wir mit

$$E^3 := \left\{(x_1,x_2,x_3)\mid 0 < x_1,x_2,x_3 < 1\right\}.$$

Die sechs Seitenflächen des Würfels numerieren wir wie folgt durch:

$$E_{1\mu} := \left\{(\mu,x_2,x_3)\mid 0 < x_2,x_3 < 1\right\} \quad (\mu=0,1)$$

$$E_{2\mu} := \left\{(x_1,\mu,x_3)\mid 0 < x_1,x_3 < 1\right\} \quad (\mu=0,1)$$

$$E_{3\mu} := \left\{(x_1,x_2,\mu)\mid 0 < x_1,x_2 < 1\right\} \quad (\mu=0,1)\,.$$

Diese Seiten orientieren wir durch Auszeichnung der folgenden Einheitsnormalenfelder $\mathbf{n}$:

$$\mathbf{n} = -\mathbf{e}_j \quad \text{auf } E_{j0}\,,$$

$$\mathbf{n} = \mathbf{e}_j \quad \text{auf } E_{j1}$$

für $j=1,2,3$. Der Leser mache sich klar, daß alle sechs Normalenfelder vom Würfel weg weisen; wir sprechen vom **äußeren Einheitsnormalenfeld** auf dem Rand ∂E^3.

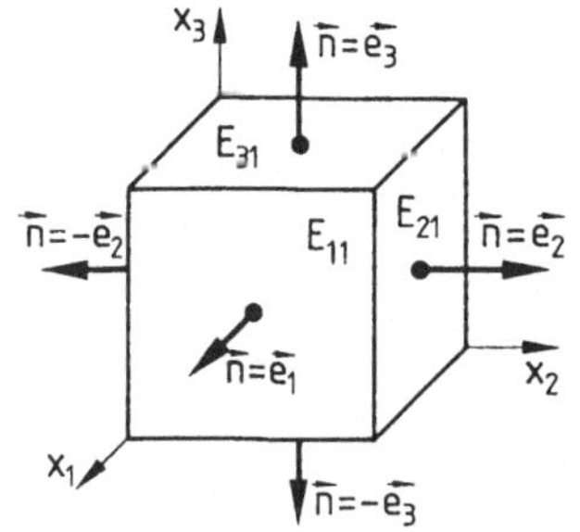

SATZ. (a) *Ist $\mathbf{v}$ ein C^1–Vektorfeld auf einer Umgebung des abgeschlossenen Einheitswürfels $\overline{E^3}$, so gilt*

$$\int\limits_{E^3} \operatorname{div} \mathbf{v}\, d^3\mathbf{x} = \int\limits_{\partial E^3} \mathbf{v} \bullet d\mathbf{o}\,.$$

Das Integral auf der rechten Seite ist dabei wie folgt definiert:

$$\int\limits_{\partial E^3} \mathbf{v} \bullet d\mathbf{o} := \sum_{j=1}^{3} \sum_{\mu=0}^{1} \int\limits_{E_{j\mu}} \mathbf{v} \bullet d\mathbf{o} = \sum_{j=1}^{3} \sum_{\mu=0}^{1} \int\limits_{E_{j\mu}} \mathbf{v} \bullet \mathbf{n}\, do\,.$$

(b) *Die Behauptung des Satzes bleibt unter den folgenden schwächeren Voraussetzungen richtig: $\mathbf{v}$ ist stetig auf $\overline{E^3}$, C^1–differenzierbar im Innern E^3, und die partiellen Ableitungen sind beschränkt in E^3.*

(c) Aus dem Beweis geht hervor, daß der Satz ebenso für beliebige achsenparallele Quader des $\mathbb{R}^3$ anstelle des Einheitswürfels gilt.

Vor dem Beweis legen wir kanonische Parametrisierungen der Würfelseiten fest, die wir auch im folgenden verwenden. Wir setzen:

$$\Lambda_{j\mu} : E^2 \to E_{j\mu}\,, \quad
\begin{cases}
\Lambda_{1\mu}(u_1, u_2) := (\mu, u_1, u_2) \\[4pt]
\Lambda_{2\mu}(u_1, u_2) := (u_1, \mu, u_2) \\[4pt]
\Lambda_{3\mu}(u_1, u_2) := (u_1, u_2, \mu)\,.
\end{cases}$$

für $j = 1, 2, 3$ und $\mu = 0, 1$, wobei E^2 das offene Einheitsquadrat ist.

Für die durch das äußere Einheitsnormalenfeld festgelegte Orientierung der Seiten gilt: $\Lambda_{j\mu}$ ist eine positive/negative Parametrisierung von $E_{j\mu}$, wenn $j + \mu$ gerade/ungerade ist $\boxed{\text{ÜA}}$ (vgl. § 25 : 3.3).

BEWEIS.

(a) Zur besseren Übersicht führen wir den Beweis zunächst unter der schärferen Voraussetzung (a). Wegen $\mathbf{n} = \mathbf{e}_j$ auf E_{j1} und $\mathbf{n} = -\mathbf{e}_j$ auf E_{j0} gilt

$$\int\limits_{E_{j\mu}} \mathbf{v} \bullet d\mathbf{o} = \int\limits_{E_{j\mu}} \mathbf{v} \bullet \mathbf{n}\, do = (-1)^{\mu+1} \int\limits_{E_{j\mu}} \mathbf{v} \bullet \mathbf{e}_j\, do = (-1)^{\mu+1} \int\limits_{E_{j\mu}} v_j\, do\,.$$

Weiter ist

$$\int\limits_{E^3} \partial_1 v_1\, d^3\mathbf{x} = \int_0^1 \int_0^1 \left(\int_0^1 \frac{\partial v_1}{\partial x_1}(x_1, x_2, x_3)\, dx_1 \right) dx_2\, dx_3$$

$$= \int_0^1 \int_0^1 \left(v_1(1, x_2, x_3) - v_1(0, x_2, x_3) \right) dx_2\, dx_3$$

$$= \int_0^1 \int_0^1 (v_1 \circ \Lambda_{11})(u_1, u_2)\, du_1\, du_2 - \int_0^1 \int_0^1 (v_1 \circ \Lambda_{10})(u_1, u_2)\, du_1\, du_2$$

$$= \int_{E_{11}} v_1 \, do \; - \; \int_{E_{10}} v_1 \, do \; = \; \int_{E_{11}} \mathbf{v} \bullet d\mathbf{o} \; + \; \int_{E_{10}} \mathbf{v} \bullet d\mathbf{o} \, .$$

Analog erhalten wir

$$\int_{E^3} \partial_2 v_2 \, d^3 \mathbf{x} = \int_{E_{21}} \mathbf{v} \bullet d\mathbf{o} + \int_{E_{20}} \mathbf{v} \bullet d\mathbf{o} \, , \qquad \int_{E^3} \partial_3 v_3 \, d^3 \mathbf{x} = \int_{E_{31}} \mathbf{v} \bullet d\mathbf{o} + \int_{E_{30}} \mathbf{v} \bullet d\mathbf{o} \, .$$

Durch Addition dieser drei Gleichungen folgt dann

$$\int_{E^3} \operatorname{div} \mathbf{v} \, d^3 \mathbf{x} = \int_{E^3} (\partial_1 v_1 + \partial_2 v_2 + \partial_3 v_3) \, d^3 \mathbf{x} = \sum_{j=1}^{3} \sum_{\mu=0}^{1} \int_{E_{j\mu}} \mathbf{v} \bullet d\mathbf{o} = \int_{\partial E^3} \mathbf{v} \bullet d\mathbf{o} \, .$$

(b) Was ändert sich bei den schwächeren Voraussetzungen (b)? Nach § 23 : 4.5 und 6.4 folgt, daß die Funktionen $\partial_1 v_1$, $\partial_2 v_2$, $\partial_3 v_3$ jeweils über E^3 integrierbar sind und die Integrale wieder sukzessive berechnet werden können. Die geänderte Schlußweise sei am Beispiel $\int\limits_{0}^{1} \partial_1 v_1 \, dx_1$ vorgeführt:

$$\int_{0}^{1} \partial_1 v_1(x_1, x_2, x_3) \, dx_1 \; = \; \lim_{\varrho \to 0} \int_{\varrho}^{1-\varrho} \partial_1 v_1(x_1, x_2, x_3) \, dx_1$$

$$= \; \lim_{\varrho \to 0} \big(v_1(1-\varrho, x_2, x_3) - v_1(\varrho, x_2, x_3) \big) \; = \; v_1(1, x_2, x_3) - v_1(0, x_2, x_3)$$

wegen der Stetigkeit. Der Rest des Beweises (a) kann voll übernommen werden.

$$\square$$

4.2 Dreidimensionale Pflaster

Wir gehen ähnlich wie bei zweidimensionalen Pflastern vor. Dreidimensionale Pflaster sind differenzierbare Bilder von abgeschlossenen Quadern im $\mathbb{R}^3$. Wir definieren sie so, daß sich mit ihrer Hilfe eine möglichst große Vielfalt von Körpern im Raum darstellen läßt, wie z.B. krumme Quader, Prismen, Pyramiden und geschlitzte Kugeln.

Durch regelmäßiges Zusammensetzen von dreidimensionalen Pflastern zu Ketten lassen sich darüberhinaus Figuren komplizierteren Typs bilden. Auf dreidimensionale Pflasterketten werden wir jedoch nicht eingehen; der Leser kann bei Bedarf die Definition für zweidimensionale Pflasterketten 2.7 unschwer auf den dreidimensionalen Fall übertragen.

$E^2 = {]0,1[}^2$ bezeichne wieder das offene Einheitsquadrat und $E^3 = {]0,1[}^3$ den offenen Einheitswürfel. $\Lambda_{j\mu}$ seien die in 4.1 eingeführten Seitenparametrisierungen des Einheitswürfels.

DEFINITION. Wir nennen $\Omega \subset \mathbb{R}^3$ ein **dreidimensionales Pflaster**, wenn es eine C^2–Abbildung

$$\mathbf{h} : U \to \mathbb{R}^3 \qquad \text{auf einer Umgebung } U \subset \mathbb{R}^3$$

des abgeschlossenen Einheitswürfels $[0,1]^3$ gibt mit folgenden Eigenschaften:

(a) $\mathbf{h}$ ist ein orientierungstreuer Diffeomorphismus (det $d\mathbf{h} > 0$) zwischen dem offenen Einheitswürfel E^3 und Ω.

(b) Für $j = 1,2,3$, $\mu = 0,1$ ist die **Seite**

$$\boldsymbol{\Phi}_{j\mu} := \mathbf{h} \circ \boldsymbol{\Lambda}_{j\mu} : E^2 \to \mathbb{R}^3$$

entweder eine Flächenparametrisierung von $M_{j\mu} := \boldsymbol{\Phi}_{j\mu}(E^2)$ (vgl. § 25 : 1.1) oder die Jacobimatrix $d\boldsymbol{\Phi}_{j\mu}$ hat Rang ≤ 1. Im letzten Fall nennen wir die Seite $\boldsymbol{\Phi}_{j\mu}$ **entartet**.

(c) Treffen sich zwei nichtentartete Seiten, $M_{j\mu} \cap M_{k\nu} \neq \emptyset$ für $(j,\mu) \neq (k,\nu)$, so sind $\boldsymbol{\Phi}_{j\mu}$ und $\boldsymbol{\Phi}_{k\nu}$ entgegengesetzt orientiert, d.h. es existiert ein C^2-Diffeomorphismus $\mathbf{f}$ von E^2 auf sich mit $\boldsymbol{\Phi}_{j\mu} = \boldsymbol{\Phi}_{k\nu} \circ \mathbf{f}$ und det $d\mathbf{f} < 0$.

$\mathbf{h} : [0,1]^3 \to \mathbb{R}^3$ nennen wir eine **Pflasterparametrisierung** von Ω. Die nach (b) zugelassene Entartung von Würfelseiten unter der Abbildung $\mathbf{h}$ erlaubt es, auch Figuren mit weniger als sechs Seitenflächen als dreidimensionale Pflaster darzustellen, z.B. quadratische Pyramiden und Prismen. Nach (c) ist das Verkleben zweier Pflasterseiten möglich; auf diese Weise lassen sich die geschlitzte Kugel und der massive Torus als dreidimensionale Pflaster realisieren.

BEISPIELE UND AUFGABEN.

(a) Zeigen Sie, daß die Kugelkoordinaten eine Pflasterparametrisierung der Kugel $K_R(\mathbf{0})$ liefern, die längs der Halbebene

$$N = \big\{ (x,0,z) \mid x \geq 0,\ z \in \mathbb{R} \big\}$$

geschlitzt ist. Welche Würfelseiten $E_{j\mu}$ degenerieren, welche werden verklebt ?

(b) Geben Sie eine Pflasterparametrisierung für die quadratische Pyramide.

(c) Desgleichen für das nebenstehend abgebildete Sechsseit.

(d) Läßt sich ein durch die Halbebene N (N wie in (a)) geschlitzter Kreiskegel als dreidimensionales Pflaster schreiben ?

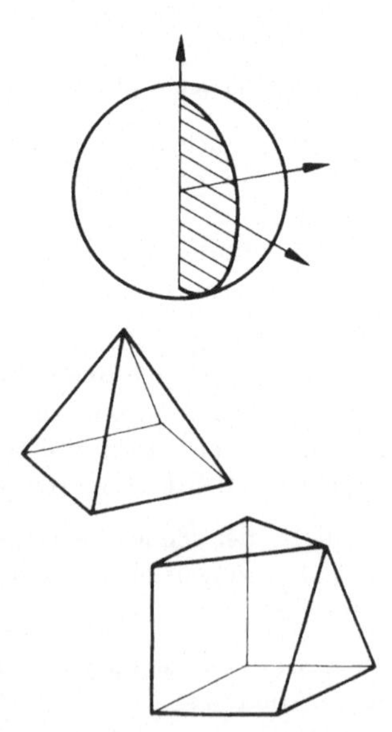

4.3 Gaußsche Gebiete und Randintegral

(a) $\Omega \subset \mathbb{R}^3$ sei ein dreidimensionales Pflaster und $\mathbf{h} : [0,1]^3 \to \mathbb{R}^3$ eine Pflasterparametrisierung von Ω. Wir bezeichnen wie oben die Seiten der Parametrisierung mit $\boldsymbol{\Phi}_{j\mu} = \mathbf{h} \circ \Lambda_{j\mu}$. Ist $\boldsymbol{\Phi}_{j\mu}$ nichtentartet, so ist die Bildmenge

$$M_{j\mu} = \boldsymbol{\Phi}_{j\mu}(E^2) = \mathbf{h}\left(\Lambda_{j\mu}(E^2)\right) = \mathbf{h}(E_{j\mu})$$

ein Flächenstück im $\mathbb{R}^3$ (Bezeichnungen von 4.1).

Die Seitenfläche $M_{j\mu}$ orientieren wir „gleichsinnig" mit $E_{j\mu}$, d.h. wir setzen fest:

$$\boldsymbol{\Phi}_{j\mu} : E^2 \to \mathbb{R}^3$$

ist eine positive (negative) Parametrisierung von $M_{j\mu}$, wenn $\Lambda_{j\mu}$ eine solche für $E_{j\mu}$ ist, d.h. wenn $j + \mu$ gerade (ungerade) ist, letzteres nach 4.1.

Für das Randintegral berücksichtigen wir nur die nichtentarteten Seiten, die übrig bleiben, wenn wir alle Paare entgegengesetzt orientierter Seiten (vgl. Bedingung 4.2 (c)) gestrichen haben. Sind diese $M_1, \ldots, M_m$ ($m \leq 6$), so erklären wir den Pflasterrand $\partial \boldsymbol{\Phi}$ durch die Kollektion $\{M_1, \ldots, M_m\}$ der M_k.

(b) Wir nennen ein Gebiet $\Omega \subset \mathbb{R}^3$ ein **Gaußsches Gebiet**, wenn der topologische Rand $\partial\Omega$ die Vereinigung von endlich vielen Flächenstücken $M_1, \ldots, M_m$ und endlich vielen Kurvenstücken ist und wenn es eine Pflasterparametrisierung $\boldsymbol{\Phi}$ von Ω gibt, so daß $\partial\boldsymbol{\Phi} = \{M_1, \ldots, M_m\}$. Wir erklären das Randintegral durch

$$\int\limits_{\partial\Omega} \mathbf{v} \bullet do := \sum_{k=1}^{m} \int\limits_{M_k} \mathbf{v} \bullet do \, ,$$

wobei die M_k durch das äußere Einheitsnormalenfeld $\mathbf{n}$ orientiert sind, d.h. der Normalenvektor von Ω wegweist.

(c) Der Leser mache sich plausibel, daß dies genau die Orientierung ist, welche die M_k durch die Festsetzung (a) erhalten. Daher gilt

$$(*) \quad \int\limits_{\partial\Omega} \mathbf{v} \bullet do = \sum_{j-1}^{3} \sum_{\mu-0}^{1} (-1)^{j+\mu} \int\limits_{E^2} \langle \mathbf{v} \circ \boldsymbol{\Phi}_{j\mu} , \partial_1 \boldsymbol{\Phi}_{j\mu} \times \partial_2 \boldsymbol{\Phi}_{j\mu} \rangle \, du_1 \, du_2 \, .$$

Denn in der rechtsstehenden Summe verschwindet das Integral jeder entarteten Seite $\boldsymbol{\Phi}$, weil $\partial_1 \boldsymbol{\Phi}$, $\partial_2 \boldsymbol{\Phi}$ linear abhängig sind und deshalb $\partial_1 \boldsymbol{\Phi} \times \partial_2 \boldsymbol{\Phi} = \mathbf{0}$ gilt. Die Integrale jedes Paars nichtentarteter, entgegengesetzt orientierter Seiten heben sich fort.

4.4 Der Gaußsche Integralsatz

Ist $\Omega \subset \mathbb{R}^3$ ein Gaußsches Gebiet und $\mathbf{v}$ ein C^1-Vektorfeld auf einer Umgebung von $\overline{\Omega}$, so gilt

$$\int\limits_{\Omega} \operatorname{div} \mathbf{v}\, d^3\mathbf{x} \;=\; \int\limits_{\partial\Omega} \mathbf{v} \bullet \mathbf{n}\, do\,.$$

Hierbei bezeichnet $\mathbf{n}$ *das äußere Einheitsnormalenfeld auf den Randseiten von* Ω.

BEMERKUNG. Der Satz gilt auch unter folgenden schwächeren Voraussetzungen an das Vektorfeld $\mathbf{v}$: $\mathbf{v}$ ist stetig auf $\overline{\Omega}$, C^1–differenzierbar in Ω und beide Integrale existieren. Für die Existenz der Integrale ist hinreichend, daß $\|\mathbf{v}\|$ und $\operatorname{div}\mathbf{v}$ beschränkt sind (vgl. §23:4.5).

BEWEIS. Dieser verläuft ganz nach dem Muster des zweidimensionalen Falles 2.4. Wir geben deshalb aus Platzgründen nur die wichtigsten Schritte an und überlassen dem Leser die (zum Teil länglichen) Rechnungen.

Wir wählen für Ω eine Pflasterparametrisierung $\mathbf{h}$ und verwenden die Bezeichnungen $\Lambda_{j\mu}$, $\Phi_{j\mu}$, $M_{j\mu}$ von 4.1 und 4.2. Weiter setzen wir

$$a_{ik} = \langle\, \mathbf{v} \circ \mathbf{h}\,,\, \partial_i \mathbf{h} \times \partial_k \mathbf{h}\,\rangle\,, \quad \mathbf{w} = a_{12}\mathbf{e}_3 + a_{23}\mathbf{e}_1 + a_{31}\mathbf{e}_2$$

und bezeichnen das äußere Einheitsnormalenfeld des Würfelrandes ∂E^3 mit $\mathbf{N}$.

(a) Für festes (j,μ) gilt mit $\Lambda := \Lambda_{j\mu}$, $\Phi := \Phi_{j\mu}$

$$\langle\, \mathbf{v} \circ \Phi\,,\, \partial_1 \Phi \times \partial_2 \Phi\,\rangle = \langle\, \mathbf{w} \circ \Lambda\,,\, \partial_1 \Lambda \times \partial_2 \Lambda\,\rangle = (-1)^{j+\mu} \langle\, \mathbf{w} \circ \Lambda\,,\, \mathbf{N}\,\rangle\,.$$

Dies ergibt sich durch Anwendung der Kettenregel auf $\Phi = \mathbf{h} \circ \Lambda$.

(b) Hieraus folgt zusammen mit der Gleichung 4.3 $(*)$ und dem Gaußschen Integralsatz für den Einheitswürfel 4.1

$$\int\limits_{\partial\Omega} \mathbf{v} \bullet \mathbf{n}\, do \;=\; \int\limits_{\partial E^3} \mathbf{w} \bullet \mathbf{N}\, do \;=\; \int\limits_{E^3} \operatorname{div} \mathbf{w}\, d^3\mathbf{u}\,.$$

(c) Es gilt

$$\operatorname{div}\mathbf{w} = \big((\operatorname{div}\mathbf{v}) \circ \mathbf{h}\big) \cdot \det(d\mathbf{h})\,.$$

Bei der Herleitung ist $\partial_i \partial_k \mathbf{h} = \partial_k \partial_i \mathbf{h}$ zu beachten.

(d) Die Anwendung des Transformationssatzes für Integrale auf den orientierungstreuen Diffeomorphismus $\mathbf{h} : E^3 \to \Omega$ (d.h. $\det d\mathbf{h} > 0$) liefert

$$\int\limits_{\partial\Omega} \mathbf{v} \bullet \mathbf{n}\, do \;=\; \int\limits_{E^3} \operatorname{div} \mathbf{w}\, d^3\mathbf{u} \;=\; \int\limits_{E^3} \big((\operatorname{div}\mathbf{v}) \circ \mathbf{h}\big) \cdot |\det(d\mathbf{h})|\, d^3\mathbf{u}$$

$$= \int\limits_{\Omega} \operatorname{div} \mathbf{v}\, d^3\mathbf{x}\,. \qquad\qquad \Box$$

5 Anwendungen des Gaußschen Satzes, Greensche Formeln

5.1 Aufgabe. $\Omega \subset \mathbb{R}^3$ sei die Pyramide mit der Spitze e_3 und dem Quadrat $Q = \{(x,y,0) \mid |x| < 1, |y| < 1\}$ als Grundseite. Ferner sei $\mathbf{v}$ das Vektorfeld $(x,y,z) \mapsto (x^4, z^3, y^2)$. Berechnen Sie zunächst das Integral $\int\limits_Q \mathbf{v} \bullet d\mathbf{o}$ und dann mit Hilfe des Gaußschen Satzes das Integral $\int\limits_M \mathbf{v} \bullet d\mathbf{o}$ über die Mantelfläche $M = \partial\Omega \setminus Q$ (zu verstehen als Summe der Integrale über die vier Mantelseiten).

5.2 Der Gaußsche Integralsatz für die Kugel

$$\int\limits_{K_R(\mathbf{a})} \operatorname{div} \mathbf{v}\, d^3\mathbf{x} \; = \; \int\limits_{\partial K_R(\mathbf{a})} \mathbf{v} \bullet \mathbf{n}\, do\,.$$

$\mathbf{n}$ ist dabei das äußere Normalenfeld. Zeigen Sie, daß die Voraussetzungen des Gaußschen Integralsatzes erfüllt sind, indem Sie ähnlich wie bei der Pflasterparametrisierung der Kreisscheibe 3.5 vorgehen.

5.3 Volumen als Oberflächenintegral

Zeigen Sie für jedes dreidimensionale Pflaster Ω, daß das Volumen als Oberflächenintegral geschrieben werden kann:

$$V^3(\Omega) = \tfrac{1}{3} \int\limits_{\partial\Omega} \mathbf{x} \bullet \mathbf{n}\, do\,.$$

5.4 Volumen des von einem zweidimensionalen Pflaster aufgespannten Raumwinkelbereichs

(a) Sei M ein Flächenstück auf der Sphäre $S = \{\mathbf{x} \in \mathbb{R}^3 \mid \|\mathbf{x}\| = 1\}$. Der Flächeninhalt $A(M)$ mißt den von M aufgespannten **Raumwinkel** ω. Nach § 25 : 2.4 spannt S selbst den Raumwinkel 4π auf.

(b) Sei M ein zweidimensionales Pflaster im $\mathbb{R}^3$ mit $\mathbf{0} \notin \overline{M}$, das von jedem Strahl durch $\mathbf{0}$ höchstens einmal und nicht tangential getroffen wird und Ω der von M aufgespannte Kegel mit Spitze $\mathbf{0}$. Dann gilt für jede Pflasterparametrisierung $\boldsymbol{\Phi}$ von M

$$V(\Omega) = \pm\tfrac{1}{3} \int\limits_0^1 \int\limits_0^1 \langle \boldsymbol{\Phi}, \partial_1\boldsymbol{\Phi} \times \partial_2\boldsymbol{\Phi} \rangle\, du_1\, du_2\,.$$

(c) Deuten Sie in diesem Fall in der Formel 5.3 $d\omega = \dfrac{\mathbf{x}}{\|\mathbf{x}\|^2} \bullet \mathbf{n}\, do$ als das vom Ursprung aus gesehene Raumwinkelelement.

5.5 Die vektoriellen Versionen des Gaußschen Integralsatzes

Zeigen Sie, daß unter geeigneten Voraussetzungen gilt:

$$\int_\Omega \nabla p \, d^3\mathbf{x} = \int_{\partial\Omega} p\,\mathbf{n}\, do, \qquad \int_\Omega \operatorname{rot}\mathbf{v}\, d^3\mathbf{x} = \int_{\partial\Omega} \mathbf{n}\times\mathbf{v}\, do.$$

Die Integrale werden hierbei komponentenweise gebildet.

Hinweis: Wenden Sie den Gaußschen Integralsatz auf die einkomponentigen Vektorfelder $\mathbf{v} = f\cdot\mathbf{e}_i$ an und setzen Sie die dabei entstehenden drei Integralformeln geeignet zusammen. Beachten Sie § 24 : 7.2

5.6 Partielle Integration

Sei Ω ein Gaußsches Gebiet. Die Funktionen u, v seien C^1-differenzierbar in einer Umgebung von $\overline{\Omega}$, und eine von ihnen verschwinde auf $\partial\Omega$. Dann gilt für $k = 1, 2, 3$

$$\int_\Omega u\,\frac{\partial v}{\partial x_k}\, d^3\mathbf{x} \;=\; -\int_\Omega \frac{\partial u}{\partial x_k} v\, d^3\mathbf{x}.$$

BEMERKUNG. Der Satz gilt auch unter der schwächeren Differenzierbarkeitsvoraussetzung $u, v \in C^1(\Omega)\cap C^0(\overline{\Omega})$.

Beweis als Übungsaufgabe; beachten Sie den Hinweis in 5.5.

5.7 Die Greenschen Integralformeln

Sei $\Omega \subset \mathbb{R}^3$ ein Gaußsches Gebiet und u, v seien C^2-Funktionen in einer Umgebung von $\overline{\Omega}$. Dann gilt

$$(a) \quad \int_\Omega \left(\langle \nabla u, \nabla v\rangle + u\Delta v\right) d^3\mathbf{x} \;=\; \int_{\partial\Omega} u\cdot\frac{\partial v}{\partial \mathbf{n}}\, do,$$

$$(b) \quad \int_\Omega \left(u\Delta v - v\Delta u\right) d^3\mathbf{x} \;=\; \int_{\partial\Omega} \left(u\cdot\frac{\partial v}{\partial\mathbf{n}} - v\cdot\frac{\partial u}{\partial\mathbf{n}}\right) do.$$

Hierbei bezeichnet

$$\frac{\partial u}{\partial\mathbf{n}}(\mathbf{x}) \;=\; \partial_\mathbf{n} u(\mathbf{x}) \;=\; \frac{\partial}{\partial t} u(\mathbf{x} + t\,\mathbf{n}(\mathbf{x}))\Big|_{t=0} = \langle \nabla u(\mathbf{x}), \mathbf{n}(\mathbf{x})\rangle$$

die Richtungsableitung von u bezüglich des äußeren Einheitsnormalenfeldes $\mathbf{n}$ von $\partial\Omega$, vgl. § 22 : 3.2.

BEMERKUNG. Die beiden Integralformeln gelten noch unter den schwächeren Bedingungen: u, v sind C^2-differenzierbar in Ω und lassen sich mitsamt ihren partiellen Ableitungen erster Ordnung stetig auf $\overline{\Omega}$ fortsetzen; ferner seien die zweiten partiellen Ableitungen beschränkt auf Ω. Dies ergibt sich aus der Bemerkung zum Gaußschen Integralsatz 4.4.

BEWEIS.

(a) ergibt sich durch Anwendung des Gaußschen Integralsatzes auf das Vektorfeld $\mathbf{w} := u \cdot \nabla v$. Denn mit der Produktregel § 24 : 7.2 (c),

$$\operatorname{div} \mathbf{w} = \operatorname{div}(u \cdot \nabla v) = \langle \nabla u, \nabla v \rangle + u \Delta v \,,$$

erhalten wir

$$\int\limits_{\Omega} \left(\langle \nabla u, \nabla v \rangle + u \Delta v \right) d^3\mathbf{x} = \int\limits_{\Omega} \operatorname{div} \mathbf{w}\, d^3\mathbf{x} = \int\limits_{\partial\Omega} \langle \mathbf{w}, \mathbf{n} \rangle\, do$$

$$= \int\limits_{\partial\Omega} u \langle \nabla v, \mathbf{n} \rangle\, do = \int\limits_{\partial\Omega} u \cdot \frac{\partial v}{\partial \mathbf{n}}\, do \,.$$

(b) folgt unmittelbar durch zweimalige Anwendung von (a). $\square$

AUFGABE. Erfüllt $u \neq 0$ die Voraussetzungen für die Greenschen Formeln, ist ferner $u(\mathbf{x}) = 0$ für $\mathbf{x} \in \partial\Omega$ und gilt die Eigenwertgleichung

$$-\Delta u = \lambda u$$

auf Ω, so ist λ postiv.

Hinweis: Multiplizieren Sie die Eigenwertgleichung mit u, und integrieren Sie!

6 Anwendungen der Integralsätze in der Physik

6.1 Massenerhaltungssatz und Kontinuitätsgleichung

$\mathbf{v}(t, \mathbf{x})$ sei das Geschwindigkeitsfeld einer Flüssigkeits– oder Gasströmung und $\varrho(t, \mathbf{x})$ die Massendichte zur Zeit t an der Stelle $\mathbf{x}$. Die in einem Raumgebiet Ω zur Zeit t enthaltene Masse ist gegeben durch das Integral

$$\int\limits_{\Omega} \varrho(t, \mathbf{x})\, d^3\mathbf{x} \,.$$

Die pro Zeiteinheit durch den Rand $\partial\Omega$
nach außen fließende Masse ist

$$\int\limits_{\partial\Omega} \varrho\, \mathbf{v} \bullet \mathbf{n}\, do \,,$$

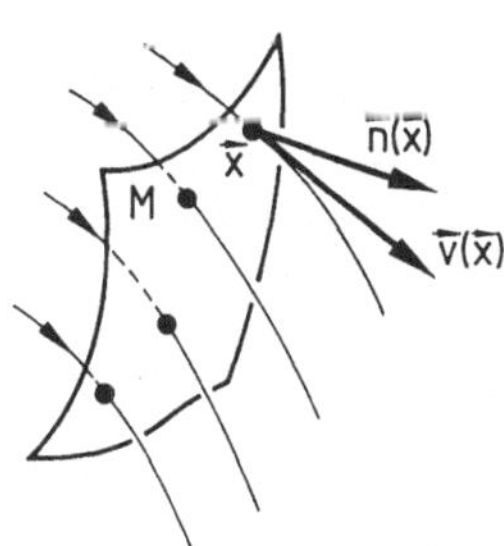

wobei $\mathbf{n}$ das äußere Einheitsfeld von Ω
ist (die Figur zeigt den Fluß durch ein
Stück M des Randes).

Massenerhaltung bedeutet somit

$$\underbrace{\frac{d}{dt} \int_{\Omega} \varrho(t, \mathbf{x})\, d^3\mathbf{x}}_{\substack{\text{Zunahme an} \\ \text{Masse in } \Omega}} + \underbrace{\int_{\partial\Omega} \varrho\, \mathbf{v} \bullet \mathbf{n}\, do}_{\substack{\text{Abfluß an Masse} \\ \text{durch } \partial\Omega}} = 0$$

für jedes Raumgebiet $\Omega \subset \mathbb{R}^3$ und jeden Zeitpunkt t. Dies ist die *integrale Fassung des Massenerhaltungssatzes*. Zur Herleitung der differentiellen Fassung wenden wir auf das zweite Integral den Gaußschen Integralsatz an und erhalten

$$\int_{\Omega} \left(\frac{\partial \varrho}{\partial t} + \operatorname{div}(\varrho\, \mathbf{v}) \right) d^3\mathbf{x} = 0$$

für jedes Raumgebiet Ω. Daraus folgt die **Kontinuitätsgleichung**

$$\frac{\partial \varrho}{\partial t} + \operatorname{div}(\varrho\, \mathbf{v}) = 0 \,.$$

(*differentielle Fassung des Massenerhaltungssatzes*).

Denn wäre $\partial_t \varrho + \operatorname{div}(\varrho\, \mathbf{v})$ an einer Stelle $\mathbf{a}$ von Null verschieden, etwa positiv, so wäre dies auch in einer Umgebung $\Omega = K_r(\mathbf{a})$ der Fall, also wäre das Integral über dieses Ω positiv.

Bei der Strömung einer inkompressiblen Flüssigkeit ist die Dichte ϱ konstant, also gilt $\operatorname{div} \mathbf{v} = 0$. Allgemein sprechen wir von einer *inkompressiblen stationären Strömung*, wenn ϱ zeitlich und räumlich konstant ist. In diesem Fall gilt

$$\operatorname{div} \mathbf{v} = 0 \,.$$

BEMERKUNGEN. Die vorangehenden Betrachtungen behalten ihre Gültigkeit weit über die Hydrodynamik hinaus, beispielsweise kann ϱ die elektrische Ladungsverteilung bedeuten. Mit Hilfe der Kontinuitätsgleichung wird auch die zeitabhängige Wärmeleitungsgleichung hergeleitet.

6.2 Die „physikalischen Definitionen" von Divergenz und Rotation

Für ein C^1–Vektorfeld $\mathbf{v}$ auf $\Omega \subset \mathbb{R}^3$ lassen sich Divergenz und Rotation in jedem Punkt durch Integralmittelwerte darstellen:

$$(\operatorname{div} \mathbf{v})(\mathbf{a}) = \lim_{r \to 0} \frac{3}{4\pi r^3} \int_{S_r(\mathbf{a})} \mathbf{v} \bullet \mathbf{n}\, do \,.$$

Hierbei ist $S_r(\mathbf{a}) = \left\{ \mathbf{x} \in \mathbb{R}^3 \mid \|\mathbf{x} - \mathbf{a}\| = r \right\}$ die r–Sphäre um $\mathbf{a}$, und $\mathbf{n}$ ist das äußere Einheitsnormalenfeld. Für jeden Vektor $\mathbf{c}$ der Länge 1 gilt

$$\langle (\operatorname{rot} \mathbf{v})(\mathbf{a}), \mathbf{e} \rangle \;=\; \lim_{r \to 0} \frac{1}{4\pi r^2} \int\limits_{C_r(\mathbf{a},\mathbf{e})} \mathbf{v} \bullet d\mathbf{x}; \qquad \textit{dabei ist}$$

$$C_r(\mathbf{a},\mathbf{e}) \;=\; S_r(\mathbf{a}) \cap \left\{ \mathbf{x} \in \mathbb{R}^3 \mid \langle \mathbf{x} - \mathbf{a}, \mathbf{e} \rangle \;=\; 0 \right\}$$

der r-Kreis um $\mathbf{a}$ senkrecht zu $\mathbf{e}$. Dieser Kreis ist so zu durchlaufen, daß für $\mathbf{x} \in C_r(\mathbf{a},\mathbf{e})$ die Vektoren $\mathbf{e}$, $\mathbf{x} - \mathbf{a}$ und der Tangentenvektor in $\mathbf{x}$ der Dreifingerregel genügen.

Physikalische Deutung. Bei Flüssigkeitströmungen ohne Massenerhaltung ist $\int\limits_{S_r(\mathbf{a})} \mathbf{v} \bullet \mathbf{n}\, do$ nach 6.1 die durch den Rand pro Zeiteinheit strömende Flüssigkeitsmenge, der Fluß durch $S_r(\mathbf{a})$. Ist dieser positiv (bzw. negativ), so muß in $K_r(\mathbf{a})$ eine Quelle (bzw. Senke) vorhanden sein. Aus der ersten der beiden Formeln ergibt sich, daß $\operatorname{div} \mathbf{v}(\mathbf{a})$ als **Quelldichte** an der Stelle $\mathbf{a}$ interpretiert werden kann.

Aus der zweiten Formel ergibt sich die Interpretation von $\operatorname{rot} \mathbf{v}(\mathbf{a})$ als **flächenhafte Wirbeldichte**: Das Wegintegral $\int\limits_{C_r(\mathbf{a},\mathbf{e})} \mathbf{v} \bullet d\mathbf{x}$ (Zirkulation längs $C_r(\mathbf{a},\mathbf{e})$) mißt den Grad der Wirbelbildung um $\mathbf{a}$ in der Fläche senkrecht zu $\mathbf{e}$.

BEWEIS.

(a) Für jede stetige Funktion f auf Ω gilt

$$f(\mathbf{a}) \;=\; \lim_{r \to 0} \frac{1}{V^3(K_r(\mathbf{a}))} \int\limits_{K_r(\mathbf{a})} f\, d^3\mathbf{x} \;=\; \lim_{r \to 0} \frac{3}{4\pi r^3} \int\limits_{K_r(\mathbf{a})} f\, d^3\mathbf{x} \, .$$

Denn wählen wir zu $\varepsilon > 0$ ein $\delta > 0$ mit

$$\left| f(\mathbf{x}) - f(\mathbf{a}) \right| \leq \varepsilon \quad \text{für} \quad \| \mathbf{x} - \mathbf{a} \| \leq \delta \, ,$$

so folgt für $0 < r \leq \delta$

$$\left| f(\mathbf{a}) - \frac{3}{4\pi r^3} \int\limits_{K_r(\mathbf{a})} f(\mathbf{x})\, d^3\mathbf{x} \right| \;=\; \frac{3}{4\pi r^3} \left| \int\limits_{K_r(\mathbf{a})} (f(\mathbf{a}) - f(\mathbf{x}))\, d^3\mathbf{x} \right|$$

$$\leq \frac{3}{4\pi r^3} \int\limits_{K_r(\mathbf{a})} \left| f(\mathbf{a}) - f(\mathbf{x}) \right| d^3\mathbf{x} \;\leq\; \varepsilon \, .$$

(b) Hieraus folgt zusammen mit dem Gaußschen Integralsatz

$$(\operatorname{div} \mathbf{v})(\mathbf{a}) \;=\; \lim_{r \to 0} \frac{3}{4\pi r^3} \int\limits_{K_r(\mathbf{a})} \operatorname{div} \mathbf{v}\, d^3\mathbf{x} \;=\; \lim_{r \to 0} \frac{3}{4\pi r^3} \int\limits_{S_r(\mathbf{a})} \mathbf{v} \bullet \mathbf{n}\, do \, .$$

(c) Die zweite Identität folgt ebenso mit Hilfe des Stokesschen Integralsatzes, angewandt auf die Kreisscheibe $K_r(\mathbf{a},\mathbf{e})$ mit Normalenvektor $\mathbf{n} = \mathbf{e}$ und Rand

$C_r(\mathbf{a}, \mathbf{e})$:

$$\langle (\operatorname{rot} \mathbf{v})(\mathbf{a}), \mathbf{e} \rangle = \lim_{r \to 0} \frac{1}{\pi r^2} \int_{K_r(\mathbf{a}, \mathbf{e})} \operatorname{rot} \mathbf{v} \bullet \mathbf{n} \, do = \lim_{r \to 0} \frac{1}{\pi r^2} \int_{C_r(\mathbf{a}, \mathbf{e})} \mathbf{v} \bullet d\mathbf{x} . \quad \Box$$

6.3 Das Beschleunigungsfeld einer Flüssigkeitströmung

Bezeichnet $\mathbf{v}(t, \mathbf{x})$ die Geschwindigkeit und $\mathbf{b}(t, \mathbf{x})$ die Beschleunigung eines Teilchens, das sich zur Zeit t im Raumpunkt $\mathbf{x} \in \mathbb{R}^3$ befindet, so besteht die Beziehung

$$\mathbf{b}(t, \mathbf{x}) = \left(\frac{\partial \mathbf{v}}{\partial t} + \sum_{i=1}^{3} v_i \frac{\partial \mathbf{v}}{\partial x_i} \right) (t, \mathbf{x}) .$$

Denn ist $t \mapsto \boldsymbol{\alpha}(t)$ die Bahn eines Teilchens, so hat dieses zur Zeit t im Raumpunkt $\mathbf{x} = \boldsymbol{\alpha}(t)$ die Geschwindigkeit $\dot{\boldsymbol{\alpha}}(t) = \mathbf{v}(t, \boldsymbol{\alpha}(t))$ und damit die Beschleunigung

$$\mathbf{b}(t, \mathbf{x}) = \ddot{\boldsymbol{\alpha}}(t) . = \frac{d}{dt} \mathbf{v}(t, \boldsymbol{\alpha}(t)) = \frac{\partial \mathbf{v}}{\partial t}(t, \boldsymbol{\alpha}(t)) + \sum_{i=1}^{3} \frac{\partial \mathbf{v}}{\partial x_i}(t, \boldsymbol{\alpha}(t)) \cdot \dot{\alpha}_i(t)$$

$$= \frac{\partial \mathbf{v}}{\partial t}(t, \mathbf{x}) + \sum_{i=1}^{3} \frac{\partial \mathbf{v}}{\partial x_i}(t, \mathbf{x}) \cdot v_i(t, \mathbf{x}) .$$

6.4 Der Impulserhaltungssatz für ideale Flüssigkeiten

Auf ein deformierbares Medium können zwei Arten von Kräften einwirken, *Raumkräfte* und *Oberflächenkräfte*. Zu den ersteren gehören Gravitationskräfte und elektrostatische Kräfte. Sie lassen sich durch eine Kraftdichte $\mathbf{G}(t, \mathbf{x})$ pro Masseneinheit beschreiben. Die auf ein räumliches Gebiet zur Zeit t wirkende Raumkraft ist also durch das vektorwertige Integral

$$\int_{\Omega} \mathbf{G}(t, \mathbf{x}) \, \varrho(t, \mathbf{x}) \, d^3\mathbf{x} = \sum_{i=1}^{3} \mathbf{e}_i \int_{\Omega} G_i(t, \mathbf{x}) \, \varrho(t, \mathbf{x}) \, d^3\mathbf{x}$$

gegeben.

Oberflächenkräfte sind bei einer idealen (nicht zähen) Flüssigkeit durch den Skalardruck $p(t, \mathbf{x}) \geq 0$ beschreibbar. Greift man zum Zeitpunkt t ein Raumteil $\Omega \subset \mathbb{R}^3$ heraus, so muß zur Erhaltung des Gleichgewichts auf Ω die Oberflächenkraft

$$- \int_{\partial \Omega} p(t, \mathbf{x}) \mathbf{n}(\mathbf{x}) \, do = - \sum_{i=1}^{3} \mathbf{e}_i \int_{\partial \Omega} p(t, \mathbf{x}) \, n_i(\mathbf{x}) \, do ,$$

wirken, wobei $\mathbf{n}$ das äußere Einheitsnormalenfeld von Ω ist. Die Druckkraft greift an jedem Oberflächenelement senkrecht an, weil die Flüssigkeitsteilchen frei verschiebbar sind.

Bezeichnet $\mathbf{b}(t,\mathbf{x})$ den Beschleunigungsvektor des Teilchens, das sich zur Zeit t an der Stelle $\mathbf{x}$ befindet, so wird Impulserhaltung beschrieben durch die Kräftebilanz

$$\underbrace{\int_{\Omega} \varrho\,\mathbf{b}\,d^3\mathbf{x}}_{\text{Beschleunigungskraft}} = \underbrace{\int_{\Omega} \varrho\,\mathbf{G}\,d^3\mathbf{x}}_{\text{Raumkraft}} + \underbrace{\int_{\partial\Omega} (-p\,\mathbf{n})\,do}_{\text{Oberflächenkraft}}$$

für jedes Raumgebiet Ω und jeden Zeitpunkt t.

Die differentielle Fassung des Impulserhaltungssatzes gewinnen wir, indem wir auf das dritte Integral den Gaußschen Integralsatz in der vektoriellen Fassung 5.5 anwenden:

$$\int_{\partial\Omega} p\,\mathbf{n}\,do = \int_{\Omega} \nabla p\,d^3\mathbf{x}\,.$$

Hiermit ergibt sich $\displaystyle\int_{\Omega} (\varrho\,\mathbf{b} - \varrho\,\mathbf{G} + \nabla p)\,d^3\mathbf{x} = 0$ für jedes $\Omega \subset \mathbb{R}^3$, woraus wir wie in 6.2 die Gleichung

$$\varrho\,\mathbf{b} = \varrho\,\mathbf{G} - \nabla p$$

erhalten. Drücken wir die Beschleunigung $\mathbf{b}$ gemäß 6.3 durch die Geschwindigkeit aus, so ergibt sich als differentielle Form des Impulserhaltungssatzes

$$\frac{\partial\mathbf{v}}{\partial t} + \sum_{i=1}^{3} v_i\,\frac{\partial\mathbf{v}}{\partial x_i} = \mathbf{G} - \frac{1}{\varrho}\nabla p\,.$$

Diese drei Gleichungen, zusammen mit der Kontinuitätsgleichung 6.1, sind die **Eulerschen Gleichungen der Hydrodynamik** (1755).

Eine Anwendung der integralen Form des Impulserhaltungssatzes ist das **Archimedische Prinzip**:

Taucht man in eine ruhende Flüssigkeit einen Körper ein, so wirkt auf diesen eine Auftriebskraft, deren Betrag dem Gewicht der verdrängten Flüssigkeit entspricht.

Denn ist g die Erdbeschleunigung und Ω der vom Körper eingenommene Raum, so ergibt sich mit

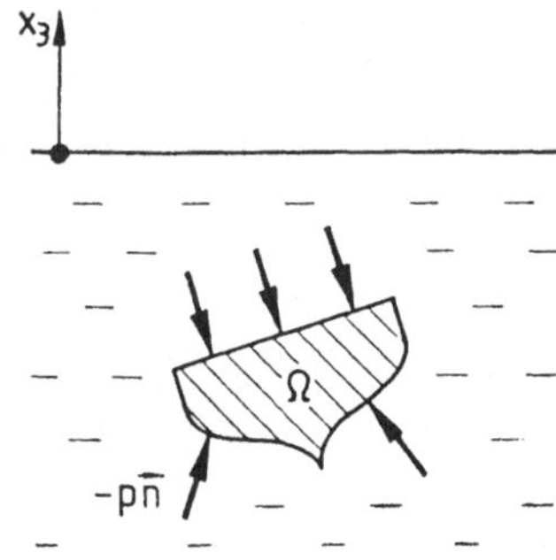

$$\mathbf{v} = 0\,, \qquad \mathbf{G} = -g\,\mathbf{e}_3\,,$$

und dem Impulserhaltungssatz

$$\int\limits_{\partial\Omega} (-p\mathbf{n})\, do = -\int\limits_{\Omega} \varrho\mathbf{G}\, d^3\mathbf{x} = \int\limits_{\Omega} \varrho g\mathbf{e}_3\, d^3\mathbf{x} = A \cdot \mathbf{e}_3\,,$$

dabei ist

$$A = \int\limits_{\Omega} \varrho g\, d^3\mathbf{x}$$

das Gewicht der verdrängten Flüssigkeit.

6.5 Ebene stationäre, inkompressible, wirbelfreie Strömungen

Wir betrachten die Strömung eines inkompressiblen Gases mit Massenerhaltung und einem stationären (zeitlich konstanten) Geschwindigkeitsfeld $\mathbf{v}(\mathbf{x})$. Bildet dieses Feld keine Wirbel, d.h. verschwindet die *Zirkulation* $\int\limits_{\gamma} \mathbf{v} \bullet d\mathbf{x} = 0$ für jede geschlossene Kurve γ, so besteht nach §24:5.4 die Integrabilitätsbedingung

$$\operatorname{rot} \mathbf{v} = 0\,.$$

Die Inkompressibilität bedeutet nach 6.1

$$\operatorname{div} \mathbf{v} = 0\,.$$

Ist nun die räumliche Konfiguration in jeder Ebene $z = \text{const}$ gleich, wie z.B. beim Modell eines unendlich langen Tragflügels, vergleiche dazu die Figur in 3.2, so können wir uns auf ein ebenes Modell beschränken:

$$v_1 = v_1(x, y)\,, \qquad v_2 = v_2(x, y)\,, \qquad v_3 = 0\,.$$

Wirbelfreiheit und Inkompressibilität bedeuten in diesem Fall dann

$$\frac{\partial v_2}{\partial x} - \frac{\partial v_1}{\partial y} = 0\,, \qquad \frac{\partial v_1}{\partial x} + \frac{\partial v_2}{\partial y} = 0\,.$$

Ebene Felder, die diesen Differentialgleichungen genügen, werden mittels komplexer Rechnung behandelt. Auf diese Weise werden solche Strömungsprobleme eine Anwendung der (komplexen) Funktionentheorie, der wir uns nun zuwenden.

Kapitel VII Einführung in die Funktionentheorie

§ 27 Die Hauptsätze der Funktionentheorie

1 Holomorphie und Cauchy–Riemannsche DGln

1.1 Topologie in der Zahlenebene

Die Auffasung des $\mathbb{R}^2$ als komplexe Zahlenebene und das Ausnützen der multiplikativen Struktur von $\mathbb{C}$ geben der Vektoranalysis in $\mathbb{R}^2$ ein ganz neues Gesicht. Die daraus entstandene Funktionentheorie ist ein selbständiges Gebiet der Mathematik und ein wichtiges Hilfsmittel für alle Bereiche der Analysis.

Für zwei komplexe Zahlen $z_1 = x_1 + iy_1$, $z_2 = x_2 + iy_2$ ist $|z_1 - z_2|$ der euklidische Abstand der Vektoren $\begin{pmatrix} x_1 \\ y_1 \end{pmatrix}$ und $\begin{pmatrix} x_2 \\ y_2 \end{pmatrix}$ im $\mathbb{R}^2$. Daher können wir alle topologischen Begriffe des $\mathbb{R}^2$ auf $\mathbb{C}$ übertragen. So heißt eine Menge $M \subset \mathbb{C}$ offen bzw. abgeschlossen bzw. kompakt usw., wenn sie als Teilmenge des $\mathbb{R}^2$ die entsprechenden Eigenschaften hat. Die Konvergenz $z_n \to z$ bedeutet $|z - z_n| \to 0$ oder, gleichbedeutend damit, $\operatorname{Re} z_n \to \operatorname{Re} z$ und $\operatorname{Im} z_n \to \operatorname{Im} z$; näheres dazu in § 7:3.

In der Funktionentheorie betrachten wir **komplexe Funktionen**

$$f : \Omega \to \mathbb{C}, \qquad z \mapsto f(z).$$

Dabei bezeichnet Ω stets ein Gebiet in der Zahlenebene. Eine solche Funktion hat also die Form

$$x + iy \mapsto u(x,y) + i\,v(x,y).$$

BEISPIEL: $z = x + iy \mapsto \mathrm{e}^z = \mathrm{e}^x \cos y + i\,\mathrm{e}^x \sin y$.

Grenzwerte komplexer Funktionen. Ist U eine Umgebung von $a \in \mathbb{C}$ und f in $U \setminus \{a\}$ erklärt, so schreiben wir

$$\lim_{z \to a} f(z) = b,$$

falls $\lim\limits_{n \to \infty} f(z_n) = b$ für **jede** Folge (z_n) in $U \setminus \{a\}$ mit $z_n \to a$.

Aus $\lim\limits_{z \to a} f(z) = b$ folgt insbesondere für reelle h

$$\lim_{h \to 0} f(a + h) = b \quad \text{und} \quad \lim_{h \to 0} f(a + ih) = b.$$

BEISPIEL. $\lim\limits_{z\to 0} \dfrac{e^z - 1}{z} = 1$. Denn für $z \neq 0$ gilt nach § 10 : 1.3

$$\left|\frac{e^z - 1}{z} - 1\right| = \left|\frac{e^z - 1 - z}{z}\right| = \left|\sum_{k=2}^{\infty} \frac{z^{k-1}}{k!}\right| \leq \sum_{k=2}^{\infty} |z|^{k-1} = \frac{|z|}{1 - |z|}.$$

Aus der Existenz der Grenzwerte

$$\lim_{z\to a} f(z) = b, \qquad \lim_{z\to a} g(z) = c$$

folgt wie im Reellen die Existenz der Grenzwerte

$$\lim_{z\to a} |f(z)| = |b|,$$

$$\lim_{z\to a} \big(\alpha f(z) + \beta g(z)\big) = \alpha b + \beta c \quad \text{für} \quad \alpha, \beta \in \mathbb{C},$$

$$\lim_{z\to a} f(z) \cdot g(z) = b \cdot c$$

$$\lim_{z\to a} \frac{f(z)}{g(z)} = \frac{b}{c}, \quad \text{falls} \quad c \neq 0.$$

Das wird genauso wie in § 8 bewiesen $\boxed{\text{ÜA}}$; der Nachweis kann auch durch Rückgriff auf Real- und Imaginärteil geführt werden.

1.2 Komplexe Differenzierbarkeit

Eine komplexe Funktion $f : \Omega \to \mathbb{C}$ heißt an der Stelle a **komplex differenzierbar**, wenn die **komplexe Ableitung**

$$\lim_{z\to a} \frac{f(z) - f(a)}{z - a} =: f'(a)$$

existiert. Diese wird auch mit $\frac{df}{dz}(a)$ bezeichnet. Bevor wir diesen Begriff näher analysieren, formulieren wir die wichtigsten

Eigenschaften der komplexen Differentiation

(a) *Ist f an der Stelle a differenzierbar, so ist f dort stetig.*

(b) *Sind $f, g : \Omega \to \mathbb{C}$ an der Stelle $a \in \Omega$ differenzierbar, so existieren auch die folgenden Ableitungen:*

$$(\alpha f + \beta g)'(a) = \alpha f'(a) + \beta g'(a) \quad \text{für} \quad \alpha, \beta \in \mathbb{C},$$

$$(fg)'(a) = f'(a)g(a) + f(a)g'(a) \qquad (Produktregel),$$

$$\left(\frac{f}{g}\right)'(a) = \frac{f'(a)g(a) - f(a)g'(a)}{g(a)^2}, \quad \text{falls} \quad g(a) \neq 0 \quad (\textit{Quotientenregel}).$$

(c) **Kettenregel** *Sei $g : \Omega \to \Omega'$ an der Stelle a differenzierbar und $f : \Omega' \to \mathbb{C}$ an der Stelle $g(a)$ differenzierbar. Dann ist $f \circ g : \Omega \to \mathbb{C}$ an der Stelle a differenzierbar, und es gilt*

$$(f \circ g)'(a) = f'(g(a)) \cdot g'(a).$$

Die Beweise stützen sich auf die Rechenregeln für Grenzwerte und ergeben sich völlig analog zu §9 $\boxed{\text{ÜA}}$.

BEISPIELE.

(a) Konstante Funktionen sind überall differenzierbar mit Ableitung Null.

(b) Die Identität $z \mapsto z$ ist überall differenzierbar mit Ableitung 1.

(c) Jedes komplexe Polynom $p(z) = a_0 + a_1 z + \cdots + a_n z^n$ ist überall differenzierbar und hat die Ableitung $p'(z) = a_1 + 2a_2 z + \cdots + n a_n z^{n-1}$.

(d) $\dfrac{d}{dz}\left(\dfrac{1}{z}\right) = -\dfrac{1}{z^2}$ für $z \neq 0$.

(e) $\dfrac{d}{dz}\,\mathrm{e}^z = \mathrm{e}^z$.

BEWEIS.

(a) und (b) direkt aus der Definition, (c) und (d) aus den Rechenregeln $\boxed{\text{ÜA}}$.

(e) folgt aus $\dfrac{\mathrm{e}^z - \mathrm{e}^a}{z - a} = \mathrm{e}^a \dfrac{\mathrm{e}^{z-a} - 1}{z - 1} \to \mathrm{e}^a$ nach 1.1. $\qquad\qquad\square$

1.3 Holomorphe Funktionen

Eine Funktion $f : \Omega \to \mathbb{C}$ heißt **holomorph**, wenn f in jedem Punkt von Ω stetig komplex differenzierbar ist, d.h. wenn die Funktion $z \mapsto f'(z)$ auf ganz Ω erklärt und dort stetig ist.

Alle in 1.2 genannten Funktionen sind holomorph.

Sind $f, g : \Omega \to \mathbb{C}$ holomorph, so auch

$$af + bg \quad \text{für} \quad a, b \in \mathbb{C},$$

$$f \cdot g,$$

$$\frac{f}{g} \quad \text{außerhalb der Nullstellenmenge von } g.$$

Das folgt aus 1.2 und, was die Stetigkeit der Ableitung anbetrifft, aus den Rechenregeln 1.1 für Grenzwerte.

SATZ. *Eine komplexe Funktion*

$$f : \; z = x + iy \mapsto u(x,y) + iv(x,y)$$

ist genau dann holomorph, wenn u und v als reellwertige Funktionen auf $\Omega \subset \mathbb{R}^2$ C^1*-differenzierbar sind und die* **Cauchy–Riemannschen Differentialglei-chungen**

$$\frac{\partial u}{\partial x} = \frac{\partial v}{\partial y}, \qquad \frac{\partial v}{\partial x} = -\frac{\partial u}{\partial y}.$$

erfüllen. Es gilt dann

$$f'(x+iy) \;=\; \frac{\partial u}{\partial x}(x,y) + i\frac{\partial v}{\partial x}(x,y) \;=\; \frac{\partial v}{\partial y}(x,y) - i\frac{\partial u}{\partial y}(x,y).$$

$\boxed{\text{ÜA}}$. Verifizieren Sie dies für $f(z) = z^2$ und $f(z) = \mathrm{e}^z$, vgl. 1.2 (e).

Zeigen Sie mit Hilfe dieses Satzes, daß $z \mapsto \overline{z}$ nicht holomorph ist.

BEWEIS.

(a) Sei f holomorph und $z_0 = x_0 + iy_0 \in \Omega$. Nach 1.1 gilt für reelle $h \neq 0$

$$f'(z_0) = \lim_{h \to 0} \frac{u(x_0+h,y_0) - u(x_0,y_0)}{h} + i\lim_{h \to 0}\frac{v(x_0+h,y_0) - v(x_0,y_0)}{h}$$

$$= \frac{\partial u}{\partial x}(x_0,y_0) + i\frac{\partial v}{\partial x}(x_0,y_0).$$

Andererseits ergibt sich für $ih \to 0$, $\;0 \neq h \in \mathbb{R}$

$$f'(z_0) = \lim_{h \to 0} \frac{u(x_0,y_0+h) - u(x_0,y_0)}{ih} + i\lim_{h \to 0}\frac{v(x_0,y_0+h) - v(x_0,y_0)}{ih}$$

$$= -i\frac{\partial u}{\partial y}(x_0,y_0) + \frac{\partial v}{\partial y}(x_0,y_0).$$

Durch Vergleich von Real– und Imaginärteil ergeben sich die Cauchy–Riemann-schen Differentialgleichungen. Die Stetigkeit von $z \mapsto f'(z)$ ist äquivalent zur Stetigkeit von $u = \operatorname{Re} f$ und $v = \operatorname{Im} f$.

(b) Seien $u,v : \mathbb{R}^2 \supset \Omega \to \mathbb{R}$ stetig differenzierbar, und die Cauchy–Riemann-schen Differentialgleichungen seien erfüllt. Dann gilt an jeder festen Stelle $z_0 = x_0 + iy_0 \in \Omega$ und für $h = s + it$, $|s|,|t| \ll 1$.

$$\begin{aligned} f(z_0+h) &= u(x_0+s, y_0+t) + i\,v(x_0+s, y_0+t) \\ &= u(x_0,y_0) + \partial_x u(x_0,y_0)\cdot s + \partial_y u(x_0,y_0)\cdot t + r_1(s,t) + \\ &\quad + i\big(\, v(x_0,y_0) + \partial_x v(x_0,y_0)\cdot s + \partial_y v(x_0,y_0)\cdot t + r_2(s,t)\,\big) \qquad \text{mit} \end{aligned}$$

$$\lim_{|h|\to 0} \frac{r_1(s,t)}{|h|} = \lim_{|h|\to 0} \frac{r_2(s,t)}{|h|} = 0\,.$$

Mit $r(s+it) := r_1(s,t) + ir_2(s,t)$ und $\partial_y u = -\partial_x v$, $\partial_y v = \partial_x u$ erhalten wir also

$$f(z_0 + h) = f(z_0) + \big(\partial_x u(x_0,y_0) + i\,\partial_x v(x_0,y_0)\big)\cdot(s+it) + r(h)$$

und daraus für $h \neq 0$

$$\frac{f(z_0+h)-f(z_0)}{h} = \frac{\partial u}{\partial x}(x_0,y_0) + i\,\frac{\partial v}{\partial x}(x_0,y_0) + \frac{r(h)}{h} \quad \text{mit} \quad \lim_{h\to 0}\frac{r(h)}{h} = 0.$$

Daraus folgt die Differenzierbarkeit von f an der Stelle z_0, die behauptete Formel für $f'(z_0)$ und die Stetigkeit von f' an der Stelle z_0. $\qquad\square$

1.4 Holomorphe Funktionen und ebene Strömungen

Die Cauchy–Riemannschen Dgln. bedeuten, daß die Vektorfelder $(u,-v)$ und (v,u) divergenzfrei sind und die Integrabilitätsbedingungen erfüllen.

Ist umgekehrt (v_1,v_2) das Geschwindigkeitsfeld einer ebenen, stationären, inkompressiblen und wirbelfreien Strömung (vgl. § 26 : 6.5), so sind die Funktionen

$$x + iy \mapsto v_1(x,y) - i\,v_2(x,y) \quad \text{und} \quad x + iy \mapsto v_1(x,y) + i\,v_2(x,y)$$

holomorph.

1.5 Das Verschwinden der Ableitung

Ist f holomorph und $f' = 0$ im Gebiet Ω, so ist f in Ω konstant.

Das folgt sofort aus dem entsprechenden Satz für das Vektorfeld $(u,-v)$.

2 Komplexe Kurvenintegrale und Stammfunktionen

2.1 Stückweis glatte Kurven in $\mathbb{C}$

Ebene C^1-Kurvenstücke beschreiben wir künftig durch eine Parametrisierung

$$t \mapsto z(t) = x(t) + i\,y(t)\,, \qquad a \leq t \leq b\,.$$

Abweichend vom bisherigen Gebrauch sprechen wir von der Kurve γ mit Parametrisierung $t \mapsto z(t)$. Jede positive Umparametrisierung bezeichnen wir ebenfalls mit γ; die umgekehrt durchlaufene Kurve mit $-\gamma$.

BEISPIEL. Die im mathematisch positiven Sinne durchlaufene Kreislinie mit Parametrisierung $z(t) = z_0 + r\,e^{it}$ $(0 \leq t \leq 2\pi)$ bezeichnen wir immer mit

$$C_r(z_0); \qquad \text{die umgekehrt durchlaufene Kreislinie mit} \quad -C_r(z_0)\,.$$

Die Länge von γ ist gegeben durch

$$L(\gamma) = \int\limits_a^b \sqrt{\dot{x}(t)^2 + \dot{y}(t)^2}\, dt \;=\; \int\limits_a^b |\dot{z}(t)|\, dt \;;$$

$\dot{z}(t) := \dot{x}(t) + i\,\dot{y}(t)$ tritt an Stelle des Tangentenvektors einer Parametrisierung.

Stückweis glatte Kurven γ entstehen wie in § 24 : 4.4 aus glatten Kurvenstükken $\gamma_1, \ldots, \gamma_N$ durch Aneinanderhängen; wir schreiben

$$\gamma = \gamma_1 + \cdots + \gamma_N\,.$$

Die **Länge** von γ ist

$$L(\gamma) = L(\gamma_1) + \cdots + L(\gamma_N)\,,$$

die **Spur** von γ ist die Vereinigung der Spuren von $\gamma_1, \ldots, \gamma_N$.

Unter einer **Kurve** oder einem **Weg** verstehen wir im folgenden stets eine stückweis glatte Kurve.

Kettenregel. *Ist f holomorph in Ω und $t \mapsto z(t)$ C^1-differenzierbar, so gilt*

$$\frac{d}{dt} f(z(t)) = f'(z(t)) \cdot \dot{z}(t)\,.$$

BEWEIS.

Wir setzen $f(x+iy) = u(x,y) + iv(x,y)$, $z(t) = x(t) + iy(t)$. Mit der Kettenregel (vgl. § 22 : 3.2) und den Cauchy–Riemannschen Differentialgleichungen ergibt sich (wir unterdrücken der Übersichtlichkeit halber die Argumente):

$$\frac{d}{dt}\left(f(z(t)) = \frac{d}{dt}\left(u(x(t),y(t)) + iv(x(t),y(t))\right)\right.$$

$$= \frac{\partial u}{\partial x}\cdot \dot{x} + \frac{\partial u}{\partial y}\cdot \dot{y} + i\left(\frac{\partial v}{\partial x}\cdot \dot{x} + \frac{\partial v}{\partial y}\cdot \dot{y}\right)$$

$$= \left(\frac{\partial u}{\partial x} + i\,\frac{\partial v}{\partial x}\right)\cdot(\dot{x} + i\,\dot{y}) \;=\; f'(z(t))\cdot\dot{z}(t)\,. \qquad\qquad \square$$

2.2 Komplexe Kurvenintegrale

(a) Für $F(t) = U(t) + iV(t)$ mit stetigen Funktionen $U, V : [a,b] \to \mathbb{R}$ setzen wir

$$\int\limits_a^b F(t)\, dt := \int\limits_a^b U(t)\, dt + i\int\limits_a^b V(t)\, dt\,.$$

Aus dem Hauptsatz der Differential– und Integralrechnung folgt dann

$$\int_a^b \dot{F}(t)\,dt = F(b) - F(a) \quad \text{mit} \quad \dot{F}(t) = \dot{U}(t) + i\,\dot{V}(t)\,.$$

(b) Sei $f : \Omega \to \mathbb{C}$ stetig und γ ein durch $z : [a,b] \to \mathbb{C}$ gegebenes glattes Kurvenstück in Ω. Dann definieren wir

$$\int_\gamma f(z)\,dz := \int_a^b f(z(t)) \cdot \dot{z}(t)\,dt\,.$$

Wie in § 24 : 4.3 sehen wir, daß dieses Integral seinen Wert bei positiven Umparametrisierungen nicht ändert, dagegen bei Änderung des Durchlaufungssinns sein Vorzeichen wechselt.

(c) *Für stückweis glatte Wege $\gamma = \gamma_1 + \cdots + \gamma_N$ setzen wir*

$$\int_\gamma f(z)\,dz := \int_{\gamma_1} f(z)\,dz + \cdots + \int_{\gamma_N} f(z)\,dz\,.$$

Das Kurvenintegral ist linear:

$$\int_\gamma (a\,f(z) + b\,g(z))\,dz = a \int_\gamma f(z)\,dz + b \int_\gamma g(z)\,dz \quad \text{für} \quad a,b \in \mathbb{C}\,.$$

Integralabschätzung. *Gilt $|f(z)| \le M$ auf der Spur von γ, so folgt*

$$\left| \int_\gamma f(z)\,dz \right| \le M \cdot L(\gamma)\,.$$

BEWEIS.

Es genügt, dies für C^1–Kurvenstücke zu zeigen. Sei

$$F(t) := f(z(t)) \cdot \dot{z}(t) = U(t) + i\,V(t)\,.$$

Die Polardarstellung des Kurvenintegrals sei $\int_\gamma f(z)\,dz = r\,e^{i\varphi}$. Dann gilt

$$\left| \int_\gamma f(z)\,dz \right| = \left| \int_a^b F(t)\,dt \right| = r = \operatorname{Re} r = \operatorname{Re}\left(e^{-i\varphi} \int_a^b F(t)\,dt \right)$$

$$= \int_a^b \operatorname{Re}\left(e^{-i\varphi} F(t) \right)\,dt \le \int_a^b \left| e^{-i\varphi} F(t) \right|\,dt = \int_a^b |F(t)|\,dt$$

$$\le \int_a^b M \cdot |\dot{z}(t)|\,dt = M \cdot L(\gamma)\,. \qquad \Box$$

2.3 Zurückführung auf vektorielle Kurvenintegrale im $\mathbb{R}^2$

Sei $f(x + iy) = u(x,y) + iv(x,y)$ stetig in Ω und γ ein Weg in Ω. Dann gilt

$$\int\limits_{\gamma} f(z)\,dz = \int\limits_{\gamma} (u\,dx - v\,dy) + i \int\limits_{\gamma} (v\,dx + u\,dy)$$

$$= \int\limits_{\gamma} \mathbf{f} \bullet d\mathbf{x} + i \int\limits_{\gamma} \mathbf{g} \bullet d\mathbf{x}$$

mit den Vektorfeldern $\mathbf{f} = (u, -v)$ *und* $\mathbf{g} = (v, u)$, *vgl.* 1.4.

Ist f *insbesondere holomorph in einer Umgebung* Ω *von* γ, *so erfüllen beide Vektorfelder die Integrabilitätsbedingungen in* Ω.

Dieser Satz erlaubt uns die Übertragung der Ergebnisse von § 24 : 5 über Wegunabhängigkeit und Existenz von Potentialen auf komplexe Kurvenintegrale.

Der Beweis ist eine einfache $\boxed{\text{ÜA}}$.

2.4 Kurvenintegrale über Kreislinien

Für das Kurvenintegral über die Kreislinie in Standardparametrisierung

$$C_r(z_0) : t \mapsto z_0 + r\,e^{it} \qquad (0 \le t \le 2\pi) \qquad \text{ergibt sich}$$

$$\int\limits_{C_r(z_0)} f(z)\,dz = ir \int\limits_{0}^{2\pi} f\left(z_0 + r\,e^{it}\right) e^{it}\,dt \,.$$

In der Literatur sind auch die Bezeichnungen $\displaystyle\int\limits_{|z-z_0|=r} f(z)\,dz$, $\displaystyle\oint\limits_{\gamma_r(z_0)} f(z)\,dz$

sowie $\displaystyle\oint\limits_{K_r(z_0)} f(z)\,dz$ gebräuchlich.

Für die im mathematisch negativen Sinn durchlaufene Kreislinie $-C_r(z_0)$ ergibt sich nach 2.2

$$\int\limits_{-C_r(z_0)} f(z)\,dz = - \int\limits_{C_r(z_0)} f(z)\,dz \,.$$

2.5 Die Grundformeln der Funktionentheorie

$$\int\limits_{C_r(z_0)} \frac{dz}{z - z_0} = 2\pi i \,,$$

$$\int\limits_{C_r(z_0)} (z - z_0)^n \, dz = 0 \qquad \text{für alle} \quad n \in \mathbb{Z} \quad \text{mit} \quad n \ne -1 \,.$$

BEWEIS.

$$\int\limits_{C_r(z_0)} (z - z_0)^n \, dz \;=\; \int\limits_{0}^{2\pi} \left(r\,e^{it} \right)^n ir\,e^{it} \, dt \;=\; ir^{n+1} \int\limits_{0}^{2\pi} e^{i(n+1)t} \, dt$$

$$= \; ir^{n+1} \int\limits_{0}^{2\pi} \left(\cos(n+1)t + i\sin(n+1)t \right) \, dt \;=\; \left\{ \begin{array}{ll} 0 & \text{für} \quad n+1 \neq 0 \\[2mm] 2\pi i & \text{für} \quad n+1 = 0 \,. \end{array} \right. \qquad \square$$

2.6 Stammfunktionen

Sei $f : \Omega \to \mathbb{C}$ eine stetige Funktion, für die das komplexe Kurvenintegral wegunabhängig ist, d.h.

$$\int\limits_{\gamma_1} f(z) \, dz \;-\; \int\limits_{\gamma_2} f(z) \, dz$$

für je zwei Wege γ_1, γ_2 in Ω mit gleichen Anfangs- und Endpunkten.

Wir wählen einen festen Punkt $z_0 \in \Omega$ und setzen

$$F(z) \;=\; \int\limits_{z_0}^{z} f(w) \, dw \;:=\; \int\limits_{\gamma} f(w) \, dw \,,$$

wobei γ irgend eine Verbindungskurve in Ω von z_0 nach z ist. Dann ist F holomorph und eine Stammfunktion für f, d.h. $F'(z) = f(z)$ für alle $z \in \Omega$.

BEWEIS.

Schreiben wir $F(x + iy) = U(x,y) + iV(x,y)$, so gilt nach 2.3

$$U(x,y) = \int\limits_{z_0}^{z} (u \, dx - v \, dy) \,, \qquad V(x,y) = \int\limits_{z_0}^{z} (v \, dx + u \, dy) \,.$$

Nach Voraussetzung sind die Vektorfelder $(u, -v)$ und (v, u) konservativ, also liefern U und V jeweils zugehörige Stammfunktionen nach § 24 : 5.2. Das bedeutet, daß U und V jeweils C^1–Funktionen auf Ω sind mit

$$\frac{\partial U}{\partial x} = u \,, \quad \frac{\partial U}{\partial y} = -v \,, \quad \frac{\partial V}{\partial x} = v \,, \quad \frac{\partial V}{\partial y} = u \,.$$

Damit erfüllen U und V die Cauchy–Riemannschen Differentialgleichungen. Nach 1.3 ist F holomorph, und es gilt

$$F'(x + iy) = \frac{\partial U}{\partial x}(x,y) + i\frac{\partial V}{\partial x}(x,y) = u(x,y) + iv(x,y) = f(x + iy) \,. \qquad \square$$

FOLGERUNG. *Ist Ω ein einfaches Gebiet und f holomorph in Ω, so besitzt f in Ω eine Stammfunktion F, und es gilt*

$$\int_{\gamma} f(z)\, dz = 0$$

für jeden geschlossenen Weg γ in Ω.

BEWEIS.

Wegen der Cauchy-Riemannschen Differentialgleichungen erfüllen die Vektorfelder $(u, -v)$ und (v, u) die Integrablitätsbedingungen § 24 : 5.5. Daher ist das Integral

$$\int_{\gamma} f(z)\, dz = \int_{\gamma} (u\, dx - v\, dy) + i \int_{\gamma} (v\, dx + u\, dy)$$

wegunabhängig, und wir erhalten wie oben eine Stammfunktion F. $\qquad\square$

2.7 Der komplexe Logarithmus

Die geschlitzte Ebene

$$\mathbb{C} \setminus \mathbb{R}_- = \{ z = r\, e^{it} \mid r > 0, -\pi < \varphi < \pi \}$$

ist ein einfaches Gebiet, denn sie ist sternförmig. In diesem Gebiet ist

$$f(z) = \frac{1}{z}$$

holomorph, besitzt dort also eine Stammfunktion F mit $F(1) = 0$. Man erhält sie durch Integration längs des in der Figur gezeichneten Weges γ_z:

Nach 2.4 ergibt sich für $-\pi < \varphi < \pi$

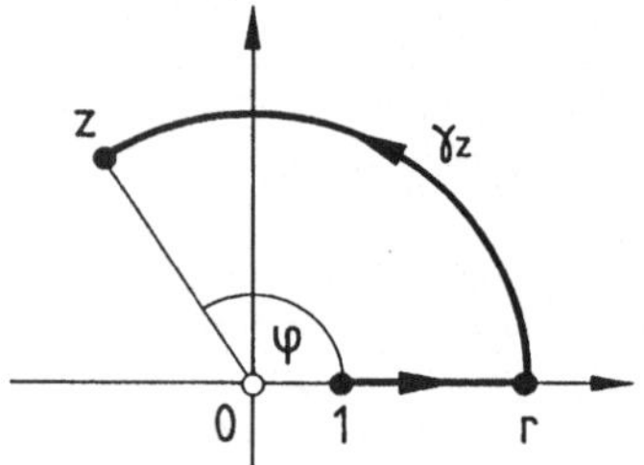

$$F(z) = \int_1^r \frac{dt}{t} + \int_0^{\varphi} \frac{ir\, e^{it}}{r\, e^{it}}\, dt = \log r + i\varphi\,.$$

DEFINITION. *Für $z = r\, e^{i\varphi}$, $r > 0$, $-\pi < \varphi < \pi$ liefert*

$$\log z := \int_1^z \frac{dw}{w} = \log r + i\varphi$$

eine Stammfunktion von $\frac{1}{z}$. Sie heißt **Hauptzweig des Logarithmus.**

SATZ. *Für $z \in \mathbb{C} \setminus \mathbb{R}_-$, $w \in \mathbb{C}$ mit $e^w \in \mathbb{C} \setminus \mathbb{R}_-$ gilt*

$$e^{\log z} = z \quad \text{und} \quad \log e^w = w$$

Denn nach der Produktregel und der Kettenregel gilt

$$\frac{d}{dz}\left(z \cdot e^{-\log z}\right) = e^{-\log z} - z \cdot e^{-\log z} \cdot \frac{1}{z} = 0\,,$$

$$\frac{d}{dw}\left(\log e^w - w\right) = \frac{1}{e^w} \cdot e^w - 1 = 0\,.$$

Mit 1.5 folgt $z \cdot e^{-\log z} = 1 \cdot e^{-\log 1} = 1$, also $e^{\log z} = z$, und aus der zweiten Beziehung folgt mit 1.5 $\log e^w = w$.

Sei Ω ein einfaches Gebiet mit $0 \notin \Omega$. Eine in Ω holomorphe Funktion F heißt ein **Zweig des Logarithmus**, wenn

$$e^{F(z)} = z \quad \text{für alle} \quad z \in \Omega\,.$$

Wegen $e^{2\pi i n} = 1$ für alle $n \in \mathbb{Z}$ ist mit F auch $F + 2\pi i n$ ein Zweig des Logarithmus. Sind umgekehrt F_1, F_2 zwei Zweige des Logarithmus in Ω, so gibt es ein $k \in \mathbb{Z}$ mit

$$F_2(z) = F_1(z) + 2\pi i k \quad \text{für alle} \quad z \in \Omega\,.$$

Denn aus $e^{F_1(z)} = z = e^{F_2(z)}$ folgt daß es zu jedem z ein $k(z) \in \mathbb{Z}$ gibt mit $F_2(z) - F_1(z) = 2\pi i k(z)$. Da

$$z \mapsto k(z) = \frac{1}{2\pi i}\left(F_2(z) - F_1(z)\right)$$

stetig und ganzzahlig ist, folgt die Konstanz von $k(z)$.

2.8 Zweige der Quadratwurzel

In der geschlitzten Ebene $\Omega = \mathbb{C} \setminus \mathbb{R}_-$ gibt es genau zwei holomorphe Funktionen f_1, f_2 mit $\left(f_k(z)\right)^2 = z$ für $k = 1, 2$.

$\boxed{\text{ÜA}}$. Geben Sie f_1, f_2 mit Hilfe des komplexen Logarithmus an.

2.9 Kompakte Konvergenz und Vertauschung von Integral und Limes

Konvergiert eine Folge stetiger Funktionen $f_n : \Omega \to \mathbb{C}$ gleichmäßig auf jeder kompakten Teilmenge von Ω, so sprechen wir von **kompakter Konvergenz** *auf Ω. Die Grenzfunktion $f = \lim\limits_{n \to \infty} f_n$ ist dann ebenfalls stetig auf Ω, und es gilt für jeden Weg γ in Ω*

$$\int_\gamma f(z)\,dz = \lim_{n \to \infty} \int_\gamma f_n(z)\,dz\,.$$

BEWEIS.

Wie in §12:3.1 ergibt sich, daß f in jeder kompakten Kreisscheibe $\overline{K_R(z_0)} \subset \Omega$ als gleichmäßiger Limes stetiger Funktionen stetig ist $\boxed{\text{ÜA}}$. Daher ist f in jedem Punkt $z_0 \in \Omega$ stetig. Die Spur jedes Weges γ ist kompakt. Also gilt

$$\Big| \int\limits_\gamma f(z)\,dz - \int\limits_\gamma f_n(z)\,dz \,\Big| \le L(\gamma) \cdot \max\Big\{ \big|f(z) - f_n(z)\big| \,\Big|\, z \in \text{Spur}\,\gamma \Big\} \to 0\,. \qquad \square$$

3 Analytische Funktionen

3.1 Gliedweise Differenzierbarkeit von Potenzreihen

Besitzt die Funktion f eine Potenzreihendarstellung

$$f(z) = \sum_{n=0}^{\infty} a_n (z - z_0)^n$$

für $|z - z_0| < R$ mit $0 < R \le \infty$, so ist f dort beliebig oft komplex differenzierbar. Die Ableitungen $f', f'', \dots$ ergeben sich durch gliedweise Differentiation der Reihe.

BEWEIS.

(a) Nach §12:2.7 konvergiert die Reihe $g(z) = \sum\limits_{n=1}^{\infty} n\, a_n (z - z_0)^{n-1}$ gleichmäßig in jeder kompakten Kreisscheibe $|z - z_0| \le r$ mit $r < R$. Da jeder Weg in $\Omega = K_R(z_0)$ in einer solchen Kreisscheibe liegt, folgt nach 2.9

$$(*) \quad \int\limits_\gamma g(w)\,dw = \sum_{n=1}^{\infty} n\, a_n \int\limits_\gamma (w - z_0)^{n-1}\,dw\,.$$

Wir zeigen, daß f eine Stammfunktion zu g ist.

Das Kurvenintegral für die holomorphe Funktion $z \mapsto (z - z_0)^{n-1}$ ist wegunabhängig, da Ω ein einfaches Gebiet ist (2.6 FOLGERUNG). Also ist auch das Kurvenintegral über die stetige Funktion g wegunabhängig wegen $(*)$, d.h. g besitzt eine Stammfunktion nach 2.6. Diese berechnen wir durch Integration längs der Strecke γ_z von z_0 nach z mit der Parametrisierung

$$z(t) = z_0 + t(z - z_0), \quad 0 \le t \le 1\,.$$

Es ergibt sich mit $\dot{z}(t) = z - z_0$

$$\int\limits_{\gamma_z} (w - z_0)^{n-1}\,dw = \int\limits_0^1 t^{n-1}(z - z_0)^n\,dt = (z - z_0)^n \int\limits_0^1 t^{n-1}\,dt = \frac{(z - z_0)^n}{n}\,.$$

Aus $(*)$ ergibt sich

$$\int_{\gamma_z} g(w)\,dw \;=\; \sum_{n=1}^{\infty} n a_n \cdot \frac{(z-z_0)^n}{n} = f(z) - a_0\,.$$

Nach 2.6 folgt $g(z) = \frac{d}{dz}(f(z) - a_0) = f'(z)\,.$

(b) Dasselbe Argument, angewandt auf $f'(z) = \sum_{n=1}^{\infty} n\, a_n (z - z_0)^{n-1}$, ergibt

$f''(z) = \sum_{n=2}^{\infty} n(n-1)a_n(z - z_0)^{n-2}$. Die Behauptung folgt auf diese Weise per Induktion. $\qquad\square$

3.2 Analytische Funktionen

Eine Funktion $f : \Omega \to \mathbb{C}$ heißt **analytisch**, *wenn es zu jedem $z_0 \in \Omega$ ein $R > 0$ gibt, so daß f in der Kreisscheibe $K_R(z_0)$ eine Potenzreihenentwicklung*

$$f(z) = \sum_{n=0}^{\infty} a_n(z - z_0)^n$$

besitzt. Nach 3.1 ist f dann beliebig oft komplex differenzierbar in Ω. Die Koeffizienten der Reihenentwicklungen sind eindeutig bestimmt:

$$a_n = \frac{f^{(n)}(z_0)}{n!} \quad \text{für} \quad n = 0, 1, \dots\,.$$

BEWEIS.

Nach 3.1 gilt $f^{(n)}(z) = \sum_{k=n}^{\infty} k(k-1)\cdots(k-n+1)a_k(z-z_0)^{k-n}$ für $|z - z_0| < R$.
Daraus folgt

$$f^{(n)}(z_0) = n!\, a_n\,. \qquad\square$$

3.3 Der Identitätssatz für analytische Funktionen

Zwei auf Ω analytische Funktionen f und g stimmen schon dann auf ganz Ω überein, wenn sie nur auf einer Folge (z_n) übereinstimmen mit $z_n \to z_0 \in \Omega$ und $z_n \neq z_0$.

BEWEIS.

(a) Nach Voraussetzung gibt es ein $R > 0$ mit

$$f(z) = \sum_{k=0}^{\infty} a_k(z - z_0)^k\,, \quad g(z) = \sum_{k=0}^{\infty} b_k(z - z_0)^k \quad \text{für} \quad |z - z_0| < R\,.$$

Wir zeigen zunächst $a_k = b_k$ für alle $k \geq 0$, also $f(z) = g(z)$ in $K_R(z_0)$. Angenommen, das ist nicht der Fall. Wir setzen $m = \min\{k \geq 0 \mid a_k \neq b_k\}$. Dann gilt

$$f(z) - g(z) = (z - z_0)^m \sum_{k=0}^{\infty} c_k (z - z_0)^k \quad \text{mit} \quad c_0 = a_m - b_m \neq 0\,.$$

$h(z) = \sum_{k=0}^{\infty} c_k (z-z_0)^k$ ist holomorph, also stetig. Es folgt $\lim_{z \to z_0} h(z) = h(z_0) = c_0$. Damit ergibt sich aber ein Widerspruch:

$$0 \neq c_0 = \lim_{n \to \infty} h(z_n) = \lim_{n \to \infty} \frac{f(z_n) - g(z_n)}{(z_n - z_0)^m} = 0\,.$$

(b) Sei z_1 ein beliebiger Punkt in Ω und $\gamma : [0, N] \to \Omega$ ein polygonaler Weg, der z_0 und z_1 in Ω verbindet: $\gamma(0) = z_0$, $\gamma(N) = z_1$, vgl. § 21 : 9.1, 9.4. Dieser verläuft ein Stück weit in $K_R(z_0)$, etwa für $0 \leq t < \delta$ (Stetigkeit von γ). Für

$$s_0 = \sup \left\{ s \in [0, N] \mid f(\gamma(t)) = g(\gamma(t)) \quad \text{für} \quad t \in [0, s] \right\}$$

gilt also $s_0 > 0$. Daher gibt es Zahlen $t_n < s_0$ mit $t_n \to s_0$, $\gamma(t_n) \neq \gamma(s_0)$ und $f(\gamma(t_n)) = g(\gamma(t_n))$. Wie in (a) folgt, daß es ein $r > 0$ gibt mit $f(z) = g(z)$ in $K_r(\gamma(s_0))$. Wäre $s_0 < N$, so ergäbe sich wie oben $\gamma(t) \in K_r(\gamma(s_0))$ für $s_0 \leq t < \delta_1$ im Widerspruch zur Supremumseigenschaft von s_0. Also ist $s_0 = N$, insbesondere $f(z_1) = g(z_1)$. □

3.4 Beispiele

(a) Für festes $w \in \mathbb{C}$ ist $f(z) = \frac{1}{w-z}$ analytisch in $\Omega = \mathbb{C} \setminus \{w\}$. Denn ist $z_0 \in \Omega$, so gilt für $|z - z_0| < R := |w - z_0|$

$$\frac{1}{w - z} = \frac{1}{w - z_0 + z_0 - z} = \frac{1}{w - z_0} \cdot \frac{1}{1 - \frac{z - z_0}{w - z_0}} = \sum_{n=0}^{\infty} \frac{(z - z_0)^n}{(w - z_0)^{n+1}}\,.$$

(b) e^z ist analytisch in der ganzen Zahlenebene wegen

$$e^z = e^{z_0} e^{z - z_0} = \sum_{n=0}^{\infty} \frac{e^{z_0}}{n!} (z - z_0)^n\,.$$

3.5 Nullstellen analytischer Funktionen

f sei auf Ω analytisch und nicht konstant.

(a) *Ist $z_0 \in \Omega$ eine Nullstelle von f, so gibt es ein $k \in \mathbb{N}$ und in einer Umgebung von z_0 eine analytische Funktion g mit*

$$f(z) = (z - z_0)^k g(z)\,, \quad g(z_0) \neq 0\,.$$

Die Zahl k heißt **Ordnung der Nullstelle** z_0.

(b) *Genau dann hat f an der Stelle z_0 eine Nullstelle k-ter Ordnung, wenn*

$$f(z_0) = f'(z_0) = \cdots = f^{(k-1)}(z_0) = 0\,, \qquad f^{(k)}(z_0) \neq 0\,.$$

(c) *In jeder kompakten Teilmenge von Ω hat f höchstens endlich viele Nullstellen.*

BEWEIS: $\boxed{\text{ÜA}}$ mit Hilfe von 3.2, 3.3. Für (c) beachten Sie den Beweis 3.3.

4 Der Cauchysche Integralsatz

Wir geben für diesen fundamentalen Satz zwei Varianten.

4.1 Der Cauchysche Integralsatz für einfache Gebiete

Sei f holomorph in einem einfachen Gebiet Ω. Dann gilt

$$\int_\gamma f(z)\,dz = 0$$

für jeden geschlossenen Weg γ in Ω.

Das besagt die Folgerung von 2.6.

Wir nennen einen geschlossenen Weg γ in Ω **einfach gelagert**, wenn es ein einfaches Teilgebiet $\Omega' \subset \Omega$ gibt, das die Spur von γ enthält (Fig.).

Als FOLGERUNG aus dem Cauchyschen Integralsatz ergibt sich nun

$$\int_\gamma f(z)\,dz = 0$$

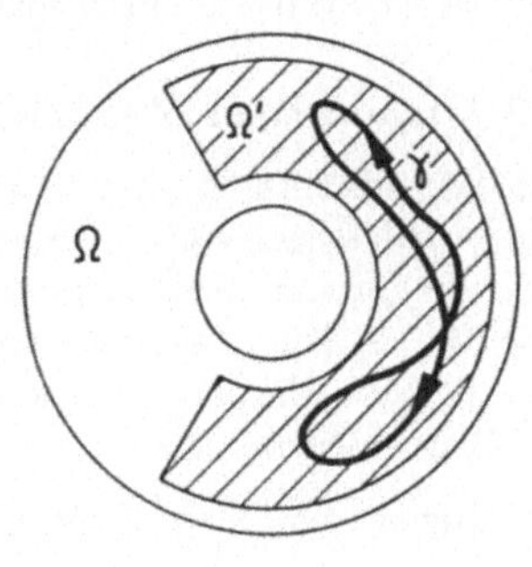

für jede in Ω holomorphe Funktion f und jeden einfach gelagerten Weg γ.

BEMERKUNG.

Der Kreisring $\varrho < |z - z_0| < R$ ist kein einfaches Gebiet, denn für jedes $r \in {]}\varrho, R{[}$ gilt $\displaystyle\int_{C_r(0)} \frac{dz}{z} = 2\pi i$ nach 2.5. Dieses Beispiel zeigt auch, daß der Cauchysche Integralsatz nicht für beliebige Gebiete gilt.

4.2 Die Pflasterversion des Cauchyschen Integralsatzes

Ist f holomorph in Ω, so gilt

$$\int_{\partial M} f(z)\,dz = 0$$

für jede Pflasterkette M mit $|M| \subset \Omega$.

Das folgt aus dem Integralsatz von Stokes §26:3.3, da wir das komplexe Kurvenintegral nach 2.3 auf vektorielle Kurvenintegrale zurückführen können.

Im nebenstehenden Beispiel ist γ zusammen mit $-C_r(z_0)$ der Rand der eingezeichneten Viererkette M. Für jede in der gelochten Ebene $\mathbb{C}\setminus\{z_0\}$ holomorphe Funktion f gilt daher

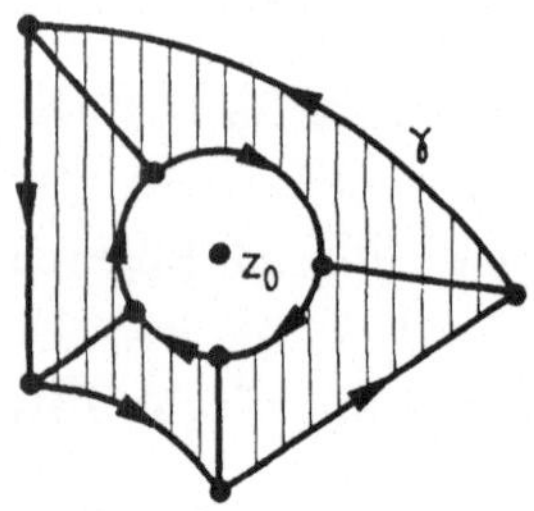

$$\int_\gamma f(z)\,dz - \int_{C_r(z_0)} f(z)\,dz = \int_{\partial M} f(z)\,dz = 0\,, \quad \text{d.h.}$$

$$\int_\gamma f(z)\,dz = \int_{C_r(z_0)} f(z)\,dz\,.$$

Das ist eine typische Situation, die wir im folgenden genauer betrachten.

4.3 Umlauf eines Weges um einen Punkt

(a) Wir erinnern an die Definition §26:3.6, die wir hier folgendermaßen fassen: Ein geschlossener Weg $\gamma = \gamma_1 + \cdots + \gamma_N$ in der gelochten Ebene $\mathbb{C}\setminus\{0\}$ **umläuft den Ursprung einmal positiv**, wenn seine Spur von jedem Strahl $\{t\,e^{i\varphi}\mid t \geq 0\}$ in genau einem Punkt $z(\varphi)$ getroffen wird, und wenn $\varphi \mapsto z(\varphi)$ eine positive Umparametrisierung von γ ist. Dabei verlangen wir, daß die γ_k C^2-Kurvenstücke sind.

Das **Innere** von γ ist die Menge $\{r\cdot z(\varphi)\mid 0 \leq r < 1,\ \ 0 \leq \varphi < 2\pi\}$.

(b) Ein geschlossener Weg γ in $\mathbb{C}\setminus\{z_0\}$ **umläuft den Punkt z_0 einmal positiv**, wenn der verschobene Weg $\gamma - z_0$ den Ursprung einmal positiv umläuft. Es ist klar, wie das Innere jetzt zu verstehen ist.

Im Beispiel 4.2 umläuft γ den Punkt z_0 einmal positiv.

Ein Kreis $C_r(a)$ umläuft jeden seiner inneren Punkte einmal positiv $\boxed{\text{ÜA}}$.

Aus dem Pflastersatz §26:3.5 ergibt sich: Umläuft γ den Punkt z_0 einmal positiv, so sind wie im Beispiel 4.3 für hinreichend kleines r die beiden Kurven γ und $-C_r(z_0)$ der Rand einer Pflasterkette, die das Ringgebiet zwischen den beiden Kurven ausfüllt.

4.4 Homologiesatz

Sei f im gelochten Gebiet $\Omega\setminus\{z_0\}$ holomorph, $z_0 \in \Omega$. Die Kurve γ liege mitsamt ihrem Inneren in Ω und umlaufe den Punkt z_0 einmal positiv. Dann gilt für hinreichend kleines r:

$$\int_\gamma f(z)\,dz = \int_{C_r(z_0)} f(z)\,dz\,.$$

BEMERKUNG. Allgemein nennen wir zwei geschlossene Wege γ_1 und γ_2 **homolog in** Ω, wenn $\int_{\gamma_1} f(z)\,dz = \int_{\gamma_2} f(z)\,dz$ für jede in Ω holomorphe Funktion f. Die Wege γ und $C_r(z_0)$ sind also homolog in $\Omega \setminus \{z_0\}$.

5 Die Cauchysche Integralformel und ihre Konsequenzen

5.1 Die Cauchysche Integralformel für Kreise

Sei f holomorph in Ω und $\overline{K_r(z_0)} \subset \Omega$. Dann gilt

$$f(z) = \frac{1}{2\pi i} \int_{C_r(z_0)} \frac{f(w)}{w-z}\,dw$$

für alle $z \in K_r(z_0)$. Die Werte von f im Innern des Kreises $K_r(z_0)$ sind also schon durch die Werte von f auf der Kreislinie festgelegt.

BEWEIS.

Sei z ein fester Punkt in $K_r(z_0)$ und $\varepsilon > 0$ so gewählt, daß $K_\varepsilon(z) \subset K_r(z_0)$. Die Funktion

$$w \mapsto \frac{f(w) - f(z)}{w - z}$$

ist holomorph in $\Omega \setminus \{z\}$.

Die den Punkt z einmal positiv umlaufenden Kreislinien $\gamma_1 = C_\varepsilon(z)$ und $\gamma_0 = C_r(z_0)$ sind homolog im gelochten Gebiet $\Omega \setminus \{z\}$ nach 4.4. Also gilt

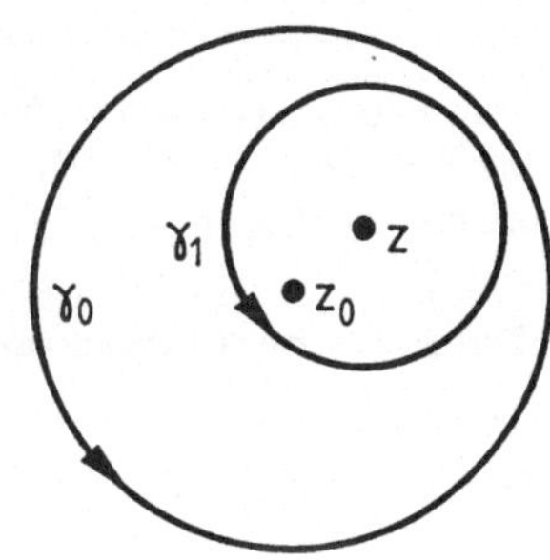

$$\int_{C_r(z_0)} \frac{f(w) - f(z)}{w - z}\,dw = \int_{C_\varepsilon(z)} \frac{f(w) - f(z)}{w - z}\,dw\,.$$

Der Integrand ist für $w \neq z$ stetig und hat für $w \to z$ den Grenzwert $f'(z)$. Also ist er beschränkt für $|w - z_0| \leq r$, $w \neq z$. Bezeichnen wir wie Schranke mit M, so gilt

$$\left| \int_{C_r(z_0)} \frac{f(w) - f(z)}{w - z}\,dz \right| = \left| \int_{C_\varepsilon(z)} \frac{f(w) - f(z)}{w - z}\,dw \right| \leq 2\pi\varepsilon \cdot M$$

für jedes $\varepsilon > 0$. Es folgt

$$0 = \int_{C_r(z_0)} \frac{f(w) - f(z)}{w - z}\, dw = \int_{C_r(z_0)} \frac{f(w)}{w - z}\, dw - f(z) \int_{C_r(z_0)} \frac{dw}{w - z}.$$

Wegen der Homologie von $C_\varepsilon(z)$ und $C_r(z_0)$ in $K_R(z_0) \setminus \{z\}$ ist schließlich

$$\int_{C_r(z_0)} \frac{dw}{w - z} = \int_{C_\varepsilon(z)} \frac{dw}{w - z} = 2\pi i \qquad \text{nach den Grundformeln 2.5.} \qquad \square$$

5.2 Die Cauchysche Integralformel für einmal positiv umlaufende Wege

Sei γ ein geschlossener Weg, der jeden von ihm umschlossenen Punkt einmal positiv umläuft (vgl. 4.4). γ liege mitsamt seinem Innern in einem Gebiet Ω, in welchem f holomorph ist. Dann gilt

$$f(z) = \frac{1}{2\pi i} \int_\gamma \frac{f(w)}{w - z}\, dw$$

für alle Punkte z im Innern von γ.

Denn sei z im Innern von γ. Nach 4.4 gibt es ein $\varepsilon > 0$, so daß $C_\varepsilon(z)$ bezüglich $\Omega \setminus \{z\}$ homolog zu γ ist. Die Behauptung folgt jetzt mit dem Homologiesatz aus 5.1 mit $z_0 = z$, $r = \varepsilon$.

5.3 Potenzreihenentwicklung holomorpher Funktionen

Jede in einem Gebiet Ω holomorphe Funktion f ist analytisch in Ω, insbesondere beliebig oft komplex differenzierbar.

Der Konvergenzradius der Reihenentwicklung $f(z) = \sum_{n=0}^{\infty} a_n(z - z_0)^n$ um einen Punkt $z_0 \in \Omega$ ist mindestens $R = \text{dist}\,(z_0, \partial\Omega)$.

Für die Koeffizienten a_n gelten die **Cauchy–Formeln**

$$a_n = \frac{f^{(n)}(z_0)}{n!} = \frac{1}{2\pi i} \int_{C_r(z_0)} \frac{f(z)}{(z - z_0)^{n+1}}\, dz$$

für jedes r mit $0 < r < R$.

BEWEIS.

Sei $K_R(z_0) \subset \Omega$ und $0 < r < R$. Dann gilt nach der Cauchyschen Integralformel

$$f(z) = \frac{1}{2\pi i} \int\limits_{C_r(z_0)} \frac{f(w)}{w - z}\, dw\,.$$

Nach 3.4 (a) läßt sich $\frac{1}{w-z}$ für $|z - z_0| < |w - z_0|$ in eine geometrische Reihe entwickeln:

$$\frac{1}{w - z} = \sum_{n=0}^{\infty} \frac{(z - z_0)^n}{(w - z_0)^{n+1}}\,.$$

Für festes z mit $|z - z_0| < r$ konvergiert die Reihe

$$\frac{f(w)}{w - z} = \sum_{n=0}^{\infty} (z - z_0)^n \frac{f(w)}{(w - z_0)^{n+1}}$$

auf der Kreislinie $|w - z_0| = r$ gleichmäßig bezüglich w, denn mit

$$M = \max\left\{ |f(w)| \mid |w - z_0| = r \right\} \quad \text{und} \quad \varrho = \frac{|z - z_0|}{r} < 1 \quad \text{gilt}$$

$$\left| \frac{f(w) \cdot (z - z_0)^n}{(w - z_0)^{n+1}} \right| \leq \frac{M}{r} \varrho^n\,.$$

Daher ist gliedweise Integration erlaubt und liefert

$$f(z) = \frac{1}{2\pi i} \int\limits_{C_r(z_0)} \frac{f(w)}{w - z}\, dw = \frac{1}{2\pi i} \int\limits_{C_r(z_0)} \sum_{n=0}^{\infty} \frac{f(w)}{(w - z_0)^{n+1}} (z - z_0)^n\, dw$$

$$= \sum_{n=0}^{\infty} (z - z_0)^n \frac{1}{2\pi i} \int\limits_{C_r(z_0)} \frac{f(w)}{(w - z_0)^{n+1}}\, dw\,. \qquad \Box$$

5.4 Der Identitätssatz für holomorphe Funktionen

Stimmen zwei in einem Gebiet holomorphe Funktionen f, g auf einem in Ω gelegenen Kurvenstück überein, so stimmen sie auf Ω überein.

Die Gleichheit folgt schon, wenn es eine gegen $z_0 \in \Omega$ strebende Folge (z_n) gibt mit $z_n \neq z_0$ und $f(z_n) = g(z_n)$.

Denn nach 5.3 sind beide Funktionen analytisch, also können wir den Identitätssatz 3.3 anwenden.

5.5 Zur Fortsetzung reeller analytischer Funktionen

(a) Die einzige Möglichkeit, die reelle Exponentialfunktion holomorph ins Komplexe fortzusetzen, ist gegeben durch

$$e^z = e^{x+iy} = e^x(\cos x + i\sin y) = \sum_{n=0}^{\infty} \frac{z^n}{n!} \qquad \text{für} \quad z = x + iy\,.$$

Denn e^z ist holomorph in $\mathbb{C}$. Eine andere holomorphe Fortsetzung kann es nicht geben: Sind zwei Funktionen in einem Gebiet Ω holomorph, welches einen Abschnitt der reellen Achse enthält und stimmen Sie auf diesem Abschnitt überein, so stimmen sie nach 5.4 auf ganz Ω überein.

(b) Entsprechend besitzen die trigonometrischen Funktionen cos und sin eindeutig bestimmte analytische Fortsetzungen

$$\cos z := \frac{e^{iz} + e^{-iz}}{2} = \sum_{n=0}^{\infty} \frac{z^{2n}}{(2n)!} \qquad \textbf{(komplexer Kosinus)}\,,$$

$$\sin z := \frac{e^{iz} - e^{-iz}}{2i} = \sum_{n=0}^{\infty} \frac{z^{2n+1}}{(2n+1)!} \qquad \textbf{(komplexer Sinus)}\,.$$

Denn die Reihen konvergieren für alle reellen x, also ist der Konvergenzradius $R = \infty$, somit konvergieren sie in der ganzen Ebene und stellen holomorphe Funktionen dar.

Aus dem Identitätssatz folgen sofort die Additionstheoreme, $\cos^2 z + \sin^2 z = 1$ und

$$\cos(z + 2\pi n) = \cos z\,, \quad \sin(z + 2\pi n) = \sin z \quad \text{für alle} \quad n \in \mathbb{N}\,.$$

$\boxed{\text{ÜA}}$ Zeigen Sie: $\sin z = 0 \iff z = n\pi$ mit $n \in \mathbb{Z}$.

(c) *Für den Hauptzweig des Logarithmus 2.7 gilt*

$$\log(1 + z) = \sum_{n=1}^{\infty} (-1)^{n-1} \frac{z^n}{n} \quad \text{für} \quad |z| < 1\,.$$

Denn die linke und die rechte Seite sind holomorph für $|z| < 1$ und stimmen für reelle $z \in {]{-1}, 1[}$ mit dem reellen Logarithmus $\log(1 + z)$ überein.

6 Ganze Funktionen und Satz von Liouville

6.1 Abschätzung der Koeffizienten einer Reihenentwicklung

Sei $f(z) = \sum_{n=0}^{\infty} a_n(z - z_0)^n$ für $|z - z_0| < R$. Für $0 < r < R$ setzen wir

$$M(f, r) := \max\left\{ |f(z)| \mid |z - z_0| = r \right\}\,.$$

Dann gilt

$$|a_n| \leq \frac{M(f, r)}{r^n} \quad \text{für} \quad n = 0, 1, 2, \ldots\,.$$

BEWEIS.

f ist holomorph für $|z - z_0| < R$ nach 3.1. Aus der Potenzreihenentwicklung 5.3 und der Integralabschätzung 2.2 folgt

$$|a_n| = \frac{1}{2\pi} \left| \int_{C_r(z_0)} \frac{f(z)}{(z - z_0)^{n+1}} \, dz \right| \leq \frac{1}{2\pi} \cdot 2\pi r \cdot \frac{M(f,r)}{r^{n+1}} = \frac{M(f,r)}{r^n} . \qquad \square$$

6.2 Ganze Funktionen

Eine auf ganz $\mathbb{C}$ holomorphe Funktion heißt **ganze Funktion**. Nach dem Satz 5.3 über Potenzreihenentwicklungen besitzen solche Funktionen eine überall konvergente Reihenentwicklung

$$f(z) = \sum_{n=0}^{\infty} a_n z^n .$$

BEISPIELE: Polynome, die komplexe Exponentialfunktion, komplexer Kosinus und Sinus, vgl. 5.5 (b).

6.3 Der Satz von Liouville. *Jede beschränkte ganze Funktion ist konstant.*

BEWEIS.

Sei $f : \mathbb{C} \to \mathbb{C}$ holomorph und $|f(z)| \leq M$ für alle $z \in \mathbb{C}$. Dann besitzt f eine überall konvergente Reihenentwicklung

$$f(z) = \sum_{n=0}^{\infty} a_n z^n .$$

Für die Koeffizienten a_n gilt nach 6.1

$$|a_n| \leq \frac{M}{r^n} \quad \text{für jedes} \quad r > 0 .$$

Für $r \to \infty$ folgt $a_n = 0$ für alle $n \in \mathbb{N}$, also $f(z) \equiv a_0$. $\qquad \square$

6.4 Der Fundamentalsatz der Algebra

Jedes nichtkonstante Polynom mit komplexen Koeffizienten besitzt wenigstens eine Nullstelle in $\mathbb{C}$. Daraus folgt unmittelbar der Fundamentalsatz der Algebra § 5 : 10.3.

BEWEIS.

(a) Sei $p(z) = a_0 + \cdots + a_n z^n$ mit $a_n \neq 0$, $n \geq 1$.

Wegen $\lim\limits_{|z| \to \infty} \left| \frac{p(z)}{z^n} \right| = |a_n| > 0$ gibt es ein $R > 0$, so daß

$$\left|\frac{p(z)}{z^n}\right| \geq \frac{1}{2}|a_n| > 0 \quad \text{für} \quad |z| \geq R.$$

Hieraus folgt

$$\frac{1}{|p(z)|} \leq \frac{2}{|a_n| \cdot R^n} =: M \quad \text{für} \quad |z| \geq R.$$

(b) Angenommen $p(z) \neq 0$ für alle $z \in \mathbb{C}$. Dann ist $f = \frac{1}{p}$ eine ganze Funktion. Sie ist nach (a) beschränkt für $|z| \geq R$ und als stetige Funktion auch für $|z| \leq R$ beschränkt. Nach dem Satz von Liouville folgt, daß f und damit auch p konstant sind, ein Widerspruch. Also besitzt p wenigstens eine Nullstelle λ_1 in $\mathbb{C}$.

(c) Im Fall Grad $(p) \geq 2$ ist $p(z) = (z - \lambda_1)q(z)$ mit Grad $(q) \geq 1$. Nach dem vorangehenden besitzt dann auch q eine Nullstelle λ_2 in $\mathbb{C}$. Fahren wir so fort, so erhalten wir schließlich

$$p(z) = a_n(z - \lambda_1)(z - \lambda_2)\cdots(z - \lambda_n). \qquad \square$$

7 Der Satz von Morera und Folgerungen

7.1 Der Satz von Morera

Ist $f : \Omega \to \mathbb{C}$ stetig und gilt

$$\int_\gamma f(z)\,dz = 0 \quad \text{für jeden geschlossenen, einfach gelagerten Weg } \gamma \text{ in } \Omega,$$

so ist f holomorph in Ω.

BEWEIS.

Auf jeder Kreisscheibe $K_r(z_0) \subset \Omega$ besitzt f nach 2.6 eine lokale Stammfunktion F. Nach 5.3 ist F beliebig oft komplex differenzierbar, also ist $f = F'$ holomorph auf jedem $K_r(z_0) \subset \Omega$. $\qquad \square$

7.2 Vertauschung von Differentiation und Grenzübergang

Die in Ω holomorphen Funktionen f_n seien kompakt konvergent gegen eine Funktion f, d.h. $f_n(z) \to f(z)$ gleichmäßig auf jeder kompakten Teilmenge von Ω. Dann ist f holomorph in Ω, und es gilt

$$f_n^{(k)}(z) \to f^{(k)}(z) \quad \text{für} \quad k = 1, 2, \ldots$$

im Sinne der kompakten Konvergenz.

FOLGERUNG. *Eine kompakt konvergente Reihe aus holomorphen Funktionen ist beliebig oft gliedweise differenzierbar.*

BEWEIS.

(a) *Holomorphie von f.* Sei $\gamma \in \Omega$ ein einfach gelagerter Weg. Nach dem Cauchyschen Integralsatz gilt $\int_\gamma f_n(z)\,dz = 0$. Aus der kompakten Konvergenz folgt nach 2.9 die Stetigkeit von f und die Vertauschbarkeit von Integral und Limes. Also gilt $\int_\gamma f(z)\,dz = 0$, und f ist nach dem Satz von Morera holomorph.

(b) Sei K eine kompakte Teilmenge von Ω und $r = \frac{1}{2} \cdot \operatorname{dist}(K, \partial\Omega)$. Wir betrachten die um einen „r–Streifen" vergrößerte Menge

$$K_r = \{z \in \mathbb{C} \mid \quad |z - z_0| \le r \text{ für geeignetes } z_0 \in K\}$$
$$= \{z \in \mathbb{C} \mid \quad \operatorname{dist}(z, K) \le r\}.$$

Diese Menge ist offenbar beschränkt und abgeschlossen $\boxed{\ddot{\text{U}}\text{A}}$, also kompakt. Nach Wahl von r ist $K_r \subset \Omega$. Für $z_0 \in K$ dürfen wir nun die Cauchy–Formeln 5.3 anwenden:

$$f^{(k)}(z_0) - f_n^{(k)}(z_0) = \frac{k!}{2\pi i} \int\limits_{C_r(z_0)} \frac{f(z) - f_n(z)}{(z - z_0)^{k+1}}\,dz\,.$$

Also gilt nach den Abschätzungen 6.1

$$\left| f^{(k)}(z_0) - f_n^{(k)}(z_0) \right| \le \frac{k!}{r^k} \cdot \max\left\{ |f(z) - f_n(z)| \,\big|\, |z - z_0| \le r \right\}$$

$$\le \frac{k!}{r^k} \cdot \max\left\{ |f(z) - f_n(z)| \,\big|\, z \in K_r \right\}\,.$$

Dies zeigt, daß $f_n^{(k)} \to f^{(k)}$ gleichmäßig auf K für $n \to \infty$. $\qquad\square$

8 Zusammenfassung der Hauptsätze

Für stetige Funktionen f auf Ω sind folgende Aussagen äquivalent:

(a) f ist holomorph in Ω.

(b) f ist analytisch in Ω.

(c) $f(x + iy) = u(x, y) + iv(x, y)$ mit C^1–Funktionen $u, v : \Omega \to \mathbb{R}$, welche die Cauchy–Riemannschen Differentialgleichungen

$$\frac{\partial u}{\partial x} = \frac{\partial v}{\partial y}\,, \qquad \frac{\partial v}{\partial x} = -\frac{\partial u}{\partial y}$$

erfüllen.

(d) $\int_\gamma f(z)\,dz = 0$ für jeden geschlossenen, einfach gelagerten Weg γ in Ω.

§ 28 Isolierte Singularitäten, Laurent–Reihen und Residuensatz

1 Einteilung isolierter Singularitäten

1.1 Hebbare Singularitäten

Ist $f(z)$ in einer Umgebung des Punktes z_0 mit Ausnahme des Punktes z_0 selbst erklärt und holomorph, so heißt z_0 eine **isolierte Singularität** von f.

BEISPIELE. Der Nullpunkt ist eine isolierte Singularität für

$$\frac{\sin z}{z}, \qquad \frac{1}{z}, \qquad \mathrm{e}^{1/z}.$$

Eine isolierte Singularität ist zunächst nichts weiter als eine Definitionslücke. Die erste Frage lautet daher, ob sich eine solche Lücke durch geeignete Festsetzung von $f(z_0)$ schließen läßt. Für $z \neq 0$ gilt beispielsweise (vgl. die Definition 6.1 von $\sin z$)

$$\frac{\sin z}{z} = \frac{1}{z} \sum_{n=0}^{\infty} (-1)^n \frac{z^{2n+1}}{(2n+1)!} = 1 - \frac{z^2}{3!} + \frac{z^4}{5!} + \cdots =: g(z).$$

Die Reihe für $g(z)$ konvergiert für alle z und stellt somit eine ganze Funktion dar mit

$$g(z) = \begin{cases} \dfrac{\sin z}{z} & \text{für} \quad z \neq 0 \\[2mm] 1 & \text{für} \quad z = 0. \end{cases}$$

Definition. *Eine isolierte Singularität z_0 von f heißt* **hebbare Singularität**, *wenn es eine in einer Umgebung U von z_0 holomorphe Funktion g gibt mit $f(z) = g(z)$ für alle $z \in U$ mit $z \neq z_0$.*

BEISPIELE. $\dfrac{z^3 - 1}{z - 1}$ hat eine hebbare Singularität an der Stelle 1, $\dfrac{\mathrm{e}^z - 1}{z}$ hat eine hebbare Singularität an der Stelle 0 $\boxed{\text{ÜA}}$.

1.2 Pole und wesentliche Singularitäten

Für die Funktion $f(z) = \frac{1}{z}$ liegt an der Stelle $z = 0$ keine hebbare Singularität vor, denn es gilt $\lim_{z \to 0} |f(z)| = \infty$. Dasselbe gilt für $f(z) = \frac{\cos z}{\sin z}$ an den Stellen $n\pi$, $n \in \mathbb{Z}$.

Kompliziert liegen die Verhältnisse für $f(z) = \mathrm{e}^{\frac{1}{z}}$ bei Annäherung an $z = 0$. Hier gilt

$$\lim_{n\to\infty} f\left(\tfrac{1}{n}\right) = \lim_{n\to\infty} e^n = \infty\,, \quad \lim_{n\to\infty} f\left(-\tfrac{1}{n}\right) = \lim_{n\to\infty} e^{-n} = 0 \quad \text{und}$$

$$\lim_{n\to\infty} f\left(\tfrac{1}{2\pi i n}\right) = \lim_{n\to\infty} e^{2\pi i n} = 1\,.$$

Definition. Sei f holomorph für $0 < |z - z_0| < R$. z_0 heißt **Polstelle (Pol)** von f, wenn $\lim\limits_{z\to z_0} |f(z)| = \infty$, d.h. $\lim\limits_{z\to z_0} \frac{1}{|f(z)|} = 0$. Ist z_0 weder eine hebbare Singularität noch eine Polstelle, so heißt z_0 **wesentliche Singularität.**

2 Die Laurent-Entwicklung

Auch in einer Umgebung einer Singularität läßt sich das Verhalten von f genau untersuchen. Dies ist möglich mit einem neuen Typ von Reihen, den Laurent–Reihen. Hierzu zunächst ein einfaches Beispiel.

2.1 Die Entwicklung von $\dfrac{1}{w - z}$

Seien w, z_0 feste komplexe Zahlen.

(a) Für $|z - z_0| < |w - z_0|$ gilt für $\frac{1}{w-z}$ eine herkömmliche Potenzreihenentwicklung nach z:

$$\frac{1}{w - z} = \sum_{n=0}^{\infty} \frac{(z - z_0)^n}{(w - z_0)^{n+1}}$$

gleichmäßig in jeder kompakten Kreisscheibe $\left|\frac{z-z_0}{w-z_0}\right| \le \varrho < 1$.

(b) Für $|z - z_0| > |w - z_0|$ gilt dagegen

$$\frac{1}{w - z} = -\sum_{n=0}^{\infty} (w - z_0)^n \frac{1}{(z - z_0)^{n+1}} = \sum_{n=0}^{\infty} \frac{a_n}{(z - z_0)^{n+1}}$$

gleichmäßig in jedem Außenbereich

$$1 < r \le \frac{|z - z_0|}{|w - z_0|}\,.$$

$\boxed{\text{ÜA}}$ Skizzieren Sie die Bereiche (a) und (b).

BEWEIS.

(a) wurde bereits beim Beweis der Cauchyschen Integralformel benützt, vgl. dazu § 27 : 3.4 (a).

(b) folgt aus (a) durch Vertauschen der Rollen von z und w und mit $r = \frac{1}{\varrho}$. $\square$

2.2 Laurent–Reihen

Eine Reihe der Form $\displaystyle\sum_{n=-\infty}^{+\infty} a_n(z-z_0)^n$ heißt **Laurent–Reihe**. Sie heißt konvergent an der Stelle z, wenn jede der Reihen

$$r(z) = \sum_{n=0}^{\infty} a_n(z-z_0)^n\,, \quad h(z) = \sum_{n=-\infty}^{-1} a_n(z-z_0)^n = \sum_{n=1}^{\infty} a_{-n}\frac{1}{(z-z_0)^n}$$

an der Stelle z konvergiert. Im Falle der Konvergenz setzen wir

$$\sum_{n=-\infty}^{+\infty} a_n(z-z_0)^n := h(z) + r(z)\,.$$

Die Reihe für $h(z)$ heißt **singulärer Teil** oder **Hauptteil**, die Reihe für $r(z)$ heißt **regulärer Teil** oder **Nebenteil** der Laurent–Reihe.

SATZ. *Konvergiert die Reihe*

$$\sum_{n=1}^{\infty} a_{-n}\frac{1}{(z-z_0)^n}$$

für $z = z_1$, so konvergiert sie absolut für alle z mit $|z-z_0| > |z_1-z_0|$. Divergiert sie für $z = z_2$, so divergiert sie für alle z mit $|z-z_0| < |z-z_2|$.

Das ergibt sich mit $w = \frac{1}{z-z_0}$ unmittelbar aus dem entsprechenden Satz für die Potenzreihe $\displaystyle\sum_{n=1}^{\infty} a_{-n}w^n$, vgl. § 10 : 2.2.

Konvergiert der Hauptteil also für $z = z_1$ und der reguläre Teil für $z = z_2$ mit $\varrho = |z_1-z_0| < R = |z_2-z_0|$, so konvergiert die Laurent–Reihe im **Ringgebiet** $\varrho < |z-z_0| < R$.

2.3 Eigenschaften von Laurent–Reihen

Konvergiert die Laurent–Reihe

$$\sum_{n=-\infty}^{+\infty} a_n(z-z_0)^n$$

im Ringgebiet $\varrho < |z-z_0| < R$ $(0 \leq \varrho < R \leq \infty)$ gegen $f(z)$, so konvergiert sie gleichmäßig in jedem kompakten Kreisring $\varrho + \varepsilon \leq |z-z_0| < r$ mit $\varepsilon > 0$, $r < R$. Daher ist f holomorph nach § 27 : 7.2.

Für die Koeffizienten a_n gelten die Cauchyschen Integralformeln

$$a_n = \frac{1}{2\pi i} \int\limits_{C_r(z_0)} \frac{f(w)}{(w-z_0)^{n+1}}\, dw$$

für jedes r mit $\varrho < r < R$.

FOLGERUNG. (*Identitätssatz für Laurent-Reihen*): *Gilt*

$$\sum_{n=-\infty}^{+\infty} a_n(z - z_0)^n = \sum_{n=-\infty}^{+\infty} b_n(z - z_0)^n$$

für $\varrho < |z - z_0| < R$, so folgt $a_n = b_n$ für alle $n \in \mathbb{Z}$.

BEWEIS.

Die gleichmäßige Konvergenz des regulären Teils für $|z - z_0| \leq r$ ist aus der Theorie der Potenzreihen bekannt. Sei $|z_2 - z_0| = \varrho + \frac{1}{2}\varepsilon$. Dann konvergiert die Reihe $\displaystyle\sum_{n=1}^{\infty} \frac{a_{-n}}{(z_2 - z_0)^n}$ absolut, insbesondere bilden die Glieder eine Nullfolge. Also gibt es ein M mit $|a_{-n}| \leq M \cdot |z_2 - z_0|^n$. Für $|z - z_0| \geq \varrho + \varepsilon$ gilt dann

$$\left|\frac{a_{-n}}{(z - z_0)^n}\right| = \frac{|a_{-n}|}{|z_2 - z_0|^n}\left|\frac{z_2 - z_0}{z - z_0}\right|^n \leq M \cdot \left(\frac{\varrho + \frac{1}{2}\varepsilon}{\varrho + \varepsilon}\right)^n.$$

Somit konvergiert der Hauptteil für $|z - z_0| \geq \varrho + \varepsilon$ gleichmäßig nach dem Majorantenkriterium.

Da jede kompakte Teilmenge von $\varrho < |z - z_0| < R$ in einem kompakten Kreisring der oben beschriebenen Art liegt, ist die Laurent-Reihe kompakt konvergent und damit die Grenzfunktion f holomorph (vgl. § 27 : 7.2).

Für $\varrho < r < R$ ergibt gliedweise Integration (vgl. § 27 : 2.9) unter Berücksichtigung der Grundformeln § 27 : 2.5

$$\int\limits_{C_r(z_0)} \frac{f(w)}{(w - z_0)^{k+1}}\, dw = \sum_{n=-\infty}^{+\infty} a_n \int\limits_{C_r(z_0)} (w - z_0)^{n-k-1}\, dw = 2\pi i a_k\,. \qquad \square$$

2.4 Laurent-Entwicklung in Ringgebieten

Sei f holomorph in einem Ringgebiet

$$\Omega = \left\{ z \subset \mathbb{C} \mid \varrho < |z - z_0| < R \right\} \quad \text{mit } \varrho \geq 0,\ 0 < R \leq \infty.$$

Dann besitzt f dort eine Reihenentwicklung

$$f(z) = \sum_{n=-\infty}^{+\infty} a_n(z - z_0)^n\,,$$

welche in jedem kompakten Teil von Ω gleichmäßig konvergiert. Die Koeffizienten a_n ergeben sich aus den Cauchyschen Formeln

$$a_n = \frac{1}{2\pi i} \int\limits_{C_r(z_0)} \frac{f(w)}{(w - z_0)^{n+1}} \, dw \qquad (n \in \mathbf{Z}, \ \varrho < r < R)\,.$$

BEWEIS.

Sei z ein fester Punkt in Ω und
$\varrho < r_1 < |z - z_0| < r_2 < R$.
Wir betrachten die in der Figur angedeuteten Wege γ_1, γ_2, welche die Kreise
$C_{r_1}(z_0)$, $C_{r_2}(z_0)$ benützen und zwei radiale Strecken gemeinsam haben. (Die
Spalte sollen nur die Figur deutlich machen.) Dann gilt

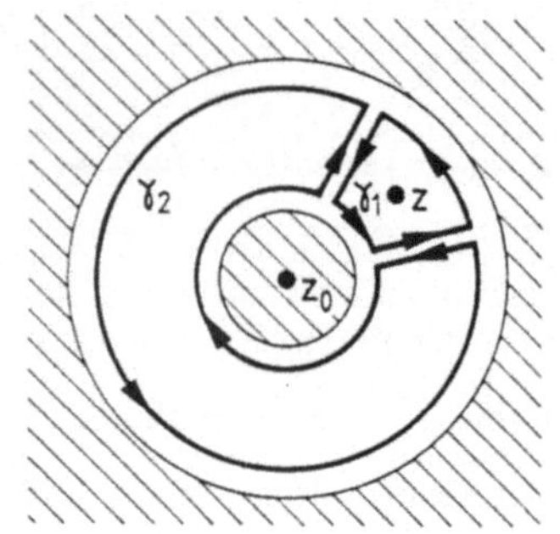

$$\int\limits_{\gamma_2} \frac{f(w)}{w - z} \, dw \ = \ 0 \quad \text{und}$$

$$\frac{1}{2\pi i} \int\limits_{\gamma_1} \frac{f(w)}{w - z} \, dw = f(z)\,.$$

Die erste Beziehung folgt aus dem Cauchyschen Integralsatz, da γ_2 der orientierte Rand eines in $\Omega \setminus \{z\}$ gelegenen Pflasters ist. Die zweite ergibt sich nach
der Cauchyschen Integralformel, da γ_1 den Punkt z einmal positiv umläuft
(vgl. § 27 : 4.4 und Fig. § 27 : 4.3). Da sich die Integrale über die gegensinnig
durchlaufenen radialen Strecken fortheben, erhalten wir

$$2\pi i f(z) = \int\limits_{\gamma_1} \frac{f(w)}{w - z} \, dw + \int\limits_{\gamma_2} \frac{f(w)}{w - z} \, dw$$

$$= \int\limits_{C_{r_2}(z_0)} \frac{f(w)}{w - z} \, dw \ - \int\limits_{C_{r_1}(z_0)} \frac{f(w)}{w - z} \, dw\,.$$

Auf $C_{r_2}(z_0)$ gilt $|w - z_0| = r_2 > |z - z_0|$, also nach 2.1 (a)

$$\frac{1}{w - z} = \sum_{n=0}^{\infty} \frac{(z - z_0)^n}{(w - z_0)^{n+1}}$$

gleichmäßig bezüglich w nach dem Majorantensatz.
Auf $C_{r_1}(z_0)$ gilt $|w - z_0| = r_1 < |z - z_0|$, also nach 2.1 (b)

$$-\frac{1}{w - z} = \sum_{k=0}^{\infty} \frac{(w - z_0)^k}{(z - z_0)^{k+1}} = \sum_{n=-\infty}^{-1} \frac{(z - z_0)^n}{(w - z_0)^{n+1}} \qquad \text{gleichmäßig in } w\,.$$

Daraus ergibt sich durch gliedweise Integration

$$2\pi i f(z) = \sum_{n=0}^{\infty} (z-z_0)^n \int_{C_{r_2}(z_0)} \frac{f(w)\,dw}{(w-z_0)^{n+1}} + \sum_{n=-\infty}^{-1} (z-z_0)^n \int_{C_{r_1}(z_0)} \frac{f(w)\,dw}{(w-z_0)^{n+1}},$$

also ist f durch eine Laurent-Reihe dargestellt. Die restlichen Behauptungen (kompakte Konvergenz und Cauchy-Formeln) folgen aus 2.3. $\qquad\square$

2.5 Abschätzung der Koeffizienten

Sei $f(z) = \sum_{n=-\infty}^{+\infty} a_n (z-z_0)^n$ für $0 \le \varrho < |z-z_0| < R$.

Für $\varrho < r < R$ sei $M(f,r) = \max\{|f(z)| \mid |z-z_0| = r\}$. Dann gilt

$$|a_n| \le \frac{M(f,r)}{r^n} \quad \text{für alle} \quad n \in \mathbb{Z}.$$

Das ergibt sich wie in $\S\,27:6.1$.

2.6 Aufgaben

(a) Sei $f(z) = \frac{1}{z}$. Geben Sie die Laurent-Entwicklung und ihren Konvergenzbereich um einen beliebigen Punkt z_0 herum an. Warum ist der Fall $z_0 = 0$ trivial?

(b) Entwickeln Sie $f(z) = \frac{1}{(z-a)(z-b)}$ für $a \ne b$ in Laurent-Reihen um die Punkte $z_0 = a$, $z_0 = b$. Was ergibt sich für $a = b$?

(c) Geben Sie die Laurent-Reihe von $e^{-\frac{1}{z}}$ für $|z| > 0$ an.

2.7 Entwicklung des Kotangens

Nach $\S\,27:6.1$ ist $\cotg z = \frac{\cos z}{\sin z}$ holomorph für alle $z \ne n\pi$, $n \in \mathbb{Z}$. Wir geben eine Laurent-Entwicklung für $0 < |z| < \pi$ an. Dazu beachten wir, daß

$$z \cdot \cotg z = \frac{z}{\sin z} \cdot \cos z$$

an der Stelle 0 nach 1.1 eine hebbare Singularität besitzt. Daher gibt es eine Potenzreihenentwicklung

$$z \cdot \cotg z = \sum_{n=0}^{\infty} a_n z^n \quad \text{für} \quad |z| < \pi.$$

Die Koeffizienten a_n ergeben sich aus der Beziehung $z \cdot \cos z = z \cdot \operatorname{cotg} z \cdot \sin z$, also

$$z \cos z = z - \frac{z^3}{2!} + \frac{z^5}{4!} - \frac{z^7}{6!} \pm \cdots = z \cdot \operatorname{cotg} z \cdot \sin z$$

$$= \left(a_0 + a_1 z + a_2 z^2 + a_3 z^3 + a_4 z^4 + \cdots\right) \cdot \left(z - \frac{z^3}{3!} + \frac{z^5}{5!} - \frac{z^7}{7!} \cdots\right)$$

$$= a_0 z + a_1 z^2 + \left(a_2 - \frac{a_0}{3!}\right) z^3 + \left(a_3 - \frac{a_1}{3!}\right) z^4 + \left(a_4 - \frac{a_2}{3!} + \frac{a_0}{5!}\right) z^5$$

$$+ \left(a_5 - \frac{a_3}{3!} + \frac{a_1}{5!}\right) z^6 + \left(a_6 - \frac{a_4}{3!} + \frac{a_2}{5!} - \frac{a_0}{7!}\right) z^7 + \cdots .$$

Koeffizientenvergleich liefert $a_1 = a_3 = a_5 = \cdots = 0$ und $a_0 = 1$, $a_2 = -\frac{1}{3}$, $a_4 = -\frac{1}{45}$, $a_6 = -\frac{2}{945}$ $\boxed{\text{ÜA}}$. Somit erhalten wir *eine* und damit *die* Laurent–Entwicklung

$$\operatorname{cotg} z = \frac{1}{z} - \frac{1}{3} z - \frac{1}{45} z^3 - \frac{2}{945} z^5 - \cdots \quad \text{für} \quad 0 < |z| < \pi .$$

3 Charakterisierung isolierter Singularitäten

3.1 Der Satz von Riemann

Ist f holomorph und beschränkt für $0 < |z - z_0| < R$, so ist z_0 eine hebbare Singularität von f.

BEWEIS.

Sei $|f(z)| \leq M$ für $0 < |z - z_0| < R$ und $0 < r < R$. Dann gilt für die Koeffizienten a_n der Laurent–Entwicklung $f(z) = \displaystyle\sum_{n=-\infty}^{+\infty} a_n (z - z_0)^n$

$$|a_n| \leq \frac{M}{r^n}$$

nach den Abschätzungen 2.5. Insbesondere folgt

$$|a_{-n}| \leq M \cdot r^n \quad \text{für alle} \quad n \in \mathbb{N} .$$

Für $r \to 0$ folgt $a_{-n} = 0$ für alle $n \in \mathbb{N}$, also

$$f(z) = \sum_{n=0}^{\infty} a_n (z - z_0)^n \quad \text{für} \quad 0 < |z - z_0| < R .$$

Die rechte Seite ist aber holomorph für $|z - z_0| < R$. $\qquad\square$

3.2 Charakterisierung von Polstellen

Die für $0 < |z - z_0| < R$ holomorphe Funktion f hat genau dann einen Pol in z_0, wenn die Laurent-Reihe die Form

$$f(z) = \sum_{n=-m}^{\infty} a_n (z - z_0)^n \qquad (m \in \mathbb{N},\ a_{-m} \neq 0)$$

hat, wenn also der singuläre Teil aus endlich vielen Gliedern besteht. Die dadurch bestimmte Zahl m heißt **Ordnung des Pols** z_0.

BEWEIS.

(a) Hat die Laurent-Reihe die angegebene Form, so gilt

$$f(z) = \frac{1}{(z - z_0)^m}\, (a_{-m} + a_{-m+1}(z - z_0) + \cdots) = \frac{1}{(z - z_0)^m}\, g(z)\,.$$

Dabei ist g als Potenzreihe holomorph in einer Umgebung von z_0 und $g(z_0) = a_{-m} \neq 0$. Daher gilt $\lim\limits_{z \to z_0} |f(z)| = \infty$.

(b) Sei $\lim\limits_{z \to z_0} |f(z)| = \infty$, d.h. $\lim\limits_{z \to z_0} \frac{1}{f(z)} = 0$. Nach dem Satz von Riemann folgt, daß die durch

$$F(z) = \begin{cases} \dfrac{1}{f(z)} & \text{für} \quad z \neq z_0 \\[2mm] 0 & \text{für} \quad z = z_0 \end{cases}$$

definierte Funktion F holomorph ist in einer Umgebung von z_0, also

$$F(z) = \sum_{n=0}^{\infty} b_n (z - z_0)^n \quad \text{für} \quad |z - z_0| < R\,.$$

Wegen $F(z_0) = 0$ gilt $b_0 = 0$. Sei b_m der erste nichtverschwindende Koeffizient in dieser Reihe, also

$$F(z) = (z - z_0)^m\, (b_m + b_{m+1}(z - z_0) + \cdots) = (z - z_0)^m G(z)$$

mit $G(z_0) \neq 0$. Dann gilt $G(z) \neq 0$ in einer Umgebung $|z - z_0| < r$, also

$$f(z) = \frac{1}{F(z)} = \frac{1}{(z - z_0)^m}\, \frac{1}{G(z)} \quad \text{für} \quad 0 < |z - z_0| < r\,.$$

Bezeichnen wir die Potenzreihenentwicklung von $\frac{1}{G}$ mit

$$\frac{1}{G(z)} = a_{-m} + a_{-m+1}(z - z_0) + \cdots,$$

so folgt die Behauptung. $\qquad\qquad\qquad\qquad\qquad\qquad\qquad\qquad\qquad\qquad\quad \square$

3.3 Kriterien für Pole m–ter Ordnung

(a) *Eine isolierte Singularität z_0 von f ist genau dann ein Pol m–ter Ordnung, wenn $\lim\limits_{z \to z_0} (z - z_0)^m f(z)$ existiert und von Null verschieden ist.*

(b) *Hat die in Umgebung von z_0 holomorphe Funktion g in z_0 eine Nullstelle m–ter Ordnung, so hat $\frac{1}{g}$ in z_0 einen Pol m–ter Ordnung, vgl. § 27 : 3.5.*

Die Beweise folgen aus den vorangehenden Betrachtungen $\boxed{\text{ÜA}}$.

3.4 Wesenliche Singularitäten, Satz von Casorati–Weierstraß

Nach dem vorangehenden hat f an der Stelle z_0 genau dann eine wesentliche Singularität, wenn der Hauptteil der Laurent-Entwicklung unendlich viele nichtverschwindende Glieder hat.

Satz von Casorati–Weierstraß. *Ist z_0 eine wesentliche Singularität von f, so gibt es zu jedem $a \in \mathbb{C}$ eine Folge (z_n) mit $z_n \to z_0$ und $f(z_n) \to a$. Ferner gibt es eine Folge (w_n) mit $w_n \to z_0$ und $|f(w_n)| \to \infty$.*

Für jede noch so kleine gelochte Umgebung $U = K_r(z_0) \setminus \{z_0\}$ ist die Bildmenge $f(U)$ dicht in $\mathbb{C}$, d.h. $\overline{f(U)} = \mathbb{C}$.

BEWEIS.

Sei $B_n = \left\{ z \in \mathbb{C} \mid 0 < |z - z_0| < \frac{1}{n} \right\}$. Da f nach dem Satz von Riemann auf B_n unbeschränkt ist, gibt es zu jedem $n \in \mathbb{N}$ ein $w_n \in B_n$ mit $|f(w_n)| \geq n$. Damit ist die letzte Behauptung $|f(w_n)| \to \infty$ bewiesen.

Wir zeigen, daß $\overline{f(B_n)} = \mathbb{C}$ für jedes $n \in \mathbb{N}$. Angenommen $\overline{f(B_n)} \neq \mathbb{C}$. Dann ist $\mathbb{C} \setminus \overline{f(B_n)}$ nichtleer und offen. Also gibt es ein $c \in \mathbb{C}$ und ein $r > 0$ mit $K_r(c) \cap \overline{f(B_n)} = \emptyset$, also $K_r(c) \cap f(B_n) \neq \emptyset$. Es folgt

$$|f(z) - c| \geq r \,, \quad \text{d.h.} \quad \frac{1}{|f(z) - c|} \leq \frac{1}{r} \quad \text{für jedes} \quad z \in B_n \,.$$

Nach dem Satz von Riemann gibt es also eine für $|z - z_0| \leq \frac{1}{n}$ holomorphe Funktion g mit

$$g(z) = \begin{cases} \dfrac{1}{f(z) - c} & \text{für} \quad 0 < |z - z_0| < \dfrac{1}{n} \\[2ex] 0 & \text{für} \quad z = z_0 \,, \end{cases}$$

letzteres wegen $|f(w_n)| \to \infty$. Nach 3.3 (b) und § 27 : 3.5 hat $f(z) - c = \frac{1}{g(z)}$ an der Stelle z_0 einen Pol im Widerspruch zur Voraussetzung.

Also ist $f(B_n)$ dicht in $\mathbb{C}$ für jedes n, insbesondere gibt es zu jedem $a \in \mathbb{C}$ und jedem $n \in \mathbb{N}$ ein $z_n \in B_n$ (also $|z_n - z_0| < \frac{1}{n}$) mit $|f(z_n) - a| < \frac{1}{n}$. $\qquad \square$

3.5 Das Verhalten ganzer Funktionen im Unendlichen

Eine ganze Funktion, die kein Polynom ist, heißt **ganz–transzendent**.

Sei $f(z) = \sum_{n=0}^{\infty} a_n z^n$ für alle $z \in \mathbb{C}$. Dann gilt

$$f\left(\tfrac{1}{z}\right) = \sum_{n=0}^{\infty} a_n \frac{1}{z^n} = \sum_{-\infty}^{0} a_{-n} z^n \quad \text{für} \quad z \neq 0.$$

Daraus folgt: Für ganz–transzendente Funktionen f hat $f\left(\tfrac{1}{z}\right)$ an der Stelle 0 eine wesentliche Singularität; für Polynome p vom Grad $n \geq 1$ hat $p\left(\tfrac{1}{z}\right)$ an der Stelle 0 einen Pol n–ter Ordnung.

Satz von Casorati–Weierstraß. *Sei f ganz–transzendent. Dann gibt es zu jedem $a \in \mathbb{C}$ eine Folge (z_n) mit $|z_n| \to \infty$ und $f(z_n) \to a$. Ferner gibt es eine Folge (w_n) mit $|w_n| \to \infty$, $|f(w_n)| \to \infty$.* Das folgt direkt aus 3.4.

3.6 Der Satz von Picard

Besitzt f an der Stelle z_0 eine wesentliche Singularität, so gibt es ein $a \in \mathbb{C}$, so daß f in jeder Umgebung von z_0 alle Werte von $\mathbb{C} \setminus \{a\}$ annimmt (ohne Beweis).

$\boxed{\ddot{\text{U}}\text{A}}$ Verifizieren Sie dies für $e^{\frac{1}{z}}$ in der Nähe des Nullpunkts.

4 Der Residuenkalkül

4.1 Das Residuum

Hat die Funktion f die Laurent-Entwicklung $f(z) = \sum_{n=-\infty}^{+\infty} a_n(z - z_0)^n$ für $0 < |z - z_0| < R$, so definieren wir das **Residuum von f an der Stelle z_0** durch

$$\operatorname{Res}(f, z_0) := \frac{1}{2\pi i} \int_{C_r(z_0)} f(z)\, dz = a_{-1},$$

wobei $0 < r < R$, vgl. 2.4. Ist f holomorph in einer Umgebung von z_0, so bleibt nach dem Cauchyschen Integralsatz bei Integration um z_0 herum kein Rückstand (lat. *residuum*). Aber auch bei Vorliegen einer Singularität kann das Residuum Null sein, z.B. ist $\operatorname{Res}\left(\tfrac{1}{z^2}, 0\right) = 0$.

4.2 Andere Darstellungen des Residuums

(a) Der Weg γ umlaufe den Punkt z_0 einmal positiv und liege mitsamt seinem Innern im Gebiet Ω. Die Funktion f sei holomorph in $\Omega \setminus \{z_0\}$. Dann gilt

$$\operatorname{Res}(f, z_0) = \frac{1}{2\pi i} \int_\gamma f(z)\, dz$$

(*einfachste Form des Residuensatzes*). Denn γ ist nach §27:4.4 in $\Omega \setminus \{z_0\}$ homolog zu einem Kreis $C_\varepsilon(z_0)$.

(b) $\operatorname{Res}(f, z_0) = \lim\limits_{z \to z_0} (z - z_0) f(z)$, falls dieser Grenzwert existiert. Das ist genau dann der Fall, wenn f in Umgebung von z_0 holomorph ist (dann $\operatorname{Res}(f, z_0) = 0$) oder aber einen Pol erster Ordnung hat, vgl. 3.3.

4.3 Zur Berechnung von Residuen sind die folgenden Rechenregeln häufig nützlich

(a) $\operatorname{Res}(\alpha f + \beta g, z_0) = \alpha \operatorname{Res}(f, z_0) + \beta \operatorname{Res}(g, z_0)$ für $\alpha, \beta \in \mathbb{C}$.

(b) *Hat f an der Stelle z_0 einen einfachen Pol und ist g holomorph in einer Umgebung von z_0 mit $g(z_0) \neq 0$, so gilt*

$$\operatorname{Res}(f \cdot g, z_0) = g(z_0) \operatorname{Res}(f, z_0).$$

(c) *Hat f an der Stelle z_0 eine einfache Nullstelle, so gilt*

$$\operatorname{Res}\left(\frac{1}{f}, z_0\right) = \frac{1}{f'(z_0)}.$$

Der Beweis sei dem Leser als $\boxed{\text{ÜA}}$ überlassen.

$\boxed{\text{ÜA}}$ Kann eine der Voraussetzungen von (b) weggelassen werden?

4.4 Beispiele

(a) Sei $f(z) = \dfrac{1}{1 + z^4} = \dfrac{1}{(z - z_1)(z - z_2)(z - z_3)(z - z_4)}$ mit

$$z_k = e^{\frac{k\pi i}{4}} \quad \text{mit} \quad k = 1, 3, 5, 7.$$

Dann gilt nach 4.3 (c)

$$\operatorname{Res}(f, z_k) = \frac{1}{f'(z_k)} = \frac{1}{4z_k^3} = -\frac{1}{4} z_k \quad \text{wegen} \quad z_k^4 = -1.$$

(b) Für $f(z) = \dfrac{z}{1 - \cos z}$ gilt für $z \neq 0$

$$z \cdot f(z) = \frac{z^2}{2 \sin^2 \frac{z}{2}} = 2 \cdot g\left(\frac{z}{2}\right) \quad \text{mit} \quad g(z) = \frac{z^2}{\sin^2 z}.$$

Nach 4.2 gilt also $\operatorname{Res}(f, 0) = \lim\limits_{z \to 0} z \cdot f(z) = 2$.

5 Der Residuensatz

Sei f holomorph in Ω mit Ausnahme isolierter Singularitäten. Trifft der geschlossene Weg γ in Ω keine Singularität und sind $z_1, \ldots, z_N$ die von γ umlaufenen Singularitäten, also gilt

$$\int_\gamma f(z)\, dz \;=\; 2\pi i \sum_{k=1}^{N} \mathrm{Res}\,(f, z_k)\,,$$

falls folgende Voraussetzungen erfüllt sind:

(a) γ *ist der Rand einer Pflasterkette $M = M_1 + \cdots + M_m$ mit $|M| \subset \Omega$.*

(b) *Jede der Singularitäten z_j liegt in einem der M_k und wird von ∂M_k einmal positiv umlaufen.*

(c) *Jedes Pflaster M_k enthält höchstens eine Singularität.*

BEWEIS.

Es gilt $\displaystyle\int_{\partial M_i} f(z)\, dz = 0$ für jedes Pflaster M_i, welches keine Singularität enthält (Pflasterversion des Cauchyschen Integralsatzes § 27 : 4.3). Enthält ein Pflaster M_j eine Singularität z_k, so gilt

$$\int_{\partial M_j} f(z)\, dz \;=\; 2\pi i \cdot \mathrm{Res}\,(f, z_k)$$

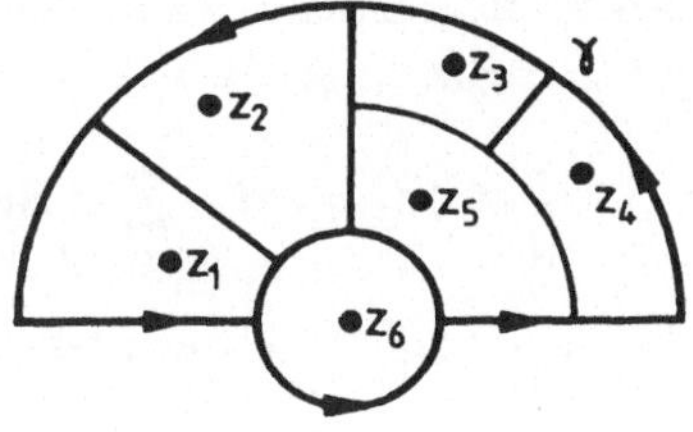

nach 4.2.

Die Behauptung folgt jetzt daraus, daß definitionsgemäß

$$\int_{\partial M} f(z)\, dz = \sum_{i=1}^{m} \int_{\partial M_i} f(z)\, dz\,. \qquad \square$$

6 Berechnung von Reihen mit Hilfe des Residuensatzes

6.1 Die Hilfsfunktion $\pi \cot g\, \pi z$

Nach 2.7 gilt für $f(z) = \pi \cot g\, \pi z$ und $|z| < 1$

$$f(z) = \frac{1}{z} - \frac{\pi^2}{3} z - \frac{\pi^4}{45} z^3 - \frac{2\pi^6}{945} z^5 - \cdots .$$

Da der Kotangens an den Stellen $n\pi$ $(n \in \mathbb{Z})$ einfache Pole mit Residuum 1 besitzt und sonst holomorph ist nach § 27 : 6.1 (b), hat f an allen ganzzahligen Stellen einfache Pole mit Residuum 1 und ist sonst holomorph.

6.2 Die Reihe $\displaystyle\sum_{q(n)\neq 0}\frac{p(n)}{q(n)}$

Sind p,q teilerfremde Polynome mit $\mathrm{Grad}\,(q) \geq 2 + \mathrm{Grad}\,(p)$, *so gilt*

$$\sum_{\substack{n=-\infty \\ q(n)\neq 0}}^{+\infty}\frac{p(n)}{q(n)} = -\sum_{q(a)=0}\mathrm{Res}\left(\frac{p}{q}f,a\right),$$

wobei $f(z) = \pi\cotg\pi z$ ist und die rechte Summe über alle Nullstellen von q erstreckt wird.

BEWEIS.

Wir betrachten den eingezeichneten
Weg γ_N, wobei N so groß gewählt ist,
daß das Innere $I(\gamma_N)$ sämtliche Nullstellen von q enthält. Nach dem Residuensatz gilt für $g(z) = \frac{p(z)}{q(z)}\cdot f(z)$

$$\int_{\gamma_N} g(z)\,dz = 2\pi i\sum_{z_k\in I(\gamma_N)}\mathrm{Res}\,(g,z_k).$$

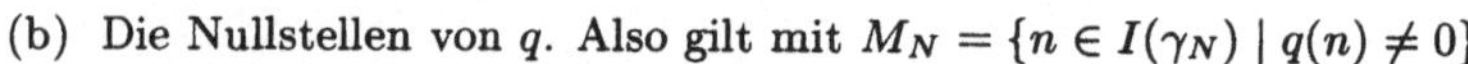

Die Singularitäten z_k von g teilen sich
auf in

(a) Die $n\in\mathbb{Z}$ mit $q(n)\neq 0$. Für diese
gilt wegen 4.3 (b) und $\mathrm{Res}\,(f,n) = 1$

$$\mathrm{Res}\,(g,n) = \frac{p(n)}{q(n)}\,.$$

(b) Die Nullstellen von q. Also gilt mit $M_N = \{n\in I(\gamma_N)\mid q(n)\neq 0\}$

$$\sum_{n\in M_N}\mathrm{Res}\,(g,n) + \sum_{q(a)=0}\mathrm{Res}\,(g,a) = \frac{1}{2\pi i}\int_{\gamma_N} g(z)\,dz\,.$$

Nach Voraussetzung ist $\frac{p(z)}{q(z)}z^2$ beschränkt für $|z|\to\infty$. Also gilt

$$\frac{|p(z)|}{|q(z)|} \leq \frac{C}{|z|^2}\quad\text{für genügend große } z \text{ mit geeigneter Schranke } C.$$

Daher existiert

$$\lim_{N\to\infty}\sum_{n\in M_N}\frac{p(n)}{q(n)} = \sum_{\substack{n\in\mathbb{Z} \\ q(n)\neq 0}}\frac{p(n)}{q(n)}\,.$$

Wir haben also nur noch zu zeigen, daß

$$\lim_{N \to \infty} \int_{\gamma_N} g(z)\, dz = 0\,.$$

Für $z = x + iy$, $y > 0$ gilt $\left|e^{iz}\right| = e^{\mathrm{Re}\,iz} = e^{-y}$ und $\left|e^{-iz}\right| = e^{y}$, also

$$|\cotg z| = \left|\frac{e^{iz} + e^{-iz}}{e^{iz} - e^{-iz}}\right| \leq \frac{\left|e^{-iz}\right| + \left|e^{iz}\right|}{\left|\,|e^{-iz}| - |e^{iz}|\,\right|} = \frac{e^{y} + e^{-y}}{e^{y} - e^{-y}} = \frac{e^{2y} + 1}{e^{2y} - 1}\,.$$

Für $z = x + iy$, $y < 0$ ergibt sich analog $\boxed{\text{ÜA}}$

$$|\cotg z| \leq \frac{e^{-2y} + 1}{e^{-2y} - 1}\,, \qquad \text{also insgesamt für } |y| \geq \frac{1}{\pi}$$

$$|\cotg \pi z| \leq \frac{e^{2\pi|y|} + 1}{e^{2\pi|y|} - 1} = 1 + \frac{2}{e^{2\pi|y|} - 1} \leq 1 + \frac{2}{e^2 - 1} < 2\,.$$

Für $z = \pm\left(N + \frac{1}{2}\right) + iy$, $|y| \leq \frac{1}{\pi}$ gilt wegen $e^{\pm i\left(N + \frac{1}{2}\right)\pi} = (-1)^N \cdot (\pm i)$

$$|\cotg \pi z| = \left|\frac{e^{-\pi y} - e^{\pi y}}{e^{-\pi y} + e^{\pi y}}\right| = \frac{e^{2\pi|y|} - 1}{1 + e^{2\pi|y|}} < 1 \qquad \boxed{\text{ÜA}}\,.$$

Insgesamt gilt $|\cotg \pi z| < 2$ für alle z auf γ_N und somit für $N \to \infty$

$$\left|\int_{\gamma_N} \pi \cotg(\pi z) \cdot \frac{p(z)}{q(z)}\, dz\right| \leq 2\pi \cdot \frac{C}{\left(N + \frac{1}{2}\right)^2} \cdot L(\gamma_N) \leq \frac{16\pi C}{N + \frac{1}{2}} \to 0\,. \quad \Box$$

6.3 Die Eulerschen Formeln

$$\sum_{n=1}^{\infty} \frac{1}{n^2} = \frac{\pi^2}{6}\,, \qquad \sum_{n=1}^{\infty} \frac{1}{n^4} = \frac{\pi^4}{90}\,, \qquad \sum_{n=1}^{\infty} \frac{1}{n^6} = \frac{\pi^6}{945}$$

(EULER 1734).

BEWEIS.

(a) Sei $p(z) = 1$, $q(z) = z^2$. Aus 6.1 entnehmen wir

$$\frac{\pi \cotg \pi z}{z^2} = \frac{1}{z^3} - \frac{\pi^2}{3}\frac{1}{z} - \frac{\pi^4}{45} z - \frac{2\pi^6}{945} z^3 - \cdots$$

mit Residuum $-\frac{\pi^2}{3}$ an der Stelle 0. Nach 6.2 ergibt sich

$$\sum_{0 \neq n \in \mathbf{Z}} \frac{1}{n^2} = \frac{\pi^2}{3}\,.$$

(b) Die beiden anderen Formeln ergeben sich ganz analog mit $q(z) = z^4$ bzw. $q(z) = z^6$ $\boxed{\text{ÜA}}$.

$\boxed{\text{ÜA}}$ Was folgt aus den Eulerschen Formeln für $\displaystyle\sum_{n=0}^{\infty} \frac{1}{(2n+1)^2}$ und $\displaystyle\sum_{n=0}^{\infty} \frac{1}{(2n+1)^4}$?

7 Berechnung von Integralen mit Hilfe des Residuensatzes

7.1 Integrale der Form $\displaystyle\int_{-\infty}^{+\infty} f(x)\,dx$

Sei f holomorph in $\mathbb{C}$ mit Ausnahme endlich vieler isolierter Singularitäten $z_1,\ldots,z_N$, die nicht auf der reellen Achse liegen. Ferner sei

$$|f(z)| \leq \frac{C}{|z|^2} \quad \text{für} \quad |z| \geq r\,.$$

Dann gilt

$$\int_{-\infty}^{+\infty} f(x)\,dx = 2\pi i \sum_{\operatorname{Im} z_k > 0} \operatorname{Res}(f, z_k)\,.$$

Dabei existiert für $f = u + iv$

$$\int_{-\infty}^{+\infty} f := \int_{-\infty}^{+\infty} u + i \int_{-\infty}^{+\infty} v$$

nach der letzten Voraussetzung.

BEWEIS.

Sei $R > r$ so groß gewählt, daß alle z_k im Innern von $K_R(0)$ liegen. γ_R sei der oben skizzierte Weg. Dann gilt nach dem Residuensatz

$$\int_{\gamma_R} f(z)\,dz = 2\pi i \sum_{\operatorname{Im}(z_k) > 0} \operatorname{Res}(f, z_k)\,.$$

Andererseits ist

$$\int_{\gamma_R} f(z)\,dz = \int_{-R}^{R} f(x)\,dx + \int_0^\pi iR\,f\!\left(R e^{it}\right) e^{it}\,dt\,, \quad \text{wobei}$$

$$\left| \int_0^\pi iR\,f\!\left(R e^{it}\right) e^{it}\,dt \right| \leq \pi R \cdot \frac{C}{R^2} \to 0 \quad \text{für} \quad R \to \infty\,. \quad \text{Also gilt}$$

$$2\pi i \cdot \sum_{\operatorname{Im} z_k > 0} \operatorname{Res}(f, z_k) = \lim_{R \to \infty} \int_{\gamma_R} f(z)\,dz = \lim_{R \to \infty} \int_{-R}^{R} f(x)\,dx = \int_{-\infty}^{+\infty} f(x)\,dx\,. \quad \Box$$

7.2 Beispiel $\displaystyle\int\limits_{-\infty}^{+\infty} \frac{dx}{1+x^4} = \frac{\pi}{\sqrt{2}}\,.$

Denn $f(z) = \frac{1}{1+z^4}$ hat nach 4.4 (a) in der oberen Halbebene die einfachen Pole $z_1 = e^{\frac{\pi i}{4}}$, $z_2 = e^{\frac{3\pi i}{4}}$ mit Residuen

$$\mathrm{Res}\,(f, z_1) = -\tfrac{1}{4}z_1 = -\tfrac{1}{4}e^{\frac{\pi i}{4}} = -\tfrac{1}{4}\left(\cos\tfrac{\pi}{4} + i\sin\tfrac{\pi}{4}\right),$$

$$\mathrm{Res}\,(f, z_2) = -\tfrac{1}{4}z_2 = -\tfrac{1}{4}e^{\frac{3\pi i}{4}} = -\tfrac{1}{4}\left(\cos\tfrac{3\pi}{4} + i\sin\tfrac{3\pi}{4}\right). \quad \text{Also gilt}$$

$$2\pi i\left(\mathrm{Res}\,(f, z_1) + \mathrm{Res}\,(f, z_2)\right) = -\pi i\left(i\sin\tfrac{\pi}{4}\right) = \pi\sin\tfrac{\pi}{4} = \frac{\pi}{\sqrt{2}}\,.$$

7.3 Aufgaben. Bestimmen Sie

$$\int\limits_{-\infty}^{+\infty} \frac{dx}{1+x^6}\,, \qquad \int\limits_{-\infty}^{+\infty} \frac{dx}{x^4 + 5x^2 + 4}\,, \qquad \int\limits_{-\infty}^{+\infty} \frac{x^2+1}{x^6+1}\,dx\,, \qquad \int\limits_{-\infty}^{+\infty} \frac{\cos x}{1+x^4}\,dx$$

mit Hilfe des Residuensatzes.

7.4 Berechnung von Fourierintegralen $\displaystyle\int\limits_{-\infty}^{+\infty} f(t)e^{ixt}\,dt$

Sei x eine feste reelle Zahl. Unter den Voraussetzungen 7.1 gilt mit $g(z) = f(z)\cdot e^{ixz}$

$$\int\limits_{-\infty}^{+\infty} f(t)\,e^{ixt}\,dt = \begin{cases} 2\pi i \displaystyle\sum_{\mathrm{Im}\,z_k > 0} \mathrm{Res}\,(g, z_k) & \text{für } x > 0, \\[2ex] -2\pi i \displaystyle\sum_{\mathrm{Im}\,z_k < 0} \mathrm{Res}\,(g, z_k) & \text{für } x < 0. \end{cases}$$

ZUSATZ. Ersetzt man die Bedingung $|f(z)| \le \frac{C}{|z|^2}$ für $|z| \ge r$ durch die Bedingung $|f(z)| \le \frac{C}{|z|}$ für $|z| \ge r$, so braucht das Integral $\displaystyle\int\limits_{-\infty}^{+\infty} f(t)\,e^{ixt}\,dt$ nicht mehr zu konvergieren. Die Formel 7.4 bleibt aber bestehen, wenn wir

$$\int\limits_{-\infty}^{+\infty} f(t)\,e^{ixt}\,dt \quad \text{durch} \quad \lim_{R\to\infty} \int\limits_{-R}^{R} f(t)\,e^{ixt}\,dt$$

ersetzen.

BEWEIS.

Wir führen den Beweis gleich unter der schwächeren Voraussetzung des Zusatzes. Sei $x > 0$. Dann ist

$$\int\limits_{\gamma_R} g(z)\,dz \;=\; \int\limits_{-R}^{R} g(x)\,dx + iR\int\limits_{0}^{\pi} \mathrm{e}^{it}\, g\left(R\,\mathrm{e}^{it}\right)\,dt\,.$$

Dabei gilt

$$\left| g\left(R\,\mathrm{e}^{it}\right)\right| \;=\; \left| \mathrm{e}^{iRx\mathrm{e}^{it}}\, f\left(R\,\mathrm{e}^{it}\right)\right| \;\le\; \mathrm{e}^{-Rx\sin t}\cdot \frac{C}{R}\quad\text{und}$$

$$\sin t \;\ge\; t - \frac{t^3}{6} = t\left(1 - \frac{t^2}{6}\right) \;\ge\; \frac{1}{2}t \quad\text{für}\quad 0 \le t \le \tfrac{\pi}{2}\,,\quad\text{somit}$$

$$\left| R\int\limits_{0}^{\pi} \mathrm{e}^{it} g\left(R\,\mathrm{e}^{it}\right)\,dt \right| \le 2C\int\limits_{0}^{\frac{\pi}{2}} \mathrm{e}^{-Rx\sin t}\,dt \;\le\; 2C\int\limits_{0}^{\frac{\pi}{2}} \mathrm{e}^{-\frac{1}{2}Rxt}\,dt$$

$$= \frac{4C}{Rx}\left(1 - \mathrm{e}^{-\frac{1}{4}R\pi x}\right) \;\to\; 0 \quad\text{für}\quad R\to\infty$$

und festes $x > 0$. Die zweite Formel folgt aus der ersten mit der Substitution $s = -t$:

$$\int\limits_{-\infty}^{+\infty} f(t)\,\mathrm{e}^{ixt}\,dt = \int\limits_{-\infty}^{+\infty} f(-s)\,\mathrm{e}^{-ixs}\,ds \;=\; \int\limits_{-\infty}^{+\infty} f(-s)\,\mathrm{e}^{i|x|s}\,ds$$

$$= 2\pi i \sum_{\operatorname{Im} z_k > 0} \operatorname{Res}\left(h, z_k\right) \quad\text{mit}$$

$$h(z) = f(-z)\,\mathrm{e}^{i|x|z} = f(-z)\,\mathrm{e}^{ixz} = g(-z)\,.$$

Der Rest des Beweises ergibt sich mit Teil (a) der Folgenden Aufgabe. $\qquad\square$

Aufgaben.

(a) Zeigen Sie mit Hilfe der Laurent–Reihe: Ist $-z_0$ eine isolierte Singularität von g und $h(z) = g(-z)$, so gilt $\operatorname{Res}(h, z_0) = -\operatorname{Res}(g, z_0)$.

(b) Berechnen Sie $\displaystyle g(x) := \int\limits_{-\infty}^{+\infty} \frac{\mathrm{e}^{ixt}}{1+t^2}\,dt$ für beliebige $x \in \mathbb{R}$.

(c) Berechnen Sie auf direktem Wege $\displaystyle \frac{1}{2\pi}\int\limits_{-\infty}^{+\infty} g(t)\,\mathrm{e}^{-ixt}\,dt$.

Namen und Lebensdaten

ABEL, Niels Hendrik (1802–1829)

ARCHIMEDES von Syrakus
(287 ?–212 v.Chr.)

ARISTOTELES von Stagira
(384–322 v.Chr.)

BARROW, Isaac (1630–1677)

BERNOULLI, Jakob (1655–1705)

BERNOULLI, Johann (1667–1748)

BERNOULLI, Daniel (1700–1782)

BOLAYI, János (1802–1860)

BOLZANO, Bernard (1781–1848)

BUDDHA (ca. 560–480 v.Chr.)

CANTOR, Georg (1845–1918)

CARDANO, Geronimo (1501–1576)

CAUCHY, Augustin-Louis (1789–1857)

CAVALIERI, Bonaventura (1598–1647)

DEDEKIND, Richard (1831–1916)

DIRICHLET, Gustav Peter Lejeune
(1805–1859)

EUDOXOS von Knidos
(ca. 408–355 v.Chr.)

EUKLID von Alexandrien
(um 300 v.Chr.)

EULER, Leonard (1707–1783)

FERMAT, Pierre de (1601–1665)

FOURIER, Jean Baptiste Joseph
(1768–1830)

GALILEO GALILEI (1564–1642)

GAUSS, Carl Friedrich (1777–1855)

GIRARD, Albert (1595–1632)

GREGORIUS a S. VINCENTIO (GRÉGOI-
RE de Saint Vincent) (1584–1667)

GREGORY, James (1638–1675)

HAMILTON, Sir William Rowan
(1805–1865)

HILBERT, David (1862–1943)

L'HOSPITAL, Guillaume François
Antoine de (1661–1704)

HUDDE, Jan (1628–1704)

HUYGENS, Christiaan (1629–1695)

KEPLER, Johannes (1571–1630)

KLEIN, Felix (1849–1925)

LAGRANGE, Joseph Louis (1736–1813)

LAPLACE, Pierre Simon (1749–1827)

LAURENT, Pierre (1813–1854)

LEIBNIZ, Gottfried Wilhelm
(1646–1716)

LOBATSCHEWSKI, Iwanowitsch
(1793–1856)

MENGOLI, Pietro (1625–1686)

MERCATOR (KAUFFMANN), Nikolaus
(1620–1687)

MÉRÉ, Chevalier de (1610–1685)

NEWTON, Isaac (1643–1727)

ORESME, Nikolaus (1323 ?–1382)

PASCAL, Blaise (1623–1662)

RIEMANN, Bernhard (1826–1866)

TAYLOR, Brook (1685–1731)

VIETA (Viète), François (1540–1603)

WALLIS, John (1616–1703)

WEIERSTRASS, Karl (1815–1897)

Literaturverzeichnis

Analysis und Vektoranalysis

ARNOLD, V.I.: Mathematical Methods of Classical Mechanics.
New York–Heidelberg–Berlin: Springer 1978

BARNER, M.; FLOHR, F.: Analysis I, II. Berlin–New York: de Gruyter 1974/83

DO CARMO, M. P.: Differentialgeometrie von Kurven und Flächen.
Braunschweig–Wiesbaden: Vieweg 1983

COURANT, R.; JOHN, F.: Introduction to Calculus and Analysis 1, 2.
New York–London–Sidney: Wiley Interscience Publishers 1965/74

ENDL, K.; LUH, W.: Analysis I, II, III.
Frankfurt a.M.: Akademische Verlagsgesellschaft 1986/1973/74

FORSTER, O.: Analysis 1, 2, 3. Braunschweig: Vieweg 1979/81

GRAUERT, H.; LIEB, I.: Differential- und Integralrechnung III.
Berlin–Heidelberg–New York: Springer 1977

GRÖBNER, W. und HOFREITER, N.: Integraltafeln 1,2.
Wien–New York: Springer 1965/66

HEARN, A.C.: REDUCE User's Manual. Santa Monica: Rand Publication 1985

HEUSER, H.: Lehrbuch der Analysis, Teil 1,2. Stuttgart: Teubner 1982/83

V. MANGOLDT, H.; KNOPP, K.: Einführung in die höhere Mathematik, Bd. 1–3.
Stuttgart: Hirzel (11. Aufl.) 1962

SPIVAK, M.: Calculus on Manifolds. New York–Amsterdam: Benjamin 1965

Lineare Algebra und Analytische Geometrie

FISCHER, G.: Lineare Algebra. Braunschweig: Vieweg 1975

FISCHER, G.: Analytische Geometrie. Braunschweig: Vieweg 1978

PICKERT, G.: Analytische Geometrie. Leipzig: Akad. Verlagsgesellschaft 1955

SPERNER, E.: Einführung in die Analytische Geometrie (1. Teil).
Göttingen: Vandenhoeck & Ruprecht 1959

Wahrscheinlichkeitsrechnung

FREUDENTHAL, H.: Wahrscheinlichkeitsrechnung und Statistik.
München: Oldenbourg 1963

Numerische Mathematik

REIMER, M.: Grundlagen der Numerischen Mathematik I, II.
Wiesbaden: Akademische Verlagsgesellschaft 1980/82

Gewöhnliche Differentialgleichungen

BRAUN, M.: Differentialgleichungen und ihre Anwendungen.
Berlin–Heidelberg–New York: Springer 1979

HEUSER, H.: Gewöhnliche Differentialgleichungen. Stuttgart: Teubner 1989

KAMKE, E.: Differentialgleichungen: Lösungsmethoden und Lösungen.
Leipzig: Akad. Verlagsgesellschaft 1959

TIKHONOV, VASIL'EVA, SVESHNIKOV: Differential Equations.
Berlin–Heidelberg–New York–Tokyo: Springer 1985

Funktionentheorie

CONWAY, J.B.: Functions of one Complex Variable (2nd ed.).
New York–Heidelberg–Berlin: Springer 1978

JÄNICH, K.: Analysis für Physiker und Ingenieure.
Berlin–Heidelberg–New York: Springer 1983

REMMERT, R.: Funktionentheorie I.
Berlin–Heidelberg–New York–Tokyo: Springer 1984

MARSDEN, J.E.: Basic Complex Analysis. San Francisco: Freeman 1970

Methoden der Mathematischen Physik

ARFKEN, G.: Mathematical Methods for Physicists.
New York–San Francisco–London: Academic Press 1970

COURANT, R. und HILBERT, D.: Methoden der Mathematischen Physik.
Berlin–Heidelberg–New York: Springer 1968

Grundlagen und Geschichte

BARON, Margaret E.: The Origins of the Infinitesimal Calculus.
Oxford–New York–Braunschweig: Pergamon Press 1969

CANTOR, M.: Vorlesungen über Geschichte der Mathematik I, II, III.
Leipzig: Teubner 1894/92/98

DEDEKIND, R.: Was sind und was sollen die Zahlen?
Braunschweig: Vieweg 1961 (Nachdruck)

HANKEL, H.: Zur Geschichte der Mathematik in Altertum und Mittelalter.
Hildesheim: Olms 1965

HILBERT, D.: Grundlagen der Geometrie. Stuttgart: Teubner 1962

HOFMANN, J.E.: Geschichte der Mathematik I, II, III.
Sammlung Göschen 226/226a, 875, 882. Berlin: De Gruyter 1963/1957

TROPFKE, J.; GERICKE, H.; REICH, K.; VOGEL, K.: Geschichte der Elementarmathematik Bd. 1 (4. Aufl.) Berlin: De Gruyter 1980

Symbole und Abkürzungen

Index

A

Abbildung, 55
Abbildung, lineare, 283, 297
Abgeschlossene Menge, 390
Ableitung, 175
    n–te, 185
    im $\mathbb{R}^n$, 405
    komplexe, 532
    partielle, 407
Abschluß einer Menge, 392
absolute Konvergenz von Reihen, 154
Abstand, 110, 127, 386
Abstand Punkt—Menge, 400
Abzählbarkeit von $\mathbb{Q}$, 26
Additionstheoreme für sin, cos, 70
adjungierte Matrix, 362
Adjunkte, 336
ähnliche Matrizen, 313
Äußeres einer Menge, 392
affine Abbildung, 340
affiner Teilraum, 315
Algebra der $n \times n$–Matrizen, 309
alternierende Multilinearform, 329
analytisch, 543
analytisch (reell), 205
Anfangswertproblem, 209–210, 267, 273, 385
Anordnung einer Doppelfolge, 154
archimedische Anordnung, 26
Archmimedisches Prinzip, 529
Arcuscosinus, 68
Arcussinus, 70
Arcustangens, 71, 199
Arcustangensreihe, 200
Argument, 119
Ars conjectandi, 86
Aufspann, 135, 289
Ausgleichsgerade, 325
Ausgleichsparabel, 325
Ausschöpfung offener Mengen, 453
Ausschöpfungssatz, 454

B

Banachraum, 394
Basis, 293

(Spalte 2)

Basisauswahlsatz., 295
Basisdarstellung, 293
Basisergänzungssatz, 295
Basiswechsel, 311
Bedingungen
    äquivalente, 78
    hinreichende, 78
    notwendige, 78
Bernoullische Ungleichung, 21
beschränkte Menge, 24, 387
beste Approximation, 359
Betrag, 17
Betrag einer komplexen Zahl, 116
Bewegungsgruppe, 368
bijektiv, 57
Bildmenge, 56, 76
Binomialkoeffizient, 91
Binomialreihe, 200
Binomialverteilung, 92
binomischer Lehrsatz, 92
Bogenelement
    skalares, 473
    vektorielles, 475
Bogenlänge (Einheitskreis), 67, 471
Bogenlängenparametrisierung, 472
Boltzmann–Statistik, 89, 439
Bolzano–Weierstraß, 49, 166, 395

C

C^∞–Funktion, 187, 413
C^n–differenzierbar, 186, 413
C^r–Abbildung ($0 \leq r \leq \infty$), 413
C^r–Diffeomorphismus, 425
C^r–Kurvenstück, 469
Cantorsches Diagonalverfahren, 26
Cauchy–Folge, 49, 148, 393
Cauchy–Formeln, 548
Cauchy–Kriterium, 49, 150
Cauchy–Produkt, 156
Cauchy–Schwarz, 128, 355
Cauchysche Integralformel, 547
Cauchyscher Integralsatz, 545
Cavalierisches Prinzip, 228, 461
charakteristische Funktion, 215, 440
charakteristische Gleichung, 212

Teubner Studienbücher

Physik Fortsetzung

Rohe: **Elektronik für Physiker.** 3. Aufl. DM 29,80
Rohe/Kamke: **Digitalelektronik.** DM 28,80
Schatz/Weidinger: **Nukleare Festkörperphysik.** DM 34,–
Schmidt: **Meßelektronik in der Kernphysik.** DM 28,80
Theis: **Grundzüge der Quantentheorie.** DM 34,–
Walcher: **Praktikum der Physik.** 6. Aufl. DM 38,–
Wegener: **Physik für Hochschulanfänger.** 2. Aufl. DM 46,–
Wiesemann: **Einführung in die Gaselektronik.** DM 34,–

Preisänderungen vorbehalten

 B. G. Teubner Stuttgart